U0275614

建筑工程施工工艺手册
（下册）

李卫平　主编

中国建筑工业出版社

目　录

（上册）

地基与基础工程施工工艺 …… 1
基坑支护与地下水控制工程施工工艺 …… 205
地下、外墙和室内防水工程施工工艺 …… 313
混凝土和钢-混凝土组合结构工程施工工艺 …… 385

（下册）

砌体、钢、木结构工程施工工艺 …… 665
建筑地面工程施工工艺 …… 905
门窗工程施工工艺 …… 1039
幕墙及饰面板、砖工程施工工艺 …… 1117
抹灰、吊顶、涂饰等装饰装修工程施工工艺 …… 1209
屋面工程施工工艺 …… 1385

砌体、钢、木结构工程施工工艺

前　言

本书是山西建设投资集团有限公司《建筑安装工程施工工艺标准系列丛书》之一。该标准经广泛调查研究，认真总结工程实践经验，参考有关国家、行业及地方标准规范，在2007版基础上经广泛征求意见修订而成。

该书编制过程中主要参考了《建筑工程施工质量验收统一标准》GB 50300—2013，《砌体结构工程施工质量验收规范》GB 50203—2011、《砌体结构工程施工规范》GB 50924—2014，《钢结构工程施工规范》GB 50755—2012、《钢结构焊接规范》GB 50661—2011、《钢结构工程施工质量验收规范》GB 50205—2001、《木结构工程施工规范》GB/T 50772—2012、《木结构工程施工质量验收规范》GB 50206—2012等标准规范。每项标准按引用标准、术语、施工准备、操作工艺、质量标准、成品保护、注意事项、质量记录八个方面进行编写。

本标准修订的主要内容为：

1. 砌体结构

(1) 增加了多孔砖墙砌体砌筑和配筋砌体砌筑两节内容，内容更为完整；

(2) 将普通砖砌体砌筑改为砖砌体砌筑，将料石砌筑改为石砌体砌筑，应用范围更为广泛；

(3) 将小型混凝土空心砌块改为混凝土小型空心砌块，内容架构更为合理。

2. 钢结构

(1) 增加了预应力钢结构、钢管桁架结构、钢索和膜结构等章节的内容，内容更为完整；

(2) 部分章节中增加了较为先进的钢结构数控加工设备及其工艺技术，内容更为先进；

(3) 将钢结构焊接工艺标准分为钢结构手工电弧焊焊接、钢结构埋弧焊自动焊焊接、钢结构二氧化碳气体保护焊焊接、栓钉焊接工艺标准；将钢结构紧固件连接工艺标准分为高强度螺栓连接、普通紧固件连接工艺标准；将钢结构安装工艺标准分为单层钢结构安装和多层、高层钢结构安装工艺标准；将钢结构涂装工艺标准分为钢结构防腐涂装和防火涂装工艺标准，更全面且便于操作应用。

3. 木结构

木结构为本标准新增加内容，包括方木及原木桁架、梁及柱制作，方木及原木桁架、梁及柱安装，木屋盖施工，胶合木结构施工，轻型木结构施工，木结构防护施工6项内容。

本书可作为砌体结构、钢结构及木结构工程施工生产操作的技术依据，也可作为编制施工方案和技术交底的蓝本。在实施工艺标准过程中，若国家标准或行业标准有更新版本时，应按国家或行业现行标准执行。

本书在编制过程中，限于技术水平，有不妥之处，恳请提出宝贵意见，以便今后修订完善。随时可将意见反馈至山西建设投资集团公司技术中心（太原市新建路9号，邮政编码030002）。

目　录

第1篇　砌体结构 …… 670

第1章　砖砌体砌筑 …… 670
第2章　多孔砖墙砌体砌筑 …… 678
第3章　填充墙砌筑 …… 685
第4章　配筋砌体砌筑 …… 692
第5章　石砌体砌筑 …… 698
第6章　混凝土小型空心砌块砌筑 …… 704

第2篇　钢结构工程 …… 711

第7章　钢结构零部件加工 …… 711
第8章　钢构件组装及预拼装 …… 719
第9章　钢结构手工电弧焊焊接 …… 731
第10章　钢结构埋弧自动焊焊接 …… 740
第11章　钢结构二氧化碳气体保护焊焊接 …… 748
第12章　栓钉焊接 …… 756
第13章　高强度螺栓连接 …… 760
第14章　普通紧固件连接 …… 765
第15章　钢吊车梁制作 …… 769
第16章　钢屋架制作 …… 776
第17章　焊接球节点钢网架制作拼装 …… 782
第18章　螺栓球节点钢网架制作拼装 …… 788
第19章　钢网架结构安装 …… 794
第20章　钢屋架安装 …… 802
第21章　单层钢结构安装 …… 807
第22章　多层及高层钢结构安装 …… 817
第23章　预应力钢结构施工 …… 827
第24章　钢管桁架结构施工 …… 832
第25章　钢索和膜结构施工工艺标准 …… 841
第26章　压型金属板制作安装 …… 847
第27章　钢结构防腐涂料涂装 …… 854
第28章　钢结构防火涂料涂装 …… 859

第 3 篇　木结构 …… 864

第 29 章　方木及原木桁架、梁及柱制作 …… 864
第 30 章　方木及原木桁架、梁及柱安装 …… 874
第 31 章　木屋盖施工 …… 878
第 32 章　胶合木结构施工 …… 884
第 33 章　轻型木结构施工 …… 890
第 34 章　木结构防护施工 …… 899

第1篇 砌体结构

第1章 砖砌体砌筑

本工艺标准适用于房屋建筑中烧结普通砖、混凝土实心砖、蒸压灰砂砖、蒸压粉煤灰砖等砌体工程。

1 引用标准

《砌体结构工程施工规范》GB 50924—2014
《建筑工程施工质量验收统一标准》GB 50300—2013
《砌体结构工程施工质量验收规范》GB 50203—2011
《砌体工程现场检测技术标准》GB/T 50315—2011
《烧结普通砖》GB/T 5101—2017
《混凝土实心砖》GB/T 21144—2007
《蒸压灰砂砖》GB 11945—1999
《钢筋混凝土用钢　第1部分：热轧光圆钢筋》GB/T 1499.1—2017
《钢筋混凝土用钢　第2部分：热轧带肋钢筋》GB/T 1499.2—2018
《蒸压粉煤灰砖》JC/T 239—2014
《砌筑砂浆配合比设计规程》JGJ/T 98—2010
《建筑砂浆基本性能试验方法标准》JGJ/T 70—2009

2 术语（略）

3 施工准备

3.1 作业条件

3.1.1 应编制砌体工程施工方案，按照设计及标准结合现场实际情况绘制排砖图，节点组砌图。

3.1.2 完成进场原材料的见证取样复验、砌筑砂浆及混凝土配合比的设计。

3.1.3 检查砌筑操作人员的技能资格，并对操作人员进行技术、安全交底。

3.1.4 完成上道工序的验收，且验收合格。

3.1.5 弹好墙身轴线、边线以及门窗洞口线，核对放线尺寸，形成记录并办理验收手续。

3.1.6 现场所用计量器具符合检定周期和检定标准规定。

3.1.7 构造柱已按设计要求及规范规定绑扎好。

3.1.8 砌体样板已验收合格。

3.2 材料及机具

3.2.1 砖：品种、强度等级必须符合设计要求及国家标准规定，并应规格一致，有出厂合格证和复试报告。用于清水墙、柱的砖应色泽均匀，边角整齐。混凝土砖、蒸压砖的生产龄期应达到 28d。

3.2.2 水泥：宜采用通用硅酸盐水泥或砌筑水泥，且应符合国家标准《通用硅酸盐水泥》GB 175 和《砌筑水泥》GB/T 3183 的规定，有出厂 28d 合格证和复试报告。M15 及以下强度等级的砌筑砂浆宜选用 32.5 级的通用硅酸盐水泥或砌筑水泥；M15 以上强度等级的砌筑砂浆宜选用 42.5 级普通硅酸盐水泥。水泥存放应按品种、强度等级、出厂日期分类堆放，并保持干燥，当在使用中对水泥质量受不利环境影响或水泥出厂超过 3 个月、快硬硅酸盐水泥超过 1 个月时，应进行复验，并应按复验结果使用。不同品种、不同强度等级的水泥不得混合使用。

3.2.3 砂：宜选用过筛中砂，且应符合现行标准《混凝土和砂浆用再生细骨料》GB/T 25176、《普通混凝土用砂、石质量及检验方法标准》JCJ 52 和《再生骨料应用技术规程》JGJ/T 240 的规定。水泥砂浆和强度等级不小于 M5 的水泥混合砂浆，砂中含泥量不应超过 5%；强度等级小于 M5 的水泥混合砂浆，砂中含泥量不应超过 10%。

3.2.4 掺合料：建筑生石灰熟化成石灰膏时，熟化时间不得少于 7d，磨细生石灰粉熟化时间不少于 2d，材质应符合《建筑生石灰》JC/T 479 的有关规定；粉煤灰的品质指标应符合《粉煤灰在混凝土及砂浆中的应用技术规程》JGJ 28 的有关规定，宜采用干排灰。

3.2.5 外加剂：凡在砂浆中掺入增塑剂、早强剂、缓凝剂、防水剂、防冻剂等外加剂，应符合国家现行标准《混凝土外加剂》GB 8076、《混凝土外加剂应用技术规范》GB 50119 和《砌筑砂浆增塑剂》JG/T 164 的规定。经检验和试配，符合要求后方可使用。

3.2.6 水：应采用不含有害物质的洁净水并应符合现行行业标准《混凝土用水标准》JGJ 63 的规定。

3.2.7 钢筋：砌体结构工程使用的钢筋，应符合设计要求及国家现行标准《钢筋混凝土用钢　第 1 部分：热轧光圆钢筋》GB/T 1499.1 和《钢筋混凝土用钢　第 2 部分：热轧带肋钢筋》GB/T 1499.2 的规定。

3.2.8 机具：搅拌机、切割机、台秤、大铲、刨锛、托线板、灰槽、线坠、钢卷尺、八字靠尺板、水平尺、皮数杆、小白线、砖夹、扫帚、5mm 孔径筛子、铁锹、运灰车、运砖车等。

4 操作工艺

4.1 工艺流程

测量放线 → 砖浇水 → 立皮数杆 → 砂浆搅拌 → 砌筑 → 试验

4.2　测量放线

以结构施工内控点为依据，按设计要求，在楼地面上弹好墙身线、门窗洞口位置线（特殊标识），并认真核对窗间墙、垛尺寸，按其长度排砖。

4.3　砖浇水

常温施工时，烧结普通砖、蒸压灰砂砖和蒸压粉煤灰砖应提前 1～2d 浇水湿润，烧结砖含水率宜为 60%～70%；非烧结类砖含水率宜为 40%～50%；混凝土砖不宜浇水湿润。冬期施工或气温低于 0℃时，砖不得浇水，但必须增大砂浆稠度。

4.4　立皮数杆

在室内地坪所砌墙的两端立好皮数杆，除墙体转角及交接处全立外，其他地方间距不宜大于 15m。

4.5　砂浆搅拌

优先采用预拌砂浆。现场拌制砂浆应采用机械搅拌，搅拌时间自投料完起算，水泥砂浆和水泥混合砂浆不应少于 2min；采用水泥粉煤灰砂浆和掺用外加剂的砂浆，不应少于 3min；掺液体增塑剂的砂浆，应先将水泥、砂干拌混合均匀后，将添加增塑剂的拌合水倒入干混砂浆中继续搅拌；掺固体增塑剂的砂浆，应先将水泥、砂和增塑剂干拌混合均匀后，将拌合水倒入其中继续搅拌。从加水开始，搅拌时间不应少于 3.5min。预拌砂浆的搅拌时间应符合有关技术标准或产品说明书的要求。

所用配合比应采用质量比，计量精度应控制在水泥及各种外加剂配料的允许偏差为±2%，砂、粉煤灰、石灰膏配料的允许偏差为±5%以内。砂子计量时，应扣除其含水量对配料的影响。

4.6　砌筑

4.6.1　组砌方法：采用一顺一丁、三顺一丁或梅花丁砌法，半砖墙用全顺，圆弧面墙用全丁等砌法。砖柱不得采用包心砌法。

4.6.2　排砖：依据排砖图进行试排砖，一般第一批砖排丁砖。摞底砖时，根据弹好的门窗洞口位置线，认真核对窗间墙、垛尺寸，如不符合模数，应全盘考虑，会同设计单位定出门窗洞口位置尺寸，并注意暖卫立管安装及门窗开启不受影响。在砖柱、砖垛、砖拱、砖碹、砖过梁、梁的支撑处、砖挑层及宽度小于 1m 的窗间墙部位，拉结作用的丁砖、清水砖墙的顺砖等砌体部位不得使用破损砖。在每层承重墙的最上一皮砖、楼板、梁、柱及屋架的支承处、砖砌体的台阶水平面上，挑出层等部位应使用整砖丁砌。

4.6.3　选砖：清水墙、柱应选择边角整齐、无弯曲裂纹，色泽均匀，规格一致的砖。由于焙烧过火而造成变色、变形，但强度较高的砖，可用在基础及不影响外观的内墙上。

4.6.4　盘角：砌砖前应根据组砌方法、排砖要求进行盘角，每次盘角不得超过五皮，及时靠平吊正，对照皮数杆的砖层和标高，控制好灰缝大小，大角盘好后复查一次，无误后方可挂线砌墙。

4.6.5　挂线：砌筑一砖及以上厚墙应双面挂线，当多人砌长墙使用一根通线时，中间应设几个支线点，小线要拉紧。每皮砖均要穿线看平，使水平灰缝均匀一致，平直通顺。

4.6.6　砌砖：

1　砌砖宜采用"三一砌砖法"（即一铲灰，一块砖，一挤揉），满铺满挤，确保砂浆饱满。砌砖时应将砖放平，并做到"上跟线，下对棱，左右相邻要对齐"。水平灰缝厚度和竖向灰缝宽度宜为 10mm，但不应小于 8mm，也不应大于 12mm。清水墙不允许有三分头，不得在上部随意变活、乱缝。当砌完一步架高时，沿水平方向每隔 2m 左右，在丁砖立棱位置弹两道垂直线分段控制游丁走缝。

2　现场拌制的砂浆应随拌随用，拌制的砂浆应在 3h 内使用完毕；当施工期间最高气温超过 30℃时，应在 2h 内使用完毕。对掺用缓凝剂的砂浆，其使用时间可根据其缓凝时间的试验结果确定。

湿拌预拌砂浆在储存、使用过程中不应加水。当存放过程出现少量泌水时，应拌和均匀后使用。

3　清水墙应随砌随勾缝，勾缝深度应深浅一致，深度宜为 8～10mm，并将墙面清扫干净。混水砖墙应及时将舌头灰刮净。

4　砌筑夹心复合墙时应采取措施防止空腔掉落砂浆和杂物，并按设计要求设拉结件，拉结件在叶墙搁置长度不小于叶墙厚度的 2/3，并不应小于 60mm。

5　留槎：砖砌体转角处和交接处应同时砌筑。在抗震设防烈度 8 度及以上地区，对不能同时砌筑的临时间断处应留斜槎，斜槎水平投影长度不应小于高度的 2/3，斜槎高度不得超过一步脚手架高度。如图 1-1 所示。

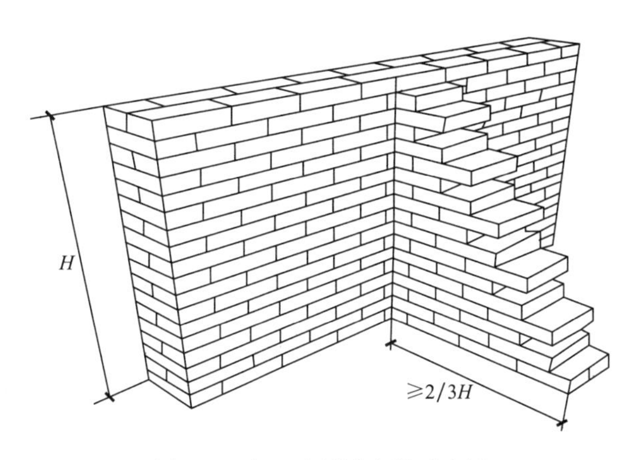

图 1-1　实心砖斜槎砌筑示意图

砖砌体的转角处和交接处对非抗震设防及在抗震设防烈度为 6 度、7 度地区的临时间断处，当不能留斜槎时，除转角处外，可留直槎，但应做成凸槎，并应沿墙高每 500mm 加设拉结筋，且竖向间距偏差不应超过 100mm。拉结筋数量为每 120mm 墙厚 1ϕ6，（墙厚 120mm 设 2ϕ6），埋入长度从留槎处算起每边均不少于 500mm（非抗震区）或 1000mm（设防烈度 6 度、7 度抗震区）；末端应设 90°弯钩。如图 1-2。施工洞口处亦应按此要求预埋拉结筋，上部应加预制钢筋混凝土过梁，洞口净宽不应大于 1000mm，其侧边离交接处墙面不应小于 500mm。砌体接槎时，必须将接槎处清理干净，浇水湿润，并应填实砂浆，保持灰缝平直。

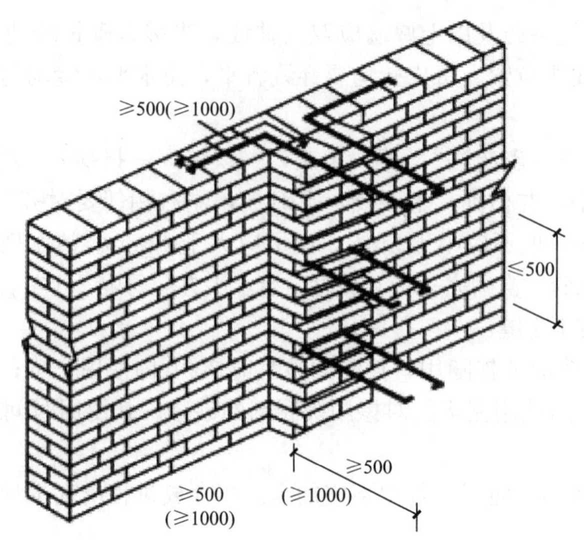

图 1-2　实心砖直槎砌筑和拉结筋示意图

6　过梁、梁垫安装：其标高、位置及型号必须准确，支座上砂浆铺平垫满。如铺灰厚度超过 20mm 时，应用豆石混凝土铺垫。过梁两端支撑点长度应一致并符合设计要求和规范规定。宽度小于 1000mm 的洞口可用钢筋砖过梁，但必须支模铺水泥砂浆，其厚度宜为 30mm，钢筋要压入砂浆，两端弯 90°弯钩，支撑长度不得小于 240mm，并将弯钩向上折入上层砖缝内。过梁的第一皮砖应砌丁砖。如图 1-3。

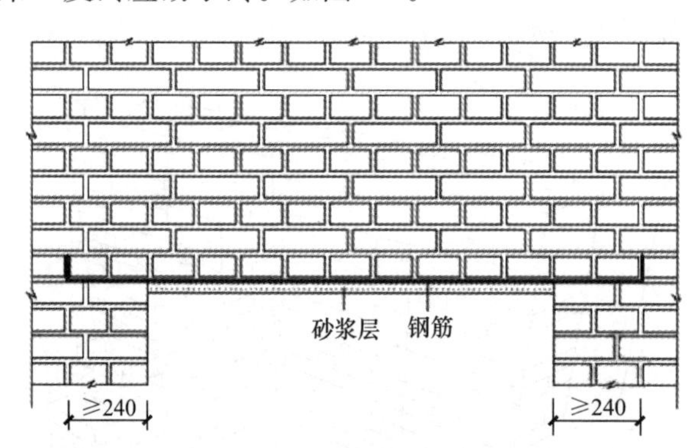

图 1-3　钢筋砖过梁示意图

7　木砖安砌：木砖应提前做好防腐处理，预埋时小头朝外，大头向内，其数量视洞口高度确定。洞口高在 1200mm 以内，每边放 2 块；高度在 1200～2000mm，每边放 3 块；高 2000～3000mm 每边放 4 块，埋设位置一般在洞口上下四皮砖各放一块，中间均匀布置。对 120mm 厚墙可用混凝土预制，以防不牢，如图 1-4。

8　预留孔洞及穿墙管道必须符合设计要求，不得事后剔凿。电线埋管槽必须用切割机切割，宽度超过 300mm 的洞口应设置钢筋砖过梁或预制钢筋混凝土过梁。

9　构造柱做法：与构造柱连接处砖墙应砌成先退后进马牙槎，每个马牙槎沿高度方向的尺寸宜为 5 皮砖（300mm），凹凸尺寸宜为 60mm，凸槎下端切 45°斜角。砌体与构造柱间应沿墙高每 500mm 设拉结钢筋，钢筋数量及伸入墙内长度应满足设计要求。拉结筋数量为每 120mm 墙厚应设置 1ϕ6（墙厚为 120mm 时设 2ϕ6），埋入长度从留槎处算起每边均不应少于 500mm（非抗震区）或 1000mm（设防烈度 6 度、7 度抗震区），末端应设 90°弯钩。

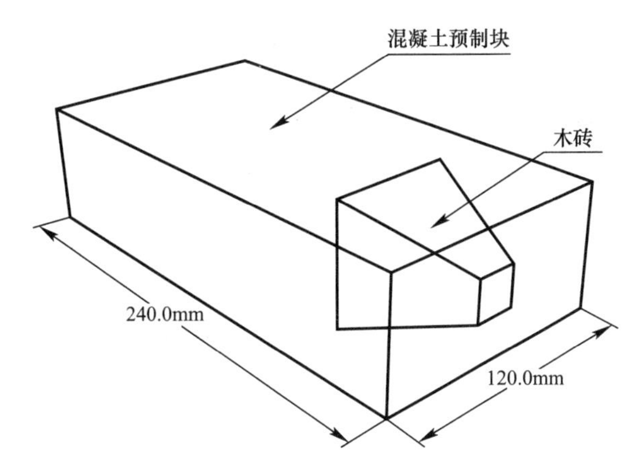

图 1-4　混凝土预制块示意图

4.7　试验

砂浆应按规定做稠度试验和强度试块，砂浆试样在搅拌机出料口随机取样制作，一组试样应在同一盘砂浆中制作。每一检验批且不超过 250m³ 砌体中，每台搅拌机同一类型及同一强度等级砂浆应至少检验一次，如强度等级、配合比或原材料有变化时，还应制作试块。

预拌砂浆应在卸料过程中的中间部位随机取样。

5　质量标准

5.1　主控项目

5.1.1　砖和砂浆的强度等级必须符合设计要求。

5.1.2　砌体水平缝的砂浆饱满度不得低于 80%；砖柱水平灰缝和竖向灰缝饱满度不得低于 90%。

5.1.3　砖砌体的转角处和交接处应同时砌筑，严禁无可靠措施的内外墙分砌施工。在抗震设防烈度为 8 度及 8 度以上地区，对不能同时砌筑而又必须留置的临时间断处应砌成斜槎，斜槎水平投影长度不应小于高度的 2/3，斜槎高度不得超过一步脚手架的高度。

5.1.4　非抗震设防及抗震设防烈度为 6 度、7 度地区的临时间断处，当不能留斜槎时，除转角处外，可留直槎，但直槎必须做成凸槎。留直槎处应加设拉结筋，拉结筋的数量为每 120mm 墙厚放置 1ϕ6 拉结筋（120mm 墙厚放置 2ϕ6 拉结筋），间距沿墙高不应超过 500mm；埋入长度从留槎处算起每边均不应小于 500mm，对抗震设防烈度 6 度、7 度的地区，不应小于 1000mm；末端应有 90°弯钩。

5.2　一般项目

5.2.1　砖砌体组砌方法应正确，内外搭砌，上下错缝。清水墙、窗间墙无通缝；混水墙中不得有长度大于 300mm 的通缝，长度 200～300mm 的通缝每间不超过 3 处，且不得位于同一面墙体上。砖柱不得采用包心砌法。

5.2.2　砖砌体的灰缝应横平竖直，厚薄均匀，水平灰缝厚度及竖向灰缝宽度宜为 10mm，但不应小于 8mm，也不应大于 12mm。

5.2.3　砖砌体尺寸、位置的允许偏差及检验应符合表1-1的规定。

砖砌体尺寸、位置的允许偏差　　**表1-1**

<table>
<tr><th>项次</th><th colspan="3">项目</th><th>允许偏差（mm）</th></tr>
<tr><td>1</td><td colspan="3">轴线位移</td><td>10</td></tr>
<tr><td>2</td><td colspan="3">基础、墙、柱顶面标高</td><td>±15</td></tr>
<tr><td rowspan="3">3</td><td rowspan="3">墙面垂直度</td><td colspan="2">每层</td><td>5</td></tr>
<tr><td rowspan="2">全高</td><td>≤10m</td><td>10</td></tr>
<tr><td>>10m</td><td>20</td></tr>
<tr><td rowspan="2">4</td><td colspan="2" rowspan="2">表面平整度</td><td>清水墙、柱</td><td>5</td></tr>
<tr><td>混水墙、柱</td><td>8</td></tr>
<tr><td rowspan="2">5</td><td colspan="2" rowspan="2">水平灰缝平直度</td><td>清水墙</td><td>7</td></tr>
<tr><td>混水墙</td><td>10</td></tr>
<tr><td>6</td><td colspan="3">门窗洞口高、宽（后塞口）</td><td>±10</td></tr>
<tr><td>7</td><td colspan="3">外墙上下窗口偏移</td><td>20</td></tr>
<tr><td>8</td><td colspan="3">清水墙游丁走缝</td><td>20</td></tr>
</table>

6　成品保护

6.0.1　安拆脚手架、模板或吊放构件时，指挥人员和吊车司机应密切配合，防止碰撞已砌好的墙面。

6.0.2　墙体拉结筋、抗震构造柱钢筋、各种预埋件及暖卫、电气管线等，均应注意保护，不得任意拆改和损坏。

6.0.3　砂浆稠度应适宜，砌墙时防止砂浆溅脏墙面；在临时出入洞口或料架周围，应用草垫、木板或塑料薄膜覆盖。

6.0.4　窗台板、过梁安装应事先坐浆，不得随意砸墙，塞安构件。

6.0.5　电气埋管应尽量预留，当未预留或需要改变位置，应用切割机割缝，再用錾子轻剔，不得直接凿剔。

6.0.6　尚未安装或浇筑楼板、屋面板的墙和柱，当可能遇到大风时，应采取临时加固措施，以确保墙和柱的稳定性。

6.0.7　砖砌体施工时，楼面和屋面施工荷载不得超过板的活荷载允许值。

7　注意事项

7.1　应注意的质量问题

7.1.1　加强现场材料管理，严禁不同品种的水泥混合堆放或使用。

7.1.2　砂浆配合比必须经试验室试配确定，严禁凭经验确定。

7.1.3　配制砂浆严禁使用脱水硬化的石灰膏。严禁将消石灰粉直接用于砌筑砂浆中。使用外加剂必须具有产品说明书及出厂合格证，并经性能试验合格后方可使用。

7.1.4　砂浆试块应进行标准养护。

7.1.5　皮数杆是控制结构各部位竖向构造变化的标尺，必须按要求设立。

7.1.6 为了减少不均匀沉降和应力集中，砌体相邻工作段的高度差，不得超过一个楼层的高度，也不宜大于 4m；砌体临时间断处的高度差，不得超过一步脚手架高度。

7.1.7 必须按设计规定的间距和宽度留置变形缝，缝内垃圾及时清理干净，施工中注意防护。

7.1.8 搁置楼板的山墙如有不平必须采用同圈梁强度等级的细石混凝土补平，严禁采用镶砖补缺。

7.1.9 实践证明“三一”砌砖法是提高砌体砌筑质量的有效方法，严禁采用铺长灰，摆砖贴心的方法，若采用铺灰法砌筑，铺灰长度不得超过 500mm。

7.1.10 为了保证砌体质量，下列墙体或部位不得留脚手眼，脚手眼封堵必须采用同砌体强度一致的砖，并保证砂浆填塞密实。

1 120mm 厚砖墙和独立柱。

2 过梁上与过梁成 60°角的三角形范围及过梁净跨度 1/2 的高度范围内。

3 宽度小于 1m 的窗间墙。

4 砖砌体的门窗洞口两侧 200mm 和转角处 450mm 的范围内。

5 梁和梁垫下及其左右各 500mm 的范围内。

6 设计不允许设置脚手眼的部位。

7.1.11 构造柱处马牙槎砌砖宜切 45°斜角，以使混凝土灌注密实。

7.1.12 应注意的质量通病：

1 基础墙与上部墙错台，使墙身轴线移位。

2 清水墙游丁走缝超标准。

3 灰缝大小不匀，同一皮砖层的标高不一致。

4 混水墙面造成通缝，表面粗糙。

5 清水墙面勾缝污染。

6 构造柱两侧马牙槎不统一，构造柱烂根，上部混凝土不密实。

7.2 应注意的安全问题

7.2.1 停放机械场地的土质要坚实，雨期施工应有排水措施，防止地面下沉造成机械倾斜。

7.2.2 施工前必须检查操作环境是否符合安全要求，道路是否畅通，机具是否完好牢固，安全设施和防护用品是否齐全，经检查符合要求后方可施工。

7.2.3 墙身砌筑高度超过 1.2m 时，应搭设脚手架。在一层以上或高度超过 3m 时，采用里脚手架并支搭安全网，采用外脚手架时，应设护身栏杆和挡脚板。

7.2.4 脚手架上堆料量不得超过规定荷载，堆砖高度不得超过 3 层侧砖。同一块脚手板上的操作人员不应超过 2 人。

7.2.5 不准站在墙上做划线、刮缝及清扫墙面或检查大角垂直等工作。

7.2.6 砍砖应面向内侧，防止碎砖跳出伤人。

7.2.7 起重机吊砖要用吊笼，砂浆料斗不能装得过满，吊车臂旋转到架子上时，砌筑人员要暂停操作，不得在吊臂下停留。

7.2.8 禁止用手抛砖，人工传递时应稳递稳接。

7.3 应注意的绿色施工问题

7.3.1 现场材料应堆放整齐，进行必要的苫盖，防止扬尘。水泥应存入水泥库房，并有防潮措施。

7.3.2 因砂浆搅拌而产生的污水应经过滤后排入指定地点。

7.3.3 砂浆搅拌机的运行噪声应控制在国家有关部门的规定范围内。

7.3.4 在砂浆搅拌、运输、使用过程中，遗漏的砂浆应及时回收处理。

7.3.5 施工场地实行封闭化，主要道路硬化，易起尘的施工面及时洒水围挡，保证现场扬尘排放达标。

7.3.6 固体废物实现分类存放，有效管理，提高回收利用率。生产和生活用水分类排放。

7.3.7 车辆运输不超载，出入冲洗车轮，保证运输无遗撒。

8 质量记录

8.0.1 砌体施工质量控制等级确认记录。

8.0.2 砖、水泥、钢筋、砂等材料合格证书、产品性能检测报告。

8.0.3 有机塑化剂砌体强度型式检验报告。

8.0.4 砂浆配合比通知单。

8.0.5 砂浆试件抗压强度试验报告。

8.0.6 隐蔽工程检查验收记录。

8.0.7 施工记录。

8.0.8 砖砌体工程检验批质量验收记录。

8.0.9 砖砌体分项工程质量验收记录。

8.0.10 其他技术文件。

第2章 多孔砖墙砌体砌筑

本工艺标准适用于房屋建筑中烧结多孔砖、混凝土多孔砖墙砌体的砌筑。

1 引用标准

《砌体结构工程施工规范》GB 50924—2014

《建筑工程施工质量验收统一标准》GB 50300—2013

《砌体结构工程施工质量验收规范》GB 50203—2011

《砌体工程现场检测技术标准》GB/T 50315—2011

《烧结多孔砖和多孔砌块》GB 13544—2011

《承重混凝土多孔砖》GB 25779—2010

《钢筋混凝土用钢　第 1 部分：热轧光圆钢筋》GB/T 1499.1—2017

《钢筋混凝土用钢　第 2 部分：热轧带肋钢筋》GB/T 1499.2—2018

《砌筑砂浆配合比设计规程》JGJ/T 98—2010

《建筑砂浆基本性能试验方法标准》JGJ/T 70—2009

2　术语（略）

3　施工准备

3.1　作业条件

3.1.1　应编制砌体工程施工方案，应按照设计及标准结合现场实际情况绘制排砖图，节点组砌图。

3.1.2　完成进场原材料的见证取样复验、砌筑砂浆及混凝土配合比的设计。

3.1.3　检查砌筑操作人员的技能资格，并对操作人员进行技术、安全交底。

3.1.4　完成上道工序的验收，且经验收合格。

3.1.5　弹好墙身轴线、边线以及门窗洞口线，核对放线尺寸，形成记录并办理验收手续。

3.1.6　现场所用计量器具符合检定周期和检定标准规定。

3.1.7　构造柱已按设计要求及规范规定绑扎好。

3.1.8　砌体样板已验收合格。

3.2　材料及机具

3.2.1　多孔砖：品种、强度等级必须符合设计要求及国家标准规定，并应规格一致，有出厂合格证和复试报告。用于清水墙、柱的砖应色泽均匀，边角整齐。多孔砖的生产龄期应达到 28d。

3.2.2　水泥：宜采用通用硅酸盐水泥或砌筑水泥，且应符合国家标准《通用硅酸盐水泥》GB 175 和《砌筑水泥》GB/T 3183 的规定，有出厂 28d 合格证和复试报告。M15 及以下强度等级的砌筑砂浆宜选用 32.5 级的通用硅酸盐水泥或砌筑水泥；M15 以上强度等级的砌筑砂浆宜选用 42.5 级普通硅酸盐水泥。水泥存放应按品种、强度等级、出厂日期分类堆放，并保持干燥，当在使用中对水泥质量受不利环境影响或水泥出厂超过 3 个月、快硬硅酸盐水泥超过 1 个月时，应进行复验，并应按复验结果使用。不同品种、不同强度等级的水泥不得混合使用。

3.2.3　砂：宜选用过筛中砂，且应符合现行标准《混凝土和砂浆用再生细骨料》GB/T 25176、《普通混凝土用砂、石质量及检验方法标准》JCJ 52 和《再生骨料应用技术规程》JGJ/T 240 的规定。水泥砂浆和强度等级不小于 M5 的水泥混合砂浆，砂中含泥量不应超过 5%；强度等级小于 M5 的水泥混合砂浆，砂中含泥量不应超过 10%。

3.2.4　掺合料：建筑生石灰熟化成石灰膏时，熟化时间不得少于 7d，磨细生石灰粉熟化时间不少于2d，材质应符合《建筑生石灰》JC/T 479的有关规定；粉煤灰的品质指标应符合《粉煤灰在混凝土及砂浆中的应用技术规程》JGJ 28的有关规定，宜采用干排灰。

3.2.5 外加剂：凡在砂浆中掺入增塑剂、早强剂、缓凝剂、防水剂、防冻剂等外加剂，应符合国家现行标准《混凝土外加剂》GB 8076、《混凝土外加剂应用技术规范》GB 50119和《砌筑砂浆增塑剂》JG/T 164的规定。经检验和试配，符合要求后方可使用。

3.2.6 水：应采用不含有害物质的洁净水并应符合现行行业标准《混凝土用水标准》JGJ 63的规定。

3.2.7 钢筋：砌体结构工程使用的钢筋，应符合设计要求及国家现行标准《钢筋混凝土用钢　第1部分：热轧光圆钢筋》GB/T 1499.1和《钢筋混凝土用钢　第2部分：热轧带肋钢筋》GB/T 1499.2的规定。

3.2.8 机具：搅拌机、切割机、台秤、大铲、刨锛、托线板、灰槽、线坠、钢卷尺、八字靠尺板、水平尺、皮数杆、小白线、砖夹、扫帚、5mm孔径筛子、铁锹、运灰车、运砖车等。

4　操作工艺

4.1　工艺流程

测量放线→砖浇水→立皮数杆→砂浆搅拌→砌筑→试验

4.2　测量放线

以结构施工内控点为依据，按设计要求，在楼地面上弹好墙身线、门窗洞口位置线（特殊标识），并认真核对窗间墙、垛尺寸，按其长度排砖。

4.3　砖浇水

常温施工时，烧结多孔砖应提前1～2d浇水湿润，含水率宜为60%～70%；混凝土多孔砖不宜浇水湿润。冬期施工或气温低于0℃时，砖不得浇水，但必须增大砂浆稠度。

4.4　立皮数杆

按室内地坪在所砌墙的两端立好皮数杆，同时除墙体转角及交接处全立外，其他地方间距宜不大于15m。

4.5　砂浆搅拌

优先采用预拌砂浆。现场拌制砂浆应采用机械搅拌，搅拌时间自投料完起算，水泥砂浆和水泥混合砂浆不应少于2min；采用水泥粉煤灰砂浆和掺用外加剂的砂浆，不应少于3min；掺液体增塑剂的砂浆，应先将水泥、砂干拌混合均匀后，将添加增塑剂的拌合水倒入干混砂浆中继续搅拌；掺固体增塑剂的砂浆，应先将水泥、砂和增塑剂干拌混合均匀后，将拌合水倒入其中继续搅拌。从加水开始，搅拌时间不应少于3.5min。预拌砂浆的搅拌时间应符合有关技术标准或产品说明书的要求。

所用配合比应采用质量比，计量精度应控制在水泥及各种外加剂配料的允许偏差为±2%，砂、粉煤灰、石灰膏配料的允许偏差为±5%以内。砂子计量时，应扣除其含水量对配料的影响。

4.6　砌筑

4.6.1　组砌方法：方形多孔砖一般采用全顺砌法，上下皮垂直灰缝应相互错开1/2砖长。矩形多孔砖宜采用一顺一丁或梅花丁的砌筑方式，上下皮垂直灰缝应相互错开1/4砖长。

4.6.2　排砖：摞底砖时，根据弹好的门窗洞口位置线，认真核对窗间墙、垛尺寸，如不符合模数，应全盘考虑，会同设计单位定出门窗洞口位置尺寸，并注意暖卫立管安装及门窗开启不受影响。方形多孔砖墙的转角处和交接处，应加砌配砖（半砖），配砖分别位于转角和交接处的外侧。

4.6.3　盘角：砌砖前应根据组砌方法、排砖要求进行盘角，及时靠平吊正，对照皮数杆的砖层和标高，控制好灰缝大小，大角盘好后复查一次，无误后方可挂线砌墙。

4.6.4　挂线：砌筑一砖及以上厚墙应双面挂线，当多人砌长墙使用一根通线时，中间应设几个支线点，小线要拉紧。每皮砖均要穿线看平，使水平灰缝均匀一致，平直通顺。

4.6.5　砌砖：

1　砌砖宜采用“三一砌砖法”（即一铲灰，一块砖，一挤揉），满铺满挤，确保砂浆饱满。砌砖时应将砖放平，并做到“上跟线，下对棱，左右相邻要对齐”。水平灰缝厚度和竖向灰缝宽度宜为10mm，但不应小于8mm，也不应大于12mm。清水墙不得在上部随意变活、乱缝，当砌完一步架高时，沿水平方向每隔2m左右，在丁砖立棱位置弹两道垂直线分段控制游丁走缝。

2　现场搅拌的砂浆应随拌随用，拌制的砂浆应在3h内使用完毕；当施工期间最高气温超过30℃时，应在2h内使用完毕。对掺用缓凝剂的砂浆，其使用时间可根据其缓凝时间的试验结果确定。

3　清水墙应随砌随压缝，勾缝深度应深浅一致，深度宜为8～10mm，并将墙面清扫干净。混水砖墙应及时将舌头灰刮净。

4　留槎：砖墙转角处和交接处应同时砌筑。在抗震设防烈度8度及以上地区，对不能同时砌筑的临时间断处应留斜槎，多孔砖砌体的斜槎长高比不应小于1/2，斜槎高度不得超过一步脚手架高度。

砖砌体的转角处和交接处对非抗震设防及在抗震设防烈度为6度、7度地区的临时间断处，当不能留斜槎时，除转角处外，可留直槎，但应做成凸槎，并应沿墙高每500mm加设拉结筋，且竖向间距偏差不应超过100mm。拉结筋数量为每120mm墙厚1ϕ6（墙厚120mm设2ϕ6），埋入长度从留槎处算起每边均不少于500mm（非抗震区）或1000mm（设防烈度6度、7度抗震区）；末端应设90°弯钩。施工洞口处亦应按此要求预埋拉结筋，上部应加预制钢筋混凝土过梁，洞口净宽不应大于1000mm，其侧边离交接处墙面不应小于500mm。砌体接槎时，必须将接槎处清理干净，浇水湿润，并应填实砂浆，保持灰缝平直。

5　过梁、梁垫安装：其标高、位置及型号必须准确，支座上砂浆铺平垫满。如铺灰厚度超过20mm时，应用豆石混凝土铺垫。过梁两端支撑点长度应一致并符合设计要求和规范规定。

6　木砖安砌：木砖应提前做好防腐处理，预埋时小头朝外，大头向内，其数量视洞口高度确定。洞口高在1200mm以内，每边放2块；高1200～2000mm，每边放3块；高2000～3000mm每边放4块，埋设位置一般在洞口上下四皮砖各放一块，中间均匀布置。对120mm厚墙可用混凝土预制，以防不牢，如图2-1。

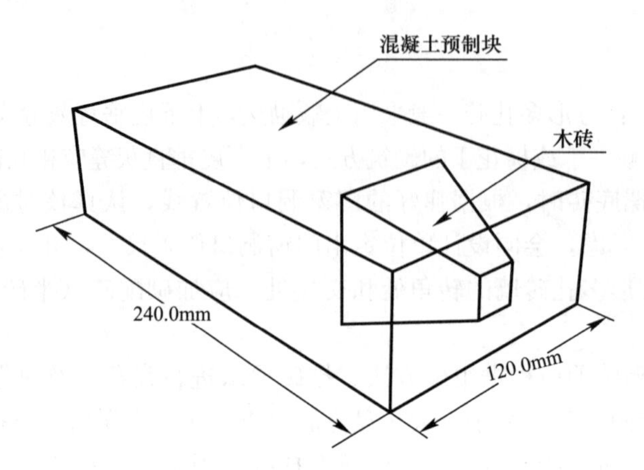

图2-1　混凝土预制块示意图

注：图示尺寸为预制块最小尺寸，具体以多孔砖尺寸为准。

7　预留孔洞及穿墙管道必须符合设计要求，不得事后剔凿。电线管开槽必须弹线，用切割机切割。宽度超过300mm的洞口应设置预制钢筋混凝土过梁。

8　构造柱做法：与构造柱连接处砖墙应砌成先退后进马牙槎，每个马牙槎沿高度方向的尺寸宜为300mm，凹凸尺寸宜为60mm，凸槎下端切45°斜角。砌体与构造柱间应沿墙高每500mm设拉结钢筋，钢筋数量及伸入墙内长度应满足设计要求。拉结筋数量为每120mm墙厚应设置1ϕ6（墙厚为120mm时设2ϕ6），埋入长度从留槎处算起每边均不应少于500mm（非抗震区）或1000mm（设防烈度6度、7度抗震区），末端应设90°弯钩。

9　砌筑完每一楼层后，应校核砌体的轴线和标高，保证其偏差在允许范围内。

4.7　试验

砂浆应按规定做稠度试验和强度试块，砂浆试样在搅拌机出料口随机取样制作，砌筑砂浆的验收批，同一类型、同一强度等级的砂浆试块不应少于3组。一组试样应在同一盘砂浆中制作，同一搅拌盘内砂浆不得制作一组以上的砂浆试块。每一检验批且不超过250m^{3}砌体中，每台搅拌机同一类型及同一强度等级砂浆应至少检验一次，如强度等级、配合比或原材料有变化时，还应制作试块。

预拌砂浆应在卸料过程中的中间部位随机取样。

5　质量标准

5.1　主控项目

5.1.1　多孔砖和砂浆的强度等级必须符合设计要求。

5.1.2　砌体水平缝的砂浆饱满度不得低于80%；砖柱水平灰缝和竖向灰缝饱满度不得

低于 90%。

5.1.3　多孔砖砌体的转角处和交接处应同时砌筑，严禁无可靠措施的内外墙分砌施工。在抗震设防烈度为 8 度及 8 度以上地区，对不能同时砌筑而又必须留置的临时间断处应砌成斜槎，斜槎水平投影长度不应小于高度的 2/3，斜槎高度不得超过一步脚手架的高度。

5.2　一般项目

5.2.1　多孔砖砌体组砌方法应正确，内外搭砌，上下错缝。清水墙、窗间墙无通缝。

5.2.2　多孔砖砌体的灰缝应横平竖直，厚薄均匀，水平灰缝厚度及竖向灰缝宽度宜为 10mm，但不应小于 8mm，也不应大于 12mm。

5.2.3　多孔砖砌体尺寸、位置的允许偏差及检验应符合表 2-1 的规定。

多孔砖砌体尺寸、位置的允许偏差　　**表 2-1**

<table>
<tr><th>项次</th><th colspan="3">项目</th><th>允许偏差（mm）</th></tr>
<tr><td>1</td><td colspan="3">轴线位移</td><td>10</td></tr>
<tr><td>2</td><td colspan="3">基础、墙、柱顶面标高</td><td>±15</td></tr>
<tr><td rowspan="3">3</td><td rowspan="3">墙面垂直度</td><td colspan="2">每层</td><td>5</td></tr>
<tr><td rowspan="2">全高</td><td>≤10m</td><td>10</td></tr>
<tr><td>>10m</td><td>20</td></tr>
<tr><td rowspan="2">4</td><td colspan="2" rowspan="2">表面平整度</td><td>清水墙、柱</td><td>5</td></tr>
<tr><td>混水墙、柱</td><td>8</td></tr>
<tr><td rowspan="2">5</td><td colspan="2" rowspan="2">水平灰缝平直度</td><td>清水墙</td><td>7</td></tr>
<tr><td>混水墙</td><td>10</td></tr>
<tr><td>6</td><td colspan="3">门窗洞口高、宽（后塞口）</td><td>±10</td></tr>
<tr><td>7</td><td colspan="3">外墙上下窗口偏移</td><td>20</td></tr>
<tr><td>8</td><td colspan="3">清水墙游丁走缝</td><td>20</td></tr>
<tr><td>9</td><td colspan="3">水平灰缝厚度（10 皮砖累计）</td><td>±8</td></tr>
</table>

6　成品保护

6.0.1　安拆脚手架、模板或吊放构件时，指挥人员和吊车司机应密切配合，防止碰撞已砌好的墙面。

6.0.2　墙体拉结筋、抗震构造柱钢筋、各种预埋件及暖卫、电气管线等，均应注意保护，不得任意拆改和损坏。

6.0.3　砂浆稠度应适宜，砌墙时防止砂浆溅脏墙面；在临时出入洞口或料架周围，应用草垫、木板或塑料薄膜覆盖。

6.0.4　窗台板、过梁安装应事先坐浆，不得随意砸墙，塞安构件。

6.0.5　电气埋管应尽量预留，当未预留或需要改变位置，应用切割机割缝，再用錾子轻剔，不得直接凿剔。

6.0.6　尚未安装或浇筑楼板、屋面板的墙和柱，当可能遇到大风时，应采取临时加固措施，以确保墙和柱的稳定性。

6.0.7　砖砌体施工时，楼面和屋面施工荷载不得超过板的活荷载允许值。

7　注意事项

7.1　应注意的质量问题

7.1.1　加强现场材料管理，严禁不同品种的水泥混合堆放或使用。

7.1.2　砂浆配合比必须经试验室试配确定，严禁凭经验确定。

7.1.3　配制砂浆严禁使用脱水硬化的石灰膏。严禁消石灰粉直接用于砌筑砂浆中。使用外加剂必须具备产品说明书及出厂合格证，并经砂浆性能试验合格后方可使用。

7.1.4　砂浆试块应进行标准养护。

7.1.5　皮数杆是控制结构各部位竖向构造变化的标尺，必须按要求设立。

7.1.6　为了减少不均匀沉降和应力集中，砌体相邻工作段的高度差，不得超过一个楼层的高度，也不宜大于4m；砌体临时间断处的高度差，不得超过一步脚手架高度。

7.1.7　必须按设计规定的间距和宽度留置变形缝，缝内垃圾及时清理干净，施工中注意防护。

7.1.8　搁置楼板的山墙如有不平必须采用同圈梁强度等级的细石混凝土补平，严禁采用镶砖补缺。

7.1.9　实践证明“三一”砌砖法是提高砌体砌筑质量的有效方法，严禁采用铺长灰，摆砖贴心的方法，若采用铺灰法砌筑，铺灰长度不得超过500mm。

7.1.10　为了保证砌体质量，下列墙体或部位不得留脚手眼，脚手眼封堵必须采用同砌体强度一致的砖，并保证砂浆填塞密实。

1　120mm厚砖墙和独立柱。

2　过梁上与过梁成60°角的三角形范围及过梁净跨度1/2的高度范围内。

3　宽度小于1m的窗间墙。

4　砖砌体的门窗洞口两侧200mm和转角处450mm的范围内。

5　梁和梁垫下及其左右各500mm的范围内。

6　设计不允许设置脚手眼的部位。

7.1.11　构造柱处马牙槎砌砖宜切45°斜角，以使混凝土灌注密实。

7.1.12　应注意的质量通病：

1　基础墙与上部墙错台，墙身轴线移位。

2　清水墙游丁走缝超标准。

3　灰缝大小不匀，同一皮砖层的标高不一致。

4　混水墙面造成通缝，表面粗糙。

5　清水墙面勾缝污染。

6　构造柱两侧马牙槎不统一，构造柱烂根。

7.2　应注意的安全问题

7.2.1　停放机械场地的土质要坚实，雨期施工应有排水措施，防止地面下沉造成机械倾斜。

7.2.2　施工前必须检查操作环境是否符合安全要求，道路是否畅通，机具是否完好牢固，安全设施和防护用品是否齐全，经检查符合要求后方可施工。

7.2.3　墙身砌筑高度超过 1.2m 时，应搭设脚手架。在一层以上或高度超过 3m 时，采用里脚手架并支搭安全网，采用外脚手架时，应设护身栏杆和挡脚板。

7.2.4　脚手架上堆料量不得超过规定荷载，堆砖高度不得超过 3 层侧砖。同一块脚手板上的操作人员不应超过 2 人。

7.2.5　不准站在墙上做划线、刮缝及清扫墙面或检查大角垂直等工作。

7.2.6　砍砖应面向内侧，防止碎砖跳出伤人。

7.2.7　起重机吊砖要用吊笼，砂浆料斗不能装得过满，吊车臂旋转到架子上时，砌筑人员要暂停操作，不得在吊臂下停留。

7.2.8　禁止用手抛砖，人工传递时应稳递稳接。

7.3　应注意的绿色施工问题

7.3.1　现场材料应堆放整齐，进行必要的苫盖，防止扬尘。水泥应存入水泥库房，并有防潮措施。

7.3.2　因砂浆搅拌而产生的污水应经过滤后排入指定地点。

7.3.3　砂浆搅拌机的运行噪声应控制在国家有关部门规定的范围内。

7.3.4　在砂浆搅拌、运输、使用过程中，遗漏的砂浆应及时回收处理。

7.3.5　施工场地实行封闭化，主要道路硬化，易起尘的施工面及时洒水围挡，保证现场扬尘排放达标。

7.3.6　固体废物实现分类存放，有效管理，提高回收利用率。生产和生活用水分类排放。

7.3.7　车辆运输不超载，出入冲洗车轮，保证运输无遗撒。

8　质量记录

8.0.1　砌体施工质量控制等级确认记录。

8.0.2　砖、水泥、钢筋、砂等材料合格证书、产品性能检测报告。

8.0.3　有机塑化剂砌体强度型式检验报告。

8.0.4　砂浆配合比通知单。

8.0.5　砂浆试件抗压强度试验报告。

8.0.6　隐蔽工程检查验收记录。

8.0.7　施工记录。

8.0.8　多孔砖砌体工程检验批质量验收记录。

8.0.9　多孔砖砌体分项工程质量验收记录。

8.0.10　其他技术文件。

第 3 章　填充墙砌筑

本工艺标准适用于框架、剪力墙等结构形式的填充墙砌筑。

1　引用标准

《砌体结构工程施工规范》GB 50924—2014
《建筑工程施工质量验收统一标准》GB 50300—2013
《砌体结构工程施工质量验收规范》GB 50203—2011
《砌体工程现场检测技术标准》GB/T 50315—2011
《烧结普通砖》GB/T 5101—2017
《烧结空心砖和空心砌块》GB/T 13545—2014
《混凝土实心砖》GB/T 21144—2007
《蒸压加气混凝土砌块》GB/T 11968—2006
《蒸压灰砂砖》GB 11945—1999
《轻集料混凝土小型空心砌块》GB/T 15229—2011
《钢筋混凝土用钢　第 1 部分：热轧光圆钢筋》GB/T 1499.1—2017
《钢筋混凝土用钢　第 2 部分：热轧带肋钢筋》GB/T 1499.2—2018
《蒸压粉煤灰砖》JC/T 239—2014
《砌筑砂浆配合比设计规程》JGJ/T 98—2010
《建筑砂浆基本性能试验方法标准》JGJ/T 70—2009
《混凝土结构后锚固技术规程》JGJ 145—2013

2　术语（略）

3　施工准备

3.1　作业条件

3.1.1　应编制砌体工程施工方案，按照设计及标准结合现场实际情况绘制排砖图，节点组砌图。

3.1.2　完成进场原材料的见证取样复验、砌筑砂浆及混凝土配合比的设计。

3.1.3　检查砌筑操作人员的技能资格，并对操作人员进行技术、安全交底。

3.1.4　完成上道工序的验收，且验收合格。

3.1.5　弹好墙身轴线、边线以及门窗洞口线，核对放线尺寸，形成记录并办理验收手续。

3.1.6　现场所用计量器具符合检定周期和检定标准规定。

3.1.7　构造柱已按设计要求及规范规定绑扎好。

3.1.8　砌体样板已验收合格。

3.2　材料及机具

3.2.1　砌块：空心砖、加气混凝土砌块、轻骨料混凝土小型空心砌块应分别符合《烧结空心砖和小型空心砌块》GB/T 13545、《蒸压加气混凝土砌块》GB/T 11968 和《轻集料混凝土小型空心砌块》GB/T 15229 的规定，并有出厂合格证。

品种、强度等级必须符合设计要求及国家标准规定，并应规格一致，有出厂合格证和复试报告。用于清水墙、柱的砖应色泽均匀，边角整齐。混凝土砖、蒸压砖的生产龄期应达到28d。

3.2.2 水泥：宜采用通用硅酸盐水泥或砌筑水泥，且应符合国家标准《通用硅酸盐水泥》GB 175 和《砌筑水泥》GB/T 3183 的规定，有出厂 28d 合格证和复试报告。M15 及以下强度等级的砌筑砂浆宜选用 32.5 级的通用硅酸盐水泥或砌筑水泥；M15 以上强度等级的砌筑砂浆宜选用 42.5 级普通硅酸盐水泥。水泥存放应按品种、强度等级、出厂日期分类堆放，并保持干燥，当在使用中对水泥质量受不利环境影响或水泥出厂超过 3 个月、快硬硅酸盐水泥超过 1 个月时，应进行复验，并应按复验结果使用。不同品种、不同强度等级的水泥不得混合使用。

3.2.3 砂：宜选用过筛中砂，且应符合现行标准《混凝土和砂浆用再生细骨料》GB/T 25176、《普通混凝土用砂、石质量及检验方法标准》JCJ 52 和《再生骨料应用技术规程》JGJ/T 240 的规定。水泥砂浆和强度等级不小于 M5 的水泥混合砂浆，砂中含泥量不应超过 5%；强度等级小于 M5 的水泥混合砂浆，砂中含泥量不应超过 10%。

3.2.4 掺合料：建筑生石灰熟化成石灰膏时，熟化时间不得少于 7d，磨细生石灰粉熟化时间不少于 2d，材质应符合《建筑生石灰》JC/T 479 的有关规定；粉煤灰的品质指标应符合《粉煤灰在混凝土及砂浆中的应用技术规程》JGJ 28 的有关规定，宜采用干排灰。

3.2.5 外加剂：凡在砂浆中掺入增塑剂、早强剂、缓凝剂、防水剂、防冻剂等外加剂，应符合国家现行标准《混凝土外加剂》GB 8076、《混凝土外加剂应用技术规范》GB 50119 和《砌筑砂浆增塑剂》JG/T 164 的规定。经检验和试配，符合要求后方可使用。

3.2.6 水：应采用不含有害物质的洁净水并应符合现行行业标准《混凝土用水标准》JGJ 63 的规定。

3.2.7 钢筋：砌体结构工程使用的钢筋，应符合设计要求及国家现行标准《钢筋混凝土用钢 第1部分：热轧光圆钢筋》GB/T 1499.1 和《钢筋混凝土用钢 第2部分：热轧带肋钢筋》GB/T 1499.2 的规定。

3.2.8 机具：搅拌机、切割机、台秤、大铲、刨锛、托线板、灰槽、线坠、钢卷尺、八字靠尺板、水平尺、皮数杆、小白线、砖夹、扫帚、5mm 孔径筛子、铁锹、运灰车、运砖车、人字梯、高压气枪等。

4 操作工艺

4.1 工艺流程

测量放线 → 砖浇水 → 立皮数杆 → 砂浆搅拌 → 砌筑 → 试验

4.2 测量放线

以结构施工内控点为依据，按设计要求，在楼地面上弹好墙身线、门窗洞口位置线（特殊标识），并认真核对窗间墙、垛尺寸，按其长度排砖。

4.3 砖浇水

用普通砂浆砌筑填充墙时烧结空心砖应提前 1～2d 浇水湿润，其相对含水率宜为 60%～

70%。

轻骨料混凝土小型空心砌块砌筑时，其产品龄期应大于28d。吸水率较小的轻骨料混凝土小型空心砌块，砌筑前不应对其浇水湿润，若在气候干燥炎热的情况下，宜在砌筑前浇水湿润；采用普通砂浆砌筑时，吸水率较大的轻骨料混凝土小型空心砌块应提前1～2d浇水湿润，相对含水率宜为40%～50%。

蒸压加气混凝土砌块采用专用砂浆或普通砂浆砌筑时，应在砌筑当天对砌块砌筑面浇水湿润，相对含水率宜为40%～50%。

4.4　立皮数杆

按室内地坪在所砌墙的两端立好皮数杆，数杆上应注明门窗洞口、木砖、过梁、砖层、灰缝等标高，皮数杆应垂直、牢固，标高一致，并经复核。

根据最下面第一皮砖的标高，拉通线检查，若水平灰缝厚度超过20mm，应用细石混凝土找平。

4.5　砂浆搅拌

优先采用预拌砂浆。现场拌制砂浆应采用机械搅拌，搅拌时间自投料完起算，水泥砂浆和水泥混合砂浆不应少于2min；采用水泥粉煤灰砂浆和掺用外加剂的砂浆，不得少于3min；掺液体增塑剂的砂浆，应先将水泥、砂干拌混合均匀后，将混有增塑剂的拌合水倒入干混砂浆中继续搅拌；掺固体增塑剂的砂浆，应先将水泥、砂和增塑剂干拌混合均匀后，将拌合水倒入其中继续搅拌。从加水开始，搅拌时间不应少于3.5min。预拌砂浆使用应符合有关技术标准或产品说明书的要求。

所用配合比应采用质量比，计量精度应控制在水泥及各种外加剂配料的允许偏差为±2%，砂、粉煤灰、石灰膏配料的允许偏差为±5%以内。砂子计量时，应扣除其含水量对配料的影响。

4.6　砌筑

4.6.1　空心砖砌体

1　空心砖墙应侧立砌筑，孔洞应呈水平方向。空心砖墙底部宜砌筑3皮普通砖，门窗洞口两侧一砖范围内应采用烧结普通砖砌筑。

2　砌筑空心砖墙的水平灰缝厚度和竖向灰缝宽度宜为10mm，且不应小于8mm，也不应大于12mm。竖缝应采用刮浆法，先抹砂浆后再砌筑。

3　砌筑时，墙体的第一皮空心砖应进行试摆。排砖时，不够半砖处应采用普通砖或配砖补砌，半砖以上的非整砖宜采用无齿锯加工制作。

4　组砌时，应上下错缝，交接处应咬槎搭砌，掉角严重的空心砖不宜使用。

5　墙采用空心砖砌筑时，应采取防雨水渗漏的措施。

4.6.2　轻骨料混凝土小型空心砌块砌体

1　在厨房、卫生间和浴室等处采用轻骨料混凝土小型空心砌块砌筑墙体时，墙体底部宜现浇混凝土坎台，坎台高度应符合设计要求，当无设计要求时其高度宜为150mm。

2　当砌筑厚度大于190mm的小砌块墙体时，宜在墙体内外侧双面挂线。小砌块应将生产时的底面朝上反砌于墙上，小砌块墙内不得混砌普通砖或其他墙体材料。当需局部嵌砌时，应采用强度等级不低于C20适宜尺寸的预制混凝土砌块。

3 当小砌块墙体孔洞中需填充隔热或隔声材料时，应砌一皮填充一皮，且应填满，不得捣实。

4 轻骨料混凝土小型空心砌块填充墙砌体，在纵横墙交接处及转角处应同时砌筑；当不能同时砌筑时，应留成斜槎，斜槎水平投影长度不应小于高度的2/3，如图3-1。施工洞口处亦按此要求预埋拉结钢筋，上部应设置钢筋混凝土过梁，洞口净宽不大于1000mm，其侧边离交接处墙面不应小于500mm。砌体接茬时，必须将接茬处清理干净，浇水湿润，并应填实砂浆，保持灰缝平直。

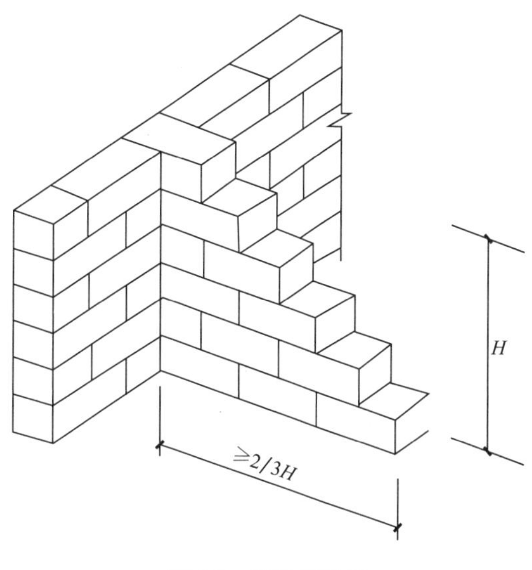

图3-1 砌块墙斜槎

5 当砌筑带保温夹心层的小砌块墙体时，应将保温夹心层一侧靠置室外，并应对孔错缝。左右相邻小砌块中的保温夹心层应互相衔接，上下皮保温夹心层间的水平灰缝处宜采用保温砂浆砌筑。

4.6.3 蒸压加气混凝土砌块砌体

1 蒸压加气混凝土砌块砌筑时，其产品龄期应大于28d。

2 采用普通砂浆砌筑时，水平灰缝厚度和竖向灰缝厚度不应超过15mm。采用薄层砂浆砌筑时，灰缝厚度宜为2～4mm，砌块不得用水浇湿。砌块与拉结筋的连接应预先在相应位置的砌块上表面开设凹槽，砌筑时钢筋应放置在凹槽砂浆内。当水平面和垂直面上有2mm的错边时，应先磨平，方可进行下道工序施工。

3 在厨房、卫生间、浴室等处采用蒸压加气混凝土砌块砌筑墙体时，墙体底部宜现浇混凝土坎台，混凝土坎台的高度应符合设计要求，当设计无要求时，其高度宜为150mm。

4 填充墙砌筑时应上下皮应错缝搭接长度不宜小于砌块长度的1/3，且不应小于150mm。

当不能满足时，在水平灰缝中应设置2ϕ6或ϕ4钢筋网片加强，加强筋从砌块搭接的错缝部位起，每侧搭接长度不宜小于700mm。

5 纵横墙交接处，应将砌块分皮咬槎，交错搭砌。转角处应使纵横墙的砌块相互搭接，隔皮砌块露端面。T字交接处，应使横墙砌块隔皮露端面，并坐中于纵墙砌块，如图3-2。同时按照设计要求及相关规定设置构造柱。

4.6.4 墙体开槽及构造的设置

1 预留洞口及穿墙管道必须符合设计要求，不得事后剔凿。电线管开槽必须弹线，用切割机切割。宽度超过300mm的洞口应设置预制或现浇钢筋混凝土过梁。

2 构造柱的设置：与构造柱连接处砖墙应砌成马牙槎，每个马牙槎沿高度方向的尺寸宜为300mm，凹凸尺寸宜为60mm，凸槎下端切45°斜角。砌体的压筋应伸入构造柱内。

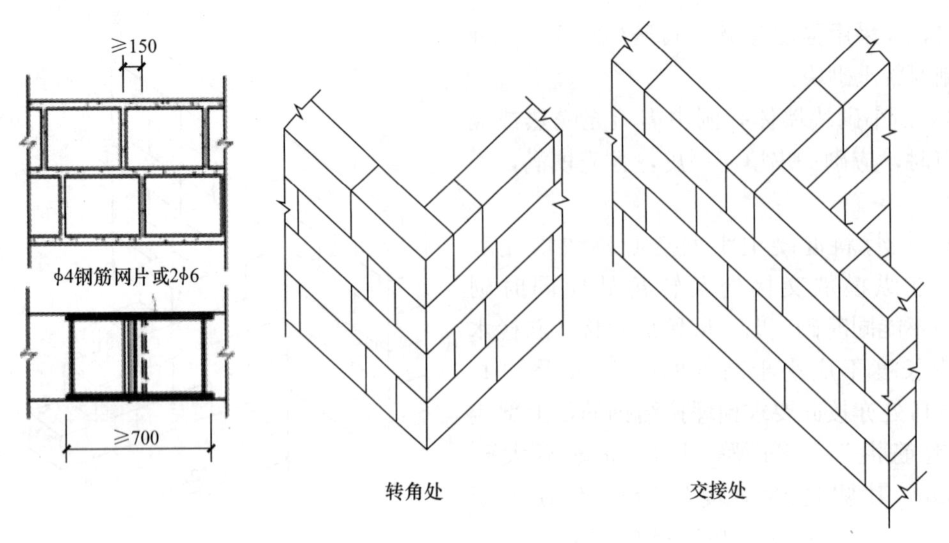

图 3-2　咬槎、搭接示意图

4.7　试验

砂浆应按规定做稠度和强度试验，砂浆试块在搅拌机出料口随机取样制作。同一类型、同一强度等级的砂浆试块不应少于 3 组，一组试样应在同一盘砂浆中制作。每一检验批且不超过 250m³ 砌体中，每台搅拌机同一类型及同一强度等级砂浆应至少检验一次，如强度等级、配合比或原材料有变化时，还应制作试块。

预拌砂浆应在卸料过程中的中间部位随机取样。

5　质量标准

5.1　主控项目

5.1.1　砖和砂浆的强度等级必须符合设计要求。

5.1.2　填充墙砌体应与主体结构可靠连接，其连接构造应符合设计要求。

5.1.3　化学植筋时，应进行实体检测。

5.2　一般项目

5.2.1　填充墙砌体的尺寸、位置允许偏差应符合表 3-1 的规定。

填充墙砌体的一般尺寸允许偏差（mm）　　**表 3-1**

项次	项目		允许偏差（mm）
1	轴线位移		10
2	垂直度（每层）	≤3m	5
		＞3m	10
3	表面平整度		8
4	门窗洞口高、宽（后塞口）		±10
5	外墙上、下窗口偏移		20

5.2.2　填充墙砌体的砂浆饱满度应符合表3-2的规定。

填充墙砌体的砂浆饱满度　　**表3-2**

砌体分类	灰缝	饱满度及要求
空心砖砌体	水平	≥80%
	垂直	填满砂浆，不得有透明缝、瞎缝、假缝
蒸压加气混凝土砌块、轻骨料混凝土小型空心砌块砌体	水平	≥80%
	垂直	≥80%

5.2.3　填充墙砌体留置的拉结筋或网片的位置，应与块体皮数相符合。拉结钢筋或网片应置于灰缝中，埋置长度应符合设计要求。竖向位置偏差不应超过一皮砖高度。

6　成品保护

6.0.1　预埋的拉结钢筋应加强保护，不得任意弯折或切断。

6.0.2　暖卫、电气管道及预埋件应注意保护，防止碰撞损坏。

6.0.3　手推车应平稳行驶，防止碰撞墙体。

6.0.4　空心砖墙上不得留脚手眼，防止发生事故。

6.0.5　先塞口门框应有保护措施，防止手推车轴损坏门框。

7　注意事项

7.1　应注意的质量问题

7.1.1　不得使用过期的水泥，配合比计量应准确，砂浆试块的制作、养护、试压应符合规定。

7.1.2　砌到顶部时，应在梁底或板底弹出墙边线，严格按线砌筑，以保证墙体顶部平直通顺。

7.1.3　孔洞、埋件应预留和预埋，防止在墙体上剔凿。

7.1.4　门窗框两侧应砌实心砖，便于埋设木砖或铁件，固定门窗框，并安放混凝土过梁。

7.2　应注意的安全问题

7.2.1　停放机械的场地土质应坚实，雨期应有排水措施，防止地面下沉造成机械倾斜。

7.2.2　操作之前应检查操作环境是否符合安全要求，道路是否畅通，机具是否完好牢固，安全设施和防护用品是否齐全，经检查符合要求后方可施工。

7.2.3　砌筑高度超过1.2m以上时，应搭设脚手架。在一层以上或高度超过3m时，采用里脚手架必须支搭安全网；采用外脚手架应设护身栏杆和挡脚板。

7.2.4　脚手架上堆料量不得超过规定荷载，堆砖高度不得超过三皮侧砖。同一块脚手板上的操作人员不应超过两人。

7.2.5　不得站在墙上进行划线、刮缝及清扫墙面或检查大角垂直等工作。

7.2.6　砍砖时应面向内打，防止碎砖跳出伤人。

7.2.7 起重机吊砖应用吊笼，砂浆料斗不得装得过满；吊车落到架子上时，砌筑人员应暂停操作，并避开一边。

7.2.8 禁止用手向上抛砖运输，人工传递时应稳递稳接。

7.2.9 砌体施工时，楼面和屋面堆载不得超过楼板的允许荷载值。施工层进料口楼板下，宜采用临时加撑措施。

7.3 应注意的绿色施工问题

7.3.1 现场材料应堆放整齐，进行必要的苫盖，防止扬尘。水泥应存入水泥库房，并有防潮措施。

7.3.2 因砂浆搅拌而产生的污水应经过滤后排入指定地点。

7.3.3 砂浆搅拌机的运行噪声应控制在国家有关部门规定的范围内。

7.3.4 在砂浆搅拌、运输、使用过程中，遗漏的砂浆应及时回收处理。

7.3.5 施工场地实行封闭化，主要道路硬化，易起尘的施工面及时洒水围挡，保证现场扬尘排放达标。

7.3.6 固体废物实现分类存放，有效管理，提高回收利用率。生产和生活用水分类排放。

7.3.7 车辆运输不超载，出入冲洗车轮，保证运输无遗撒。

8 质量记录

8.0.1 砌体施工质量控制等级确认记录。

8.0.2 填充墙砌块、砖、水泥、钢筋、砂等材料合格证书、产品性能检测报告，后植筋试验报告。

8.0.3 有机塑化剂砌体强度型式检验报告。

8.0.4 砂浆配合比通知单。

8.0.5 砂浆试件抗压强度试验报告。

8.0.6 隐蔽工程检查验收记录。

8.0.7 填充墙砌筑工程检验批质量验收记录。

8.0.8 填充墙砌筑分项工程质量验收记录。

8.0.9 其他技术文件。

第4章　配筋砌体砌筑

本工艺标准适用于配筋砌体的砌筑。

1 引用标准

《砌体结构工程施工规范》GB 50924—2014

《建筑工程施工质量验收统一标准》GB 50300—2013
《砌体结构工程施工质量验收规范》GB 50203—2011
《砌体工程现场检测技术标准》GB/T 50315—2011
《烧结普通砖》GB/T 5101—2017
《混凝土实心砖》GB/T 21144—2007
《蒸压灰砂砖》GB 11945—1999
《烧结空心砖和空心砌块》GB/T 13545—2014
《蒸压加气混凝土砌块》GB/T 11968—2006
《轻集料混凝土小型空心砌块》GB/T 15229—2011
《钢筋混凝土用钢　第 1 部分：热轧光圆钢筋》GB/T 1499.1—2017
《钢筋混凝土用钢　第 2 部分：热轧带肋钢筋》GB/T 1499.2—2018
《蒸压粉煤灰砖》JC/T 239—2014
《砌筑砂浆配合比设计规程》JGJ 98—2010
《建筑砂浆基本性能试验方法》JGJ 70—2009

2　术语（略）

3　施工准备

3.1　作业条件

3.1.1　应编制砌体工程施工方案，应按照设计及标准结合现场实际情况绘制排砖图，节点组砌图。

3.1.2　完成进场原材料的见证取样复验、砌筑砂浆及混凝土配合比的设计。

3.1.3　检查砌筑操作人员的岗位技能资格证，并对操作人员进行技术、安全交底。

3.1.4　完成上道工序的验收，且验收合格。

3.1.5　弹好墙身轴线、边线以及门窗洞口线，核对放线尺寸，形成记录并办理验收手续。

3.1.6　现场所用计量器具符合检定周期和检定标准规定。

3.1.7　构造柱已按设计要求及规范规定绑扎好。

3.1.8　砌体样板已验收合格。

3.2　材料及机具

3.2.1　砖：品种、强度等级必须符合设计要求及国家标准规定，并应规格一致，有出厂合格证。砌块的规格、外观质量、强度等级等必须符合设计要求。

3.2.2　水泥：宜采用通用硅酸盐水泥或砌筑水泥，且应符合国家标准《通用硅酸盐水泥》GB 175 和《砌筑水泥》GB/T 3183 的规定，有出厂 28d 合格证和复试报告。M15 及以下强度等级的砌筑砂浆宜选用 32.5 级的通用硅酸盐水泥或砌筑水泥；M15 以上强度等级的砌筑砂浆宜选用 42.5 级普通硅酸盐水泥。水泥存放应按品种、强度等级、出厂日期分类堆放，并保持干燥，当在使用中对水泥质量受不利环境影响或水泥出厂超过 3 个月、快硬硅酸盐水泥超过1个月时，应进行复验，并应按复验结果使用。不同品种、不同强度等级的水泥不得混合使用。

3.2.3　砂：宜选用过筛中砂，且应符合现行标准《混凝土和砂浆用再生细骨料》GB/T 25176、《普通混凝土用砂、石质量及检验方法标准》JCJ 52和《再生骨料应用技术规程》JGJ/T 240的规定。水泥砂浆和强度等级不小于M5的水泥混合砂浆，砂中含泥量不应超过5%；强度等级小于M5的水泥混合砂浆，砂中含泥量不应超过10%。

3.2.4　掺合料：建筑生石灰熟化成石灰膏时，熟化时间不得少于7d，磨细生石灰粉熟化时间不少于2d，材质应符合《建筑生石灰》JC/T 479的有关规定；粉煤灰的品质指标应符合《粉煤灰在混凝土及砂浆中的应用技术规程》JGJ 28的有关规定，宜采用干排灰。

3.2.5　外加剂：凡在砂浆中掺入增塑剂、早强剂、缓凝剂、防水剂、防冻剂等外加剂，应符合国家现行标准《混凝土外加剂》GB 8076、《混凝土外加剂应用技术规范》GB 50119和《砌筑砂浆增塑剂》JG/T 164的规定。经检验和试配，符合要求后方可使用。

3.2.6　水：应采用不含有害物质的洁净水并应符合现行行业标准《混凝土用水标准》JGJ 63的规定。

3.2.7　配套材料：小砌块砌筑砂浆应符合《混凝土小型空心砌块和混凝土砖砌筑砂浆》JC 860的要求；小砌块灌孔混凝土应符合《混凝土砌块（砖）砌块用灌注混凝土》JC 861的要求。

3.2.8　钢筋：砌体结构工程使用的钢筋，应符合设计要求及国家现行标准《钢筋混凝土用钢　第1部分：热轧光圆钢筋》GB/T 1499.1和《钢筋混凝土用钢　第2部分：热轧带肋钢筋》GB/T 1499.2的规定。

3.2.9　机具：搅拌机、切割机、台秤、大铲、刨锛、托线板、灰槽、线坠、钢卷尺、八字靠尺板、水平尺、皮数杆、小白线、砖夹、扫帚、5mm孔径筛子、铁锹、运灰车、运砖车等。

4　操作工艺

4.1　工艺流程

测量放线 → 砖浇水 → 立皮数杆 → 砂浆搅拌 → 砌筑 → 试验

4.2　测量放线

以结构施工内控点为依据，按设计要求，在楼地面上弹好墙身线、门窗洞口位置线（特殊标识），并认真核对窗间墙、垛尺寸，按其长度排砖。

4.3　砖浇水

常温施工时，烧结普通砖、蒸压灰砂砖和蒸压粉煤灰砖应提前1～2d浇水湿润，烧结砖含水率宜为60%～70%；非烧结类砖含水率宜为40%～50%；混凝土砖不宜浇水湿润。冬期施工或气温低于0℃时，砖不得浇水，但必须增大砂浆稠度。

4.4　立皮数杆

按室内地坪在所砌墙的两端立好皮数杆，同时除墙体转角及交接处全立外，其他地方间距宜不大于 15m。

4.5　砂浆搅拌

优先采用预拌砂浆。现场拌制砂浆应采用机械搅拌，搅拌时间自投料完起算，水泥砂浆和水泥混合砂浆不应少于 2min；采用水泥粉煤灰砂浆和掺用外加剂的砂浆，不应少于 3min；掺液体增塑剂的砂浆，应先将水泥、砂干拌混合均匀后，将添加增塑剂的拌合水倒入干混砂浆中继续搅拌；掺固体增塑剂的砂浆，应先将水泥、砂和增塑剂干拌混合均匀后，将拌合水倒入其中继续搅拌。从加水开始，搅拌时间不应少于 3.5min。预拌砂浆的搅拌时间应符合有关技术标准或产品说明书的要求。

所用配合比应采用质量比，计量精度应控制在水泥及各种外加剂配料的允许偏差为±2%，砂、粉煤灰、石灰膏配料的允许偏差为±5%以内。砂子计量时，应扣除其含水量对配料的影响。

4.6　砌筑

4.6.1　配筋砖砌体

1　组砌方法：采用一顺一丁、梅花丁或三顺一丁砌法，不采用五顺一丁砌法。

2　网状配筋砌体的钢筋网，不得采用分离放置的单根钢筋代替，宜采用焊接网片。网片在水平灰缝中，应沿灰缝厚度居中布置，灰缝厚度应大于网片厚度 4mm 以上，但灰缝最大厚度不宜大于 15mm。

3　由砌体和钢筋混凝土或配筋砂浆面层构成的组合砌体，其连接受力钢筋的拉结筋应在两端设置弯钩，并在砌筑砌体时正确埋入；面层施工时，应在砌体外围分段支设模板，分段支模高度宜在 500mm 以内，浇水湿润模板和砖砌体表面，分层浇筑混凝土或砂浆，并振捣密实；钢筋砂浆面层施工，可采用分层抹浆的方法，面层厚度应符合设计要求。

4　宽度小于 1000mm 的洞口可用钢筋砖过梁，但必须支模铺水泥砂浆，其厚度宜为 30mm，钢筋要压入砂浆，两端弯 90°弯钩，支撑长度不小于 240mm，并将弯钩向上折入上层砖缝内。过梁的第一皮砖应砌丁砖。

5　砌筑一砖及以上墙应双面挂线，当多人砌长墙使用一根通线时，中间应设置几个支点，小线要拉紧。每皮砖均要穿线看平，使水平灰缝均匀一致，平直通顺。

6　构造柱：设置构造柱的砌体，应先砌墙后浇构造柱，与构造柱连接处砖墙应砌成先退后进的马牙槎；每个马牙槎沿高度方向的尺寸宜为 300mm 以内，凹凸尺寸宜为 60mm，凸槎下端切 45°斜角。构造柱混凝土可分段浇筑，每段高度不宜大于 2m。

4.6.2　配筋砌块砌体

1　配筋砌块砌体的施工应采用专用砌筑砂浆和专用灌孔混凝土，其性能应符合《混凝土小型空心砌块和混凝土砖砌筑砂浆》JC 860 和《混凝土砌块（砖）砌体用灌孔混凝土》JC 861 的有关规定。

2　配筋砌块砌体剪力墙的水平钢筋，在凹槽砌块的混凝土带中的锚固、搭接长度应符合设计要求；配筋砌块砌体剪力墙两平行钢筋间的净距不应小于 50mm；水平钢筋搭接时应上下搭接，并应加设短筋固定，水平钢筋两端宜锚入端部灌孔混凝土中。

3　当剪力墙墙端设置钢筋混凝土柱作为边缘构件时，应按先砌砌块墙体，后浇筑混凝土柱的施工顺序，墙体中的水平钢筋应在柱中锚固并应满足钢筋锚固长度的要求。

4　芯柱的纵向钢筋应通过清扫口与基础圈梁、楼层圈梁、连系梁伸出的竖向钢筋绑扎搭接或焊接连接，搭接或焊接长度应符合设计要求。当钢筋直径大于 22mm 时，宜采用机械连接。

5　芯柱竖向钢筋应居中设置，顶端固定后再浇筑芯柱混凝土，连续浇筑混凝土的高度不应大于 1.8m。

4.6.3　预留孔洞及穿墙管道必须符合设计要求，不得事后剔凿。电线管开槽必须弹线，用切割机切割。宽度超过 300mm 的洞口应设置预制钢筋混凝土过梁。

4.6.4　砌筑完每一楼层后，应校核砌体的轴线和标高，保证其偏差在允许偏差范围内。

4.7　试验

砂浆应按规定做稠度和强度试验。砂浆试样在搅拌机出料口随机取样制作，砌筑砂浆的验收批，同一类型、同一强度等级的砂浆试块不应少于 3 组。一组试样应在同一盘砂浆中制作，同一搅拌盘内砂浆不得制作一组以上的砂浆试块。每一检验批且不超过 250m^3 砌体中，每台搅拌机同一类型及同一强度等级砂浆应至少检验一次，如强度等级、配合比或原材料有变化时，还应制作试块。

预拌砂浆应在卸料过程中的中间部位随机取样。

5　质量标准

5.1　主控项目

5.1.1　钢筋的品种、规格、数量和设置部位应符合设计要求。

5.1.2　构造柱、芯柱、组合砌体构件、配筋砌体剪力墙构件的混凝土及砂浆的强度等级应符合设计要求。

5.1.3　构造柱与墙体的连接处应砌成马牙槎，马牙槎应先退后进，预留拉结钢筋位置准确。

5.1.4　配筋砌体中受力钢筋的连接方式及锚固长度、搭接长度应符合设计要求。

5.2　一般项目

5.2.1　构造柱一般尺寸允许偏差及钢筋安装位置的允许偏差应符合表 4-1 的规定。

构造柱一般尺寸允许偏差　　　　**表 4-1**

<table>
<tr><th>项次</th><th colspan="3">项目</th><th>允许偏差（mm）</th></tr>
<tr><td>1</td><td colspan="3">中心线位置</td><td>10</td></tr>
<tr><td>2</td><td colspan="3">层间错位</td><td>8</td></tr>
<tr><td rowspan="3">3</td><td rowspan="3">垂直度</td><td colspan="2">每层</td><td>10</td></tr>
<tr><td rowspan="2">全高</td><td>≤10m</td><td>15</td></tr>
<tr><td>>10m</td><td>20</td></tr>
</table>

5.2.2 钢筋安装位置的允许偏差应符合表4-2的规定。

钢筋安装位置的允许偏差　　表4-2

项目		允许偏差（mm）
受力钢筋保护层厚度	网状配筋砌体	±10
	组合砖砌体	±5
	配筋小砌块砌体	±10
配筋小砌块砌体墙凹槽中水平钢筋间距		±10

5.2.3 钢筋的防腐保护应符合规定，且钢筋保护层完好。

5.2.4 网状配筋砖砌体中，钢筋网规格及放置间距应符合设计规定。

6　成品保护

6.0.1 砌块在装运过程中，应轻装轻放，运到现场的小砌块，分规格、分等级堆放整齐，堆放高度不宜超过2m。在运输及堆放中应防止雨淋。

6.0.2 预埋的拉结钢筋应加强保护，不得踩倒弯折。

6.0.3 砌体上的管线槽孔以预留为主，漏埋或未预埋时应采取措施，不得因剔凿而损坏砌体的完整性。

6.0.4 预埋的暖卫电器管线及设备应注意保护，防止碰撞损坏。

6.0.5 手推车应平稳行驶，防止碰撞墙面。

6.0.6 砌筑施工应及时清除砂浆和碎块，以免影响下道工序施工。

6.0.7 搭拆施工架子时，应注意保护墙体及门窗护角。

7　注意事项

7.1　应注意的质量问题

7.1.1 施工时所用的小砌块的产品龄期不应小于28d。

7.1.2 承重墙体严禁使用断裂小砌块。

7.1.3 需要移动小砌块或小砌块被摇动时，应重新铺砌。

7.1.4 承重墙体不得采用小砌块与其他块体材料混合砌筑。

7.1.5 对于规定的洞口、管道、沟槽和预埋件等，应在砌体中预留或预埋，严禁在砌好的砌体上打凿。

7.2　应注意的安全问题

7.2.1 停放机械的场地土质应坚实，雨期应有排水措施，防止地面下沉造成机械倾斜。

7.2.2 机械运转前应进行全面检查，达到要求后方可施工。工作中如遇故障等，应专业人员进行检修。

7.2.3 垂直运输砌块、砂浆等不准超出机械的起吊能力，机械应设限位保险装置。

7.2.4 采用内脚手架施工时，应在房屋外墙四周按照安全技术规定设置安全网、护身栏，并随施工的高度逐层提升。

7.2.5 砌体施工时，不得站在墙上进行划线、刮缝及清扫墙面或检查墙面平整度和垂直度等操作，也不得在墙面上行走，防止坠落。

7.2.6 在砌块砌体上，不宜拉锚缆风绳，不宜吊挂重物，也不宜作为其他施工临时设施、支撑的支承点，如确需要时，应采取有效的安全措施。

7.2.7 大风、大雨、冰冻等异常气候之后，应检查砌体垂直度是否有变化。

7.3 应注意的绿色施工问题

7.3.1 现场材料应堆放整齐，进行必要的苫盖，防止扬尘。水泥应存入水泥库房，并有防潮措施。

7.3.2 因砂浆搅拌而产生的污水应经过滤后排入指定地点。

7.3.3 砂浆搅拌机的运行噪声应控制在国家有关部门规定的范围内。

7.3.4 在砂浆搅拌、运输、使用过程中，遗漏的砂浆应及时回收处理。

7.3.5 施工场地实行封闭化，主要道路硬化，易起尘的施工面及时洒水围挡，保证现场扬尘排放达标。

7.3.6 固体废物实现分类存放，有效管理，提高回收利用率。生产和生活用水分类排放。

7.3.7 车辆运输不超载，出入冲洗车轮，保证运输无遗撒。

8 质量记录

8.0.1 砌体施工质量控制等级确认记录。

8.0.2 砖、混凝土空心砌块、钢筋、混凝土、砂等材料合格证书、产品性能检测报告，后植筋拉拔试验报告。

8.0.3 有机塑化剂砌体强度型式检验报告。

8.0.4 混凝土、砂浆配合比通知单。

8.0.5 混凝土、砂浆试件抗压强度试验报告。

8.0.6 隐蔽工程检查验收记录。

8.0.7 施工记录。

8.0.8 配筋砖砌体工程检验批质量验收记录。

8.0.9 配筋砖砌体分项工程质量验收记录。

8.0.10 配筋砌块砌体工程检验批质量验收记录。

8.0.11 配筋砌块砌体分项工程质量验收记录。

8.0.12 其他技术文件。

第5章　石砌体砌筑

本工艺标准适用于石砌筑砌体工程。

1　引用标准

《砌体结构工程施工规范》GB 50924—2014
《建筑工程施工质量验收统一标准》GB 50300—2013
《砌体结构工程施工质量验收规范》GB 50203—2011
《砌体工程现场检测技术标准》GB/T 50315—2011
《砌筑砂浆配合比设计规程》JGJ 98—2010
《建筑砂浆基本性能试验方法》JGJ 70—2009

2　术语（略）

3　施工准备

3.1　作业条件

3.1.1　应编制砌体工程施工方案，按照设计及标准结合现场实际情况绘制排砌图及节点组砌图。

3.1.2　完成进场原材料的见证取样复验、砌筑砂浆及混凝土配合比的设计。

3.1.3　检查砌筑操作人员的岗位技能资格证，并对操作人员进行技术、安全交底。

3.1.4　完成上道工序的验收，且验收合格。

3.1.5　弹好墙身轴线、边线以及门窗洞口线，核对放线尺寸，形成记录并办理验收手续。

3.1.6　现场所用计量器具符合检定周期和检定标准规定。

3.1.7　砌体样板已验收合格。

3.2　材料及机具

3.2.1　石料：毛石应质地坚实、无风化剥落和裂纹，应呈块状，其中间厚度不宜小于150mm。料石的规格、品种、颜色、强度等级应符合设计要求，宽度、厚度均不宜小于200mm，长度不宜大于厚度的 4 倍。料石加工的允许偏差应符合表 5-1 的规定。

料石加工允许偏差（mm）　　**表 5-1**

料石种类	加工允许偏差	
	宽度、厚度（mm）	长度（mm）
细料石	±3	±5
粗料石	±5	±7
毛料石	±10	±15

3.2.2　水泥：宜采用通用硅酸盐水泥或砌筑水泥，且应符合国家标准《通用硅酸盐水泥》GB 175 和《砌筑水泥》GB/T 3183 的规定，有出厂 28d 合格证和复试报告。M15 及以下强度等级的砌筑砂浆宜选用 32.5 级的通用硅酸盐水泥或砌筑水泥；M15 以上强度等级的砌

筑砂浆宜选用42.5级普通硅酸盐水泥。水泥存放应按品种、强度等级、出厂日期分类堆放，并保持干燥，当在使用中对水泥质量受不利环境影响或水泥出厂超过3个月、快硬硅酸盐水泥超过1个月时，应进行复验，并应按复验结果使用。不同品种、不同强度等级的水泥不得混合使用。

3.2.3　砂：宜选用过筛中砂，且应符合现行标准《混凝土和砂浆用再生细骨料》GB/T 25176、《普通混凝土用砂、石质量及检验方法标准》JCJ 52和《再生骨料应用技术规程》JGJ/T 240的规定。水泥砂浆和强度等级不小于M5的水泥混合砂浆，砂中含泥量不应超过5%；强度等级小于M5的水泥混合砂浆，砂中含泥量不应超过10%。

3.2.4　掺合料：建筑生石灰熟化成石灰膏时，熟化时间不得少于7d，磨细生石灰粉熟化时间不少于2d，材质应符合《建筑生石灰》JC/T 479的有关规定；粉煤灰的品质指标应符合《粉煤灰在混凝土及砂浆中的应用技术规程》JGJ 28的有关规定，宜采用干排灰。

3.2.5　外加剂：凡在砂浆中掺入增塑剂、早强剂、缓凝剂、防水剂、防冻剂等外加剂，应符合国家现行标准《混凝土外加剂》GB 8076、《混凝土外加剂应用技术规范》GB 50119和《砌筑砂浆增塑剂》JG/T 164的规定。经检验和试配，符合要求后方可使用。

3.2.6　水：应采用不含有害物质的洁净水并应符合现行行业标准《混凝土用水标准》JGJ 63的规定。

3.2.7　机具：搅拌机、切割机、台秤、大铲、大锤、小锤、灰槽、线坠、钢卷尺、皮数杆、小白线、砖夹、扫帚、5mm孔径筛子、铁锹、运灰车、运砖车等。

4　操作工艺

4.1　工艺流程

测量放线→立皮数杆→砂浆搅拌→砌筑→试验

4.2　测量放线

按照设计要求弹出各部位、墙身线及控制线。

4.3　立皮数杆

按照所弹强身线立好皮数杆，皮数杆应设在端部、转角处、中间部分距离宜不大于15m，皮数杆上应注明砌筑皮数及砌筑高度等。

4.4　砂浆搅拌

优先采用预拌砂浆。现场拌制砂浆应采用机械搅拌，搅拌时间自投料完起算，水泥砂浆和水泥混合砂浆不应少于2min；采用水泥粉煤灰砂浆和掺用外加剂的砂浆，不应少于3min；掺液体增塑剂的砂浆，应先将水泥、砂干拌混合均匀后，将添加增塑剂的拌合水倒入干混砂浆中继续搅拌；掺固体增塑剂的砂浆，应先将水泥、砂和增塑剂干拌混合均匀后，将拌合水倒入其中继续搅拌。从加水开始，搅拌时间不应少于3.5min。预拌砂浆的搅拌时间应符合有关技术标准或产品说明书的要求。

所用配合比应采用质量比，计量精度应控制在水泥及各种外加剂配料的允许偏差为±2%，砂、粉煤灰、石灰膏配料的允许偏差为±5%以内。砂子计量时，应扣除其含水量对配料的影响。

4.5 砌筑

4.5.1 砌料石

1 砌筑方法可采用丁顺叠砌、二顺一丁、丁顺组砌、全顺叠砌。

2 料石砌体的水平灰缝应平直，竖向灰缝应宽度一致，其中细料石砌体不宜大于5mm；粗料石和毛料石砌体不宜大于20mm。

3 砌筑料石砌体时，料石应放置平稳。砂浆铺设厚度应略高于规定灰缝厚度，其高出厚度：细料石、半细料石宜为3～5mm；粗料石、毛料石宜为6～8mm。叠砌面的粘灰面积应大于80%。

4 料石墙的第一皮及每个楼层的最上一皮应丁砌。阶梯形料石基础，上级阶梯的料石应至少压砌下级阶梯的1/3。

5 料石砌体应上下错缝搭砌。砌体厚度不小于两块料石宽度时，如同皮内全部采用顺砌，每砌两皮后，应砌一皮丁砌层；如同皮内采用丁顺组砌，丁砌不应交错设置，其中心间距不应大于2m。

6 在料石和毛石或砖的组合墙中，料石砌体和毛石砌体或砖砌体应同时砌筑，并应按要求做好不同砌体的拉结。

7 料石砌体的转角处和交接处应同时砌筑。对不能同时砌筑而又必须留置临时间断处，应砌成斜槎。

4.5.2 砌毛石

1 毛石砌体的灰缝应饱满密实，表面灰缝厚度不宜大于40mm，石块间不得有无砂浆而相互接触现象。

2 毛石砌体宜分皮卧砌，错缝搭砌，搭接长度不得小于80mm，内外搭砌时，不得采用外面侧立石块中间填心的砌筑方法；第一皮及转角处、交接处和洞口处，应采用较大的平毛石砌筑。

3 砌筑毛石基础时应拉垂线及水平线，砌第一皮毛石时，应先在基坑底铺设砂浆，并将大面向下。阶梯形毛石基础的上级阶梯的石块应至少压砌下级阶梯的1/2，相邻阶梯的毛石应相互错缝搭砌。

4 毛石砌体砌筑时，不应出现通缝、干缝、空缝和孔洞。

5 毛石砌体应设置拉结石，拉结石应均匀分布，相互错开，基础砌体同皮内间距不宜大于2m，墙体应每0.7m^2设置一块，且同皮内的中距不应大于2m。当基础宽度或墙厚≤400mm，拉结石长度应与基础或墙厚同宽；当基础宽度或墙厚>400mm时，可用两块拉结石内外搭接，搭接长度不应小于150mm且其中一块的长度不应小于基础宽度或墙厚的2/3。

6 在毛石和料石或砖的组合墙中，毛石砌体和料石砌体或砖砌体应同时砌筑，并应按要求做好不同砌体的拉结。

7 毛石砌体的转角处和交接处应同时砌筑。对不能同时砌筑而又必须留置临时间断处，应砌成斜槎。

4.5.3　勾缝

1　勾平缝时，应将灰缝嵌塞密实，缝面应于石面相平，并应将缝面压光。

2　勾凸缝时，应先用砂浆将灰缝补平，待初凝后再抹第二层砂浆，压实后应将其捋成宽度为40mm的凸缝。

3　勾凹缝时，应将灰缝嵌塞密实，缝面宜比石面深10mm，并把缝面压平溜光。

4.6　试验

砂浆应按规定做稠度和强度试验。砂浆试样在搅拌机出料口随机取样制作，砌筑砂浆的验收批，同一类型、同一强度等级的砂浆试块不应少于3组。一组试样应在同一盘砂浆中制作，同一搅拌盘内砂浆不得制作一组以上的砂浆试块。每一检验批且不超过250m^{3}砌体中，每台搅拌机同一类型及同一强度等级砂浆应至少检验一次，如强度等级、配合比或原材料有变化时，还应制作试块。

预拌砂浆应在卸料过程中的中间部位随机取样。

5　质量标准

5.1　主控项目

5.1.1　石材及砂浆强度等级必须符合设计要求。

5.1.2　砂浆饱满度不应小于80%。

5.2　一般项目

5.2.1　石砌体的一般尺寸允许偏差应符合表5-2的规定。

石砌体的一般尺寸允许偏差（mm）　　**表5-2**

项次	项目		允许偏差（mm）						
			毛石砌体		料石砌体				
			基础	墙	毛料石		粗粒石		细料石
					基础	墙	基础	墙	墙、柱
1	轴线位置		20	15	20	15	15	10	10
2	基础和墙砌体顶面标高		±25	±15	±25	±15	±15	±15	±10
3	砌体厚度		+30	+20 −10	+30	+20 −10	+15	+10 −5	+10 −5
4	墙面垂直度	每层	—	20	—	20	—	10	7
		全高	—	30	—	30	—	25	10
5	表面平整度	清水墙柱	—	—	—	20	—	10	5
		混水墙柱	—	—	—	20	—	15	—
6	清水墙水平灰缝平直度		—	—	—	—	—	10	5

5.2.2　石砌体的组砌形式应符合内外搭砌，上下错缝，拉结石、丁砌石交错设置的规定，毛石墙拉结石每0.7m^{2}墙面不应少于1块。

6　成品保护

6.0.1　石材装卸、堆放应注意对棱角及外露面的保护。

6.0.2　砂浆初凝后，不得再移动或碰撞已砌筑的石块。

6.0.3　细料石墙、柱、垛应用木块、塑料布保护，防止损坏棱角或污染。

6.0.4　砌体中埋设的拉结筋应注意保护，不得随意踩倒弯折。

6.0.5　砌筑过程中遇大雨时应停工，并对已完成品采取保护措施。

7　注意事项

7.1　应注意的质量问题

7.1.1　石材质量应符合设计要求，对进场的料石品种、规格、颜色等应按规定进行核验。

7.1.2　砂浆配合比计量应准确，搅拌时间应达到规定的要求。试块的制作、养护、试压应符合规定。砂子计量时，应扣除含水量对配料的影响。

7.1.3　皮数杆应立牢固、标高一致，砌筑时拉紧小线。

7.1.4　石材清水墙、料石墙中不得留脚手眼。

7.1.5　雨后继续施工时，应检查已完砌体的垂直度和标高。

7.2　应注意的安全问题

7.2.1　停放机械的场地土质应坚实，雨期应有排水措施，防止地面下沉造成机械倾斜。

7.2.2　机械操作前应检查操作环境是否符合安全要求，道路是否畅通，机具是否完好牢固，安全设施是否齐全，经检查符合要求后方可施工。

7.2.3　砌筑时不准徒手移动，以免压破和擦伤手指。

7.2.4　不准在墙顶休整石材，以免震动墙体或石片掉下，造成伤人事故。

7.2.5　在超过1m以上的墙体进行砌筑时，应避免将墙体碰撞倒塌或上块石时失手掉下，造成安全事故。石砌体每天的砌筑高度不得大于1.2m。

7.3　应注意的绿色施工问题

7.3.1　现场材料应堆放整齐，进行必要的苫盖，防止扬尘。水泥应存入水泥库房，并有防潮措施。

7.3.2　因砂浆搅拌而产生的污水应经过滤后排入指定地点。

7.3.3　砂浆搅拌机的运行噪声应控制在国家有关部门规定的范围内。

7.3.4　在砂浆搅拌、运输、使用过程中，遗漏的砂浆应及时回收处理。

7.3.5　施工场地实行封闭化，主要道路硬化，易起尘的施工面及时洒水围挡，保证现场扬尘排放达标。

7.3.6　固体废物实现分类存放，有效管理，提高回收利用率。生产和生活用水分类排放。

7.3.7　车辆运输不超载，出入冲洗车轮，保证运输无遗撒。

8　质量记录

8.0.1　砌体施工质量控制等级确认记录。

8.0.2 石材、水泥、钢筋、砂等材料合格证书、产品性能检测报告。

8.0.3 有机塑化剂砌体强度型式检验报告。

8.0.4 砂浆配合比通知单。

8.0.5 砂浆试件抗压强度试验报告。

8.0.6 隐蔽工程检查验收记录。

8.0.7 施工记录。

8.0.8 石砌体工程检验批质量验收记录。

8.0.9 石砌体分项工程质量验收记录。

8.0.10 其他技术文件。

第6章 混凝土小型空心砌块砌筑

本工艺标准适用于普通混凝土小型空心砌块和轻骨料混凝土小型空心砌块砌筑工程。

1 引用标准

《砌体结构工程施工规范》GB 50924—2014
《建筑工程施工质量验收统一标准》GB 50300—2013
《砌体结构工程施工质量验收规范》GB 50203—2011
《砌体工程现场检测技术标准》GB/T 50315—2011
《烧结普通砖》GB/T 5101—2017
《普通混凝土小型砌块》GB/T 8239—2014
《轻集料混凝土小型空心砌块》GB/T 15229—2011
《钢筋混凝土用钢　第1部分：热轧光圆钢筋》GB/T 1499.1—2017
《钢筋混凝土用钢　第2部分：热轧带肋钢筋》GB/T 1499.2—2018
《砌筑砂浆配合比设计规程》JGJ 98—2010
《建筑砂浆基本性能试验方法》JGJ 70—2009

2 术语（略）

3 施工准备

3.1 作业条件

3.1.1 应编制砌体工程施工方案，应按照设计及标准结合现场实际情况绘制排砖图，节点组砌图。

3.1.2 完成进场原材料的见证取样复验、砌筑砂浆及混凝土配合比的设计。

3.1.3 检查砌筑操作人员的技能资格，并对操作人员进行技术、安全交底。

3.1.4 完成上道工序的验收，且经验收合格。

3.1.5 弹好墙身轴线、边线以及门窗洞口线，核对放线尺寸，形成记录并办理验收手续。

3.1.6 现场所用计量器具符合检定周期和检定标准规定。

3.1.7 砌体样板已验收合格。

3.2 材料和机具

3.2.1 砌块：混凝土小型空心砌块和轻集料混凝土小型空心砌块的规格，外观质量、密度等级、强度等级等必须符合设计要求及《普通混凝土小型砌块》GB/T 8239和《轻集料混凝土小型空心砌块》GB/T 15229。砌块的生产龄期应达到28d，有出厂合格证。

3.2.2 水泥：宜采用通用硅酸盐水泥或砌筑水泥，且应符合国家标准《通用硅酸盐水泥》GB 175和《砌筑水泥》GB/T 3183的规定，有出厂28d合格证和复试报告。M15及以下强度等级的砌筑砂浆宜选用32.5级的通用硅酸盐水泥或砌筑水泥；M15以上强度等级的砌筑砂浆宜选用42.5级普通硅酸盐水泥。水泥存放应按品种、强度等级、出厂日期分类堆放，并保持干燥，当在使用中对水泥质量受不利环境影响或水泥出厂超过3个月、快硬硅酸盐水泥超过1个月时，应进行复验，并应按复验结果使用。不同品种、不同强度等级的水泥不得混合使用。

3.2.3 砂：宜选用过筛中砂，且应符合现行标准《混凝土和砂浆用再生细骨料》GB/T 25176、《普通混凝土用砂、石质量及检验方法标准》JCJ 52和《再生骨料应用技术规程》JGJ/T 240的规定。水泥砂浆和强度等级不小于M5的水泥混合砂浆，砂中含泥量不应超过5%；强度等级小于M5的水泥混合砂浆，砂中含泥量不应超过10%。

3.2.4 掺合料：建筑生石灰熟化成石灰膏时，熟化时间不得少于7d，磨细生石灰粉熟化时间不少于2d，材质应符合《建筑生石灰》JC/T 479的有关规定；粉煤灰的品质指标应符合《粉煤灰在混凝土及砂浆中的应用技术规程》JGJ 28的有关规定，宜采用干排灰。

3.2.5 外加剂：凡在砂浆中掺入增塑剂、早强剂、缓凝剂、防水剂、防冻剂等外加剂，应符合国家现行标准《混凝土外加剂》GB 8076、《混凝土外加剂应用技术规范》GB 50119和《砌筑砂浆增塑剂》JG/T 164的规定。经检验和试配，符合要求后方可使用。

3.2.6 水：应采用不含有害物质的洁净水并应符合现行行业标准《混凝土用水标准》JGJ 63的规定。

3.2.7 配套材料：小砌块砌筑砂浆应符合《混凝土小型空心砌块和混凝土砖砌筑砂浆》JC 860的要求；小砌块灌孔混凝土应符合《混凝土砌块（砖）砌体用灌孔混凝土》JC 861的要求。

3.2.8 钢筋：砌体结构工程使用的钢筋，应符合设计要求及国家现行标准《钢筋混凝土用钢　第1部分：热轧光圆钢筋》GB/T 1499.1和《钢筋混凝土用钢　第2部分：热轧带肋钢筋》GB/T 1499.2的规定。

3.2.9 机具：搅拌机、切割机、台秤、大铲、刨锛、托线板、灰槽、线坠、钢卷尺、八字靠尺板、水平尺、皮数杆、小白线、砖夹、扫帚、5mm孔径筛子、铁锹、运灰车、运砖车等。

4　操作工艺

4.1　工艺流程

测量放线 → 砌块浇水 → 立皮数杆 → 砂浆搅拌 → 砌筑 → 芯柱施工 → 试验

4.2　测量放线

以结构施工内控点为依据，按设计要求，在楼地面上弹好墙身线、门窗洞口位置线（特殊标识），并认真核对窗间墙、垛尺寸，按其长度排砖。

4.3　砌块浇水

小砌块砌筑时的含水率，对普通混凝土小砌块，宜为自然含水率；当天气干燥炎热时，可提前浇水湿润；对轻集料混凝土小型砌块，宜提前1～2d浇水湿润。小砌块表面有浮水时不得使用。

4.4　立皮数杆

按室内地坪在所砌墙的两端立好皮数杆，同时除墙体转角及交接处全立外，其他地方间距宜不大于15m。

4.5　砂浆搅拌

优先采用预拌砂浆。现场拌制砂浆应采用机械搅拌，搅拌时间自投料完起算，水泥砂浆和水泥混合砂浆不应少于2min；采用水泥粉煤灰砂浆和掺用外加剂的砂浆，不应少于3min；掺液体增塑剂的砂浆，应先将水泥、砂干拌混合均匀后，将添加增塑剂的拌合水倒入干混砂浆中继续搅拌；掺固体增塑剂的砂浆，应先将水泥、砂和增塑剂干拌混合均匀后，将拌合水倒入其中继续搅拌。从加水开始，搅拌时间不应少于3.5min。预拌砂浆的搅拌时间应符合有关技术标准或产品说明书的要求。

所用配合比应采用质量比，计量精度应控制在水泥及各种外加剂配料的允许偏差为±2%，砂、粉煤灰、石灰膏配料的允许偏差为±5%以内。砂子计量时，应扣除其含水量对配料的影响。

4.6　砌筑

4.6.1　小砌块墙体应对孔错缝搭砌，搭砌应符合下列规定：

1　单排孔小砌块的搭接长度应为块体长度的1/2，多排孔小砌块的搭接长度不宜小于砌块长度的1/3，且不应小于90mm。

2　当个别部位不能满足搭砌要求时，应在此部位的水平灰缝中设ϕ4钢筋网片，且网片两端与该位置的竖缝距离不得小于400mm或采用配块；搭接长度不应小于90mm。墙体竖向通缝不得超过两皮小砌块，独立柱不得有竖向通缝。

4.6.2　小砌块应将生产时的底面朝上反砌于墙上。当砌筑厚度大于190mm的小砌块墙体时，宜在墙体内侧双面挂线。

4.6.3　墙体的转角处和纵横墙交接处应同时砌筑，临时间断处应砌成斜槎，斜槎水平投影长度不应小于高度。临时施工洞口可预留直槎，但在补砌洞口时，应在直槎上下搭砌的小砌块孔洞内用强度等级不低于 Cb20 或 C20 的混凝土灌实（图 6-1）。

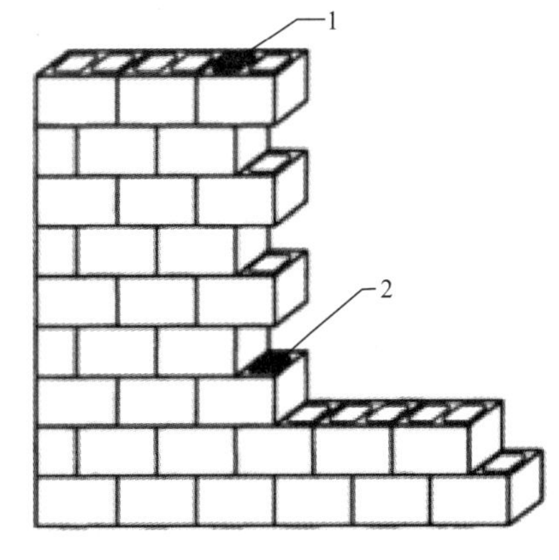

图 6-1　施工临时洞口直槎砌筑示意图
1—先砌洞口灌孔混凝土（随砌随灌）；
2—后砌洞口灌孔混凝土（随砌随灌）

4.6.4　厚度为 190mm 的自承重小砌块墙体宜与承重墙同时砌筑。厚度小于 190mm 的自承重小砌块墙宜后砌，且应按设计要求预留拉结钢筋或钢筋网片。

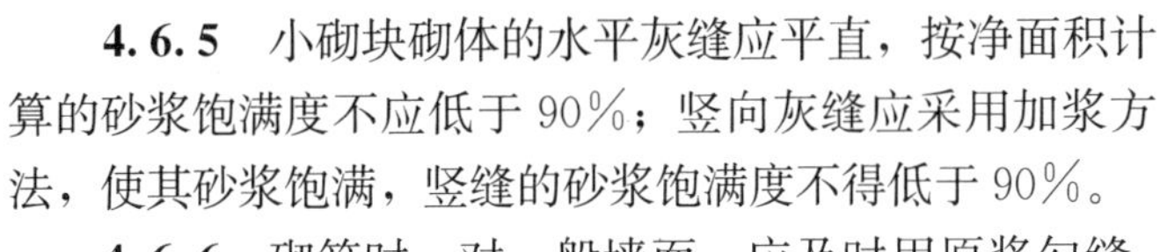

4.6.5　小砌块砌体的水平灰缝应平直，按净面积计算的砂浆饱满度不应低于 90%；竖向灰缝应采用加浆方法，使其砂浆饱满，竖缝的砂浆饱满度不得低于 90%。

4.6.6　砌筑时，对一般墙面，应及时用原浆勾缝，凹缝深度宜为 2mm。对装饰夹心复合墙墙体的墙面，应采用勾缝砂浆进行加浆勾缝，勾缝宜为凹圆或 V 形缝，凹缝深度宜为 4～5mm。

4.6.7　小砌块砌体的水平灰缝厚度和竖向灰缝宽度宜为 10mm，但不应小于 8mm，也不应大于 12mm。砌筑时的一次铺灰长度不宜超过两块主规格块体的长度。水平灰缝应满铺下皮小砌块的全部壁肋或单排、多排孔小砌块的封底面；竖向灰缝宜将小砌块一个端面朝上满铺砂浆，上墙应挤紧，并应加浆插捣密实。

4.6.8　砌筑时对砌体的表面平整度、垂直度、灰缝均匀程度及砂浆饱满程度等应随时检查，并校正所发现的偏差。在砌完一个楼层后，应校核墙体的轴线尺寸和标高。

4.6.9　对设计规定的洞口、管道、沟槽和预埋件，应在砌筑墙体时正确预留和预埋，不得随意打凿已砌好的墙体。小砌块墙内不得混砌黏土砖或其他墙体材料。当需局部嵌砌时，应采用强度等级不低于 C20 的适宜尺寸的配套预制混凝土砌块。

4.6.10　脚手架应采用双排脚手架或工具式脚手架。当需在墙上设置脚手眼时，可采用辅助规格的小砌块侧砌，利用其孔洞作脚手眼，墙体完工后应采用强度等级不低于 Cb20 或 C20 的混凝土填实。

4.7　芯柱施工

4.7.1　砌筑芯柱部位的墙体，应采用不封底的通孔小砌块。

4.7.2　在楼地面砌筑第一皮小砌块时，芯柱部位应采用带清扫口的 U 形、E 形、C 形或其他异形小砌块砌留操作孔。砌筑芯柱部位的砌块时，应随砌随刮去孔洞内壁凸出的砂浆，直至一个楼层高度，并应及时清除芯柱孔洞内掉落的砂浆及其他杂物。

4.7.3　浇灌芯柱混凝土应遵守下列规定：

1　应清除孔洞内的杂物，并应用水冲洗，湿润孔壁；

2　当用模板封闭操作孔时，应有防止混凝土漏浆的措施；

3　砌筑砂浆强度大于 1.0MPa 后，方可浇筑芯柱混凝土，每层应连续浇筑；

4　浇筑芯柱混凝土前，应先浇 50mm 厚与芯柱混凝土配比相同的去石水泥砂浆，再浇筑混凝土；每浇筑 500mm 左右高度，应捣实一次，或边浇筑边用插入式振捣器捣实；

5　应预先计算每个芯柱的混凝土用量，按计量浇筑混凝土；

6 芯柱与圈梁交接处，可在圈梁下 50mm 处留置施工缝，芯柱在预制楼盖处应贯通，不得削弱芯柱截面尺寸。

4.8 试验

砂浆应按规定做稠度和强度试验，砂浆试样在搅拌机出料口随机取样制作，砌筑砂浆的验收批，同一类型、同一强度等级的砂浆试块不应少于 3 组。一组试样应在同一盘砂浆中制作，同一搅拌盘内砂浆不得制作一组以上的砂浆试块。每一检验批且不超过 250m^3 砌体中，每台搅拌机同一类型及同一强度等级砂浆应至少检验一次，如强度等级、配合比或原材料有变化时，还应制作试块。

预拌砂浆应在卸料过程中的中间部位随机取样。

5 质量标准

5.1 主控项目

5.1.1 小砌块和芯柱混凝土、砌筑砂浆的强度等级必须符合设计要求。

5.1.2 砌体水平灰缝和竖向灰缝的砂浆饱满度，应按净面积计算不得低于 90%；不得出现瞎缝、透明缝。

5.1.3 墙体转角处和纵横交接处应同时砌筑。临时间断处应砌成斜槎，斜槎水平投影长度不应小于斜槎高度。

5.1.4 小砌块砌体的芯柱在楼盖处应贯通，不得削弱芯柱截面尺寸；芯柱混凝土不得漏灌。

5.2 一般项目

5.2.1 墙体的水平灰缝厚度和竖向灰缝宽度宜为 10mm，但不应大于 12mm，也不应小于 8mm，具体见表 6-1。

砌体的轴线偏移和垂直度偏差（mm） **表 6-1**

项目			允许偏差
轴线位置偏移			10
垂直度	每层		5
	全高	≤10m	10
		>10m	20

5.2.2 砌体尺寸偏差见表 6-2 中的规定。

砌体的一般尺寸允许偏差 **表 6-2**

项目		允许偏差
基础顶面和楼面标高		±15
表面平整度	清水墙、柱	5
	混水墙、柱	8
门窗洞口高、宽（后塞口）		±10
外墙上下窗口偏移		20
水平灰缝平直度	清水墙	7
水平灰缝平直度	混水墙	10

6　成品保护

6.0.1　砌块在装运过程中，应轻装轻放，运到现场的小砌块，分规格、分等级堆放整齐，堆放高度不宜超过1.6m。

6.0.2　预埋的拉结钢筋应加强保护，不得踩倒弯折。

6.0.3　砌体上的管线槽孔以预留为主，漏埋或未预埋时应采取措施，不得因剔凿而损坏砌体的完整性。

6.0.4　预埋的暖卫电器管线及设备应注意保护，防止碰撞损坏。

6.0.5　手推车应平稳行驶，防止碰撞墙面。

6.0.6　砌筑施工应及时清除砂浆和碎块，以免影响下道工序施工。

6.0.7　搭拆施工架子时，应注意保护墙体及门窗护角。

7　注意事项

7.1　应注意的质量问题

7.1.1　施工时所用的小砌块的产品龄期不应小于28d。

7.1.2　承重墙体严禁使用断裂小砌块。

7.1.3　需要移动小砌块或小砌块被摇动时，应重新铺砌。

7.1.4　承重墙体不得采用小砌块与其他块体材料混合砌筑。

7.1.5　拉结钢筋或网片应放置于灰缝和芯柱内，不得漏放，外露部分不得随意弯折。

7.1.6　小砌块用于框架填充墙时，应与框架中预埋的拉结钢筋连接；当填充墙砌至顶面最后一皮时，与上部结构的接触处宜用实心小砌块斜砌紧楔。

7.1.7　对于规定的洞口、管道、沟槽和预埋件等，应在砌体中预留或预埋，严禁在砌好的砌体上打凿。

7.2　应注意的安全问题

7.2.1　停放机械的场地土质应坚实，雨期应有排水措施，防止地面下沉造成机械倾斜。

7.2.2　机械运转前应进行全面检查，达到要求后方可施工。工作中如遇故障等，应专业人员进行检修。

7.2.3　垂直运输砌块、砂浆等不准超出机械的起吊能力，机械应设限位保险装置。

7.2.4　采用内脚手架施工时，应在房屋外墙四周按照安全技术规定设置安全网、护身栏，并随施工的高度逐层提升。

7.2.5　砌体施工时，不得站在墙上进行划线刮缝及清扫墙面或检查墙面平整度和垂直度等操作，也不得在墙面上行走，防止坠落。

7.2.6　在砌块砌体上，不宜拉锚缆风绳，不宜吊挂重物，也不宜作为其他施工临时设施、支撑的支承点，如确需要时，应采取有效的安全措施。

7.2.7　大风、大雨、冰冻等异常气候之后，应检查砌体垂直度是否有变化。小砌块砌体每天的砌筑高度控制在1.4m或一步脚手架高度内。

7.3 应注意的绿色施工问题

7.3.1 现场材料应堆放整齐，进行必要的苫盖，防止扬尘。水泥应存入水泥库房，并有防潮措施。

7.3.2 因砂浆搅拌而产生的污水应经过滤后排入指定地点。

7.3.3 砂浆搅拌机的运行噪声应控制在国家有关部门规定的范围内。

7.3.4 在砂浆搅拌、运输、使用过程中，遗漏的砂浆应及时回收处理。

7.3.5 施工场地实行封闭化，主要道路硬化，易起尘的施工面及时洒水围挡，保证现场扬尘排放达标。

7.3.6 固体废物实现分类存放，有效管理，提高回收利用率。生产和生活用水分类排放。

7.3.7 车辆运输不超载，出入冲洗车轮，保证运输无遗撒。

8 质量记录

8.0.1 砌体施工质量控制等级确认记录。

8.0.2 混凝土空心砌块、钢筋、混凝土、砂等材料合格证书、产品性能检测报告，后植筋拉拔试验报告。

8.0.3 有机塑化剂砌体强度型式检验报告。

8.0.4 混凝土、砂浆配合比通知单。

8.0.5 混凝土、砂浆试件抗压强度试验报告。

8.0.6 隐蔽工程检查验收记录。

8.0.7 施工记录。

8.0.8 混凝土小型空心砌块砌体工程检验批质量验收记录。

8.0.9 混凝土小型空心砌块砌体分项工程质量验收记录。

8.0.10 其他技术文件。

第2篇　钢结构工程

第7章　钢结构零部件加工

本工艺标准适用于钢结构工程的零件、部加工。如：翼缘板、腹板、节点板、牛腿等。

1　引用标准

《钢结构设计标准》GB 50017—2017
《钢结构工程施工规范》GB 50755—2012
《钢结构工程施工质量验收规范》GB 50205—2001
《钢结构焊接规范》GB 50661—2011
《高层民用建筑钢结构技术规程》JGJ 99—2015
《碳素结构钢》GB/T 700—2006
《低合金高强度结构钢》GB/T 1591—2008
《热轧型钢》GB/T 706—2008
《碳素结构钢和低合金结构钢热轧钢板和钢带》GB/T 3274—2017
《建筑结构用钢板》GB/T 19879—2015

2　术语

2.0.1　零件：组成部件或构件的最小单元，如节点板、翼缘板等。
2.0.2　部件：由若干零件组成的单元，如焊接H型钢、牛腿等。

3　施工准备

3.1　作业条件

3.1.1　完成施工详图设计，并经原设计人员签字认可。按施工详图的需求备料，所用材料已进场并验收合格。

3.1.2　编制零部件加工工艺文件，作业前做好安全技术交底。

3.1.3　生产工人均应进行岗前培训，取得相应资格的上岗证书。焊工必须经考试合格取得焊工合格证并在施工许可范围内施焊，严禁焊工无证操作。

3.1.4　所用机械设备调试验收合格，制作、检查、验收所用量具的精度符合要求，并经计量检测部门检定。

3.2　材料及机具

3.2.1　钢材：钢板、型钢等材料的品种、规格、性能等应符合现行国家产品标准和设计要求，进口钢材产品的质量应符合设计和合同规定标准的要求。有产品质量合格证明文件中文标志和检验报告。属于下列情况之一的钢材，应进行抽样复验，复验结果应符合现行国家产品标准和设计要求。

1　进口钢材、混批钢材，或质量证明文件不齐全的钢材；

2　建筑结构安全等级为一级，大跨度钢结构中主要受力构件所采用的钢材；

3　板厚≥40mm，且设计有 Z 向性能要求的厚板；

4　设计文件要求复验的钢材；

5　对质量有疑义的钢材。

3.2.2　焊接材料：焊接材料的品种、规格、性能等应符合现行国家产品标准和设计要求，有质量合格证明文件、中文标注和检验报告。对于下列情况之一的钢结构所用焊接材料，应进行抽样复验，复验结果应符合现行国家产品标准和设计要求。

1　建筑结构安全等级为一级的一、二级焊缝；

2　建筑结构安全等级为二级的一级焊缝；

3　大跨度结构中一级焊缝；

4　重级工作制吊车梁结构中一级焊缝；

5　设计文件要求复验的焊接材料。

3.2.3　机具

数控仿形切割机、多头数控直条火焰切割机、卷板机、型钢矫正机、钢板矫正机、组立机、碳弧气刨、电焊设备、数控钻床、普通摇臂钻床、洗床或刨床、磁力电钻、砂轮机、角磨机、喷砂或抛丸设备，喷涂设备等。

工具：钢卷尺、卡尺、直尺、直角尺、墨盒、划针、划规、样冲、大小锤、凿子、撬杠、扳手、夹顶器、千斤顶、枕木、垫块等。

4　操作工艺

4.1　工艺流程

放样和号料→切割→矫正和成型→边缘加工→制孔→验收

4.2　放样和号料

4.2.1　需要进行放样的工件应根据批准的施工详图以 1∶1 比例放出大样，当放样尺寸过大时可分段放出，但应注意其精度，放样弹出的十字基准线，两线必须垂直，根据放样尺寸制作样板或样杆。

4.2.2　放样和号料应预留焊接收缩量（包括现场焊接收缩量）及切割、铣、刨等加工余量，高层建筑钢结构钢框架柱尚应按设计要求预留弹性压缩量。焊接收缩量根据分析计算或参考经验数据确定，必要时由工艺试验结果确定；切割余量根据材料板厚和切割方法的不同确定；需要进行边缘刨削加工的工件，其刨削量应满足现行规范要求；柱压缩量应由设计单位提出，由制作单位、安装单位和设计单位协商确定。

4.2.3　主要受力构件和需要弯曲的构件，号料时应按工艺规定的方向取料。

4.2.4　号料前，若钢板、型材弯曲变形，先进行矫正。矫正采用钢板矫正机 、型钢矫正机等机械矫正或手工矫正，或联合矫正法矫正。

4.2.5　号料后，零件和部件应按施工详图和工艺要求进行识别。号料后的剩余材料应进行余料标识，包括余料型号、规格、材质和炉批号等，以便余料下次使用。

4.3　切割

钢材下料切割可采用机械切割、气割或等离子切割等方法。选用的切割方法应满足工艺文件的要求。切割后的飞边、毛刺应清理干净。切割时优先采用数控切割设备切割，提高切割质量。

4.3.1　机械切割

机械切割主要有剪板机、切割机切割，机械切割主要用于型钢、薄钢板的切割，主要工艺要求：1）剪切时剪刀必须锋利，上下刀刃的间隙应根据板厚调节适当；2）剪切后的弯扭变形必须进行矫正，剪切面粗糙或带有毛刺必须磨光；3）剪切过程中切口附近的金属因受剪力而发生挤压和弯曲，从而产生硬度提高，材料变脆的冷作硬化现象，重要钢构件的焊缝接口位置，一定要用铣、刨或砂轮磨削等方法将硬化表面加工清除。机械剪切的零件厚度不宜大于12mm，剪切面应平整，碳素结构钢在环境温度低于−20℃、低合金结构钢在环境温度低于−15℃时不得进行剪切和冲孔。

4.3.2　气割

钢板零部件下料切割直线时宜采用直条数控火焰切割机；不规则钢板零部件下料切割时宜用仿形数控火焰切割机；大截面型钢下料切割时可采用半自动火焰切割和手动切割相结合的方法。

数控火焰切割设备切割时，应将钢板放置在切割平台并摆正，采用数控计算机微调，将与数控切割计算机系统兼容的CAD软件绘制的图形导入数控计算机系统，用手动或自动套料功能进行套料优化，根据切割钢板厚度的不同选择适宜的割具型号和切缝宽度，设置合理的切割工艺参数、切割路线和切割程序，提交执行完成自动切割。

气割前必须检查确认整个气割设备和工具全部运转正常并可安全使用。气割时应依据割具特点、钢板厚度选择正确的工艺参数，切割时应调节好氧气射流的形状，使其达到并保持轮廓清晰，风线长和射力高，并防止回火。气割前应去除钢材表面的污物、浮锈和其他杂物，并在下面留出一定空间，以便熔渣的吹出。为防止气割变形，应靠边靠角，合理布置，先割大件，后割小件；先割复杂的，后割简单的；窄长条切割采用两边同时切割的方法。

4.4　矫正和成型

零件下料后，根据零件的变形情况和表面质量情况，结合钢材材质和环境温度等因素，选择经济、合理的矫正方法，矫正常用手工矫正、机械矫正、加热矫正，或加热和机械联合矫正。矫正后的偏差值不应超过规范规定的允许偏差。

4.4.1　手工矫正时，把材料的凸面朝上放在平台上，用锤由凸起周围逐渐向边缘进行锤击；板材四周呈波浪形，用锤由四周逐渐向中间进行锤击；板材扭曲时，沿着翘起的对角线进行锤击，并经过多次翻身锤击，达到平整。角钢矫正一般先矫扭曲，后矫角变形及弯曲变形。

4.4.2　钢材及零件采用平板机或型材矫直机矫正时，碳素结构钢的环境温度不应低于－16℃，低合金结构钢的环境温度不应低于－12℃。

4.4.3　较厚钢板采用火焰加热进行矫正时，加热温度应符合规范要求，火焰加热矫正采用以下方法：

1　点状加热：圆点直径为板厚的6倍加10mm，加热后采用锤击；

2　线状加热：用于矫正中厚板的圆弧弯曲及构件角变形，根据板厚和变形程度的不同，采用直线形、环线形、摆动曲线形等加热；

3　三角形加热：用于刚性较大的型钢、钢结构件弯曲变形矫正，三角形顶点一般在中心线上，边长可取材料厚度两倍以上；

4　考虑是否需要加外力；

5　一般先矫刚性大的方向，然后再矫刚性小的方向，先矫变形大的局部，然后再矫变形小的部位。

4.4.4　当零件采用热加工成型时，可根据材料的含碳量，选择不同的加热温度，加热温度控制在900～1000℃，也可控制在1100～1300℃，碳素结构钢和低合金结构钢在温度分别下降到700℃和800℃前应结束加工，低合金结构钢应自然冷却。热加工成型温度应均匀，同一构件不应反复进行热加工，温度冷却到200～400℃时，严禁捶打、弯曲和成型。型钢冷矫正和冷弯曲的最小曲率半径和最大弯曲矢高应符合《钢结构工程施工规范》GB 50755的相关规定。

4.5　边缘加工

4.5.1　边缘加工可采用气割和机械加工的方法，对边缘有特殊要求时宜采用精密切割。

4.5.2　气割和机械剪切的零件，需要进行边缘加工时，其刨削量不应小于2.0mm。

4.5.3　加工坡口时，多采用半自动切割机或倒角机，在特殊情况下采用手动气体切割的方法，但事后必须打磨，使坡口符合工艺要求。

4.6　制孔

4.6.1　制孔宜采用数控钻床或摇臂钻床钻孔，构件钻孔也可采用磁力钻床钻孔的方法，对直径较大或长形孔也可采用气割制孔。

4.6.2　制孔时，应根据工件的材质，螺栓孔的直径、级别、精度要求、孔壁表面粗糙度要求选择适宜的钻头和钻杆转速、进给速度，并定时检查刀刃锋利程度。

4.6.3　被钻孔的工件装夹牢固，钻孔过程中，孔壁应保持与构件表面垂直。

4.6.4　在焊接结构中会产生焊接收缩和变形，因此在制作过程中把握好什么时候开孔，将在很大程度上影响产品精度。一般采用下列四种情况，根据结构特点、要求等合理选择。

第一种：在构件加工时预先划上孔位，待拼装、焊接及变形矫正完成后，再划线确认进行打孔加工。

第二种：在构件一端先进行打孔加工，待拼装、焊接及变形矫正完成后，再对另一端进行打孔加工。

第三种：待构件焊接及变形矫正后，对端面进行精加工，然后以加工面为基准进行划线、打孔。

第四种：在划线时，考虑焊接收缩量、变形的余量、允许偏差等直接在零部件上打孔。

4.6.5　采用划线钻孔时，先在构件上划出孔的中心和直径，在孔的圆周上（90°位置）打四只冲眼，作钻孔后检查用；孔中心的冲眼应大而深，作为钻头定心用。厚板和多层板钻孔时要检查平台的水平度，以防止孔的中心倾斜。

4.6.6　采用钻模板钻孔时，当孔群中孔的数量较多，位置要求较高，批量小时采用；做钻模板的钢板多用高强度低合金钢板。

4.6.7　制孔后，孔周边的毛刺、飞边应用砂轮、铲刀等工具清除干净。

4.7　验收

材料进场验收合格后，按各工序检验合格的基础上进行验收，加工质量除满足本标准外，均应满足现行国家相关规范和设计要求。

5　质量标准

5.1　主控项目

5.1.1　钢材的品种、规格、性能等应符合现行国家标准和设计要求，进口产品的质量应符合设计和合同规定的质量要求。钢材应按照现行国家标准《钢结构工程施工质量验收规范》GB 50205 的规定进行抽样复验，其复验结果应符合现行国家标准和设计要求。

5.1.2　放样和号料的允许偏差应符合表 7-1 和表 7-2 的规定。

放样和样板的允许偏差　　表 7-1

项目	允许偏差
平行线距离和分段尺寸	±0.5mm
样板长度	±0.5mm
样板宽度	±0.5mm
样板对角线差	1.0mm
样杆长度	±1.0mm
样板的角度	±20′

号料允许偏差　　表 7-2

项目	允许偏差（mm）
零件外形尺寸	±1.0
孔距	±0.5

5.1.3　钢材切割面或剪切面应无裂纹、夹渣、毛刺、分层和大于 1mm 的缺棱。气割或机械剪切的零件需要边缘加工时，其刨削量不应小于 2.0mm。

5.1.4　碳素结构钢在环境温度低于－16℃、低合金结构钢在环境温度低于－12℃时，不应进行冷矫正和冷弯曲。碳素结构钢和低合金结构钢在加热矫正时，加热温度严禁超过 900℃，最低温度不得低于 600℃。低合金结构钢在加热矫正后应自然冷却。当零件采用热加工成型时，可根据材料的含碳量选择不同的加热温度，加热温度控制在900～1000℃，也可控制在1100～1300℃；碳素结构钢和低合金结构钢在温度分别下降到700℃和800℃之前，应结束加工；低合金钢结构应自然冷却。

5.1.5 A、B级螺栓孔（Ⅰ类孔）、C级螺栓孔（Ⅱ类孔）允许偏差应符合表7-3的规定。

A、B、C级螺栓孔径允许偏差 表7-3

A、B级螺栓孔（Ⅰ类孔）应具有H12的精度，孔壁表面粗糙度Ra不应大于12.5μm，其孔径的允许偏差应符合下列规定		
螺栓公称直径、螺栓孔直径（mm）	螺栓公称直径允许偏差（mm）	螺栓孔直径允许偏差（mm）
10～18	0.00；－0.18	＋0.18；0.00
8～30	0.00；－0.21	＋0.21；0.00
30～50	0.00；－0.25	＋0.25；0.00
C级螺栓孔（Ⅱ类孔），孔壁表面粗糙度Ra不应大于25μm，其允许偏差应符合下列规定		
项目	允许偏差（mm）	
直径	＋1.0；0.0	
圆度	2.0	
垂直度	0.03t，且≤2.0	

5.2 一般项目

5.2.1 切割的允许偏差应符合表7-4和表7-5的规定。

气割允许偏差 表7-4

项目	允许偏差（mm）
零件宽度、长度	±3.0
切割面平面度	0.05t且≤2.0
割纹深度	0.3
局部缺口深度	1.0

注：t为切割面厚度。

机械剪切允许偏差 表7-5

项目	允许偏差（mm）
零件宽度、长度	±3.0
边缘缺棱	1.0
型钢端部垂直度	2.0

5.2.2 矫正后的钢材表面，不应有明显的凹面或损伤，划痕深度不得大于0.5mm，且不应大于该钢材厚度负允许偏差的1/2。

5.2.3 钢板、型钢冷矫正和冷弯曲的最小曲率半径和最大弯曲矢高应符合现行国家标准《钢结构工程施工质量验收规范》GB 50205的规定。钢材矫正后和钢管弯曲成型的允许偏差分别符合表7-6和表7-7的规定。

钢材矫正后允许偏差 表 7-6

项目		允许偏差（mm）
钢板的局部平面度	$t \leqslant 14$	1.5
	$t > 14$	1.0
型钢弯曲矢高		$l/1000$ 且≤5.0
角钢肢的垂直度		$b/100$ 且双肢栓接角钢的角度≤90°
槽钢翼缘对腹板的垂直度		$b/80$
工字钢、H型钢翼缘对腹板的垂直度		$b/100$ 且不大于2.0

钢管弯曲成型的允许偏差 表 7-7

项目	允许偏差（mm）
直径	$\pm d/200$ 且≤±5.0
构件长度	±3.0
管口圆度	$d/200$ 且≤5.0
管中间圆度	$d/100$ 且≤8.0
弯曲矢高	$l/1000$ 且≤5.0

5.2.4 边缘加工允许偏差应分别符合表7-8、表7-9和表7-10的规定。

边缘加工允许偏差 表 7-8

项目	允许偏差
零件宽度、长度	±1.0mm
加工边直线度	$l/3000$，且≤2.0mm
相邻两边夹角	±6′
加工面垂直度	$0.025t$，且小于等于0.5mm
加工面表面粗糙度	Ra≤50μm

焊缝坡口允许偏差 表 7-9

项目	允许偏差
坡口角度	±5°
钝边	±1.0mm

零部件铣削加工后的允许偏差 表 7-10

项目	允许偏差（mm）
两端铣平时零件长度、宽度	±1.0
铣平面的平面度	0.3
铣平面的垂直度	$h/1500$

5.2.5 螺栓孔距允许偏差应符合表7-11的规定。

螺栓孔距允许偏差（mm） 表 7-11

螺栓孔孔距	≤500	501～1200	1201～3000	>3000
同一组任意两孔间距离	±1.0	±1.5	—	—
相邻两组间的端孔距离	±1.5	±2.0	±2.5	±3.0

6　成品保护

6.0.1　钢构件严禁平放高叠，成品应立放，并用支撑固定，构件不得发生弯曲变形。

6.0.2　钢构件侧向刚度较小时，吊装前两侧面应用圆木临时加固，并选择合适的吊点。

6.0.3　构件在转运过程中，钢丝绳绑扎处宜用柔性材料保护，如发生涂层破坏应及时补涂。

6.0.4　钢构件在吊运过程中严禁碰撞。

7　注意事项

7.1　应注意的质量问题

7.1.1　钢结构所用的杆件、零部件或构件在下料时应及时编号，并分开堆放，以防混用。

7.1.2　放样和号料时要预留焊接收缩量和加工余量，经验收合格后办理预检手续。

7.1.3　材料剪切后，发现端面粗糙或带有毛刺，必须修磨光洁；剪切后的弯扭变形，必须进行矫正。

7.1.4　零部件在搬运或存放过程中，要有防止发生变形的措施。

7.2　应注意的安全问题

7.2.1　各种机械在使用前应经过试运转，合格后方可操作。机械的电气部分应有接地接零保护装置，绝缘部位绝缘性能良好。

7.2.2　现场材料应按品种分类堆放；作业场地周围不应堆放易燃易爆材料，与氧气瓶、乙炔瓶等的距离不得小于 10m。

7.2.3　零部件或构件堆放时，应保持其稳定或支撑牢固，防止倾倒伤人。

7.2.4　作业区域物料周转调运稳起稳放，以防碰撞伤人。

7.3　应注意的绿色施工问题

7.3.1　作业区应控制噪声，合理安排作业时间，减少对周边环境的影响。

7.3.2　加工所用的机械在停班或班后按规定停机，关闭电源。

7.3.3　制作余料和废料及时分类回收，并对余料的炉批号、品种、规格、型号标识清楚，以便利用。

7.3.4　作业区内构件排放整体有序，作业面保持清洁、干净。

7.3.5　加工过程中烟气排放应符合现行国家标准《大气污染物综合排放标准》GB 16297 的规定。

8　质量记录

8.0.1　所用钢材的质量合格证明文件、中文标志及性能检测报告。

8.0.2　钢结构零部件加工工艺文件。

8.0.3　施工记录（交接检验记录、各工序施工记录）。
8.0.4　钢结构零、部件加工工程检验批质量验收记录。
8.0.5　钢结构零、部件加工分项工程质量验收记录。
8.0.6　其他技术文件。

第 8 章　钢构件组装及预拼装

本工艺标准适用于钢结构制作及安装中构件的组装及加工。

1　引用标准

《钢结构设计标准》GB 50017—2017
《钢结构工程施工规范》GB 50755—2012
《钢结构焊接规范》GB 50661—2011
《钢结构工程施工质量验收规范》GB 50205—2001
《高层民用建筑钢结构技术规程》JGJ 99—2015
《碳素结构钢》GB/T 700—2006
《低合金高强度结构钢》GB/T 1591—2008
《热轧型钢》GB/T 706—2008
《碳素结构钢和低合金结构钢热轧钢板和钢带》GB/T 3274—2017
《建筑结构用钢板》GB/T 19879—2015

2　术语

2.0.1　构件：由零件或由零件和部件组成的钢结构基本单元，如梁、柱、支撑等。
2.0.2　预拼装：为检验构件形状和尺寸是否满足质量要求而预先进行的试拼装。

3　施工准备

3.1　作业条件

3.1.1　熟悉图纸，根据制作方案编制组装工艺文件，作业前做好安全技术交底。
3.1.2　构件所用零部件加工完毕，并验收合格。
3.1.3　生产工人都进行了岗前培训，取得相应资格的上岗证书。焊工必须经考试合格取得焊工合格证并在施工许可范围内施焊，严禁焊工无证操作。
3.1.4　所用机械设备调试验收合格，制作、检查、验收所用的量具，精度符合要求，并经计量检测部门检定。

3.2 材料及机具

3.2.1 材料：零部件的材质、规格、外观、尺寸、数量验收合格，符合现行相关规范要求和设计要求。

3.2.2 组装所用的连接材料螺栓（焊接材料）的品种、规格、性能应符合现行国家产品标准和设计要求，有质量合格证明文件和检验报告。

3.2.3 机具

H型钢组立机、箱形构件组立机、组装胎膜、碳弧气刨、焊接设备、气割设备、砂轮机、角磨机、装夹设备等。

工具：钢卷尺、卡尺、直尺、直角尺、墨盒、划针、划规、样冲、大小锤、凿子、撬杠、扳手、夹顶器、千斤顶、枕木、垫块等。

4 操作工艺

4.1 工艺流程

作业准备→部件拼装→构件组装→焊接→焊后矫正→端部加工→检查验收→预拼装

4.2 作业准备

4.2.1 根据图纸核对组装的零部件材质、规格、外观尺寸、数量等符合设计要求。

4.2.2 应根据设计要求、构件的形式、连接方式、焊接方式、焊接顺序等确定合理的组装顺序。

4.3 部件拼装

4.3.1 焊接H型钢的翼缘板拼接接缝和腹板拼接接缝的间距不宜小于200mm。翼缘板拼接长度不应小于600mm；腹板拼接宽度不应小于300mm，长度不应小于600mm。

4.3.2 箱形构件的侧板拼接长度不应小于600mm，相邻两侧板拼接缝的间距不宜小于200mm；侧板在宽度方向不宜拼接，当宽度超过2400mm确需拼接时，最小拼接宽度不宜小于板宽的1/4。

4.3.3 设计无特殊要求时，用于次要构件的热轧型钢可采用直口全熔透焊接拼接，其拼接长度不应小于600mm。

4.3.4 钢管接长时每个节间宜为一个接头，最短接长长度应符合规范规定。当设计无要求时，受压杆件可以接长，受拉杆件一般不接长。

4.3.5 部件拼接焊缝应符合设计文件要求，当设计无要求时，应采用全熔透等强对接焊缝。

4.3.6 构件的组装在部件拼接检验合格后进行组装。

4.4 构件组装

4.4.1 构件组装按照构件的形式选择合理的组装方法，常用的方法有组立机组装、专用胎膜组装、地样法组装，仿形复制法组装。组装时可用立组和卧组等方式。

1　组立机组装：用专用的组立的组立机，如 H 型钢组立机、箱形组立机等。

2　专用胎膜组装：将构件的零件用胎膜定位在其装配位置上的装配方法。此方法适用于构件批量大、精度高的产品。

3　地样法组装：用 1∶1 比例在装配平台上放出构件实样，然后根据零件在实样上的位置，分别组装起来成为构件。此装配方法使用于桁架、钢架等小批量结构的组装。

4　仿形复制法组装：先用地样法组装成单片或单面的结构，然后定位点焊牢固将其翻身，作为复制胎膜，在其上面装配另一单面（单片）的结构，此种方法适用于横断面互为对称的桁架结构。

5　立装：立装是根据构件的特点，及其零件的稳定位置，选择自上而下或自下而上装配。此法用于放置平稳，高度不大的结构。

6　卧装：卧装时将构件放置卧的位置进行的装配。卧装适用于断面不大，但长度较长的细长构件。

4.4.2　构件组装间隙应符合设计和工艺文件要求，当设计和工艺文件无规定时，组装间隙不宜大于 2.0mm。

4.4.3　焊接构件组装时应预设焊接收缩量，并应对各部件进行合理的焊接收缩量分配。重要和复杂构件宜通过工艺性试验确定焊接收缩量。

4.4.4　设计要求起拱或设计未要求但施工工艺要求起拱的构件，应在组装时按规定的起拱值或相关规范要求起拱。

4.4.5　H 型钢组装工艺如下：

1　将下翼缘板吊到组立机上平放，对中装夹；

2　把腹板吊到下翼缘板上，位置线对准校正垂直和装配间隙后用夹紧辊夹紧，并进行点焊定位；

3　将上翼缘板吊到组立机上平放，对中装夹；

4　将由下翼缘板、腹板组成的 T 形部件翻转后吊到上翼缘板上对准安装位置，校正垂直和装配间隙后用夹紧辊夹紧，实施点焊定位。

4.4.6　箱形钢构件组装工艺如下：

1　将一腹板吊到箱形组立机辊道上平放，用对中机构将其对中，吊上两个侧腹板；

2　在平放腹板上划好隔板位置线，按隔板位置线依次将隔板组对好后进行点焊；

3　将箱形钢组立机移动压紧架依次移至各隔板处，分别启动箱形钢组立机上部和两侧压紧油缸，将两侧腹板与下部腹板、隔板接触面压严，并进行隔板与腹板间的点焊和隐蔽焊缝施焊；

4　待隔板隐蔽焊缝施焊后，将另一腹板吊上，平放到两个侧腹板上，对正；

5　将组箱形钢组立机移动压紧架依次移至各隔板处，分别启动组立机移动压紧架上部和两侧压紧油缸，将上部腹板与两个侧腹板的接触面压严，并进行上腹板与两侧腹板间的点焊；

6　将组对的箱形钢构件翻转，进行另一腹板与两侧腹板间的点焊。

4.4.7　桁架组装时应首先组装上下弦杆和竖直腹杆，再组装斜腹板；组装前应先划好各个节点的位置线，每个节点预留 1～2mm 的焊接收缩量。组装后焊接时，先焊中间节点，再向两端节点扩展。先焊接下弦杆连接的节点，再焊接上弦杆连接的节点，不应在同一根腹板两端同时焊接。

4.4.8 屋架、格构柱、平台、栏杆、支撑，或（有一定批量的）其他非H形、箱形构件。

1 屋架、格构柱、平台、栏杆、支撑组装：

1）按工艺规定的组对顺序先将主要零件、部件按基准定位就位。然后将其他零件、部件就位；

2）用胎模上的卡具将就位的零件、部件卡紧。检查各尺寸及零件、部件间接触面的间隙。不符合要求的逐一松开卡紧机构进行调整；

3）重新卡紧就位的零件、部件，复查各尺寸及零件、部件间接触面的间隙。符合要求后进行点焊。

2 小批量，或较大的非H形、箱形构件组装：

1）在平台按构件制造详图进行划线放样；

2）放样后必须严格按构件制造详图复核所有尺寸，确认无误；

3）先安装主要的、大的零件和部件，再安装次要的、小的零件和部件；

4）零件、部件全部安装就位后，检查零件、部件间间隙及主要尺寸；

5）先进行主要的、大的零件和部件间的点焊，再进行次要的、小的零件和部件间的点焊。

4.5 焊接

4.5.1 施工前应由焊接技术责任人员根据焊接工艺评定结果编制焊接工艺文件，并向有关操作人员进行技术交底，施工中应严格遵守工艺文件的规定。焊接工艺文件应包括下列内容：

1 焊接方法或焊接方法的组合；

2 母材的规格、牌号、厚度及适用范围；

3 焊接材料型号、规格；

4 焊接接头形式、坡口形状及尺寸允许偏差；

5 夹具、定位焊、衬垫的要求；

6 焊接电流、焊接电压、焊接速度、焊接层次、清根要求、焊接顺序等焊接工艺参数规定；

7 预热温度及层间温度范围；

8 后热、焊后消除应力处理工艺；

9 检验方法及合格标准；

10 其他必要的规定。

4.5.2 钢结构焊接时，采用的焊接工艺和焊接顺序应能使最终构件的变形和收缩最小。根据构件上焊缝的布置，可按下列要求采用合理的焊接顺序控制变形：

1 对接接头、T形接头和十字接头，在工件放置条件允许或易于翻转的情况下，宜双面对称焊接；有对称截面的构件，宜对称于构件中性轴焊接；有对称连接杆件的节点，宜对称于节点轴线同时对称焊接；

2 非对称双面坡口焊缝，宜先在深坡口面完成部分焊缝焊接，然后完成浅坡口面焊缝焊接，最后完成深坡口面焊缝焊接。特厚板宜增加轮流对称焊接的循环次数；

3 对长焊缝宜采用分段退焊法或多人对称焊接法；

4 宜采用跳焊法，避免工件局部热量集中。

4.5.3 构件装配焊接时，应先焊收缩量较大的接头，后焊收缩量较小的接头，接头应在小的拘束状态下焊接。

4.5.4 对于有较大收缩或角变形的接头，正式焊接前应采用预留焊接收缩余量或反变形方法控制收缩和变形。

4.5.5 多组件构件的组合构件应采取分部组装焊接，矫正变形后再进行总装焊接。

4.5.6 对于焊缝分布相对于构件的中性轴明显不对称的异形截面的构件，在满足设计要求的条件下，可采用调整填充焊缝熔敷量或补偿加热的方法。

4.6 焊后矫正

4.6.1 构件外形矫正宜采取先总体后局部、先主要后次要、先下部后上部的顺序。

4.6.2 构件外形矫正可采取冷矫正和热矫正。当设计有要求时，矫正方法和矫正温度应符合设计文件要求；当设计文件无要求时，矫正环境温度和矫正加热温度应符合规范规定。

4.7 端部加工

4.7.1 需要端部加工的构件，在构件组装、焊接、焊后矫正完成并验收合格后进行。构件的端面铣平可用端铣床加工。

4.7.2 构件端部铣平加工应符合下列规定：

1 应根据工艺要求预先确定端部铣削量，铣削量不宜小于 5mm；

2 应按设计文件及现行国家标准《钢结构工程施工质量验收规范》GB 50205 的有关规定，控制铣平面的平面度和垂直度。

4.8 检查验收

4.8.1 组装前对零部件的加工质量进行复核，达到规范要求的基础上进行组装。

4.8.2 对构件组装的部件拼装进行验收，验收结果应符合规范规定。

4.8.3 构件组装后进行焊接和焊后矫正，钢构件组装允许偏差和外形尺寸应符合规范规定。

4.9 预拼装

4.9.1 根据合同要求和设计文件规定的构件预拼装，预拼装前，单个构件应检查合格；当同一类型构件较多时，可选择一定数量的代表性构件进行预拼装。由于受运输条件、现场安装条件等因素的限制，大型钢结构构件不能整件出厂，必须分成两段或若干段出厂时，也要进行预拼装。

4.9.2 构件预拼装可采用实体预拼装或计算机辅助模拟预拼装。实体预拼装可采用整体预拼装和累计连续预拼装的方法，当采用累计连续预拼装时，两个相邻单元连接的构件应分别参与两个单元的预拼装。根据结构体系和构件特点合理选择预拼装方法。

4.9.3 采用实体预拼装时应符合下列规定：

1 预拼装场地应平整、坚实；预拼装所用的临时支承架、支承凳或平台应经测量准确定位，并应符合工艺文件要求。重型构件预拼装所用的临时支承结构应进行结构安全验算；

2 预拼装单元可根据场地条件、起重设备等选择合适的几何形态进行预拼装；

3 构件应在自由状态下进行预拼装；

4 构件预拼装应按设计图的控制尺寸定位，对有预起拱、焊接收缩等的预拼装构件，应按预起拱值或收缩量的大小尺寸定位进行调整；

5 采用螺栓连接的节点连接件，必要时可在预拼装定位后进行钻孔；

6 当多层板叠采用高强度螺栓或普通螺栓连接时，宜先使用不少于螺栓孔总数10%的冲钉定位，再采用临时螺栓紧固。临时螺栓在一组孔内不得少于螺栓孔数量的20%，且不应少于2个；预拼装时应使板层密贴。螺栓孔应采用试孔器进行检查，并应符合规范规定；

7 预拼装检查合格后，宜在构件上标注中心线、控制基准线等标记，必要时可设置定位器；

8 预拼装时，宜在日出前或室内，应避开日照的影响。

4.9.4 采用计算机辅助模拟预拼装时应符合以下规定：

1 模拟构件或单元的外形尺寸应与实物几何尺寸相同；

2 采用BIM技术建立BIM理论模型；

3 采用BIM技术将实体构件控制点的实测三维坐标在计算机中模拟拼装，形成实体构件的轮廓模型；

4 实体模型与理论模型拟合比对，检查分析加工拼装精度，得到所需修改的调整信息；

5 经过必要的调整、修改与模拟拼装，直至满足精度要求。

5 质量标准

5.1 主控项目

5.1.1 钢吊车梁的下翼缘不得焊接工装夹具、定位板、连接板等临时工件。钢吊车梁和吊车桁架组装、焊接完成后在自重荷载下不允许有下挠。

5.1.2 端部铣平的允许偏差应符合表8-1的规定。

端部铣平的允许偏差 表8-1

项目	允许偏差（mm）
两端铣平时构件长度	±2.0
两端铣平时零件长度	±0.5
铣平面的平面度	0.3
铣平面对轴线的垂直度	l/1500

5.1.3 钢材、钢部件拼接或对接时所采用的焊缝质量等级应符合设计要求。当设计没有要求时，应采用质量等级不低于二级的熔透焊缝，对直接承受拉力的焊缝，应采用一级熔透焊缝。

5.1.4 钢构件外形尺寸允许偏差应符合表8-2的规定。

钢构件外形尺寸允许偏差 表8-2

项目	允许偏差（mm）
单层柱、梁、桁架受力支托（支撑面）表面至第一个安装孔距离	±1.0
多节柱铣平面至第一个安装孔距	±1.0
实腹梁两端最外侧安装孔距离	±3.0
构件连接处的截面几何尺寸	±3.0
受压构件（杆件）弯曲矢高	l/1000，且≤10.0
柱、梁连接处的腹板中心线偏移	2.0

5.1.5 高强度螺栓和普通螺栓连接的多层板叠，应采用试孔器进行检查，并应符合下列规定：

1 当采用比孔公称直径小 1.0mm 的试孔器检查时，每组孔的通过率不应小于 85%；

2 当采用比螺栓公称直径大 0.3mm 的试孔器检查时，通过率应为 100%。

5.1.6 当采用计算机仿真模拟预拼装时应符合下列规定：

1 采用的软件应取得相关软件著作权证书；

2 测量分析仪器设备应经计量检定、校准合格。

5.2 一般项目

5.2.1 焊接 H 型钢的翼缘板拼接缝和腹板拼接缝的间距不应小于 200mm。翼缘板拼接长度小于 2 倍翼缘板宽且不小于 600mm；腹板拼接宽度不应小于 300mm，长度不应小于 600mm。

5.2.2 箱形构件的侧板拼接长度不应小于 600mm，相邻两侧板拼接缝的间距不宜小于 200mm；侧板在宽度方向不宜拼接，当截面宽度超过 2400mm 确需拼接时，最小拼接宽度不宜小于板宽的 1/4。

5.2.3 热轧型钢可采用直口全熔透焊缝拼接，其拼接长度不应小于 2 倍截面高度且不小于 600mm。

5.2.4 除采用卷制方式加工成型的钢管外，钢管接长时每个节间宜为一个接头，当钢管直径 $d \leqslant 500$mm 时，不应小于 500mm；当钢管直径 d 为 500～1000mm 时，不小于管径 d；当钢管直径 $d>1000$mm 时，不应小于 1000mm。

5.2.5 钢管接长时，相邻管节或管段的纵向焊缝应错开，错开的最小距离（沿弧长方向）应不小于 5 倍的钢管壁厚，且不应小于 200mm。主管拼接焊缝与相贯的支管焊缝间的距离应不小于 200mm。

5.2.6 焊接 H 型钢允许偏差应符合表 8-3 的规定。

焊接 H 型钢允许偏差　　**表 8-3**

项目		允许偏差（mm）
截面高度 h	$h<500$	±2.0
	$500<h<1000$	±3.0
	$h>1000$	±4.0
截面宽度 b		±3.0
腹板中心偏移 e		2.0
翼缘板垂直度 Δ		$b/100$，且≤3.0
弯曲矢高（受压构件除外）		$l/1000$，且≤10.0
扭曲		$h/250$，且≤5.0
腹板局部平面度 f	$t\leqslant 6$	4.0
	$6<t<14$	3.0
	$t\geqslant 14$	2.0

5.2.7 焊接连接制作组装允许偏差应符合表 8-4 的规定。

焊接连接制作组装允许偏差　　表 8-4

<table>
<tr><th>项目</th><th colspan="2">允许偏差（mm）</th></tr>
<tr><td>对口错边 Δ</td><td colspan="2">$t/10$，且≤3.0</td></tr>
<tr><td>间隙 a</td><td colspan="2">±1.0</td></tr>
<tr><td>搭接长度 a</td><td colspan="2">±5.0</td></tr>
<tr><td>缝隙 Δ</td><td colspan="2">1.5</td></tr>
<tr><td>高度 h</td><td colspan="2">±2.0</td></tr>
<tr><td>垂直度 Δ</td><td colspan="2">$b/100$，且≤3.0</td></tr>
<tr><td>中心偏移 e</td><td colspan="2">±2.0</td></tr>
<tr><td rowspan="2">型钢错位</td><td>连接处</td><td>1.0</td></tr>
<tr><td>其他处</td><td>2.0</td></tr>
<tr><td>箱形截面高度 h</td><td colspan="2">±2.0</td></tr>
<tr><td>宽度 b</td><td colspan="2">±2.0</td></tr>
<tr><td>垂直度 Δ</td><td colspan="2">$b/200$，且≤3.0</td></tr>
</table>

5.2.8　构件端部铣平后顶紧接触面应有 75%以上的面积密贴，应用 0.3mm 的塞尺检查，其塞入面积应小于 25%，边缘最大间隙不应大于 0.8mm。

5.2.9　桁架结构组装时，杆件轴线交点偏移不宜大于 3mm。

5.2.10　安装焊缝坡口精度应符合规范规定。坡口角度允许偏差为±5°，钝边允许偏差为±1.0mm，外露铣平面和顶紧接触面应防锈保护。

5.2.11　单节钢柱外形尺寸允许偏差应符合表 8-5 的规定。

单节钢柱外形尺寸允许偏差　　表 8-5

<table>
<tr><th colspan="2">项目</th><th>允许偏差</th></tr>
<tr><td colspan="2">柱底面到柱端与桁架连接的最上一个安装孔距离 l</td><td>$\pm l/1500$
±15.0</td></tr>
<tr><td colspan="2">柱底面到牛腿支承面距离 l_1</td><td>$\pm l_1/2000$
±8.0</td></tr>
<tr><td colspan="2">牛腿面的翘曲 Δ</td><td>2.0</td></tr>
<tr><td colspan="2">柱身弯曲矢高</td><td>$H/1200$ 且≤12.0</td></tr>
<tr><td rowspan="2">柱身扭曲</td><td>牛腿处</td><td>3.0</td></tr>
<tr><td>其他处</td><td>8.0</td></tr>
<tr><td rowspan="2">柱截面几何尺寸</td><td>连接处</td><td>±3.0</td></tr>
<tr><td>非连接处</td><td>±4.0</td></tr>
<tr><td rowspan="2">翼缘对腹板的垂直度</td><td>连接处</td><td>1.5</td></tr>
<tr><td>其他处</td><td>$b/100$，且≤5.0</td></tr>
<tr><td colspan="2">柱脚底板平面度</td><td>5.0</td></tr>
<tr><td colspan="2">柱脚螺柱孔中心对柱轴线的距离</td><td>3.0</td></tr>
</table>

5.2.12　多节钢柱外形尺寸允许偏差应符合表 8-6 的规定。

多节钢柱外形尺寸允许偏差　　表 8-6

项目		允许偏差（mm）
节柱高度 H		±3.0
两端最外侧安装孔距离 l_3		±2.0
铣平面到第一个安装孔距离 a		±1.0
柱身弯曲矢高 f		H/1500，且≤5.0
一节柱的柱身扭曲		h/250，且≤5.0
牛腿端孔到柱轴线距离 l_2		±3.0
牛腿的翘曲或扭曲 Δ	l_2≤1000	2.0
	l_2>1000	3.0
柱截面尺寸	连接处	±3.0
	非连接处	±4.0
柱脚底板平面度		5.0
翼缘板对腹板的垂直度	连接处	1.5
	其他处	b/100，且≤5.0
柱脚螺柱孔对柱轴线的距离 a		3.0
箱型截面连接处对角线差		3.0
箱型柱身板垂直度		h（b）/150，且≤5.0

5.2.13　复杂截面钢柱外形尺寸允许偏差应符合表 8-7 的规定。

复杂截面钢柱外形尺寸允许偏差　　表 8-7

项目		允许偏差（mm）	
双箱体	箱形截面高度 h	连接处	±4.0
		非连接处	+8.0 −4.0
	翼板宽度 b	±2.0	
	腹板间距 b_o	±3.0	
	翼板间距 h_o	±3.0	
	垂直度 Δ	H/150，且≤6.0	
三箱体	箱形截面尺寸 h	连接处	±4.0
		非连接处	+8.0 −4.0
	翼板宽度 b	±2.0	
	腹板间距 b_o	±3.0	
	翼板间距 h_o	±3.0	
	垂直度 Δ	不大于 6.0	
特殊箱体	箱形截面尺寸 h	连接处	±5.0
		非连接处	+12.0 −5.0
	翼板间距 H_o	±3.0	
	翼板间距 h_o	±3.0	
	垂直度 Δ	h/150，且≤5.0	
	箱形截面尺寸 b	±2.0	

5.2.14 焊接实腹钢梁外形尺寸允许偏差应符合表8-8的规定。

焊接实腹钢梁外形尺寸允许偏差　　表8-8

项目		允许偏差（mm）
梁长度 l	端面有凸缘支座板	0 −5.0
	其他形式	±l/2500 ±5.0
端面高度 h	h≤2000	±2.0
	h>2000	±3.0
拱度	设计要求起拱	±l/5000
	设计未要求起拱	+10.0 −10.0
侧弯矢高		l/2000，且≤10
扭曲		h/250，且≤10
腹板局部平面度	t≤6	4.0
	6<t<14	3.0
	t≥14	2.0
翼缘板对腹板的垂直度		b/100，且≤3.0
吊车梁上翼缘与轨道接触面平面度		1.0
箱型截面对角线差		5.0
箱型截面两腹板至翼缘板中心线距离 a	连接处	1.0
	其他处	1.5
梁端板的平面度（只允许凹进）		h/500，且≤2.0
梁端板与腹板的垂直度		h/500，且≤2.0

5.2.15 钢桁架外形尺寸允许偏差应符合表8-9的规定。

钢桁架外形尺寸允许偏差　　表8-9

项目		允许偏差（mm）
桁架最外端两个孔或两端支撑面最外侧距离 l	l≤24m	+3.0 −7.0
	l>24m	+5.0 −10.0
桁架跨中高度		±10.0
桁架跨中拱度	设计要求起拱	±l/5000
	设计未要求起拱	+10.0 −5.0
相邻节间弦杆弯曲（受压除外）		l_1/1000
支撑面到第一个安装孔距离 a		±1.0
檩条连接支座间距		±5.0

5.2.16 钢管构件外形尺寸允许偏差应符合表8-10的规定。

钢管构件外形尺寸允许偏差　　表 8-10

项目	允许偏差（mm）
直径 d	d/250，且≤5.0
构件长度 l	±3.0
管口圆度	d/250，且≤5.0
管端面管轴线垂直度	d/500，且≤3.0
弯曲矢高	l/1500，且≤5.0
对口错边	t/10，且≤3.0

5.2.17　墙架、檩条、支撑系统钢构件外形尺寸允许偏差应符合表 8-11 的规定。

墙架、檩条、支撑系统钢构件外形尺寸允许偏差　　表 8-11

项目	允许偏差（mm）
构件长度 l	±4.0
构件两端最外侧安装孔距离 l_1	±3.0
构件弯曲矢高	l/1000，且≤10
截面尺寸	+5.0 −2.0

5.2.18　钢平台、钢梯和防护钢栏杆外形尺寸允许偏差应符合表 8-12 的规定。

钢平台、钢梯和防护钢栏杆外形尺寸允许偏差　　表 8-12

项目	允许偏差（mm）
平台长度和宽度	±5.0
平台两对角线差	6.0
平台支柱高度	±3.0
平台支柱弯曲矢高	5.0
平台表面平面度（1m 范围内）	6.0
梯梁长度 l	±5.0
钢梯宽度 b	±5.0
钢梯安装孔距离 a	±3.0
钢梯纵向挠曲矢高	l/1000
踏步（棍）间距	±5.0
栏杆高度	±5.0
栏杆立柱间距	±10.0

5.2.19　实体预拼装时宜先使用不少于螺栓孔总数 10%的冲钉定位，再采用临时螺栓紧固。临时螺栓在一组孔内不得少于螺栓孔数量的 20%，且不少于 2 个。

5.2.20　实体预拼装（仿真模拟预拼装）的允许偏差应符合表 8-13 的规定。

实体预拼装（仿真模拟预拼装）的允许偏差　　表 8-13

构件名称	项目	允许偏差（mm）
多节柱	预拼装单元总长	±5.0
	预拼装单元弯曲矢高	l/1500，且≤10.0
	接口错边	2.0
	预拼装单元柱身扭曲	h/200，且≤5.0
	顶紧面至任一牛腿距离	±2.0

续表

构件名称	项目		允许偏差（mm）
梁桁架	跨度最外两端安装孔或 两端支承面最外侧距离		+5.0 −10.0
	接口截面错位		2.0
	拱度	设计要求起拱	$l/5000$
		设计未要求起拱	$+l/2000$ 0
	节点处杆件轴线错位		4.0
管构件	预拼装单元总长		±5.0
	预拼装单元弯曲矢高		$l/1500$，且≤10.0
	对口错边		$t/10$，且≤3.0
	坡口间隙		+2.0 −1.0
构件平面总体预拼装	各楼层柱距		±4.0
	相邻楼层梁与梁之间距离		±3.0
	各层间框架两对角线之差		$H_i/2000$，且≤5
	任意两对角线之差		$\Sigma H_i/2000$，且≤8.0

6　成品保护

6.0.1　成品立放时应临时支承加固，平放时应在构件下面支垫块垫平，防止扭曲变形。

6.0.2　钢构件侧向刚度较小时，吊装前两侧面应用圆木临时加固，并选择合适的吊点。

6.0.3　构件在转运过程中，钢丝绳绑扎处宜用柔性材料保护，如发生涂层破坏应及时补涂。

6.0.4　钢构件在吊运过程中严禁碰撞。

6.0.5　钢构件露天放置时，尽可能及时除锈和防腐涂装，防止生锈。

7　注意事项

7.1　应注意的质量问题

7.1.1　钢构件所用的杆件、零部件按图纸进行逐个核对，以防混用。

7.1.2　零部件在搬运或存放过程中，要有防止发现变形的措施。

7.1.3　组装后检查构件的外观尺寸，及时矫正。

7.1.4　钢构件在焊接时严格按照工艺文件要求采取焊前预热和焊后保温措施；严格按照工艺文件要求的焊接顺序施焊，减小焊接应力和焊接变形。

7.1.5　采用热矫正时，严格控制矫正温度。

7.2　应注意的安全问题

7.2.1　各种机械在使用前应经过试运转，合格后方可操作。机械的电气部分应有接地接零保护装置，绝缘部位绝缘性能良好。

7.2.2 现场材料应按品种分类堆放；作业场地周围不应堆放易燃易爆材料，与氧气瓶、乙炔瓶等的距离不得小于 10m。

7.2.3 零部件、构件放置时，应保持其稳定或支撑牢固，防止倾倒伤人。

7.2.4 吊装区域设置安全警戒线，非作业人员严禁入内。

7.2.5 构件拼装未达到稳定的体系前，应采取临时稳固措施。

7.2.6 零部件在组装及拼装转运过程中，应稳起稳放，以防止碰撞伤人。

7.3 应注意的绿色施工问题

7.3.1 作业区应控制噪声，合理安排作业时间，减少对周边环境的影响。

7.3.2 加工所用的机械在停班或班后按规定停机，关闭电源。

7.3.3 制作余料和废料及时分类回收，并对余料的炉批号、品种、规格、型号标识清楚，以便利用。

7.3.4 用完的焊条头应及时清除，不准随意丢弃。

7.3.5 作业区内构件排放整体有序，作业面保持清洁、干净。

7.3.6 加工过程中烟气排放应符合现行国家标准《大气污染物综合排放标准》GB 16297 的规定。

8 质量记录

8.0.1 所用零部件的质量合格证明文件。

8.0.2 焊接材料、连接材料的质量合格证明文件。

8.0.3 焊工合格证及编号。

8.0.4 焊接工艺评定报告。

8.0.5 钢构件加工工艺文件。

8.0.6 隐蔽工程验收记录。

8.0.7 施工记录（交接检验记录、各工序施工记录）。

8.0.8 钢构件组装工程检验批质量验收记录。

8.0.9 钢构件预拼装工程检验批质量验收记录。

8.0.10 钢构件组装及预拼装分项工程质量验收记录。

8.0.11 其他技术文件。

第 9 章　钢结构手工电弧焊焊接

本工艺标准适用于建筑钢结构制作和安装的手工电弧焊焊接。

1 引用标准

《钢结构设计标准》GB 50017—2017

《钢结构工程施工规范》GB 50755—2017

《钢结构焊接规范》GB 50661—2011

《钢结构工程施工质量验收规范》GB 50205—2001

《高层民用建筑钢结构技术规程》JGJ 99—2015

《钢结构超声波检测及质量分级》JG/T 203—2007

《碳素结构钢》GB/T 700—2006

《低合金高强度结构钢》GB/T 1591—2008

《热轧型钢》GB/T 706—2008

《碳素结构钢和低合金结构钢热轧钢板和钢带》GB/T 3274—2017

《非合金钢及细晶粒钢焊条》GB/T 5117—2012

《热强钢焊条》GB/T 5118—2012

2 术语

2.0.1 焊缝金属：构成焊缝的金属，一般是熔化的母材和填充金属凝固形成的那部分金属。

2.0.2 层间温度：多层焊时，停焊后继续焊之前，其相邻焊道应保持的最低温度。

2.0.3 定位焊：焊前为装配和固定焊接接头的位置而施焊的短焊缝。

3 施工准备

3.1 作业条件

3.1.1 应根据《钢结构焊接规范》GB 50661 的规定进行焊接工艺评定，根据工艺评定报告制定焊接工艺文件（包括施工方案、焊接作业指导书或焊接工艺卡），施工前对作业班组进行安全技术交底。

3.1.2 待焊的零件、部件或构件组装完成并检验合格，所用焊条经过进场验收合格。

3.1.3 相关作业人员必须持有有效的上岗证，焊工必须经过考试取得合格证书，并在其规定许可范围内施焊。

3.1.4 电弧焊机运行状态良好，接零或接地符合安全要求。

3.1.5 焊接作业条件应符合下列要求：

1 焊接作业区最大风速应低于 8m/s，若超过时，应设防风棚或采用其他防风措施，制作车间内焊接作业区有穿堂风或鼓风机时，也应按以上规定设挡风装置；

2 焊接作业区的相对湿度不得大于 90%；

3 当焊件表面潮湿或有冰雪覆盖时，应采取加热措施除潮去湿；

4 焊接作业区环境温度低于 0℃但不低于－10℃时，应将构件焊接区各方向大于或等于两倍钢板厚度且不小于 100mm 范围内的母材，加热到 20℃以上后方可施焊，且在焊接过程中均不应低于这一温度。

3.1.6 焊接作业区环境超出 3.1.5 条规定但必须焊接时，应编制专项方案。焊接温度低于－10℃时，必须进行相应焊接环境下的工艺评定试验，并应在评定合格后再进行焊接，如果不符合上述规定，严禁焊接。

3.2　材料及机具

3.2.1　建筑钢结构用钢材及焊接材料的选用应符合设计图纸的要求，并应具生产厂家出具的产品质量合格证明书或检验报告，其化学成分、力学性能和其他质量要求必须符合现行国家标准，并按照现行国家标准《钢结构工程施工质量验收规范》GB 50205 的规定进行抽样复验。材料代换时需经设计单位同意，并按相应焊接工艺文件施焊。

3.2.2　焊条的选择应与母材的成分、性能相匹配，并符合使用要求。一般要求焊缝金属的力学性能（包括抗拉强度、塑性和冲击韧性）应达到母材金属规定性能指标的下限值。使用前应按规定要求进行烘焙。

3.2.3　钢结构工程中选用的新材料必须经过新产品鉴定。钢材应由生产厂提供焊接性能资料、指导性焊接工艺、热加工和热处理工艺参数、相应钢材的焊接接头性能数据等资料；焊接材料应由生产厂家提供贮存及焊前烘焙参数规定、熔敷金属化学成分、性能鉴定资料及指导性施焊参数，经专家论证、评审和焊接工艺评定合格后，方可在工程中采用。

3.2.4　机具：电焊机、焊把线、焊钳、面罩、焊条烘箱、焊条保温桶、钢丝刷、石棉布、碳弧气刨、工作平台、夹具、大小锤、气割工具等。

4　操作工艺

4.1　工艺流程

制定焊接工艺 → 反变形、焊接收缩量确定 → 检查构件 →
安装引弧板、引出板及垫板 → 预热处理 → 调整工艺参数 → 焊接 →
焊后处理 → 检查验收

4.2　制定焊接工艺

施工前应由焊接施工单位根据焊接工艺评定结果编制焊接工艺文件，并向有关操作人员进行安全技术交底，施工中应严格遵守工艺文件的规定。焊接工艺文件应包括下列内容：

1　焊接方法或焊接方法的组合；

2　母材的规格牌号、厚度及其他相关尺寸和适用范围；

3　焊接材料型号、规格和类别；

4　焊接接头形式、坡口形状、尺寸及允许偏差；

5　夹具、定位焊、衬垫的要求；

6　焊接位置；

7　焊接电源的种类和电流极性；

8　焊接电流、焊接电压、焊接速度、焊接层次、清根要求、焊接顺序等焊接工艺参数规定；

9　预热温度及层间温度范围；

10 后热、焊后消除应力处理工艺；

11 检验方法及合格标准；

12 其他必要的规定。

4.3 反变形、焊接收缩量确定

4.3.1 控制焊接变形，可采取反变形措施，其反变形数值及焊接收缩量应根据焊接工艺试验确定。

4.3.2 对反变形的构件，应事先在胎具上进行压制，通过焊接试验检验其变形正确与否，成功后再大批制作。

4.3.3 焊接后在焊缝处发生冷却收缩时，其收缩量按照工艺试验的收缩量确定。

4.4 检查构件

4.4.1 焊接前对构件外形尺寸、坡口角度、组装间隙进行检查，符合规范要求后进行定位焊。定位焊焊缝的质量要求同正式焊缝，采用钢衬垫的定位焊宜在接头坡口内焊接，定位焊焊缝厚度不应小于3mm，且不宜超过设计焊缝厚度的2/3，定位焊焊缝长度不应小于40mm，间距宜为300～600mm，并应填满弧坑。用角磨机打磨，以便施焊时定位焊缝处形成平滑过渡，防止留下缺陷。定位焊预热温度宜高于正式施焊预热温度20～50℃，当定位焊焊缝上有气孔或、裂纹或加渣时，应完全清除并经检验合格后方能施焊。

4.4.2 焊条在使用前应按规定的烘焙时间和烘焙温度进行烘焙。受潮的酸性焊条使用前应在100～150℃范围内烘焙12h；低氢型焊条使用前应在300～430℃范围内烘焙12h，低氢型焊条烘干后必须存放在温度不低于120℃的保温箱（筒）内存放待用，使用时应置于保温筒中，随用随取。低氢型焊条由保温箱取出后在大气中放置时间不应超过4h。用于焊接Ⅲ、Ⅳ类钢材的焊条，烘干后在大气中放置的时间不应超过2小时，重新烘干次数不应超过1次。

4.5 安装引弧板、引出板和垫板

4.5.1 T形接头、十字接头、角接接头和对接接头主焊缝两端，必须配置引弧板和引出板，其材质应和被焊接母材相同，坡口形式应与被焊件相同，禁止使用其他材质的材料充当引弧板和引出板。

4.5.2 手工电弧焊焊缝引出长度应大于25mm。其引弧板和引出板宽度应大于50mm，长度宜为板厚的1.5倍且不小于30mm，厚度不应小于6mm。

4.5.3 钢衬垫板应与接头母材密贴连接，其间隙不应大于1.5mm，并应与焊缝金属充分熔合。手工电弧焊时，钢衬垫板厚度不应小于4mm。

4.6 预热处理

4.6.1 预热方法及层间温度控制方法应符合下列规定：

1 焊前预热及层间温度的保持宜采用电加热法、火焰加热法，并应采用专用的测温仪器测量；

2 预热的加热区域应在焊缝坡口两侧，宽度应大于焊件施焊处板厚的1.5倍，且不应小于100mm；预热温度宜在焊件受热面的背面测量，测温点应在离电弧经过前的焊接点各

方向不小于75mm处；当采用火焰加热器预热时正面测温应在加热停止后进行。

4.6.2 采用中等热输入焊接时，对于板厚不大于20mm的Ⅰ、Ⅱ类钢和板厚小于20mm且不大于40mm的Ⅰ类钢材，其焊接环境温度在0℃以上时，可不采取预热措施。

4.7 调整工艺参数

4.7.1 在保证焊接质量的条件下，采用大直径焊条和大电流焊接，以提高劳动生产率，但多层焊的第一层以及非水平位置焊接时，焊条直径应选小一点。

4.7.2 焊角焊缝时，电流要稍大些。打底焊时，使用的焊接电流要小些；填充焊时，通常要较大焊接电流；盖面焊时，使用的电流稍小些。碱性焊条比酸性焊条小10%，不锈钢焊条比碳钢焊条小20%。

4.7.3 电弧电压主要取决于弧长。电弧长，则电压高；反之则低。在焊接过程中，一般希望弧长始终保持一致，并且尽量使用短弧焊接。

4.8 焊接

4.8.1 焊接时，按照构件的结构特点制定合理的焊接顺序进行施焊。选择焊缝焊接顺序时，一般应先焊竖向焊缝后焊横向焊缝，先焊对角焊缝后焊贴角焊缝。焊接薄焊件的长焊缝时，应采用分段焊法，分段长度一般以两根焊条所能焊接的长度为宜。

4.8.2 焊接过程中，最低层间温度不应低于预热温度；静载结构焊接时，最大层间温度不宜超过250℃；需进行疲劳验算的动荷载结构和调质钢焊接时，最大层间温度不宜超过230℃。在约束焊道上施焊，应连续进行；如因故中断，再焊时应对已焊的焊缝局部做预热处理。

4.8.3 采用多层焊时，应将前一道焊缝表面清理干净后再继续施焊。

4.8.4 焊接完成后，应用火焰切割去除引弧板和引出板，并修磨平整。不得用锤击落引弧板和引出板。焊接时不得使用药皮脱落或焊芯生锈的焊条。

4.8.5 焊接完毕后，焊工应清理焊缝表面的熔渣及两侧的飞溅物，检查焊缝外观质量。检查合格后应在工艺规定的焊缝及部位打上焊工钢印。

4.9 焊后处理

4.9.1 因焊接而变形的构件，可用机械（冷矫）或局部加热的方法进行矫正，并应符合下列规定：

1 碳素结构钢在环境温度低于−16℃、低合金结构钢在环境温度低于−12℃时，不应进行冷矫正和冷弯曲。碳素结构钢和低合金结构钢在加热矫正时，加热温度不应超过900℃，最低温度不应低于600℃。低合金结构钢在加热矫正后应自然冷却；

2 当零件采用热加工成型时，加热温度应控制在900～1000℃；碳素结构钢和低合金结构钢在温度分别下降到700℃和800℃之前，应结束加工；低合金结构钢应自然冷却；

3 对调质钢采用加热矫正时，其矫正温度严禁超过最高回火温度。

4.9.2 当要求进行焊后消氢热处理时，应符合下列规定：

1 消氢热处理的加热温度应为250～350℃，保温时间应根据工件板厚按每25mm板厚不小于0.5h，且总保温时间不得小于1h确定；

2　达到保温时间后应缓冷至常温；

3　焊接完成经自检合格后，进行专项检验。

4.9.3　设计文件或合同文件对焊后清除应力有要求时，常采用加热退火法、振动法、锤击法。

1　需经疲劳验算的动荷载结构中承受拉应力的对接接头或焊缝密集的节点或构件，宜采用电加热器局部退火和加热炉整体退火的方法；

2　仅为稳定结构尺寸时，可采用振动法。振动时效工艺参数选择及技术要求，应符合现行国家标准的有关规定；

3　采用锤击法消除中间焊接层应力时，应使用圆头手锤或小型振动工具进行，但不应对根部焊缝、盖面焊缝或焊缝坡口边缘的母材进行锤击。

4.10　检查验收

4.10.1　按规范规定在外观检查合格的基础上进行无损探伤检查。

4.10.2　所有承受静荷载结构焊缝质量的检验应冷却到环境温度后进行外观检查，Ⅲ、Ⅳ类钢材及焊接难度等级为C、D级时，应以焊接完成24h后检查结果作为验收依据；钢材标称屈服强度不小于690MPa或供货状态为调质状态时，应以焊接完成48h后的检查结果作为验收依据。

4.10.3　需要疲劳验算结构的焊缝质量检查，Ⅰ、Ⅱ类钢材及焊接难度等级为A、B级时，应以焊接完成24h后检测结果作为验收依据；Ⅲ、Ⅳ类钢材及焊接难度等级为C、D级时，应以焊接完成48h后的检查结果作为验收依据。

4.10.4　有下列情况之一应进行表面检测：

1　设计文件要求进行表面检测的；

2　外观检测发现裂纹时，应对该批中同类焊缝进行100%的表面检测；

3　外观检测怀疑有裂纹缺陷时，应对怀疑的部位进行表面检测；

4　检测人员认为有必要时。

5　质量标准

5.1　主控项目

5.1.1　焊条与母材的匹配应符合设计要求及国家现行标准《钢结构焊接规范》GB 50661的规定。焊条在使用前，应按其产品说明书及焊接工艺文件的规定进行烘焙和存放。

5.1.2　焊工必须经考试合格并取得合格证书。持证焊工必须在其考试合格项目及其认可范围内施焊。严禁无证焊工施焊。

5.1.3　施工单位应按照现行国家标准《钢结构焊接规范》GB 50661的规定进行焊接工艺评定，根据评定报告确定焊接工艺，编写焊接工艺文件并进行全过程质量控制。

5.1.4　设计要求全焊透的一、二级焊缝应采用超声波探伤进行内部缺陷的检验；超声波探伤不能对缺陷作出判断时，应采用射线探伤，其焊缝质量等级及缺陷分级应符合表9-1的规定。

一级、二级焊缝质量等级及缺陷分级 **表9-1**

焊缝质量等级		一级	二级
内部缺陷超声波探伤	缺陷评定等级	Ⅱ	Ⅲ
	检验等级	B级	B级
	检测比例	100%	20%
内部缺陷射线探伤	缺陷评定等级	Ⅱ	Ⅲ
	检验等级	B级	B级
	检测比例	100%	20%

5.1.5 T形接头、十字接头、角接接头等要求熔透的对接和角对接组合焊缝，其焊脚尺寸不应小于$t/4$；设计有疲劳验算要求的吊车梁或类似构件的腹板与上翼缘连接的焊脚尺寸不应小于$t/2$，且不应大于10mm；焊角尺寸的允许偏差为0～4mm。

5.2 一般项目

5.2.1 焊条外观不应有药皮脱落、焊芯生锈等缺陷，焊剂不应受潮结块。

5.2.2 对于需要进行焊前预热或焊后热处理的焊缝，其预热温度或后热温度应符合国家现行有关标准的规定或通过工艺试验确定。预热区在焊道两侧，每侧宽度均应大于焊件厚度的1.5倍以上，且不应小于100mm；后热处理应在焊后立即进行，保温时间应根据板厚按每25mm板厚1h确定。

5.2.3 无疲劳验算、有疲劳验算的焊缝外观质量要求应分别符合表9-2和表9-3的规定。

无疲劳验算焊缝的外观质量要求 **表9-2**

检查项目	一级焊缝	二级焊缝允许偏差（mm）	三级焊缝允许偏差（mm）
裂纹	不允许		
未焊满（指不足设计要求）	不允许	≤0.2+0.02t，且≤1.0	≤0.2+0.04t，且≤2.0
		每100长度焊缝内未焊满累积长度≤25	
根部收缩	不允许	≤0.2+0.02t，且≤1.0	≤0.2+0.04t，且≤2.0
		长度不限	
咬边	不允许	深度≤0.05t，且≤0.5；连续长度≤100，且焊缝两侧咬边总长≤10%焊缝全长	深度≤0.1t且≤1.0，长度不限
接头不良	不允许	缺口深度≤0.05t，且≤0.5	缺口深度≤0.1t，且≤1.0
		每1000长度焊缝内不得超过1处	
电弧擦伤	不允许		允许存在个别电弧擦伤
表面夹渣	不允许		深≤0.2t，长≤0.5t，且≤20.0
表面气孔	不允许		每50焊缝长度内允许直径≤0.4t，且≤3.0的气孔2个，孔距≥6倍孔径

注：t为连接处较薄的板厚。

有疲劳验算的焊缝外观质量要求 **表9-3**

检查项目	一级焊缝	二级焊缝允许偏差（mm）	三级焊缝允许偏差（mm）
裂纹	不允许		
未焊满	不允许		≤0.2+0.02t且≤1.0，每100长度焊缝内未焊满累积长度≤25
根部收缩	不允许		≤0.2+0.02t且≤1.0，长度不限

续表

检查项目	一级焊缝	二级焊缝允许偏差（mm）	三级焊缝允许偏差（mm）
咬边	不允许	深度≤0.05t 且≤0.3，连续长度≤100且焊缝两侧咬边总长≤10%焊缝全长	深度≤0.1t，且≤0.5，长度不限
电弧擦伤	不允许		允许存在个别电弧擦伤
接头不良	不允许		缺口深度≤0.05t，且≤0.5，每 1000 长度焊缝内不得超过 1 处
表面夹渣	不允许		深≤0.2t，长≤0.5t，且≤20.0
表面气孔	不允许		直径<1.0，每米不多于 3 个，间距≥20

5.2.4　无疲劳验算、有疲劳验算的对接焊缝与角焊缝外观尺寸允许偏差应分别符合表 9-4 和表 9-5 的规定。

无疲劳验算对接焊缝与角焊缝的外观尺寸允许偏差（mm）　　**表 9-4**

项目	一、二级焊缝	三级焊缝
对接焊缝余高 C	B<20 时，C 为 0～3.0	B<20 时，C 为 0～3.5
	B≥20 时，C 为 0～4.0	B≥20 时，C 为 0～5.0
对焊焊缝错边 Δ	Δ<0.15t，且≤2.0	Δ<0.15t，且≤3.0
角焊缝余高 C	h_f≤6 时，C 为 0～1.5；h_f>6 时，C 为 0～3.0	

有疲劳验算对接焊缝与角焊缝的外观尺寸允许偏差（mm）　　**表 9-5**

项目	焊缝种类	外观尺寸允许偏差
焊脚尺寸	对接与角接组合焊缝 h_{fk}	0～+2.0
	其他角焊缝 h_f	−1.0～+2.0
焊缝高低差	角焊缝	≤2.0（任意 25 长范围高低差）
余高	对接焊缝	≤2.0 （焊缝宽 b≤20）
		≤3.0（b>20）
余高铲磨后表面	横向对接焊缝	表面不高于母材 0.5
		表面不低于母材 0.3
		粗糙度不大于 50μm

6　成品保护

6.0.1　焊接成形的成品应当自然冷却，负温焊接后应采取缓冷措施，完全冷却后方可清除残留的金属和熔渣。

6.0.2　不准随意在母材上打火。

6.0.3　各种构件校正好后方可施焊，不得随意移动垫块和卡具，以防造成构件尺寸偏差。

7　注意事项

7.1　应注意的质量问题

7.1.1　应严格控制焊接材料、母材和焊接工艺的质量。

7.1.2 应选择合理的焊接工艺参数及焊接顺序控制焊接变形。

7.1.3 多层施焊应将各层的熔渣清除干净，如发现有影响焊接质量缺陷时，应用碳弧气刨清除后重新施焊。

7.1.4 Ⅱ类及Ⅱ类以上钢材箱形柱角接头，当板厚大于、等于 80mm 时，板边火焰切割面宜用机械方法去除淬硬层。

1 采用低氢型、超低氢型焊条或气体保护电弧焊施焊。

2 提高预热温度施焊。

7.2 应注意的安全问题

7.2.1 高空作业前，应对操作人员进行专项安全教育，并定期体检。作业时衣着要灵便，禁止穿硬底、带钉易滑的鞋。

7.2.2 施焊场地周围应清除易爆易燃品，氧气、乙炔气瓶应放在 10m 以外，需配备相应的消防器材。

7.2.3 焊机应接零接地，焊钳绝缘性能良好，焊工操作时应穿绝缘鞋戴绝缘手套。

7.2.4 露天操作时，应沿顺风方向操作；在封闭环境下操作时，应有通风措施。

7.3 应注意的绿色施工问题

7.3.1 作业区应控制噪声，合理安排作业时间，减少对周边环境的影响。

7.3.2 加工所用的机械在停班或班后按规定停机，关闭电源。

7.3.3 制作余料和废料及时分类回收，并对余料的炉批号、品种、规格、型号标识清楚，以便利用。

7.3.4 包装箱及时收集，统一回收处理，不得随意抛弃。

7.3.5 作业区内构件排放整体有序，作业面保持清洁、干净。

7.3.6 加工过程中烟气排放应符合现行国家标准《大气污染物综合排放标准》GB 16297 的规定。

8 质量记录

8.0.1 所用钢材、焊接材料的质量合格证明文件、中文标志及性能检测报告。

8.0.2 焊工合格证书及编号。

8.0.3 焊接预热后热施工记录。

8.0.4 焊条烘焙记录。

8.0.5 焊接工艺评定报告。

8.0.6 钢结构制作（安装）焊接工程检验批质量验收记录。

8.0.7 钢结构制作（安装）焊接分项工程质量验收记录。

8.0.8 构件焊缝外观、尺寸检查记录。

8.0.9 焊缝探伤检测报告。

8.0.10 施工记录。

8.0.11 其他技术文件。

第10章　钢结构埋弧自动焊焊接

本工艺标准适用于建筑钢结构制作的埋弧自动焊焊接。

1　引用标准

《钢结构设计标准》GB 50017—2017

《钢结构工程施工规范》GB 50755—2012

《钢结构焊接规范》GB 50661—2011

《钢结构工程施工质量验收规范》GB 50205—2001

《高层民用建筑钢结构技术规程》JGJ 99—2015

《碳素结构钢》GB/T 700—2006

《低合金高强度结构钢》GB/T 1591—2008

《碳素结构钢和低合金结构钢热轧钢板和钢带》GB/T 3274—2007

《碳素结构钢和低合金结构钢热轧薄钢板和钢带》GB 912—2008

《埋弧焊用低合金钢焊丝和焊剂》GB/T 12470—2003

《埋弧焊用碳钢焊丝和焊剂》GB/T 5293—1999

2　术语

2.0.1　余高：高出焊趾连接部分的焊缝高度。

2.0.2　焊缝金属：构成焊缝的金属，一般是熔化的母材和填充金属凝固形成的金属部分。

2.0.3　船形焊：T字形、十字形和角接接头处于平焊位置进行的焊接。

3　施工准备

3.1　作业条件

3.1.1　应根据《钢结构焊接规范》GB 50661的规定进行焊接工艺评定，根据工艺评定报告制定焊接工艺文件（包括施工方案、焊接作业指导书或焊接工艺卡），施工前对作业班组进行安全技术交底。

3.1.2　待焊的零件、部件或构件已组装完成并检验合格，所用焊丝、焊剂经过进场验收合格。

3.1.3　相关作业人员必须持有有效的上岗证，焊工必须经过考试取得合格证书，在其规定许可范围内施焊。

3.1.4 钢构件组装完毕并验收合格，所用的焊丝、焊剂经过进场验收合格。

3.1.5 焊剂使用前应按厂家推荐的温度进行烘焙，已受潮或结块的焊剂严禁使用，用于焊接Ⅲ、Ⅳ类钢材的焊剂，烘干后在大气中放置时间不应超过 4h。

3.1.6 焊接设备运行状态良好，接零或接地符合安全要求。

3.1.7 施焊前，焊工应检查焊接件的接头质量和焊接区的坡口、间隙、钝边的情况，符合要求后方可施焊。

3.2 材料及机具

3.2.1 建筑钢结构用钢材及焊接材料的选用应符合设计图纸的要求，并应具有钢厂和焊接材料厂出具的产品质量证明书或检验报告，其化学成分、力学性能和其他质量要求必须符合现行国家标准的规定。材料代换时需经设计单位同意。

3.2.2 焊接材料：符合常用钢结构埋弧焊焊接材料选配的规定。

3.2.3 机具：自动埋弧焊机、焊接滚轮架、翼缘矫正机、吊装设备、烘干箱、钢丝刷、石棉布、碳弧气刨、工作平台、夹具、手锤、氧气、乙炔气、焊割具等。

4 操作工艺

4.1 工艺流程

制定焊接工艺 → 反变形、焊接收缩量确定 → 检查构件 →

安装引弧板、引出板及垫板 → 预热处理 → 调整工艺参数 → 焊接 →

焊后处理 → 检查验收

4.2 制定焊接工艺

4.2.1 施工前应由焊接施工单位根据焊接工艺评定结果编制焊接工艺文件，并向有关操作人员进行安全技术交底，施工中应严格遵守工艺文件的规定。焊接工艺文件应包括下列内容：

1 焊接方法或焊接方法的组合；

2 母材的牌号、厚度及其他相关尺寸和适用范围；

3 焊接材料型号、规格和类别；

4 焊接接头形式、坡口形状、尺寸及允许偏差；

5 夹具、定位焊、衬垫的要求；

6 焊接位置；

7 焊接电源的种类和电流极性；

8 焊接电流、焊接电压、焊接速度、焊接层次、清根要求、焊接顺序等焊接工艺参数规定；

9 预热温度及层间温度范围；

10 后热、焊后消除应力处理工艺；

11 检验方法及合格标准；

12　其他必要的规定。

4.2.2　埋弧自动焊工艺参数的选择应符合下列要求：

1　焊丝直径根据现行《钢结构焊接规范》GB 50661的规定，针对不同直径焊丝选择合适的焊接电流；

2　电弧电压要与焊接电压相匹配；

3　符合不开坡口留间隙双面埋弧自动焊工艺参数要求。

4.3　反变形、焊接收缩量确定

4.3.1　控制焊接变形，可采取反变形措施，其反变形可参考焊接反变形经验数值或据焊接工艺试验确定。

4.3.2　对反变形的构件，应事先在胎具上进行压制，通过试验检验其变形正确与否，成功后再大批制作。

4.3.3　焊接后在焊缝处发生冷却收缩时，其收缩量按照工艺试验的收缩量确定。

4.4　检查构件

4.4.1　施焊前，应复核焊件外形尺寸、接头质量和焊接区域的坡口、间隙、钝边等的情况，发现不符合要求时，应修整。

4.4.2　构件摆放应当平整、贴实。定位焊接应与原焊接材料相同，并由焊工按工艺要求操作。

4.4.3　定位焊必须由持相应合格证的焊工施焊，所用焊接材料应与正式施焊相当。定位焊焊缝应与最终焊缝有相同的质量要求。钢衬垫的定位焊宜在接头坡口内焊接，定位焊焊缝厚度不应小于3mm，且不宜超过设计焊缝厚度的2/3，定位焊缝长度不应小于40mm，间距宜为300～600mm，并应填满弧坑。定位焊预热温度应高于正式施焊预热温度20～50℃。当定位焊焊缝上有气孔或裂纹时，必须清除后重焊。

4.5　安装引弧板、引出板及垫板

4.5.1　T形接头、十字接头、角接接头和对接接头主焊缝两端，必须配置引弧板和引出板，其材质应和被焊母材相同，坡口形式应与被焊焊缝相同，禁止其他材料充当引弧板和引出板。

4.5.2　埋弧自动焊焊缝引出长度应大于80mm，其引弧板和引出板宽度应大于80mm，长度宜为板厚的2倍且不小于100mm，厚度应不小于10mm。

4.5.3　钢衬垫板应与接头母材密贴连接，其间隙不应大于1.5mm，并应与焊缝金属充分熔合。埋弧焊焊接时，钢衬垫板厚度不应小于6mm。

4.6　预热处理

4.6.1　板厚与最低预热温度应符合现行国家标准《钢结构焊接规范》GB 50661的规定，实际操作时，尚应符合下列规定：

1　根据焊接接头的坡口形式和实际尺寸、板厚及构件约束条件确定预热温度。焊接坡口角度及间隙增大时，应相应提高预热温度；

2　根据接头热传导条件选择预热温度。在其他条件不变时，T形接头应比对接接头的预热温度高 25～50℃。但 T 形接头两侧角焊缝同时施焊时应按对接接头确定预热温度；

3 根据施焊环境温度确定预热温度。操作地点环境温度低于常温（高于 0℃）时，应提高预热温度 15～25℃。

4.6.2 采用中等热输入焊接时，对于板厚不大于 20mm 的Ⅰ、Ⅱ类钢材和板厚大于 20mm 且不大于 40mm 的Ⅰ类钢材，其焊接环境温度在 0℃以上时，可不采取预热措施。

4.7 调整工艺参数

4.7.1 焊接前应按工艺文件要求调整焊接电流、电弧电压、焊接速度、送丝速度等参数，合格后方可正式施焊。

4.7.2 不开坡口留间隙双面埋弧自动焊、对接接头埋弧自动焊、厚壁多层埋弧自动焊、搭接接头埋弧自动焊、T 形接头单道埋弧自动焊，船形位置 T 形接头单道埋弧自动焊焊接参数按照工艺评定报告调整或参见《钢结构焊接规范》GB 50661 的规定。

4.8 焊接

4.8.1 不应在焊缝以外的母材上打火引弧。

4.8.2 厚度 12mm 以下板材，可不开坡口，采用双面焊，正面焊电流稍大，熔深达 65％～70％，反面达 40％～55％。厚度大于 12～20mm 的板材，单面焊后，背面清根，再进行焊接。厚度较大板，开坡口焊，一般采用手工打底焊。

4.8.3 在组装好的构件上施焊，应严格按焊接工艺规定的参数以及焊接顺序进行，以控制焊后构件变形。

4.8.4 在约束焊道上施焊，应连续进行，如因故中断，再焊时应对已焊的焊缝局部做预热处理。

4.8.5 采用多层焊时，应将前一道焊缝表面清理干净后再继续施焊。

4.8.6 T 形接头、十字接头、角接接头和对接接头主焊缝两端，必须配置引弧板和引出板，其材质应与被焊母材相同，坡口形式应与被焊焊缝相同，禁止用其他材料充当。

4.8.7 埋弧自动焊焊缝引出长度应大于 80mm，其引弧板和引出板宽度应大于 80mm，长度宜为板厚的 2 倍且不小于 100mm，厚度应不小于 10mm。

4.8.8 填充层总厚度低于母材表面 1～2mm，稍凹，不得熔化坡口边。

4.8.9 盖面层使焊缝对坡口熔宽每边 3mm±1mm，调整焊速，使余高为0～3mm。

4.8.10 焊接完成后，应用火焰切割去除引弧板和引出板，不得用锤击。

4.9 焊后处理

4.9.1 因焊接而变形的构件，可用机械（冷却）或在严格控制温度条件下局部加热的方法进行矫正。

4.9.2 碳素结构钢在环境温度低于－16℃、低合金结构钢在环境温度低于－12℃时，不应进行冷矫正和冷弯曲。碳素结构钢和低合金结构钢在加热矫正时，加热温度不应超过 900℃，低合金结构钢在加热矫正后应自然冷却。

4.9.3 当零件采用热加工成型时，加热温度应控制在 900～1000℃；碳素结构钢和低合金结构钢在温度分别下降到 700℃和 800℃之前，应结束加工；低合金结构钢应自然冷却。

4.9.4　设计文件或合同文件对焊后清除应力有要求时，常采用加热退火法、振动法、锤击法。

1　需经疲劳验算的动荷载结构中承受拉应力的对接接头或焊缝密集的节点或构件，宜采用电加热器局部退火和加热炉整体退火的方法；

2　仅为稳定结构尺寸时，可采用振动法。振动时效工艺参数选择及技术要求，应符合现行国家标准的有关规定；

3　采用锤击法消除中间焊层应力时，应使用圆头手锤或小型振动工具进行，但不应对根部焊缝、盖面焊缝或焊缝坡口边缘的母材进行锤击。

4.10　检查验收

4.10.1　按规范要求在外观检查合格的基础上进行无损探伤检查。

4.10.2　所有承受静荷载结构焊缝质量的检验应冷却到环境温度后进行外观检查，Ⅲ、Ⅳ类钢材及焊接难度等级为C、D级时，应以焊接完成24h后检查结果作为验收依据；钢材标称屈服强度不小于690MPa或供货状态为调质状态时，应以焊接完成48h后的检查结果作为验收依据。

4.10.3　需要疲劳验算结构的焊缝质量检查，Ⅰ、Ⅱ类钢材及焊接难度等级为A、B级时，应以焊接完成24h后的检测结果作为验收依据；Ⅲ、Ⅳ类钢材及焊接难度等级为C、D级时，应以焊接完成48h后的检查结果作为验收依据。

4.10.4　有下列情况之一应进行表面检测：

1　外观检查发现裂纹时，应对该批中同类焊缝进行100%的表面检测；

2　外观检查怀疑有裂纹时，应对怀疑的部位进行表面检测；

3　设计图纸要求进行表面检测时；

4　质量检查人员认为有必要时。

5　质量标准

5.1　主控项目

5.1.1　焊丝、焊剂与母材的匹配应符合设计要求及国家现行标准《钢结构焊接规范》GB 50661的规定。焊剂在使用前，应按其产品说明书及焊接工艺文件的规定进行烘焙和存放。

5.1.2　焊工必须经考试合格并取得合格证书。持证焊工必须在其考试合格项目及其认可范围内施焊。严禁无证焊工施焊。

5.1.3　施工单位应按照现行国家标准《钢结构焊接规范》GB 50661的规定进行焊接工艺评定，根据评定报告确定焊接工艺，编写焊接工艺文件并进行全过程质量控制。

5.1.4　设计要求全焊透的一、二级焊缝应采用超声波探伤进行内部缺陷的检验；超声波探伤不能对缺陷作出判断时，应采用射线探伤，其焊缝质量等级及缺陷分级应符合表10-1的规定。

一级、二级焊缝质量等级及缺陷分级　　表 10-1

焊缝质量等级		一级	二级
内部缺陷超声波探伤	缺陷评定等级	Ⅱ	Ⅲ
	检验等级	B 级	B 级
	检测比例	100%	20%
内部缺陷射线探伤	缺陷评定等级	Ⅱ	Ⅲ
	检验等级	B 级	B 级
	检测比例	100%	20%

5.1.5　T 形接头、十字接头、角接接头等要求熔透的对接和角对接组合焊缝，其焊角尺寸不应小于 $t/4$；设计有疲劳验算要求的吊车梁或类似构件的腹板与上翼缘连接的焊脚尺寸不应小于 $t/2$，且不应大于 10mm。其焊脚尺寸允许偏差为 0～4mm。

5.2　一般项目

5.2.1　焊剂不应受潮结块。

5.2.2　对于需要进行焊前预热或焊后热处理的焊缝，其预热温度或后热温度应符合国家现行有关标准的规定或通过工艺试验确定。预热区在焊道两侧，每侧宽度均应大于焊件厚度的 1.5 倍以上，且不应小于 100mm；后热处理应在焊后立即进行，保温时间应根据板厚按每 25mm 板厚 1h 确定。

5.2.3　无疲劳验算、有疲劳验算的焊缝外观质量要求应分别符合表 10-2 和表 10-3 的规定。

无疲劳验算要求焊缝的外观质量要求　　表 10-2

<table>
<tr><th>检查项目</th><th>一级焊缝</th><th>二级焊缝允许偏差（mm）</th><th>三级焊缝允许偏差（mm）</th></tr>
<tr><td>裂纹</td><td colspan="3">不允许</td></tr>
<tr><td rowspan="2">未焊满（指不足设计要求）</td><td rowspan="2">不允许</td><td>≤0.2+0.02t，且≤1.0</td><td>≤0.2+0.04t，且≤2.0</td></tr>
<tr><td colspan="2">每 100 长度焊缝内未焊满累积长度≤25</td></tr>
<tr><td rowspan="2">根部收缩</td><td rowspan="2">不允许</td><td>≤0.2+0.02t，且≤1.0</td><td>≤0.2+0.04t 且≤2.0</td></tr>
<tr><td colspan="2">长度不限</td></tr>
<tr><td>咬边</td><td>不允许</td><td>深度≤0.05t，且≤0.5，连续长度≤100 且焊缝两侧咬边总长≤10%焊缝全长</td><td>深度≤0.1t，且≤1.0，长度不限</td></tr>
<tr><td>电弧擦伤</td><td colspan="2">不允许</td><td>允许存在个别电弧擦伤</td></tr>
<tr><td rowspan="2">接头不良</td><td rowspan="2">不允许</td><td>缺口深度≤0.05t，且≤0.5</td><td>缺口深度≤0.1t，且≤1.0</td></tr>
<tr><td colspan="2">每 1000 长度焊缝内不得超过 1 处</td></tr>
<tr><td>表面夹渣</td><td colspan="2">不允许</td><td>深≤0.2t，长≤0.5t，且≤20.0</td></tr>
<tr><td>表面气孔</td><td colspan="2">不允许</td><td>每 50 焊缝长度内允许直径≤0.4t，且≤3.0 的气孔 2 个，孔距≥6 倍孔径</td></tr>
</table>

注：t 为连接处较薄的板厚。

有疲劳验算焊缝的外观质量要求　　表 10-3

检查项目	一级焊缝	二级焊缝允许偏差（mm）	三级焊缝允许偏差（mm）
裂纹	不允许		
未焊满（指不满足设计要求）	不允许		≤0.2+0.02t，且≤1.0 每 100 长度焊缝内未焊满累积长度≤25

续表

检查项目	一级焊缝	二级焊缝允许偏差（mm）	三级焊缝允许偏差（mm）
根部收缩	不允许		≤0.2+0.02t，且≤1.0长度不限
咬边	不允许	深度≤0.05t，且≤0.3，连续长度≤100且焊缝两侧咬边总长≤10%焊缝全长	深度≤0.1t，且≤0.5，长度不限
电弧擦伤	不允许		允许存在个别电弧擦伤
接头不良	不允许		缺口深度≤0.05t，且≤0.5，每1000长度焊缝内不得超过1处
表面夹渣	不允许		深≤0.2t，长≤0.5t，且≤20.0
表面气孔	不允许		直径＜1.0mm，每米不多于3个，间距≥20

5.2.4 无疲劳验算、有疲劳验算的对接焊缝与角焊缝外观尺寸允许偏差应分别符合表10-4和表10-5的规定。

无疲劳验算对接焊缝与角焊缝的外观尺寸允许偏差（mm）　　表10-4

检查项目	一、二级焊缝	三级焊缝
对接焊缝余高C	B＜20时，C为0～3.0	B＜20时，C为0～3.5
	B≥20时，C为0～4.0	B≥20时，C为0～5.0
对焊焊缝错边Δ	Δ＜0.1t，且≤2.0	Δ＜0.15t，且≤3.0
角焊缝余高C	h_f≤6时，C为0～1.5；h_f＞6时，C为0～3.0	

有疲劳验算对接焊缝与角焊缝的外观尺寸允许偏差（mm）　　表10-5

检查项目	焊缝种类	外观尺寸允许偏差
焊脚尺寸	对接与角接组合焊缝h_f	0～+2.0
	其他角焊缝h_f	−1.0～+2.0
焊缝高低差	角焊缝	≤2.0（任意25长范围高低差）
余高	对接焊缝	≤2.0（焊缝宽b≤20）
		≤3.0（b＞20）
余高铲磨后表面	横向对接焊缝	表面不高于母材0.5
		表面不低于母材0.3
		粗糙度不大于50μm

6 成品保护

6.0.1 焊接成形的成品应当自然冷却，不准浇水冷却。

6.0.2 低温环境下焊接后应采取保温缓冷措施。

6.0.3 未完全冷却时，不准用锤敲击焊缝清渣。

7 应注意的问题

7.1 应注意的质量问题

7.1.1 应严格控制焊接材料、母材和焊接工艺的质量。

7.1.2 应有防止层状撕裂的工艺措施。

7.1.3 在T形、十字形及角接接头中，当翼缘板厚度等于、大于20mm时，为防止翼缘板产生层状撕裂，宜采取下列节点构造设计：

1 采用较小的焊接坡口角度及间隙，并满足焊透深度要求；

2 在角接接头中，采用对称坡口或偏向于侧板的坡口；

3 采用双面坡口对称焊接；

4 在T形或角接接头中，板厚方向承受焊接拉应力的板材端头伸出接头焊缝区；

5 在T形、十字接头中，采用过渡段，以对接接头取代T形、十字接头。

7.1.4 确保焊材及母材质量要求，对有特殊要求的部位，可选用Z向延性性能好的钢材。

7.1.5 为防止内部夹渣，需层间清理彻底，每层焊后发现咬边夹渣必须清除修复。

7.1.6 为防止焊缝表面成型出现中间凸起而两边凹陷，应提高药粉圈，去除粘渣，使焊剂覆盖高度达30～40mm。

7.2 应注意的安全问题

7.2.1 施焊场地周围应清除易爆易燃品。

7.2.2 焊机外壳应接零或接地，焊工操作时应穿绝缘鞋戴绝缘手套。

7.2.3 构件在反转吊运过程中应稳吊稳放。

7.3 应注意的绿色施工问题

7.3.1 作业区应控制噪声，合理安排作业时间，减少对周边环境的影响。

7.3.2 加工所用的机械在停班或班后按规定停机，关闭电源。

7.3.3 制作余料和废料及时分类回收，并对余料的炉批号、品种、规格、型号标识清楚，以便利用。

7.3.4 包装箱及时收集，统一回收处理，不得随意抛弃。

7.3.5 作业区内构件排放整体有序，作业面保持清洁、干净。

7.3.6 加工过程中烟气排放应符合现行国家标准《大气污染物综合排放标准》GB 16297的规定。

8 质量记录

8.0.1 所用钢材、焊接材料的质量合格证明文件、中文标志及性能检测报告。

8.0.2 焊工合格证书及编号。

8.0.3 焊接预热、后热施工记录。

8.0.4 焊剂烘焙记录。

8.0.5 焊接工艺评定报告。

8.0.6 钢结构制作（安装）焊接工程检验批质量验收记录。

8.0.7 钢结构制作（安装）焊接分项工程质量验收记录。

8.0.8 构件焊缝外观、尺寸检查记录。

8.0.9 焊缝探伤检测报告。

8.0.10 施工记录。

8.0.11 其他技术文件。

第11章 钢结构二氧化碳气体保护焊焊接

本工艺标准适用于建筑钢结构制作和安装工程中二氧化碳气体保护焊焊接。

1 引用标准

《钢结构设计标准》GB 50017—2017
《钢结构工程施工规范》GB 50755—2012
《钢结构焊接规范》GB 50661—2011
《建筑工程施工质量验收统一标准》GB 50300—2013
《钢结构工程施工质量验收规范》GB 50205—2001
《高层民用建筑钢结构技术规程》JGJ 99—2015
《钢结构超声波探伤及质量分级法》JG/T 203—2007
《熔化焊用钢丝》GB/T 14957—1994
《低合金钢药芯焊丝》GB/T 17493—2008
《碳钢药芯焊丝》GB/T 10045—2001
《气体保护电弧焊用碳钢、低合金钢焊丝》GB/T 8110—2008

2 术语（略）

3 施工准备

3.1 作业条件

3.1.1 应根据《钢结构焊接规范》GB 50661的规定进行焊接工艺评定，根据工艺评定报告制定焊接工艺文件，施工前对作业班组进行安全技术交底（包括施工方案、焊接作业指导书或焊接工艺卡）。

3.1.2 待焊的零件、部件或构件已组装完成并检验合格，所用焊丝经过进场验收合格。

3.1.3 相关作业人员必须持有有效的上岗证，焊工必须经过考试取得合格证书，并在其规定许可范围内施焊。

3.1.4 电弧焊机运行状态良好，接零或接地符合安全要求。

3.1.5 焊接作业条件应符合下列要求：

1 焊接作业区最大风速不宜超过2m/s；若超过时，应设防风棚或采用其他防风措施，制作车间内焊接作业区有穿堂风或鼓风机时，也应按以上规定设挡风装置；

2 焊接作业区的相对湿度不得大于90%；

3　当焊件表面潮湿或有冰雪覆盖时，应采取加热措施除潮去湿；

4　焊接作业区环境温度低于 0℃但不低于−10℃时，应将构件焊接区各方向大于或等于两倍钢板厚度且不小于 100mm 范围内的母材，加热到 20℃以上后方可施焊，且在焊接过程中均不应低于这一温度。

3.1.6　焊接作业区环境超出 3.1.5 条规定但必须焊接时，应编制专项方案。焊接温度低于−10℃时，必须进行相应焊接环境下的工艺评定试验，并应在评定合格后再进行焊接；如果不符合上述规定，严禁焊接。

3.1.7　施焊前打开气瓶高压阀，将预热器打开，预热 10～15min，预热后打开低压阀，调到所需气体流量后焊接。

3.2　材料及机具

3.2.1　建筑钢结构用钢材及焊接材料的选用应符合设计图的要求，并应具有钢厂和焊接材料厂的产品质量证明书或检验报告，其化学成分、力学性能和其他质量要求必须符合现行国家标准的规定。材料代换时，需经设计单位同意。

3.2.2　焊丝应符合现行国家标准《熔化焊用钢丝》GB/T 14957、《气体保护电弧焊用碳钢、低合金钢焊丝》GB/T 8110 及《碳钢药芯焊丝》GB/T 10045、《低合金钢药芯焊丝》GB/T 17493 的规定。其二氧化碳气体含量（V/V）不得低于 99.9%，水蒸气与乙醇含量（m/m）不得高于 0.005%，并不得验出液态水。

3.2.3　机具：CO_2 气体保护焊机、焊接滚轮架、翼缘矫正机、吊装设备、烘干箱、钢丝刷、石棉布、碳弧气刨、工作平台、夹具、手锤、氧气、乙炔气、焊割炬等。

4　操作工艺

4.1　工艺流程

制定焊接工艺 → 反变形、焊接收缩量确定 → 检查构件 →
安装引弧板、引出板及垫板 → 预热处理 → 调整工艺参数 → 焊接 →
焊后处理 → 检查验收

4.2　制定焊接工艺

根据焊接工艺评定、构件尺寸、坡口、焊接环境、焊接要求制定焊接工艺。

4.3　反变形、焊接收缩量确定

4.3.1　控制焊接变形，可采取反变形措施。其反变形可参考焊接反变形经验数值或根据焊接工艺试验确定。

4.3.2　对反变形的构件，应事先在胎具上进行压制，通过试验检验其变形正确与否，成功后再大批制作。

4.3.3　焊接后在焊缝处发生冷却收缩时，其收缩量按照工艺试验的收缩量确定。

4.4　检查构件

4.4.1　施焊前，应复核焊件外形尺寸、接头质量和焊接区域的坡口、间隙、钝边等的情况。发现不符合要求时，应修整。

4.4.2　构件摆放应当平整、贴实。定位焊接应与原焊接材料相同，并由焊工按工艺要求操作。

4.4.3　定位焊必须由持相应合格证的焊工施焊，所用焊接材料应与正式施焊相当。定位焊焊缝应与最终焊缝有相同的质量要求。钢衬垫的定位焊宜在接头坡口内焊接，定位焊焊缝厚度不应小于3mm，且不宜超过设计焊缝厚度的2/3，定位焊缝长度不应小于40mm，间距300～600mm，并应填满弧坑。定位焊预热温度应高于正式施焊预热温度20～50℃。当定位焊焊缝上有气孔或裂纹时，必须清除后重焊。

4.5　加装引弧板、引出板及垫板

4.5.1　T形接头、十字接头、角接接头和对接接头主焊缝两端，必须配置引弧板和引出板，其材质应和被焊母材相同，坡口形式应与被焊焊缝相同，禁止其他材料充当引弧板和引出板。

4.5.2　二氧化碳气体保护焊焊缝引出板长应大于25mm，其引弧板和引出板宽度应大于50mm，长度宜为板厚的1.5倍且不小于30mm，厚度不应小于6mm。

4.5.3　钢衬垫板应与接头母材密贴连接，其间隙不应大于1.5mm，并应与焊缝金属充分熔合。CO_2气体保护焊焊接时，钢衬垫板厚度不应小于4mm。

4.6　预热处理

4.6.1　板厚与最低预热温度应符合现行国家标准《钢结构焊接规范》GB 50661的规定，实际操作时，尚应符合下列规定：

1　根据焊接接头的坡口形式和实际尺寸、板厚及构件约束条件确定预热温度。焊接坡口角度及间隙增大时，应相应提高预热温度；

2　根据接头热传导条件选择预热温度。在其他条件不变时，T形接头应比对接接头的预热温度高25～50℃。但T形接头两侧角焊缝同时施焊时应按对接接头确定预热温度；

3　根据施焊环境温度确定预热温度。操作地点环境温度低于常温（高于0℃）时，应提高预热温度15～25℃。

4.6.2　采用中等热输入焊接时，对于板厚不大于20mm的Ⅰ、Ⅱ类钢材和板厚大于20mm且不大于40mm的Ⅰ类钢材，其焊接环境温度在0℃以上时，可不采取预热措施。

4.7　调整工艺参数

4.7.1　焊前应对焊丝仔细清理，去除铁锈和油污等杂质。

4.7.2　根据板厚的不同选择不同的焊丝直径，为减少杂质含量，尽量选择直径较大的焊丝。

4.7.3　常用焊接电流和电弧电压的范围见表11-1。

常用焊接电流和电弧电压的范围　　表 11-1

焊丝直径（mm）	短路过渡		细颗粒过渡	
	电流（A）	电压（V）	电流（A）	电压（V）
0.5	30～60	16～18		
0.6	30～70	17～19		
0.8	50～100	18～21		
1.0	70～120	18～22		
1.2	90～150	19～23	160～400	25～38
1.6	140～200	20～24	200～500	26～40
2.0			200～600	27～40
2.5			300～700	28～42
3.0			500～800	32～44

4.7.4　ϕ1.6 焊丝 CO_2 半自动焊常用工艺参数见表 11-2。

ϕ1.6 焊丝 CO_2 半自动焊常用工艺参数表　　**表 11-2**

熔滴过渡形式	焊接电流（A）	电弧电压（V）	气体流量（L/min）	适用范围
短路过渡	160	22	15～22	全位置焊
细颗粒过渡	400	39	20	平焊

4.7.5　在组装好的构件上施焊，应严格按焊接工艺规定的参数以及焊接顺序进行，以控制焊后构件变形。CO_2 焊 T 形接头贴角焊焊件的焊接工艺参数、CO_2 焊全熔透对接接头焊件的焊接工艺参数，参照《钢结构焊接规范》GB 50661 的相关规定调整。

4.8　焊接

4.8.1　对于非密闭的隐蔽部位，应按施工图纸的要求进行涂层处理后方可进行组装；对刨平顶紧的部位，必须经检验合格后才能施焊。

4.8.2　焊接前应按工艺文件的要求调整焊接电流、电弧电压、焊接速度，送丝速度等参数，合格后方可正式施焊。二氧化碳气体保护焊必须采用直流反接。

4.8.3　不应在焊缝以外的母材上打火、引弧。

4.8.4　半自动焊时，焊接速度不应超过 0.5m/min。

4.8.5　引弧前要求焊丝端头与焊件保持 2～3mm 的距离。还要注意剪掉已熔化过的焊丝端头，对接焊应采用引弧板或在距板材端部 2～4mm 处引弧；然后，缓慢移向接缝的端头。待焊缝金属熔合后，再以正常焊接前进。

4.8.6　打底焊层高度不超过 4mm，填充焊时焊枪横向摆动，使焊道表面下凹且高度低于母材表面 1.5～2mm；盖面焊时焊接熔池边缘应超过坡口棱边 0.5～1.5mm，防止咬边。熄弧时，应注意将收尾处的弧坑填满。

4.8.7　T 形接头焊接时，易产生咬边、未焊透、焊缝下垂等现象。操作时，除正确执行焊接工艺参数外，应根据板厚和焊脚尺寸来控制焊丝的位置与角度。

4.8.8　焊脚尺寸小于 8mm 时，可用直线移动送丝法和短路过渡法进行匀速焊接；焊脚尺寸在 5～8mm 时，可采用斜圆圈形送丝法进行焊接；焊角尺寸在 8～9mm 时，焊缝可用两层两道焊，第一层用直线移动送丝法施焊，电流稍偏大，以保证熔深；第二层电流偏小，用斜圆圈形左焊法施焊。焊脚尺寸大于 9mm 时，可采用多层多道焊连接方式。

4.8.9 因焊接而变形的构件，可用机械（冷却）或在严格控制温度条件下加热的方法进行矫正。碳素结构钢在环境温度低于－16℃、低合金结构钢在环境温度低于－12℃时，不应进行冷矫正和冷弯曲。碳素结构钢和低合金结构钢在加热矫正时，加热温度不应超过900℃。低合金结构钢在加热后应自然冷却。当零件采用热加工成型时，加热温度应控制在900～1000℃；碳素结构钢和低合金结构钢在温度分别下降到700℃和800℃之前，应结束加工；低合金结构钢应自然冷却。

4.9 焊后处理

4.9.1 因焊接而变形的构件，可用机械（冷却）或在严格控制温度条件下局部加热的方法进行矫正。

4.9.2 碳素结构钢在环境温度低于－16℃、低合金结构钢在环境温度低于－12℃时，不应进行冷矫正和冷弯曲。碳素结构钢和低合金结构钢在加热矫正时，加热温度不应超过900℃。低合金结构钢在加热矫正后应自然冷却。

4.9.3 当零件采用热加工成型时，加热温度应控制在900～1000℃；碳素结构钢和低合金结构钢在温度分别下降到700℃和800℃之前，应结束加工；低合金结构钢应自然冷却。

4.9.4 设计文件或合同文件对焊后清除应力有要求时，常采用加热退火法、振动法、锤击法。

1 需经疲劳验算的动荷载结构中承受拉应力的对接接头或焊缝密集的节点或构件，宜采用电加热器局部退火和加热炉整体退火的方法；

2 仅为稳定结构尺寸时，可采用振动法。振动时效工艺参数选择及技术要求，应符合现行国家标准的有关规定；

3 采用锤击法消除应力时，应用圆头手锤或小型振动工具进行，但不应对根部焊缝、盖面焊缝或焊缝坡口边缘的母材进行锤击。

4.10 检查验收

4.10.1 按规范规定，在外观检查合格的基础上进行无损探伤检查。

4.10.2 所有承受静荷载结构焊缝质量的检验应冷却到环境温度后进行外观检查，Ⅲ、Ⅳ类钢材及焊接难度等级为C、D级时，应以焊接完成24h后检查结果作为验收依据；钢材标称屈服强度不小于690MPa或供货状态为调质状态时，应以焊接完成48h后的检查结果作为验收依据。

4.10.3 需要疲劳验算结构的焊缝质量检查，Ⅰ、Ⅱ类钢材及焊接难度等级为A、B级时，应以焊接完成24h后检测结果作为验收依据；Ⅲ、Ⅳ类钢材及焊接难度等级为C、D级时，应以焊接完成48h后的检查结果作为验收依据。

4.10.4 有下列情况之一应进行表面检测：

1 外观检查发现裂纹时，应对该批中同类焊缝进行100%的表面检测；

2 外观检查怀疑有裂纹时，应对怀疑的部位进行表面检测；

3 设计图纸要求进行表面探伤时；

4 质量检查人员认为有必要时。

4.10.5 磁粉探伤应符合现行国家标准《无损检测 焊缝磁粉检测》GB/T 6061的规定，渗透探伤应符合现行国家标准《无损检测 焊缝渗透检测》GB/T 6062的规定。

5　质量标准

5.1　主控项目

5.1.1　焊丝与母材的匹配应符合设计要求及国家现行标准《钢结构焊接规范》GB 50661 规定。药芯焊丝在使用前，应按其产品说明书及焊接工艺文件的规定烘焙和存放。

5.1.2　焊工必须经考试合格并取得合格证书。持证焊工必须在其考试合格项目及其认可范围内施焊。严禁无证焊工施焊。

5.1.3　施工单位应按照现行国家标准《钢结构焊接规范》GB 50661 的规定进行焊接工艺评定，根据评定报告确定焊接工艺，编写焊接工艺文件并进行全过程质量控制。

5.1.4　设计要求全焊透的一、二级焊缝应采用超声波探伤进行内部缺陷的检验；超声波探伤不能对缺陷作出判断时，应采用射线探伤，其焊缝质量等级及缺陷分级应符合表 11-3 的规定。

一级、二级焊缝质量等级及缺陷等级　　表 11-3

焊缝质量等级		一级	二级
内部缺陷 超声波探伤	缺陷评定等级	Ⅱ	Ⅲ
	检验等级	B 级	B 级
	检测比例	100%	20%
内部缺陷 射线探伤	缺陷评定等级	Ⅱ	Ⅲ
	检验等级	B 级	B 级
	检测比例	100%	20%

5.1.5　T 形接头、十字接头、角接接头等要求熔透的对接和角对接组合焊缝，其焊脚尺寸不应小于 $t/4$；设计有疲劳验算要求的吊车梁或类似构件的腹板与上翼缘连接焊缝的焊脚尺寸，不应小于 $t/2$ 且不应大于 10mm。焊脚尺寸的允许偏差为 0～4mm。

5.2　一般项目

5.2.1　对于需要进行焊前预热或焊后热处理的焊缝，其预热温度或热后温度应符合国家现行有关标准的规定或通过工艺试验确定。预热区在焊道两侧，每侧宽度均应大于焊件厚度的 1.5 倍以上，且不应小于 100mm；后热处理应在焊后立即进行，保温时间应根据板厚按每 25mm 板厚 1h 确定。

5.2.2　无疲劳验算、有疲劳验算的焊缝外观质量要求应分别符合表 11-4 和表 11-5 的规定。

无疲劳验算焊缝的外观质量要求　　表 11-4

检查项目	一级焊缝	二级焊缝允许偏差（mm）	三级焊缝允许偏差（mm）
裂纹	不允许		
未焊满（指不足设计要求）	不允许	$\leqslant 0.2+0.02t$，且$\leqslant 1.0$	$\leqslant 0.2+0.04t$，且$\leqslant 2.0$
		每 100 长度焊缝内未焊满累积长度≤25	
根部收缩	不允许	$\leqslant 0.2+0.02t$，且$\leqslant 1.0$	$\leqslant 0.2+0.04t$，且$\leqslant 2.0$
		长度不限	

续表

检查项目	一级焊缝	二级焊缝允许偏差（mm）	三级焊缝允许偏差（mm）
咬边	不允许	深度≤0.05t，且≤0.5；连续长度≤100且焊缝两侧咬边总长≤10%焊缝全长	深度≤0.1t，且≤1.0，长度不限
电弧擦伤	不允许		允许存在个别电弧擦伤
接头不良	不允许	缺口深度≤0.05t，且≤0.5	缺口深度≤0.1t，且≤1.0
		每1000长度焊缝内不得超过1处	
表面夹渣	不允许		深≤0.2t，长≤0.5t，且≤20.0
表面气孔	不允许		每50焊缝长度内允许直径≤0.4t，且≤3.0的气孔2个，孔距≥6倍孔径

有疲劳验算焊缝的外观质量要求　　表11-5

检查项目	一级焊缝	二级焊缝允许偏差（mm）	三级焊缝允许偏差（mm）
裂纹	不允许		
未焊满（指不足设计要求）	不允许		≤0.2+0.02t，且≤1.0；每100长度焊缝内未焊满累积长度≤25
根部收缩	不允许		≤0.2+0.02t，且≤1.0；长度不限
咬边	不允许	深度≤0.05t，且≤0.3，连续长度≤100且焊缝两侧咬边总长≤10%焊缝全长	深度≤0.1t，且≤0.5，长度不限
电弧擦伤	不允许		允许存在个别电弧擦伤
接头不良	不允许		缺口深度≤0.05t，且≤0.5，每1000长度焊缝内不得超过1处
表面夹渣	不允许		深≤0.2t，长≤0.5t，且≤20.0
表面气孔	不允许		直径<1.0，每米不多于3个，间距≥20

5.2.3　无疲劳验算、有疲劳验算的对接焊缝与角焊缝外观尺寸允许偏差应分别符合表11-6和表11-7的规定。

无疲劳验算对接焊缝与角焊缝的外观尺寸允许偏差（mm）　　表11-6

检查项目	一、二级	三级
对接焊缝余高C	B<20时，C为0～3.0	B<20时，C为0～3.5
	B≥20时，C为0～4.0	B≥20时，C为0～5.0
对焊焊缝错边Δ	Δ<0.1t，且≤2.0	Δ<0.15t，且≤3.0
角焊缝余高C	h_f≤6时，C为0～1.5；h_f>6时，C为0～3.0	

有疲劳验算对接焊缝与角焊缝的外观尺寸允许偏差（mm）　　表11-7

项目	焊缝种类	外观尺寸允许偏差
焊脚尺寸	对接与角接组合焊缝h_k	0～+2.0
	其他角焊缝h_f	−1.0～+2.0
焊缝高低差	角焊缝	≤2.0（任意25长范围高低差）
余高	对接焊缝	≤2.0（焊缝宽b≤20）
		≤3.0（b>20）
余高铲磨后表面	横向对接焊缝	表面不高于母材0.5
		表面不低于母材0.3
		粗糙度不大于50μm

6　成品保护

6.0.1　焊接成形的成品应当自然冷却，负温焊接后应采取缓冷措施，冷却后要及时清除残留的金属和熔渣。

6.0.2　涂装成品应当禁止撞击和摩擦。

6.0.3　采取措施防止变形。

7　注意事项

7.1　应注意的质量问题

7.1.1　应严格控制焊接材料、母材和焊接工艺的质量。

7.1.2　应选择合理的焊接工艺参数及焊接顺序控制焊接变形。

7.1.3　多层施焊应将各层的熔渣清除干净。如发现有影响焊接质量缺陷时，应用碳弧气刨清除后重新施焊。

7.1.4　Ⅱ类及Ⅱ类以上钢材箱形柱角接头，当板厚大于等于 80mm 时，板边火焰切割面宜用机械方法去除淬硬层。

7.2　应注意的安全问题

7.2.1　高空作业前，应对操作人员应进行专项安全教育，并定期体检。作业时衣着要灵便，禁止穿硬底、带钉易滑的鞋。

7.2.2　施焊场地周围应清除易爆易燃品，氧气、乙炔气瓶应放在 10m 以外，需配备相应的消防器材。

7.2.3　焊机外壳应接零或接地，焊钳绝缘性能良好，焊工操作时应穿绝缘鞋、戴绝缘手套。

7.2.4　在封闭环境下操作时，应有通风措施。

7.3　应注意的绿色施工问题

7.3.1　作业区应控制噪声，合理安排作业时间，减少对周边环境的影响。

7.3.2　加工所用的机械在停班或班后按规定停机，关闭电源。

7.3.3　制作余料和废料及时分类回收，并对余料的炉批号、品种、规格、型号标识清楚，以便利用。

7.3.4　包装箱及时收集，统一回收处理，不得随意抛弃。

7.3.5　作业区内构件排放整体有序，作业面保持清洁、干净。

7.3.6　加工过程中烟气排放应符合现行国家标准《大气污染物综合排放标准》GB 16297 的规定。

8　质量记录

8.0.1　所用钢材、焊接材料的质量合格证明文件、中文标志及性能检测报告。

8.0.2　焊工合格证书及编号。

8.0.3 焊接预热、后热施工记录。
8.0.4 焊丝烘焙记录。
8.0.5 焊接工艺评定报告。
8.0.6 钢结构制作（安装）焊接工程检验批质量验收记。
8.0.7 钢结构制作（安装）焊接分项工程质量验收记录。
8.0.8 构件焊缝外观、尺寸检查记录。
8.0.9 焊缝探伤检测报告。
8.0.10 施工记录。
8.0.11 其他技术文件。

第12章 栓钉焊接

本工艺标准适用于建筑钢结构工程中抗剪件、预埋件及锚固件的栓钉的焊接。

1 引用标准

《钢结构设计标准》GB 50017—2017
《钢结构工程施工规范》GB 50755—2012
《钢结构焊接规范》GB 50661—2011
《钢结构工程施工质量验收规范》GB 50205—2001
《高层民用建筑钢结构技术规程》JGJ 99—2015
《电弧螺柱焊用圆柱头焊钉》GB/T 10433—2002

2 术语

2.0.1 栓钉：栓钉属于一种高强度刚度连接的紧固件，在在钢结构工程中起刚性组合连接作用。栓钉是电弧焊柱焊用圆柱头焊钉的简称。
2.0.2 拉弧式栓钉焊接：将夹持好的栓钉置于瓷环内部，通过焊枪或焊接机头的提升机构将栓钉提升起弧，经过一定时间的起弧燃烧，通过外力将栓钉顶送插入熔池实现焊钉焊接的方法。

3 施工准备

3.1 作业条件

3.1.1 应根据《钢结构焊接规范》GB 50661 的规定进行焊接工艺评定，根据工艺评定报告制定工艺文件（包括施工方案、焊接作业指导书或焊接工艺卡），施工前对作业班组进行安全技术交底。

3.1.2　钢构件制作或安装完毕，所用栓钉进行入场并验收合格。

3.1.3　相关作业人员必须持有有效的上岗证，焊工必须经过考试取得合格证书，并在其规定许可范围内施焊。

3.1.4　栓钉焊接前应将钢构件表面的水、锈、油及其他影响焊缝质量的污渍清除干净，并按规定烘焙瓷环，焊接环境空气相对湿度不大于 85%。

3.2　材料及机具

3.2.1　梁、柱等钢构件符合栓钉焊接的作业条件。

3.2.2　栓钉

1　栓钉的品种、规格、性能应符现行合国家产品标准和设计要求。

2　栓钉焊瓷环尺寸应符合现行国家标准《电弧螺柱焊用圆柱头焊钉》GB/T 10433 的规定，并由制造厂提供栓钉性能检验及其焊接端的鉴定资料。

3　栓钉保存时应有防潮措施；栓钉及母材焊接区如有水、氧化皮、锈、漆、油污、水泥灰渣等杂质，应清除干净方可施焊。受潮的焊接瓷环使用前应在 120～150℃范围内烘焙 1～2h。

3.2.3　机具：栓钉焊机、角向磨光机、手锤、钢丝刷，烘干箱等。

4　操作工艺

4.1　工艺流程

[画线定位]→[清理焊接区域]→[试验及检验]→[调整工艺参数]→[正式焊接]→
[检查验收]

4.2　画线定位

按施工图纸在构件上画线，放出十字线便于瓷环摆放。

4.3　清理焊接区域

所有焊接区域应清理干净，不应有油漆、水渍及油污等杂质。

4.4　试验及检验

4.4.1　栓钉施焊前，必须对不同材质、不同规格、不同厂家、不同批号生产的栓钉，采用不同型号的焊机及焊枪进行严格的与现场同条件的工艺参数。根据"标准工艺焊接参数"及增、减 10%电流值分别施焊 3 组，确定最佳参数，按最佳参数做 2 组正式试件，进行静力拉伸、反复弯曲及拉弯试验。

4.4.2　栓钉焊接工艺文件应包括下列内容：1）母材的材质、规格及其他相关信息；2）栓钉材质的牌号，栓钉规格；3）焊接磁环的牌号、规格；4）非穿透焊或穿透焊，穿透焊应注明楼承钢板的材质规格和镀层含量；5）焊接位置；6）焊接电流、提升高度、伸出长度、焊接时间、电源极性等焊接工艺参数；7）预热温度与预热方式；8）检验方法及合格标准；9）其他必要的规定。

4.5　调整工艺参数

经工艺试验合格的参数，方可在工程中使用。其焊接能量的大小与焊接的电压、电流及时间的乘积成正比。为保证栓钉焊电弧的稳定，要靠调整焊接电流和通电时间来控制和改变焊接能量。

4.6　正式焊接

4.6.1　正式施焊前检查放线位置、抽检栓钉及瓷环，烘干。潮湿时焊件也需烘干。

4.6.2　每天正式焊接前做三个试件，打弯30°检查合格后，方可正式施焊。

4.6.3　采用拉弧式栓钉焊接，施焊时把栓钉放在焊枪的夹持装置中，在规定位置放上相应的保护瓷环，把栓钉插入瓷环内并与母材接触。按动电源开关，栓钉自动提升，激发电弧。焊接电流增大，使栓钉端部和母材局部表面熔化。设定的电弧燃烧时间达到后，将栓钉自动压入母材。切断电流，熔化金属凝固，并使焊枪保持不动。冷却后，栓钉端部表面形成均匀的环状焊缝余高，敲碎并清除保护环。

4.6.4　按规范规定进行返修的栓钉焊接，可采用电弧焊或气体保护焊的焊接方式。

4.6.5　穿透焊时采用穿透型（B_2 型）配套瓷环，施焊时非镀锌板可直接焊接；镀锌板用乙炔氧焰在栓钉位置烘烤，敲击双面除锌后焊接；也可采用先钻孔后施焊的方法。

4.6.6　应根据现场实际情况、不同季节、不同电缆线长，调整工艺参数。

4.6.7　栓钉焊接应由具备实践经验的焊工操作，以保证焊接质量。

4.7　检查验收

4.7.1　检查栓钉规格和排列尺寸位置、焊缝尺寸是否符合规定。

4.7.2　每天从焊接完的栓钉中每根构件上任选三个敲弯成30°，检查是否合格。如果有焊缝不饱满的或修补过的栓钉，要弯曲15°检验，敲击方向应从焊缝不饱满一侧进行。弯曲后的栓钉如果合格，可保留现有状态使用。在工程中栓焊的检验是通过打弯试验进行，即用锤敲击栓钉头部使其弯曲30°后，观察其焊接部位有无裂纹，若无裂纹为合格。

5　质量标准

5.1　主控项目

5.1.1　焊接材料的品种、规格、性能等应符合现行国家标准和设计要求。进口焊接材料的产品质量应符合设计和合同规定标准的要求。

5.1.2　焊接材料应按现行《钢结构工程施工质量验收规范》GB 50205规定的钢结构采用的焊接材料应进行抽样复验，复验结果应符合现行国家标准和设计要求。

5.1.3　施工单位对其采用的栓钉和钢材焊接应进行焊接工艺评定，其结果应符合设计要求和国家现行有关标准规定。栓钉焊瓷环保存时应有防潮措施，受潮的焊接瓷环使用前应在120～150℃范围内烘焙1～2h。

5.1.4　栓钉焊焊接接头在外观质量检验合格后，应进行打弯抽样检查。当栓钉弯曲至30°时，焊缝和热影响区不得有肉眼可见的裂纹。

5.2　一般项目

5.2.1　施工单位应按照现行国家标准《电弧螺柱焊用圆柱头焊钉》GB/T 10433 的规定，对焊钉的机械性能和焊接性能进行复验，其复验结果应符合现行国家标准和设计要求。

5.2.2　栓钉及焊接瓷环的规格、尺寸及允许偏差应符合现行国家标准的规定。

5.2.3　栓钉焊接接头外观检验应符合表 12-1 的要求。当采用电弧焊方法进行栓钉焊接时，其焊缝最小焊脚尺寸应符合规范规定要求。

栓钉焊接接头外观检查要求　　**表 12-1**

<table>
<tr><th>外观检查项目</th><th colspan="2">允许偏差</th></tr>
<tr><td rowspan="7">焊缝外形尺寸</td><td colspan="2">360°范围内焊缝饱满</td></tr>
<tr><td colspan="2">拉弧式栓钉焊：焊缝高≥1mm；焊缝宽≥0.5mm</td></tr>
<tr><td colspan="2">电弧焊的栓钉焊接接头最小焊脚尺寸</td></tr>
<tr><td>栓钉直径（mm）</td><td>角焊缝最小焊脚尺寸（mm）</td></tr>
<tr><td>10，13</td><td>6</td></tr>
<tr><td>16，19，22</td><td>8</td></tr>
<tr><td>25</td><td>10</td></tr>
<tr><td>焊缝缺陷</td><td colspan="2">无气孔、夹渣、裂纹等缺陷</td></tr>
<tr><td>焊缝咬边</td><td colspan="2">咬边深度≤0.5mm，且最大长度不得大于 1 倍的栓钉直径</td></tr>
<tr><td>栓钉焊后倾斜角度</td><td colspan="2">倾斜角度偏差≤5°</td></tr>
</table>

5.2.4　栓钉根部焊脚应均匀，焊脚立面的局部未熔合或不足 360°的焊脚应进行修补。

6　成品保护

6.0.1　已施工完的成品应当避免其他构件或设备的碰撞和拖动。

6.0.2　清理全部残渣，表面保持干净。

7　注意事项

7.1　应注意的质量问题

7.1.1　焊接工艺评定应由国家检测单位检验，合格后应按工艺方案操作。

7.1.2　焊工应具有栓钉焊接专业知识，经过培训合格后，方可上岗作业。

7.1.3　应保证焊接部位的清洁和对瓷环的烘焙，当母材表面温度低于 0℃时停止作业。

7.1.4　焊接环境温度处于－10～0℃时，应采用加热或防护措施，应确保焊接处各方向不小于 2 倍钢板厚度且不小于 100mm 范围内的母材温度，不低于 20℃或规定的最低预热温度两者的较高值，且在焊接过程中不应低于这一温度。焊接环境温度低于－10℃时，必须进行相应焊接环境下的工艺评定试验，并应在评定合格后再进行焊接。

7.1.5　低温环境下焊接后应采取缓冷措施，冷却后方可清渣。

7.2　应注意的安全问题

7.2.1　高空作业前，应对操作人员进行专项安全教育，并定期体检。作业时衣着要灵便，禁止穿硬底、带钉易滑的鞋。

7.2.2 施焊场地周围应清除易爆易燃品，并配备相应的消防器材。

7.2.3 焊机外壳应接零或接地，焊钳绝缘性能良好，焊工操作时应穿绝缘鞋、戴绝缘手套。

7.2.4 在封闭环境下操作时，应有通风措施。

7.3 应注意的绿色施工问题

7.3.1 作业区应控制噪声，合理安排作业时间，减少对周边环境的影响。

7.3.2 加工所用的机械在停班或班后按规定停机，关闭电源。

7.3.3 清除的瓷环残渣应清扫到一起，定期清运，不准随意丢弃。

7.3.4 包装箱及时收集，统一回收处理，不得随意抛弃。

7.3.5 作业区内构件排放整体有序，作业面保持清洁、干净。

7.3.6 加工过程中烟气排放应符合现行国家标准《大气污染物综合排放标准》GB 16297的规定。

8 质量记录

8.0.1 所用钢材、焊接材料的质量合格证明文件、中文标志及性能检测报告。

8.0.2 焊工合格证书及编号。

8.0.3 焊接预热施工记录。

8.0.4 磁环烘焙记录。

8.0.5 焊接工艺评定报告。

8.0.6 钢结构栓钉焊接工程检验批质量验收记录。

8.0.7 钢结构栓钉焊接分项工程质量验收记录。

8.0.8 栓钉焊接焊缝外观、尺寸检查记录。

8.0.9 栓钉检测记录。

8.0.10 施工记录。

8.0.11 其他技术文件。

第13章　高强度螺栓连接

本工艺标准适用于建筑钢结构中安装用高强度大六角螺栓和扭剪型高强度螺栓的连接。

1 引用标准

《钢结构设计标准》GB 50017—2017

《钢结构工程施工规范》GB 50755—2012

《钢结构工程施工质量验收规范》GB 50205—2001
《钢结构高强度螺栓连接技术规程》JGJ 82—2011
《钢结构用高强度大六角头螺栓》GB/T 1228—2006
《钢结构用高强度垫圈》GB/T 1230—2006
《钢结构用高强度大六角头螺栓、大六角螺母、垫圈技术条件》GB/T 1231—2006
《钢结构用扭剪型高强度螺栓连接副》GB/T 3632—2008

2　术语

2.0.1　抗滑移系数：高强度螺栓连接中，使连接件摩擦面产生滑动时的外力与垂直于摩擦面的高强度螺栓预拉力之和的比值。

2.0.2　扭矩系数：高强度螺栓连接中，施加于螺母上的紧固扭矩与其在螺栓导入的轴向预拉力（紧固轴力）之间的比例系数。

3　施工准备

3.1　作业条件

3.1.1　编制相应施工方案，施工前对作业班组进行安全技术交底。

3.1.2　钢结构安装的稳定单元内的构件已经吊装到位，校正合格后及时进行高强度螺栓的施工。

3.1.3　高空作业人员经培训合格取得相应上岗操作证，并按时进行体检。

3.1.4　对高强度螺栓的预拉力、扭矩系数、抗滑移系数进行复验，复验结果合格。相关技术参数达到有关规定要求。

3.2　材料及机具

3.2.1　高强度大六角头螺栓和扭剪型高强度螺栓的品种、规格、性能等应符合设计要求和国家现行有关标准的规定，有质量合格证明文件和检验报告。螺栓的预拉力、扭矩系数试验同批分别抽取 8 套，抗滑移系数试验以钢结构制作检验批为单位，由制作厂和安装单位分别进行，每一检验批为 3 组。

3.2.2　工具：电动扭矩扳手、手动扭矩扳手、手工扳手、钢丝刷、冲子、锤子等。

4　操作工艺

4.1　工艺流程

选择螺栓 → 接头组装 → 安装高强度螺栓 → 高强度螺栓紧固 → 紧固质量检验

4.2　选择螺栓

4.2.1　选用螺栓的长度应为紧固连接板厚度加一个螺母和一个垫圈（扭剪型高强度螺

栓为1个，高强度大六角头螺栓为2个）的厚度，并且紧固后宜露出2～3扣螺纹的余长，螺栓长度可取+5mm的倍数，余数是2舍3进。然后根据要求在同批内配套使用。

4.2.2　扭剪型高强度螺栓的长度，应为螺栓头根部至螺栓梅花卡头切口处的长度。

4.3　接头组装

4.3.1　接头组装前，应将摩擦面表面的浮锈用钢丝刷除掉，油污、油漆应清理干净。

4.3.2　板叠接触面应平整，板边、孔边无毛刺；接头处的翘曲、变形应校正。当接触面有间隙时，小于1.0mm的间隙可不处理；1～3mm的间隙应将高出的一侧磨成1∶10的斜面，打磨方向应与摩擦受力方向垂直；大于3mm的间隙应加垫板，垫板厚度不应小于3mm，垫板最多不超过3层，垫板材质和摩擦面处理方法应与构件相同。

4.3.3　结构组装时，应采用临时螺栓和冲钉做临时连接，其螺栓个数应为螺栓总数的1/3以上，且每个接头不少于2个，冲钉穿入数量不宜多于临时螺栓的30%。组装时先用冲钉打入定位，在适当位置穿入临时螺栓，用扳手拧紧。不准用高强度螺栓兼作临时螺栓。高强度螺栓连接副组装时，螺母带圆台面的一侧应朝向垫圈有倒角的一侧。大六角头高强度螺栓连接副组装时，螺栓头下垫圈有倒角的一侧应朝向螺栓头。

4.4　安装高强度螺栓

4.4.1　高强度螺栓应自由穿入孔内，严禁强行敲打，穿入方向宜一致，并便于操作；垫圈应安装在螺母一侧，垫圈有倒角的一侧应和螺栓接触，不得装反。

4.4.2　高强度螺栓连接处摩擦面如采用喷砂（丸）后生赤锈时，安装前应以细钢丝刷除去摩擦面上的浮锈。

4.4.3　高强度螺栓不能自由穿入时，严禁气割扩孔，应用铰刀修孔，修孔后最大直径不应大于1.2倍螺栓直径，且修孔数量不应超过该节点螺栓数量的25%。修孔前应将四周螺栓全部拧紧，使板紧贴后再铰孔。

4.4.4　不得在雨、雪天气安装高强度螺栓，摩擦面应处于干燥状态。

4.5　高强度螺栓紧固

4.5.1　高强度螺栓紧固应分初拧和终拧两次进行。针对大型节点还应进行复拧，复拧应在板叠紧贴后方可进行。

4.5.2　初拧的扭矩值一般为终拧扭矩值的50%。

4.5.3　高强度螺栓的施拧顺序应符合下列规定：

1　一般接头应从螺栓群中间向外侧进行；

2　从接头刚度大的地方向不受约束的自由端进行；

3　从螺栓群中心向四周扩散进行；

4　两个或多个接头栓群的拧紧顺序应先主要构件接头，后次要构件接头。

4.5.4　初拧完毕的螺栓应做好标记以供确认，当天安装的高强度螺栓应当天终拧完毕。

4.5.5　终拧应采用专用的电动扭矩扳手，扭矩扳手在班前必须校正，其扭矩相对偏差应为±5%，合格后方可使用。用电动扳手时，应将扭剪型高强度螺栓尾部梅花卡头拧掉，即表明终拧完毕。对个别作业有困难的位置，也可采用手动扭矩扳手。

4.6　紧固质量检验

4.6.1　大六角头高强度螺栓连接紧固质量检查常用扭矩法或转角法检查。紧固质量的检查应在终拧 1h 以后，24h 之前完成。如发现有不符合规定的，应再扩大 1 倍检查；如仍有不合格者，则每个节点的高强度螺栓都应重新施拧。

4.6.2　扭剪型高强度螺栓终拧检查，以目测尾部梅花头拧掉为合格。

5　质量标准

5.1　主控项目

5.1.1　钢结构连接用高强度大六角头螺栓连接副、扭剪型高强度螺栓连接副的品种、规格、性能等，应符合现行国家产品标准和设计要求。高强度大六角头螺栓连接副和扭剪型高强度螺栓连接副出厂时，应分别随箱带有扭矩系数和紧固轴力（预拉力）的检验报告。

5.1.2　高强度大六角头螺栓连接副按规范的规定检验扭矩系数，扭剪型高强度螺栓连接副按规范的规定检验预拉力，检验结果应符合现行国家标准《钢结构工程施工质量验收规范》GB 50205 的规定。

5.1.3　钢结构制作和安装单位应按现行《钢结构工程施工质量验收规范》GB 50205 规定，分别进行高强度螺栓连接摩擦面的抗滑移系数试验和复验，现场处理的构件摩擦面应单独进行摩擦面抗滑移系数试验，其结果应符合设计要求。当高强度连接节点按承压型连接或张拉型连接进行强度设计时，可不进行摩擦面抗滑移系数的试验和复验。

5.1.4　高强度大六角头螺栓连接副终拧完成 1h 后、24h 内应进行终拧扭矩检查，检查结果应符合现行《钢结构工程施工规范》GB 50755 的有关规定。

5.1.5　扭剪型高强度螺栓连接副终拧后，除因构造原因无法使用专用扳手终拧掉梅花头者外，未在终拧中拧掉梅花头的螺栓数不应大于该节点螺栓数的 5%。对所有梅花头未拧掉的扭剪型高强度螺栓连接副应采用扭矩法或转角法进行终拧并作标记，且按上述 5.1.4 条方法做终拧扭矩检查。

5.2　一般项目

5.2.1　高强度大六角头螺栓连接副，扭剪型高强度螺栓连接副应按包箱配套供货，包装箱上应标明批号、规格、数量及生产日期。螺栓、螺母、垫圈外对表面不应出现生锈和沾染脏物，螺纹不应损伤。

5.2.2　高强度螺栓连接副的施拧顺序和初拧、复拧、终拧扭矩应符合设计要求和现行《钢结构工程施工规范》GB 50755 的有关规定。

5.2.3　高强度螺栓连接副终拧后，螺栓丝扣外露应为 2～3 扣，其中允许有 10%的螺栓丝扣外露 1 扣或 4 扣。

5.2.4　高强度螺栓连接摩擦面应保持干燥、整洁，不应有飞边、毛刺、焊接飞溅物、焊疤、氧化铁皮、污垢等，除设计要求外摩擦面不应涂漆。

5.2.5　高强度螺栓应自由穿入螺栓孔。当螺栓不能自由穿入时，应用铰刀修孔。扩孔数量不应超过该节点螺栓数量的 25%，扩孔后的孔径不应超过 1.2d（d 为螺栓直径）。

6　成品保护

6.0.1　高强度螺栓连接副在运输、保管过程中，应轻放轻卸，防止损伤螺纹。安装前严禁任意开箱。

6.0.2　经处理后的高强度螺栓连接处摩擦面应采取保护措施，防止沾染脏物和油污。

6.0.3　施工完毕的高强度螺栓连接副及周边结构，应按设计要求进行防锈和防腐处理。

6.0.4　对于露天使用或接触腐蚀性气体的钢结构，在高强度螺栓拧紧检查验收合格后，连接处板缝应及时用腻子封闭。

7　注意事项

7.1　应注意的质量问题

7.1.1　螺栓存放应防潮、防雨、防粉尘，并按规格分类存放。使用时轻拿轻放，防止撞击，不得损伤螺纹。

7.1.2　应将装配表面的浮锈、油污、螺栓孔毛刺、焊瘤等清理干净，防止连接板拼装不严。

7.1.3　若有连接板变形、板叠间隙等情况，应进行校正处理后再使用。

7.1.4　螺栓应自由穿入螺孔，不得强行打入，防止螺栓丝扣损伤。

7.1.5　高强度螺栓连接副应按批配套进场，并附有出厂质量证明书，且应在同批内配套使用。

7.2　应注意的安全问题

7.2.1　高空作业操作平台或（施工吊篮）的制作及架设应有经审批的施工方案。高空作业人员应符合高空作业体质要求，并取得高空上岗证。

7.2.2　上下多层立体交叉作业时应有安全可靠的防护措施，作业人员应佩戴工具袋，避免高空落物伤人。

7.2.3　断下的梅花卡头应放入工具箱内，防止从高空掉落伤人。

7.2.4　钢结构是良好的导体，施工过程中做好接地工作，雨天及钢构件表面有凝露时不宜作业。

7.3　应注意的绿色施工问题

7.3.1　施工过程中使用电动工具时应控制噪声，合理安排作业时间，减少对周边环境的影响。

7.3.2　制作余料、废料及包装箱及时分类放置，统一回收利用。

7.3.3　包装箱及时收集，统一回收处理，不得随意抛弃。

7.3.4　作业区内构件排放整体有序，作业面保持清洁、干净。

8　质量记录

8.0.1　所用钢材、连接用紧固件的质量合格证明文件、中文标志及性能检验报告。
8.0.2　扭剪型高强度螺栓连接副预拉力复验报告。
8.0.3　高强度螺栓连接副施工扭矩检验报告。
8.0.4　高强度大六角头螺栓连接副扭矩系数复验报告。
8.0.5　高强度螺栓连接摩擦面的抗滑移系数检验报告和复验报告。
8.0.6　扭矩扳手标定记录。
8.0.7　高强度螺栓施工检测记录。
8.0.8　施工记录。
8.0.9　高强度螺栓连接工程检验批质量验收记录。
8.0.10　紧固件连接分项工程质量验收记录。
8.0.11　其他技术文件。

第 14 章　普通紧固件连接

本工艺标准适用于建筑钢结构制作和安装中作为永久性连接的普通螺栓自攻钉、拉铆钉、射钉等连接施工。

1　引用标准

《钢结构设计标准》GB 50017—2017
《钢结构工程施工规范》GB 50755—2012
《钢结构工程施工质量验收规范》GB 50205—2001
《六角头螺栓 C 级》GB/T 5780—2016
《六角头螺栓全螺纹 C 级》GB/T 5781—2016
《六角头螺栓》GB/T 5782—2016
《六角头螺栓全螺纹》GB/T 5783—2016
《紧固件机械性能　螺栓、螺钉和螺柱》GB/T 3098.1—2010
《自攻螺钉用螺纹》GB 5280—2002
《开口型沉头抽芯铆钉 10、11 级》GB/T 12617.1—2006
《开口型沉头抽芯铆钉 30 级》GB/T 12617.2—2006
《开口型沉头抽芯铆钉 12 级》GB/T 12617.3—2006
《开口型沉头抽芯铆钉 51 级》GB/T 12617.4—2006
《开口型沉头抽芯铆钉 20、21、22 级》GB/T 12617.5—2006
《开口型平圆头抽芯铆钉 10、11 级》GB/T 12618.1—2006

《开口型平圆头抽芯铆钉 30 级》GB/T 12618.2—2006
《开口型平圆头抽芯铆钉 12 级》GB/T 12618.3—2006
《开口型平圆头抽芯铆钉 51 级》GB/T 12618.4—2006
《开口型平圆头抽芯铆钉 20、21、22 级》GB/T 12618.5—2006
《开口型平圆头抽芯铆钉 40、41 级》GB/T 12618.6—2006

2　术语

2.0.1　普通紧固件：本标准指结构连接施工中所用的普通螺栓、自攻钉、拉铆钉、射钉等的总称。

2.0.2　普通螺栓连接：将普通螺栓、螺母、垫圈和连接件连接在一起，形成的一种连接形式。

3　施工准备

3.1　作业条件

3.1.1　编制相应施工方案，施工前对作业班组进行安全技术交底。

3.1.2　钢结构安装的稳定单元内的构件已经吊装到位，校正合格后及时进行普通紧固件的施工。

3.1.3　高空作业人员经培训合格取得相应上岗操作证，并按时进行体检。

3.1.4　需要连接的零件或部件验收合格。

3.1.5　被连接件表面清洁干净，不得有油污、杂质。

3.2　材料及机具

3.2.1　钢结构所用连接螺栓除特殊注明外，一般为普通粗制 C 级螺栓，常用螺栓技术规格有大六角螺栓-C 级（GB 5780）和六角头螺栓-全螺丝-C 级（GB 5781）。A、B 级精制螺栓连接是一种紧配合连接，目前基本上被高强度螺栓连接所代替。普通螺栓作为永久性连接螺栓，当设计有要求时或对其质量有疑义时进行螺栓实物最小拉力载荷实验，试验方法检查数量为每一规格螺栓随机抽查 8 个，其质量应符合现行国家标准《紧固件机械性能螺栓、螺钉和螺柱》GB 3098 的规定。连接薄钢板采用的自攻钉、拉铆钉、射钉，其规格尺寸应与被连接钢板匹配。

3.2.2　机具：普通螺栓主要施工机具为普通扳手，根据螺栓不同规格，不同操作位置选用双头吊扳手、单头梅花扳手、套筒扳手、活扳手、电动扳手等；自攻钉施工根据不同种类（规格）可采用十字形螺钉旋具、电动螺钉旋具、套筒扳手等；拉铆钉施工机具有手电钻、拉铆枪等；射钉施工采用射钉枪。

4　操作工艺

4.1　工艺流程

紧固件准备 → 最小拉力荷载复验 → 施工 → 检查验收

4.2　紧固件准备

普通螺栓作为永久性连接时应符合下列要求：

4.2.1　螺栓头和螺母下面应放置平垫圈，以增大承压面积，但不得垫两个或两个以上，更不得用大螺母替代。

4.2.2　每个螺栓拧紧后，外露丝不应少于 2 扣。

4.2.3　对于设有防松动的螺栓，锚固螺栓应采用有防松螺母或弹簧垫圈，必要时应破坏外露丝扣，以防松动。

4.2.4　对于承受动荷载或重要部位的螺栓连接，应按设计要求放置弹簧垫圈，弹簧垫圈必须设置在螺母一侧。对于工字钢、槽钢类型，应尽量使用斜垫圈，使螺母和螺栓头的支撑面垂直于螺杆。

4.3　最小拉力复验

设计有要求或对其质量有疑义时，按现行国家标准《钢结构工程施工质量验收规范》GB 50205 的相关方法和要求进行最小拉力载荷复验。

4.4　施工

4.4.1　检查结构安装的整体尺寸合格。

4.4.2　节点的螺栓孔应自由穿入螺栓，孔不合格时采用铰刀扩孔或补焊后重新打孔，不允许气割扩孔。

4.4.3　每个节点的螺栓应全部装齐。

4.4.4　螺栓的紧固次序从中间开始，对称向两边进行，大型接头宜采用复拧。

4.4.5　连接薄钢板采用的拉铆钉、自攻钉、射钉等，其间距、边距等应符合设计文件的要求，钢拉铆钉和自攻螺钉的钉头部分应靠在较薄板的板件一侧，自攻螺钉、拉铆钉、射钉与连接钢板应紧固密贴，外观应排列整齐。射钉施工时，穿透深度不应小于 10.0mm。

4.5　检查验收

4.5.1　自攻钉、拉铆钉、射钉等其规格尺寸应与被连接钢板相匹配，其间距、边距等应符合设计要求。

4.5.2　对于永久性普通螺栓连接，自攻钉、拉铆钉、射钉等与钢板的连接，用小锤敲击检查，要求无松动、颤动和偏移。声音干脆。

4.5.3　各节点紧固件排列位置和方向应保持一致，其外观尺寸应按规定进行检查。

5　质量标准

5.1　主控项目

5.1.1　普通螺栓作为永久性连接螺栓时，当设计有要求或对其质量有疑义时，应进行螺栓实物最小拉力载荷复验，试验方法见现行《钢结构工程施工质量验收规范》GB 50205 的规定，其结果应符合现行国家标准《紧固件机械性能螺栓，螺钉和螺柱》GB/T 3098.1 的规定。

5.1.2　连接薄钢板采用的自攻钉、拉铆钉、射钉等其规格尺寸应与被连接钢板相匹配，其间距、边距等应符合设计要求。

5.2　一般项目

5.2.1　普通螺栓、铆钉，自攻钉、拉铆钉、锚栓（机械型和化学试剂型）、地脚锚栓等紧固标准件及螺母，垫圈等标准配件，其品种、规格、性能等应符合现行国家产品标准和设计要求。

5.2.2　永久性普通螺栓紧固应牢固、可靠，外露丝扣不应少于2扣。

5.2.3　自攻螺钉、钢拉铆钉、射钉等与连接钢板应紧固密贴，外观排列整齐。

6　成品保护

6.0.1　螺栓应按规定装箱室内保管，不应露天存放。

6.0.2　安装完毕的结构应加以保护，不应进行有损其强度的操作。

7　注意事项

7.1　应注意的质量问题

7.1.1　结构应当整体调校符合安装尺寸。必要时可加装临时螺栓固定。

7.1.2　节点板孔应配钻或模钻，保证孔大小和间距，扩孔应用铰刀而不应气割。

7.1.3　螺栓应能自由放入而不应用外力或锤击放入，以免破坏螺纹。安装方向应大体一致。

7.1.4　螺栓安装应先主结构，后次结构；节点板安装应从中间向四周扩展，尽量避免应力集中。板件应贴实，安装后螺栓应基本留有两个扣距。

7.1.5　对安装好的螺栓或其他紧固件应进行复查，可以用小锤敲击检查。

7.1.6　螺栓过拧后应更换新螺栓，而不得重复使用。

7.1.7　在有倾斜面上安装时应加斜垫圈，斜垫圈的倾角应与原倾角相同，保证轴力与接触面垂直。

7.2　应注意的安全问题

7.2.1　高空作业操作平台或（施工吊篮）的制作及架设应有经审批的施工方案。高空作业人员应符合高空作业体质要求，并取得高空上岗证。

7.2.2　上下多层立体交叉作业时应有安全可靠的防护措施，作业人员应佩带工具袋，避免高空落物伤人。

7.2.3　钢结构是良好的导体，施工过程中做好接地工作，雨天及钢构件表面有凝露时不宜作业。

7.3　应注意的绿色施工问题

7.3.1　施工过程中使用电动工具时应控制噪声，合理安排作业时间，减少对周边环境的影响。

7.3.2 制作余料、废料及包装箱及时分类放置，统一回收利用。
7.3.3 包装箱及时收集，统一回收处理，不得随意抛弃。
7.3.4 作业区内构件排放整体有序，作业面保持清洁、干净。

8　质量记录

8.0.1 产品的质量证明文件。
8.0.2 螺栓拉力复验记录和检验报告。
8.0.3 安装检查记录、合格验收报告。
8.0.4 施工记录。
8.0.5 钢结构紧固件连接检验批工程质量验收记录。
8.0.6 钢结构紧固件连接分项工程质量验收记录。
8.0.7 其他技术文件。

第 15 章　钢吊车梁制作

本工艺标准适用于工业厂房焊接工字钢吊车梁制作。

1　引用标准

《钢结构设计标准》GB 50017—2017
《钢结构工程施工规范》GB 50755—2012
《钢结构焊接规范》GB 50661—2011
《钢结构工程施工质量验收规范》GB 50205—2001
《钢结构超声波检测及质量分级》JG/T 203—2007
《碳素结构钢和低合金结构钢热轧钢板和钢带》GB/T 3274—2017
《优质碳素结构钢》GB/T 699—2015
《低合金钢药芯焊丝》GB/T 17493—2008
《碳钢药芯焊丝》GB/T 10045—2001
《气体保护电弧焊用碳钢、低合金钢焊丝》GB/T 8110—2008
《埋弧焊用碳钢焊丝和焊剂》GB/T 5293—1999
《埋弧焊用低合金钢焊丝和焊剂》GB/T 12470—2003
《非合金钢及细晶粒钢焊条》GB/T 5117—2012
《热强钢焊条》GB/T 5118—2012

2　术语

2.0.1 无损检测：对材料或工件实施的一种不损害其使用性能或用途的检测方法。

2.0.2 超声检测：利用超声波在介质中遇到界面反射的性质与其在传播时产生的衰减规律，来检测缺陷的无损检测方法。

3 施工准备

3.1 作业条件

3.1.1 待安装构件及安装用的零部件进场并验收合格。

3.1.2 钢构件轴线、标高已经复测合格。

3.1.3 按规定编制安装方案，经审批后，向队组交底。

3.1.4 测量用钢尺应与钢结构制造用的钢尺校对，并取得计量法定单位检定证明。

3.2 材料及机具

3.2.1 钢构件：钢构件型号、制作质量应符合设计要求和有关国家标准的规定，应有出厂合格证并应附有技术文件。

3.2.2 连接材料：焊条、螺栓等连接材料应有质量证明书，并符合设计要求及有关国家标准的规定。

3.2.3 涂料：防腐涂料技术性能应符合设计要求和有关标准的规定，应有产品质量证明书。

3.2.4 其他材料：各种规格垫铁符合设计要求。

3.2.5 机具：直条数控切割机、组立机、钢板平整机、自动埋弧焊机、矫正机、抛丸除锈机、喷漆设备、吊装机械、吊装索具、电焊机、二保焊机、焊钳、焊把线、垫木、垫铁、扳手、撬根、手持电砂轮、电钻等。

4 操作工艺

4.1 工艺流程

制定工艺规程→核实材料→排板设计→下料接料、刨边开坡口→

工字形组装焊接、校正→零件组装焊接→画线钻孔→除锈油漆→交验

4.2 制定工艺规程

4.2.1 吊车梁是承受动力荷载的重要构件，制作前制定详细的工艺规程指导作业，包括配料、下料、边缘加工、组对焊接、矫正成型、制孔、验收等作业规程。

4.2.2 吊车梁焊接要根据设计要求进行焊接工艺评定，制定焊接方法、焊接接头形式、坡口形式、焊接工艺参数、焊接顺序，预热或后热措施等。

4.2.3 所有焊缝均应进行外观及焊缝尺寸检查，其中一级焊缝要进行100%的无损探伤检查，二级焊缝要进行20%的抽样无损探伤检查。

4.3 核实材料

由现场相关人员对所用材料的材质、规格、型号、尺寸进行检查，与图纸规定相对照，以防不同材质或不同型号尺寸的材料发生错用。钢材混批，无法确认材质、板厚等于或大于 40mm、设计有 Z 向性能要求的厚板、对质量有疑义的钢材应按相关规定抽样复验后方可使用。

4.4 排板设计

4.4.1 根据图纸和加工工艺预留加工余量确定下料尺寸，并确定下料的规格、型号、数量进行优化排板设计，以达到损耗最小。

4.4.2 吊车梁的上下翼缘板跨中 1/3 范围内，应尽量避免拼接，下翼缘、上翼缘、腹板的拼板焊缝间距不宜小于 200mm，且翼缘板接料长度不应小于 600mm，上下翼缘宽度方向一般不要接板；腹板拼接宽度不应小于 300mm，长度不应小于 600mm。

4.5 下料接料

4.5.1 下料切割采用气割法和剪板机剪切法，为减小切割变形：1）较长的翼缘板或腹板采用气割法，尽量采用多头割矩对称气割法。2）钢板上切割不同尺寸的工件应先割小件后割大件，割不同形状的工件时，先割较复杂的后割较简单的。3）窄长条板的切割，长度两端留出 50mm 不割，待割完长边后再割断。

4.5.2 不需要刨边的工件，先进行钢板校正平整后，一次切割成形，但必须根据焊缝形式装配间隙及焊接收缩量，割缝宽度确定合理尺寸。需要刨边的工件根据板厚和下料方法不同留置加工余量，最小余量一般为 2～4mm。

4.5.3 当翼缘板较厚时，拼接焊缝设计为双面坡口，全熔透时均采用反面清根。上翼缘板上表面焊缝余高用砂轮磨光机磨平，焊缝余高控制在 0～＋1mm。

4.5.4 对于大型吊车梁的对接焊缝且需要疲劳验算结构的焊接用射线检测和超声检测两种方法进行无损检测，同一条焊缝达到各自的质量要求该焊缝方可判定为合格。

4.6 工字型组装焊接、校正

4.6.1 工字型钢组装采用自动组立机。翼缘板厚度不小于 20mm 时应避免减少材质厚度方向承受较大的焊接收缩应力。

4.6.2 焊接时在焊缝端头设置材质和坡口形状相同的引弧板和引出板，应使焊缝在提供的延长段上起弧和终止。

4.6.3 为防上下挠，焊接时先焊下翼缘后焊上翼缘，并同方向焊接。

4.6.4 全熔透焊接单侧面焊完后用碳弧气刨反面清根，合理设计清根坡口，以避免未焊透和焊接裂纹产生。

4.6.5 为防止焊接变形，焊接应力和焊接裂纹，尽可能避免采用刚性固定或强制焊接变形，采用平衡焊接热输入法控制焊接变形。焊接后进行校正。

4.6.6 校正采用校正机校正法或火焰校正法或综合校正法，变形较大时采用火焰校正法，因机械校正属于强制校正，易导致应力集中或焊缝处裂纹的产生。

4.6.7 火焰校正时，加热温度严格控制在 600～800℃，同一加热位置加热次数不应超过两次，否则容易造成材料的脆化。

4.6.8　焊接完成后，按规范要求对焊缝进行检验和探伤，Q235钢在焊缝完全冷却后外观检查合格的基础再探伤，Q345钢在焊接完成24h后探伤检测。

4.7　零件组装焊接

4.7.1　工字形截面梁焊缝完成校正合格后，将梁端头和肋板顶紧面刨平进行组装，焊接完成后，要进行再次检验校正，然后安装支座板。

4.7.2　中间肋板上端头均要刨平，组装时顶紧，焊接采用从下到上，先里后外的焊接顺序，支座肋板与腹板的连接焊缝采用先中间后两边，与翼缘板连接焊缝先里后外的焊接顺序，两侧肋板对称施焊或跳焊法施焊，防止焊接变形。肋板端头起弧和落弧位置距端头保持距离大于等于10mm，端头连续围焊。

4.7.3　较厚板焊接时，焊前预热来提高塑性，降低残余应力。

4.8　画线钻孔

4.8.1　零部件安装焊接后进行二次校正，孔在画线定位时合理确定基准线基准面。为了便于安装，满足螺栓使用要求，提高加工精度。

4.8.2　采用小钻打定位孔，大钻开孔的方式。

4.8.3　A、B级螺栓孔（Ⅰ类）孔，孔壁表面粗糙度Ra不大于12.5μm，观察检查时，12.5μm以微见刀痕作参考。C级螺栓孔（Ⅱ类孔）孔壁表面粗糙度，不应大于25μm。观察检查时，25μm为可见刀痕，50μm为明显可见刀痕。

4.9　除锈油漆

4.9.1　设计没有明确除锈等级要求时，用机械除锈，除锈等级不低于Sa2级，当要求采用环氧类或聚酯类油漆时，除锈等级提高至不低于Sa2.5级，用喷砂或抛丸除锈。

4.9.2　无明确规定时，室内油漆涂层厚度不小于125μm，室外不小于150μm涂刷时根据不同的油漆种类控制层间涂刷间隔时间，以防“咬底”或大面积脱落和返锈现象。

4.10　交验

严格按照工序进行检验验收，验收结果均应符合现行国家标准《钢结构工程施工质量验收规范》GB 50205的合格规定要求。

5　质量标准

5.1　主控项目

5.1.1　钢材等品种、规格，性能等应符合现行国家标准和设计要求，进口产品的质量应符合设计和合同规定的标准要求。钢材等应按照现行国家标准《钢结构工程施工质量验收规范》GB 50205的规定进行抽样复验，其复验结果应符合现行国家标准和设计要求。

5.1.2　焊接材料的品种、规格、性能等应符合现行国家标准和设计要求，进口焊接材料产品的质量应符合设计和合同规定标准的要求。焊条、焊丝、焊剂等焊接材料与母材的匹配应符合设计文件的要求及国家现行相关标准的规定，焊接材料在使用前，按产品说明书及焊接工艺文件的规定烘焙、存放。钢结构所采用的焊接材料按现行《钢结构工程施工质量验收规范》规定要求进行抽样复验，复验结果应符合现行国家产品标准和设计要求。

5.1.3 涂料、稀释剂和固化剂等材料的品种、规格、性能等应符合现行国家产品标准和设计要求；钢结构防火涂料的品种和技术性能应符合设计要求，并应经过具有检测资质的检测机构检测符合国家现行有关标准规定。

5.1.4 钢材切割面或剪切面应无裂纹、夹渣、毛刺和分层和不大于 1mm 的缺棱。气割或机械剪切的零件需要边缘加工时，其刨削量不应小于 2.0mm。

5.1.5 碳素结构钢在环境温度低于－16℃、低合金结构钢在环境温度低于－12℃时，不应进行冷矫正和冷弯曲。热轧碳素结构钢和低合金结构钢在加热矫正时，加热温度严禁超过 900℃，最低温度不得低于 600℃。低合金结构钢在加热矫正后应自然冷却。当零件采用热加工成型时，可根据材料的含碳量选择不同的加热温度，加热温度控制在 900～1000℃，也可控制在 1100～1300℃；碳素结构钢和低合金结构钢在温度分别下降到 700℃和 800℃之前，应结束加工；低合金钢应自然冷却。

5.1.6 A、B 级螺栓孔（Ⅰ类孔）、C 级螺栓孔（Ⅱ类孔）允许偏差分别符合表 15-1 规定。

A、B 级螺栓孔径允许偏差；C 级螺栓孔允许偏差　　表 15-1

<table>
<tr><td colspan="6">A、B 级螺柱孔（Ⅰ类孔）应具有 H12 的精度，孔壁表面粗糙度 Ra 不应大于 12.5μm，其孔径的允许偏差应符合规定</td></tr>
<tr><td colspan="2">螺栓公称直径螺栓孔直径</td><td colspan="2">螺栓公称直径允许偏差（mm）</td><td colspan="2">螺栓孔直径允许偏差（mm）</td></tr>
<tr><td colspan="2">10～18</td><td colspan="2">0.00
－0.18</td><td colspan="2">＋0.18
0.00</td></tr>
<tr><td colspan="2">18～30</td><td colspan="2">0.00
－0.21</td><td colspan="2">＋0.21
0.00</td></tr>
<tr><td colspan="2">30～50</td><td colspan="2">0.00
－0.25</td><td colspan="2">＋0.25
0.00</td></tr>
<tr><td colspan="6">C 级螺柱孔（Ⅱ类孔），孔壁表面粗糙度 Ra 不应大于 25μm，允许偏差应符合规定</td></tr>
<tr><td colspan="3">项目</td><td colspan="3">允许偏差（mm）</td></tr>
<tr><td colspan="3">直径</td><td colspan="3">＋1.0
0.0</td></tr>
<tr><td colspan="3">圆度</td><td colspan="3">2.0</td></tr>
<tr><td colspan="3">垂直度</td><td colspan="3">0.03t，且不应大于 2.0</td></tr>
</table>

5.1.7 实腹梁两端最外侧安装孔距离允许偏差±1.0mm。

5.1.8 钢梁制作焊接时主控项目见本标准相应手工电弧焊、CO_2 气体保护焊等工艺标准。

5.1.9 吊车梁组装不应下挠。

5.2 一般项目

5.2.1 切割允许偏差应符合本工艺标准钢结构制作工艺标准的相关规定。

5.2.2 钢材的校正、边缘加工、螺栓孔距应符合本工艺标准中钢结构制作工艺标准的相关规定。

5.2.3 设计要求顶紧的接触面应有 75%以上的面积密贴，并且边缘最大间隙不应大于 0.8mm。

5.2.4　焊接H型钢的翼缘板拼接缝和腹板拼接缝的间距不应小于200mm。翼缘板拼接长度小于2倍翼缘板宽且不小于600mm；腹板拼接宽度不应小于300mm，长度不应小于600mm 。

5.2.5　钢结构组装后焊接材料、焊前预热和后热、焊缝的外观质量及焊缝的外观尺寸允许偏差应符合本工艺标准钢结构制作工艺标准的相关规定。

5.2.6　钢梁对接焊缝外观尺寸允许偏差应符合本工艺标准中钢结构制作工艺标准的相关规定。

5.2.7　焊接H型钢允许偏差应符合表15-2的规定。

焊接H型钢允许偏差　　**表15-2**

项目		允许偏差（mm）
截面高度h	$h<500$	±2.0
	$500<h<1000$	±3.0
	$h>1000$	±4.0
截面宽度b		±3.0
腹板中心偏移e		2.0
翼缘板垂直度Δ		$b/100$，且≤3.0
弯曲矢高（受压构件除外）		$l/1000$，且≤10.0
扭曲		$h/250$，且≤5.0
腹板局部平面度f	$t\leqslant 6$	4.0
	$6<t<14$	3.0
	$t\geqslant 14$	2.0

5.2.8　焊接实腹钢梁外形尺寸允许偏差应符合表15-3的规定。

焊接实腹钢梁外形尺寸允许偏差　　**表15-3**

项目		允许偏差（mm）
梁长度l	端面有凸缘支座板	0；−5.0
	其他形式	$\pm l/2500$；±10.0
端面高度h	$h\leqslant 2000$	±2.0
	$h>2000$	±3.0
拱度	设计要求起拱	$\pm l/5000$
	设计未要求起拱	+10.0；−5.0
侧弯矢高		$l/2000$，且≤10
扭曲		$h/250$，且≤10
腹板局部平面度	$t\leqslant 6$	5.0
	$6<t\leqslant 14$	4.0
	$t>14$	3.0
翼缘板对腹板的垂直度		$b/100$且≤3.0
吊车梁上翼缘与轨道接触面平面度		1.0
箱型截面对角线差		5.0
箱型截面两腹板至翼缘板中心线距离a	连接处	1.0
	其他处	1.5
梁端板的平面度（只允许凹进）		$h/500$且≤2.0
梁端板与腹板的垂直度		$h/500$且≤2.0

6　成品保护

6.0.1　钢构件严禁平放高叠，成品应立放，并用支撑固定，构件不得发生弯曲变形。

6.0.2　钢构件侧向刚度较小时，吊装前两侧面应用圆木临时加固，并选择合适的吊点。

6.0.3　构件在运行和安装过程中，钢丝绳绑扎处宜用柔性材料保护，如发生涂层破坏，应及时补涂。

6.0.4　钢构件在吊运过程中严禁碰撞。

7　注意事项

7.1　应注意的质量问题

7.1.1　钢结构所用的杆件在下料时应及时编号并分开堆放，以防混用。

7.1.2　焊接工作应按焊接工艺规定的焊接方法、焊接次序和技术措施进行。

7.1.3　组装零件时应用专用夹具加紧，以保证焊接时不发生歪扭与变形。

7.1.4　在负温环境下焊接，应经焊接试验合格后方可进行。

7.2　应注意的安全问题

7.2.1　各种机械在使用前应经过试运转，合格后方可操作。机械的电气部分应有接地接零保护装置，焊接绝缘性能良好。

7.2.2　焊工作业时应穿好工作服、绝缘鞋，戴电焊手套和鞋盖，防止发生意外。制作场地应通风良好并有良好的照明，以便操作。

7.2.3　现场材料应按品种分类堆放；施焊场地周围不应堆放易燃易爆材料，与氧气瓶、乙炔瓶等的距离不得小于 10m。

7.2.4　钢构件在施焊或堆放时，应保持钢构件稳定或支撑牢固，防止倾倒伤人。

7.3　应注意的绿色施工问题

7.3.1　作业区应控制噪声，合理安排作业时间，减少对周边环境的影响。

7.3.2　加工所用的机械在停班或班后按规定停机，关闭电源。

7.3.3　制作余料和废料及时分类回收，并对余料的炉批号、品种、规格、型号标识清楚，以便利用。

7.3.4　作业区内构件排放整体有序，作业面保持清洁、干净。

7.3.5　加工过程中烟气排放应符合现行国家标准《大气污染物综合排放标准》GB 16297 的规定。

8　质量记录

8.0.1　钢材、连接材料、涂装材料的质量合格证明文件、中文标志及性能检测报告。

8.0.2　焊工合格证书及编号。

8.0.3　焊接工艺评定报告。

8.0.4　焊接探伤检测记录。

8.0.5　制作工艺报告。

8.0.6　钢结构零件及部件加工工程检验批质量验收记录。

8.0.7　钢结构组装工程检验批质量验收记录。

8.0.8　钢结构制作焊接工程检验批质量验收记录。

8.0.9　钢结构防腐涂料涂装工程检验批质量验收记录。

8.0.10　钢结构零部件加工分项工程质量验收记录。

8.0.11　钢结构组装分项工程质量验收记录。

8.0.12　钢结构焊接分项工程质量验收记录。

8.0.13　钢结构防腐涂料涂装分项工程质量验收记录。

8.0.14　施工记录。

8.0.15　其他技术文件。

第 16 章　钢屋架制作

本工艺标准适用于建筑钢结构一般型钢钢屋架制作工程。

1　引用标准

《钢结构设计标准》GB 50017—2017

《钢结构工程施工规范》GB 50755—2012

《钢结构焊接规范》GB 50661—2011

《钢结构工程施工质量验收规范》GB 50205—2001

《钢结构超声波检测及质量分级》JG/T 203—2007

《碳素结构钢和低合金结构钢热轧钢板和钢带》GB/T 3274—2017

《优质碳素结构钢》GB/T 699—2015

《碳素结构钢》GB/T 700—2006

《低合金高强度结构钢》GB/T 1591—2008

《热轧型钢》GB/T 706—2016

《焊接 H 型钢》YB/T 3301—2005

《低合金钢药芯焊丝》GB/T 17493—2008

《碳钢药芯焊丝》GB/T 10045—2001

《气体保护电弧焊用碳钢、低合金钢焊丝》GB/T 8110—2008

《非合金钢及细晶粒钢焊条》GB/T 5117—2012

《热强钢焊条》GB/T 5118—2012

2　术语

2.0.1　设计施工图：由设计单位编制的作为工程施工依据的技术图纸。

2.0.2　施工详图：根据钢结构设计施工图和施工工艺技术要求，绘制的用于直接指导钢结构制作和安装的细化技术图纸。

3　施工准备

3.1　作业条件

3.1.1　完成施工详图设计，并经原设计人员签字认可。

3.1.2　施工组织设计（施工方案）、作业指导书等各种技术准备工作已就绪，并向作业班组进行安全技术交底。

3.1.3　所用材料已经进场并验收合格。

3.1.4　所有生产工人都进行了施工前培训，并取得相应资格的上岗证书。焊工必须考试合格，并取得相应的施焊合格证。

3.1.5　所用机械设备调试验收合格，制作、检查、验收所用量具的精度符合要求，并经计量检测部门检定合格。

3.2　材料及机具

3.2.1　钢材：其品种、规格、性能等应符合设计要求和国家现行有关标准的规定，有质量合格证明文件和检验报告。钢材应按现行国家《钢结构工程施工质量验收规范》GB 50205 的规定进行抽样复验。

3.2.2　连接材料：焊条、焊丝、螺栓等连接材料均应有质量证明书并符合设计要求。焊接材料应按现行国家《钢结构工程施工质量验收规范》GB 50205 的规定进行抽样复验。药皮脱落或焊芯生锈的焊条及锈蚀、碰伤或混批的高强度螺栓不得使用。

3.2.3　涂料：防腐油漆应符合设计要求和国家现行有关标准的规定，并应有产品质量证明书及使用说明。

3.2.4　机具：剪切机、型钢矫正机、钢板轧平机、钻床、电钻、扩孔钻；电焊机、气焊设备、电弧气刨设备；钢板平台；喷砂、喷漆设备等。

3.2.5　工具：钢尺、卡尺、角尺、墨线盒、划针、划规、撬杠、大锤、扳手、夹紧器、千斤顶等。

4　操作工艺

4.1　工艺流程

加工准备及下料 → 零件加工 → 小装配（小拼）→ 总装配（总拼）→ 屋架焊接 →

支撑连接板、檩条、支座角钢的装配、焊接 → 成品检验 → 除锈涂装

4.2　加工准备及下料

4.2.1　放样：按照施工图放样，放样和号料时应根据工艺预留焊接收缩量和加工余量，经检验人员复验后办理预检手续。

4.2.2　根据放样作样板或样杆。

4.2.3　钢材矫正：钢材下料前必须先进行矫正，矫正后的偏差值不应超过规范规定的允许偏差值，以保证下料的质量。

4.2.4　屋架上、下弦下料时不号孔，其余零件都应号孔；热加工的型钢先热加工，待冷却后再号孔。

4.3　零件加工

4.3.1　切割：氧气切割前钢材切割区域内的铁锈、污物应清理干净。切割后断口边缘熔瘤、飞溅物应清除。机械剪切面不得有裂纹及大于 1mm 的缺楞，并应清除毛刺。

4.3.2　焊接：上、下弦型钢需接长时，先焊接头并矫直。采用型钢接头时，为使接头型钢与杆件型钢紧贴，应按设计要求铲去楞角。对接焊缝应在焊缝的两端焊上引弧板，其材质和坡口型式与焊件相同，焊后气割切除并磨平。

4.3.3　钻孔：屋架端部基座板的螺栓孔应用数控钻床或摇臂钻套模钻孔，以保证螺栓孔位置、尺寸准确。腹杆及连接板上的螺栓孔可采用一般划线法钻孔。

4.4　小装配（小拼）

屋架端部 T 形基座、天窗架支承板预先拼焊组成部件，经矫正后再拼装到屋架上。部件焊接时为防止变形，宜采用成对背靠背，用夹具夹紧再进行焊接。

4.5　总装配（总拼）

4.5.1　将实样放在装配台上，按照施工图及工艺要求起拱并预留焊接收缩量。装配平台应具有一定的刚度，不得发生变形，确保装配精度。

4.5.2　按照实样将上弦、下弦、腹杆等定位角钢搭焊在装配台上。

4.5.3　把上、下弦垫板及节点连接板放在实样上，对号入座，然后将上、下弦放在连接板上，使其紧靠定位角钢。半片屋架杆件全部摆好后，按照施工图核对无误，即可定位点焊。

4.5.4　点焊好的半片屋架翻转 180°，以这半片屋架作模胎复制装配屋架。

4.5.5　在半片屋架模胎上放垫板、连接板及基座板时，基座板及屋架天窗支座、中间竖杆应用带孔的定位板用螺栓固定，以保证构件尺寸的准确。

4.5.6　将上、下弦及腹杆放在连接板及垫板上，用夹具夹紧，进行定位点焊。

4.5.7　将模胎上已点焊好的半片屋架翻转 180°，即可将另一半屋架的上、下弦和腹杆放在连接板和垫板上，使型钢背对齐用夹具夹紧，进行定位点焊。点焊完毕，整榀屋架总装配即完成，其余屋架的装配均按上述顺序重复进行。

4.6　屋架焊接

4.6.1　焊接前应复查组装质量和焊缝区的处理情况，修整后方能施焊。

4.6.2 焊接顺序：先焊上、下弦连接板外侧焊缝，后焊上、下弦连接板内侧焊缝，再焊连接板与腹杆焊缝；最后焊腹杆、上弦、下弦之间的垫板。屋架一面全部焊完后翻转，进行另一面焊接，其焊接顺序相同。

4.7 支撑连接板、檩条支座角钢的装配、焊接

用样杆划出支撑连接板的位置，将支撑连接板对准位置装配并定位点焊。用样杆同样划出角钢位置，并将装配处的焊缝铲平，将檩条支座角钢放在装配位置上并定位点焊。全部装配完毕，即开始焊接檩条支座角钢、支撑连接板。焊完后，应清除熔渣及飞溅物。在工艺规定的焊缝及部位上，打上焊工钢印代号。

4.8 成品检验

4.8.1 焊接全部完成，焊缝冷却24h之后，全部做外观检查并做出记录。Ⅰ、Ⅱ级焊缝应作无损探伤检测。

4.8.2 用高强度螺栓连接时，须将构件摩擦面进行喷砂处理，并做六组试件，其中三组出厂时发至安装地点，供复验摩擦系数使用。

4.8.3 按照施工图要求和施工规范规定，对成品外形几何尺寸进行检查验收，逐榀屋架做好记录。

4.9 除锈涂装

4.9.1 成品经质量检验合格后进行除锈，按照设计文件要求的除锈等级，选择合理的除锈方式。

4.9.2 除锈后4h内及时进行防腐涂装，涂料及漆膜厚度应符合设计要求和施工规范的规定。

4.9.3 在构件指定的位置上标注构件编号。

5 质量标准

5.1 主控项目

5.1.1 钢材的品种、规格，性能等应符合现行国家标准和设计要求，进口钢材产品的质量应符合设计和合同规定标准的要求。钢材应按照现行国家标准《钢结构工程施工质量验收规范》GB 50205的规定要求进行抽样复验，其复验结果应符合现行国家标准和设计要求。

5.1.2 焊接材料的品种、规格、性能等应符合现行国家标准和设计要求，进口焊接材料产品的质量应符合设计和合同规定标准的要求。焊条、焊丝等焊接材料与母材的匹配应符合设计文件的要求及国家现行相关标准的规定，焊接材料在使用前，按产品说明书及焊接工艺文件的规定烘焙、存放。钢结构所采用的焊接材料按现行国家标准《钢结构工程施工质量验收规范》GB 50205规定要求进行抽样复验，复验结果应符合现行国家产品标准和设计要求。

5.1.3 涂料、稀释剂和固化剂等材料的品种、规格、性能等应符合现行国家产品标准和设计要求；钢结构防火涂料的品种和技术性能应符合设计要求，并应经过具有相应检测资质的检测机构检测，其结果符合国家现行有关标准规定。

5.1.4 钢材切割面或剪切面应无裂纹、夹渣、毛刺和分层。气割或机械剪切的零件需要边缘加工时，其刨削量不应小于2.0mm。

5.1.5 A、B级螺栓孔（Ⅰ类孔）、C级螺栓孔（Ⅱ类孔）允许偏差应符合表16-1规定。

A、B、C级螺栓孔径允许偏差　　表16-1

<table>
<tr><td colspan="6">A、B级螺栓孔（Ⅰ类孔）应具有H12的精度，孔壁表面粗糙度Ra不应大于12.5μm，其孔径的允许偏差应符合下列规定</td></tr>
<tr><td colspan="2">螺栓公称直径螺栓孔直径</td><td colspan="2">螺栓公称直径允许偏差（mm）</td><td colspan="2">螺栓孔直径允许偏差（mm）</td></tr>
<tr><td colspan="2">10～18</td><td colspan="2">0.00
−0.21</td><td colspan="2">+0.18
0.00</td></tr>
<tr><td colspan="2">18～30</td><td colspan="2">0.00
−0.21</td><td colspan="2">+0.21
0.00</td></tr>
<tr><td colspan="2">30～50</td><td colspan="2">0.00
−0.25</td><td colspan="2">+0.25
0.00</td></tr>
<tr><td colspan="6">C级螺栓孔（Ⅱ类孔），孔壁表面粗糙度Ra不应大于25μm，其允许偏差应符合下列规定</td></tr>
<tr><td colspan="3">项目</td><td colspan="3">允许偏差（mm）</td></tr>
<tr><td colspan="3">直径</td><td colspan="3">+1.0
0.0</td></tr>
<tr><td colspan="3">圆度</td><td colspan="3">2.0</td></tr>
<tr><td colspan="3">垂直度</td><td colspan="3">0.03t，且≤2.0</td></tr>
</table>

5.1.6 钢屋架制作焊接时主控项目见本标准相应手工电弧焊、CO_2气体保护焊等工艺标准。

5.2 一般项目

5.2.1 切割允许偏差应符合本工艺标准钢结构零部件制作工艺标准的相关规定。

5.2.2 钢材的校正、边缘加工、螺栓孔距应符合本工艺标准中钢结构零部件制作工艺标准的相关规定。

5.2.3 设计要求顶紧的接触面应有75%以上的面积密贴，且边缘最大间隙不应大于0.8mm。

5.2.4 钢屋架结构组装时，杆件轴线交点偏移不应大于4.0mm。

5.2.5 钢屋架对接焊缝外观尺寸允许偏差应符合本工艺标准中钢结构制作工艺标准的相关规定。

5.2.6 钢屋架制作的外形尺寸允许偏差应符合表16-2的规定。

钢屋架制作的外形尺寸允许偏差　　表16-2

<table>
<tr><th>项目</th><th colspan="2">允许偏差（mm）</th></tr>
<tr><td rowspan="2">屋架最外端两个孔或两端支撑面最外侧距离l</td><td>l≤24m</td><td>+3.0
−7.0</td></tr>
<tr><td>l>24m</td><td>+5.0
−10.0</td></tr>
<tr><td>屋架跨中高度</td><td colspan="2">±10.0</td></tr>
</table>

续表

项目	允许偏差（mm）	
屋架跨中拱度	设计要求起拱	$\pm l/5000$
	设计未要求起拱	+10.0 −5.0
相邻节间弦杆弯曲（受压除外）	$l_1/1000$	
支撑面到第一个安装孔距离 a	±1.0	
檩条连接支座间距	±5.0	

6　成品保护

6.0.1　堆放构件时，地面必须垫平，避免支点受力不均或下挠。屋架吊点、支点应合理；宜立放，以防止由于侧面刚度差而产生变形扭曲。

6.0.2　钢结构构件应涂防锈底漆，编号不得损坏。

7　注意事项

7.1　应注意的质量问题

7.1.1　构件运输、堆放变形：运输、堆放时，垫点不合理，上、下垫木不在一条垂直线上，或由于场地沉陷等原因造成变形。如发生变形，应根据情况采用千斤顶、氧-乙炔火焰加热或用其他工具矫正。

7.1.2　构件扭曲：拼装时节点处型钢不吻合，连接处型钢与节点板间缝隙大于 3mm，应予矫正。拼装时用夹具夹紧。长构件应拉通线，符合要求后再定位焊固定。长构件翻身时由于刚度不足有可能产生变形，这时应事先进行临时加固。

7.1.3　起拱不符合要求：钢屋架拼装时，应严格检查拼装点角度，采取措施消除焊接收缩量的影响并加以控制，避免产生累计误差。

7.1.4　焊接变形：应采用合理的焊接顺序及焊接工艺（包括焊接电流、速度、方向等），或采用夹具、胎具将构件固定；然后再进行焊接，以防止焊接后翘曲变形。

7.1.5　跨度不准：制作、吊装、检查应用统一精度的钢尺。严格检查构件制作尺寸，不允许超过允许偏差。

7.2　应注意的安全问题

7.2.1　各种机械在使用前应经过试运转，合格后方可操作。机械的电气部分应有接地接零保护装置，焊机绝缘性能良好。

7.2.2　焊工作业时应穿好工作服、绝缘鞋，戴电焊手套和鞋盖，防止发生意外。制作场地应通风良好，并有良好的照明以便操作。

7.2.3　现场材料应按品种分类堆放；施焊场地周围不应堆放易燃易爆材料，与氧气瓶、乙炔瓶等的距离不得小于 10m。

7.2.4　钢构件在施焊或堆放时，应保持钢构件稳定或支撑牢固，防止倾倒伤人。

7.3　应注意的绿色施工问题

7.3.1　作业区应控制噪声，合理安排作业时间，减少对周边环境的影响。

7.3.2　加工所用的机械在停班或班后按规定停机，关闭电源。

7.3.3　制作余料和废料及时分类回收，并对余料的炉批号、品种、规格、型号标识清楚，以便利用。

7.3.4　作业区内构件排放整齐、有序，作业面保持清洁、干净。

7.3.5　加工过程中，烟气排放应符合现行国家标准《大气污染物综合排放标准》GB 16297的规定。

8　质量记录

8.0.1　所用钢材、焊接材料、连接材料、涂装材料的质量合格证明文件、中文标志及性能检测报告。

8.0.2　焊工合格证书及编号。

8.0.3　焊接工艺评定报告。

8.0.4　焊接超声波或射线探伤检测记录。

8.0.5　制作工艺报告。

8.0.6　钢结构零件及部件加工工程检验批质量验收记录。

8.0.7　钢结构组装工程检验批质量验收记录。

8.0.8　钢结构制作焊接工程检验批质量验收记录。

8.0.9　钢结构预拼装检验批质量验收记录。

8.0.10　钢结构防腐涂料涂装工程检验批质量验收记录。

8.0.11　钢结构零部件加工分项工程质量验收记录。

8.0.12　钢结构组装分项工程质量验收记录。

8.0.13　钢结构焊接分项工程质量验收记录。

8.0.14　钢结构防腐涂料涂装分项工程质量验收记录。

8.0.15　焊接材料烘焙记录。

8.0.16　施工记录。

8.0.17　其他技术文件。

第17章　焊接球节点钢网架制作拼装

本工艺标准适用于焊接球节点的钢网架制作拼装工程。

1　引用标准

《钢结构设计标准》GB 50017—2017

《钢结构工程施工规范》GB 50755—2012
《钢结构焊接规范》GB 50661—2011
《钢结构工程施工质量验收规范》GB 50205—2001
《空间网格结构技术规程》JGJ 7—2010
《钢结构超声波检测及质量分级》JG/T 203—2007
《碳素结构钢和低合金结构钢热轧钢板和钢带》GB/T 3274—2017
《结构用无缝钢管》GB/T 8162—2008
《直缝电焊钢管》GB/T 13793—2016
《优质碳素结构钢》GB/T 699—2015
《低合金钢药芯焊丝》GB/T 17493—2008
《碳钢药芯焊丝》GB/T 10045—2001
《气体保护电弧焊用碳钢、低合金钢焊丝》GB/T 8110—2008
《非合金钢及细晶粒钢焊条》GB/T 5117—2012
《热强钢焊条》GB/T 5118—2012

2　术语

2.0.1　焊接球网架：由两个冲压钢半球加肋或不加焊接成空心球的连接节点。

3　施工准备

3.1　作业条件

3.1.1　按设计要求和工程特点编制网架施工技术方案，熟悉图纸，做好安全技术交底。
3.1.2　所用材料已经进场并验收合格。
3.1.3　焊工必须经考试合格，并取得有相应焊接材质与焊接部位的资格证书。
3.1.4　拼装前应对拼装胎模进行检测，防止胎模移动和变形。
3.1.5　网架制作、检查、验收及所用的量具精度应一致，并经计量部门检定合格。

3.2　材料及机具

3.2.1　钢材：其品种、规格、性能应符合设计要求和现行国家有关标准的规定，钢材应按现行国家标准《钢结构工程施工质量验收规范》GB 50205 的规定进行抽样复验。有质量合格证明书和检验报告。

3.2.2　焊接材料：焊接材料应有质量证明书和检验报告，并按现行国家标准《钢结构工程施工质量验收规范》GB 50205 的要求进行抽样复验。按照现行国家标准《钢结构焊接规范》GB 50661 的相关规定选择与设计选用钢材匹配的焊接材料，其化学成分和力学性能均符合现行产品要求和设计要求。

3.2.3　涂装材料：涂料的品种、性能、色泽应符合设计要求，并有质量证明书。

3.2.4　机具：加热炉、焊接球压床、焊接设备、氧乙炔切割设备、砂轮锯、杆件切割车床、杆件切割动力头、钢卷尺、钢板尺、卡尺、水准仪、经纬仪、超声波探伤仪或磁粉探伤仪、倒链、铁锤、钢丝刷、烤箱、保温箱等。

4　操作工艺

4.1　工艺流程

作业准备→球加工及检验→杆件加工及检查→小拼单元→中拼单元→钢网架拼装焊接→质量检验

4.2　作业准备

4.2.1　焊接球加工时，应准备好加热炉、焊接球压床、工具、夹具等。

4.2.2　焊接球半圆胎架已制作并安装。

4.2.3　选择焊接设备，设定焊接参数。采用自动焊时，安装、调试自动焊设备或安装氧乙炔设备。

4.2.4　焊条或焊剂应烘烤、保温。

4.3　球加工及检验

4.3.1　控制球材下料尺寸，并应放出适当余量。

4.3.2　焊接空心球采用钢板热压成半圆形，加热应均匀，加热温度以 1000～1100℃为宜。

4.3.3　加热后的钢材放到半圆胎架内，逐步压制成半圆形球。压制过程中，应尽量减少压薄区的压薄量，压制时氧化铁皮应及时清理，半圆球在胎架内可变换位置。

4.3.4　半圆球脱胎冷却后，应用样板修正半圆球的弧度，然后按半径切割半圆球的平面，并留出拼圆余量。

4.3.5　半圆球修正、切割后，坡口角度与形式应符合设计要求。

4.3.6　加肋焊接球拼装前应加肋环焊接，肋环高度不应小于球壁厚度。

4.3.7　球拼装时应有定位胎具，保证球的直径和球的圆度一致。

4.3.8　拼好的球放在焊接支架上，两边各钻一小孔固定钢球，并能随时慢慢旋转，然后用半自动埋弧焊机（也可以用气体保护焊机）对钢球进行多层多道焊接，直至焊道焊平。

4.3.9　焊缝外观检查合格，在 24h 后对钢球焊缝进行焊缝探伤检验，并对各种规格的钢球做强度试验。

4.4　杆件加工及检查

4.4.1　钢管杆件的外观尺寸、品种、规格应符合设计要求，在下料时应考虑焊接收缩余量。

4.4.2　杆件下料后应检查是否弯曲，如有弯曲应校正。杆件下料后应开坡口，若焊接球杆件壁厚在 5mm 以下，可不开坡口。

4.4.3　杆件制作完毕后应涂刷防锈漆，焊接部位留出 50mm 不涂刷。杆件应及时编号，同一品种、规格的杆件应码放整齐。

4.5　小拼单元

4.5.1　钢网架小拼前，应对已拼装的焊接球分别做强度试验，符合规定后方能开始小拼。

4.5.2　清理小拼场地，按小拼单元的尺寸、形态、位置进行放样、画线。根据编制好的小拼方案制作定位胎具，应做到装配和脱胎方便。

4.5.3　拼装焊接时应防止变形，复验各部位的拼装尺寸。

4.5.4　焊接球网架有加衬管和不加衬管两种。需加衬管部位，应备好衬管，先在球上定位点固；如不加衬管，应采用单面焊接双面成型的工艺。

4.5.5　焊接球网架小拼后应焊接牢固，焊缝饱满、焊透，焊波均匀一致。焊缝经外观检查后，应进行超声波探伤检验。

4.6　中拼单元

4.6.1　在焊接球网架施工中，可以在地面采用条形中拼、块形中拼、立体单元中拼等形式。

4.6.2　控制中拼单元的尺寸和变形，中拼单元拼装后应有足够的刚度，并保证自身不变形，否则应采取临时加固措施。

4.6.3　为保证网架顺利拼装，在条与条、块与块合拢处，可采取安装螺栓等措施。

4.6.4　搭设中拼支架时，支架上的支撑位置应设在下弦节点处，支架应验算其承载力和稳定性。

4.7　钢网架拼装焊接

4.7.1　焊接球网架拼装前应编制好焊接工艺和焊接顺序，焊接工艺内容有电流、电压、运条方法、焊接层数和道数、焊缝坡口、间隙等。应按焊接顺序进行拼装各节点之间的焊接，以控制构件的变形量。

4.7.2　钢网架拼装焊接技术难度大、质量要求高，焊工必须有全位置焊工考试合格证方能上岗。

4.7.3　网架焊接时，一般先焊下弦，使下弦收缩而略上拱，然后接腹杆及上弦，即下弦→腹杆→上弦。

4.7.4　钢网架施焊操作应符合下列规定：

1　钢管与钢球焊接时，起弧应在钢管底部中心线左侧 20～30mm 处，引弧应在焊道内，以防烧伤母材。

2　引弧后右边运条焊接，采用斜锯齿形运条法，防止铁水流失和咬肉；当采用反向的斜锯齿形运条法时，应防止熔渣倒流。

3　当焊条焊至 1/4 圆处，可改为月牙形运条法；当接近上部时，应采用反向的斜锯齿形运条法，防止咬肉。

4　焊缝收弧应在焊缝超过中心线 20～30mm 处熄弧，不必完全填满弧坑。

5　接着焊接钢管另一半，从钢管底部中心线右侧 20～30mm 处引弧焊接，向左运条，采用锯齿形运条法逐步向左向上焊接，直到近 1/4 圆处改为月牙形运条法；当焊到上部时，再采用反向的锯齿形运条法，使焊缝成型美观、饱满。

6　当焊条逐步焊到上半部时，应继续焊过中心线 20～30mm，覆盖上一道焊缝，直到填满弧坑。

7　当采用多道焊或焊道坡口尚未填满时，应清理焊道熔渣，按上述顺序继续焊接，直至达到焊缝规定的尺寸。

8　钢网架拼装完应对焊缝外观质量进行检查，咬肉深度不得超过 0.5mm，焊缝焊完 24h 后用超声波探伤检验。

4.8　质量检验

网架拼接后，对单元尺寸偏差进行检查验收，拼接焊缝在外观检查合格的基础上进行无损探伤检查，检查结果均应符合现行国家标准《钢结构工程施工质量验收规范》GB 50205 的合格规定。

5　质量标准

5.1　主控项目

5.1.1　焊接球、杆件、支座、顶帽及所采用的原材料，其品种、规格、性能等应符合现行国家标准和设计要求。

5.1.2　焊接材料的品种、规格、性能应符合现行国家标准和设计要求。

5.1.3　焊接材料与母材匹配应符合设计文件要求及现行国家标准的规定。焊接材料在使用前，应按其产品说明书及焊接工艺文件的规定进行烘焙和存放。

5.1.4　持证焊工必须在其焊工合格证书规定的认可范围内施焊，严禁无证焊工施焊。

5.1.5　焊接球焊缝应进行无损检验，其质量应符合设计要求，当设计无要求的，应符合二级焊缝质量标准。焊缝无损检测应符合现行国家标准《钢结构工程施工质量验收规范》GB 50205 中的相关规定。

5.1.6　钢板压成半圆球后，表面不应有裂纹、褶皱；焊接球其对接坡口应采用机械加工，对接焊缝表面应打磨平整。

5.2　一般项目

5.2.1　钢板厚度及允许偏差应符合现行国家产品标准和设计的要求。

5.2.2　焊接球表面应无明显波纹、局部凹凸不平不大于 1.5mm。

5.2.3　焊接球加工允许偏差应符合表 17-1 的规定。

焊接球加工允许偏差　　　　**表 17-1**

项目		允许偏差（mm）
直径	$d \leqslant 300$mm	±1.5
	$300 < d \leqslant 500$mm	±2.5
	$500 < d \leqslant 800$mm	±3.5
	$d > 800$mm	±4.0

续表

项目		允许偏差（mm）
圆度	$d \leq 300$mm	±1.5
	$300 < d \leq 500$mm	±2.5
	$500 < d \leq 800$mm	±3.5
	$d > 800$mm	±4.0
壁厚减薄量	$t \leq 10$mm	≤0.18t，且≤1.5
	$10 < t \leq 16$mm	≤0.15t，且≤2.0
	$16 < t \leq 22$mm	≤0.12t，且≤2.5
	$22 < t \leq 45$mm	≤0.11t，且≤3.5
	$t > 45$mm	≤0.08t，且≤4.0
对口错边量	$t \leq 20$mm	≤0.1t，且≤1.0
	$20 < t \leq 40$mm	2.0
	$d > 40$mm	3.0
焊缝余高		0～1.5

注：d 为焊接空心球的外径；t 为焊接空心球的壁厚。

5.2.4 钢网架用钢管杆件加工的允许偏差应符合表 17-2 的规定。

钢网架（桁架）用钢管杆件加工的允许偏差 **表 17-2**

项目	允许偏差（mm）
长度	±1.0
端面对管轴的垂直度	0.005r
管口曲线	1.0

5.2.5 制作拼装的焊缝外观质量及焊缝尺寸允许偏差应符合本工艺标准钢结构焊接工艺标准的相关规定。

6 成品保护

6.0.1 拼装好的小拼单元应整齐码放，不得乱堆、乱放，以防变形。

6.0.2 网架半成品球应码放在干净的地方，防止沾染油污。

6.0.3 网架中拼单元应避免运输，以防运输过程中网架受力不均而变形。

6.0.4 网架拼装结束后应及时涂装防锈漆，防止网架锈蚀。

7 注意事项

7.1 应注意的质量问题

7.1.1 钢网架拼装小单元的尺寸一般应控制在负公差内，因为正公差累积会使网架尺寸增大，造成轴线偏移。

7.1.2 钢网架拼装用胎体应经常检查，防止胎模走样，使小拼单元变形。

7.1.3 制作好的钢球和杆件应编号码、做好标志，防止混用。钢球还应有中心线标志，特别是带肋钢球的使用方向应有明显标志。

7.1.4 钢网架部件需要发运时，应对半成品进行包装。包装应在涂层干燥后进行，包装应保护构件涂层不受损伤，保证构件和零件不变形、不损坏、不散失，包装应符合运输的有关规定。

7.2 应注意的安全问题

7.2.1 焊工操作前应做好自我防护。

7.2.2 非电工人员不得自行接电。

7.3 应注意的绿色施工问题

7.3.1 作业区应控制噪声，合理安排作业时间，减少对周边环境的影响。

7.3.2 加工所用的机械在停班或班后按规定停机，关闭电源。

7.3.3 制作余料和废料及时分类回收，并对余料的炉批号、品种、规格、型号标识清楚，以便利用。

7.3.4 作业区内构件排放整体有序，作业面保持清洁、干净。

7.3.5 加工过程中，烟气排放应符合现行国家标准《大气污染物综合排放标准》GB 16297 的规定。

8 质量记录

8.0.1 钢材、焊接球、焊接材料的质量合格证明文件、中文标志及性能检验报告等。

8.0.2 焊条等的烘焙记录。

8.0.3 焊工合格证书。

8.0.4 焊接工艺评定报告。

8.0.5 焊接超声波或射线探伤检测记录。

8.0.6 网架吊点承载力试验报告。

8.0.7 钢网架安装过程测量记录。

8.0.8 施工记录。

8.0.9 隐蔽工程检查验收记录。

8.0.10 焊接球钢网架制作工程检验批质量验收记录。

8.0.11 钢结构制作分项工程质量验收记录。

8.0.12 其他技术文件。

第18章 螺栓球节点钢网架制作拼装

本工艺标准适用于螺栓球节点的钢网架制作拼装工程。

1　引用标准

《钢结构设计标准》GB 50017—2017
《钢结构工程施工规范》GB 50755—2012
《钢结构焊接规范》GB 50661—2011
《钢结构工程施工质量验收规范》GB 50205—2001
《空间网格结构技术规程》JGJ 7—2010
《钢结构超声波检测及质量分级》JG/T 203—2017
《碳素结构钢和低合金结构钢热轧钢板和钢带》GB/T 3274—2017
《结构用无缝钢管》GB/T 8162—2008
《直缝电焊钢管》GB/T 13793—201
《优质碳素结构钢》GB/T 699—2015
《非合金钢及细晶粒钢焊条》GB/T 5117—2012
《热强钢焊条》GB/T 5118—2012
《钢网架螺栓球节点用高强度螺栓》GB/T 16939—2016
《普通螺纹 基本尺寸》GB/T 196—2003
《普通螺纹 公差》GB/T 197—2003

2　术语

2.0.1　螺栓球节点：由螺栓球、高强度螺栓、套筒、紧固螺钉和锥头或封板等零、部件组成的机械装配式节点。

3　施工准备

3.1　作业条件

3.1.1　按设计要求和工程特点编制网架施工技术方案，熟悉图纸，做好安全技术交底。
3.1.2　所用材料已经进场并验收合格。
3.1.3　网架操作平台已搭设完毕，四周应设护栏，下部应挂安全网。
3.1.4　拼装前，应对拼装用的高强度螺栓逐个做硬度试验，达到标准值方能进行拼装。
3.1.5　网架制作、检查验收所用的量具精度应一致，并经计量检测部门检定合格。

3.2　材料及机具

3.2.1　钢材钢号和材质应符合设计要求，有质量合格证明书、机械性能和化学成分复验报告。钢材表面锈蚀深度不得大于钢材厚度负偏差值的 1/2。
3.2.2　制造螺栓球的钢材应符合设计要求和国家现行有关标准的规定。
3.2.3　拼装用高强度螺栓的钢材应符合设计要求和国家现行有关标准的规定。
3.2.4　螺栓球、高强度螺栓、锥头、套筒、封板等半成品，以及钢管杆件的规格尺寸，应符合设计要求；螺栓球、高强度螺栓应有质量合格证明文件和复验报告。

3.2.5　机具：电焊机、氧乙炔切割设备、砂轮锯、杆件切割车床、杆件切割动力头、钢卷尺、钢板尺、卡尺、水准仪、经纬仪、超声波探伤仪或磁粉探伤仪、倒链、铁锤、钢丝刷、烤箱、保温箱等。

4　操作工艺

4.1　工艺流程

作业准备 → 球加工及检验 → 杆件加工及检查 → 钢网架拼装 → 质量检查

4.2　作业准备

4.2.1　螺栓球加工时，应做好机具、夹具调整及角度确定等准备。

4.2.2　拼装前高强度螺栓应逐条保护，防止焊接飞溅影响螺纹。

4.2.3　焊条或焊剂应进行烘烤与保温。

4.3　球加工及检验

4.3.1　螺栓球的劈面、钻孔、攻丝优先采用数控铣床、钻床和攻丝设备，以确保加工精度。

4.3.2　螺栓球严禁出现裂纹及过烧。

4.4　杆件加工及检查

4.4.1　钢管杆件的外观尺寸、品种、规格应符合设计要求，在下料时应考虑拼装后的长度变化。

4.4.2　杆件下料后应检查是否弯曲，如有弯曲应校正。杆件下料后，杆件必须开坡口。

4.4.3　杆件与锥头或封板拼装应有定位胎具，保证拼装杆件长度一致。杆件与锥头或封板定位后点固，检查焊道深度与宽度。杆件与锥头或封板双边应开 30°坡口，并有 2～5mm 间隙，保证锥头或封板焊接质量。锥头或封板焊接应在旋转焊接支架上进行，焊缝应焊透、饱满、均匀一致、不咬肉。

4.4.4　杆件在小拼前应将相应的高强度螺栓埋入，埋入前对高强度螺栓逐条进行表面硬度试验和外观质量检查。

4.4.5　在杆件拼装和焊接前，应在埋入的高强度螺栓外加上包裹做好保护，防止通电起弧溅入丝扣。

4.4.6　杆件与封板（锥头）焊接完成后按要求除锈并涂刷防锈漆。

4.4.7　杆件应及时编号，同一品种、规格的钢杆件应码放整齐。

4.5　钢网架拼装

螺栓球拼装时，先校正下弦的标高和轴线，拧紧全部螺栓定位，然后连接腹杆螺栓（不宜拧紧）。进行上弦连接时，开始仍不宜拧紧。当安装好多排后应找平和调整中轴线，然后固定第一排锥体的两端支座，同时将第一排锥体的螺栓拧紧。如此逐条循环进行，直至拼装完成。

4.6　质量检验

在整个网架拼装完成后，应对螺栓的紧固质量和拼装单元尺寸偏差进行全面检查，检查结果均应符合现行国家标准《钢结构工程施工质量验收规范》GB 50205 的合格规定。

5　质量标准

5.1　主控项目

5.1.1　螺栓球、高强度螺栓、杆件、封板、锥头和套筒及制造所用原材料其品种、规格、性能应符合现行国家标准和设计要求。

5.1.2　焊接材料的品种、规格、性能应符合现行国家标准和设计要求。

5.1.3　焊接材料与母材匹配应符合设计文件要求及现行国家标准的规定。焊接材料在使用前，应按其产品说明书及焊接工艺文件的规定进行烘焙和存放。

5.1.4　持证焊工必须在其焊工合格证书规定的认可范围内施焊，严禁无证焊工施焊。

5.1.5　封板、锥头与杆件连接焊缝质量应符合设计要求。当设计无要求时，应符合二级焊缝质量标准。

5.1.6　螺栓球成型后，不得有裂纹、褶皱、过烧。

5.1.7　封板、锥头、套筒外观不得有裂纹，过烧及氧化皮。

5.1.8　小拼单元允许偏差应符合表 18-1 的规定。

小拼单元允许偏差　　　　**表 18-1**

项目		允许偏差（mm）
节点中心偏移	$D \leqslant 500$mm	2.0
	$D > 500$mm	3.0
杆件中心与节点中心的偏移	d（b）$\leqslant 200$mm	2.0
	d（b）> 200mm	3.0
杆件轴线的弯曲矢高		$l_1/1000$，且$\leqslant 5$
网格尺寸	$l \leqslant 5000$mm	±2.0
	$l > 5000$mm	±3.0
锥体高度	$h \leqslant 5000$mm	±2.0
	$h > 5000$mm	±3.0
对角线尺寸	$A \leqslant 7000$mm	±3.0
	$A > 7000$mm	±4.0
平面桁架节点处杆件轴线错位	d（b）$\leqslant 200$mm	2.0
	d（b）> 200mm	3.0

5.1.9　分条、分块单元拼装长度允许偏差应符合表 18-2 的规定。

分条、分块单元拼装长度允许偏差　　表 18-2

项目	允许偏差（mm）
分条、分块单元长度≤20m	±10
分条、分块单元长度＞20m	±20

5.2　一般项目

5.2.1　钢管、钢板的规格尺寸及允许偏差符合其产品标准的要求，钢材表面外观质量应符合国家有关标准的规定。

5.2.2　螺栓球螺纹尺寸应符合现行国家标准《普通螺纹 基本尺寸》GB 196 的规定，螺纹公差应符合国家标准《普通螺纹公差》GB 197 中 6H 级精度的规定。

5.2.3　螺栓球加工的允许偏差应符合规范规定应符合表 18-3 的规定。

螺栓球加工的允许偏差　　表 18-3

项目		允许偏差（mm）
球直径	d≤120mm	+2.0；−1.0
	d＞120mm	+3.0；−1.5
球圆度	d≤120mm	1.5
	120mm＜d≤250mm	2.5
	d＞250mm	3.0
同一轴线上两铣平面平行度	d≤120mm	0.2
	d＞120mm	0.3
铣平面距球中心距离		±0.2
相邻两螺栓孔中心线夹角		±30′
两铣平面与螺栓孔轴线垂直度		0.005r

注：d 为螺栓球直径，r 为螺栓球半径。

5.2.4　钢网架用钢管杆件加工的允许偏差应符合表 18-4 的规定。

钢网架用钢管杆件加工的允许偏差　　表 18-4

项目	允许偏差（mm）
长度	±1.0
端面对管轴的垂直度	0.005r
管口曲线	1.0

5.2.5　对建筑结构安全等级为一级、跨度 40m 及以上的螺栓球节点钢网架结构的高强度螺栓，应进行表面硬度试验。

6　成品保护

6.0.1　钢网架拼装、拆卸操作平台时，应防止应力集中使网架产生局部变形。

6.0.2　钢网架拼装后，应防止在网架上方集中堆放物件或重物撞击，使网架产生局部变形。

6.0.3　网架拼装结束后应及时涂装防锈漆，防止网架锈蚀。

7　注意事项

7.1　应注意的质量问题

7.1.1　钢网架拼装单元的尺寸一般应控制在负公差内，因为正公差累积会使网架尺寸增大，造成轴线偏移。

7.1.2　高强度螺栓应逐条做硬度试验和外观质量检查；杆件焊接时，埋入的高强度螺栓应加以保护。

7.1.3　制作好的螺栓球和杆件应编号，做好标记，防止混用。

7.2　应注意的安全问题

7.2.1　机电设备应有漏电保护装置。

7.2.2　操作人员应戴好防护用品。

7.3　应注意的绿色施工问题

7.3.1　作业区应控制噪声，合理安排作业时间，减少对周边环境的影响。

7.3.2　加工所用的机械在停班或班后按规定停机，关闭电源。

7.3.3　制作余料和废料及时分类回收，并对余料的炉批号、品种、规格、型号标识清楚，以便利用。

7.3.4　包装箱及时收集，统一回收处理，不得随意抛弃。

7.3.5　作业区内构件排放整体有序，作业面保持清洁、干净。

7.3.6　加工过程中，烟气排放应符合现行国家标准《大气污染物综合排放标准》GB 16297 的规定。

8　质量记录

8.0.1　钢材、螺栓球、钢管、封板、锥头、套筒、连接用紧固件、焊接材料的质量合格证明文件、中文标志及性能检验报告等。

8.0.2　焊条等的烘焙记录。

8.0.3　焊工合格证书。

8.0.4　焊接工艺评定报告。

8.0.5　螺栓实物最小载荷检验报告。

8.0.6　焊接超声波或射线探伤检测记录。

8.0.7　网架吊点承载力试验报告。

8.0.8　施工记录。

8.0.9　隐蔽工程检查验收记录。

8.0.10　螺栓球钢网架制作工程检验批质量验收记录。

8.0.11　钢结构制作分项工程质量验收记录。

8.0.12　高强度螺栓连接工程检验批质量验收记录。

8.0.13　紧固件连接分项工程质量验收记录。

8.0.14　其他技术文件。

第 19 章　钢网架结构安装

本工艺标准适用于钢网架结构高空散装法，高空滑移法或地面拼装整体吊装（提升）等安装工艺。

1　引用标准

《钢结构设计标准》GB 50017—2017
《钢结构工程施工规范》GB 50755—2012
《钢结构焊接规范》GB 50661—2011
《钢结构工程施工质量验收规范》GB 50205—2001
《工程测量规范》GB 50026—2007
《空间网格结构技术规程》JGJ 7—2010
《钢网架螺栓球节点》JG/T 10—2009
《钢网架焊接空心球节点》JG/T 11—2009
《建筑施工模板安全技术规范》JGJ 162—2008
《建筑施工扣件式钢管脚手架安全技术规范》JGJ 130—2011
《钢结构超声波检测及质量分级》JG/T 203—2007
《碳素结构钢和低合金结构钢热轧钢板和钢带》GB/T 3274—2017
《优质碳素结构钢》GB/T 699—2015
《低合金钢药芯焊丝》GB/T 17493—2008
《非合金钢及细晶粒钢焊条》GB/T 5117—2012
《钢网架螺栓球节点用高强度螺栓》GB/T 16939—2016

2　术语

2.0.1　网架：按一定规律布置的杆件通过节点连接而形成的平面板形或微曲面形空间杆系结构，主要承受整体弯曲内力。

2.0.2　小拼单元：钢网架结构安装过程中，除散件之外的最小安装单元，一般分平面桁架和椎体两种类型。

3　施工准备

3.1　作业条件

3.1.1　编制施工组织设计，并按规定程序审核批准，跨度大于 60m 及以上的钢网架结构安装工程施工方案需经专家论证。

3.1.2　钢网架制作验收合格，具备钢网架安装条件。

3.1.3　根据钢网架的特点及工期、造价、安全、质量等要求，并结合安装单位的设备装备能力因素综合考虑，选择合理的安装方法，并做好安全技术交底。起重工、信号工、架子工、电焊工等特种作业人员持证上岗。

3.1.4　按选择的安装方法，已备齐相应的安装机械、设备、材料和工具器具。

3.1.5　钢网架制作、安装、验收所用的量具精度应一致，并经计量检测部门检定。

3.1.6　钢网架制作、安装的焊工必须经考核，并取得焊工合格证。

3.2　材料及机具

3.2.1　钢网架安装的钢材与连接材料、高强度螺栓、焊条、焊丝、焊剂等，应符合国家现行产品标准和设计要求，并应有出厂合格证。

3.2.2　钢网架安装用的焊接球、螺栓球、封板、锥头、套筒、杆件，以及橡胶支座等半成品，应符合设计要求及相应的国家标准规定。

3.2.3　机具

电焊机、氧-乙炔切割设备、砂轮锯、杆件切割车床、杆件切割动力头、钢卷尺、钢板尺、卡尺、水准仪、经纬仪、全站仪、超声波探伤仪、磁力探伤仪、提升设备、起重设备、铁锤、钢丝刷、液压千斤顶、倒链等工具。

4　操作工艺

4.1　工艺流程

验线、放线 → 零部件和构件检查复核 → 总拼与安装 → 支座焊接 → 检查验收

4.2　验线、放线

4.2.1　复核定位轴线和标高，检查预埋螺栓或预埋件的平面位置和标高，并在安装位置进行准确放线。

4.2.2　整体吊装位置放线允许偏差应不大于边长及对角线长度的 1/1000，单元体安装位置放线允许偏差不应大于 3mm。

4.2.3　搭设满堂红脚手架时，应注意安排好临时支点的位置和标高，并保证其强度、刚度和稳定性。临时支点宜采用千斤顶调整。

4.3　零部件和构件检查复核

4.3.1　采用高空散装法安装时，安装前安装单位应对网架支座、支座垫、焊接球或螺栓球、高强度螺栓、锥头、封板、套筒、杆件等零部件进行检查复核，分类放置在便于安装使用的场区，挂牌标识，特别是不同长度的杆件，以防混用。

4.3.2　对分块分片拼装完的单元构件，安装前安装单位应对拼装的质量、拼装尺寸偏差进行检查复核，对安装时的调整做到心中有数。

4.4　总拼与安装

空间网格结构的安装方法，应根据结构的类型、受力和构造特点，在确保质量、安全的前提下，结合进度、经济及施工现场技术条件综合确定。空间网格结构的安装可选用下列方法：

4.4.1　高空散装法适用于全支架拼装的各种类型的空间网格结构，尤其适用于螺栓连接、销轴连接等非焊接连接的结构。并可根据结构特点选用少支架的悬挑梁拼装施工方法：内扩法（由边支座向中央悬挑拼装）、外扩法（由中央向边支座悬挑拼装）。

1　采用小拼单元或杆件直接在高空拼装时，其顺序应能保证预拼精度，减少累计误差。悬挑法施工时，应先拼成可承受自重的几何不变结构体系，然后逐步扩拼。为减少扩拼时结构的竖向位移，可设置少量支撑。空间网格结构在拼装过程中，应对控制点空间坐标随时跟踪测量，并及时调整至设计要求值，不应使拼装偏差逐步积累；

2　当选用扣件式钢管架搭设拼装支架时，应在立杆柱网中纵横每相隔一定距离设置格构柱或格构框架，作为核心结构。格构柱或格构框架必须设置剪力撑，斜杆与立杆或水平杆交叉处节点必须用扣件连接牢固。具体要求应符合现行国家标准《建筑施工模板安全技术规范》JGJ 162 和《建筑施工扣件式钢管脚手架安全技术规范》JGJ 130 的有关规定；

3　格构柱应验算强度、整体稳定性和单根立杆稳定性；拼装支架处应验算单根立柱强度和稳定性外，尚应采取构造措施保证整体稳定性。

4.4.2　分条或分块安装法适用于分割后结构的刚度和受力状况改变较小的空间网格结构。分条或分块的大小，应根据起重设备的起重能力确定。

1　将空间网格结构分成若干条状单元或块状单元在高空连成整体时，分条或分块结构单元应具有足够刚度并保证自身的几何不变形；否则，应采取临时加固措施；

2　在分条或分块单元之间的合拢处，可采用安装螺栓或其他临时定位等措施。合拢时，可用千斤顶或其他方法将网格单元顶升至设计标高，然后连接；

3　网格单元宜减少中间运输。如需运输时，应采取措施防止变形。

4.4.3　高空滑移法适用于能设置平行滑轨的各种空间网格结构，尤其适用于必须跨越施工（待安装的屋盖结构下部不允许搭设支架或行走起重机）或场地狭窄、起重运输不便等情况。当空间网格结构大柱网或平面狭长时，可采用滑移法施工。

1　滑移可采用单条滑移法、逐条积累滑移法与滑架法；

2　空间网格结构在滑移时应至少设置两条滑轨，滑轨间必须平行。根据结构支撑情况，滑轨可以倾斜设置，结构可上坡或下坡牵引。当滑轨倾斜时，必须采取安全措施，使结构在滑移过程中不致因自重向下滑动。对曲面空间网格结构的条状单元可用辅助支架调整结构的高低；对非矩形平面空间网格结构，在滑轨两边可对称或非对称将结构悬挑；

3　滑轨可固定于梁顶面或专用支架上，轨面标高宜高于或等于空间网格结构支座设计标高。滑轨接头处应垫实，两端应做圆倒角，滑轨两侧应无障碍，滑轨表面应光滑、平整，并应涂润滑油；

4　对大跨度空间网格结构，宜在跨中增设中间滑轨。中间滑轨宜用滚动摩擦方式滑移，两边滑轨宜用滑动摩擦方式滑移。当滑移单元由于增设中间滑轨引起杆件内力变化时，应采取措施防止杆件失稳；

5　当设置水平导向轮时，宜设在滑轨内侧，导向轮与滑轨的间隙应在 10～20mm 之间；

6　空间网格结构滑移可用卷扬机或手拉葫芦牵引，根据牵引力大小及支座之间的杆件承载力，左右每边可采用一点或多点牵引。牵引速度不宜大于 0.5m/min，不同步值不应大于 50mm。

4.4.4　整体吊装法适用于中小型空间网格结构，吊装时可在高空平移或旋转就位。

1　空间网格结构整体吊装可采用单根或多根拔杆起吊，也可采用一台或多台起重机起吊就位，并应符合下列规定：

1）当采用单根拔杆整体吊装方案时，对矩形网架，可通过调整缆风绳使空间网格结构平移就位；对正多边形或圆形结构可通过旋转使结构转动就位；

2）当采用多根拔杆方案时，可利用每根拔杆两侧起重机滑轮组中产生水平力不等原理推动空间网格结构平移或转动就位。

2　在空间网格结构整体吊装时，应保证各吊点起升及下降的同步性。提升高差允许值可取吊点间距离的 1/400 且不宜大于 100mm，或通过验算确定。

3　当采用多根拔杆或多台起重机吊装空间网格结构时，宜将拔杆或起重机的额度负荷能力乘以折减系数 0.75。

4　在制定空间网格结构就位总拼方案时，应符合下列规定：

1）空间网格结构的任何部位与支承柱或拔杆的净距不应小于 100mm；

2）如支承柱上设有凸出构造，应防止空间网格结构在提升过程中被凸出物卡住；

3）由于空间网格结构错位需要，对个别杆件暂不组装时，应进行结构验算。

5　拔杆、缆风绳、索具、地锚、基础及起重滑轮组的穿法等，均应进行验算。必要时，可进行试验检验。

6　当采用多根拔杆吊装时，拔杆安装必须垂直，缆风绳的初始拉力值宜取吊装时缆风绳中拉力的 60%。

7　当采用单根拔杆吊装时，应采用球铰底座；当采用多根拔杆吊装时，在拔杆的起重平面内可采用单向铰接头。拔杆在最不利荷载组合作用下，其支承基础对地面的平均压力不应大于地基承载力特征值。

8　当空间网格结构承载能力允许时，在拆除拔杆时可采用在结构上设置滑轮组将拔杆悬挂于空间网格结构上逐段拆除的方法。

4.4.5　整体提升法适用于各种空间网格结构，结构在地面整体拼装完毕后提升至设计标高、就位。

1　空间网格结构整体提升可在结构柱上安装提升设备进行提升，也可在进行柱子滑模施工的同时提升。此时，空间网格结构可作为操作平台。

2　提升设备的使用负荷能力，应将额定负荷能力乘以折减系数，穿心式液压千斤顶可取 0.5～0.6；电动螺杆升板机可取 0.7～0.8；其他设备通过实验确定。

3　空间网格结构整体提升时应保证同步。相邻两提升点和最高与最低两个点的提升允许高差值应通过验算或试验确定。在通常情况下，相邻两个提升点允许高差值，当用升板机时，应为相邻点距离的 1/400，且不应大于 15mm；当用穿心式液压千斤顶时，应为相邻点距离的 1/250，且不应大于 25mm。最高点与最低点允许高差值，当采用升板机时应为 35mm，当采用穿心式液压千斤顶时应为 50mm。

4　提升设备的合力点与吊点的偏移值不应大于 10mm。

5　整体提升法的支承柱应进行稳定性验算。

4.4.6　整体顶升法适用于支点较少的各种空间网格结构。结构在地面整体拼装完毕后顶升至设计标高、就位。

1　当空间网格结构采用整体顶升法时，宜利用空间网格结构的支承柱作为顶升时的支承结构，也可在原支承柱处或其附近设置临时顶升支架。

2　顶升用的支承柱或临时支架上的缀板间距，应为千斤顶使用行程的整倍数，其标高偏差不得大于 5mm；否则，应用薄钢板垫平。

3　顶升千斤顶可采用螺旋千斤顶或液压千斤顶，其使用负荷能力应将额定负荷能力乘以折减系数，丝杠千斤顶取 0.6～0.8，液压千斤顶取 0.4～0.6。各千斤顶的行程和升起速度必须一致，千斤顶及其液压系统必须经过现场检验合格后方可使用。

4　顶升时各顶点的允许高差应符合下列规定：

1）不应大于相邻两个顶升支承结构间距的 1/1000，且不应大于 15mm；

2）当一个顶升点的支承结构上有两个或两个以上千斤顶时，不应大于千斤顶间距的 1/200 和 10mm。

5　千斤顶应保持垂直，千斤顶或千斤顶合力的中心与顶升点结构中心线偏移值不应大于 5mm。

6　顶升前及顶升过程中，空间网格结构支座中心对柱基轴线的水平偏移值不得大于柱截面短边尺寸的 1/50 及柱高的 1/500。

7　顶升用的支承结构应进行稳定性验算，验算时除应考虑空间网格结构和支承结构自重、与空间网格结构同时顶升的其他静载和施工荷载外，尚应考虑上述荷载偏心和风荷载所产生的影响。如稳定性不满足时，应采用措施予以解决。

4.4.7　折叠展开式整体提升法适用于柱面网壳结构等。在地面或接近地面的工作平台上折叠拼装，然后将折叠的机构用提升设备提升到设计标高，最后在高空补足原先掉下去的杆件，使机构变成结构。

1　将柱面网壳结构由结构变成机构，在地面拼装完成后用提升设备整体提升到设计标高，然后在高空补足杆件，使机构构成为结构。在作为机构的整个提升过程中应对网壳结构的杆件内力、节点位移及支座反力进行验算，必要时应采取临时加固措施。

2　提升用的工具宜采用液压设备，并宜采用计算机同步控制。提升点应根据设计计算确定，可采用四点或四点以上的提升点进行提升。提升速度不宜大于 0.2m/min，提升点的不同步值不应大于提升点间距的 1/500 和 40mm。

3　在提升过程中只允许机构在竖直方向作一维运动。

4　柱面网壳结构由若干条铰线分成多个区域，每条铰线包含多个活动铰，应保证同一铰线上的各个铰节点在一条直线上，各条铰线之间应相互平行。

5　对提升过程中可能出现瞬变的柱面网壳结构，应设置临时支撑或临时拉索。

4.4.8　安在装方法确定后，应分别对空间网格结构各吊点反力、竖向位移、杆件内力、提升或顶升时支承柱的稳定性和风载下空间网格结构的水平推力等进行验算，必要时应采取临时加固措施。当空间网格结构分割成条、块状或悬挑法安装时，应对各相应施工工况进行跟踪验算，对有影响的杆件和节点应进行调整。安装用支架或起重设备拆除前应对相应各阶段工况进行结构验算，以选择合理的拆除顺序。

4.4.9　安装阶段结构的动力系数宜按下列数值选取：液压千斤顶提升或顶升取 1.1；

穿心式液压千斤顶钢绞线提升取 1.2；塔式起重机、拔杆吊装取 1.3；履带式、汽车式起重机吊装取 1.4。

4.4.10 空间网格结构正式安装前，宜进行局部或整体试拼装。

4.4.11 空间网格结构不得在六级及六级以上的风力下安装。

4.5 支座焊接

4.5.1 检查网架整体尺寸、支座位置、网架安装时支座偏移尺寸、网架标高、弯曲矢高、网架的挠度值，是否符合设计及规范。

4.5.2 各部件尺寸合格后，进行支座焊接。

4.6 检查验收

4.6.1 对支座的连接质量进行检查验收。

4.6.2 对安装后的尺寸偏差进行检查验收，对网架的挠度值进行测定，均应符合现行国家标准《钢结构工程施工质量验收规范》GB 50205 的合格规定要求。

5 质量标准

5.1 主控项目

5.1.1 钢网架支柱定位轴线的位置、地脚锚栓的规格应符合设计要求。

5.1.2 支柱支撑面顶板的位置、标高、水平度及地脚锚栓的位置的允许偏差，符合表 19-1 的规定。

支柱支撑面顶板、地脚锚栓位置允许偏差　　表 19-1

项目		允许偏差（mm）
支承面顶板	位置	15.0
	顶面标高	0，−3.0
	顶面水平度	l/1000
地脚锚栓	中心偏差	5.0

5.1.3 支承垫板（包括橡胶垫）的种类、规格、摆放位置和朝向，必须符合设计要求和国家现行有关标准的规定。

5.1.4 橡胶垫块与刚性垫块之间或不同类型的刚性垫之间，不得互换使用。

5.1.5 钢网架支柱锚栓的紧固应符合设计要求。

5.1.6 小拼单元允许偏差应符合表 19-2 的规定。

小拼单元允许偏差　　表 19-2

项目		允许偏差（mm）
节点中心偏移	$D\leqslant500$	2.0
	$D>500$	3.0
杆件中心与节点中心的偏移	d（b）$\leqslant200$	2.0
	d（b）>200	3.0

续表

项目		允许偏差（mm）
杆件轴线的弯曲矢高		l_1/1000，且≤5
网格尺寸	l≤5000mm	±2.0
	l>5000mm	±3.0
锥体（桁架）高度	h≤5000mm	±2.0
	h>5000mm	±3.0
对角线尺寸	A≤7000mm	±3.0
	A>7000mm	±4.0
平面桁架节点处杆件轴线错位	d（b）≤200mm	2.0
	d（b）>200mm	3.0

5.1.7　分条、分块单元拼装长度允许偏差应符合表19-3的规定。

分条、分块单元拼装长度允许偏差　　**表19-3**

项目	允许偏差（mm）
分条、分块单元长度≤20m	±10
分条、分块单元长度>20m	±20

5.1.8　钢网架结构总拼完成后及屋面工程完成后应分别测量其挠度值，且所测的挠度值不应超过相应荷载条件下挠度计算值的1.15倍。

5.2　一般项目

5.2.1　地脚螺栓（锚栓）尺寸允许偏差应符合表19-4的规定，地脚锚栓的螺纹应受到保护。

地脚螺栓（锚栓）的允许偏差　　**表19-4**

项目	允许偏差
螺栓露出长度	+30 0
螺纹露出长度	+30 0

5.2.2　钢网架结构安装完成后允许偏差应符合表19-5的规定。

钢网架结构安装完成后允许偏差　　**表19-5**

项目	允许偏差（mm）
纵向、横向长度	l/2000且≤30
支座中心偏移	l/3000且≤30
周边支承网架、网壳相邻支座高差	l_1/400且≤15
多点支承网架、网壳相邻支座高差	l_1/800且≤30
支座最大高差	30

注：l——纵向、横向长度，l_1——相邻支座间距。

5.2.3　钢网架结构安装完成后，其节点及杆件表面应干净，不应有明显的疤痕、泥砂和污垢。螺栓球节点应将所有接缝用油腻子填嵌严密，并应将多余螺孔密封。

5.2.4 螺栓球节点网架总拼完成后，高强度螺栓与球节点应紧固连接，连接处不应出现有间隙、松动等未拧紧现象。

6 成品保护

6.0.1 钢网架安装后，在拆卸架子时应注意同步，逐步地拆卸。防止应力集中，使网架产生局部变形或局部网格变形。

6.0.2 钢网架安装结束后，应及时涂刷防锈漆。螺栓球网架安装后，应检查螺栓球上的孔洞是否封闭，应用腻子将孔洞和筒套的间隙填平后刷漆，防止水分渗入，使球、杆的丝扣锈蚀。

6.0.3 钢网架安装完毕后，应对成品网架进行保护，勿在网架上方集中堆放物件。若有屋面板、檩条需要安装时，应在不超载情况下分散码放。

6.0.4 钢网架安装后，如需用吊车吊装檩条或屋面板时，应该轻拿轻放，严禁撞击网架使网架变形。

7 注意事项

7.1 应注意的质量问题

7.1.1 钢网架在安装时，对临时支点的设置应经过验算确定。应在安装前，合理设定支点和支点标高。临时支点既要使网架受力均匀，还应保证临时支点的基础（脚手架）的稳定性，一定要防止支点下沉。

7.1.2 临时支点的支承物最好采用千斤顶，以便于在安装过程中逐步调整。临时支点的调整不应该是某个点的调整，还要考虑到四周网架的受力均匀，防止局部调整造成个别杆件变形、弯曲。

7.1.3 临时支点拆卸时应注意多支点同步下降，在下降过程中，下降的幅度不应过大，应该逐步分区分阶段按比例下降，或者用每步不大于 100mm 的等步下降法拆除支撑点。

7.1.4 焊接球钢网架安装焊接时，应考虑到焊接收缩的变形问题，尤其是整体吊装网架和条块网架，在地面安装后，焊接前要掌握好焊接变形量和收缩值。因为钢网架焊接时，焊接点（受热面）均在平面网架的上侧，因此极易使结构由于单向受热而变形。一般变形规律为网架焊接后，四周边支座会逐步自由翘起，如果变形量大时，会将原有计划的起拱度抵消。如原来不考虑起拱时，会使焊接产生很大的下挠值，影响验收的质量要求。因此在施工焊接球网架时应考虑到单向受热的变形因素。

7.1.5 钢网架安装后应注意支座的受力情况，有的支座允许焊死、有的支座应该是自由端、有的支座需要限位等等，所以网架支座的施工应严格按照设计要求进行。支座垫板、限位板等，应按规定的顺序、方法安装。

7.2 应注意的安全问题

7.2.1 吊装区域应设置安全警戒线，非作业人员严禁入内。

7.2.2 对作业人员应进行安全生产教育和培训。

7.2.3 登高作业应有各项安全措施。

7.2.4 当天吊至楼面上的构件未安装完毕，应采取临时固定措施。

7.2.5 施工用电应符合现行有关安全用电规定。

7.3 应注意的绿色施工问题

7.3.1 作业区应控制噪声，合理安排作业时间，减少对周边环境的影响。

7.3.2 施工所用的机械在停班或班后按规定停机，关闭电源。

7.3.3 作业区内构件排放整体有序，作业面保持清洁、干净。

7.3.4 施工过程中烟气排放应符合现行国家标准《大气污染物综合排放标准》GB 16297 的规定。

7.3.5 施工现场必须做到道路畅通、排水畅通、无积水，现场整洁、干净，现场材料、机具堆放整齐有序。

8 质量记录

8.0.1 螺栓球、焊接球、高强度螺栓的材质证明、出厂合格证、各种规格的承载抗拉试验报告。

8.0.2 钢材的材质证明和复试报告。

8.0.3 焊接材料与涂装材料的材质证明、出厂合格证。

8.0.4 套筒、锥头、封板的材质报告与出厂合格证，如采用钢材时，应有可焊性试验报告。

8.0.5 钢管与封板、锥头组成的杆件承载试验报告。

8.0.6 钢网架用活动（或滑动）支座，应有出厂合格证明与试验报告。

8.0.7 焊工合格证。

8.0.8 钢网架安装工程检验批质量验收记录。

8.0.9 钢结构安装分项工程质量验收记录。

8.0.10 钢结构焊接工程检验批质量验收记录。

8.0.11 钢结构焊接分项工程质量验收记录。

8.0.12 钢网架挠度检测记录。

8.0.13 探伤报告。

8.0.14 施工记录。

8.0.15 其他技术文件。

第 20 章　钢屋架安装

本工艺标准适用于建筑钢结构一般型钢钢屋架安装工程。

1　引用标准

《钢结构设计标准》GB 50017—2017
《钢结构工程施工规范》GB 50755—2012
《钢结构焊接规范》GB 50661—2011
《钢结构工程施工质量验收规范》GB 50205—2001
《钢结构超声波检测及质量分级》JG/T 203—2007
《低合金钢药芯焊丝》GB/T 17493—2008
《碳钢药芯焊丝》GB/T 10045—2001
《气体保护电弧焊用碳钢、低合金钢焊丝》GB/T 8110—2008
《非合金钢及细晶粒钢焊条》GB/T 5117—2012
《热强钢焊条》GB/T 5118—2012

2　术语

2.0.1　稳定单元：由构件组成的基本稳定体系。

3　施工准备

3.1　作业条件

3.1.1　编制安装方案，并按规定程序审核批准，跨度大于 36m 及以上的钢结构安装工程安装方案需经专家论证。

3.1.2　屋架基础支撑面或连接构件的标高、轴线已经复测合格，待安装钢屋架及安装用的零部件已进场并验收合格。

3.1.3　作业人员均必须进行培训，取得相应资格的上岗证书。起重工、信号工、架子工、电焊工等特种作业人员应持证上岗。

3.1.4　钢屋架在现场组拼时应准备拼装工作台。

3.1.5　安装测量用钢尺应与钢屋架制作用的钢尺校对，并取得计量法定单位检定证明。

3.2　材料及机具

3.2.1　钢构件：钢构件型号、制作质量应符合设计要求和有关施工规范的规定，应有出厂合格证并附有技术文件。

3.2.2　连接材料：焊条、螺栓等连接材料应有质量证明书，并符合设计要求及有关国家标准的规定。

3.2.3　涂料：防锈涂料技术性能应符合设计要求和有关标准的规定，应有产品质量证明书。

3.2.4　其他材料：各种规格垫铁等。

3.2.5　机具：吊装机械、吊装索具、电焊机、焊钳、焊把线、垫木、垫铁、扳手、撬棍、扭矩扳手、手持电砂轮、电钻、千斤顶、倒链、经纬仪、水准仪、全站仪、磁力线坠、钢尺等。

4　操作工艺

4.1　工艺流程

安装准备→屋架组拼→屋架安装→连接与固定→检查验收

4.2　安装准备

4.2.1　放出标高控制线和屋架轴线的吊装辅助线。

4.2.2　复验屋架支座及支撑系统的预埋件，其轴线、标高、水平度、预埋螺栓位置及露出长度和螺纹长度等，超出允许偏差时，应做好技术处理。

4.2.3　检查吊装机械及吊具，按照施工组织设计的要求搭设脚手架或操作平台。

4.2.4　屋架腹杆设计为拉杆，但吊装时由于吊点位置使其受力改变为压杆时，为防止构件变形、失稳，必要时应采取加固措施，在平行于屋架上、下弦方向采用钢管、方木或其他临时加固措施。

4.3　屋架组拼

屋架分片运至现场组装时，拼装平台应平整。组拼时应保证屋架总长及起拱尺寸符合要求。焊接时焊完一面检查合格后，再翻身焊另一面，并做好施工记录，经验收合格后方准吊装。屋架及天窗架也可以在地面上组装好一次吊装，但要临时加固，以保证吊装时有足够的刚度。

4.4　屋架安装

4.4.1　吊点必须设在屋架三汇交节点上。屋架起吊时离地 500mm 时暂停，检查无误后再继续起吊。

4.4.2　安装第一榀屋架时，在松开吊钩前初步校正；对准屋架支座中心线或定位轴线就位，调整屋架垂直度，并检查屋架侧向弯曲，将屋架临时固定。

4.4.3　第二榀屋架按同样方法吊装就位好后，不要松钩，用杉竿或方木临时与第一榀屋架固定，跟着安装支撑系统及部分檩条，最后校正固定，务使第一榀屋架与第二榀屋架形成稳定单元。

4.4.4　从第三榀屋架开始，在屋脊点及上弦中点装上檩条即可将屋架固定，同时将屋架校正好。

4.5　连接与固定

4.5.1　构件安装采用焊接或螺栓连接的节点，需检查连接节点，合格后方能进行焊接或紧固。

4.5.2　安装螺栓孔不允许用气割扩孔，永久性螺栓不得垫两个以上垫圈，螺栓外露丝扣不少于2～3扣。

4.5.3　安装定位焊缝不需承受荷载时，焊缝厚度不少于设计焊缝厚度的 2/3，且不大于 8mm，焊缝长度不宜小于 25mm，位置应在焊道内。安装焊缝全数外观检查，主要的焊缝应按设计要求用超声波探伤检查内在质量。上述检查均需做出记录。

4.5.4　焊接及高强度螺栓连接操作工艺见本工艺标准相关内容。

4.5.5　屋架支座、支撑系统的构造做法需认真检查，必须符合设计要求，零配件不得遗漏。

4.6　检查验收

4.6.1　屋架安装后首先检查现场连接部位的质量。

4.6.2　屋架安装质量主要检查屋架跨中对两支座中心竖向面的不垂直度；屋架受压弦杆对屋架竖向面的侧面弯曲，必须保证上述偏差不超过允许偏差，以保证屋架符合设计受力状态及整体稳定要求。

4.6.3　屋架支座的标高、轴线位移、跨中挠度，经测量做出记录。

5　质量标准

5.1　主控项目

5.1.1　钢构件几何尺寸偏差和变形应符合设计要求及规范规定；弯扭、不规则构件连接节点也应符合设计要求及规范规定。钢构件的变形及涂层脱落应进行矫正和修补。

5.1.2　设计要求顶紧的构件或节点、现场拼接接头，接触面不应少于 70%紧贴，且边缘最大间隙≤0.8mm。

5.1.3　钢屋架安装允许偏差应符合表 20-1 的规定

钢屋架安装允许偏差（mm）　　**表 20-1**

项目	允许偏差	
跨中的垂直度	h/250，且≤15	
侧向弯曲矢高	l≤30m	l/1000，且≤10
	30m<l≤60m	l/1000，且≤30
	l>60m	l/1000，且≤50

注：h 为屋架高度；l 为屋架长度。

5.2　一般项目

5.2.1　钢桁架的安装偏差应符合表 20-2 规定。

钢桁架安装允许偏差（mm）　　**表 20-2**

项目	允许偏差
安装在混凝土柱上时，支座中心偏差	≤10
采用大型混凝土屋面板时，钢桁架间距偏差	≤10
同一根梁两端顶面高差	l/1000，且≤10
主梁与次梁上表面高差	±2.0

5.2.2　檩条等次要构件安装允许偏差应符合表 20-3 的规定。

檩条等次要构件安装允许偏差（mm）　　**表 20-3**

项目	允许偏差
檩条、墙梁的间距	±5.0
檩条的弯曲矢高	l/750，≤12
檩条两端相对高差或与设计标高偏差	≤5
檩条直线度偏差	l/250，≤10

5.2.3　钢构件表面应干净，无焊疤、油污和泥沙。

6　成品保护

6.0.1　安装屋面板时，应缓慢下落，不得碰撞已安装好的钢屋架，天窗架等钢构件。

6.0.2　吊装损坏的涂层应补涂，以保证漆膜完整性符合有关规定。

7　注意事项

7.1　应注意的质量问题

7.1.1　螺栓孔不对时，不得任意扩孔或改为焊接，安装时发现上述问题，应报告项目技术负责人，经与设计单位洽商后，按要求进行处理。

7.1.2　现场焊接质量应符合设计及规范要求。焊工必须有合格证，并应编号，焊接部位按编号做检查记录，全部焊缝经外观检查，凡达不到要求的部位，补焊后应复验。

7.1.3　安装时必须按规范要求先使用安装螺栓临时固定，调整紧固后，再安装高度强螺栓并替换。

7.2　应注意的安全问题

7.2.1　钢结构吊装作业必须在起重设备的额定起重范围内进行。

7.2.2　施工前要对吊装用的机械设备和索具、工具等进行检查，并在其额定荷载内使用。

7.2.3　起重机的行驶道路必须坚实可靠。严禁超载吊装、歪拉斜吊，要避免满负荷行驶，构件摆动越大，超负荷就越多，就越可能发生事故。双机抬吊各起重机荷载，不得超过两台设备起重量总和的 75%。

7.2.4　吊装作业时必须统一号令，明确指挥，密切配合。

7.3　应注意的绿色施工问题

7.3.1　居民区施工时要避免夜间施工，以免扰民。

7.3.2　施工所用的机械在停班或班后按规定停机，关闭电源。

7.3.3　施工现场的螺栓、电焊条等包装箱、包装纸、包装袋及时分类回收，避免环境污染。

7.3.4 作业区内构件排放整体有序，作业面保持清洁、干净。

7.3.5 施工过程中烟气排放应符合现行国家标准《大气污染物综合排放标准》GB 16297的规定。

7.3.6 施工现场必须做到道路畅通、排水畅通无积水，现场整洁干净，现场材料、机具堆放整齐有序。

8 质量记录

8.0.1 所用钢构件进场合格证，连接材料的质量合格证明文件、中文标志及性能检测报告。

8.0.2 焊工合格证书及编号。

8.0.3 焊接工艺评定报告。

8.0.4 焊接超声波或射线探伤检测记录。

8.0.5 钢屋架吊装方案。

8.0.6 钢结构（单层钢结构）安装工程检验批质量验收记录。

8.0.7 钢结构（单层钢结构）安装分项工程质量验收记录。

8.0.8 钢结构焊接工程检验批质量验收记录。

8.0.9 钢结构焊接分项工程质量验收记录。

8.0.10 钢结构高强度螺栓连接工程检验批质量验收记录。

8.0.11 钢结构普通紧固件连接工程检验批质量验收记录。

8.0.12 钢结构紧固件连接分项工程质量验收记录。

8.0.13 施工记录。

8.0.14 其他技术文件。

第21章 单层钢结构安装

本工艺标准适用于单层钢结构（钢柱、吊车梁、钢屋架或门式钢架及支撑系统等）单项或综合安装工程。

1 引用标准

《钢结构设计标准》GB 50017—2017

《钢结构工程施工规范》GB 50755—2012

《钢结构焊接规范》GB 50661—2011

《建筑工程施工质量验收统一标准》GB 50300—2013

《钢结构工程施工质量验收规范》GB 50205—2001

《工程测量规范》GB 50026—2007

《钢直梯》GB 4053.1—2009

《钢直梯》GB 4053.2—2009
《工业防护栏杆及钢平台》GB 4053.3—2009
《低合金钢药芯焊丝》GB/T 17493—2008
《碳钢药芯焊丝》GB/T 10045—2001
《气体保护电弧焊用碳钢、低合金钢焊丝》GB/T 8110—2008
《非合金钢及细晶粒钢焊条》GB/T 5117—2012
《热强钢焊条》GB/T 5118—2012

2 术语（略）

3 施工准备

3.1 作业条件

3.1.1 编制安装方案，并经审核和审批。跨度大于36m及以上的钢结构安装方案且需经专家论证，安装前做好安全技术交底。

3.1.2 基础混凝土强度达到安装要求，基础的轴线、标高已经复测合格，待安装构件及安装用的零部件已进场并验收合格。

3.1.3 起重工、信号工、架子工、电焊工等特种作业人员持证上岗。

3.1.4 钢构件在现场组拼时应准备拼装工作台。

3.1.5 安装测量用钢尺应与钢结构制作用的钢尺校对，并取得计量法定单位检定证明。

3.2 材料及机具

3.2.1 钢构件：钢构件型号、制作质量应符合设计要求和有关施工规范的规定，应有出厂合格证并附有技术文件。

3.2.2 连接材料：焊条、螺栓等连接材料应有质量证明书，并符合设计要求及有关国家标准的规定。

3.2.3 涂料：防锈涂料技术性能应符合设计要求和有关标准的规定，应有产品质量证明书。

3.2.4 其他材料：各种规格垫铁等。

3.2.5 机具：吊装机械、吊装索具、电焊机、焊钳、焊把线、垫木、垫铁、扳手、撬棍、扭矩扳手、手持电砂轮、电钻、千斤顶、倒链、经纬仪、水准仪、全站仪、磁力线坠、钢卷尺等。

4 操作工艺

4.1 工艺流程

轴线复测 → 基础复测 → 构件中心及标高检查 → 钢柱及柱间支撑安装 →
吊车梁安装 → 屋面结构安装 → 连接固定 → 检查验收

4.2　轴线复测

基础和支承面，钢结构安装前，土建部分已做完基础，为确保钢结构安装质量，进场后首先要求土建施工方提供建筑物轴线、标高及其轴线基准点、标高水准点，依次进行复测轴线及标高。

4.3　基础复测

4.3.1　根据测量控制网对基础轴线、标高进行技术复核，如预埋的地脚螺栓一般是土建完成的。对其轴线、标高等进行检查，对超标的必须采取补救措施。如加大柱底板尺寸，在柱底板按实际螺栓位置重新钻孔（或采取设计认可的其他措施）。

4.3.2　检查地脚螺栓外露部分的情况，若有弯曲变形、螺牙损坏的，应修复。

4.4　构件中心及标高检查

4.4.1　将柱子的就位轴线弹测在柱基表面。

4.4.2　对柱基标高进行找平。

4.4.3　混凝土柱基标高浇筑一般预留 50～60mm（与钢柱底设计标高相比），在安装时用钢板或提前采用坐浆承板找平。

4.4.4　当采用钢垫板做支承板时，钢垫板的面积应根据基础混凝土的抗压强度、柱脚底板下二次灌浆前柱底承受的荷载和地脚螺栓的紧固拉力计算确定。垫板与基础面和柱底面的接触应平整、紧密。

4.4.5　采用坐浆承板时应采用无收缩砂浆，柱子吊装前砂浆垫块的强度应高于基础混凝土强度一个等级，且砂浆垫块应有足够的面积以满足承载的要求。

4.4.6　垫板应设置在靠近地脚螺栓（锚栓）的柱脚底板加劲板或柱肢下，每根地脚螺栓（锚栓）侧应设在 1～2 组垫板，每组垫板不得多于 5 块。垫板与基础面和柱底面的接触应平整、紧密。当采用成对斜垫板时，其叠合长度不应小于垫板长度的 2/3，二次浇灌混凝土前垫板间应焊接固定。

4.5　安装钢柱及柱间支撑

4.5.1　单层钢结构安装工程施工时对于柱子、柱间支撑一般采用单件流水法吊装。可一次性将柱子安装并校正后再安装柱间支撑等构件。对于采用汽车式起重机时，考虑到移动不便，可以以 2～3 个轴线为一个单元进行作业。屋盖系统吊装通常采用“节间综合法”，即将一个节间全部安装完，形成稳定单元，以此为基准，再展开其他单元的安装。

4.5.2　因钢柱的刚性较好，吊装时为了便于校正最好采用一点吊装法。对大型钢柱，根据起重机配备和现场实际确定，可单机、双机、三机吊装等。

4.5.3　钢柱安装时根据工程具体情况采用以下方法：

1　旋转法：钢柱摆放时，柱脚在基础边，起重机边起钩边回转使柱子绕柱脚旋转立起。

2　滑行法：单机或双机抬吊钢柱时起重机只起钩，使钢柱脚滑行而将其吊起。为减少柱脚与地面的摩阻力，需要在柱脚下铺设滑行道。

3　递送法：双机或三机抬吊，其中一台为副机吊在钢柱下面，起吊时配合主机起钩，随着主机的起吊，副机要行走或回转，在递送过程中，副机承担了一部分荷重，将钢柱脚递送到柱基础上面。

4.5.4 钢柱校正

1 柱基标高调整：根据钢柱实长、柱底平整度、钢牛腿顶部与柱底的距离，重点要保证钢牛腿顶部标高值，来确定基础标高的调整数值。

2 纵横十字线：钢柱底部制作时在柱底板侧面打上通过安装中心的互相垂直的四个点，用三个点与基础面十字线对准即可。

3 柱身垂偏校正，采用缆风校正，用两台呈90°的经纬仪校正，拧紧螺栓。缆风松开后再校正并适当调整。

4.5.5 柱间支撑安装应满足下列要求；

1 柱间系杆和支撑安装应在钢柱安装校正固定后及时进行；

2 交叉支撑宜按照从上到下的顺序组装吊装；

4.6 吊车梁安装

4.6.1 钢吊车梁的安装：钢吊车梁安装一般采用工具式吊耳或捆绑法进行吊装。再进行安装以前应将吊车梁的分中标记引至吊车梁的端头，以利于吊装时按柱牛腿的定位轴线临时定位。

4.6.2 吊车梁的校正：钢吊车梁的校正包括标高调整、纵横轴线和垂直度的调整。注意钢吊车梁的校正必须在结构形成刚度单元以后才能进行。

1 用经纬仪将柱子轴线投到吊车梁牛腿面等高处，据图纸计算出吊车梁中心线到该轴线的理论长度$L_{理}$。

2 每根吊车梁测出两点用钢尺和弹簧秤校核这两点到柱子轴线的距离$L_{实}$，看$L_{实}$是否等于$L_{理}$以此对吊车梁纵轴进行校正。

3 吊车梁纵横轴线误差符合要求后，复查吊车梁跨度。

4 吊车梁的标高和垂直度的校正可通过对钢垫板的调整来实现。注意吊车梁的垂直度的校正应和吊车梁轴线的校正同时进行

4.7 屋面结构安装

4.7.1 门式钢架梁安装

1 梁地面拼装

分节制作的梁，在地面拼装时采取卧拼或立拼的方式，拼装场地应坚实、平整，应在拼装平台或拼装胎架上进行拼装，为保证现场安装的顺利进行，在工厂进行计算机模拟预拼装或实体预拼装，拼装工艺如下：

钢梁吊装拼装 → 安装普通螺栓定位 → 安装高强度螺栓 → 初拧 → 终拧 → 复核尺寸。

2 吊点设置

钢梁吊装时宜采用两点起吊，当单根钢梁长度大于21m，采用两点吊装不能满足构件强度和变形要求时，宜设置3～4个吊装点吊装或采用平衡梁吊装，吊点位置应经过计算确定。吊装就位后应立即临时固定。

3 屋面结构安装

钢梁起吊前用溜绳拴住钢梁两端，两根溜绳均应有人牵引，防止摆动，柱顶应有人扶住，梁起吊后，下部有专人指挥，就位时应缓慢起钩、落钩。先将钢架梁一头对准钢架柱上的螺栓孔，水平穿入高强度螺栓后，初拧；然后，将钢架梁另一头对准螺孔，水平穿入高强螺栓，初紧，用力矩扳手检查是否满足初拧要求，检查满足后，在钢架梁的吊点处设置四根揽风绳，下边固定牢固后，吊车才能慢慢落钩。安装完第二榀钢架梁的同时还要及时安装系杆，形成稳定的固定单元后，方可松开第一榀梁上的揽风。每吊装一榀钢架梁，必须及时安装系杆或檩条。

4 连接

高强度螺栓初拧、终拧（或按设计要求焊接），见高强度螺栓连接施工工艺标准，或相关工艺标准。

4.7.2 平面钢桁架的安装

1 平面钢桁架的安装方法有单榀吊装法、组合吊装法、整体吊装法、顶升法。一般钢桁架侧面稳定性较差，在条件允许的情况下最好经扩大拼装后进行组合吊装，即在地面上将两榀桁架及其相关的天窗架、檩条、支撑等拼装成整体，一次进行吊装，这样不但可提高工作效率，也有利于提高吊装稳定性。

2 桁架临时固定如需用临时螺栓和冲钉，则每个节点应穿入的数量必须经过计算确定，并应符合下列规定：

1）不得少于安装孔总数的1/3；

2）至少应穿两个临时螺栓；

3）冲钉穿入数量不宜多于临时螺栓的30%；

4）扩钻后的螺栓孔不得使用冲钉；

5）钢桁架的校正方式与钢屋架校正方式相同。

4.7.3 预应力钢桁架的安装

1 预应力钢桁架的安装分为下列几个步骤：

1）钢桁架现场拼装；

2）在钢桁架下弦安装张拉锚固点；

3）对钢桁架进行张拉；

4）对钢桁架进行吊装。

2 在预应力钢桁架安装时应注意的事项：

1）受施工限制，预应力索不可能紧贴桁架下弦，但应尽量靠近；

2）张拉时为防止桁架下弦失稳，应经过计算后按实际情况在桁架下弦加设固定隔板；

3）在吊装时应注意不得碰撞张拉索。

4.7.4 大跨度预应力立体拱桁架安装

1 拱桁架现场组装

拱桁架整体组装时，一榀拱桁架可分为几段，应以最重的拱桁架为主，分别在工厂拼装好，待验收合格后运至现场，进行立式整体组装。

1）胎架作用于钢路基上，用钢垫板找平。

2）为确保胎架有足够的支撑强度，拱架按最大单段重量计，由几根立柱支撑。每个支点按静荷载吨位，安全系数取3，计算出每根立柱承载力。

3）胎架由测量人员测量定位，确认无误后，电焊固定。对每个支点进行水准测量，若发现支承座不在同一平面上时，用钢板垫片垫平，并点焊固定。

4）采用立式拼装法，便于拱架吊装，也可提高安装的速度。

5）采用卧式拼装法，便于拱架拼装。但安装时必须采取多点吊装，空中要翻身90°。

6）吊车起升高度应满足拱架吊高要求，吊索与水平线夹角不宜太小，一般为60°左右。

2 拱桁架安装工艺

1）支座就位控制，为解决大型拱架就位后对钢柱产生水平推力，及支座处产生位移，应采取垫设3mm的聚四氟板的方法，其摩擦系数为0.04，可保证支座自由滑移，对钢柱的推力引起的顶端侧向变形很小。

2）拱架就位，为解决拱架就位产生位移，先就位高支座后就位低支座。在高支座处改为长圆孔。

3）拱架校正，在拱架每侧设置2根缆风绳，用经纬仪平移法校正固定。

4）檩架安装，先吊两端及中部檩架，固定后再吊装其他。

4.8 连接固定

4.8.1 各类构件的连接接头应经检查合格后，方可紧固和焊接。

4.8.2 钢结构组装时，应采用临时螺栓冲钉做临时连接，其螺栓个数应为螺栓总数的1/3以上，且每个接头不少于2个，冲钉穿入数量不宜多于临时螺栓的30%。组装时先用冲钉打入定位，在适当位置穿入临时螺栓，用扳手拧紧。不准用高强度螺栓兼作临时螺栓。高强度螺栓连接副组装时，螺母带圆台的一侧应朝向垫圈有倒角的一侧。大六角头高强度螺栓连接副组装时，螺栓头下垫圈有倒角的一侧应朝向螺栓头。

4.8.3 永久性普通螺栓连接时，每个螺栓不得垫两个以上垫圈或用螺母代替垫圈。螺栓拧紧后，外露丝扣应不少于2～3扣，并应防止螺母松动。

4.8.4 任何安装孔均不得随意用气割扩孔。

4.8.5 安装焊缝的质量应符合设计要求。

4.8.6 采用高强度螺栓连接时，抗滑移系数值应符合设计要求。安装时，构件的摩擦面应保持干净。

4.9 检查验收

除对基础及支座（柱脚）定位检查外，按施工工序分别进行检查验收，安装完成后对结构变形和整体安装精度、安装后的立面偏差、平面弯曲进行验收，钢结构安装均应符合现行国家标准《钢结构工程施工质量验收规范》GB 50205的合格规定。

5 质量标准

5.1 主控项目

5.1.1 建筑物的定位轴线、基础轴线和标高、地脚螺栓锚栓的规格及其紧固应符合设计要求和规范规定。

5.1.2 基础顶面直接作为柱的支承面和基础顶面预埋钢板或支座作为柱的支承面时，其位置允许偏差应符合表21-1的规定。

支撑面、地脚螺栓（锚栓）位置允许偏差　　表21-1

项目		允许偏差（mm）
支承面	标高	±3.0
	水平度	l/1000
地脚螺栓（锚栓）	中心偏移	5.0
预留孔中心偏移		10.0

5.1.3　采用坐浆垫板的允许偏差应符合表21-2的规定

采用坐浆垫板时的允许偏差应　　表21-2

项目	允许偏差（mm）
顶面标高	0.0；－3.0
水平度	l/1000
位置	20.0

5.1.4　采用插入式或埋入式柱脚时，杯口尺寸的允许偏差应符合表21-3的规定。

杯口尺寸的允许偏差　　表21-3

项目	允许偏差（mm）
底面标高	0.0；－5.0
杯口深度 H	±5.0
杯口垂直度	H/100，且≤10.0
位置	10.0
柱脚轴线对柱定位轴线的偏差	5.0

5.1.5　钢构件几何尺寸偏差、变形及弯扭、不规则构件连接节点应符合设计要求及规范规定。钢构件的变形及涂层脱落应进行矫正和修补。

5.1.6　消能减震钢支撑的性能指标应符合设计要求。

5.1.7　钢平台、钢梯、防护栏杆安装应符合现行国家标准《固定式钢梯及平台安全要求　第1部分：钢直梯》GB 4053.1、《固定式钢梯及平台安全要求　第2部分：钢斜梯》GB 4053.2和《固定式钢梯及平台安全要求　第3部分：工业防护栏杆及钢平台》GB 4053.3及《钢结构工程施工质量验收规范》GB 50205的规定。

5.1.8　设计要求顶紧的构件或节点、现场拼接接头，接触面不应少于70%紧贴，且边缘最大间隙不应大于0.8mm。

5.1.9　钢屋（托）架、钢桁架、钢梁、次梁允许偏差应符合表21-4的规定。

钢屋（托）架、钢桁架、钢梁、次梁允许偏差　　表21-4

项目	允许偏差（mm）	
跨中的垂直度	h/250，且≤15	
侧向弯曲矢高	l≤30m	l/1000，且≤10
	30m<l≤60m	l/1000，且≤30
	l>60m	l/1000，且≤50

5.1.10　构件与节点对接处的允许偏差应符合表21-5的规定。

构件与节点对接处允许偏差 表21-5

项目	允许偏差（mm）
箱型（四边型、多边型）截面、异形截面对接	对角线≤3.0
异形锥管、椭圆管截面对接处	对口错边≤3.0

5.1.11 单层钢结构主体结构的整体垂直度、整体平面弯曲允许偏差应符合表21-6的规定。

主体结构的整体垂直度、整体平面弯曲允许偏差 表21-6

项目	允许偏差（mm）
整体立面偏移	$H/1000$，且≤25
整体平面弯曲	$l/1500$，且≤25

5.1.12 同一结构层或同一设计标高异型构件标高允许偏差不大于5mm。

5.2 一般项目

5.2.1 地脚螺栓（锚栓）尺寸的允许偏差应符合表21-7的规定。

地脚螺栓（锚栓）尺寸的允许偏差 表21-7

项目	直径（mm）	允许偏差（mm）
螺栓（锚栓）露出长度	d≤30	+1.2d；0
	d>30	+1.0d；0
螺栓（锚栓）螺纹长度	d≤30	+1.2d；0
	d>30	+1.0d；0

5.2.2 钢柱等主要构件中心线及标高基准点的标记应齐全。

5.2.3 钢桁架（梁）安装的允许偏差应符合表21-8的规定。

钢桁架（梁）安装允许偏差 表21-8

项目	允许偏差（mm）
安装在混凝土柱上时，支座中心偏移	≤10
采用大型混凝土屋面板时，桁架（梁）间距偏差	≤10
同一根梁两端顶面高差	$l/1000$，且≤10
主梁与次梁上表面高差	±2.0

5.2.4 钢柱安装的允许偏差应符合表21-9的规定。

钢柱安装允许偏差 表21-9

项目		允许偏差（mm）
柱脚底座中心线对定位轴线的偏移		5.0
柱子定位轴线		1.0
柱基准点标高	有吊车梁的柱	+3.0；-5.0
	无吊车梁的柱	+5.0；-8.0
弯曲矢高		$H/1200$，且≤15
柱轴线垂直度		$H/1000$，且≤25
上下节柱连接处的错口		3.0
同一层柱的各柱顶高度差		5.0

5.2.5　钢吊车梁或直接承受动力荷载的类似构件安装允许偏差应符合表21-10的规定。

钢吊车梁安装允许偏差　　**表21-10**

项目		允许偏差（mm）
梁的跨中垂直度Δ		h/500
侧向弯曲矢高		l/1500，且≤10.0
垂直上拱矢高		10.0
两端支座中心位移Δ	安装在钢柱上时，对牛腿中心的偏移	5.0
	安装在混凝土柱上时，对定位轴线的偏移	5.0
吊车梁支座加劲板中心与柱子承压加劲板中心的偏移Δ_1		t/2
同跨间内同一横截面吊车梁顶面高差	支座处	10.0
	其他处	15.0
同跨间内同一横截面下挂式吊车梁底面高差Δ		10.0
同列相邻两柱间吊车梁顶面高差Δ		l/1500，且≤10.0
相邻两吊车梁接头部位Δ	中心错位	3.0
	上承式顶面高差	1.0
	下承式底面高差	1.0
同跨间任一截面的吊车梁中心跨距Δ		±10.0
轨道中心对吊车梁腹板轴线的偏移Δ		t/2

5.2.6　檩条、墙架等次要构件安装允许偏差应符合表21-11的规定。

檩条、墙架等次要构件安装允许偏差　　**表21-11**

项目		允许偏差（mm）
墙架立柱	中心线对定位轴线的偏移	10.0
	垂直度	h/1000，且≤10
	弯曲矢高	h/1000，且≤15
抗风柱、桁架的垂直度		h/250，且≤15
檩条、墙架的间距		±5.0
檩条的弯曲矢高		l/750，且≤12
檩条两端相对高差或与设计标高偏差		≤5
檩条直线度偏差		不大于l/250，且≤10
墙梁的弯曲矢高		l/750，且≤10

5.2.7　墙面檩条外侧平面任一点对墙轴线距离与设计偏差不大于5mm。

5.2.8　钢平台、钢梯、防护栏杆安装允许偏差应符合表21-12的规定。

钢平台、钢梯、防护栏杆安装允许偏差　　**表21-12**

项目	允许偏差（mm）
平台高度	±15
平台梁水平度	l/1000，且≤20
平台支柱垂直度	l/1000，且≤15
承重平台梁侧向弯曲	l/1000，且≤10
承重平台梁垂直度	l/250，且≤15
直梯垂直度	l/1000，且≤15
栏杆高度	±15
栏杆立柱间距	±15

5.2.9　相邻楼梯踏步的高度不大于5mm，且每级踏步高度与设计偏差不大于3mm。

5.2.10　栏杆直线度偏差不大于5mm。

5.2.11　楼梯两侧栏杆间距与设计偏差≤10mm。

5.2.12　现场组对精度允许偏差应符合表21-13的规定。

现场组对精度允许偏差　　**表21-13**

项目		允许偏差（mm）
柱的工地拼接接头焊缝间隙	无垫板间隙	+3.0；0
	有垫板间隙	+3.0；−2.0
构件轴线空间位置偏差≤10，节点中心空间位置偏差≤15		
构件对接处截面的平面度偏差：截面边长 l≤3m时，偏差≤2；截面边长 l>3m时，偏差不大于 $l/1500$		

5.2.13　钢构件表面应干净，结构主要表面不应有疤痕、泥砂等污垢。

5.2.14　钢结构主体总高度的允许偏差：用相对标高控制安装±Σ…（$\Delta h+\Delta z+\Delta w$）；用设计标高控制安装为 $H/1000$，且≤30，$-H/1000$，且≥−30。

6　成品保护

6.0.1　吊装钢结构就位时，应缓慢下落，不得碰撞已安装好的钢构件。

6.0.2　吊装损坏的涂层应补涂，以保证漆膜完整性符合规定的要求。

6.0.3　钢构件半成品的装卸、运输、堆放，均不得造成构件损坏和变形。堆放应放置在垫木上。

7　注意事项

7.1　应注意的质量问题

7.1.1　螺栓孔不对时，不得任意扩孔或改为焊接，安装时发现上述问题，应报告项目技术负责人，经与设计单位洽商后，按要求进行处理。

7.1.2　现场焊接质量应符合设计及规范要求。焊工必须有合格证，并应编号，焊接部位按编号做检查记录，全部焊缝经外观检查，凡达不到要求的部位，补焊后应复验。

7.1.3　安装时必须按规范要求先使用安装螺栓临时固定，调整紧固后，再安装高强度螺栓并替换。

7.1.4　需去除吊耳时，可采用气割或碳弧气刨方式在离母材3～5mm位置切除，严禁采用锤击方法去除。

7.2　应注意的安全问题

7.2.1　根据工程特点，在施工前要对吊装用的机械设备和索具、工具进行检查，如不符合安全规定不得使用。

7.2.2　起重机的行驶道路必须坚实可靠。严禁超载吊装、歪拉斜吊，要避免满负荷行驶，构件摆动越大，超负荷就越多，就可能发生事故。双机抬吊各起重机荷载，不得大于额定起重能力的 75%。

7.2.3 吊装作业时必须统一号令，明确指挥，密切配合。

7.2.4 单层钢结构在安装过程中，应及时安装临时柱间支撑或稳定揽风，应在形成空间结构稳定体系后再扩展安装，安装过程中形成的临时空间结构稳定体系应能承受结构自重、风荷载、雪荷载、施工荷载及吊装过程中冲击荷载的作用。

7.3 应注意的绿色施工问题

7.3.1 居民区施工时要避免夜间施工，以免扰民。

7.3.2 施工所用的机具在停班或班后按规定停机，关闭电源。

7.3.3 施工现场的螺栓、电焊条等包装箱、包装纸、包装袋及时分类回收，避免环境污染。

7.3.4 作业区内构件排放整体有序，作业面保持清洁、干净。

7.3.5 施工过程中烟气排放应符合现行国家标准《大气污染物综合排放标准》GB 16297 的规定。

7.3.6 施工现场必须做到道路畅通、排水畅通无积水，现场整洁干净，现场材料、机具堆放整齐有序。

8 质量记录

8.0.1 所用钢构件进场合格证，连接材料的质量合格证明文件、中文标志及性能检测报告。

8.0.2 焊工合格证书及编号。

8.0.3 焊接工艺评定报告。

8.0.4 焊接超声波或射线探伤检测记录。

8.0.5 钢结构吊装专项方案。

8.0.6 单层钢结构安装工程检验批质量验收记录。

8.0.7 单层钢结构安装分项工程质量验收记录。

8.0.8 钢结构焊接工程检验批质量验收记录。

8.0.9 钢结构焊接分项工程质量验收记录。

8.0.10 钢结构高强度螺栓连接工程检验批质量验收记录。

8.0.11 钢结构普通紧固件连接工程检验批质量验收记录。

8.0.12 钢结构紧固件连接分项工程质量验收记录。

8.0.13 施工记录。

8.0.14 其他技术文件。

第 22 章　多层及高层钢结构安装

本工艺标准适用于多层及高层钢结构的主体结构、地下钢结构、檩条及墙架等次要构件、钢平台、钢梯、防护栏杆等的安装工程。

1　引用标准

《钢结构设计标准》GB 50017—2017
《钢结构工程施工规范》GB 50755—2012
《钢结构焊接规范》GB 50661—2011
《建筑工程施工质量验收统一标准》GB 50300—2013
《钢结构工程施工质量验收规范》GB 50205—2001
《工程测量规范》GB 50026—2007
《建筑机械使用安全技术规程》JGJ 33—2012
《钢板剪力墙技术规程》JGJ/T 380—2015
《碳素结构钢和低合金结构钢热轧钢板和钢带》GB/T 3274—2017
《优质碳素结构钢》GB/T 699—2015
《低合金钢药芯焊丝》GB/T 17493—2008
《碳钢药芯焊丝》GB/T 10045—2001
《气体保护电弧焊用碳钢、低合金钢焊丝》GB/T 8110—2008
《非合金钢及细晶粒钢焊条》GB/T 5117—2012
《热强钢焊条》GB/T 5118—2012

2　术语

2.0.1　钢板剪力墙：承受水平剪力为主的钢板墙体

3　施工准备

3.1　作业条件

3.1.1　编制安装方案，按相关规定审核、审批和论证，并做好安装前的安全技术交底。

3.1.2　基础混凝土强度达到安装要求，基础的轴线、标高已经复测合格，待安装构件及安装用的零部件进场并验收合格。

3.1.3　起重工、信号工、架子工、电焊工等特种作业人员持证上岗。

3.1.4　钢构件在现场组拼时应准备拼装工作台。

3.1.5　安装测量用钢尺应与钢结构制作用的钢尺校对，并取得计量法定单位检定证明。

3.2　材料及机具

3.2.1　钢构件：钢构件型号、制作质量应符合设计要求和有关施工规范的规定，应有出厂合格证并附有技术文件。

3.2.2　连接材料：焊条、螺栓等连接材料应有质量证明书，并符合设计要求及有关国家标准的规定。

3.2.3　涂料：防锈涂料技术性能应符合设计要求和有关标准的规定，应有产品质量证明书。

3.2.4　其他材料：各种规格垫铁等。

3.2.5　机具：吊装机械、吊装索具、电焊机、焊钳、焊把线、垫木、垫铁、扳手、撬棍、扭矩扳手、手持电砂轮、电钻、千斤顶、倒链、经纬仪、水准仪、全站仪、磁力线坠、钢卷尺等。

4　操作工艺

4.1　工艺流程

准备工作 → 安装柱、梁核心框架 → 高强度螺栓连接固定 →

梁、柱节点焊接 → 零星构件（隅撑）安装 → 安装压型钢板 →

焊接、栓钉、螺栓 → 下一循环

4.2　准备工作

4.2.1　吊装机具的选择根据多层或高层钢结构的特点、平面布置及钢构件重量、安装难度等情况进行选择。以塔吊为主，地下部分配合履带式或汽车式起重机完成。

4.2.2　放线、验线

1　多层及高层钢结构安装阶段的测量放线工作包括控制网的建立，平面轴线控制点的竖向投递、柱顶平面放线、悬吊钢尺传递标高、平面形状复杂钢结构坐标测量及钢结构安装变形监控等，编制测量方案并经审核批准后严格实施。

2　建筑物测量验线

1）钢结构安装前，土建部分已做完基础，为保证钢结构安装质量，进场后首先要求土建施工方提供建筑物轴线、标高及轴线基准点、标高基准点，依此进行复测轴线及标高。

2）轴线复测，复测方法应根据建筑物平面形状针对采取不同的方法，宜选用全站仪进行。

4.2.3　柱基的轴线、标高必须与施工图纸相符，螺栓预埋应准确。标高偏差控制在+5mm 以内，定位轴线的偏差控制在±2mm 以内，应会同设计、监理、总包单位共同验收。

4.3　安装柱、梁核心框架

4.3.1　多层及高层钢结构吊装按平面布置图划分作业区域，采用多种吊装法顺序进行。

4.3.2　一般是从中间或某一对称节间开始，以一个节间的柱网为吊装单元，按钢柱、钢梁、支撑顺序吊装，并向四周扩展，垂直方向由下至上组成稳定结构后，分层安装次要结构，当第一个区间完成后，即进行测量、校正、高强度螺栓的初拧工作。然后进行四周几个区间钢构件安装，再进行测量和校正、高强度螺栓的终拧、焊接。采用对称固定的工艺，减小安装误差积累和节点焊接变形。

4.3.3　钢柱安装

柱长度应根据工厂加工、运输堆放、现场吊装等因素确定，宜取 2～4 个楼层高度，分节位置宜在梁顶标高以上 1.0～1.3m。

1　第一节钢柱吊装

1）因钢柱刚度较好，吊点采用一点正吊。吊点装在柱顶处，柱身竖直，吊点通过柱重心位置，易于起吊、就位、校正。

2）一般采用单机起吊，对于特殊或超重的构件，也可采用双机起吊。但应注意尽量采用同类型起重机，各机荷载不得超过额定起重能力 75%，起吊时互相配合，如采用铁扁担起吊，应使铁扁担保持平衡，避免一台失重而造成另一台超载造成安全事故。不能多人指挥，指挥要正确。

3）起吊时钢柱保持垂直，柱根部不拖。回转就位时，防止与其他构架相碰撞，吊索应有一定的有效高度。

4）钢柱安装前应将挂篮和登高爬梯固定在钢柱预定位置。就位后临时固定地脚螺栓，校正垂直度。钢柱两侧装有临时固定用的连接板，上节钢柱对准下节钢柱顶中心线后，即用螺栓固定连接板做临时固定。

5）钢柱安装到位，对准轴线，必须等地脚螺栓固定后方能松开吊索。

2　钢柱校正

1）每一节柱的定位轴线决不允许使用下一节钢柱的定位轴线，应从地面控制线引至高空，以保证每节钢柱安装正确无误，避免产生过大的积累误差。

2）第二节柱垂直度校正的重点是对钢柱有关尺寸的预检，即对影响钢柱垂直度因素的预先控制。通过经验值测定，梁与柱焊接收缩值一般小于 2mm，柱与柱焊接收缩值一般在 3.5mm。

3）为保证钢结构整体安装的质量精度，在每一层应选择一个标准框架结构体（或剪力筒），依次向外扩展安装。

4.3.4　钢框架梁安装采用两点吊的具体要求：

1　钢梁吊装宜采用专用卡具，而且必须保证梁在起吊后为水平状态；

2　一节柱一般有 2 层、3 层或 4 层梁，原则上横向构件由上向下逐件安装，由于上部和周边都处于自由状态，易于安装且保证质量。一般在钢结构安装实际操作中，同一列柱的钢梁从中间跨开始对称向两端扩展安装，同一跨钢梁应先安装上层梁再安装中下层梁；

3　在安装柱与柱之间的主梁时，会把柱与柱之间的开档撑开或缩小。测量必须跟踪校正，并预留偏差值和节点焊接收缩量；

4　柱与柱节点和梁与柱节点的焊接，应互相协调。一般可以先焊接一节柱的顶层梁，再从下向上焊接各层梁与柱的节点。柱与柱的节点可以先焊，也可以后焊；

5　次梁根据实际施工情况逐层安装完成；

6　在第一节柱与柱间梁安装完成后，即可进行柱底灌浆；

7　补漆为人工涂刷，在钢结构按设计要求安装就位后进行。补漆前应清渣、除锈、去油污，自然风干，并经检查合格。

4.4　高强度螺栓连接固定

4.4.1　高强度螺栓应自由穿入孔内，不得强行敲打，穿入方向宜一致，并便于操作；垫圈应安装在螺母一侧，垫圈有倒角的一侧应和螺栓接触，不得装反。

4.4.2　高强度螺栓不能自由穿入时，不得用气割扩孔，应用铰刀修孔，修孔后最大直径不应大于 1.2 倍螺栓直径，且修孔数量不应超过该节点螺栓数量的 25%。修孔前应将四周螺栓全部拧紧，使板紧贴后再进行铰孔。

4.4.3　不得在雨、雪天气安装高强度螺栓，摩擦面应处于干燥状态。

4.4.4　高强度螺栓紧固

1　高强度螺栓紧固应分初拧和终拧两次进行。大型节点还应进行复拧，复拧应在板叠紧贴后方可进行。

2　初拧扭矩可取施工终拧扭矩值的 50％。

3　高强度螺栓的施拧顺序应符合下列规定：

1）一般接头应从螺栓群中间向外侧进行；

2）从接头刚度大的地方向不受约束的自由端进行；

3）从螺栓群中心向四周扩散进行；

4）两个或多个接头栓群的拧紧顺序应先主要构件接头，后次要构件接头；

5）初拧完毕的螺栓应做好标记以供确认，当天安装的高强度螺栓应当天终拧完毕；

6）终拧应采用专用的电动扭矩扳手，扭矩扳手在班前必须校正，其扭矩相对偏差应为±5％，合格后方可使用。用电动扳手时，应将扭剪型高强度螺栓尾部梅花卡头拧掉，即表明终拧完毕。对个别作业有困难的位置，也可采用手动扭矩扳手。

4.5　梁、柱节点焊接

安装焊缝的质量应符合设计要求。安装定位焊缝承受荷载时，其焊点数量、高度和长度应由计算确定；不承受荷载时，其点焊长度不得少于设计焊缝长度的 10％，并不小于 50mm。

4.6　零星构件（隅撑）安装

零星构件在柱、梁框架形成稳定结构且梁、柱节点紧固焊接验收合格后进行安装。

4.7　安装压型钢板

见压型金属板制作安装施工工艺标准。

4.8　焊接、栓钉、螺栓

见钢结构栓钉焊接施工工艺标准。

5　质量标准

5.1　主控项目

5.1.1　多层及高层钢结构建筑物的定位轴线、基础上柱的定位轴线和标高、地脚螺栓（锚栓）的规格及其紧固应符合设计要求。当设计无要求时，应符合表 22-1 规定。

建筑物的定位轴线、标高允许偏差　　**表 22-1**

项目	允许偏差（mm）
建筑物定位轴线	l/20000，且≤3.0
基础上柱的定位轴线	1.0
基础上柱底标高	±2.0
地脚螺栓（锚栓）位移	2.0

5.1.2　基础顶面直接作为柱的支承面和基础顶面预埋钢板或支座作为柱的支承面时，其位置允许偏差应符合表22-2的规定。

支承面、地脚螺栓（锚栓）位置允许偏差　　**表22-2**

<table>
<tr><th colspan="2">项目</th><th>允许偏差（mm）</th></tr>
<tr><td rowspan="2">支承面</td><td>标高</td><td>±3.0</td></tr>
<tr><td>水平度</td><td>l/1000</td></tr>
<tr><td>地脚螺栓（锚栓）</td><td>中心偏移</td><td>5.0</td></tr>
<tr><td colspan="2">预留孔中心偏移</td><td>10.0</td></tr>
</table>

5.1.3　采用坐浆垫板的允许偏差应符合表22-3的规定。

坐浆垫板允许偏差　　**表22-3**

项目	允许偏差（mm）
顶面标高	0.0；−3.0
水平度	l/1000
位置	20.0

5.1.4　采用插入式或埋入式柱脚时，杯口尺寸的允许偏差应符合表22-4的规定。

杯口尺寸允许偏差　　**表22-4**

项目	允许偏差（mm）
底面标高	0.0；−5.0
杯口深度 H	±5.0
杯口垂直度	H/100，且≤10.0
位置	10.0

5.1.5　钢构件几何尺寸偏差、变形及弯扭、不规则构件连接节点应符合设计要求及规范规定。钢构件的变形及涂层脱落应进行矫正和修补。

5.1.6　消能减震钢构件的性能指标应符合设计要求。

5.1.7　钢平台、钢梯、防护栏杆安装应符合现行国家标准《固定式钢梯及平台安全要求　第1部分：钢直梯》GB 4053.1、《固定式钢梯及平台安全要求　第2部分：钢斜梯》GB 4053.2和《固定式钢梯及平台安全要求　第3部分：工业防护栏杆及钢平台》GB 4053.3及《钢结构工程施工质量验收规范》GB 50205的规定。

5.1.8　钢柱安装允许偏差应符合表22-5的规定。

钢柱安装允许偏差　　**表22-5**

项目	允许偏差（mm）
底层柱柱底轴线对定位轴线的偏移	3.0
柱子定位轴线	1.0
柱底标高	±2.0
弯曲矢高	H/1200，且≤15
单节柱柱的垂直度	H/1000，且≤10
上下柱连接处的错口	3.0
同一层柱的各柱顶高度差	5.0
同一根梁两端顶面的高差	H/1000，且≤10
主梁与次梁表面高差	±2.0

5.1.9 设计要求顶紧的构件或节点、现场拼接接头，接触面不应少于 70%紧贴，且边缘最大间隙不应大于 0.8mm。

5.1.10 钢托架、钢桁架、钢梁、次梁允许偏差应符合表 22-6 的规定。

钢托架、钢桁架、钢梁、次梁允许偏差　　表 22-6

项目	允许偏差（mm）	
跨中的垂直度	$h/250$，且≤15	
侧向弯曲矢高	$l\leqslant 30$m	$l/1000$，且≤10
	30m<$l\leqslant 60$m	$l/1000$，且≤30
	$l>60$m	$l/1000$，且≤50

5.1.11 构件与节点对接处的允许偏差应符合表 22-7 的规定。

构件与节点对接处允许偏差　　表 22-7

项目	允许偏差（mm）
箱型（四边型、多边型）截面、异形截面对接	对角线差≤3.0
异形锥管、椭圆管截面对接处	对口错边≤3.0

5.1.12 钢板剪力墙安装允许偏差应符合表 22-8 的规定。

钢板剪力墙安装允许偏差　　表 22-8

项目	允许偏差（mm）
定位轴线	1.0
单层垂直度	$h/250$，且不应大于 15.0
单层上端水平度	$(l/1000)+3$，且不应大于 10.0
平面弯曲	l $(h)/1000$，且不应大于 10.0

注：平面弯曲水平方向取钢板剪力墙的的宽度 l，竖直方向取钢板剪力墙的垂直高度 h。

5.1.13 多层及高层钢结构主体结构尺寸允许偏差应符合表 22-9 的规定。

主体结构尺寸允许偏差　　表 22-9

项目	允许偏差（mm）
整体垂直度	$H/2500+10$，且≤50
整体平面弯曲	$l/1500$，且≤50

5.2 一般项目

5.2.1 地脚螺栓（锚栓）尺寸的允许偏差应符合表 22-10 的规定。

地脚螺栓（锚栓）尺寸允许偏差　　表 22-10

项目	直径（mm）	允许偏差（mm）
螺栓（锚栓）露出长度	$d\leqslant 30$	$+1.2d$；0
	$d>30$	$+1.0d$；0
螺栓（锚栓）螺纹长度	$d\leqslant 30$	$+1.2d$；0
	$d>30$	$+1.0d$；0

5.2.2　钢柱等主要构件中心线及标高基准点的标记应齐全。

5.2.3　钢构件表面应干净，结构主要表面不应有疤痕、泥砂等污垢。

5.2.4　钢桁架（梁）安装的允许偏差应符合表22-11的规定。

钢桁架（梁）安装的允许偏差　　**表22-11**

项目	允许偏差（mm）
安装在混凝土柱上的支座中心偏差	≤10
采用大型混凝土屋面板的桁架（梁）间距偏差	≤10
同一根梁两端顶面高差	l/1000，且≤10
主梁与次梁上表面高差	±2.0

5.2.5　檩条、墙架等次要构件安装允许偏差应符合表22-12的规定。

檩条、墙架等次要构件安装允许偏差　　**表22-12**

项目		允许偏差（mm）
墙架立柱	中心线对定位轴线的偏移	10.0
	垂直度	H/1000，且≤10
	弯曲矢高	H/1000，且≤15
抗风柱、桁架的垂直度		h/250，且≤15
檩条、墙架的间距		±5.0
檩条的弯曲矢高		l/750，且≤12
檩条两端相对高差或与设计标高偏差		≤5
檩条直线度偏差		l/250，且≤10
墙梁的弯曲矢高		l/750，且≤10

5.2.6　墙面檩条外侧平面任一点对墙轴线距离与设计偏差不大于5mm。

5.2.7　钢平台、钢梯、防护栏杆安装允许偏差应符合表22-13的规定。

钢平台、钢梯、防护栏杆安装允许偏差　　**表22-13**

项目	允许偏差（mm）
平台高度	±15
平台梁水平度	l/1000 且≤20
平台支柱垂直度	H/1000 且≤15
承重平台梁侧向弯曲	l/1000 且≤15
承重平台梁垂直度	h/250 且≤15
直梯垂直度	H'/1000 且≤15
栏杆高度	±15.0
栏杆立柱间距	±15.0

5.2.8　相邻楼梯踏步的高度不大于5mm，且每级踏步高度与设计偏差不大于3mm。

5.2.9　栏杆直线度偏差不大于5mm。

5.2.10　楼梯两侧栏杆间距与设计偏差不大于10mm。

5.2.11　现场组对精度允许偏差应符合表22-14的规定。

现场组对精度允许偏差　　　　表 22-14

<table>
<tr><th colspan="2">项目</th><th>允许偏差（mm）</th></tr>
<tr><td rowspan="2">柱的工地拼接接头焊缝间隙</td><td>无垫板间隙</td><td>+3.0
0</td></tr>
<tr><td>有垫板间隙</td><td>+3.0
−2.0</td></tr>
<tr><td colspan="3">构件轴线空间位置偏差≤10，节点中心空间位置偏差≤15</td></tr>
<tr><td colspan="3">构件对接处截面的平面度偏差：截面边长 l≤3m 时，偏差≤2；截面边长 l≥3m 时，偏差不大于 $l/1500$</td></tr>
</table>

5.2.12　多层及高层主体钢结构总高度的允许偏差：用相对标高控制安装为 $\pm\Sigma(\Delta h+\Delta z+\Delta w)$；用设计标高控制安装为 $H/1000$，且≤30，$-H/1000$，且≥−30。

6　成品保护

6.0.1　高强度螺栓、栓钉、焊条、焊丝等材料；其成品应放在库房的货架上，最多不超过四层。

6.0.2　施工场地应平整、牢固、干净、干燥；钢构件要分类堆放整齐，下垫枕木，叠层堆放也要加垫枕木；并做到防止变形、牢固、防锈蚀。

6.0.3　不得对已完工构件任意焊割、空中堆物，对施工完毕并已验收合格的焊缝、节点板处马上进行清理。并按要求进行封闭。

7　注意事项

7.1　应注意的质量问题

7.1.1　在多层及高层钢结构工程现场施工中，应做好关键位吊装方案、测量监控方案、焊接方案的确定及吊装机具的选择。

7.1.2　对焊接节点处必须严格按无损检测方案进行检测，必须做好高强度螺栓连接副和高强度螺栓连接件抗滑移系数的试验报告。对钢结构每一步安装都应做好测量监控。

7.1.3　混凝土核心筒与钢框架连接节点应符合设计要求，如核心筒预埋件有偏差应与设计洽商处理。

7.1.4　柱、梁、支撑等构件的长度尺寸应包括焊接收缩余量等变形值。

7.1.5　安装柱时，每节柱的定位轴线应从地面控制轴线直接引上，不得从下柱层的轴线引上。

7.1.6　钢结构的楼层标高可按相对标高或设计标高进行控制。

7.1.7　钢结构安装工程检验批应在进场验收和焊接连接、紧固件连接、制作等分项工程验收合格的基础上进行验收。

7.1.8　安装的测量校正、高强度螺栓安装、负温度下施工及焊接工艺等，应在安装前进行工艺试验或评定，并应在此基础上制定相应的施工工艺或方案。

7.1.9　安装偏差的检测，应在结构形成空间刚度单元并连接固定后进行。

7.1.10 安装时，必须严格控制屋面、楼面、平台等的施工荷载。

7.1.11 高层钢结构安装时，应分析竖向压缩变形对结构的影响，并应根据结构特点和影响程度采取预调安装标高、设置后连接构件等相应措施。

7.2 应注意的安全问题

7.2.1 施工时，应为作业人员提供符合国家现行有关标准规定的合格劳动保护用品，并应培训和监督作业人员正确使用。

7.2.2 高空作业的各项安全措施经检查不合格时，严禁高空作业。

7.2.3 钢结构安装使用的机械要符合现行行业标准《建筑机械使用安全技术规程》JGJ 33的有关规定。

7.2.4 吊装时，单柱不得长时间处于悬臂状态。

7.3 应注意的绿色施工问题

7.3.1 居民区施工时要避免夜间施工，以免扰民。

7.3.2 施工所用的机械在停班或班后按规定停机，关闭电源。

7.3.3 施工现场的螺栓、电焊条等包装箱、包装纸、包装袋及时分类回收，避免环境污染。

7.3.4 作业区内构件排放整体有序，作业面保持清洁、干净。

7.3.5 施工过程中烟气排放应符合现行国家标准《大气污染物综合排放标准》GB 16297的规定。

7.3.6 施工现场必须做到道路畅通、排水畅通无积水，现场整洁干净，现场材料、机具堆放整齐有序。

8 质量记录

8.0.1 所用钢构件进场合格证，连接材料的质量合格证明文件、中文标志及性能检测报告。

8.0.2 焊工合格证书及编号。

8.0.3 焊接工艺评定报告。

8.0.4 焊接超声波或射线探伤检测记录。

8.0.5 钢结构吊装专项方案。

8.0.6 多层及高层钢结构安装工程检验批质量验收记录。

8.0.7 多层及高层钢结构安装分项工程质量验收记录。

8.0.8 钢结构焊接工程检验批质量验收记录。

8.0.9 钢结构焊接分项工程质量验收记录。

8.0.10 钢结构高强度螺栓连接工程检验批质量验收记录。

8.0.11 钢结构普通紧固件连接工程检验批质量验收记录。

8.0.12 钢结构紧固件连接分项工程质量验收记录。

8.0.13 施工记录。

8.0.14 其他技术文件。

第 23 章　预应力钢结构施工

本工艺标准适用于用人工方法引入预应力以提高结构强度、刚度、稳定性的各类钢结构工程。

1　引用标准

《钢结构设计标准》GB 50017—2017
《钢结构工程施工规范》GB 50755—2012
《钢结构焊接规范》GB 50661—2011
《建筑工程施工质量统一验收标准》GB 50300—2013
《钢结构工程施工质量验收规范》GB 50205—2001
《索结构技术规程》JGJ 257—2012
《预应力筋用锚具、夹具和连接器应用技术规程》JGJ 85—2010
《预应力钢结构技术规程》CECS 212：2006
《碳素结构钢和低合金结构钢热轧钢板和钢带》GB/T 3274—2017
《优质碳素结构钢》GB/T 699—2015
《碳钢焊条》GB/T 5117—2012
《一般用途钢丝绳》GB/T 20118—2006
《预应力筋用锚具、夹具和连接器》GB/T 14370—2015
《桥梁缆索用高密度聚乙烯护套料》CJ/T 297—2016

2　术语

2.0.1　预应力钢结构：在设计、制造、安装、施工和使用过程中，采用人为方法引入预应力以提高结构强度、刚度、稳定性的各类钢结构。

2.0.2　预应力筋锚具组装件：单根或成熟状态的预应力筋和安装在端部的锚具组合装配而成的受力单元。

3　施工准备

3.1　作业条件

3.1.1　钢结构制作完成，进场验收合格。

3.1.2　预应力钢结构安装，应符合有关结构施工质量规范及施工图设计要求，并应编制安装工程施工组织设计文件。

3.1.3　现场安装用的焊接材料、高强度螺栓、普通螺栓和涂料等，应具有产品质量证明书和符合相应现行国家标准。

3.1.4　构件安装前应进行检验和校正，不合格构件不得安装使用。

3.1.5　试验及张拉等设备仪器应进行计量和标定，对索力和其他预应力的施加必须采用专用设备，其负荷标定值应大于施工值的两倍，预应力误差为±5%。

3.1.6　施工方应会同设计方对索结构施工各个阶段的索力及结构形状参数进行计算，并作为施工监测和质量控制的依据。

3.2　材料及机具

3.2.1　拉索、锚具、拉杆及其他连接件的品种、规格、性能符合国家产品标准和设计要求。

3.2.2　机具：吊装设备、张拉设备、焊机、焊条或焊丝烘干箱、紧固件、抓手、轴力计、水准仪、全站仪、卡尺、钢卷尺、焊缝尺、内力计、焊缝探伤仪。

4　操作工艺

4.1　工艺流程

张拉施工方案制定 → 钢索制作 → 钢构件安装 → 拉索与锚具的初装 →

张拉设备安装与调试 → 一次张拉 → 二次张拉或多次张拉及防护 → 检查验收

4.2　张拉施工方案制定

4.2.1　应根据拉索受力的结构特点、空间状态以及方式技术条件，在满足工程质量的前提下综合确定拉索安装方法，制定拉索施工方案。

4.2.2　方案确定后，施工单位应会同设计单位及相关单位依据施工方案对支撑结构在拉索张拉时的内力和位移进行验算，必要时采取加固措施。

4.3　钢索制作

预应力钢索按设计要求的长度和锚固形式进行下料和组装。设计下料长度时应考虑张拉伸长值、冷挤压锚的冷挤压伸长值和锚固张拉要求的构造长度等因素。

4.4　钢构件安装

4.4.1　应根据定位轴线和标高基准点复核土建和钢结构施工单位的预埋件和连接点的空间位置和相关配合尺寸。

4.4.2　为确保拼装精度和满足反力可能变化，支座处的台架在设计、制作和结构吊装时要采取特殊措施。

4.4.3　钢结构安装时可根据方案要求将拉索一端连接安装。

4.5　拉索与锚具的初装

4.5.1　拉索露天存放时，应置于遮篷中且防潮防雨，成圈产品只能水平堆放，重叠堆放时逐层间应加垫木，并避免锚具压伤拉索护层，应特别注意保护拉索护层和锚具连接部位的可靠性，防止雨水浸蚀，当除拉索外的其他金属材料需要焊接和切削时，则要求这些施工点与拉索保持一定距离和采取保护措施。

4.5.2　在允许的范围内，拉索与锚具进行初装并用专用夹具利用丝杆或液压调节绷直。

4.6　张拉设备安装与调试

4.6.1　张拉设备由张拉千斤顶、电动油泵及压力表组成，应配套标定，以确定张拉力与压力表读数的对应关系。

4.6.2　张拉千斤顶常用的有：100～250t群锚千斤顶（YCQ、YDW型），60t穿心千斤顶（YC型）、18～25t前卡千斤顶（YCN、YDC型）等。前二者可用于钢绞线与钢丝束张拉，后者仅用于单根钢绞线张拉。

4.6.3　对索力和其他预应力的施加必须采用专用设备，其精度应当满足施工要求。

4.7　一次张拉

4.7.1　规定的顺序进行预应力张拉，宜设计预应力调节装置，张拉预应力一般采用油压千斤顶，张拉前首先建立支承结构，将索就位，调整到规定的初始位置，并安上锚具初步固定，然后按设计中要随时监测索系的位置变化。

4.7.2　预应力索的张拉顺序必须严格按照设计规定的步骤进行，设计无规定时，应考虑结构受力特点、施工方便、操作安全等因素确定，以对称张拉力为基本原则。

4.7.3　对直线索，可采取一段张拉，对折线索应采取两端张拉，采用千斤顶同时工作时，应同步加载。

4.7.4　拉索张拉一般不能一步到位，应按相关标准分级张拉，张拉过程中应复核张拉力。

4.7.5　风力大于三级，气温低于4℃时不宜进行拉索的安装，拉索安装过程中应注意保护已经做好防锈、防火涂层的构件，避免涂层的损坏，如构件涂层和拉索护层出现损坏，必须及时修补或采取措施。

4.7.6　检测，每次张拉必须观察张拉效果和承载后结构相对点的位置，做好张拉记录。

4.7.7　张弦梁、张弦拱、张弦桁架的拉索张拉应满足下列要求：

1　在钢结构拼装完成、拉索安装到位后，进行拉索预紧，预紧力宜取预应力状态索力的10％～15％；

2　张拉过程中应保证结构的平面外稳定。

4.7.8　张弦网壳结构的拉索张拉，应考虑多索分批张拉间的影响，单层网壳和厚度较小的双层网壳的拉索张拉时，应注意防止结构的局部或整体失稳。

4.8　二次及多次张拉及防护

按设计要求将预应力索张拉到位，即液压值达到与其换算出的对应拉力值为止。并做好记录。

成品钢绞线在工厂进行单根钢绞线注油或蜡—单根钢绞线热挤聚乙烯（PE）防护套—按照要求成盘—运输（另含锚具和防护套管），张拉完成后要在锚固处做防腐处理，并安装保护套管。

4.9　检查验收

4.9.1　由专业人员复核检测结果，并记录。

4.9.2　应根据定位轴线和标高基准点复核土建和钢结构施工单位的预埋件和连接点的空间位置和相关配合尺寸。

4.9.3　由施工方与验收方共同检查验收。

5　质量标准

5.1　主控项目

5.1.1　拉索、拉杆、锚具及其他连接件的品种、规格、性能应符合国家产品标准和设计要求。

5.1.2　拉索、拉杆、锚具按现行国家标准《钢结构工程施工质量验收规范》GB 50205 的规范规定进行抽查复验，其复验结果应符合国家产品标准和设计要求。

5.1.3　索杆的拉索、拉杆、索头长度、销轴直径、锚头开口深度等尺寸和偏差应符合其产品标准的规定和设计要求。

5.1.4　采用铸钢件制作的锚具，应采用超声波探伤进行内部缺陷的检查，其内部缺陷分级及探伤方法应符合现行国家标准《铸钢件超声波检测》GB/T 7233.2 的规定，检查结果应符合设计要求。

5.1.5　成品拉索应进行超张拉检验，超张拉载荷应为拉索标称破断力的 55％和设计拉力值两者的最大值，且超张拉持续时间不应小于 1h。检验后，拉索应完好无损。

5.1.6　索杆预应力施加方案，包括预应力施加顺序、分阶段张拉次数、各阶段张拉力和位移值应符合设计要求；对承重索杆应进行内力和位移双控制，各阶段张拉力值或位移变形值允许偏差为±10％。

5.1.7　内力和位移测量调整后，索杆端锚具连接固定及保护措施应符合设计要求；索杆锚固长度、锚固螺纹旋合丝扣、螺母外侧露出丝扣等应满足设计要求，当设计无要求时，应符合表 23-1 的规定。

索杆端锚固连接构造要求　　表 23-1

项目	连接构造要求
锚固螺纹旋合丝扣	旋合长度≥1.5d（d 为索杆直径）
螺母外侧露出丝扣	宜露出 2～3 扣

5.2　一般项目

5.2.1　拉索、拉杆、锚具及其连接件尺寸允许偏差符合其产品标准和设计要求；表面应光滑，不应有裂纹和目视可见的折叠、分层、结疤和锈蚀等缺陷。锚具与有保护层的拉索、拉杆防水密封处不应有损伤。

5.2.2　锚具表面不应有裂纹、未熔合、气孔、缩孔、夹砂及明显凹坑等外部缺陷。锚具表面的防腐处理和保护措施应符合表 23-2 的规定和设计要求。

拉索尺寸允许偏差　　表 23-2

项目		允许偏差（mm）
拉索、拉杆直径 d		$+0.015d$；$-0.010d$
带外包层索体直径		+2；−1
索杆长度 l	$l \leqslant 50$m	±15
	$50 < l < 100$m	±20
	$l \geqslant 100$m	$\pm 0.0002l$

5.2.3　预应力施加完毕，拉索、拉杆（含保护层）、锚具、销轴及其他连接件应无损伤。

5.2.4　拉索张拉完成后，索体、锚具及其他连接件的永久性防护工程应满足设计要求。

6　成品保护

6.0.1　风力大于三级，气温低于 4℃时不宜进行拉索与膜单元的安装，拉索安装过程中应注意保护已经做好防锈、防火涂层的构件，避免涂层损坏，如构件涂层和拉索层出现损坏，必须及时修补或采取措施。

6.0.2　拉索露天存放时，应置于遮篷中且防潮防雨，成圈产品只能水平堆放，重叠堆放时层间应加垫木，并避免锚具压伤拉索护层，应特别注意保护拉索护层和锚具连接部位的可靠性，防止雨水浸蚀，当除拉索外其他金属材料需要焊接和切削时，则要求这些施工点与拉索保持一定距离或采取保护措施。

6.0.3　施工完成后应采取保护措施，防止拉索被损坏。在拉索的周边不得进行焊接、切割作业。

7　注意事项

7.1　应注意的质量问题

7.1.1　拉索安装前，应根据定位轴线和标高基准点复核土建和钢结构施工单位的预埋件和连接点的空间位置和相关配合尺寸。应根据拉索受力的结构特点、空间状态以及施工技术条件，在满足工程质量的前提下综合确定拉索安装方法，安装方法确定后，施工单位会同设计单位及相关单位依据施工方案对支撑结构在拉索张拉时的内力和位移进行验算，必要时采取加固措施。

7.1.2　为确保拼装精度和满足拼装质量要求，安装台架必须具有足够的支撑刚度，特别是当预应力钢结构张拉后，结构支座反力可能变化，支座处的台架在设计、制作和结构吊装时要采取特殊措施。

7.1.3　张拉过程中应做好结构的内力和变形监测。

7.2　应注意的安全问题

7.2.1　高空作业时，操作人员应进行专项安全教育，并定期体检。作业时衣着要灵便，禁止穿硬底、带钉易滑的鞋。高空作业使用的小型手持工具和小型零部件应采取防坠落措施。

7.2.2 施焊场地周围应清除易爆易燃品，配备相应的消防器材。

7.2.3 焊机应接零接地，焊钳绝缘性能良好，焊工操作时应穿绝缘鞋戴绝缘手套。

7.2.4 起重吊装作业区域应设置安全警戒线，非作业人员严禁入内，起重臂下严禁站人。

7.3 应注意的绿色施工问题

7.3.1 居民区施工时要避免夜间施工，以免扰民。

7.3.2 施工所用的机械在停班或班后按规定停机，关闭电源。

7.3.3 施工现场的螺栓、电焊条等包装箱、包装纸、包装袋及时分类回收，避免环境污染。

7.3.4 作业区内构件排放整体有序，作业面保持清洁、干净。

7.3.5 施工过程中烟气排放应符合现行国家标准《大气污染物综合排放标准》GB 16297 的规定。

7.3.6 施工现场必须做到道路畅通、排水畅通无积水，现场整洁干净，现场材料、机具堆放整齐有序。

8 质量记录

8.0.1 原材料、索体、锚具和连接件材料出厂质量证明文件和检验报告。

8.0.2 设计文件、安装图、竣工图等相关文件。

8.0.3 施工组织设计，技术交底记录。

8.0.4 施工检验记录。

8.0.5 隐蔽工程验收记录。

8.0.6 加工、安装自检记录。

8.0.7 千斤顶标定记录。

8.0.8 张拉及结构变位记录。

8.0.9 张拉行程记录。

8.0.10 锚具无损探伤报告。

8.0.11 钢结构（张拉施工）分项工程检验批质量验收记录。

8.0.12 索张拉分项工程检验批质量验收记录。

8.0.13 其他技术文件。

第 24 章　钢管桁架结构施工

本工艺适用于建筑钢结构中钢管桁架的加工制作和安装施工。

1　引用标准

《钢结构设计标准》GB 50017—2017
《钢结构工程施工规范》GB 50755—2012
《钢结构焊接规范》GB 50661—2011
《钢结构工程施工质量验收规范》GB 50205—2001
《民用高层钢结构技术规程》JGJ 99—2015
《优质碳素结构钢》GB/T 699—2015
《普通碳素结构钢》GB/T 700—2006
《低合金高强度钢结构》GB/T 1591—2008
《焊接结构用碳素钢铸件》GB 7659—2010
《通用耐蚀钢铸件》GB/T 2100—2017
《结构用无缝钢管》GB/T 8162—2008
《直缝电焊钢管》GB/T 13793—2016

2　术语

2.0.1　钢管桁架结构：由管与管或管与节点组成的结构构件，一般有平面钢管桁架和立体钢管桁架，立体钢管桁架分为三角形钢管桁架和梯形钢管桁架及其他钢管结构形式的钢管桁架。

2.0.2　立体桁架：由上杆弦、腹杆与下弦杆构成的横截面为三角形或四边形的格构式桁架。

3　施工准备

3.1　作业条件

3.1.1　编制施工组织设计（施工方案），按规定要求审批或论证，作业前做好安全技术交底。

3.1.2　组织好施工设备的材料供应，具备施工条件。

3.1.3　施工相关人员经过专业培训，并考试合格，特殊作业人员必须持证上岗。

3.1.4　施工制作和安装所用的检测工具、仪器经计量检查标定。

3.1.5　安装时，现场场地和气候均符合施工要求。

3.2　材料及机具

3.2.1　材料：管材、板材、铸钢节点、焊接材料、涂装材料、紧固件等必须符合设计要求和现行标准的规定。按《钢结构工程施工质量验收规范》GB 50205 的要求进行复验，复验结果符合规范要求。

3.2.2　机具：型钢切割机、压力机、数控相贯线切割机、等离子切割机、气割设备、碳弧气刨、电焊设备、钻床、铣床或刨床、磁力电钻、砂轮机、角磨机、喷砂或抛丸设备，喷涂设备等。

4 操作工艺

4.1 工艺流程

作业准备→接管或弯管→放样、号料→相贯线切割→

球节点、板或铸钢节点加工验收→管桁架拼装、焊接→管桁架安装→

涂装、标识→检查验收

4.2 作业准备

4.3 接管或弯管

4.3.1 接管

1 管材对接焊缝，通常采用加内管衬加隔板焊的等强全熔透焊接以及加外套筒和插入式的等强度角焊缝焊接，焊缝的质量等级必须达到设计图纸具体要求。

2 不同直径管材对接时，应采取措施达到管材之间的平缓过渡。

3 焊缝的坡口形式在管壁厚度不大于6mm时，可用Ⅰ型坡口，其坡口宽度控制在3～6mm；管壁厚度大于6mm时，可用V形坡口，间隙控制在2～5mm内，坡口角度应根据管壁厚度和使用焊条或焊丝直径选择，一般在55°～80°内。

4 管材焊接可以采用手工电弧焊和CO_2气体保护焊，接管焊缝冷却到环境温度后进行外观检查，所有承受静荷载结构焊缝质量的检验应冷却到环境温度后进行外观检查，Ⅲ、Ⅳ类钢材及焊接难度等级为C、D级时，应以焊接完成24h后检查结果作为验收依据；钢材标称屈服强度不小于690MPa或供货状态为调质状态时，应以焊后48h的检查结果作为验收依据。

4.3.2 弯管

对于拱式管桁架需要弯管时，可采用冷弯和热弯的方法，但对于管径较大半径较小的管件用中频热弯工艺。

弯管弧形处控制点设置应多于节点、控制点，制作模型靠板进行检查控制。

4.4 放样、号料

4.4.1 根据部件加工图放样，放样时检查样板是否符合图纸要求，核对样板数量，在放样人员自检合格的基础上报专职检查人员检验。

4.4.2 对于结构杆件、空间关系复杂、连接节点呈空间定位，杆件之间或杆件与相邻建筑结构干涉较多的管桁架，宜采用三维实体放样。

4.4.3 不具备三维实体仿真模型或数控相贯线切割条件时，必须进行相贯线绘制，放样号料。

4.5　相贯线切割

4.5.1　采用相贯线切割机切割或数控相贯线切割机进行，管件在切割前，必须用墨线弹出基准线，作为切割的起止和管件拼装时的定位线，并保证相交管件的中心轴线交汇于一点，相贯线的切割，应先大管后小管，先主管后支管，先厚壁后薄壁。管件切割时应根据不同的节点形式，预留焊接收缩余量。

4.5.2　采用火焰或等离子切割，切割后必须将相贯线周围残留熔渣清除干净，防止焊接缺陷产生。

4.6　球节点、板或铸钢节点加工验收

球节点、板节点、铸钢节点一般在加工厂制作，对成品的外观质量和内在质量符合设计要求和相关规范规定。

4.7　管桁架拼装、焊接

4.7.1　一般桁架尽可能在地面胎架上进行单榀桁架的组拼，然后吊至柱顶就位后再焊接各桁架间的横向杆件，如桁架跨度和总重超出吊装机械能力时，采用在地面按重量分段组焊，各段之间设置临时固定连接接头，分段组焊完成后经焊缝及各部件尺寸检验合格，再拆开分段处的临时固定螺栓，逐段吊运至安装位置的胎架上进行合拢焊缝的焊接。

4.7.2　无论地面胎架或高空安装台架上，单元体拼装先平面后空间，均按照先焊中间节点，再向桁架两端节点扩展，焊接顺序采用从下至上的顺序，在同一节点上先大管后小管、先主管后支管，尽量减少焊接变形和焊接应力，以避免由于焊缝收缩向一端累积而引起桁架各节点间尺寸误差，并且不在同一支管的两端同时施焊。

4.7.3　单元体拼装焊接完成，检验合格后画出安装定位线，标上编号，等候安装。

4.7.4　焊缝尺寸应符合设计要求的计算厚度值或焊脚尺寸，但也要避免过多地堆焊，而产生较大的焊接残余应力。

4.7.5　焊缝坡口根部间隙大于标准规定值（1.5mm）时，可按超标间隙值增加焊脚尺寸，但间隙大于 5mm 时，应先堆焊和打磨方法修整支管端头或在接口处主管表面堆焊焊道，以减小焊缝间隙。

4.7.6　管桁架管-管焊缝 Y、K 形，各节点各焊缝一般由 1 名焊工选用 3～4 点定位焊后，再采用对称焊接法完成焊缝，焊接工艺参见本工艺标准中《手工电弧焊焊接工艺标准》和《二氧化碳气体保护焊焊接工艺标准》的内容。见表 24-1。

T、Y、K 形管节点手工焊工艺参数　　　　**表 24-1**

焊条直径（mm）	焊接电流（A）			
	平焊	横焊	立焊	仰焊
ϕ3.2	120～140	100～130	85～120	90～120
ϕ4	160～180	150～170	140～170	140～170
ϕ5	190～240	170～220	—	—

4.8　管桁架安装

4.8.1　管桁架安装前应根据桁架的结构形式、刚度、外形特点、支撑形式、支座构造

与分布等情况，在满足质量、安全、进度、效益的要求下，结合实际施工技术条件，设备装备状况选择合理的安装方法。常采用的方法有：高空散装法、分条分块安装法、高空滑移法、整体吊装法、整体提升法、整体顶升法。

4.8.2 管桁架安装要在高空搭设拼装胎架时，胎架支撑点的位置要设在节点处，胎架应对承载力和稳定性进行验算，必要时进行试压。

4.8.3 当天完成的安装段应形成稳定体系，胎架支撑点卸载时，根据结构自重扰度采取分阶段按比例下降或同步下降卸载法。

4.9 涂装、标识

4.9.1 涂装可采用人工除锈、酸洗除锈、喷砂除锈，处理后的管材表面不应有焊渣、焊瘤、灰点、油污、水和毛刺等。当设计无要求时，应符合《钢结构工程施工质量验收规范》GB 50205的有关规定。

4.9.2 涂料的涂装遍数和涂装厚度应符合设计要求，安装焊缝处应留50mm暂不涂装。

4.9.3 涂装时的环境温度和相对湿度应符合涂装产品说明书的要求。当产品说明书无要求时，环境温度宜为5～38℃，相对湿度不应大于85%，涂装时构件表面不应有结霜。

4.9.4 构件涂装完后，应在构件的显著位置标出构件的编号。

4.10 检查验收

对原材料检查验收合格的基础上，对各工序的加工尺寸及质量进行验收，最后按规范进行整体验收。

5 质量标准

5.1 主控项目

5.1.1 型材、球节点、板节点、铸钢节点的品种、规格、性能应符合现行国家标准和设计要求。进口型材、管材产品的质量应符合设计和合同规定标准的要求。

5.1.2 型材、管材应按照现行国家标准《钢结构工程施工质量验收规定》GB 50205的规定进行抽样复验，其复验结果应符合现行国家标准和设计要求。

5.1.3 钢管（闭口截面）构件应有预防管内进水、存水的构造措施，严禁钢管内存水。

5.1.4 钢管桁架结构相贯节点焊缝的坡口角度、间隙、钝边尺寸及焊脚尺寸应符合设计要求，当设计无要求时，应符合现行国家标准《钢结构焊接规范》GB 50661的要求。

5.1.5 相贯节点方矩管端部表面不得有裂纹缺陷。

5.1.6 钢管对接焊缝的质量等级应符合设计要求。当设计无要求时，应符合《钢结构焊接规范》GB 50661的规定。

5.1.7 钢材、钢部件拼接或对接时所采用的焊缝质量等级应符合设计要求。当设计无要求时，应采用质量等级不低于二级的熔透焊缝，对直接承受拉力的焊缝，应采用一级熔透焊缝。

5.1.8　钢吊车梁和吊车桁架组装、焊接完成后在自重荷载下不允许有下挠。

5.1.9　钢构件外形尺寸允许偏差符合表 24-2 的规定。

钢结构构件外形尺寸允许偏差　　**表 24-2**

桁架受力支托（支承面）表面至第一安装孔距离	±1.0
石腹梁两端最外侧安装孔距离	±3.0
构件连接处的截面几何尺寸	±3.0
梁连接处的腹板中心线偏移	2.0
受压构件（杆件）弯曲矢高	l/1000 且≤10

5.1.10　钢桁架的几何尺寸偏差和变形应符合设计要求和现行国家标准《钢结构工程施工质量验收规范》GB 50205 的相关规定。运输、堆放和吊装等造成的钢构件变形计涂层脱落，应进行矫正和修补。

5.1.11　钢桁架垂直度和侧向弯曲矢高允许偏差符合表 24-3 的规定。

钢桁架垂直度和侧向弯曲矢高允许偏差　　**表 24-3**

跨中的垂直度	h/250 且≤15	
侧向弯曲矢高 f	l≤30m	l/1000 且≤10
	30<l≤60m	l/1000 且≤30
	l>60m	l/1000 且≤50

5.2　一般项目

5.2.1　型材、球节点、板节点、铸钢节点、管材尺寸、厚度允许偏差应符合其产品标准的要求。

5.2.2　型材、管材的表面外观质量应符合现行国家标准《钢结构工程施工质量验收规范》GB 50205 的有关规定。

钢材的表面外观质量除应符合现行国家标准的规定外，应符合下列规定：

1　当钢材的表面有锈蚀、麻点或划痕等缺陷时，其深度不得大于该钢材厚度允许负偏差值的 1/2，且不应大于 0.5mm；

2　钢材表面的锈蚀等级应符合现行国家标准《涂覆涂料前钢材表面处理 表面清洁度的目视评定　第 1 部分：未涂覆过的钢材表面和全面清除原有涂层后的钢材表面的锈蚀等级和处理等级》GB/T 8923.1 规定的 C 级及 C 级以上等级；

3　钢材端部或端口处不应有分层、夹渣等缺陷。

5.2.3　钢管杆件加工允许偏差符合表 24-4 的规定。

钢管杆件加工允许偏差　　**表 24-4**

长度	±1.0
端面对管轴的垂直度	0.005r
管口曲线	1.0

5.2.4　管材冷矫正的最小曲率和最大弯曲矢高应符合现行国家标准《钢结构工程施工质量验收规范》GB 50205 中的相关规定。

5.2.5　管材的冷弯曲成型最小曲率半径应符合现行国家标准《钢结构工程施工质量验

收规范》GB 50205 中的相关规定。

5.2.6 钢管弯曲成型和矫正后允许偏差符合表 24-5 的规定。

钢管弯曲成型和矫正后允许偏差 表 24-5

<table>
<tr><td>直径</td><td>$d/200$ 且≤3</td></tr>
<tr><td rowspan="3">钢管、箱形杆件测弯</td><td>$l<4000$，$\Delta\leq2$</td></tr>
<tr><td>$4000\leq l<16000$，$\Delta\leq3$</td></tr>
<tr><td>$l\geq16000$，$\Delta\leq5$</td></tr>
<tr><td>椭圆度</td><td>$f\leq d/200$，且≤3</td></tr>
<tr><td>曲率（弧长>1500mm）</td><td>$\Delta\leq2$</td></tr>
</table>

5.2.7 卷制钢管时，卷之后应采用样板检查其弧度，样板与管内壁的间隙应符合表 24-6 规定。

样板与管内壁间隙允许偏差 表 24-6

<table>
<tr><th colspan="2">钢管直径 d（mm）</th><th colspan="2">样板弦长（mm）</th><th colspan="2">样板与壁允许间隙（mm）</th></tr>
<tr><td colspan="2">$d\leq1000$</td><td colspan="2">$d/2$ 且≥500</td><td colspan="2">1.0</td></tr>
<tr><td colspan="2">$1000<d\leq2000$</td><td colspan="2">$d/4$ 且≤1500</td><td colspan="2">1.5</td></tr>
<tr><td colspan="6">卷制后对口错边 $t/10$ 且不应大于 3mm，t 为壁厚</td></tr>
<tr><td colspan="6">卷制时，不得采用锤击方法矫正管材</td></tr>
<tr><td colspan="6">除采用卷制方式加工成型钢管外，钢管接长时每个节间宜为一个接头，最短接长长度应符合规范规定：</td></tr>
<tr><td colspan="3">钢管直径 $d\leq800$mm</td><td colspan="3">不小于 600mm</td></tr>
<tr><td colspan="3">钢管直径 $d>800$mm</td><td colspan="3">不小于 1000mm</td></tr>
<tr><td colspan="6">钢管接长时，相邻管节或管段的纵向焊缝应错开，错开的最小距离（沿弧长方向）应不小于 5 倍的钢管壁厚。主管拼接焊缝与相贯的支管焊缝间的距离应不小于 80mm</td></tr>
<tr><td colspan="6">钢管对接焊缝或沿截面围焊焊缝构造应符合设计要求。当设计无要求时，对于壁厚小于等于 6mm 钢管，宜用Ⅰ形坡口全周长加垫板单面全焊透焊缝；对于壁厚大于 6mm 钢管，宜用 V 形坡口全周长加垫板单面全焊透焊缝。</td></tr>
</table>

5.2.8 钢管结构中相互搭接支管的焊接顺序和隐蔽焊缝的焊接方法应符合设计要求。

5.2.9 桁架结构组装时，杆件轴线交点偏移不宜大于 4mm。

5.2.10 钢桁架外形尺寸允许偏差符合表 24-7 的规定。

钢桁架外形尺寸允许偏差 表 24-7

<table>
<tr><td rowspan="4">桁架最外端两个孔或两端支承面最外侧距离 l</td><td rowspan="2">$l\leq24$m</td><td>+3.0</td></tr>
<tr><td>−7.0</td></tr>
<tr><td rowspan="2">$l>24$m</td><td>+5.0</td></tr>
<tr><td>−10.0</td></tr>
<tr><td colspan="2">桁架跨中高度</td><td>±10.0</td></tr>
<tr><td rowspan="3">桁架跨中拱度</td><td>设计要求起拱</td><td>$l/5000$</td></tr>
<tr><td rowspan="2">设计无要求起拱</td><td>+10.0</td></tr>
<tr><td>−5.0</td></tr>
<tr><td colspan="2">相邻节间弦杆弯曲</td><td>$l/1000$</td></tr>
<tr><td colspan="2">支承面到第一个安装孔距离 a</td><td>±1.0</td></tr>
<tr><td colspan="2">檩条连接支座间距</td><td>±3.0</td></tr>
</table>

5.2.11 钢管构件外形尺寸允许偏差符合表 24-8 的规定。

钢管构件外形尺寸允许偏差　　表24-8

项目	允许偏差（mm）
直径 d	$d/250$ 且≤5
构件长度 l	±3.0
管口圆度	$d/250$ 且≤5
管端面管轴线垂直度	$d/500$ 且≤3
弯曲矢高	$l/1500$ 且≤5
对口错边	$t/10$ 且≤3

5.2.12 钢构件预拼装允许偏差符合表24-9的规定。

钢构件预拼装允许偏差　　表24-9

项目			允许偏差（mm）
梁、桁架	跨度最外两端安装孔或两端支承面最外侧距离		+5.0 −10.0
	接口截面错位		2.0
	拱度	设计有要求起拱	$l/5000$
		设计无要求起拱	$l/2000$；0
	节点处杆件轴线错位		4.0
管构件	预拼装单元总长		±5.0
	预拼装单元弯曲矢高		$l/1500$ 且≤10
	对口错边		$t/10$ 且≤3
	坡口间隙		+2.0；−1.0

5.2.13 钢桁架垂直度和侧向矢高允许偏差符合表24-10的规定。

钢桁架垂直度和侧向矢高允许偏差　　表24-10

项目	允许偏差（mm）	
跨中垂直度	$h/250$ 且≤15	
侧向弯曲矢高 f	l≤30m	$l/1000$ 且≤10
	30<l≤60m	$l/1000$ 且≤30
	l>60m	$l/1000$ 且≤50

5.2.14 抗风柱、桁架垂直度的允许偏差为h/250且不大于15.0。

6 成品保护

6.0.1 钢构件严禁平放高叠，成品应立放，并用支撑固定，构件不得发生弯曲变形。

6.0.2 钢构件侧向刚度较小时，吊装前两侧面应用圆木临时加固，并选择合适的吊点。

6.0.3 构件在转运过程中，钢丝绳绑扎处宜用柔性材料保护，如发生涂层破坏应及时补涂。

6.0.4 钢构件在吊运过程中严禁碰撞。

7 注意事项

7.1 应注意的质量问题

7.1.1 钢结构所用的杆件、零部件在下料时应及时编号，并分开堆放，以防混用。

7.1.2 放样和号料时要预留焊接收缩量和加工余量，经验收合格后办理预检手续。

7.1.3 制作时编制严格的焊接工艺，防止焊接变形，减小焊接残余应力。

7.1.4 零部件在搬运或存放过程中，要有防止发现变形的措施。

7.2 应注意的安全问题

7.2.1 各种机械在使用前应经过试运转，合格后方可操作。机械的电气部分应有接地接零保护装置，绝缘部位绝缘性能良好。

7.2.2 现场材料应按品种分类堆放；作业场地周围不应堆放易燃易爆材料，与氧气瓶、乙炔瓶等的距离不得小于10m。

7.2.3 零部件堆放时，应保持零部件稳定或支撑牢固，防止倾倒伤人。

7.2.4 桁架制作时所用的支撑架、胎膜、安装平台须经过承载力和稳定性的验算，以确保安全。

7.3 应注意的绿色施工问题

7.3.1 居民区施工时要避免夜间施工，以免扰民。

7.3.2 施工所用的机械在停班或班后按规定停机，关闭电源。

7.3.3 施工现场的螺栓、电焊条等包装箱、包装纸、包装袋及时分类回收，避免环境污染。

7.3.4 作业区内构件排放整体有序，作业面保持清洁、干净。

7.3.5 施工过程中烟气排放应符合现行国家标准《大气污染物综合排放标准》GB 16297的规定。

7.3.6 施工现场必须做到道路畅通、排水畅通无积水，现场整洁干净，现场材料、机具堆放整齐有序。

8 质量记录

8.0.1 所用钢材的质量合格证明文件、中文标志及性能检测报告。

8.0.2 制作工艺文件。

8.0.3 焊接工艺评定报告。

8.0.4 焊工合格证书及编号。

8.0.4 焊接预热施工记录。

8.0.5 焊条烘焙记录。

8.0.6 钢结构制作（安装）焊接工程检验批质量验收记录。

8.0.7　钢结构制作（安装）焊接分项工程质量验收记录。
8.0.8　钢管桁架结构工程检验批质量验收记录。
8.0.9　施工记录（交接检验记录、各工序施工记录）。
8.0.10　构件焊缝外观、尺寸检查记录。
8.0.11　焊缝探伤检测记录。
8.0.12　其他技术文件。

第 25 章　钢索和膜结构施工工艺标准

本工艺适用于张拉式索膜结构的制作和安装工作施工。

1　引用标准

《钢结构设计标准》GB 50017—2017
《钢结构工程施工规范》GB 50755—2012
《钢结构工程施工质量验收规范》GB 50205—2001
《膜结构技术规程》CECS 158：2015
《重要用途钢丝绳》GB/T 8918—2006
《一般工程用铸造碳钢件》GB/T 11352—2009
《预应力筋用锚具、夹具和连接器》GB/T 14370—2015
《预应力筋用锚具、夹具和连接器应用技术规程》JGJ 85—2010
《桥梁缆索用高密度聚乙烯护套料》CJ/T 297—2016
《镀锌钢绞线》YB/T 5004—2012

2　术语

2.0.1　膜片：经裁剪后形成的单片平面膜材。
2.0.2　膜单元：将数块膜片经热合后形成的能适应一定支撑结构边界的膜材单元。
2.0.3　热合：通过专业设备，在高温下将膜片熔合连接的过程。

3　施工准备

3.1　作业条件

3.1.1　应有相应的施工组织设计、施工方案等技术文件并经审查批准。
3.1.2　膜单元的支撑结构已制作安装完毕，验收合格。支撑结构可为钢结构、混凝土结构等多种承重结构体系。

3.1.3 作业人员经过专业培训，特种作业人员应持证上岗。

3.1.4 施工制作和安装所用的检测工具、仪器经计量检查标定。

3.1.5 膜单元安装时，现场风力不宜超过4级。

3.1.6 施工前应对膜片尺寸，膜材与支承骨架、钢索、边缘构件的连接节点等进行深化设计。

3.2 材料及机具

3.2.1 膜材料结构

1 拉索和锚具：采用热挤聚乙烯高强钢丝拉索，钢丝绳式钢拉索，其化学成分和力学性能应符合设计要求和现行国家标准拉索的锚接可采用浇铸式（冷铸锚、热铸锚）、压接式或机械式锚具。锚具表面应做镀锌、镀铬等防腐处理。

2 膜材：一般为复合材料，一般由中间的纤维纺织布基层和外层涂料组成，称为涂层织物。膜结构以膜材、钢索及支柱结构构成，利用钢索与支柱在膜材中导入张力以达稳定的形式。

3 夹具：应采用不锈钢、铝合金或镀锌钢材制作，材料的化学成分和质量应符合设计要求和现行国家标准，型材尺寸允许偏差应达到相应产品标准要求。

4 紧固件：膜结构连接用紧固件及螺母、垫圈等标准配件，其材质、品准、规格、性能等应符合现行国家标准和设计要求。

3.2.2 施工机具：裁剪设备、热熔焊设备、吊装设备、张拉设备、锚具锚固设备。

4 操作工艺

4.1 工艺流程：

膜单元制作 → 支撑钢结构安装 → 钢索及锚具安装 → 膜单元吊装、安装 → 预应力张拉 → 检查验收

4.2 膜单元制作

4.2.1 索膜结构体形通常都较为复杂，各种角度变化较多，且加工精度要求非常高。在膜结构制作前，需要对工程所用膜材及配件按设计和规范要求进行材质和力学性能检验，如膜材的双向拉伸试验。膜材加工制作要严格按设计图纸在专业车间由专业人员制作。

4.2.2 由于索膜结构通常均为空间曲面，裁剪就是用平面膜材表示空间曲面。这种用平面膜材拟合空间曲面的方法必然存在误差，所以裁剪人员在膜材裁剪加工过程中加入一些补救措施是相当必要的。对已裁剪的膜片要分别进行尺寸复测和编号，并详细记录实测偏差值。裁剪作业过程中应尽量避免膜体折叠和弯曲，以免膜体产生弯曲和折叠损伤而使膜面褶皱，影响建筑美观。

4.2.3 膜材连接缝的布置，应根据建筑体型、支承结构位置、膜材主要受力方向以

及美观效果等因素综合确定。膜材之间的主要受力缝宜采用热合连接，其他连接缝也可采用粘结或缝合连接，在正式热合加工前，要进行焊接试验，确保焊接处强度不低于母材强度。

热合连接的对接缝宽度，应根据膜材类别、厚度和边接强度的要求确定。对 P 类膜材不宜小于 40mm，对 G 类膜材不宜小于 75mm。对小跨度建筑、临时性建筑以及建筑小品，膜材的搭接缝宽度不宜小于 25mm，对 G 类膜材不宜小于 50mm。

4.2.4　膜材加工制作工艺流程为：膜裁剪出图→审图→膜加工技术交底→检验→放样→裁剪→膜材预拼装→膜材热熔合→边缘加工→成型尺寸复核→清洗→包装→出厂。

4.2.5　经检验合格的成品膜体，在包装前，应根据膜体特性、施工方案等确定完善的包装方案。如聚四氟乙烯为涂层的是玻璃纤维为基层的膜材料可以以卷的方式包装，其中卷芯直径不得小于 100mm，对于无法卷成筒的膜体可以在膜体内衬填软质填充物，然后折叠包装。包装完成后，在膜体外包装上标记包装内容、使用部位及膜体折叠与展开方向。在膜材运输过程中要尽量避免重压、弯折和损坏。同时在运输时也要充分考虑安装次序，尽量将膜体一次运送到位，避免膜体在场内的二次运输，减少膜体受损的机会。

4.3　支撑钢结构安装

张拉索膜结构的支承可分为刚性边界和柔性边界。支承结构安装误差的大小，不仅直接影响建筑的外观，还影响结构内预应力的分布，严重者将影响结构的安全性。在安装支承钢结构前，应按规范和设计要求对钢结构基础的顶面标高、轴线尺寸做严格的复测，并做好复测记录。支承结构安装工艺流程为：钢结构预埋交底→钢结构预埋→钢结构制作→基础预埋复核→构件防腐涂装→构件防火涂装→构件吊装。

4.4　拉索及锚具安装

4.4.1　成品拉索出厂前应经超张拉检测，超张拉荷载为索标称破断荷载的 45%～60%。

4.4.2　钢丝绳拉索下料前必须进行预张拉，预张拉值为索体标称破断荷载的 0.55 倍，荷载持续时间不小于 1h，强拉次数不少于 2 次。

4.4.3　检查锚具无损伤，防腐处理符合产品标准和设计要求。

4.4.4　拉索安装施工应编制专项施工方案。放索前需清理现场，以防索体被划伤。拉索牵引过程中，必须用专用吊装夹具及牵引工具，避免拉索被损伤及破坏保护层，有较大转角时应设置转向架。

4.4.5　户外安装时，风力不宜大于 4 级，避免拉索发生大振动现象。

4.4.6　安装后调整索力，对于索系支撑式膜结构的重要部位，采用索力和位移的双控。其他膜结构类型的拉索以施力点的位移值作为控制标准。

4.4.7　索力、位移调整后，对索端锚具的锚固进行检查，均应满足设计和安全要求。

4.5　膜单元吊装、安装

4.5.1　将所有需要停放膜材料的场地清洁干净，铺设洁净的地面保护膜，在地面保护膜上按安装方向展开成品膜片，根据安装方案的要求，将需要在地面安装的附件安装就绪并验收合格。

4.5.2　按照安装方案搭设安全稳固的高空作业工作平台。

4.5.3　吊装膜单元时，根据施工安装方案采取捆扎吊装或展开吊装的方法，吊装时需紧密配合，协调工作，统一指挥。吊装前必须确定膜片的准确位置，保证一次吊装成功。

4.5.4　高空作业人员携带随身工具，随时协助膜片吊装及展开就位。展开膜片时应在膜片上安装临时夹板，严格检查膜片受力处有无裂口，发现裂口须及时修复。

4.5.5　膜单元吊装时风力不宜大于四级。

4.5.6　将膜索连接处进行适当调整，达到连接均匀到位。

4.6　预应力张拉

4.6.1　严格检查千斤顶、测力传感器、仪表和张拉设备构是否完好。

4.6.2　对膜片与钢索和钢结构的连接节点进行全面检查，确认膜片边缘及折角处的所有附件连接完好，不会有膜片直接受力的情况。发现膜片有直接受力部位，须立即采取补救措施。

4.6.3　认真核对施工图，仔细检测施力点的位移量和预应力状态下的受力值。

4.6.4　按施工安装方案用张拉设备和测力仪器，在施力点对整体结构体系施加预张力。施力过程按安装方案确定的步数和每步的位移量进行，如有必要可视现场具体情况做有效的调整。同时在膜片上适当位置观察膜的紧绷均匀程度和整体结构体系的受力情况；观察施力设备的施力值。

4.6.5　最后一步施加预张力与上一步的间隔时间应大于 24h，以消除膜材料的徐变。施力的控制标准，以施力点位移达到设计范围为准。

4.6.6　膜结构所有部分安装完毕后应清洗干净。

4.7　检查验收

4.7.1　膜结构制作、安装分项工程应按具体情况分为一个或者若干个检验批。与膜结构制作安装相关的钢结构分项工程的验收应按《钢结构工程施工质量验收规范》GB 50205 执行。

4.7.2　膜结构的支撑结构和各项连接构造应符合设计要求。

4.7.3　膜面排水、防水应全部进行检查。膜面应无明显污渍、串色现象，无破损划伤无明显褶皱。

4.7.4　工程完工后宜检查膜面的张力值是否符合设计的要求。

5　质量标准

5.1　主控项目

5.1.1　拉索、拉杆、锚具、膜结构及其他连接件的品种、规格、性能应符合国家产品标准和设计要求。

5.1.2　拉索、拉杆、锚具、膜材按现行国家标准《钢结构工程施工质量验收规范》GB

50205 的规范规定进行抽查复验，其复验结果应符合国家产品标准和设计要求。

5.1.3　索杆的拉索、拉杆、索头长度、销轴直径、锚头开口深度等尺寸和偏差应符合其产品标准的规定和设计要求。

5.1.4　采用铸钢件制作的锚具，应采用超声波探伤进行内部缺陷的检查，其内部缺陷分级及探伤方法应符合现行国家标准《铸钢件超声波检测》GB/T 7233.12 的规定，检查结果应符合设计要求。

5.1.5　成品拉索应进行超张拉检验，超张拉载荷应为拉索标称破断力的 55%和设计拉力值两者的最大值，且超张拉持续时间不应小于 1h。检验后，拉索应完好无损。

5.1.6　膜材料、膜片放样尺寸、膜片裁剪尺寸应符合设计要求，膜片放样尺寸允许偏差不应超过±1mm、膜片裁剪尺寸允许偏差不应超过±2mm。

5.1.7　施工单位对其首次采用的膜片热合连接形式、热合设备、热合层数、热合膜材等，应进行热合工艺评定，根据评定报告制定热合工艺和实施方案。

5.1.8　索杆预应力施加方案，包括预应力施加顺序、分阶段张拉次数、各阶段张拉力和位移值应符合设计要求；对承重索杆应进行内力和位移双控制，各阶段张拉力值或位移变形值允许偏差为±10%。

5.1.9　内力和位移测量调整后，索杆端锚具连接固定及保护措施应符合设计要求；索杆锚固长度、锚固螺纹旋合丝扣、螺母外侧露出丝扣等应满足设计要求，当设计无要求时，应符合表 25-1 的规定。

索杆螺母连接外露丝扣允许偏差　　**表 25-1**

<table>
<tr><td rowspan="3">索杆端锚固连接构造要求</td><td>项目</td><td>连接构造要求</td></tr>
<tr><td>锚固螺纹旋合丝扣</td><td>旋合长度≥1.5d（d 为索杆直径）</td></tr>
<tr><td>螺母外侧露出丝扣</td><td>宜露出 2～3 扣</td></tr>
</table>

5.1.10　连接固定膜单元的耳板、T 形件、天沟等的螺孔、销孔空间位置允许偏差不应超过 10mm，相邻两个孔间距允许偏差不应超过 5mm。

5.1.11　膜结构安装应按照经审核的膜单元总装图和分装图进行安装。膜单元安装前，应在地面按设计要求施加预应力，且将膜边拉伸至设计长度。

5.1.12　膜结构预张力施加应以施力点位移和外形尺寸达到设计要求为控制标准，位移和外形尺寸允许偏差不应超过±10%。

5.2　一般项目

5.2.1　拉索、拉杆、锚具及其连接件尺寸允许偏差符合其产品标准和设计要求；表面应光滑，不应有裂纹和目视可见的折叠、分层、结疤和锈蚀等缺陷。锚具与有保护层的拉索、拉杆防水密封处不应有损伤。

5.2.2　膜结构用的膜材表面应光滑平整，无明显色差。局部不应出现大于 $100mm^2$ 涂层缺陷（涂层不均、麻点、油丝等涂层缺陷）和无法消除的污迹。

5.2.3　锚具表面不应有裂纹、未熔合、气孔、缩孔、夹砂及明显凹坑等外部缺陷。锚具表面的防腐处理和保护措施应符合现行产品标准的规定和设计要求。

5.2.4　拉索、拉杆应按其预拉力设计值控制进行带应力状态下料，拉索、拉杆直径、长度应符合设计要求，尺寸偏差符合表 25-2 规定。

拉索、拉杆尺寸允许偏差　　表 25-2

<table>
<tr><td rowspan="5">拉索尺寸允许偏差（mm）</td><td colspan="2">拉索、拉杆直径 d</td><td>+0.015d
−0.010d</td></tr>
<tr><td colspan="2">带外包层索体直径</td><td>+2
−1</td></tr>
<tr><td rowspan="3">索杆长度 l</td><td>$l \leqslant 50$m</td><td>±15</td></tr>
<tr><td>$50 < l < 100$m</td><td>±20</td></tr>
<tr><td>$l \geqslant 100$m</td><td>±0.0002l</td></tr>
</table>

5.2.5 热合成型后的膜单元，其外形尺寸应符合设计要求，外形尺寸允许偏差符合表 25-3 要求。

膜单元外形尺寸允许偏差（mm）　　表 25-3

<table>
<tr><td rowspan="3">膜单元外形尺寸允许偏差（mm）</td><td>PTFE 膜材</td><td>不超过±10</td></tr>
<tr><td>PVC 膜材</td><td>不超过±15</td></tr>
<tr><td>ETFE 膜材</td><td>不超过±5</td></tr>
</table>

5.2.6 膜单元、热合缝周边应平整，干净、无破损；膜片搭接方向、热合缝宽度应符合设计要求，热合缝宽度允许偏差不应超过±2mm。

5.2.7 预应力施加完毕，拉索、拉杆（含保护层）、锚具、销轴及其他连接件应无损伤。

5.2.8 膜结构安装完毕后，其外形和建筑观感应符合设计要求；膜面应平整美观，无存水、漏水、渗水现象。

6 成品保护

6.0.1 膜面放置的场地应清理干净，并铺洁净的地面保护膜，防止污损。

6.0.2 膜材在运输过程中尽量避免膜体折叠、重压，防止损坏。

6.0.3 张拉过程中钢架上不能出现尖锐物体，以免划伤膜材。

6.0.4 膜面清洗时，应使用膜材供应商许可的专用清洁剂。

6.0.5 钢架与膜面之间应按规定设置隔离塑胶条。

7 注意事项

7.1 应注意的质量问题

7.1.1 膜结构制作应在专业化工厂进行，工厂应具备洁净、干燥、避免阳光直射的环境条件和膜结构制作的专用设备和车间，室内工作温度保持在 5～30℃范围内，应避免热辐射对膜材的影响。

7.1.2 锚具等主要受力构件应进行超声波探伤及磁粉探伤。

7.1.3 膜片裁剪必须由专业人员设计并由专业人员严格按照图纸进行裁剪。

7.1.4 膜片热熔焊接时应按规范要求进行焊接工艺评定试验，根据试验结果制定焊接工艺和焊接作业指导书。

7.1.5 张拉时严格按照设计要求的张拉力分次张拉。

7.1.6 当膜面在 15m 或更大距离内无支承时，宜增设加强索对膜材局部加强。

7.1.7 有特殊要求的膜片连接可考虑现场加工制作，并制定相应的工艺要求以确保质量。

7.2 应注意的安全问题

7.2.1 高空作业前应搭设稳固的高空作业工作平台。

7.2.2 起重吊装作业应严格遵守相应安全操作规程。

7.2.3 作业前，使用的机械设备和电器工具应按规定检查验收合格后方可使用。

7.2.4 遇膜片较大当日不能完成连接，收工前必须采取安全牢固的临时连接措施。

7.2.5 膜片吊装时风力不宜大于四级。

7.3 应注意的绿色施工问题

7.3.1 作业区应控制噪声，合理安排作业时间，减少对周边环境的影响。

7.3.2 施工所用的机械在停班或班后按规定停机，关闭电源。

7.3.3 施工现场的包装箱、包装纸、包装袋及时分类回收，避免环境污染。

7.3.4 作业区内构件排放整体有序，作业面保持清洁、干净。

7.3.5 施工现场必须做到道路畅通、排水畅通无积水，现场整洁干净，现场材料、机具堆放整齐有序。

8 质量记录

8.0.1 钢材、钢索、锚具、膜材等出厂合格证和检验报告以及质量证明文件。

8.0.2 锚具、膜材、拉索抽样检验报告。

8.0.3 热熔焊接工艺评定报告。

8.0.4 膜结构张拉施工记录。

8.0.5 预应力张拉施工记录。

8.0.6 膜材拉伸试验记录。

8.0.7 锚具无损探伤报告。

8.0.8 膜结构制作检验批质量验收记录。

8.0.9 膜结构安装检验批质量验收记录。

8.0.10 钢索膜结构分项工程质量验收记录。

8.0.11 其他技术文件。

第 26 章　压型金属板制作安装

本工艺适用建筑用压型金属板的施工。可作为屋面板、墙板与现浇混凝土结合成为结构楼承板压型板施工。

1　引用标准

《钢结构设计标准》GB 50017—2017
《钢结构工程施工规范》GB 50755—2012
《钢结构工程施工质量验收规范》GB 50205—2001
《建筑用压型钢板》GB/T 12755—2008

2　术语

2.0.1　咬合板：成型板纵向边为可相互搭接的压型边，板与板自然搭接后，经专用机具沿长度方向卷边咬合并通过固定支架（座）与结构连接的压型金属板。

2.0.2　扣合板：成型板纵向边可相互搭合的压型边，板与板自然搭接后通过紧固件与结构连接的压型钢板。

3　施工准备

3.1　作业条件

3.1.1　编制施工组织设计（施工方案），按规定进行审批或论证，并做好作业前的安全技术交底。

3.1.2　金属压型板用于结构楼承板时，楼层梁应安装完成，验收合格并办理了隐蔽手续。用于金属面板、墙面板时，屋面檩条、墙面檩条均已安装完成，验收合格。

3.1.3　相关作业人员必须经过专业培训考试合格，特种作业人员持证上岗。

3.1.4　施工所用的安全走道搭设完毕，施工用电的连接符合安全用电的要求。

3.1.5　压型金属板已进场且验收合格。

3.2　材料及机具

3.2.1　材料：压型金属板材、电焊条、螺钉、自攻钉。

3.2.2　机具：等离子切割机、手提切割机、电钻、角向磨光机、皮手锤、锁口机、压型板压力机、拆边机、剪板机、点焊设备、吊装设备。

4　操作工艺

4.1　工艺流程

排版定尺 → 压型金属板制作板 → 安装放线 → 压型钢板分层、分区配料 →
起吊 → 压型板安装 → 附件安装 → 验收

4.2　排板定尺

根据图纸要求绘制排板图，统计构件数量。按尺寸长度工厂加工或现场加工。所用板面较长，需要纵向搭接时，定尺时要考虑搭接长度，屋面板搭接长度与坡度有关，严格按规范要求，墙面板纵向搭接长度不少于 120mm。

4.3　压型金属板制作

压型金属板一般由工厂生产线加工制作，运送至现场安装。当板的长度较长不便运输时，可进行现场制作。压型金属板的压制采用压型机压制，压制采用的金属板原材的材质、厚度、表面处理等均应符合设计要求和现行产品标准。压制时先进行试压，试压后检查压型板的形状、尺寸和允许偏差符合规范要求后再批量压制，检验合格后按要求包装运输到现场。当板长大于 12m，且使用面积较大时，可在现场压制，现场加工时应注意：

1　场地选在屋面板的起吊点；

2　加工原料尽可能放置在压制设备附近；

3　压制设备安装场地平整、安装稳固并搭设防雨设施。

4.4　安装放线

4.4.1　安装放线前对安装面上的已有建筑成品进行测量，对达不到安装要求的部件提出修改，对施工偏差作出记录，针对偏差提出相应的安装措施。

4.4.2　根据排板设计确定排板起始线的位置，屋面施工时先在檩条上标出起点，即在沿跨度方向在每个檩条上标出排板起始点，各个点的连线与建筑物的纵轴线相垂直，而后在板的宽度方向每隔几块板标注一次，以限制板的宽度方向安装偏差积累，墙板安装也应用类似方法放线。

4.4.3　屋面板及墙面板安装后，应对配件的安装作二次放线，以保证檐口线、屋脊线、窗口门口及转角的水平直线度和垂直度。

4.5　搭设支顶架

楼承板用压型金属板安装时，压型钢板的相邻梁间距大于压型钢板允许承载的最大跨度的两梁之间，应根据施工组织设计的要求搭设支顶架。

4.6　压型金属板分层、分区配料

压型金属板安装前，应按区、层对压型钢板进行配料并摆放整齐。现场直接压制时，应按配料表顺序压制。

4.7　起吊

4.7.1　压型板吊装可以采用多种方法，如汽车吊吊升、卷扬机吊升和人工吊升等。应根据压型板的尺寸、材质、安装高度、工程规模等进行选择。

4.7.2　压型钢板宜采用吊架吊运到安装区，吊绳不能直接勒在压型板上以防变形。吊装时应稳起稳放，吊至安装区域结构构件上摆放时应注意便于施工。铺设临时马道，便于型板的滑移和就位。

4.8　安装压型板

4.8.1　将提升到屋面的板材按排板起始线放置，并使板材的宽度覆盖标志线对准起始线。

4.8.2　用紧固件紧固两端后，再安装第二块板，其安装顺序为先自左（右）至右（左），后自下而上。

4.8.3　安装到下一放线标志点处，复查板材安装的偏差，当满足设计要求后进行板材的全面紧固。不能满足要求时，应在下一标志段内调正，当在本标志段内可调正时，可调整本标志段后再全面紧固。依次全面展开安装。

4.8.4　安装夹芯板时，应挤密板间缝隙，当就位准备，仍有缝隙时，应用保温材料填充。

4.8.5　安装现场复合的板材时，上下两层钢板均按前叙方法。保温棉铺设应保持其连续性。

4.8.6　安装完后的屋面应及时检查有无遗漏紧固点，对保温屋面，应将屋脊的空隙处用保温材料填满。

4.8.7　在紧固自攻螺丝时应掌握紧固的程度，不可过度，过度会使密封垫圈上翻，甚至将板面压得下凹而积水。紧固不够会使密封不到位而出现漏雨。

4.8.8　压型金属板应在支承构件上可靠搭接，搭接长度应符合设计要求和现行规范规定。板的纵向搭接，应按设计铺设密封条和设密封胶，并在搭接处用自攻螺丝或带密封垫的拉铆钉连接，紧固件应拉在密封条处。

4.8.9　楼承板用压型金属钢板按图纸放线安装、调直、压实并点焊牢靠。要求如下：

1　波纹对直，以便钢筋在波内通过；

2　与梁搭接在凹槽处以便施焊；

3　每凹槽处必须焊接牢靠。每凹槽焊点不得少于一处，焊接点直径不得小于1cm。

4.8.10　压型板分为咬合板和扣合板。咬合板铺设完毕，调直固定应及时，用锁口机进行锁口，防止由于堆放施工材料和人员交通造成压型钢板咬口分离。

4.9　附件安装

4.9.1　屋脊板、泛水板、包角板、檐口板等附件的连接节点应按设计要求和相关规范执行，安装前应先放线，再安装固定。固定应牢固可靠，密封材料敷设完好，连接件的数量，间距应符合设计要求和现行有关规范标准。

4.9.2　楼承板用封边板、堵头板安装时，放出封边板安装线，安装时用手工电弧焊焊接固定，焊缝长度不小于25mm，间距不大于300mm。封口板安装时，封口板与压型金属板在每个波峰、波谷处用手工电弧焊各点焊两处，且确保焊接牢固。

4.10　验收

除对压型金属板施工材料进场及制作加工进行逐项验收外，安装完成后对压型板及附件安装的连接情况、搭接或咬合质量、支架安装质量、压型板安装的密封性、保温性、防水性和外观质量要求检查验收，均应符合现行国家标准《钢结构工程施工质量验收规范》GB 50205的合格规定。

5 质量标准

5.1 主控项目

5.1.1 金属压板型、泛水板、包角板和零配件及制造所用材料、防水密封材料的品种、规格、性能应符合现行国家标准和设计要求。

5.1.2 压型板成型后，其基板不应有裂纹，涂层、镀层不应有肉眼可见的裂纹、剥落和擦痕等缺陷。

5.1.3 压型金属板，泛水板和包角板等应固定、可靠、牢固，防腐涂料涂层和密封材料敷设完好，连接件数量、规格、间距应符合设计要求和国家现行有关标准规定。

5.1.4 扣合型和咬口型压型金属板板肋的扣合和咬扣应牢固，板肋处无开裂、脱落现象。

5.1.5 压型金属板应在支承构件上可靠搭接。搭接长度应符合设计要求，且不应小于表 26-1 规定的数值。

压型金属板在支承构件上搭接长度 **表 26-1**

<table>
<tr><th colspan="2">项目</th><th>搭接长度</th></tr>
<tr><td colspan="2">截面高度>70</td><td>375</td></tr>
<tr><td rowspan="2">截面高度≤70</td><td>屋面坡度≤1/10</td><td>250</td></tr>
<tr><td>屋面坡度>1/10</td><td>200</td></tr>
<tr><td colspan="2">墙面</td><td>120</td></tr>
</table>

5.1.6 组合楼板中压型钢板与支承结构的锚固支承长度应符合设计要求，且在钢梁上支承长度不应小于 50mm，在混凝土梁上支承长度不应小于 75mm，端部锚固件连接应可靠，设置位置应符合设计要求。

5.1.7 组合楼板中压型金属板侧向在钢梁上的搭接长度不应小于 25mm，在设有预埋件的混凝土梁或砌体墙上的搭接长度不应小于 50mm；压型钢板铺设末端距钢梁上翼缘或预埋件边不大于 200mm，可用收边板收头。

5.1.8 压型金属板屋面、墙面的造型和立面分格应符合设计要求。

5.1.9 固定支架数量、间距应符合设计要求，紧固件固定应牢固、可靠，与支承结构应密贴。固定支架安装允许偏差符合表 26-2 的规定。

压型金属板固定支架安装允许偏差 **表 26-2**

项目	允许偏差（mm）
沿板长方向，相邻固定支架横向偏差	±2.0
沿板宽方向，相邻固定支架纵向偏差	±5.0
沿板宽方向相邻固定支架横向间距偏差	+3.0；−2.0
相邻固定支架高度偏差	±4.0
固定支架纵向倾角	±1.0°
固定支架横向倾角	±1.0°

5.1.10 变形缝、屋脊、檐口、山墙、穿透构件、天窗周边、门窗洞口、转角等部位的连接构造应符合设计要求和国家现行有关标准规定。

5.1.11 压型金属板板搭接部位、各连接点部位应密封完整、连续、防水符合设计要求。

5.2 一般项目

5.2.1 压型金属板的规格尺寸及允许偏差、表面质量，涂层质量等应符合设计要求和现行国家标准《钢结构工程施工质量验收规范》GB 50205的规定。

5.2.2 压型金属板用固定支架、紧固件，表面应无变形、损伤、锈蚀。

5.2.3 压型金属板用橡胶垫、密封胶及其他特殊材料，外观质量应符合产品标准要求，包装完好。

5.2.4 压型金属板制作允许偏差应符合表26-3的规定。

压型金属板制作允许偏差　　表26-3

<table>
<tr><th colspan="3">项目</th><th colspan="2">允许偏差（mm）</th></tr>
<tr><td rowspan="9">压型钢板制作</td><td rowspan="2">波高</td><td>截面高度≤70</td><td colspan="2">±1.5</td></tr>
<tr><td>截面高度>70</td><td colspan="2">±2.0</td></tr>
<tr><td rowspan="3">覆盖宽度</td><td rowspan="2">截面高度≤70</td><td>搭接型</td><td>扣合型咬合型</td></tr>
<tr><td>+10.0；−2.0</td><td>+3.0；−2.0</td></tr>
<tr><td>截面高度>70</td><td>+6.0；−2.0</td><td>+3.0；−2.0</td></tr>
<tr><td colspan="2">板长</td><td colspan="2">+9.0；0</td></tr>
<tr><td colspan="2">波距</td><td colspan="2">±2.0</td></tr>
<tr><td colspan="2">横向剪切偏差（沿截面全宽b）</td><td colspan="2">b/100或6.0</td></tr>
<tr><td>侧向弯曲</td><td>在测量长度范围内</td><td colspan="2">20.0</td></tr>
<tr><td rowspan="9">压型铝合金板制作</td><td colspan="2">波高</td><td colspan="2">±3.0</td></tr>
<tr><td colspan="2" rowspan="2">覆盖宽度</td><td>搭接型</td><td>扣合型咬合型</td></tr>
<tr><td>+10.0；−2.0</td><td>+3.0；−2.0</td></tr>
<tr><td colspan="2">板长</td><td colspan="2">+25.0；0</td></tr>
<tr><td colspan="2">波距</td><td colspan="2">±3.0</td></tr>
<tr><td>板边缘波浪高度</td><td>每米长度内</td><td colspan="2">≤5.0</td></tr>
<tr><td>板纵向弯曲</td><td>每米长度内（距250mm内除外）</td><td colspan="2">≤5.0</td></tr>
<tr><td rowspan="2">板侧向弯曲</td><td>每米长度内</td><td colspan="2">≤4.0</td></tr>
<tr><td>任意10m长度内</td><td colspan="2">≤20</td></tr>
<tr><td rowspan="3">泛水、包角、屋脊盖板制作</td><td colspan="2">板长</td><td colspan="2">±6.0</td></tr>
<tr><td colspan="2">折弯面宽度</td><td colspan="2">±2.0</td></tr>
<tr><td colspan="2">折弯面夹角</td><td colspan="2">≤2°</td></tr>
</table>

5.2.5 压型金属板成型后，板面应平直，切面整齐，无明显翘曲；表面应清洁，无油污、无明显划痕、磕伤等。

5.2.6 压型金属板安装应平整，顺直、板面不应有施工残留物和污物，檐口和墙面下端应呈直线，不应有未经处理的孔洞。

5.2.7 采用的自攻螺钉、铆钉、射钉等与被连接板应紧固密贴，外观排列整齐。

5.2.8 安装允许偏差应符合表26-4的规定。

安装允许偏差　　表 26-4

屋面	檐口与屋脊的平行度	12.0
	压型金属板波纹线对屋脊的垂直度	$L/800$，且≤25.0
	檐口相邻两块压型金属板端部错位	6.0
	压型金属板卷边板件最大波浪高	4.0
墙面	竖排墙板波纹线的垂直度	$H/800$ 且≤25.0
	横排墙板波纹线的平行度	12.0
	墙板包角板垂直度	$H/800$ 且≤25.0
	相邻两块压型板的下端错位	6.0
组合楼板中压型板	板在梁上相邻列的错位	15.0

5.2.9 变形缝、屋脊、檐口、山墙、穿透构件、天窗周边、门窗洞口、转角等连接部位表面清洁干净，不应有施工残留物和污物。

5.2.10 装配式金属屋面系统保温隔热、防水等材料及构造应符合设计要求和现行国家有关标准的规定。

6 成品保护

6.0.1 压型钢板压制后应在库内存放，防止日晒雨淋。

6.0.2 现场压制时应有临时支架多点支撑保护，随时安装随时制造，减少堆放积压。

6.0.3 压型钢板在装、卸、安装中严禁用钢丝绳捆绑直接起吊，运输及堆放应有足够支点，以防变形。

7 注意事项

7.1 应注意的质量问题

7.1.1 铺设前对板侧向弯曲变形矫正好，防止铺设板出现侧弯。

7.1.2 钢梁顶面油漆未干，严禁在压型板上脚踏。

7.1.3 压型板的下料、切孔，采用等离子弧切割机操作，严禁用氧气乙炔切割。大孔洞四周应补强。

7.1.4 是否需搭设临时的支顶架由施工组织设计确定。如搭设，应待混凝土达到一定强度后方可。

7.1.5 压型板安装后及时锁口，防止由于堆放材料或人员走动，造成压型钢板咬口分离。

7.1.6 安装完毕，应在钢筋安装前及时扫清施工垃圾，剪切下来的边角料应收集到地面上集中堆放。

7.1.7 加强成品保护，严禁在压型钢板上堆放重物。

7.2 应注意的安全问题

7.2.1 屋面底层压型金属板铺设后，严禁操作人员在铺设好的板上走动。板支撑跨度大的按照金属板安装方案要求搭设支撑。

7.2.2 高空作业人员在操作区域有可靠的安全保护措施。

7.2.3 当天铺设的板必须当天固定。

7.3 应注意的绿色施工问题

7.3.1 居民区施工时要避免夜间施工，以免扰民。

7.3.2 当天转运至楼面的压型金属板应当天安装和连接完毕，当有剩余时应固定在钢架上或转移至地面放置。

7.3.3 施工所用的机械在停班或班后按规定停机，关闭电源。

7.3.4 设备维护使用的油料和防腐涂料等不得随意倾倒，应分类收集，统一处理。

8 质量记录

8.0.1 压型板及连接材料的合格质量证明文件。

8.0.2 钢结构（压型金属板）工程检验批质量验收记录。

8.0.3 钢结构（压型金属板）分项工程质量验收记录。

8.0.4 安装检查记录。

8.0.5 施工记录。

8.0.6 其他技术文件。

第 27 章　钢结构防腐涂料涂装

本工艺标准适用于建筑钢结构工程中钢构件的油漆类防腐、金属热喷涂防腐、热浸镀锌防腐涂装施工。

1 引用标准

《钢结构工程施工规范》GB 50755—2012

《钢结构工程施工质量验收规范》GB 50205—2001

《钢结构工程施工规范》GB 50755—2012

《建筑钢结构防腐蚀技术规程》JGJ/T 251—2011

《热喷涂　金属和其他无机覆盖层　锌、铝及合金》GB/T 9793—2012

《热喷涂　金属零部件表面的预处理》GB/T 11373—2017

《涂覆涂料前钢材表面处理　表面清洁度的目视评定　第 1 部分：未涂覆过的钢材表面和全面清除原有涂层后的钢材表面的锈蚀等级和处理等级》GB/T 8923.1—2011

《富锌底漆》HG/T 3668—2009

2　术语

2.0.1　涂装：将涂料涂覆于基体表面，形成具有防护、装饰或特定功能涂层的过程。

2.0.2　二次涂装：一般是指由于作业分工在两地或分二次进行施工的涂装。前道漆涂完后，超过一个月以上再涂下一道漆时，也应按二次涂装的工艺进行处理。

3　施工准备

3.1　作业条件

3.1.1　首次采用的涂装材料和工艺应进行涂装工艺评定，根据评定结果编制涂装工艺和作业指导书，并指导施工。作业前已做好安全技术交底。

3.1.2　钢结构制作的组装焊接矫正预拼装已完成，并验收合格。

3.1.3　油漆工持有上岗证。

3.1.4　防腐涂装作业场地有防火和通风措施。

3.1.5　露天防腐作业选择适当天气，大风、雨雪、严寒时不应作业。

3.2　材料及机具

3.2.1　材料：钢结构防腐涂料、稀释剂和固化剂等材料的品种、规格、性能等应符合国家现行有关产品标准的规定及设计要求的规定，有出厂合格证明文件和检验报告。

3.2.2　机具：喷砂机、抛丸机、喷漆气泵、喷漆枪、手把砂轮机、砂布、钢丝刷、铲刀、配料桶、酸洗槽、油漆刷子等。

4　操作工艺

4.1　工艺流程

编制涂装工艺→表面清理→防腐涂料涂装→检查验收

4.2　编制涂装工艺

根据涂装工艺评定和设计文件要求，结合涂料产品说明书要求，编制防腐涂料涂装工艺，严格控制防腐涂料的配制和涂装间隔时间。

4.3　表面清理

4.3.1　钢结构防腐涂装前应进行表面处理。表面处理包括除锈处理前钢材表面附着物清除和材料切割边角钝角处理，除锈处理，除锈后的表面处理。

4.3.2　钢结构在除锈处理前，应清除焊渣、毛刺、飞溅物及表面可见的油脂和其他可见污物，对切割边角按设计要求磨圆，设计无要求时边角磨圆不宜小于2mm。

4.3.3　钢构件表面除锈方法根据要求不同，可采用手工、电动工具、喷射、抛丸除锈等方法。处理后的钢材表面不应有焊渣、焊疤、灰尘、油污、水和毛刺等。涂装工艺的基层表面除锈等级应符合设计文件规定的要求，用铲刀检查和用现行国家标准《涂覆涂料前钢材表面处理 表面清洁度的目视评定 第1部分：未涂覆过的钢材表面和全面清除原有涂层后的钢材表面的锈蚀等级和处理等级》GB/T 8923.1规定的图片对照检查。

4.3.4 除锈后应采用吸尘器或干燥洁净的压缩空气清除浮尘和碎屑，使表面干净清洁，达到涂装前表面清理要求。

4.4 防腐涂料涂装

4.4.1 防腐涂料涂装可采用涂刷法、滚涂法、空气喷涂法和高压无气喷涂法。金属热喷涂可采用气喷涂和电喷涂法。

4.4.2 涂装时的环境温度和相对湿度除应符合涂料产品证明书的要求外，尚应符合下列规定：1）施工环境温度宜为5～38℃，相对湿度不大于85%，钢材表面温度应高于露点温度3℃，且钢材表面温度不应超过40℃。2）被涂装表面不得有凝露。3）在大风（风力超过五级）、雨、雾、雪、有较大灰尘时不宜进行室外涂装。4）当作业环境通风较差时，应采取强制通风。

4.4.3 涂刷时对于干燥较快的涂料，应从被涂物一边按一定的顺序快速连续的刷平和修饰，不宜反复涂刷；动作应从上而下、从左至右、先里后外、先斜后直、先难后易的原则，使漆膜均匀、致密、光滑和平整；涂刷垂直平面时，最后一道应由上向下进行。

4.4.4 滚涂时，把滚子按W形轻轻滚动，将涂料大致的涂布于被涂物上，然后滚子上下密集滚动，将涂料均匀地分布开，最后使滚子按一定的方向滚平表面并修饰。滚动时，初始用力要轻，以防流淌，随后逐渐用力，使涂层均匀。

4.4.5 浸涂法就是将被涂物放入油漆槽中浸渍，经一定时间后取出吊起，让多余的涂料尽量滴尽，再晾干或烘干的涂漆方法。适用于形状复杂的骨架状被涂物，适用于烘烤型涂料。建筑中应用较少，在此不赘述。

4.4.6 喷涂时，喷枪的运行速度应控制在30～60cm/min范围内，并应运行稳定。喷枪应垂直于被涂物表面。如喷枪角度倾斜，漆膜易产生条状条纹和斑痕；喷幅搭接的宽度，一般为有效喷雾幅度的1/4～1/3，并保持一致。暂停时，应将喷枪端部浸泡在溶剂里，以防堵塞，用完后，应立即用溶剂清洗干净，可用木钎疏通堵塞，但不应用金属丝类疏通，以防损坏喷嘴。

4.4.7 设计或钢结构施工工艺要求禁止涂装的部位，为防止误涂，在涂装前必须进行遮蔽保护。如地脚螺栓和底板、高强度螺栓结合面、与混凝土紧贴或埋入的部位等。

4.4.8 涂料开桶前，应充分摇匀。开桶后，原漆应不存在结皮、结块、凝胶等现象，有沉淀应能搅起，有漆皮应除掉。

4.4.9 涂装施工过程中，应控制油漆的黏度、稠度、稀度，兑制时应充分地搅拌，使油漆色泽、黏度均匀一致。调整黏度必须使用专用稀释剂，如需代用，必须经过试验。

4.4.10 钢结构安装后，进行防腐涂料二次涂装。涂装前，首先利用砂布、电动钢丝刷、空气压缩机等工具将钢构件表面处理干净，然后对涂层损坏部位和未涂部位进行补涂，最后按照设计要求规定进行二次涂装施工。

4.4.11 涂层有缺陷时，应分析并确定缺陷原因，及时补修。补修的方法和要求与正式涂层部分相同。

4.5　检查验收

除对防腐材料进行进场验收和防腐作业前钢材表面除锈质量进行验收外，对涂装遍数、间隙、涂装厚度和规定情况下对涂层附着力进行检验验收，验收结果均应符合现行国家标准《钢结构工程施工质量验收规范》GB 50205 的合格规定。

5　质量标准

5.1　主控项目

5.1.1　涂料、稀释剂和固化剂等材料的品种、规格、性能等应符合现行国家产品标准和设计要求。

5.1.2　钢材表面除锈应符合设计要求和国家现行有关标准的规定。处理后的钢材表面不应有焊渣、焊疤、灰尘、油污、水和毛刺等。当设计无要求时，钢材表面除锈等级应符合表 27-1 的规定。

钢材表面除锈等级　　表 27-1

涂料品种	除锈等级
油性酚醛、醇酸等底漆或防锈漆	St2
高氯化聚乙烯、氯化橡胶、氯磺化聚乙烯、环氧树脂、聚氯酯等底漆或防锈漆	Sa2
无机富锌、有机硅、过氯乙烯等底漆	Sa2$^{1}/_{2}$

5.1.3　钢结构工地连接焊缝或临时焊缝、补焊部位及高强度螺栓连接部位，涂装前按设计要求除锈清理；设计无要求时，宜采用人工除锈、清理，除锈等级不低于 St3。

5.1.4　当设计要求或施工单位首次采用的涂料和涂装工艺时，应按照现行国家规范《钢结构工程施工质量验收规范》GB 50205 的规定进行涂装工艺评定，评定结果应符合设计要求和现行国家标准的规定。

5.1.5　涂料、涂装遍数、涂装间隔、涂层厚度均应符合设计要求、涂料产品说明书要求。当设计对涂层厚度无要求时，涂层干漆膜总厚度；室外应为 150μm 室内应为 125μm。每遍涂层干膜厚度的允许偏差为-25μm。

5.1.6　金属热喷涂涂层结合强度应符合现行国家标准《热喷涂金属和其他无机覆盖层 锌、铝及其合金》GB/T 9793 的有关规定。

5.1.7　当钢结构处在有腐蚀介质环境或外露且设计有要求时，应进行涂层附着力测试，在检测范围内，当涂层完整程度达到 70%以上时，涂层附着力可认定达到质量合格标准的要求。

5.1.8　钢构件涂层损伤后，应编制专项涂装修补工艺。修补前应清除已失效和损伤涂层材料，根据专项涂装修补工艺进行涂层缺陷修补，修补后涂层质量应符合设计和规范要求。

5.2　一般项目

5.2.1　涂料的型号、名称、颜色及有效期应与质量证明文件相符。开启后，不应存在结皮、结块、凝胶现象。

5.2.2　构件表面不应误涂、漏涂，涂层不应脱皮和返锈等。涂层应均匀、无明显皱皮、流坠、针眼和气泡等。

5.2.3 金属热喷涂涂层的外观应均匀一致，涂层不得有气孔、裸露母材的斑点、附着不牢的金属熔融颗粒、裂纹和影响使用寿命的其他缺陷。

5.2.4 钢构件涂层损伤修补后的外观应符合设计和规范要求。

5.2.5 涂装完成后，构件的标志、标记和编号应清晰完整。

6 成品保护

6.0.1 涂装所用涂料开启后应一次性用完，否则应密封保存，与空气隔绝。

6.0.2 钢构件涂装后，应加以临时维护隔离，防止踩踏、损伤涂层。

6.0.3 钢构件涂装后，在4h之内如遇大风或下雨时，应加以覆盖，防止沾染灰尘或水气，避免影响涂层的附着力。

6.0.4 防腐涂装施工必须重视防火、防爆、防毒工作。

6.0.5 构件涂装完毕后，应当禁止碰撞和堆放其他构件。

7 注意事项

7.1 应注意的质量问题

7.1.1 防腐涂料的涂层厚度应符合设计要求，涂料应配套使用。

7.1.2 涂装时的环境温度和相对湿度应符合涂料产品说明书的要求，当说明书无要求时，环境温度宜为5～38℃，相对湿度不大于85%；涂装时构件表面不应有结露，涂装后4h内不受雨淋。

7.1.3 钢结构防腐蚀涂料涂装结束，涂层应自然养护后方可使用，其中化学反应类涂料形成的涂层，养护时间不应小于7d。

7.2 应注意的安全问题

7.2.1 油漆类防腐蚀涂料和稀释剂在运输、存贮、施工及养护过程中不得与酸、碱等介质接触，严禁明火，并应采取防尘、防暴晒措施。

7.2.2 油漆类防腐涂装场地要有良好的通风设施设备，防止挥发出的易燃易爆的蒸气达到一定浓度而发生燃烧或爆炸。

7.2.3 工人进行酸洗、喷砂、刷漆时，应穿戴工作服、口罩、防护镜等防护用品。

7.2.4 所用电气设备应绝缘良好，临时电线应选用胶皮线，工作结束后应切断电源。

7.2.5 高空作业时，应系好安全带、穿防滑鞋，防止坠落。

7.3 应注意的绿色施工问题

7.3.1 涂料使用时，应尽量一次性用完，否则应密闭保存，与空气隔绝。

7.3.2 涂料与溶剂均应专项回收处理，严禁乱倒乱撒，污染环境。

7.3.3 涂装产品的有机挥发含量（VOC）应符合国家现行相关的要求。

7.3.4 涂装车间应设有排风装置，排出被污染的空气前应先过滤。

7.3.5 现场涂装施工应采取防污染措施。

8　质量记录

8.0.1　防腐涂料产品合格证、质量证明书和检验报告。
8.0.2　隐蔽工程验收记录。
8.0.3　钢结构防腐涂料涂装工程检验批质量验收记录。
8.0.4　钢结构防腐涂料涂装分项工程质量验收记录。
8.0.5　涂层厚度检查记录。
8.0.6　施工记录。
8.0.7　其他技术文件。

第 28 章　钢结构防火涂料涂装

本工艺标准适用于建筑钢结构工程的厚涂型和薄涂型防火涂料涂装施工。

1　引用标准

《建筑设计防火规范》GB 50016—2014
《钢结构工程施工规范》GB 50755—2012
《钢结构工程施工质量验收规范》GB 50205—2001
《建筑钢结构防火技术规范》GB 51249—2017
《涂覆涂料前钢材表面处理　表面清洁度的目视评定　第 1 部分：未涂覆过的钢材表面和全面清除原有涂层后的钢材表面的锈蚀等级和处理等级》GB/T 8923.1—2011
《钢结构防火涂料应用技术规范》CECS 24：90
《钢结构防火涂料》GB 14907—2002

2　术语

2.0.1　超薄型钢结构防火涂料：涂层厚度不大于 3mm 的防火涂料。
2.0.2　薄型钢结构防火涂料：涂层厚度大于 3mm 且不大于 7mm 的防火涂料。
2.0.3　厚型钢结构防火涂料：涂层厚度大于 7mm 且不大于 45mm 的防火涂料。

3　施工准备

3.1　作业条件

3.1.1　首次采用的涂装材料和工艺应进行涂装工艺评定，根据评定结果编制涂装工艺和作业指导书，并指导施工。作业前已做好安全技术交底。

3.1.2 钢结构安装工程检验批质量验收合格。

3.1.3 钢结构除锈防腐涂装检验批质量验收合格。

3.1.4 钢结构安装工程检验批质量验收合格。

3.1.5 钢结构防火涂装应由具备相应资质的单位施工。

3.1.6 涂装前，构件表面的灰尘、油污等杂质应清除干净。

3.1.7 防火涂料进场并验收合格。

3.2 材料及机具

3.2.1 材料：防火涂料品种、技术性能应符合设计要求和国家现行有关产品标准的规定，并应经法定的检测机构检测，具有产品出厂合格证和检验报告。防火涂料的型号、名称、颜色、有效期与其质量证明文件相符。

3.2.2 机具：便携式搅拌机、压送式喷涂机、重力式喷枪、空气压缩机、砂布、手把砂轮机、钢丝刷、铲刀、配料桶、酸洗槽、油漆刷子等。

4 操作工艺

4.1 工艺流程

编制涂装工艺→基面处理→防火涂装→检查验收

4.2 编制涂装工艺

根据涂装工艺评定和设计文件要求，结合涂料产品说明书要求，编制防火涂料涂装工艺，严格控制防火涂料的配制和涂装间隔时间。

4.3 基面处理

清理基层表面的油污、灰尘和泥泞等污垢。涂装时构件表面不应有结露，涂装后4h内应保护免受雨淋。施工前应对基层处理进行检查验收。

4.4 防火涂装

4.4.1 一般采用喷涂方法涂装，面层装饰涂料可以采用刷涂、喷涂或滚涂等方法，局部修补或小面积构件涂装。不具备喷涂条件时，可采用抹灰刀等工具进行手工抹涂方法。

4.4.2 单组分湿涂料，现场应采用便携式搅拌器搅拌均匀，干粉涂料现场加水或其他稀释剂调配，应按照产品说明书的规定配合比混合搅拌；双组分涂料，按照产品说明书的配合比混合搅拌。防火涂料使用应边配边用，搅拌和调配涂料，使之均匀一致，且稠度适宜。既能在输送管道中流动畅通，而喷涂后又不会产生流淌和下坠现象。

4.4.3 厚型钢结构防火涂料涂装时施工操作要求：

1 应分若干层完成，第一层喷涂以基本盖住钢材表面即可，以后每层喷涂厚度为5～10mm，一般为7mm左右为宜。

2　在每层涂层基本干燥或固化后，方可继续喷涂下一层涂料，通常每天喷涂一层。

3　喷涂保护方式、喷涂层数和涂层厚度应根据防火设计要求确定。

4　喷涂时，喷枪要垂直于被喷涂钢构件表面，喷距为6～10mm，喷涂气压保持在0.4～0.6MPa。喷枪运行速度要保持稳定，不能在同一位置久留，避免造成涂料堆积流淌。喷涂过程中，配料及往喷涂机内加料均要连续进行，不得停顿。

5　施工过程中，操作者应随时采用测厚针检测涂层厚度，直到符合设计规定的厚度，方可停止喷涂。喷涂后，对于明显凹凸不平处，采用抹灰刀等工具进行剔除和补涂处理，以确保涂层表面均匀。

4.4.4　厚涂型钢结构防火涂料，属于下列情形之一时，宜在涂层内设置与构件相连的钢丝网或其他相应的措施：

1　承受冲击、震动荷载的钢梁；

2　涂层厚度大于或等于40mm的钢梁和桁架；

3　涂层粘接强度小于或等于0.05MPa；

4　钢板墙和腹板高度超过1.5m的钢梁。

4.4.5　薄型钢结构防火涂料涂装施工操作要求：

1　底涂层一般应喷涂2～3遍，待前一遍涂层基本干燥后再喷涂后一遍。第一遍喷涂以盖住钢材基面70%即可，二、三遍喷涂每层厚度不超过2.5mm。喷涂时，操作工手握喷枪要稳，运行速度保持稳定。施工过程中，操作者应随时采用测厚针检测涂层厚度，确保各部位涂层达到设计规定的厚度要求。

2　喷涂后，喷涂形成的涂层是粒状表面，当设计要求涂层表面平整光滑时，待喷涂完最后一遍应采用抹灰刀等工具进行抹平处理，以确保涂层表面均匀平整。

3　当底涂层厚度符合设计要求，并基本干燥后，方可进行面层涂料涂装。面层涂料一般涂刷1～2遍。如第一遍是从左至右涂刷，第二遍则应从右至左涂刷，以确保全部覆盖住底涂层。面层涂装施工应保证各部分颜色均匀一致，接茬平整。

4.5　检查验收

除对防火涂料按规定进行进场验收外，涂装前对钢材表面除锈及防锈底漆涂装进行检查验收，对防火涂料的粘结强度、抗压强度、涂层厚度、涂层表面质量等进行检查验收，检查结果均应符合现行国家标准《钢结构工程施工质量验收规范》GB 50205的合格规定。

5　质量标准

5.1　主控项目

5.1.1　钢结构防火涂料的品种和技术性能应符合设计要求，并应经过具有检测资质的检测机构检测，其结果符合国家现行有关标准规定和设计要求，并应具备产品合格证，国家权威质量监督机构出具的检验合格报告认可证书。

5.1.2　防火涂料涂装前钢材表面除锈及防锈底漆涂装应符合设计要求和国家现行有关标准的规定。

5.1.3　钢结构防火涂料的粘结强度、抗压强度应符合国家现行标准《钢结构防火涂料》

GB 14907 的规定。

5.1.4 膨胀型（超薄型、薄型）防火涂料的涂层厚度应符合有关耐火极限的设计要求。厚型防火涂料涂层的厚度，80％及以上面积应符合有关耐火极限的设计要求，且最薄处厚度不应低于设计要求的 85％。

5.1.5 超薄型防火涂料涂层表面不应出现裂纹；薄型防火涂料涂层表面裂纹宽度不应大于 0.5mm；厚型防火涂料涂层表面裂纹宽度不应大于 1mm。

5.2 一般项目

5.2.1 防火涂料的型号、名称、颜色及有效期应与质量证明文件相符。开启后，不应存在结皮、结块、凝胶等现象。

5.2.2 防火涂料涂装基层不应有油污、灰尘和泥砂等污垢。

5.2.3 防火涂料不应有误涂、漏涂，涂层应闭合无脱层、空鼓、明显凹陷、粉化松散和浮浆等外观缺陷，乳突已剔除。

6 成品保护

6.0.1 钢构件涂装后，应加以临时围护隔离，防止踩踏，避免损伤涂层。

6.0.2 钢构件涂装后，在 4h 之内如遇大风或下雨时，应加以覆盖，防止沾染灰尘或水气，避免影响涂层的附着力。

6.0.3 涂装后的钢构件应注意预防磕碰，防止涂层损坏。

6.0.4 涂装前，对临近喷涂部位的其他半成品做好遮蔽保护，防止污染。

6.0.5 做好防火涂料涂层的维护与修理工作。如遇剧烈震动、机械碰撞或暴雨袭击等，应检查涂层有无受损，并及时对涂层受损部位进行修理或采取其他处理措施。

7 注意事项

7.1 应注意的质量问题

7.1.1 底漆与防火涂料应匹配使用，不同性质的底漆与涂料禁止混淆使用。

7.1.2 必须使用与涂料配套的溶剂。

7.2 应注意的安全问题

7.2.1 工人进行酸洗、喷砂、刷漆时，应戴手套、口罩等防护用品。涂料在施工、干燥及贮存中，不得与酸碱水等介质接触。

7.2.2 所用机械应有漏电保护装置。

7.2.3 高空作业时，应系好安全带、穿防滑鞋，防止坠落。

7.3 应注意的绿色施工问题

7.3.1 涂料使用时，应尽量一次性用完，否则应密闭保存，与空气隔绝。

7.3.2 涂料与溶剂均应专项回收处理，严禁乱倒乱撒，污染环境。

7.3.3 涂装车间应设有排风装置，排出被污染的空气前应先过滤。

7.3.4 现场涂装施工应采取防污染措施。

8　质量记录

8.0.1 钢结构防火涂料产品合格证、质量证明书和检验报告。

8.0.2 隐蔽工程验收记录。

8.0.3 钢结构防火涂料涂装工程检验批质量验收记录。

8.0.4 钢结构防火涂料涂装分项工程质量验收记录。

8.0.5 涂层厚度检测记录。

8.0.6 施工记录。

8.0.7 其他技术文件。

第3篇 木 结 构

第29章 方木及原木桁架、梁及柱制作

本工艺标准适用于木结构工程中方木及原木桁架（包括钢木桁架）、梁及柱的制作施工。

1 引用标准

《木结构设计标准》GB 50005—2017
《木结构工程施工规范》GB/T 50772—2012
《钢结构工程施工规范》GB 50755—2012
《钢结构焊接规范》GB 50661—2011
《建筑工程施工质量验收统一标准》GB 50300—2013
《木结构工程施工质量验收规范》GB 50206—2012
《钢结构工程施工质量验收规范》GB 50205—2001
《钢筋焊接及验收规程》JGJ 18—2012
《碳素结构钢》GB/T 700—2006
《六角头螺栓 C级》GB/T 5780—2016
《普通螺纹基本牙型》GB/T 192—2003
《一般用途圆钢钉》YB/T 5002—2017
《非合金钢及细晶粒钢焊条》GB/T 5117—2012
《热强钢焊条》GB/T 5118—2012

2 术语

2.0.1 零件：按照设计要求加工或选用的组成构件的最小单位，如杆件（拉杆、压杆）、连接板、托木、檩托、螺栓等。

2.0.2 构件：由若干零件组成的木结构基本单位，如桁架、梁、柱、檩条等。

2.0.3 放样：根据设计文件要求和相应的标准、规范规定绘制足尺结构构件大样图的过程。

3 施工准备

3.1 作业条件

3.1.1 设计文件会审已进行，设计单位已做技术交底，设计意图已充分了解。

3.1.2 施工方案已编制，并按规定履行完审批程序。

3.1.3 施工操作人员应经过施工技术交底和安全技术交底，充分理解操作技术要点和安全注意事项；主要专业工种应有操作上岗证。

3.1.4 作业场地和材料堆放场地应坚实平整，应具备防雨、防晒功能；场地周围应排水通畅；安全设施及消防设施应到位。

3.2 材料及机具

3.2.1 方木或原木：树种、规格、强度等级和木材含水率，应符合木结构规范和设计文件的规定。

3.2.2 钢材：品种、规格符合设计文件的规定。并应具有相应的抗拉强度、伸长率、屈服点，以及碳、硫、磷等化学成分的合格证明。承受动荷载或工作温度低于－30℃的结构，不应采用沸腾钢，且应有屈服强度钢材D等级冲击韧性指标的合格保证；直径大于20mm且用于钢木桁架下弦的圆钢，尚应有冷弯合格的保证。

3.2.3 螺栓、螺帽及螺纹：螺栓、螺帽的材质等级和规格应符合设计文件的规定，并应符合现行国家标准规定。螺纹应按现行国家标准有关规定加工，不应采用板牙等工具手工制作。

3.2.4 剪板：剪板应采用热轧钢冲压或可锻铸铁制作，其种类、规格和形状应符合现行国家标准规定。剪板连接件应配套使用，其规格应符合设计文件规定。

3.2.5 圆钉：圆钉的规格应符合设计文件的规定，并应符合现行行业标准的有关规定。承重钉连接用圆钉应做抗弯强度见证检验，并应在符合设计规定后再使用。

3.2.6 其他金属连接件：连接件与紧固件应按设计文件要求的材质和规格由专门生产企业加工，板厚不大于3mm的连接件，宜采用冲压成形；需要焊接时，焊缝质量不应低于三级。板厚小于3mm的低碳钢连接件均应有镀锌防锈层，其镀锌层重量不应小于$275g/m^2$。

3.2.7 机具：木工带锯、圆盘锯、木工平刨、压刨、手电钻、手持电刨、木工手锯、木工凿子、木工手斧、墨斗、钢尺、水准仪、木材含水率测试仪、劳动防护用品、消防器材等。

4 操作工艺

4.1 工艺流程

4.1.1 木桁架（钢木桁架）制作工艺流程

放样→制作样板→配料、下料、加工零件→装配→调整、校正、紧固螺栓→检查验收

4.1.2 木梁、柱制作工艺流程

放样→制作样板→配料、下料→画榫槽线、加工零件→试装配→检查验收

4.2　木桁架（钢木桁架）制作操作工艺

4.2.1　放样

制作木桁架（钢木桁架）时应按施工图绘制足尺大样，对称构件可仅绘制其一半。

1　绘制桁架轴线

先绘出一条水平线，在一端定出桁架端节点。从端节点沿水平线量取跨度的一半定出下弦中点，过此中点向上引一垂线即为中竖杆轴线。从下弦中点沿中竖杆轴线向上量取下弦起拱高度（若设计无要求时按跨度的1/200确定），该点即为下弦轴线与中竖杆轴线交点（起拱点）。从该点向上量取屋架高度定出脊节点。连接脊节点与端节点即得上弦轴线。连接端节点与起拱点即得下弦轴线。从端节点开始在水平线上量取各节点间长度并做垂线即得各竖杆轴线。从竖杆轴线与下弦轴线交点连接对应的上弦轴线与竖杆轴线交点即得各斜撑轴线。

2　绘制各杆件边线

绘制原木桁架杆件边线：原木桁架各杆件的轴线为各杆件截面中心线，下弦杆的根头宜放在端节点处，上弦杆的根头宜放在端节点方向，斜撑的根头宜放在上弦节点处。绘制杆件边线时，先在杆件梢头处从轴线向两边量出梢头半径，再按直径递增率定出根头半径（可按每延长米直径递增8～10mm考虑，或现场测算平均值），在根头处从轴线向两边量出根头半径，连接即得杆件边线。

绘制方木桁架杆件边线：方木桁架下弦杆轴线为下弦端节点净截面的中线（即在齿连接中，齿最深处到下表面之间的中心线），其余各杆件为其截面中心线。方木桁架的上弦杆、竖杆、斜撑可以从轴线向两边量取杆件宽度的一半，画出杆件边线。方木桁架的下弦杆则应先计算截面净高度，从轴线向下量取截面净高度的1/2为下弦下边线；向上量取1/2截面净高度为齿深线（双齿连接时为第二齿深线），向上量取1/2截面净高加齿深即为下弦杆的上边线。

3　绘制单齿连接的齿形线：当设计无规定时，齿连接的齿深对于方木不应小于20mm，对于原木不应小于30mm。先绘一齿深线M，与上弦杆轴线交于a点；上弦杆轴线与下弦杆上边线交于b点，上弦杆下边线与下弦杆上边线交于f点。如图29-1。过a、b的中点c做上弦杆轴线的垂线，交M于d点，交上弦杆上边线于e点。连接e、d、f即得上弦杆齿形线。在f点内侧10mm处取一点g，连接d、g即得下弦杆齿槽线。

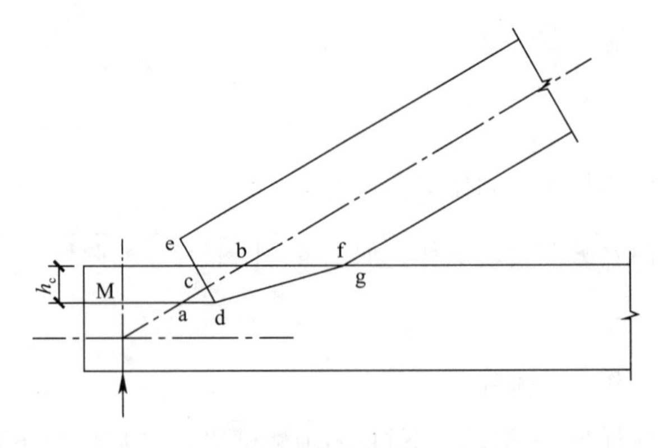

图29-1　单齿连接画法示意

注：h_c为齿深。

4　绘制双齿连接的齿形线：当设计无规定时，齿连接的齿深对于方木不应小于 20mm，对于原木不应小于 30mm。双齿连接中，第二齿深 h_c 应比第一齿深 h_{c1} 至少大 20mm。先绘第一齿深线 M 和第二齿深线 N，如图 29-2。上弦杆上边线、轴线、下边线分别交下弦杆上边线于 a、b、c 点。过 a 点及 b 点分别做上弦轴线的垂线，交 M 于 d 点，交 N 于 e 点。顺序连接 a、d、b、e、c 即得上弦杆齿形线。在 c 点内侧 10mm 处取一点 f，连接 e、f 即得下弦杆第二齿槽线。

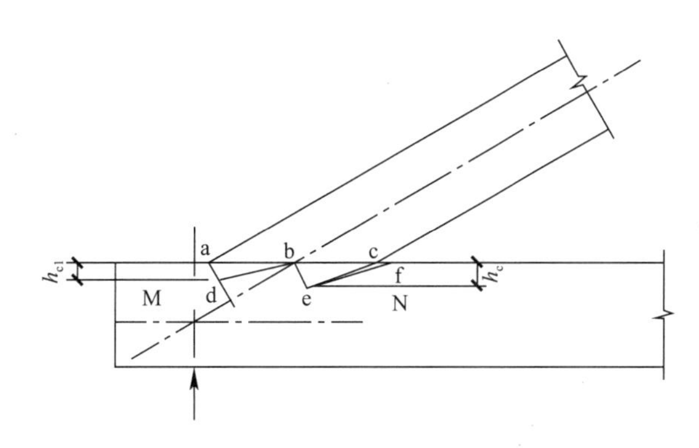

图 29-2　双齿连接节点画法示意

注：h_{c1} 为第一齿深线，h_c 为第二齿深线，$h_c \geqslant h_{c1}+20$mm。

5　绘制下弦中央节点：有硬木垫块的中央节点绘制方法如图 29-3，按施工图所示尺寸，先在下弦杆上绘出垫块嵌深线 M，以中竖杆轴线为准，向两边各量取垫块长度的 1/2，与线 M 分别交于 a、b 两点。过 a、b 点做中竖杆轴线的平行线，分别交两斜撑下边线于 c、d 两点。过 c、d 两点分别做两斜撑轴线的垂线，分别交两斜撑上边线于 e、f 点。连接 a、b、d、f、e、c 即为垫块形状。

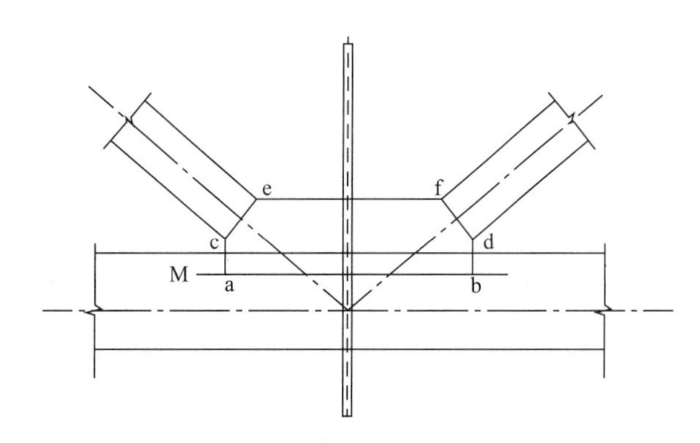

图 29-3　硬木垫块下弦中央节点画法示意

6　绘制中间节点：各中间节点中斜杆与上弦多为单齿连接，与下弦杆多为加垫块连接或单齿连接。现以上弦中间节点为例说明中间节点绘制方法。先绘一齿深线 M，斜撑轴线与 M 交于 a，与上弦下边线交于 b，斜撑上边线交上弦下边线于 e，如图 29-4。过 a、b 的中点作斜撑轴线的垂线，交上弦下边线于 c，交斜撑下边线于 f，交齿深线 M 于 d。连接 f、d、e 即为齿形线。在 e 点上侧 10mm 处取一点 g，c、d、g 即为上弦齿槽线。

7　绘制脊节点硬木夹板：按施工图尺寸绘出脊节点硬木夹板的形状及长度和宽度，并绘出螺栓位置。

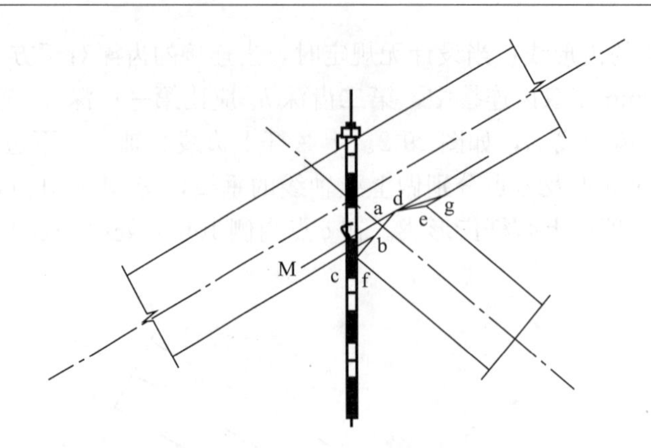

图 29-4 上弦中间节点画法示意

8 大样尺寸与设计尺寸间的偏差不应超过表 29-1 的规定。

大样尺寸允许偏差 **表 29-1**

桁架跨度（m）	跨度偏差（mm）	高度偏差（mm）	节点间距偏差（mm）
≤15	±5	±2	±2
>15	±7	±3	±2

4.2.2 制作样板

样板应选用木纹平直不易变形，且含水率不大于 10%的板材或胶合板制作。样板杆件的榫、槽、齿孔等形状和位置应准确，样板与大样尺寸间的偏差不得大于±1mm。样板完成后应在大样上试装配，检查无误后在样板上弹出轴线，标明杆件名称或编号。钢拉杆不制作样板，只在大样上量取实长。样板在使用过程中应防止受潮和破损。

4.2.3 配料、下料、加工零件

1 配料

配料的原则是：大料不得小用，长料不得短用，优材不得劣用。当上下弦材料截面相同时，应把较好的材料用于下弦杆。上下弦均应把材质较好的一端放在端节点上。方木用作桁架下弦时宜破心下料。木材裂纹处应避开受剪力部位，木节及斜纹应避开榫槽部位，髓心应避开齿、槽及螺栓排列部位。木下弦接头不应超过两个，且不应改变接头设计位置。上弦受压接头应设在节点附近，且不宜设在支座节点间和脊节点间。当弯曲木材用于上下弦时，均应凸面朝上。受压构件及压弯构件的允许纵向弯曲值为：原木≤$L/200$，方木≤$L/500$（L 为构件长度）。

2 下料

桁架下弦可按样板实长断料。桁架上弦、竖杆及斜撑断料长度应比样板长 50mm 加工余量。连接夹板、木垫块等依据样板确定形状和尺寸下料，应注意留有加工余量。

3 加工零件

桁架零件的画线、加工及检验依据样板进行。按样板制作的零件，其长度与样板相比偏差不应超过±2mm。受压接头及槽齿结合的承压面应位置准确，接触严密。凹凸倾斜不应大于 1mm，齿及齿槽均应用锯锯割，锯好后再用刨或凿修整。上下弦在端节点处的非承压面宜留不大于 5mm 缝隙。上弦杆接头应垂直于轴线锯平抵紧，用夹板连接，不得采用斜搭接头。受拉钢螺栓孔应根据零件轴线准确加工，螺栓长度应适当，不得因太长另垫木块，也

不应过短而在木材上挖凿深孔埋藏。木连接夹板和木垫块的材质、截面形状及尺寸应符合设计要求。钢夹板、螺栓、螺栓垫板等钢制零件加工制作应符合设计要求。不得用多块薄垫板代替设计要求厚度的垫板。钢制桁架下弦的材质和连接构造应符合设计要求。零件加工完成后应全数检查，并做好检查验收记录，确认无误后方可交付装配。

4.2.4　装配

桁架应立拼，装配前应先按跨度在两端及中间节点部位安放垫木，找平后按起拱高度将中部垫起形成装配平台。中竖杆为钢拉杆的木桁架装配步骤如下：钉下弦端节点附木，拼接桁架下弦，并临时固定在装配平台上。安装上弦杆，拼好脊节点，上木夹板并钻孔上螺栓。安装钢制中竖杆并紧固螺栓。装斜撑。在端节点钻孔上保险螺栓。在上弦上钉檩托。检查装配质量，填写验收记录。

4.2.5　调整、校正、紧固螺栓

木结构的各杆件结合处应密合，未贴紧的局部间隙不得超过1mm，不得有通透缝隙，不得用木楔、金属板等塞填接头的不密合处。用木夹板连接的接头钻孔时应将各部分定位并临时固定，用电钻一次钻通。当采用钢夹板不能一次钻通时应采取措施，保证各部件对应孔的位置大小一致。钻头直径应与螺杆或拉杆的直径配套。受剪螺栓的孔径不应大于螺栓直径1mm，不受剪螺栓的孔径可较螺栓大2mm。端支座保险螺栓孔应与上弦垂直，位于齿槽非承压面的1/3处。脆硬性木材用钉子连接时应先钻孔，孔径为钉径的0.8～0.9倍，孔深不小于钉入深度的0.6倍，如钉径大于6mm，不论何种木材，均应预先钻孔。用扒钉连接杆件时应预先钻孔，孔位要错开受力面。钢木组合桁架的圆钢下弦、桁架主要受拉腹杆、受震动荷载的拉杆及直径等于或大于20mm的拉杆应上双螺帽，收紧螺帽后螺杆突出螺帽外的长度不少于螺杆直径的0.8倍。钢木组合桁架中钢与木的接触角度应正确，结合应严密，钢拉杆应平直。需接长时钢拉杆应采取双面帮条焊，不得采用搭接焊。

4.2.6　检查验收

桁架装配完成后应全数检查，并做好检查验收记录。检查应符合下列规定：方木桁架构件截面宽度和高度与设计文件的标注尺寸相比，不应小于3mm以上；方木檩条、椽条及屋面板等板材不应小于2mm以上；原木构件的平均梢径不应小于5mm以上，梢径端应位于受力较小的一端。方木截面的翘曲不应大于构件宽度的1.5%，其平面上的扭曲，每1m长度内不应大于2mm。受压及压弯构件的单向纵向弯曲，方木不应大于构件全长的1/500，原木不应大于全长的1/200。构件的长度与样板相比偏差不应超过±2mm。

4.3　木梁、柱制作操作工艺

4.3.1　放样

制作梁、柱时应根据工程具体情况决定是否放样。当结构简单，施工图尺寸、形状标注详细时可按施工图直接出样板；当结构复杂或施工图不够详细时可放足尺大样；当结构完全对称时，可只放半个结构大样。

1　绘制结构形状

按施工图所示尺寸绘出结构形状尺寸和轴线。

2　绘制构件边线

柱的根头应在下方，柱轴线与结构轴线重合。从轴线向两边定出根头半径和梢头半径，连接即得柱边线。梁的上边线与结构上边线重合，从上边线向下定出根头直径和梢头直径即

得梁下边线。根据设计要求在梁、柱交接处绘制出榫、槽位置和尺寸。

4.3.2 制作样板

样板应选用木纹平直不易变形，且含水率不大于10%的板材或胶合板制作。样板杆件的榫、槽、齿孔等形状和位置应准确，样板与大样尺寸间的偏差不得大于±1mm。样板完成后应在大样上试装配，检查无误后在样板上弹出轴线，标明杆件名称或编号。钢拉杆不配样板，只在大样上量取实长。样板在使用过程中应防止受潮和破损。

4.3.3 配料

当梁、柱材料截面相同时，应把较好的料用于梁。木材裂纹应避开受剪力部位，木节髓心及斜纹应避开榫槽部位。当弯曲木材用于梁时，应将凸面向上。梁、柱的允许纵向弯曲值为：原木≤$l/200$，方木≤$l/500$（l为构件长度）。

4.3.4 下料

钉连接、扒钉连接的梁、柱及两支檩条可按构件实长断料。榫卯连接构件按大样尺寸榫头长度再加上20～30mm加工余量下料。

4.3.5 画榫槽线、加工零件

在构件上画出轴线和榫槽、榫头形状尺寸线。榫卯连接的梁、柱的榫头厚度不得大于方木边宽或原木直径的1/4，宽度和高度不得大于方木边宽或原木直径的1/2；榫槽深度宜比榫头高度大5～10mm，榫肩宜长出5mm，以备拼装时调整。檩条如采用连续或悬臂檩条，接头位置和接头形式应符合设计要求。梁柱零件的画线、加工及检验依据样板进行。按样板制作的零件，其长度偏差不应大于2mm。

4.3.6 试装配

构件加工完成后宜进行装配检验，确认无误后方可交付安装。

4.3.7 检查验收

梁、柱制作完成后应进行全数检查。检查应符合下列规定：方木柱、梁等构件截面宽度和高度与设计文件的标注尺寸相比，不应小于3mm以上；方木檩条、椽条及屋面板等板材不应小于2mm以上；原木构件的平均梢径不应小于5mm以上，梢径端应位于受力较小的一端。方木截面的翘曲不应大于构件宽度的1.5%，其平面上的扭曲，每1m长度内不应大于2mm。受压及压弯构件的单向纵向弯曲，方木不应大于构件全长的1/500，原木不应大于全长的1/200。构件的长度与样板相比偏差不应超过±2mm。

5 质量标准

5.0.1 主控项目

1 方木、原木结构的形式、结构布置和构件尺寸，应符合设计文件的规定。

2 结构用木材应符合设计文件的规定，并应具有产品质量合格证书。

3 进场木材均应做弦向静曲强度见证检验，其强度最低值应符合表29-2的要求。

木材静曲强度检验标准 **表29-2**

木材种类	针叶材				阔叶材				
强度等级	TC11	TC13	TC15	TC17	TB11	TB13	TB15	TB17	TB20
最低强度（N/mm^2）	44	51	58	72	58	68	78	88	98

4　方木、原木及板材的目测材质等级不应低于表29-3的规定，不得采用普通商品材的等级标准替代。方木、原木及板材的目测材质等级应按《木结构工程施工质量验收规范》GB 50206—2012附录B评定。

方木、原木结构构件目测的材质等级　　　　**表29-3**

项次	构件名称	材质等级
1	受拉或拉弯构件	I_a
2	受弯或压弯构件	II_a
3	受压构件及次要受弯构件（如吊顶小龙骨）	III_a

5　各类构件制作时及构件进场时木材的平均含水率，应符合下列规定：

1）原木或方木不应大于25%。

2）板材及规格材不应大于20%。

3）受拉构件的连接板不应大于18%。

4）处于通风条件不畅环境下的木构件的木材，不应大于20%。

6　承重钢构件和连接所有钢材应有质量证明书和产品合格证书。进场钢材应见证取样，对抗拉屈服强度、极限强度和延伸率进行检验，检验结果必须符合设计文件归档的相应指标，且不应低于现行国家标准《碳素结构钢》GB 700有关于Q235及以上等级钢材的规定。－30℃以下使用的钢材不宜低于Q235D或相应屈服强度钢材D等级的冲击韧度规定。钢木屋架下弦所用圆钢，除应作抗拉屈服强度、极限强度和延伸率性能检验外，尚应作冷弯检验，并应满足设计文件规定的圆钢材质标准。

7　焊条应符合现行国家标准《非合金钢结合细晶粒钢焊条》GB 5117和《热强钢焊条》GB 5118的有关规定，型号应与所用钢材匹配，并应有产品质量合格书。

8　螺栓、螺帽应有产品质量合格证书，其性能应符合现行国家标准《六角头螺栓》GB 5782和《六角头螺栓 C级》GB 5780的有关规定。

9　圆钉应有产品质量合格证书，其性能应符合现行行业标准《一般用途圆钢钉》YB/T 5002的有关规定。设计文件规定钉子的抗弯屈服强度时，应作钉子抗弯强度见证检验。

10　圆钢拉杆应符合下列要求：

1）圆钢拉杆应平直，接头应采用双面帮条焊。帮条直径不应小于拉杆直径，在接头一侧的长度不应小于拉杆直径的5倍。焊脚高度和焊缝长度应符合设计文件的规定。

2）螺帽下垫板应符合设计文件的规定，且不应低于《木结构工程施工质量验收规范》GB 50206—2012第4.3.3条第2款的要求。

3）钢木屋架下弦圆钢拉杆、桁架主要受拉腹杆、蹬式节点拉杆及螺栓直径大于20mm时，均应采用双螺帽自锁。受拉螺杆伸出螺帽的长度，不应小于螺杆直径的80%。

11　承重钢构件中，节点焊缝焊脚高度不得小于设计文件的规定，除设计文件另有规定外，焊缝质量不得低于三级，－30℃以下环境工作的受拉构件焊缝质量不得低于二级。

12　钉连接、螺栓链接节点的连接件（钉、螺栓）的规格、数量，应符合设计文件的规定。

13　木桁架支座节点的齿连接，端部木材不应有腐朽、开裂和斜纹等缺陷，剪切面不应位于木材髓心侧；螺栓连接的受拉接头，连接区段木材及连接板均应采用I_a等材，并应符合《木结构工程施工质量验收规范》GB 50206—2012 附录 B 的有关规定；其他螺栓连接接头也应避开木材腐朽、裂缝、斜纹和松节等缺陷部位。

5.0.2　一般项目

1　各种原木、方木构件制作的允许偏差不应超出《木结构工程施工质量验收规范》GB 50206—2012 表 E.0.1 的规定。

2　齿连接应符合下列要求：

1）除应符合设计文件的规定外，承压面应与压杆的轴线垂直。单齿连接压杆轴线应通过承压面中心；双齿连接，第一齿顶点应位于上、下弦杆上边缘的交点处，第二齿顶点应位于上弦杆轴线与下弦杆上边缘的交点处，第二齿承压面应比第一齿承压面至少深 20mm。

2）承压面应平整，局部隙缝不应超过 1mm，非承压面应留外口约 5mm 的楔形缝隙。

3）桁架支座处齿连接的保险螺栓应垂直于上弦杆轴线，木腹杆与上、下弦杆间应有扒钉扣紧。

4）桁架端支座垫木的中心线，方木桁架应通过上、下弦杆净截面中心线的交点；原木桁架则应通过上、下弦杆毛截面中心线的交点。

3　螺栓连接（含受拉接头）的螺栓数目、排列方式、间距、边距和端距，除应符合设计文件的规定外，尚应符合下列要求：

1）螺栓孔径不应大于螺栓杆的直径 1mm，也不应小于或等于螺栓杆直径。

2）螺帽下应设钢垫板，其规格除应符合设计文件的规定外，厚度不应小于螺杆直径的 30%，方形垫板的边长不应小于螺杆直径的 3.5 倍，圆形垫板的直径不应小于螺杆直径的 4 倍，螺帽拧紧后螺栓外露长度不应小于螺杆直径的 80%。螺纹段剩留在木构件内的长度不应大于螺杆直径的 1.0 倍。

3）连接件与被连接件间的接触面应平整，拧紧螺帽后局部可允许有缝隙，但缝宽不应超过 1mm。

4　钉连接应符合下列规定：

1）圆钉的排列位置应符合设计文件的规定。

2）被连接件间的接触面应平整，钉紧后局部缝隙宽度不应超过 1mm，钉帽应与被连接件外表面齐平。

3）钉孔周围不应有木材被胀裂等现象。

5　木构件受压接头的位置应符合设计文件的规定，应采用承压面垂直于构件轴线的双盖板连接（平接头），两侧盖板厚度均不应小于对接构件宽度的 50%，高度应与对接构件的高度一致。承压面应锯平并彼此顶紧，局部缝隙不应超过 1mm。螺栓直径、数量、排列应符合设计文件的规定。

6　成品保护

6.0.1　堆放构件的场地应平整，构件下应用枕木或方木垫平，避免因受力不匀造成构件变形。

6.0.2　木构件拼装完成后应垂直并排放置，上下弦用板条钉连，并加斜撑撑牢。

6.0.3　木构件运输时宜立放，并采取撑固措施，以防止构件变形。

7 应注意的问题

7.1 应注意的质量问题

7.1.1 方木桁架、柱、梁等构件截面宽度和高度与设计文件的标注尺寸相比，不应小于 3mm；方木檩条、椽条及屋面板等不应小于 2mm；原木构件的平均梢径不应小于 5mm，梢径端应位于受力较小的一端。

7.1.2 板材构件的倒角高度不应大于板宽的 2%。

7.1.3 方木截面的翘曲不应大于构件宽度的 1.5%，其平面上的扭曲，每 1m 长度内不应大于 2mm。

7.1.4 受压及压弯构件的单向纵向弯曲，方木不应大于构件全长的 1/500，原木不应大于全长的 1/200。

7.2 应注意的安全问题

7.2.1 作业现场和材料堆放场地应健全防火制度，完善消防设施，消除火灾隐患，杜绝火灾发生。

7.2.2 应对施工机械定期检查维修保养，确保其状态良好，防护设施齐全。机械操作人员应遵守安全技术操作规程，防止机械伤害事故发生。

7.2.3 作业现场用电应符合《施工现场临时用电安全技术规范》JGJ 46—2005 要求。供电线路采用 TN—S 系统，用电设备应作到一机一箱一闸一保护，手持电动工具应接漏电保护器。

7.2.4 电锯操作工宜配备防护口罩等防护用品。

7.3 应注意的绿色施工问题

7.3.1 认真计划合理用料，降低材料消耗，以节约木材。

7.3.2 木屑、锯末及料头应集中处理，尽可能再利用，不得随意抛洒或焚烧。

7.3.3 采取有效措施降低噪声排放。

8 质量记录

8.0.1 设计文件会审记录和设计单位技术交底记录。

8.0.2 专项施工方案。

8.0.3 技术、安全交底记录。

8.0.4 材料、半成品、构件进场检查验收记录。

8.0.5 见证检验记录。

8.0.6 自检、交接检验记录。

8.0.7 产品质量合格证书和产品标识，材质合格证书。

第 30 章　方木及原木桁架、梁及柱安装

本工艺标准适用于木结构工程中方木及原木桁架（包括钢木桁架）、梁及柱的安装施工。

1　引用标准

《木结构设计标准》GB 50005—2017
《木结构工程施工规范》GB/T 50772—2012
《建筑工程施工质量验收统一标准》GB 50300—2013
《木结构工程施工质量验收规范》GB 50206—2012

2　术语

2.0.1　支座：梁、柱、檩及桁架等构件的支承部位。

3　施工准备

3.1　作业条件

3.1.1　专项施工方案已编审，并按规定履行完审批手续。

3.1.2　桁架、梁的支座及柱基础分项工程已验收合格，并按规定办好交接检手续。

3.1.3　检查桁架、梁及柱的制作质量，修复存放、运输等后期过程造成的缺陷，紧固所有螺栓。

3.1.4　在桁架下弦及梁底端部和柱表面弹出中心线和轴线。

3.1.5　桁架、梁及柱与墙体接触部位已做好防腐处理并检测合格。

3.1.6　木柱与柱墩接触面间的防潮层已施工完毕并检测合格。

3.1.7　施工操作人员应经过施工技术交底和安全技术交底。起重机械操作人员和司索人员等特种作业人员应持证上岗。

3.2　材料及机具

3.2.1　需要安装的桁架、梁及柱。

3.2.2　临时加固材料：木杆、铅丝等。

3.2.3　安装材料：扒钉、卡板、圆钉、螺栓等。

3.2.4　机具：起重机械、木工电锯、电钻、倒链、白棕绳、撬杠、手锯、手斧、墨斗、木工凿、水准仪、经纬仪、钢尺、线坠、劳动防护用品、消防器材、吊带等。

4　操作工艺

4.1　工艺流程

4.1.1　木桁架安装工艺流程

测支座标高、弹支座轴线→安放垫木或垫块→第一榀桁架吊装就位并用拉杆或临时支撑固定→顺序吊装桁架并与前一榀桁架可靠连接→调整、校正桁架，紧固、锚固螺栓→检查验收

4.1.2　梁、柱安装工艺流程：

测柱基础或梁支座标高、弹柱基础或梁支座轴线→安放垫木或垫块→柱吊装就位→调整、校正、锚固→检查验收→梁吊装就位、连接→调整、校正、锚固→检查验收

4.2　木桁架安装

4.2.1　测支座标高、弹支座轴线

桁架支撑在砖墙或混凝土构件上时，用水准仪测量出支座处的标高，弹出支座轴线。桁架支撑在木柱上时，支座标高在安装柱子时控制到位，支座轴线在柱子安装前弹出。

4.2.2　安放垫木或垫块

按设计要求安装经防腐处理的垫木或垫块。垫木或垫块的厚度可用来调节支座处的标高偏差。

4.2.3　第一榀桁架吊装就位并用拉杆或临时支撑固定

1　吊点的确定

木桁架应根据结构形式和跨度合理确定吊点，经试吊证明结构具有足够的刚度方可开始吊装。吊装吊点不宜少于 2 个，吊索与水平线夹角不宜小于 60°，捆绑吊点处应设垫板。

2　临时加固

构件、节点、接头及吊具自身的安全性，应根据吊点位置、吊索夹角和被吊构件的自重等进行验算，木构件的工作应力不应超过木材设计强度的 1.2 倍。安全性不足时均应做临时加固。临时加固时不论何种形式的桁架，两吊点间均应设横杆。钢木桁架或芬克式钢木桁架跨度超过 15m、下弦杆截面宽度小于 150mm 或下弦杆接头超过 2 个的全木桁架，应在靠近下弦处设横杆，横杆应连续布置。梯形、平行弦或下弦杆低于两支座连线的折线形桁架，两点吊装时，应加设反向的临时斜杆。

3　第一榀桁架吊装就位、校正、锚固、支撑、拉结

桁架就位时，下弦端部有锚固螺栓孔的，应使螺栓孔对准预埋螺栓垂直落下。没有螺栓孔的应使桁架端部轴线对准支座处轴线垂直落下。校正桁架端部使所画轴线与支座的轴线位置重合，且纵向和横向轴线均应重合，然后初步校正构件垂直，有预埋锚固螺栓的应紧固端

支座锚固螺栓。用线坠或仪器校正中竖杆至垂直位置后，有预埋锚固螺栓的应上紧端支座锚固螺栓的螺帽。随后应在桁架上弦各节点处两侧设临时斜撑，当山墙有足够的平面外刚度时，可用檩条与山墙可靠地拉结。确保桁架稳定后方可摘钩。

4.2.4 顺序吊装桁架并与前一榀桁架可靠连接

按吊装第一榀桁架的方法使第二榀桁架就位，校正紧固后，立即安装檩条，并按设计要求将两榀桁架间的水平系杆、上弦横向支撑及垂直支撑全部安装到位，依此法顺次吊装所有桁架。

4.2.5 调整、校正桁架，紧固、锚固螺栓

所有桁架安装完后，应对支座部位的连接处按轴线、标高进行检查、调整和校正，确认无误后，将锚固螺栓拧紧。

4.2.6 检查验收

桁架吊装完成后按照《木结构工程施工质量验收规范》GB 50206—2012 表 E.0.2 的规定验收。

4.3 梁、柱安装

4.3.1 测柱基础或梁支座标高、弹柱基础或梁支座轴线

检测并调整柱基础标高，弹出柱基础轴线。对安装在墙或柱顶的梁，检测并调整其支座处标高，确认无误后弹出轴线并检查预埋铁件。

4.3.2 安放垫木或垫块

按设计要求安装经防腐处理的垫木或垫块。

4.3.3 柱子吊装就位

柱子吊装可仅设一个吊点，捆绑吊点处应设垫板。

4.3.4 调整、校正、锚固

吊装柱子到基础位置，校正柱身轴线与基础轴线重合并处于铅垂位置后，第一根柱应至少在两个方向设临时斜撑固定，其后安装的柱，纵向应用连梁或柱间支撑与首根柱相连，横向应至少在一侧面设斜撑，然后钻孔与锚固铁件连接。

4.3.5 检查验收

柱子吊装完成后按照《木结构工程施工质量验收规范》GB 50206—2012 表 E.0.2 的规定验收。

4.3.6 梁吊装就位、连接

对于安装在木柱上的梁，如果采用扒钉连接，应在梁两侧同时钉入扒钉；如果采用榫卯连接，应使梁所有榫卯与柱对位无误后，在梁的所有榫卯位置上方垫上木块，用手斧同时击打，使梁就位。对于安装在砖墙或混凝土构件上的梁，应在校正其轴线位置无误后，立即钻孔与预埋铁件锚固。

4.3.7 调整、校正、锚固

所有梁、柱依顺序就位、调整、校正、连接、锚固。

4.3.8 检查验收

梁吊装完成后按照《木结构工程施工质量验收规范》GB 50206—2012 表 E.0.2 的规定验收。

5　质量标准

5.0.1　主控项目

在抗震设防区的抗震措施应符合设计文件的规定。当抗震设防烈度为 8 度及以上时，应符合下列要求：

屋架支座处应有直径不小于 20mm 的螺栓锚固在墙或混凝土圈梁上。当支承在木桩上时，柱与房屋间应有木夹板式的斜撑，斜撑上段应伸至屋架上弦节点处，并应用螺栓连接（《木结构工程施工质量验收规范》GB 50206—2012 图 4.2.14）。柱与屋架下弦应有暗榫，并应用 U 形铁连接。桁架木腹杆与上弦杆连接处的扒钉应改用螺栓压紧承压面，与下弦连接处则应采用双面扒钉。

5.0.2　一般项目

木桁架、梁及柱的安装允许偏差不应超过表 30-1 的规定。

方木、原木结构和胶合木结构桁架、梁和柱安装允许偏差　　**表 30-1**

项次	项目	允许偏差（mm）	检验方法
1	结构中心线的间距	±20	尺量检查
2	垂直度	H/200 且不大于 15	吊线和尺量检查
3	受压或压弯构件纵向弯曲	l/300	吊（拉）线钢尺量
4	支座轴线对支承面中心位移	10	尺量检查
5	支座标高	±5	水准仪检查

注：H 为桁架、柱的高度；l 为构件长度。

6　成品保护

6.0.1　物件吊装应直接就位，不得着地拖拉，以防构件产生下挠或扭曲。

6.0.2　钢木组合桁架安装完成后，在桁架上进行后续工序施工时应对称加荷载，防止拉杆变压杆造成桁架变形。

6.0.3　构件在运输、吊装过程中，采用垫方木或包裹的方法，防止损伤构件的榫头及表面，雨、雪天应进行苫盖。

6.0.4　安装当中需用锤、斧等工具敲击构件表面时，应用木块垫在构件表面，避免出现锤印、斧痕。

6.0.5　安装完成后，应采取防雨、防潮及通风措施，避免构件受潮变形。

7　应注意的问题

7.1　应注意的质量问题

7.1.1　木梁安装位置应符合设计文件的规定，其支撑长度除应符合设计文件的规定外，尚不应小于梁宽和 120mm 中的较大者，偏差不应超过±3mm；梁的间距偏差不应超过±6mm，水平度偏差不应大于跨度的 1/200，梁顶标高偏差不应超过±5mm，不应在梁底切口调整标高。

7.1.2 未经防护处理的木梁搁置在砖墙或混凝土构件上时，其接触面间应设防潮层，且梁端不应埋入墙身或混凝土中，四周应留有宽度不小于30mm的间隙，并应与大气相通。

7.1.3 通过桁架就位、节点处檩条和各种支撑安装的调整，使桁架的安装偏差不应超过下列规定：

1 支座两中心线距离与桁架跨度的允许偏差为±10mm（跨度≤15m）和±15mm（跨度＞15m）。

2 垂直度允许偏差为桁架高度的1/200。

3 间距允许偏差为±6mm。

4 支座标高允许偏差为±10mm。

7.2 应注意的安全问题

7.2.1 起重机械操作人员、指挥人员及构件绑扎人员应持证上岗。

7.2.2 起吊前检查并确认机械状态良好，检查机具、吊环、吊钩等是否符合要求，并进行试吊。

7.2.3 构件应绑扎牢固、可靠，吊钩挂牢固后方可起吊，在构件安装锚固牢固后方可摘钩。

7.2.4 高处作业人员应穿着灵便，戴好安全帽，系好安全带，禁止穿硬底和带钉易滑的鞋。安全带应高挂低用，挂设点应安全可靠。

7.2.5 木桁架应在地面拼装。如必须在上面拼装的应连续进行，中断时应设临时支撑。桁架就位后，应及时安装脊檩、拉杆或临时支撑。

7.3 应注意的绿色施工问题

7.3.1 施工现场成品、半成品堆放整齐有序，保持施工现场整洁。

7.3.2 包装箱、包装袋、施工垃圾等固体废弃物按“可再利用”和“不可再利用”分类收集、存放、处置。

7.3.3 采取有效措施降低噪声排放。

8 质量记录

8.0.1 专项施工方案。

8.0.2 安全、技术交底记录。

8.0.3 工序交接、中间交接检查记录。

8.0.4 材料半成品、构件进场检查验收记录。

8.0.5 方木与原木结构工程检验批质量验收记录。

第31章 木屋盖施工

本工艺标准适用于木结构工程中各类木屋盖的施工。

1　引用标准

《木结构设计标准》GB 50005—2017

《木结构工程施工规范》GB/T 50772—2012

《屋面工程技术规范》GB 50345—2012

《建筑工程施工质量验收统一标准》GB 50300—2013

《木结构工程施工质量验收规范》GB 50206—2012

2　术语

2.0.1　木屋盖：由屋面木骨架及上弦横向支撑组成的屋面结构。

2.0.2　檩托：固定在桁架上弦上用来支承檩条的三角形木块。

3　施工准备

3.1　作业条件

3.1.1　专项施工方案已编审，并按规定履行完审批手续。

3.1.2　屋盖下部的支撑结构已完成并经验收合格。

3.1.3　脚手架应满足安装要求，并经验收合格。

3.1.4　施工操作人员应经过施工技术交底和安全技术交底。起重机械操作人员和司索人员等特种作业人员应持证上岗。

3.2　材料及机具

3.2.1　需要安装的木构件：檩条、椽条、屋面板、挂瓦条、封山板、封檐板等。

3.2.2　安装材料：螺栓、圆钉等。

3.2.3　机具：起重机械、电锯、电葫芦、手电钻、白棕绳、防滑梯、木工手锯、木工手斧、墨斗、线绳、水准仪、水平尺、钢卷尺、劳动防护用品、消防器材等。

4　操作工艺

4.1　工艺流程

4.1.1　平瓦屋面下木屋盖施工工艺流程

1　有防水卷材层的木屋盖施工工艺流程

安装檩条 → 安装上弦横向支撑 → 铺钉木望（屋面）板 → 用顺水条铺钉防水卷材 → 钉挂瓦条 → 封山、封檐板安装 → 检查验收

2　无防水卷材层的木屋盖施工工艺流程

安装檩条 → 安装上弦横向支撑 → 钉椽条 → 铺钉木望板 → 钉挂瓦条 → 封山、封檐板安装 → 检查验收

4.1.2　其他形式的木屋盖施工工艺流程根据设计要求参照第4.1.1条确定。

4.2　有防水卷材层的木屋盖施工

4.2.1　安装檩条

檩条的布置和固定方法应符合设计文件的规定，安装时宜先安装节点处的檩条，弓曲的檩条应弓背朝向屋脊放置。应先安装檐檩与脊檩，沿坡面挂通线找平，再安装其他檩条。檩条安装应在屋脊两侧对称进行，两侧对称加荷载。檩条的头径与稍径应交错放置，稍径应用垫木垫至与头径相平，檩条上表面应平齐。设计有特殊要求时，应按设计要求做出曲面。檐口檩条接头应采用平接或榫接，接缝位置应在桁架端头附木正中。

在原木桁架上，原木檩条应设檩托，并应用直径不小于12mm的螺栓固定。方木檩条竖放于木桁架上时，应设找平垫块。斜放檩条时，可用斜搭接头或卡板，采用钉连接时，钉长不应小于被固定构件的厚度（高度）的2倍。轻型屋面中的檩条或檩条兼作屋盖支撑系统杆件时，檩条在桁架上应采用直径不小于12mm螺栓固定。在山墙及内横墙处檩条应由埋件固定或用直径不小于10mm螺栓固定。在设防烈度8度及以上地区，檩条应斜放，节点处檩条应固定在山墙及内横墙的卧梁埋件上，支撑长度不应小于120mm，双脊檩应相互拉结。

4.2.2　安装上弦横向支撑

横向支撑的下料长度宜留50mm加工余量。横向支撑支承面应在上弦节点的侧面。横向支撑与上弦应用螺栓连接，不得采用钉子连接。

4.2.3　铺钉木望（屋面）板

木望（屋面）板的铺设方案应符合设计文件的规定，抗震烈度8度及以上地区，木望（屋面）板应密铺。密铺时板间可用平接、斜接或高低缝拼接。望板宽度不宜小于150mm，长向接头应位于椽条或檩条上，相邻望板接头应错开。横望板铺钉每800mm宽必须错缝窜当；横望板的顶头对接必须留缝，其缝隙不小于5mm。望板应在屋脊两侧对称铺钉，钉长不应小于望板厚度的2倍，可分段铺钉，并应逐段封闭。

4.2.4　用顺水条铺钉防水卷材

防水卷材应平行于檩条方向铺钉于木望（屋面）板上。防水卷材铺钉应从檐口开始进行。当设计无要求时，其搭接宽度应为100mm。顺水条厚度应一致。顺水条应垂直于檩条铺钉。顺水条间距宜为400～500mm。顺水条应压住防水卷材钉牢于木望（屋面）板上，在防水卷材接头处应增钉一根顺水条。屋脊处的顺水条应用钉子或螺栓牢固连接。无顺水条处不得钉钉子。

4.2.5　钉挂瓦条

挂瓦条的间距应根据屋面坡长和瓦的规格进行分档，随后弹线，应确保屋脊处能铺上一行整瓦，檐口第一皮瓦应挑出50～70mm。挂瓦条应用50mm长的钉子钉在顺水条上，不得直接钉在防水卷材上。铺钉挂瓦条时，每坡应拉线检查其上表面是否平直。挂瓦条接头位置应在顺水条上，搭接处应锯齐钉平。檐口处第一根挂瓦条应高出一皮瓦的厚度。

4.2.6　封山、封檐板安装

安装封檐板时，先在两头挑檐木上确定位置，拉线后钉封檐板，钉子长度应大于封檐板

厚度的 2 倍。钉帽应砸扁冲入板内。封山板和封檐板应平直光洁，板间应采用燕尾榫或龙凤榫相接，见图 31-1，不得平接，接缝位置应在附木端面或檩条上。封檐板的宽度大于 300mm 时，背面应加木带；宽度小于 300mm 时，背面宜刨两道槽。

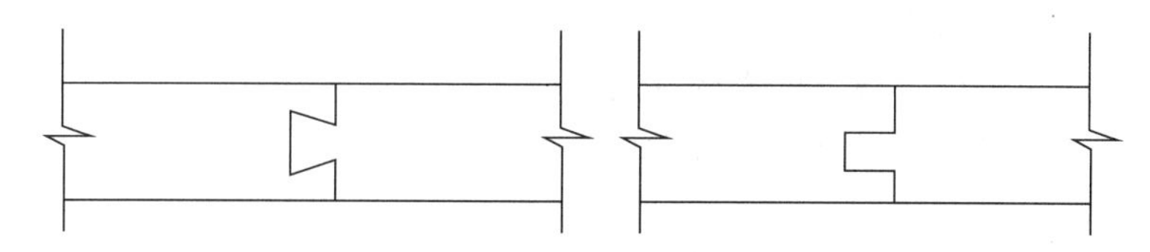

图 31-1　燕尾榫、龙凤榫示意图

4.2.7　检查验收

木屋盖施工完成后按照《木结构工程施工质量验收规范》GB 50206—2012 表 E.0.3 的规定验收。

4.3　无防水卷材层的木屋盖施工

4.3.1　安装檩条

同 4.2.1 条。

4.3.2　安装上弦横向支撑

同 4.2.2 条。

4.3.3　钉椽条

椽条应垂直于檩条铺钉，不得歪斜。椽条的长度应为檩条间距的整倍数，且至少为檩条间距的 2 倍。椽条的接头位置应在檩条上，相邻椽条的接头位置应错开。椽条在每根檩条上均应钉牢，在屋脊处用钉子或螺栓相互连接牢固。椽条在屋脊和檐口处应拉通线锯齐。

4.3.4　钉挂瓦条

挂瓦条的截面尺寸不应小于 20mm×30mm，接头应设在椽条上，相邻挂瓦条接头宜错开。其余施工方法同 4.2.5 条。

4.3.5　封山、封檐板安装

同 4.2.6 条。

4.3.6　检查验收

同 4.2.7 条。

5　质量标准

5.0.1　主控项目

1　结构用木材应符合设计文件的规定，并应具有产品质量合格证书。

2　进场木材均应作弦向静曲强度见证检验，其强度最低值应符合表 31-1 的要求。

木材静曲强度检验标准　　　　**表 31-1**

木材种类	针叶材				阔叶材				
强度等级	TC11	TC13	TC15	TC17	TB11	TB13	TB15	TB17	TB20
最低强度（N/mm^2）	44	51	58	72	58	68	78	88	98

3　各类构件制作时及构件进场时木材的平均含水率，应符合下列规定：

1）原木或方木不应大于25%。

2）板材及规格材不应大于20%。

3）受拉构件的连接板不应大于18%。

4）处于通风条件不畅环境下的木构件的木材，不应大于20%。

4　在抗震设防区的抗震措施应符合设计文件的规定。当抗震设防烈度为8度及以上时，应符合下列要求：

1）屋面两侧应对称斜向放檩条，檐口瓦应与挂瓦条扎牢。

2）檩条与屋架上弦应用螺栓连接，双脊檩应互相拉结。

3）柱与基础间应有预埋的角钢连接，并应用螺栓固定。

4）木屋盖房间、节点处檩条应固定在山墙及内横墙的卧梁埋件上，支承长度不应小于120mm，并应有螺栓可靠锚固。

5.0.2　一般项目

1　屋面木构架的安装允许偏差不应超过表31-2的规定。

屋面木构架的安装允许偏差　　**表31-2**

<table>
<tr><th>项次</th><th colspan="2">项目</th><th>允许偏差（mm）</th><th>检验方法</th></tr>
<tr><td rowspan="5">1</td><td rowspan="5">檩条、椽条</td><td>方木、胶合木截面</td><td>−2</td><td>钢尺量</td></tr>
<tr><td>原木梢径</td><td>−5</td><td>钢尺量，椭圆时取大小径的平均值</td></tr>
<tr><td>间距</td><td>−10</td><td>钢尺量</td></tr>
<tr><td>方木、胶合木上表面平直</td><td>4</td><td rowspan="2">沿坡拉线钢尺量</td></tr>
<tr><td>原木上表面平直</td><td>7</td></tr>
<tr><td>2</td><td colspan="2">防水卷材搭接宽度</td><td>−10</td><td rowspan="2">钢尺量</td></tr>
<tr><td>3</td><td colspan="2">挂瓦条间距</td><td>±5</td></tr>
<tr><td rowspan="2">4</td><td rowspan="2">封山、封檐板平直</td><td>下边缘</td><td>5</td><td rowspan="2">拉10m线，不足10m拉通线，钢尺量</td></tr>
<tr><td>表面</td><td>8</td></tr>
</table>

2　屋盖结构支撑体系的完整性应符合设计文件规定。

6　成品保护

6.0.1　制作完成的木构件应存放在有顶盖的棚内，木屋盖安装完成后应立即加盖防水层，不得使木屋盖长时间裸露。

6.0.2　防水卷材铺钉好以后，施工人员上下屋面及进行后续工序施工均应使用钉有防滑条的专用桥板，不得直接踩踏防水卷材及挂瓦条，以防破坏防水层。

7　应注意的问题

7.1　应注意的质量问题

7.1.1　檩条和支撑的连接方式及锚固方式应符合设计要求。

7.1.2 檩条、屋面板及挂瓦条的上表面应平整顺直，当设计有特殊要求时，应满足设计要求。

7.1.3 木望（屋面）板规格、铺钉方式和接头位置应符合设计要求，其厚度误差不应超过1.5mm。

7.1.4 不得将弯曲超过标准要求限值的檩条砍削取直后使用，也不应在檩条上进行砍削、钻凿孔洞等使檩条有效截面减少的活动。

7.1.5 桁架就位锚固后及时安装支撑和檩条，以保证桁架在安装过程中不发生侧向弯、扭现象。支撑与桁架之间应用螺栓连接，不得采用钉连接或抵承连接，并在桁架找正吊直无误后再按螺栓孔位安装，防止支撑长度不准确或螺栓孔位不符将桁架沿侧向拉弯或顶弯。

7.1.6 檩条安装完成后上表面应顺直，防止因个别檩条弯曲超过限值造成屋面不平影响观感，甚至造成排水不畅或漏水。

7.1.7 屋面板、椽条、顺水条及挂瓦条的截面尺寸应符合设计要求，厚度应一致。

7.1.8 钉脆硬性木材的檩条时，应先钻孔后再用钉子钉牢，防止使檩条头部劈裂。

7.1.9 椽条应与檩条钉牢，屋脊处两椽条应拉结牢固。椽条接头位置应设在檩条上，相邻椽条接头位置应错开。

7.2 应注意的安全问题

7.2.1 安装时不得在檩条上施加超过设计规定的荷载。

7.2.2 作业面距地面2m以上时，应设防护栏杆或安全网。

7.2.3 在坡度大于25°屋面上作业应设防滑梯，护身栏杆等设施。

7.2.4 高处作业人员应衣着灵便，戴好安全帽，系好安全带，禁止穿硬底、带钉和易滑的鞋。

7.2.5 高处作业人员的工具、零配件等物品应放在随身带的工具袋内，不得随意放置和抛掷。

7.2.6 钉封山板和封檐板时应站在脚手架上操作，不得站在屋面上探身操作。

7.2.7 雨期或冬期施工时应有可靠的防滑措施。

7.2.8 现场应健全防火制度，完善消防措施，消除火灾隐患，杜绝火灾发生。

7.3 应注意的绿色施工问题

7.3.1 施工现场成品、半成品堆放整齐有序，保持施工现场整洁。

7.3.2 包装箱、包装袋、施工垃圾等固体废弃物按“可再利用”和“不可再利用”分类收集、存放、处置。

8 质量记录

8.0.1 专项施工方案。

8.0.2 安全、技术交底记录。

8.0.3 材料、半成品、构件进场检查验收记录。

8.0.4　隐蔽验收记录。

8.0.5　木屋盖工程检验批质量验收记录。

第32章　胶合木结构施工

本工艺标准适用于木结构工程中胶合木结构的施工。

1　引用标准

《木结构设计标准》GB 50005—2017
《木结构工程施工规范》GB/T 50772—2012
《木结构工程施工质量验收规范》GB 50206—2012
《建筑工程施工质量验收统一标准》GB 50300—2013

2　术语

2.0.1　胶合木结构：由层板胶合木组成的结构。

3　施工准备

3.1　作业条件

3.1.1　设计文件会审已进行，设计单位已做技术交底，设计意图已充分了解。

3.1.2　施工方案已编制，并按规定履行完审批程序。

3.1.3　施工操作人员应经过施工技术交底和安全技术交底，充分理解操作技术要点和安全注意事项。主要专业工种操作人员应有操作上岗证。

3.1.4　作业场地和材料堆放场地应坚实平整，具备防雨、防晒功能。场地周围应排水通畅。安全设施及消防设施应到位。

3.2　材料及机具

3.2.1　层板胶合木或胶合木构件。

3.2.2　粘合剂：共聚树脂胶等。

3.2.3　机具：圆盘锯、木工平刨床、压刨床、铣床、手持电刨、木工手锯、木工手斧、墨斗、钢尺、木材含水率测试仪、游标卡尺、量角器、劳动防护用品、消防器材等。

4　操作工艺

4.1　工艺流程

层板坯料制作 → 指接接头制作 → 表面处理 → 涂刷 → 加压、养护、卸压 → 缺陷修补 → 检查验收

4.2　层板坯料制作

根据设计要求在木板上放线，放线时应考虑刨光、锯口预留量。剔除个别部位密度异常小的木板。层板坯料按目测定级分类堆放。

4.3　指接接头制作

坯料纵向接头应采用指接接头，可按图 32-1 操作。横向拼宽可采用平接，可按图 32-2 操作。指接剖面尺寸可按表 32-1 制作。

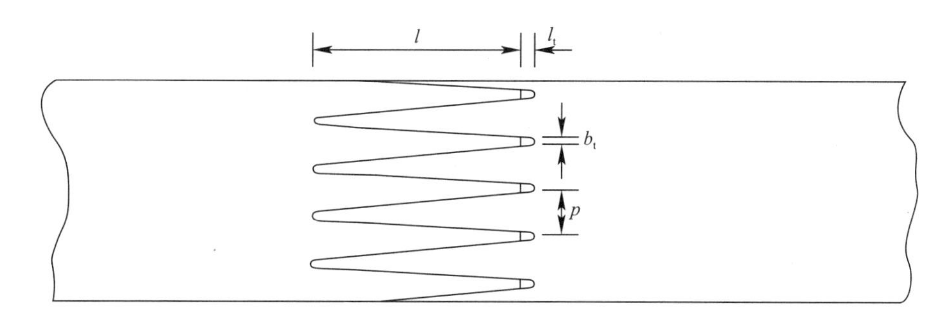

图 32-1　木板指形接头

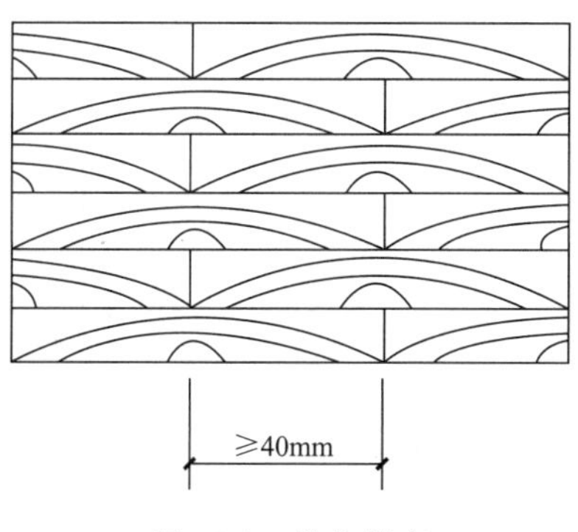

图 32-2　横向拼宽

指接头剖面尺寸　　**表 32-1**

指端宽度 b_t（mm）	指长 l（mm）	指边坡度 $s=(p-2b_t)/2(l-l_t)$
0.5～1.2	20～30	1/8～1/12

注：p—指行接头的排距，mm；l_t 指行接头指端缺口的长度，mm。

接头胶合时应对胶合面均匀施压，指接的压力为 0.6～1.0N/mm²。加压时，应在指接头两侧用卡具卡紧，再从板端加压。接头胶合后应再加压状态下养护 24h（若用高频电热或

微波加热时应经试验确定)。

4.4　表面处理

被粘接的表面应平整、光洁。一般经刨削的表面应具有良好的粘接性。木材端面、斜面或疏松多孔的材质要预先涂以防渗剂或底层胶。油脂和蜡等含量多的木材为改善其粘接性能应采取脱脂处理。使用有机溶剂或10%的苛性钠（NaOH）水溶液清洗或擦拭粘接面，待溶剂挥发后才能进行粘接操作；水性溶剂处理后应进行干燥。层板应在完成指接工艺后方可刨光胶合面。

4.5　涂胶

不易胶合的如落叶松、花旗松等木材或需化学药剂处理的木材，应在刨光后6h内胶合；易于胶合，不需化学药剂处理的木材，应在刨光后24h内胶合。粘合各层木板年轮方向应一致，见图32-3。

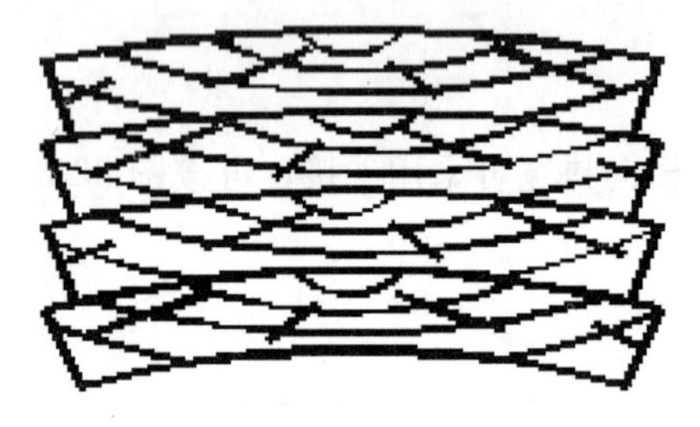

图32-3　各层木板粘合方向应一致

两层板胶合面均应均匀涂胶，用胶量不应少于350g/m²，若采用高频电干燥不应少于200g/m²。指接接头胶合时应双面涂胶。涂胶量过多或不足都会影响粘接质量。涂胶方法根据条件选用，见表32-2。

胶合木制作涂胶方法　　表32-2

序号	涂胶方法	适用条件	操作要点
1	刷涂法	适于单件小批量生产	用毛刷把粘合剂涂刷在粘接面上，简单易行，是最常用的方法
2	喷涂法	面积较大的构件	用普通油漆枪进行喷涂，涂胶均匀，工效高，但胶液损失较大（大约20%～40%）
3	自流法	用于扁平板状零件，大批量生产	采用“淋雨式”自动喷胶装置，工效高。所用胶液必须有适当的黏度合流动性，以防胶液堵塞喷嘴。喷淋在工作表面的粘合剂，多余部分能自动流回斜槽，通过泵重新循环
4	滚涂法	适用于厚薄不等的木板涂胶	利用胶辊蘸胶液后滚动：将木板与胶辊接触，使胶辊上的胶均匀地涂在木板上，涂胶量的大小可用刮板控制
5	刮涂法	用于高黏度的胶体状合膏状粘合剂	用带齿的胶皮或塑料刮板进行刮胶，刮胶时要用力均匀，满涂满刮，并使胶液刮后厚薄均匀
6	浸渍涂胶法	特殊的工件或部位，用一般涂胶方法难以满足时使用	用油壶状聚乙烯注胶壶或用压注枪，向孔洞或缝隙中注胶

4.6　加压、养护、卸压

胶合木构件胶合完成后应进行加压养护。在养护完全结束前，构件不应受力或置于温度15℃以下的环境。当木材初始温度18℃时，养护温度不应低于20℃；当木材初始温度为16℃时，养护温度不应低于25℃。养护时空气的相对湿度应不低于30%。加压及养护时间见表32-3。加压方法见表32-4。层板胶合时应均匀加压，加压可从构件任意位置开始逐步延伸至端部，压力应按表32-5控制。

层板胶合加压及养护最短时间 **表 32-3**

构件类别	室内温度（℃）		
	16～20	21～25	26～30
	持续加压时间（h）		
不起拱的构件	8	6	4
起拱的构件	18	8	6
曲线形构件	24	18	12
所有构件	加压及卸压后养护的总时间（h）		
	32	30	24

注：当采用高频电热或微波加热时，加压及养护时间应经试验确定。

胶合木制作加压方法 **表 32-4**

序号	压紧方法	说明
1	杠杆重锤压紧	压紧力大小便于调整，使用方便，适用于批量生产
2	弹簧夹压紧	适用于厚度不大的长条状等粘接件，可用多个夹沿粘接面周边压紧
3	多块重物压紧	压力分布比较均匀，方法笨重，适用于单件小批量生产
4	气压袋	用充气橡皮袋垫在受压表面，可用压力机等任一种方法加压，适用于曲面或异形表面
5	热压釜	用蒸汽为加热、加压介质，压力分布均匀，对于曲面等的热压有特殊的优越性
6	螺旋夹压紧	此法用多个螺旋夹沿粘接件周边夹住、拧紧

不同层板厚度的胶合面压力 **表 32-5**

层板厚度 t（mm）	$t \leqslant 35$	$35 < t \leqslant 45$ 底面有刻槽	$35 < t \leqslant 45$ 底面无刻槽
胶合面压力（N/mm²）	0.6	0.8	1.0

4.7 缺陷修补

A级：下列缺陷应采用同质木料修补：直径超过30mm的孔洞；尺寸超过40mm×20mm的长方形孔洞；宽度超过3mm，侧边裂缝长度40～100mm。

B级：表面允许有偶尔的漏刨、细小缺陷、空隙及生产中的缺损，但最外层板不允许有松软节和空隙，几何尺寸允许偏差宽度±2.0mm，高度±6.0mm，规方以承载处的截面为准，最大偏离为1/200。

C级：允许有缺陷和空隙，构件胶合后无需表面加工。

4.8 检查验收

胶合木结构的制作按《木结构工程施工质量验收规范》GB 50206—2012表E.0.1的规定检查验收。胶合木结构的安装按《木结构工程施工质量验收规范》GB 50206—2012表E.0.2的规定检查验收。

5 质量标准

5.0.1 主控项目

1 胶合木结构的结构形式、结构布置和构件截面尺寸，应符合设计文件的规定。

2　结构用层板胶合木的类别、强度等级和组坯方式，应符合设计文件的规定，并应有产品质量合格证书和产品标识，同时应有满足产品标准规定的胶缝完整性检验和层板指接强度检验合格证书。

3　胶合木受弯构件应作荷载效应标准组合作用下的抗弯性能见证检验。在检验荷载作用下胶缝不应开裂，原有漏胶胶缝不应发展，跨中挠度的平均值不应大于理论计算值的1.13倍，最大挠度不应大于表32-6的规定。

荷载效应标准组合作用下受弯木构件的挠度限值　　**表32-6**

项次	构件类别		挠度限值（m）
1	檩条	$L\leqslant3.3$m	$L/200$
		$L>3.3$m	$L/250$
2	主梁		$L/250$

注：L为受弯构件的跨度。

4　弧形构件的曲率半径及其偏差应符合设计文件的规定，层板厚度不应大于$R/125$（R为曲率半径）。

5　层板胶合木构件平均含水率不应大于15%，同一构件各层板间含水率差别不应大于5%。

6　钢材、焊条、螺栓、螺帽的质量应分别符合《木结构工程施工质量验收规范》GB 50206—2012的规定。

7　各连接节点的连接件类别、规格和数量应符合设计文件的规定。桁架端节点齿连接胶合木端部的受剪面积及螺栓连接中的螺栓位置，不应与漏胶胶缝重合。

5.0.2　一般项目

1　层板胶合木结构及外观应符合下列要求：

1）层板胶合木的各层木板木纹应平行于构件长度方向。各层木板在长度方向应为指接。受拉构件和受弯构件受拉区截面高度的1/10范围内同一层板上的指接间距，不应小于1.5m，上、下层板间指接头位置应错开不小于木板厚的10倍。层板宽度方向可用平接头，但上、下层板间接头错开的距离不应小于40mm。

2）层板胶合木胶缝应均匀，厚度应为0.1～0.3mm。厚度超过0.3mm的胶缝的连续长度不应大于300mm，且厚度不得超过1mm。在构件承受平行于胶缝平面剪力的部位，漏胶长度不应大于75mm，其他部位不应大于150mm。在第3类使用环境条件下，层板宽度方向的平接头和板底开槽的槽内均应用胶填满。

3）胶合木结构的外观质量应符合下列规定：

A级，结构构件外露，外观要求很高而需油漆，构件表面洞孔需用木材修补，木材表面应用砂纸打磨。

B级，结构构件外露，外表要求用机具抛光油漆，表面允许有偶尔的漏刨、细小的缺陷和空隙，但不允许有松软节的孔洞。

C级，结构构件不外露，构件表面无需加工刨工。

对于外观要求为C级的构件截面，可允许层板有错位，界面尺寸允许偏差和层板错位应符合表32-7的要求。

胶合木构件外观 C 级的允许偏差和错位（mm）　　表 32-7

截面的高度或宽度	截面的高度或宽度的允许偏差	错位的最大值
(h 或 b)<100	±2	4
100≤(h 或 b)<300	±3	5
300≤(h 或 b)	±6	6

2　胶合木构件的制作偏差不应超过《木结构工程施工质量验收规范》表 E. 0. 1 的规定。

3　齿连接、螺栓连接、圆钢拉杆及焊缝质量，应符合《木结构工程施工质量验收规范》第 4. 3. 2、4. 3. 3、4. 2. 10 条的规定。

4　金属节点构造、用料规格及焊缝质量应符合设计文件的规定。除设计文件另有规定外，与其相连的各构件轴线应相交于金属节点的合力作用点，与各构件相连的连接类型应符合设计文件的规定，并应符合《木结构工程施工质量验收规范》第 4. 3. 3～4. 3. 5 条的规定。

5　胶合木结构安装偏差不应超过《木结构工程施工质量验收规范》表 E. 0. 2 的规定。

6　成品保护

6. 0. 1　制成的胶合木构件成品或半成品应置于仓库或敞棚下储存，加置板条垫平，防止变形、翘曲。

6. 0. 2　构件竖直放置时，其临时支撑点应与结构在建筑物中的支撑条件相同，并设可靠的支撑防止侧倾。水平放置的构件应加垫木垫平，防止变形或连接松动。

7　应注意的问题

7.1　应注意的质量问题

7. 1. 1　胶合木构件的制作应在室内进行，制作车间内的温度不应低于 15℃，空气的相对湿度应在 40%～75%的范围内。

7. 1. 2　胶缝局部未粘结段的长度：在构件剪力最大的部位不应大于 75mm；在其他部位也不应大于 150mm；所有的未粘结处，均不得有贯穿构件宽度的通缝；相邻的两个未粘结段的净距应不小于 600mm；指接胶缝中不得有未粘合处。

7. 1. 3　胶缝的厚度应控制在 0. 1～0. 3mm 之间，如局部有厚度超过 0. 3mm 的胶缝，其长度应小于 300mm，且最大的厚度不应超过 1mm。

7. 1. 4　制成的胶合构件，其实际尺寸对设计尺寸的偏差不应超过±5mm，且不应超过设计尺寸的±3%。

7. 1. 5　指形接头之间的距离，应符合下列要求：相邻上下两层层板之间指接头的距离应≥150mm 且不应小于 10t（t 为板厚）。同一层层板的指接头的间距应≥1500mm，受拉或受弯构件的受拉区 10%高度内，同一层板的指接头间距应≥1800mm。如需修补的构件，受拉区最外层及其相邻一层板，距离修补区 150mm 范围内不允许有接头。构件同一截面上指接接头数不应大于木板层数的 1/4。

7.1.6 胶合木桁架在加工制作时应按跨度1/200起拱。

7.2 应注意的安全问题

7.2.1 建立和健全安全生产管理制度，落实安全责任。
7.2.2 建立安全生产教育培训制度，加强职业培训，强化职工安全责任意识。
7.2.3 各工序施工前应进行安全技术交底。
7.2.4 加强安全检查和监督，作业人员应持证上岗，严禁违章操作。
7.2.5 在木工机械上安装灵敏可靠的安全防护装置，防止机械伤手和木屑飞溅伤人。
7.2.6 胶合木结构粘接胶应选用对人体无害的产品，要防止中毒。

7.3 应注意的绿色施工问题

7.3.1 建立环境卫生值班制度，每天坚持工完场清。
7.3.2 木工加工机械加装防尘装置，控制木屑粉尘对环境的污染。
7.3.3 定期对加工机械进行检修，传动部件加强润滑，防止机械自身运转产生非正常的噪声。

8 质量记录

8.0.1 设计文件会审记录和设计单位技术交底记录。
8.0.2 专项施工方案。
8.0.3 技术、安全交底记录。
8.0.4 材料、半成品、构件进场检查验收记录。
8.0.5 见证检验记录。
8.0.6 自检、交接检验记录。
8.0.7 产品质量合格证书和产品标识，材质合格证书。
8.0.8 隐蔽验收记录。
8.0.9 胶合木工程检验批质量记录表。
8.0.10 胶合木结构材质检验报告。

第33章　轻型木结构施工

本工艺标准适用于木结构工程中采用木结构墙、木楼盖和木屋盖系统构成的轻型木结构的施工。

1 引用标准

《木结构设计标准》GB 50005—2017

《木结构工程施工规范》GB/T 50772—2012
《建筑工程施工质量验收统一标准》GB 50300—2013
《木结构工程施工质量验收规范》GB 50206—2012
《六角头螺栓 C 级》GB/T 5780—2016
《一般用途圆钢钉》YB/T 5002—2017

2　术语

2.0.1　板材：宽度为厚度三倍或三倍以上的矩形锯材。

2.0.2　木结构墙：面层用木基结构板材或石膏板，墙骨柱用规格材构成的用以承受竖向和水平作用的墙体。

3　施工准备

3.1　作业条件

3.1.1　设计文件会审已进行，设计单位已做技术交底，设计意图已充分了解。
3.1.2　施工方案已编制，并按规定履行完审批程序。
3.1.3　轻型木结构下的混凝土基础或圈梁已施工完毕并验收合格。
3.1.4　地梁板与基础或圈梁顶的接触面间防潮层已施工完毕并检测合格。
3.1.5　施工操作人员应经过施工技术交底和安全技术交底，充分理解操作技术要点和安全注意事项。主要专业工种应有操作上岗证。

3.2　材料及机具

3.2.1　规格材：强度等级不应低于 Vc 级。
3.2.2　覆面板：木基结构板，石膏板等。
3.2.3　连接加固件：预埋螺栓，化学锚栓，植筋锚固，圆钢螺栓，角钢，镀锌钢板等。
3.2.4　钢钉：普通圆钉、麻花钉、螺纹圆钉、木螺钉、骑马钉等。
3.2.5　防潮层：聚乙烯薄膜，厚度不小于 0.2mm。
3.2.6　胶粘剂：弹性胶粘剂（液体钉）。
3.2.7　机具：圆盘锯、压刨、平刨、手刨、手锯、凿子、斧子、墨斗、经纬仪、水准仪、木材含水率测试仪、水平尺、钢尺等。

4　操作工艺

4.1　工艺流程

4.1.1　木结构墙工艺流程

规格材加工 → 测量放线 → 墙体木构架制作、安装 → 墙面板铺钉 → 抗倾覆锚固 → 检查验收

4.1.2　木楼盖结构工艺流程

安装楼盖梁→梁上测量放线→楼面格栅安装→安装格栅间侧向支撑→楼面板铺钉→检查验收

4.2　木结构墙

4.2.1　规格材加工

木结构墙所使用的规格材、覆面板的品种、强度等级及规格，应符合设计文件的规定。墙体木构架的墙骨、底梁板和顶梁板等规格材的宽度应一致。墙骨规格材可采用指接，但不应采用连接板接长。

4.2.2　测量放线

墙体木构架制作、安装之前应在楼面或梁上测量，弹出门、洞口位置线及墙体位置中心线、边线。

4.2.3　墙体木构架制作、安装

墙体木构架宜分段水平制作或工厂预制。分段水平制作时可以墙为单位。制作的操作平台可以是施工完的楼面，也可以在现场内临时建造施工平台，要求操作平台表面平整。墙骨与底梁板和顶梁板采用钉连接组装成片。要求墙骨间距符合设计要求，表面平整，底梁板与顶梁板保持平行，墙骨与顶梁板、底梁板保持垂直。墙骨有门、洞时，若开洞宽度大于墙骨间距，应按设计要求在洞口两侧加强，并在洞口上方加设过梁。

墙体木构架安装时，应按设计文件规定的墙体位置垂直安装在相应楼层的楼板面上，并按设计文件的规定，安装上、下楼层墙骨间或墙骨与屋盖椽条的抗风连接件。

墙体木构架采用原位垂直制作时，应先将底梁板用长度为80mm、间距不大于400mm的圆钉，通过楼面板钉牢在该层楼盖格栅或封边（头）格栅上，再将顶梁板用同样的方法钉牢在该层屋盖或顶棚格栅或封边（头）格栅上。墙骨上、下各用4枚长度为60mm的钉子，从墙骨两侧对称斜向与顶梁板、底梁板钉牢。顶梁板与底梁板要保证上下垂直。

4.2.4　墙面板铺钉

铺钉墙面板时，宜先铺钉墙体一侧的，外墙应先铺钉室外侧的墙面板。墙面板应整张铺钉，并应自底（地）梁板边缘一直铺钉至顶梁板顶边缘。仅在墙边部和洞口处，可使用宽度不小于300mm的板条，但不应多于两片。使用宽度小于300mm的板条，水平接缝应位于增设的横挡上。墙面板长向垂直于墙骨铺钉时，竖向接头应位于墙骨中心线上，且两板间应留3mm间隙，上、下两板的竖向接头应错位布置。墙面板长向平行于墙骨铺钉时，两板间接缝也应位于墙骨中心线上，并应留3mm间隙。墙体两面对应位置的墙面板接缝应错开，并应避免接缝位于同一墙骨上。当墙骨规格材截面宽度不小于65mm时，墙体两面墙板接缝可位于同一墙骨上，但两面的钉位应错开。墙面板边缘凡与墙骨或底（地）梁板、顶梁板钉合时，钉间距不应大于150mm，并应根据所用规格材截面厚度决定是否需要30°斜钉；板中部与墙骨间的钉合，钉间距不应大于300mm。钉的规格应符合表33-1的规定。

墙面板、楼面板钉连接的要求　　表33-1

板厚（mm）	连接件的最小长度（mm）			钉的最大间距（mm）
	普通圆钉或麻花钉	螺纹圆钉或木螺钉	骑马钉（U字钉）	
$t \leqslant 10$	50	45	40	沿板边缘支座150，沿板跨中支座300
$10 < t \leqslant 20$	50	45	50	
$t > 20$	60	50	不允许	

注：木螺钉的直径不得小于3.2mm；骑马钉的直径或厚度不得小于1.6mm。

4.2.5　抗倾覆锚固

采用圆钢螺栓对墙体抗倾覆锚固时，每片墙肢的两端应各设一根圆钢，其直径不应小于12mm。圆钢应直至房屋顶层墙体顶梁板并可靠锚固，圆钢中部应设正反扣螺纹，并应通过套筒拧紧。

4.2.6　检查验收

对墙体的制作与安装按表33-2进行检查验收。

墙体制作与安装允许偏差　　表33-2

项次	项目		允许偏差（mm）	检查方法
1	墙骨	墙骨间距	±40	钢尺量
2		墙体垂直度	±1/200	直角尺和钢板尺量
3		墙体水平度	±1/150	水平尺量
4		墙体角度偏差	±1/270	直角尺和钢板尺量
5		墙骨长度	±3	钢尺量
6		单根墙骨出平面偏差	±3	钢尺量
7	顶梁板、底梁板	顶梁板、底梁板的平直度	±1/150	水平尺量
8		顶梁板作为弦杆传递，荷载时的搭接长度	±12	钢尺量
9	墙面板	规定的钉间距	±30	钢尺量
10		钉头嵌入墙面板表面的最大深度	±3	卡尺量
11		木框架上墙面板之间的最大缝隙	±3	卡尺量

4.3　木楼盖结构

4.3.1　安装楼盖梁

楼盖梁采用规格材拼合梁时应支承在木柱或墙体中的墙骨上，其支承长度不得小于90mm。安装梁的先后顺序是：边框梁→承重梁→封边梁。

4.3.2　梁上测量放线

在支承格栅的承重墙的顶梁板或楼盖梁上测量放出格栅中心线。

4.3.3　楼面搁栅安装

格栅支承在地梁板或顶梁板上时，其支承长度不应小于40mm；支承在外墙顶梁板上时，格栅顶端应距地梁板或顶梁板外边缘为一个封头格栅的厚度。格栅应用两枚长度为80mm的钉子斜向钉在地梁板或顶梁板上。当首层楼盖的格栅或木梁必须支承在混凝土构件或砖墙上时，支承处的木材应防腐处理，支承面间应设防潮层，格栅或木梁两侧及端头与混凝土或砖墙间应留有不小于20mm的间隙，且应与大气相通。

当格栅支承在规格材拼合梁顶时，每根格栅应用两枚长度为80mm的圆钉，斜向钉牢在拼合梁上。当格栅支承在规格材拼合梁的侧面时，应支承在拼合梁侧面的托木或金属连接件上。

4.3.4　安装搁栅间侧向支撑

格栅间应设置能防止平面外扭曲的木底撑和剪刀撑作侧向支撑，木底撑和剪刀撑宜设在同一平面内。当格栅底直接铺钉木基结构板或石膏板时，可不设置木底撑。当要求楼盖平面内抗剪刚度较大时，格栅间的剪刀撑可改用规格材制作的实心横撑。木底撑、剪刀撑和横撑等侧向支撑的间距，以及距格栅支座的距离，均不应大于2.1m。

侧向支撑安装时应符合下列规定：

1　木底撑截面尺寸不应小于20mm×65mm，且应通长设置，接头应位于格栅厚度的中心线处，与每根格栅相交处应用2枚长度60mm的圆钉钉牢。

2　横撑应由厚度不小于40mm、宽度与格栅一致的规格材制成，应用2枚长度为80mm圆钉从格栅侧面垂直钉入横撑端头或用4枚长度为60mm的圆钉斜向钉牢在格栅侧面。

3　剪刀撑的截面尺寸不应小于20mm×65mm或40mm×40mm，两端应切割成斜面，且应与格栅侧面抵紧，每根剪刀撑的两端应用2枚长度为60mm的圆钉钉牢在格栅侧面。

4　侧向支撑应垂直于格栅连续布置，并应直抵两端封边格栅。同一列支撑应布置在同一直线上。

4.3.5　楼面板铺钉

楼面板铺钉应覆盖至封头或封边格栅的外边缘，宜整张（1.22m×2.44m）钉合。设计文件未作规定时，楼面板的长度方向应垂直于楼盖格栅，板带长度方向的接缝应位于格栅轴线上，相邻板间应留有3mm缝隙；板带间宽度方向的接缝应错开布置，除企口板外，板带间接缝下的格栅间应根据设计文件的规定，决定是否设置横撑及横撑截面的大小。铺钉楼面板时，格栅上宜涂刷弹性胶粘剂（液体钉）。铺钉楼面板时，可从楼盖一角开始，板面排列应整齐划一。

4.3.6　检查验收

对楼盖制作与安装进行检查验收按表33-3。

楼盖制作与安装允许偏差　　**表33-3**

序号	项目	允许偏差（mm）	备注
1	格栅间距	±40	—
2	楼盖整体水平度	1/250	以房间短边计
3	楼盖局部平整度	1/150	以每米长度计
4	格栅截面高度	±3	—
5	格栅支承长度	−6	—
6	楼板板钉间距	+30	—
7	钉头嵌入楼面板深度	+3	—
8	板缝隙	±1.5	—
9	任意三根格栅顶面间的高差	±1.0	—

5　质量标准

5.0.1　主控项目

1　轻型木结构的承重墙（包括剪力墙）、柱、楼盖、屋盖布置、抗倾覆措施及屋盖抗掀起措施等，应符合设计文件的规定。

2　进场规格材应有产品质量合格证书和产品标识。

3　每批次进场目测分等规格材应由有资质的专业分等人员做目测等级见证检验或做抗弯强度见证检验；每批次进场机械分等规格材应作抗弯强度见证检验，并应符合《木结构工程施工质量验收规范》附录G的规定。

4　轻型木结构各类构件所用规格材的树种、材质等级和规格，以及覆面板的种类和规格，应符合设计文件的规定。

5　规格材的平均含水率不应大于20%。

6　木基结构板材应有产品质量合格证书和产品标识，用作楼面板、屋面板的木基结构板材应有该批次干、湿态集中荷载、均布荷载及冲击荷载检验的报告，其性能不应低于GB 50206—2012《木结构工程施工质量验收规范》附录H的规定。

进场木基结构板材应作静曲强度和静曲弹性模量见证检验，所测得的平均值应不低于产品说明书的规定。

7　进场结构复合木材和工字形木搁栅应有产品质量合格证书，并应有符合设计文件的规定的平弯或侧立抗弯性能检验报告。

进场工字形木搁栅和结构复合木材受弯构件，应作荷载效应标准组合作用下的结构性能检验，在检验荷载作用下，构件不应发生开裂等损伤现象，最大挠度不应大于表33-4的规定，跨中挠度的平均值不应大于理论计算值的1.13倍。

荷载效应标准组合作用下受弯木构件的挠度限值　　表33-4

项次	构件类别		挠度限值（m）
1	檩条	$L \leqslant 3.3\text{m}$	$L/200$
		$L > 3.3\text{m}$	$L/250$
2	主梁		$L/250$

注：L为受弯构件的跨度。

8　齿板桁架应由专业加工厂加工制作。并应有产品质量合格证书。

9　承重钢构件和连接所有钢材应有产品质量合格证书和化学成分的合格证书。进场钢材应有见证检验其抗拉屈服强度、极限强度和延伸率，其值应满足设计文件规定的相应等级钢材的材质标准指标，且不应低于现行国家标准《碳素结构钢》GB 700有关于Q235及以上等级钢材的规定。－30℃以下使用的钢材不宜低于Q235D或相应屈服强度钢材D等级的冲击韧度规定。钢木屋架下弦所用圆钢，除应作抗拉屈服强度、极限强度和延伸率性能检验外，尚应作冷弯检验，并应满足设计文件规定的圆钢材质标准。

10　螺栓、螺帽应有产品质量合格证书，其性能应符合现行国家标准《六角头螺栓》GB 5782和《六角头螺栓C级》GB 5780的有关规定。

11　圆钉应有产品质量合格证书，其性能应符合现行行业标准《一般用途圆钢钉》YB/T 50002的有关规定。设计文件规定钉子的抗弯屈服强度时，应作钉子抗弯强度见证检验。

12　金属连接件应冲压成型，并应具有产品质量合格证书和材质合格保证。镀锌防锈层厚度不应小于275g/m^2。

13　轻型木结构各类构件间连接的金属连接件的规格、钉连接的用钉规格与数量，应符合设计文件的规定。

14　当采用构造设计时，各类构件间的钉连接不应低于《木结构工程施工质量验收规范》GB 50206—2012附录J的规定。

5.0.2　一般项目

1　承重墙（含剪力墙）的下列各项应符合设计文件的规定，且不应低于现行国家标准《木结构设计规范》GB 50005有关构造的规定：

1）墙骨间距。

2）墙体端部、洞口两侧及墙体转交和交接处，墙角的布置和数量。

3）墙骨开槽或开孔的尺寸和位置。

4）地梁板的防腐、防潮及基础的锚固措施。

5）墙体顶梁板规格材的层数、接头处理及在墙体转角和交接处的两层顶梁板的布置。

6）墙体覆面板的等级、厚度及铺顶布置方式。

7）墙体覆面板与墙骨钉连接用钉的间距。

8）墙体与楼盖或基础间连接件的规格尺寸和布置。

2　楼盖下列各项应符合设计文件的规定，且不应低于现行国家标准《木结构设计规范》GB 50005有关构造的规定。

1）拼合梁钉或螺栓的排列、连续拼合梁规格材接头的形式和位置。

2）搁栅或拼合梁的定位、间距和支承长度。

3）搁栅开槽或开孔的尺寸和位置。

4）楼盖洞口周围搁栅的布置和数量；洞口周围搁栅间的连接、连接件的规格尺寸和布置。

5）楼盖横撑、剪刀撑或木底撑的材质等级、规格尺寸和布置。

3　齿板桁架的进场验收，应符合下列规定。

1）规格材的树种、等级和规格应符合设计文件的规定。

2）齿板的规格、类型应符合设计文件的规定。

3）桁架的几何尺寸偏差不应超过表33-5的规定。

桁架制作允许偏差（mm）　**表33-5**

	相同桁架间尺寸差	与设计尺寸间的误差
桁架长度	12.5	18.5
桁架高度	6.5	12.5

注：1. 桁架长度指不包括悬挑或外伸部分的桁架总长，用于限定制作误差。
2. 桁架高度指不包括悬挑或外伸等上、下弦杆突出部分的全榀桁架最高部位处的高度，为上弦顶面到下弦底面的总高度，用于限定制作误差。

4）齿板的安装位置偏差不应超过图33-1所示的规定。

5）齿板连接的缺陷面积，当连接处的构件宽度大于50mm时，不应超过齿板与该构件接触面积的20%；当构件宽度小于50mm时，不应超过齿板与该构件接触面积的10%。缺陷面积应为齿板与构件接触面范围内的木材表面缺陷面积与板齿倒伏面积之和。

6）齿板连接处木结构的缝隙不应超过图33-2所示的规定。除设计文件有特殊规定外，宽度超过允许值的缝隙，均应有宽度不小于19mm、厚度与缝隙宽度相当的金属片填实，并应有螺纹钉固定在被填塞的构件上。

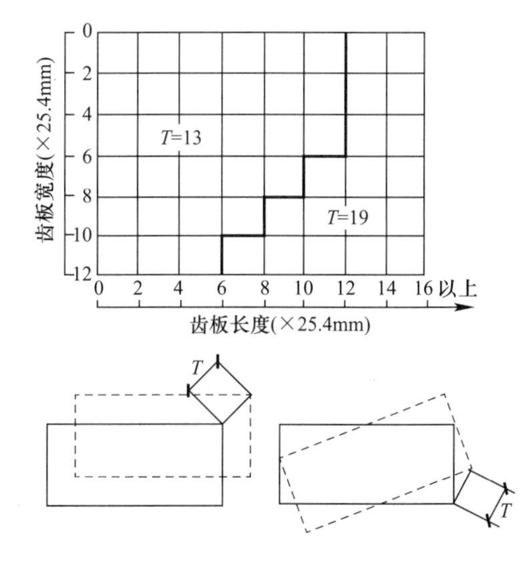

图33-1　齿板位置允许偏差值

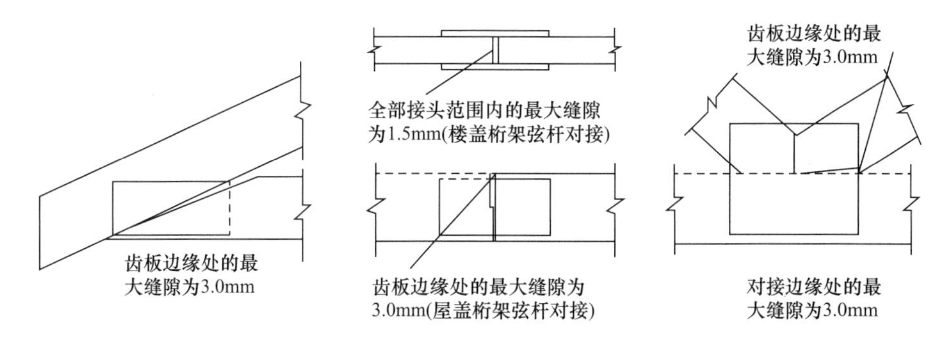

图33-2　齿板连接处木结构的缝隙规定值

4　屋盖下列各项应符合设计文件的规定，且不应低于现行国家标准《木结构设计规范》GB 50005有关构造的规定：

1）椽条、天棚搁栅或齿板屋架的定位，间距和支承长度。

2）屋盖洞口周围椽条与顶棚搁栅的布置和数量；洞口周围椽条与顶棚搁栅间的连接、连接件的规格尺寸及布置。

3）屋面板铺钉方式及与搁栅连接用钉的间距。

5　轻型木结构各种构件的制作与安装偏差，不应大于《木结构工程施工质量验收规范》GB 50206—2012表E.0.4的规定。

6　轻型木结构的保温措施和隔气层的设置等，应符合设计文件的规定。

6　成品保护

6.0.1　成品半成品不应露天堆放，应采取完善的防雨及防潮措施。在屋面防水结构未完工之前必须对木框架结构采取防雨措施。

6.0.2　楼面板施工完毕后不允许在上面切削物品和校正圆钉、砸钉帽等。

6.0.3　不允许在楼面集中堆放施工材料。

6.0.4　不允许在建筑物内和附近动火，严格动火审批制度，预防火灾。

7 应注意的问题

7.1 应注意的质量问题

7.1.1 规格材的截面尺寸由设计选定，同一建筑应选同一种规格的材料，不同规格不得混合使用。

7.1.2 轻型木结构与基础的连接应牢固、可靠，连接方式应符合设计要求。

7.1.3 安装时，主要受力墙面的墙骨柱截面高度方向应与墙面垂直。

7.1.4 墙骨在每层层高内应连续，允许采用指接连接，但不得采用连接板连接。

7.1.5 剪力墙面的板材，安装时两侧墙板接缝应互相错开，如果不能错开时可在接缝处用不少于两根的墙骨加强（墙骨截面宽度大于65mm时可不受此限制）。

7.2 应注意的安全问题

7.2.1 加强安全值班，定期进行安全检查，消除安全隐患。

7.2.2 严格安全交底工作，落实安全责任。

7.2.3 建立完善的防火制度，在重点部位设置灭火器、消防栓等设施，且保证齐全有效。

7.2.4 正确使用木工机械，安全防护装置应齐全有效。

7.2.5 楼面以下结构未连接成整体之前，在未加支撑的条件下，楼面不允许施加施工荷载。

7.2.6 未铺钉楼面板前，不得在格栅上堆放重物。格栅间未设支撑前，人员不得在其上走动。

7.3 应注意的绿色施工问题

7.3.1 建立环境卫生值班制度，每天工完场清、活完底清。

7.3.2 木工加工机械加装防尘装置，控制木屑粉尘对环境的污染。

7.3.3 定期对加工机械进行检修，传动部件加强润滑，防止机械自身运转产生噪声。

8 质量记录

8.0.1 设计文件会审记录和设计单位技术交底记录。

8.0.2 专项施工方案。

8.0.3 安全、技术交底记录。

8.0.4 材料、半成品、构件进场检查验收记录。

8.0.5 产品质量合格证书和产品标识，材质合格保证。

8.0.6 见证检验记录。

8.0.7 自检、交接检验记录。

8.0.8 隐蔽验收记录。

8.0.9 轻型木结构检验批质量验收记录。

8.0.10 轻型木结构分项工程质量验收记录。

第 34 章　木结构防护施工

本标准适用于木结构工程中的方木与原木结构、胶合木结构、轻型木结构以及用于构成该结构的材料和构件的防护处理，包括防火、防腐、防虫害。

1　引用标准

《木结构设计标准》GB 50005—2017
《建筑设计防火规范》GB 50016—2014
《木结构工程施工规范》GB/T 50772—2012
《建筑工程施工质量验收统一标准》GB 50300—2013
《木结构工程施工质量验收规范》GB 50206—2012

2　术语

2.0.1　防腐剂：能毒杀木腐菌、昆虫、凿船虫以及其他侵害木材生物的化学药剂。

2.0.2　载药量：木构件经防腐剂加压处理后，能长期保持在木材内部的防腐剂量，按每立方米的千克数计算。

2.0.3　透入度：木构件经防护剂加压处理后，防腐剂量透入木构件的深度或占边材的百分率。

3　施工准备

3.1　作业条件

3.1.1　施工方案已编制，并按规定履行完审批手续。

3.1.2　需防护处理的木结构的材料或构件已加工完成并验收合格。

3.1.3　施工操作人员应经过施工技术交底和安全技术交底，充分理解操作技术要点和安全注意事项。主要专业工种应有操作上岗证。

3.1.4　作业场地和材料堆放场地应坚实平整，通风良好，应具备防雨、防晒功能。场地周围应排水通畅。安全设施及消防设施应到位。

3.2　材料及机具

3.2.1　阻燃剂：卤系阻燃剂，磷系阻燃剂，有机阻燃剂，无机阻燃剂等。

3.2.2　防腐剂：油溶性防腐剂，水溶性防腐剂。

3.2.3　机具：空压机、刻痕机、刷子、浸渍容器、钢尺、游标卡尺、木材含水率测试仪、劳动防护用品、消防器材等。

4 操作工艺

4.1 工艺流程

材料或构件表面处理→防护剂处理→干燥→检查验收

4.2 材料或构件表面处理

4.2.1 清理材料或构件表面的锯末、尘土等杂物和油性物质等污染。使其表面平整、光滑、无尘、无油脂。油性物质的污染可用砂纸磨光或用溶剂清洗。

4.2.2 对药物不易浸入的木材表面可采用刻痕处理。

4.2.3 对含水率大于15%的材料或构件应进行干燥处理。

4.3 防护剂处理

4.3.1 木材防护剂处理方法有简易处理和加压处理方法。简易处理方法主要包括涂刷处理、喷淋处理、常压浸渍处理、冷热槽法及双剂扩散法等。

1 涂刷处理

适用于较小规格材的处理。在涂刷前必须充分干燥，涂刷次数愈多，防护效果愈好，但必须待前一次涂刷干燥后再进行下一次涂刷，效果才好。所用防护剂为有机溶剂防护剂和水溶性防护剂。对于裂隙、榫接部位要重点处理。

2 喷淋处理

此法比涂刷法效率高，但易造成防护剂的损失（达25%～30%）及环境污染，因而只用于数量较大或难以涂刷的地方。

3 常压浸渍处理

把木材放在盛有防护剂的敞口浸渍槽中浸泡，使防护剂渗入到木材中。一般设有加热装置，以提高防护剂的渗透能力。浸渍法的注入量及注入深度与树种、规格、处理时间和含水率有很大关系。如单板，瞬时浸渍处理即可，而方材需长时间处理方能有效。另外，树种不同渗透性存在着差异，也会影响到注入量及注入深度。浸渍操作应注意：处理前材面要求干净，无阻碍物；大批量浸渍处理，要使木材间留出间隔，有利于渗透和气泡的逸出；处理时要抖动木材，搅拌药液。

4 冷热槽法

先将木材在热防护剂槽中加热。木材受热温度上升，同时使木材内的空气受热膨胀，水分蒸发，内压大于大气压，空气、水蒸气从木材中排出，然后迅速将木材转移到冷槽中，由于骤冷木材内的空气收缩，防护剂借助于内外压差被吸入木材中。

5 双剂扩散法

这种方法是将两种不同的水溶性防护剂药液甲液和乙液分别置于两个槽中，木材在甲液中充分浸渍处理后，再放到乙液中浸渍一段时间，最后取出放置一段时间。一般甲和乙能形成不溶性沉淀，具有防腐效力的物质，沉积在木材的大孔隙及细胞壁中。

4.3.2 加压浸渍

在密闭的真空罐内对木材施压的同时，将防护剂打入木材纤维。经过压力处理后的木材，稳定性更强，经过处理的木材具有长期使用的较强防护性能。

4.4　干燥

各种木结构都应将其含水率控制在使用环境范围内，但使用水溶性防护剂处理后，含水率一般高于规定的含水率，因此必须重新干燥。

4.5　检查验收

按《木结构工程施工质量验收规范》GB 50206—2012 附录 K 检查验收。

5　质量标准

5.0.1　主控项目

1　所使用的防腐、防虫及防火和阻燃药剂应符合设计文件标明的木构件（包括胶合木结构等）使用环境类别和耐火等级，且应有质量合格证书的证明文件。经化学药剂防腐处理后的每批次木构件（包括成品防腐木材），应有符合《木结构工程施工质量验收规范》GB 50206—2012 附录 K 规定的药物有效成分的载药量和透入度检验合格报告。

2　经化学药剂防腐处理后进场的每批次木构件应进行透入度见证检验，透入度应符合《木结构工程施工质量验收规范》GB 50206—2012 附录 K 的规定。

3　木结构构件的各项防腐构造措施应符合设计文件的规定，并应符合下列要求：

1）首层木楼盖应设置架空层、方木、原木结构楼盖底面距室内地面不应小于 400mm，轻型木结构不应小于 150mm。支撑楼盖的基础或墙上应设通风口。通风口总面积不应小于楼盖面积的 1/150，架空空间应保持良好通风。

2）非经防腐处理的梁、檩条和桁架等支承在混凝土构件或砌体上时，宜设防腐垫木，支承面间应有卷材防潮层。梁、檩条和桁架等支座不应封闭在混凝土或墙体中，除支承面外，该部位构件的两侧面、顶面及端面均应与支承构件间留 30mm 以上能与大气相通的缝隙。

3）非经防腐处理的柱应支撑在柱墩上，支承面间应有卷材防潮层。柱与土壤严禁接触，柱墩顶面距土地面的高度不应小于 300mm。当采用金属连接件固定并受雨淋时，连接件不应存水。

4）木屋盖设吊顶时，屋盖系统应有老虎窗、山墙百叶窗等通风装置。寒冷地区保温层设在吊顶内时，保温层顶距桁架下弦的距离不应小于 100mm。

5）屋面系统的内排水天沟不应直接支承在桁架、屋面梁等承重构件上。

4　木结构需作防火阻燃处理时，应由专业工厂完成，所使用的阻燃药剂应具有有效性检验报告和合格证书，阻燃剂应采用加压浸渍法施工。经浸渍阻燃处理的木构件，应有符合设计文件规定的药物吸收干量的检验报告。采用喷涂法施工的防火涂层厚度应均匀，见证检验的平均厚度不应小于该药物说明书的规定值。

5　凡木构件外部需用防火石膏板等包覆时，包覆材料的防火性能应有合格证书，厚度应符合设计文件的规定。

6　炊事、采暖等所用烟道、烟囱应用不燃材料制作且密封，砖砌烟囱的壁厚不应小于 240mm，并应有砂浆抹面，金属烟囱应外包厚度不小于 70mm 的矿棉保护层和耐火极限不低于 1.0h 的防火板，其外边缘距木构件的距离不应小于 120mm，并应有良好通风。烟囱出屋面处的空隙应用不燃材料封堵。

7　墙体、楼盖、屋盖空腔内现场填充的保温、隔热、吸声等材料，应符合设计文件的规定，且防火性能不应低于难燃性 B1 级。

8　电源线敷设应符合下列要求：

1）敷设在墙体或楼盖中的电源线应用穿金属管线或检验合格的阻燃型塑料管。

2）电源线明敷时，可用金属线槽或穿金属管线。

3）矿物绝缘电缆可采用支架或沿墙明敷。

9　埋设或穿越木结构的各类管道敷设应符合下列要求：

1）管道外壁温度达到 120℃及以上时，管道和管道的包覆材料及施工时的胶粘剂等，均应采用检验合格的不燃材料。

2）管道外壁温度在 120℃以下时，管道和管道的包覆材料等应采用检验合格的难燃性不低于 B1 的材料。

10　木结构中外露钢构件及未做镀锌处理的金属连接件，应按设计文件的规定采取防锈蚀措施。

5.0.2　一般项目

1　经防护处理的木构件，其防护层有损伤或因局部加工而造成防护层缺损时，应进行修补。

2　墙体和顶棚采用石膏板（防火或普通石膏板）作覆面板并兼作防火材料时，紧固件（钉子或木螺钉）贯入构件的深度不应小于表 34-1 的规定。

石膏板紧固件贯入木构件的深度（mm）　　**表 34-1**

耐火极限	墙体		顶棚	
	钉	木螺钉	钉	木螺钉
0.75h	20	20	30	30
1.00h	20	20	45	45
1.50h	20	20	60	60

3　木结构外墙的防护构造措施应符合设计文件的规定。

4　楼盖、楼梯、顶棚以及墙体内最小边长超过 25mm 的空腔，其贯通的竖向高度超过 3m，水平长度超过 20m 时，均应设置防火隔断。天花板、屋顶空间，以及未占用的阁楼空间所形成的隐蔽空间面积超过 300m^2，或长边长度超过 20m 时，均应设防火隔断，并应分隔成隐蔽空间。防火隔断应采用下列材料：

1）厚度不小于 40mm 的规格材。

2）厚度不小于 20mm 且由钉交错钉合的双层木板。

3）厚度不小于 12mm 的石膏板、结构胶合板或定向木片板。

4）厚度不小于 0.4mm 的薄钢板。

5）厚度不小于 60mm 的钢筋混凝土板。

6　成品保护

6.0.1　经防护剂处理的材料和木构件应存放在干燥、通风的敞开式仓库中。

6.0.2 经防护剂处理后的木构件应防止碰撞，损坏保护层。

7 应注意的问题

7.1 应注意的质量问题

7.1.1 设计文件规定需要作阻燃处理的木构件应按现行国家标准《建筑设计防火规范》GB 50016 的有关规定和不同构件类别的耐火极限、截面尺寸选择阻燃剂和防护工艺，并应由具有专业资质的企业施工。对于长期暴露在潮湿环境下的木构件，尚应采取防止阻燃剂流失的措施。

7.1.2 木材防腐处理应根据设计文件规定的各木构件用途和防腐要求，按《木结构工程施工质量验收规范》GB 50206—2012 第 3.0.4 条的规定，确定其使用环境类别并选择合适的防腐剂。防腐处理宜采用加压法施工，并应由具有专业资质的企业施工。经防腐药剂处理后的木构件不宜再进行锯解、刨削等加工处理。确需作局部加工处理导致局部未被浸渍药剂的木材外露时，该部位的木材应进行防腐修补。

7.1.3 阻燃剂、防火涂料以及防腐、防虫等药剂，不得危及人畜安全，不得污染环境。

7.2 应注意的安全问题

7.2.1 建立和健全安全生产责任制，加强安全检查，防患于未然。

7.2.2 严格安全交底工作，增强职工安全意识。

7.2.3 施工现场加强通风，防止挥发性有毒溶剂中毒。

7.3 应注意的绿色施工问题

7.3.1 建立环境卫生值班制度，每天下班后活完底清。

7.3.2 不使用对环境危害大的防护剂。

7.3.3 施工现场的固体废弃物应分类处理，禁止随意乱扔，防止污染水源等。

8 质量记录

8.0.1 专项施工方案。

8.0.2 技术交底记录，安全交底记录。

8.0.3 产品质量合格证书和产品标识。

8.0.4 见证检验记录。

8.0.5 自检、交接检验记录。

8.0.6 隐蔽验收记录。

8.0.7 药物有效成分的载药量和透入度检验合格报告。

8.0.8 阻燃药剂应具有有效性检验报告和合格证书。

8.0.9 药物吸收干量的检验报告。

8.0.10 木结构的防护检验批质量验收记录。

8.0.11 木结构的防护分项工程质量验收记录。

建筑地面工程施工工艺

前　言

本书是山西建设投资集团有限公司《建筑安装工程施工工艺标准系列丛书》之一。该标准经广泛调查研究，认真总结工程实践经验，参考有关国家、行业及地方标准规范，在2007版基础上经广泛征求意见修订而成。

该书编制过程中主要参考了《建筑工程施工质量验收统一标准》GB 50300—2013、《建筑地面工程施工质量验收规范》GB 50209—2010等标准规范。每项标准按引用标准、术语、施工准备、操作工艺、质量标准、成品保护、注意事项、质量记录八个方面进行编写。

本标准修订的主要内容是：

1　地面工程垫层部分增加了灰土垫层、砂垫层和砂石垫层、碎石垫层和碎砖垫层、三合土垫层和四合土垫层，增加了找平层和卷材类隔离层。

2　面层部分增加了硬化耐磨面层、防油渗面层、不发火（防爆）面层、环氧树脂或聚氨酯自流平面层、水泥基自流平面层、块材防腐蚀面层、地毯面层、玻璃地板面层。

3　将预制水磨石地面和预制水磨石楼梯踏步板安装合并为预制板块面层。

本书可作为地面工程施工生产操作的技术依据，也可作为编制施工方案和技术交底的蓝本。在实施工艺标准过程中，若国家标准或行业标准有更新版本时，应按国家或行业现行标准执行。

本书在编制过程中，限于技术水平，有不妥之处，恳请提出宝贵意见，以便今后修订完善。随时可将意见反馈至山西建设投资集团总公司技术中心（太原市新建路9号，邮政编码030002）。

目　　录

第 1 章　灰土垫层 …… 909
第 2 章　砂垫层和砂石垫层 …… 912
第 3 章　混凝土垫层和陶粒混凝土垫层 …… 916
第 4 章　碎石垫层和碎砖垫层 …… 921
第 5 章　三合土垫层和四合土垫层 …… 924
第 6 章　炉渣垫层 …… 928
第 7 章　填充层 …… 932
第 8 章　找平层 …… 937
第 9 章　卷材类隔离层 …… 942
第 10 章　涂料类隔离层 …… 946
第 11 章　混凝土地面 …… 949
第 12 章　水泥砂浆地面 …… 954
第 13 章　水磨石面层 …… 958
第 14 章　硬化耐磨面层 …… 965
第 15 章　防油渗面层 …… 970
第 16 章　不发火（防爆）面层 …… 976
第 17 章　环氧树脂或聚氨酯自流平面层 …… 980
第 18 章　水泥基自流平面层 …… 986
第 19 章　块材防腐蚀面层 …… 990
第 20 章　预制板块面层 …… 999
第 21 章　陶瓷锦砖面层 …… 1003
第 22 章　塑料板地面 …… 1008
第 23 章　大理石和花岗岩面层 …… 1013
第 24 章　砖面层施工工艺标准 …… 1019
第 25 章　活动地板地面 …… 1024
第 26 章　木、竹地面 …… 1028
第 27 章　地毯面层 …… 1031
第 28 章　玻璃地板面层 …… 1034

第1章 灰土垫层

本工艺标准适用于工业与民用建筑地面灰土垫层工程的施工。

1 引用标准

《建筑地面工程施工质量验收规范》GB 50209—2010
《建筑工程施工质量验收统一标准》GB 50300—2013
《建筑装饰装修工程施工质量验收标准》GB 50210—2018
《建筑地面设计规范》GB 50037—2013

2 术语（略）

3 施工准备

3.1 作业条件

3.1.1 应编制灰土垫层施工方案，并进行详细的技术交底，交至施工操作人员。

3.1.2 垫层下有沟槽、暗管等工程的，要在其完工后，经检验合格并做好隐蔽记录，方可进行灰土垫层工程的施工。

3.1.3 灰土垫层下的基土（层）应已按设计要求施工并验收合格。

3.1.4 预埋在垫层内的各种管线已安装完，并按设计要求予以稳固，验收合格。

3.1.5 填土前应取土样；虚铺厚度、压实遍数等参数应通过压实试验确定；通过配合比试验或根据设计要求确定灰土配合比和土的最佳含水量。

3.1.6 施工前，应做好水平标志，以控制填土的高度和厚度，可采用立桩、竖尺、拉线、弹线等方法。

3.1.7 打夯机操作人员、司机、机运工、电工等施工人员应经过理论和实际施工操作的培训，并持上岗证。

3.1.8 灰土垫层不宜在冬期施工。当必须在冬期施工时，应采取可靠措施。作业时的环境如天气、温度、湿度等状况应满足施工质量可达到标准的要求。

3.1.9 当地下水位高于基底时，施工前应采取排水或降低地下水位的措施，使地下水位保持在基底以下，防止地下水浸泡。

3.2 材料及机具

3.2.1 灰土垫层应采用熟化石灰与黏土（或粉质黏土、粉土）的拌合料铺设。

3.2.2 黏土（或粉质黏土、粉土）：黏土（或粉质黏土、粉土）内不得含有有机杂物，使用前应先过筛，颗粒粒径不应大16mm，并严格按照试验结果控制含水量；冬期施工不得采用冻土或夹有冻土块的土料。

3.2.3 熟化石灰：熟化石灰可采用磨细生石灰，使用前应充分熟化过筛，颗粒粒径不应大于5mm，亦可采用粉煤灰代替。

3.2.4 机具：灰土搅拌机、蛙式打夯机、柴油式打夯机、手推车、铲土机、自卸汽车、推土机、装载机、翻斗车、筛子、铁耙、铁锹、钢尺、胶皮管、粉线、木夯、环刀、容重检测仪、水准仪等。

4 操作工艺

4.1 工艺流程

灰土拌合 → 基底清理、夯实 → 设标桩、找标高、挂线 → 分层铺灰土、耙平、夯实 → 修整找平

4.2 灰土拌合

4.2.1 灰土的配合比应用体积比，应按照试验确定的参数或设计要求控制配合比，设计无要求时，一般为熟石灰∶黏土=2∶8或3∶7。

4.2.2 灰土拌合时应依据试验结果严格控制含水量，如土料水分过大或不足时，应提前采取晾晒或洒水等措施。

4.2.3 灰土拌合料应拌合均匀，颜色一致，至少翻拌两次。采用灰土搅拌机拌合时，根据搅拌机操作要求，控制搅拌时间。

4.3 基底清理、夯实

4.3.1 铺设灰土前应将基土上的杂物、松散土、积水、污泥、杂质清理干净。

4.3.2 打底夯两遍，使表土密实。

4.4 设标桩、找标高、挂线

在墙面弹线，在地面设标桩，找好标高、挂线，作控制铺填灰土垫层厚度的标准。

4.5 分层铺灰土、耙平、夯实

4.5.1 灰土垫层应分层摊铺。每层铺土厚度应根据土质、密实度要求和机具性能通过压实试验确定。作业时，应严格按照试验所确定的参数进行。一般为150～200mm，不宜超过300mm，每层摊铺后，随之耙平。

4.5.2 灰土垫层应分层夯实。每层的夯压遍数，根据压实试验确定。作业时，应严格按照试验所确定的参数进行。打夯应一夯压半夯，夯夯相接，行行相连，纵横交叉，全面夯实。灰土垫层厚度不应小于100mm。

4.5.3 灰土垫层分段施工时，接槎处应做成阶梯形，每层接槎处的水平距离应错开

0.5～1.0m，并充分压（夯）实。接槎处不应设在地面荷载较大的部位。

4.6　修整找平

垫层全部完成后，应进行表面拉线找平，凡超过标准高程的地方，及时依线铲平；凡低于标准高程的地方，应及时补打灰土夯实。

5　质量标准

5.1　主控项目

5.1.1　灰土体积比应符合设计要求。

5.2　一般项目

5.2.1　熟化石灰颗粒粒径应符合本工艺标准第3.2.3条的规定；黏土（或粉质黏土、粉土）应符合第3.2.2条的规定。

5.2.2　灰土垫层表面平整度的允许偏差为10mm；标高的允许偏差为±10mm；坡度的允许偏差为不大于房间相应尺寸的2/1000，且不大于30mm；厚度的允许偏差为在个别的地方不大于设计厚度的1/10，且不大于20mm。

6　成品保护

6.0.1　施工时应注意对定位定高的标准桩、尺、线的保护，不得触动、移位。

6.0.2　对所覆盖的隐蔽工程要有可靠保护措施，不得因填、夯、压造成管道、基础等的破坏或降低强度等级。

6.0.3　垫层铺设完毕，应尽快进行上层基层施工，防止长期暴晒或受冻。

6.0.4　已铺好的垫层应进行遮盖和拦挡，不得随意挖掘，不得在其上行驶车辆或堆放重物，避免受侵害。

7　注意事项

7.1　应注意的质量问题

7.1.1　灰土垫层下土层不应被扰动，或扰动后未进行夯实处理的，应清除被扰动层。

7.1.2　作业应连续进行，尽快完成。

7.1.3　应注意控制配合比、虚铺厚度、夯压遍数等施工控制要点，严格按工艺要求和交底作业。

7.1.4　做好垫层周围排水措施，刚施工完的垫层，雨季应有防雨措施，临时覆盖，防止遭到雨水浸泡；冬季应有保温防冻措施，防止土层受冻。在雨、雪、低温、强风条件下，在室外或露天不宜进行灰土作业。

7.1.5　避免不均匀夯填及漏夯现象的发生，禁止采用“水夯”法进行夯填。

7.1.6 凡检验不合格的部位，均应返工纠正，并制定纠正措施，防止再次发生，对返修部位应重新进行验收。

7.2 应注意的安全问题

7.2.1 灰土铺设、粉化石灰和石灰过筛，操作人员应戴口罩、风镜、手套、套袖等劳动保护用品，并站在上风头作业。

7.2.2 施工机械用电必须采用三级配电两级保护，使用三相五线制，严禁乱拉乱接；临时照明及动力配电线路敷设绝缘良好，并符合有关规定；夯填灰土前，应先检查打夯机电线绝缘是否完好，接地线、开关是否符合要求；打夯机操作人员，必须戴绝缘手套和穿绝缘鞋，防止漏电伤人。

7.3 应注意的绿色施工问题

7.3.1 配备洒水车，对干土、石灰粉等洒水或覆盖，防止扬尘。

7.3.2 运输车辆应加以覆盖，防止遗撒。

7.3.3 现场噪声控制应符合国家和地方的有关规定。

8 质量记录

8.0.1 材质质量合格证明文件及检测报告。

8.0.2 配合比试验报告。

8.0.3 土工击实试验报告。

8.0.4 回填土干密度（压实系数）试验报告。

8.0.5 隐蔽工程检查验收记录。

8.0.6 地面灰土垫层工程检验批质量验收记录表。

8.0.7 其他技术文件。

第2章 砂垫层和砂石垫层

本工艺标准适用于工业与民用建筑地面砂垫层和砂石垫层工程的施工。

1 引用标准

《建筑地面工程施工质量验收规范》GB 50209—2010

《建筑工程施工质量验收统一标准》GB 50300—2013

《建筑装饰装修工程施工质量验收标准》GB 50210—2018

《建筑地面设计规范》GB 50037—2013

2　术语（略）

3　施工准备

3.1　作业条件

3.1.1　应编制垫层施工方案，并进行详细的技术交底，交至施工操作人员。

3.1.2　垫层下有沟槽、暗管等工程的，应在其完工后，经检验合格并做隐蔽记录，方可进行砂垫层或砂石垫层工程的施工。

3.1.3　砂垫层或砂石垫层下的基土（层）应已按设计要求施工并验收合格。

3.1.4　预埋在垫层内的各种管线已安装完，并按设计要求予以稳固，验收合格。

3.1.5　虚铺厚度、压实遍数等参数应通过压实试验确定。

3.1.6　施工前，应做好水平标志，以控制铺设的高度和厚度，可采用立桩、竖尺、拉线、弹线等方法。

3.1.7　打夯机操作人员、司机、机运工、电工等施工人员应经过理论和实际施工操作的培训，并持上岗证。

3.1.8　作业时的环境如天气、温度、湿度等状况应满足施工质量可达到标准的要求。

3.1.9　当地下水位高于基底时，施工前应采取排水或降低地下水位的措施，使地下水位保持在基底以下，防止地下水浸泡。

3.2　材料及机具

3.2.1　砂石应选用天然级配材料。颗粒级配应良好，铺设时不应有粗细颗粒分离现象，压（夯）至不松动为止。

3.2.2　砂、砂石：砂和砂石不应含有草根等有机杂质；砂应采用中砂；石子最大粒径不应大于垫层厚度的 2/3。

3.2.3　机具：平板振动器、振动式压路机、振动式打夯机、木夯、手推车、铲土机、自卸汽车、推土机、装载机、翻斗车、筛子、铁耙、铁锹、钢尺、胶皮管、粉线、环刀、容重检测仪、水准仪等。

4　操作工艺

4.1　工艺流程

基底清理、夯实 → 设标桩、找标高、挂线 → 分层铺筑砂（或砂石）、耙平 → 洒水 → 碾压或夯实 → 修整找平

4.2　基底清理、夯实

4.2.1　铺设垫层前应将基土上的杂物、松散土、积水、污泥、杂质清理干净。

4.2.2　打底夯两遍，使表土密实。

4.3 设标桩、找标高、挂线

在墙面弹线，在地面设标桩，找好标高、挂线，作控制铺填砂或砂石垫层厚度的标准。

4.4 分层铺筑砂（或砂石）、耙平

4.4.1 铺筑砂石应分层摊铺，每层铺筑厚度应通过压实试验确定，一般为150～200mm，不宜超过300mm，分层厚度可用样桩控制。视不同条件，可选用夯实或压实的方法。大面积的砂垫层，铺填厚度可达350mm，宜采用6～10t的压路机碾压。作业时，应严格按照试验所确定的参数进行。每层摊铺后，随之耙平。砂垫层厚度不应小于60mm；砂石垫层厚度不应小于100mm。

4.4.2 砂和砂石宜铺设在同一标高的基土上，如深度不同时，基土底面应挖成踏步和斜坡形，接槎处应压（夯）实。施工应按先深后浅的顺序进行。

4.4.3 砂垫层或砂石垫层分段施工时，接槎处应做成阶梯形，每层接槎处的水平距离应错开0.5～1.0m，并充分压（夯）实。接槎处不应设在地面荷载较大的部位。

4.5 洒水

铺筑级配砂石在碾压夯实前，应根据其干湿程度和气候条件，适当洒水湿润，以保持砂石的最佳含水量，一般为8%～12%。

4.6 碾压或夯实

4.6.1 垫层应分层夯实，每层砂石碾压或夯实的遍数，由现场压实试验确定，作业时，应严格按照试验所确定的参数进行。用打夯机夯实时，一般不少于3遍，木夯应保持落距为400～500mm，要一夯压半夯，夯夯相接，行行相连，纵横交叉，全面夯实。采用压路机碾压，一般不少于4遍，其轮距搭接不小于500mm。边缘和转角处应用人工或蛙式打夯机补夯密实，振实后的密实度应符合设计要求。

4.6.2 当基土为非湿陷性土层时，砂垫层施工可随浇水随压（夯）实。每层虚铺厚度不应大于200mm。

4.6.3 设置纯砂检查点，用环刀取样，测定干砂的质量密度。下层合格后，方可进行上层施工。当用贯入法测定质量时，用贯入仪、钢筋或钢叉等进行试验，贯入值小于规定值为合格。

4.7 修整找平

垫层全部完成后，应进行表面拉线找平，凡超过标准高程的地方，及时依线铲平；凡低于标准高程的地方，应及时补打砂石夯实。

5 质量标准

5.1 主控项目

5.1.1 砂和砂石应符合本工艺标准第3.2.2条的规定。

5.1.2 砂垫层和砂石垫层的干密度（或贯入度）应符合设计要求。

5.2 一般项目

5.2.1 表面不应有砂窝、石堆现象。

5.2.2 砂垫层和砂石垫层表面平整度的允许偏差为15mm；标高的允许偏差为±20mm；坡度的允许偏差为不大于房间相应尺寸的2/1000，且不大于30mm；厚度的允许偏差为在个别的地方不大于设计厚度的1/10，且不大于20mm。

6 成品保护

6.0.1 施工时应注意对定位定高的标准桩、尺、线的保护，不得触动、移位。

6.0.2 对所覆盖的隐蔽工程要有可靠保护措施，不得因填、夯、压造成管道、基础等的破坏或降低强度等级。

6.0.3 垫层铺设完毕，应尽快进行上层基层施工，防止长期暴露。

6.0.4 已铺好的垫层应进行遮盖和拦挡，并经常洒水湿润，不得随意挖掘，不得在其上行驶车辆或堆放重物，避免受侵害。

7 注意事项

7.1 应注意的质量问题

7.1.1 砂垫层和砂石垫层下土层不应被扰动，或扰动后未进行夯实处理的，应清除被扰动层。

7.1.2 作业应连续进行，尽快完成。

7.1.3 应注意控制砂石级配、虚铺厚度、夯压遍数、洒水等施工控制要点，严格按工艺要求和交底作业。

7.1.4 做好垫层周围排水措施，刚施工完的垫层，雨季应有防雨措施，临时覆盖，防止遭到雨水浸泡，刚铺筑完或尚未夯实的砂，如遭受雨淋浸泡，应将积水排走，晾干后再夯打密实；砂石垫层冬期不宜施工，不得在基土受冻的状态下铺设砂，砂中不得含有冻块，夯完的砂表面应用塑料薄膜或草袋覆盖保温，防止受冻。

7.1.5 避免不均匀夯填及漏夯现象的发生。

7.1.6 凡检验不合格的部位，均应返工纠正，并制定纠正措施，防止再次发生。

7.2 应注意的安全问题

7.2.1 砂过筛时，操作人员应戴口罩、风镜、手套、套袖等劳动保护用品，并站在上风头作业。

7.2.2 施工机械用电必须采用三级配电两级保护，使用三相五线制，严禁乱拉乱接；临时照明及动力配电线路敷设绝缘良好，并符合有关规定；夯填砂石前，应先检查打夯机电线绝缘是否完好，接地线、开关是否符合要求；打夯机操作人员，必须戴绝缘手套和穿绝缘鞋，防止漏电伤人。

7.3 应注意的绿色施工问题

7.3.1 配备洒水车，对干砂、石等洒水或覆盖，防止扬尘。
7.3.2 运输车辆应加以覆盖，防止遗洒。
7.3.3 现场噪声控制应符合国家和地方的有关规定。

8 质量记录

8.0.1 材质质量合格证明文件及检测报告。
8.0.2 砂垫层和砂石垫层干密度（压实系数）试验报告。
8.0.3 隐蔽工程检查验收记录。
8.0.4 地面砂垫层和砂石垫层工程检验批质量验收记录表。
8.0.5 其他技术文件。

第3章 混凝土垫层和陶粒混凝土垫层

本工艺标准适用于工业与民用建筑地面混凝土垫层和陶粒混凝土垫层工程的施工。

1 引用标准

《建筑地面工程施工质量验收规范》GB 50209—2010
《建筑工程施工质量验收统一标准》GB 50300—2013
《建筑装饰装修工程施工质量验收标准》GB 50210—2018
《建筑地面设计规范》GB 50037—2013
《轻骨料混凝土技术规程》JGJ 51—2002

2 术语（略）

3 施工准备

3.1 作业条件

3.1.1 应编制垫层施工方案，并进行详细的技术交底，交至施工操作人员。
3.1.2 垫层下有沟槽、暗管等工程的，应在其完工后，经检验合格并做隐蔽记录，方可进行水泥混凝土垫层和陶粒混凝土垫层工程的施工。

3.1.3 混凝土垫层和陶粒混凝土垫层下的基土（层）或结构工程应已按设计要求施工并验收合格。

3.1.4 预埋在垫层内的各种管线已安装完，并用细石混凝土等固定牢固。

3.1.5 铺设前应通过试验或根据设计要求确定配合比。

3.1.6 施工前，应做好水平标志，以控制铺设的高度和厚度，可采用立桩、竖尺、拉线、弹线等方法。

3.1.7 机运工、电工等施工人员应经过理论和实际施工操作的培训，并持上岗证。

3.1.8 作业时的环境如天气、温度、湿度等状况应满足施工质量可达到标准的要求。

3.2 材料及机具

3.2.1 水泥：宜采用硅酸盐水泥、普通硅酸盐水泥和矿渣硅酸盐水泥，其强度等级应在32.5级以上。

3.2.2 砂：应采用中粗砂，含泥量不应大于3.0%。

3.2.3 石子：采用碎石或卵石，其最大粒径不应大于垫层厚度的2/3，含泥量不应大于3%。

3.2.4 陶粒：陶粒中粒径小于5mm的颗粒含量应小于10%；粉煤灰陶粒中大于15mm的颗粒含量不应大于5%；陶粒中不得混夹杂物或黏土块。陶粒宜选用粉煤灰陶粒、页岩陶粒等。陶粒混凝土的密度应在800～1400kg/m^{3}之间。

3.2.5 膨胀珍珠岩：应符合国家现行标准《膨胀珍珠岩》JC/T 209的要求；膨胀珍珠岩的堆积密度应大于80kg/m^3。

3.2.6 轻骨料混凝土矿物掺和料应符合国家现行标准《用于水泥和混凝土中的粉煤灰》GB/T 1596、《粉煤灰混凝土应用技术规范》GB/T 50146和《用于水泥和混凝土中的粒化高炉矿渣粉》GB/T 18046的要求。

3.2.7 水：宜选用符合饮用标准的水。

3.2.8 外加剂：混凝土中掺用外加剂的质量应符合现行国家标准《混凝土外加剂》GB 8076的规定。

3.2.9 机具：搅拌机、压滚、手推车、装载机、翻斗车、计量器、平板振动器、筛子、铁耙、铁锹、钢尺、胶皮管、粉线、大杠尺、木拍板、水准仪、水准尺、计量器及各种孔径筛、扫帚、铁錾子、手锤、钢丝刷、喷壶、浆壶、计量斗、1.5～2mm铁板等。

4 操作工艺

4.1 工艺流程

基层处理→弹线、做找平墩→拌合物拌制→铺设、振捣或滚压→养护

4.2 基层处理

将基层上的浮土、落地灰等杂物清理干净，将粘结在基层上的砂浆、混凝土等污垢，先用铁锹清除、铁錾子剔凿、钢丝刷擦刷，再用笤帚清扫干净，洒水湿润。

4.3 弹线、做找平墩

4.3.1 根据墙上+0.5m标高线及设计规定的垫层厚度，量测出垫层的上平标高，并在四周墙上做出标志，然后拉水平线抹找平墩，与垫层成活面同高，用水泥砂浆或细石混凝土制作，60mm×60mm见方，间距双向不大于2m。

4.3.2 有坡度要求的房间，应按设计坡度要求拉线，找出各控制点标高，抹出坡度墩。

4.4 拌合物拌制

4.4.1 为了清除陶粒中的杂物和细粉末，陶粒进场后要过两遍筛。第一遍用大孔径筛（筛孔为30mm），第二遍过小孔径筛（筛孔为5mm），使5mm粒径含量控制在不大于5%的要求。在浇筑垫层前应将陶粒浇水闷透，水闷时间应不少于5d。

4.4.2 轻骨料混凝土生产时，砂轻混凝土拌合物中的各组分材料应以质量计量；全轻混凝土拌合物中轻骨料组分可采用体积计量，但宜按质量进行校核。

轻粗、细骨料和掺和料的质量计量允许偏差为±3%；水、水泥和外加剂的质量计量允许偏差为±2%。由于陶粒预先进行水闷处理，因此搅拌前根据抽测陶粒的含水率，调整配合比的用水量。

4.4.3 轻骨料混凝土拌合物必须采用强制式搅拌机搅拌。

4.4.4 在轻骨料混凝土搅拌时，使用预湿处理的轻粗骨料，宜采用图3-1的投料顺序；使用未预湿处理的轻粗骨料，宜采用图3-2的投料顺序。

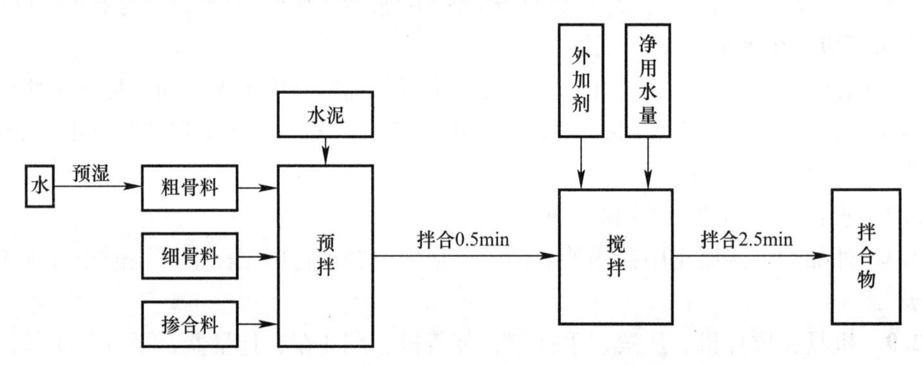

图3-1 使用预湿处理的轻粗骨料时的投料顺序

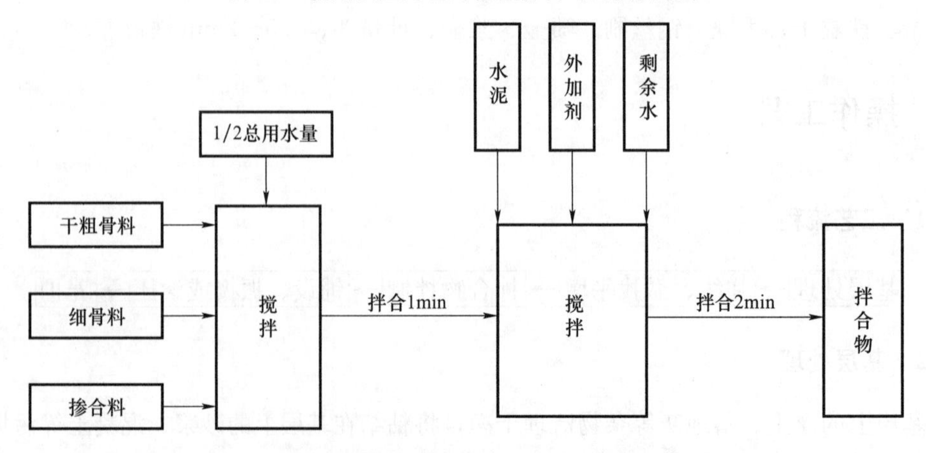

图3-2 使用未预湿处理的轻粗骨料时的投料顺序

4.4.5 轻骨料混凝土全部加料完毕后的搅拌时间，在不采用搅拌运输车运送混凝土拌合物时，砂轻混凝土不宜少于3min；全轻或干硬性砂轻混凝土宜为3～4min。对强度低而易破碎的轻骨料，应严格控制混凝土的搅拌时间。

4.4.6 外加剂应在轻骨料吸水后加入。当用预湿处理的轻粗骨料时，液体外加剂可按图3-1所示加入；当用未预湿处理的轻粗骨料时，液体外加剂可按图3-2所示加入。采用粉状外加剂，可与水泥同时加入。

4.5 铺设、振捣或滚压

4.5.1 水泥混凝土垫层的厚度不应小于60mm；陶粒混凝土垫层的厚度不应小于80mm。

4.5.2 垫层铺设前，当为水泥类基层时，其下一层表面应湿润，刷一层素水泥浆（水灰比为0.4～0.5），然后顺房间开间方向由里往外退着铺设。

4.5.3 水泥混凝土垫层和陶粒混凝土垫层应铺设在基土上，当气温长期处于0℃以下，设计无要求时，垫层应设置伸缩缝。

室内地面的水泥混凝土垫层和陶粒混凝土垫层，应设置纵向缩缝和横向缩缝；纵向缩缝、横向缩缝的间距均不得大于6m。

垫层的纵向缩缝应做平头缝或加肋板平头缝。当垫层厚度大于150mm时，可做企口缝。横向缩缝应做假缝。平头缝和企口缝的缝间不得放置隔离材料，浇筑时应互相紧贴。企口缝尺寸应符合设计要求，假缝宽度宜为5～20mm，深度宜为垫层厚度的1/3，填缝材料应与地面变形缝的填缝材料相一致。

4.5.4 用铁锹将混凝土铺在基层上，以做好的找平墩为标准铺平，略高于找平墩3mm，随机用平板振捣器振实找平。如厚度较薄时，可随铺随用铁锹和特制木拍板密实，并随即用大杠找平，用木抹子搓平或用铁滚滚压密实，全部操作过程要在2h内完成。

4.5.5 工业厂房、礼堂、门厅等大面积垫层应分区段浇筑。分区段应结合变形缝位置、不同类型的建筑地面连接处和设备基础的位置进行划分，并应与设置的纵向、横向缩缝的间距相一致。

4.6 养护

4.6.1 浇筑成型后应及时覆盖和洒水养护。

4.6.2 采用自然养护时，用普通硅酸盐水泥、硅酸盐水泥、矿渣水泥拌制的轻骨料混凝土，湿养护时间不应少于7d；用粉煤灰水泥、火山灰水泥拌制的轻骨料混凝土及在施工中掺缓凝型外加剂的混凝土，湿养护时间不应少于14d。

5 质量标准

5.1 主控项目

5.1.1 水泥混凝土垫层和陶粒混凝土垫层采用的粗骨料应符合本工艺标准第3.2.3条的规定；砂应符合第3.2.2条的规定；陶粒应符合第3.2.4条的规定。

5.1.2 水泥混凝土和陶粒混凝土的强度等级应符合设计要求。

5.2 一般项目

5.2.1 水泥混凝土垫层和陶粒混凝土垫层表面平整度的允许偏差为10mm；标高的允许偏差为±10mm；坡度的允许偏差为不大于房间相应尺寸的2/1000，且不大于30mm；厚度的允许偏差为在个别的地方不大于设计厚度的1/10，且不大于20mm。

6 成品保护

6.0.1 施工时应注意对定位定高的标准桩、尺、线的保护，不得触动、移位。

6.0.2 对所覆盖的隐蔽工程要有可靠保护措施，不得因铺设垫层造成管道漏水、堵塞、破坏或降低等级。

6.0.3 运输、铺设和滚压（振捣）拌合料时，避免碰撞门框、墙面及抹灰层等。

6.0.4 垫层铺设完毕，应加以保护，不得随意挖掘，不得在其上行驶车辆或堆放重物，避免受侵害。不得直接在垫层上堆放材料和拌合砂浆等，以免污染而影响与面层的粘结力。如较长时间不进行上部作业，应进行遮盖和拦挡，并经常洒水湿润。

6.0.5 垫层强度达到1.2MPa后，方准许上人进行下道工序施工。

7 注意事项

7.1 应注意的质量问题

7.1.1 基层上土、灰、杂物应清理干净，铺拌合料前应认真洒水湿润刷素水泥浆，以保证垫层与基层间的粘结。

7.1.2 陶粒应浇水闷透，水泥、砂、石、轻骨料材料应符合标准的要求，配合比应准确，严格控制加水量和搅拌时间。

7.1.3 做好垫层周围排水措施，刚施工完的垫层，雨季应有防雨措施，临时覆盖，防止遭到雨水浸泡；在气温高于或等于5℃的季节施工时，根据工程需要，预湿时间可按外界气温和来料的自然含水状态确定，应提前半天或一天对轻粗骨料进行淋水或泡水预湿，然后滤干水分进行投料。在气温低于5℃时，不宜进行预湿处理。冬季应有保温防冻措施，防止受冻。在雨、雪、低温、强风条件下，在室外或露天不宜进行垫层作业。

7.1.4 凡检验不合格的部位，均应返工纠正，并制定纠正措施，防止再次发生。

7.2 应注意的安全问题

7.2.1 轻骨料过筛、拌合料拌合和垫层铺设时，操作人员应戴口罩、风镜、手套、套袖等劳动保护用品，并站在上风头作业。

7.2.2 施工机械用电必须采用三级配电两级保护，使用三相五线制，严禁乱拉乱接；临时照明及动力配电线路敷设绝缘良好，并符合有关规定。

7.2.3 楼层孔洞、电梯井口、楼梯口、楼层边处，安全防护设施应齐全。

7.3　应注意的绿色施工问题

7.3.1　轻骨料应按不同品种分批运输和堆放，不得混杂。轻粗骨料运输和堆放应保持颗粒混合均匀，减少离析。

7.3.2　配备洒水车，对水泥、砂、石、轻骨料等洒水或覆盖，防止扬尘。

7.3.3　运输车辆应加以覆盖，防止遗洒；废弃物要及时清理，运至指定地点。

7.3.4　现场噪声控制应符合国家和地方的有关规定。

8　质量记录

8.0.1　材质质量合格证明文件及检测报告。

8.0.2　砂、石、轻骨料试验报告。

8.0.3　混凝土试件强度试验报告。

8.0.4　配合比试验报告、配合比设计文件或通知单。

8.0.5　隐蔽工程检查验收记录。

8.0.6　地面水泥混凝土垫层和陶粒混凝土垫层工程检验批质量验收记录表。

8.0.7　其他技术文件。

第 4 章　碎石垫层和碎砖垫层

本工艺标准适用于工业与民用建筑地面碎石垫层和碎砖垫层工程的施工。

1　引用标准

《建筑地面工程施工质量验收规范》GB 50209—2010

《建筑工程施工质量验收统一标准》GB 50300—2013

《建筑装饰装修工程施工质量验收标准》GB 50210—2018

《建筑地面设计规范》GB 50037—2013

2　术语（略）

3　施工准备

3.1　作业条件

3.1.1　应编制垫层施工方案，并进行详细的技术交底，交至施工操作人员。

3.1.2 垫层下有沟槽、暗管等工程的，应在其完工后，经检验合格并做隐蔽记录，方可进行碎石垫层或碎砖垫层工程的施工。

3.1.3 碎石垫层或碎砖垫层下的基土（层）应已按设计要求施工并验收合格。

3.1.4 预埋在垫层内的各种管线已安装完，并按设计要求予以稳固，验收合格。

3.1.5 虚铺厚度、压实遍数等参数应通过压实试验确定。

3.1.6 施工前，应做好水平标志，以控制铺设的高度和厚度，可采用立桩、竖尺、拉线、弹线等方法。

3.1.7 打夯机操作人员、司机、机运工、电工等施工人员应经过理论和实际施工操作的培训，并持上岗证。

3.1.8 作业时的环境如天气、温度、湿度等状况应满足施工质量可达到标准的要求。

3.1.9 当地下水位高于基底时，施工前应采取排水或降低地下水位的措施，使地下水位保持在基底以下，防止地下水浸泡。

3.2 材料及机具

3.2.1 碎石：碎石应采用质地坚硬、强度均匀、级配适当的未风化石料，最大粒径不应大于垫层厚度的2/3。

3.2.2 碎砖：碎砖不应采用风化、疏松、夹有有机杂质的砖料，颗粒粒径不应大于60mm。

3.2.3 机具：振动式压路机、打夯机、小型机动翻斗车、手推车、铲土机、自卸汽车、推土机、装载机、铁锤、筛子、铁耙、铁锹、钢尺、胶皮管、粉线、木夯、环刀、容重检测仪、水准仪等。

4 操作工艺

4.1 工艺流程

基底清理、夯实 → 设标桩、找标高、挂线 → 分层铺设、夯（压）实 → 修整找平

4.2 基底清理、夯实

铺设碎石、碎砖前先检验基土土质，清除松散土、积水、污泥、杂质，并打底夯两遍，使表土密实。

4.3 设标桩、找标高、挂线

在墙面弹线，在地面设标桩，找好标高、挂线，作控制铺填厚度的标准。

4.4 分层铺设、夯（压）实

4.4.1 基土表面与碎石、碎砖之间应先铺一层5～25mm碎石、粗砂层，以防局部土下陷或软弱土层挤入碎石或碎砖空隙中使垫层破坏。

4.4.2 碎石和碎砖垫层的厚度不应小于100mm，垫层应分层压（夯）实，达到表面坚实、平整。

4.4.3 碎石铺设时按线由一端向另一端铺设，摊铺均匀，不得有粗细颗粒分离现象，

表面空隙应以粒径为5～25mm的细碎石填补。铺完一段，压实前洒水使表面湿润。小面积房间采用木夯或蛙式打夯机夯实，不少于三遍，应一夯压半夯，夯夯相接，行行相连，纵横交叉；大面积宜采用小型振动压路机压实，不少于四遍，轮距搭接不小于0.5m，边缘和转角应用人工或打夯机补夯密实，均夯（压）至表面平整不松动为止。夯实后的厚度不应大于虚铺厚度的3/4。

4.4.4 碎砖垫层按碎石的铺设方法铺设，每层虚铺厚度不大于200mm，洒水湿润后，采用人工或机械夯实，并达到表面平整、无松动为止，高低差不大于20mm，夯实后的厚度不应大于虚铺厚度的3/4。

4.4.5 碎砖、石垫层分段施工时，接槎处应做成阶梯形，每层接槎处的水平距离应错开0.5～1.0m，并应充分压实。接槎处不应设在地面荷载较大的部位。

4.4.6 分层夯（压）时，密实度检测符合设计要求后方可进行上一层铺设。

4.5 修整找平

垫层全部完成后，应进行表面拉线找平，凡超过标准高程的地方，及时依线铲平；凡低于标准高程的地方，应补碎砖、碎石夯实。

5 质量标准

5.1 主控项目

5.1.1 碎石应符合本工艺标准第3.2.1条的规定；碎砖应符合第3.2.2条的规定。

5.1.2 碎石、碎砖垫层的密实度应符合设计要求。

5.2 一般项目

5.2.1 碎石、碎砖垫层表面平整度的允许偏差为15mm；标高的允许偏差为±20mm；坡度的允许偏差为不大于房间相应尺寸的2/1000，且不大于30mm；厚度的允许偏差为在个别的地方不大于设计厚度的1/10，且不大于20mm。

6 成品保护

6.0.1 施工时应注意对定位定高的标准桩、尺、线的保护，不得触动、移位。

6.0.2 对所覆盖的隐蔽工程要有可靠保护措施，不得因填、夯、压造成管道、基础等的破坏或降低强度等级。

6.0.3 垫层铺设完毕，应及时施工其上基层或面层，否则应进行遮盖和拦挡，不得随意挖掘，不得在其上行驶车辆或堆放重物，避免受侵害。在已铺设的垫层上，不得用锤击的方法进行石料和砖料加工。

7 注意事项

7.1 应注意的质量问题

7.1.1 碎砖、碎石垫层下土层不应被扰动，或扰动后未进行夯实处理的，应清除被扰动层。

7.1.2 作业应连续进行，尽快完成。

7.1.3 应注意控制砖、石粒径、级配、虚铺厚度、夯压遍数等施工控制要点，严格按工艺要求和交底作业。砂石或碎砖铺设时不应有粗细颗粒分离现象。

7.1.4 做好垫层周围排水措施，刚施工完的垫层，雨季应有防雨措施，临时覆盖，防止遭到雨水浸泡；采用砂、石材、碎砖料铺设时，不应低于0℃；当低于所规定的温度施工时，应采取相应的保温措施，防止受冻。冻结的砖、石料不得使用。

7.1.5 避免不均匀夯填及漏夯现象的发生。

7.1.6 凡检验不合格的部位，均应返工纠正，并制定纠正措施，防止再次发生。

7.2 应注意的安全问题

7.2.1 碎砖和碎石尽量使用成品，当必须现场加工时，操作人员应戴口罩、风镜、手套、套袖等劳动保护用品，并站在上风头作业。

7.2.2 施工机械用电必须采用三级配电两级保护，使用三相五线制，严禁乱拉乱接；临时照明及动力配电线路敷设绝缘良好，并符合有关规定；夯填碎砖、碎石前，应先检查打夯机电线绝缘是否完好，接地线、开关是否符合要求；打夯机操作人员，必须戴绝缘手套和穿绝缘鞋，防止漏电伤人。

7.3 应注意的绿色施工问题

7.3.1 配备洒水车，对干碎砖、碎石等洒水或覆盖，防止扬尘。

7.3.2 运输车辆应加以覆盖，防止遗撒；废弃物要及时清理，运至指定地点。

7.3.3 现场噪声控制应符合国家和地方的有关规定。

8 质量记录

8.0.1 材质质量合格证明文件及检测报告。

8.0.2 碎石、碎砖密实度试验报告。

8.0.3 隐蔽工程检查验收记录。

8.0.4 地面碎石垫层和碎砖垫层工程检验批质量验收记录表。

8.0.5 其他技术文件。

第5章 三合土垫层和四合土垫层

本工艺标准适用于工业与民用建筑地面三合土垫层和四合土垫层工程的施工。

1 引用标准

《建筑地面工程施工质量验收规范》GB 50209—2010

《建筑工程施工质量验收统一标准》GB 50300—2013
《建筑装饰装修工程施工质量验收标准》GB 50210—2018
《建筑地面设计规范》GB 50037—2013

2　术语（略）

3　施工准备

3.1　作业条件

3.1.1　应编制垫层施工方案，并进行详细的技术交底，交至施工操作人员。

3.1.2　垫层下有沟槽、暗管等工程的，应在其完工后，经检验合格并做隐蔽记录，方可进行垫层工程的施工。

3.1.3　三合土垫层和四合土垫层下的基土（层）应已按设计要求施工并验收合格。

3.1.4　预埋在垫层内的各种管线已安装完，并按设计要求予以稳固，验收合格。

3.1.5　铺筑前应通过配合比试验或根据设计要求确定石灰、砂、碎砖或水泥、石灰、砂、碎砖的配合比。虚铺厚度、压实遍数等参数应通过压实试验确定。

3.1.6　施工前，应做好水平标志，以控制填土的高度和厚度，可采用立桩、竖尺、拉线、弹线等方法。

3.1.7　搅拌机、打夯机操作人员、司机、机运工、电工等施工人员应经过理论和实际施工操作的培训，并持上岗证。

3.1.8　作业时的环境如天气、温度、湿度等状况应满足施工质量可达到标准的要求。

3.1.9　当地下水位高于基底时，施工前应采取排水或降低地下水位的措施，使地下水位保持在基底以下，防止地下水浸泡。

3.2　材料及机具

3.2.1　三合土垫层应采用石灰、砂（可掺入少量黏土）与碎砖的拌合料铺设；四合土垫层应采用水泥、石灰、砂（可掺入少量黏土）与碎砖的拌合料铺设。

3.2.2　水泥：宜采用硅酸盐水泥、普通硅酸盐水泥。

3.2.3　熟化石灰：应用块灰，使用前应充分熟化过筛，颗粒粒径不应大于5mm，不得含有生石灰块，也不得含有过多的水分。也可采用磨细生石灰，亦可用粉煤灰或电石渣代替。当采用粉煤灰或电石渣代替熟化石灰做垫层时，其粒径不得大于5mm。

3.2.4　砂：应用中砂，并不得含有草根等有机物质。

3.2.5　碎砖：用废砖、断砖加工而成，不应采用风化、酥松、夹有有机杂质的砖料，颗粒粒径不应大于60mm。

3.2.6　黏土：宜优先选用黏土、粉质黏土或粉土，不得含有有机杂物，使用前应先过筛，其粒径不大于15mm。

3.2.7　机具：搅拌机、平板振动器、蛙式打夯机、柴油式打夯机、手扶式振动压路机、机动翻斗车、手推车、铲土机、自卸汽车、推土机、装载机、筛子、铁耙、铁锹、钢尺、胶皮管、粉线、木夯、环刀、容重检测仪、水准仪等。

4 操作工艺

4.1 工艺流程

基底清理、夯实 → 设标桩、找标高、挂线 → 拌合 → 分层铺设、夯（压）实 → 修整找平

4.2 基底清理、夯实

铺设前先检验基土土质，清除松散土、积水、污泥、杂质，并打底夯两遍，使表土密实。

4.3 设标桩、找标高、挂线

在墙面弹线，在地面设标桩，找好标高、挂线，作控制铺填厚度的标准。

4.4 拌合

4.4.1 三合土或四合土配合比应用体积比，应按照试验确定的参数或设计要求控制配合比。

4.4.2 按体积配合比进行配料，加水后拌合至均匀一致，拌合好的熟料颜色应一致。

4.5 分层铺设、夯（压）实

4.5.1 三合土垫层厚度不应小于100mm；四合土垫层厚度不应小于80mm。

4.5.2 三合土垫层和四合土垫层均应分层摊铺、夯实。作业时，铺填厚度、夯压遍数应严格按照试验所确定的参数进行。打夯应一夯压半夯，夯夯相接，行行相连，纵横交叉。

4.5.3 垫层分段施工时，接槎处应做成阶梯形，每层接槎处的水平距离应错开0.5～1.0m，并应充分压实。接槎处不应设在地面荷载较大的部位。

4.5.4 铺至设计标高后，最后一遍夯打时，须加浇浓浆一层，待表面略晾干后，再在上面铺层砂子或炉渣，进行最后整平夯实，至表面泛浆为止。

4.6 修整找平

垫层全部完成后，应进行表面拉线找平，凡超过标准高程的地方，及时依线铲平；凡低于标准高程的地方，应及时填土夯实。

5 质量标准

5.1 主控项目

5.1.1 水泥宜采用硅酸盐水泥、普通硅酸盐水泥；熟化石灰颗粒粒径应符合本工艺标准第3.2.3条的规定；砂应符合第3.2.4条的规定；碎砖应符合第3.2.5条的规定。

5.1.2 三合土、四合土的体积比应符合设计要求。

5.2 一般项目

5.2.1 三合土垫层和四合土垫层表面平整度的允许偏差为10mm；标高的允许偏差为±10mm；坡度的允许偏差为不大于房间相应尺寸的2/1000，且不大于30mm；厚度的允许偏差为在个别的地方不大于设计厚度的1/10，且不大于20mm。

6 成品保护

6.0.1 施工时应注意对定位定高的标准桩、尺、线的保护，不得触动、移位。

6.0.2 对所覆盖的隐蔽工程要有可靠保护措施，不得因填、夯、压造成管道、基础等的破坏或降低强度等级。

6.0.3 垫层铺设完毕，应及时施工其上基层或面层，否则应进行遮盖和拦挡，不得随意挖掘，不得在其上行驶车辆或堆放重物，避免受侵害。

7 注意事项

7.1 应注意的质量问题

7.1.1 垫层下土层不应被扰动，或扰动后未进行夯实处理的，应清除被扰动层。

7.1.2 作业应连续进行，尽快完成。

7.1.3 应注意控制配合比、虚铺厚度、夯压遍数等施工控制要点，严格按工艺要求和交底作业。

7.1.4 做好垫层周围排水措施，刚施工完的垫层，雨季应有防雨措施，临时覆盖，防止遭到雨水浸泡；在雨季应有防雨措施，防止遭到雨水浸泡；冬季应有保温防冻措施，防止受冻。在雨、雪、低温、强风条件下，在室外或露天不宜进行三合土垫层或四合土垫层作业。垫层工程施工采用掺有水泥、石灰的拌合料铺设时，各层环境温度的控制不应低于5℃。

7.1.5 避免不均匀夯填及漏夯现象的发生。

7.1.6 凡检验不合格的部位，均应返工纠正，并制定纠正措施，防止再次发生。

7.2 应注意的安全问题

7.2.1 粉化石灰和黏土过筛、垫层铺设时，操作人员应戴口罩、风镜、手套、套袖等劳动保护用品，并站在上风头作业。

7.2.2 施工机械用电必须采用三级配电两级保护，使用三相五线制，严禁乱拉乱接；临时照明及动力配电线路敷设绝缘良好，并符合有关规定；夯填垫层前，应先检查打夯机电线绝缘是否完好，接地线、开关是否符合要求；打夯机操作人员，必须戴绝缘手套和穿绝缘鞋，防止漏电伤人。

7.3 应注意的环境问题

7.3.1 配备洒水车，对干砂、石灰等洒水或覆盖，防止扬尘。

7.3.2 运输车辆应加以覆盖，防止遗洒；废弃物要及时清理，运至指定地点。

7.3.3 现场噪声控制应符合国家和地方的有关规定。

8 质量记录

8.0.1 材质质量合格证明文件及检测报告。

8.0.2 配合比试验报告。

8.0.3 回填土干密度（压实系数）试验报告。

8.0.4 隐蔽工程检查验收记录。

8.0.5 地面三合土/四合土垫层工程检验批质量验收记录表。

8.0.6 其他技术文件。

第6章 炉渣垫层

本工艺标准适用于工业与民用建筑地面炉渣垫层工程的施工。

1 引用标准

《建筑地面工程施工质量验收规范》GB 50209—2010

《建筑工程施工质量验收统一标准》GB 50300—2013

《建筑装饰装修工程施工质量验收标准》GB 50210—2018

《建筑地面设计规范》GB 50037—2013

2 术语（略）

3 施工准备

3.1 作业条件

3.1.1 应编制垫层施工方案，并进行详细的技术交底，交至施工操作人员。

3.1.2 垫层下有沟槽、暗管等工程的，应在其完工后，经检验合格并做隐蔽记录，方可进行炉渣垫层工程的施工。

3.1.3 炉渣垫层下的基土（层）应已按设计要求施工并验收合格。

3.1.4 预埋在垫层内的各种管线已安装完，并用细石混凝土等固定牢固。

3.1.5 铺设前应通过试验或根据设计要求确定配合比。

3.1.6 施工前，应做好水平标志，以控制铺设的高度和厚度，可采用立桩、竖尺、拉线、弹线等方法。

3.1.7 机运工、电工等施工人员应经过理论和实际施工操作的培训，并持上岗证。

3.1.8 作业时的环境如天气、温度、湿度等状况应满足施工质量可达到标准的要求。

3.1.9 当地下水位高于基底时，施工前应采取排水或降低地下水位的措施，使地下水位保持在基底以下，防止地下水浸泡。

3.2 材料及机具

3.2.1 炉渣垫层应采用炉渣或水泥与炉渣或水泥、石灰与炉渣的拌合料铺设，其厚度不应小于80mm。

3.2.2 炉渣：采用锅炉炉渣，密度在800kg/m^3以下，堆积密度不宜大于1100kg/m^3，烧失量不大于20%，炉渣内不应含有有机杂质和未燃尽的煤块，颗粒粒径不应大于40mm，且不大于垫层厚度的1/2；颗粒粒径在5mm及其以下的颗粒，不得超过总体积的40%。

3.2.3 水泥：宜采用硅酸盐水泥、普通硅酸盐水泥或矿渣硅酸盐水泥，其强度等级宜为32.5级以上。

3.2.4 熟化石灰：石灰选用块灰，块灰含量不小于70%，使用前3～4d洒水充分熟化并过筛，颗粒粒径不应大于5mm，也不得含有过多的水分。也可采用加工磨细的生石灰粉，其细度通过0.9mm筛筛余不大于1.5%，通过0.125mm筛筛余不大于18.0%，加水溶化后方可使用。也可采用粉煤灰、电石渣代替。

3.2.5 机具：搅拌机、压滚、手推车、装载机、翻斗车、平铁锹、平板振动器、木夯、钢尺、筛子、铁耙、粉线、大杠尺、胶皮管、木拍板、木槌、扫帚、铁錾子、手锤、钢丝刷、喷壶、浆壶、计量斗、1.5～2mm铁板、水准仪、水准尺、计量器及各种孔径筛等。

4 操作工艺

4.1 工艺流程

基层处理 → 炉渣过筛、水闷 → 弹线、做找平墩 → 炉渣拌合 → 铺设炉渣 →
刮平、滚压（振捣） → 养护

4.2 基层处理

将基层上的浮土、落地灰等杂物清理干净，将粘结在基层上的砂浆、混凝土等污垢，先用铁锹清除、铁錾子剔凿、钢丝刷擦刷，再用笤帚清扫干净，洒水湿润。

4.3 炉渣过筛、水闷

4.3.1 炉渣在使用前必须过两遍筛，第一遍过40mm大孔径筛，筛除超过粒径部分，第二遍过5mm小孔径筛，主要筛去细粉末，使粒径在5mm以下的颗粒体积，不超过总体积的40%，这样使炉渣具有粗细粒径搭配的合理级配，对促进垫层的成型和早期强度很有利。

4.3.2 炉渣或水泥炉渣垫层的炉渣，使用前应浇水闷透；水泥石灰炉渣垫层的炉渣，使用前应用石灰浆或熟化石灰浇水拌合和闷透；闷透时间均不得少于 5d。

4.4 弹线、做找平墩

4.4.1 根据墙上+0.5m 标高线及设计规定的垫层厚度，量测出垫层的上平标高，并在四周墙上做出标志，然后拉水平线抹找平墩，用细石混凝土或水泥砂浆抹成 60mm×60mm 见方，与垫层成活面同高，间距双向不大于 2m。

4.4.2 有坡度要求的房间，应按设计坡度要求拉线，找出各控制点标高，抹出坡度墩。

4.5 炉渣拌合

4.5.1 水泥炉渣或水泥石灰炉渣的配合比应通过试验或根据设计要求确定。如设计无要求，水泥炉渣配合比通常为水泥：炉渣=1：6；水泥石灰炉渣的配合比通常为水泥：石灰：炉渣=1：1：8。

4.5.2 拌合时先将闷透的炉渣按体积比与水泥（和石灰）干拌均匀后，再加水拌合，要严格控制加水量，以试验所给定的加水量为准。机械搅拌时，应先干拌 1min，再加适量水湿拌 1.5～2min；人工搅拌时，应先在铁板上用铁锹翻拌均匀，再用喷壶徐徐加水湿拌。拌合料应拌合均匀、颜色一致，其干硬程度以经滚压或振捣密实后表面不出现泌水为度，坍落度一般控制在 30mm 以下。

4.6 铺设炉渣

4.6.1 拌合料铺设前，应再次将基层清理干净，用喷壶均匀洒水湿润，并将基层上明水清除净。

4.6.2 铺炉渣前应在基底上刷一道水灰比为 0.4～0.5 的素水泥浆或界面结合剂，随刷随铺。

4.6.3 小面积房间铺设时，将搅拌均匀的拌合料由里往外退着铺设；大面积房间或地坪铺设时，宜从一端向另一端分条推进铺设。

4.6.4 铺设厚度与压实厚度的比例宜控制在 1.3：1，如设计要求厚度为 80mm，拌合物虚铺厚度为 104mm。当垫层厚度大于 120mm 时，应分层铺设，每层压实后的厚度不应大于虚铺厚度的 3/4。

4.7 刮平、滚压（或振捣）

4.7.1 以找平墩为标志，控制好虚铺厚度，先用铁锹粗略找平，然后用木刮杠刮平，再用压滚往返滚压或用平板振捣器（厚度超过 120m 时，应用平板振捣器）往返振捣，直至表面平整出浆且无松散颗粒为止，并用 2m 靠尺检查平整度，高处部分铲掉，凹处填平。墙根、边角、管根及其他不易滚压或振捣部位，应用木拍板拍打密实。采用木拍压实时，应按拍平→拍实找平→轻拍逗浆→抹平等四道工序完成。

4.7.2 炉渣拌合料应随拌、随铺、随压实，全部操作过程应控制在 2h 内完成。

4.7.3 炉渣垫层施工过程中不宜留施工缝，如房间较大或房间与走道交接的门口必需留施工缝时，应用木方或木板挡好，留成直槎，并保证直槎密实。继续施工时，在接槎处刷水灰比为 0.4～0.5 的水泥浆，再继续铺炉渣拌合料。

4.8　养护

施工完后，应做好养护工作，常温条件下，水泥炉渣垫层至少养护2d；水泥石灰炉渣垫层至少养护7d，养护期内用喷壶洒水，保持表面湿润，严禁上人，待凝固后方可进行面层施工和其他作业。

5　质量标准

5.1　主控项目

5.1.1　炉渣应符合本工艺标准第3.2.2条的规定；熟化石灰颗粒粒径应符合第3.2.4条的规定。

5.1.2　炉渣垫层的体积比应符合设计要求。

5.2　一般项目

5.2.1　炉渣垫层与其下一层结合应牢固，不应有空鼓和松散炉渣颗粒。

5.2.2　炉渣垫层表面平整度的允许偏差为10mm；标高的允许偏差为±10mm；坡度的允许偏差为不大于房间相应尺寸的2/1000，且不大于30mm；厚度的允许偏差为在个别的地方不大于设计厚度的1/10，且不大于20mm。

6　成品保护

6.0.1　施工时应注意对定位定高的标准桩、尺、线的保护，不得触动、移位。

6.0.2　对所覆盖的隐蔽工程要有可靠保护措施，不得因铺设垫层造成管道漏水、堵塞、破坏或降低等级。

6.0.3　运输、铺设和滚压（振捣）炉渣拌合料时，避免碰撞门框、墙面及抹灰层等。

6.0.4　垫层铺设完毕，应加以保护，不得随意挖掘，不得在其上行驶车辆或堆放重物，避免受侵害。不得直接在垫层上堆放材料和拌合砂浆等，以免污染而影响与面层的粘结力。若要施工面层，宜在垫层凝固后进行。如较长时间不进行上部作业，应进行遮盖和拦挡，并经常洒水湿润。

7　注意事项

7.1　应注意的质量问题

7.1.1　基层上土、灰、杂物应清理干净，铺拌合料前应认真洒水湿润刷素水泥浆，以保证垫层与基层间的粘结。

7.1.2　炉渣内未燃尽的煤焦的含量应在要求范围内，炉渣内粒径在5mm以下颗粒的含量应控制在40%以内。炉渣应浇水闷透。

7.1.3　炉渣铺设后，应按找平墩刮平、滚压（或振捣），并随时检查表面平整度。

7.1.4 水泥、石灰等材料应符合标准的要求，配合比应准确，施工过程应在初凝前完成；垫层铺设完后，应经养护达要求后方可上人操作。

7.1.5 做好垫层周围排水措施，刚施工完的垫层，雨季应有防雨措施，临时覆盖，防止遭到雨水浸泡；冬季应有保温防冻措施，施工时环境温度应保持在5℃以上，防止受冻。在雨、雪、低温、强风条件下，在室外或露天不宜进行炉渣垫层作业。

7.1.6 凡检验不合格的部位，均应返工纠正，并制定纠正措施，防止再次发生。

7.2 应注意的安全问题

7.2.1 炉渣过筛、拌合料拌合和垫层铺设时，操作人员应戴口罩、风镜、手套、套袖等劳动保护用品，并站在上风头作业。筛灰时，应注意风向，戴上防护镜，扎好袖口和裤腿；淋灰时应穿好胶鞋，以防石灰烧脚。

7.2.2 施工机械用电必须采用三级配电两级保护，使用三相五线制，严禁乱拉乱接；临时照明及动力配电线路敷设绝缘良好，并符合有关规定。

7.2.3 楼层孔洞、电梯井口、楼梯口、楼层边处，安全防护设施应齐全。

7.3 应注意的绿色施工问题

7.3.1 配备洒水车，对干炉渣等洒水或覆盖，防止扬尘。

7.3.2 运输车辆应加以覆盖，防止遗洒；废弃物要及时清理，运至指定地点。

7.3.3 现场噪声控制应符合国家和地方的有关规定。

8 质量记录

8.0.1 材质质量合格证明文件及检测报告。

8.0.2 炉渣干密度及粒径试验记录。

8.0.3 石灰粒径检测记录。

8.0.4 配合比试验报告、配合比设计文件或通知单。

8.0.5 隐蔽工程检查验收记录。

8.0.6 地面炉渣垫层工程检验批质量验收记录表。

8.0.7 其他技术文件。

第7章 填 充 层

本工艺标准适用于工业与民用建筑地面填充层工程的施工。

1 引用标准

《建筑地面工程施工质量验收规范》GB 50209—2010

《建筑工程施工质量验收统一标准》GB 50300—2013

《建筑装饰装修工程施工质量验收标准》GB 50210—2018

《建筑地面设计规范》GB 50037—2013

2　术语

2.0.1　填充层：建筑地面中具有隔声、找坡等作用和暗敷管线的构造层。

2.0.2　松散保温材料：指用膨胀蛭石、膨胀珍珠岩、炉渣等散状颗粒材料组成的保温材料。

2.0.3　整体保温材料：指用松散保温材料和水泥（或沥青等）胶结材料按设计要求的配合比拌制、浇筑，经固化而形成的整体保温材料。

2.0.4　板状保温材料：指采用水泥、沥青或其他有机胶结材料与松散保温材料，按一定比例拌合加工而成的制品。如水泥膨胀珍珠岩板、水泥膨胀蛭石板、沥青膨胀珍珠岩板、沥青膨胀蛭石板、泡沫混凝土块、加气混凝土块等。另外还有化学合成聚酯与合成橡胶类材料，如泡沫塑料板、有机纤维板、聚苯板等。

3　施工准备

3.1　作业条件

3.1.1　应编制填充层施工方案，并进行详细的技术交底，交至施工操作人员。

3.1.2　所覆盖的隐蔽工程验收合格。

3.1.3　填充层的下一层表面应平整。当为水泥类时，尚应洁净、干燥，并不得有空鼓、裂缝和起砂等缺陷。

3.1.4　预埋在填充层内的各种管线已安装完，并用细石混凝土等固定牢固。

3.1.5　松散材料虚铺厚度、压实的程度应根据试验确定；整体材料配合比应按设计要求或通过试验确定；虚铺厚度应根据试验确定。

3.1.6　施工前，应做好水平标志，以控制铺设的高度和厚度，可采用立桩、竖尺、拉线、弹线等方法。

3.1.7　机运工、电工等施工人员应经过理论和实际施工操作的培训，并持上岗证。

3.1.8　作业时的环境如天气、温度、湿度等状况应满足施工质量可达到标准的要求。

3.2　材料及机具

3.2.1　水泥：强度等级不低于42.5级普硅水泥或矿渣硅酸盐水泥，应有出厂合格证及试验报告。

3.2.2　松散材料

炉渣，粒径一般为6～10mm，不得含有石块、土块、重矿渣和未燃尽的煤块，堆积密度为500～800kg/m^3，导热系数为0.165～0.25W/(m·K)。

膨胀珍珠岩，粒径宜大于0.15mm，粒径小于0.15mm的含量不应大于8%，导热系数应小于0.07W/(m·K)。

膨胀蛭石，导热系数 0.14W/(m・K)，粒径宜为 3～15mm。

松散材料应干燥，含水率不得超过设计规定，否则应采取干燥措施。

3.2.3 板块状保温材料：产品应有出厂合格证，根据设计要求选用，厚度、规格一致，均匀整齐；密度、导热系数、强度应符合设计要求。

3.2.4 泡沫混凝土块：表观密度不大于 500kg/m³，抗压强度不低于 0.4MPa。

3.2.5 加气混凝土块：表观密度不大于 500～600kg/m³，抗压强度不低于 0.2MPa。

3.2.6 聚苯板：表观密度≤45kg/m³，抗压强度不低于 0.18MPa，导热系数 0.043W/(m・K)。

3.2.7 沥青：采用 10 号或 30 号建筑石油沥青。

3.2.8 机具：搅拌机、平板振捣器、手推车、计量器、木拍板、压滚、木夯、水平尺、铁抹子、铁锹、钢尺、刮杠、翻斗车、水准仪、靠尺、筛子、沥青锅、沥青桶、墨斗等。

4 操作工艺

4.1 工艺流程

基层处理→找标高、弹线→铺设

4.2 基层处理

将基层上的浮浆、落地灰等杂物清理，再用笤帚清扫干净。

4.3 找标高、弹线

4.3.1 根据墙上+0.5m 标高线及设计厚度，量测出填充层的上平标高控制线，并在四周墙上做出标志。

4.3.2 有坡度要求的房间，应按设计坡度要求拉线，找出各控制点标高。

4.4 铺设

4.4.1 松散材料铺设

1 松散材料铺设前，预埋间距 800～1000mm 木龙骨（防腐处理）、半砖矮隔断或抹水泥砂浆矮隔断一条，高度符合填充层的设计厚度要求，控制填充层的厚度。

2 松散材料铺设填充层应分层铺设，并适当拍平拍实，每层虚铺厚度不宜大于150mm。虚铺厚度和压实的程度应根据试验确定。压实采用压滚和木夯，压实后不得直接推车行走和堆积重物。

3 填充层施工完成后，应及时进行下道工序（抹找平层或做面层）。

4.4.2 板块填充层铺设

1 采用板、块状材料铺设填充层应分层错缝铺贴。

2 干铺板块填充层：直接铺设在结构层上，铺平、垫稳，分层铺设时上下两层板块缝错开，表面相邻的板边厚度一致。

3 粘接铺设板块填充层：将板块材料用粘接材料粘在基层上，使用的粘接材料根据设计要求确定。

用沥青胶结材料粘贴板块材料时，应边刷、边贴、边压实。务必使板状材料相互之间与基层之间满涂沥青胶结材料，以便互相粘牢，防止板块翘曲。

用水泥砂浆粘贴板块材料时，板间缝隙应用保温灰浆填实并勾缝。保温灰浆的配合比一般为1∶1∶10（水泥∶石灰膏∶同类保温材料的碎粒，体积比）。

4　板块填充层应铺设牢固，表面平整。

4.4.3　整体填充层铺设

1　配合比应按设计要求或通过试验确定。水泥膨胀蛭石、水泥膨胀珍珠岩填充层的拌合宜采用人工拌制，将水泥、集料如炉渣、蛭石珍或珠岩粉等加水拌合均匀，随伴随铺。当以热沥青为胶结料，沥青膨胀珍珠岩、沥青膨胀蛭石宜采用机械拌制，色泽一致，无沥青团。

2　整体填充层铺设应分层铺平拍实。

3　水泥膨胀蛭石、水泥膨胀珍珠岩填充层的虚铺厚度应根据试验确定，铺后拍实至设计要求的厚度。拍实抹平后宜立即铺设找平层。

4　沥青膨胀蛭石、沥青膨胀珍珠岩填充层施工时，沥青加热温度不应高于240℃，使用温度不宜低于190℃；膨胀蛭石或珍珠岩的加热温度为100～120℃。

5　质量标准

5.1　主控项目

5.1.1　填充层材料应符合设计要求和国家现行有关标准规范的要求。

5.1.2　填充层的厚度、配合比应符合设计要求。

5.1.3　对填充材料接缝有密闭要求的应密封良好。

5.2　一般项目

5.2.1　松散材料填充层铺设应密实；板块状材料填充层应压实、无翘曲。

5.2.2　填充层的坡度应符合设计要求，不应有倒泛水和集水现象。

5.2.3　填充层为松散材料时，表面平整度的允许偏差为7mm；填充层为板块状材料时，表面平整度的允许偏差为5mm；标高的允许偏差为±4mm；坡度的允许偏差为不大于房间相应尺寸的2/1000，且不大于30mm；厚度的允许偏差为在个别的地方不大于设计厚度的1/10，且不大于20mm。

5.2.4　用作隔声层的填充层，其表面平整度的允许偏差为3mm；标高的允许偏差为±4mm；坡度的允许偏差为不大于房间相应尺寸的2/1000，且不大于30mm；厚度的允许偏差为在个别的地方不大于设计厚度的1/10，且不大于20mm。

6　成品保护

6.0.1　施工时应注意对定位定高的标准桩、尺、线的保护，不得触动、移位。

6.0.2 对所覆盖的隐蔽工程要有可靠保护措施，不得因铺设填充层造成管道漏水、堵塞、破坏或降低等级。

6.0.3 松散保温材料铺设的填充层拍实后，不得在填充层上行车和堆放重物。

6.0.4 填充层验收合格后，应立即进行上部的找平层施工。

7 注意事项

7.1 应注意的质量问题

7.1.1 保证基层干燥，严禁雨淋或施工时有水浸入。

7.1.2 松散材料应干燥，含水率不得超过设计规定，否则应采取干燥措施。

7.1.3 整体保温材料表面应平整，厚度符合设计要求。

7.1.4 干铺板状保温材料，应紧靠基层表面铺平、垫稳。粘贴板状保温材料时，应铺砌平整、严实，铺贴用砂浆强度等级应达到要求。

7.1.5 保温层材料导热系数、粒径级配、含水量、铺实密度等达到设计要求的技术标准。

7.1.6 在雨季应有防雨措施，防止造成水灰比控制不准。冬季应有保温防冻措施，防止受冻。干铺保温材料时，环境温度不应低于−5℃。整体保温材料及粘贴板状保温材料时，环境温度应不低于5℃。五级风以上的天气及雨、雪天，不宜施工。

7.1.7 凡检验不合格的部位，均应返修或返工纠正，并制定纠正措施，防止再次发生。

7.2 应注意的安全问题

7.2.1 采用沥青类材料时，应尽量采用成品。如必须在现场熬制沥青时，锅灶应设置在远离建筑物和易燃材料30m以外地点，并禁止在屋顶、简易工棚和电气线路下熬制；严禁用汽油和煤油点火，现场应配置消防器材、用品。

7.2.2 拌制、铺设沥青膨胀珍珠岩、沥青膨胀蛭石的作业工人应按规定使用防护用品，并根据气候和作业条件安排适当的间歇时间。

7.2.3 装运热沥青时，不得用锡焊容器，盛油量不得超过其容量的2/3。熔化桶装沥青，应先将桶盖和气眼全部打开，用铁条串通后，方准烘烤。严禁火焰与油直接接触。熬制沥青时，操作人员应站在上风方向。垂直吊运下方不得有人。

7.2.4 搅拌机械必须符合《建筑机械使用安全技术规程》JGJ 33及《施工现场临时用电安全技术规范》JGJ 46的有关规定，施工中应定期对其进行检查、维修，保证机械使用安全。

7.2.5 施工机械用电必须采用三级配电两级保护，使用三相五线制，严禁乱拉乱接；临时照明及动力配电线路敷设绝缘良好，并符合有关规定。

7.2.6 水泥、膨胀蛭石、膨胀珍珠岩、炉渣等散状颗粒的投料人员应配戴口罩，防止粉尘污染。

7.2.7 楼层孔洞、电梯井口、楼梯口、楼层边处，安全防护设施应齐全。

7.3 应注意的绿色施工问题

7.3.1 装卸、搬运沥青和含有沥青的制品应使用机械和工具，有散漏粉末时，应洒水，防止粉末飞扬。

7.3.2 原材料及拌合物在运输过程中，应避免扬尘、洒漏、沾带，必要时应采取遮盖、封闭、洒水、冲洗等措施。材料应统一堆放，并应有防尘措施。搅拌现场、使用现场及运输途中遗漏的填充层材料应及时回收处理。

7.3.3 因搅拌而产生的污水应经过滤后排入指定地点。

7.3.4 搅拌机的运行噪声应符合国家和地方的有关规定。

7.3.5 使用沥青胶结料时，室内应通风良好。

8 质量记录

8.0.1 材质质量合格证明文件及性能检测报告、复试报告。

8.0.2 整体填充层材料的配合比试验报告。

8.0.3 隐蔽工程检查验收记录。

8.0.4 填充层工程检验批质量验收记录表。

8.0.5 熬制沥青温度检测记录。

8.0.6 其他技术文件。

第8章 找 平 层

本工艺标准适用于工业与民用建筑地面找平层工程的施工。

1 引用标准

《建筑地面工程施工质量验收规范》GB 50209—2010
《建筑工程施工质量验收统一标准》GB 50300—2013
《建筑装饰装修工程施工质量验收标准》GB 50210—2018
《建筑地面设计规范》GB 50037—2013
《预拌砂浆应用技术规程》JGJ/T 223—2010
《预拌混凝土》GB/T 14902—2012

2 术语（略）

3 施工准备

3.1 作业条件

3.1.1 应编制找平层施工方案，并进行详细的技术交底，交至施工操作人员。

3.1.2 所覆盖的隐蔽工程验收合格。

3.1.3 有防水要求的建筑地面工程，铺设前必须对立管、套管和地漏与楼板节点之间进行密封处理，并应进行隐蔽验收；排水坡度应符合设计要求。

3.1.4 找平层下的基土（层）或结构工程应已按设计要求施工并验收合格。铺设找平层前，当其下一层有松散填充料时，应予铺平振实。

3.1.5 楼板孔洞均已进行可靠封堵。

3.1.6 铺设前应根据设计要求或通过试验确定配合比。

3.1.7 施工前，应做好水平标志，以控制铺设的高度和厚度，可采用立桩、竖尺、拉线、弹线等方法。

3.1.8 机运工、电工等施工人员应经过理论和实际施工操作的培训，并持上岗证。

3.1.9 作业时的环境如天气、温度、湿度等状况应满足施工质量可达到标准的要求。

3.2 材料及机具

3.2.1 预拌砂浆：应符合《预拌砂浆应用技术规程》JGJ/T 223 的相关要求，品种选用应根据设计、施工等的要求确定。不用品种、规格的预拌砂浆不应混合使用。进场时，供方应规定批次提供质量证明文件，包括产品型式检验报告和出厂检验报告等。

3.2.2 预拌混凝土：应符合《预拌混凝土》GB/T 14902 的相关要求，根据工程要求对设计配合比进行施工适应性调整后确定施工配合比。进场时，供应方应提供混凝土的出场合格证以及原材料试验报告等。

3.2.3 水：宜选用符合饮用标准的水。

3.2.4 外加剂：混凝土中掺用外加剂的质量应符合现行国家标准《混凝土外加剂》GB 8076 的规定。

3.2.5 机具：砂浆搅拌机、手推车、装载机、翻斗车、计量器、平板振动器、木拍板、筛子、木夯、铁耙、铁锹、钢尺、胶皮管、粉线、刮杠、铁抹子、木抹子、水准仪等。

4 操作工艺

4.1 工艺流程

基层处理 → 找标高、弹线、做找平墩 → 混凝土或砂浆搅拌、运输 →

混凝土或砂浆铺设 → 混凝土或砂浆振捣 → 混凝土或砂浆找平 → 养护

4.2 基层处理

将基层上的浮浆、落地灰等杂物清理干净，再用笤帚清扫干净。

4.3 找标高、弹线、做找平墩

4.3.1 根据墙上+0.5m 标高线及设计厚度，量测出找平层的上平标高控制线，并在四周墙上做出标志。然后拉水平线抹找平墩，找平墩 60mm×60mm，与找平层成活面同高，用同种细石混凝土或同种砂浆制作，间距双向不大于 2m。

4.3.2 有坡度要求的房间，应按设计坡度要求拉线，找出各控制点标高，抹出坡度墩。

4.4　预拌混凝土或砂浆运输、拌制

4.4.1　在运输中，应保持其匀质性，做到不分层、不离析、不漏浆。运到浇灌地点时，混凝土应具有要求的坍落度，砂浆应满足施工要求的稠度。

4.4.2　混凝土搅拌运输车应符合《混凝土搅拌运输车》GB/T 26408的规定。运输车在运输时应能保证混凝土拌合物均匀并不产生分层、离析。对于寒冷、严寒或炎热的天气情况，搅拌运输车的搅拌罐应有保温或隔热措施。

4.4.3　预拌砂浆进场时，根据设计要求或试验确定的配合比，地面砂浆的强度等级不应小于M15，砂浆的稠度不应大于35mm。湿拌砂浆应外观均匀，无离析、泌水现象；散装干混砂浆应外观均匀，无结块、受潮现象；袋装干混砂浆应包装完整，无受潮现象。

4.4.4　干混砂浆应严格控制用水量，搅拌要均匀，搅拌时间不得少于120s。水泥砂浆一次拌制不得过多，应随用随拌。砂浆放置时间不得过长，应在初凝前用完。

4.5　混凝土或砂浆铺设

4.5.1　当找平层厚度小于30mm时，宜用水泥砂浆做找平层；当找平层厚度不小于30mm时，宜用细石混凝土做找平层。

4.5.2　铺设前，将基层湿润，并在基层上刷一道素水泥浆或界面结合剂，随刷随铺混凝土或砂浆。

4.5.3　混凝土或砂浆铺设应顺房间开间方向，从一端开始，由内向外退着连续铺设。混凝土应连续浇灌，间歇时间不得超过2h。如间歇时间过长，应分块浇筑，接搓处按施工缝处理，接缝处混凝土应捣实压平，不出现接头槎。

4.5.4　工业厂房、礼堂、门厅等大面积水泥混凝土或砂浆找平层应分区段施工，分区段时应结合变形缝位置、不同类型的建筑地面连接处和设备基础的位置进行划分，并应与设置的纵向、横向缩缝的间距相一致。

4.5.5　室内地面的水泥混凝土找平层，应设置纵向缩缝和横向缩缝；纵向缩缝间距不得大于6m，并应做成平头缝或加肋板平头缝，当找平层厚度大于150mm时，可做企口缝；横向缩缝间距不得大于12m，横向缩缝应做假缝。

4.5.6　平头缝和企口缝的缝间不得放置隔离材料，浇筑时应互相紧贴，企口缝的尺寸应符合设计要求，假缝宽度为5～20mm，深度为找平层厚度的1/3，缝内填水泥砂浆。

4.5.7　在预制钢筋混凝土板上铺设找平层前，板缝填嵌的施工应符合下列要求：

1　预制钢筋混凝土板相邻缝底宽不应小于20mm。

2　填嵌时，板缝内应清理干净，并保持湿润。

3　填缝应采用细石混凝土，其强度等级不得小于C20。填缝高度应低于板面10～20mm，且振捣密实；填缝后应养护；当填缝混凝土的强度等级达到C15后方可继续施工。

4　当板缝底宽大于40mm时，应按设计要求配置钢筋。

4.5.8　在预制钢筋混凝土板上铺设找平层时，其板端应按设计要求作防裂的构造措施。

4.6　混凝土或砂浆振捣

用铁锹摊铺混凝土或砂浆，用水平控制桩和找平墩控制标高，虚铺厚度略高于找平墩，然后用平板振捣器振捣。厚度超过200mm时，应采用插入式振捣器，其移动距离不应大于

作用半径的 1.5 倍，做到不漏振，确保混凝土或砂浆密实。

4.7 混凝土或砂浆找平

4.7.1 混凝土振捣密实后，以墙柱上水平控制线和水平墩为标志，检查平整度，高出的地方铲平，凹的地方补平。

4.7.2 混凝土或砂浆先用水平刮杠刮平，然后表面用木抹子搓平，铁抹子抹平压光。

4.7.3 有坡度要求的，应按设计要求的坡度找平。

4.8 混凝土或砂浆养护

根据施工时期气温的不同采取相应的养护措施，一般应在 12h 左右覆盖和洒水养护，养护时间不得少于 7d。

5 质量标准

5.1 主控项目

5.1.1 采用的砂浆、混凝土应符合本工艺标准第 3.2.1 条和 3.2.2 条的规定。

5.1.2 水泥砂浆体积比、水泥混凝土强度等级应符合设计要求，且水泥砂浆体积不应小于 1∶3（或相应强度等级）；水泥混凝土强度等级不应小于 C15。

5.1.3 有防水要求的建筑地面工程的立管、套管、地漏处不应渗漏，坡向应正确、无积水。

5.1.4 有防静电要求的整体面层的找平层施工前，其下敷设的导电地网系统应与接地引下线和地下接电体有可靠连接，经电性能检测且符合相关要求后进行隐蔽工程验收。

5.2 一般项目

5.2.1 找平层与其下一层结合应牢固，不应有空鼓。

5.2.2 找平层表面应密实，不应有起砂、蜂窝和裂缝等缺陷。

5.2.3 用胶结料做结合层铺设板块面层时，找平层表面平整度的允许偏差为 3mm；标高的允许偏差为±5mm；用水泥砂浆做结合层铺设板块面层时，找平层表面平整度的允许偏差为 5mm；标高的允许偏差为±8mm；用胶粘剂做结合层铺设拼花木板、浸渍纸层压木质地板、实木复合地板、竹地板、软木地板面层时，找平层表面平整度的允许偏差为 2mm；标高的允许偏差为±4mm；铺设金属板面层时，找平层表面平整度的允许偏差为 3mm；标高的允许偏差为±4mm；坡度的允许偏差均为不大于房间相应尺寸的 2/1000，且不大于 30mm；厚度的允许偏差均为在个别的地方不大于设计厚度的 1/10，且不大于 20mm。

6 成品保护

6.0.1 施工时应注意对定位定高的标准桩、尺、线的保护，不得触动、移位。

6.0.2 对所覆盖的隐蔽工程要有可靠保护措施，不得因铺设找平层造成管道漏水、堵塞、破坏或降低等级。

6.0.3 找平层浇筑完毕后应及时养护，混凝土强度达到1.2MPa以上时，方准施工人员在其上行走。养护过程中应进行遮盖和拦挡，避免受侵害。

7 注意事项

7.1 应注意的质量问题

7.1.1 找平层铺设前，其下一层表面应清理干净，并洒水湿润透，以保证找平层与基层间的粘结。

7.1.2 砂浆、混凝土等材料应符合标准的要求，配合比应准确。

7.1.3 捣实砂浆、混凝土宜采用平板振捣器，其移动间距应能保证振捣器的平板覆盖已振实部分的边缘，每一振处应使混凝土表面呈现浮浆和不再沉落。

7.1.4 面积较大时应分层分段进行浇筑。

7.1.5 冬期施工环境温度不得低于5℃。如在负温下施工时，混凝土中应掺加防冻剂，防冻剂应经检验合格后方准使用，防冻剂掺量应由试验确定。找平层施工完后，应及时覆盖塑料布和保温材料。

7.1.6 当水泥砂浆找平层采用预拌砂浆施工时，施工环境温度宜为5～35℃。当温度低于5℃或高于35℃施工时，应采取保证工程质量的措施。五级风及以上、雨天或雪天的露天环境条件下，不应进行预拌砂浆施工。

7.2 应注意的安全问题

7.2.1 混凝土及砂浆搅拌机械必须符合《建筑机械使用安全技术规程》JGJ 33及《施工现场临时用电安全技术规范》JGJ 46的有关规定，施工中应定期对其进行检查、维修，保证机械使用安全。

7.2.2 施工机械用电必须采用三级配电两级保护，使用三相五线制，严禁乱拉乱接；临时照明及动力配电线路敷设绝缘良好，并符合有关规定。

7.2.3 拌料人员应佩戴口罩，防止粉尘污染。

7.2.4 振动器的操作人员应穿胶鞋和佩戴胶皮手套。

7.2.5 楼层孔洞、电梯井口、楼梯口、楼层边处，安全防护设施应齐全。

7.3 应注意的绿色施工问题

7.3.1 预拌砂浆及混凝土在运输过程中，应避免扬尘、洒漏、沾带，必要时应采取遮盖、封闭、洒水、冲洗等措施。材料应统一堆放，并应有防尘措施。搅拌现场、使用现场及运输途中遗漏的落地砂浆、混凝土应在初凝前及时回收处理。

7.3.2 因砂浆、混凝土搅拌而产生的污水应经过滤后排入指定地点。

7.3.3 混凝土搅拌机、砂浆搅拌机的运行噪声应符合国家和地方的有关规定。

8 质量记录

8.0.1 材质质量合格证明文件及检测报告。

8.0.2 混凝土、砂浆配合比试验报告。

8.0.3 混凝土、砂浆强度等级检测报告。

8.0.4 混凝土、砂浆试块强度等级统计评定表。

8.0.5 有防水要求的地面蓄水试验记录。

8.0.6 隐蔽工程检查验收记录。

8.0.7 地面找平层工程检验批质量验收记录表。

8.0.8 其他技术文件。

第9章 卷材类隔离层

本工艺标准适用于工业与民用建筑室内地面隔离层（卷材类）工程的施工。

1 引用标准

《建筑地面工程施工质量验收规范》GB 50209—2010
《屋面工程质量验收规范》GB 50207—2012
《建筑工程施工质量验收统一标准》GB 50300—2013
《建筑装饰装修工程施工质量验收标准》GB 50210—2018
《建筑地面设计规范》GB 50037—2013
《屋面工程技术规范》GB 50345—2012

2 术语

2.0.1 隔离层：防止建筑地面上各种液体或地下水、潮气渗透地面等作用的构造层；当仅防止地下潮气透过地面时，可称作防潮层。

3 施工准备

3.1 作业条件

3.1.1 楼地面找平层已按设计要求施工完毕，验收合格，并作好记录。

3.1.2 对所覆盖的隐蔽工程进行验收且合格，并进行了专业隐检会签。

3.1.3 管根、墙根已按防水要求做好圆滑收头，找平层强度、干燥程度已达到施工要求的标准，同时做到清洁、平整、无起砂、空鼓、开裂。

3.1.4 铺设前其材质经有资质的检测单位检验合格。

3.1.5 墙上标出+0.5m标高控制线。

3.1.6 照明、通风和消防等措施已按相关规定落实到位，可满足安全健康环保施工的要求。

3.2 材料及机具

3.2.1 防水卷材：应根据设计要求选用。

3.2.2 机具：电动搅拌器、铁桶、磅秤、刷子、手套、口罩、滚筒刷、笤帚、拖把、刮板、铲刀、灭火器、钢尺、多用刀。

4 施工工艺

4.1 工艺流程

基层清理→涂刷基层处理剂→细部处理→卷材铺贴→蓄水检验

4.2 基层清理

铺设前将基层表面的浮灰、浆皮、杂物等清理干净，凸出部位用錾子剔除平整，保证表面平整、洁净、干燥，其含水率不应大于 9%。

4.3 涂刷基层处理剂

4.3.1 喷、涂基层处理剂前首先将基层表面清扫干净，用毛刷对周边、拐角等部位先行涂刷处理。

4.3.2 基层处理剂应采用与卷材性能配套的材料或采用同类涂料的底子油。可采用喷涂、刷涂施工，喷刷应均匀，待干燥后，方可铺贴卷材。

4.4 细部处理

在墙面和地面相交的阴角处，出地管道根部和地漏周围，须增加附加层，附加层宜在基层处理剂做完后施工。附加层做法应符合设计要求。

4.5 卷材铺贴

4.5.1 管根、阴阳角部位的卷材应按设计要求先进行裁剪加工。铺贴顺序从低处向高处施工，坡度不大时，也可从里向外或从一侧向另一侧铺贴。

4.5.2 铺贴卷材采用搭接法，上下层卷材及相邻两幅卷材的搭接缝应错开。各种卷材的搭接宽度应符合《屋面工程质量验收规范》GB 50207 的规定。

4.5.3 卷材与基层的粘贴方法应为满粘法。

4.5.4 卷材的粘贴方法：根据卷材的种类不同，卷材的粘贴又分为冷粘法（用胶粘剂粘贴高聚物改性沥青卷材及合成高分子卷材）、热熔法（高聚物改性沥青卷材）、自粘法（自粘贴卷材）、焊接法（合成高分子卷材）等多种方法。施工时根据选用卷材的种类选用适当的粘贴方法，严格按照产品说明书的技术要求制定相应的粘贴施工工艺。

4.5.5 冷粘法铺贴卷材：采用与卷材配套的胶粘剂，胶粘剂应涂刷均匀，不露底，不堆积。根据胶粘剂的性能，应控制胶粘剂涂刷与卷材铺贴的间隔时间。卷材下面的空气应排尽，并滚压粘结牢固。铺贴卷材应平整顺直，搭接尺寸准确，不得扭曲、皱折。接缝口应用密封材料封严，宽度不应小于10mm。

4.5.6 热熔法铺贴卷材：火焰加热器加热卷材要均匀，不得过分加热或烧穿卷材，厚度小于3mm的高聚物改性沥青防水卷材严禁采用热熔法施工。卷材表面热熔后应立即滚铺卷材，卷材下面的空气应排尽，并滚压粘结牢固，不得空鼓。卷材接缝部位必须溢出热熔的改性沥青胶。铺贴的卷材应平整顺直，搭接尺寸准确，不得扭曲、皱折。

4.5.7 卷材热风焊接：焊接前卷材的铺设应平整顺直，搭接尺寸准确，不得扭曲、皱折。卷材的焊接面应清扫干净，无水滴、油污及附着物。焊接时应先焊长边搭接缝，后焊短边搭接缝。控制热风加热温度和时间，焊接处不得有漏焊、跳焊、焊焦或焊接不牢现象。焊接时不得损伤非焊接部位的卷材。

4.6 蓄水检验

防水隔离层铺设完毕后，必须做蓄水检验。蓄水深度应为20～30mm，最浅处不得小于10mm，蓄水时间不少于24h，无渗漏现象为合格，并应做好验收记录后，方可进行下道工序的施工。

5 质量标准

5.1 主控项目

5.1.1 隔离层材料应符合设计要求和国家现行有关标准的规定。

5.1.2 卷材类隔离层材料进入施工现场，应对材料的主要物理性能指标进行复验。

5.1.3 厕浴间和有防水要求的建筑地面必须设置防水隔离层。楼层结构必须采用现浇混凝土或整块预制混凝土板，混凝土强度等级不应小于C20；房间的楼板四周除门洞外应做混凝土翻边，高度不应小于200mm，宽同墙厚，混凝土强度等级不应小于C20。施工时结构层标高和预留孔洞位置应准确，严禁乱凿洞。

5.1.4 防水隔离层严禁渗漏，排水的坡向应正确、排水通畅。

5.2 一般项目

5.2.1 隔离层厚度应符合设计要求。

5.2.2 隔离层与其下一层粘接牢固，不应有空鼓；防水涂层应平整、均匀，无脱皮、起壳、裂缝、鼓泡等缺陷。

5.2.3 隔离层的表面的允许偏差为：表面平整度3mm；标高±4mm；坡度不大于房间相应尺寸的2/1000，且不大于30mm；厚度在个别地方不大于设计厚度的1/10，且不大于20mm。

6 成品保护

6.0.1 上一遍涂层未干透之前，不得上人做下一层。

6.0.2 铺设隔离层时，施工人员不得穿钉鞋，防止损伤防水卷材。

6.0.3 完工后在养护过程中应进行保护，并禁止施工人员在其上行走，造成隔离表面的损坏。

7 注意事项

7.1 应注意的质量问题

7.1.1 作业环境：应连续进行，尽快完成。施工环境温度应满足：热溶法和焊接法不宜低于−10℃；冷粘法和热粘法不宜低于5℃；自粘法不宜低于10℃。

7.1.2 卷材空鼓、有气泡：主要是基层清理不干净，底胶涂刷不匀或者由于找平层含水率高于规定要求。铺贴之前基层必须清理干净，并做压粘试验。

7.1.3 闭水试验出现渗漏：应特别注意漏水点附近的地漏、管根、阴阳角等部位，应详细查找渗漏部位；如无法确定，应按不合格处理，修补漏点之后应再做24h的闭水试验。

7.1.4 冬季应有保温防冻措施，防止受冻。

7.1.5 施工场所应进行围护，防止灰尘及上人行走。

7.2 应注意的安全问题

7.2.1 防水材料大多属易燃品，在储藏、运输、使用时应严格执行消防要求。

7.2.2 对有毒性的材料必须采取防护措施。

7.2.3 清理楼地面时，不得从窗口向外扔杂物。

7.2.4 楼层孔洞、电梯井口、楼梯口、楼层边处，安全防护设施应齐全。

7.2.5 施工现场应有完善、安全、可靠的消防、通风、照明措施。临时照明及动力配电线路敷设，应绝缘良好，并符合规定。

7.3 应注意的绿色施工问题

7.3.1 施工现场剩余的防水卷材等应严格按环保要求及时处理，以防其污染环境。

7.3.2 合理安排清扫作业时间，适量洒水降尘，避免扬尘。

7.3.3 建筑垃圾排放按现场总平面布置要求设集中临时堆放点，定期排向业主或环保部门指定的排放地点。按地方环保要求排放前，必须先行处理的应按要求进行处理。

8 质量记录

8.0.1 防水卷材出厂合格证明证及性能检测报告。

8.0.2 防水卷材进场复试报告。

8.0.3 基层及防水层隐检记录及闭水试验检查记录。

8.0.4 地面隔离层工程检验批质量验收记录表。

8.0.5 地面隔离层分项工程质量验收记录。

8.0.6 其他技术文件。

第10章　涂料类隔离层

本工艺标准适用于工业与民用建筑室内地面隔离层（涂料类）工程的施工。

1　引用标准

《建筑地面工程施工质量验收规范》GB 50209—2010
《屋面工程质量验收规范》GB 50207—2012
《屋面工程技术规范》GB 50345—2012
《建筑工程施工质量验收统一标准》GB 50300—2013
《建筑装饰装修工程施工质量验收标准》GB 50210—2018
《建筑地面设计规范》GB 50037—2013

2　术语（略）

3　施工准备

3.1　作业条件

3.1.1　楼地面找平层已按设计要求施工完毕，验收合格，并作好记录。

3.1.2　对所覆盖的隐蔽工程进行验收且合格，并进行了专业隐检会签。

3.1.3　管根、墙根已按防水要求做好圆滑收头，找平层强度、干燥程度已达到施工要求的标准，同时做到清洁、平整、无起砂、空鼓、开裂。

3.1.4　铺设前其材质经有资质的检测单位检验合格。

3.1.5　隔离层墙上高度控制线已标出。

3.1.6　作业时的环境如天气、温度、湿度等状况应满足施工质量可达到标准的要求。

3.1.7　照明、通风和消防等措施已按相关规定落实到位，可满足安全健康环保施工的要求。

3.1.8　防水施工人员、机运工、电工能持证上岗，其他作业人员经安全、质量、技能培训，满足作业要求。

3.2　材料及机具

3.2.1　防水涂料：进场的防水涂料应进行抽样复验，不合格产品不得使用。质量按国家现行标准《屋面工程质量验收规范》GB 50207 中材料要求的规定执行。

3.2.2　机具：电动搅拌器、铁桶、磅秤、刷子、手套、口罩、滚筒刷、笤帚、拖把、刮板、铲刀、灭火器、钢尺、多用刀。

4　施工工艺

4.1　工艺流程

基层清理→涂刷底胶→涂膜料配制→涂刷附加涂膜层→涂层施工→蓄水检验

4.2　基层清理

涂刷前，先将基层表面的杂物、砂浆硬块等清扫干净，并用干净的湿布擦一遍，经检查基层无不平、空裂、起砂等缺陷，方可进行下道工序。在水泥类找平层上铺设防水涂料时，其表面应坚固、洁净、干燥。

4.3　涂刷底胶

将配好的底胶料，用长把滚刷均匀涂刷在基层表面。涂刷后至手感不粘时，即可进行下道工序。

4.4　涂膜料配制

根据要求的配合比将材料配合、搅拌至充分拌合均匀即可使用。拌好的混合料应在限定时间内用完。

4.5　附加涂膜层

对穿过墙、楼板的管根部、地漏、排水口、阴阳角、变形缝等薄弱部位，应在涂膜层大面积施工前，先做好上述部位的增强涂层（附加层）。做法为在附加层中铺设要求的纤维布，涂刷时用刮板刮涂料驱除气泡，将纤维布紧密粘贴在基层上，阴阳角部位一般为条形，管根部位为扇形。

4.6　涂层施工

4.6.1　涂刷第一道涂膜：在底胶及附加层部位的涂膜固化干燥后，先检查附加层部位有无残留气泡或气孔，如没有即可涂刷第一层涂膜；如有则应用橡胶刮板将涂料用力压入气孔，局部再刷涂膜，然后进行第一层涂刷。涂刷时，用刮板均匀涂刮，力求厚度一致，达到规定厚度。

4.6.2　铺贴胎体增强材料（如设计要求时）涂刮第二道涂膜：第一道涂膜固化后，即可在其上均匀涂刮第二道涂膜，涂刮方向应与第一道相垂直。

4.6.3　有管道穿过楼板面四周，防水材料应向上铺涂，并超过套管的上口；在靠近墙面处，应高出面层 200～300mm 或按设计要求的高度铺涂。

4.7　蓄水检验

防水隔离层铺设完毕后，必须做蓄水检验。蓄水深度应为 20～30mm，最浅处不得小于 10mm，蓄水时间不少于 24h，无渗漏现象为合格，并应做好验收记录后，方可进行下道工序的施工。

5 质量标准

5.1 主控项目

5.1.1 隔离层材料应符合设计要求和国家现行有关标准的规定。

5.1.2 涂料类隔离层材料进入施工现场，应对材料的主要物理性能指标进行复验。

5.1.3 厕浴间和有防水要求的建筑地面必须设置防水隔离层。楼层结构必须采用现浇混凝土或整块预制混凝土板，混凝土强度等级不应小于C20；房间的楼板四周除门洞外应做混凝土翻边，高度不应小于200mm，宽同墙厚，混凝土强度等级不应小于C20。施工时结构层标高和预留孔洞位置应准确，严禁乱凿洞。

5.1.4 防水隔离层严禁渗漏，排水的坡向应正确、排水通畅。

5.2 一般项目

5.2.1 隔离层厚度应符合设计要求。

5.2.2 隔离层与其下一层粘接牢固，不应有空鼓；防水涂层应平整、均匀，无脱皮、起壳、裂缝、鼓泡等缺陷。

5.2.3 隔离层的表面的允许偏差为：表面平整度3mm；标高±4mm；坡度不大于房间相应尺寸的2/1000，且不大于30mm；厚度在个别地方不大于设计厚度的1/10，且不大于20mm。

6 成品保护

6.0.1 上一遍涂层未干透之前，不得上人做下一层。

6.0.2 铺设隔离层时，施工人员不得穿钉鞋，防止损伤防水卷材。

6.0.3 严禁在聚氨酯隔离层的施工中和施工完但未做保护之前，在该房间内以任何形式动火。

6.0.4 完工后在养护过程中应进行保护，并禁止施工人员在其上行走，造成隔离表面的损坏。

7 注意事项

7.1 应注意的质量问题

7.1.1 作业环境：应连续进行，尽快完成。施工环境温度应满足：水乳型及反应型涂料宜为5～35℃；溶剂型涂料宜为－5～35℃；热溶型涂料不宜低于－10℃；聚合物水泥涂料宜为5～35℃。

7.1.2 涂层空鼓、有气泡：主要是基层清理不干净，底胶涂刷不匀或者由于找平层含水率高于规定要求。涂刷之前基层必须清理干净，并做压粘试验。

7.1.3 闭水试验出现渗漏：应特别注意漏水点附近的地漏、管根、阴阳角等部位，应详细查找渗漏部位；如无法确定，应按不合格处理，修补漏点之后应再做24h的闭水试验。

7.1.4 冬季应有保温防冻措施，防止受冻。

7.1.5 施工场所应进行围护，防止灰尘及上人行走。

7.2 应注意的安全问题

7.2.1 防水材料大多属易燃品，在储藏、运输、使用时应严格执行消防要求。

7.2.2 对有毒性的材料必须采取防护措施。

7.2.3 清理楼地面时，不得从窗口向外扔杂物。

7.2.4 楼层孔洞、电梯井口、楼梯口、楼层边处，安全防护设施应齐全。

7.2.5 施工现场应有完善、安全、可靠的消防、通风、照明措施。临时照明及动力配电线路敷设，应绝缘良好，并符合规定。

7.3 应注意的绿色施工问题

7.3.1 防水涂料、处理剂不用时，应及时封盖，不得长期暴露。

7.3.2 施工现场剩余的防水涂料、处理剂等应严格按环保要求及时处理，以防其污染环境。

7.3.3 合理安排清扫作业时间，适量洒水降尘，避免扬尘。

7.3.4 建筑垃圾排放按现场总平面布置要求设集中临时堆放点，定期排向业主或环保部门指定的排放地点。按地方环保要求排放前，必须先行处理的应按要求进行处理。

8 质量记录

8.0.1 防水涂料出厂合格证明证及性能检测报告。

8.0.2 防水涂料进场复试报告。

8.0.3 基层及防水层隐检记录及闭水试验检查记录。

8.0.4 地面隔离层工程检验批质量验收记录表。

8.0.5 地面隔离层分项工程质量验收记录。

8.0.6 其他技术文件。

第11章 混凝土地面

本工艺标准适用于工业与民用建筑混凝土（细石混凝土）地面工程的施工。

1 引用标准

《建筑地面工程施工质量验收规范》GB 50209—2010

《建筑工程施工质量验收统一标准》GB 50300—2013
《建筑装饰装修工程施工质量验收标准》GB 50210—2018
《建筑地面设计规范》GB 50037—2013

2 术语（略）

3 施工准备

3.1 作业条件

3.1.1 地面下基土、垫层、填充层、隔离层等均施工完毕，经过隐蔽工程检查验收合格；铺设有防水隔离层的，须蓄水试验合格。

3.1.2 室内墙（柱）面上+0.5m 标高线已弹好，门框已安装完。

3.1.3 预埋在垫层内的各种管线已安装完，并用细石混凝土等固定牢固。

3.1.4 水泥类基层的抗压强度不得小于 1.2MPa。

3.1.5 施工时环境温度不应低于 5℃。

3.2 材料及机具

3.2.1 水泥：水泥采用硅酸盐水泥、普通硅酸盐水泥或矿渣硅酸盐水泥，其强度等级不宜低于 42.5 级，有出厂合格证和复试报告。

3.2.2 砂：砂采用粗砂或中砂，含泥量不应大于 3%。

3.2.3 石子：采用碎石或卵石，其最大粒径不应大于面层厚度的 2/3，细石混凝土面层采用的石子粒径不应大于 16mm。含泥量不应大于 2%。

3.2.4 水：采用符合饮用标准的水。

3.2.5 机具：混凝土搅拌机、平板振捣器、插入式振捣器、混凝土振动梁、铁滚子（或电碾）、混凝土切缝机、手推车、装载机、翻斗车、磅秤、水桶、扫帚、2m 靠尺、粉线、平锹、刮杠、木抹子、铁抹子、铁錾子、手锤、钢丝刷、水壶、浆壶、胶皮管、3mm 筛孔筛、水准仪等。

4 操作工艺

4.1 工艺流程

基层清理→弹面层标高控制线→设标志墩、冲筋→混凝土铺设→抹面压光→混凝土养护→混凝土切缝

4.2 基层处理

清除基层上灰尘和浮散杂物，用铁錾子剔凿、钢丝刷清刷粘在基层上的浆皮、混凝土，用碱水洗掉油污，用清水将基层清洗干净，洒水保持湿润，并不得有积水。

4.3 弹面层标高控制线

根据墙上+0.5m标高线和设计厚度，在四周墙、柱上弹出面层的上平标高控制线。

4.4 设标志墩、冲筋

4.4.1 按面层标高控制线拉线抹标志墩，标志墩为70mm×70mm见方，采用与面层同配比混凝土，纵横向间距均不大于1.5m。有坡度要求的房间应按设计坡度要求拉线，抹出坡度墩。

4.4.2 面积较大的房间为保证房间地面平整度，还要做冲筋，以做好的标志墩为标准抹条形冲筋，高度与标志墩同高，形成控制标高的“田”字格，作为混凝土面层厚度控制的标准。

4.4.3 对于面积较大的地面，则应用经纬仪和粉线等弹出纵向缩缝和室外地面伸缝等位置线。当面层下有混凝土垫层时，面层留缝应与垫层留缝在同一位置。

4.4.4 混凝土标志墩、冲筋应予养护，在其强度达1.2MPa后，方可铺设混凝土面层。变形缝处应按设计要求预埋铁件、木砖或支设模型。

4.5 混凝土铺设

4.5.1 混凝土铺设前，应清除基层表面积水及杂物，基层表面刷一道水灰比为0.4～0.5的水泥浆，随刷随铺设混凝土。

4.5.2 混凝土坍落度不宜大于30mm，当采用预拌泵送混凝土，坍落度不宜大于140mm。其配合比应由试验确定。

4.5.3 面积较小的混凝土面层，宜从里端开始，向外退着铺设。面积较大的混凝土面层，应结合纵向缩缝、伸缝模型的设置，沿纵向跳仓铺设，待纵向缩缝、伸缝模型拆除后，再沿纵向铺设剩余仓位混凝土。

4.5.4 混凝土铺设后，先用平锹将混凝土依略高于面层顶面整平，然后用平板振捣器或插入式振捣器往返振捣，或用铁滚子（电碾）往返滚压，或用振动梁沿纵向振动，同时配合标高检查，高处铲平，低处填平，用长刮杠沿浇筑方向退着刮平，木抹子搓平。混凝土刮平后，将混凝土标志墩铲平。

4.5.5 假缝采用预制木条或塑料条留置时，应在混凝土浇筑整平后埋设，其顶面应与混凝土顶面相平。预制木条宜预先用水浸泡至吸水饱和。

4.5.6 当混凝土表面出现泌水现象时，应用与混凝土相同配比的水泥砂（砂要过3mm筛孔筛）干拌后，均匀撒在混凝土表面上，用木抹子搓压抹平。

4.5.7 混凝土面层应连续铺设，不宜留施工缝，即小房间按整间、大面积地面按分仓带一次浇筑完成。必须留置施工缝时，宜留在假缝处，继续施工前，混凝土强度应达到1.2MPa以上，施工缝接槎处应刷水灰比为0.4～0.5的水泥浆。

4.6 抹面压光

4.6.1 第一遍抹压：木抹子抹压后，用铁抹子轻轻抹压一遍使表面出浆。

当采用振动压缝刀压缝留置假缝时。第一遍抹压后，即用压缝刀压至规定深度，提出压缝刀，用原浆修平缝槽。然后放入木制（预先浸泡至吸水饱和）或塑料嵌条，再次修平缝槽。

4.6.2 第二遍抹压：在混凝土初凝后，即操作人员走上去有脚印但不下陷时，用铁抹子进行第二遍抹压。

第二遍抹压时，应把凹坑、砂眼和脚印压平，不得漏压，随即将嵌入假缝内的木条或塑料条取出或拆出吊模，并修整好缝槽。

4.6.3 第三遍抹压：在混凝土终凝前，即操作人员上去稍有脚印而铁抹子抹压无抹痕时，用铁抹子进行第三遍抹压。

第三遍应用力抹压，把所有压纹（痕）压平、压光，使表面密实光洁。

4.7 混凝土养护

4.7.1 混凝土表面抹压完24h后，可满铺薄膜封闭养护，使表面保持湿润。养护时间一般不少于7d。

4.7.2 假缝采用的预制木（塑料）条，应在混凝土终凝前拆除或取出，当假缝采用混凝土切缝机切缝时，碎石（或卵石）混凝土强度应达到6～12MPa（或9～12MPa）。

4.8 混凝土切缝

4.8.1 切缝前，先弹出假缝位置线，根据缝宽选择刀片，安置切缝机，使刀片对准假缝线，调整进刀深度，沿假缝线切割。切割完毕，关闭旋钮开关，将刀片提升至混凝土表面以上。

4.8.2 切缝时，刀片用压力不低于0.2MPa的水冷却。切缝后，尽快将缝用与混凝土同配比干硬性水泥砂浆填密实，表面抹压平整，进行养护。

5 质量标准

5.1 主控项目

5.1.1 水泥混凝土采用的粗骨料应符合第3.2.3条的规定。

5.1.2 防水水泥混凝土中掺入的外加剂的技术性能应符合国家现行有关标准的规定，外加剂的品种和掺量应经试验确定。

5.1.3 面层的强度等级应符合设计要求，且强度等级不应小于C20。

5.1.4 面层与下一层应结合牢固，且应无空鼓和开裂。当出现空鼓时，空鼓面积不应大于400cm^2，且每自然间或标准间不应多于2处。

5.2 一般项目

5.2.1 面层表面应洁净，不应有裂纹、脱皮、麻面、起砂等缺陷。

5.2.2 面层表面的坡度应符合设计要求，不应有倒泛水和积水现象。

5.2.3 踢脚线与柱、墙面应紧密结合，踢脚线高度和出柱、墙厚度应符合设计要求且均匀一致。当出现空鼓时，局部空鼓长度不应大于300mm，且每自然间或标准间不应多于2处。

5.2.4 楼梯、台阶踏步的宽度、高度应符合设计要求。楼层梯段相邻踏步高度差不应大于10mm，每踏步两端宽度差不应大于10mm，旋转楼梯梯段的每踏步两端宽度的允许偏差不应大于5mm。踏步面层应做防滑处理，齿角应整齐，防滑条应顺直、牢固。

5.2.5 水泥混凝土面层允许偏差：表面平整度5mm；踢脚线上口平直4mm；缝格平直3mm。

6 成品保护

6.0.1 在运输过程中，混凝土的小车不得撞坏门框、已完墙面和埋设的各种管线。

6.0.2 地漏、管口等部位应采取措施临时封堵，避免灌入杂物堵塞。

6.0.3 混凝土表面抹压过程中，禁止非操作人员进入。

6.0.4 养护期间应进行封闭，若提前进入操作时，必须采取其他保护措施。

6.0.5 不得在混凝土面层上拌合混合物。在混凝土强度未达到5MPa时，不得在混凝土面层上直接堆置物品。操作架竖杆、操作梯凳脚底和其他硬器，与地面接触处应支垫垫板或用橡胶、塑料制品包裹。防止划伤地面。

7 注意事项

7.1 应注意的质量问题

7.1.1 基层应认真清理油污、灰尘、杂物、明水或其他隔离层；基层应认真洒水湿润，刷水泥浆；基层应按规定留置缩缝、伸缝或变形缝。

7.1.2 当混凝土出现泌水时，应加干水泥砂处理，同时应认真抹压。抹压时间应合适，保证抹压遍数，开始浇水养护时间应合适。

7.2 应注意的安全问题

7.2.1 楼地面清理时，不得从窗口向外扔杂物。

7.2.2 楼层孔洞、电梯井口、楼梯口、楼层边处安全设施应齐全有效。

7.2.3 临时照明及动力配电线路敷设，应绝缘良好并符合有关规定。

7.3 应注意的绿色施工问题

7.3.1 水泥入库，砂堆遮盖、封挡；洒水抑尘。

7.3.2 选择合适的施工期间，避免噪声集中共振，必要时采用隔断封闭措施。

7.3.3 建筑垃圾应按总图要求在现场偏僻隐蔽处临时集中堆放，按环保要求分类集中处理，运至业主或相关部门指定地点丢弃。

7.3.4 施工车辆、燃油机械等燃料中按环保要求添加净化剂。

8 质量记录

8.0.1 水泥、砂、石等材料出厂合格证、质量检验报告及复试报告。

8.0.2 混凝土配合比通知单。

8.0.3 混凝土试件强度试验报告。

8.0.4 混凝土试件强度统计评定表。

8.0.5 隐蔽工程检查验收记录。

8.0.6 地面水泥混凝土面层工程检验批质量验收记录。

8.0.7 地面水泥混凝土面层工程分项工程质量验收记录。

8.0.8 其他技术文件。

第12章　水泥砂浆地面

本工艺标准适用工业与民用建筑水泥砂浆地面工程的施工。

1　引用标准

《建筑地面工程施工质量验收规范》GB 50209—2010
《建筑工程施工质量验收统一标准》GB 50300—2013
《建筑装饰装修工程施工质量验收标准》GB 50210—2018
《预拌砂浆应用技术规程》JGJ/T 223—2010

2　术语（略）

3　施工准备

3.1　作业条件

3.1.1 地面下基土、垫层、填充层、隔离层等均施工完毕，经隐蔽工程检查验收合格；铺设有防水隔离层，经蓄水试验合格。

3.1.2 水泥类基层的抗压强度达到1.2MPa以上；表面应粗糙、洁净、湿润并无积水。

3.1.3 墙、顶抹灰已完成，四周墙上弹好＋0.5m标高线，门框已安装完。

3.1.4 预埋在垫层内的各种管线已做完，并用细石混凝土灌实堵严。

3.1.5 当水泥砂浆面层内埋设管线时，应由设计单位提出防止面层开裂的处理措施。

3.1.6 操作环境温度应保持在5℃以上。

3.2　材料及机具

3.2.1 预拌砂浆：应符合《预拌砂浆应用技术规程》JGJ/T 223的相关要求，品种选用应根据设计、施工等的要求确定。进场时，供方应规定批次提供质量证明文件，包括产品型式检验报告和出厂检验报告等。

3.2.2 水：宜采用饮用水或不含有害物质的洁净水。

3.2.3 机具：砂浆搅拌机、灰浆车、磅秤、5mm筛孔筛、粉线包、钢丝刷、平铁锹、铁錾子、剁斧、手锤、小水桶、喷壶、长毛刷、扫帚、刮杠、刮尺、木抹子、铁抹子、小压子、劈缝溜子、水平尺、2m 靠尺、塞尺等。

4　操作工艺

4.1　工艺流程

基层处理→弹面层标高控制线→贴饼冲筋、支模→砂浆运输、拌制→铺设砂浆→抹面压光→养护→踢脚线施工

4.2　基层处理

将基层表面的浮灰、浆皮、杂物等清理干净，凸出部位用錾子剔除平整，如有油污应用火碱水溶液清洗干净，在施工前一天洒水湿润基层。

4.3　弹面层标高控制线

根据墙上+0.5m 标高线和设计厚度，在四周墙、柱上弹出面层的上平标高控制线，同时弹出分格缝位置线，分格缝应与垫层缩缝相对齐。

4.4　贴饼冲筋、支模

4.4.1　按面层标高控制线拉线，用 1∶2 干硬性砂浆贴灰饼冲筋，间距1.5～2.0m。有地漏和坡度要求的地面，应按设计要求坡度做泛水，冲筋上平面即为地面面层标高。

4.4.2　室内与走道邻接的门扇下设分格缝，当开间较大时，在结构易变形处亦应设分格缝，分格缝根据设计要求设置平缝或 V 形缝，平缝支模时，模板顶面应与水泥砂浆面层顶面相平。

4.5　预拌砂浆运输、拌制

4.5.1　砂浆采用湿拌砂浆时，在运输中应保持其匀质性，做到不分层、不离析、不漏浆。运到浇灌地点时，湿拌砂浆应满足施工要求的稠度。

4.5.2　预拌砂浆进场时，根据设计要求或试验确定的配合比，地面砂浆的强度等级不应小于 M15，砂浆的稠度不应大于 35mm。湿拌砂浆应外观均匀，无离析、泌水现象；散装干混砂浆应外观均匀，无结块、受潮现象；袋装干混砂浆应包装完整，无受潮现象。

4.5.3　干混砂浆应严格控制用水量，搅拌要均匀，搅拌时间不得少于 120s。水泥砂浆一次拌制不得过多，应随用随拌。砂浆放置时间不得过长，应在初凝前用完。

4.6　铺设砂浆

4.6.1　水泥砂浆铺设前，应清除基层上积水及杂物，基层表面涂刷一道水灰比为 0.4～0.5 的水泥浆，随刷随铺设砂浆。

4.6.2　在冲筋或模板之间将砂浆铺均匀，用木抹子拍实，然后用木刮杠按冲筋或模板顶面刮平，并将已用过的灰饼或冲筋铲除，用砂浆填平。

4.6.3 木刮杠刮平后，用木抹子搓揉压实，将砂眼、脚印等清除后，用靠尺检查平整度。抹压时应用力均匀，并退着操作。

4.7 抹面压光

4.7.1 第一遍压光

砂浆收水后，随即用铁抹子进行第一遍抹平压实，直至出浆。如局部砂浆过干，可用笤帚稍洒水；如局部砂浆过稀，可均匀撒一层体积比为1：2干水泥砂（砂要过3mm筛孔筛）吸水，顺手用木抹子用力搓平，使互相混合，待砂浆收水后，再用铁抹子抹压至出浆。如要求设置V形缝时，铁抹子抹压后，在面层上弹分格缝，即用劈缝溜子开缝，再用溜子将分缝内压至平、直、光。

4.7.2 第二遍压光

砂浆初凝后，即人踩上去有脚印，但不下陷时，进行第二遍压光，用铁抹子边抹边压，把小坑、砂眼填实压平，使表面平整。要求不漏压，平面出光。留V形缝的，应用劈缝溜子溜压，做到缝边光直、缝内光滑顺直。

4.7.3 第三遍压光

砂浆终凝前，即人踩上去稍有脚印，用抹子压光无抹痕时，用小压子辅以铁抹子把前遍留下的抹纹全部压平、压实、压光。留V形缝的，同时用劈缝溜子将V形缝溜压一遍。

4.8 养护

砂浆表面压完（夏季24h、春秋季48h）后，满铺薄膜封闭养护，养护时间不少于7d。

4.9 踢脚线施工

4.9.1 踢脚线施工一般在地面面层前施工。有墙面抹灰层时，踢脚线应按底层和面层砂浆分两次抹成；无墙面抹灰层时，踢脚线只抹面层砂浆。

4.9.2 抹底层砂浆前应先清理基层，洒水湿润后，按+0.5m标高线量测踢脚线上口标高，拉通线确定底灰厚度，底灰厚度同墙面底灰，贴灰饼，抹1：3水泥砂浆，刮尺刮平，搓毛，浇水养护。

4.9.3 抹面层水泥砂浆，在底层砂浆硬化后进行，接槎与底层灰错开，面层厚约7～9mm，先在上口拉线粘贴靠尺，使其上口平直，再抹1：2水泥砂浆，用灰板托灰，木抹子往上抹灰，再用刮板紧贴靠尺垂直地面刮平，用铁抹子压光，阴、阳角、踢脚线上口用角抹子溜直压光。

5 质量标准

5.1 主控项目

5.1.1 不同品种、不同强度等级的水泥不应混用。

5.1.2 防水水泥砂浆中掺入的外加剂的技术性能应符合现行国家有关标准的规定，外加剂的品种和掺量应经试验确定。

5.1.3 水泥砂浆的体积比（强度等级）应符合设计要求，且体积比应为1：2，强度等级不应小于M15。

5.1.4 有排水要求的水泥砂浆地面，坡向应正确、排水通畅；防水水泥砂浆面层不应渗漏。

5.1.5 面层与下一层应结合牢固，且应无空鼓和开裂。当出现空鼓时，空鼓面积不应大于400cm^2，且每自然间或标准间不应多于2处。

5.2 一般项目

5.2.1 面层表面的坡度应符合设计要求，不应有倒泛水和积水现象。

5.2.2 面层表面应洁净，不应有裂纹、脱皮、麻面、起砂等现象。

5.2.3 踢脚线与柱、墙面应紧密结合，踢脚线高度及出柱、墙厚度应符合设计要求且均匀一致，出墙厚度均匀。当出现空鼓时，局部空鼓长度不应大于300mm，且每自然间或标准间不应多于2处。

5.2.4 楼梯、台阶踏步的宽度、高度应符合设计要求。楼层梯段相邻踏步高度差不应大于10mm，每踏步两端宽度差不应大于10mm，旋转楼梯梯段的每踏步两端宽度的允许偏差不应大于5mm。踏步面层应做防滑处理，齿角应整齐，防滑条应顺直、牢固。

5.2.5 水泥砂浆面层的允许偏差：表面平整度4mm；踢脚线上口平直4mm；缝格平直3mm。

6 成品保护

6.0.1 施工操作时，防止碰撞损坏门框、管线、设备、预埋铁件、墙角及已完的墙面抹灰等。

6.0.2 事先埋好预埋件，已完地面不允许剔凿孔洞。

6.0.3 地漏、出水口等部位临时堵盖，防止砂浆或其他杂物堵塞。

6.0.4 地面养护期间，不准车辆行走或堆压重物。

6.0.5 不得在已做好的面层上拌合砂浆、调配涂料等。

6.0.6 油漆粉刷和电气暖卫工程施工时，严禁污染面层，梯凳脚用橡胶或柔性材料包裹，避免划伤面层。

7 注意事项

7.1 应注意的质量问题

7.1.1 基层应彻底、认真清理；基层表面应充分湿润并无积水，并做到随刷水泥浆随做面层砂浆。

7.1.2 基层采用混凝土预制板时，板缝宽度应合适，板缝应清理干净、浇水湿润，板缝内应用C20细石混凝土嵌填密实。

7.1.3 抹面压光时，应随时掌握砂浆的稠度，砂浆过稀时，应均匀撒一层1∶2水泥砂；抹压遍数应充足，压光时间应适宜，养护时间不得少于7d。

7.1.4 在地漏和坡度要求的地面，应认真按设计要求的坡度抄平、贴灰饼、冲筋，控制地面面层标高。

7.1.5 抹刮踢脚板时，应垂直于地面。

7.1.6 当水泥砂浆找平层采用预拌砂浆施工时，施工环境温度宜为5～35℃。当温度低于5℃或高于35℃施工时，应采取保证工程质量的措施。五级风及以上、雨天或雪天的露天环境条件下，不应进行预拌砂浆施工。

7.2 应注意的安全问题

7.2.1 清理基层时，不得从窗口、洞口向外乱扔杂物，以免伤人。

7.2.2 楼层孔洞、电梯井口、楼梯口、楼层边处，安全设施应齐全有效。

7.2.3 临时照明及动力配电线路敷设，应绝缘良好并符合有关规定。

7.3 应注意的绿色施工问题

7.3.1 水泥、砂、石屑运输时苫盖，防止遗撒扬尘。

7.3.2 施工车辆尾气排放要符合有关要求，驶出施工现场前冲洗轮胎上的泥土，避免污染大气和道路。

7.3.3 水泥砂浆的搅拌、运输、施工噪声和扬尘均控制在允许范围内。

7.3.4 施工过程中产生的施工垃圾应及时清理，集中堆放，统一处理。

8 质量记录

8.0.1 水泥、砂子等材料出厂合格证、质量检验报告及复试报告。

8.0.2 砂浆配合比通知单。

8.0.3 砂浆试件抗压强度试验报告。

8.0.4 砂浆试件强度统计评定表。

8.0.5 隐蔽工程检查验收记录。

8.0.6 地面水泥砂浆面层工程检验批质量验收记录。

8.0.7 地面水泥砂浆面层分项工程质量验收记录。

8.0.8 其他技术文件。

第13章 水磨石面层

本工艺标准适用于工业与民用建筑地面水磨石面层工程的施工。

1 引用标准

《建筑地面工程施工质量验收规范》GB 50209—2010

《建筑工程施工质量验收统一标准》GB 50300—2013
《建筑装饰装修工程施工质量验收标准》GB 50210—2018
《建筑地面设计规范》GB 50037—2013

2 术语（略）

3 施工准备

3.1 作业条件

3.1.1 应编制水磨石地面施工方案，并进行详细的技术交底，交至施工操作人员。

3.1.2 所覆盖的隐蔽工程验收合格。

3.1.3 水磨石面层下的各层已按设计要求施工并验收合格。

3.1.4 地面管道安装完毕并已装套管；各种立管孔洞等缝隙已封堵密实、稳固；门框及地面预埋安装完毕，验收合格。

3.1.5 已通过配合比试验或根据设计要求确定水磨石拌合料的配合比。

3.1.6 施工前，应做好水平标志，以控制水磨石面层的高度和厚度，可采用立桩、竖尺、拉线、弹线等方法。

3.1.7 司机、机运工、电工等施工人员应经过理论和实际施工操作的培训，并持上岗证。泥瓦工具备中级工以上操作技能。

3.1.8 作业时的环境如天气、温度、湿度等状况应满足施工质量可达到标准的要求。冬期施工时，环境温度不应低于5℃。

3.2 材料及机具

3.2.1 水磨石面层应采用水泥与石粒拌合料铺设，有防静电要求时，拌合料内应按设计要求掺入导电材料。

3.2.2 水泥：白色或浅色的水磨石面层应采用白水泥；深色的水磨石面层宜采用硅酸盐水泥、普通硅酸盐水泥或矿渣硅酸盐水泥，其强度等级不应小于42.5MPa；不同品种、不同强度等级的水泥严禁混用，同颜色的面层应使用同一批水泥。

3.2.3 石粒：应采用白云石、大理石等岩石加工而成，石粒应洁净无杂物，其粒径除特殊要求外应为6～16mm，石粒应按不同品种、规格、色彩分批分类堆放。

3.2.4 颜料：应采用耐光、耐碱的矿物原料，不得使用酸性颜料。同一彩色面层应使用同厂、同批的颜料；其掺入量宜为水泥重量的3%～6%或由试验确定。

3.2.5 分格条：玻璃条（3mm厚平板玻璃裁制）、铜条（1～2mm厚铜板裁制）或成品铜条，宽度一般为10mm或根据面层厚度确定，长度根据面层分格尺寸确定，宜为1000～1200mm。铜条需经调直后使用，下部1/3处每米钻ϕ2mm孔，穿铁丝备用。

3.2.6 草酸：为白色结晶，块状、粉状均可，使用前用水稀释。

3.2.7 水泥砂浆：水磨石面层的结合层采用水泥砂浆时，强度等级应符合设计要求且不应小于M10，稠度宜为30～35mm。

3.2.8 白蜡、22号铁丝、煤油、松香水等。

3.2.9 机具：平面磨石机、立面磨石机、电动角磨机、砂浆搅拌机、机动翻斗车、手推车、计量器、木拍板、木搓板、油石（粗、中、细）、滚筒（直径150mm，长800～1000mm）、铁抹子、毛刷子、铁簸箕、大小水桶、扫帚、钢丝刷、铁锹、钢尺、胶皮管、粉线、刮杠、刮尺、靠尺、水平尺、水准仪等。

4 操作工艺

4.1 工艺流程

基层处理 → 找标高、弹线 → 弹分格线、镶嵌分格条 → 配制水磨石拌合 → 铺设水磨石拌合料 → 滚压、抹平 → 研磨 → 擦洗草酸出光 → 打蜡上光 → 踢脚板成活

4.2 基层处理

4.2.1 检查垫层平整度和标高，如超出要求或有空鼓、松散等应进行处理，对浮浆、落地灰、垃圾杂物及油污等应清理干净。

4.2.2 抹底灰前一天将基层浇水湿透，低凹处不得有积水。

4.3 找标高，弹线

根据标准线和设计厚度，在四周柱上、墙上弹出面层和找平层的上平标高控制线、踢脚板上口顶标高。

4.4 弹分格线、镶嵌分格条

4.4.1 根据设计要求的分格尺寸，一般采用1m见方或依照房屋模数分格。在房间中部弹十字线，计算好周围的镶边宽度后，以十字线为准弹分格线；如设计有图案要求时，应按照设计图案弹出准确分格线，并做好标记，防止差错。

4.4.2 镶分格条时，先将平口板条按分格线靠直，将分格条贴近板条，分左右两次用小铁抹子抹稠水泥浆，将分格条用稠水泥浆两边抹八字的方式固定在分格线上，水泥浆八字与找平层呈30°角，比分格条底4～6mm。在分格条十字交接处，距交点40～50mm内不做八字水泥浆。采用铜条时，应预先在两端面下部1/3处打眼，穿入22号铁线，锚固于下口八字角水泥浆内。

4.4.3 防静电水磨石面层中采用导电金属分格条时，分格条应经绝缘处理。且十字交叉处不得碰接。

4.4.4 分格条应镶嵌牢固，平直通顺，上平按标高控制线必须一致，并拉通线检查其平整度及顺直，接头严密，不得有缝隙。

4.4.5 分格条镶嵌好后，隔12h开始浇水养护，最少应养护2d。

4.5 配制水磨石拌合料

4.5.1 水磨石面层拌合料的体积比应符合设计要求，通过试验确定，且水泥与石粒的

比例应为1∶1.5～1∶2.5，踢脚板宜为1∶1～1∶1.5。

4.5.2 投料必须严格过磅或过体积比的斗，精确控制配合比。应严格控制用水量，搅拌要均匀，稠度一般不大于60mm。

4.5.3 彩色水磨石拌合料，除彩色石粒外，还加入耐光、耐碱的矿物颜料，各种原料的掺入量均要以试验确定。先按配合比将白水泥和颜料反复干拌均匀，拌完后密筛多次，使颜料均匀混合在白水泥中，然后按配合比与石粒搅拌均匀，最后加水搅拌。应注意根据整个地面所需用量，将水泥和颜料一次统一配好、配足，以备补浆之用，以免多次调合产生色差。

4.6 铺设水磨石拌合料

4.6.1 铺设前一天，将找平层洒水湿润。在涂刷素水泥浆结合层或界面结合剂前应将分格条内的积水和浮砂清除干净，接着刷水泥浆或界面结合剂一遍，水泥品种与水磨石的水泥品种一致。

4.6.2 水磨石拌合料的铺设厚度，应按水磨石面层设计厚度确定，除有特殊要求外，宜为12～18mm。

4.6.3 刷水泥浆或界面结合剂后，随即将拌合均匀的拌合料倒入分格条框中，先铺抹分格条内边，将分格条内边约100mm内的拌合料轻轻抹平压实，以保护分格条，然后铺抹分格条框中间，用铁抹子由中间向边角推进。在分格条两边及交角处特别注意抹平压实，随抹随检查平整度，不得用大杠刮平。

4.6.4 水磨石拌合料铺抹高度以压实拍平后高出分格条2mm为宜，如局部过厚，应用铁抹子挖去，再将周围的拌合料刮平压实。水磨石拌合料至少要经两次用毛刷（横扫）粘拉开面浆（开面）。

4.6.5 不同颜色的水磨石拌合料不可同时铺抹，要先铺深色的，后铺浅色的，待前一种凝固后，再铺下一种，以免串色、界限不清，影响质量。但间隔时间不宜过长，一般可隔日铺抹。

4.6.6 踢脚板抹石粒浆面层，凸出墙面约8mm，所用石粒宜稍小。铺抹时，先将底子灰用水湿润，在阴阳角及踢脚板上口，按水平线贴好靠尺板，涂刷水灰比为0.5的水泥浆一遍后，随即将踢脚板石粒浆上墙、抹平、压实；刷水两边将水泥浆轻轻刷去，达到石子面上无浮浆。

4.7 滚压、抹平

4.7.1 滚压前将分格条顶面的石粒清掉，在低洼处撒拌合好的石粒浆找平。

4.7.2 滚压宜从横竖两个方向轮换进行。滚压时应用力均匀，防止压倒或压坏分格条，整平后如发现石粒过稀处，可在表面上再适当撒一层石粒，过密处可适当剔除一些石粒，使表面石子显露均匀，无缺石子现象。滚压至表面平整密实，出浆石粒均匀为止。

4.7.3 待石粒浆稍收水后，再用铁抹子将表面抹平、压实。

4.7.4 水磨石拌合料铺抹完成24h后浇水养护5～7d。

4.8 研磨

4.8.1 普通水磨石面层磨光遍数不应少于3遍，高级水磨石面层的厚度和磨光遍数应由设计确定。

4.8.2 大面积施工宜用机械磨石机研磨；小面积、边角处可使用小型手提式磨石机研磨；对局部无法使用机械研磨时，可用手工研磨。

4.8.3 开磨前应试磨，若试磨后石粒不松动，灰浆面与石子面基本平整，即可开磨。过早，石粒容易松动；过晚，会磨光困难。

一般开磨时间同气温、水泥强度等级、品种等有关，可参考表13-1，亦可用回弹仪现场测定石粒浆面层的强度，一般达到10～13MPa即可开磨。

水磨石开磨时间参数表 **表13-1**

平均温度（℃）	开磨时间（d）	
	机磨	人工磨
20～30	2～3	1～2
10～20	3～4	1.5～2.5
5～10	5～6	2～3

4.8.4 磨光作业应采用“二浆三磨”方法进行，即整个磨光过程分为磨光三遍，补浆二次。

1 粗磨、第一次补浆

粗磨采用54～70号金刚石磨，使磨石机在地上走“∞”字形，边磨边加水，随时清扫磨出的水泥浊浆，并用靠尺检查平整度，直至表面磨平、磨匀，分格条和石粒全部露出（边角用手工磨至同样效果），然后用清水将泥浆冲洗干净、晾干。

用较浓的水泥浆（掺有颜色的应用同样配合比的彩色水泥浆）擦一遍，用以填补砂眼和细小的凹痕，特别是面层的洞眼小孔隙要填实抹平，对个别脱石部位要填补好。不同颜色上浆时，要按先深后浅的顺序进行。补刷浆第2天后需浇水养护3～4d。

2 细磨、第二次补浆

细磨方法同粗磨，用90～120号金刚石磨，打磨直至表面平滑，无模糊不清之处为止（边角用手工磨至同样效果）。用水清洗，满擦第二遍水泥浆（掺有颜色的应用同样配合比的彩色水泥浆），特别是面层的洞眼小孔隙要填实抹平。补刷浆第2天后需浇水养护3～4d。

3 磨光

用180～240号细金刚石磨，磨至表面石子显露均匀，无缺石粒现象，平整、光滑、无砂眼细孔、磨痕为止，并用清水将其冲洗干净。

4.9 擦洗草酸出光

4.9.1 对研磨完成的水磨石面层，经检查达到平整度、光滑度要求后，即可进行擦草酸打磨出光。在涂草酸前，其表面不得污染。

4.9.2 用10%的草酸溶液，用扫帚蘸后洒在地面上，再用280～320号油石轻轻磨一遍，磨至出白浆、表面光滑、露出水泥及石粒本色为止，再用清水冲洗干净，软布擦干。

4.10 打蜡上光

4.10.1 酸洗后的水磨石地面经晾干擦净后，即可进行打蜡上光。

4.10.2 采用人工打蜡时，按蜡∶煤油＝1∶4的比例加热熔化，掺入松香水适量，调成稀糊状，用布或干净麻丝蘸成品蜡将蜡薄薄地均匀涂刷在水磨石面层上。待蜡干后，用包有麻布或细帆布的木块代替油石，装在磨石机的磨盘上进行磨光，直至水磨石表面光滑洁亮为止。

4.10.3 采用机械打蜡的操作工艺时，用打蜡机将蜡均匀渗透到水磨石的晶体缝隙中，注意控制好打蜡机的转速和蜡的温度。

4.10.4 防静电水磨石面层应在表面经清净、干燥后，在表面均匀涂抹一层防静电剂和地板蜡，并做抛光处理。

4.11 踢脚板成活

4.11.1 踢脚板石粒罩面常温养护 24h 后，即可用人工磨光或立面磨石机磨光。

4.11.2 第一遍用粗油石，先竖磨再横磨，要求把石渣磨平，阴阳角倒圆，擦第一遍水泥浆，将孔隙填抹密实，养护 1～2d，再用细油石磨第二遍，同样方法磨完第三遍，用油石出光打磨草酸清水擦洗干净。人工涂蜡、擦磨二遍出光成活。

5 质量标准

5.1 主控项目

5.1.1 水磨石面层的石粒应符合本工艺标准第 3.2.3 条的规定；颜料应符合第 3.2.4 条的规定。

5.1.2 水磨石面层拌合料的体积比应符合设计要求，且水泥与石粒的比例应为 1∶1.5～1∶2.5。

5.1.3 防静电水磨石面层应在施工前及施工完成表面干燥后进行接地电阻和表面电阻检测，并应做好记录。

5.1.4 面层与下一层结合应牢固，且应无空鼓、裂纹。当出现空鼓时，空鼓面积不应大于 400cm^2，且每自然间或标准间不应多于 2 处。

5.2 一般项目

5.2.1 面层表面应光滑，且应无裂纹、砂眼和磨痕；石粒应密实，显露应均匀；颜色图案应一致，不混色；分格条应牢固、顺直和清晰。

5.2.2 踢脚线和柱、墙面应紧密结合，踢脚线高度及出柱、墙厚度应符合设计要求且均匀一致。当出现空鼓时，局部空鼓长度不应大于 300mm，且每自然间或标准间不应多于 2 处。

5.2.3 楼梯、台阶踏步的宽度、高度应符合设计要求。楼层梯段相邻踏步高度差不应大于 10mm；每踏步两端宽度差不应大于 10mm，旋转楼梯梯段的每踏步两端宽度的允许偏差不应大于 5mm。踏步面层应做防滑处理，齿角应整齐，防滑条应顺直、牢固。

5.2.4 普通水磨石面层的表面平整度的允许偏差为 3mm；踢脚线上口平直的允许偏差为 3mm；缝格顺直的允许偏差为 3mm。高级水磨石面层的表面平整度的允许偏差为 2mm；踢脚线上口平直的允许偏差为 3mm；缝格顺直的允许偏差为 2mm。

6 成品保护

6.0.1 施工时应注意对控制线的保护，不得触动、移位。

6.0.2 铺抹打底灰和罩面石粒浆时，水电管线、各种设备及预埋件应妥加保护，不得有损坏。对所覆盖的隐蔽工程要有可靠保护措施，不得因水磨石施工造成漏水、堵塞、破坏。

6.0.3 运输材料及施工过程中时不得碰撞门框、栏杆、墙面抹灰等。

6.0.4 面层装料时注意不得碰坏分格条。

6.0.5 磨石机宜设罩板、避免浆水溅出污染墙面。

6.0.6 磨石废浆应及时清除，运到指定地点，将下水口及地漏临时堵封好，避免废浆流入堵塞。

6.0.7 涂草酸和上蜡工作应在有影响面层质量的其他工序全部完成后进行。在水磨石面层磨光后，涂草酸和上蜡前其表面不得污染。

6.0.8 养护期内应进行遮盖和拦挡，严禁放置重物或随意踩踏，避免受侵害。

7 注意事项

7.1 应注意的质量问题

7.1.1 分格条镶嵌应牢固，且应稍低于面层；滚压前应用铁抹子拍打分格条两侧，在滚筒滚压过程中，防止分格条被压或压碎。水泥浆覆盖厚度应合适。

7.1.2 石子规格应符合要求，石粒应清洗干净，拌合均匀，铺拌合料时应防止将石粒埋在灰浆内。

7.1.3 粘贴分格条的水泥浆距分格条顶应留出 3～5mm，且做成 45°角；分格条的十字交叉处 40～50mm 范围内应不抹水泥浆，使拌合料填塞饱和。

7.1.4 开磨时间应合适，擦浆次数应充足，擦浆后有一定强度，方可进行磨光等。

7.1.5 应注意控制配合比。

7.1.6 在雨季应有防雨措施，防止造成水灰比控制不准。冬季应有保温防冻措施，防止受冻。在雨、雪、低温、强风条件下，在室外或露天不宜进行水磨石面层作业。冬期施工时，环境温度不应低于 5℃。

7.1.7 凡检验不合格的部位，均应返工纠正，并制定纠正措施，防止再次发生。

7.2 应注意的安全问题

7.2.1 清理基层时，不得从窗口、洞口向外乱扔杂物，以免伤人。

7.2.2 剔凿地面时应戴防护眼镜。

7.2.3 楼层孔洞、电梯井口、楼梯口、楼层边处，安全设施应齐全有效。

7.2.4 磨石机操作人员应穿高腰绝缘胶鞋，戴绝缘胶皮手套。

7.2.5 两台以上磨石机在同一部位操作，应保持 3m 以上安全距离。

7.2.6 施工机械用电必须采用三级配电两级保护，使用三相五线制，严禁乱拉乱接。临时照明及动力配电线路敷设，应绝缘良好并符合有关规定。磨石机在操作前应试机检查，确认电线插头牢固，无漏电才能使用；开磨时磨机电线、配电箱应架空绑牢，以防受潮漏电；配电箱内应设漏电掉闸开关，磨石机应设可靠安全接地线。

7.2.7 特殊工种，其操作人员必须持证上岗。磨石机操作人员应穿高筒绝缘胶靴及戴绝缘胶手套，并经常进行有关机电设备安全操作教育。

7.3 应注意的绿色施工问题

7.3.1 水磨石拌合料应一次使用完，结硬的拌合料不允许乱丢弃，集中堆放至指定地点，运出场地。磨石废浆应及时清理，不得流入下水管道。

7.3.2 材料运输过程中，要采取防撒防漏措施，运输车辆应加以覆盖，防止遗撒，如有撒漏应及时清理；废弃物要及时清理，运至指定地点。

7.3.3 采取专项措施，防止噪声扰民，减少打磨时的噪声对周围环境的影响。

8 质量记录

8.0.1 水泥、石粒、颜料等材质质量合格证明文件及检测报告。

8.0.2 配合比试验报告。

8.0.3 结合层砂浆以及面层拌合料配合比通知单。

8.0.4 砂子试验报告。

8.0.5 砂浆试件抗压强度试验报告。

8.0.6 隐蔽工程验收记录。

8.0.7 防静电水磨石面层的接地电阻和表面电阻测试记录。

8.0.8 地面水磨石面层工程检验批质量验收记录表。

8.0.9 其他技术文件。

第 14 章 硬化耐磨面层

本工艺标准适用于工业与民用建筑地面硬化耐磨面层工程的施工。

1 引用标准

《建筑地面工程施工质量验收规范》GB 50209—2010

《建筑工程施工质量验收统一标准》GB 50300—2013

《建筑装饰装修工程施工质量验收标准》GB 50210—2018

《建筑地面设计规范》GB 50037—2013

2 术语（略）

3 施工准备

3.1 作业条件

3.1.1 应编制地面工程施工方案，并进行详细的技术交底，交至施工操作人员。

3.1.2 硬化耐磨面层下的各层已按设计要求施工并验收合格。

3.1.3 地面管道安装完毕并已装套管；各种立管孔洞等缝隙已封堵密实、稳固；门框及地面预埋安装完毕，验收合格。

3.1.4 已通过配合比试验确定硬化耐磨面层拌合料铺设时拌合料的配合比；已根据设计要求确定硬化耐磨面层撒布铺设时耐磨材料的撒布量。

3.1.5 施工前，应做好水平标志，以控制硬化耐磨面层的高度和厚度，可采用立桩、竖尺、拉线、弹线等方法。

3.1.6 司机、机运工、电工等施工人员应经过理论和实际施工操作的培训，并持上岗证。泥瓦工具备中级工以上操作技能。

3.1.7 作业时的环境如天气、温度、湿度等状况应满足施工质量可达到标准的要求。冬期施工时，环境温度不应低于5℃。

3.2 材料及机具

3.2.1 硬化耐磨面层应采用金属渣、屑、纤维和石英砂、金刚砂等，并应与水泥类胶凝材料拌合铺设或在水泥类基层上撒布铺设。

3.2.2 水泥：采用硅酸盐水泥、普通硅酸盐水泥，水泥强度等级不应小于42.5MPa；不同品种、不同强度等级的水泥严禁混用；水泥钢（铁）屑面层和水泥砂浆结合层应使用同批水泥。

3.2.3 钢（铁）屑：粒径应为1～5mm，过大的颗粒和卷状螺旋的应予破碎，小于1mm的颗粒应予筛去；钢（铁）屑中不应含有其他杂质，使用前应去油除锈。用10%浓度的氢氧化钠溶液煮沸去油，用稀酸溶液除锈，最后再用清水冲洗干净并干燥。水泥钢（铁）屑面层的配合比，应通过试配，以水泥浆能填满钢（铁）屑的空隙为准，其强度等级不低于M40，其密度不应小于2000kg/m^3，稠度不大于10mm，必须拌合均匀。

3.2.4 石英砂：应用中粗砂，含泥量不应大于2%。

3.2.5 钢纤维：弯曲韧度比不应小于0.4，体积率不应小于0.15%。

3.2.6 机具：砂浆搅拌机、机动翻斗车、手推车、计量器、木拍板、木搓板、铁抹子、筛子、木耙、铁锹、钢尺、胶皮管、粉线、刮杠、毛刷子、喷壶、水桶、扫帚、钢丝刷、靠尺、水平尺、水准仪等。

4 操作工艺

4.1 工艺流程

基层处理 → 找标高、弹线、抹找平墩、冲筋 → 铺设水泥砂浆或素水泥浆结合层 → 配制硬化耐磨面层拌合料 → 铺设硬化耐磨面层 → 搓平 → 压光 → 养护

4.2 基层处理

4.2.1 先将基层上的灰尘扫掉，用钢丝刷和錾子刷净、剔掉灰浆皮和灰渣层，用10%的火碱水溶液刷掉基层上的油污，并用清水及时将碱液冲净。

4.2.2 抹底灰前一天将基层浇水湿透，低凹处不得有积水。

4.3 找标高、弹线、抹找平墩、冲筋

4.3.1 根据标准线和设计厚度，在四周柱上、墙上弹出面层的上平标高控制线、踢脚板上口顶标高。硬化耐磨面层采用拌合料铺设时，还需弹出水泥砂浆或素水泥浆结合层的上平标高控制线。

4.3.2 拉线抹找平墩，找平墩60mm×60mm见方，用同种拌合料制作，与面层同高，间距双向不大于2m。有坡度要求的房间应按设计坡度要求拉线，如设计无要求时，应按排水方向找坡，宜为0.5%～1%，抹出坡度墩。

4.3.3 面积较大的房间为保证房间地面平整度，还要做冲筋，以做好的灰饼为标准抹条形冲筋，高度与灰饼同高，间距宜为1～1.5m，形成控制标高的“田”字格，用刮杠刮平，作为硬化耐磨面层厚度控制的标准。

4.3.4 根据墙面抹灰厚度，在踢脚板阴阳角处套方、量尺寸、拉线，确定踢脚板底灰厚度并冲筋。

4.4 铺设水泥砂浆或素水泥浆结合层

4.4.1 硬化耐磨面层采用拌合料铺设时，宜先铺设一层强度等级不小于M15、厚度不小于20mm的水泥砂浆，或水灰比宜为0.4的素水泥浆结合层。

4.4.2 铺设前应将基底湿润。结合层为水泥砂浆时应在基底上刷一道素水泥浆（水灰比为0.4～0.5）或界面结合剂，随刷随铺设砂浆。

4.4.3 将搅拌均匀的水泥砂浆或素水泥浆，从房间内退着往外铺设。

4.4.4 用刮杠将砂浆或素水泥浆刮平，立即用木抹子搓平，并随时用2m靠尺检查平整度。

4.4.5 在搓平后立即用铁抹子轻轻抹压一遍直到出浆为止，保证面层均匀，与基层结合紧密牢固。

4.4.6 踢脚板找平层宜分两次装档，先用铁抹子抹压一薄层，再与冲筋面抹平、压实，用刮尺刮平，用木抹子搓成毛面。

4.5 配制硬化耐磨面层拌合料

4.5.1 硬化耐磨面层采用拌合料铺设时，拌合料的配合比通过试验确定，严格按照配合比进行施工。

4.5.2 投料必须严格过磅，精确控制配合比。应严格控制用水量，搅拌要均匀。

4.6 铺设硬化耐磨面层

4.6.1 硬化耐磨面层采用拌合料铺设时，铺设厚度和拌合料强度应符合设计要求。当设计无要求时，水泥钢（铁）屑面层铺设厚度不应小于30mm，抗压强度不应小于40MPa；水泥石英砂浆面层铺设厚度不应小于20mm，抗压强度不应小于30MPa；钢纤维混凝土面层铺设厚度不应小于40mm，抗压强度不应小于40MPa。

4.6.2 采用拌合料铺设时，在结合层水泥砂浆或素水泥浆初凝前，将搅拌均匀的拌合料从房间内退着往外铺设。在找平墩之间（或冲筋之间）将拌合料铺设均匀，然后用木刮杠

按找平墩（或冲筋）高度刮平。

4.6.3 采用撒布铺设时，耐磨材料应撒布均匀，厚度应符合设计要求，且应在水泥类基层初凝前完成撒布。

4.6.4 采用撒布铺设时，混凝土基层或砂浆基层的厚度及强度应符合设计要求。当设计无要求时，混凝土基层的厚度不应小于 50mm，强度等级不应小于 C25；砂浆基层的厚度不应小于 20mm，强度等级不应小于 M15。

4.6.5 踢脚板抹硬化耐磨面层时，先将底子灰用水湿润，在阴阳角及踢脚板上口，按水平线贴好靠尺板，将拌合料上墙、抹平、压实。

4.7 搓平

用刮杠依找平墩（或冲筋）将拌合料刮平后，立即用木抹子搓平，从内向外退着操作，并随时用 2m 靠尺检查平整度。

4.8 压光

4.8.1 第一遍抹压：搓平后，立即用铁抹子轻轻抹压一遍，直到出浆为止；

4.8.2 第二遍抹压：面层初凝后，用铁抹子把凹坑、砂眼填实抹平，注意不得漏压；

4.8.3 第三遍抹压：当面层终凝前，用铁抹子用力抹压，把所有抹纹压平、压实、抹光，达到面层表面密实光洁平整。

4.9 养护

地面压光完工后 24h，铺锯末或其他材料覆盖洒水养护，保持湿润，养护时间不得少于 7d，当面层强度达 5MPa 才能上人，达设计强度后方可投入使用。

5 质量标准

5.1 主控项目

5.1.1 硬化耐磨面层采用的材料应符合设计要求和国家现行有关标准的规定。

5.1.2 硬化耐磨面层采用拌合料铺设时，水泥的强度应符合本工艺标准第 3.2.2 条的规定。金属渣、屑、纤维不应有其他杂质，使用前应去油除锈、冲洗干净并干燥；石英砂应符合本标准第 3.2.4 条的规定。

5.1.3 硬化耐磨面层的厚度、强度等级、耐磨性能应符合设计要求。

5.1.4 面层与基层（或下一层）结合应牢固，且应无空鼓、裂缝。当出现空鼓时，空鼓面积不应大于 $400cm^2$，且每自然间或标准间不应多于 2 处。

5.2 一般项目

5.2.1 面层表面坡度应符合设计要求，不应有倒泛水和积水现象。

5.2.2 面层表面应色泽一致，切缝应顺直，不应有裂纹、脱皮、麻面、起砂等缺陷。

5.2.3 踢脚线与柱、墙面应紧密结合，踢脚线高度及出柱、墙厚度应符合设计要求且均匀一致。当出现空鼓时，局部空鼓长度不应大于 300mm，且每自然间或标准间不应多于 2 处。

5.2.4 硬化耐磨层的表面平整度的允许偏差为 4mm；踢脚线上口平直的允许偏差为 4mm；缝格顺直的允许偏差为 3mm。

6 成品保护

6.0.1 施工时应注意对控制线的保护，不得触动、移位。

6.0.2 铺抹硬化耐磨面层时，水电管线、各种设备及预埋件应妥加保护，不得有损坏。对所覆盖的隐蔽工程要有可靠保护措施，不得因硬化耐磨面层施工造成漏水、堵塞、破坏。

6.0.3 运输材料及施工过程中时不得碰撞门框、栏杆、墙面抹灰等。

6.0.4 养护期内应进行遮盖和拦挡，当面层抗压强度达 5MPa 时才能上人操作，严禁放置重物或随意踩踏，避免受侵害。

6.0.5 在已完工的地面上进行油漆、电气、暖卫专业工序时，注意不要碰坏面层，油漆、浆活不要污染面层。

7 注意事项

7.1 应注意的质量问题

7.1.1 面层铺设应在结合层水泥初凝前完成；抹平工作应在结合层和面层的水泥初凝前完成；压光工作应在结合层和面层的水泥终凝前完成。

7.1.2 钢（铁）屑清洗干净，保证与水泥的结合强度。

7.1.3 底层清理干净，洒水湿润透，保证面层与下一层的粘结力。

7.1.4 应注意控制配合比。

7.1.5 在雨季应有防雨措施，防止造成水灰比控制不准。冬期应有保温防冻措施，防止受冻。在雨、雪、低温、强风条件下，在室外或露天不宜进行硬化耐磨面层作业。冬期施工时，环境温度不应低于 5℃。如果在负温下施工时，所掺抗冻剂必须经过试验室试验合格后方可使用。不宜采用氯盐、氨等作为抗冻剂。

7.1.6 凡检验不合格的部位，均应返工纠正，并制定纠正措施，防止再次发生。

7.2 应注意的安全问题

7.2.1 清理基层时，不得从窗口、洞口向外乱扔杂物，以免伤人。

7.2.2 剔凿地面时应戴防护眼镜。

7.2.3 楼层孔洞、电梯井口、楼梯口、楼层边处，安全设施应齐全有效。

7.2.4 用稀酸溶液除锈时，操作人员应加强防护，防止酸液迸溅，伤害身体。

7.2.5 施工机械用电必须采用三级配电两级保护，使用三相五线制，严禁乱拉乱接。临时照明及动力配电线路敷设，应绝缘良好并符合有关规定。

7.2.6 特殊工种，其操作人员必须持证上岗。

7.3 应注意的绿色施工问题

7.3.1 材料应堆放整齐，现场水泥不得露天堆放，砂等材料要有防尘覆盖措施。

7.3.2 材料运输过程中，要采取防撒防漏措施，运输车辆应加以覆盖，防止遗撒，如有撒漏应及时清理；废弃物要及时清理，运至指定地点。

7.3.3 采取专项措施，防止噪声扰民。

8 质量记录

8.0.1 材质质量合格证明文件及检测报告。

8.0.2 结合层砂浆以及面层拌合料配合比通知单。

8.0.3 砂子试验报告。

8.0.4 硬化耐磨面层强度等级检测报告。

8.0.5 硬化耐磨面层耐磨性能检测报告。

8.0.6 结合层砂浆试件抗压强度试验报告。

8.0.7 隐蔽工程验收记录。

8.0.8 地面水泥钢（铁）屑面层工程检验批质量验收记录表。

8.0.9 其他技术文件。

第15章 防油渗面层

本工艺标准适用于工业与民用建筑地面的防油渗面层工程的施工。

1 引用标准

《建筑地面工程施工质量验收规范》GB 50209—2010
《建筑工程施工质量验收统一标准》GB 50300—2013
《建筑装饰装修工程施工质量验收标准》GB 50210—2018
《建筑地面设计规范》GB 50037—2013

2 术语（略）

3 施工准备

3.1 作业条件

3.1.1 应编制防油渗面层施工方案，并进行详细的技术交底，交至施工操作人员。

3.1.2 基层已施工完毕，经隐蔽验收合格。

3.1.3 室内墙（柱）面上＋0.5m 标高线已弹好，门框已安装完。

3.1.4 防油渗混凝土的配合比应按设计要求的强度等级和抗渗性能通过试验确定。

3.1.5 防油渗混凝土面层内不得敷设管线。竖向穿楼地面的管道已安装，并装有套管，管根用防油渗胶泥或环氧树脂进行处理。已对所覆盖的管道等隐蔽工程进行验收且合格，并进行专业隐检会签。

3.1.6 施工时环境温度不应低于 5℃。

3.1.7 分区段缝尺条加工：用红松木加工，上口宽 20mm，下口宽 15mm，表面用刨子刨光，用水浸泡，使用前取出擦干、刷油。

3.2 材料及机具

3.2.1 水泥：防油渗混凝土面层应采用普通硅酸盐水泥，其强度等级应不小于 42.5MPa。

3.2.2 砂：应选用中砂，洁净无杂物，其细度模数应为 2.3～2.6，砂石级配空隙率小于 35%；且应洁净无杂物、泥块。

3.2.3 碎石：应采用花岗石或石英石，并符合筛分曲线的碎石（不应使用松散、多孔和吸水率大的石子），空隙率小于 45%，石料坚实，组织细致，吸水率小，粒径宜为 5～15mm，其最大粒径不应大于 20mm，含泥量不大于 1%。

3.2.4 水：宜采用饮用水或不含有害物质的洁净水。

3.2.5 外加剂：防油渗混凝土中掺入的外加剂和防油渗剂应符合产品质量标准。

3.2.6 防油渗涂料：应按设计要求选用，且具有耐油、耐磨、耐火和粘结性能，抗拉强度不应小于 0.3MPa，符合产品质量标准。

3.2.7 防油渗隔离层采用的玻璃纤维布应为无碱网格布；防油渗胶泥（或弹性多功能聚胺酯类涂膜材料）厚度宜为 1.5～2.0mm，防油渗胶泥应按产品质量标准和使用说明配置。

3.2.8 机具：混凝土搅拌机、平板振捣器、翻斗车、小推车、小水桶、半截桶、扫帚、铁磙子、2m 靠尺、刮杠、木抹子、铁抹子、平锹、钢丝刷、锤子、凿子、铜丝锣、橡胶刮板、钢皮刮板、刷子、砂纸、棉纱、抹布。

4 操作工艺

4.1 工艺流程

4.1.1 无隔离层，面层为防油渗混凝土

基层清理→安放分区段缝尺→洒水湿润→做灰饼→刷结合层→浇筑混凝土→养护→拆分区段缝尺条→封堵分区段缝

4.1.2 无隔离层，面层为防油渗涂料

基层清理→打底→主涂层施工→罩面→打蜡养护

4.1.3 有隔离层，面层为防油渗混凝土

基层清理→刷防油渗涂料底子油→涂抹第一遍防油渗胶泥→铺玻璃纤维布→涂抹第二遍防油渗胶泥→安放分区段缝尺→做灰饼→刷结合层→浇筑混凝土→养护→拆分区段缝尺条→封堵分区段缝

4.1.4 有隔离层，面层为防油渗涂料

基层清理→刷防油渗涂料底子油→涂抹第一遍防油渗胶泥→铺玻璃纤维布→涂抹第二遍防油渗胶泥→打底→主涂层施工→罩面→打蜡养护

4.2 基层清理

4.2.1 用剁斧将基层表面灰浆清掉，墙根、柱根处灰浆用凿子和扁铲清理干净，用扫帚将浮灰扫成堆，装袋清走，如表面有油污，应用5%～10%浓度的火碱溶液清洗干净。

4.2.2 若在基层上直接铺设隔离层或防油渗涂料面层，基层含水率不应大于9%。

4.3 安放分区段缝尺条

4.3.1 若房间较大，防油渗混凝土面层按厂房柱网分区段浇筑，一般将分区段缝设置在柱中或跨中，有规律布置，且区段面积不宜大于50m^2。

4.3.2 在分区段缝两端柱子上弹出轴线和上口标高线，并拉通线，严格控制分区段缝尺条的轴线位置和标高（和混凝土面层相平或略低），用1∶1水泥砂浆稳固。

4.3.3 分区段缝尺条应提前两天安装，确保稳固砂浆有一定强度。

4.4 洒水湿润

若在基层上直接浇灌防油渗混凝土，应提前一天对基层表面进行洒水湿润，但不得有积水。

4.5 做灰饼

根据地面标高和室内墙（柱）面上+0.5m标高线用细石混凝土做出灰饼，间距不大于1.5m。

4.6 刷结合层

4.6.1 若在基层上直接浇灌防油渗混凝土，应先在已湿润过的基层表面满涂一遍防油渗水泥浆结合层，并应随刷随浇筑防油渗混凝土。

4.6.2 防油渗水泥浆应按照设计要求或产品说明配置。

4.7 浇筑混凝土

4.7.1 现场搅拌防油渗混凝土时，应设专人负责，严格按照配合比要求上料，根据现场砂石料含水率对加水量进行调整，严格控制坍落度，不宜大于10mm，且应搅拌均匀（搅拌时间比普通混凝土应延长，一般延长2～3min）。

4.7.2 若混凝土运输距离较长，运至现场后有离析现象，应再拌合均匀。

4.7.3 用铁锹将细石混凝土铺开，用长刮杠刮平，用平板振捣器振捣密实，表面塌陷处应用细石混凝土铺平，拉标高线检查标高，再用长刮杠刮平，用滚筒二次碾压，再用长刮杠刮平，铲除灰饼，补平面层，然后用木抹子搓平。

4.7.4 第一遍压面

表面收水后，用铁抹子轻轻抹压面层，把脚印压平。

4.7.5 第二遍压面

当面层开始凝结，地面面层踩上有脚印但不下陷时，用2m靠尺检查表面平整度，用木抹子搓平，达到要求后，用铁抹子压面，将面层上的凹坑、砂眼和脚印压平。

4.7.6 第三遍压面

当地面面层上人稍有脚印，而抹压不出现抹子纹时，用铁抹子进行第三遍抹压。此遍抹压要用力稍大，将抹子纹抹平压光，压光时间应控制在终凝前完成。

4.8 养护

第三遍完成24h后，及时洒水养护，以后每天洒水两次，(亦可覆盖麻袋片等养护，保持湿润即可）至少连续养护14d，当混凝土实际强度达到50N/mm^{2}时允许上人，混凝土强度达到设计要求时允许正常使用。

4.9 拆分区段缝尺条

养护7d后停止洒水，待分区段缝尺条和地面干燥收缩相互脱开后，小心将分区段缝尺条启出，注意不要将混凝土边角损坏。

4.10 封堵分区段缝

4.10.1 区段缝上口20～25mm以下的缝内灌注防油渗胶泥材料，亦可采用弹性多功能聚氨酯类涂膜材料嵌缝。

4.10.2 按设计要求或产品说明配制膨胀水泥砂浆，用膨胀水泥砂浆封缝将分区段缝填平（或略低于上口）。

4.10.3 分区段缝应注意尽量不要污染地面，若有污染现象应及时清理干净。

4.11 刷底子油

若在基层上直接铺设隔离层或防油渗涂料面层及在隔离层上面铺设防油渗面层（包括防油渗混凝土和防油渗涂料），均应涂刷一遍同类底子油，底子油应按设计要求或产品说明进行配制。

4.12 隔离层施工

4.12.1 刷底子油

若在基层上直接铺设隔离层应涂刷一遍同类底子油，底子油应按设计要求或产品说明进行配制。

4.12.2 涂抹第一遍防油渗胶泥在涂刷过底子油的基层上将加温的防油渗胶泥均匀涂抹一遍，其厚度宜为1.5～2.0mm，注意墙、柱连接处和出地面立管根部应涂刷，卷起高度不得小于50mm。

4.12.3 铺玻璃纤维布

涂抹完第一遍防油渗胶泥后应随即将玻璃纤维布粘贴覆盖，其搭接宽度不得小于100mm，墙、柱连接处和出地面立管根部应向上翻边，其高度不得小于30mm。

4.12.4 涂抹第二遍防油渗胶泥

在铺好的玻璃纤维布上将加温的防油渗胶泥均匀涂抹一遍，其厚度宜为1.5～2.0mm。

4.12.5 防油渗隔离层施工完成后，经检查验收合格后方可进行下一道工序的施工。

4.13 防油渗涂料面层施工

4.13.1 打底

防油渗涂料面层施工时应先用稀释胶粘剂或水泥胶粘剂腻子涂刷基层（刮涂）1～3遍，干燥后打磨并清除粉尘。

4.13.2 主涂层施工

按设计要求或产品说明涂刷防油渗涂料至少3遍，涂层厚度宜为5～7mm，每遍的间隔时间宜通过试验确定。

4.13.3 罩面

按产品说明满涂刷1～2遍面层涂料。

4.13.4 打蜡养护

面层涂料干燥后，如不是交通要道或由于安装工艺的特殊要求未完的房间外即可涂擦地板蜡，交通要道或工艺未完的房间应先用塑料布满铺后用3mm以上的橡胶板或硬纸板盖上，待其全部工序完后再清擦打蜡交活。

5 质量标准

5.1 主控项目

5.1.1 防油渗混凝土所用的水泥应采用普通硅酸盐水泥；碎石应采用花岗石或石英石，不应使用松散、多孔和吸水率大的石子，粒径为5～16mm，最大粒径不应大于20mm，含泥量不应大于1%，砂应为中砂，且应洁净无杂物；掺入的外加剂和防油渗剂应符合有关标准的规定。防油渗涂料应具有耐油、耐磨、耐火和粘结性能。

5.1.2 防油渗混凝土的强度等级和抗油渗性能必须符合设计要求，且强度等级不应小于C30；防油渗涂料的粘结强度不应小于0.3MPa。

5.1.3 防油渗混凝土面层与下一层应结合牢固、无空鼓。

5.1.4 防油渗涂料面层与基层应粘结牢固，不应有起皮、开裂、漏涂等缺陷。

5.2 一般项目

5.2.1 防油渗面层表面坡度应符合设计要求，不得有倒泛水和积水现象。

5.2.2 防油渗混凝土面层表面应洁净，不应有裂纹、脱皮、麻面、起砂等现象。

5.2.3 踢脚线与柱、墙面应紧密结合，踢脚线高度及出柱、出墙厚度应符合设计要求且均匀一致。

5.2.4 防油渗面层表面的允许偏差：表面平整度3mm；踢脚线上口平直4mm；缝格

平直 3mm。

6 成品保护

6.0.1 防油渗混凝土施工时运料小车不得碰撞门口及墙面等处。

6.0.2 地漏、出水口等部位安放的临时堵头要保护好，以防灌入杂物，造成堵塞。

6.0.3 不得在已做好的地面上拌合砂浆。

6.0.4 地面养护期间不准上人，其他工种不得进入操作，养护期后也要注意成品保护。

6.0.5 其他工种进行施工时，已做好的地面应适当进行覆盖，以免污染地面。

6.0.6 交通要道或工艺未完的房间应先用塑料布满铺后用 3mm 以上的橡胶板或硬纸板盖上，待其全部工序完后再清擦打蜡交活。

6.0.7 封堵分区段缝应注意尽量不要污染地面，若有污染现象应及时清理干净。

6.0.8 施工时应注意对控制桩、线的保护，不得触动、移位。

7 注意事项

7.1 应注意的质量问题

7.1.1 注意防油渗混凝土由于掺加外加剂的作用，初凝前有缓凝现象，初凝后有终凝快的特点，施工中应根据这一特性，加强操作质量控制。

7.1.2 避免振捣时漏振或振捣时间不够，造成混凝土不密实。

7.1.3 保证水泥强度等级，严格控制水灰比、抹压遍数及养护时间，严禁过早在其上进行其他工序作业。

7.1.4 混凝土铺设后，在抹压过程中严禁撒干水泥面来代替标准要求的水泥砂拌合料，确保灰面与混凝土很好地结合，避免造成起皮现象。

7.1.5 在雨、雪、低温、强风条件下，在室外或露天不宜进行防油渗面层作业。

7.1.6 冬季应有保温防冻措施，防止受冻。

7.2 应注意的安全问题

7.2.1 机械操作及临电线路铺设必须由专业人员进行。

7.2.2 熬制防油渗胶泥时严格执行动火制度，以防火灾发生，并注意不要发生烫伤。

7.2.3 各种化学制品要有专人管理，并用容器单独存放，以免挥发或发生中毒、烧伤和火灾、爆炸事故。

7.2.4 基层清理和搬运水泥时要戴好防护用品，防止粉尘吸入体内。

7.3 应注意的绿色施工问题

7.3.1 水泥要入库存放，砂子要覆盖，基层清理要适当洒水，防止扬尘。

7.3.2 施工剩余废料，尤其是化学制品要妥善处理，以免污染环境。

7.3.3 施工过程中产生的施工垃圾应及时清理，集中堆放，统一处理。

8 质量记录

8.0.1 水泥、砂子、石子、外加剂等材料出厂质量证明文件及复试报告。

8.0.2 防油渗胶泥和防油渗涂料出厂质量证明书及使用说明书。

8.0.3 玻璃纤维布出厂质量证明书，现场抽样检验报告。

8.0.4 防油渗混凝土配合比通知单。

8.0.5 混凝土试块强度检测报告及抗渗性能检测报告、混凝土试块强度等级统计评定表。

8.0.6 混凝土面层分项工程质量验收评定记录。

8.0.7 基层及隔离层的隐蔽工程验收记录。

8.0.8 防油渗整体地面面层工程检验批质量验收记录。

8.0.9 其他技术文件。

第16章 不发火（防爆）面层

本工艺标准适用于工业与民用建筑地面工程中不发火（防爆）面层工程的施工。

1 引用标准

《建筑地面工程施工质量验收规范》GB 50209—2010

《建筑工程施工质量验收统一标准》GB 50300—2013

《建筑装饰装修工程施工质量验收标准》GB 50210—2018

《建筑地面设计规范》GB 50037—2013

2 术语（略）

3 施工准备

3.1 作业条件

3.1.1 应编制不发火（防爆）地面施工方案，并进行详细的技术交底，交底至操作人员。

3.1.2 不发火（防爆）面层下的各层做法应按设计要求施工并验收合格。

3.1.3 水泥类基层的抗压强度不小于1.2MPa。

3.1.4 铺设前应根据设计要求通过实验确定配合比。

3.1.5 门框及预埋件均安装且验收完。

3.1.6 对所覆盖的隐蔽工程进行验收且合格，并进行专业隐检会签。

3.1.7 墙上标出+0.5m 标高控制线，弹出地面高度和厚度水平控制线。

3.2 材料及机具

3.2.1 水泥：应采用硅酸盐水泥、普通硅酸盐水泥，强度等级不应低于 42.5 级，有出厂检验报告和复试报告。

3.2.2 砂：选用质地坚硬、表面粗糙并有颗粒级配的砂，其粒径宜为2.3～3.7mm，含泥量不应大于 3%，有机物含量不应大于 0.5%。

3.2.3 石料（水磨石面层时采用石粒）：采用大理石、白云石或其他石料加工而成，并以金属或石料撞击时不发生火花为合格。

3.2.4 分格条：面层分格的嵌条应采用不发生火花的材料配制。

3.2.5 材料配制时应随时检查，不得混入金属或其他易发生火花的杂质。

3.2.6 机具：混凝土搅拌机、带形平板振动器、手推车、装载机、翻斗车、计量器、木拍板、铁抹子、筛子（筛孔 5mm）、木耙、铁锹、钢尺、胶皮管、粉线、刮杠、铁辊筒、扫帚、水准仪。

4 施工工艺

4.1 工艺流程

基层处理 → 抹找平层 → 镶分格条 → 拌制混凝土 → 铺设面层 → 养护

4.2 基层处理

4.2.1 施工前应将基层表面的泥土、灰浆皮、灰渣及杂物清理干净，油污渍迹清洗掉，铺抹打底灰前一天，将基层浇水湿润，低凹处不得有积水。

4.2.2 把基层上的浮浆、落地灰等清理、清扫干净；如有油污，应用5%～10%浓度火碱水溶液清洗。

4.3 抹找平层

水泥类不发火地面施工时，应按常规方法先做找平层，具体施工方法详见“水泥砂浆找平层施工工艺标准”。如基层表面平整，亦可不抹找平层，直接在基层上铺设面层。

4.4 镶分格条

4.4.1 面层应按规范要求设置分格缝，最大分格间距不能大于 6m×6m。分格条具体施工方法详见“水磨石面层施工工艺标准”。

4.4.2 分格条应镶嵌牢固，平直通顺，上平按标高控制线必须一致，并拉通线检查其平整度及顺直，接头严密，不得有缝隙。

4.4.3 分格条镶嵌好后，隔 12h 开始浇水养护，最少应养护两天。

4.5 拌制混凝土

4.5.1 混凝土的配合比应通过试验确定。

4.5.2 投料必须严格过磅，精确控制配合比。每盘投料顺序为石子→水泥→砂→水。应严格控制用水量，搅拌要均匀，混凝土灰浆颜色一致，搅拌时间不少于 60s，配制好的拌合物在 2h 内用完，坍落度一般不应大于 30mm。

4.6 铺设面层

4.6.1 不发火（防爆）各类面层的铺设，应符合本施工工艺标准中相应面层的规定。

4.6.2 不发火（防爆）混凝土面层铺设时，先在已湿润的基层表面均匀地涂刷一道素水泥浆，随即按分仓顺序摊铺，随铺随用刮杠刮平，用铁辊筒纵横交错来回滚压 3～5 遍至表面出浆，用木抹子拍实搓平，然后用铁抹子压光。待收水后再压光 2～3 遍，至抹平压光为止。

4.6.3 试块的留置，同一施工批次、同一配合比水泥混凝土强度试块，应按每一层（或检验批）建筑地面工程不少于 1 组，当每一层（或检验批）建筑地面工程面积大于 $1000m^2$ 时，每增加 $1000m^2$ 应增做 1 组试块；小于 $1000m^2$ 按 $1000m^2$ 计算，取样 1 组。同一施工批次、同一配合比的散水、明沟、踏步、台阶、坡道的水泥混凝土、水泥砂浆强度试块，应按每 150 延长米不少于 1 组。

4.7 养护

最后一遍压光后根据气温（常温情况下 24h）及时覆盖和洒水养护，每天不少于 2 次，时间不少于 7d，养护期间不得上人和堆放物品。

4.8 冬期施工

冬期施工时，环境温度不应低于 5℃。如果在负温下施工时，所掺抗冻剂必须经过试验室试验合格后方可使用。不宜采用氯盐、氨等作为抗冻剂。

5 质量标准

5.1 主控项目

5.1.1 水泥、砂、石子等材料应符合本工艺标准第 3.2.1～3.2.5 条的要求。

5.1.2 不发火（防爆）面层的强度等级应符合设计要求。

5.1.3 不发火（防爆）面层与下一层应结合牢固，且应无空鼓和开裂。当出现空鼓时，空鼓面积不应大于 $400cm^2$，且每自然间或标准间不应大于 2 处。

5.1.4 不发火（防爆）面层的试件应检验合格。

5.2 一般项目

5.2.1 不发火（防爆）面层表面应密实，无裂缝、蜂窝、麻面等缺陷。

5.2.2 踢脚线与柱、墙面应紧密结合，踢脚线高度及出柱、墙厚度应符合设计要求且均匀一致。当出现空鼓时，局部空鼓长度不应大于 300mm，且每自然间或标准间不应多于 2 处。

5.2.3 不发火（防爆）面层表面的允许偏差：表面平整度 5mm；踢脚线上口平直

4mm；缝格平直 3mm。

6　成品保护

6.0.1　面层施工防止碰撞损坏门框、管线、预埋铁件、墙角及已完的墙面抹灰等。

6.0.2　施工时应注意对标准杆、尺、线的保护，不得触动；同时注意保护好管线、设备等的位置，防止变形、位移；保护好地漏、出水口等部位，作临时堵口或覆盖，以免灌入砂浆等造成堵塞。

6.0.3　对所覆盖的隐蔽工程要有可靠保护措施，不得因浇筑混凝土造成漏水、堵塞、破坏或降低等级。

6.0.4　事先埋好预埋件，已完地面不准再剔凿孔洞。

6.0.5　面层养护期间（一般宜不少于 7d），严禁车辆行走或堆压重物。

6.0.6　不得在已做好的面层上拌合砂浆、混凝土以及调配涂料等。

7　注意事项

7.1　应注意的质量问题

7.1.1　不发火（防爆）面层应采用水泥类拌合料及其他不发火材料铺设，其材料和厚度应符合设计要求。

7.1.2　不发火（防爆）各类面层的铺设应符合本工艺标准相应章节面层的规定。

7.1.3　基层要清理干净，防止水泥类面层发生起皮、起砂、空鼓等现象。

7.1.4　不发火（防爆）面层采用的材料和硬化后的试件，应按现行国家规范《建筑地面工程施工质量验收规范》GB 50209 附录 A 做不发火性试验。

7.2　应注意的安全问题

7.2.1　施工现场临时用电要遵守现行国家标准《施工现场临时用电安全技术规程》JGJ 46 的规定。

7.2.2　小型电动工具，必须安装“漏电保护”装置，使用时应经试运转合格后方可操作。

7.2.3　电气设备应有接地保护，电工应持证上岗，非电工不得私自接电源。

7.2.4　对操作人员在作业前进行安全教育和安全技术交底，提高安全意识，杜绝安全隐患。

7.2.5　各种小型机械操作人员，必须进行培训和考核，使其掌握要领，防止出现安全事故。

7.3　应注意的绿色施工问题

7.3.1　工程废水的控制：砂浆机清洗废水应设沉淀池，排到室外管网。

7.3.2　施工现场垃圾应分拣分放并及时清运，由专人负责用毡布密封，并洒水降尘。水泥等易飞扬的粉状物应防止遗撒，使用时轻铲轻倒，防止飞扬。砂子使用时，应先用水喷洒，防止粉尘的产生。

7.3.3 选择合适的施工期间，避免噪声集中共振，必要时采用隔断封闭措施。定期对噪声进行测量，并注明测量时间、地点、方法。做好噪声测量记录，以验证噪声排放是否符合要求，超标时及时采取措施。

7.3.4 固体废弃物

废料应按“可利用”“不可利用”“有毒害”等进行标识。可利用的垃圾分类存放，不可利用垃圾存放在垃圾场，及时通知运走，有毒害的物品，如胶粘剂等应用桶存放。

废料在施工现场装卸运输时，应用水喷洒，卸到堆放地后及时覆盖或用水喷洒。

8 质量记录

8.0.1 水泥出厂质量检验报告和现场抽样检验报告。

8.0.2 砂、石现场抽样检验报告。

8.0.3 石子不发火试验报告及面层试件的检验报告。

8.0.4 混凝土试块或砂浆试块抗压强度报告。

8.0.5 混凝土试块或砂浆试块强度统计评定记录。

8.0.6 不发火地面面层分项工程检验批施工质量验收记录。

8.0.7 其他技术文件。

第17章 环氧树脂或聚氨酯自流平面层

本工艺标准适用于工业与民用建筑环氧树脂或聚氨酯自流平地面面层的施工。

1 引用标准

《建筑地面工程施工质量验收规范》GB 50209—2010

《建筑工程施工质量验收统一标准》GB 50300—2013

《建筑装饰装修工程施工质量验收标准》GB 50210—2018

《建筑地面设计规范》GB 50037—2013

《环氧树脂自流平地面工程技术规范》GB/T 50598—2010

《自流平地面工程技术规程》JGJ/T 175—2009

2 术语

2.0.1 自流平地面：在基层上，采用具有自行流平性能或稍加辅助性摊铺即能流动找平的地面用材料，经搅拌后摊铺所形成的地面。

2.0.2 环氧树脂自流平地面：由基层、底涂、自流平环氧树脂地面涂层材料构成的地面。

2.0.3　聚氨酯自流平地面：由基层、底涂、自流平聚氨酯地面涂层材料构成的地面。

3　施工准备

3.1　作业条件

3.1.1　施工前应编制自流平地面工程施工方案，并按方案进行技术交底。

3.1.2　基层按现行国家标准《建筑地面工程施工质量验收规范》GB 50209—2010 进行检查，且验收合格。

3.1.3　基层应为混凝土层或水泥砂浆层，并应坚固、密实。当基层为混凝土时，其抗压强度不应小于 20MPa；当基层为水泥砂浆时，其抗压强度不应小于 15MPa。

3.1.4　楼地面与墙面交接部位、穿楼（地）面的套管等细部构造处已进行防护处理，且验收合格。

3.1.5　混凝土基层应干燥，在深度为 20mm 的厚度内含水率不应大于 6%。

3.1.6　施工环境温度宜为 15～25℃，相对湿度不宜高于 80%，基层表面温度不宜低于 5℃。

3.2　材料及机具

3.2.1　自流平材料：环氧树脂自流平材料性能应符合现行行业标准《环氧树脂地面涂层材料》JC/T 1015 的规定。聚氨酯自流平材料性能应符合现行国家标准《地坪涂装材料》GB/T 22374 的规定，环氧树脂和聚氨酯自流平材料的有害物质限量应符合现行国家标准《地坪涂装材料》GB/T 22374 的规定，材料有出厂合格证和复试报告。

3.2.2　拌合用水：应符合现行行业标准《混凝土用水标准》JGJ 63—2006 的规定或采用饮用水。

3.2.3　机具：抛丸机、研磨机、吸尘器、滚筒、消泡滚筒、锯齿镘刀、镘刀、打磨机、计量器具、毛刷、铲刀、靠尺、手推车、大小装料桶、钢丝刷、搅拌机温湿度测量仪。

4　操作工艺

4.1　工艺流程

基层处理→涂刷底涂→批刮中涂→修补打磨→自流平面涂→放气→养护

4.2　基层处理

4.2.1　现场应封闭，禁止交叉作业。

4.2.2　施工前，应对基层平整度、强度、含水率、裂缝、空鼓等项目进行检查。

4.2.3　当基层存在裂缝时，宜先采用机械切割的方式将裂缝切成 20mm 深、20mm 宽的 V 形槽，并用自流平砂浆修补平整。对于大的凹坑、孔洞也要用自流平砂浆修补平整。

4.2.4　当混凝土基层的抗压强度小于 20MPa 或水泥砂浆基层的抗压强度小于 15MPa

时，基层表面有水泥浮浆，或是起砂严重，要把表面的一层全部打磨掉，应采取补强处理或重新施工。

4.2.5 当基层的空鼓面积小于或等于 $1m^2$ 时，可采用灌浆法处理；当基层的空鼓面积大于 $1m^2$ 时，应剔除，并重新施工。

4.2.6 如果平整度不好，要把高差大的地方尽量打磨平整。

4.3 涂刷底涂

4.3.1 底层涂料应按比例称量配制，混合搅拌均匀后方可使用，并应在产品说明书规定的时间内使用。底涂的用量与基层的材质关系紧密，疏松或密实基层其耗量相差甚多，以在施工现场实测为准。

4.3.2 用滚筒把混合后的底漆均匀涂敷在基层上，横向、纵向各一遍，避免漏涂和堆涂。根据现场气温和通风条件，等候 1～4h，待涂膜表干后即可进行下步施工。

4.3.3 底涂涂刷完毕，应能够形成连续的漆膜。

4.4 批刮中涂

4.4.1 中涂材料应按产品说明书提供的比例称量配置，并应在混合搅拌均匀后进行批刮。

4.4.2 中涂填料一般采用石英砂、石英粉或滑石粉等。

4.4.3 中涂固化后，宜用打磨机对中涂层进行打磨，局部凹陷处可采用树脂砂浆进行找平修补。

4.5 自流平面涂

将面漆按比例混合，用电动搅拌器搅拌约 3～5min，搅拌均匀后倒在施工地面上，用镘刀辅助刮涂流平，厚度应符合设计要求。

4.6 放气

采用消泡滚筒放气时，需注意消泡滚筒的钉长与摊铺厚度的适应性，消泡滚筒主要辅助浆料流动并减少拌料和摊铺过程中所产生的气泡麻面及接口高差。

4.7 养护

养护期需避免强风气流，温度不能过高，宜为 23±2℃，养护天数不应少于 7d，当温度或其他条件不同于正常施工环境条件，需要视情况调整养护时间。固化和养护期间，应采取防水、防污染等措施。在养护期间人员不宜踩踏养护中的环氧树脂自流平地面。

5 质量标准

Ⅰ《建筑地面工程施工质量验收规范》GB 50209—2010

5.1 主控项目

5.1.1 自流平面层的铺涂材料应符合设计要求和国家现行有关标准的规定。

5.1.2 自流平面层的涂料进入施工现场时，应有以下有害物质限量合格的检测报告：

1　水性涂料中的挥发性有机化合物（VOC）和游离甲醛；

2　溶剂型涂料中的苯、甲苯＋二甲苯、挥发性有机化合物（VOC）和游离甲苯二异氰醛酯（TDI）。

5.1.3　自流平面层的基层为混凝土时，其抗压强度不应小于 20MPa，当基层为水泥砂浆时，其抗压强度不应小于 15MPa。

5.1.4　自流平面层的各构造层之间应粘结牢固，层与层之间不应出现分离、空鼓现象。

5.1.5　自流平面层的表面不应有开裂、漏涂和倒泛水、积水等现象。

5.2　一般项目

5.2.1　自流平面层应分层施工，面层找平施工时不应留有抹痕。

5.2.2　自流平面层表面应光洁，色泽应均匀、一致，不应有起泡、泛砂等现象。

5.2.3　自流平面层的允许偏差应符合表 17-1 的规定。

环氧树脂自流平面层的允许偏差和检验方法　　**表 17-1**

项次	项目	允许偏差	检查方法
1	表面平整度	2	用 2m 靠尺和楔形塞尺检查
2	踢脚线上口平直	3	拉 5m 线和用钢尺检查
3	缝格顺直	2	

Ⅱ《环氧树脂自流平地面工程技术规程》JGJ/T 50589—2010

5.1　主控项目

5.1.1　环氧树脂自流平地面涂料与涂层的质量应符合设计要求，当设计无要求时，应符合《环氧树脂自流平地面工程技术规程》JGJ/T 50589—2010 中表 17-2～表 17-6 的规定。

环氧树脂自流平地面底层涂料与涂层的质量　　**表 17-2**

项目	技术指标
容器中状态	透明液体、无机械杂质
混合后固体含量（%）	≥50
干燥时间（h）	表干≤3，实干≤24
涂层表面	均匀、平整、光滑、无起泡、无发白、无软化
附着力（MPa）	≥1.5

环氧树脂自流平地面中层涂料与涂层的质量　　**表 17-3**

项目		技术指标
容器中状态		搅拌后色泽均匀、无结块
混合后固体含量（%）		≥70
干燥时间（h）		表干≤8，实干≤48
涂层表面		密实、平整、均匀，无开裂、起壳、渗出物
附着力（MPa）		≥2.5
抗冲击（1kg 钢球自由落体）	1m	胶泥构造：无裂纹、剥落、起壳
	2m	砂浆构造：无裂纹、剥落、起壳
抗压强度（MPa）		≥80
打磨性		易打磨

环氧树脂自流平地面面层涂料与涂层的质量 **表 17-4**

项目		技术指标
容器中状态		各色黏稠液，搅拌后均匀无结块
干燥时间（h）		表干≤8，实干≤24
涂层表面		平整光滑、色泽均匀、无针孔、气泡
附着力（MPa）		≥2.5
相对硬度（任选）	D 型邵氏硬度	≥75
	铅笔硬度	≥3H
抗冲击（1kg 钢球自由落体）1m		无裂纹、剥落、起壳
抗压强度（MPa）		≥80
磨耗量（750r/500g）		≤60mg
容器中涂料的贮存期		密闭容器，阴凉干燥通风处，5～25℃，6 个月

环氧树脂自流平砂浆地面涂层的质量 **表 17-5**

项目	技术指标
干燥时间（h，25℃）	表干≤8，实干为 48～72
涂层表面	密实、平整、均匀、无开裂、无起壳、无渗出物
附着力（MPa）	≥2.5
抗冲击（1kg 钢球自由落体）2m	涂层无裂纹、剥落、起壳
抗压强度（MPa）	≥75

环氧树脂砂浆构造的自流平地面涂层的质量 **表 17-6**

项目	技术指标
干燥时间（h）	表干≤12，实干≤72
涂层表面	密实、平整、均匀、无开裂、无起壳、无渗出物
附着力（MPa）	≥2.5
抗冲击（1kg 钢球自由落体）2m	涂层无裂纹、剥落、起壳
抗压强度（MPa）	≥80

5.1.2 涂层的质量应符合下列规定：

1 涂层表面应均匀、连续，并应无泛白、漏涂、起壳、脱落等现象。

2 与基层的粘结强度不应小于 1.5MPa。

5.1.3 面涂层的质量应符合下列规定：

1 涂层表面应平整光滑、色泽均匀。

2 冲击强度应符合设计要求，表面不得有裂纹、起壳、剥落等现象。

5.2 一般项目

5.2.1 中涂层表面应密实、平整、均匀，不得有开裂、起壳等现象。

5.2.2 玻璃纤维增强隔离层的厚度应大于 1mm 或毡布复合结构增强材料不应少于 2 层。

5.2.3 面涂层的硬度应符合设计要求。

5.2.4 坡度应符合设计要求。

6　成品保护

6.0.1　成品保护期间，已做好的自流平地面上不能堆放垃圾、杂物、涂料以及施工机械，避免造成沾污。

6.0.2　不能用钝器、锐器击打或刻画自流平地面的面层，有重物撞击或锐器刮磨的可能时，需要安置橡胶板等保护垫。

6.0.3　搬运材料或推车要使用橡胶或 PU 轮胎，并派专人清理检查轮胎。

6.0.4　80℃以上热水或热气的排放口下方，用托盘架高承接，使热水冷却后再溢出，以避免高温直接喷溅。

7　注意事项

7.1　应注意的质量问题

7.1.1　基层清理要认真、彻底，控制基层含水率；铺设底层涂料时厚薄均匀；避免上下结合不牢，造成面层空鼓、裂缝。

7.1.2　配制涂料：严格控制配料比例，避免底漆漏涂。按产品说明配置环氧树脂自流平涂料，用强制搅拌器或装有搅拌叶的重荷低速钻机搅拌均匀。搅拌时缓慢加入填料，持续搅拌 3～5min 直至完全均匀。配料搅拌均匀后，应严格把握施工时间。

7.1.3　按操作工艺要求施工，保证抹压遍数，滚压时要按顺序和规律，避免面层不光，有抹纹、气泡等。

7.1.4　底漆封闭和面漆施工后，应立即封闭现场，严禁行走，避免冲击。

7.2　应注意的安全问题

7.2.1　施工现场临时用电要符合国家现行标准《施工现场临时用电安全技术规程》JGJ 46—2005 的要求。

7.2.2　电气设备应有接地保护。小型电动工具，必须安装“漏电保护”装置，使用时应经试运转合格后方可操作。现场维护电工应持证上岗，非维护电工不得私自接电源。

7.2.3　作业区域严禁明火作业，并配备灭火器材。

7.2.4　涂料的大部分溶剂和稀释剂中挥发型有机化合物，含有不同程度的毒性，施工现场应有通风排气设施，操作人员应做好劳动保护措施。

7.3　应注意的绿色施工问题

7.3.1　施工车辆尾气排放要符合有关要求，驶出施工现场前冲洗轮胎上的泥土。避免污染大气和道路。

7.3.2　搅拌、运输、施工噪声和扬尘均控制在允许范围内。施工噪声排放昼间不大于 75dB，夜间不大于 55dB，每月不少于一次检测，噪声应控制在规定范围之内，日常应每天进行监测，异常情况应加密监测次数。现场扬尘高度控制在 1m 以内，每班不少于目视检测一次。四级风以上应停止产生扬尘的施工作业。

7.3.3　施工过程中产生的施工垃圾应及时清理。集中堆放，统一处理。

8 质量记录

8.0.1 自流平材料出厂合格证及性能检测报告。
8.0.2 自流平材料复试报告。
8.0.3 中间交接或基层隐蔽验收记录。
8.0.4 地面自流平面层工程检验批质量验收记录表。
8.0.5 整体面层铺设分项工程质量验收记录表。
8.0.6 修补或返工记录。
8.0.7 其他技术资料。

第18章 水泥基自流平面层

本工艺标准适用于工业与民用建筑水泥基自流平地面面层的施工。

1 引用标准

《建筑地面工程施工质量验收规范》GB 50209—2010
《建筑工程施工质量验收统一标准》GB 50300—2013
《建筑装饰装修工程施工质量验收标准》GB 50210—2018
《建筑地面设计规范》GB 50037—2013
《自流平地面工程技术规程》JGJ/T 175—2009
《地面用水泥基自流平砂浆》JC/T 985—2017

2 术语

2.0.1 水泥基自流平砂浆地面：由基层、自流平界面剂、水泥基自流平砂浆构成的地面。

3 施工准备

3.1 作业条件

3.1.1 施工前应编制水泥基自流平地面工程施工方案，并按方案进行技术交底。
3.1.2 基层按现行国家标准《建筑地面工程施工质量验收规范》GB 50209—2010 进行检查验收合格。
3.1.3 基层应为混凝土层或水泥砂浆层，并应坚固、密实。当基层为混凝土时，其抗压强度不应小于 20MPa；当基层为水泥砂浆时，其抗压强度不应小于 15MPa。

3.1.4 楼地面与墙面交接部位、穿楼（地）面的套管等细部构造处已进行防护处理，且验收合格。

3.1.5 基层含水率不应大于 8%。

3.1.6 施工时室内及地面温度宜为 10～25℃，施工环境湿度不宜高于 80%。

3.2 材料及机具

3.2.1 自流平材料：水泥基自流平砂浆性能应符合现行行业标准《地面用水泥基自流平砂浆》JC/T 985—2017，材料有出厂合格证和复试报告。

3.2.2 拌合用水：应符合现行行业标准《混凝土用水标准》JGJ 63—2006 的规定或采用饮用水。

3.2.3 机具：打磨机、铣刨机、研磨机、抛丸机、吸尘器、泵送机、电动搅拌机、角磨机、镘刀、滚筒、消泡滚筒等、靠尺、盒尺、搅拌桶、锯齿刮板。

4 操作工艺

4.1 工艺流程

基层处理 → 涂刷自流平界面剂 → 制备浆料 → 摊铺自流平浆料 → 放气 → 养护

4.2 基层处理

4.2.1 现场应封闭，严禁交叉作业。

4.2.2 施工前，应对基层平整度、强度、含水率、裂缝、空鼓等项目进行检查。

4.2.3 当基层存在裂缝时，宜先采用机械切割的方式将裂缝切成 20mm 深、20mm 宽的 V 形槽，并用自流平砂浆修补平整。对于大的凹坑、孔洞也要用自流平砂浆修补平整。

4.2.4 当混凝土基层的抗压强度小于 20MPa 或水泥砂浆基层的抗压强度小于 15MPa 时，基层表面有水泥浮浆，或是起砂严重，要把表面的一层全部打磨掉，应采取补强处理或重新施工。

4.2.5 当基层的空鼓面积小于或等于 $1m^2$ 时，可采用灌浆法处理；当基层的空鼓面积大于 $1m^2$ 时，应剔除并重新施工。

4.2.6 如果平整度不好，要把高差大的地方尽量打磨平整。

4.3 涂刷自流平界面剂

4.3.1 在清理干净的基层上，涂刷界面剂两遍。两次采用不同方向涂刷顺序，以避免漏刷。

4.3.2 每次涂刷时要采用每滚刷压上滚刷半滚刷的涂刷方法。

4.3.3 涂刷第二遍界面剂时，要待第一遍界面剂干透，界面剂已形成透明的膜层，没有白色乳液。

4.3.4 第二遍界面剂完全干燥后，才能进行水泥自流平的施工，否则容易在自流平表面形成气泡。

4.4 制备浆料

4.4.1 制备浆料可采用人工法或机械法，并应充分搅拌至均匀无结块为止。

4.4.2 人工法制备浆料时，将准确称量好的拌合用水倒入干净的搅拌桶内，开动电动搅拌器，徐徐加入已精确称量的自流平材料，持续搅拌3～5min，至均匀无结块为止，静置2～3min，使自流平材料充分润湿，排除气泡后，再搅拌2～3min，使料浆成为均匀的糊状。

4.4.3 机械法制备浆料时，将拌合用水量预先设置好，再加入自流平材料，进行机械拌合，将拌合好的自流平砂浆泵送到施工作业面。

4.4.4 自流平材料成分较多，在大型工程中建议使用机械搅拌，否则会影响分散效果。

4.4.5 拌合时兑水量应准确，自流平材料发生反应所需水量比例是固定的，过多或过少都会降低材料的主要性能。

4.5 摊铺自流平浆料

摊铺浆料时应按施工方案要求，采用人工或机械方式将自流平浆料倾倒于施工面，使其自行流展找平，也可用专用锯齿刮板辅助浆料均匀展开。

4.6 放气

采用消泡滚筒放气时，需注意消泡滚筒的钉长与摊铺厚度的适应性，消泡滚筒主要辅助浆料流动并减少拌料和摊铺过程中所产生的气泡及接槎，操作人员需穿钉鞋作业。

4.7 养护

养护期需避免强风气流，温度不能过高，当温度或其他条件不同于正常施工环境条件，需要视情况调整养护时间。水泥基自流平未达到规定龄期前，虽可上人，但易被污染，因具有一定的柔性，不耐刻画，需要进行成品保护。

5 质量标准

Ⅰ《建筑地面工程施工质量验收规范》GB 50209—2010

5.1 主控项目

5.1.1 自流平面层的铺涂材料应符合设计要求和国家现行有关标准的规定。

5.1.2 自流平面层的涂料进入施工现场时，应有以下有害物质限量合格的检测报告：

1 水性涂料中的挥发性有机化合物（VOC）和游离甲醛；

2 溶剂型涂料中的苯、甲苯+二甲苯、挥发性有机化合物（VOC）和游离甲苯二异氰酸酯（TDI）。

5.1.3 自流平面层的基层为混凝土时，抗压强度不应小于20MPa；当基层为水泥砂浆时，其抗压强度不应小于15MPa。

5.1.4 自流平面层的各构造层之间应粘结牢固，层与层之间不应出现分离、空鼓现象。

5.1.5 自流平面层的表面不应有开裂、漏涂和倒泛水、积水等现象。

5.2 一般项目

5.2.1 自流平面层应分层施工，面层找平施工时不应留有抹痕。
5.2.2 自流平面层表面应光洁，色泽应均匀、一致，不应有起泡、泛砂等现象。
5.2.3 自流平面层的允许偏差应符合表 18-1 的规定。

水泥基自流平砂浆面层的允许偏差和检验方法　　表 18-1

项次	项目	允许偏差	检查方法
1	表面平整度	2	用 2m 靠尺和楔形塞尺检查
2	踢脚线上口平直	3	拉 5m 线和用钢尺检查
3	缝格顺直	2	

Ⅱ《自流平地面工程技术规程》JGJ/T 175—2009

5.1 主控项目

自流平地面主控项目的验收应符合表 18-2 的规定。

主控项目　　表 18-2

项目	水泥基自流平砂浆地面		检查方法
	用于面层	用于找平	
外观	表面平整、密实，无明显裂纹、针孔等缺陷		距表面 1m 处垂直观察，至少 90% 的表面无肉眼可见的差异
面层厚度偏差（mm）	≤1.5	≤0.2	针刺法或超声波仪
表面平整度	≤3mm/2m	≤3mm/2m	用 2m 靠尺和楔形塞尺检查
粘接强度及空鼓	各层应粘结牢固；每 $20m^2$ 地面，空鼓不得超过 2 处，每处空鼓面积不得大于 $400cm^2$		用小锤轻敲

5.2 一般项目

自流平地面一般项目的验收应符合表 18-3 的规定。

一般项目　　表 18-3

项目	水泥基自流平砂浆地面		检查方法
	用于面层	用于找平	
坡度	符合设计要求		泼水或坡度尺
缝格平直（mm）	≤5		拉 5m 线和检查
接缝高低差（mm）	≤2.0		用钢尺和楔形塞尺检查
耐冲击性	无裂纹、无剥落	—	直径 50mm 的钢球，距离面层 500mm

6 成品保护

6.0.1 成品保护期间，已做好的自流平地面上不能堆放垃圾、杂物、涂料以及施工机械，避免造成沾污。
6.0.2 不能用钝器、锐器击打或刻画自流平地面的面层，也不能在上面行走。

7 注意事项

7.1 应注意的质量问题

7.1.1 基层清理要认真、彻底，控制基层含水率；铺设底层涂料时厚薄均匀；避免上下结合不牢，造成面层空鼓、裂缝。

7.1.2 严格控制涂料配料比例。

7.2 应注意的安全问题

7.2.1 自流平材料避免日晒雨淋，禁止接近火源，防止碰撞，注意通风。

7.2.2 水泥基或石膏基自流平砂浆地面施工应采用专用机具。

7.3 应注意的绿色施工问题

7.3.1 水泥、砂、石屑运输时覆盖，防止遗撒和扬尘。

7.3.2 施工车辆尾气排放要符合有关要求，驶出施工现场前冲洗轮胎上的泥土，避免污染大气和道路。

7.3.3 搅拌、运输、施工噪声和扬尘均控制在允许范围内。施工噪声排放昼间不大于75dB，夜间不大于55dB，每月不少于一次检测，噪声应控制在规定范围之内，日常应每天进行监测，异常情况应加密监测次数。现场扬尘高度控制在1m以内，每班不少于目视检测一次。四级风以上应停止产生扬尘的施工作业。

7.3.4 施工过程中产生的施工垃圾应及时清理，集中堆放，统一处理。

7.3.5 冬期养护时，如采用生煤火保温则应注意室内不能完全封闭，宜有通风措施，应做到空气流通，能使局部一氧化碳气体可以逸出，以免影响水泥水化作用的正常进行和面层的结硬，造成水泥砂浆面层松散、不结硬而引起起砂和起灰的质量通病。

8 质量记录

8.0.1 自流平材料出厂合格证及性能检测报告。

8.0.2 自流平材料复试报告。

8.0.3 基层隐蔽验收记录。

8.0.4 地面自流平面层工程检验批质量验收记录表。

8.0.5 整体面层铺设分项工程质量验收记录表。

8.0.6 其他技术文件。

第19章 块材防腐蚀面层

本工艺标准适用于工业与民用建筑块材防腐蚀（耐酸砖、耐酸耐温砖、防腐蚀炭砖和天然石材等）地面面层的施工。

1 引用标准

《建筑防腐蚀工程施工规范》GB 50212—2014
《工业设备及管道防腐蚀工程施工规范》GB 50726—2011
《建筑防腐蚀工程施工质量验收规范》GB 50224—2010
《建筑工程施工质量验收统一标准》GB 50300—2013
《建筑装饰装修工程施工质量验收标准》GB 50210—2018
《工业建筑防腐蚀设计规范》GB 50046—2008
《建筑地面设计规范》GB 50037—2013

2 术语

2.0.1 高压射流：以高压泵打出高压力低流速水，经过培土增压管路到达旋转喷嘴，转换为具有很高的冲击动能的低压流速射流，用以冲击被清洁表面。

3 施工准备

3.1 作业条件

3.1.1 防腐蚀地面施工前应编制施工方案，内容应包括安全技术措施及应急预案，并按方案进行技术和安全交底。

3.1.2 基层应符合设计规定，防腐蚀工程施工前应对基层进行验收并办理交接手续。

3.1.3 穿过防腐蚀层的管道、套管、预留孔、预埋件，均已预先埋置或留设，经检查验收合格。

3.1.4 各类防腐蚀材料在施工或固化期间要防止暴晒，施工时工作面保持清洁，施工场所应通风良好。

3.1.5 防护设施安全、可靠，施工用水、用电应满足连续施工需要。

3.2 材料及机具

3.2.1 块材的品种、规格和等级，应符合设计要求；当设计无要求时，应符合下列规定：

1 耐酸砖、耐酸耐温砖质量指标应符合国家现行标准《耐酸砖》GB/T 8488 和《耐酸耐温砖》JC/T 424 的有关规定。

2 防腐蚀碳砖的质量指标应符合国家现行标准《工业设备及管道防腐蚀工程施工规范》GB 50726 的有关规定。

3 天然石材应组织均匀，结构致密，无风化。不得有裂纹或不耐酸的夹层，不得有缺棱掉角等现象。并应符合表 19-1 的规定。

天然石材的质量　　表 19-1

项目 \ 天然石材种类		花岗岩	石英石	石灰石
浸酸安定性（%）		72h 无明显变化	72h 无明显变化	—
抗压强度（MPa）		≥100.0	≥100.0	≥60.0
抗折强度（MPa）		8.0	8.0	
表面平整度	机械切割	±2.0mm		
	人工加工或机械刨光	±3.0mm		

3.2.2 铺砌材料用树脂胶泥或砂浆、水玻璃胶泥或砂浆、聚合物水泥砂浆等。树脂原材料及制成品的质量和配制应符合《建筑防腐蚀工程施工规范》GB 50212—2014 第 5.2 节及第 5.3 节的规定，酚醛树脂不得配制树脂砂浆。水玻璃原材料及制成品的质量和配制应符合《建筑防腐蚀工程施工规范》GB 50212—2014 第 6.2 节及第 6.3 节的规定。聚合物水泥砂浆及制成品的质量和配制应符合《建筑防腐蚀工程施工规范》GB 50212—2014 第 7.2 节及第 7.3 节的规定。

3.2.3 隔离层材料用树脂、涂层类、纤维增强塑料、聚氨酯防水涂料、高聚物改性沥青卷材、高分子卷材等。聚氨酯防水涂料选材应符合《聚氨酯防水涂料》GB/T 19250—2013 的有关规定。纤维增强材料应符合《建筑防腐蚀工程施工规范》GB 50212—2014 第 5.2.4 条的规定。高聚物改性沥青卷材原材料应符合《弹性体改性沥青防水卷材》GB 18242—2008 和《塑性体改性沥青防水卷材》GB 18243—2008 的有关规定。高分子卷材隔离层原材料应符合《高分子防水材料 第 1 部分：片材》GB 18173.1—2012 的有关规定。

3.2.4 机具：胶泥搅拌机、筛灰机、砖板切割机、砂轮切割机、手提式砂轮机、角磨机、普通砂轮机、卷扬提升设备、通风机及加热设备等。

4 操作工艺

4.1 工艺流程

基层处理 → 隔离层施工 → 块材铺砌 → 灌缝、勾缝 → 养护

4.2 基层处理

4.2.1 混凝土基层

1 混凝土基层应密实，无裂纹、脱壳、麻面、起砂、空鼓、地下水渗漏、不均匀沉陷等现象。强度、坡度经过检测并符合设计要求。基层的阴阳角做成直角。表面平整度采用 2m 靠尺检查，当防腐蚀层厚度不小于 5mm 时，允许空隙不应大于 4mm；当防腐蚀层厚度小于 5mm 时，允许空隙不应大于 2mm。经过养护的基层表面，不得有白色析出物。经过养护的找平层表面不得出现开裂、脱皮、麻面、起砂、空鼓等缺陷。

2 混凝土基层不满足上述要求需进行处理，处理方式应符合表 19-2 规定。当基层表面采用手工或动力工具打磨时，表面应无水泥渣及疏松的附着物；当采用喷砂或抛丸时，应使基层表面形成均匀粗糙面；当采用研磨机械打磨时，表面应清洁、平整。

混凝土基层表面处理方式　　表 19-2

混凝土强度	处理方式
≥C40	抛丸、喷砂、高压射流
C30～C40	抛丸、喷砂、高压射流、打磨
C20～C30	抛丸、喷砂、高压射流、铣刨、打磨、研磨
≤C20	打磨、高压射流、铣刨、研磨

3　正式施工时，必须用干净的软毛刷、压缩空气或工业吸尘器，将基层表面清理干净。

4　已被油脂、化学品污染的混凝土基层表面或改建、扩建工程中已被侵蚀的疏松基层，应进行表面处理。当基层表面被介质侵蚀，呈疏松状，宜采用高压射流、喷砂或机械洗刨、凿毛处理。当表面不平整时，宜采用细石混凝土、树脂砂浆或聚合物水泥砂浆进行修补，养护后应按新的基层进行处理。

5　整体防腐蚀构造基层表面不宜做找平处理。当必须进行找平处理时，找平层厚度不小于 30mm 时，宜采用细石混凝土找平，强度等级不应小于 C30；找平层厚度小于 30mm 时，宜采用聚合物水泥砂浆或树脂砂浆找平。

6　基层混凝土应养护到期，在深度 20mm 的厚度层内，含水率不应大于 6%；当设计对湿度有特殊要求时，应按设计要求进行。

4.2.2　钢结构基层

1　钢结构基层表面平整、洁净，施工前应把焊渣、毛刺、铁锈、油污等清除干净。焊缝应饱满，不得有气孔、夹渣等缺陷。阳角的圆弧半径不宜小于 3mm。

2　钢结构表面处理可采用喷射或抛射、手工或动力工具、高压射流等处理方法。喷射或抛射处理等级、手工或动力工具处理等级均应符合现行国家标准《涂覆涂料前钢材表面处理 表面清洁度的目视评定 第 1 部分：未涂覆过的钢材表面和全面清除原有涂层后的钢材表面的锈蚀等和处理等级》GB/T 8923.1 的有关规定。

3　高压射流表面处理时，钢材表面应无可见的油脂和污垢，且氧化皮、铁锈和涂料涂层等附着物已清除，底材显露部分的表面应具有金属光泽。钢材表面经干燥处理后 4h 内应涂刷底层涂料。

4　已经处理的钢结构表面不得再次污染，当受到二次污染时，应再次进行表面处理。

5　经处理的钢结构基层，应及时涂刷底层涂料，其间隔时间从基层处理开始不应超过 5h。

4.2.3　木质基层

1　木质基层表面应平整、光滑、无油脂、无尘、无树脂，并将表面的浮灰清除干净。

2　基层应干燥，含水率不应大于 15%。

4.3　隔离层施工

4.3.1　基层清理干净并经检查合格后，及时进行隔离层施工。

4.3.2　树脂、涂层类隔离层可采用喷涂、滚涂、刷涂和刮涂。施工宜采用间断法。表面不得出现露涂、起鼓、开裂等缺陷。

4.3.3　纤维增强塑料隔离层的施工宜采用手糊法。手糊法分间歇法和连续法。隔离层施工前，在经过处理的基层表面，应均匀地涂刷封底料进行封底，不得有漏涂、流挂等缺陷。在基层的凹陷不平处，应采用树脂胶泥料修补填平。酚醛或呋喃类纤维增强塑料可用环氧树脂或乙烯基酯树脂、不饱和聚酯树脂的胶泥料修补刮平基层。

1 间歇法纤维增强塑料施工时，先均匀涂刷一层胶料，随即衬上一层纤维增强材料，必须贴实，赶净气泡，其上再涂一层胶料，胶料应饱满。应固化并修整表面后，再按相同程序铺衬以下各层，直至达到设计要求的层数或厚度。每铺衬一层，均应检查前一层的质量，当有毛刺、脱层和气泡等缺陷时应修补。铺衬时，同层纤维增强材料的搭接宽度不应小于50mm；上下两层纤维增强材料的接缝应错开，错开距离不得小于50mm，阴阳角处应增加1～2层纤维增强材料。

2 连续法纤维增强塑料施工时，一次连续铺衬的层数或厚度，不应产生滑移，固化后不应起壳或脱层。前一次固化后，再进行下一次施工。连续铺衬到设计要求的层数或厚度，应固化后进行封面层施工。铺衬时，上下两层纤维增强材料的接缝应错开，错开距离不得小于50mm；阴阳角处应增加1～2层纤维增强材料。

3 纤维增强塑料封面层施工时，应均匀涂刷面层胶料。当涂刷两遍以上时，待上一遍固化后，再涂刷下一遍。

4.3.4 聚氨酯防水涂料隔离层施工，分底涂层和面涂层，总厚度宜为1.5mm，纤维增强材料不得少于一层。经过处理的基层表面涂刷底涂层，底涂层宜采用滚涂或刷涂。面涂层宜采用刮涂施工。第一层面涂层施工应在底涂层固化后进行。每层涂层表面不得出现漏涂、起鼓、开裂等缺陷。隔离层应完全固化后再进行后序施工。

4.3.5 高聚物改性沥青防水卷材隔离层施工宜选用表面带骨料无贴膜型高聚物改性沥青卷材。

1 基层表面应涂刷与铺贴的卷材材质相容的基层处理剂，涂刷应均匀，干燥后再铺贴卷材。涂刷基层处理剂干燥时间一般为常温下4h，状态为表干，不黏手。

2 卷材的层数、厚度应符合设计要求。多层铺设时接缝应错开。喷枪距加热面宜为300mm。搭接部位应满粘牢固，搭接宽度不应小于80mm。阴阳角应加贴一层卷材，两边搭接宽度不应小于100mm。

3 火焰加热器加热卷材应均匀，不得烧穿卷材；卷材表面热熔后应立即滚铺卷材，排尽空气，并辊压粘结牢固，不得有空鼓。卷材搭接处用喷枪加热，并应粘结牢固。卷材接缝部位应溢出热熔的改性沥青胶；末端用配套密封膏嵌填严密。

4 铺贴的卷材应平整顺直，搭接尺寸应准备，不得扭曲或皱折。

4.3.6 高分子卷材隔离层施工时，基层表面应涂刷基层处理剂，涂刷应均匀，并应干燥4h。当在基层表面及卷材表面涂刷基层胶粘剂时，涂刷应均匀，不得反复进行。卷材预留搭接部位宜为100mm。铺贴时，卷材不宜拉得太紧，应在自然状态下铺贴到基层表面，并应排除卷材和基层表面的空气。卷材预留的100mm搭接处，应均匀涂刷专用胶粘剂，等不黏手后进行辊压处理。

4.3.7 树脂涂层、纤维增强塑料、聚氨酯防水涂料隔离层在最后一道工序结束的同时应均匀的稀撒一层粒径为0.7～1.2mm的细骨料。

4.3.8 防腐蚀工程的立面隔离层不应采用柔性材料及卷材类材料。

4.4 块材铺贴

4.4.1 块材的施工应在基层表面的封闭底层或隔离层施工结束后进行，封闭底层或隔离层和结合层的时间间隔不宜过长，一般不超过7d。施工前应将基层表面清理干净。块材的施工方法应包括揉挤法、坐浆法和灌注法。

4.4.2　块材铺砌前应经挑选、清洁、干燥，并试排后备用。当采用聚合物水泥砂浆铺砌耐酸砖等块材面层时，应预先用水将块材浸泡 2h 后，擦干水迹即可铺砌。

4.4.3　铺贴顺序由低往高，先地坑、地沟，后地面、踢脚板或墙裙。阴角处立面块材应压住平面块材；阳角处平面块材应盖住立面块材，块材铺贴不应出现十字通缝，多层块材不得出现重叠缝。立面块材的连续铺砌高度，应与胶泥的固化时间相适应，砌体不得变形。铺砌时，应随时刮除缝内多余的胶泥或砂浆。

4.4.4　铺砌耐酸砖、耐酸耐温砖、防腐蚀炭砖及厚度不大于 30mm 的块材宜采用揉挤法施工。铺贴时，在块材的贴衬面和在被铺砌基层表面上刮上一层薄胶泥，将块材用力揉贴在基层表面上，胶泥应饱满，并应无气泡。然后刮去灰缝挤出的多余胶泥。

4.4.5　天然石材采用坐浆法施工时，先将块材的铺贴面涂上一层薄胶料，在被铺砌基层铺上一层结合砂浆，砂浆厚度应略高于规定的结合层厚度。然后将块材平放在结合砂浆上，采用橡皮锤或木槌均匀敲打块材表面，表面应平整，并应有砂浆液体挤出为止。

4.4.6　天然石材的立面采用灌注法施工时，灰缝应密实，粘结应牢固。待胶泥固化后将稀胶泥从上部灌入。当立面为单层块材时可一次灌浆到位，多层块材一次灌浆深度为每层块材高度的 2/3。

4.4.7　施工时，块材的结合层厚度和灰缝宽度应符合表 19-3 的规定：

结合层厚度和灰缝宽度（mm）　　**表 19-3**

<table>
<tr><th colspan="2" rowspan="3">块材种类</th><th colspan="6">结合层厚度（mm）</th><th colspan="2">灰缝宽度（mm）</th><th rowspan="3">灰缝深度（mm）</th></tr>
<tr><th colspan="2">树脂</th><th colspan="2">水玻璃</th><th colspan="2">聚合物</th><th rowspan="2">挤缝</th><th rowspan="2">灌缝或嵌缝</th></tr>
<tr><th>胶泥</th><th>砂浆</th><th>胶泥</th><th>砂浆</th><th>胶泥</th><th>砂浆</th></tr>
<tr><td colspan="2">耐酸砖、耐酸耐温砖、防腐蚀炭砖</td><td>4～6</td><td>—</td><td>4～6</td><td>—</td><td>4～6</td><td>—</td><td>2～5</td><td>—</td><td>满缝</td></tr>
<tr><td rowspan="2">天然石材</td><td>厚度≤30mm</td><td>4～8</td><td>—</td><td>4～8</td><td>—</td><td>4～8</td><td>—</td><td>3～6</td><td>8～12</td><td>满灌或满嵌</td></tr>
<tr><td>厚度>30mm</td><td>—</td><td>8～15</td><td>—</td><td>8～15</td><td colspan="2">8～15</td><td>—</td><td>8～15</td><td>满灌或满嵌</td></tr>
</table>

4.5　灌缝

4.5.1　灌缝可根据介质的类别、pH 酸碱度或浓度不同，选择水玻璃胶泥或砂浆、树脂胶泥或砂浆、沥青胶泥、聚合物水泥砂浆等。

4.5.2　树脂胶泥铺砌的块材，应在铺砌块材用的胶泥、砂浆初步固化后进行块材的灌缝。水玻璃胶泥铺砌的块材，树脂胶泥灌缝时应在结合层胶泥或砂浆完全固化后进行。

4.5.3　灌缝前，应彻底清理块材缝隙内尘土杂物及酸处理后的白色析出物，保持灰缝清洁干燥。灌缝时，宜分次进行，灰缝应饱满、密实，表面应平整光滑。对不饱满的缝隙及时进行找补，并清理干净块材面上多余的胶泥，灌缝应与块材面齐平。

4.6　养护

4.6.1　树脂类材料一般以常温 20～30℃养护为宜，养护环境温度低于 15℃，应采取措施，提高养护温度或延长养护时间。常温下树脂类材料的养护期应符合表 19-4 的规定。

常温下树脂类防腐蚀工程的养护期　　表 19-4

树脂类型	养护期（d）		
	胶泥、砂浆、细石混凝土	纤维增强塑料	树脂自流平、玻璃鳞片胶泥
环氧树脂	≥10	≥15	≥10
乙烯基酯树脂	≥10	≥15	≥10
不饱和聚酯树脂	≥10	≥15	≥10
呋喃树脂	≥15	≥15	—
酚醛树脂	≥20	≥20	—

4.6.2 水玻璃类材料的养护期应符合表 19-5 的规定。

水玻璃类材料的养护期　　表 19-5

材料名称		养护期（d）不少于			
		10～15℃	16～20℃	21～30℃	31～35℃
钠水玻璃材料		12	9	6	3
钾水玻璃材料	普通型	—	14	8	4
	密实型	—	28	15	8

4.6.3 聚合物水泥砂浆铺砌块材施工结束后，潮湿养护 7d，再自然养护 21d 后方可使用。聚合物水泥砂浆的湿养护一般在施工后 1h，高温大风天气时施工后 0.5h 内即应养护，方法是喷雾、用遮盖物覆盖等。遮盖物可用塑料薄膜、麻袋及草袋等，遮盖物四周应压实。多孔性覆盖物在 8h 内应淋水，保持聚合物砂浆表面潮湿。

5　质量标准

5.1　主控项目

5.1.1 耐酸砖、耐酸耐温砖及天然石材的品种、规格和性能应符合设计要求或国家现行有关标准的规定。

5.1.2 铺砌块材的各种胶泥或砂浆的原材料及制成品的质量要求、配合比及铺砌块材的要求等，应符合国家现行标准《建筑防腐蚀工程施工质量验收规范》GB 50224—2010 有关章节的规定。

5.1.3 块材结合层和灰缝应饱满密实、粘结牢固；灰缝均匀整齐、平整一致，不得有空鼓、疏松；铺砌的块材不得出现通缝、重叠缝等缺陷。

5.2　一般项目

5.2.1 块材坡度的检验应符合下列规定：基层坡度应符合设计规定。其允许偏差应为坡长的±0.2%，最大偏差应小于 30mm。做泼水实验时，水应能顺利排除。

5.2.2 块材面层相邻块材间高差和表面平整度应符合下列规定：

1 块材面层相邻块材之间的高差不应大于下列数值：

1）耐酸砖、耐酸耐温砖的面层：1.0mm；

2）厚度不大于30mm的机械切割天然石材的面层：2.0mm；

3）厚度大于30mm的人工加工或机械刨光天然石材的面层：3.0mm。

2 块材面层平整度，其允许空隙不应大于下列数值：

1）耐酸砖、耐酸耐温砖和防腐蚀炭砖的面层：4.0mm；

2）厚度不大于30mm的机械切割天然石材的面层：4.0mm；

3）厚度大于30mm的人工加工或机械刨光天然石材的面层：6.0mm。

6 成品保护

6.0.1 合理安排施工程序，避免在块材铺砌完后再开凿孔洞或行走，操作人员应穿软底鞋。

6.0.2 未经养护固化的地面，在检查验收、交付使用前，应妥善保护防止污染；不得踩踏、堆放物品及受到敲击或振动；不得与水、蒸汽和腐蚀介质接触。

6.0.3 搬运、吊装设备时，必须平稳、不受碰撞振动；安装找正时，不得用撬杠撬动防腐蚀面层。

7 注意事项

7.1 应注意的质量问题

7.1.1 施工前，应根据环境温度、湿度等条件，通过试验方式确定适宜的配合比、施工方法，符合要求后，再进行大面积施工。

7.1.2 胶泥等应根据施工速度、凝结时间应随用随配，不得使用已经凝固的材料，以保证施工质量。

7.2 应注意的安全问题

7.2.1 易燃、易爆和有毒材料不得堆放在施工现场，应存放在专用库房内，并设有专人管理。施工现场和库房，必须设置消防器材。现场严禁烟火，所有边角、废料，只能作为工业垃圾处理，不准焚烧。

7.2.2 施工现场应有通风排气设备。现场有害气体、蒸气和粉尘的最高允许浓度应符合现行国家标准《工作场所有害因素职业接触限值 第1部分：化学有害因素》GBZ 2.1、《车间空气中溶剂汽油卫生标准》GB 11719、《车间空气中含50%～80%游离二氧化硅粉尘卫生标准》GB 11724、《车间空气中含80%以上游离二氧化硅粉尘卫生标准》GB 11725和《工业设备及管道防腐蚀工程施工规范》GB 50726的有关规定。

7.2.3 现场施工机具设备及设施，使用前应检验合格，符合国家现行有关产品标准的规定；电气设备应有接地保护；小型电动工具，必须安装“漏电保护”装置，使用时应经试运转合格后方可操作；现场电工应持证上岗，非电工不得私自接电源。施工用电安全应符合现行国家标准《用电安全导则》GB/T 13869、《国家电气设备安全技术规范》GB 19517和《施工现场临时用电安全技术规程》JGJ 46的有关规定。

7.2.4 现场动火、受限空间施工和使用压力设备作业应办理作业批准手续，作业区域应设置安全围挡和安全标志，并应设专人监护、监控，作业人员规定统一的操作联络方式，作业结束，应检查并消除隐患后再离开现场。

7.2.5 防腐蚀工程质量检验的检测设备和仪器的使用安全，应符合有关产品的安全使用规定。

7.3 应注意的绿色施工问题

7.3.1 防腐蚀施工应建立重要环境因素清单，并应编制具体的环境保护技术措施。

7.3.2 施工现场应设置密闭式垃圾站。施工垃圾、生活垃圾应按环保要求分类存放，并应及时清运出场。防腐蚀施工中不得对水土产生污染。

7.3.3 施工中产生的各类废物的处理应符合下列规定：

1 施工中应收集、贮存、运输、利用和处置各类废物，并采取覆盖措施。包装物应采用可回收利用、易处置或易消纳的材料。

2 危险废物应集中堆放到专用场所，按国家环保的规定设置统一的识别标志，并建立危险废物污染防治的管理制度，制订事故防范措施和应急预案。

3 各类危险废物的处理应与地方环保部门办理处理手续或委托合格（地方环保部门认可）的单位组织集团处理。

4 运输危险废物时，应按国家和地方有关危险货物和化学危险品运输管理的规定执行。

7.3.4 施工中粉尘等污染的防治应符合下列规定：

1 运输或装卸易产生粉尘的细料或松散料时，应采取密闭措施或其他防护措施。

2 进行拆除作业时，应采取隔离措施。

3 搅拌场所应搭设搅拌棚，四周应设围护，并应采取防尘措施。切割作业应选定加工点，并应进行封闭围护。当进行基层表面处理、机械切割或喷涂等作业时，应采取防扬尘措施。

4 大风天气不得从事筛砂、筛灰等工作。

7.3.5 施工中对施工噪声污染的防治应符合下列规定：

1 施工现场应按现行国家标准《建筑施工场界环境噪声排放标准》GB 12523 制订降噪措施。定期对噪声进行测量，并注明测量时间、地点、方法。做好噪声测量记录，超标时应采取措施。

2 在施工场界噪声敏感区域宜选择使用低噪声的设备，也可采取其他降低噪声的措施。机械切割作业的时间，应安排在白天的施工作业时间内，地点应选择在较封闭的室内进行。

3 运输材料的车辆进入施工现场不得鸣笛。装卸材料应轻拿轻放。

8 质量记录

8.0.1 防腐蚀材料出厂合格证及性能检测报告。

8.0.2 防腐蚀材料复试报告。

8.0.3 基层隐蔽验收记录。

8.0.4 地面防腐蚀面层工程检验批质量验收记录表。

8.0.5 地面防腐蚀面层分项工程质量验收记录表。

8.0.6 其他技术文件。

第 20 章　预制板块面层

本工艺标准适用于工业与民用建筑地面工程中预制水磨石板面层的施工。

1　引用标准

《建筑地面工程施工质量验收规范》GB 50209—2010
《建筑工程施工质量验收统一标准》GB 50300—2013
《建筑装饰装修工程施工质量验收标准》GB 50210—2018
《建筑地面设计规范》GB 50037—2013
《建筑装饰用水磨石》JC/T 507—2013

2　术语（略）

3　施工准备

3.1　作业条件

3.1.1　施工前要编制预制板块面层施工方案，并按方案进行技术交底。

3.1.2　基层已按设计要求施工并验收合格。

3.1.3　样板间或样板块得到业主或监理的认可。

3.1.4　各种管线、预埋铁件已安装完毕，并办理完隐蔽验收手续。

3.1.5　穿过楼面的管道安装完。管道及地漏周围洞口已用细石混凝土堵塞严实，地面垫层已做完，其强度已达 1.2MPa 以上；地漏、排水口已临时做好封堵保护。

3.1.6　门口框已安装到位，并通过验收。

3.1.7　室内墙顶抹灰完，墙（柱）面上+0.5m 标高线已弹好。

3.1.8　预制水磨石板已进场，并经检查验收符合施工质量要求。

3.1.9　施工环境温度不应低于 5℃。

3.2　材料及机具

3.2.1　水泥：宜采用硅酸盐水泥、普通硅酸盐水泥或矿渣硅酸盐水泥，其强度等级为硅酸盐水泥、普通硅酸盐水泥不低于 42.5 级，矿渣硅酸盐水泥不低于 32.5 级；不同品种、不同强度等级的水泥严禁混用。

3.2.2　砂：应选用中砂或粗砂，含泥量不得大于 3%。

3.2.3　预制板块：强度等级、规格、质量、色泽、图案均应符合设计要求；水磨石板块尚应符合国家现行行业标准《建筑装饰用水磨石》JC/T 507—2013 的规定。

3.2.4 机具：砂浆搅拌机、砂轮切割机、石材切割机、磨石机、45号钢砂轮片、手推车、计量斗、平锹、墨斗、铁抹子、刮杠、刮尺、靠尺、水平尺、橡皮锤、钢直角尺、扫帚、铁錾子、手锤、钢丝刷等。

4 施工工艺

4.1 工艺流程

基层处理→弹线排板→水磨石板浸水→铺结合层、粘贴水磨石板→镶贴踢脚板→酸洗打蜡

4.2 基层处理

将基层表面粘结的砂浆、混凝土等杂物用錾子剔凿，钢丝刷擦刷，扫帚清扫干净，铺贴板块前一天洒水湿润。

4.3 弹线排板

4.3.1 根据设计图纸要求的地面标高，从墙面上已弹好的＋50cm线，找出板面标高，在四周墙面上弹好板面水平线。

4.3.2 根据墙上的＋0.5m标高线及地面坡度等，定出地面顶面标高，在墙面上弹线做标记。水磨石板的板缝宽度以不大于2mm为宜。走道与室内的板块接缝应留在门扇下。

在地面上弹出十字中心线，根据预制水磨石板尺寸、房间尺寸、镶边尺寸等作好排板设计。与走道直接连通的房间应拉通线，房间内与走道如用不同颜色的水磨石板时，分色线应留在门口处。有图案的大厅，应根据房间长宽尺寸和水磨石板的规格、缝宽排列，确定各种水磨石板所需块数，绘制施工大样图。

4.4 水磨石板浸水

为确保砂浆找平层与预制水磨石板之间的粘结质量，在板块铺贴前，将板背面清理干净，用水浸湿或刷水湿润，码放晾干，铺贴时达到面干内潮为准。

4.5 铺结合层、粘贴水磨石板

4.5.1 清除基层上明水及杂物，刷一遍水灰比为0.4～0.5的水泥浆，刷浆应与铺抹结合层相适应，不可一次刷的面积太大。

4.5.2 结合层采用1∶2或1∶3干硬性水泥砂浆，稠度25～35mm用砂浆搅拌机拌制均匀，严格控制加水量，拌好的砂浆以手握成团、手捏或手颠即散为宜。

4.5.3 结合层的铺设和水磨石板的粘贴应分段依次进行，即随铺结合层随贴板，不可一次铺设面积过大。结合层铺设后用刮尺刮平，铁抹子拍实抹平，试铺水磨石板，对好纵横缝，用橡皮锤敲击板中间，振实砂浆至铺设高度后，将试铺后的水磨石板掀起移至一旁，检查结合层上表面，如有空虚不实处，用砂浆补平，如完全吻合，满铺一层水灰比为0.4～0.5的素水泥浆或干撒水泥面洒水湿润，再正式铺水磨石板，铺时要四角同时落下，用橡皮锤轻敲，随时用水平尺和拉线检查标高、平整度、板缝平直度和接缝高低差。

4.5.4　水磨石板的铺贴从十字交叉点开始，根据最中间的板为骑缝或线侧的不同情况，先安正中间一块，并排两块或对角两块，作为整个房间铺贴位置和标高的基准，标准块铺好后，拉线向两侧并沿后退方向顺序逐块铺贴。

4.5.5　四周镶边、拐角处等部位，需用非整块板时，用砂轮切割机或石材切割机切割，切割边与相邻边垂直，板边顺直，无缺棱掉角缺陷。管道、地漏部位的水磨石板，宜用钻孔机套割，使与管道、地漏相吻合。有坡度要求的房间，水磨石板应随地面坡度拉线铺设。

4.5.6　预制水磨石板铺贴完 2d 内，应采用稀水泥浆将板缝灌满后擦缝，并将板面清理干净，用干锯末擦亮，再铺湿锯末覆盖养护，养护时间不应少于 7d，3d 内禁止上人。

4.6　镶贴踢脚板

4.6.1　当设计要求阳角处踢脚板成 45°相交时，应预先切割。每面墙所用踢脚板应经过试排板，使板块排列尽量对称，且非整块板应排在阴角处。当踢脚板长度尺寸与地面板一致时，踢脚板应与地面板对缝。镶贴顺序宜为先铺两端阴、阳角处板，再拉上口线逐块依序镶贴大墙面板。踢脚板的镶贴方法有灌浆法和粘贴法两种。

4.6.2　灌浆法镶贴

主墙是混凝土或砖墙基体时，墙面已抹完灰，下部踢脚线可不抹底灰，先立踢脚板后灌砂浆。

将墙面清扫干净并浇水湿润，然后由阳角开始向两侧试安，检查是否平整，接缝是否严密，有无掉角等，不符合要求时应进行调整，然后正式进行安装，下部用靠尺板托平直，板上下口处用石膏作临时固定。石膏凝固后，检查平整度、接缝高低、上口平直度、出墙厚度，符合标准要求后，用 1∶2 水泥砂浆（稠度一般为 8～12mm）灌注，并随时将踢脚板上口多余的砂浆清理干净。

灌浆 24h 后洒水养护 3d，经检查无空鼓，剔掉临时固定的石膏并清擦干净，用同踢脚板颜色的水泥砂浆擦缝。

4.6.3　粘贴法镶贴

主墙是混凝土或砖墙基体时，在已抹好灰的墙面垂直吊线确定踢脚板底灰厚度（同时要考虑踢脚板出墙厚度，一般为 8～10mm），用 1∶2 水泥砂浆抹底灰（基层为混凝土时应刷一层素水泥浆结合层，其水灰比为 0.4～0.5），并刮平划纹，待底子灰干硬后，将已湿润阴干的踢脚板背面抹上 2～3mm 厚水泥浆或聚合物水泥浆进行粘贴，并用木槌敲实，拉线找平找直，铺完 24h 后，应用水泥砂浆灌缝至 2/3 高度，再用同色水泥浆擦（勾）缝。

主墙是石膏板轻质隔墙时，不用抹底灰，直接用水泥砂浆粘贴踢脚板，操作方法同上。

4.7　酸洗打蜡

4.7.1　将草酸用热水溶化［质量比：(0.10～0.30)∶1］，冷却后用软布将草酸水溶液均匀涂在水磨石板面，或直接在水磨石板面撒草酸粉洒水，随之用 200～300 号油石磨出水泥石子本色，再用水冲洗干净，用软布擦干。

4.7.2　预制水磨石面层清洗干净，表面晾干后，用布或干净麻丝蘸稀糊状的成品蜡均匀地涂在水磨石面上。等蜡干后，用麻布或细帆布包裹木块代替油石，装在水磨石机的磨盘上进行磨光，用同样方法打第二遍蜡，直至水磨石表面达到表面光亮、图案清晰、色泽一致为止。

4.7.3　预制水磨石踢脚板酸洗和打蜡方法与上述方法相同。

5 质量标准

5.1 主控项目

5.1.1 预制板块面层所用板块产品应符合设计要求和国家现行有关标准的规定。

5.1.2 预制板块面层所用板块产品进入施工现场时，应有放射性限量合格的检测报告。

5.1.3 面层与下一层应粘结牢固，无空鼓（单块板块边角允许有局部空鼓，但每自然间或标准间的空鼓板块不应超过总数的5%）。

5.2 一般项目

5.2.1 预制板块表面无裂缝、掉角、翘曲等明显缺陷。

5.2.2 预制板块面层应平整、洁净，图案清晰，色泽一致，接缝均匀，周边顺直，镶嵌正确。

5.2.3 面层邻接处的镶边用料尺寸应符合设计要求，边角整齐、光滑。

5.2.4 踢脚线表面应洁净，与柱、墙面的结合应牢固。踢脚线高度及出柱、墙厚度应符合设计要求，且均匀一致。

5.2.5 楼梯、台阶踏步的宽度、高度应符合设计要求。踏步板块的缝隙宽度应一致；楼层梯段相邻踏步高度差不应大于10mm；每踏步两端宽度差不应大于10mm，旋转楼梯梯段的每踏步两端宽度的允许偏差不应大于5mm。踏步面层应做防滑处理，齿角应整齐，防滑条应顺直、牢固。

5.2.6 水磨石板块面层允许偏差：表面平整度3.0mm；缝格平直3.0mm；接缝高低差1.0mm；踢脚线上口平直4mm；板块间隙2.0mm。

6 成品保护

6.0.1 水磨石预制板不得用草绳捆绑、草袋覆盖。应存放于棚库内或用篷布覆盖，避免雨淋、日晒。存放时应光面相对侧立放，底部用方木支垫。搬运时应轻拿轻放。

6.0.2 施工过程中不得碰撞门框、墙面、管道、线盒等。地漏、排水口等应临时封堵，不得掉入杂物堵塞。

6.0.3 面层铺完初期，房间应予封闭，不能封闭的应覆盖编织布等保护。

6.0.4 严禁在已成活的面层上拌制砂浆；堆放材料和杂物时，面层上应有保护措施。

6.0.5 其他作业时，应避免污染地面及踢脚板；施工用梯凳脚应用橡胶或软布等物品包裹。

7 注意事项

7.1 应注意的质量问题

7.1.1 水磨石板空鼓：结合层砂浆含水量、厚度应合适，结合层应拍实，水磨石板背面应清理干净、洒水湿润应充分等。

7.1.2 结合层空鼓：基层清理应干净、湿润应充分，水泥浆涂刷应均匀、到位，防止涂刷过早而风干、硬结等。

7.1.3 接缝不平，缝格不直、不匀：水磨石板外形尺寸偏差应满足要求；铺贴时拉线控制尺寸应准确且应按线铺贴等。

7.1.4 踢脚板出墙厚度不一致：墙面平直度偏差应符合要求，其偏差在踢脚板铺贴前应预先认真检查处理。

7.1.5 预制水磨石块浸泡水时，应防止连包装泡入水中，以免污染半成品。

7.2 应注意的安全问题

7.2.1 清理基层时，不得从窗口、洞口向外乱扔杂物，以免伤人。

7.2.2 搬运铺贴水磨石板时，应稳拿轻放。

7.2.3 切割水磨石板时，应戴防护眼镜及胶皮手套，身体及头部应位于侧面。

7.2.4 电动工具都应装设漏电保护器，除Ⅱ、Ⅲ类手持电动工具外的其他电动工具应接 PE 保护零线。

7.3 应注意的绿色施工问题

7.3.1 水泥入库，砂堆遮盖、封挡；洒水抑尘。

7.3.2 选择合适的施工期间，避免噪声集中共振，必要时采用隔断封闭措施。

7.3.3 建筑垃圾应按总图要求在现场偏僻隐蔽处临时集中堆放，按环保要求分类集中处理，运至业主或相关部门指定地点丢弃。

8 质量记录

8.0.1 预制水磨石板块、水泥、砂子等材料出厂合格证、质量检验报告及复试报告。

8.0.2 隐蔽工程检查验收记录。

8.0.3 地面预制板块面层工程检验批质量验收记录。

8.0.4 地面预制板块面层分项工程质量验收记录。

8.0.5 其他技术文件。

第 21 章　陶瓷锦砖面层

本工艺标准适用于工业与民用建筑地面的陶瓷锦砖（即马赛克）面层铺贴的施工。

1 引用标准

《建筑地面工程施工质量验收规范》GB 50209—2010

《建筑工程施工质量验收统一标准》GB 50300—2013

《建筑装饰装修工程施工质量验收标准》GB 50210—2018

《建筑地面设计规范》GB 50037—2013

2 术语（略）

3 施工准备

3.1 作业准备

3.1.1 陶瓷锦砖面层工程施工前应编制施工方案并按施工方案进行技术交底。

3.1.2 墙上四周弹好+0.5m 标高线。

3.1.3 设计要求做防水层时，已办完隐检手续，并完成蓄水试验，办好验收手续。

3.1.4 穿楼地面的管洞已经堵严塞实。

3.1.5 楼地面垫层已经做完。

3.1.6 地面铺贴前应进行排版，复杂的地面施工前，应绘制施工大样图，并做出样板间，经检查合格后，方可大面积施工。

3.2 材料及机具

3.2.1 水泥：强度等级不低于 42.5 级的普通硅酸盐水泥或 32.5 级的矿渣硅酸盐水泥，应有出厂证明。

3.2.2 砂：粗砂或中砂，含泥量不大于 3%，过 8mm 孔径的筛子。

3.2.3 陶瓷锦砖：进场后应拆箱检查颜色、规格、形状、粘贴的质量等是否符合设计要求和有关标准的规定。进场验收合格后，在施工前应进行挑选，将有质量缺陷的先剔除，然后将面砖按大中小三类挑选后分别码放在垫木上。色号不同的严禁混用，选专用木条钉方框模子，拆包后应逐块进行套选，长、宽、厚不得超过±1mm，平整度用直尺检查。

3.2.4 机具：砂浆搅拌机、小水桶、半裁桶、笤帚、方尺、平锹、铁抹子、大杠、筛子、窄手推车、钢丝刷、喷壶、橡皮锤、小线、水平尺、硬木拍板、合金尖凿子、合金扁凿子、钢片开刀、拨板、小型台式砂轮。

4 操作工艺

4.1 工艺流程

清理基层、弹线 → 刷素水泥浆 → 水泥砂浆找平层 → 找方正、弹线 → 水泥浆结合层 → 铺贴陶瓷锦砖 → 修理 → 刷水、揭纸 → 拨缝 → 灌缝 → 养护

4.2 基层清理、弹线

4.2.1 清理基层表面灰浆皮、杂物等。

4.2.2 在墙上弹面层水平标高线。

4.3 刷水泥素浆

在清理好的地面上均匀洒水，然后用笤帚均匀洒刷素水泥浆（水灰比为0.5）。刷的面积不得过大，须与下道工序铺砂浆找平层紧密配合，随刷水泥浆随铺水泥砂浆。

4.4 做水泥砂浆找平层

4.4.1 冲筋：以墙面+50cm水平标高线为准，测出面层标高，拉水平线做灰饼，灰饼上平为陶瓷锦砖下皮。然后进行冲筋，在房间中间每隔1m冲筋一道。有地漏的房间按设计要求的坡度找坡，冲筋应朝地漏方向呈放射状。

4.4.2 冲筋后，用1∶3干硬性水泥砂浆（干硬程度以手捏成团，落地开花为准），铺设厚度为20～25mm，用大杠（顺标筋）将砂浆刮平，木抹子拍实，抹平整。有地漏的房间要按设计要求的坡度做出泛水。

4.5 找方正、弹控制线

找平层抹好24h后或抗压强度达到1.2MPa后，在找平层上量测房间内长宽尺寸，在房间中心弹十字控制线，根据设计要求的图案结合陶瓷锦砖每联尺寸，计算出所铺贴的张数，不足整张的应甩到边角处，不能贴到明显部位。

4.6 做水泥砂浆结合层

在砂浆找平层上，浇水湿润后，抹一道2～2.5mm厚的水泥浆结合层，应随抹随贴，面积不要过大。

4.7 铺贴陶瓷锦砖

4.7.1 宜整间一次连续铺贴，如果房间较大不能一次铺贴完，须将接槎切齐，余灰清理干净。

4.7.2 具体操作时应在水泥浆初凝前铺贴陶瓷锦砖（背面应洁净），从里向外沿控制线进行，铺时先翻起一边的纸，露出锦砖以便对正控制线，对好后立即将陶瓷锦砖铺贴上（纸面朝上）；紧跟着用手将纸面铺平，用拍板拍实，使水泥浆渗入到锦砖的缝内，直至纸面上显露出砖缝水印时为止。

4.7.3 继续铺贴时不得踩在已铺好的锦砖上，应退着操作。

4.8 修整

整间铺好后，在锦砖上垫木板，人站在垫板上修理四周的边角，并将锦砖地面与其他地面门口接槎处修好，保证接槎平直。

4.9 刷水、揭纸

铺完后紧接着在纸面上均匀地刷水，常温下过15～30min纸便湿透（如未湿透可继续洒水），此时可以开始揭纸，并随时将纸毛清理干净。

4.10 拨缝（应在水泥浆结合层终凝前完成）

4.10.1 揭纸后，及时检查缝隙是否均匀，缝隙不顺不直时，用小靠尺比着开刀轻轻地拨顺、调直，并将其调整后的锦砖用木柏板拍实（用锤子敲柏板），同时粘贴补齐已经脱落、缺少的锦砖颗粒。

4.10.2 地漏、管口等处周围的锦砖，要按坡度预先试铺进行切割，要做到锦砖与管口镶嵌紧密、吻合。

4.10.3 在拨缝调整过程中，要随时用2m靠尺检查平整度，偏差不超过2.0mm。

4.11 灌缝

拨缝后第二天（或水泥浆结合层终凝后），用白水泥浆或与锦砖同颜色的水泥素浆擦缝，棉丝蘸素浆从里向外顺缝揉擦，擦满、擦实为止，并及时将锦砖表面的余灰清理干净，防止对面层的污染。

4.12 养护

陶瓷锦砖地面擦缝24h后，应用塑料薄膜覆盖，常温养护，其养护时间不得少于7d，且不准上人。

4.13 冬期施工

室内操作温度不得低于5℃，砂子不得有冻块，锦砖面层不得有结冰现象。养护阶段表面必须覆盖。

5 质量标准

5.1 主控项目

5.1.1 面层所用板块产品应符合设计要求和国家现行有关标准的规定。

5.1.2 面层所用板块产品进入施工现场时，应有放射性限量合格的检测报告。

5.1.3 面层与下一层的结合（粘结）应牢固，无空鼓（单块砖边角允许有局部空鼓，但每自然间或标准间的空鼓砖不应超过总数的5%）。

5.2 一般项目

5.2.1 面层的表面应洁净、图案清晰，色泽应一致，接缝应平整，深浅应一致，周边应顺直。板块应无裂纹、掉角和缺棱等缺陷。

5.2.2 面层邻接处的镶边用料及尺寸应符合设计要求，边角应整齐、光滑。

5.2.3 踢脚线表面应洁净，与柱、墙面的结合应牢固。踢脚线高度及出柱、墙厚度应符合设计要求，且均匀一致。

5.2.4 楼梯、台阶踏步的宽度、高度应符合设计要求。踏步板块的缝隙宽度应一致；楼层梯段相邻踏步高度差不应大于10mm；每踏步两端宽度差不应大于10mm，旋转楼梯梯段的每踏步两端宽度的允许偏差不应大于5mm。踏步面层应做防滑处理，齿角应整齐，防滑条应顺直、牢固。

5.2.5 面层表面的坡度应符合设计要求，不倒泛水、无积水；与地漏、管道结合处应严密、牢固，无渗漏。

5.2.6 面层的允许偏差和检验方法应符合表21-1的规定。

陶瓷锦砖面层的允许偏差和检验方法　　表21-1

项次	项目	允许偏差（mm）	检验方法
1	表面平整度	2.0	用2m靠尺和楔形塞尺检查
2	缝格平直	3.0	拉5m线用钢尺检查
3	接缝高低差	0.5	用钢尺和楔形塞尺检查
4	踢脚线上口平直	3.0	拉5m线和用钢尺检查
5	板块间隙宽度	2.0	用钢尺检查

6 成品保护

6.0.1 施工时应注意对控制桩、线的保护，不得触动。

6.0.2 对所覆盖的隐蔽工程要有可靠保护措施，不得因铺贴面砖造成水管漏水、堵塞、破坏。

6.0.3 切割面砖时应用垫板，禁止在已铺地面上切割。

6.0.4 推车运料时应注意保护门框及已完地面，小车腿应包裹。

6.0.5 操作时不要碰动管线，也不得把灰浆和陶瓷锦砖块掉落在已安完的地漏管口内。

6.0.6 砖面层完工后在养护过程中应进行遮盖和拦挡，保持湿润，避免受侵害。结合层强度达到设计要求后，方可正常使用。

6.0.7 陶瓷锦砖镶铺完后，如果其他工序插入较多，应在上铺覆盖物对面层加以保护，严禁直接在砖面上进行装饰、安装施工。

7 注意事项

7.1 应注意的质量问题

7.1.1 缝格不直不匀：操作前应挑选陶瓷锦砖，长、宽相同的整张锦砖用于同一房间内，拨缝时分格缝要拉通线，将超线的砖块拨顺直。

7.1.2 面层空鼓：做找平层之前基层必须清理干净，洒水湿润，找平层砂浆做完之后，房间不得进人，要封闭，防止地面污染，影响与面层的粘结。铺陶瓷锦砖时，水泥浆结合层与锦砖铺贴同时操作，即随刷随铺，不得刷的面积过大，防止水泥浆风干影响粘结而导致空鼓。

7.1.3 地面渗漏：厕、浴间地面穿楼板的上、下水等各种管道做完后，洞口应堵塞密实，并加有套管，验收合格后再做防水层，管口部位与防水层结合要严密，待蓄水合格后才能做找平层。锦砖面层完成后应做二次蓄水试验。

7.1.4 面层污染严重：擦缝时应随时将余浆擦干净，面层做完后必须加以覆盖，以防其他工种操作污染。

7.1.5 地漏周围的锦砖套割不规则：作找平层时应找好地漏坡度，当大面积铺完后，再铺地漏周围的锦砖，根据地漏直径预先计算好锦砖的块数（在地漏周围呈放射形镶铺），再进行加工，试铺合适后再进行正式粘铺。

7.2 应注意的安全问题

7.2.1 使用手持电动机具必须装有漏电保护器，作业前应试机检查，操作手提电动机具的人员应佩戴绝缘手套、胶鞋，保证用电安全。

7.2.2 面层作业时，切割的碎片、碎块不得向窗外抛扔。剔凿瓷砖应戴防护镜。

7.3 应注意的绿色施工问题

7.3.1 水泥要入库，砂子要覆盖，搬运水泥人员要戴好防护用品。

7.3.2 基层清理、切割块料时，操作人员宜戴上口罩、耳塞，防止粉尘和切割噪声危害人身健康。

7.3.3 切割砖块料时，宜加装挡尘罩，同时在切割地点洒水，防止粉尘对人的伤害及对大气的污染。

7.3.4 切割砖块料的时间，应安排在白天的施工作业时间内（根据各地方的规定），地点应选择在较封闭的室内进行。

8 质量记录

8.0.1 水泥、陶瓷锦砖等材料的产品合格证书、性能检测报告、进场验收记录和复验报告。

8.0.2 砂子的含泥量试验记录。

8.0.3 隐蔽工程验收记录、二次蓄水试验记录。

8.0.4 施工记录。

8.0.5 地面砖面层工程检验批质量验收记录表。

8.0.6 板块面层铺设分项工程质量验收记录表。

8.0.7 其他技术文件。

第22章 塑料板地面

本工艺标准适用于工业与民用建筑地面的塑料板地面工程的施工。

1 引用标准

《建筑地面工程施工质量验收规范》GB 50209—2010

《建筑工程施工质量验收统一标准》GB 50300—2013

《建筑装饰装修工程施工质量验收标准》GB 50210—2018

2　术语（略）

3　施工准备

3.1　作业条件

3.1.1　施工前应编制塑料板地面工程施工方案，并按方案进行技术交底。

3.1.2　室内墙面和顶棚装裱、粉刷、吊顶等工程已施工完，并经验收合格。

3.1.3　管道工程安装完毕，经试压验收合格。

3.1.4　室内门窗安装、细木装饰及油漆工程已完。

3.1.5　水泥类基层表面应平整、坚硬、干燥，无油污及其他杂质污染。

3.1.6　施工环境温度宜在10～32℃，相对湿度不宜大于70%。

3.2　材料及机具

3.2.1　塑料板：常用的有聚氯乙烯、聚氯乙烯—聚乙烯共聚，聚乙烯、聚丙烯和石棉塑料等，硬质、半硬质塑料板呈块状，软质塑料板呈卷材。塑料板应平整、光洁，色泽均匀，厚薄一致，边缘平直，无裂纹，板内不得有杂物和气泡，并应符合产品的各项技术指标。

3.2.2　胶粘剂：根据基层所铺材料和面层材料使用的相容性要求，通过试验确定。胶粘剂应稠度均匀，颜色一致，无其他杂质和胶团。超过生产期三个月的产品，应取样检验，合格后方可使用；超过保质期的产品，不得使用。

3.2.3　塑料焊条；选用三角形或圆形截面，表面应平整、光洁，颜色一致，无孔眼、节瘤、皱纹。焊条成分和性能应与塑料板相同。

3.2.4　腻子用料：聚醋酸乙烯乳液、建筑胶粘剂和强度等级不低于42.5级的普通硅酸盐水泥、滑石粉、大白粉等。

3.2.5　稀释材料：二甲苯、丙酮、丁醇、硝基稀料、醇酸稀料、汽油、酒精等，与所用胶粘剂配套使用，并按胶粘剂说明书要求经试验确定。

3.2.6　其他材料：地板蜡、松节油、棉纱、砂布、砂纸、毛巾等。

3.2.7　机具：400～500W多功能焊塑枪、1kVA调压变压器、0.08～0.1MPa空气压缩机、电热空气焊枪、吸尘器、电熨斗、称量天平、木工细刨、橡皮锤、拌腻子盘、油灰刀、V形缝切口刀、锯齿形塑料刮板、切条刀、油刷、塑料盆、塑料布、医用注射器、开刀、砂袋、皮老虎、墨斗、压辊等。

4　操作工艺

4.1　工艺流程

基层处理 → 弹线排板 → 板材处理 → 试铺 → 塑料板铺贴 → 铺贴塑料踢脚板 → 擦光上蜡

4.2 基层处理

4.2.1 水泥类基层表面用皮老虎、钢丝刷、笤帚、湿布将残留砂浆、油污、灰尘等清理并擦拭干净。

4.2.2 当表面有麻面、起砂、裂缝现象时，应采用水泥腻子修补处理。处理时，每次涂刮的厚度不大于0.8mm，干燥后用0号砂布打磨，再涂刮第二遍腻子，直至表面平整后，再涂刷一遍聚合物水泥乳液。

4.3 弹线排板

4.3.1 在房间地面弹出十字中心线，按设计要求、塑料板尺寸和房间尺寸，进行分格和控制，沿墙边宜留出200～300mm以做镶边。板块定位所弹线迹应清晰、方正、准确。

4.3.2 遇有管道、门口、拐角及非整块处，应在板材上划线、剪裁、试铺、编号，然后将板按编号码放好。

4.4 板材处理

4.4.1 聚氯乙烯板应作预热处理，宜放入75℃的热水中浸泡10～20min，待板面全部松软伸平后取出晾干待用，但不得用炉火或电热炉预热。

4.4.2 塑料板背面有蜡脂时，用棉纱蘸丙酮、汽油混合溶液（质量比1∶8）反复擦洗，进行脱脂除蜡。

4.5 试铺

铺贴前，按排版设计进行试铺，试铺时只铺板，确认无误后，编号、收起。

4.6 塑料板铺贴

4.6.1 塑料地板面层的铺贴形式有丁字形铺贴、十字形铺贴、对角线铺贴。

4.6.2 胶粘剂：配料前，将各原剂（料）在原桶内充分搅拌，如发现胶中有胶团、变色及杂质时，不准使用。配料时，按规定配合比准确称量，依先后加料顺序混合，充分拌匀后使用。使用时，应随拌随用，存放时间不应大于1h。在拌合、运输、贮存时，应用塑料或搪瓷容器，严禁使用铁器，防止发生化学反应，使胶液失效。

配制胶粘剂器具，应配制一次，清洗一次。非水溶性胶粘剂用丙酮∶汽油＝1∶8（质量比）的混合溶液擦洗，水溶性胶粘剂用清水清洗。

4.6.3 塑料板铺贴前，在清理干净的基层表面，均匀涂刷一道薄而匀的胶粘剂的稀释胶液，涂刷面积不得过大，要随刷随贴。

4.6.4 硬质塑料板铺贴

1 拆开包装后，用干净布将塑料板的背面擦干净。

2 当采用乳液型胶粘剂时，应在塑料板背面和基层上同时均匀涂刷一道胶粘剂；当采用溶剂型胶粘剂时，仅在基层上均匀涂胶。

3 在涂刷基层时，应超出分格线10mm，涂刷厚度不应大于1mm。

4 铺贴塑料板时，以胶层干燥至不粘手（10～20min）为宜，将塑料板按编号水平就位，与所弹定位线对齐，放平粘合，用压辊将塑料板压平粘牢，同时赶走气泡，并与相邻各板调平调直。

5　铺设塑料板时，应先在房间中间按十字线铺设十字控制板块，之后按十字控制板块向四周铺设，并随时用 2m 靠尺和水平尺检查平整度。大面积铺贴时应分段、分部位铺贴。对缝铺贴的塑料板，缝子必须做到横平竖直，十字缝处缝子通顺无歪斜，对缝严密、缝隙均匀。

4.6.5　软质塑料板铺贴

1　铺贴前先对板块进行预热处理，宜放入 75℃的热水中浸泡 10～20min，待板面全部松软伸平后，取出晾干待用，但不得用炉火或电热炉预热。铺贴方法同 4.5.4 条。

2　当软质塑料板的缝隙要求焊接时，一般需经 48h 后方可施焊。亦可采用先焊后铺贴。焊条成分、性能与被焊的板材的性能要相同。相邻塑料板边缘应切成 V 形槽，采用热空气焊，空气压力控制在 0.08～0.1MPa，温度控制在 180～250℃。焊接速度控制在 100～250mm/min，焊枪与焊件所成角度一般为 30°～40°，焊条应尽量垂直于焊缝表面。焊缝应高出母材表面 1.5～2.0mm，并呈圆弧形，如表面要求平整时，应将凸起部分铲去。

4.7　铺贴塑料踢脚板

地面铺贴完后，弹出踢脚线上口线，按线粘贴。应先铺贴阴阳角，后铺大面，用压滚反复压实，注意踢脚板上口及踢脚板与地面交接处阴角的滚压，并及时将挤出的胶痕擦净。

4.8　擦光上蜡

塑料板地面及踢脚板铺贴 24h 后，将其表面擦拭干净、晾干，然后用纱布包裹已配好的上光软蜡，（软蜡与汽油的质量比为 100∶20～100∶30），满涂 1～2 遍，稍干后用净布擦拭，直至表面光滑、光亮。

5　质量标准

5.1　主控项目

5.1.1　塑料板有关的品种、规格、颜色、等级应符合设计要求和国家现行标准的规定。

5.1.2　面层与下一层应粘结牢固，不翘边、不脱胶、无溢胶（单块板块边角允许有局部脱胶，但每自然间或标准间的脱胶板块不应超过总数的 5%；卷材局部脱胶处面积不应大于 $20cm^2$，且相隔间距离应大于或等于 50cm）。

5.2　一般项目

5.2.1　塑料板面层应表面洁净，图案清晰，色泽一致，接缝严密。拼缝处的图案、花纹吻合，无胶痕；与墙边交接严密，阴阳角方正。

5.2.2　板块的焊接焊缝应平整、光洁，不得有焦化变色、斑点、焊瘤和起鳞等缺陷，其凹凸允许偏差不应大于 0.6mm。焊缝的抗拉强度应不小于塑料板强度的 75%。

5.2.3　镶边用料应尺寸准确，边角整齐，拼缝严密，接缝顺直。

5.2.4　踢脚线宜与地面面层对缝一致，踢脚线与基层的粘合应密实。

5.2.5　塑料板面层的允许偏差：表面平整度 2.0mm；缝格平直 3.0mm；接缝高低差 0.5mm；踢脚线上口平直 2.0mm。

6 成品保护

6.0.1 铺贴面层时，操作人员应穿洁净软底鞋，并防止硬物锐器磕碰、划伤或磨损面层。

6.0.2 面层铺贴完的初期，应防止阳光直晒，避免沾污或用水清洗。

6.0.3 塑料地面铺贴完后，及时用塑料薄膜覆盖，保护好以防污染，严禁在面层上放置油漆容器。

6.0.4 其他作业使用的爬梯、凳子、支承脚应用软物包裹。

6.0.5 防止开水壶、热锅、火炉、电热器等直接与塑料板面接触。

7 注意事项

7.1 应注意的质量问题

7.1.1 基层表面应干净、平整、板材表面应干净、胶粘剂涂刷应均匀、粘贴板材时胶粘剂干燥程度掌握应适当，铺贴时滚压应密实。

7.1.2 块材尺寸应符合要求，严格按线铺贴。

7.1.3 塑料板在运输和贮存时，应防止日晒雨淋和撞击，堆放仓库应干燥、清洁，并距离热源应在 3m 以外。

7.1.4 冬期施工，原则上不宜进行，确需施工时应保证环境温度不得低于＋10℃。

7.2 应注意的安全问题

7.2.1 施工现场应空气流通，心脏病、气管炎、皮肤病患者不宜参加操作。

7.2.2 当使用有毒性或刺激性的胶粘剂、溶剂或稀释剂时，操作人员应戴活性炭口罩，手上应涂防腐油膏。

7.2.3 当胶粘剂、溶剂或稀释剂为易燃品时，应在阴凉处密封贮存，现场应配置足够的消防器材，严禁烟火。

7.3 应注意的环境问题

7.3.1 在施工过程中应防止噪声、扬尘污染，在施工现场界噪声敏感区域宜选择使用低噪声的设备，也可以采取其他降低噪声的措施，加工时产生的扬尘应有效控制。

7.3.2 使用的塑料板等材料必须符合环保要求。

7.3.3 塑料板等应储存在阴凉通风的室内，避免雨淋，远离火源、热源。

7.3.4 工完场地清，使用完的材料和杂物必须清理干净。

8 质量记录

8.0.1 塑料板、水泥、胶粘剂材质合格证明文件及检测报告。

8.0.2 砂子试验记录。

8.0.3 胶粘剂总挥发性有机化合物（TVOC）和游离甲醛含量检测报告。

8.0.4　胶粘剂有与基层材料和面层材料的相容性试验报告。

8.0.5　地面塑料板面层工程检验批质量验收记录。

8.0.6　地面塑料板面层分项工程质量验收记录。

8.0.7　其他技术文件。

第 23 章　大理石和花岗岩面层

本工艺标准适用于工业与民用建筑地面工程中大理石、花岗岩（或碎拼大理石、碎拼花岗石）面层的施工。

1　引用标准

《建筑地面工程施工质量验收规范》GB 50209—2010
《建筑工程施工质量验收统一标准》GB 50300—2013
《建筑装饰装修工程施工质量验收标准》GB 50210—2018
《建筑地面设计规范》GB 50037—2013
《民用建筑工程室内环境污染控制规范》GB 50325—2010（2013 版）

2　术语（略）

3　施工准备

3.1　作业条件

3.1.1　施工前应编制大理石面层和花岗石面层地面工程施工方案，并按方案进行技术交底。

3.1.2　大理石和花岗石面层下的各层作法已按设计要求施工并验收合格。

3.1.3　板材已进场，并详细核对品种、规格、数量，质量等级符合设计要求及有关标准规定。

3.1.4　室内抹灰、水电管线安装等均已完成；门框已安装好，并做好防护。

3.1.5　作业时的环境如天气、温度、湿度等状况应满足施工质量可达到标准的要求。

3.1.6　四周墙上弹好+0.5m 标高线。

3.1.7　设计好板材铺装大样图。

3.1.8　施工环境温度不应低于 5℃。

3.2　材料及机具

3.2.1　大理石和花岗石板块：天然大理石、花岗石板块的花色、品种规格品种均符合设计要求。其技术等级、光泽度、外观等质量要求应符合现行《天然大理石建筑板材》GB/T 19766—2016、《天然花岗石建筑板材》GB/T 18601—2009 的规定，放射性指标应符合《民用建筑工程室内环境污染控制》GB 50325—2010（2013 版）的规定。

3.2.2 水泥：宜采用硅酸盐水泥或普通硅酸盐水泥或矿渣硅酸盐水泥，其强度等级不低于 42.5 级，应有出厂合格证和试验报告。严禁使用受潮结块水泥。不同品种、不同强度等级的水泥严禁混用。

3.2.3 砂：宜采用中砂或粗砂，粒径不大于 5mm，不得含有杂物，含泥量小于 3%。

3.2.4 矿物颜料（擦缝用）、蜡、草酸。

3.2.5 大理石碎块：用于碎拼大理石地面，应颜色协调、厚薄一致、没有裂缝、不带尖角。

3.2.6 大理石石粒：用于碎拼大理石地面的水泥石粒浆灌缝，其粒径宜为 4～14mm。

3.2.7 机具：石材切割机、手推车、钢尺、计量器、水平尺、木抹子、铁锹、筛子、木耙、大桶、小桶、胶皮锤、粉线、铁抹子、砂浆搅拌机、砂轮切割机、磨石机、木槌、靠尺、合金扁凿子、水准仪。

4 施工工艺

4.1 工艺流程

基层处理 → 找标高 → 选砖、试拼和试排 → 铺抹结合层 → 板材铺贴 → 铺贴踢脚板 → 打蜡

4.2 基层处理

基层处理要干净，高低不平处要先凿平和修补，基层应清洁，不得有杂物，尤其是白灰砂浆、油渍等，铺贴前一天将基层洒水湿润。

4.3 找标高

4.3.1 依据墙面+0.5m 标高线，在墙上做出面层顶面标高标志，用干硬性砂浆贴灰饼，灰饼的标高应按地面标高减板厚再减 2mm，室内与楼道面层顶面标高应一致。

4.3.2 在基层上弹出房间互相垂直的十字控制线，并引至墙面根部。

4.4 试拼和试排

4.4.1 在正式铺设前，对每一房间使用的图案、颜色、拼花纹理应按图纸要求进行选砖、试拼，将非整块板对称排放在房间靠墙部位，试拼后按两个方向排列编号，然后按编号码放整齐。板材试拼时，应注意与相通房间和楼道协调。

4.4.2 试排时，在房间两个垂直的方向铺两条干砂带，其宽度大于板块，厚度不小于 30mm。根据图纸要求把板材排好，核对板材与墙面、柱、洞口等的相对位置，以及板材间的缝隙宽度，当设计无规定时不应大于 1mm。

4.5 铺抹结合层

4.5.1 将基层上试排时用过的干砂和板材移开，清扫干净，用喷壶洒水湿润，刷一层水灰比为0.4～0.5的水泥浆，但刷的面积不宜过大，应随刷随铺砂浆。

4.5.2 结合层采用1∶2或1∶3水泥砂浆时，稠度为25～35mm，用砂浆搅拌机拌合均匀，严格控制加水量，拌好的砂浆以手握成团、手捏或手颠即散为宜。砂浆厚度控制在放上板材时，高出地面顶面标高1～3mm。铺好后用刮尺刮平，再用抹子拍实、抹平，铺摊面积不得过大。

4.5.3 采用胶粘剂做结合层粘结时，双组分胶粘剂拌合程序及比例应严格按照产品说明书要求执行。根据石料、胶粘剂及粘贴基层情况确定胶粘剂厚度，粘接的胶层厚度不宜超过3mm，应注意产品说明书对胶粘剂标明的最大使用厚度，同时应考虑基材种类和操作环境条件对使用厚度的影响。石料胶粘剂的晾置时间为15～20min，涂胶面积不应超过胶的晾置时间内可以粘贴的面积。

4.6 板材铺贴

4.6.1 铺贴大理石、花岗岩面层

1 板材应先用干净水浸泡，包装纸不得一同浸泡，待擦干或表面晾干后铺贴，铺贴前应对板材的背面和侧面进行防碱处理。

2 根据试拼时的编号及试排时确定的缝隙，从十字控制线的交点开始拉线铺贴，铺完纵横行后，可分区按行列控制线依次铺贴，一般房间宜由里向外逐步退至门口。

3 试铺：搬起板材对好纵横控制线，水平放在已铺好的干硬性砂浆结合层上，用橡皮锤敲击板材顶面或敲击板材上的木垫板，振实砂浆至铺实高度后，将板材掀起移至一旁，检查砂浆表面与板材之间是否吻合，如发现有空虚处，应用砂浆填补，然后正式铺贴。

4 正式铺贴：将板材背面均匀地刮上2mm厚的素灰膏。铺贴浅色大理石时，素灰膏应采用R32.5建筑白水泥，然后用毛蒯蘸水湿润砂浆表面，再将石板对准铺贴位置，使板块四周同时落下，用橡皮锤轻击木垫板，随即清理板缝内的水泥浆。

5 板材间的缝隙宽度如设计无规定时，对于花岗石、大理石不应大于1mm。相邻两块高低差应在允许偏差范围内，严禁二次磨光板边。

6 铺贴完成24h后，开始洒水养护。3d后用水泥浆（颜色与石板块调和）擦缝饱满，并随即用干布擦净至无残灰、污迹为止。铺好的板块禁止行人和堆放物品。

4.6.2 铺贴碎拼大理石或碎拼花岗石面层

1 碎拼大理石或碎拼花岗石面层施工可分仓或不分仓铺砌，亦可镶嵌分格条。为了边角整齐，应选用有直边的一边板材沿分仓或分格线铺砌，并控制面层标高和基准点。用干硬性砂浆铺贴，施工方法同大理石地面。铺贴时，按碎块形状大小相同自然排列，缝隙控制在15～25mm，并随铺随清理缝内挤出的砂浆，然后嵌填水泥石粒浆，嵌缝应高出块材面2mm。待达到一定强度后，用细磨石将凸缝磨平。如设计要求拼缝采用灌水泥砂浆时，厚度与块材上面齐平，并将表面抹平压光。

2 碎块板材面层磨光，在常温下一般2～4d即可开磨，第一遍用80～100号金刚石，要求磨匀磨平磨光滑，冲净渣浆，用同色水泥浆填补表面所呈现的细小空隙和凹

痕，适当养护后再磨。第二遍用100～160号金刚石磨光，要求磨至石子粒显露，平整光滑，无砂眼细孔，用水冲洗后，涂抹草酸溶液（热水：草酸＝1：0.35，重量比，溶化冷却后用）一遍。如设计有要求，第三遍应用240～280号的金刚石磨光，研磨至表面光滑为止。

4.7 铺贴踢脚板

4.7.1 踢脚板应在地面完成后施工，阳角按设计要求宜做成海棠角或割成45°角。

4.7.2 施工前应对基层进行处理，板材在铺贴前应用水浸湿，待擦干或表面晾干后方可铺贴。铺贴方法分灌浆法和粘贴法两种。

板材厚度小于12mm时，采用镶贴法施工，施工方法同砖面层。当板材厚度大于15mm时，宜采用灌浆法施工。

1 采用灌浆法施工时，先在墙两端用石膏（或胶粘剂）各固定一块板材，其上楞（上口）高度应在同一水平线上，突出墙面厚度应控制在8～12mm。然后沿两块踢脚板上楞拉通线，用石膏（或胶粘剂）逐块依顺序固定踢脚板。然后灌1：2水泥砂浆，砂浆稠度视缝隙大小而定，以能灌实为准。

2 镶贴时应随时检查踢脚板的平直度和垂直度。

3 板间接缝与地面缝贯通（对缝），擦缝做法同地面。

4.8 打蜡或晶面

踢脚线打蜡同楼地面打蜡一起进行。应在结合层砂浆达到强度要求、各道工序完工、不再上人时，方可打蜡或晶面处理，应达到光滑亮洁。

5 质量标准

5.1 主控项目

5.1.1 大理石、花岗岩面层所用板块产品应符合设计要求和国家现行有关标准的规定。

5.1.2 大理石、花岗岩面层所用板块产品进入施工现场时，应有放射性限量合格的检测报告。

5.1.3 面层与下一层应结合牢固，无空鼓（单块板块边角允许有局部空鼓，但每自然间或标准间的空鼓板块不应超过总数的5%）。

5.2 一般项目

5.2.1 大理石、花岗岩面层铺设前，板块的背面和侧面应进行防碱处理。

5.2.2 大理石、花岗岩面层的表面应洁净、平整、无磨痕，且应图案清晰，色泽一致，接缝均匀，周边顺直，镶嵌正确，板块应无裂纹、掉角、缺棱等缺陷。

5.2.3 踢脚线表面应洁净、与柱、墙面的结合应牢固。踢脚线高度及出柱、墙厚度一致应符合设计要求，且均匀一致。

5.2.4 楼梯、台阶踏步的宽度、高度应符合设计要求。踏步板块的缝隙宽度应一致；楼层梯段相邻踏步高度差不应大于10mm；每踏步两端宽度差不应大于10mm，旋转楼梯梯段的每踏步两端宽度的允许偏差不应大于5mm。踏步面层应做防滑处理，齿角应整齐，防滑条应顺直、牢固。

5.2.5 面层表面的坡度应符合设计要求，不倒泛水、无积水；与地漏、管道结合处应严密牢固，无渗漏。

5.2.6 大理石面层和花岗岩面层（或碎拼大理石面层、碎拼花岗岩面层）的允许偏差应符合表23-1的规定。

大理石面层、花岗岩面层（或碎拼大理石面层、碎拼花岗岩面层）的允许偏差和检验方法 **表23-1**

项次	项目	允许偏差（mm）		检验方法
		大理石面层、花岗岩面层	碎拼大理石面层、碎拼花岗岩面层	
1	表面平整度	1.0	3.0	用2m靠尺和楔形塞尺检查
2	缝格平直	2.0	—	拉5m线用钢尺检查
3	接缝高低差	0.5	—	用钢尺和楔形塞尺检查
4	踢脚线上口平直	1.0	1.0	拉5m线和用钢尺检查
5	板块间隙宽度	1.0	—	用钢尺检查

6 成品保护

6.0.1 存放大理石板块，不得雨淋、水泡、长期日晒。一般采用板块立放，光面相对。板块的背面应支垫木方，木方与板块之间衬垫胶皮。在施工现场内倒运时，也须如此。

6.0.2 对所覆盖的隐蔽工程要有可靠保护措施，不得因施工面层造成管道漏水、堵塞、破坏。

6.0.3 铺贴板材时，操作人员应穿软底鞋，并随铺随用软毛刷和干布擦净板材面。

6.0.4 运输板材及砂浆时，应采取措施防止碰撞门框及墙壁面等。铺设地面时注意避免污染墙面。

6.0.5 剔凿和切割板材时，下边应垫木板。

6.0.6 面层铺贴完工后，房间应临时封闭，面层表面应采用编织布等进行遮盖、湿润养护不应少于7d。当踩踏新铺贴的板块进行检查时，应穿软底鞋并踩在垫板上。

6.0.7 在铺好板材的地面上行走时，结合层水泥砂浆强度不得低于1.2MPa。

6.0.8 在已完工面层上施工时，必须进行遮盖、支垫，严禁直接在大理石和花岗岩面进行装饰、安装施工，进行上述工作时，必须采取可靠保护措施。

7 注意事项

7.1 应注意的质量问题

7.1.1 基层表面应清理干净，提前浇水湿润并清理积水，铺结合层前应刷素水泥浆，并随刷水泥浆随铺结合层，结合层最薄处应大于20mm；砂浆铺设应饱满；结合层水泥砂浆强度达到 1.2MPa 后方可上人、上物。

7.1.2 板材本身平整度及厚度偏差应符合要求；施工时应精心操作，结合层平整度应符合要求。

7.1.3 房间尺寸应方正，铺前应进行找方；铺贴时应准确控制板缝，严格按控制线铺贴；板材进场后应严格检验，并进行试拼和试排。

7.1.4 墙体抹灰的平整度、垂直度偏差应符合要求；踢脚板出墙厚度应一致，铺贴时应吊线和拉水平线。

7.1.5 有泛水的房间应找好坡度，使水能顺畅排入地漏。

7.1.6 应连续进行，尽快完成。夏季防止暴晒，冬季应有保温防冻措施，防止受冻；在雨、雪、低温、强风条件下，在室外或露天不宜进行大理石和花岗岩面层作业。

7.2 应注意的安全问题

7.2.1 使用电动器具时，应由电工接电、接线，并装设漏电保护器，一般电动器具和Ⅰ类手持电动工具应接 PE 保护线。

7.2.2 采用砂轮切割机切割板材时，应戴防护眼镜及胶皮手套，脸部不得正对或靠近加工的板材。

7.2.3 装卸搬运板材时，应轻拿轻放，防止挤手砸脚。

7.2.4 不得从窗洞口向外扔杂物。

7.3 应注意的绿色施工问题

7.3.1 水泥要入库，砂子要覆盖，搬运水泥人员要戴好防护用品。

7.3.2 基层清理、切割块料时，操作人员宜戴上口罩、耳塞，防止粉尘和切割噪声危害人身健康。

7.3.3 切割砖块料时，宜加装挡尘罩，同时在切割地点洒水，防止粉尘对人的伤害及对大气的污染。

7.3.4 切割砖块料的时间，应安排在白天的施工作业时间内（根据各地方的规定），地点应选择在较封闭的室内进行。

8 质量记录

8.0.1 大理石及花岗岩、水泥等材料的产品合格证书、性能检测报告、进场验收记录和复验报告。

8.0.2 大理石、花岗岩放射性指标复验报告。

8.0.3 砂子的试验报告。

8.0.4 地面蓄水或泼水检查记录。

8.0.5 隐蔽工程验收记录。

8.0.6 施工记录。

8.0.7 大理石和花岗岩面层分项工程质量验收记录及检验批质量验收记录。

8.0.8 其他技术文件。

第24章　砖面层施工工艺标准

本工艺标准适用于工业与民用建筑地面工程砖面层（包含陶瓷地砖、面砖、水泥花砖）的施工。

1　引用标准

《建筑地面工程施工质量验收规范》GB 50209—2010
《建筑工程施工质量验收统一标准》GB 50300—2013
《建筑装饰装修工程施工质量验收标准》GB 50210—2018
《建筑地面设计规范》GB 50037—2013
《民用建筑工程室内环境污染控制规范》GB 50325—2010（2013版）

2　术语（略）

3　施工准备

3.1　作业条件

3.1.1　施工前应编制砖面层施工方案，并按方案进行技术交底。

3.1.2　弹好墙身＋0.5m标高线，门框已安装完，完成抹灰作业。

3.1.3　穿过地面的管道已安装完，管道及地漏周围洞口已用细石混凝土嵌塞严实；竖管套管应高出面层顶20mm，且与竖管间的缝隙已堵严实。

3.1.4　地漏以及与楼地面有关的各种设备和预埋件均已安装完毕。

3.1.5　砖面层下的各层作法应按设计要求施工并验收合格。

3.1.6　有艺术图形要求的地面，已进行排砖设计，并绘出排砖大样图。

3.1.7　所覆盖的隐蔽工程经验收已合格，并进行专业隐检会签。

3.1.8　施工环境温度不应低于5℃。

3.2　材料及机具

3.2.1　陶瓷地砖、缸砖、水泥花砖：砖颜色、规格、品种应符合设计要求，外观检查基本无色差，无缺棱、掉角，无裂纹，材料强度、平整度、外形尺寸等均符合现行国家标准相应产品的各项技术指标。

3.2.2　水泥：宜采用硅酸盐水泥、普通硅酸盐水泥或矿渣硅酸盐水泥，其强度等级不应低于42.5级；应有出厂合格证及检验报告，进场复试合格，不同品种、不同强度等级的水泥严禁混用。

3.2.3 砂：应选用洁净无有机杂质的中砂或粗砂，含泥量不得大于3%。

3.2.4 填缝剂：颜色、耐水要求等符合设计要求，有出厂合格证及检验报告。

3.2.5 胶粘剂：应符合《陶瓷墙地砖胶粘剂》JC/T 547—2015的相关要求，其选用应按基层材和面层材料使用的相容性要求，通过试验确定，并符合国家现行标准《民用建筑工程室内环境污染控制规范》GB 50325—2010（2013版）的规定。产品应有出厂合格证和技术质量指标检验报告。

3.2.6 机具：石材切割机、砂浆搅拌机、手推车、钢尺、计量器、水平尺、木抹子、铁抹子、筛子、木耙、大桶、小桶、胶皮锤、粉线、小型台式砂轮机、切砖机、磨砖机、木槌子、喷壶、水准仪。

4 施工工艺

4.1 工艺流程

基层处理→找标高弹线→抹找平层→选砖→排砖→弹铺砖控制线→铺砖→勾缝擦缝→踢脚板安装

4.2 基层处理

4.2.1 将水泥类基层表面的落地灰，用凿子剔凿干净，用钢丝刷刷净，将墙根凿出并清刷干净。遇油污时用10%火碱水刷净，并用清水及时将其上的碱液冲净。铺贴前一天将基层洒水湿润。

4.2.2 将卷材或涂料类隔离层表面的杂物及除粒砂外的其他粘结物除掉，并清理干净。

4.3 找标高、弹线

根据+0.5m标高线，在墙上弹出面层与找平层标高线，大面积铺设时，用水准仪引测中间标志。弹线时注意房间与楼道的标高关系。

4.4 抹找平层

4.4.1 找平层铺设前先刷一遍水泥浆，其水灰比宜为0.4～0.5，并随刷随铺。

4.4.2 在基层上先做灰饼，灰饼间距1.5m，灰饼的顶面标高应低于地面标高一个砖厚加结合层厚度（采用水泥砂浆铺设时结合层的厚度应为20mm），再按灰饼冲筋。有地漏的房间应由四周向地漏作放射形冲筋，并找好坡度，冲筋用1∶3干硬性水泥砂浆，厚度按设计要求确定，一般不宜小于20mm。

4.4.3 在冲筋间铺抹1∶3～1∶4水泥砂浆，干硬程度以手握成团，手捏或手颠即散为宜。根据冲筋的标高用木抹子拍实，刮刀刮平，再用刮杠刮平一遍，然后检测标高和泛水，最后用木抹子搓成毛面，24h后浇水养护。

4.5 选砖

施工前对进场的面砖开箱检查，对规格、颜色严加检查，不同规格进行分类堆放，并分层、分向使用。

4.6　排砖

将房间依照砖的尺寸、留缝大小排出砖的放置位置，并在基层上弹出十字控制线和分格线，排砖应避免出现板面小于1/4边长的边料。

4.7　弹铺砖控制线

4.7.1　当找平层水泥砂浆强度达到1.2MPa时，弹铺砖控制线。面砖的缝隙宽度应符合设计要求，当设计无规定时，紧密铺贴缝隙宽度不宜大于1mm；虚缝铺贴缝隙宽度宜为3～6mm。

4.7.2　在房间纵横两个方向排好尺寸，当尺寸不是整砖的倍数时，可裁半截砖用于边角处，尺寸相差太小时，可调整缝宽，横向平行于门口的第一排应为整砖，根据确定的砖数和缝宽，严格控制方正，在地面上每隔四块砖弹一根纵横控制线。

4.8　铺砖

4.8.1　在铺贴前，应对砖的规格尺寸、外观质量、色泽等进行核对，避免色差。

4.8.2　采用水泥砂浆铺砖时，砖块应预先用水浸泡湿润，晾干至表面无水迹时待用；在水泥砂浆找平层上涂刷水灰比为0.4～0.5的水泥浆，涂刷面积不要过大，应随涂刷随铺结合层。

4.8.3　结合层采用1∶2～1∶2.5干硬性水泥砂浆，要求拌合均匀，不得有灰团，一次拌合不得太多，初凝前将砂浆用完。

4.8.4　按控制线在纵向铺几行砖，对齐找平。然后从里往外逐排拉线退着操作，横缝跟线，竖缝对齐，直至与墙面四周合拢为止。随铺随将砖面清理干净，地漏及边角处的非整块砖均应用合金凿子剔裁，或用砂轮锯将砖加工使其与地漏相吻合。

4.8.5　铺砂浆结合层时，直接在砂浆上跟线摆砖铺贴，砖上楞应略高出水平标高线。随铺砂浆随铺砖，砂浆顶面用刮尺刮平，用铁抹子拍实抹平，用橡皮锤垫木板砸平。铺好一段后，拉线拨缝调整缝隙，达到缝隙顺直均匀。拨完缝后，把留在缝内余浆和砖面上的砂浆扫净。

4.9　勾缝擦缝

4.9.1　面层铺贴后24h内进行勾缝擦缝工作，勾缝、擦缝应采用同品种、同强度等级的水泥。

4.9.2　用1∶1水泥砂浆勾缝，要求勾缝密实、平整、光滑，随勾随将剩余水泥砂浆清走、擦净。勾缝深度宜为砖厚的1/3。

4.9.3　如设计要求留密缝时，用稀水泥浆或1∶1水泥细砂（砂过窗纱筛）加水调成糊状，灌满缝隙，然后将干水泥撒在缝上，再用棉纱团擦揉，将缝隙擦满，将面层上的水泥浆擦干。

4.9.4　勾缝擦完24h后，洒水养护，养护时间不应少于7d。

4.10　踢脚板安装

4.10.1　踢脚处墙面提前洒水湿润。

4.10.2 根据设计要求的踢脚高度及出墙厚度，在墙面两端各镶贴一块砖，以此为标准挂线铺贴，踢脚板的立缝应与地面缝对齐，将润水晾干的砖背面抹1∶2水泥砂浆，及时粘贴在涂刷过水泥浆的底灰上，用橡皮锤敲实，随之将挤出的砂浆刮掉，将面层清擦干净。24h后进行勾缝或擦缝。

5 质量标准

5.1 主控项目

5.1.1 砖面层所用板块产品应符合设计要求和国家现行有关标准的规定。

5.1.2 砖面层所用板块产品进入施工现场时，应有放射性限量合格的检测报告。

5.1.3 面层与下一层的结合（粘结）应牢固，无空鼓（单块砖边角允许有局部空鼓，但每自然间或标准间的空鼓砖不应超过总数的5%）。

5.2 一般项目

5.2.1 砖面层的表面应洁净、图案清晰，色泽应一致，接缝应平整，深浅应一致，周边应顺直。板块应无裂纹、掉角和缺棱等缺陷。

5.2.2 面层邻接处的镶边用料及尺寸应符合设计要求，边角应整齐、光滑。

5.2.3 踢脚线表面应洁净，与柱、墙面的结合应牢固。踢脚线高度及出柱、墙厚度应符合设计要求，且均匀一致。

5.2.4 楼梯、台阶踏步的宽度、高度应符合设计要求。踏步板块的缝隙宽度应一致；楼层梯段相邻踏步高度差不应大于10mm；每踏步两端宽度差不应大于10mm，旋转楼梯梯段的每踏步两端宽度的允许偏差不应大于5mm。踏步面层应做防滑处理，齿角应整齐，防滑条应顺直、牢固。

5.2.5 面层表面的坡度应符合设计要求，不倒泛水、无积水；与地漏、管道结合处应严密牢固，无渗漏。

5.2.6 砖面层的允许偏差和检验方法应符合表24-1的规定。

砖面层的允许偏差和检验方法 **表24-1**

项次	项目	允许偏差（mm）			检验方法
		陶瓷地砖面层	缸砖面层	水泥花砖	
1	表面平整度	2.0	4.0	3.0	用2m靠尺和楔形塞尺检查
2	缝格平直	3.0	3.0	3.0	拉5m线用钢尺检查
3	接缝高低差	0.5	1.5	0.5	用钢尺和楔形塞尺检查
4	踢脚线上口平直	3.0	4.0	—	拉5m线和用钢尺检查
5	板块间隙宽度	2.0	2.0	2.0	用钢尺检查

6 成品保护

6.0.1 砖面层铺完后，养护期间应进行遮盖和拦挡，保持湿润，避免太阳暴晒，不允许上人和上物，结合层强度达到设计要求后，方可正常使用。

6.0.2 其他工序作业时，应在面层上铺覆盖物加以保护。

6.0.3 严禁在已成活的面层上拌制砂浆；堆放材料和杂物时，面层上应有保护措施。

6.0.4 切割面砖时应用垫板，禁止在已铺地面上切割。

6.0.5 对所覆盖的隐蔽工程要有可靠保护措施，不得因铺贴面砖造成水管漏水、堵塞、破坏。

6.0.6 推车运料时应注意保护门框及已完地面，小车腿应包裹。

7　注意事项

7.1　应注意的质量问题

7.1.1 板块空鼓：基层应清理干净、洒水湿润，夏季禁止暴晒造成基层失水过快，影响面层与下一层的粘结力；水泥浆涂刷应均匀，同时防止涂刷面积过大而风干；砖应浸水；养护要及时，避免水泥收缩过大，形成空鼓；板块铺贴后达一定强度方可上人。

7.1.2 踢脚板出墙厚度不一致：墙体抹灰垂直度、平整度应符合要求，踢脚板应拉线控制。

7.1.3 板块表面不干净：地砖铺贴时缝内挤出灰浆应适中，及时清理，并防止其他工序污染。

7.1.4 板块不平：应预先认真选砖，砖的厚度偏差应符合要求；铺贴时应严格接线。

7.1.5 有泛水的房间应找好坡度，使水能顺畅排入地漏。

7.1.6 应连续进行，尽快完成。夏季防止暴晒，冬季应有保温防冻措施，防止受冻；在雨、雪、低温、强风条件下，在室外或露天不宜进行砖面层作业。

7.2　应注意的安全问题

7.2.1 使用电动器具时，应由电工接电、接线，并应装设漏电保护器。一般电动器具和Ⅰ类手持电动工具应接PE保护线。

7.2.2 裁割砖时，应戴防护眼镜及胶皮手套。

7.2.3 装卸搬运板材时，应轻拿轻放，防止挤手砸脚。

7.2.4 随时清理操作地点的余料、废料，不得从窗洞口向外扔杂物。

7.3　应注意的绿色施工问题

7.3.1 水泥要入库，砂子要覆盖，搬运水泥人员要戴好防护用品。

7.3.2 基层清理、切割块料时，操作人员宜戴上口罩、耳塞，防止粉尘和切割噪声危害人身健康。

7.3.3 切割砖块料时，宜加装挡尘罩，同时在切割地点洒水，防止粉尘对人的伤害及对大气的污染。

7.3.4 切割砖块料的时间，应安排在白天的施工作业时间内（根据各地方的规定），地点应选择在较封闭的室内进行。

8 质量记录

8.0.1 地砖、水泥等材料的产品合格证书、性能检测报告、进场验收记录和复验报告。

8.0.2 胶粘剂总挥发性有机化合物（TVOC）和游离甲醛含量检测报告。

8.0.3 砂子的试验报告。

8.0.4 地面蓄水、泼水试验记录。

8.0.5 隐蔽工程验收记录。

8.0.6 砖面层分项工程质量验收记录及检验批质量验收记录。

8.0.7 其他技术文件。

第25章　活动地板地面

本工艺标准适用于防尘和防静电专业用房的活动地板地面工程的施工。

1 引用标准

《建筑地面工程施工质量验收规范》GB 50209—2010

《建筑工程施工质量验收统一标准》GB 50300—2013

《建筑装饰装修工程施工质量验收标准》GB 50210—2018

《建筑地面设计规范》GB 50037—2013

2 术语（略）

3 施工准备

3.1 材料及机具

3.1.1 活动地板：常用规格为600mm×600mm和500mm×500mm两种。采用的活动板块应平整、坚实，并具有耐磨、防潮、阻燃、耐污染、耐老化和导静电等特点，其技术性能应符合国家现行有关标准的规定。面层承载力不应小于7.5MPa，A级板的系统电阻率应为1.0×10^{5}～$1.0\times10^{8}\Omega$，B级板的系统电阻率应为1.0×10^{5}～$1.0\times10^{10}\Omega$。

3.1.2 支承部分：由活动支架、横梁及其他附件组成。

3.1.3 其他材料：环氧树脂胶、滑石粉、橡胶条、铝型材等，应符合有关标准质量要求。

3.1.4 机具：水准仪、水平尺、方尺、2～3m靠尺板、墨斗、圆盘锯、无齿锯、手锯、吸盘、铁錾子、钢丝钳子、螺丝扳手、扫帚等。

3.2　作业条件

3.2.1　施工前应编制活动地板地面工程施工方案，并按方案进行技术交底。

3.2.2　相通的相邻房间内各项工程完工，支承在地板基层上且超过地板承载力的设备，进入房间预定位置并安装固定好。

3.2.3　铺设活动地板的水泥地面或现制水磨石地面，基层表面平整、光洁、不起灰，其含水率不大于 8%。

3.2.4　墙面上弹好地面标高控制线。当房间是矩形平面时，其相邻墙体应相互垂直。

3.2.5　活动地板的排板设计已完成。

4　操作工艺

4.1　工艺流程

基层处理 → 弹线套方 → 安装支架和横梁 → 铺设活动地板

4.2　基层处理

活动地板安装前应将基层表面清擦干净；必要时，根据设计要求，在基层表面上涂刷清漆。

4.3　弹线套方

4.3.1　量测房间的长、宽尺寸，找出纵横中心线。当房间是矩形时，量测相邻墙面的垂直，垂直度偏差应小于 1/1000，如不垂直，应预先对墙面进行处理。与活动地板接触的墙面，其直线度值每米不应大于 2mm。

4.3.2　根据地面尺寸、活动板块尺寸及设备等情况，在基层表面上按板块尺寸弹线并形成方格网，并标明设备预留部位。在四周墙上，标出板块的安装高度。

4.4　安装支架和横梁

4.4.1　在方格网交点处安放支架，组装横梁，并转动支柱螺杆，用水平尺调整横梁顶面高度使符合要求。待所有支架和横梁安装成一体后，用水准仪抄平复核。符合要求后，将环氧树脂注入支架底座与基层之间的空隙内，使之粘结牢固，亦可用膨胀螺栓或射钉固定。

4.4.2　非整块板靠墙处，应配装相应的可调节支撑和横梁，当使用一般支架时，宜将支架上托的四个定位销打掉三个，保留沿墙面的一个，使靠墙边的板块越过支架紧贴墙面。非整块板靠墙处，可用木龙骨支架或角钢代替支架和横梁，木龙骨支架或角钢顶面标高，应与横梁顶面标高一致。木龙骨支架应经阻燃处理，角钢应经防腐处理。

4.4.3　支架和横梁安好后，敷设活动地板下的电缆、管线，经过检查验收，并办隐检手续。

4.5　铺设活动地板

4.5.1　板块的铺设方向，当平面尺寸符合活动地板块的模数时，宜由里向外铺设；当平面尺寸不符合活动板块模数时，宜由外向里铺设，非整块板宜放在靠墙处。当室内有控制柜设备需要预留洞口时，铺设方向和先后顺序应综合考虑选定。

4.5.2 铺设活动板前，先在横梁上铺放缓冲胶条，并用乳胶液与横梁粘合。铺设活动地板时，应调整水平度，可转动或调换活动地板块位置，保证四角接触处平整、严密，不得采用加垫的方法。板块应拉线安装，使接缝均匀、顺直。

4.5.3 当铺设的活动地板块不符合模数时，其不足部分可根据实际尺寸切割后镶补。通风口、走线口处，应根据洞口尺寸切割后铺装。

4.5.4 活动地板应在门口处或预留洞口处应符合设计构造要求，四周侧边应用耐磨硬质板封闭或用镀锌钢板包裹，胶条封边应符合耐磨要求。

4.5.5 活动地板与柱、墙面接缝处的处理应符合设计要求，设计无要求时应做木踢脚线；通风口处，应选用异形活动地板铺贴。

4.5.6 活动地板采用电锯切割或电钻钻孔加工，加工的边角应打磨平整，采用清漆或环氧树脂胶加滑石粉按比例调成腻子封边，亦可采用铝型材镶边。切割边处理后方可安装，以防止板块吸水、吸潮，造成局部膨胀变形。活动地板与墙面的接缝，应根据接缝宽度采用木条或泡沫塑料镶嵌。

4.5.7 安装控制框设备时，其位置应结合机柜支撑情况确定，如属于框架支架可不限制；如为四点支撑，则应使支撑点尽量靠近活动地板的横梁。如机柜重量超过活动地板的额定承载力时，宜在活动地板下部增设金属支撑架。

4.5.8 活动地层全部完成，经检查平整度及缝隙均符合质量要求后，即可进行清擦。当局部沾污时，可用清洁剂或皂水用布擦净晾干后，用棉纱抹蜡满擦一遍，然后将门窗封闭。

5 质量标准

5.1 主控项目

5.1.1 活动地板的材质应符合设计要求和国家现行有关标准的规定，且应具有耐磨、防潮、阻燃、耐污染、耐老化和导静电等性能。

5.1.2 活动地板面层应安装牢固，无裂纹、掉角和缺楞等缺陷。

5.2 一般项目

5.2.1 活动地板面层应排列整齐，表面洁净，色泽一致，接缝均匀，周边顺直。

5.2.2 活动地板面层的允许偏差：表面平整度 2.0mm；缝格平直 2.5mm；接缝高低差 0.4mm；板块间隙宽度 0.3mm。

6 成品保护

6.0.1 在运输和施工操作中，应保护好门窗框扇和墙壁等。

6.0.2 活动地板及其配套材料进场后，设专人负责做好保管工作，尤其在运输、装卸、堆放过程中，应注意保护好面板，不得碰坏面层和边角。

6.0.3 在安装过程中，坚持随污染随清擦，特别是环氧树脂和乳胶液体，应及时擦干净。地板安装时不得与其他工序交叉作业，在安装场所不得加工非整块板或地板附件。

6.0.4 活动地板块安装时。应使用吸盘器或橡胶皮碗，不得采用铁器硬撬，做到轻拿轻放。

6.0.5 在已铺好的面板上作业时，应穿泡沫塑料拖鞋或软底鞋，不得用锐器、硬物在面板上拖拉、划擦及敲击。

6.0.6 在面板安装后、安装设备时，应采取保护面板的临时性措施，一般在铺设3mm厚的橡胶板上，垫胶合板或厚纸板、厚塑料布作为临时防护。

6.0.7 安装设备时，应根据设备的支承和荷重情况，确定地板支承系统的加固措施。

7　注意事项

7.1　应注意的质量问题

7.1.1 活动地板支架底座应粘结牢固，横梁组装应合套，缓冲胶条应安放固定。

7.1.2 切割后的板块边角应打磨平整，采用清漆或腻子封边，防止局部发生变形，切割边不经过处理不得进行安装。

7.1.3 应认真对横梁进行抄平检查，板块厚度偏差应在要求范围内，以保证板面平整度。

7.1.4 用于电子信息系统机房的活动地板面层，其施工质量检验尚应符合现行国家标准《数据中心基础设施施工及验收规范》GB 50462—2015的有关规定。

7.2　应注意的安全问题

7.2.1 Ⅰ、Ⅱ类手持电动工具应装设漏电保护器，Ⅰ类手持电动工具应接PE保护线，采用一机一闸。

7.2.2 随时清理操作地点的余料、废料，不得从窗口向外抛出。

7.3　应注意的绿色施工问题

7.3.1 在施工过程中应防止噪声、扬尘污染，在施工现场界噪声敏感区域宜选择使用低噪声的设备，也可以采取其他降低噪声的措施，加工时产生的扬尘应有效控制。

7.3.2 使用的活动地板等材料必须符合环保要求。

7.3.3 工完场地清，使用完的材料和杂物必须清理干净。

8　质量记录

8.0.1 活动面板及其附件材质合格证明文件及检测报告。

8.0.2 隐蔽工程检查验收记录。

8.0.3 活动地板面层工程检验批质量验收记录。

8.0.4 活动地板面层分项工程质量验收记录。

8.0.5 其他技术文件。

第26章 木、竹地面

本工艺标准适用于工业与民用建筑木、竹地面工程的施工。

1 引用标准

《木质地板铺装工程技术规程》CECS 191：2005
《建筑地面工程施工质量验收规范》GB 50209—2010
《建筑工程施工质量验收统一标准》GB 50300—2013
《建筑装饰装修工程施工质量验收标准》GB 50210—2018
《室内装饰装修材料 人造板及其制品中甲醛释放限量》GB 18580—2017

2 术语（略）

3 施工准备

3.1 作业条件

3.1.1 应已对所覆盖的隐蔽工程进行验收且合格，并进行隐检会签。

3.1.2 施工前，应做好水平标志，以控制铺设的高度和厚度，可采用竖尺、拉线、弹线等方法。

3.1.3 特殊工种必须持证上岗。

3.1.4 作业时的施工条件（工序交叉、环境状况等）应满足施工质量可达到标准的要求。

3.2 材料及机具

3.2.1 木、竹地板：地板面层所采用的材料，其技术等级及质量要求必须符合设计要求，木龙骨、垫木和毛地板等必须做防腐、防蛀、防火处理。

3.2.2 踢脚板：宽度、厚度、含水率均应符合设计要求，背面应满涂防腐剂，花纹颜色应力求与面层地板相同。

3.2.3 粘胶剂：满足耐老化、防菌、有害物的限量标注。

3.2.4 常用机具设备有：刨地板机、砂带机、手刨、角度锯、螺机、水平仪、水平尺、方尺、钢尺、水平尺、小线、篓子、刷子、钢丝刷等。

4 操作工艺

4.1 工艺流程

安装木龙骨→刨平磨光→铺毛地板→铺木、竹地板→细部收口

4.2 操作工艺

4.2.1 安装木龙骨：先在楼板上弹出木龙骨的安装位置线（间距300mm或按设计要求）及标高，单向固定（方向与铺装地板的方向垂直），将龙骨（断面梯形，宽面在下）放平、放稳，并找好标高，用膨胀螺栓和角码（角钢上钻孔）把龙骨牢固固定在基层上，木龙骨下与基层间缝隙应用硬性砂浆填密实。

4.2.2 刨平磨光：需要刨平磨光的地板应先粗刨后细刨，使面层完全平整后再用砂带机磨光。

4.2.3 铺毛地板：（根据设计要求选铺毛地板）根据木龙骨的模数和房间情况，将毛地板下好料。将毛地板牢固钉在木龙骨上，钉法采用直钉和斜钉混用，直钉钉帽不得突出板面。毛地板可采用条板，也可采用整张的细木工板或中密度板等类产品。采用整张板时，应在板上开槽，槽的深度为板厚的1/3，方向与龙骨垂直，间距200mm左右。

4.2.4 铺木、竹地板：从墙的一边开始铺钉企口木、竹地板，靠墙的一块板应离开墙面10mm左右，以后逐块排紧。钉法采用斜钉，木、竹地板面层的接头应按设计要求留置。铺地板时应从房间内退着往外铺设。

4.2.5 细部收口：地板与其他地面材料交接处和门口等部位，应用收口条做收口处理。收边条或踢脚线收口。

5 质量标准

5.1 主控项目

5.1.1 木、竹地板地面采用的地板、胶粘剂等应符合设计要求和国家现行有关标准的规定。

5.1.2 木龙骨、垫木和垫层地板等应做防腐、防蛀处理。木龙骨安装应牢固、平直。

5.1.3 面层铺设应牢固，粘结应无空鼓、松动。

5.2 一般项目

5.2.1 地板面层图案和颜色应符合设计要求，图案应清晰，颜色应一致，板面应无翘曲。

5.2.2 面层缝隙应严密；接头位置应错开，表面应平整、洁净。面层采用粘、钉工艺时，接缝应对齐，粘、钉应严密；缝隙宽度应均匀一致；表面应洁净，无溢胶现象。

5.2.3 踢脚线表面应光滑，接缝严密，高度一致。

5.2.4 木、竹地板面层的允许偏差应符合《建筑地面工程施工质量验收规范》GB 50209—2010 中表 7.1.8 的规定。

6 成品保护

6.0.1 施工时应注意对定位定高的标准杆、尺、线的保护，不得触动、移位。

6.0.2 对所覆盖的隐蔽工程要有可靠保护措施，不得因铺设竹地板面层造成漏水、堵塞、破坏或降低等级。

6.0.3 木、竹地板面层完工后应进行遮盖和拦挡，避免受侵害。

6.0.4 后续工程在地板面层上施工时，必须进行遮盖、支垫，严禁直接在地板面上动火、焊接、和灰、调漆、支铁梯、搭脚手架等。

7 注意事项

7.1 应注意的质量问题

7.1.1 行走有声响：

1 木龙骨固定不牢固、毛地板与龙骨间连接不牢固、面层与毛地板间连接不牢固都会造成走动有声响；木龙骨含水率高，安装后收缩；

2 地板的平整度不够，龙骨或毛地板有凸起的地方；

3 地板的含水率过大，铺设后变形；复合木地板胶粘剂涂刷不均匀。

7.1.2 板面不洁净：地面铺完后未做有效的成品保护，受到外界污染。

7.1.3 踢脚板变形：木砖间距过大，踢脚板含水率高。

7.1.4 板缝不严：含水率高，变形产生。

7.1.5 不合格：凡检验不合格的部位，均应返修或返工纠正，并制定纠正措施，防止再次发生。

7.2 应注意的安全问题

7.2.1 Ⅰ、Ⅱ类手持电动工具应装设漏电保护器，Ⅰ类手持电动工具应接 PE 保护线，采用一机一闸。

7.2.2 电锯切割板块时，应戴防护眼镜，身体及头部应位于侧面。

7.2.3 随时清理操作地点的余料、废料，不得从窗口向外抛出。

7.3 应注意的绿色施工问题

7.3.1 在施工过程中应防止噪声、扬尘污染，在施工现场临界噪声敏感区域宜选择使用低噪声的设备，也可以采取其他降低噪声的措施，加工时产生的扬尘应有效控制。

7.3.2 使用的活动地板等材料必须符合环保要求。

7.3.3 工完场地清，使用完的材料和杂物必须清理干净。

7.3.4 在施工过程中应注意对已经完成的隐蔽工程管线和机电设备的保护，各工种间搭接应合理，同时注意施工环境，不得在扬尘、湿度大等不利条件下作业。

8　质量记录

8.0.1　材质合格证明文件及检测报告。

8.0.2　木、竹地板面层分项工程质量验收评定记录。

8.0.3　木、竹材防火、防虫、防腐处理记录。

8.0.4　细木工板、密度板等人造板游离甲醛含量复验记录。

8.0.5　胶粘剂的有害物质限量复验记录。

8.0.6　样板间室内环境污染物浓度检测记录。

8.0.7　其他技术文件。

第 27 章　地 毯 面 层

本工艺标准适用于民用建筑地毯面层地面工程的施工。

1　引用标准

《建筑地面工程施工质量验收规范》GB 50209—2010

《建筑工程施工质量验收统一标准》GB 50300—2013

《建筑装饰装修工程施工质量验收标准》GB 50210—2018

《室内装饰装修材料地毯、地毯衬垫及地毯胶粘剂有害物质释放限量》GB 18587—2001

2　术语（略）

3　施工准备

3.1　作业条件

3.1.1　施工前应编制地毯面层施工方案，并按方案进行技术交底。

3.1.2　材料经检验符合设计及相关规范要求。

3.1.3　施工前，应做好水平标志，以控制铺设的高度和厚度，可采用竖尺、拉线、弹线等方法。

3.1.4　应对所覆盖的隐蔽工程进行验收且合格，并进行隐检会签。

3.1.5　作业时的环境如天气、温度、湿度等状况应满足施工质量可达到标准的要求。

3.1.6　特殊工种必须持证上岗。

3.1.7　水泥类面层（或基层）表面层已验收合格，其含水量应在 10%以下。

3.2 材料及机具

3.2.1 材料：

1 地毯：品种、规格、颜色、花色、胶料和铺料及其材质必须符合设计要求和国家现行地毯产品标准的规定。

2 倒刺板：顺直、倒刺均匀，长度、角度符合设计要求。

3 胶粘剂：所选胶粘剂必须通过实验确定其适用性和使用方法。污染物含量低于室内装饰装修材料胶粘集中有害物质限量标准。

3.2.2 根据施工条件，合理选用机具设备和辅助用具。以能达到设计要求为基本原则，兼顾进度、经济要求。

3.2.3 常用机具设备有：裁毯刀、裁边机、地毯撑子、手锤、角尺、直尺、熨斗等。

4 操作工艺

4.1 工艺流程

基底处理→弹线套方、分格定位→地毯剪裁→钉倒刺板条→铺衬垫→铺地毯→细部处理收口→检查验收

4.2 操作工艺

4.2.1 基层处理：把沾在基层上的浮浆、落地灰等用錾子或钢丝刷清理掉，再用扫帚将浮土清扫干净。

4.2.2 弹线套方、分格定位：严格依照设计图纸对各个房间的铺设尺寸进行度量，检查房间的方正情况，并在地面弹出地毯的铺设基准线和分格定位线。活动地毯应根据地毯的尺寸，在房间内弹出定位网格线。

4.2.3 地毯剪裁：根据放线定位的数据，剪裁地毯，长度应比房间长度大 20mm。

4.2.4 钉倒刺板条：沿房间四周踢脚边缘，将倒刺板条牢固钉在地面基层上，倒刺板条应距踢脚 8～10mm。

4.2.5 铺衬垫：将衬垫采用点粘法粘在地面基层上，要离开倒刺板 10mm 左右。

4.2.6 铺设地毯：先将地毯的一条长边固定在倒刺板上，毛边掩到踢脚板下，用地毯撑子拉伸地毯，直到拉平为止；然后将另一端固定在另一边的倒刺板上，掩好毛边到踢脚板下。一个方向拉伸完，再进行另一个方向的拉伸，直到四个边都固定在倒刺板上。在边长较长的时候，应多人同时操作，拉伸完毕时应确保地毯的图案无扭曲变形。

4.2.7 铺活动地毯时应先在房间中间按照十字线铺设十字控制块，之后按照十字控制块向四周铺设。大面积铺贴时应分段、分部位铺贴。如设计有图案要求时，应按照设计图案弹出准确分格线，并做好标记，防止差错。

4.2.8 当地毯需要接长时，应采用缝合或烫带粘结（无衬垫时）的方式，缝合应在铺设前完成，烫带粘结应在铺设的过程中进行，接缝处应与周边无明显差异。

4.2.9 细部收口：地毯与其他地面材料交接处和门口等部位，应用收口条做收口处理。

5　质量标准

5.1　主控项目

5.1.1　地毯面层采用的材料应符合设计要求和国家现行有关标准的规定。

5.1.2　地毯表面应平服，拼缝处缝合粘贴牢固、严密平整、图案吻合。

5.2　一般项目

5.2.1　地毯面层不应起鼓、起皱、翘边、卷边、显拼缝和露线，无毛边，绒面毛顺光一致，毯面应洁净，无污染和损伤。

5.2.2　地毯同其他面层连接处、收口处和墙边、柱子周围应顺直、压紧。

6　成品保护

6.0.1　地毯进场应尽量随进随铺，库存时要防潮、防雨、防踩踏和重压。

6.0.2　铺设时和铺设完毕应及时清理毯头、倒刺板条段、钉子等散落物，严格防止将其铺入毯下。

6.0.3　地毯面层完工后应将房间关门上锁，避免受污染破坏。

6.0.4　后续工程在地毯面层上需要上人时，必须戴鞋套或者是专用鞋，严禁在地毯面上进行其他各种施工操作。

7　注意事项

7.1　应注意的质量问题

7.1.1　地毯起皱、不平

1　基层不平整或地毯受潮后出现胀缩；

2　地毯未牢固固定在倒刺板上，或倒刺板不牢固；

3　未将毯面完全拉伸至伸平，铺毯时两侧用力不均或粘结不牢。

7.1.2　毯面不洁净

1　铺设时刷胶将毯面污染；

2　地毯铺完后未做有效的成品保护，受到外界污染；

3　接缝明显：缝合或粘合时未将毯面绒毛持顺，或是绒毛朝向不一致，地毯裁割时尺寸有偏差或不顺直；

4　图案扭曲变形：拉伸地毯时，各点的力度不均匀，或不是同时作业造成图案扭曲变形。

7.1.3　不合格：凡检验不合格的部位，均应返修或返工纠正，并制定纠正措施，防止再次发生。

7.2 应注意的安全问题

7.2.1 切割地毯时，应戴防尘面罩，避免粉尘毛屑的吸入。
7.2.2 随时清理操作地点的余料、废料，不得从窗口向外抛出。

7.3 应注意的绿色施工问题

7.3.1 应连续进行，尽快完成。周边环境应干燥、无尘。室内已处于竣工交验结束。
7.3.2 在施工过程中应防止噪声、扬尘污染，在施工现场临界噪声敏感区域宜选择使用低噪声的设备，也可以采取其他降低噪声的措施，加工时产生的扬尘应有效控制。
7.3.3 使用的地毯等材料必须符合环保要求。
7.3.4 工完场地清，使用完的材料和杂物必须清理干净。

8 质量记录

8.0.1 地毯材质合格证明文件及性能检测报告。
8.0.2 胶粘剂合格证明文件及性能试验报告。
8.0.3 地毯面层检验批工程质量验收评定记录。
8.0.4 板块面层铺设分项工程质量验收评定记录。
8.0.5 其他技术文件。

第28章 玻璃地板面层

本工艺标准适用于房屋建筑的玻璃地板面层工程的施工。

1 引用标准

《建筑地面工程施工质量验收规范》GB 50209—2010
《建筑工程施工质量验收统一标准》GB 50300—2013
《建筑装饰装修工程施工质量验收标准》GB 50210—2018

2 术语（略）

3 施工准备

3.1 作业条件

3.1.1 施工现场的用电应满足施工的需要，作业面控制轴线校验完毕无误，基层的外形尺寸已经复核，多余的混凝土屑已经剔除，务必使基层的误差保证在本工艺能调节的范围之内，作业面的环境已清理完毕。

3.1.2　各种机具设备如切割机、钻机、电焊机等已齐备和完好。

3.1.3　制定施工样板制度，要求做好样板后经设计、甲方、监理、项目部相关人员验收通过后，方可以进行大面积施工。

3.2　材料及机具

3.2.1　玻璃的品种应符合设计要求。玻璃采用防火、夹胶、中空钢化玻璃等，边角处做 1mm 倒角处理。钢化玻璃必须有性能检测报告，并有 CCC 标志。玻璃厚度允许偏差为 ±0.4mm。

1　钢化玻璃：玻璃外观质量不能有裂纹、缺角。长方形平面钢化玻璃边长允许偏差见表 28-1；长方形平面钢化玻璃对角线允许值见表 28-2。

长方形平面钢化玻璃边长允许偏差　　**表 28-1**

厚度（mm）	边长（L）允许偏差（mm）			
	L≤1000	1000<L≤2000	2000<L≤3000	L>3000
3、4、5、6	+1 −2	±3	±4	±5
8、10、12	+2 −3			
15	±4	±4		
19	±5	±5	±6	±7
>19	供需双方商定			

长方形平面钢化玻璃对角线允许值　　**表 28-2**

玻璃公称厚度	对角线允许偏差（mm）		
	L≤2000	2000<L≤3000	L>3000
3、4、5、6	±3.0	±4.0	±5.0
8、10、12	±4	±5	±6
15、19	±5	±6	±7
>19	供需双方商定		

2　夹层玻璃：玻璃外观质量不允许存在裂纹。爆边长度或宽度不得超过玻璃的厚度，划伤和磨伤不得影响使用，不允许脱胶，气泡、中间层杂质及其他观察到的不透明物等缺陷符合标准，夹胶玻璃边长的允许偏差见表 28-3。

夹胶玻璃边长的允许偏差（mm）　　**表 28-3**

总厚度 D	长度或宽度 L		总厚度 D	长度或宽度 L	
	L≤1200	1200<L<2400		L≤1200	1200<L<2400
4≤D<6	+2 −1	— —	11≤D<17	+3 −2	+4 −2
6≤D<11	+2 −1	+3 −1	17≤D<24	+4 −3	+5 −3

3.2.2 支撑骨架一般有砖墩、混凝土墩、钢支架、不锈钢支架、木支架和铝合金支架等几种，常用的是钢支架和铝合金、不锈钢支架。质量控制按照相关专业工程施工技术标准。

3.2.3 橡胶垫：橡胶垫的厚度应满足设计要求，厚度要均匀。

3.2.4 密封胶：密封胶必须是防雾型的，并且符合环保要求。

3.2.5 使用的机具有电焊机、手提切割机、手电钻、铝合金靠尺。

4 施工工艺

4.1 工艺流程

基层清理→地面找平→测量放线→安装固定可调支架及横梁→玻璃加工、安装→勾缝

4.2 基层清理

施工前先检查楼地面的平整度，清除地面杂物及水泥砂浆，如结构为砖墩、混凝土墩，地面应凿毛。

4.3 地面找平

玻璃支撑结构为钢结构，不锈钢和铝合金支架，如地面平整度不能达到施工要求，应重新用水泥砂浆找平并养护。

4.4 测量放线

根据设计要求，弹出50cm水平基准线，根据基准线弹出玻璃地面标高线，测量长度宽度，按照玻璃规格加上缝隙（2～3mm），弹出支撑结构中心线。

4.5 安装固定可调支架和横梁

根据设计要求确定铺设高度。要按室内四周墙上弹划出的玻璃地面标高线和基层地面上已经弹线完成的分格位置线，安放可调支架，并架上横梁，用小线和水平尺调整支座高度至全室等高。玻璃地板支柱的每个螺帽在调平之后都应拧紧，形成联网支架。

可调支架和横梁表面要求达到一定的装饰设计效果。

4.6 玻璃加工、安装

玻璃加工采用玻璃厂家直接加工的方式，根据现场排版尺寸，编制玻璃加工单，玻璃厂家根据加工单加工玻璃。玻璃地板块边缘与墙面和柱子接触的一排为异形玻璃尺寸时，应根据现场实际裁画模板，单独加工异形玻璃，其安装时配装相应的可调支架和横梁，并固定防止移动。

铺设玻璃地板块并调整水平高度，保证四角接触平整、严密，接缝处满打玻璃密封胶，防止水渗漏到玻璃地板下的灯带插座里，四周玻璃板块之间密封胶要饱和，防止人多踩踏玻璃移动。

4.7　勾缝

清理玻璃缝隙，缝隙两边用纸胶带保护，采用密封胶灌缝，缝隙要求饱满平滑。打胶后应进行保护，待胶固化后方可上人。

5　质量标准

5.1　主控项目

5.1.1　玻璃的品种、规格、加工几何尺寸偏差、表面缺陷及物理性能必须符合设计和国家有关现行标准规定。

5.1.2　所用的型钢骨架等的材质、品种、型号、规格及连接方式必须符合设计要求和国家有关标准规定。

5.1.3　型钢骨架的挠度等测试数据必须满足设计及规范要求。

5.2　一般项目

5.2.1　金属骨架

表面洁净、无污染，连接牢固、安全可靠，横平竖直，无明显错台错位，不得弯曲和扭曲变形。垂直偏差不大于 3mm，水平偏差不大于 2mm。

5.2.2　焊缝要求

构件需满焊连接，焊缝外形均匀、成型较好、过渡平滑，焊渣清除打磨干净。

5.2.3　玻璃缝隙、分格线宽窄均匀，上下口平直。

5.2.4　玻璃地面允许偏差和检验方法见表 28-4。

玻璃地面允许偏差和检验方法　　**表 28-4**

项次	项目	允许偏差（mm）	检验方法
1	立面垂直度	2.0	用 2m 垂直检测尺检查
2	表面平整度	2.0	用 2m 靠尺和塞尺检查
3	阴阳角方正	2.0	用直角检测尺检查
4	接缝直线度	2.0	拉 5m 线，不足 5m 拉通线，用钢直尺检查
5	接缝高低差	2.0	用钢直尺和塞尺检查

6　成品保护

6.0.1　玻璃施工过程中与设备安装专业紧密配合，不得破坏已安装好的设备管线，如有设备管线等妨碍施工，请与现场相关管理人员联系协调解决。

6.0.2　刚施工完毕的玻璃地面做好警示围挡，严禁磕划。

7　注意事项

7.1　应注意的质量问题

7.1.1　玻璃地面装饰边缘与墙面、柱子接触的一排为异形玻璃尺寸，根据现场实际裁画模板，单独加工异形玻璃并编号，安装时配套相应的可调支架和横梁，固定牢固防止移动。

7.1.2 玻璃安装时注意污染及磕碰

1 玻璃安装时为避免污染，施工人员必须佩戴手套。

2 安装时玻璃应采用吸盘搬运，避免碰撞玻璃。

7.1.3 玻璃安装完后注意成品保护

玻璃安装完毕后，需要对完成面进行成品保护，采用板材等遮挡起来防止磕碰划伤。

7.1.4 不合格

凡检验不合格的部位，均应返修或返工纠正，并制定纠正措施，防止再次发生。

7.2 应注意的安全问题

7.2.1 搬运玻璃的工人应戴手套。用厚纸或布垫住玻璃边棱，避免划破手。玻璃应装夹立放靠紧，不得平放。不得逆风搬运大面积玻璃。

7.2.2 使用吸盘机安装玻璃时，必须专人操作。玻璃表面应擦洗干净，不允许表面粘附泥土、污物。否则易使吸盘漏气，造成安全事故。停电时应及时用手动阀将玻璃放回支架。

7.2.3 玻璃未安装牢固前，不得中途停工或休息，安装牢固后要做好成品保护。

7.2.4 裁割玻璃应在指定场所作业，裁下的边角废料应集中堆放，及时处理。

7.3 应注意的绿色施工问题

7.3.1 应连续进行，尽快完成。周边环境应干燥、无尘。室内施工部分不可同时进行其他作业。

7.3.2 在施工过程中应防止噪声、扬尘污染，在施工现场临界噪声敏感区域宜选择使用低噪声的设备，也可以采取其他降低噪声的措施，加工时产生的扬尘应有效控制。

7.3.3 使用的玻璃、结构胶等材料必须符合环保要求。

7.3.4 工完场地清，使用完的材料和杂物必须清理干净。

8 质量记录

8.0.1 玻璃材质合格证明文件、性能检测报告及复试报告。

8.0.2 胶粘剂合格证明文件及性能试验报告、复试报告。

8.0.3 玻璃面层检验批工程质量验收评定记录。

8.0.4 板块面层铺设分项工程质量验收评定记录。

8.0.5 其他技术文件。

门窗工程施工工艺

前　　言

本书是山西建设投资集团有限公司《建筑安装工程施工工艺标准系列丛书》之一。该标准经广泛调查研究，认真总结工程实践经验，参考有关国家、行业及地方标准规范，在2007版基础上广泛征求意见修订而成。

该书编制过程中主要参考了《建筑工程施工质量验收统一标准》GB 50300—2013、《建筑装饰装修工程质量验收标准》GB 50210—2018、《塑料门窗工程技术规程》JGJ 103—2008、《铝合金门窗工程技术规范》JGJ 214—2010等标准规范。每项标准按引用标准、术语、施工准备、操作工艺、质量标准、成品保护、注意事项、质量记录八个方面进行编写。

本标准修订的主要内容是：

1. 由于涂色镀锌钢板门窗安装应用范围较窄、工艺落后，故取消了该部分内容。

2. 增加了板材类金属门窗、复合门窗、防火门、防盗门、全玻门、自动门、旋转门、金属卷帘门和地下室人防门安装。

3. 将铝合金、塑料门窗玻璃安装改为铝合金、塑料、复合门窗玻璃安装。

本书可作为建筑门窗安装工程施工生产操作的技术依据，也可作为编制施工方案和技术交底的蓝本。在实施工艺标准过程中，若国家标准或行业标准有更新版本时，应按国家或行业现行标准执行。

本书在编制过程中，限于技术水平，有不妥之处，恳请提出宝贵意见，以便今后修订完善。随时可将意见反馈至山西建设投资集团公司技术中心（太原市新建路9号，邮政编码030002）。

目　　录

第 1 章　木门窗安装 …………………………………………………………………… 1043
第 2 章　钢门窗安装 …………………………………………………………………… 1049
第 3 章　铝合金门窗安装 ……………………………………………………………… 1054
第 4 章　板材类金属门窗安装 ………………………………………………………… 1059
第 5 章　塑料门窗安装 ………………………………………………………………… 1063
第 6 章　复合门窗安装 ………………………………………………………………… 1069
第 7 章　钢、木门窗玻璃安装 ………………………………………………………… 1076
第 8 章　铝合金、塑料、复合门窗玻璃安装 ………………………………………… 1080
第 9 章　防火门安装 …………………………………………………………………… 1084
第 10 章　防盗门安装………………………………………………………………… 1091
第 11 章　全玻门安装………………………………………………………………… 1094
第 12 章　自动门安装………………………………………………………………… 1099
第 13 章　旋转门安装………………………………………………………………… 1103
第 14 章　金属卷帘门安装…………………………………………………………… 1107
第 15 章　地下室人防门安装………………………………………………………… 1111

第1章　木门窗安装

本工艺标准适用于工业与民用建筑的木门窗安装。

1　引用标准

《建筑工程施工质量验收统一标准》GB 50300—2013
《建筑装饰装修工程施工质量验收标准》GB 50210—2018
《木门窗》GB/T 29498—2013
《建筑外门窗气密、水密、抗风压性能分级及检测方法》GB/T 7106—2008

2　术语（略）

3　施工准备

3.1　作业条件

3.1.1　结构工程经验收合格，0.5m 标高线已弹好。

3.1.2　门窗框、扇进入施工现场应经验收，合格后方可使用；门窗框、扇安装前，其型号、尺寸应符合设计要求，不符合者应退换或修理。

3.1.3　门窗框进场后，应及时将靠墙靠地的一面涂刷防腐涂料一道；门窗框不靠墙的其他各面及扇，均应涂刷清油一道，并通风干燥。

3.1.4　木门窗宜在室内分别水平码放整齐，底层应搁置在垫木上，在仓库中垫木离地面高度不小于 200mm，临时的敞篷垫木离地面不应小于 400mm。码放时，框与框、扇与扇之间应每层垫木条，使其自然通风，但严禁露天堆放。

3.1.5　门框的安装应符合图纸要求的型号及尺寸，并注意门扇的开启方向，以确定门框安装的裁口方向，安装高度应按室内 0.5m 标高线控制。

3.1.6　门窗框安装应在抹灰前进行，门扇和窗扇的安装宜在抹灰后和室内地面做完后进行。如必须先安装时，应注意对成品的保护，防止碰撞和污染。

3.2　材料及机具

3.2.1　木门窗：木门窗加工制作的型号、数量、加工质量必须符合设计要求，有出厂合格证，且木材含水率应符合现行有关标准的规定。

3.2.2　木制纱门窗：应与木门窗配套加工，型号、数量、尺寸符合设计要求，有出厂合格证，压纱条应与裁口相匹配，所用的小钉应配套供应。

3.2.3 防腐剂：氟硅酸钠，其纯度不应小于95%，含水率不大于1%，细度要求应全部通过1600孔/cm^2的筛或稀释的冷底子油，涂刷木材面与墙体接触部位。

3.2.4 墙体中用于固定门窗框的预埋件、木砖和其他连接件应符合设计要求。

3.2.5 小五金及其配件的种类、规格、型号必须符合图纸要求，并与门窗框扇相匹配。且产品质量必须是合格产品。

3.2.6 机具：粗刨、细刨、裁口刨、单线刨、锯、锤子、斧子、改锥、线勒子、扁铲、塞尺、线坠、红线包、墨斗、木钻、小电锯、担子板、盒尺、木楔、手电钻、笤帚等。

4 操作工艺

4.1 工艺流程

放线找规矩→洞口修复→门窗框安装→嵌缝处理→门窗扇安装→五金配件安装→纱扇安装

4.2 放线找规矩

4.2.1 以顶层门窗位置为准，从窗中线向两边量出边线，应从顶层用大线坠或经纬仪将控制线逐层引下，检查窗口位置的准确度，并在墙壁上弹出安装位置线。

4.2.2 根据室内0.5m标高线检查窗框安装的标高尺寸。

4.2.3 根据墙身大样图及窗台板宽度，确定门窗安装的平面位置，在侧面墙上弹出竖向控制线。

4.3 洞口修复

4.3.1 门窗框安装前，根据已弹好的平面位置和标高控制线，检查洞口平面位置及标高是否准确。如有缺陷应及时进行处理。

4.3.2 室内外门窗框应根据图纸位置和标高安装，为保证安装的牢固，应提前检查预埋木砖数量是否满足，1.2m高的洞口，每边预埋两块木砖，高1.2～2m的洞口，每边预埋木砖3块，高2～3m的洞口，每边预埋木砖4块。如有问题应及时修补。

4.3.3 当墙体为轻质隔墙和120mm厚隔墙时，应采用预埋木砖的混凝土预制块，预制块的数量，也应根据洞口高度设2块、3块、4块，混凝土强度等级不低于C15。

4.4 门窗框安装

4.4.1 门窗框安装时，应考虑抹灰的厚度，并根据门窗尺寸、标高、位置及开启方向，在墙上画出安装位置线，有贴脸的门窗立框时，立框应与抹灰面齐平；中立的外窗，如外墙为清水砖墙勾缝时，可稍移动，以盖上砖墙立缝为宜。有窗台板的窗，应注意窗台板的出墙尺寸，以确定立框位置。

4.4.2 门窗框的安装标高，经墙上弹0.5m标高线为准，用木楔将框临时固定于窗洞口内，并及时用线坠检查垂直，达到要求后塞紧固定。每块木砖上应钉2根长10cm的钉子，将钉帽砸扁。开始立门窗框时，铁钉应外露10mm以备之后修整时拔出；最后固定时，再将钉帽顺木纹钉入木门窗框内。

4.4.3 当隔墙为加气混凝土时，应按要求的木砖间距钻直径30mm的孔，孔深7～10cm，并将蘸胶木橛打入孔中，木橛直径应略大于孔径5mm，以便其打入牢固，待其凝固后再安装门窗框。

4.5 嵌缝处理

门窗框安装完经自检合格后，在抹灰前应进行塞缝处理，塞缝材料应符合设计要求，无特殊要求者用掺有纤维的水泥砂浆嵌实缝隙。经检验无漏嵌和空嵌现象后，方可进行抹灰作业。

4.6 门窗扇安装

4.6.1 安装前，确定门窗的开启方向及小五金型号、安装位置和装锁位置，对开门扇扇口的裁口位置及开启方向。

4.6.2 检查门窗口尺寸是否正确、边角是否方正，有无窜角，裁口方向是否正确，检查门窗口高度应量门的两个立边，检查门窗口宽度应量门口的上、中、下三点，并在扇的相应部位定点划线。

4.6.3 将门扇靠在框上划出相应的尺寸线，如果扇大，则应根据框的尺寸将大出的部分刨去，若扇小应绑木条，且木条应绑在装合页的一面或下口，用胶粘后并用钉子钉牢，钉帽要砸扁，顺木纹送入框内1～2mm。

4.6.4 第一次修刨后的门窗扇应以能塞入口内为宜，塞好后用木楔顶住临时固定，按门窗扇与口边缝宽尺寸合适，画第二次修刨线，标出合页槽的位置（距门扇的上下端各1/10，且避上、下冒头）。同时应注意口与扇安装的平整。

4.6.5 门扇的第二次修刨，缝隙尺寸合适后，即安装合页。应先用线勒子勒出合页的宽度，根据上、下冒头1/10的要求，定出合页安装边线，分别从上、下边线往里量出合页长度，剔合页槽，以槽的深度来调整门扇安装后与框的平整，刨合页槽时应留线，不应剔的过大、过深。

4.6.6 合页槽剔好后，即安装上、下合页，安装时应先拧一个螺丝，然后关上门检查缝隙是否合适，口与扇是否平整，无问题后方可将螺丝全部拧上拧紧。木螺丝应钉入全长1/3，再拧入2/3。如框扇为硬木时，安装前应先打孔，孔径为木螺丝直径的0.9倍，眼深为螺丝长的2/3，打眼后再拧入螺丝，以防安装劈裂或将螺丝拧断。

4.6.7 安装对开扇时，应将门窗扇的宽度用尺量好，再确定中间对口缝的裁口深度。如采用企口锁时，对口缝的裁口深度及裁口方向应满足装锁的要求，然后将四周修刨到准确尺寸。

4.6.8 安装带玻璃的门窗扇时，一般玻璃裁口留在室内。

4.7 五金配件安装

4.7.1 五金安装应符合设计图纸的要求，不得遗漏，一般门锁、碰珠、拉手等距地高度为950～1000mm，插销应在拉手下面。

4.7.2 门扇开启后易碰墙，为固定门扇位置，应安装门轧头或吸门器。对有特殊要求的关闭门，应安装门扇开启器。

4.7.3 窗风钩的安装位置，以开启后的窗扇距墙 20mm 为宜。

4.7.4 门插销应安装在扇梃中间，窗插销应安装在窗扇上下两端，插销插入深度不小于 10mm，应开、插、转动灵活。

4.7.5 窗拉手均应安装在扇梃中间，一般距地面高度以 1.5～1.6m，门拉手距地面宜为 0.9～1.05m。

4.7.6 所有安装完毕的五金，均应平整、顺直、洁净、无划痕。

4.8 纱扇安装

4.8.1 裁纱应比实际长度、宽度各长 50mm，以利压纱。绷纱时先将纱铺平后，装上压条铁钉钉住，将纱拉平绷紧后装下压条，用钉子钉住，然后装侧压条，用铁钉钉住，最后将边角多余的纱用扁铲割净。

4.8.2 纱扇安装应在玻璃安装完后进行。

5 质量标准

5.1 主控项目

5.1.1 木门窗的木材品种、材质等级、规格尺寸、框扇的线型及人造木板的甲醛含量应符合设计要求。设计未规定材质等级时，所用木材的质量应符合规范规定。

5.1.2 木门窗应采用烘干的木材，含水率及饰面质量应符合现行标准的有关规定。

5.1.3 木门窗的防火、防腐、防虫处理应符合设计要求。

5.1.4 木门窗的结合处和安装配件处不得有木节或已填补的木节。木门窗如有允许限值以内的死节及直径较大的虫眼时，应用同一材质的木塞加胶填补。对于清漆制品，木塞的木纹和色泽应与制品一致。

5.1.5 门窗框和厚度大于 50mm 的门窗扇应用双榫连接。榫槽应采用胶料严密嵌合，并应用胶楔加紧。

5.1.6 胶合板门、纤维板门和模压门不得脱胶。胶合板不得刨透表层单板，不得有戗槎。制作胶合板门、纤维板门时，边框和横楞应在同一平面上，面层、边框及横楞应加压胶结。横楞和上、下冒头应各钻两个以上的透气孔，透气孔应通畅。

5.1.7 木门窗的品种、类型、规格、开启方向、安装位置及连接方式应符合设计要求。

5.1.8 木门窗框的安装必须牢固。预埋木砖的防腐处理、木门窗框固定点的数量、位置及固定方法应符合设计要求。

5.1.9 木门窗扇必须安装牢固，并应开关灵活、关闭严密、无倒翘。

5.1.10 木门窗配件的型号、规格、数量应符合设计要求，安装应牢固，位置应正确，功能应满足使用要求。

5.2 一般项目

5.2.1 木门窗表面应洁净，不得有刨痕、锤印。

5.2.2 木门窗的割角、拼缝应严密平整。门窗框、扇裁口应顺直，刨面应平整。

5.2.3 木门窗上的槽、孔应边缘整齐，无毛刺。

5.2.4　木门窗与墙体间缝隙的填嵌材料应符合设计，填嵌应饱满。寒冷地区外门窗（或门窗框）与砌体间的空隙应填充保温材料。

5.2.5　木门窗批水、盖口条、压缝条、密封条的安装应顺直，与门窗结合应牢固、严密。

5.2.6　平开木门窗安装的留缝限值、允许偏差和检验方法应符合表1-1的规定。

平开木门窗安装的留缝限值、允许偏差和检验方法　　**表1-1**

<table>
<tr><th>项次</th><th colspan="2">项目</th><th>留缝限值（mm）</th><th>允许偏差（mm）</th><th>检验方法</th></tr>
<tr><td>1</td><td colspan="2">门窗框的正、侧面垂直度</td><td>—</td><td>2</td><td>用1m垂直检查尺检查</td></tr>
<tr><td rowspan="2">2</td><td colspan="2">框与扇接缝高低差</td><td rowspan="2">—</td><td>1</td><td rowspan="2">用塞尺检查</td></tr>
<tr><td colspan="2">扇与扇接缝高低差</td><td>1</td></tr>
<tr><td>3</td><td colspan="2">门窗扇对口缝</td><td>1～4</td><td>—</td><td rowspan="7">用塞尺检查</td></tr>
<tr><td>4</td><td colspan="2">工业厂房、围墙双扇大门对口缝</td><td>2～7</td><td>—</td></tr>
<tr><td>5</td><td colspan="2">门窗扇与上框间留缝</td><td>1～3</td><td>—</td></tr>
<tr><td>6</td><td colspan="2">门窗扇与合页侧框间留缝</td><td>1～3</td><td>—</td></tr>
<tr><td>7</td><td colspan="2">室外门扇与锁侧框间留缝</td><td>1～3</td><td>—</td></tr>
<tr><td>8</td><td colspan="2">门扇与下框间留缝</td><td>3～5</td><td>—</td></tr>
<tr><td>9</td><td colspan="2">窗扇与下框间留缝</td><td>1～3</td><td>—</td></tr>
<tr><td>10</td><td colspan="2">双层门窗内外框间距</td><td>—</td><td>4</td><td>用钢直尺检查</td></tr>
<tr><td rowspan="5">11</td><td rowspan="5">无下框时门扇与地面间留缝</td><td>室外门</td><td>4～7</td><td>—</td><td rowspan="4">用钢直尺或塞尺检查</td></tr>
<tr><td>室内门</td><td rowspan="2">4～8</td><td>—</td></tr>
<tr><td>卫生间门</td><td>—</td></tr>
<tr><td>厂房大门</td><td rowspan="2">10～20</td><td rowspan="2">—</td></tr>
<tr><td>围墙大门</td><td>用钢直尺或塞尺检查</td></tr>
<tr><td rowspan="2">12</td><td rowspan="2">框与扇搭接宽度</td><td>门</td><td>—</td><td>2</td><td rowspan="2">用钢直尺检查</td></tr>
<tr><td>窗</td><td>—</td><td>1</td></tr>
</table>

6　成品保护

6.0.1　一般木门安装后应用0.5～0.7mm的铁皮保护，其高度以手推车车轴中心为准，如木框安装与结构同时进行，应采取措施防止门框碰撞后移动或变形，对于高级硬木门框，宜用厚1cm的木板条钉设保护，防止砸碰，破坏裁口而影响安装。

6.0.2　修刨门窗时应用木卡具将门垫起卡牢，以免损坏门边。

6.0.3　门窗框进场后应妥善保管，入库存放，其门窗存放架下面应垫起离开地面20～40cm，并垫平，按其型号及使用的先后次序码放整齐，露天临时存放时上面应用苫布盖好，防止日晒、雨淋。

6.0.4　进场的木门窗框应将靠墙的一面刷木材防腐剂进行处理，其余各面应刷清油一道，防止受潮后变形。

6.0.5　安装门窗时应轻拿轻放，防止损坏成品；修整门窗时不能硬撬，以免损坏扇料和五金。

6.0.6　安装门窗扇时，注意防止碰撞抹灰口角和其他装饰好的成品面层。

6.0.7　已安装好的门窗扇如不能及时安装五金时，应派专人负责管理。

6.0.8 严禁将窗框、窗扇作为架子的支点使用，防止门窗变形和损坏。

6.0.9 小五金的安装型号及数量应符合图纸要求，安装后应注意成品保护，喷浆时应遮盖保护，以防污染。

6.0.10 门窗安装后不得在室内推车，防止破坏和砸碰门窗。

7 注意事项

7.1 应注意的质量问题

7.1.1 有贴脸的门框安装后与抹灰面不平。主要原因是立口时没掌握好抹灰层的厚度。

7.1.2 门窗洞口预留尺寸不准，安装门框、窗框后四周的缝子过大或过小。主要原因是砌筑时门窗洞口尺寸留设不准，留的余量大小不均，或砌筑时拉线找规矩差，偏位较多。一般情况下安装门窗框上皮低于门窗过梁 10～15mm，窗框下皮应比窗台上皮高 5mm。

7.1.3 门窗框安装不牢。主要原因是砌筑时预留的木砖数量少或木砖砌的不牢；砌半砖墙或轻质墙未设置带木砖的混凝土块，而是直接使用木砖，灰干后木砖收缩活动；预制混凝土块或预制混凝土隔板，应在预制时将其木砖与钢筋骨架固定在一起，使木砖牢固地固定在预制混凝土内。木砖的设置一定要满足数量和间距的要求。

7.1.4 合页不平，螺丝松动，螺帽斜露，缺少螺丝：合页槽深浅不一，安装时螺丝钉入太长，或倾斜拧入。要求安装时螺丝应钉入 1/3、拧入 2/3，拧时不能倾斜；安装时如遇木节，应在木节处钻眼，重新塞入木塞后再拧螺丝，同时应注意每个孔眼都拧好螺丝，不可遗漏。

7.1.5 上下层门窗不顺直，左右安装不符线：洞口预留偏位，安装前没按规定的要求先弹线找规矩，没吊好垂直立线，没找好窗上下水平线。为解决此问题，要求施工人员必须按工艺标准操作，安装前必须要弹线找规矩，做好准备工作后再干。

7.1.6 纱扇压条不顺直，钉帽外露，纱边毛刺：主要原因施工人员不认真，压条质量太差，没提前将钉帽砸扁。

7.1.7 门窗缺五金，五金安装位置不对，影响使用：亮子无挺钩、壁柜、吊柜门窗缺碰珠或插销，双扇门无地插槽或无插销孔。双扇门插销安装在盖扇上，厨房插销安装在室内。以上各点均属于五金安装错误，应予纠正。

7.1.8 门窗扇翘曲：即门窗扇“皮楞”。对翘曲变形超过 3mm 的门窗扇，应经过处置后再使用。也可通过五金位置的调整解决扇的翘曲。

7.1.9 门扇开关不灵、自行开关：主要原因是门扇安装的两个合页轴不在一条直线上；安合页的一边门框立梃不垂直；合页进框较多，扇和梗产生碰撞，造成开关不灵活，要求掩扇前先检查门框立梃是否垂直，如有问题应及时调整，使装扇的上下两个合页轴在一垂直线上，选用五金合适，螺丝安装要平直。

7.1.10 扇下坠：主要原因合页松动；安装玻璃后，加大扇的自重；合页选用过小。要求选用合适的合页，并将固定合页的螺丝全部拧上，并使其牢固。

7.2 应注意的安全问题

7.2.1 高处作业时，应戴好安全帽、安全带，防止工具高空坠落。

7.2.2 安装体积较大的厂房大门时，应支设牢固，防止倾倒伤人。

7.2.3 施工用电应执行《施工现场临时用电安全技术规范》JGJ 46的有关规定。

7.2.4 严禁穿拖鞋、高跟鞋、带钉易滑鞋或光脚进入施工现场，进入现场必须戴安全帽。

7.2.5 外门窗安装时，材料及工具应妥善放置，垂直下方严禁站人。工具要随手放入工具袋内，上下传递物件工具时不得抛掷。

7.2.6 应经常检查锤把是否松动，手电钻等电器工具是否有漏电现象，一经发现立即修理，坚决不能勉强使用。

7.3 应注意的绿色施工问题

7.3.1 木门窗搬运、安装噪声的控制：必须轻拿轻放，上下、左右有人传递；安装时，禁止用大锤敲打。

7.3.2 严把进货的外包装关，对散装或包装不严的木门窗拒绝进场。二次搬运中，防止人为造成门窗材料外包装的破损。

7.3.3 应注意施工时间性，以防门窗安装的噪声扰民。

7.3.4 门窗扇安装完毕，应将木屑打扫干净并运到指定地点。门窗外包装应及时收回，回收时不得夹杂杂物，并应及时运至指定地点，提高回收率。

8 质量记录

8.0.1 木门窗及五金配件的出厂合格证、性能检测报告和进场验收记录。

8.0.2 隐蔽工程检查验收记录。

8.0.3 施工记录。

8.0.4 木门窗安装工程检验批质量验收记录。

8.0.5 木门窗制作与安装分项工程质量验收记录。

8.0.6 其他技术文件。

第2章　钢门窗安装

本工艺标准适用于工业与民用建筑的钢门窗安装工程。

1 引用标准

《建筑工程施工质量验收统一标准》GB 50300—2013

《建筑装饰装修工程施工质量验收标准》GB 50210—2018

《住宅装饰装修工程施工规范》GB 50327—2001

《钢门窗》GB/T 20909—2017

2 术语（略）

3 施工准备

3.1 作业条件

3.1.1 主体结构经质量验收合格，工种之间已经办好交接手续，达到安装条件。

3.1.2 已按图纸尺寸弹好门窗中线，并弹好室内50cm水平线。

3.1.3 门窗预埋铁件按其标高位置留好，并经检查符合要求。预留孔内清理干净。

3.1.4 门窗与过梁混凝土之间的连接铁件位置、数量，经检查符合要求，对未设置连接铁件或位置不准者，应按钢门窗的安装要求补齐。

3.1.5 安装前应检查钢门窗型号、尺寸。并对翘曲、开焊、变形等缺陷进行处理，符合要求后再安装。

3.1.6 对组合钢门窗应先装样板，经建设、监理单位验收合格后，方可大量组装。

3.1.7 门窗安装前，应对门窗洞口尺寸进行检验。

3.1.8 经过校正或补焊处理后应补刷防锈漆，并保证涂刷均匀。

3.2 材料及机具

3.2.1 钢门窗的品种、型号应符合设计要求，有出厂合格证明。钢门窗应刷防锈漆一道。

3.2.2 钢纱扇品种、型号应与钢门窗配套，且五金配件齐全。

3.2.3 水泥强度等级应为32.5级以上，品种应为普通硅酸盐水泥。砂为中砂，过5mm筛备用。

3.2.4 防锈漆及铁纱均应符合设计要求。

3.2.5 焊条的型号应与焊件要求相符，有出厂合格证。

3.2.6 机具：电焊机、焊把线、塞尺、盒尺、铁水平尺、线坠、木楔、手锤、螺丝刀、卡具、笤帚等。

4 操作工艺

4.1 工艺流程

放线找规矩 → 钢门窗就位 → 钢门窗固定 → 五金配件安装 → 纱扇安装

4.2 放线找规矩

4.2.1 以顶层门窗安装位置线为准，根据图纸中门窗的安装位置、尺寸和标高，以门窗中线为准向两边量出门窗边线。用线坠或经纬仪将顶层分出的门窗控制线逐层引下，分别确定各楼层门窗安装位置。

4.2.2 以各楼层室内50cm水平线为准，弹出门窗安装水平线。

4.2.3 依据门窗的边线和水平安装线做好各楼层门窗的安装标记。

4.3 钢门窗就位

4.3.1 按图纸中要求的型号、规格及开启方向等，将所需要的钢门窗搬运到安装地点，并垫靠稳当，并做好防雨、防倾倒、防锈等保护措施。

4.3.2 将钢门窗立于洞口后用木楔临时固定，并及时用线坠检查是否垂直，达到要求后塞紧固定，并将其铁脚插入预留孔中。

4.3.3 钢门窗就位时，应保证钢门窗上框距过梁要有15～20mm缝隙，框左右缝隙均匀且宽度一致，距外墙皮尺寸符合图纸要求。

4.4 钢门窗固定

4.4.1 钢门窗就位后，校正其水平和正、侧面垂直，然后将上框铁脚与过梁中的预埋件焊牢，将框两侧铁脚插入预留孔内，并用支撑木楔临时固定。

4.4.2 钢门窗铁件隐蔽验收后，用水把预留孔内湿润，再用1∶3干硬性水泥砂浆或细石混凝土将其填实后抹平，终凝前不得碰动框扇。

4.4.3 浇水养护3d后取出四周木楔，用1∶3水泥砂浆把框与墙之间的缝隙填实抹平。

4.4.4 若为钢大门时，应将合页焊到墙中的预埋件上。要求每侧预埋件必须在同一垂直线上，两侧对应的预埋件必须在同一水平位置上。

4.5 五金配件安装

4.5.1 五金配件安装一般在钢门窗末道油完成后进行。且安装前，先用丝锥清理钢门窗框扇丝扣的毛刺及油漆。

4.5.2 检查窗扇开启是否灵活，关闭是否严密，如有问题必须调整后再安装。

4.5.3 在开关零件的螺孔处配置合适的螺钉，将螺钉拧紧。当拧不进去时，检查孔内是否有多余物，若有，将其剔除后再拧紧螺丝。当螺钉与螺孔位置不吻合时，可略挪动位置，重新攻丝后再安装。

4.5.4 钢门锁的安装按说明书及施工图要求进行，安好后锁应开关灵活。

4.6 纱扇安装

4.6.1 裁纱应比实际长度、宽度各长50mm，以利压纱。绷纱时先将纱铺平后装上压条，拧紧螺丝，将纱拉平绷紧后装下压条，拧紧螺丝，然后装侧压条，拧紧螺丝，最后将边角多余的纱用扁铲割净。

4.6.2 纱扇安装应在玻璃安装完后进行。

5 质量标准

5.1 主控项目

5.1.1 钢门窗的品种、类型、规格、尺寸、性能、开启方向、安装位置、连接方式、防腐处理及嵌缝、密封处理应符合设计要求。

5.1.2 钢门窗框、扇必须安装牢固，预埋件的数量、位置、埋设方式、与框的连接方式必须符合设计要求。门窗扇应开关灵活、关闭严密，无倒翘。推拉门窗扇必须有防脱落措施。

5.1.3 钢门窗配件的型号、规格、数量应符合设计要求，安装应牢固，位置应正确，功能应满足使用要求。

5.2 一般项目

5.2.1 钢门窗表面应洁净、平整、光滑、色泽一致，无锈蚀、擦伤、划痕、碰伤。

5.2.2 钢门窗框与墙体之间的缝隙应填嵌饱满，并采用密封胶密封。密封胶表面应光滑、顺直、无裂纹。

5.2.3 钢门窗扇的橡胶密封条或毛毡密封条应安装完好，不得脱槽。

5.2.4 有排水孔的钢门窗，排水孔应畅通，位置和数量应符合设计要求。

5.2.5 钢门窗安装的留缝限值、允许偏差和检验方法应符合表 2-1 规定。

钢门窗安装的留缝限值、允许偏差和检验方法　　表 2-1

项次	项目		留缝限值（mm）	允许偏差（mm）	检验方法
1	门窗槽口宽度、高度	≤1500mm	—	2	用钢尺检查
		＞1500mm	—	3	
2	门窗槽口对角线长度差	≤2000mm	—	3	用钢尺检查
		＞2000mm	—	4	
3	门窗框的正、侧面垂直度		—	3	用 1m 垂直检测尺检查
4	门窗横框的水平度		—	3	用 1m 水平尺和塞尺检查
5	门窗横框标高		—	5	用钢卷尺检查
6	门窗竖向偏离中心		—	4	用钢卷尺检查
7	双层门窗内外框间距		—	5	用钢卷尺检查
8	门窗框、扇配合间距		≤2	—	用塞尺检查
9	平开门窗框扇搭接宽度	门	≥6	—	用钢直尺检查
		窗	≥4	—	用钢直尺检查
	推拉门窗框扇搭接宽度		≥6	—	用钢直尺检查
10	无下框时门扇与地面间留缝		4～8	—	用塞尺检查

6 成品保护

6.0.1 钢门窗运输时，应轻拿轻放，并采取保护措施，避免挤压磕碰，防止变形损坏。

6.0.2 钢门窗进场后，应按规格、型号分类堆放，然后挂牌标记；露天堆放应做好遮雨措施，不得乱堆乱放，防止变形和生锈。

6.0.3 安装完毕的钢门窗严禁安放脚手架或悬吊重物。

6.0.4 安装完毕的门窗洞口不能再做施工运料通道。如必须使用时，应采取防护措施。

6.0.5 严禁以钢门窗作为架子的支点使用，防止钢门窗移位和变形。

6.0.6 抹灰时残留在钢门窗扇上的砂浆要及时清理干净。

6.0.7 拆架子时，注意将开启的门窗关上后，再落架子，防止撞坏钢门窗。

7　注意事项

7.1　应注意的质量问题

7.1.1 钢门窗安装前应认真检查，发现翘曲和窜角，应及时校正修理，检查合格后再进行安装。

7.1.2 施工前放线找规矩，安装时应挂线。确保钢门窗上下顺直，左右标高一致。

7.1.3 铁脚固定应符合要求，预留洞与铁脚位置不符时，安装前应检查处理，确保钢门窗安装牢固。

7.1.4 钢门窗在没固定前，应进行门窗关闭试验检查，并清理干净黏附在间隙部位的杂物。

7.1.5 钢窗安装前应认真核对钢窗型号，五金配件应齐全、配套。

7.1.6 压纱条与门窗扇裁口应配套，切割时应认真操作。固定压纱条应用配套的螺丝。

7.2　应注意的安全问题

7.2.1 高空作业人员应戴好安全帽、系好安全带。

7.2.2 施工用电应执行《施工现场临时用电安全技术规范》JGJ 46 的有关规定。

7.2.3 电工、焊工等特殊工种操作人员必须持上岗证。

7.2.4 安装门窗时若使用梯子，梯子必须结实牢固，不应缺档，不应放置过陡，梯子与地面夹角以 60°～70°为宜。严禁两人同时站在一个梯子上作业。使用高凳时不能站其端头，防止跌落。

7.2.5 安装门窗、玻璃或擦玻璃时，严禁用手攀窗框、窗扇和窗撑；操作时应系好安全带，严禁把安全带挂在窗撑上。安装外门窗时，材料及工具应妥善放置，其垂直下方严禁有人。

7.3　应注意的绿色施工问题

7.3.1 作业场所应配备齐全可靠的消防器材。作业场所不得存放易燃物品，并严禁吸烟或动用明火。

7.3.2 从事电、气焊或气割作业前，应清理作业周围的可燃物体或采取可靠的隔离措施。对需要办理动火证的场所，在取得相应手续后方可动工，并设专人进行监护。

7.3.3 在施工过程中对于电锤等施工机具产生的噪声，施工人员应严格按工程确定的绿色施工措施进行控制。

7.3.4 废弃物按指定位置分类储存，集中处置。

7.3.5 施工后的废料应及时清理，做到工完料净场清，坚持文明施工。

8　质量记录

8.0.1 钢门窗及五金配件、焊条的出厂合格证、性能检测报告和进场验收记录。

8.0.2 钢窗抗风压性能、空气渗透性能和雨水渗漏性能复验报告。

8.0.3 隐蔽工程检查验收记录。

8.0.4 施工记录。

8.0.5 钢门窗安装工程检验批质量验收记录。

8.0.6 金属门窗安装分项工程质量验收记录。

8.0.7 其他技术文件。

第3章 铝合金门窗安装

本工艺标准适用于工业与民用建筑的铝合金门窗安装。

1 引用标准

《建筑工程施工质量验收统一标准》GB 50300—2013

《建筑装饰装修工程施工质量验收标准》GB 50210—2018

《住宅装饰装修工程施工规范》GB 50327—2001

《铝合金门窗》GB/T 8478—2008

2 术语（略）

3 施工准备

3.1 作业条件

3.1.1 主体结构质量经验收合格，工种之间已办好交接手续，并弹好室内0.5m水平线。

3.1.2 检查门窗洞口尺寸及标高是否符合设计要求。有预埋件的门窗口还应检查预埋件的数量、位置及埋设方法是否符合设计要求。

3.1.3 进场前检查铝合金门窗，如有劈棱窜角和翘曲不平、偏差超标、表面损伤、变形及松动、外观色差较大者，应进行修理或退换，验收合格后才能安装。

3.1.4 铝合金门窗的保护膜应完整，如有破损应补贴后再安装。

3.2 材料及机具

3.2.1 铝合金门窗的规格、型号应符合设计要求，五金配件配套齐全，并具有出厂合格证、材质检验报告。

3.2.2 防腐材料、填缝材料、密封材料、防锈漆、连接板等应符合设计要求和有关标准的规定。胶黏剂应与密封材料的材质匹配，且有相应的质量保证资料。

3.2.3 铝合金纱门窗型号、尺寸应符合设计要求，有出厂合格证明。

3.2.4 保护材料、清洁材料应符合设计要求。

3.2.5 机具：铝合金切割机、手电钻、射钉枪、$\phi 8$ 锉刀、十字螺丝刀、划针、铁脚圆规、锤子、塞尺、盒尺、钢板尺、铁水平尺、线坠、木楔、卡具、笤帚等。

4 操作工艺

4.1 工艺流程

放线找规矩 → 防腐处理 → 门窗框安装就位 → 门窗框固定 → 嵌缝处理 → 门窗扇安装 → 五金配件安装 → 纱扇安装

4.2 放线找规矩

4.2.1 以顶层门窗边线为准，根据设计图纸中门窗的安装位置、尺寸和标高，依据门窗中线向两边量出顶层门窗边线，用线坠或经纬仪将门窗边线下引，并在各层门窗口处画线标记，对个别不直的门窗口边应进行剔凿处理。

4.2.2 门窗的水平位置应以楼层室内 0.5m 的水平线为准，确定门窗口的水平位置，弹线找直。每一层必须保证窗口标高一致。

4.2.3 根据墙身大样图及窗台板宽度，确定门窗安装的平面位置，在侧面墙上弹出竖向控制线。

4.3 防腐处理

4.3.1 门窗框四周外表面的防腐处理应按设计要求进行处理，如果设计无要求时，可涂刷防腐涂料或粘贴塑料薄膜进行保护，以免水泥砂浆直接与铝合金门窗表面接触，产生电化学反应，腐蚀铝合金门窗。

4.3.2 安装铝合金门窗时，如果采用连接铁件固定，则连接铁件，固定件等安装用金属零件最好用不锈钢件。否则必须进行防腐处理，以免产生电化学反应，腐蚀铝合金门窗。

4.4 门窗框安装就位

根据划好的门窗定位线，安装铝合金门窗框。并及时调整好门窗框的水平、垂直及对角线长度等，符合质量标准，然后用木楔临时固定。

4.5 门窗框固定

4.5.1 门窗框端部铁脚至窗角的距离不应大于 180mm，铁脚间距应小于 600mm。固定方式如下：

1 射钉适用于混凝土结构。

2 特种钢钉（水泥钉）适用于混凝土和砖墙结构。

3 金属膨胀螺栓适用于混凝土结构。

4 塑料膨胀螺栓适用于混凝土和砖墙结构。

5 门框下部应埋入地面30～120mm；固定用胶结材料凝固后，方可取出木楔。

4.5.2 铝合金门窗就位后，外框与洞口应弹性连接牢固，不得将门窗外框直接埋入墙体。

4.5.3 横向及竖向组合时，应采取套插、搭接形成曲面组合，搭接长度宜为10mm，并用密封膏密封。

4.5.4 安装密封条时，一般应比门窗的装配边长20～30mm，在转角处应以45°角断开，并用胶黏剂粘贴牢固。

4.5.5 门窗为明螺丝连接时，应用与门窗颜色相同的密封材料将其掩埋密封。

4.5.6 地弹簧座的安装：根据地弹簧安装位置提前剔洞，将地弹簧放入剔好的洞内，用水泥砂浆固定。地弹簧座的上皮应与室内地平一致；地弹簧的转轴轴线应要与门框横梁的定位销轴心线一致。

4.6 嵌缝处理

4.6.1 嵌缝处理前应检查安装好的门窗是否牢固，连接件应进行防腐处理。

4.6.2 门窗框与墙体的缝隙填塞，应按设计要求处理，如设计未提出要求时，可采用弹性保温材料或玻璃棉毡条分层填塞缝隙，外表面留3～5mm深槽口，填嵌嵌缝油膏或密封胶，严禁用水泥砂浆填塞。

4.7 门窗扇安装

4.7.1 门窗扇应在洞口墙体表面装饰完工验收后安装。

4.7.2 推拉门窗扇应先在框内做导轨和滑轮，或者在门窗扇下的冒头内安装滑轮。

4.7.3 平开门窗扇先在框上安装固定好门窗轴，再安装门窗扇。

4.7.4 地弹簧门应在门框及地弹簧主机入地安装固定后再安门扇。先将玻璃嵌入门扇格架并一起入框就位，调整好框扇缝隙，最后填嵌门扇玻璃的密封条及密封胶。

4.8 五金配件安装

安装前应检查门窗开启关闭是否灵活。安装的五金配件应按产品说明书安装牢固，使用灵活。

4.9 纱门窗扇安装

裁纱应比实际长度、宽度各长50mm，以利压纱。绷纱时先用压条将上、下窗纱绷紧压实，再压两侧，并用螺钉固定。最后将边角多余的窗纱用扁铲割干净。

5 质量标准

5.1 主控项目

5.1.1 铝合金门窗的品种、类型、规格、性能、开启方向、安装位置、连接方式及型材壁厚应符合设计要求。门窗的防腐处理及嵌缝、密封处理应符合设计要求。

5.1.2 铝合金门窗框必须安装牢固。框与墙体连接方式、固定点位置和间距应符合设计要求。

5.1.3　铝合金门窗扇必须安装牢固，并应开关灵活、关闭严密，无倒翘。推拉门窗扇必须有防脱落措施。

5.1.4　金属门窗配件的型号、规格、数量应符合设计要求，安装应牢固，位置应正确，功能应满足使用要求。

5.2　一般项目

5.2.1　铝合金门窗表面应洁净、平整、光滑、色泽一致，无锈蚀。大面应无划痕、碰伤。漆膜或保护层应连续。

5.2.2　铝合金门窗推拉门窗扇开关力应不大于50N。

5.2.3　铝合金门窗框与墙体之间的缝隙应填嵌饱满，密封胶表面光滑、顺直、厚度一致、无裂纹。

5.2.4　铝合金门窗扇的橡胶密封条或毛毡密封条应安装完好，不得脱槽。

5.2.5　有排水孔的铝合金门窗，排水孔应畅通，位置和数量应符合设计要求。

5.2.6　铝合金门窗安装的允许偏差和检验方法应符合表3-1规定。

铝合金门窗安装允许偏差和检验方法　　　**表3-1**

<table>
<tr><th>项次</th><th colspan="2">项目</th><th>允许偏差（mm）</th><th>检验方法</th></tr>
<tr><td rowspan="2">1</td><td rowspan="2">门窗槽口宽度、高度</td><td>≤2000mm</td><td>2</td><td rowspan="2">用钢卷尺检查</td></tr>
<tr><td>＞2000mm</td><td>3</td></tr>
<tr><td rowspan="2">2</td><td rowspan="2">门窗槽口对角线长度差</td><td>≤2500mm</td><td>4</td><td rowspan="2">用钢卷尺检查</td></tr>
<tr><td>＞2500mm</td><td>5</td></tr>
<tr><td>3</td><td colspan="2">门窗框的正、侧面垂直度</td><td>2</td><td>用1m垂直检测尺检查</td></tr>
<tr><td>4</td><td colspan="2">门窗横框的水平度</td><td>2</td><td>用1m水平尺和塞尺检查</td></tr>
<tr><td>5</td><td colspan="2">门窗横框标高</td><td>5</td><td>用钢卷尺检查</td></tr>
<tr><td>6</td><td colspan="2">门窗竖向偏离中心</td><td>5</td><td>用钢卷尺检查</td></tr>
<tr><td>7</td><td colspan="2">双层门窗内外框间距</td><td>4</td><td>用钢尺检查</td></tr>
<tr><td rowspan="2">8</td><td rowspan="2">推拉门窗扇与框搭接量</td><td>门</td><td>2</td><td rowspan="2">用钢直尺检查</td></tr>
<tr><td>窗</td><td>1</td></tr>
</table>

6　成品保护

6.0.1　铝合金门窗应入库，码放整齐，下边垫起、垫平，防止变形。对已做好披水的窗，还要注意保护披水。

6.0.2　铝合金门窗装入洞口临时固定后，应检查四周边框和中间框架是否用规定的保护胶纸和塑料薄膜封贴包扎好，再进行门窗框与墙体之间缝隙的填嵌和洞口墙体表面装饰施工，以防止水泥砂浆、灰水、喷涂材料等污染损坏铝合金门窗表面。在室内外湿作业未完成前，不能破坏门窗表面的保护材料。禁止从窗口运送任何材料，以防损坏保护膜。

6.0.3　应采取措施，防止焊接作业时电焊火花损坏周围的铝合金门窗型材、玻璃等材料。

6.0.4　严禁在安装好的铝合金门窗上安放脚手架，悬挂重物。经常出入的门洞口，应及时保护好门框，严禁施工人员踩踏铝合金门窗，严禁施工人员碰擦铝合金门窗。

6.0.5 交工前，应将门窗的保护膜撕去，要轻轻剥离，不得划破、剥花铝合金表面氧化膜。

7 注意事项

7.1 应注意的质量问题

7.1.1 铝合金门窗安装前应认真检查，发现翘曲和窜角，应及时校正修理，检查合格后再进行安装。

7.1.2 施工前放线找规矩，安装时应挂线。确保门窗上下顺直，左右标高一致。

7.1.3 当门窗组合时，接缝应平整，不劈棱、不窜角。

7.1.4 施工时应注意成品保护，及时清理面层污染。不得使用硬物清理门窗表面污染物。

7.1.5 涂抹密封材料前，基层应清理干净，密封膏厚度一致、宽窄一致。

7.1.6 门窗框应固定牢固，水平度、垂直度、对角线均应合格。

7.2 应注意的安全问题

7.2.1 高空作业人员应戴好安全帽、系好安全带，安全带严禁系挂在窗梃或窗扇上。

7.2.2 施工用电应执行《施工现场临时用电安全技术规范》JGJ 46 的有关规定。

7.2.3 操作时严禁将射钉枪的枪口对人，操作者应戴防护眼镜。

7.2.4 安装门窗、玻璃或擦玻璃时，严禁用手攀窗框、窗扇和窗撑；操作时应系好安全带，严禁把安全带挂在窗梃或窗扇上。安装外门窗时，材料及工具应妥善放置，其垂直下方严禁有人。

7.2.5 安装门窗时若使用梯子，梯子必须结实牢固，不应缺档，不应放置过陡，梯子与地面夹角以60°～70°为宜。严禁两人同时站在一个梯子上作业。使用高凳时不能站其端头，防止跌落。

7.2.6 作业场所应配备齐全可靠的消防器材。作业场所不得存放易燃物品，并严禁吸烟或动用明火。

7.2.7 电工、焊工等特殊工种操作人员必须持上岗证。从事电、气焊或气割作业前，应清理作业周围的可燃物体或采取可靠的隔离措施。对需要办理动火证的场所，在取得相应手续后方可动工，并设专人进行监护。

7.3 应注意的绿色施工问题

7.3.1 在施工过程中对于电锤等施工机具产生的噪声，施工人员应严格按工程确定的绿色施工措施进行控制。

7.3.2 废弃物按指定位置分类储存，集中处置。

7.3.3 施工后的废料应及时清理，做到工完料净场清，坚持文明施工。

8 质量记录

8.0.1 铝合金门窗及五金配件的出厂合格证、性能检测报告和进场验收记录。

8.0.2　嵌缝、密封材料合格证书。
8.0.3　铝合金窗抗风压性能、空气渗透性能和雨水渗漏性能复验报告。
8.0.4　隐蔽工程检查验收记录。
8.0.5　施工记录。
8.0.6　金属门窗安装工程检验批质量验收记录。
8.0.7　金属门窗安装分项工程质量验收记录。
8.0.8　其他技术文件。

第 4 章　板材类金属门窗安装

本工艺标准适用于工业与民用建筑的板材类金属门窗安装（彩色涂层钢板门窗安装、不锈钢门窗安装）。

1　引用标准

《建筑工程施工质量验收统一标准》GB 50300—2013
《建筑装饰装修工程施工质量验收标准》GB 50210—2018
《平开、推拉彩色涂层钢板门窗》JG/T 3041—1997

2　术语（略）

3　施工准备

3.1　作业条件

3.1.1　结构工程已完，经验收后达到合格标准，已办理了工种之间交接检。

3.1.2　按图示尺寸弹好窗中线及 50cm 的标高线，核对门窗口预留尺寸及标高是否正确，如不符，应提前进行处理。

3.1.3　检查原结构施工时门窗两侧预留铁件的位置是否正确，是否满足安装需要，如有问题应及时调整。

3.1.4　开包检查核对门窗规格、尺寸和开启方向是否符合图纸要求；检查门窗框、扇角梃有无变形，玻璃及零附件是否损坏，如有破损，应及时修复或更换后方可安装。

3.1.5　提前准备好安装脚手架，并搞好安全防护。

3.2　材料及机具

3.2.1　板材类金属门窗规格、型号应符合设计要求，且应有出厂合格证。

3.2.2 板材类金属门窗所用的五金配件，应与门窗型号相匹配，采用五金喷塑铰链，并用塑料盒装饰。

3.2.3 门窗密封采用橡胶密封胶条，断面尺寸和形状均应符合设计要求。

3.2.4 门窗连接采用塑料插接件螺钉，把手的材质应按图纸要求而定。

3.2.5 焊条的型号根据施焊铁件的厚度决定，并应有产品的合格证。

3.2.6 嵌缝材料、密封膏的品种、型号应符合设计要求。

3.2.7 强度为32.5级以上普通水泥或矿渣水泥。中砂过5mm筛，筛好备用。豆石少许。

3.2.8 防锈漆、铁纱（或铝纱）、压纱条、自攻螺丝等配套准备，并有产品合格证。

3.2.9 膨胀螺栓：塑料垫片、钢钉等备用。

3.2.10 机具：螺丝刀、粉线包、托线板、线坠、扳手、手锤、钢卷尺、塞尺、毛刷、刮刀、扁铲、水平尺、丝锥、笤帚、冲击电钻、射钉枪、电焊机、面罩、小水壶等。

4 操作工艺

4.1 工艺流程

放线找规矩→门窗安装→嵌缝

4.2 放线找规矩

4.2.1 以顶层门窗边线为准，根据设计图纸中门窗的安装位置、尺寸和标高，依据门窗中线向两边量出顶层门窗边线，用线坠或经纬仪将门窗边线下引，并在各层门窗口处画线标记，对个别不直的门窗口边应进行剔凿处理。

4.2.2 门窗的水平位置应以楼层室内0.5m的水平线为准，确定门窗口的水平位置，弹线找直。每一层必须保证窗口标高一致。

4.2.3 根据墙身大样图及窗台板宽度，确定门窗安装的平面位置，在侧面墙上弹出竖向控制线。

4.3 门窗安装

4.3.1 带副框门窗安装

1 按门窗图纸尺寸在工厂组装好副框，运到施工现场，用M5×12的自攻螺钉将连接件铆固在副框上。

2 按图纸要求的规格、型号运送到安装现场。

3 将副框装入洞口，并与安装位置线齐平，用木楔临时固定，校正副框的正、侧面垂直度及对角线的长度无误后，用木楔临时固定。

4 将副框的连接件，逐件用电焊焊牢在洞口的预埋铁件上。

5 嵌塞门窗副框四周的缝隙，并及时将副框清理干净。

6 在副框与门窗的外框接触的顶、侧面贴上密封胶条，将门窗装入副框内，适当调整，用M5×12自攻螺钉将门窗外框与副框连接牢固，扣上孔盖；安装推拉窗时，还应调整好滑块。

7 副框与外框、外框与门窗之间的缝隙，应填充密封胶。

4.3.2 不带副框门窗安装

1 按设计图的位置在洞口内弹好门窗安装位置线，并明确门窗安装的标高尺寸。

2 按门窗外框上膨胀螺栓的位置，在洞口相应位置的墙体上钻膨胀螺栓孔。

3 将门窗装入洞口安装线上，调整门窗的垂直度、标高及对角线长度，合格后用木楔固定。

4 门窗与洞口均用膨胀螺栓固定好，盖上螺钉盖。

4.4 嵌缝

门窗与洞口之间的缝隙按设计要求的材料嵌塞密实，表面用建筑密封胶封闭。

5 质量标准

5.1 主控项目

5.1.1 板材类金属门窗的品种、类型、规格、尺寸、性能、开启方向、安装位置、连接方式、防腐处理及填嵌、密封处理应符合设计要求。

5.1.2 板材类金属门窗框和副框的安装必须牢固。预埋件的数量、位置、埋设方式与框的连接方式必须符合设计要求。

5.1.3 板材类金属门窗扇必须安装牢固，并应开关灵活、关闭严密，无倒翘。推拉门窗扇必须有防脱落措施。

5.1.4 板材类金属门窗配件的型号、规格、数量应符合设计要求，安装应牢固，位置应正确，功能应满足使用要求。

5.2 一般项目

5.2.1 门窗表面应洁净、平整、光滑、色泽一致、无锈蚀。大面应无划痕、碰伤。漆膜或保护层应连续。

5.2.2 门窗框与墙体之间的缝隙应填嵌饱满，并采用密封胶密封。密封胶表面应光滑、顺直，无裂纹。

5.2.3 门窗扇的橡胶密封条或毛毡密封条应安装完好，不得脱槽。

5.2.4 有排水孔的金属门窗，排水孔应畅通，位置和数量应符合设计要求。

5.2.5 钢板门窗安装的允许偏差和检验方法应符合表4-1的规定。

钢板门窗安装允许偏差和检验方法 **表4-1**

项次	项目		允许偏差（mm）	检验方法
1	门窗槽口宽度、高度	≤1500mm	2	用钢尺检查
		>1500mm	3	
2	门窗槽口对角线长度差	≤2000mm	4	用钢尺检查
		>2000mm	5	
3	门窗框的正、侧面垂直度		3	用垂直检测尺检查
4	门窗横框的水平度		3	用1m水平尺和塞尺检查

续表

项次	项目	允许偏差（mm）	检验方法
5	门窗横框标高	5	用钢尺检查
6	门窗竖向偏离中心	5	用钢尺检查
7	双层门窗内外框间距	4	用钢尺检查
8	推拉门窗扇与框搭接量	2	用钢直尺检查

6 成品保护

6.0.1 抹水泥砂浆嵌塞门窗缝以前，应先在门窗上贴纸或用塑料薄膜遮盖保护，以防门窗框被水泥污染后变色。

6.0.2 门窗框四周嵌塞密封胶时，操作应认真仔细，以防胶液污染门窗。

6.0.3 内外墙涂料施工时，亦应先遮挡好门窗，喷涂完后，拆除保护膜，将局部污染处用软布沾水擦净。

6.0.4 室内垃圾、杂物及水磨石浆水等，严禁从门窗口外倒。

6.0.5 不能将门窗框做为架子的支点承重。室内运输管道、设备、材料等，注意不要撞坏门窗框料。

6.0.6 门窗安装时不应在门框上打火引弧，防止烧伤门边。

6.0.7 作为主要运料口的门框口边，应用木板保护，防止碰撞、损坏。

6.0.8 门窗应及时安装五金配件，并设专人开关窗户，走道门扇应用木楔将门扇临时固定，防止碰坏。

7 注意事项

7.1 应注意的质量问题

7.1.1 板材类金属门窗应采取后塞口，严禁随砌墙、随塞口的施工方法，因此种门窗属于薄壁形门窗，易损坏。

7.1.2 门窗框与墙体四周嵌塞设计选用的嵌缝材料，塞满塞实后，外表面应用密封胶封堵，以防渗漏，并可保温。

7.1.3 副框与门窗框以及拼樘之间的缝隙均应用密封胶封严。

7.1.4 无副框的门窗安装时，最好先搞好内外抹灰，再在洞口内弹线，安装门窗，并用膨胀螺栓将外框固定在洞口的墙体上，嵌密封胶将门窗与墙体之间缝堵严。不应填嵌水泥砂浆。

7.1.5 门窗关闭不严密，间隙不均匀，开关不灵活；门窗框扇加工尺寸偏差较大，关闭后缝不均匀，开启时费劲，不灵活。应提高产品质量，加强验收检查。

7.1.6 生产门窗的厂家，不同时供应门窗附件，所使用的五金配件外购，与门窗预留安装孔洞、位置不配套，达不到使用要求。

7.2　应注意的安全问题

7.2.1　安装门窗时若使用梯子，梯子必须结实牢固，不应缺档，不应放置过陡，梯子与地面夹角以60°～70°为宜。严禁两人同时站在一个梯子上作业。使用高凳时不能站其端头，防止跌落。

7.2.2　作业场所应配备齐全可靠的消防器材。作业场所不得存放易燃物品，并严禁吸烟或动用明火。

7.2.3　电工、焊工等特殊工种操作人员必须持上岗证。从事电、气焊或气割作业前，应清理作业周围的可燃物体或采取可靠的隔离措施。对需要办理动火证的场所，在取得相应手续后方可动工，并设专人进行监护。

7.2.4　进入现场必须戴安全帽。严禁穿拖鞋、高跟鞋、带钉易滑或光脚进入现场。高空作业人员应戴好安全帽、系好安全带。

7.2.5　施工用电应执行《施工现场临时用电安全技术规范》JGJ 46的有关规定。

7.2.6　安装门窗、玻璃或擦玻璃时，严禁用手攀窗框、窗扇和窗撑；操作时应系好安全带，严禁把安全带挂在窗撑上。安装外门窗时，材料及工具应妥善放置，其垂直下方严禁有人。

7.2.7　材料要堆放平稳。工具要随手放入工具袋内。上下传递物件工具时，不得抛掷。

7.3　应注意的绿色施工问题

7.3.1　在施工过程中对于电锤等施工机具产生的噪声，施工人员应严格按工程确定的绿色施工措施进行控制。

7.3.2　对于施工中的油漆、稀料、胶、涂料在运送中要避免遗洒，以免污染地面。

7.3.3　施工后的废料应及时清理，做到工完料净场清，做好文明施工。

8　质量记录

8.0.1　板材类金属门窗及五金配件的出厂合格证、性能检测报告和进场验收记录。

8.0.2　板材类金属门窗抗风压性能、空气渗透性能和雨水渗透性能复验报告。

8.0.3　嵌缝材料、密封材料产品合格证书。

8.0.4　隐蔽工程检查验收记录。

8.0.5　金属门窗安装工程检验批质量验收记录。

8.0.6　金属门窗安装分项工程质量验收记录。

8.0.7　其他技术文件。

第5章　塑料门窗安装

本工艺标准适用于工业与民用建筑的塑料门窗安装。

1 引用标准

《建筑工程施工质量验收统一标准》GB 50300—2013

《建筑装饰装修工程施工质量验收标准》GB 50210—2018

《住宅装饰装修工程施工规范》GB 50327—2001

《门、窗用未增塑聚氯乙烯（PVC-U）型材》GB/T 8814—2017

2 术语（略）

3 施工准备

3.1 作业条件

3.1.1 主体结构已施工完毕，并经有关部门验收合格。或墙面已粉刷完毕，工种之间已办好交接手续。

3.1.2 当门窗采用预埋木砖与墙体连接时，墙体中应按设计要求埋置防腐木砖。对于加气混凝土墙，应预埋胶粘圆木。

3.1.3 同一类型的门窗及其相邻的上、下、左右洞口应横平竖直；对于高级装饰工程及放置过梁的洞口，应做洞口样板。洞口宽度和高度尺寸的允许偏差见表 5-1：

洞口宽度或高度尺寸允许偏差（mm） 表 5-1

项目	<2400	2400～4800	>4800
未粉刷墙面	±10	±15	±20
已粉刷墙面	±5	±10	±15

3.1.4 按图要求的尺寸弹好门窗中线，并弹好室内+50cm 水平线。

3.1.5 当安装塑料门窗时，其环境温度不应低于 5℃。

3.1.6 组合窗的洞口，应在拼樘料的对应位置设预埋件或预留洞；当洞口需要设置预埋件时，应检查其数量、规格及位置，预埋件的数量应和固定片的数量一致。

3.1.7 门窗安装应在洞口尺寸检验并合格，办好工种交接手续后，方可进行。门的安装应在地面工程施工后进行。

3.2 材料及机具

3.2.1 塑料门窗采用的 UPVC 型材、密封条等应符合现行的国家产品标准和有关规定。

3.2.2 门窗采用的紧固件、增强型钢及金属衬板等，应符合国家产品标准的有关规定，并应进行表面防腐处理；滑撑铰链不得使用铝合金材料。

3.2.3 固定片厚度应大于或等于 1.5mm，宽度应大于或等于 15mm，材质应符合 Q235-A 冷轧钢板标准，其表面应进行镀锌处理。

3.2.4 与塑料型材直接接触的五金件、紧固件、密封条、玻璃垫块、嵌缝膏等材料，其性能应与PVC塑料具有相容性。

3.2.5 门窗的外观、外形尺寸、装配质量、力学性能应符合现行的国家标准规定。门窗抗风压、空气渗透、雨水渗漏三项基本物理性能，应符合设计要求和现行有关标准规定。有产品的质量检测报告。

3.2.6 机具：型材切割机、冲击电钻、射钉枪、螺丝刀、橡皮锤、线坠、粉线包、钢卷尺、水平尺、拖线板、溜子、扁铲、凿子等。

4 操作工艺

4.1 工艺流程

放线找规矩 → 安装固定片 → 门窗安装 → 嵌缝 → 五金配件安装 → 纱门窗扇安装

4.2 放线找规矩

4.2.1 以顶层门窗边线为准，根据设计图纸中门窗的安装位置、尺寸和标高，依据门窗中线向两边量出顶层门窗边线，用线坠或经纬仪将门窗边线下引，并在各层门窗口处画线标记，对个别不直的门窗口边应进行剔凿处理。

4.2.2 门窗的水平位置应以楼层室内0.5m的水平线为准，确定门窗口的水平位置，弹线找直。每一层必须保证窗口标高一致。

4.2.3 根据墙身大样图及窗台板宽度，确定门窗安装的平面位置，在侧面墙上弹出竖向控制线。

4.3 安装固定片

4.3.1 检查门窗外观质量，不得有焊角开裂、型材断裂等损坏现象。将不同规格的塑料门窗搬到相应的洞口旁竖放，如发现保护膜脱落应补贴保护膜，并在门窗框上下边画中线。

4.3.2 检查门窗框上下边的位置及其内外朝向，并确认无误后，再安固定片。安装时应先采用ϕ3.2的钻头钻孔，然后将十字槽盘端头自攻M4×20拧入，严禁直接锤击钉入。

4.3.3 固定片的位置应距门窗角、中竖框、中横框150～200mm，固定片之间的间距应不大于600mm。不得将固定片直接装在中横框、中竖框的挡头上。

4.4 门窗安装

4.4.1 根据设计图纸及门窗扇的开启方向，确定门窗框的安装位置，并把门窗框装入洞口，并使其上下框中线与洞口中线对齐。安装时应采取防止门窗变形的措施。无下框平开门应使两边框的下脚低于地面标高线30mm。带下框的平开门或推拉门应使下框低于地面标高线10mm。然后将上框的一个固定片固定在墙体上，并应调整门框的水平度、垂直度和直角度，用木楔临时固定。当下框长度大于0.9m时，其中间也用木楔塞紧。然后调整垂直度、水平度及直角度。

4.4.2 当门窗与墙体固定时，应先固定上框，后固定边框。固定方法如下：

1 混凝土墙洞口采用塑料膨胀螺钉固定。

2 砖墙洞口采用塑料膨胀螺钉或水泥钉固定，并不得固定在砖缝上。

3 加气混凝土砌块洞口，应采用木螺钉将固定片固定在胶粘圆木上。

4 设有预埋铁件的洞口应采取焊接的方法固定，也可先在预埋件上按紧固件规格打孔，然后用紧固件固定。

5 设有防腐木砖的墙面，采用木螺钉把固定片固定在防腐木砖上。

4.4.3 安装门连窗和组合窗时采用拼樘料与洞口的连接应符合下列要求：

1 安装门连窗时，门与窗应采用拼樘料拼接，拼樘料下端应固定在窗台上。

2 拼樘料与混凝土过梁或柱子的连接，应采用与预埋铁件焊接的方法固定，也可先在预埋件上连接紧固件，然后用紧固件固定。

3 拼樘料与砖墙连接时，应先将拼樘料两端插入预留洞中，然后用强度等级为C20的干硬性细石混凝土填塞固定。

4 两窗框与拼樘料卡接后应用紧固件双向拧紧，其间距应小于或等于600mm；紧固件端头及拼樘料与窗框间的缝隙应采用嵌缝膏进行密封处理。

4.5 嵌缝

4.5.1 门窗框与洞口之间的缝隙内腔应采用闭孔泡沫塑料、发泡聚苯乙烯等弹性材料分层填塞，填塞不宜过紧。

4.5.2 门窗洞口内侧与门窗框之间用水泥砂浆或掺有纤维的水泥混合砂浆填实抹平；靠近铰链一侧，灰浆压住门窗框的厚度以不影响门窗扇的开启为限。

4.5.3 待外墙水泥砂浆硬化后，其外侧用嵌缝膏进行密封处理。

4.6 五金配件安装

4.6.1 安装前应检查门窗开启关闭是否灵活。五金配件应按产品说明书中的方法安装牢固、使用灵活。

4.6.2 在其相应位置的型材内增设3mm厚的金属衬板，其安装位置及数量应符合现行有关标准的规定。

4.7 纱门窗扇安装

裁纱应比实际长度、宽度各长50mm，以利压纱。绷纱时先用压条将上、下窗纱绷紧压实，再压两侧，并用螺钉固定。最后将边角多余的窗纱用扁铲割干净。

5 质量标准

5.1 主控项目

5.1.1 塑料门窗的品种、类型、规格、尺寸、开启方向、安装位置、连接方式及填嵌密封处理应符合设计要求，内衬增强型钢的壁厚及设置应符合国家现行产品标准的质量要求。

5.1.2　塑料门窗框、副框和扇的安装必须牢固。固定片或膨胀螺栓的数量与位置应正确，连接方式应符合设计要求，固定点应距窗角、中横框、中竖框150～200mm，固定点间距应不大于600mm。

5.1.3　塑料门窗拼樘料内衬增强型钢的规格、壁厚必须符合设计要求，型钢应与型材内腔紧密吻合，其两端必须与洞口固定牢固。窗框必须与拼樘料连接紧密，固定点间距应不大于600mm。

5.1.4　塑料门窗扇应开关灵活、关闭严密，无倒翘。推拉门窗扇必须有防脱落措施。

5.1.5　塑料门窗配件的型号、规格、数量应符合设计要求，安装应牢固，位置应正确，功能应满足使用要求。

5.1.6　塑料门窗框与墙体间缝隙应采用闭孔弹性材料填嵌饱满，表面应采用密封胶密封。密封胶应粘接牢固，表面应光滑、顺直、无裂纹。

5.2　一般项目

5.2.1　塑料门窗表面应洁净、平整、光滑，大面应无划痕，碰伤。

5.2.2　塑料门窗扇的密封条不得脱槽。旋转窗间隙应基本均匀。

5.2.3　塑料门窗扇的开关力应符合下列规定：

1　平开门窗扇平铰链的开关力应不大于80N；滑撑铰链的开关力应不大于80N，并不小于30N。

2　推拉门窗扇的开关力应不大于100N。

5.2.4　玻璃密封条与玻璃及玻璃槽口的连缝应平整，不得卷边、脱槽。

5.2.5　排水孔应畅通，位置和数量应符合设计要求。

5.2.6　塑料门窗安装的允许偏差和检验方法应符合表5-2的规定。

塑料门窗安装的允许偏差和检验方法　　**表5-2**

项次	项目		允许偏差（mm）	检查方法
1	门窗框外形（宽、高）尺寸长度差	≤1500	2	用钢卷尺检查
		>1500	3	
2	门窗框两对角线长度差	≤2000	3	用钢卷尺检查
		>2000	5	
3	门窗框（含拼樘料）正、侧面垂直度		3	用1m垂直检测尺检查
4	门窗框（含拼樘料）水平度		3	用1m水平尺和塞尺检查
5	门窗下横框的标高		5	用钢尺检查，与基准线比较
6	门窗竖向偏离中心		5	用钢直尺检查
7	双层门窗内外框间距		4	用钢卷尺检查
8	平开门窗及上悬、下悬、中悬窗	门窗扇与框搭接宽度	2	用深度尺或钢直尺检查
		同樘平开门窗相邻扇高度差	2	用靠尺和钢直尺检查
		门窗框扇四周的配合间隙	1	用楔形塞尺检查
9	推拉门窗	门窗扇与框搭接宽度	2	用深度尺或钢直尺检查
		门窗扇与框或相邻扇立边平行度	2	用钢直尺检查
10	组合门窗	平整度	3	用2m靠尺和钢直尺检查
		缝直线度	3	用2m靠尺和钢直尺检查

6 成品保护

6.0.1 门窗在安装过程中，应采取防护措施，不得污损。

6.0.2 已安装门窗框、扇的洞口，不得再作运料通道。

6.0.3 严禁在门窗框扇上支脚手架、悬挂重物；脚手架不得压在门窗框、扇上，并严禁蹬踩门窗或窗撑。

6.0.4 进行粉刷或电、气焊作业时，应有遮挡措施，防止污染或电气焊火花烧伤面层。

6.0.5 门窗扇安装后应及时安装五金配件，并关窗锁门，以防风大损坏门窗。

6.0.6 门窗框、扇上粘有水泥砂浆时，应在其硬化前用湿布及时擦干净，不得使用硬质材料铲刮，以防划伤门窗表面。

7 注意事项

7.1 应注意的质量问题

7.1.1 塑料门窗在运输、保管和施工过程中，应采取防止其损坏或变形的措施。

1 门窗放置在清洁、平整的地方，避免日晒雨淋，并不得与腐蚀物质接触。门窗下部应放置垫木，且均匀立放，立放角度不应小于70°，并应采取防倾倒措施。

2 贮存门窗的环境温度应小于50℃，与热源的距离不应小于1m。门窗在安装现场放置的时间不应超过两个月。当在环境温度为0℃的环境中存放门窗时，安装前应在室温下放置24h。

3 装运门窗的运输工具应设有防雨措施，并保持清洁。运输门窗时，应竖立排放并固定牢靠，防止颠震损坏。樘与樘之间应用软质材料隔开；五金配件也应相互错开，以免相互磨损或压坏五金配件。

4 装卸门窗应轻拿、轻放，不得撬、甩、摔。吊运门窗时，其表面应采用软质材料衬垫，并在门窗外框选择牢靠平稳的着力点，不得在框扇内插入抬杠起吊。

7.1.2 安装完毕的门窗框应保证其刚度，根据墙体结构采用不同的固定方法；组合窗、门连窗的拼樘料应设增强型钢，上下端按规定固定。

7.1.3 门窗框周边应用密封材料嵌填或封闭，设排水孔。

7.1.4 门窗填嵌框缝时，填塞不宜过紧，连接螺钉不应直接锤击入内。

7.1.5 保护膜不宜过早撕掉；门窗口作为运料通道时，应有保护措施。

7.2 应注意的安全问题

7.2.1 安装门窗用的梯子必须结实牢固，不应缺档，不应放置过陡，梯子与地面夹角以60°～70°为宜。严禁两人同时站在一个梯子上作业。高凳不能站其端头，防止跌落。

7.2.2 安装门窗、玻璃或擦玻璃时，严禁用手攀窗框、窗扇和窗撑；操作时应系好安全带，严禁把安全带挂在窗撑上。

7.2.3 进入现场必须戴安全帽。严禁穿拖鞋、高跟鞋、带钉易滑或光脚进入现场。

7.2.4 电工、焊工等特殊工种操作人员必须持上岗证。从事电、气焊或气割作业前，应清理作业周围的可燃物体或采取可靠的隔离措施。对需要办理动火证的场所，在取得相应手续后方可动工，并设专人进行监护。

7.2.5 施工用电应执行《施工现场临时用电安全技术规范》JGJ 46的有关规定。

7.2.6 作业场所应配备齐全可靠的消防器材。作业场所不得存放易燃物品，并严禁吸烟或动用明火。

7.3 应注意的绿色施工问题

7.3.1 在施工过程中对于电锤等施工机具产生的噪声，施工人员应严格按工程确定的绿色施工措施进行控制。

7.3.2 禁止将废弃的塑料制品在施工现场丢弃、焚烧，以防止有毒有害气体伤害人体。

7.3.3 废弃物按指定位置分类储存，集中处置。

7.3.4 施工后的废料应及时清理，做到工完料净场清，坚持文明施工。

8 质量记录

8.0.1 塑料门窗及五金配件的出厂合格证、性能检测报告和进场验收记录。

8.0.2 塑料窗抗风压性能、空气渗透性能和雨水渗漏性能复验报告。

8.0.3 嵌缝、密封材料产品合格证书。

8.0.4 隐蔽工程检查验收记录。

8.0.5 塑料门窗安装工程检验批质量验收记录。

8.0.6 塑料门窗安装分项工程质量验收记录。

8.0.7 其他技术文件。

第6章 复合门窗安装

本工艺标准适用于工业与民用建筑的复合门窗安装。

1 引用标准

《建筑工程施工质量验收统一标准》GB 50300—2013

《建筑装饰装修工程施工质量验收标准》GB 50210—2018

《住宅装饰装修工程施工规范》GB 50327—2001

《铝合金门窗》GB/T 8478—2008

《木门窗》GB/T 29498—2013

2 术语（略）

3 施工准备

3.1 作业条件

3.1.1 主体结构质量经验收合格，工种之间已办好交接手续，并弹好室内50cm水平线。

3.1.2 检查门窗洞口尺寸及标高是否符合设计要求。有预埋件的门窗口还应检查预埋件的数量、位置及埋设方法是否符合设计要求。

3.1.3 进场前检查复合门窗，如有劈棱窜角和翘曲不平、偏差超标、表面损伤、变形及松动、外观色差较大者，应进行修理或退换，验收合格后才能安装。

3.1.4 复合门窗的保护膜应完整，如有破损应补贴后再安装。

3.2 材料及机具

3.2.1 铝型材：《铝合金建筑型材》GB 5237标准的铝型材、隔热型材，基材符合6063T5标号，内平开窗、内开内倒窗主要受力型材实际壁厚≥1.4mm。型材表面为静电粉末喷涂工艺处理，采用一级耐候树脂，质量达到《铝合金建筑型材》GB 5237标准。最终颜色见封样色板。其中断桥隔热条为PA66GF25材料，型材使用专用C、CU、CT隔热条，铝合金型材槽口为U形标准槽，压条为方压条，采用竖压横安装工艺。主型材截面主要受力部位基材最小实测壁厚，外窗不低于1.4mm。

3.2.2 铝型材、五金件、塑料胀栓、纱窗、密封胶条、钢副框、中性硅酮防水密封胶等原材料质量控制在购料前，工程技术人员首先对材料的材质及性能进行详细的检查、检测，符合要求始进行订货。原材料进场后应对其表观质量、尺寸进行检验，并应有生产厂家的产品质量证明书。

3.2.3 机具：切割机、电焊机、砂轮机、钻铣机、手电钻、注胶大胶枪、电锤、十字螺丝刀、圆规、锤子、塞尺、盒尺、钢板尺、铁水平尺、线坠、木楔、卡具、笤帚等。

4 操作工艺

4.1 工艺流程

放线找规矩→确认安装基准→安装钢副框→填充发泡剂→土建收口→安装主框→窗扇安装及打胶→安装门→安装窗五金配→纱门窗扇安装→清理、清洗

4.2 放线找规矩

4.2.1 上墙安装前，首先检查洞口表面平整度、垂直度是否符合规范要求，并对基准线进行复核。

4.2.2 根据弹出的0.5m水平线测出每个窗洞口的平面位置、标高及洞口尺寸等偏差。

要求洞口宽度、高度允差±10mm，洞口垂直水平度偏差全长最大不超过10mm。对于不符合条件的洞口，在窗副框安装前对超差洞口进行修补。

4.3 确认安装基准

4.3.1 根据实测的窗洞口偏差值，进行数理统计，根据统计结果最终确定每个门窗安装的平面位置及标高。

4.3.2 门窗的水平位置应以楼层室内0.5m的水平线为准，确定门窗口的水平位置，弹线找直。每一层必须保证窗口标高一致。

4.3.3 根据墙身大样图及窗台板宽度，确定门窗安装的平面位置，在侧面墙上弹出竖向控制线。

4.3.4 逐个清理洞口。

4.4 安装钢副框

4.4.1 钢副框安装在主体结构的门窗洞口成型后进行。按照作业计划将即将安装的钢副框运到指定位置，同时注意其表面的保护。

4.4.2 严格按照图纸设计安装点采用塑料胀栓安装。

4.4.3 将副框放入洞口，按照调整后的安装基准线准确安装副框并找正。将副框与主体结构用塑料胀栓连接，安装点间距为小于600mm。根据所用位置不同，膨胀螺栓分别选用M8×100及M8×80两种，保证进入结构墙体的长度不小于50mm。

4.5 填充发泡剂

副框周围用发泡剂紧密、均匀填充。

4.6 土建收口

室内、外侧对于钢副框的收口，成活面不得高出副框内口面。最佳效果是与副框内口平齐，卫生间厨房间低于副框2cm便于业主装修。

4.7 安装主框

4.7.1 主框在外保温施工完闭进行安装。窗扇随着主框一起安装；窗扇可以在地面组装好，也可以在主框安装完毕验收后再行安装。

4.7.2 根据钢副框的分格尺寸找出中心，确定上下左右位置，由中心向两边按分格尺寸安装窗的主框。

1 将框、扇先后运输到需安装的各楼层，由工人运到安装部位。

2 现场安装时应先对清图号、框号以确认安装位置。安装工作由顶部开始向下安装。

3 上墙前对组装的窗进行复查，如发现有组装不合格者，或有严重碰、划伤者，缺少附件等应及时加以处理。

4 将主框放入洞口，严格按照设计安装点将主框通过安装螺母调整。

5 主框安装完毕后，根据图纸要求安装窗扇；主框与窗扇配合紧密、间隙均匀；窗扇与主框的搭接宽度允许偏差±1mm。

6 窗附件必须安装齐全、位置准确、安装牢固，开启或旋转方向正确、启闭灵活、无噪声，承受反复运动的附件在结构上应便于更换。

4.8 门窗安装及打胶

4.8.1 注发泡剂、打胶等密封工作在保温面层及主框施工完毕外墙涂料施工前进行。

4.8.2 首先用压缩空气清理窗框周边预留槽内的所有垃圾，然后向槽内打发泡剂，并使发泡剂自然溢出槽口；清理溢出的发泡剂，然后将基层表面尘土、杂物等清理干净，放好保护胶带后进行打胶。注胶完成后将保护纸撕掉、擦净窗主框、窗台表面（必要时可以用溶剂擦拭）。注胶后注意保养，胶在完全固化前不要被粘灰和碰伤胶缝。最后做好清理工作。

4.8.3 拼樘料与混凝土过梁的连接要用焊接方法或先在预埋件上按紧固件规格打基孔，然后用紧固件固定。

4.8.4 拼樘料与砖墙连接时，应先将拼樘料两端插入预留洞中，待土建方应用强度等级为C20的细石混凝土浇灌固定。

4.8.5 组合窗应采用拼条将两窗框卡接，卡接后应用紧固件双向拧紧，其间距应小于或等于600mm；紧固件端头及拼樘料与窗框间的缝隙应采用嵌缝膏进行密封处理。

4.8.6 装副框后安装单窗或组合窗的间隙≤1mm；同时应在安装门窗前在左、右框上预打 $\phi 8$ 的固定孔及 $\phi 10$ 工艺孔。

4.8.7 安装时中间采用中梃及外框连接的大型窗，上下框四角及窗的中横框的对称位置，应采用木楔塞紧或用紧线带拉紧，临时固定后在连接；其固定方式及拼接间隙应符合表6-1规定：

拼接、连接间隙标准　　表6-1

序号	项目	切割角度	技术要求（mm）	检测工具	备注
1	框料与窗框拼接	45°	0.1	用楔形塞尺检查	
		90°			
2	窗框与窗框拼接	0°～180°	0.2	用楔形塞尺检查	应采用拼樘料及转角料
3	中梃与窗框拼接	90°	0.1	用楔形塞尺检查	
4	玻璃压条	45°	0.2	用楔形塞尺检查	
		90°			

4.8.8 窗框与洞口之间的伸缩缝内腔应采用发泡聚苯乙烯弹性材料填塞。

4.8.9 窗扇应待水泥砂浆硬化后安装，铰链部位配合间隙的允许偏差及门框、门扇的搭接量应符合规范标准的规定；窗扇开启方向应根据设计图纸要求确定。

4.9 安装门

4.9.1 门的安装应在地面施工前进行。

4.9.2 应将门搬到相应的洞口旁竖放，当发现保护膜脱落时，应补贴保护膜，在门框及洞口画垂直中线。

4.9.3 应根据设计图纸及门扇的开启方向，确定门框的安装位置，并把门框装入洞口，安装时应采取防止门框变形的措施，无下框平开门应使两边框的下脚低于地面标高线，然后，将上框的一个固定片固定在洞口墙体上，立即调整门框的水平度、垂直度和直角度，并用木楔临时定位。

4.9.4 当安装门连窗时，门与窗应采用拼樘料拼接，拼樘料下端应固定在窗台上。

4.9.5 门框与洞口缝隙的处理，用聚氨酯发泡剂填塞。

4.9.6 门扇应待水泥砂浆硬化后安装；门扇开启方向应根据设计图纸要求确定。

4.10 安装五金配件

4.10.1 安装前应检查门窗开启关闭是否灵活。安装的五金配件应按产品说明书安装牢固，使用灵活。

4.10.2 门锁与执手等五金配件应安装牢固、位置准确、开关灵活。

4.11 纱门窗扇安装

裁纱应比实际长度、宽度各长50mm，以便压纱。绷纱时先用压条将上、下窗纱绷紧压实，再压两侧，并用螺钉固定。最后将边角多余的窗纱用扁铲割干净。

4.12 清理、清洗

门表面及门窗（框）上若沾有水泥砂浆，应在其硬化前，用湿布擦拭干净，不得使用硬质材料铲刮窗（框）扇表面。

5 质量标准

5.1 主控项目

5.1.1 复合门窗的品种、类型、规格、性能、开启方向、安装位置、连接方式及型材壁厚应符合设计要求。门窗的防腐处理及嵌缝、密封处理应符合设计要求。

5.1.2 复合门窗框必须安装牢固。框与墙体连接方式、固定点位置和间距应符合设计要求。

5.1.3 复合门窗扇必须安装牢固，并应开关灵活、关闭严密，无倒翘。推拉门窗扇必须有防脱落措施。

5.1.4 复合窗配件的型号、规格、数量应符合设计要求，安装应牢固，位置应正确，功能应满足使用要求。

5.2 一般项目

5.2.1 复合门窗表面应洁净、平整、光滑、色泽一致，无锈蚀。大面应无划痕、碰伤。漆膜或保护层应连续。

5.2.2 复合门窗推拉门窗扇开关力应不大于100N。

5.2.3 复合门窗框与墙体之间的缝隙应填嵌饱满，密封胶表面光滑、顺直、厚度一致、无裂纹。

5.2.4 复合门窗扇的橡胶密封条或毛毡密封条应安装完好，不得脱槽。

5.2.5 有排水孔的复合门窗，排水孔应畅通，位置和数量应符合设计要求。

5.2.6 复合门窗安装的允许偏差和检验方法应符合表6-2规定。

门窗装配各项规范允许偏差　　表 6-2

项目			允许偏差（mm）	检验方法
门窗槽口宽度、高度构造内侧尺寸	＜2000mm		±1.5	用精度 1mm 钢卷尺，测量槽口外框内端面，测量部位距端部 100mm
	≥2000 且＜3500mm		±2.0	
	≥3500mm		±2.5	
门窗框两对角线长度差	＜3000mm		2	用精度 1mm 钢卷尺，测量内角
	≥3000 且＜5000mm		3	
	＞5000mm		4	
门窗框（含拼樘料）正、侧面垂直度			2.5	用 1m 垂直检测尺检查
门窗横框（含拼樘料）的水平度			2	用 1mm 水平尺和精度 0.5mm 塞尺检查
门窗横框的标高			5	用精度 1mm 钢直尺检查，与基准线比较
门窗竖向偏离中心			5	用精度 1mm 钢板尺检查
双层门窗内外框间距			4	用精度 1mm 钢板尺检查
平开门窗及上悬、下悬、中悬窗	门、窗扇与框搭接宽度	门	2.0	用深度尺或精度 0.5mm 钢板尺检查
		窗	1.0	
	同樘门、窗相邻扇的水平高度差		2.0	用靠尺或精度 0.5mm 钢板尺检查
	门、窗框扇四周的配合间隙		1.0	用楔形塞尺检查
推拉门窗	门、窗扇与框搭接宽度	门	2.0	用深度尺或精度 0.5mm 钢直尺检查
		窗	1.5	
	门、窗扇与框或相邻扇立边平行度		2.0	用精度 0.5mm 钢板尺检查
组合门窗	平面度		2.0	用 2m 靠尺和精度 0.5mm 钢直尺检查
	竖缝直线度		2.5	用 2m 靠尺和精度 0.5mm 钢直尺检查
	横缝直线度		2.5	用 2m 靠尺和精度 0.5mm 钢直尺检查
隐框窗	胶缝宽度		2.0	用精度 0.5mm 钢板尺检查
	相邻面板平面度		0.4	用精度 0.1mm 深度尺检查

6　成品保护

6.0.1　未上墙的框料，在工地临时仓库存放，要求类别、尺寸摆放整齐。

6.0.2　框料上墙前，撤去包裹编织带；但框料表面粘贴的工程保护胶带不得撕掉，以防止室内外抹灰、刷涂料时污染框料。主框、窗扇表面的保护胶带应在本层外墙涂料、室内抹灰完毕及外脚手架拆除后撕掉。

6.0.3　窗框与墙面打密封胶及喷涂外墙涂料时，应在玻璃主框及窗扇上贴分色纸，防止污染框料及玻璃。

6.0.4　加强现场监管，防止拆除脚手架时碰撞框料表面，以防造成变形及表层损坏。

6.0.5　在窗附近进行电焊或使用其他热源时，必须采取适当措施，以防造成型材表层受损。

7　注意事项

7.1　应注意的质量问题

7.1.1　复合门窗安装前应认真检查，发现翘曲和窜角，应及时校正修理，检查合格后再进行安装。

7.1.2　施工前放线找规矩，安装时应挂线。确保门窗上下顺直，左右标高一致。

7.1.3　当门窗组合时，接缝应平整，不劈棱、不窜角。

7.1.4　施工时应注意成品保护，及时清理面层污染。不得使用硬物清理门窗表面污染物。

7.1.5　涂抹密封材料前，基层应清理干净，密封膏厚度一致、宽窄一致。

7.1.6　门窗框应固定牢固，水平度、垂直度、对角线均应合格。

7.2　应注意的安全问题

7.2.1　高空作业人员应戴好安全帽、系好安全带，安全带严禁系挂在窗梃或窗扇上。

7.2.2　施工用电应执行《施工现场临时用电安全技术规范》JGJ 46的有关规定。

7.2.3　操作时严禁将射钉枪的枪口对人，操作者应戴防护眼镜。

7.2.4　安装门窗时，严禁用手攀窗框、窗扇和窗撑；操作时应系好安全带，严禁把安全带挂在窗撑上。安装外门窗时，材料及工具应妥善放置，其垂直下方严禁有人。

7.2.5　安装门窗时若使用梯子，梯子必须结实牢固，不应缺档，不应放置过陡，梯子与地面夹角以60°～70°为宜。严禁两人同时站在一个梯子上作业。使用高凳时不能站其端头，防止跌落。

7.2.6　作业场所应配备齐全可靠的消防器材。作业场所不得存放易燃物品，并严禁吸烟或动用明火。

7.2.7　电工、焊工等特殊工种操作人员必须持上岗证。从事电、气焊或气割作业前，应清理作业周围的可燃物体或采取可靠的隔离措施。对需要办理动火证的场所，在取得相应手续后方可动工，并设专人进行监护。

7.3　应注意的绿色施工问题

7.3.1　在施工过程中对于电锤等施工机具产生的噪声，施工人员应严格按工程确定的绿色施工措施进行控制。

7.3.2　废弃物按指定位置分类储存，集中处置。

7.3.3　施工后的废料应及时清理，做到工完料净场清，坚持文明施工。

8　质量记录

8.0.1　复合门窗及五金配件的出厂合格证、性能检测报告和进场验收记录。

8.0.2　复合窗抗风压性能、空气渗透性能和雨水渗漏性能复验报告。

8.0.3　隐蔽工程检查验收记录。

8.0.4 施工记录。

8.0.5 金属门窗安装工程检验批质量验收记录。

8.0.6 金属门窗安装分项工程质量验收记录。

8.0.7 其他技术文件。

第7章 钢、木门窗玻璃安装

本工艺标准适用于工业与民用建筑的钢、木门窗玻璃安装。

1 引用标准

《建筑工程施工质量验收统一标准》GB 50300—2013

《建筑装饰装修工程施工质量验收标准》GB 50210—2018

《住宅装饰装修工程施工规范》GB 50327—2001

《建筑玻璃应用技术规程》JGJ 113—2015

2 术语（略）

3 施工准备

3.1 作业条件

3.1.1 玻璃应在内外门窗或隔断框扇安装校正、五金件安装合格及框、扇涂刷最后一道油漆前进行安装。

3.1.2 钢门窗正式安装玻璃前，要检查是否有扭曲及变形等情况，如有则应整修和挑选后，再安装玻璃。

3.1.3 安装玻璃所用的脚手架及高凳应提前准备好。

3.1.4 由市场买到的成品油灰，或者使用熟桐油等天然干性油自行配制的油灰，可直接使用；如用其他油料配制的油灰，必须经过试验合格后方可使用，以防造成浪费。

3.1.5 裁割、安装玻璃作业时应在正温度以上；由寒冷处运到正温处的玻璃，应放置2h左右方可进行裁割和安装。

3.2 材料及机具

3.2.1 玻璃和玻璃砖的品种、规格和颜色应符合设计要求，其质量应符合国家现行有关产品标准，有产品出厂合格证。

3.2.2 采光天棚玻璃，如设计无要求时，宜采用夹层、夹丝、钢化以及由其组成的中空玻璃。

3.2.3　油灰采用商品油灰，也可参照表7-1中的质量比自行配制。

配制油灰的质量比　　**表7-1**

成分		质量比
碳酸钙（大白粉）		100
混合油		13～14
混合油配合比	三线脱蜡油	63
	熟桐油	30
	硬脂酸	2.1
	松香	4.9

油灰应具有塑性、不泛油、不粘手等特征，且柔软、有拉力、支撑力，为灰白色的稠塑性固体膏状物；油灰涂抹后，常温应在20昼夜内硬化；延展度应为55～66mm；冻融性为−30℃每次6h，反复5次不裂、不脱框；耐热性为60℃每次6h，反复5次不流、不淌、不起泡；粘结力为不小于0.5MPa。

3.2.4　其他材料：红丹、铅油、玻璃钉、钢丝卡子、油绳、橡皮垫、木压条、煤油等。

3.2.5　机具：工作台、玻璃刀、尺板、钢卷尺（3m）、木折尺、克丝钳、扁铲、油灰刀、木柄小锤、方尺、棉丝或抹布、毛笔、工具袋、脚手架及高凳、安全带等。

4　操作工艺

4.1　工艺流程

清理窗扇→玻璃裁制→镶嵌玻璃→刮油灰，净边

4.2　清理窗扇

安装玻璃前，应将钢木框扇裁口内的乳胶或焊渣等杂物清理干净。

4.3　玻璃裁制

4.3.1　玻璃安装前应按照设计要求的尺寸并参照实测尺寸，预先集中裁制，裁制好的玻璃，应按不同规格和安装顺序码放在安全地方备用。

4.3.2　集中加工后进场的半成品，应有针对性地选择几樘进行试安装，提前核实来料的尺寸留量，长宽各应缩小1个裁口宽的四分之一（一般每块玻璃的上下余量3mm，宽窄余量4mm），边缘不得有斜曲或缺角等情况，必要时应做再加工处理或更换。

4.3.3　将需要安装的玻璃，按部位分规格、数量分别将已裁好的玻璃就位；分送的数量应以当天安装的数量为准，不宜过多，以减少搬运和减少玻璃的损耗。

4.3.4　玻璃安装前应清理裁口。先在玻璃底面与裁口之间，沿裁口的全长均匀涂抹1～3mm厚的底油灰，接着把玻璃推铺平整、压实，然后收净底灰。

4.4 镶嵌玻璃

4.4.1 安装木框扇玻璃时，如采用铁钉固定，应先将裁口处抹上底油灰，再将玻璃推平、压实，四边分别钉上钉子，钉子的间距为200～250mm，每边应不少于2个钉子，钉完后用手轻敲玻璃，响声坚实，说明玻璃安装平实；如果响声啪啦啪啦，说明油灰不严，要重新取下玻璃，铺实底油灰后，再推压挤平，然后用油灰填实，将灰边压平压光；如采用木压条固定时，应先将框扇上的木压条撬出，同时退出压条上的钉子，并在裁口处抹上底油灰，把玻璃推揉压平，然后把已抹刮油灰的木压条压入钉牢。

4.4.2 钢门窗安装玻璃，应用钢丝卡固定，钢丝卡间距不得大于300mm，且每边不得少于2个，并用油灰填实抹光；如果采用橡皮垫，应先将橡皮垫嵌入裁口内，并用压条和螺丝钉加以固定。

4.4.3 安装斜天窗的玻璃，如设计无要求时，应采用夹丝玻璃，并应从顺流水方向盖叠安装，盖叠搭接的长度应视天窗的坡度而定，当坡度等于或大于1/4时，不小于30mm；坡度小于1/4时，不小于50mm；盖叠处应用钢丝卡固定，并在缝隙中用密封膏嵌填密实；如采用平板玻璃时，要在玻璃下面加设一层镀锌铅丝网。

4.4.4 安装彩色玻璃和压花玻璃，应按照设计图案仔细裁割，拼缝必须吻合，不允许出现错位松动和斜曲等缺陷。

4.4.5 玻璃砖的安装应符合下列规定：

1 安装玻璃砖的墙、隔断和顶棚的骨架，应与结构连接牢固。

2 玻璃砖应排列均匀整齐，图形符合设计要求，表面平整，嵌缝的油灰或密封膏应饱满密实，并形成凹缝。

4.4.6 阳台、楼梯间或楼梯栏板等围护结构安装钢化玻璃时，应按设计要求用卡紧螺丝或压条镶嵌固定；在玻璃与金属框格相连接处，应衬垫橡皮条或塑料垫。

4.4.7 安装压花玻璃或磨砂玻璃时，压花玻璃的花面应向室外，磨砂玻璃的磨砂面应向室内。

4.4.8 安装玻璃隔断时，隔断上框的顶面应有适量缝隙，以防止结构变形，将玻璃挤压损坏。

4.4.9 死扇玻璃安装，应先用扁铲将木压条撬出，同时退出压条上小钉子，并将裁口处抹上底油灰，把玻璃推铺平整，然后嵌好四边木压条将钉子钉牢，将底灰修好、刮净。

4.4.10 安装中空玻璃及面积大于0.65m^2的玻璃时，安装于竖框中玻璃，应放在两块定位垫块上，定位垫块距玻璃垂直边缘的距离宜为玻璃宽的1/4，且不宜小于150mm。安装窗中玻璃，按开启方向确定定位垫块位置，定位垫块宽度应大于玻璃的厚度，长度不宜小于25mm，并应符合设计要求。

4.4.11 油灰应与玻璃成45°角，表面光滑齐整，正面看不到油灰，背面看不到裁口。

4.5 刮油灰，净边

玻璃安装完成后，应进行清理，将油灰、钉子、钢丝卡及木压条等清理干净，关好门窗。

5　质量标准

5.1　主控项目

5.1.1　玻璃品种、规格、尺寸、色彩、图案及涂膜朝向必须符合设计要求。单块玻璃大于 $1.5m^2$ 时应使用安全玻璃。

5.1.2　门窗玻璃裁割尺寸应正确，安装后的玻璃应牢固，不得有裂纹、损伤和松动。

5.1.3　玻璃的安装方法应符合设计要求。固定玻璃的钉子或钢丝卡的数量和规格应保证玻璃安装牢固。

5.1.4　镶钉木压条接触玻璃处，应与裁口边缘平齐。木压条应互相紧密连接，并与裁口边缘紧贴，割角应整齐。

5.2　一般项目

5.2.1　玻璃表面应洁净，不得有腻子、密封胶、涂料等污渍。中空玻璃内外表面均应洁净，玻璃中空层内不得有灰尘和水蒸气。

5.2.2　门窗玻璃不应直接接触型材。单面镀膜玻璃的镀膜层及磨砂玻璃的磨砂面应朝向室内。中空玻璃的单面镀膜玻璃应在最外层，镀膜层应朝向室内。

5.2.3　腻子应填抹饱满、粘结牢固；腻子边缘与裁口应平齐。固定玻璃的卡子不应在腻子表面显露。

6　成品保护

6.0.1　门窗玻璃安装完成后，应派专人看管维护，每日应按时开关门窗，以减少玻璃的损坏。

6.0.2　门窗玻璃安装后，应随手挂好风构或插上插销，防止刮风损坏玻璃，并将多余的破碎的玻璃及时送库或清理干净。

6.0.3　对于面积较大、造价昂贵的玻璃，宜在栋号交验之前安装，如需要提前安装时，应采取妥善的保护措施，防止损伤玻璃而造成损失。

6.0.4　玻璃安装时，操作人员要加强对窗台及门窗口抹灰等项目的成品保护。

7　注意事项

7.1　应注意的质量问题

7.1.1　底油灰铺垫不严：用平指敲弹玻璃时有响声，如固定扇底油灰不严，则易出现这种情况。应在铺底灰及嵌钉固定时，认真操作并仔细检查。

7.1.2　油灰棱角不整齐，油灰表面凹凸不平：最后收刮油灰时平要稳，倒角部要刮出八字角，不可一次刮下。

7.1.3　表面观感差：油灰表面不光，有麻面、皱皮现象，防止此种现象就要认真操作，油灰的质量应保证，温度要适宜，不干、不软。

7.1.4 木压条、钢丝卡子、橡皮垫等附件安装时应经过挑选，防止出现变形，影响玻璃美观；污染的斑痕要及时擦净；如钢丝卡子露头过长，应事先剪断。

7.2 应注意的安全问题

7.2.1 搬运玻璃时，应戴手套或用柔软材料垫住边口，以免划伤。搬运、安装大玻璃时应注意风向，以确保安全。

7.2.2 安装窗扇玻璃时，不得在垂直方向的上下层同时作业，并应与其他作业错开，防止坠物伤人。

7.2.3 进入现场必须戴安全帽。严禁穿拖鞋、高跟鞋、带钉易滑或光脚进入现场。

7.2.4 高空作业必须系好安全带，施工部位下方及附近禁止行人通过，避免玻璃或工具掉落伤人。

7.2.5 安装外窗扇玻璃时，玻璃不宜放在外架上。

7.2.6 施工用电应执行《施工现场临时用电安全技术规范》JGJ 46 的有关规定。

7.3 应注意的绿色施工问题

7.3.1 对于施工中的油漆、稀料、胶、涂料在运送中要避免遗洒，以免污染地面。

7.3.2 玻璃裁割应集中进行，边角废料及时处理。

7.3.3 施工后的废料应及时清理，做到工完料净场清，做好文明施工。

8 质量记录

8.0.1 玻璃的出厂合格证、性能检测报告和进场验收记录。

8.0.2 施工记录。

8.0.3 门窗玻璃安装工程检验批质量验收记录。

8.0.4 其他技术文件。

第8章 铝合金、塑料、复合门窗玻璃安装

本工艺标准适用于工业与民用建筑的铝合金、塑料、复合门窗玻璃安装。

1 引用标准

《建筑工程施工质量验收统一标准》GB 50300—2013

《建筑装饰装修工程施工质量验收标准》GB 50210—2018

《住宅装饰装修工程施工规范》GB 50327—2001

《建筑玻璃应用技术规程》JGJ 113—2015

2　术语（略）

3　施工准备

3.1　作业条件

3.1.1　玻璃安装应在门窗五金已装好，工程即将交工前进行。

3.1.2　玻璃安装前应对安装的框、扇几何尺寸、表面平整度、拼接节点等是否牢固进行认真的检查。

3.1.3　根据安装需要将玻璃运到指定地点，并按安装顺序码放于安全处备用。

3.1.4　安装所需的定位垫片，橡胶条，密封胶等应提前准备运到现场备用。

3.1.5　安装玻璃所用的脚手架及高凳等提前准备好。

3.1.6　裁割、安装玻璃作业时应在正温度以上；由寒冷处运到正温度处的玻璃，应放置2h左右方可进行裁割和安装。

3.2　材料及机具

3.2.1　玻璃的品种、规格及质量应符合设计要求及国家现行有关产品标准的规定，进场的玻璃必须有出厂合格证。

3.2.2　定位垫块、橡胶压条、密封胶等的规格、品种、断面尺寸、颜色、性能应符合设计要求；配套使用时，其材料性能必须相容。

3.2.3　玻璃胶的选用应与铝合金相匹配，并应有出厂合格证。

3.2.4　主要机具：工作台、玻璃刀、直尺、钢丝钳、毛笔、手动吸盘、电动真空吸盘、电动吊篮、运玻璃小车、钢卷尺、工具袋、抹布或棉丝、安全带、注胶枪、脚手架及高凳等。

4　操作工艺

4.1　工艺流程

清理窗扇 → 玻璃就位 → 玻璃安装

4.2　清理窗扇

应去除玻璃表面的尘土、油污等污物和水膜。并将窗扇槽口内的灰浆渣、异物清除干净，使排水孔畅通。

4.3　玻璃就位

4.3.1　玻璃裁制按设计尺寸或实测尺寸，长与宽各缩小2～4mm，裁制好的玻璃应存放备用。

4.3.2 安装双层玻璃时，玻璃夹层四周应嵌入中隔条，中隔条应密封、不变形、不脱落；玻璃槽及玻璃内表面应干燥、洁净。

4.3.3 安装玻璃时，玻璃应搁在两块相同的定位垫块上。垫块离垂直边缘的距离宜为玻璃宽度的1/4，且不宜小于150mm；定位垫块的宽度应大于所支撑玻璃件的厚度，长度不宜小于25mm，并应符合设计要求。

4.3.4 安装塑料框扇玻璃时，应将约3mm厚的氯丁橡胶垫块垫在凹槽内，避免玻璃直接接触框扇。

4.3.5 根据开启方式的不同，其垫块位置应按现行有关标准的规定放置。

4.3.6 边框上的垫块，应采用聚氯乙烯胶加以固定。

4.3.7 安装玻璃时，所使用的各种材料均不得影响泄水系统的通畅。

4.4 玻璃安装

4.4.1 将已裁割好的玻璃放入框扇凹槽中间，内外两侧的间隙不小于2mm，然后用橡胶条将其及时固定。带密封的压条必须与玻璃全部贴紧，压条与型材的接缝处应无明显缝隙，接头缝隙应不大于1mm。橡胶条拐角八字切割整齐、黏结牢固。

4.4.2 用密封胶填缝固定玻璃时，应先用橡胶条或橡胶块将玻璃挤住，留出注胶空隙。注胶宽度和深度应符合设计要求，在胶固化前应保持玻璃不受振动。

4.4.3 安装好的玻璃应平整、牢固，不得有松动现象，内外表面均应洁净，玻璃夹层内不得有灰尘和水汽，双层玻璃中隔条不得翘起。

4.4.4 中空玻璃的单层镀膜玻璃应装在玻璃的最外层，镀膜层应朝向室内。

5 质量标准

5.1 主控项目

5.1.1 玻璃品种、规格、尺寸、色彩、图案及涂膜朝向必须符合设计要求。单块玻璃大于1.5m^2时应使用安全玻璃。

5.1.2 玻璃安装所采用的橡胶条和硅酮胶的材质、型号应符合设计要求；橡胶条镶嵌应平整，其长度应比内槽长1.5%～2%，在转角处应斜面断开，并用胶黏剂黏结牢固后嵌入槽内。

5.1.3 门窗玻璃不应接触框扇，每块玻璃下部应至少放两块宽度与槽口宽度相同、长度不小于100mm的弹性定位垫块；玻璃两边嵌入量及空隙应符合设计要求；安装必须牢固，无松动。

5.1.4 密封条与玻璃、玻璃槽口的接触应紧密、平整。密封胶与玻璃、玻璃槽口的边缘应粘结牢固、接缝平齐。

5.1.5 带密封条的玻璃压条，其密封条必须与玻璃全部贴紧，压条与型材之间无明显缝隙，压条接缝应不大于0.5mm。

5.2 一般项目

5.2.1 玻璃表面应洁净，不得有腻子、密封胶、涂料等污渍。中空玻璃内外表面均应洁净，玻璃中空层内不得有灰尘和水蒸气。

5.2.2　门窗玻璃不应直接接触型材。单面镀膜玻璃的镀膜层及磨砂玻璃的磨砂面应朝向室内。中空玻璃的单面镀膜玻璃应在最外层，镀膜层应朝向室内。

5.2.3　腻子应填抹饱满、粘结牢固；腻子边缘与裁口应平齐。固定玻璃的卡子不应在腻子表面显露。

6　成品保护

6.0.1　门窗玻璃安装后，应及时关闭门窗，插上插销，防止刮风损坏玻璃。并派专人看管门窗，每日定时开关门窗，以减少损坏。

6.0.2　面积较大，造价昂贵的玻璃，应在交工验收前再安装，如需提前安装，应有保护措施。

6.0.3　安装玻璃时，应自备脚手凳或脚手架，不得随便蹬踩窗台板。

6.0.4　填封密封胶条或玻璃胶的门窗，应待 24h 后方可开启门窗。

6.0.5　严禁用强酸性洗涤剂清洗玻璃。热反射玻璃的反射膜面若溅上碱性砂浆，要立即用水冲洗干净，以免使反射膜变质。

6.0.6　严禁用酸性洗涤剂或含研磨粉的去污粉清洗反射玻璃的反射膜面，以免在反射膜上留下伤痕或使反射膜脱落。

6.0.7　其他作业可能损坏玻璃时，应采取保护措施。严禁焊接、切割及喷砂等作业产生的火花和飞溅的颗粒物质损伤玻璃。

7　注意事项

7.1　应注意的质量问题

7.1.1　玻璃切割尺寸不宜过大或过小，应符合安装要求。

7.1.2　槽口内的砂浆、杂物应清理干净，没经检查不准装玻璃。

7.1.3　密封材料应按设计要求选用，丢失后及时补装。

7.1.4　密封橡胶条易在转角处断开，拐角八字切割整齐，应在密封条下边刷胶，使之与玻璃及框扇结合牢固。

7.1.5　玻璃安装应设固定垫块，玻璃不得直接接触框扇。

7.1.6　玻璃安装后，及时用软布或棉丝清擦干净，达到透明、光亮，如发现裂纹、划痕等损伤，玻璃应及时更换。

7.1.7　玻璃安装朝向应符合设计要求，镀膜玻璃的镀膜层和磨砂玻璃的磨砂面应朝向室内。

7.2　应注意的安全问题

7.2.1　搬运玻璃时，应戴手套或用柔软材料垫住边口，以免划伤。搬运、安装大玻璃时应注意风向，以确保安全。

7.2.2　安装窗扇玻璃时，不得在垂直方向的上下层同时作业，并应与其他作业错开，防止坠物伤人。

7.2.3 进入现场必须戴安全帽。严禁穿拖鞋、高跟鞋、带钉易滑或光脚进入现场。

7.2.4 高空作业必须系好安全带，施工部位下方及附近禁止行人通过，避免玻璃或工具掉落伤人。

7.2.5 安装外窗扇玻璃时，玻璃不宜放在外架上。

7.2.6 施工用电应执行《施工现场临时用电安全技术规范》JGJ 46 的有关规定。

7.3 应注意的绿色施工问题

7.3.1 对于施工中的油漆、稀料、胶、涂料在运送中要避免遗洒，以免污染地面。

7.3.2 玻璃裁割应集中进行，边角废料及时处理。

7.3.3 施工后的废料应及时清理，做到工完场清，做好文明施工。

8 质量记录

8.0.1 玻璃的出厂合格证、性能检测报告和进场验收记录。

8.0.2 施工记录。

8.0.3 门窗玻璃安装工程检验批质量验收记录。

8.0.4 其他技术文件。

第9章 防火门安装

本工艺标准适用于工业与民用建筑的防火门安装。

1 引用标准

《建筑工程施工质量验收统一标准》GB 50300—2013

《建筑装饰装修工程施工质量验收标准》GB 50210—2018

《防火门》GB 12955—2008

《防火卷帘、防火门、防火窗施工及验收规范》GB 50877—2014

2 术语（略）

3 施工准备

3.1 作业条件

3.1.1 墙面已粉刷完毕，粗装修之后，精装修之前，工种之间已办好交接手续。

3.1.2　按图要求的尺寸弹好门中线，并弹好室内0.5m水平线，确定安装标高。

3.1.3　门洞口位置、尺寸经复核符合设计要求，埋件位置、数量规格符合要求。

3.1.4　已进行了技术和安全交底。

3.2　材料及机具

3.2.1　防火门的规格、型号应符合设计要求，经消防部门鉴定和批准的，五金配件配套齐全，并具有生产许可证、产品合格证和性能检测报告。

3.2.2　防腐材料、填缝材料、密封材料、水泥、砂、连接板等应符合设计要求和有关标准的规定。

3.2.3　防火门码放前，要将存放处清理平整，垫好支撑物。如果门有编号，要根据编号码放好；码放时面板叠放高度不得超过1.2m；门框重叠平放高度不得超过1.5m；要有防晒、防风及防雨措施。

3.2.4　机具：电钻、电焊机、水准仪、电锤、活扳手、钳子、水平尺、线坠、螺丝刀、手锤、墨线盒、钢卷尺、钢直尺、脚手架及高凳等。

4　操作工艺

4.1　木质防火门施工工艺流程

定位放线 → 门框安装 → 门套安装 → 门扇安装 → 五金安装

4.1.1　定位放线：弹线安装门框应考虑墙体面层厚度，根据门尺寸、标高、位置及开启方向在墙上画出安装位置线。有贴脸的门，立框时应与抹灰面平。

4.1.2　门框安装：首先在门框两侧钉镀锌铁条（30×200×2），一侧不得少于3个，上下各距顶部或底部的尺寸不大于250mm。剩下一个在中间位置，然后用射钉枪把连接铁条固定在混凝土柱上，门框安装完后，用铁皮在小车轴高的位置包好，防止磕碰门框。门框固定好后，框与洞口墙体的缝隙先填塞发泡材料（或沥青麻丝），内外侧再用水泥砂浆抹平。

4.1.3　门套安装：部分木质防火门有门套，门套形式见装修施工图纸。门框与门套内衬在厂家已粘接固定完毕，现场整体与抱框柱固定，现场施工贴脸。贴脸完成后与墙体平（涂料墙面）或将瓷砖压住（瓷砖墙面）。贴脸必须垂直，垂直度满足要求，贴脸与内衬板粘接牢固。

4.1.4　门扇安装：先确定门的开启方向及小五金的型号，安装位置，对开门扇的裁口位置及开启方向。将弄好的门扇塞入框，在扇上划出合页位置（合页到门扇的顶部和下部为门扇高度的十分之一，且避开上下帽头）同时注意扇与框的平整。确定好合页的位置后，即在门扇上划出合页位置及槽深浅，确保门扇安装完后与框的平整。

4.1.5　五金安装：合页安装时应先拧紧一个螺丝，然后检查门的缝隙是否合适，口与扇是否平整，无问题后方能把所有螺丝全部拧上，木螺丝应砸入1/3，拧入2/3。合页螺丝拧入深度一致，无歪曲现象。五金安装必须符合相关要求，不得遗漏，门锁及拉手安装高度为95～100cm，双扇门的插销在门的上下各按一个。由于门在开启的时候易碰墙，应安装定门器，安装方法见产品说明。

4.2 钢质防火门施工工艺流程

门框弹线定位→门洞口处理→门框内灌浆→门框就位和临时固定→门框固定→门框与墙体间隙间的处理→门扇安装→五金配件安装→验收

4.2.1 门框弹线定位：按设计要求尺寸、标高和方向，画出门框框口位置线。

4.2.2 门洞口处理：安装前检查门洞口尺寸，偏位、不垂直、不方正的要进行剔凿或抹灰处理。

4.2.3 门框内灌浆：对于钢质防火门，需在门框内填充 1∶3 水泥砂浆。填充前应先把门关好，将门扇开启面的门框与门扇之间的防漏孔塞上塑料盖后，方可进行填充。填充水泥不能过量，防止门框变形影响开启。

4.2.4 门框就位和临时固定：先拆掉门框下部的固定板，将门框用木楔临时固定在洞口内，经校正合格后，固定木楔。门框埋入±0.00m 标高以下 20mm，须保证框口上下尺寸相同，允许误差＜1.5mm，对角线允许误差＜2mm。

4.2.5 门框固定：采用 1.5mm 厚镀锌连接件固定。连接件与墙体采用膨胀螺栓固定安装。门框与门洞墙体之间预留的安装空间：胀栓固定预留 20～30mm。门框每边均不应少于 3 个连接点。

4.2.6 门框与墙体间隙间的处理：门框周边缝隙，用 1∶2 水泥砂浆嵌缝牢固，应保证与墙体结成整体，经养护凝固后，再粉刷洞口及墙体。门框与墙体连接处打建筑密封胶。

4.2.7 门扇安装：先用十字螺丝刀把合页固定在门扇上。把门扇挂在门框上。挂门时，先将门扇竖放在门框合页边框旁，与门框成 90°夹角，为安装方便，门扇底部可用木块垫起。对准合页位置，将门扇通过合页固定在门框上。

4.2.8 五金配件安装：安装五金配件及有关防火装置。门扇关闭后，门缝应均匀平整，开启自由轻便，不得有过紧、过松和反弹现象。

4.2.9 验收：门框与门扇的正常间隙为左、中（双开门、子母门）、右 3±1mm、上部 2±1mm、下部 4±1mm 间隙。调整框与扇的间隙，做到门扇在门框里平整、密合、无翘曲、无明显反弹。

4.3 防火卷帘门施工工艺流程

放线找规矩→安装卷筒→安装传动装置→空载试车→帘板安装→安装导轨→试运转→安装防护罩

4.3.1 放线找规矩

根据设计图纸中门的安装位置、尺寸和标高，量出门边线，吊垂直后用墨线弹出两导轨边垂线及卷筒安装中心线。对个别不直的门口边应进行剔凿处理。根据楼层室内 0.5m 的水平线，确定门的安装标高。

4.3.2 安装卷筒

安装卷筒时，应使卷筒轴保持水平，并使卷筒与导轨之间距离两端保持一致，卷筒临时固定后进行检查，调整、校正合格后，与支架预埋铁件用电焊焊牢。卷筒安装后应转动灵活。

4.3.3　安装传动装置

安装传动系统部件，安装电气控制系统。

4.3.4　空载试车

通电试运转，检查电机、卷筒的转动情况及其他传动系统部件的工作情况及转动部件周围的安全空隙和配合间隙是否满足要求。

4.3.5　帘板安装

拼装帘板并检查帘板平整度、对角线、两侧边顺直度，符合要求后安装在卷筒上，门帘板有正反，安装时要注意，不得装反。

4.3.6　安装导轨

按图纸规定位置线找直、吊正轨道，保证轨道槽口尺寸准确，上下一致，使导轨在同一垂直平面上，然后用连接件与墙体上的预埋铁件焊牢。

4.3.7　试运转

首先观察检查卷筒体、帘板、导轨和传动部分相互之间的吻合接触状况及活动间隙的匀称性，然后用手缓慢向下拉动关闭，再缓慢匀速向上拉提到位，反复几次，发现有阻滞、顿卡或异常噪声时仔细检查产生原因后进行调整，直至提拉顺畅，用力匀称为止。对电控卷帘门，手动调试后再用电动机启闭数次，细听有无异常声音。

4.3.8　安装防护罩

保护罩的尺寸大小，应与门的宽度和门帘板卷起后的直径相适应，保证卷筒将门帘板卷满后与防护罩有一定空隙，不发生相互碰撞，经检查合格后，将防护罩与预埋铁件焊牢。

5　质量标准

5.1　主控项目

5.1.1　防火门的质量和各项性能应符合设计要求。

5.1.2　防火门的品种、类型、规格、尺寸、开启方向、安装位置及防腐处理应符合设计要求。

5.1.3　防火门的安装必须牢固。预埋件的数量、位置、埋设方式、与框连接方式必须符合设计要求。

5.1.4　防火门的配件应齐全，位置应正确，安装应牢固，功能应满足使用要求和防火门的各项性能要求。

5.1.5　带有机械装置、自动装置或智能化装置的防火门，其机械装置、自动装置或智能化装置的功能应符合设计要求和有关标准的规定。

5.2　一般项目

5.2.1　防火门的表面装饰应符合设计要求。

5.2.2　防火门的表面应洁净，无划痕、碰伤。

5.2.3　防火木门的留缝宽度及允许偏差（表 9-1、表 9-2）。

木质防火门安装的留缝宽度 表 9-1

项次	项目		留缝宽度（mm）
1	门扇对口缝，扇与框间立缝		1.5～2.5
2	框与扇间上缝		1.0～1.5
3	门扇与地面间隙	内门	6～8

木质防火门安装的允许偏差 表 9-2

项次	项目	允许偏差（Ⅰ级）（mm）
1	框的正、侧面垂直度	3
2	框对角线长度差	2
3	框与扇接触面平整度	2

5.2.4 钢质防火门尺寸与形位公差（表 9-3、表 9-4）。

尺寸公差 表 9-3

部位名称	极限偏差（mm）	部位名称	极限偏差（mm）
门扇高度	+2，−1	门框槽口高度	±3
门扇宽度	−1，−3	门框侧壁宽度	±2
门扇厚度	+2，−1	门框槽口宽度	±1

形位公差 表 9-4

名称	测量项目	公差（mm）
门框	槽口两对角线长度差	≤3
门扇	两对角线长度差	≤3
	扭曲度	≤5
	高度方向弯曲度	≤2
门框、门扇	门框与门扇组合（前表面）高低差	≤3

5.2.5 防火卷帘门允许偏差见表 9-5。

防火卷帘门允许偏差 表 9-5

序号	检验项目	项目质量要求	检验方法
1	外观质量	(1) 门体叶片、滑道、卷轴、外罩等表面应平整光洁，不得有裂纹、扭曲、凹凸等缺陷 (2) 卷帘门体外表面应色调一致，无色差 (3) 产品铭牌应符合标准规定	目测、手感
2	材质及构件质量	(1) 材质应符合国家及行业标准，有出厂合格证 (2) 卷门机、电器元件、五金配件应有合格证	检查合格证
3	加工质量	(1) 运动件或可接触到的零件必须去毛刺、尖角 (2) 加工尺寸极限偏差及形位公差应符合规定：叶片长度极限偏差±2.0mm，滑道长度极限偏差±2.0mm (3) 叶片平面及滑道滑动面直线度≤1.5mm/m	(1) 手感 (2) 用钢卷尺直尺检测 (3) 用平台塞尺检测

续表

序号	检验项目	项目质量要求	检验方法
4	装配及安装质量	(1) 预埋铁件或固定件间距≤600mm (2) 叶片插入轨道深度：宽1800，门体≥30mm；宽度大于1800，门体≥40mm (3) 门体内宽尺寸极限偏差±3.0mm，门体内高尺寸极限偏差±10mm (4) 水平面垂直度≤10mm (5) 卷轴与水平面平行度≤3.0mm (6) 座板与水平面平行度≤10mm	(1) 用钢卷尺测量 (2) 将叶片紧靠滑道一侧，用钢尺测量 (3) 钢卷尺测量 (4)～(6) 用水平尺及直尺测量
5	电气安装质量	(1) 电气布线合理、操作方便、灵活、准确 (2) 电气绝缘电阻应符合要求，电机等主电路：>300V时，绝缘电阻≥0.4MΩ；控制电路：<150V为≥0.1MΩ；150～300V为0.2MΩ	(1) 目测 (2) 用兆欧表测试
6	门性能质量	门体叶片上下滑动平稳、顺畅	观察
		门体启闭速度3～7m/min	秒表测试
		运行中能控制门体在任一位置停止，制动可靠	测试
		限位准确，门体到上下位置允许≤20mm	测试
		在电源电压在220V±10%时，卷帘机正常工作	调压测试
		当温度超过电器元件规定温升时，自动切断电源	测试
		停电时，手动启动闭门器，其启动力<118N	牵引仪测试

6 成品保护

6.0.1 入场存放应垫起、垫平，码放整齐。

6.0.2 安装前检查无损后在进行安装，安装后使用前两侧应进行保护，防止碰撞损坏。

6.0.3 装门框时要防止磕碰、划伤。

6.0.4 安装完成后，土建方仍在施工，如果门框有下槛，应做与下槛长、宽、高尺寸相称的凹形木板槽，将凹口冲着地面扣在下槛上，保证无划伤、踩踏变形，两竖框距地面1000mm处用木夹板保护，防止碰撞。

6.0.5 门扇安装完毕后，如有保护膜破裂，用透明胶带与透明保护膜表面粘接，避免出现表面划伤、磕碰。门扇保护膜修复后，将锁具装好，并用PVC保护膜把面板、把手分别粘贴，避免表面划伤、磕碰。在框扇表面贴保护膜时，应注意不允许用胶带与喷涂面直接接触。门扇表面有污点，可用清水擦洗掉。

6.0.6 门扇、锁具安装完毕后，要将门扇锁紧。防止成品碰伤、划伤，锁具丢失。

6.0.7 注意对门上锁具和面板把手的保护。

6.0.8 抹灰及墙面装饰前用塑料膜保护好，任何工序不得损坏其保护膜，防止砂浆、污物对表面的污染。

6.0.9 防火门面漆为后做时，应对装修后的墙面进行保护（可贴50mm宽纸条）。

6.0.10 钢质防火门安装时应采取措施，防止焊接作业时电焊火花损坏周围材料。

6.0.11 需搭设脚手架时，拆搭过程中，注意不得碰撞。

7 注意事项

7.1 应注意的质量问题

7.1.1 安装前应认真检查，发现翘曲和窜角，应及时校正修理，检查合格后再进行安装。

7.1.2 施工前放线找规矩，安装时应挂线。确保防火门上下顺直，左右标高一致。

7.1.3 防火门的配件应齐全，位置应正确，安装要牢固。

7.1.4 防火木门的割角、拼缝应严密平整。框、扇的裁口应顺直，刨面应平整。门上槽、孔应边缘整齐，无毛刺。

7.2 应注意的安全问题

7.2.1 安装用的梯子必须结实牢固，不应缺档，不应放置过陡，梯子与地面夹角以60°～70°为宜。严禁两人同时站在一个梯子上作业。高凳不能站其墙头，防止跌落。

7.2.2 进入现场必须戴安全帽。严禁穿拖鞋、高跟鞋、带钉易滑的鞋或光脚进入现场。

7.2.3 电工、焊工等特殊工种操作人员必须持上岗证。从事电、气焊或气割作业前，应清理作业周围的可燃物体或采取可靠的隔离措施。对需要办理动火证的场所，在取得相应手续后方可动工，并设专人进行监护。

7.2.4 施工用电应执行《施工现场临时用电安全技术规范》JGJ 46的有关规定。

7.2.5 作业场所应配备齐全可靠的消防器材。作业场所不得存放易燃物品，并严禁吸烟或动用明火。

7.3 应注意的绿色施工问题

7.3.1 在施工过程中对于电锤等施工机具产生的噪声，施工人员应严格按工程确定的绿色施工措施进行控制。

7.3.2 禁止将废弃的塑料制品在施工现场丢弃、焚烧，以防止有毒有害气体伤害人体。

7.3.3 废弃物按指定位置分类储存，集中处置。

7.3.4 施工后的废料应及时清理，做到工完场清，坚持做好文明施工。

8 质量记录

8.0.1 防火门及五金配件的出厂合格证、性能检测报告和进场验收记录。

8.0.2 隐蔽工程检查验收记录。

8.0.3 技术交底记录。

8.0.4 特种门安装工程检验批质量验收记录。

8.0.5 特种门安装分项工程质量验收记录。

8.0.6 其他技术文件。

第 10 章　防盗门安装

本工艺标准适用于工业与民用建筑的防盗门安装。

1　引用标准

《建筑工程施工质量验收统一标准》GB 50300—2013
《建筑装饰装修工程施工质量验收标准》GB 50210—2018
《防盗安全门通用技术条件》GB 17565—2007

2　术语（略）

3　施工准备

3.1　作业条件

3.1.1 墙面已粉刷完毕，粗装修之后，精装修之前，工种之间已办好交接手续，并经验收合格。

3.1.2 按图要求的尺寸弹好门中线，并弹好室内 0.5m 水平线，确定安装标高。

3.1.3 门洞口位置、尺寸经复核符合设计要求，埋件位置、数量规格符合要求。

3.1.4 已进行了技术和安全交底。

3.2　材料及机具

3.2.1 防盗门的规格、型号应符合设计要求，经消防部门鉴定和批准的，五金配件配套齐全，并具有生产许可证、产品合格证和性能检测报告。

3.2.2 防腐材料、填缝材料、密封材料、水泥、砂、连接板等应符合设计要求和有关标准的规定。

3.2.3 防盗门码放前，要将存放处清理平整，垫好支撑物。如果门有编号，要根据编号码放好；码放时面板叠放高度不得超过 1.2m；门框重叠平放高度不得超过 1.5m；要有防晒、防风及防雨措施。

3.2.4 机具：电钻、电焊机、水准仪、电锤、活扳手、钳子、水平尺、线坠、螺丝刀、手锤、墨线盒、钢卷尺、钢直尺等。

4 操作工艺

4.1 工艺流程

放线找规矩 → 门框安装 → 装门扇及附属配件 → 嵌缝 → 五金配件安装

4.2 放线找规矩

4.2.1 根据设计图纸中门的安装位置、尺寸和标高，依据门洞中线向两边量出门边线，吊垂直、弹出门框安装控制墨线，对个别不直的门口边应进行剔凿处理。

4.2.2 根据楼层室内0.5m的水平线，确定门的安装标高。

4.3 门框安装

4.3.1 防盗门门框固定牢固程度的要求高于防火门，对于有较高防盗要求的防盗门应建议设置钢筋混凝土门樘，通过预埋铁件牢固地与门框焊接连接，对于一般要求的防盗门可采用膨胀螺栓与洞侧墙体固定，也可在砌筑墙体时在连接点位置预埋铁件，安装时与门框连接件焊牢。

4.3.2 防盗门框下部一般埋入楼地面面层以下20mm。安装过程注意保证门框不变形，框口上下尺寸均匀一致，对角线差不超过2mm。

4.4 装门扇及附属配件

4.4.1 门框安装前就应先组装检查扇与框的匹配情况，处于直立状态时，门缝是否均匀顺直，开启和关闭是否轻便自如。

4.4.2 门扇安装后若发现开关过紧、过松或反弹时首先从铰链处调整至适宜状态。

4.5 嵌缝

门框周边缝隙，用1∶2水泥砂浆填嵌密实。有些防盗门框有压灰线，抹灰应压过门框至压灰线。嵌缝水泥砂浆终凝后应洒水保持湿润养护5～7d。

4.6 五金配件安装

4.6.1 安装前应检查门扇开启关闭是否灵活。五金配件应按产品说明书中的方法安装牢固、使用灵活。

4.6.2 防盗门上的拉手、门锁、观察孔等五金配件必须齐全，多功能防盗门上的密码保护锁、电子报警系统等装置必须有效、完善。

5 质量标准

5.1 主控项目

5.1.1 防盗门的质量和各项性能应符合设计要求。

5.1.2　防盗门的品种、类型、规格、尺寸、开启方向、安装位置及防腐处理应符合设计要求。

5.1.3　防盗门的安装必须牢固。预埋件的数量、位置、埋设方式、与框连接方式必须符合设计要求。

5.1.4　防盗门的配件应齐全，位置应正确，安装应牢固，功能应满足使用要求和防盗门的各项性能要求。

5.2　一般项目

5.2.1　防盗门的表面装饰应符合设计要求。

5.2.2　防盗门的表面应洁净，无划痕、碰伤。

6　成品保护

6.0.1　防盗门出厂时应封缠保护胶纸或薄膜，安装前应检查保护层的完好性，发现贴膜损坏的，必须用胶纸或塑膜封缠严密，直至保持到洞口墙体装饰施工完。

6.0.2　施工时应防止水泥砂浆、灰水、喷涂材料等污染损坏门表面。在室内外湿作业未完成前，不能破坏门窗表面的保护材料。

6.0.3　防盗门安装过程中，注意避免工具碰损表面漆膜。

6.0.4　应采取措施，防止焊接作业时电焊火花损坏周围材料。

6.0.5　防盗门安装完成后，交工前应锁闭。必须开启进行其他作业的，应建立交接责任制。

7　注意事项

7.1　应注意的质量问题

7.1.1　严格按照产品说明书的安装、调试、使用、保养规程进行。

7.1.2　特别注意检查防盗门门框、扇板、栅栏、型板的截面尺寸、厚度是否符合设计或选用标准图的要求，以确保防盗门的强度、刚度和可靠性。

7.1.3　防盗门必须与洞口结构可靠连接，应优先考虑采用预埋件与门框连接板焊接连接方式，如可能采用膨胀螺栓连接的，膨胀螺栓打入结构层深度不得小于 60mm。

7.1.4　门框与墙体不论采用何种连接方式，每侧边不得少于 4 个连接点。

7.1.5　防盗门装入洞口临时固定后，应检查四周边框和中间框架是否用规定的保护胶纸和塑料薄膜封贴包扎好，再进行门窗框与墙体之间缝隙的填嵌和洞口墙体表面装饰施工，以防止水泥砂浆、灰水、喷涂材料等污染损坏铝合金门窗表面。在室内外湿作业未完成前，不能破坏门窗表面的保护材料。

7.1.6　对于防盗门，一般均属于重型门。对于门洞两侧为轻质砌体时，必须设置构造柱。

7.2　应注意的安全问题

7.2.1　安装用的梯子必须结实牢固，不应缺档，不应放置过陡，梯子与地面夹角以

60°～70°为宜。严禁两人同时站在一个梯子上作业。高凳不能站其墙头，防止跌落。

7.2.2 进入现场必须戴安全帽。严禁穿拖鞋、高跟鞋、带钉易滑的鞋或光脚进入现场。

7.2.3 电工、焊工等特殊工种操作人员必须持上岗证。从事电、气焊或气割作业前，应清理作业周围的可燃物体或采取可靠的隔离措施。对需要办理动火证的场所，在取得相应手续后方可动工，并设专人进行监护。

7.2.4 施工用电应执行《施工现场临时用电安全技术规范》JGJ 46 的有关规定。

7.2.5 作业场所应配备齐全可靠的消防器材。作业场所不得存放易燃物品，并严禁吸烟或动用明火。

7.3 应注意的绿色施工问题

7.3.1 在施工过程中对于电锤等施工机具产生的噪声，施工人员应严格按工程确定的绿色施工措施进行控制。

7.3.2 禁止将废弃的塑料制品在施工现场丢弃、焚烧，以防止有毒有害气体伤害人体。

7.3.3 废弃物按指定位置分类储存，集中处置。

7.3.4 施工后的废料应及时清理，做到工完场清，坚持做好文明施工。

8 质量记录

8.0.1 防盗门及五金配件的出厂合格证、性能检测报告和进场验收记录。

8.0.2 隐蔽工程检查验收记录。

8.0.3 技术交底记录。

8.0.4 特种门安装工程检验批质量验收记录。

8.0.5 特种门安装分项工程质量验收记录。

8.0.6 其他技术文件。

第11章 全玻门安装

本工艺标准适用于工业与民用建筑的全玻门安装。

1 引用标准

《建筑工程施工质量验收统一标准》GB 50300—2013

《建筑装饰装修工程施工质量验收标准》GB 50210—2018

《建筑玻璃应用技术规程》JGJ 113—2015

2　术语（略）

3　施工准备

3.1　作业条件

3.1.1　墙、地面的饰面已施工完毕，现场已清理干净，并经验收合格。弹好室内0.5m水平线，确定安装标高。洞口尺寸符合设计要求。

3.1.2　清理门洞预埋防腐木砖的位置和数量。

3.1.3　按设计要求确定大小门框和门夹的位置和标高以及安装方法和程序。

3.1.4　准备好施工简易脚手架或高凳。

3.1.5　按设计图尺寸粉刷洞口边框。

3.1.6　门框的不锈钢或其他饰面已经完成。门框顶部用来安装固定玻璃板的限位槽已预留好。

3.2　材料及机具

3.2.1　厚玻璃、金属门夹和地弹簧按设计规定的品种、类型、规格、型号、颜色、耐火极限选购。产品应有产品质量合格证、使用说明书及性能检测报告。

3.2.2　玻璃：主要是指12mm以上厚度的玻璃，根据设计要求选好玻璃，并安放在安装位置附近，不锈钢或其他有色金属型材的门框、限位槽及板，都应加工好，准备安装。

3.2.3　0.8mm厚的镜面不锈钢板、方木、万能胶、钢钉、圆钉、玻璃胶、木螺钉、自攻螺钉、门拉手、胶合板、木条等。材质应选择合格品。

3.2.4　机具：手电钻、砂轮机、冲击电钻、玻璃吸盘机、电锯、水准仪、玻璃刀、钢卷尺、吊线坠、方尺、螺丝刀、扳手、脚手架或高凳等。

4　操作工艺

4.1　工艺流程

4.1.1　玻璃固定门的安装

放线找规矩→安装框顶限位槽→装木底托→安装竖门、横框→安装固定玻璃→注玻璃胶封口

4.1.2　玻璃活动门的安装

安装门底弹簧和门框顶面→玻璃门扇安装上下夹→玻璃门扇上下门夹固定→门扇定位安装→安装玻璃拉手

4.2 玻璃固定门的安装

4.2.1 放线找规矩

根据施工设计图和节点大样，放出玻璃门的安装位置线。根据楼层室内 0.5m 的水平线，准确测量室内、室外地面标高和门框顶部标高及中横框标高，做出标志。

4.2.2 安装框顶限位槽

安装时，先由安装位置线（中心线）引出两条金属饰面板边线，然后靠框顶边线，跟线各装一根定位方木条，校正水平度合格后用钢钉或螺钉将方木紧固于框顶过梁上。按边线进行门框顶部限位槽的安装。通过胶合板垫板，调整槽口的槽深，用 1.5mm 厚的钢板或铝合金板，压制成限位槽框衬里，衬里与定位木条用木螺栓或自攻螺栓固定。在其表面事先压制成型的镜面不锈钢饰面板，用万能胶紧粘于衬里上。

4.2.3 装木底托

1 按安装位置线，先将方木条固定在地面上，然后再用万能胶将成型镜面不锈钢饰面板粘贴于方木条上。方木条两端抵住门洞口边框，用钢钉将方木条直接钉在地面上。

2 两方木条之间留装玻璃和嵌胶的空隙。其缝宽及槽深，应与门框顶部一致。方木条固定后，用万能胶将压制成型的镜面不锈钢板粘贴在方木条上。底托应留出活动门位置。

4.2.4 安装竖门、横框

1 安装竖向边框时，按所弹中心线和门框截面边线，钉立竖框方木。竖框方木上抵顶部限位槽方木，下埋入地面内 30～40mm，竖向应与墙体预埋铁件连接牢固。骨架安装完工后，钉胶合板包框。最后，外包镜面不锈钢饰面板。竖框与顶部横框饰面板，应按 45°角斜接对头缝。

2 当活动全玻璃门扇之上为固定玻璃时，横框的构造应按设计规定施工。横框骨架两端应嵌固或焊牢在门洞口基体预留槽口内或预埋铁件上。骨架包衬采用胶合板，外包镜面不锈钢饰面板。

3 如设计采用活动全玻门扇的上方、左右两侧为固定玻璃时，应根据设计规定，弹出活动门的净宽线以及门的净高。按线划出竖框柱的截面尺寸并定出横框截面。用方木钉活动门的竖门框柱和横框骨架。竖框柱应嵌入地面建筑标高下 30～40mm。然后骨架四周包里衬胶合板并钉牢。最后，外包镜面不锈钢饰面板。

4.2.5 安装固定玻璃

1 玻璃工用玻璃吸盘机把厚玻璃板吸住提起，移至安装位置，先将玻璃上部插入门框顶部的限位槽，随后玻璃板的下部放到底托上。玻璃下部对准中心线，两侧边部正好封住门框处的不锈钢饰面对缝口，要求做到内外都看不见饰面接缝口。

2 在底托方木上的内外钉两根方木条，把厚玻璃夹在中间，方木条距厚玻璃面 3～4mm 注玻璃胶，然后在方木条上涂刷万能胶，将压制成型的不锈钢饰面板粘固在方木上。

4.2.6 注玻璃胶封口

1 在门框顶部限位槽和底部底托的两侧，以及厚玻璃与框柱的对缝等各缝隙处，注入玻璃胶封口。

2 当玻璃门固定部分玻璃面积过大，需要拼接时，其对接缝要有 2～3mm 的宽度，玻璃板边要倒角。玻璃板固定后，将玻璃胶注入对接缝中。

4.3 玻璃活动门的安装

4.3.1 安装门底弹簧和门框顶面

先安装门底弹簧和门框顶面的定位销。门底弹簧应与门顶定位销同一轴线。因此安装时必须用吊线坠反复吊正，确保门底弹簧转轴与门顶定位销的中心线在同一垂直线上。

4.3.2 玻璃门扇安装上下门夹

把上下金属门夹，分别装在玻璃门扇上下两端，并测量门扇高度。如果门扇的上下边框距门横框及地面的缝隙超过规定值。即门扇高度不够，可在上下门夹内的玻璃底部垫木胶合板条。如门扇高度超过安装尺寸，则需裁去玻璃扇的多余部分。钢化玻璃则需按安装尺寸重新定制。

4.3.3 玻璃门扇上下门夹固定

定好门扇高度后，在厚玻璃与金属上下门夹内的两侧缝隙处，同时插入小木条，轻敲稳实，然后在小木条、厚玻璃、门夹之间的缝隙中注入玻璃胶。

4.3.4 门扇定位安装

先将门框横梁上的定位销用本身的调节螺钉调出横梁平面 2mm，再将玻璃门扇竖起来，把门扇下门夹的转动销连接件的孔位对准门底弹簧的转动销轴，并转动门扇将孔位套入销轴上，然后把门扇转动 90°，使之与门框横梁成直角，把门扇上门夹中的转动连接件的孔对准门框横框的定位销，调节定位销的调节螺钉，将定位销插入孔内 15mm 左右。

4.3.5 安装玻璃拉手

全玻璃门扇上的拉手孔洞，一般在裁割玻璃时加工完成。安装前在拉手插入玻璃的部分，涂少许玻璃胶，拉手根部与玻璃板紧密结合后再拧紧固定螺钉，以保证拉手无松动现象。

5 质量标准

5.1 主控项目

5.1.1 全玻门的质量和各项性能应符合设计要求。

5.1.2 全玻门的品种、类型、规格、尺寸、开启方向、安装位置及防腐处理应符合设计要求。

5.1.3 带有机械装置、自动装置或智能化装置的全玻门，其机械装置自动装置或智能化装置的功能应符合设计要求和有关标准的规定。

5.1.4 全玻门的安装必须牢固。预埋件的数量、位置、埋设方式、与框的连接方式必须符合设计要求。

5.1.5 全玻门的配件应齐全，位置应正确，安装应牢固，功能应满足使用要求和全玻门的各项性能要求。

5.2 一般项目

5.2.1 全玻门的表面装饰应符合设计要求。

5.2.2 全玻门的表面应洁净，无划痕、碰伤。

6 成品保护

6.0.1 玻璃门安装时，应轻拿轻放，严禁相互碰撞。避免扳手、钳子等工具碰坏玻璃门。

6.0.2 全玻门装箱应运至安装位置，然后开箱检查。

6.0.3 玻璃门的材料进场后，应在室内竖直靠墙排放，并靠放稳当。

6.0.4 操作工必须持有效期内的上岗证作业，以保证全玻门安装过程中不损坏和污染其他成品。

6.0.5 全玻门安装后，尚未交付使用前，要有专人管理，并应有保护设施。

6.0.6 安装好的玻璃门应避免硬物碰撞，避免硬物擦划，保持清洁不污染。

6.0.7 安装好的玻璃门或其拉手上，严禁悬挂重物。

7 注意事项

7.1 应注意的质量问题

7.1.1 全玻门使用的方木条、胶合板应经防腐、防潮、防蛀、防火处理。

7.1.2 不锈钢的材质为镍铬合金。目前，含铁不锈钢板充斥市场，此种板极易锈蚀。因此，应采用“吸铁石鉴别”法，识别真假不锈钢板。

7.1.3 方木条和木骨架的立边木方，必须弹线修刨，保证边框成一条直线。

7.1.4 镜面不锈钢下料时，要用机械剪切，以保证剪口平整一致。

7.1.5 镜面不锈钢扣，应用机械加工成型，其卷边弯角应保证90°角。

7.1.6 粘接饰面板的万能胶，其粘结强度和耐老化性能，必须符合相关标准的规定。

7.1.7 镜面不锈钢饰面板，在竖框与顶部横框相接处应采用45°角。

7.1.8 门底弹簧转轴与定位销必须调整到同一轴线上，使开关灵活。

7.1.9 全玻门弹簧的自动定位应安装准确，开启角90°±1.5°，关闭时间控制的范围应不少于17s，以防玻璃弹簧门夹人。

7.1.10 门框与墙面的接合处理，应符合设计规定。

7.2 应注意的安全问题

7.2.1 架梯不得缺档，脚底不得垫高，底部应绑橡皮防滑垫，人字梯两腿夹角60°为宜，两腿间要拉索拉牢。

7.2.2 室内搭设高凳操作时，单凳只准站一人，双凳应搭跳板，两凳间距不得超过2m，只准站两人。

7.2.3 施工用电应执行《施工现场临时用电安全技术规范》JGJ 46的有关规定。

7.2.4 手持电动工具要在配电箱装设额定动作电流不大于30mA，额定动作时间不大于0.1s的漏电保护装置。

7.2.5 每台电动机械应有独立的开关和熔断保险，严禁一闸多用。严禁用铜线当保险丝用。

7.2.6 使用电焊机时，对一次线和二次线均须防护，二次线侧的焊柄不准露铜，应保证绝缘良好。

7.2.7 砂轮机应使用单向开关，砂轮应装不大于 180°的防护罩和牢固的工作托架。

7.2.8 手持电动工具仍在转动时，严禁随便放置。

7.2.9 作业场所应配备齐全、可靠的消防器材。作业场所不得存放易燃物品，并严禁吸烟或动用明火。

7.3 应注意的绿色施工问题

7.3.1 胶合板应复验甲醛含量，复验结果不得超过设计和规范规定的限值。

7.3.2 玻璃胶粘剂和清洗剂等使用后，应加盖封闭存放，不得随意乱放或遗洒。剩料和包装容器应及时清理回收。

7.3.3 施工当中的剩料及碎玻璃，不得随意处置，完工后统一回收处理。

7.3.4 施工时制定管理制度，材料应轻拿轻放，材料运输车辆进出施工现场，严禁鸣笛，以防噪声扰民。

8 质量记录

8.0.1 玻璃门、五金配件的产品合格证、性能检测报告和进场验收记录。

8.0.2 粘结胶、密封胶产品合格证、环保检测报告。

8.0.3 隐蔽工程检查验收记录。

8.0.4 特种门安装工程检验批质量验收记录。

8.0.5 特种门安装分项工程质量验收记录。

8.0.6 其他技术文件。

第 12 章　自动门安装

本工艺标准适用于工业与民用建筑的自动门安装。

1 引用标准

《建筑工程施工质量验收统一标准》GB 50300—2013

《建筑装饰装修工程施工质量验收标准》GB 50210—2018

2 术语（略）

3 施工准备

3.1 作业条件

3.1.1 墙、地面的饰面已施工完毕，现场已清理干净，并经验收合格。弹好室内 0.5m

水平线，确定安装标高。

3.1.2 检查自动门上部吊挂滚轮装置的预埋钢板位置是否正确，如有偏移，应及时处理。

3.1.3 自动门各种零配件质量应符合现行国家标准、行业标准的规定，并按设计要求选用。不得使用不合格产品。

3.1.4 门框、门扇和其他装饰件运至现场后，应存放在仓库内，妥为保管，不得撕毁其包装防护膜。

3.1.5 门框和门扇在搬运中不得受撞击变形，并应防止水泥、石灰浆或其他酸、碱物质污染门的表面。

3.1.6 安排好安装脚手架和安装的安全设施。

3.2 材料及机具

3.2.1 自动门产品及其配件，应按设计规定在工厂制作或在市场上按设计要求进行选购。产品应有出厂质量合格证、使用说明书及性能检测报告。

3.2.2 自动门一般分为三种：

1 微波自动门：自控探测装置通过微波捕捉物体的移动，传感器固定于门上方正中，在门前形成半圆形探测区域；

2 踏板式自动门：踏板按照几种标准尺寸安装在地面或隐藏在地板下，当地板接受压力后，控制门的动力装置接受传感器的信号便门开启，踏板的传感能力不受湿度影响；

3 光电感应自动门：该系统的安装分为内嵌式和表面安装，光电管不受外来光线影响，最大安装距离为6100mm。

3.2.3 安装材料：膨胀螺栓、螺栓、射钉、焊条、对拔木楔、抹布、小五金等，应使用合格产品。

3.2.4 机具：切割机、冲击钻、射钉枪、电焊机、吊线坠、扳手、手锤、钢卷尺、塞尺、水平尺、靠尺等。

4 操作工艺

4.1 工艺流程

放线找规矩→安装地面导向轨→安装横梁→固定机箱→安装门扇→调试

4.2 放线找规矩

4.2.1 根据设计图纸中门的安装位置、尺寸和标高，依据门洞中线向两边量出门边线，吊垂直、弹出门框安装控制墨线。

4.2.2 根据楼层室内0.5m的水平线，确定门的安装标高。

4.3 安装地面导向轨

4.3.1 自动门一般在地面上安装导向性轨道，异形薄壁钢管自动门在地面上设滚轮导向铁件。

4.3.2　地坪面施工时，应准确测定内外地面的标高，做可靠标志。

4.3.3　按设计图规定的尺寸放出下部导向装置的位置线，预埋滚轮导向铁件或预埋槽口木条。安装前撬出方木条，安装下轨道。

4.3.4　安装的轨道必须水平，预埋的动力线不得影响门扇的开启。

4.4　安装横梁

自动门上部机箱层横梁一般采用槽钢，槽钢与墙体上预埋钢板连接支承机箱层。因此，预埋钢板必须埋设牢固。预埋钢板与横梁槽钢连接要牢固、可靠。安装横梁下的上导轨时，应考虑门上盖的装拆方便。一般可采用活动条密封，安装后不能使门受到安装应力。即必须是零荷载。

4.5　固定机箱

将厂方生产的机箱仔细地固定在横梁上。

4.6　安装门扇

安装门扇，使门扇滑动平稳、润滑。

4.7　调试

自动门安装后，对探测传感系统和机电装置进行反复调试，将感应灵敏度、探测距离、开闭速度等调试至最佳状态，以满足使用功能。

5　质量标准

5.1　主控项目

5.1.1　自动门的质量和各项性能应符合设计要求。

5.1.2　自动门的品种、类型、规格、尺寸、开启方向、安装位置及防腐处理应符合设计要求。

5.1.3　带有机械装置、自动装置或智能化装置的自动门，其机械装置、自动装置或智能化装置的功能应符合设计要求和有关标准的规定。

5.1.4　自动门的安装必须牢固。预埋件的数量、位置、预埋方式、与框的连接方式必须符合设计要求。

5.1.5　自动门的配件应齐全，位置应正确，安装应牢固，功能应满足使用要求和自动门的各项性能要求。

5.2　一般项目

5.2.1　自动门的表面装饰应符合设计要求。

5.2.2　自动门的表面应洁净，无划痕、碰伤。

5.2.3　推拉自动门安装的留缝限值、允许偏差和检验方法应符合表 12-1 的规定。

推拉自动门安装的留缝限值、允许偏差和检验方法　表 12-1

项次	项目		留缝限值（mm）	允许偏差（mm）	检验方法
1	门槽口宽度、高度	≤1500mm	—	1.5	用钢尺检查
		>1500mm	—	2	
2	门槽口对角线长度差	≤2000mm	—	2	用钢尺检查
		>2000mm	—	2.5	
3	门框的正、侧面垂直度		—	1	用 1m 垂直检测尺检查
4	门构件装配间隙		—	0.3	用塞尺检查
5	门梁导轨水平度		—	1	用 1m 水平尺和塞尺检查
6	下导轨与门梁导轨平行度		—	1.5	用钢尺检查
7	门扇与侧框间留缝		1.2～1.8	—	用塞尺检查
8	门扇对口缝		1.2～1.8	—	用塞尺检查

5.2.4 推拉自动门的感应时间限制和检验方法应符合表 12-2 的规定。

推拉自动门的感应时间限值和检验方法　表 12-2

项次	项目	感应时间限值（s）	检验方法
1	开门响应时间	≤0.5	用秒表检查
2	堵门保护延时	16～20	用秒表检查
3	门扇开启后保持时间	13～17	用秒表检查

6 成品保护

6.0.1 自动门在搬运和安装过程中，应有防护装置，避免碰撞。

6.0.2 自动门装箱运至安装位置，然后开箱检查。

6.0.3 横梁与基体预埋件连接时，应由持有上岗证的专业焊工操作，以保证焊接质量，避免机箱等设备受损坏。

6.0.4 自动门安装过程中注意保护洞口周边装饰层。安装后洞口周边修补抹灰或装饰罩面时飞溅到门上的灰浆必须及时用湿棉纱擦净。

6.0.5 自动门安装后，尚未交付使用前，要有专人管理并应有保护设施。

7 注意事项

7.1 应注意的质量问题

7.1.1 自动门安装，宜由自动门生产厂家包产品质量、包安装包调试、包维修，以确保自动门的使用功能。

7.1.2 自动门的导向下轨槽，在地面工程施工时，应按设计图或自动门安装说明书预留。

7.1.3 自动门的安装标高，应事先精确施测、做出明显标记，以保证自动门安装后门内门外地面标高一致。

7.1.4 安装调试完毕，其地面按原设计做好地面饰面，不得出现明显的接槎痕迹。

7.2 应注意的安全问题

7.2.1 施工用电应执行《施工现场临时用电安全技术规范》JGJ 46 的有关规定。

7.2.2 手持电动工具要在配电箱装设额定动作电流不大于 30mA，额定动作时间不大于 0.1s 的漏电保护装置。

7.2.3 每台电动机械应有独立的开关和熔断保险，严禁一闸多用。严禁用铜线当保险丝用。

7.2.4 使用电焊机时，对一次线和二次线均须防护，二次线侧的焊柄不准露铜，应保证绝缘良好。

7.2.5 砂轮机应使用单向开关，砂轮应装不大于 180°的防护罩和牢固的工作托架。

7.2.6 手持电动工具仍在转动时，严禁随便放置。

7.2.7 搭设高凳操作时，单凳只准站一人，双凳应搭跳板，两凳间距离不得超过 2m，只准站两个人。

7.2.8 架梯不得缺档，脚底不得垫高，底部应绑橡皮防滑垫，人字梯两腿夹角 60°为宜，两腿间要用拉索拉牢。

7.2.9 作业场所应配备齐全、可靠的消防器材。作业场所不得存放易燃物品，并严禁吸烟或动用明火。

7.3 应注意的绿色施工问题

7.3.1 切割材料应在封闭空间和在规定的时间内作业，采取措施减少噪声污染。

7.3.2 作业时，包装材料、下脚料应及时清理，做到活儿完脚下清，保持施工现场清洁、整齐、有序。

7.3.3 严格控制固体废弃物的排放，废旧材料应回收利用。

8 质量记录

8.0.1 自动门及其附件的出厂合格证、性能检测报告和进场验收记录。

8.0.2 隐蔽工程检查验收记录。

8.0.3 自动门安装、调试、试运行记录。

8.0.4 特种门安装工程检验批质量验收记录。

8.0.5 特种门安装分项工程质量验收记录。

8.0.6 其他技术文件。

第 13 章　旋转门安装

本工艺标准适用于工业与民用建筑的旋转门安装。

1 引用标准

《建筑工程施工质量验收统一标准》GB 50300—2013
《建筑装饰装修工程施工质量验收标准》GB 50210—2018

2 术语（略）

3 施工准备

3.1 作业条件

3.1.1 墙、地面的饰面已施工完毕，现场已清理干净，并经验收合格。弹好室内 50cm 水平线，确定安装标高。

3.1.2 检查预留门洞口尺寸符合旋转门的安装尺寸和转壁位置要求。

3.1.3 预埋件的位置和数量符合产品的安装要求。

3.1.4 金属旋转门及各种零部件，符合国家现行国家标准、行业标准的规定，并已按设计要求选用。不合格的产品已剔除。

3.2 材料及机具

3.2.1 成套旋转门及其配件应符合设计要求，有生产许可证、产品合格证及性能检测报告。

3.2.2 饰面材料：不锈钢板、铝合金板、彩色金属板、木板、玻璃等，应有产品合格证并符合设计要求。

3.2.3 膨胀螺栓、射钉、螺栓、预埋铁件、密封胶、橡皮胶等，材料质量应为合格品。

3.2.4 机具：电焊机、冲击钻、射钉枪、水准仪、扳手、半步扳手、角尺、吊线坠、手锤、水平尺、钢卷尺等。

4 操作工艺

旋转门是生产厂家供应成品门，一般由生产厂家派专业人员负责安装，调试合格后交付验收。

4.1 工艺流程

安装位置弹线→桁架固定→转轴、固定底座→装转门顶与转臂→安装门扇→旋转检查→安装玻璃

4.2 安装位置弹线

根据施工设计图和节点大样及产品安装说明书，在门洞口四周弹桁架安装位置线。根据

楼层室内 0.5m 的水平线，确定安装标高。标高要用水准仪测设以保证水平度。

4.3 桁架固定

4.3.1 按安装位置线，清理预埋铁件的数量和位置。如预埋铁件数量或位置偏离位置线，应在基体上钻膨胀螺栓孔，其钻孔位置应与桁架的连接件位置相对应。

4.3.2 桁架的连接件可与铁件焊接固定。如用膨胀螺栓，将膨胀螺栓固定在基体上，再将桁架连接件与膨胀螺栓焊接固定。

4.4 转轴、固定底座

底座下要垫平垫实，不得产生下沉，临时点焊上轴承座，使转轴在同一个中心垂直于地坪面。

4.5 装转门顶与转臂

转臂不应预先固定，便于调整与活扇之间的间隙。

4.6 安装门扇

4.6.1 转门顶按图安装好后装转门扇，旋转门扇保持 90°（四扇式）或 120°（三扇式）夹角，转动门窗，保证上下间隙。

4.6.2 调整转臂位置，以保证门扇与转臂之间的间隙。

4.6.3 焊上轴承座。上轴承座焊完后，用 C25 混凝土固定底座，埋入插销下壳，固定转臂。

4.7 旋转检查

当底座混凝土达到设计的强度等级后，试旋转应合格。

4.8 安装玻璃

4.8.1 试旋转满足设计要求后，在门上安装玻璃。

4.8.2 门框饰面按照设计要求进行施工；钢质旋转门按设计要求的油漆品种和颜色的涂刷或喷涂油漆。

5 质量标准

5.1 主控项目

5.1.1 旋转门的质量和各项性能应符合设计要求。

5.1.2 旋转门的品种、类型、规格、尺寸、开启方向、安装位置及防腐处理应符合设计要求。

5.1.3 带有机械装置、自动装置或智能化装置的旋转门，其机械装置，自动装置或智能化装置的功能应符合设计要求和有关标准的规定。

5.1.4 旋转门的安装必须牢固。预埋件的数量、位置、埋设方式、与框的连接方式，必须符合设计要求。

5.1.5 旋转门的配件应齐全，位置应正确，安装应牢固，功能应满足使用要求和金属旋转门的各项性能要求。

5.2 一般项目

5.2.1 旋转门的表面装饰应符合设计要求。

5.2.2 旋转门的表面应洁净，无划痕、碰伤。

5.2.3 旋转门安装的允许偏差和检验方法应符合表13-1的规定。

旋转门安装的允许偏差和检验方法 **表13-1**

项次	项目	允许偏差（mm）		检验方法
		金属框架玻璃旋转门	木质旋转门	
1	门扇正、侧面垂直度	1.5	1.5	用1m垂直检测尺检查
2	门扇对角线长度差	1.5	1.5	用钢尺检查
3	相邻扇高度差	1	1	用钢尺检查
4	扇与圆弧边留缝	1.5	2	用塞尺检查
5	扇与上顶间留缝	2	2.5	用塞尺检查
6	扇与地面间留缝	2	2.5	用塞尺检查

6 成品保护

6.0.1 旋转门在搬运和安装过程中，应有防护装置并避免碰撞。

6.0.2 旋转门安装时，应轻拿轻放，严禁相互碰撞避免扳手、钳子等工具碰坏旋转门。

6.0.3 旋转门装箱应运至安装位置，然后开箱检查。

6.0.4 电焊工必须持有效期内的上岗证作业，以保证旋转门的安装质量。

6.0.5 旋转门安装后，尚未交付使用前，要有专人管理，并应有保护设施。

6.0.6 安装好的旋转门应避免硬物碰撞，避免硬物擦划，保持清洁、不污染。

7 注意事项

7.1 应注意的质量问题

7.1.1 安装放样时，转扇平面角应等分均匀，不得大小不一。

7.1.2 安装时旋转轴应准确吊线，使旋转轴同在一条垂直中心线上，上下点重合。

7.1.3 扇面对角线和平整度应符合验收规范要求方可使用。

7.1.4 转扇距圆弧边的间距，必须调整一致，不允许有擦边或间隙过大现象。

7.1.5 封闭条带的安装位置应正确。

7.1.6 操作时应及时擦除表面污染物，使转轴光洁。

7.1.7 转扇涂刷颜色应一致，不得有色差。

7.1.8 旋转门安装完毕，应设专人保护。

7.2　应注意的安全问题

7.2.1　架梯不得缺档，脚底不得垫高，底部应绑橡皮防滑垫，人字梯两腿夹角 60°为宜，两腿间要拉索拉牢。

7.2.2　室内搭设高凳操作时，单凳只准站一人，双凳应搭跳板，两凳间距不得超过 2m，只准站两人。

7.2.3　施工用电应执行《施工现场临时用电安全技术规范》JGJ 46 的有关规定。

7.2.4　手持电动工具要在配电箱装设额定动作电流不大于 30mA，额定动作时间不大于 0.1s 的漏电保护装置。

7.2.5　每台电动机械应有独立的开关和熔断保险，严禁一闸多用。严禁用铜线当保险丝用。

7.2.6　使用电焊机时，对一次线和二次线均须防护，二次线侧的焊柄不准露铜，应保证绝缘良好。

7.2.7　砂轮机应使用单向开关，砂轮应装不大于 180°的防护罩和牢固的工作托架。

7.2.8　手持电动工具仍在转动时，严禁随意放置。

7.2.9　作业场所应配备齐全、可靠的消防器材。作业场所不得存放易燃物品，并严禁吸烟或动用明火。

7.3　应注意的绿色施工问题

7.3.1　作业时，包装材料、下脚材料应及时清理，做到活儿完脚下清，保持施工现场清洁、整齐、有序。

7.3.2　严格控制固体废弃物的排放，废旧材料应回收利用。

7.3.3　切割材料应在封闭空间和在规定的时间内作业，采取措施减少噪声污染。

7.3.4　施工现场制定专人负责洒水降尘和清理废弃物。

8　质量记录

8.0.1　旋转门及其配件的产品合格证、性能检测报告和进场验收记录。

8.0.2　隐蔽工程检查验收记录。

8.0.3　旋转门安装、调试、试运行记录。

8.0.4　特种门安装工程检验批质量验收记录。

8.0.5　特种门安装分项工程质量验收记录。

8.0.6　其他技术文件。

第 14 章　金属卷帘门安装

本工艺标准适用于工业与民用建筑的金属卷帘门安装。

1 引用标准

《建筑工程施工质量验收统一标准》GB 50300—2013

《建筑装饰装修工程施工质量验收标准》GB 50210—2018

2 术语（略）

3 施工准备

3.1 作业条件

3.1.1 结构工程施工完毕，并质量经验收合格。粗装修之后、精装修之前。弹好室内0.5m水平线，确定安装标高。

3.1.2 洞口尺寸及埋件位置、数量、规格符合设计要求。

3.1.3 按设计型号、查阅产品说明书和电气原理图；检查产品材质和表面处理及零附件，并测量产品各部件基本尺寸。

3.1.4 检查卷帘洞口尺寸、导轨、支架的预埋铁件位置和数量与图纸相符，并已将预埋铁件表面清理干净。

3.1.5 已准备好卷帘门安装机具和安装材料。

3.1.6 已准备安装卷帘门的简易脚手架。

3.2 材料及机具

3.2.1 卷帘门及其配件应根据设计要求选用。产品应有出厂质量合格证、使用说明书及性能检测报告。

3.2.2 五金配件应配套齐全。

3.2.3 其他材料：膨胀螺栓、螺钉、预埋铁件、电焊条等，应使用合格产品。

3.2.4 机具：手电锯、电焊机、射钉枪、电工用具、吊线坠、灰线袋、角尺、钢卷尺、水平尺、高凳或简易脚手架等。

4 操作工艺

4.1 工艺流程

放线找规矩 → 安装卷筒 → 安装传动装置 → 空载试车 → 帘板安装 → 安装导轨 → 试运转 → 安装防护罩

4.1.1 放线找规矩

根据设计图纸中门的安装位置、尺寸和标高，量出门边线，吊垂直后用墨线弹出两导轨边垂线及卷筒安装中心线。对个别不直的口边应进行剔凿处理。根据楼层室内0.5m的水平线，确定门的安装标高。

4.1.2　安装卷筒

安装卷筒时，应使卷筒轴保持水平，并使卷筒与导轨之间距离两端保持一致，卷筒临时固定后进行检查，调整、校正合格后，与支架预埋铁件用电焊焊牢。卷筒安装后应转动灵活。

4.1.3　安装传动装置

安装传动系统部件，安装电气控制系统。

4.1.4　空载试车

通电试运转，检查电机、卷筒的转动情况及其他传动系统部件的工作情况及转动部件周围的安全空隙和配合间隙是否满足要求。

4.1.5　帘板安装

拼装帘板并检查帘板平整度、对角线、两侧边顺直度，符合要求后安装在卷筒上，门帘板有正反，安装时要注意，不得装反。

4.1.6　安装导轨

按图纸规定位置线找直、吊正轨道，保证轨道槽口尺寸准确，上下一致，使导轨在同一垂直平面上，然后用连接件与墙体上的预埋铁件焊牢。

4.1.7　试运转

首先观察检查卷筒体、帘板、导轨和传动部分相互之间的吻合接触状况及活动间隙的匀称性，然后用手缓慢向下拉动关闭，再缓慢匀速向上拉提到位，反复几次，发现有阻滞、顿卡或异常噪声时仔细检查产生原因后进行调整，直至提拉顺畅，用力匀称为止。对电控卷帘门，手动调试后再用电动机启闭数次，细听有无异常声音。

4.1.8　安装防护罩

保护罩的尺寸大小，应与门的宽度和门帘板卷起后的直径相适应，保证卷筒将门帘板卷满后与防护罩有一定空隙，不发生相互碰撞，经检查合格后，将防护罩与预埋铁件焊牢。

5　质量标准

5.1　主控项目

5.1.1　金属卷帘门的质量和各项性能应符合设计要求。

5.1.2　金属卷帘门的品种、类型、规格、尺寸、开启方向、安装位置及防腐处理应符合设计要求。

5.1.3　带有机械装置、自动装置或智能化装置的金属卷帘门，其机械装置、自动装置或智能化装置的功能应符合设计要求和有关标准的规定。

5.1.4　金属卷帘门的安装必须牢固。预埋件的数量、位置、埋设方式、与框的连接方式必须符合设计要求。

5.1.5　金属卷帘门的配件应齐全，位置应正确，安装应牢固，功能应满足使用要求和金属卷帘门的各项性能要求。

5.2　一般项目

5.2.1　金属卷帘门的表面装饰应符合设计要求。

5.2.2　金属卷帘门的表面应洁净，无划痕、碰伤。

6 成品保护

6.0.1 卷帘门在搬运和安装过程中，应有防护装置，并避免碰撞。

6.0.2 卷帘门装箱应运至安装位置，然后开箱检查。

6.0.3 电焊工必须持有效期内的上岗证作业，以保证安装质量并不损坏其他成品。

6.0.4 卷帘门安装过程中注意保护洞口周边装饰层。安装后洞口周边修补抹灰或装饰罩面时飞溅到卷帘门上的灰浆必须及时用湿棉纱擦净。

6.0.5 防止脚手管等硬物撞击卷帘门。

6.0.6 卷帘门安装后，尚未交付使用前，要有专人管理，并应有保护设施。

6.0.7 卷帘门手动开启或关闭时，必须注意左右匀称下拉或上提。

7 注意事项

7.1 应注意的质量问题

7.1.1 预埋连接铁件的数量、规格必须满足设计要求，彻底清除铁件表面混凝土或灰浆，使其完全暴露，施焊前须进行除锈，以确保焊接质量。

7.1.2 卷帘门帘板有正反，不得装反。

7.1.3 安装导轨的卷帘门，轨道应找直、吊正，保证轨道槽口尺寸准确，上下一致。使导轨同在一垂直平面上。

7.1.4 安装前注意检查卷帘门的预埋线路是否到位。

7.1.5 注意安装顺序，逐步安装、逐步调试。

7.1.6 特别注意检查帘板条型材厚度和截面尺寸，它是保证卷帘门刚度和抗变形能力的关键所在。

7.2 应注意的安全问题

7.2.1 施工用电应执行《施工现场临时用电安全技术规范》JGJ 46 的有关规定。

7.2.2 手持电动工具要在配电箱装设额定动作电流不大于 30mA，额定动作时间不大于 0.1s 的漏电保护装置。

7.2.3 每台电动机械应有独立的开关和熔断保险，严禁一闸多用。严禁用铜线当保险丝用。

7.2.4 使用电焊机时，对一次线和二次线均须防护，二次线侧的焊柄不准露铜，应保证绝缘良好。

7.2.5 砂轮机应使用单向开关，砂轮应装不大于 180°的防护罩和牢固的工作托架。

7.2.6 手持电动工具仍在转动时，严禁随便放置。

7.2.7 搭设高凳操作时，单凳只准站一人，双凳应搭跳板，两凳间距离不得超过 2m，只准站两个人。

7.2.8 架梯不得缺档，脚底不得垫高，底部应绑橡皮防滑垫，人字梯两腿夹角 60°为宜，两腿间要用拉索拉牢。

7.2.9　现场操作人员，必须持证上岗。

7.2.10　作业场所应配备齐全、可靠的消防器材。作业场所不得存放易燃物品，并严禁吸烟或动用明火。

7.3　应注意的绿色施工问题

7.3.1　在施工过程中对于砂轮机等施工机具产生的噪声，施工人员应严格按工程确定的绿色施工措施进行控制。

7.3.2　作业时，包装材料、下脚料应及时清理，做到活儿完脚下清，保持施工现场清洁、整齐、有序。

7.3.3　严格控制固体废弃物的排放，废旧材料应回收利用。

8　质量记录

8.0.1　金属卷帘门及其附件的出厂合格证、性能检测报告和进场验收记录。

8.0.2　隐蔽工程检查验收记录。

8.0.3　技术交底记录。

8.0.4　特种门安装工程检验批质量验收记录。

8.0.5　特种门安装分项工程质量验收记录。

8.0.6　其他技术文件。

第 15 章　地下室人防门安装

本工艺标准适用于工业与民用建筑的地下室人防门安装。

1　引用标准

《建筑工程施工质量验收统一标准》GB 50300—2013

《建筑装饰装修工程施工质量验收标准》GB 50210—2018

《人民防空工程施工及验收规范》GB 50134—2004

2　术语（略）

3　施工准备

3.1　作业条件

3.1.1　地下结构工程施工完，经验收合格，已办好工序交接手续。

3.1.2 按设计要求的位置，人防门框已随结构施工预埋完，经检查符合安装要求。

3.1.3 人防门及配件已到场，其规格、型号符合设计要求，且检查合格。

3.2 材料及机具

3.2.1 人防门：门扇和框的规格、型号、技术性能应符合设计要求，有产品合格证、生产许可证。

3.2.2 配件：各种五金配件、密封件必须与门的规格、型号相匹配。

3.2.3 其他材料：各种规格的螺钉、垫片、焊条、防锈漆等。

3.2.4 机具：电焊机、焊把线、小线、木楔、锤子、扳手、钳子、螺钉旋具、倒链、支架、托线板、线坠、水平尺、钢尺、绝缘手套、安全带、面罩等。

4 操作工艺

4.1 人防门框安装工艺流程

吊运人防门框 → 人防门框安装、固定 → 二次校正验收 → 墙体混凝土浇筑

4.1.1 吊运人防门框

人防门框采用施工现场塔吊调运安装至人防门口，塔吊不能直接就位的门框，组织工人运输到门口，注意门框型号应与设计图纸一致。

4.1.2 人防门框安装、固定

1 在人防门口的钢筋绑扎完毕后将门框用塔吊放到对应的门洞前，门的型号及开启方向应与图纸吻和。

2 当人防门洞口宽度小于等于 2m 时，在人防门洞的钢筋绑扎完毕后安装门框；当门洞大于 2m 时，先绑扎门洞两侧钢筋，然后安装门框，安装完毕后再绑扎上口过梁钢筋。

4.1.3 二次校正验收

在人防门门框标高、墙体边线、洞口尺寸位置校正后，先依据标高线焊好马凳，在门框就位后将标高、墙边线、洞口尺寸位置进行二次校正，最后将门框下角钢与马凳焊接牢固。要求门框左右标高误差小于等于 2mm，墙皮线、门口线误差小于等于 5mm。当洞口宽度大于等于 2m 时，需搭设临时支撑（采用现场的钢管架料），支撑一端先与地锚焊接，另一端待门框垂直度误差调整到小于等于 2mm 时，与门框焊接；当洞口宽度小于 2m 时，门框的垂直度由模板保证，要求模板表面与门框表面紧密贴合，模板的垂直误差应小于等于 2mm。

4.1.4 墙体混凝土浇筑

在绑扎人防门门口钢筋要考虑门框本身的角钢厚度，应将钢筋保护层厚度增大到 4cm，等门框安装完毕后再浇筑墙体混凝土。浇筑墙体混凝土过程中，要求专人随时注意观察门框是否位移、变形，发现问题应及时通知项目技术人员处理解决。

4.2 人防门扇安装工艺流程

放线找规矩 → 运门扇至安装点 → 临时固定 → 焊接固定 → 补刷防锈漆 → 刷面漆 → 安装配件、附件

4.2.1　放线找规矩

主要是按图纸要求的位置、尺寸对门框安装位置进行复核，并弹出门扇的安装位置及标高控制线，对门框的平整度、垂直度进行检查。钢门框的支撑面平整度偏差不应超过 1mm；每边不平整部分累计的长度不应大于该边长度的 20%，且应分布在两处以上。门框四边的垂直度偏差不应超过长边的 2‰。超过上述要求应在门框安装前进行修整。

4.2.2　运门扇至安装点

人防门运输时采用吊车或者倒链，通过吊装孔运输至欲安装的楼层，然后用平板车或者滚杠运至安装地点。滚杠运输时，门扇必须放在木板上，严禁门扇与滚杠直接接触。运输中要防止破坏成品或碰撞伤人，到位后应放置平稳。

4.2.3　临时固定

用倒链将门扇提起到位，按控制线调整水平和垂直度，位置调整准确后，用木方将门扇垫稳卡牢，进行临时固定。

4.2.4　焊接固定

门扇临时固定好后，检查位置、标高、水平度、垂直度，符合要求后，将门扇的专用铰页轴在同一直线上，并且应与门扇、门框保持平行。焊接完成后，撤去临时固定，启闭门扇，应开关灵活，缝隙一致。

4.2.5　补刷防锈漆

焊接点和其他防锈层被划伤的位置，应补刷防锈漆，处理方法应按设计要求进行。

4.2.6　刷面漆

防锈处理后，应按设计要求的油漆颜色、品种满刷面漆数道。

4.2.7　安装配件、附件

面漆干透后，安装密封条、启门器及机械、自动和智能装置，并进行调试。密封条接头应采用 45°坡口搭接，每扇门的密封条接头不得超过两处。密封条应固定牢靠，压缩均匀；局部压缩量允许偏差不应超过设计压缩量的 20%。

5　质量标准

5.1　主控项目

5.1.1　人防门和品种、规格质量应符合设计和人防规范的要求。

5.1.2　人防门安装位置、开启方向及防腐、密封处理应符合要求。

5.1.3　人防门的机械、自动和智能安装应符合设计和人防规范的要求。

5.1.4　门扇必须安装牢固，便于开启，密封应严密，无变形。

5.1.5　配件、附件的型号、规格、性能应符合设计要求，安装应牢固，密封条搭接合理、接头槎顺直、压缩均匀。

5.2　一般项目

5.2.1　门扇表面应平整、洁净、无反锈、无划痕、无碰伤。

5.2.2　人防门安装允许偏差应符合下列要求：

1　门扇与门框应贴合均匀，其间隙不能大于 2mm，每边不贴合部分累计长度不应大于该边长度的20%，且分布在两处以上。

2 铰页、闭锁安装位置应准确：上、下铰页同四周偏差不应超过两铰页间距的1%，且不大于2mm。相关数据见表15-1、表15-2。

钢结构门扇安装允许偏差 表15-1

项目		允许偏差（mm）
门扇与门框贴合	$L \leqslant 2000$	2
	$2000 < L \leqslant 3000$	2.5
	$3000 < L \leqslant 5000$	3
	$L > 5000$	4

防爆波悬摆活门、防爆超压排气活门、自动排气活门安装的允许偏差 表15-2

项目		允许偏差（mm）
防爆波悬摆活门	坐标	10
	标高	±5
	框正、侧面垂直度	5
防爆超压排气活门 自动排气活门	坐标	10
	标高	±5
	平衡锤连杆垂直度	5

6 成品保护

6.0.1 人防门进场后，人防门扇与钢门框须垂直存放，若条件不允许可四边垫平码放整齐，防护密闭门、密闭门要分型号垫平码放、挡窗板甲扇与乙扇要分不同类型垫平码放。门扇与门扇之间用枕木隔开并且垫平、放稳，用苫布盖好，严禁乱堆乱放，防止变形、生锈。并挂牌标明其规格、型号和安装位置。

6.0.2 人防门运输时，应采取保护措施，避免挤压、磕碰、划伤面层。

7 注意事项

7.1 应注意的质量问题

7.1.1 门框与门扇现场存放应垫平，必要时垂直存放并保护好漆膜。安装时不得生砸硬撬，避免出现变形划伤等问题。

7.1.2 人防门进场后应将门框、门扇按规格编号，并将门扇上的密封条和固定螺钉拆下，按编号用袋包裹入库存放，以便以后安门扇时使用，防止现场长时间存放丢失和损坏。

7.1.3 安装时应先检查铰页运转是否灵活，然后调好垂直方可再将门扇与门框固定，以防造成门扇开启不灵活。

7.1.4 人防门安装调试完工后活门槛不能拆除，待人防监督站验收合格后，方可拆除并妥善定向安置。

7.2　应注意的安全问题

7.2.1　现场运输、安装过程中，必须有专人指挥，统一号令，严禁门扇挤压、碰伤人。

7.2.2　电、气焊施工，操作人员应持证上岗，并到有关部门开火证，施工时应准备好消防器材，设专人看火。

7.2.3　现场用电应符合国家现行标准《施工现场临时用电安全技术规范》JGJ 46 的规定。

7.2.4　施工完毕，由值班电工将临时电源切断，严禁出现下班后设备带电和非电工操作问题。

7.3　应注意的绿色施工问题

7.3.1　人防门的包装材料，应及时清理回收，保持现场整洁。

7.3.2　油漆在运输过程中不得遗洒，以免污染环境。

8　质量记录

8.0.1　人防门及五金配件的出厂合格证、性能检测报告和进场验收记录。

8.0.2　隐蔽工程检查验收记录。

8.0.3　技术交底记录。

8.0.4　特种门安装工程检验批质量验收记录。

8.0.5　特种门安装分项工程质量验收记录。

8.0.6　其他技术文件。

幕墙及饰面板、砖工程施工工艺

前　言

本书是山西建设投资集团有限公司《建筑安装工程施工工艺标准系列丛书》之一。该标准经广泛调查研究，认真总结工程实践经验，参考有关国家、行业及地方标准规范，在2007版基础上经广泛征求意见修订而成。

该书编制过程中主要参考了《建筑工程施工质量验收统一标准》GB 50300—2013、《建筑装饰装修工程质量验收规范》GB 50210—2018、《住宅装饰装修工程施工规范》GB 50327—2001、《建筑幕墙》GB/T 21086—2007、《玻璃幕墙工程技术规范》JGJ 102—2003、《金属与石材幕墙工程技术规范》JGJ 133—2001、《人造板材幕墙工程技术规范》JGJ 336—2016等标准规范。每项标准按引用标准、术语、施工准备、操作工艺、质量标准、成品保护、注意事项、质量记录八个方面进行编写。

本标准修订的主要内容是：

1　饰面板、砖部分：将墙柱面贴饰面砖进行室内及室外的划分，增加了金属饰面板安装；由于验收规范的改版，主要进行了质量标准的修订，在质量标准中增加了检查方法。

2　幕墙部分：玻璃幕墙细分成隐框幕墙和明框幕墙，增加了陶板幕墙及单元体幕墙。

本书可作为饰面板、砖工程和幕墙工程施工生产操作的技术依据，也可作为编制施工方案和技术交底的蓝本。在实施工艺标准过程中，若国家标准或行业标准有更新版本时，应按国家或行业现行标准执行。

本书在编制过程中，限于技术水平，有不妥之处，恳请提出宝贵意见，以便今后修订完善。随时可将意见反馈至山西建设投资集团公司技术中心（太原市新建路9号，邮政编码030002）。

目　　录

第 1 篇　饰面板、饰面砖……1121

第 1 章　室外墙柱面贴饰面砖……1121
第 2 章　室内墙柱面贴饰面砖……1127
第 3 章　墙柱面贴陶瓷锦砖……1132
第 4 章　墙、柱面安装饰面板……1136
第 5 章　石材饰面板安装……1141
第 6 章　金属饰面板安装……1147

第 2 篇　幕墙……1153

第 7 章　隐框和半隐框玻璃幕墙安装……1153
第 8 章　明框玻璃幕墙安装……1162
第 9 章　全玻幕墙及点支玻幕墙安装……1169
第 10 章　金属幕墙安装……1177
第 11 章　石材幕墙安装……1185
第 12 章　陶板幕墙安装……1193
第 13 章　单元式幕墙安装……1200

第 1 篇　饰面板、饰面砖

第 1 章　室外墙柱面贴饰面砖

本工艺标准适用于工业与民用建筑室外墙柱饰面砖工程的施工。

1　引用标准

《外墙饰面砖工程施工及验收规程》JGJ 126—2015
《住宅装饰装修工程施工规范》GB 50327—2001
《建筑装饰装修工程质量验收标准》GB 50210—2018
《建筑工程施工质量验收统一标准》GB 50300—2013
《建筑工程饰面砖粘结强度检验标准》JGJ/T 110—2017

2　术语（略）

3　施工准备

3.1　作业条件

3.1.1　已编制完室外贴面砖工程施工方案及排砖图。

3.1.2　主体结构施工完毕，墙面平整度、结构尺寸偏差已通过验收。

3.1.3　脚手架、吊篮或吊架已提前支搭和安装好，符合施工方案和安全操作规程要求，并经验收合格。

3.1.4　阳台栏杆、预留孔洞及排水管等应处理完毕，门窗框要固定好，隐蔽部位的防腐、填嵌应处理好，并用 1∶3 水泥砂浆将缝隙塞严实；铝合金、塑料门窗、不锈钢门等边缝所用嵌塞材料及密封材料应符合设计要求，且应塞堵密实，并事先粘贴好保护膜。

3.1.5　墙面基层清理干净，脚手眼、窗台、窗套等事先应使用与基层相同的材料砌堵好。

3.1.6　按面砖的尺寸、颜色进行选砖，并分类存放备用。

3.1.7　大面积施工前向施工人员做好交底工作。先放大样，并做出样板墙，确定施工工艺及操作要点，样板墙面完成后应经设计方、建设单位和监理单位共同验收认定，方可组织班组按照样板墙要求施工。

3.1.8　施工环境温度应在5℃以上，当室外气温高于35℃时，应采取遮阳措施。

3.1.9　施工现场所需的水、电、机具和安全设施应齐备。

3.1.10　样板间的粘接强度检测报告符合施工方案要求。

3.2　材料及机具

3.2.1　饰面砖：饰面砖的表面应光洁、方正、平整、质地坚固，其品种、规格、尺寸、色泽、图案应均匀一致，必须符合设计规定。不得有缺楞、掉角、暗痕和裂纹等缺陷。其性能指标均应符合现行国家标准的规定，釉面砖的吸水率不得大于10%。

3.2.2　水泥：普通硅酸盐水泥或矿渣硅酸盐水泥，强度不低于32.5级，若出厂日期超过三个月，应按试验结果使用。白水泥应采用符合《白色硅酸盐水泥》GB/T 2015—2017，强度不低于42.5级的，并符合设计和规范质量标准的要求。

3.2.3　砂子：粗砂或中砂，用前过筛，含泥量不大于3%。

3.2.4　粘结砂浆、粘贴面砖所用水泥、砂、胶粘剂等材料均应进行复验，合格后方可使用。

3.2.5　机具：砂浆搅拌机、瓷砖切割机、磅秤、铁板、孔径5mm筛子、窗纱筛子、手推车、大桶、小水捅、平锹、木抹子、大杠、中杠、小杠、靠尺、方尺、铁制水平尺、灰槽、灰勺、米厘条、毛刷、钢丝刷、笤帚、錾子、锤子、米线包、小白线、擦布或棉丝、钢片开刀、小灰铲、勾缝溜子、勾缝托灰板、托线板、线坠、盒尺、钉子、红铅笔、铅丝、工具袋等。

4　操作工艺

4.1　工艺流程

基层处理→吊垂直、套方、找规矩、贴灰饼→抹底层砂浆→弹线分隔→排砖→浸砖→镶贴面砖→面砖勾缝及擦缝

4.2　基层处理

4.2.1　基体为混凝土墙面时，将凸出墙面的混凝土剔平，对于基体混凝土表面很光滑的，可采取“毛化处理”办法，即先将表面尘土、污垢清扫干净，然后用水泥砂浆内掺水重20%的界面剂胶，用笤帚将砂浆甩到墙上，其甩点要均匀，终凝后浇水养护，直至水泥浆疙瘩全部粘到混凝土光面上，并有较高的强度（用手掰不动）为止。

4.2.2　基层为砖砌体墙时，抹灰前，墙面必须清扫干净，浇水湿润。

4.2.3　基层为加气混凝土墙时，可酌情选用下述两种方法中的一种。

1　用水湿润加气混凝土表面，修补缺棱掉角处。修补前，先刷一道聚合物水泥浆，然后用1∶3∶9=水泥∶白灰膏∶砂子混合砂浆分层补平，隔天刷聚合物水泥浆并抹1∶1∶6混合砂浆打底，木抹子搓平，隔天养护。

2　用水湿润加气混凝土表面，在缺棱掉角处刷聚合物水泥浆一道，用1∶3∶9混合砂浆分层补平，待干燥后，钉金属网一层并绷紧。在金属网上分层抹1∶1∶6混合砂浆打底（最好采取机械喷射工艺），砂浆与金属网应结合牢固，最后用木抹子轻轻搓平，隔天浇水养护。

4.3　吊垂直、套方、找规矩、贴灰饼。

4.3.1　基体为混凝土墙面时，高层建筑物应在四大角和门窗口边用经纬仪打垂直线找直；多层建筑物，可从顶层开始用特制的大线坠绷低碳钢丝吊垂直，然后根据面砖的规格尺寸分层设点、做灰饼，间距 1.6m。横向水平线以楼层为水平基准线交圈控制，竖向垂直线以四周大角和通天柱或墙垛子为基准线控制，应全部是整砖。阳角处要双面排直。每层打底时，应以此灰饼作为基准点进行冲筋，使其底层灰做到横平竖直。同时要注意找好突出檐口、腰线、窗台、雨篷等饰面的流水坡度和滴水线（槽）。

4.3.2　基层为砖砌体墙时，吊垂直、套方、找规矩：大墙面和四角、门窗口边弹线找规矩，必须由顶层到底一次进行，弹出垂直线，并决定面砖出墙尺寸，分层设点、做灰饼（间距为 1.6m）。横线则以楼层为水平基线交圈控制，竖向线则以四周大角和通天垛、柱子为基准线控制。每层打底时则以此灰饼作为基准点进行冲筋，使其底层灰做到横平竖直。同时要注意找好突出檐口、腰线、窗台、雨篷等饰面的流水坡度。

4.3.3　基层为加气混凝土墙时，同基层为混凝土墙面做法。

4.4　抹底层砂浆

4.4.1　基体为混凝土墙面时，先刷一道掺水重 10%的界面剂胶水泥素浆，打底应分层分遍进行抹底层砂浆（常温时采用配合比为 1∶3 水泥砂浆），第一遍厚度宜为 5mm，抹后用木抹子搓平、扫毛，待第一遍六至七成干时，即可抹第二遍，厚度约为 8～12mm，随即用木杠刮平、木抹子搓毛，终凝后洒水养护。砂浆总厚不得超过 20mm，否则应作加强处理。

4.4.2　基层为砖砌体墙时，先把墙面浇水湿润，然后用 1∶3 水泥砂浆刮一道 5～6mm 厚，紧跟着用同强度等级的灰与所冲的筋抹平，随即用木杠刮平，木抹搓毛，隔天浇水养护。

4.4.3　基层为加气混凝土墙时，同基层为混凝土墙面做法。

4.5　弹线分格

待底灰六、七成干时，按图纸要求，按饰面砖规格及实际条件进行弹线，线纹要清晰、正确。

4.6　排砖

根据大样图及墙面尺寸进行横竖向排砖，以保证面砖缝隙均匀，符合设计图纸要求，注意大墙面、通天柱子和垛子要排整砖，以及在同一墙面上的横竖排列，均不得有一行以上的非整砖。非整砖行应排在次要部位，如窗间墙或阴角处等。但亦要注意一致和对称。如遇有突出的卡件，应用整砖套割吻合，不得用非整砖随意拼凑镶贴。面砖接缝的宽度不应小于 5mm，不得采用密缝。

4.7　选砖、浸泡

釉面砖和外墙面砖镶贴前，应挑选颜色、规格一致的砖；浸泡砖时，将面砖清扫干净，放入净水中浸泡 2h 以上，取出待表面晾干或擦干净后方可使用。

4.8　镶贴面砖

4.8.1　粘贴应自上而下进行。高层建筑采取措施后，可分段进行。在每一分段或分块内的面砖，均为自下而上镶贴。从最下一层砖下皮的位置线先稳好靠尺，以此托住第一皮面砖。在面砖背面宜采用1∶0.2∶2＝水泥∶白灰膏∶砂的混合砂浆镶贴砂浆厚度为6～10mm，贴上后用灰铲柄轻轻敲打，使之附线，再用钢片开刀调整竖缝，并用小杠通过标准点调整平面和垂直度。

4.8.2　另外一种做法是，用1∶1水泥砂浆加水重20%的界面剂胶，在砖背面抹3～4mm厚粘贴即可。但此种做法其基层灰必须抹得平整，而且砂子必须用窗纱筛后使用。不得采用有机物作主要粘结材料。

4.8.3　另外也可用胶粉来粘贴面砖，其厚度为2～3mm，有此种做法其基层灰必须更平整。

4.8.4　如要求釉面砖拉缝镶贴时，面砖之间的水平缝宽度用米厘条控制，米厘条用贴砖用砂浆与中层灰临时镶贴，米厘条贴在已镶贴好的面砖上口，为保证其平整，刚临时加垫小木楔。

4.8.5　女儿墙压顶、窗台、腰线等部位平面也要镶贴面砖时，除流水坡度符合设计要求外，应采取顶面砖压立面面砖的做法，预防向内渗水，引起空裂；同时还应采取立面中最低一排面砖必须压底平面面砖，并低出底平面面砖3～5mm的做法，让其起滴水线（槽）的作用，防止尿檐，引起空裂。

4.9　面砖勾缝及擦缝

面砖铺贴拉缝时，用1∶1水泥砂浆勾缝或采用勾缝胶，先勾水平缝再勾竖缝，勾好后要求凹进面砖外表面2～3mm。若横竖缝为干挤缝，或小于3mm者，应用白水泥配颜料进行擦缝处理。面砖缝子勾完后，用布或棉丝蘸稀盐酸擦洗干净。

5　质量标准

每个检验批每100m^2至少抽查一处，每处不得小于10m^2。

5.1　主控项目

5.1.1　饰面砖的品种、规格、图案、颜色和性能应符合设计要求。

检查方法：观察，检查产品合格证书，进场验收记录和性能检测报告。

5.1.2　饰面砖粘贴的找平、防水、粘结和勾缝材料应符合设计要求及国家现行产品标准的规定。

检查方法：观察。

5.1.3　饰面砖必须粘贴牢固。

检查方法：观察。

5.1.4　满粘法施工的饰面砖工程应无空鼓、裂缝。

检查方法：观察，小锤敲击。

5.2　一般项目

5.2.1　饰面砖应平整、洁净、色泽一致、无裂痕和缺损。

检查方法：观察。

5.2.2　阴阳角处搭接方式，非整砖使用部位应符合设计要求。

检查方法：观察。

5.2.3　墙面突出物周围的饰面砖应整砖套割吻合，边缘应整齐。墙裙、贴脸突出墙面的厚度应一致。

检查方法：观察。

5.2.4　饰面砖接缝应平直、光滑，填嵌应连续、密实；宽度和深度应符合设计要求。

检查方法：观察。

5.2.5　有排水要求的部位应做滴水线（槽）。滴水线（槽）应顺直，流水坡向应正确，坡度应符合设计要求。

检查方法：观察。

5.2.6　饰面砖粘贴的允许偏差应符合表 1-1 的规定。

饰面砖粘贴允许偏差（mm）　　**表 1-1**

项次	项目	允许偏差（mm）
1	立面垂直度	3
2	表面平整度	4
3	阴阳角方正	3
4	接缝直线度	3
5	接缝高低差	1
6	接缝宽度	1

6　成品保护

6.0.1　门窗框宜用保护膜进行保护，特别是铝合金门窗框和防火门框应在出厂前用保护膜进行保护。操作中应及时将溅留在其上的砂浆清理干净。

6.0.2　应合理安排施工工序、水暖、电器、通风、设备等安装专业的工程，应在粘贴饰面砖之前完成。以免交叉污染或碰撞饰面砖。

6.0.3　油漆或粉刷时，应采取遮挡措施，以免污染饰面砖。

6.0.4　各抹灰层在凝结前应有防止风干、防曝晒、防水冲、防振动等措施，以保证各层有足够的强度和整体性。

6.0.5　拆落脚手架时，应轻拆轻放，为防止碰撞饰面砖，应设专人落架子。

7　注意事项

7.1　应注意的质量问题

7.1.1　严格按配合比拌和砂浆，砂子含泥量不大于 3%，底灰与粘贴面砖的间隔时间不得跟得太紧，应隔天养护后再粘贴，以防空鼓、脱落。

7.1.2 抹底层灰时，应严格按工艺规程进行贴饼冲筋，刮杠刮平，木抹子搓平搓毛，并经检查合格后，方可进行下道工序，以免影响粘贴饰面砖的平整度和垂直度及观感质量。

7.1.3 应认真按设计要求的图纸尺寸，结合结构的施工实际情况进行分段、分块、弹线、排砖、选砖、粘贴，以免分格缝不匀、不直。粘贴完应按规定进行养护。

7.1.4 夏季镶贴室外饰面板、饰面砖，应有防止暴晒的可靠措施。

7.1.5 冬期施工：一般只在冬季初期施工，严寒阶段不得施工。

砂浆的使用温度不得低于5℃，砂浆硬化前，应采取防冻措施。用冻结法砌筑的墙，应待其解冻后再抹灰。镶贴砂浆硬化初期不得受冻，室外气温低于5℃时，室外镶贴砂浆内可掺入能降低冻结温度的外加剂，其掺入量应由试验确定。

7.1.6 严防粘结层砂浆早期受冻，并保证操作质量，禁止使用白灰膏和界面剂胶，宜采用同体积粉煤灰代替或改用水泥砂浆抹灰。

7.1.7 饰面砖勾完缝并清洗干净，经验收认可后，方可拆落脚手架。

7.2 应注意的安全问题

7.2.1 搭设脚手架及吊篮时，应严格按安全操作规程进行搭设，并设有防护栏。每日班前检查后方可使用。

7.2.2 用手提式切割机切割面砖时，应戴防护眼镜。

7.2.3 各种电气设备均应设有防漏电保护装置。并做到一机一闸、一漏一箱。且做到专人保管和使用。

7.3 应注意的绿色施工问题

7.3.1 在施工过程中应防止噪声污染，在施工场界噪声敏感区域宜选择使用低噪声的设备，也可以采取其他降低噪声的措施。

7.3.2 使用的饰面砖等材料必须符合环保要求。

7.3.3 抹灰时应防止砂浆掉入眼内，采用竹片或钢筋固定靠压尺板时，应防止竹片或钢筋回弹伤人。

7.3.4 工完场地清，使用完的材料和杂物必须清理干净。

7.3.5 切割饰面砖、饰面板时应封闭，并尽量在白天作业，以减少噪声与扬尘污染。

7.3.6 做到工完场清，垃圾及时装袋清运，集中消纳。

7.3.7 施工现场工完场清，设专人洒水，打扫，不能扬尘污染环境。

8 质量记录

8.0.1 饰面砖产品合格证书、性能检测报告、进场验收记录和复验报告。

8.0.2 饰面砖粘贴工程的找平、防水、粘结和勾缝材料产品合格证书、复验报告。

8.0.3 外墙饰面砖样板件的粘结强度检测报告。

8.0.4 隐蔽工程检查验收记录。

8.0.5 饰面砖粘贴工程检验批质量验收记录。

8.0.6 饰面砖粘贴分项工程质量验收记录。

8.0.7 其他技术文件。

第2章 室内墙柱面贴饰面砖

本工艺标准适用于工业与民用建筑室内墙柱面饰面砖工程的施工。

1 引用标准

《住宅装饰装修工程施工规范》GB 50327—2001
《建筑装饰装修工程质量验收标准》GB 50210—2018
《建筑工程施工质量验收统一标准》GB 50300—2013
《民用建筑工程室内环境污染控制规范》GB 50325—2010（2013年版）
《建筑工程饰面砖粘结强度检验标准》JGJ 110—2008

2 术语（略）

3 施工准备

3.1 作业条件

3.1.1 应编制室内贴面砖工程施工方案。

3.1.2 墙顶抹灰完毕，做好墙面防水层、保护层和地面防水层、混凝土垫层。

3.1.3 活动脚手架已搭设好，符合施工方案和安全操作规程要求，并经验收合格。

3.1.4 安装好门窗框扇，隐蔽部位的防腐、填嵌应处理好，并用泡沫胶将门窗框、洞口缝隙塞严实，铝合金、塑料门窗、不锈钢门等框边缝所用嵌塞材料及密封材料应符合设计要求，且应塞堵密实，并事先粘贴好保护膜。

3.1.5 按面砖的尺寸、颜色进行选砖，并分类存放备用。

3.1.6 统一弹出墙面上+50cm水平线，大面积施工前应先放大样，并做出样板墙，确定施工工艺及操作要点，并向施工人员做交底工作。样板墙完成后必须经质检部门鉴定合格后，还要经过设计、甲方和施工单位共同认定验收，方可组织班组按照样板墙壁要求施工。

3.1.7 安装系统管、线、盒等安装完并验收。

3.1.8 室内温度应在5℃以上。

3.1.9 样板间的粘接强度检测报告符合施工方案要求。

3.2 材料及机具

3.2.1 饰面砖：饰面砖的表面应光洁、方正、平整、质地坚固，其品种、规格、尺寸、色泽、图案应均匀一致，必须符合设计规定。不得有缺楞、掉角、暗痕和裂纹等缺陷。其性能指标均应符合现行国家标准的规定，釉面砖的吸水率不得大于10%。

3.2.2　水泥：普通硅酸盐水泥或矿渣硅酸盐水泥，强度不低于32.5级，若出厂日期超过三个月，应按试验结果使用。白水泥应采用符合《白色硅酸盐水泥》GB/T 2015—2017，强度不低于42.5级，并符合设计和规范质量标准的要求。

3.2.3　砂子：粗砂或中砂，用前过筛，含泥量不大于3%。

3.2.4　粘结剂：粘贴面砖所用水泥、砂、胶粘剂等材料均应进行复验，合格后方可使用。

3.2.5　机具：砂浆搅拌机、瓷砖切割机、手电钻、冲击电钻、铁板、阴阳角抹子、铁皮抹子、木抹子、托灰板、木刮尺、方尺、铁制水平尺、小铁锤、木槌、錾子、垫板、小白线、开刀、墨斗、小线坠、小灰铲、盒尺、钉子、红铅笔、工具袋等。

4　操作工艺

4.1　工艺流程

基层处理 → 吊垂直、套方、找规矩 → 贴灰饼 → 抹底层砂浆 → 弹线分隔 → 排砖 → 浸砖 → 镶贴面砖 → 面砖勾缝及擦缝

4.2　基层处理

4.2.1　基体为混凝土墙面时：将凸出墙面的混凝土剔平，对于基体混凝土表面很光滑的要凿毛，或用可掺界面剂胶的水泥细砂浆做小拉毛墙，也可刷界面剂，并浇水湿润基层。

4.2.2　基体为砖墙面时：抹灰前，墙面必须清扫干净，浇水湿润。

4.3　吊垂直、套方、找规矩、贴灰饼

4.3.1　基体为混凝土墙面时，高层建筑物应在四大角和门窗口边用经纬仪打垂直线找直；多层建筑物，可从顶层开始用特制的大线坠绷低碳钢丝吊垂直，然后根据面砖的规格尺寸分层设点、做灰饼，间距1.6m。横向水平线以楼层为水平基准线交圈控制，竖向垂直线以四周大角和通天柱或墙垛子为基准线控制，应全部是整砖。阳角处要双面排直。每层打底时，应以此灰饼作为基准点进行冲筋，使其底层灰做到横平竖直。同时要注意找好突出檐口、腰线、窗台、雨篷等饰面的流水坡度和滴水线（槽）。

4.3.2　基层为砖砌体墙时，吊垂直、套方、找规矩：大墙面和四角、门窗口边弹线找规矩，必须由顶层到底一次进行，弹出垂直线，并决定面砖出墙尺寸，分层设点、做灰饼（间距为1.6m）。横线则以楼层为水平基线交圈控制，竖向线则以四周大角和通天垛、柱子为基准线控制。每层打底时则以此灰饼作为基准点进行冲筋，使其底层灰做到横平竖直。同时要注意找好突出檐口、腰线、窗台、雨篷等饰面的流水坡度。

4.3.3　基层为加气混凝土墙时，同基层为混凝土墙面做法。

4.4　贴灰饼

用废釉面砖贴标准点，用做灰饼的混合砂浆贴在墙面上，用以控制贴釉面砖的表面平

整度。

4.5　抹底层砂浆

4.5.1　基体为混凝土墙面时：10mm 厚 1∶3 水泥砂浆打底，应分层分遍抹砂浆，随抹随刮平抹实，用木抹搓毛。

4.5.2　基体为砖墙面时：12mm 厚 1∶3 水泥砂浆打底，打底要分层涂抹，每层厚度宜 5～7mm，随即抹平搓毛。

4.6　弹线分格

待底灰六、七成干时，按图纸要求，按饰面砖规格及实际条件进行弹线，线纹要清晰、正确。

4.7　排砖

根据大样图及墙面尺寸进行横竖向排砖，以保证面砖缝隙均匀，符合设计图纸要求，注意大墙面、柱子和垛子要排整砖，以及在同一墙面上的横竖排列，均不得有小于 1/4 砖的非整砖。非整砖行应排在次要部位，如窗间墙或阴角处等。但亦注意一致和对称。如遇有突出的卡件，应用整砖套割吻合，不得用非整砖随意拼凑镶贴。

垫底尺、计算准确最下一皮砖下口标高，底尺上皮一般比地面低 1cm 左右，以此为依据放好底尺，要水平、安稳。

4.8　选砖、浸泡

面砖镶贴前，应挑选颜色、规格一致的砖；浸泡砖时，将面砖清扫干净，放入净水中浸泡 2h 以上，取出待表面晾干或擦干净后方可使用。

4.9　镶贴面砖

粘贴应自下而上进行。抹 8mm 厚 1∶0.1∶2.5 水泥石灰膏砂浆结合层，要刮平，随抹随自下而上粘贴面砖，要求砂浆饱满，亏灰时，取下重贴，并随时用靠尺检查平整度，同时保证缝隙宽度一致，可采用专用缝卡来控制面砖缝隙。

4.10　面砖勾缝及擦缝

贴完经自检无空鼓、不平、不直后，用棉丝擦干净，用勾缝胶、白水泥或拍干白水泥擦缝，用布将缝的素浆擦匀，砖面擦净。

5　质量标准

每个检验批每 $100m^2$ 至少抽查一处，每处不得小于 $10m^2$。

5.1　主控项目

5.1.1　饰面砖的品种、规格、图案、颜色和性能应符合设计要求。

检查方法：观察，检查产品合格证书，进场验收记录和性能检测报告。

5.1.2　饰面砖粘贴的找平、防水、粘结和勾缝材料应符合设计要求及国家现行产品标准的规定。

检查方法：观察，检查产品合格证书，进场验收记录和性能检测报告。

5.1.3　饰面砖必须粘贴牢固。

检查方法：观察。

5.1.4　满粘法施工的饰面砖工程应无空鼓、裂缝。

检查方法：观察，小锤敲击。

5.2　一般项目

5.2.1　饰面砖应平整、洁净、色泽一致、无裂痕和缺损。

检查方法：观察。

5.2.2　阴阳角处搭接方式，非整砖使用部位应符合设计要求。

检查方法：观察。

5.2.3　墙面突出物周围的饰面砖应整砖套割吻合，边缘应整齐。墙裙、贴脸突出墙面的厚度应一致。

检查方法：观察。

5.2.4　饰面砖接缝应平直、光滑，填嵌应连续、密实；宽度和深度应符合设计要求。

检查方法：观察、尺量。

5.2.5　有排水要求的部位应做滴水线（槽）。滴水线（槽）应顺直，流水坡向应正确，坡度应符合设计要求。

检查方法：观察。

5.2.6　饰面砖粘贴的允许偏差应符合表 2-1 的规定。

饰面砖粘贴允许偏差（mm）　　**表 2-1**

项目	允许偏差
立面垂直度	2
表面平整度	3
阴阳角方正	3
接缝直线度	2
接缝宽度	1
接缝高低差	1

6　成品保护

6.0.1　要及时清擦干净残留在门框上的砂浆，特别是铝合金等门窗宜粘贴保护膜，预防污染、锈蚀，施工人员应加以保护，不得碰坏。

6.0.2　合理安排施工顺序，少数工种（水、电、通风、设备安装等）的活应做在前面，防止损坏面砖。

6.0.3　油漆粉刷不得将油漆喷滴在已完的饰面砖上，如果面砖上部为涂料，宜先做涂料，然后贴面砖，以免污染墙面。若需先做面砖时，完工后必须采取贴纸或塑料薄膜等措施，防止污染。

6.0.4 各抹灰层在凝结前应防止风干、水冲和振动，以保证各层有足够的强度。

6.0.5 搬、拆架子时注意不要碰撞墙面。

6.0.6 装饰材料和饰件以及饰面的构件，在运输、保管和施工过程中，必须采取措施防止损坏。

7　注意事项

7.1　应注意的质量问题

7.1.1 严格按配合比拌和砂浆，砂子含泥量不大于3%，底灰与粘贴面砖的间隔时间不得跟得太紧，应隔天养护后再粘贴，以防空鼓、脱落。

7.1.2 抹底层灰时，应严格按工艺规程进行贴饼冲筋，刮杠刮平，木抹子搓平搓毛，并经检查合格后，方可进行下道工序，以免影响粘贴饰面砖的平整度和垂直度及观感质量。

7.1.3 应认真按设计要求的图纸尺寸，结合结构的施工实际情况进行分段、分块、弹线、排砖、选砖、粘贴，以免分格缝不匀、不直。粘贴完应按规定进行养护。

7.1.4 饰面砖勾完缝并清洗干净，经验收认可后，方可拆落脚手架。

7.2　应注意的安全问题

7.2.1 搭设脚手架及吊篮时，应严格按安全操作规程进行搭设，并设有防护栏。

7.2.2 用手提式切割机切割面砖时，应戴防护眼镜。

7.2.3 各种电气设备均应设有防漏电保护装置。并做到一机一闸、一漏一箱。且做到专人保管和使用。

7.3　应注意的绿色施工问题

7.3.1 在施工过程中应防止噪声污染，在施工场界噪声敏感区域宜选择使用低噪声的设备，也可以采取其他降低噪声的措施。

7.3.2 使用的饰面砖等材料必须符合环保要求。

7.3.3 抹灰时应防止砂浆掉入眼内，采用竹片或钢筋固定靠压尺板时，应防止竹片或钢筋回弹伤人。

7.3.4 工完场地清，使用完的材料和杂物必须清理干净。

8　质量记录

8.0.1 饰面砖产品合格证书、性能检测报告、进场验收记录和复验报告。

8.0.2 饰面砖粘贴工程的找平、防水、粘结和勾缝材料产品合格证书、复验报告。

8.0.3 饰面砖粘贴工程检验批质量验收记录。

8.0.4 饰面砖粘贴分项工程质量验收记录。

8.0.5 其他技术文件。

第3章 墙柱面贴陶瓷锦砖

本工艺标准适用于工业与民用建筑室内外墙、柱面粘贴陶瓷锦砖工程的施工。

1 引用标准

《住宅装饰装修工程施工规范》GB 50327—2001
《建筑装饰装修工程质量验收标准》GB 50210—2018
《建筑工程施工质量验收统一标准》GB 50300—2013
《陶瓷砖》GB/T 4100—2015
《陶瓷板》GB/T 23266—2009
《建筑陶瓷薄板应用技术规程》JGJ/T 172—2012
《建筑工程饰面砖粘结强度检验标准》JGJ 110—2008
《陶瓷砖胶粘剂》JC/T 547—2017

2 术语（略）

3 施工准备

3.1 作业条件

3.1.1 根据设计图纸要求，按照建筑物各部位的具体做法和工程量，事先挑选出颜色一致、规格相同的面砖，并分别堆放保管好。

3.1.2 预留孔洞及排水管已设置完毕，门窗框也已固定好，缝隙已填塞密实。铝合金门窗框边缝所用嵌缝材料应符合设计要求，并填塞密实，且事先粘贴好保护膜。

3.1.3 脚手架或吊篮已提前搭设好，多层房屋宜选用双排架和桥架，其横竖杆应距离墙面和门窗口各150～200mm。

3.1.4 墙面基层上的杂物已清理干净，且脚手眼已封堵完毕。

3.1.5 样板墙经设计单位、建设单位、监理单位共同认可后，方可进行施工。

3.1.6 施工环境温度在5℃以上，当气温高于35℃时，室外作业应采取遮阳措施。

3.2 材料及机具

3.2.1 陶瓷锦砖：应表面平整，颜色一致，每张长宽规格一致，尺寸正确，边棱整齐，一次进场。锦砖脱纸时间不得大于40min。

3.2.2 水泥：普通硅酸盐水泥或矿渣硅酸盐水泥，其强度等级普通硅酸盐水泥不应低于42.5级，矿渣硅酸盐水泥不应低于32.5级，应有出厂合格证和复试报告，若出厂日期超过三个月，应按试验结果使用。

3.2.3 砂子：粗砂或中砂，用前应过筛，含泥量不大于3%。

3.2.4 粘结剂：选用水溶性粘结剂，使用前应做试验确定掺量。

3.2.5 机具：地秤、铁板、孔径5mm筛子、窗纱筛子、手推车、大桶、小水桶、平锹、木抹子、钢板抹子（1mm厚）、开刀、铁制水平尺、方尺、靠尺板、垫尺、大杠、中杠、小杠、灰槽、灰勺、米厘条、毛刷、鸡腿刷子、细钢丝刷、笤帚、大小锤子、粉线包、小线、擦布或棉纱、小铲、勾缝溜子、勾缝托灰板、托线板、线坠、盒尺、钉子、红铅笔、铅丝、工具袋等。

4 操作工艺

4.1 工艺流程

基层处理→吊垂直、贴饼冲筋→抹底层灰→排砖、弹线分格→粘贴陶瓷锦砖→揭纸调缝→刮浆勾缝

4.2 基层处理

4.2.1 基层为混凝土时，先将凸出墙、柱面的混凝土剔平，对大模板施工的混凝土墙面应凿毛，并用钢丝刷满刷一遍，再浇水湿润。若混凝土表面很光滑时，应先将表面尘土、污垢清扫干净、晾干，然后用1∶1水泥细砂浆内掺入适量的粘结剂溶液，用笤帚将砂浆甩到墙、柱上，其甩点要均匀，终凝后浇水养护，直至水泥砂浆疙瘩全部粘结混凝土光面上。并有较高的强度（用手掰不动）为止。

4.2.2 基层为砖砌体时，先将砖墙面上的舌头灰等清理干净，然后浇水湿润。

4.2.3 基层为加气混凝土墙时，先用水湿润加气混凝土表面，然后再刷一道聚合物水泥浆，再用1∶3∶9＝水泥∶石灰膏∶砂子混合砂浆分层修补。

4.3 吊垂套方、贴饼冲筋

高层建筑时，应在四大角和门窗口边用经纬仪打垂直找直。多层建筑时，可从顶层开始用特制的大线坠吊垂直。再在阴阳角两侧贴饼找方。横线条以楼层为水平基准线为依据，拉通线进行控制。

4.4 抹底层砂浆

4.4.1 在混凝土及砖砌体墙上抹底层灰时，第一遍厚度宜为5mm，先用木刮杠刮平，然后用木抹子搓平搓毛，隔天浇水养护；待第一遍六至七成干后，即可抹第二遍，厚度8～12mm，随即用刮杠刮平、木抹子搓平搓毛，隔天浇水养护。

4.4.2 在加气混凝土墙上抹底层灰时，用1∶1∶6混合砂浆抹底层灰，或经设计同意后，钉金属网一层并绷紧，再在金属网上分层抹1∶1∶6混合砂浆底层灰，用木抹子搓平搓毛，隔天浇水养护。

4.5　排砖、弹线分格

4.5.1　排砖：根据大样图及墙、柱面尺寸进行横竖向排砖，以保证面砖缝均匀。大墙面、通天柱子和垛子应排整砖、非整砖应排在次要部位，但也应对称出现。

4.5.2　弹线分格：待底层灰六至七成干时，即可按设计要求进行分段分格弹线。也可采取先贴基准点，再按每块面砖的平面尺寸沿横竖方向上钉钢钉挂通线的方法。

4.6　粘贴陶瓷锦砖

施工时应自上而下进行，高层建筑可分段或分块进行。在每一分段或分块内的陶瓷锦砖，均自下向上粘贴。粘贴时底层应浇水润湿，并在弹好水平线的下口上支一根垫尺，一般三人为一组进行操作。一人先刷掺适量粘结剂的素水泥浆一道，再抹2～3mm厚的混合灰粘结层，其配合比：纸筋∶石灰膏∶水泥=1∶1∶2（先把纸筋灰与石灰膏搅匀过3mm筛子，再和水泥搅匀），亦可采用1∶0.3水泥纸筋灰，用靠尺板刮平，再用抹子抹平；另一人将陶瓷锦砖铺在木托板上（麻面朝上），缝子里灌上1∶1水泥细砂浆，用软毛刷子刷净麻面，再抹上薄薄一层灰浆，然后一张一张递给另一人，将四边灰刮掉，双手执住陶瓷锦砖上面两角1/5处，在已支好的垫尺上由下往上按线粘贴，如分格贴完一组，将米厘条放在上口线继续贴第二组。粘贴的高度应根据当时气温条件而定。

4.7　揭纸调缝

采取一手拿拍板，并将其靠在刚贴好的墙面上，另一手拿锤子对拍板满敲一遍（敲实、敲平），紧跟着将陶瓷锦砖上的纸用刷子刷上水，20～30min便可开始揭纸。揭开纸后检查缝子大小是否均匀，如出现歪斜、不正的缝子，应按先横后竖的顺序拨正贴实。

4.8　刮浆擦缝

陶瓷锦砖粘贴48h后，用刮板将拌和好的近似陶瓷锦砖颜色的水泥浆往缝子里刮满、刮实、刮严，再用擦布将表面擦净。遗留在缝子里的浮砂可用潮湿干净的软毛刷轻轻地带出，如需清洗饰面时，应待勾缝材料硬化后方可进行。起出米厘条的缝子要用1∶1水泥砂浆勾严勾平，再用擦布擦净。

5　质量标准

每个检验批每100m^{2}至少抽查一处，每处不得小于10m^2。

5.1　主控项目

5.1.1　陶瓷锦砖的品种、规格、颜色、图案必须符合设计要求。

检查方法：观察，检查产品合格证书，进场验收记录和性能检测报告。

5.1.2　陶瓷锦砖粘贴的找平、防水、粘结和勾缝材料应符合设计要求及国家现行产品标准的规定。

检查方法：观察，检查产品合格证书，进场验收记录和性能检测报告。

5.1.3　陶瓷锦砖粘贴必须牢固。

检查方法：观察、手扳、拉拔检测报告。

5.1.4 满粘法施工的陶瓷锦砖工程应无空鼓、裂缝。

检查方法：观察，小锤敲击。

5.2 一般项目

5.2.1 陶瓷锦表面砖应平整、洁净、色泽一致，无裂痕和缺损。

检查方法：观察，检查产品合格证书，进场验收记录和性能检测报告。

5.2.2 阴阳角处搭接方式、非整砖使用部位应符合设计要求。

检查方法：观察。

5.2.3 墙面突出物周围的陶瓷锦砖饰面套割应吻合，边缘应整齐。墙裙、贴脸突出墙面的厚度应一致。

检查方法：观察。

5.2.4 陶瓷锦砖接缝应平直、光滑，填嵌应连续、密实；宽度和深度应符合设计要求。

检查方法：观察，尺量。

5.2.5 有排水要求的部位应做滴水线（槽）。滴水线（槽）应顺直，流水坡向应正确，坡度应符合设计要求。

检查方法：观察。

5.2.6 陶瓷锦砖粘贴的允许偏差应符合表 3-1 的规定。

陶瓷锦砖的允许偏差　　表 3-1

项目	允许偏差（mm）	
	室外	室内
立面垂直度	3	2
表面平整度	4	3
阴阳角方正	3	3
接缝直线度	3	2
接缝高低差	1	1
接缝宽度	1	1

6 成品保护

6.0.1 镶贴好的陶瓷锦砖墙面应有切实可靠的防止污染的措施，一旦被污染应及时擦净残留在门窗框、扇上的砂浆。特别是铝合金门框、扇，应事先粘贴保护膜预防污染。

6.0.2 各抹灰层在凝结前，应采取防止风干、暴晒、水冲、撞击和振动的有效措施。

6.0.3 水电、通风、设备安装等工程，应做在陶瓷锦砖粘贴之前完成。

6.0.4 拆落脚手架时，应轻拆轻放，并设专人指挥拆落，以免碰坏墙面。

7 注意事项

7.1 应注意的质量问题

7.1.1 严格按配合比拌和砂浆、砂子含泥量不大于3%，底灰与粘贴陶瓷锦砖的间隔时间不得跟得太紧，应隔天养护后再粘贴，以防空鼓、脱落。

7.1.2　抹灰层灰时，应严格按工艺规程进行贴饼冲筋，刮杠刮平，木抹子搓平搓毛，并经检查合格后，方可进行下道工序。以免影响粘贴陶瓷锦砖的平整度和垂直度及观感质量。

7.1.3　应认真按设计要求的图纸尺寸，结合结构的施工实际情况进行分段、分块、弹线、排砖、选砖粘贴，以免分格缝不匀、不直。粘贴完应按规定进行养护。

7.1.4　陶瓷锦砖勾完缝并清洗干净，经验收合格后，方可拆落脚手架。

7.2　应注意的安全问题

7.2.1　搭设脚手架及吊篮时，应严格按安全操作规程进行搭设，并设防护栏。

7.2.2　各种电气设备均应设有防漏电保护装置。并做到一机一闸、一漏一箱，且做到专人保管和使用。

7.2.3　在脚手架上放置材料、机具时，应分散平稳地放置，并不得超过规定荷载。

7.3　应注意的绿色施工问题

7.3.1　在施工过程中应防止噪声污染，在施工场界噪声敏感区域宜选择使用低噪声的设备，也可以采取其他降低噪声的措施。

7.3.2　使用的饰面砖等材料必须符合环保要求。

7.3.3　抹灰时应防止砂浆掉入眼内，采用竹片或钢筋固定靠压尺板时，应防止竹片或钢筋回弹伤人。

7.3.4　切割饰面砖、饰面板时应封闭，并尽量在白天作业，以减少噪声与扬尘污染。

7.3.5　做到工完场清，垃圾及时装袋清运，集中消纳。

7.3.6　施工现场工完场清，设专人洒水、打扫，不能扬尘污染环境。

8　质量记录

8.0.1　陶瓷锦砖产品合格证书、性能检测报告、进场验收记录和复验报告。

8.0.2　陶瓷锦砖粘贴工程的找平、防水、粘结和勾缝材料产品合格证书、复验报告。

8.0.3　外墙陶瓷锦砖样板件的粘结强度检测报告。

8.0.4　隐蔽工程检查验收记录。

8.0.5　饰面砖粘贴工程检验批质量验收记录。

8.0.6　饰面砖粘贴工程分项工程质量验收记录。

8.0.7　其他技术文件。

第 4 章　墙、柱面安装饰面板

本工艺标准适用于工业与民用建筑室内外墙、柱面安装高度超过 1m、边长大于 400mm、厚度 25mm 以上的饰面板工程。

1　引用标准

《住宅装饰装修工程施工规范》GB 50327—2001
《建筑装饰装修工程质量验收标准》GB 50210—2018
《建筑工程施工质量验收统一标准》GB 50300—2013
《人造板及饰面人造板理化性能试验方法》GB/T 17657—2013

2　术语（略）

3　施工准备

3.1　作业条件

3.1.1　结构已验收。水电、通风、设备等工程已安装完毕，并已备好加工饰面板所需的水、电源等。

3.1.2　室内墙面弹好0.5m标高线，室外墙面弹好±0.000和各层水平标高控制线。

3.1.3　脚手架或吊篮已搭设好，多层房屋宜选用双排脚手架和桥架，其横竖杆应离开墙面门窗口各150～200mm。

3.1.4　门窗框已立好，缝隙已填塞密实。铝合金门窗框边缝所用嵌缝材料应符合设计要求，并填塞密实，且事先粘贴好保护膜。

3.1.5　饰面板进场后应下垫方木堆放于室内。并对数量、规格进行核对，且预铺、配花、编号等工作已完成。

3.1.6　样板墙已经设计、建设、监理单位共同认可，方可展开施工。

3.1.7　施工环境温度应在5℃以上，当气温高于35℃时，室外作业应采取遮阳措施。

3.1.8　样板间的粘接强度检测报告符合施工方案要求。

3.2　材料及机具

3.2.1　饰面板：按照设计和图纸要求的规格、颜色等备料。表面不得有隐伤、风化等缺陷。不得用褪色的材料包装饰面板。

3.2.2　水泥：强度等级不低于42.5级普通硅酸盐水泥。

3.2.3　砂子：粗砂或中砂，用前过筛，含泥量不大于3%。

3.2.4　其他材料：熟石膏、胶粘剂、铜丝、铅皮、硬塑料板条，配套挂件与饰面板颜色接近的各种石渣和矿物颜料、橡胶密封膏、填塞饰面板缝隙的专用塑料软管、用于天然石材的防碱背涂剂等。

3.2.5　机具地秤、铁板、半截大桶、小水桶、铁簸箕、平锹、手推车、塑料软管、胶皮碗、喷壶、合金钢扁錾子、合金钢钻头（$\phi5$ 打眼用）操作支架、台钻、铁水平尺、方尺、靠尺板、底尺、托线板、线坠、粉线包、高凳、木楔子、小型台式砂轮、裁改饰面板用砂轮、全套裁割机、开刀、灰板、木抹子、铁抹子、细钢丝刷、笤帚、大小锤子、小白线、擦布或棉纱、钳子、小铲、盒尺、钉子、红铅笔、毛刷、工具袋等。

4 操作工艺

4.1 工艺流程

钻孔切槽→穿铜丝→绑扎钢筋网→弹线→安装饰面板→灌浆→擦缝

4.2 钻孔切槽

先将饰面板按照设计要求用台钻打眼，事先应钉操作支架使钻头直对板材上端面，在每块板的上、下两个面打眼，孔位打在距板宽两端1/4处，每个面各打两个眼，孔径为5mm，深度为20mm，孔中心距石板背面以8mm为宜。如大理石或预制水磨石、磨光花岗岩板材宽度较大时，可以增加孔数。成孔后用切割机将饰面板背面的孔壁轻轻切一道槽，深5mm左右，连同孔眼形成象鼻眼，以备埋卧铜丝之用。

当饰面板规格较大时，特别是预制水磨石和磨光花岗岩板，如下端不好拴绑铜丝时，现场亦可在未镶贴饰面板的一侧，采用手提砂轮切割机，按规定在板高的1/4处上、下各开一槽，槽长30～40mm，槽深约12mm，与饰面板背面打通，竖槽一般居中，亦可偏外，但以不损坏外饰面和不反碱为宜。先将铜丝卧槽内，再将其与钢筋网绑机固定。

4.3 穿铜丝

将备好的铜丝剪成长200mm左右，一端用木楔粘环氧树脂将铜丝楔进孔内固定牢固，另一端将铜丝顺孔槽弯曲并卧槽内，使饰面板上、下端面没有铜丝突出，以便和相邻饰面板接缝严密。

4.4 绑扎钢筋网

先剔出墙上预埋筋，再将墙面镶贴饰面板的部位清扫干净。然后绑扎一道竖向ϕ6钢筋，并把绑好的竖向筋用预埋筋弯压于墙面。横向钢筋为绑扎饰面板所用，当板材高度为600mm时，第一道横筋在地面以上100mm处与主筋绑牢，用作绑扎固定第一层饰面板下口的铜丝。第二道横筋绑在0.5m水平线上70～80mm，比饰面板上口低20～30mm处，用于绑扎固定第一层饰面板上口的铜丝。再往上每隔600mm绑一道横筋即可。

4.5 弹线

首先将饰面板的墙面、柱面和门窗套用大线坠从上至下找出垂直（高层应用经纬仪找垂直）。考虑板材厚度、灌注砂浆的空隙和钢筋网所占尺寸，一般饰面板外皮距结构面的厚度应以50～70mm为宜。找出垂直后，然后在地面上顺墙弹出饰面板外廓尺寸线（柱面和门窗套等同），此线即为饰面板的安装基准线。编好号的板材在弹好的基准线上面画出就位线，每块留1mm缝隙，如设计要求拉开缝，则按设计规定留出缝隙。

4.6 安装饰面板

先按部位取饰面板并理顺铜丝，然后将饰面板就位，上口外仰，右手伸入饰面板背面，将饰面板下口铜丝绑扎在横筋上。绑扎时不宜太紧可留余量，只要将铜丝与横筋拴牢即可。下口绑扎完，将饰面板竖起，便可绑扎上口铜丝，并用木楔子垫稳。饰面板与基层间的缝隙一般为30～50mm。用靠尺板检查调整木楔，再拴紧铜丝，依次逐块进行。第一层安装完毕应用靠尺板找垂直，水平尺找平整，方尺找阴阳角方正。在安装饰面板时，如发现其规格不准确或饰面板之间的空隙不符，应用铅皮垫牢，使石板之间缝隙均匀一致，并保持第一层饰面板上口的平直。找完垂直、平整、方正后，将调成粥状的熟石膏贴在板块的上下、左右接缝之间；安装室外饰面板时，则用胶粘剂将板缝粘结在一起。再用靠尺板检查有无变形，待石膏或胶粘剂硬化后方可灌浆。如设计有嵌缝塑料软管者，应在灌浆前塞放好。

4.7 灌浆

将1∶2.5水泥砂浆放入半截大桶加水调成，稠度一般为80～120mm，用铁簸箕舀浆徐徐倒入，注意不得碰撞饰面板，边灌边用橡皮锤轻轻敲击饰面板面，使灌入砂浆形成的气体排出。第一层浇灌高度150mm，且不得超过饰面板高度的1/3，既起锚固饰面板的下口铜丝作用，又起固定饰面板作用。如发生饰面板外移错动，应立即拆除重新安装。

第一层灌浆后停1～2h，待砂浆初凝时应检查是否有移动，若无异常再进行第二层灌浆，灌浆高度一般为200～300mm，待初凝后再继续灌浆。第三层灌至低于板上口50～100mm处。

4.8 擦缝

饰面板安装完，先清除板缝处的石膏或胶粘剂等，然后用橡胶密封膏嵌刮平顺。当设计有要求时，按设计要求进行嵌缝。

5 质量标准

每个检验批每100m^{2}至少抽查一处，每处不得小于10m^2。

5.1 主控项目

5.1.1 饰面板的品种、规格、颜色和性能应符合设计要求。

检查方法：观察，检查产品合格证书，进场验收记录和性能检测报告。

5.1.2 饰面板孔、槽的数量、位置和尺寸应符合设计要求。

检查方法：观察，尺量。

5.1.3 饰面板安装工程的预埋件或后置埋件及连接件的数量、规格、位置、连接方法和防腐处理必须符合设计要求。后置埋件的现场拉拔强度必须符合设计要求。饰面板安装必须牢固。

检查方法：观察，手扳检查，检查进场验收记录、现场拉拔检测报告、隐蔽工程验收记录和施工记录。

5.2 一般项目

5.2.1 饰面板表面应平整、洁净、色泽一致，无裂痕和缺损。石材表面应无反碱等污染。

检查方法：观察，检查产品合格证书，进场验收记录和性能检测报告。

5.2.2 饰面板嵌缝应密实、平直、宽度和深度应符合设计要求，嵌填材料色泽应一致。

检查方法：观察，尺量。

5.2.3 采用湿作业法施工的饰面工程，石材应进行防碱背涂处理。饰面板与基体之间的灌注材料应饱满、密实。

检查方法：观察。

5.2.4 饰面板上的滴水线应顺直；孔洞应套割吻合，边缘应整齐。

检查方法：观察。

5.2.5 饰面板安装的允许偏差应符合表4-1的规定。

饰面板安装的允许偏差（mm） **表 4-1**

项目	允许偏差						
	石材			瓷板	木材	塑料	金属
	光面	剁斧石	蘑菇石				
立面垂直度	2	3	3	2	2	2	2
表面平整度	2	3	—	2	1	3	3
阴阳角方正	2	4	4	2	2	3	3
接缝直线度	2	4	4	2	2	2	2
墙裙、勒脚上口直线度	2	3	3	2	2	2	2
接缝高低差	1	3	—	1	1	1	1
接缝宽度	1	2	2	1	1	1	1

6 成品保护

6.0.1 饰面板材柱面、门窗套等安装完后，应及时对所有面层的阳角用木板进行保护，同时应及时将残留在门窗框、扇上的砂浆清擦干净。特别是铝合金门框、扇，应事先粘贴保护膜预防污染。

6.0.2 饰面板材墙面安装或粘贴完，应及时贴纸或贴塑料薄膜保护，以保证墙面不被污染。

6.0.3 饰面板的结合层在凝结前应有防止风干、暴晒、水冲、撞击和振动的有效措施。

6.0.4 拆落脚手架时，应轻拆轻放，并设专人指挥拆落，以免损坏饰面板。

7 注意事项

7.1 应注意的质量问题

7.1.1 灌浆时应分层进行，且不得灌得过高，层与层之间也不得跟得过紧，以免出现接缝不平、高低差过大。

7.1.2 清理板面的石膏等残留物时，不得用力剔凿，以免板材受损、形成空鼓。

7.1.3 安装饰面板时，应在结构沉降稳定后进行。顶部和底部应留有一定的缝隙，以免结构压缩变形，使饰面板直接承重被压开裂。

7.1.4 如室内大面积安装饰面板时，而且是直接朝阳面时，宜采用干挂法施工，以免雨后反碱和温差过大而产生饰面板的脱落。

7.2 应注意的安全问题

7.2.1 搭设脚手架时，应严格遵照安全操作规程进行搭设，并设防护栏。

7.2.2 各种电气设备应设有防漏电保护装置，并做到一机一闸、一漏一箱，且由专人负责保管和使用。

7.2.3 在脚手架放置的材料、机具应分散平稳地放置，并不得超过规定的荷载。

7.3 应注意的绿色施工问题

7.3.1 在施工过程中应防止噪声污染，在施工场界噪声敏感区域宜选择使用低噪声的设备，也可以采取其他降低噪声的措施。

7.3.2 使用的饰面板等材料必须符合环保要求。

7.3.3 工完场地清，使用完的材料和杂物必须清理干净。

8 质量记录

8.0.1 饰面板等材料产品合格证书、性能检测报告、进场验收记录和复验报告。

8.0.2 后置埋件的现场抗拔检测报告。

8.0.3 隐蔽工程检查验收记录。

8.0.4 施工记录。

8.0.5 饰面板安装工程检验批质量验收记录。

8.0.6 饰面板安装分项工程质量验收记录。

8.0.7 其他技术文件。

第5章　石材饰面板安装

本工艺标准适用于工业与民用建筑高度不大于24m、抗震设防烈度不大于7度的石材饰面板安装工程的施工。

1 引用文件

《住宅装饰装修工程施工规范》GB 50327—2001

《建筑装饰装修工程质量验收标准》GB 50210—2018

《建筑工程施工质量验收统一标准》GB 50300—2013

《饰面石材用胶粘剂》GB 24264—2009

《石材用建筑密封胶》GB/T 23261—2009

《建筑节能工程施工质量验收规范》GB 50411—2007

《天然石材装饰工程技术规程》JCG/T 60001—2007
《建筑装饰工程石材应用技术规程》DB11/T 512—2007

2　术语（略）

3　施工准备

3.1　作业条件

3.1.1　石材饰面板的主体结构已完成，并经验收合格。

3.1.2　主体结构上已按设计要求预埋铁件，或已有后置埋件的设计及相关力学性能计算书。

3.1.3　操作脚手架或吊篮已搭设好，架子宽度及距建筑物外皮尺寸满足操作要求，并经验收合格。

3.1.4　施工环境气温不应低于5℃。

3.1.5　预埋件的粘接强度检测报告符合施工方案要求。

3.2　材料及机具

3.2.1　石材饰面板：品种、规格、颜色和性能（含室内花岗岩的放射性）应符合设计要求，有产品合格证书和性能检测报告。

3.2.2　金属骨架、埋件、膨胀螺栓、连接件、固定件：品种、规格、性能和防腐处理应符合设计要求。

3.2.3　粘结胶和密封胶：品种和性能应符合设计要求，有产品合格证书。

3.2.4　机具：台钻、开槽机、切割锯、冲击钻、力矩扳手、梅花扳手、嵌缝枪、钢尺、盒尺、水平尺、方尺、靠尺、线坠、电焊机、水平仪、经纬仪、凿子、扫帚等。

4　操作工艺

4.1　工艺流程

清理结构表面 → 测量放线 → 安装金属骨架 → 石材饰面板、连接件和固定件加工 → 安装石材饰面板 → 拼接缝注密封胶 → 清洁石材饰面板

4.2　清理结构表面

安装饰面板的结构表面和预埋件表面，将粘结的混凝土、砂浆及其他杂物剔凿并清理干净。

4.3　测量放线

对结构上预埋件进行全面测量，当结构上未设预埋件时，应根据设计要求安设后置埋件。当预埋件的偏差较大时，将测量结果提供给设计人员，必要时调整设计。根据金属骨架

的布置设计和石材饰面板的排板设计，弹出金属骨架的水平控制线、竖向控制线，后置埋件的位置、标高控制线等。

4.4 安装金属骨架

4.4.1 后置埋件用膨胀螺栓或化学螺栓固定，后加螺栓每处应不少于 2 个，直径不小于 10mm，长度不小于 110mm。后置埋件安设后，应抽样进行拉拔试验，其拉拔强度应符合设计要求。

4.4.2 当基层为非承重内隔墙、空心砖墙、轻质混凝土空心砌块墙、加气混凝土墙等时，一般采用金属骨架干挂石材饰面板。金属骨架与预埋件或后置埋件的连接应符合设计规定，一般采用焊接连接，也可用连接件螺栓连接。金属骨架安装时，应先安装竖向构件，后安装水平构件。

4.4.3 竖向构件的安装，应从下向上进行，并应先安装同立面两端竖向构件，再拉通线顺序安装中间竖向构件；安装时，依据水平控制线或竖向控制线及距结构表面尺寸，并吊线坠或用靠尺找直，先临时固定，待竖向构件安装完，用吊线坠和拉线方法进行复核校正后再正式固定。

4.4.4 水平构件的安装，在同一层内应从下向上进行；安装时，依据水平控制线并与石材饰面板的连接方式相适应，拉水平线绳，与竖向构件连接。

4.4.5 金属骨架与埋件间的连接，以及金属骨架竖向构件与水平构件间的连接，采用螺栓连接时，必须将螺栓紧固牢固；采用焊接连接时，焊缝长度和厚度应符合设计要求，焊接完成后，应做好焊接连接处的防腐防锈处理。

4.5 石材饰面板、连接件和固定件加工

4.5.1 石材饰面板厚度不应小于 25mm，面积不宜大于 1m^2。表面处理后的石材在车间用切割机切割，现场用手提切割机切割。石材加工后，连接部位不得有崩坏、暗裂等缺陷，其他部位崩边不大于 5mm×20mm，缺角不大于 20mm 时可修补后使用，但每层修补的石材块数不应大于 2%，且宜用于立面不明显部位；火烧石不得有暗裂、崩裂情况。石材加工后应编号标识，且与设计一致。

4.5.2 石材饰面板的钻孔或开槽，应符合设计要求。当采用钢销式端面安装时，应在石材上下端面钻孔；当采用通槽式端面安装时，应在石材上下端面开通槽；当采用短槽式端面安装时，应在石材上下端面开短槽；当采用背面短槽式安装时，应在石材背面开短槽。开通槽应在加工车间内完成，钻孔和开短槽宜在加工车间内完成，也可在现场进行。

4.5.3 钢销孔位应在石材厚度的正中，距离边端不得小于石材厚度的 3 倍，也不得大于 180mm；开孔间距不宜大于 600mm。边长不大于 1m 时，每端两孔；边长大于 1m 时，应在两侧端增加钢销孔或增加短槽式安装方式。孔深宜为 22～23mm，孔径宜为 7mm 或 8mm（比钢销直径大 2mm）。开孔时应将石材固定，放出孔位，用台钻或冲击钻钻孔。应严格控制孔深、垂直度和钻孔速度。石材钢销孔处不得有损坏或崩裂现象，孔径内应光滑、洁净。

4.5.4 通槽在加工车间用开槽机开槽，宜采用水平位置送件，刀片水平位置旋转，严格控制刀片与台面的距离，保证槽口在石材厚度方向居中，槽宽宜为 6～7mm，槽深宜为 17～22mm，且宜浅不宜深。石材开槽后不得有损坏或崩裂现象，槽口应打磨成 45°倒角，槽内应光滑、洁净。

4.5.5 短槽数量为每端面两个，背面短槽可代替同数量的端面短槽；短槽边距离石材端部不应小于石材厚度的3倍，且不应小于85mm，也不应大于180mm；短槽长度不应小于100mm；有效长度内槽深不宜小于15mm，但背面短槽的槽深应严格控制；槽宽宜为6mm或7mm。短槽在加工车间用开槽机开槽，现场用手提砂轮机开槽，应严格控制槽的位置、长度和宽度。石材开槽后不得有损坏或崩裂现象，槽口应打磨成45°倒角，槽内应光滑、洁净。

4.5.6 连接件和固定件一般在车间加工，其材质、规格尺寸均应符合设计要求。连接件一般采用角码或连接板。固定件的形式随安装方式而定，钢销式安装时为钢销，通槽和短槽式安装时为支撑板。钢销和连接板应采用不锈钢，钢销直径宜为5mm或6mm，长度宜为20～30mm；连接板截面尺寸不宜小于40mm×4mm。不锈钢支撑板厚度不宜小于3.0mm，铝合金支撑板厚度不宜小于4.0mm。

4.6 安装石材饰面板

4.6.1 连接件、连接板、支撑板的位置应与石材上的孔位或槽位相对应。石材饰面板与结构面或金属骨架间的净距离一般为50～70mm。连接件与金属骨架、预埋件或后置埋件一般采用焊接连接，也可采用螺栓连接，应符合设计要求。连接件安装时，按放线位置、标高焊接或螺栓连接，焊缝长度、厚度应符合设计要求，螺栓应紧固。

4.6.2 石材饰面板安装前，应将石材孔内、槽内以及钢销、连接板、支撑板等清理干净。石材与钢销、支撑板等固定件用粘结胶粘结。安装应逐层从下向上顺序进行。每层安装时，应先安装两端和门窗口边的石材，拉水平线安装中间部位石材。每块石材安装时，先安装石材下端连接板或支撑板，用螺栓临时固定，先试装，当连接板孔位与钢销位置或槽位与支撑板位置相吻合时，用螺栓正式固定连接板或支撑板，并在石材孔内或槽内注满粘结胶，使石材就位，临时固定石材，并对其平整度、垂直度、缝宽、接缝直线度、高低差和阴阳角方正等进行检查校正，符合要求后，刮除多余的粘结胶，粘结剂固化后，在石材上端孔或槽内填粘结剂，安装上端连接板或支撑板。每一层石材安装完后再检查一遍，符合要求后安装上一层石材。石材板缝根据设计缝宽垫定制塑料垫块控制。应注意连接板、支撑板的安放标高，应紧托上层石材板，而与下层石材板间留有孔隙。窗套顶板和其他悬吊板宜用短槽式或通槽式并辅以背面短槽式安装方法，窗台板宜采用背面短槽式安装方法。

4.6.3 当墙面上有突出物时，石材用钻孔或切割等方法套割孔洞，使孔洞边缘整齐，与突出物边缘吻合。

4.7 拼接缝注密封胶

密封胶的种类和嵌填厚度应符合设计要求，密封胶一般用低模数中性硅酮胶。清除拼接缝内杂物，选用40mm宽胶带纸作为防污条，沿石材边和突出物边粘贴，使与边缘贴齐，与石材面和突出物面贴牢；在缝隙内嵌塞直径略大于缝宽的海棉条，塞填深度应满足密封胶的厚度；在拼接缝内海棉条外用嵌缝枪打入密封胶，并立即用胶筒或刮刀刮平；注胶时用力要匀，走枪要稳而慢，使密封胶饱满、连续、严密、均匀、平直、无气泡。并注意避免在雨天、高温和气温低于5℃时进行注胶作业。

4.8 清洁石材饰面板

揪掉防污条，用棉纱将石材面擦净，若有胶或其他粘结牢固的杂物时，用开刀铲除，用棉纱蘸丙酮擦至干净，使石材面洁净无污染。

5　质量标准

每个检验批每100m² 至少抽查一处，每处不得小于10m²。

5.1　主控项目

5.1.1　石材饰面板的品种、规格、颜色和性能应符合设计要求。

检查方法：观察，检查产品合格证书，进场验收记录和性能检测报告。

5.1.2　石材饰面板孔、槽的数量、位置和尺寸应符合设计要求。

检查方法：观察，尺量。

5.1.3　石材饰面板安装工程的预埋件（或后置埋件）、连接件的数量、规格、位置、连接方法和防腐处理必须符合设计要求。后置埋件的现场拉拔强度必须符合设计要求。饰面板安装必须牢固。

检查方法：观察，手扳检查，检查进场验收记录、现场拉拔检测报告、隐蔽工程验收记录和施工记录。

5.2　一般项目

5.2.1　石材饰面板表面应平整、洁净，色泽一致，无泛碱等污染，无裂痕和缺损。

检查方法：观察，检查产品合格证书，进场验收记录和性能检测报告。

5.2.2　石材饰面板嵌缝应密实、平直，宽度和深度应符合设计要求，嵌填材料色泽应一致。

检查方法：观察，尺量。

5.2.3　石材饰面板上的孔洞应套割吻合，边缘应整齐。

检查方法：观察。

5.2.4　石材饰面板安装的允许偏差应符合表5-1的规定。

石材饰面板安装的允许偏差　　表5-1

项目	允许偏差（mm）		
	光面	剁斧石	蘑菇石
立面垂直度	2	3	3
表面平整度	2	3	—
阴阳角方正	2	4	4
接缝直线度	2	4	4
墙裙、勒脚上口直线度	2	3	3
接缝高低差	1	3	—
接缝宽度	1	2	2

6　成品保护

6.0.1　施工过程中，随时清除石材饰面板上的粘结物。

6.0.2　架子翻改和拆除时，避免碰撞石材饰面板。

6.0.3　阳角、柱角等突出部位做护角保护。

6.0.4　石材饰面板上部进行其他工序施工时，应对饰面板覆盖防护。

7　注意事项

7.1　应注意的质量问题

7.1.1　在施工前，应根据墙面尺寸、门窗洞口位置、尺寸、勒脚尺寸、装饰线条、接缝宽度等进行排板设计，以实现总体装饰效果。

7.1.2　对石材进行安装前的预排和挑选，使整体墙面的色泽协调一致，防止有缺边掉角、裂缝和严重擦伤的石材上墙。

7.1.3　在饰面板安装过程中，用靠尺、直角尺、拉线绳等方法进行检查，不符合要求的及时处理。

7.1.4　石材孔、槽和固定件应清理干净，孔、槽内应灌填足够的粘结剂，使饰面板固定牢固。

7.1.5　接缝注胶应连续、密实，外墙石材饰面板应防止渗漏。

7.2　应注意的安全问题

7.2.1　操作脚手架必须搭设牢固，防护齐全有效，架上禁止超载。上下交叉作业时，应相互错开，禁止同一工作面上下同时施工。

7.2.2　石材装卸搬运时，应轻拿轻放，防止伤人。

7.2.3　石材钻孔、切割应由熟练工人操作，操作时应戴防护眼镜。

7.2.4　设备和工具的防护必须符合规定。

7.3　应注意的绿色施工问题

7.3.1　在施工过程中应防止噪声、扬尘污染，在施工场界噪声敏感区域宜选择使用低噪声的设备，也可以采取其他降低噪声的措施，加工时产生的扬尘应有效控制。

7.3.2　使用的石材、胶等材料必须符合环保要求。

7.3.3　AB胶、耐候密封胶等应储存在阴凉通风的室内，避免雨淋、日晒、低温、受潮变质，并远离火源、热源。

7.3.4　切割饰面砖、饰面板时应封闭，并尽量在白天作业，以减少噪声与扬尘污染。

7.3.5　做到工完场清，垃圾及时装袋清运，集中消纳。

7.3.6　施工现场工完场清，设专人洒水、打扫，不能扬尘污染环境。

8　质量记录

8.0.1　材料的产品合格证书、性能检测报告、进场验收记录和复验报告。

8.0.2　室内用花岗岩的放射性检测报告。

8.0.3　后置埋件的现场拉拔检测报告。

8.0.4　隐蔽工程检查验收记录。

8.0.5　施工记录。

8.0.6 饰面板安装工程检验批质量验收记录。

8.0.7 饰面板安装分项工程质量验收记录。

8.0.8 其他技术文件。

第6章　金属饰面板安装

本工艺标准适用于工业与民用建筑工程的内外墙面、屋面、顶棚等各种高度不大于10m的构件式金属饰面板安装工程。亦可与玻璃幕墙或大玻璃窗配套应用，以及在建筑物四周的转角部位、玻璃幕墙的伸缩缝、水平部位的压顶等配套应用。

1　引用标准

《住宅装饰装修工程施工规范》GB 50327—2001
《建筑装饰装修工程质量验收标准》GB 50210—2018
《建筑工程施工质量验收统一标准》GB 50300—2013
《建筑节能工程施工质量验收规范》GB 50411—2007

2　术语（略）

3　施工准备

3.1　作业条件

3.1.1 安装金属饰面板墙的混凝土和墙面抹灰已完成，且经过干燥，含水率不高于8%；木材制品不得大于12%。

3.1.2 水电及设备、顶墙上预留预埋件已完。垂直运输的机具均事先准备好。

3.1.3 脚手架（高层多用吊篮或吊架子）应提前支搭和安装好，多层房屋宜选用双排脚手架或桥架，其横竖杆及拉杆等应离开墙面和门窗口角150～200mm。架子的步高和支搭要符合施工要求和安全操作规程。

3.1.4 施工环境温度不应低于5℃。

3.1.5 要事先检查安装饰面板工程的基层，并作好隐预检记录，合格后方可进行安装工序。

3.1.6 对施工人员进行技术交底时，应强调技术措施、质量要求和成品保护。大面积施工前应先做样板间，经质检部门鉴定合格后，方可组织班组施工。

3.2　材料

3.2.1 铝合金板：用于装饰工程的铝合金板，其品种和规格较多。从表面处理方法分：

有阳极氧化处理及喷涂处理。从常用的色彩分：有银白色、古铜色、金色等。从几何尺寸分：有条形板和方形板。条形板的宽度多为80～100mm，厚度多为0.5～1.5mm，长度6m左右。方形板包括正方形、长方形等。用于高层建筑的外墙板，单块面积一般较大，刚度和耐久性要求高，因而板要适当厚一些，甚至要加设肋条。从装饰效果分：有铝合金花纹板、铝质浅花纹板、铝及铝合金波纹板、铝及铝合金压型板等。

3.2.2　彩色涂层钢板：原板多为热轧钢板和镀锌钢板。为提高钢板的防腐蚀性能和表面性能，须涂覆有机、无机或复合涂层，其中以有机涂层钢板发展较快，常用的有机涂层为聚氯乙烯，此外还有聚丙烯酸酯、环氧树脂、醇酸树脂等。涂层与钢板的结合方法有薄膜层压法和涂料涂覆法。彩色涂层钢板的主要用途可作屋面板和墙板等。具有耐腐蚀、耐磨、绝缘等性能。塑料与钢板的剥离强度≥20N/cm。

3.2.3　骨架材料：是由横竖杆件拼成，主要材质为铝合金型材或型钢等。因型钢较便宜、强度高、安装方便，所以多数工程采用角钢或槽钢。但骨架应预先进行防腐处理，严禁黑铁进楼。

3.2.4　固定骨架的连接件：主要是膨胀螺栓、铁垫板、垫圈、螺帽及与骨架固定的各种设计和安装所需要的连接件，其质量必须符合要求。

3.2.5　其他：五金配件、各种构件及组件、橡胶条、橡胶垫等。

4　操作工艺

4.1　工艺流程

原则上是自下而上安装墙面。

吊直、套方、找规矩、弹线 → 固定骨架的连接件 → 固定骨架 → 金属饰面板安装 → 收口构造

4.2　吊直、套方、找规矩、弹线

首先根据设计图纸的要求和几何尺寸，要对镶贴金属饰面板的墙面进行吊直、套方、找规矩并一次实测和弹线，确定饰面墙板的尺寸和数量。

4.3　固定骨架的连接件

骨架的横竖杆件是通过连接件与结构固定的，而连接件与结构之间，可以与结构的预埋件焊牢，也可以在墙上打膨胀螺栓。因后一种方法比较灵活，尺寸误差较小，容易保证位置的准确性，因而实际施工中采用得比较多。须在螺栓位置画线按线开孔。

4.4　固定骨架

骨架应预先进行防腐处理。安装骨架位置要准确，结合要牢固。安装后应全面检查中心线、表面标高等。对高层建筑外墙，为了保证饰面板的安装精度，宜用经纬仪对横竖杆件进行贯通。变形缝、沉降缝等应妥善处理。

4.5 金属饰面安装

4.5.1 墙板的安装顺序是从每面墙的边部竖向第一排下部第一块板开始，自下而上安装。安装完该面墙的第一排再安装第二排。每安装铺设10排墙板后，应吊线检查一次，以便及时消除误差。为了保证墙面外观质量，螺栓位置必须准确，并采用单面施工的钩形螺栓固定，使螺栓的位置横平竖直。固定金属饰面板的方法，常用的主要有两种。一是将板条或方板用螺丝拧到型钢或木架上，这种方法耐久性较好，多用于外墙。二是将板条卡在特制的龙骨上，此法多用于室内。

4.5.2 板与板之间的缝隙一般为10～20mm，多用橡胶条或密封箭弹性材料处理。当饰面板安装完毕，要注意在易于被污染的部位要用塑料薄膜覆盖保护。易被划、碰的部位，应设安全栏杆保护。

4.6 收口构造

4.6.1 水平部位的压顶、端部的收口、伸缩缝的处理、两种不同材料的交接处理等，不仅关系到装饰效果，而且对使用功能也有较大的影响。因此，一般多用特制的两种材质性能相似的成型金属板进行妥善处理。

4.6.2 构造比较简单和转角处理方法，大多是用一条较厚的（1.5mm）的直角形金属板，与外墙板用螺栓连接固定牢。

4.6.3 窗台、女儿墙的上部，均属于水平部位的压顶处理即用铝合金板盖住，使之能阻挡风雨浸透。水平桥的固定，一般先在基层焊上钢骨架，然后用螺栓将盖板固定在骨架上。盖板之间的连接直采取搭接的方法（高处压低处，搭接宽度符合设计要求，并用胶密封）。

4.6.4 墙面边缘部位的收口处理，是用颜色相似的铝合金成形板将墙板端部及龙骨部位封住。

4.6.5 墙面下端的收口处，是用一条特制的披水板，将板的下端封住，同时将板与墙之间的缝隙盖住，防止雨水渗入室内。

4.6.6 伸缩缝、沉降缝的处理，首先要适应建筑物伸缩、沉降的需要，同时也应考虑装饰效果。另外，此部位也是防水的薄弱环节，其构造节点应周密考虑。一般可用氯丁橡胶带起连接、密封作用。

4.6.7 墙板的外、内包角及钢窗周围的泛水板等须在现场加工的异形件，应参考图纸，对安装好的墙面进行实测套足尺，确定其形状尺寸，使其加工准确、便于安装。

5 质量标准

每个检验批每100m^{2}至少抽查一处，每处不得小于10m^2。

5.1 主控项目

5.1.1 金属饰面板的品种、质量、颜色、花型、线条必须符合设计要求，要有产品合格证。

检查方法：观察，检查产品合格证书，进场验收记录和性能检测报告。

5.1.2　墙体骨架如采用钢龙骨时，其规格、形状必须符合设计要求，要认真进行除锈、防腐处理。板面与骨架的固定必须牢固，不得松动。

检查方法：观察，手扳检查、检查产品合格证书、进场验收记录。

5.2　一般项目

5.2.1　金属饰面板安装，当设计无要求时，宜采用抽芯铝铆钉，中间必须垫橡胶垫圈。抽芯铝铆钉间距以控制在 100～150mm 为宜。

检查方法：观察。

5.2.2　安装突出墙面的窗台、窗套凸线等部位的金属饰面时，裁板尺寸应准确，边角整齐光滑，搭接尺寸及方向应正确。

检查方法：观察。

5.2.3　板材安装时严禁采用对接。搭接长度应符合设计要求，不得有透缝现象。

检查方法：观察。

5.2.4　当外墙内侧骨架安装完后，应及时浇筑混凝土导墙，其高度、厚度及混凝土强度等级应符合设计要求，若设计无要求时，可按踢脚作法处理。

检查方法：观察、尺量、进场验收记录和性能检测报告。

5.2.5　保温材料的品种、堆集密度应符合设计要求，并应填塞饱满，不留空隙。

检查方法：观察、尺量、进场验收记录和性能检测报告。

5.2.6　金属饰面表面应平整、洁净，色泽协调、无变色、泛碱、污痕和显著的光泽受损处。

检查方法：观察。

5.2.7　金属饰面板接缝应填嵌密实、平直、宽窄均匀，颜色一致。阴阳角处的板搭接方向正确。

检查方法：观察。

5.2.8　突出物周围的板应套割吻合，边缘整齐；墙裙、贴脸等突出墙面的厚度一致。

检查方法：观察。

5.2.9　流水坡向正确，滴水线（槽）顺直。

检查方法：观察、尺量。

5.3　允许偏差项目，见表 6-1。

金属饰面板安装允许偏差　　**表 6-1**

项次	项目	允许偏差（mm）	检验方法
1	立面垂直度	2	用 2m 垂直检测尺检查
2	表面平整度	3	用 2m 靠尺和塞尺检查
3	阴阳角方正	3	用 200m 直角检测尺检查
4	接缝直线度	2	拉 5m 线，不足 5m 拉通线，用钢直尺检查
5	墙裙、勒脚上口直线度	2	拉 5m 线，不足 5m 拉通线，用钢直尺检查
6	接缝高低差	1	用钢直尺和塞尺检查
7	接缝宽度	1	用钢直尺检查

6 成品保护

6.0.1 要及时清擦干净残留在门窗框和金属饰面板上的污物如密封胶、手印、水等杂物，宜粘贴保护膜，预防污染、锈蚀。

6.0.2 认真贯彻合理施工顺序，少数工种（水、电、通风、设备安装等）的活应做在前面，防止损坏、污染金属面板。

6.0.3 拆除架子时注意不要碰撞金属饰面板。

6.0.4 各种构件及组件等应分类、分规格码放在专用库房内，不得在上面压放重物；搬运时应轻拿轻放，防止碰坏划伤。

6.0.5 金属板应倾斜立放，倾斜角不大于10°，地面上应有垫木；搬运时应两人抬运，不得推拉，以免损坏表面氧化膜或涂层；加工工作台应平整，干净，无突起异物伤及金属板表面。

6.0.6 金属板及金属构件表面应有防护膜，清洗前方可去除。

6.0.7 电焊作业时，应对附近的金属面板遮挡防护，避免烧伤。

6.0.8 施工中金属面板及其构件表面的粘附物应及时清除。

7 注意事项

7.1 应注意的质量问题

7.1.1 漏：饰面板安装要保证密封严实。首先要从每安装一块饰面板起，就必须严格按照规范规程去认真施工，尤其是收口构造的各部位必须处理好，质检部门检查要及时到位。

7.1.2 打胶、嵌缝：这与漏有非常密切的关系，如干不好会出大事。据不完全的统计，打胶、嵌缝造成渗漏和返工，占玻璃幕墙、金属饰面板和铝合金门窗安装工程量约30%，是三种外装饰工程质量通病的大头，因此要重视打胶、嵌缝这道工序。

7.1.3 分格缝不匀、不直：主要是施工前没有认真按照图纸尺寸，核对结构施工的实际尺寸，加上分段分块弹线不细、拉线不直和吊线检查不勤等造成。

7.1.4 墙面脏：其主要原因是多方面的：一是操作工艺造成，即自下而上的安装方法和工艺直接给成品保护带来一定的难度，越是高层其难度就越大；二是操作人员必须养成随干随清擦的良好习惯；三是要加强成品保护的管理和教育工作；四是竣工前要自上而下地进行全面的清擦工作。还要注意清擦使用的工具。材料必须符合各种金属饰面板有关使用说明。

7.2 应注意的安全问题

7.2.1 搭设脚手架时，应严格遵照安全操作规程进行搭设，并设防护栏。

7.2.2 各种电气设备应设有防漏电保护装置，并做到一机一闸、一漏一箱。且由专人负责保管和使用。

7.2.3 在脚手架放置的材料、机具应分散平稳地放置。并不得超过规定的荷载。

7.3　应注意的绿色施工问题

7.3.1　在施工过程中应防止噪声、扬尘污染，在施工场界噪声敏感区域宜选择使用低噪声的设备，也可以采取其他降低噪声的措施，加工时产生的扬尘应有效控制。

7.3.2　使用的金属板、胶等材料必须符合环保要求。

7.3.3　密封胶等应储存在阴凉通风的室内，避免雨淋、日晒、低温、受潮变质，并远离火源、热源。

7.3.4　工完场地清，使用完的材料和杂物必须清理干净。垃圾及时装袋清运，集中消纳。

7.3.5　施工现场工完场清，设专人洒水、打扫，不能扬尘污染环境。

8　质量记录

8.0.1　金属饰面板所用各种材料、五金配件、构件及组件的产品合格证书及性能检测报告、进场验收记录和复验报告。

8.0.2　硅酮结构胶的认定证书和抽检合格证明；进口硅酮结构胶的商检证；国家指定机构出具的硅酮结构胶相容性和剥离粘结性试验报告；铝塑复合板的剥离强度测试记录。

8.0.3　后置埋件的现场拉拔强度检测报告。

8.0.4　隐蔽工程检查验收记录。

8.0.5　金属面板的抗风压性能、空气渗透性能、雨水渗漏性能及平面变形性能检测报告。

8.0.6　金属板安装工程检验批质量验收记录。

8.0.7　金属板安装工程分项工程质量验收记录。

第2篇 幕　　墙

第7章　隐框和半隐框玻璃幕墙安装

本工艺标准适用于工业与民用建筑隐框和半隐框玻璃幕墙的安装。

1　引用标准

《玻璃幕墙工程技术规范》JGJ 102—2003
《钢结构设计标准》GB 50017—2017
《建筑结构荷载规范》GB 50009—2012
《建筑幕墙》GB/T 21086—2007
《铝合金建筑型材》GB/T 5237—2017
《建筑用安全玻璃　第2部分：钢化玻璃》GB 15763.2—2005
《中空玻璃》GB/T 11944—2012
《建筑用硅酮结构密封胶》GB 16776—2005
《建筑设计防火规范》GB 50016—2014
《建筑抗震设计规范》GB 50011—2010
《建筑物防雷设计规范》GB 50057—2010
《混凝土结构后锚固技术规程》JGJ 145—2013
《建筑装饰装修工程质量验收标准》GB 50210—2018

2　术语（略）

3　施工准备

3.1　作业条件

3.1.1　安装幕墙的主体结构（钢结构、钢筋混凝土结构和楼面工程等）已完工，并按国家有关规范验收合格。

3.1.2　预埋件在主体结构施工时，已按设计要求埋设牢固，位置准确。

3.1.3　幕墙安装所用的吊装机具、工位转运器具、脚手架、吊篮等设置完好，障碍物已拆除。

3.1.4　对幕墙可能造成污染或损伤的分项工程，应在幕墙安装施工前完成，或采取了安全可靠的保护措施。

3.1.5　设置的幕墙单元部件和安装附件存放的临时库房应能防风雨、防日晒，所有器材入场后均能定置、定位摆放，不得直接落地堆放。

3.1.6　幕墙安装施工队伍建立了明确的安全生产、文明生产管理责任制。

3.1.7　幕墙安装施工计划和施工技术方案已得到总包技术部门的审批。对各分项工程进行协调，将幕墙安装纳入建筑工程施工总计划之中。

3.1.8　在幕墙安装作业面楼板边沿清理出5～8m宽的作业面，作业面内不允许存在任何可移动的障碍物，并在幕墙安装作业面楼层底部楼层架好安全防护网。

3.2　材料及机具

对于进入工厂制作和进入建筑安装现场的材料（成品部件、构件），其材质、规格、型号、尺寸、外观、颜色等应符合国家相关的规定和幕墙设计的特殊功能要求规定。

3.2.1　钢材

1　幕墙所使用的钢材，包括碳素结构钢、合金结构钢、耐候钢、不锈钢（板材、棒材、型材等）。其材料的牌号与状态、化学成分、机械性能、尺寸允许偏差、精度等级等，均应符合现行国家和行业标准的规定要求。

2　碳素结构钢和结构钢应进行有效的防腐处理。当采用热浸镀锌处理时，其膜厚应≥45μm。

3.2.2　铝合金材料

1　幕墙所使用的铝合金材料，包括铝合金建筑型材、铝及铝合金轧制板材的材料牌号与状态、化学成分、机械性能、表面处理、尺寸允许偏差、精度等级，均应符合现行国家标准规定要求。

2　铝合金型材应符合《铝合金建筑型材》GB/T 5237—2017对型材尺寸及允许偏差的规定。幕墙铝型材应采用高精度级，其阳极氧化膜厚度不低于15μm。

3　以穿条形式生产的隔热铝型材，隔热材料应使用PA66GF25（聚酰胺66加25%玻璃纤维）材料，严禁采用PVC材料。用浇注工艺生产的隔热铝型材，其隔热材料应使用PU（聚氨酯化合物）材料。

4　铝合金型材表面清洁，色泽均匀。不应有皱纹、裂纹、起皮、腐蚀斑点、气泡、电灼伤、流痕、发黏以及膜（涂）层脱落等缺陷存在。

3.2.3　紧固件

幕墙所使用的各类紧固件，如螺栓、螺钉、螺柱、螺母和抽心铆钉等紧固件机械性能，均应符合现行国家标准规定要求。

3.2.4　密封胶

1　幕墙所采用的结构密封胶、建筑耐候密封胶、中空玻璃二道密封胶、防火密封胶等均应符合现行国家标准规定要求。

2　同一单位幕墙必须采用同一牌号和同一批号的硅酮密封胶。

3　任何情况下，各类硅酮胶要在有效期内使用，不准使用过期产品。

4　硅酮结构密封胶、硅酮耐候胶在使用时应提供与所接触材料的相容性试验合格报告和力学试验合格报告以及保质年限的质量证明文件。

3.2.5　玻璃

1　玻璃是幕墙的主要材料之一，幕墙玻璃要承受荷载，必须具备一定的力学性能，幕墙玻璃的机械、光学及热工性能、尺寸偏差等，均应符合现行国家标准规定要求。

2 玻璃幕墙使用的玻璃，应进行厚度、边长、外观质量、应力和边缘处理情况的检验。

3 玻璃幕墙使用的玻璃必须采用安全玻璃，钢化玻璃宜经过均化处理。

4 玻璃幕墙的中空玻璃应采用双道密封。隐框及半隐框玻璃幕墙的中空玻璃的二道密封必须采用硅酮结构密封胶。

3.2.6 主要安装机具

1 幕墙安装应配备足够数量的转运运输车辆、装卸吊运起重机械、工序间专用的工位工装器具。

2 幕墙安装机具主要有：垂直与水平运输机具（含脚手架或吊篮）、电动或手动吸盘、电焊机、注胶机具、清洗机具、扭矩扳手、普通扳手、测厚仪、铅垂仪、激光经纬仪、水平仪、钢卷尺、水平尺、靠尺、角尺等。

3 幕墙组件的转运，应设计配置专用的，能防止碰撞、防挤压的包装转运吊架。幕墙组件的装卸，应采用桁吊、塔吊、龙门吊、卷扬机等起重机机具进行作业，所使用的吊索具应安全可靠。

4 板块组件的搬运、吊装，应设置专用的可移动钢平台、运送车、存放架、简易龙门架、定位卷扬机等搬运工位机具。每个操作班应设专人对设备机具进行保养检查，并填写保养检查记录。

5 幕墙安装放线、定位、检测所使用的全站仪、激光经纬仪、经纬仪、水平仪、水平尺等测量器具，应经计量监督检测部门检定合格，并在有效期内使用。

6 幕墙安装所使用的电动（手动）测力扳手等手动工具应设专人校核检测，并填写校核记录，量值不准的器具不准使用。其他紧固工具和一般检测尺表均应处于良好状态，并有专人保管。

7 幕墙安装应配置对讲通信设备，对不同职能人员设置不同的频率，以便更好地指挥安装作业。

4 操作工艺

4.1 工艺流程

测量放线→复查预埋件及安装后置埋件→立柱和横梁加工→立柱安装→横梁安装→防雷装置安装→保温层、防火隔离带安装→玻璃安装→注胶及变形缝密封→擦洗玻璃→擦洗玻璃

4.2 测量放线

4.2.1 根据建筑的主要轴线控制线，对照主体结构上的竖向轴线，用经纬仪和钢尺复核后，在各楼板边或墙面上，弹出立柱中心线和控制线并标识。

4.2.2 用水准仪和钢尺，从水准基点复测各楼层标高，并在楼板边或柱、墙上，弹出控制标高线并标识。

4.2.3 用经纬仪测量出玻璃幕墙外立面的控制线，在楼板上或柱面、墙面上弹线并

标识。

4.2.4 当建筑较高时，竖向测量应定时进行。竖向测量时，风力不宜大于四级。

4.2.5 当实际位置和标高与设计要求相差较大时，应制订处理方案或修改设计。

4.3 复查预埋件及后置埋件

4.3.1 根据玻璃幕墙的三向控制线，对预埋件的位置、标高进行复测，并弹出立柱紧固件的位置控制线、标高控制线，作出标识。同时对预埋件的规格、尺寸进行复查，并做好预埋件的防腐处理。当与设计要求相差较大时，应制订处理方案。

4.3.2 后置埋件应按设计要求做好防腐处理。后置埋件用膨胀螺栓、化学螺栓应固定在强度等级不低于C30的混凝土结构上；后加螺栓应采用不锈钢或镀锌碳素钢，直径不得小于10mm；每个埋件的后加螺栓不得少于两个，螺栓间距和螺栓到构件边缘的距离不应小于70mm。对后置埋件进行现场拉拔检验，应符合设计要求。在后置埋件上弹出立柱紧固件的位置控制线、标高控制线，作出标识。

4.3.3 预埋件的标高偏差不应大于10mm，位置偏差不应大于20mm。

4.4 立柱和横梁加工

立柱和横梁下料前先校直调整，车间用切割机下料，现场用砂轮切割机下料；立柱和横梁用钻床钻孔，开榫机开槽、开榫。按设计规定预留加工通气槽孔、冷凝水排出口及雨水排出口。立柱长度的允许偏差为±1.0mm，横梁长度的允许偏差为±0.5mm，端头斜度的允许偏差为−15′；下料端头不得因加工而变形，并不应有毛刺；孔位的允许偏差为±0.5mm，孔距的允许偏差为±0.5mm，累计偏差不得大于±1.0mm。

4.5 立柱安装

4.5.1 安装各楼层紧固件，一般采用镀锌碳素不等边钢紧固件。紧固件与埋件采用焊接连接，按设计规定的位置、标高和连接方法，均应连接牢固。紧固件安装时，应先点焊固定，检查复核符合要求后，再满焊固定。

4.5.2 立柱一般由下往上安装。当立柱一层为一根时，上端悬挂固定，下端滑动；当立柱两层为一根时，上端悬挂固定，中间简支，下端滑动。根据立柱长度，每安装完一层或两层后，再安装上一层或两层。

4.5.3 立柱安装前，应在地面先装配好连接件和绝缘垫片。立柱上端连接件和中间连接件一般为不等边角钢紧固件，紧固件用不锈钢螺栓连接，连接螺栓应进行承载力计算，且螺栓直径不应小于10mm；芯柱在上、下立柱内插入的长度不小于150mm，总长度不应小于400mm，芯柱与立柱应紧密接触，芯柱下部用螺栓固定在下立柱上，且上、下立柱间应留置不小于15mm的间隙；连接件上的螺栓孔均开长孔，以便调整立柱的位置和标高；当立柱与连接件采用不同金属材料时，立柱与连接件采用绝缘垫片分隔。固定件与连接件的接触面，应采用刻纹等防滑措施，未刻纹时，可用非受力短焊缝定位，但不得采用连接焊缝形成受力连接。

4.5.4 立柱安装时，竖起立柱，立柱下端套在下部立柱芯柱上，上端连接件和中间连接件与紧固件用不锈钢螺栓临时固定，用经纬仪和钢尺检查，并调整立柱的位置、标高、垂直度等，符合要求后将螺栓紧固，上、下立柱间间隙用耐候密封胶嵌填。立柱的安装标高偏差不应大于3mm，轴线前后偏差不应大于2mm，轴线左右偏差不应大于3mm；相邻两根立柱安装标高偏差不应大于3mm，同层立柱的最大标高偏差不应大于5mm，相邻两根立柱的距离偏差不应大于2mm。

4.5.5 立柱全部或分区域安装完后，应对立柱的整体垂直度、外立面水平度进行检查。当不符合要求时，应及时调整处理。

4.6 横梁安装

4.6.1 横梁通过角码、螺钉或螺栓与立柱连接，角码应能承受横梁的剪力。螺钉直径不得小于4mm，每处连接螺钉数量不应少于三个，螺栓不应少于两个。横梁端部与立柱间应留1～2mm的空隙，设置防噪声浅色弹性橡胶垫片或石棉垫片。

4.6.2 在立柱上用水准仪和钢尺量测标出横梁的安装位置线。

4.6.3 同一层横梁的安装，应由下向上进行。安装时，将横梁两端的连接件及弹性橡胶垫，安装在立柱的预定位置，再顺序安装同一标高的横梁。横梁应安装牢固，接缝应严密。相邻两根横梁的水平标高偏差不应大于1mm；同层标高偏差：当一幅幕墙宽度不大于35m时，不应大于5mm，当一幅幕墙宽度大于35m时，不应大于7mm。

4.6.4 当安装完一层的横梁后，应进行检查、调整、固定，符合要求后再安装另一层。

4.7 防雷装置安装

4.7.1 幕墙防雷接地根据设计要求安装。

4.7.2 玻璃幕墙高度30m以上的立柱和横梁应作电气连接，构成约10m×10m防侧击雷的防雷网。通常上下立柱连接处，用螺栓固定铝排或铜编织线连接。幕墙防雷网与主体结构的均压环防雷体系，通过建筑主体柱主筋用扁钢或钢筋焊接连接。

4.7.3 幕墙顶部女儿墙金属盖板可作为接闪器，每隔10m与主体结构防雷网连接一次，接受雷电流。金属接闪器的厚度不宜小于3mm，当建筑高度低于150m时，截面不宜小于50mm^2，当建筑高度在150mm以上时，截面不宜小于70mm^2。

4.7.4 连接应在材料表面保护膜除掉后的部位进行。测试的接地电阻值应符合设计规定，一般情况下，接地电阻应小于1Ω。

4.8 保温、防火材料安装

4.8.1 有热工要求的幕墙，应安装保温材料。保温部分宜从内向外安装，保温材料的安装固定应符合设计规定：板块状保温材料可粘贴和钉接在结构外墙面上；保温棉块也可用镀锌细铁丝网和镀锌细铁丝，固定在立柱和横梁形成的框架内；或在保温材料两边用内、外衬板固定；或铺填在焊有钢钉的内衬板上用螺钉固定。内衬板应采用镀锌薄钢板或经防腐处理的钢板。内衬板四周应套装弹性橡胶密封条，与构件接缝应严密；内衬板就位后，用密封胶密封处理。保温材料应铺设平整，拼缝处不留缝隙。

4.8.2 幕墙的四周、窗间墙和窗槛墙，均应用防火材料填充，填充厚度不小于100mm，在楼板处及防火分区间形成防火带。防火材料的衬板应用镀锌钢板，或经防腐处理且厚度不小于1.5mm的钢板，不得使用铝板。应先安装衬板，衬板应与横梁或立柱固定牢靠，并用防火密封胶密封，防火材料与玻璃不得直接接触；防火材料用黏结剂粘贴在衬板上，并用钢钉及不锈钢片固定。防火材料应铺设平整，拼缝处不留缝隙。并注意一块玻璃不能跨越两个防火分区。

4.8.3 按设计要求安装冷凝水排出管及其附件，与水平构件的预留孔连接严密，与内衬板出水孔连接处应设橡胶密封条。

4.9 玻璃安装

4.9.1 玻璃应在车间加工制作。中空玻璃间及隐框、半隐框玻璃与金属副框间，硅酮结构密封胶应在温度15～30℃、相对湿度50%以上洁净的室内打注，且应打注饱满。不得使用过期的硅酮结构密封胶。

4.9.2 玻璃安装前，应将玻璃表面污物擦拭干净。玻璃应从上向下、顺一个方向连续安装。热反射玻璃的镀膜面应朝向室内，非镀膜面朝向室外。大块玻璃用电动真空吸盘机抬运，中块玻璃用手动真空吸盘机抬运，小块玻璃用牛皮带或直接用手抬运。

4.9.3 隐框或横向半隐框玻璃幕墙，每块玻璃的下端应先设两个铝合金或不锈钢托条，其长度不应小于100mm，厚度不应小于2mm，托条外端应比玻璃外表面缩回2mm。托条上应设置弹性垫块。

4.9.4 隐框边的金属附框与立柱、横梁的联结有夹片、压片或挂钩等方式。夹片、压片均用螺栓固定，与金属附框接触处衬防震橡胶垫；挂钩连接是将金属附框上和通长挂钩直接卡入立柱、横梁的通长挂钩上，挂钩接触处衬防震橡胶条。安装时应控制好接缝宽度。

4.9.5 半隐框玻璃幕墙，明框边的玻璃与立柱、横梁凹槽底部应保持一定的间隙，用橡胶条等弹性材料填充。安装前，先将立柱、横梁的凹槽清理干净；安装时，一般先置入垫块，再嵌入内胶条，然后装入玻璃，最后嵌入外胶条。橡胶条长度宜比边框内槽口长1.5%～2.5%，其断口应留在四角，橡胶条应斜面断开，用黏结剂黏结牢固。嵌入胶条时，先间隔分点塞入，再分边塞入。室外一侧根据设计要求可嵌入耐候密封胶。玻璃在立柱、横梁槽内的嵌入量应符合设计规定。

4.10 注胶及变形缝密封

4.10.1 玻璃间或玻璃与立柱、横梁间，接缝用耐候硅酮密封胶密封，密封胶的施工厚度应大于3.5mm，胶缝宽度不小于厚度的2倍，密封胶在接缝内应形成相对两面粘结，不得形成三面粘结。注胶前，接缝的密封胶接触面上附着的油污等，用工业乙醇等清洁剂清理干净，潮湿表面应充分干燥。接缝内用聚氯乙烯泡沫圆棒充填，保持平直，并预留注胶厚度；在玻璃上沿接缝两侧贴防护胶带纸，使胶带纸边与缝边齐直；注胶顺序为从上向下，先平缝，后竖缝，注胶应持续均匀，用注胶枪把胶注入缝内，并立即用胶筒或刮刀刮平；隔日注胶时，先清理胶缝连接处的胶头，切除圆弧头部分，使两次注胶连接紧密；确认注胶合格后，取掉防护胶带纸，清洁接缝周围。注意避免在雨天、高温和气温低于5℃时进行注胶作业。

4.10.2 变形缝处幕墙与幕墙的间隙，应根据变形缝设计图纸进行施工。

4.11 擦洗玻璃

玻璃幕墙安装完后，玻璃、金属框和其他配件，用擦窗机清洗或乘吊篮人工清洗干净。擦洗用清洗剂应为中性清洗剂，清洗剂清洗后及时用清水冲洗干净。

4.12　检查验收

验收标准严格按国家、行业、地方有关规范、标准以及业主方确认的技术性能指标对隐框、半隐框玻璃幕墙工程质量进行验收。验收时以各部位施工记录、隐蔽记录为依据，含测量放线确认、预埋件埋设、钢支座与立柱连接、横梁与立柱连结、避雷措施、防火封堵、胶缝填充等。在各项材料符合设计与质量标准的前提下，进行幕墙整体验收。

5　质量标准

5.1　主控项目

5.1.1　幕墙工程所用材料、构件和组件应符合设计要求及国家现行产品标准和行业标准《玻璃幕墙工程技术规范》JGJ 102 的规定。

5.1.2　玻璃幕墙的造型和立面分格应符合设计要求。

5.1.3　玻璃幕墙与主体结构的预埋件和后置埋件位置、数量、规格尺寸及后置埋件、槽式预埋件的拉拔力应符合设计要求。

5.1.4　玻璃幕墙构架与主体结构埋件的连接、构件之间的连接、玻璃面板的安装应符合设计要求，安装应牢固。

5.1.5　隐框或半隐框玻璃幕墙，每块玻璃下端应设置两个铝合金或不锈钢托条，其长度不应小于 100mm，厚度不应小于 2mm，托条外端应低于玻璃外表面 2mm；托条上部不少于两块弹性垫块，垫块的宽度与槽口宽度相同，长度不小于 100mm，厚度不小于 2mm。

5.1.6　玻璃幕墙节点、各种变形缝、墙角的连接节点应符合设计要求。

5.1.7　玻璃幕墙的防火、保温、防潮材料的设置应符合设计要求，填充应密实、均匀、厚度一致。

5.1.8　玻璃幕墙应无渗漏。

5.1.9　金属框架和连接件的防腐处理应符合设计要求。

5.1.10　玻璃幕墙开启窗的配件应齐全，安装应牢固，安装位置和开启方向、角度应正确；开启应灵活，关闭应严密。

5.1.11　玻璃幕墙的金属构架应与主体结构防雷装置可靠接通，并应符合设计要求。

5.2　一般项目

5.2.1　玻璃幕墙表面应平整、洁净；整幅玻璃的色泽应均匀一致；不得有污染和镀膜损坏。

5.2.2　每平方米玻璃的表面质量应符合表 7-1 的要求。

玻璃的表面质量和检验方法　　表 7-1

项次	项目	质量要求	检验方法
1	明显划伤和长度>100mm 的轻微划伤	不允许	观察
2	长度≤100mm 的轻微划伤	≤8 条	用钢尺检查
3	擦伤总面积	≤500mm^2	用钢尺检查

5.2.3　一个分格铝合金型材的表面质量应符合表 7-2 的要求。

分格铝合金型材的表面质量和检验方法 表7-2

项次	项目	质量要求	检验方法
1	明显划伤和长度>100mm的轻微划伤	不允许	观察
2	长度≤100mm的轻微划伤	≤2条	用钢尺检查
3	擦伤总面积	≤500mm²	用钢尺检查

5.2.4 玻璃幕墙板缝注胶应饱满、密实、连续、深浅一致、宽窄均匀、光滑顺直、无气泡，胶缝的宽度和厚度应符合设计要求。

5.2.5 玻璃幕墙隐蔽节点的遮封装修应牢固、整齐、美观。

5.2.6 隐框、半隐框玻璃幕墙安装的允许偏差见表7-3。

隐框、半隐框玻璃幕墙安装的允许偏差（mm） 表7-3

<table>
<tr><th>项次</th><th colspan="2">项目</th><th>偏差（mm）</th></tr>
<tr><td rowspan="4">1</td><td rowspan="4">幕墙垂直度</td><td>幕墙高度≤30m</td><td>10</td></tr>
<tr><td>30m<幕墙高度≤60m</td><td>15</td></tr>
<tr><td>60m<幕墙高度≤90m</td><td>20</td></tr>
<tr><td>幕墙高度>90m</td><td>25</td></tr>
<tr><td rowspan="2">2</td><td rowspan="2">幕墙横向构件水平度</td><td>幕墙幅宽≤35m</td><td>3</td></tr>
<tr><td>幕墙幅宽>35m</td><td>5</td></tr>
<tr><td>3</td><td colspan="2">幕墙表面平整度</td><td>2</td></tr>
<tr><td>4</td><td colspan="2">板材立面垂直度</td><td>2</td></tr>
<tr><td>5</td><td colspan="2">板材上沿水平度</td><td>2</td></tr>
<tr><td>6</td><td colspan="2">相邻板材板角错位</td><td>1</td></tr>
<tr><td>7</td><td colspan="2">阳角方正</td><td>2</td></tr>
<tr><td>8</td><td colspan="2">接缝直线度</td><td>3</td></tr>
<tr><td>9</td><td colspan="2">接缝高低差</td><td>1</td></tr>
<tr><td>10</td><td colspan="2">接缝宽度</td><td>1</td></tr>
</table>

6 成品保护

6.1.1 各种构件及组件等应分类、分规格码放在专用库房内，不得在上面压放重物；搬运时应轻拿轻放，防止碰坏划伤。

6.1.2 金属构件表面应有防护膜，清洗前方可去除。玻璃上应有警示标识。

6.1.3 施工作业层应设防护，防止构件下落撞碰构件和玻璃。

6.1.4 电焊作业时，应对附近的幕墙构件、玻璃等遮挡防护，避免烧伤。

6.1.5 施工中幕墙及其构件表面的粘附物应及时清除。

7 注意事项

7.1 应注意的质量问题

7.1.1 埋件预埋时，其位置应严格控制并固定牢靠，浇筑混凝土时振捣棒不得接触埋件，有专人看护，避免移位。

7.1.2 安装立柱、横梁前，应认真核对玻璃尺寸和相应的立柱、横梁位置控制线，使两者协调一致。

7.1.3 玻璃间、构件附件与玻璃间的耐候密封胶下应嵌塞泡沫条，避免密封胶三面粘结。

7.1.4 密封条规格应适宜，长度应符合要求，搭接处应粘结密封；结构胶、密封胶粘结面应清理干净，注胶环境应适宜，密封胶厚度应符合要求，不得有针眼、稀缝现象；幕墙与主体、幕墙变形缝处的连接封口应严密；门窗开启部位密封应严密，胶条弹性应符合要求，五金配件装配应严密；幕墙排水系统应装配严密，排水畅通。

7.2 应注意的安全问题

7.2.1 手电钻、焊钉枪等手持电动工具，应作绝缘电压试验；电动工具应按要求进行接零保护，操作人员应佩戴防触电防护用品；真空吸盘机使用前，应进行吸附重量和吸附持续时间检验。

7.2.2 施工人员作业时必须戴安全帽，系安全带及安全绳，并配备工具袋。

7.2.3 工程的上下部交叉作业时，结构施工层下方应采取可靠的安全防护措施。

7.2.4 现场焊接时，在焊接点下方应设接火斗。

7.3 应注意的绿色施工问题

7.3.1 材料加工后的边角下脚料应分类回收。

7.3.2 采取围挡等措施控制施工噪声。

8 质量记录

8.0.1 玻璃幕墙所用各种材料、五金配件、构件及组件的产品合格证书、性能检测报告、进场验收记录和复验报告。

8.0.2 硅酮结构胶的认定证书和抽检合格证明；玻璃幕墙用结构胶的邵氏硬度、标准条件拉伸黏度、强度、相容性试验；进口硅酮结构胶的商检证；国家指定机构出具的硅酮结构胶相容性和剥离粘结性试验报告。

8.0.3 后置埋件的现场拉拔强度检测报告。

8.0.4 幕墙抗风压性能、气密性能、水密性能及平面变形性能检测报告。

8.0.5 打胶、养护环境的温度、湿度记录；双组分硅酮结构胶的混匀性试验记录及拉断试验记录。

8.0.6 防雷装置测试记录。

8.0.7 隐蔽工程检查验收记录。

8.0.8 幕墙构件和组件的加工制作记录。

8.0.9 幕墙安装施工记录。

8.0.10 淋水试验检查记录。

8.0.11 隐框和半隐框幕墙玻璃幕墙工程检验批质量验收记录。

8.0.12 隐框和半隐框幕墙玻璃幕墙分项工程质量验收记录。

8.0.13 其他技术文件。

第 8 章　明框玻璃幕墙安装

本工艺适用于工业与民用建筑的明框玻璃幕墙安装。

1　引用标准

《玻璃幕墙工程技术规范》JGJ 102—2003
《钢结构设计标准》GB 50017—2017
《建筑结构荷载规范》GB 50009—2012
《建筑幕墙》GB/T 21086—2007
《铝合金建筑型材》GB/T 5237—2017
《建筑用安全玻璃　第 2 部分：钢化玻璃》GB 15763.2—2005
《中空玻璃》GB/T 11944—2012
《建筑用硅酮结构密封胶》GB 16776—2005
《建筑设计防火规范》GB 50016—2014
《建筑抗震设计规范》GB 50011—2010
《建筑物防雷设计规范》GB 50057—2010
《混凝土结构后锚固技术规程》JGJ 145—2013
《建筑装饰装修工程质量验收标准》GB 50210—2018

2　术语（略）

3　施工准备

3.1　作业条件

3.1.1　主体结构及其他湿作业已施工完毕并进行了质量验收。主体结构上预埋件已在施工时按设计要求预埋完毕。

3.1.2　幕墙安装的施工组织设计已编写，并经过审核批准。

3.1.3　操作用外架或吊篮架已搭设好并已检查验收。

3.2　材料与机械设备、工具

3.2.1　玻璃、中空玻璃、铝合金型材、碳素型钢、硅酮结构密封胶、硅酮耐候密封胶、五金配件等应符合相关规范规定及技术要求。

3.2.2　机械设备、工具：电焊机、砂轮切割机、电钻、螺丝刀、钳子、扳手、线坠、经纬仪、水平尺、钢卷尺。

4　操作工艺

4.1　工艺流程

测量放线 → 复查预埋件及安装后置埋件 → 立柱和横梁加工 → 立柱安装 → 横梁安装 → 防雷装置安装 → 保温、防火材料安装 → 玻璃安装 → 压座及扣盖安装 → 注胶及变形缝密封 → 擦洗玻璃 → 检查验收

4.2　测量放线

4.2.1　根据建筑的主要轴线控制线，对照主体结构上的竖向轴线，用经纬仪和钢尺复核后，在各楼板边或墙面上，弹出立柱中心线和控制线并标识。

4.2.2　用水准仪和钢尺，从水准基点复测各楼层标高，并在楼板边或柱、墙上，弹出控制标高线并标识。

4.2.3　用经纬仪测量出玻璃幕墙外立面的控制线，在楼板上或柱面、墙面上弹线并标识。

4.2.4　当建筑较高时，竖向测量应定时进行。竖向测量时，风力不宜大于四级。

4.2.5　当实际位置和标高与设计要求相差较大时，应制订处理方案或修改设计。

4.3　复查预埋件及后置埋件

4.3.1　根据玻璃幕墙的三向控制线，对预埋件的位置、标高进行复测，并弹出立柱紧固件的位置控制线、标高控制线，作出标识。同时对预埋件的规格、尺寸进行复查，并做好预埋件的防腐处理。当与设计要求相差较大时，应制订处理方案。

4.3.2　后置埋件应按设计要求做好防腐处理。后置埋件用膨胀螺栓或化学螺栓固定在强度等级不低于C30的混凝土结构上；后加螺栓应采用不锈钢或镀锌碳素钢，直径不得小于10mm；每个埋件的后加螺栓不得少于两个，螺栓间距和螺栓到构件边缘的距离不应小于70mm。对后置埋件进行现场拉拔检验，应符合设计要求。在后置埋件上弹出立柱紧固件的位置控制线、标高控制线，作出标识。

4.3.3　预埋件的标高偏差不应大于10mm，位置偏差不应大于20mm。

4.4　立柱和横梁加工

立柱和横梁下料前先校直调整，车间用切割机下料，现场用砂轮切割机下料；立柱和横梁用钻床钻孔，开榫机开槽、开榫。按设计规定预留加工通气槽孔、冷凝水排出口及雨水排出口。立柱长度的允许偏差为±1.0mm，横梁长度的允许偏差为±0.5mm，端头斜度的允许偏差为$-15'$；下料端头不得因加工而变形，并不应有毛刺；孔位的允许偏差为±0.5mm，孔距的允许偏差为±0.5mm，累计偏差不得大于±1.0mm。

4.5　立柱安装

4.5.1　安装各楼层紧固件，一般采用镀锌碳素不等边角钢紧固件。紧固件与埋件采用

焊接连接，按设计规定的位置、标高和连接方法，均应连接牢固。紧固件安装时，应先点焊固定，检查复核符合要求后，再满焊固定。

4.5.2 立柱一般由下往上安装。当立柱一层为一根时，上端悬挂固定，下端滑动；当立柱两层为一根时，上端悬挂固定，中间简支，下端滑动。根据立柱长度，每安装完一层或两层后，再安装上一层或两层。

4.5.3 立柱安装前，应在地面先装配好连接件和绝缘垫片。立柱上端连接件和中间连接件一般为不等边角钢紧固件，紧固件用不锈钢螺栓连接，连接螺栓应进行承载力计算，且螺栓直径不应小于 10mm；芯柱在上、下立柱内插入的长度不小于 150mm，总长度不应小于 400mm，芯柱与立柱应紧密接触，芯柱下部用螺栓固定在下立柱上，且上、下立柱间应留置不小于 15mm 的间隙；连接件上的螺栓孔均开长孔，以便调整立柱的位置和标高；当立柱与连接件采用不同金属材料时，立柱与连接件采用绝缘垫片分隔。固定件与连接件的接触面，应采用刻纹等防滑措施，未刻纹时，可用非受力短焊缝定位，但不得采用连接焊缝形成受力连接。

4.5.4 立柱安装时，竖起立柱，立柱下端套在下部立柱芯柱上，上端连接件和中间连接件与紧固件用不锈钢螺栓临时固定，用经纬仪和钢尺检查，并调整立柱的位置、标高、垂直度等，符合要求后将螺栓紧固，上、下立柱间间隙用耐候密封胶嵌填。立柱的安装标高偏差不应大于 3mm，轴线前后偏差不应大于 2mm，轴线左右偏差不应大于 3mm；相邻两根立柱安装标高偏差不应大于 3mm，同层立柱的最大标高偏差不应大于 5mm，相邻两根立柱的距离偏差不应大于 2mm。

4.5.5 立柱全部或分区域安装完后，应对立柱的整体垂直度、外立面水平度进行检查。当不符合要求时，应及时调整处理。

4.6 横梁安装

4.6.1 横梁通过角码、螺钉或螺栓与立柱连接，角码应能承受横梁的剪力。螺钉直径不得小于 4mm，每处连接螺钉数量不应少于三个，螺栓不应少于两个。横梁端部与立柱间应留 1～2mm 的空隙，设防噪声浅色弹性橡胶垫片或石棉垫片。

4.6.2 立柱安装完后，用水准仪和钢尺量测，在立柱上标出横梁的安装位置线。

4.6.3 同一层横梁的安装，应由下向上进行。安装时，将横梁两端的连接件及弹性橡胶垫，安装在立柱的预定位置，再顺序安装同一标高的横梁。横梁应安装牢固，接缝应严密。相邻两根横梁的水平标高偏差不应大于 1mm；同层标高偏差：当一幅幕墙宽度不大于 35m 时，不应大于 5mm，当一幅幕墙宽度大于 35m 时，不应大于 7mm。

4.6.4 当安装完一层高度的横梁后，应进行检查、调整、固定，符合要求后再安装另一层。

4.7 防雷装置安装

4.7.1 幕墙防雷接地根据设计要求安装。

4.7.2 玻璃幕墙高度 30m 以上的立柱和横梁应作电气连接，构成约 10m×10m 防侧击雷的防雷网。通常上下立柱连接处，用螺栓固定铝排或铜编线连接。幕墙防雷网与主体结构的均压环防雷体系，通过建筑主体柱主筋用扁钢或钢筋焊接连接。

4.7.3 幕墙顶部女儿墙金属盖板可作为接闪器，每隔 10m 与主体结构防雷网连接一次，接受雷电流。金属接闪器的厚度不宜小于 3mm，当建筑高度低于 150m 时，截面不宜小于 $50mm^2$；当建筑高度在 150mm 以上时，截面不宜小于 $70mm^2$。

4.7.4　连接应在材料表面保护膜除掉后的部位进行。测试的接地电阻值应符合设计规定，一般情况下，接地电阻应小于 1Ω。

4.8　保温、防火材料安装

4.8.1　有热工要求的幕墙，应安装保温材料。保温部分宜从内向外安装，保温材料的安装固定应符合设计规定：板块状保温材料可粘贴和钉接在结构外墙面上；保温棉块也可用镀锌细铁丝网和镀锌细铁丝，固定在立柱和横梁形成的框架内；或在保温材料两边用内、外衬板固定；或铺填在焊有钢钉的内衬板上用螺钉固定。内衬板应采用镀锌薄钢板或经防腐处理的钢板。内衬板四周应套装弹性橡胶密封条，内衬板与构件接缝应严密；内衬板就位后，用密封胶密封处理。保温材料应铺设平整，拼缝处不留缝隙。

4.8.2　幕墙的四周、窗间墙和窗槛墙，均应用防火材料填充，填充厚度不小于 100mm，在楼板处及防火分区间形成防火带。防火材料的衬板应用镀锌钢板，或经防腐处理且厚度不小于 1.5mm 的钢板，不得使用铝板。应先安装衬板，衬板应与横梁或立柱固定牢靠，用防火密封胶密封，并防止防火材料与玻璃直接接触；防火材料用黏结剂粘贴在衬板上，并用钢钉及不锈钢片固定。防火材料应铺设平整，拼缝处不留缝隙。并注意一块玻璃不能跨越两个防火分区。

4.8.3　按设计要求安装冷凝水排出管及其附件，与水平构件的预留孔连接严密，与内衬板出水孔连接处应设橡胶密封条。

4.9　玻璃安装

4.9.1　玻璃应在车间加工制作。明框玻璃间，硅酮结构密封胶应在温度15～30℃、相对湿度 50%以上洁净的室内打注，且应打注饱满。不得使用过期的硅酮结构密封胶。

4.9.2　玻璃安装前，应将玻璃表面污物擦拭干净。玻璃应从上向下、顺一个方向连续安装。热反射玻璃的镀膜面应朝向室内，非镀膜面朝向室外。大块玻璃用电动真空吸盘机抬运，中块玻璃用手动真空吸盘机抬运，小块玻璃用牛皮带或直接用手抬运。

4.9.3　明框玻璃幕墙，玻璃与立柱、横梁凹槽底部应保持一定的间隙，用橡胶条等弹性材料填充。安装前，先将立柱、横梁的凹槽清理干净；每块玻璃下部应先设置不少于两块弹性定位垫块，垫块的宽度与槽口宽度相同，长度不小于 100mm。安装时，一般先置入垫块，再嵌入内胶条，然后装入玻璃，最后嵌入外胶条。橡胶条长度宜比边框内槽口长 1.5%～2.5%，其断口应留在四角，橡胶条应斜面断开，用粘结剂粘结牢固；嵌入胶条时，先间隔分点塞入，再分边塞入；室外一侧根据设计要求可嵌入耐候密封胶。玻璃在立柱、横梁槽内的嵌入量应符合设计规定。

4.10　压座及扣盖安装

当明框玻璃边采用压座及扣盖时，先用自攻螺丝或螺栓，将压座固定在立柱、横梁上，再将扣盖用橡皮锤敲击固定在压座上，且压座与立柱、横梁间，压座与扣盖间均应衬防震橡胶垫。当压座或扣盖与玻璃相邻时，压座、扣盖与玻璃间，填塞泡沫圆棒、嵌橡胶条或嵌硅酮耐候密封胶。

4.11　注胶及变形缝密封

4.11.1　玻璃与立柱、横梁扣盖间，接缝用耐候硅酮密封胶密封，密封胶的施工厚度应大于3.5mm，胶缝宽度不小于厚度的2倍，密封胶在接缝内应形成相对两面粘结，不得形成三面粘结。注胶前，接缝的密封胶接触面上附着的油污等，用工业乙醇等清洁剂清理干净，潮湿表面应充分干燥。接缝内用聚氯乙烯泡沫圆棒充填，保持平直，并预留注胶厚度；在玻璃上沿接缝两侧贴防护胶带纸，使胶带纸边与缝边齐直；注胶顺序为从上向下，先平缝，后竖缝，注胶应持续均匀，用注胶枪把胶注入缝内，并立即用胶筒或刮刀刮平；隔日注胶时，先清理胶缝连接处的胶头，切除圆弧头部分，使两次注胶连接紧密；确认注胶合格后，取掉防护胶带纸，清洁接缝周围。注意避免在雨天、高温和气温低于5℃时进行注胶作业。

4.11.2　变形缝处幕墙与幕墙的间隙，应根据变形缝设计图纸进行施工。

4.12　擦洗玻璃

玻璃幕墙安装完后，玻璃、金属框和其他配件，用擦窗机清洗或乘吊篮人工清洗干净。擦洗用清洗剂应为中性清洗剂，清洗剂清洗后及时用清水冲洗干净。

4.13　检查验收

验收标准严格按国家、行业、地方有关规范、标准以及业主方确认的技术性能指标对明框玻璃幕墙工程质量进行验收。验收时以各部位施工记录、隐蔽记录为依据，含测量放线确认、预埋件埋设、钢支座与立柱联结、横梁与立柱联结、避雷措施、防火封堵、胶缝填充等。在各项材料符合设计与质量标准的前提下，进行幕墙整体验收。

5　质量标准

5.1　主控项目

5.1.1　幕墙工程所用材料、构件和组件应符合设计要求及国家现行产品标准和行业标准《玻璃幕墙工程技术规范》JGJ 102的规定。

5.1.2　玻璃幕墙的造型和立面分格应符合设计要求。

5.1.3　玻璃幕墙与主体结构的预埋件和后置埋件位置、数量、规格尺寸及后置埋件、槽式预埋件的拉拔力应符合设计要求。

5.1.4　玻璃幕墙构架与主体结构埋件的连接、构件之间的连接、玻璃面板的安装应符合设计要求，安装应牢固。

5.1.5　明框玻璃幕墙的玻璃安装应符合下列规定：

1　玻璃槽口与玻璃的配合尺寸应符合设计要求和技术标准的规定。

2　玻璃与构件不得直接接触，玻璃四周与构件凹槽底部应保持一定的空隙，每块玻璃下部至少放置两块宽度与槽口宽度相同、长度不小于100mm的弹性定位垫块；玻璃两边嵌入量及空隙应符合设计要求。

3　玻璃四周橡胶条的材质、型号应符合设计要求，镶嵌应平整，橡胶条长度应比边框内槽长1.5%～2.0%，橡胶条在转角处应斜面断开，并应用粘接剂粘结牢固后嵌入槽内。

5.1.6 玻璃幕墙节点、各种变形缝、墙角的连接节点应符合设计要求。

5.1.7 玻璃幕墙的防火、保温、防潮材料的设置应符合设计要求，填充应密实、均匀、厚度一致。

5.1.8 玻璃幕墙应无渗漏。

5.1.9 金属框架和连接件的防腐处理应符合设计要求。

5.1.10 玻璃幕墙开启窗的配件应齐全，安装应牢固，安装位置和开启方向、角度应正确；开启应灵活，关闭应严密。

5.1.11 玻璃幕墙的金属构架应与主体结构防雷装置可靠接通，并应符合设计要求。

5.2 一般项目

5.2.1 明框玻璃幕墙表面应平整、洁净；整幅玻璃的色泽应均匀一致；不得有污染和镀膜损坏。

5.2.2 每平方米玻璃的表面质量和检验方法应符合表 8-1 的要求。

每平方米玻璃的表面质量和检验方法　　表 8-1

项次	项目	质量要求	检验方法
1	明显划伤和长度＞100mm 的轻微划伤	不允许	观察
2	长度≤100mm 的轻微划伤	≤8 条	用钢尺检查
3	擦伤总面积	≤500mm^2	用钢尺检查

5.2.3 一个分格铝合金型材的表面质量和检验方法应符合表 8-2 的要求。

一个分格铝合金型材的表面质量和检验方法　　表 8-2

项次	项目	质量要求	检验方法
1	明显划伤和长度＞100mm 的轻微划伤	不允许	观察
2	长度≤100mm 的轻微划伤	≤2 条	用钢尺检查
3	擦伤总面积	≤500mm^2	用钢尺检查

5.2.4 明框玻璃幕墙的外露框或压条应横平竖直，颜色、规格应符合设计要求，压条安装应牢固。玻璃幕墙隐蔽节点的遮封装修应牢固、整齐、美观。

5.2.5 明框玻璃幕墙板缝注胶应饱满、密实、连续、深浅一致、宽窄均匀、光滑顺直、无气泡，胶缝的宽度和厚度应符合设计要求。

5.2.6 明框玻璃幕墙安装的允许偏差应符合表 8-3 的规定。

明框玻璃幕墙安装的允许偏差（mm）　　表 8-3

<table>
<tr><th>项次</th><th colspan="2">项目</th><th>允许偏差</th></tr>
<tr><td rowspan="4">1</td><td rowspan="4">幕墙垂直度（mm）</td><td>幕墙高度≤30m</td><td>10</td></tr>
<tr><td>30m＜幕墙高度≤60m</td><td>15</td></tr>
<tr><td>60m＜幕墙高度≤90m</td><td>20</td></tr>
<tr><td>幕墙高度＞90m</td><td>25</td></tr>
<tr><td rowspan="2">2</td><td rowspan="2">幕墙横向构件水平度（mm）</td><td>幕墙幅宽≤35m</td><td>5</td></tr>
<tr><td>幕墙幅宽＞35m</td><td>7</td></tr>
<tr><td>3</td><td colspan="2">构件直线度</td><td>2</td></tr>
</table>

续表

项次	项目		允许偏差
4	构件水平度	构件长度≤2m	2
		构件长度＞2m	3
5	相邻构件错位		1
6	分格框对角线长度差	对角线长度≤2m	3
		对角线长度＞2m	4

6　成品保护

6.0.1　各种构件及组件等应分类、分规格码放在专用库房内，不得在上面压放重物；搬运时应轻拿轻放，防止碰坏划伤。

6.0.2　金属构件表面应有防护膜，清洗前方可去除。玻璃上应有警示标识。

6.0.3　施工作业层应设防护，防止构件下落撞碰构件和玻璃。

6.0.4　电焊作业时，应对附近的幕墙构件、玻璃等遮挡防护，避免烧伤。

6.0.5　施工中幕墙及其构件表面的粘附物应及时清除。

7　注意事项

7.1　应注意的质量问题

7.1.1　埋件预埋时，其位置应严格控制并固定牢靠，浇筑混凝土时振捣棒不得接触埋件，有专人看护，避免移位。

7.1.2　安装立柱、横梁前，应认真核对玻璃尺寸和相应的立柱、横梁位置控制线，使两者协调一致。

7.1.3　玻璃间、构件附件与玻璃间的耐候密封胶下应嵌塞泡沫条，避免密封胶三面粘结。

7.1.4　密封条规格应适宜，长度符合要求，搭接处应粘结密封；结构胶、密封胶粘结面应清理干净，注胶环境应适宜，密封胶厚度符合要求，不得有针眼、稀缝现象；幕墙与主体、幕墙变形缝处的连接封口应严密；门窗开启部位密封应严密，胶条弹性应符合要求，五金配件装配应严密；幕墙排水系统应装配严密，排水畅通。

7.2　应注意的安全问题

7.2.1　手电钻、焊钉枪等手持电动工具，应作绝缘电压试验；电动工具应按要求进行接零保护，操作人员应佩戴防触电防护用品；真空吸盘机使用前，应进行吸附重量和吸附持续时间检验。

7.2.2　施工人员作业时必须戴安全帽，系安全带，并配备工具袋。

7.2.3　工程的上下部交叉作业时，结构施工层下方应采取可靠的安全防护措施。

7.2.4　现场焊接时，在焊件下方应设接火斗。

7.3 应注意的绿色施工问题

7.3.1 材料加工后的边角下脚料应分类回收。

7.3.2 采取围挡等措施控制施工噪声。

8 质量记录

8.0.1 玻璃幕墙所用各种材料、五金配件、构件及组件的产品合格证书、性能检测报告、进场验收记录和复验报告。

8.0.2 硅酮结构胶的认定证书和抽检合格证明；玻璃幕墙用结构胶的邵氏硬度、标准条件拉伸黏度、强度、相容性试验；进口硅酮结构胶的商检证；国家指定机构出具的硅酮结构胶相容性和剥离粘结性试验报告。

8.0.3 后置埋件的现场拉拔强度检测报告。

8.0.4 幕墙抗风压性能、气密性能、水密性能及平面内变形性能检测报告。

8.0.5 打胶、养护环境的温度、湿度记录；双组分硅酮结构胶的混匀性试验记录及拉断试验记录。

8.0.6 防雷装置测试记录。

8.0.7 隐蔽工程检查验收记录。

8.0.8 幕墙构件和组件的加工制作记录。

8.0.9 幕墙安装施工记录。

8.0.10 淋水试验检查记录。

8.0.11 明框玻璃幕墙工程检验批质量验收记录。

8.0.12 明框玻璃幕墙分项工程质量验收记录。

8.0.13 其他技术文件。

第 9 章 全玻幕墙及点支玻幕墙安装

本工艺标准适用于民用建筑全玻璃幕墙安装及点支幕墙安装。

1 引用标准

《玻璃幕墙工程技术规范》JGJ 102—2003
《钢结构设计标准》GB 50017—2017
《建筑结构荷载规范》GB 50009—2012
《建筑幕墙》GB/T 21086—2007
《铝合金建筑型材》GB/T 5237—2017
《建筑用安全玻璃 第 2 部分：钢化玻璃》GB 15763.2—2005

《中空玻璃》GB/T 11944—2012
《建筑用硅酮结构密封胶》GB 16776—2005
《建筑设计防火规范》GB 50016—2014
《建筑抗震设计规范》GB 50011—2010
《建筑物防雷设计规范》GB 50057—2010
《混凝土结构后锚固技术规程》JGJ 145—2013
《点支式玻璃幕墙工程技术规程》CECS 127：2001
《吊挂式玻璃幕墙支承装置》JG 139—2001
《建筑装饰装修工程质量验收标准》GB 50210—2018

2 术语（略）

3 施工准备

3.1 作业条件

3.1.1 确保安装脚手架的安装完好，障碍物已经拆除。安装幕墙的主体结构（钢结构、钢筋混凝土结构和砖混结构等）已完工，主体结构的垂直度和外表面平整度及结构尺寸偏差必须达到有关国家施工及验收规范要求。特别是主体结构的垂直度和外表面平整度及结构的尺寸偏差必须达到国家规范要求。否则应采用适当的措施后才能进行幕墙的安装施工。

3.1.2 对幕墙可能造成污染或损伤的分项工程，应在幕墙安装施工前完成。否则应有可靠的保护措施。

3.1.3 预埋件在主体结构施工时，已按设计要求埋设牢固、位置准确，埋件的标高偏差不应大于10mm，左右位置的偏差不应大于20mm，前后位置的偏差不大于10mm，不符合标准的应按要求补埋。(质量控制点)

3.1.4 确保幕墙安装施工的脚手架完好，障碍物已拆除。

3.2 材料与机械设备、工具

3.2.1 幕墙用玻璃、中空玻璃、碳素型钢、不锈钢驳接爪、拉索、硅酮结构密封胶、硅酮耐候密封胶、五金配件等应符合相关规范规定及技术要求。

3.2.2 机械设备、工具：电焊机、砂轮切割机、电钻、螺丝刀、钳子、扳手、线坠、经纬仪、水平尺、钢卷尺。

4 操作工艺

4.1 工艺流程

4.1.1 全玻幕墙工艺流程

测量放线 → 复查预埋件及后置埋件 → 结构梁钢架焊接 → 吊夹安装 → 保温层安装 →

玻璃安装→防火隔离带安装→注胶及变形缝密封→擦洗玻璃→检查验收

4.1.2 点玻幕墙工艺流程

测量放线→复查预埋件及后置埋件→立柱安装→横梁安装→驳接爪安装→保温层安装→玻璃安装→防火隔离带安装→注胶及变形缝密封→擦洗玻璃→检查验收

4.2 测量放线

4.2.1 根据建筑的主要轴线控制线，对照主体结构上的竖向轴线，用经纬仪和钢尺复核后，在各层楼板边或墙面上，弹出立柱中心线和控制线并标识。

4.2.2 用水准仪和钢尺，从水准基点复测各楼层标高，并在楼板边或柱、墙上，弹出控制标高线并标识。

4.2.3 用经纬仪测量出幕墙外立面的控制线，在楼板上或柱面、墙面上弹线并标识。

4.2.4 当建筑较高时，竖向测量应定时进行。竖向测量时，风力不宜大于四级。

4.2.5 当实际位置和标高与设计要求相差较大时，应制订处理方案或修改设计。

4.3 复查预埋件及后置埋件

4.3.1 根据幕墙的三向控制线，对预埋件的位置、标高进行复测，并弹出立柱紧固件的位置控制线、标高控制线，作出标识。同时对预埋件的规格、尺寸和位置进行复查，并做好预埋件的防腐处理。当与设计要求相差较大时，应制订处理方案。

4.3.2 后置埋件应按设计要求做好防腐处理。后置埋件用膨胀螺栓或化学螺栓固定在强度等级不低于C30的混凝土结构上；后加螺栓应采用不锈钢或镀锌碳素钢，直径不得小于10mm；每个埋件的后加螺栓不得少于两个，螺栓间距和螺栓到构件边缘的距离不应小于70mm。对后置埋件进行现场拉拔检验，应符合设计要求。在后置埋件上弹出立柱紧固件的位置控制线、标高控制线，作出标识。

4.3.3 预埋件的标高偏差不应大于10mm，位置偏差不应大于20mm。

4.4 点玻幕墙立柱安装及全玻幕墙结构梁钢架焊接

4.4.1 安装各楼层紧固件，一般采用镀锌碳素不等边钢紧固件。紧固件与埋件采用焊接连接，按设计规定的位置、标高和连接方法，连接牢固。紧固件安装时，应先点焊固定，检查复核符合要求后，再满焊固定。

4.4.2 点玻幕墙立柱一般采用碳素钢方管和圆管，一般由下往上安装。当立柱一层为一根时，上端悬挂固定，下端滑动；当立柱两层为一根时，上端悬挂固定，中间简支，下端滑动。根据立柱长度，每安装完一层或两层后，再安装上一层或两层。

4.4.3 点玻幕墙立柱安装前，应在地面用钻床钻孔，开榫机开槽、开榫，按设计规定预留加工通气槽孔、冷凝水排出口及雨水排出口。立柱上端连接件和中间连接件一般为不等边角钢，一般采用满焊固定，滑动端头用不锈钢螺栓连接，连接螺栓应进行承载力计算，且螺栓直径不应小于10mm；芯柱或夹板在上、下立柱连接的长度不小于150mm，总长度不应小于400mm，芯柱或夹板与立柱应紧密接触，芯柱或夹板和下部立柱满焊，用螺栓固定上部立柱的下端，且上、下立柱间应留置不小于10mm的间隙；芯柱或夹板上的螺栓孔均开竖长孔，以便滑动立柱下端对热胀冷缩的影响；当立柱与连接件采用不同金属材料时，立柱与连接件采用绝缘垫片分隔。固定件与连接件的接触面，应采用刻纹等防滑措施，未刻纹时，可用非受力短焊缝定位，但不得采用连接焊缝形成受力连接。

4.4.4　点玻幕墙立柱安装时，竖起立柱，立柱下端套在下部立柱芯柱或夹板上，上端连接件和中间连接件与紧固件临时固定，用经纬仪和钢尺检查，并调整立柱的位置、标高、垂直度等，符合要求后将螺栓紧固，上端连接件和中间连接件与紧固件满焊固定，上、下立柱间间隙用耐候密封胶嵌填。立柱的安装标高偏差不应大于3mm，轴线前后偏差不应大于2mm，轴线左右偏差不应大于3mm；相邻两根立柱安装标高偏差不应大于3mm，同层立柱的最大标高偏差不应大于5mm，相邻两根立柱的距离偏差不应大于2mm。

4.4.5　点玻幕墙立柱全部或分区域安装完后，应对立柱的整体垂直度、外立面水平度进行检查。当不符合要求时，应及时调整处理。

4.4.6　全玻幕墙结构梁钢架安装，最好在加工场地按图纸加工主受力方向钢架，再吊装到预埋板位置，通过转接件进行焊接连接，再将主受力钢架进行横向焊接连接，使之受力成为一体，再按照放线尺寸焊接安置吊夹所在的钢龙骨，先点焊固定后，进行尺寸校对，符合要求后全部满焊固定。

4.5　点玻幕墙横梁安装

4.5.1　横梁通过焊接与立柱连接，焊缝应能承受横梁的剪力。

4.5.2　用水准仪和钢尺量测，在立柱上标出横梁的安装位置线。

4.5.3　同一层横梁的安装，应由下向上进行。横梁应安装牢固，接缝应严密。相邻两根横梁的水平标高偏差不应大于1mm；同层标高偏差：当一幅幕墙宽度不大于35m时，不应大于5mm，当一幅幕墙宽度大于35m时，不应大于7mm。

4.5.4　当安装完一层高度的横梁后，应进行检查、调整、校正、固定，符合要求后再安装另一层。

4.6　全玻幕墙吊夹安装及点玻幕墙驳接爪安装

4.6.1　全玻幕墙的吊夹材质一般是镀锌碳素钢、不锈钢、铸铜和铝合金等金属材料；按构造可分为活动式、固定式和穿孔式；按夹数可分为单夹和双夹；其性能必须符合相应的国家标准。单吊夹的承载力应不小于2kN，双吊夹的承载力应不小于4kN。单个吊夹每侧夹板与玻璃间的接触面积不得低于20mm×100mm。高度超过4m的全玻幕墙应吊挂在主体结构上，吊夹具应符合设计要求，玻璃与玻璃、玻璃与玻璃肋之间的缝隙，应采用硅酮结构密封胶填嵌严密；吊夹通过可调节螺杆螺帽和受力钢骨连接，除玻璃肋可采用一个吊夹外，单块吊挂玻璃不得少于两个吊夹。上部悬挂的同时，下部放置玻璃的槽口应先设置不少于两块弹性定位垫块，垫块的宽度与槽口宽度相同，长度不小于100mm。

4.6.2　点玻幕墙驳接爪材质一般是镀锌碳素钢、不锈钢和铝合金等金属材料；按构造可分为活动式和固定式；连接件按外形可分为浮头式和沉头式；按固定点数和外形可分为单点爪、双点爪、三点爪、四点爪和多点爪；其性能必须符合相应的国家标准。驳接爪通过焊接和栓接立柱、横梁进行固定连接，点玻幕墙应采用带万向头的活动不锈钢爪，其钢爪间的中心距离应大于250mm。

4.7 防雷装置安装

4.7.1 幕墙防雷接地根据设计要求安装。

4.7.2 玻璃幕墙高度30m以上的立柱和横梁应作电气连接，构成约10m×10m防侧击雷的防雷网。通常上下立柱连接处，用螺栓固定铝排或铜编线连接。幕墙防雷网与主体结构的均压环防雷体系，通过建筑主体柱主筋用扁钢或钢筋焊接连接。

4.7.3 幕墙顶部女儿墙金属盖板可作为接闪器，每隔10m与主体结构防雷网连接一次，接受雷电流。金属接闪器的厚度不宜小于3mm，当建筑高度低于150m时，截面不宜小于50mm^2，当建筑高度在150mm以上时，截面不宜小于70mm^2。

4.7.4 连接应在材料表面保护膜除掉后的部位进行。测试的接地电阻值应符合设计规定，一般情况下，接地电阻应小于1Ω。

4.8 保温层安装

4.8.1 有热工要求的幕墙，应安装保温材料。保温材料宜从内向外安装，保温材料的安装固定应符合设计规定：板块状保温材料可粘贴和钉接在结构外墙面上；保温棉块也可用镀锌细铁丝网和镀锌细铁丝，固定在立柱和横梁形成的框架内；或在保温材料两边用内、外衬板固定；或铺填在焊有钢钉的内衬板上用螺钉固定。内衬板应采用镀锌薄钢板或经防腐处理的钢板。内衬板四周应套装弹性橡胶密封条，内衬板与构件接缝应严密；内衬板就位后，用密封胶密封处理。保温材料应铺设平整，拼缝处不留缝隙。

4.8.2 按设计要求安装冷凝水排出管及其附件，与水平构件的预留孔连接严密，与内衬板出水孔连接处应设橡胶密封条。

4.9 玻璃安装

玻璃应在车间加工制作。中空玻璃间，硅酮结构密封胶应在温度15～30℃、相对湿度50%以上洁净的室内打注，且应打注饱满。不得使用过期的硅酮结构密封胶。玻璃安装前，应将玻璃表面污物擦拭干净。玻璃应从上向下、顺一个方向连续安装。热反射玻璃的镀膜面应朝向室内，非镀膜面朝向室外。大块玻璃用吊车或者倒链吊运，电动真空吸盘机抬运，中块玻璃用手动真空吸盘机抬运，小块玻璃用牛皮带或直接用手抬运。

4.10 层间防火隔离带安装

幕墙的层间防火隔离带。防火材料的衬板应用镀锌钢板，或经防腐处理且厚度不小于1.5mm的钢板，不得用铝板。应先安装衬板，衬板应与横梁或立柱紧密接触，用防火密封胶密封，并防止防火材料与玻璃直接接触；防火材料用黏结剂粘贴在衬板上，填充厚度不小于100mm，并用钢钉及不锈钢片固定。防火材料应铺设平整，拼缝处不留缝隙。并注意一块玻璃不能跨越两个防火分区。对外观要求非常高的全玻幕墙及点玻幕墙，要求通透性和完成后晶莹剔透，应采用满足防火时限的铯钾防火玻璃进行层间防火处理，接缝处应采用防火密封胶密封。

4.11 注胶及变形缝密封

4.11.1 玻璃间的缝隙不得小于10mm，玻璃间密封胶在接缝内应形成相对两面粘结，不得形成三面粘结。注胶前，接缝的密封胶接触面上附着的油污等，用工业乙醇等清洁剂清理干净，潮湿表面应充分干燥。在玻璃上沿接缝两侧贴防护胶带纸，使胶带纸边与缝边齐直；注胶顺序为从上向下，先平缝，后竖缝，注胶应持续均匀，用注胶枪把胶注入缝内，并立即用胶筒或刮刀刮平；隔日注胶时，先清理胶缝连接处的胶头，切除圆弧头部分，使两次注胶连接紧密；确认注胶合格后，取掉防护胶带纸，清洁接缝周围。注意避免在雨天、高温和气温低于5℃时进行注胶作业。

4.11.2 变形缝处幕墙与幕墙的间隙，应根据变形缝设计图纸进行施工。

4.12 擦洗玻璃

玻璃幕墙安装完后，玻璃、金属框和其他配件，用擦窗机清洗或乘吊篮人工清洗干净。擦洗用清洗剂应为中性清洗剂，清洗剂清洗后及时用清水冲洗干净。

4.13 检查验收

4.13.1 玻璃的品种、规格与色彩应与设计相符，色泽应基本均匀，铝合金料不应有析碱、发霉和镀膜脱落等现象。

4.13.2 玻璃的安装方向应正确；金属材料的色彩应与设计相符，色泽应基本均匀，铝合金料不应有脱膜现象。

4.13.3 铝合金装饰压板，表面应平整，不应有肉眼可察觉的变形、疲纹或局部压碾等缺陷。

4.13.4 幕墙的上下边及侧边封口、沉降缝、伸缩缝、防震缝的处理及防雷体系应符合规范。

4.13.5 幕墙隐蔽节点的遮封装修应整齐美观，幕墙不得渗漏。

5 质量标准

5.1 主控项目

5.1.1 全玻幕墙及点玻幕墙工程所用材料、构件和组件应符合设计要求及国家现行产品标准和行业标准《玻璃幕墙工程技术规范》JGJ 102的规定。

5.1.2 幕墙的造型和立面分格应符合设计要求。

5.1.3 幕墙与主体结构的预埋件和后置埋件位置、数量、规格尺寸及后置埋件、槽式预埋件的拉拔力应符合设计要求。

5.1.4 幕墙构架与主体结构埋件的连接、构件之间的连接、玻璃面板的安装应符合设计要求，安装应牢固。

5.1.5 高度超过4m的全玻幕墙应吊挂在主体结构上，吊夹具应符合设计要求，玻璃与玻璃、玻璃与玻璃肋之间的缝隙，应采用硅酮结构密封胶填嵌严密；点支承玻璃幕墙应采用带万向头的活动不锈钢爪，其钢爪间的中心距离应大于250mm。全玻幕墙及点玻幕墙使用的玻璃应符合下列规定：

1 幕墙应使用安全玻璃，玻璃的品种、规格、颜色、光学性能及安装方向应符合设计要求。

2 全玻幕墙肋玻璃的厚度不应小于12mm，且宽度不宜小于100mm。

3　全玻幕墙的中空玻璃应采用双道密封。

4　幕墙的夹层玻璃应采用聚乙烯醇缩丁醛（PVB）胶片干法加工合成的夹层玻璃。幕墙夹层玻璃的夹层胶片（PVB）厚度不应小于 0.76mm。

5　钢化玻璃表面不得有损伤；钢化玻璃应进行引爆处理。

6　所有幕墙玻璃均应进行边缘处理。

5.1.6　幕墙节点、各种变形缝、墙角的连接节点应符合设计要求。

5.1.7　幕墙的防火、保温、防潮材料的设置应符合设计要求，填充应密实、均匀、厚度一致。

5.1.8　幕墙应无渗漏。

5.1.9　金属框架和连接件的防腐处理应符合设计要求。

5.1.10　幕墙开启窗的配件应齐全，安装应牢固，安装位置和开启方向、角度应正确；开启应灵活，关闭应严密。

5.1.11　幕墙的金属构架应与主体结构防雷装置可靠接通，并应符合设计要求。

5.2　一般项目

5.2.1　玻璃幕墙表面应平整、洁净；整幅玻璃的色泽应均匀一致；不得有污染和镀膜损坏。

5.2.2　每平方米玻璃的表面质量和检验方法应符合表 9-1 的要求。

每平方米玻璃的表面质量和检验方法　　　　**表 9-1**

项次	项目	质量要求	检验方法
1	明显划伤和长度>100mm 的轻微划伤	不允许	观察
2	长度≤100mm 的轻微划伤	≤8 条	用钢尺检查
3	擦伤总面积	$\leqslant 500\text{mm}^2$	用钢尺检查

5.2.3　点支幕墙拉杆和拉索的预应力应符合设计要求。

5.2.4　不锈钢驳接爪安装的允许偏差为：相邻钢爪水平距离和竖向距离为±1.5mm；同层钢爪高度允许偏差见表 9-2。

同层钢爪高度允许偏差　　　　**表 9-2**

水平距离 L(m)	允许偏差（×1000mm）
$L\leqslant 35$	$L/700$
$35<L\leqslant 50$	$L/600$
$50<L\leqslant 100$	$L/500$

5.2.5　幕墙的密封胶缝应横平竖直、深浅一致、宽窄均匀、光滑顺直。

5.2.6　点支幕墙安装的允许偏差应符合表 9-3 的规定。

点支幕墙安装的允许偏差（mm）　　　　**表 9-3**

项次	项目		允许偏差（mm）
1	竖缝及墙面垂直度	幕墙高度≤30m	10
		30m<幕墙高度≤50m	15
2	平面度		2.5
3	胶缝直线度		2.5
4	相邻玻璃平面高低差		1
5	拼缝宽度		2

5.2.7 全玻幕墙安装的质量应符合下列规定：

1 墙面胶缝应平整光滑、宽度均匀。胶缝宽度与设计值的偏差不应大于2mm。

2 玻璃面板与玻璃肋之间的垂直度偏差不应大于2mm，相邻玻璃面板的平面高低偏差不应大于1mm。

3 玻璃与镶嵌槽的间隙应符合设计要求，密封胶应灌注均匀、密实、连续。

4 玻璃与周边结构或装修的空隙不应小于8mm，密封胶填缝应均匀、密实、连续。

6 成品保护

6.0.1 各种构件及组件等应分类、分规格码放在专用库房内，不得在上面压放重物；搬运时应轻拿轻放，防止碰坏划伤。

6.0.2 金属构件表面应有防护膜，清洗前方可去除。玻璃上应有警示标识。

6.0.3 施工作业层应设防护，防止构件下落撞碰构件和玻璃。

6.0.4 电焊作业时，应对附近的幕墙构件、玻璃等遮挡防护，避免烧伤。

6.0.5 施工中幕墙及其构件表面的粘附物应及时清除。

7 注意事项

7.1 应注意的质量问题

7.1.1 埋件预埋时，其位置应严格控制并固定牢靠，浇筑混凝土时振捣棒不得接触埋件，有专人看护，避免移位。

7.1.2 安装立柱、横梁前，应认真核对玻璃尺寸和相应的立柱、横梁位置控制线，使两者协调一致。

7.1.3 玻璃间、构件附件与玻璃间的耐候密封胶下应嵌塞泡沫条，避免密封胶三面粘结。

7.1.4 密封条规格应适宜，长度符合要求，搭接处应粘结密封；结构胶、密封胶粘结面应清理干净，注胶环境应适宜，密封胶厚度符合要求，不得有针眼、稀缝现象；幕墙与主体、幕墙变形缝处的连接封口应严密；门窗开启部位密封应严密，胶条弹性应符合要求，五金配件装配应严密；幕墙排水系统应装配严密，排水畅通。

7.2 应注意的安全问题

7.2.1 手电钻、焊钉枪等手持电动工具，应作绝缘电压试验；电动工具应按要求进行接零保护，操作人员应佩戴防触电防护用品；真空吸盘机使用前，应进行吸附重量和吸附持续时间检验。

7.2.2 施工人员作业时必须戴安全帽，系安全带，并配备工具袋。

7.2.3 工程的上下部交叉作业时，结构施工层下方应采取可靠的安全防护措施。吊装作业时先试吊，可行后正式吊装。

7.2.4 现场焊接时，在焊件下方应设接火斗。

7.3　应注意的绿色施工问题

7.3.1　材料加工后的边角下脚料应分类回收。

7.3.2　采取围挡等措施控制施工噪声。

8　质量记录

8.0.1　玻璃幕墙所用各种材料、五金配件、构件及组件的产品合格证书、性能检测报告、进场验收记录和复验报告。

8.0.2　硅酮结构胶的认定证书和抽检合格证明；玻璃幕墙用结构胶的邵氏硬度、标准条件拉伸黏度、强度、相容性试验；进口硅酮结构胶的商检证；国家指定机构出具的硅酮结构胶相容性和剥离粘结性试验报告。

8.0.3　后置埋件的现场拉拔强度检测报告。

8.0.4　幕墙抗风压性能、气密性能、水密性能及平面内变形性能检测报告。

8.0.5　打胶、养护环境的温度、湿度记录；双组分硅酮结构胶的混匀性试验记录及拉断试验记录。

8.0.6　防雷装置测试记录。

8.0.7　隐蔽工程检查验收记录。

8.0.8　幕墙构件和组件的加工制作记录。

8.0.9　幕墙安装施工记录。

8.0.10　淋水试验检查记录。

8.0.11　全玻幕墙及点玻幕墙工程检验批质量验收记录。

8.0.12　全玻幕墙及点玻幕墙分项工程质量验收记录。

8.0.13　其他技术文件。

第10章　金属幕墙安装

本工艺标准适用于工业与民用建筑金属幕墙的安装。

1　引用标准

《玻璃幕墙工程技术规范》JGJ 102—2003

《钢结构设计标准》GB 50017—2017

《建筑结构荷载规范》GB 50009—2012

《建筑幕墙》GB/T 21086—2007

《铝合金建筑型材》GB/T 5237—2017

《建筑用硅酮结构密封胶》GB 16776—2005

《建筑设计防火规范》GB 50016—2014
《建筑抗震设计规范》GB 50011—2010
《建筑物防雷设计规范》GB 50057—2010
《混凝土结构后锚固技术规程》JGJ 145—2013
《金属与石材幕墙工程技术规范》JGJ 133—2001
《建筑装饰装修工程质量验收标准》GB 50210—2018

2　术语（略）

3　施工准备

3.1　作业条件

3.1.1　主体结构已完成，水电等设备、管线已安装完毕。

3.1.2　施工用脚手架应提前支搭和安装好，其横竖杆及拉杆等应离墙面和门窗口角150～200mm，架子的步高和支搭应符合施工要求和安全操作规程。施工用吊篮架已安装好，并验收合格。

3.1.3　各种电器设备的电源已预先接好，并经安全测试运转合格。

3.1.4　幕墙材料及配件已准备好，并按要求分类存放。

3.2　材料要求

3.2.1　金属面板：金属面板一般采用铝板、合金板、铝塑复合板等材料，其品种、规格、颜色应符合设计要求及国家现行有关标准规范的要求，应有产品合格证。

3.2.2　骨架材料：骨架材料一般为铝合金型材或型钢，品种、规格、表面处理等必须符合设计要求，应有出厂合格证明，并应符合国家现行产品标准和工程技术规范的规定。

3.2.3　密封胶的厂家、牌号性能应符合设计要求，并应有出厂合格证明。

3.2.4　所有连接铁件规格尺寸应符合设计要求，表面镀锌处理。连接螺栓、螺钉等紧固件应采用不锈钢或镀锌件，规格尺寸符合设计要求。

3.3　主要机具

型材切割机、电焊机、电锤、电钻、拉铆枪、螺丝刀、线坠、靠尺等。

4　操作工艺

4.1　工艺流程

测量放线→复查预埋件及后置埋件→立柱和横梁加工制作→立柱安装→横梁安装→防雷装置安装→保温、防火材料安装→金属板加工制作→金属板安装→注胶及变形缝密封→擦洗金属板→检查验收

4.2　测量放线

4.2.1　根据建筑的主要轴线控制线，对照主体结构上的竖向轴线，用经纬仪和钢尺复核后，在各楼板边或墙面上，弹出立柱中心线和控制线并标识。

4.2.2　用水准仪和钢尺，从水准基点复测各楼层标高，并在楼板边或柱、墙上，弹出控制标高线并标识。

4.2.3　用经纬仪测量出金属幕墙外立面的控制线，在楼板上或柱面、墙面上弹线并标识。

4.2.4　当建筑较高时，竖向测量应定时进行。竖向测量时，风力不宜大于四级。

4.2.5　当实际位置和标高与设计要求相差较大时，应制订处理方案或修改设计。

4.3　复查预埋件及后置埋件

4.3.1　根据金属板幕墙的三向控制线，对预埋件的位置、标高进行复测，并弹出立柱紧固件的位置控制线、标高控制线，作出标识。同时对预埋件的规格、尺寸进行复查，并做好预埋件的防腐处理。当与设计要求相差较大时，应制订处理方案。

4.3.2　后置埋件应按设计要求做好防腐处理。后置埋件用膨胀螺栓或化学螺栓固定在强度等级不低于 C30 的混凝土结构上；后加螺栓应采用不锈钢或镀锌碳素钢，直径不得小于 10mm；每个埋件的后加螺栓不得少于两个，螺栓间距和螺栓到构件边缘的距离不应小于 70mm。对后置埋件进行现场拉拔检验，应符合设计要求。在后置埋件上弹出立柱紧固件的位置控制线、标高控制线，作出标识。

4.3.3　预埋件的标高偏差不应大于 10mm，位置偏差不应大于 20mm。

4.4　立柱和横梁加工

立柱和横梁下料前先校直调整，车间用切割机下料，现场用砂轮切割机下料；立柱和横梁用钻床钻孔，开榫机开槽、开榫。立柱长度的允许偏差为±1.0mm，横梁长度的允许偏差为±0.5mm，端头斜度的允许偏差为$-15'$；下料端头不得因加工而变形，并不应有毛刺；孔位的允许偏差为±0.5mm，孔距的允许偏差为±0.5mm，累计偏差不得大于±1.0mm。

4.5　立柱安装

4.5.1　立柱一般选用镀锌碳素钢和铝合金，安装各楼层紧固件，一般采用镀锌碳素不等边钢紧固件。紧固件与埋件采用焊接连接，按设计规定的位置、标高和连接方法，均应连接牢固。紧固件安装时，应先点焊固定，检查复核符合要求后，再满焊固定。

4.5.2　立柱一般由下往上安装。当立柱一层为一根时，上端悬挂固定，下端滑动；当立柱两层为一根时，上端悬挂固定，中间简支，下端滑动。根据立柱长度，每安装完一层或两层后，再安装上一层或两层。

4.5.3　立柱安装前，应在地面先进行下料和开孔。立柱上端连接件和中间连接件一般为不等边角钢和槽钢紧固件，紧固件和立柱采用焊接和栓接进行连接，连接螺栓应进行承载力计算，且螺栓直径不应小于 10mm；芯柱在上、下立柱内插入的长度不小于 150mm，总长度不应小于 400mm，芯柱与立柱应紧密接触，芯柱下部用螺栓固定在下立柱上，且上、下立柱间应留置不小于 15mm 的间隙；连接件上的螺栓孔均开长孔，以便调整立柱的位置和标高；当立柱与连接件采用不同金属材料时，立柱与连接件采用绝缘垫片分隔。固定件与连接件的接触面，应采用刻纹等防滑措施，未刻纹时，可用非受力短焊缝定位，但不得采用连接焊缝形成受力连接。

4.5.4　铝合金立柱安装时，竖起立柱，立柱下端套在下部立柱芯柱上，上端连接件和中间连接件与紧固件用不锈钢螺栓临时固定，用经纬仪和钢尺检查，并调整立柱的位置、标高、垂直度等，符合要求后将螺栓紧固，上端连接件和中间连接件与紧固件满焊固定，上、下立柱间间隙用耐候密封胶嵌填。钢立柱安装时，竖起立柱，立柱下端套在下部立柱芯柱上，上端连接件和中间连接件可与紧固件点焊临时固定，用经纬仪和钢尺检查，并调整立柱的位置、标高、垂直度等，符合要求后将下端螺栓紧固，上、下立柱间间隙用耐候密封胶嵌填。立柱的安装标高偏差不应大于3mm，轴线前后偏差不应大于2mm，轴线左右偏差不应大于3mm；相邻两根立柱安装标高偏差不应大于3mm，同层立柱的最大标高偏差不应大于5mm，相邻两根立柱的距离偏差不应大于2mm。

4.5.5　立柱全部或分区域安装完后，应对立柱的整体垂直度、外立面水平度进行检查。当不符合要求时，应及时调整处理。

4.6　横梁安装

4.6.1　立柱安装完后，用水准仪和钢尺量测，在立柱上标出横梁的安装位置线。

4.6.2　铝横梁通过角码、螺钉或螺栓与立柱连接，角码应能承受横梁的剪力。螺钉直径不得小于4mm，每处连接螺钉数量不应少于三个，螺栓不应少于两个。横梁端部与立柱间应留1mm的空隙，设防噪声浅色弹性橡胶垫片或石棉垫片。钢横梁通过焊接与立柱连接，焊缝应能承受横梁的剪力。焊缝高度不得低于钢材厚度。横梁端部与立柱间应满焊连接，每隔10m左右应设置一处栓接，以消减热胀冷缩产生的应力。

4.6.3　同一层横梁的安装，应由下向上进行。安装时，将横梁两端安装在立柱的预定位置，再顺序安装同一标高的横梁。横梁应安装牢固，接缝应严密。相邻两根横梁的水平标高偏差不应大于1mm；同层标高偏差：当一幅幕墙宽度不大于35m时，不应大于5mm，当一幅幕墙宽度大于35m时，不应大于7mm。

4.6.4　当安装完一层高度的横梁后，应进行检查、调整、固定，符合要求后再安装另一层。

4.7　防雷装置安装

4.7.1　幕墙防雷接地根据设计要求安装。

4.7.2　金属板幕墙高度30m以上的立柱和横梁应作避雷连接，构成约10m×10m防侧击雷的防雷网。通常上下立柱断开连接处，用螺栓固定铝排或铜编线连接。幕墙防雷网与主体结构的均压环防雷体系，通过建筑主体柱主筋用扁钢或钢筋焊接连接。

4.7.3　幕墙顶部女儿墙金属盖板可作为接闪器，每隔10m与主体结构防雷网连接一次，接受雷电流。金属接闪器的厚度不宜小于3mm，当建筑高度低于150m时，截面不宜小于50mm^2，当建筑高度在150mm以上时，截面不宜小于70mm^2。

4.7.4　连接应在材料表面保护膜除掉后的部位进行。测试的接地电阻值应符合设计规定，一般情况下，接地电阻应小于1Ω。

4.8 保温、防火材料安装

4.8.1 有热工要求的幕墙，应安装保温材料。保温材料的安装固定应符合设计规定：板块状保温材料可固定在结构外墙面上，或将保温材料紧贴金属板装在加强肋间，或将保温材料装在衬板上；保温材料可用粘贴法固定或用电焊钉固定。当采用衬板时，衬板应采用镀锌薄钢板或经防腐处理的钢板。衬板四周应套装弹性橡胶密封条，衬板与构件接缝应严密；衬板就位后，用密封胶密封处理。保温材料应铺设平整，拼缝处不留缝隙。当保温材料紧贴金属板设置时，保温材料与主体结构外表面应保持不少于 50mm 厚的空气层。

4.8.2 幕墙的四周、窗间墙和窗槛墙，均应用防火材料填充，填充厚度不小于 100mm，在楼板处及防火分区间形成防火带。防火材料的衬板应用镀锌钢板，或经防腐处理且厚度不小于 1.5mm 的钢板，不得用铝板。应先安装衬板，衬板应与横梁或立柱紧密接触，用防火密封胶密封，并防止防火材料与金属板直接接触；防火材料应铺设平整，拼缝处不留缝隙。并注意一块金属板不能跨越两个防火分区。

4.9 金属板加工制作

4.9.1 金属板应在车间内加工制作。金属板可用小型电锯或手锯裁切，裁切时应镜面朝上，可以高速锯割和进锯，用空压机吹走锯末；刻槽用刀或手锯，用空压机吹走锯末；钻孔用电钻或钻床，曲线加工用线钻，用空压机吹走切屑；边缘刨平用手刨、锉刀或刮刀；剪断用剪床；弯折可冷弯；滚圆弧用三辊机。铝合金板和不锈钢板在制作构件时，应四周折边。金属板面积较大时，应按需要设置边肋、中肋等加劲肋，铝塑复合板折边处应设边肋。加劲肋可用金属方管、槽型材或角型材。

4.9.2 单层铝板折弯加工时，折弯外圆弧半径不应小于板厚的 1.5 倍；当设置加劲肋时，加劲肋可用结构装配方式，用结构密封胶将其固定在铝板的相应位置上，也可在铝板上用栓焊固定螺钉，用螺钉固定加强肋，但应确保铝板外表面不变形、不褪色，固定应牢固；单层铝板的固定耳板，可采用焊接、铆接或在铝板上直接冲压而成，应保证位置准确，调整方便，固定牢固；单层铝板构件的四周边与加劲肋固定应采用铆接、螺栓、胶粘与机械连接相结合的形式，应做到构件刚性好，固定牢固。

4.9.3 铝塑复合板应弯折成槽形，即四边均需折边，两相邻折边连接处用角码固定；弯折前切铣内层铝板和聚乙烯塑料时，应保留不小于 0.3mm 厚的聚乙烯塑料，且使所保留的塑料层厚度均匀，并不得划伤外层铝板的外表面；打孔、切口等外露的聚乙烯塑料及角缝，应采用中性硅酮耐候密封胶密封；加工过程中铝塑复合板严禁与水接触；当面积较大时可用加强肋，加强肋一般用结构装配方式用结构胶固定在板面指定位置，槽形板的加强肋与板的折边必须连接牢固。

4.9.4 蜂窝铝板加工时，应根据组装要求决定切口的尺寸和形状，切除铝芯时，不得划伤蜂窝铝板外层铝板的内表面；各部位外层铝板上应保留 0.3～0.5mm 的铝芯；直角构件的加工，折角应弯成圆弧状，角缝应采用硅酮耐候密封胶密封；大圆弧角构件的加工，圆弧部位应填充防火材料；边缘的加工，应将外层铝板折合 180°，并将铝芯包封。

4.9.5 当金属板与立柱、横梁采用压片式或挂钩式连接时，金属板边设置金属副框，金属板与副框用螺丝连接。

4.9.6 金属板幕墙组件安装完毕后，组件与组件间缝隙用胶条嵌实或嵌入建筑密封胶密封，嵌胶前应对嵌胶表面清理干净，嵌胶结束后，对胶缝表面刮平处理。

4.10　金属板安装

4.10.1　金属板应按从上向下、从左向右的顺序安装。金属板与立柱、横梁的连接采用螺钉固定、压片或挂钩等方式。当采用螺丝连接时，安装前，先核实位置，按金属板耳板上的螺丝孔位置，在立柱、横梁上用不锈钢钻尾钉将金属板固定在立柱、横梁上；当采用压片连接时，将金属板副框用压片和不锈钢钻尾钉固定在立柱、横梁上，并宜在副框与立柱、横梁接触处垫防震胶垫；当采用挂钩连接时，金属板副框上的通长挂钩直接卡入立柱、横梁的通长挂钩上，或卡入已安装好的金属板副框上的通长挂钩上，且挂接处应设防震胶垫条。金属板安装时的左右、上下偏差不应大于 1.5mm。

4.10.2　窗台、女儿墙的压顶，一般采用厚度不小于 2.5mm 的直角形铝合金板封盖，压顶板的坡度和坡向应符合设计要求。一般先在基层上焊金属骨架，用不锈钢钻尾钉将盖板固定在骨架和金属板上，用耐候密封胶密封。幕墙边缘部位的收口处理，用铝合金板将幕墙端部及立柱封住，并用硅酮耐候密封胶密封。幕墙下端的收口处理，用特制的披水板将板的下端封住，并用硅酮耐候密封胶密封。

4.11　注胶及变形缝密封

4.11.1　金属板间的接缝用硅酮耐候硅酮密封胶密封，密封胶的厚度和宽度应符合设计要求，密封胶在接缝内应形成相对两面粘结，不得形成三面粘结。注胶前，接缝的密封胶接触面上附着的油污等，用工业乙醇等清洁剂清理干净，潮湿表面应充分干燥。接缝内用聚氯乙烯泡沫圆棒充填，保持平直，并预留注胶厚度；在金属板上沿接缝两侧贴防护胶带纸，使胶带纸边与缝边齐直；注胶应持续均匀，先平缝，后竖缝，用注胶枪把胶注入缝内，并立即用胶筒或弧形刮板将缝刮平；确认注胶合格后，取掉防护胶带纸，清洁接缝两边。注意避免在雨天、高温和气温低于 5℃时进行注胶作业。

4.11.2　变形缝处幕墙与幕墙的间隙，应根据变形缝设计图纸进行施工。

4.12　擦洗金属板

金属板幕墙安装完后，用擦窗机清洗或乘吊篮人工清洗干净。擦洗用清洗剂应为中性清洗剂，清洗剂清洗后及时用清水冲洗干净。

4.13　检查验收

4.13.1　金属饰面板的品种、质量、颜色、花型、线条必须符合设计要求，要有产品合格证。

4.13.2　墙体骨架如采用钢龙骨时，其规格、形状必须符合设计要求，要认真进行除锈、防腐处理。板面与骨架的固定必须牢固，不得松动。

4.13.3　金属饰面表面应平整、洁净，色泽协调、无变色、泛碱、污痕和显著的光泽受损处。

4.13.4　金属饰面板接缝应填嵌密实、平直、宽窄均匀，颜色一致。阴阳角处的板搭接方向正确，非整砖使用部位适宜。

4.13.5　突出物周围的板应用整板套割吻合，边缘整齐；墙裙、贴脸等突出墙面的厚度一致。

5　质量标准

5.1　主控项目

5.1.1　金属幕墙工程所用材料和配件应符合设计要求及国家现行产品标准和行业标准《金属与石材幕墙工程技术规范》JGJ 133的规定。

5.1.2　金属幕墙的造型、立面分格、颜色、光泽、花纹和图案应符合设计要求。

5.1.3　金属幕墙的预埋件和后置埋件位置、数量、规格尺寸及后置埋件、槽式预埋件的拉拔力应符合设计要求。

5.1.4　金属幕墙构架与主体结构埋件的连接、构件之间的连接、金属面板的安装应符合设计要求，安装应牢固。

5.1.5　金属幕墙的防火、保温、防潮材料的设置应符合设计要求，填充应密实、均匀、厚度一致。

5.1.6　金属框架和连接件的防腐处理应符合设计要求。

5.1.7　金属幕墙的金属构架应与主体结构防雷装置可靠接通，并应符合设计要求。

5.1.8　变形缝、墙角的连接节点应符合设计要求。

5.1.9　金属幕墙应无渗漏。

5.2　一般项目

5.2.1　金属表面应平整、洁净、色泽一致。

5.2.2　金属幕墙的压条应平直、洁净、接口严密、安装牢固。

5.2.3　金属幕墙板缝注胶应饱满、密实、连续、深浅一致、宽窄均匀、光滑顺直、无气泡，胶缝的宽度和厚度应符合设计要求。

5.2.4　金属幕墙流水坡向应正确，滴水线应顺直。

5.2.5　每平方米金属板的表面质量要求和检验方法应符合表10-1的规定。

每平方米金属板的表面质量和检验方法　　**表10-1**

项次	项目	质量要求	检验方法
1	明显划伤和长度＞100mm的轻微划伤	不允许	观察
2	长度≤100mm的轻微划伤	≤8条	用钢尺检查
3	擦伤总面积	≤500mm²	用钢尺检查

5.2.6　金属幕墙的安装允许偏差应符合表10-2的规定。

金属幕墙的安装允许偏差（mm）　　**表10-2**

项次	项目		安装允许偏差（mm）
1	幕墙垂直度	幕墙高度≤30m	10
		30＜幕墙高度≤60m	15
		60m＜幕墙高度≤90m	20
		幕墙高度＞90m	25

续表

<table>
<tr><th>项次</th><th colspan="2">项目</th><th>安装允许偏差（mm）</th></tr>
<tr><td rowspan="2">2</td><td rowspan="2">幕墙横向构件
水平度</td><td>幕墙幅宽≤35m</td><td>5</td></tr>
<tr><td>幕墙幅宽>35m</td><td>7</td></tr>
<tr><td>3</td><td colspan="2">幕墙表面平整度</td><td>2</td></tr>
<tr><td>4</td><td colspan="2">板材立面垂直度</td><td>3</td></tr>
<tr><td>5</td><td colspan="2">板材上沿水平度</td><td>2</td></tr>
<tr><td>6</td><td colspan="2">相邻板材板角错位</td><td>1</td></tr>
<tr><td>7</td><td colspan="2">阳角方正</td><td>2</td></tr>
<tr><td>8</td><td colspan="2">接缝直线度</td><td>3</td></tr>
<tr><td>9</td><td colspan="2">接缝高低差</td><td>1</td></tr>
<tr><td>10</td><td colspan="2">接缝宽度</td><td>1</td></tr>
</table>

6 成品保护

6.0.1 各种构件及组件等应分类、分规格码放在专用库房内，不得在上面压放重物；搬运时应轻拿轻放，防止碰坏划伤。

6.0.2 金属板构件表面应有防护膜，清洗前方可去除。金属板上应有警示标识。

6.0.3 施工作业层应设防护，防止构件下落撞碰构件和金属板。

6.0.4 电焊作业时，应对附近的幕墙构件、金属板等遮挡防护，避免烧伤。

6.0.5 施工中幕墙及其构件表面的粘附物应及时清除。

7 注意事项

7.1 应注意的质量问题

7.1.1 埋件预埋时，其位置应严格控制并固定牢靠，浇筑混凝土时振捣棒不得接触埋件，有专人看护，避免移位。

7.1.2 安装立柱、横梁前，应认真核对金属板尺寸和相应的立柱、横梁位置控制线，使两者协调一致。

7.1.3 金属板与金属板、建筑主体之间的耐候密封胶下应嵌塞泡沫条，避免密封胶三面粘结。

7.1.4 密封条规格应适宜，长度符合要求，搭接处应粘结密封；结构胶、密封胶粘结面应清理干净，注胶环境应适宜，密封胶厚度符合要求，不得有针眼、漏缝现象；幕墙与主体、幕墙变形缝处的连接封口应严密；五金配件装配应严密。

7.2 应注意的安全问题

7.2.1 手电钻、焊钉枪等手持电动工具，应作绝缘电压试验；电动工具应按要求进行接零保护，操作人员应佩戴防触电防护用品。

7.2.2 施工人员作业时必须戴安全帽，系安全带，并配备工具袋。

7.2.3　工程的上下部交叉作业时，结构施工层下方应采取可靠的安全防护措施。

7.2.4　现场焊接时，在焊件下方应设接火斗。

7.2.5　安装幕墙用的施工机具及吊篮应进行严格检查，符合规定后方可使用。脚手板上的废弃杂物应及时清理，不得在窗台、栏杆上放置施工工具。

7.3　应注意的绿色施工问题

7.3.1　材料加工后的边角下脚料应分类回收。

7.3.2　采取围挡等措施控制施工噪声。

8　质量记录

8.0.1　金属幕墙所用各种材料、五金配件、构件及组件的产品合格证书、性能检测报告、进场验收记录和复验报告。

8.0.2　幕墙工程所用硅酮结构胶的抽查合格证明；进口硅酮结构胶的商检证，国家指定检测机构出具的硅酮结构胶相容性和剥离粘结性检验报告；铝塑复合板的剥离强度。

8.0.3　后置埋件的现场拉拔强度检测报告。

8.0.4　幕墙抗风压性能、气密性能、水密性能及平面内变形性能检测报告。

8.0.5　打胶、养护环境的温度、湿度记录、双组分硅酮结构胶的混匀性试验记录及拉断试验记录。

8.0.6　防雷装置测试记录。

8.0.7　隐蔽工程检查验收记录。

8.0.8　幕墙构件和组件的加工制作记录。

8.0.9　幕墙安装施工记录。

8.0.10　淋水试验检查记录。

8.0.11　金属幕墙工程检验批质量验收记录。

8.0.12　金属幕墙分项工程质量验收记录。

8.0.13　其他技术文件。

第 11 章　石材幕墙安装

本工艺标准适用于工业与民用建筑石材幕墙的安装。

1　引用标准

《玻璃幕墙工程技术规范》JGJ 102—2003

《钢结构设计标准》GB 50017—2017

《建筑结构荷载规范》GB 50009—2012

《建筑幕墙》GB/T 21086—2007
《铝合金建筑型材》GB/T 5237—2017
《建筑用硅酮结构密封胶》GB 16776—2005
《建筑设计防火规范》GB 50016—2014
《建筑抗震设计规范》GB 50011—2010
《建筑物防雷设计规范》GB 50057—2010
《混凝土结构后锚固技术规程》JGJ 145—2013
《金属与石材幕墙工程技术规范》JGJ 133—2001
《石材用建筑密封胶》GB/T 23261—2009
《建筑装饰装修工程质量验收标准》GB 50210—2018

2　术语（略）

3　施工准备

3.1　作业条件

3.1.1　构件安装前应检查制造合格证，不合格的构件不得安装。

3.1.2　金属、石材幕墙与主体结构连接的预埋件，应在主体结构施工时按设计要求埋设。预埋件应牢固，位置准确，预埋件的位置误差应按设计要求进行复查。当设计无明确要求时，预埋件的标高偏差不应大于10mm，预埋件位置差不应大于20mm。

3.1.3　脚手架或吊篮架已按施工方案搭设并经验收合格。

3.2　材料与机械设备、工具

3.2.1　石材、铝合金型材、碳素型钢、石材专用环氧树脂结构胶、石材专用硅酮耐候密封胶、五金配件等应符合相关规范规定及技术要求。

3.2.2　机械设备、工具：电焊机、砂轮切割机、电钻、螺丝刀、钳子、扳手、线坠、经纬仪、水平尺、钢卷尺。

4　操作工艺

4.1　工艺流程

测量放线→复查预埋件及后置埋件→立柱和横梁加工制作→立柱安装→横梁安装→防雷装置安装→保温、防火材料安装→石材板加工制作→石材板安装→注胶及变形缝密封→擦洗石材板→检查验收

4.2　测量放线

4.2.1　根据建筑的主要轴线控制线，对照主体结构上的竖向轴线，用经纬仪和钢尺复

核后，在各楼板边或墙面上，弹出立柱中心线和控制线并标识。

4.2.2 用水准仪和钢尺，从水准基点复测各楼层标高，并在楼板边或柱、墙上，弹出控制标高线并标识。

4.2.3 用经纬仪测量出石材幕墙外立面的控制线，在楼板上或柱面、墙面上弹线并标识。

4.2.4 当建筑较高时，竖向测量应定时进行。竖向测量时，风力不宜大于四级。

4.2.5 当实际位置和标高与设计要求相差较大时，应制订处理方案或修改设计。

4.3 复查预埋件及后置埋件

4.3.1 根据石材幕墙的三向控制线，对预埋件的位置、标高进行复测，并弹出立柱紧固件的位置控制线、标高控制线，作出标识。同时对预埋件的规格、尺寸进行复查，并做好预埋件的防腐处理。当与设计要求相差较大时，应制订处理方案。

4.3.2 后置埋件应按设计要求做好防腐处理。后置埋件用膨胀螺栓和化学螺栓固定在强度等级不低于 C30 的混凝土结构上；后加螺栓应采用不锈钢或镀锌碳素钢，直径不得小于 10mm；每个埋件的后加螺栓不得少于两个，螺栓间距和螺栓到构件边缘的距离不应小于 70mm。对后置埋件进行现场拉拔检验，应符合设计要求。在后置埋件上弹出立柱紧固件的位置控制线、标高控制线，作出标识。

4.3.3 预埋件的标高偏差不应大于 10mm，位置偏差不应大于 20mm。

4.4 立柱和横梁加工

立柱和横梁下料前先校直调整，车间用切割机下料，现场用砂轮切割机下料；立柱和横梁用钻床钻孔，开榫机开槽、开榫。立柱长度的允许偏差为±1.0mm，横梁长度的允许偏差为±0.5mm，端头斜度的允许偏差为－15′；下料端头不得因加工而变形，并不应有毛刺；孔位的允许偏差为±0.5mm，孔距的允许偏差为±0.5mm，累计偏差不得大于±1.0mm。

4.5 立柱安装

4.5.1 立柱一般选用镀锌碳素钢的槽钢或钢方管。安装各楼层紧固件，一般采用镀锌碳素不等边钢或槽钢紧固件。紧固件与埋件一般采用焊接或栓接连接，按设计规定的位置、标高和连接方法，均应连接牢固。紧固件安装时，应先点焊固定，检查复核符合要求后，再满焊固定。

4.5.2 立柱一般由下往上安装。当立柱一层为一根时，上端悬挂固定，下端滑动；当立柱两层为一根时，上端悬挂固定，中间简支，下端滑动。根据立柱长度，每安装完一层或两层后，再安装上一层或两层。

4.5.3 立柱安装前，应在地面先进行下料和开孔。立柱上端连接件和中间连接件一般为不等边角钢和槽钢紧固件，紧固件和立柱采用焊接或栓接进行连接，连接螺栓应进行承载力计算，且螺栓直径不应小于 10mm；芯柱和钢夹板在上、下立柱内外搭接的长度不小于 150mm，总长度不应小于 400mm，芯柱与立柱应紧密接触，芯柱下部用螺柱固定在下立柱上端，且上、下立柱间应留置不小于 15mm 的间隙；连接件上的螺栓孔均开长孔，以便调整立柱的位置和标高；当立柱与连接件采用不同金属材料时，立柱与连接件采用绝缘垫片分隔。固定件与连接件的接触面，应采用刻纹等防滑措施，未刻纹时，可用非受力短焊缝定位，但不得采用连接焊缝形成受力连接。

4.5.4　钢立柱安装时，竖起立柱，立柱下端套在下部立柱芯柱上，上端连接件和中间连接件可与紧固件点焊临时固定，用经纬仪和钢尺检查，并调整立柱的位置、标高、垂直度等，符合要求后将下端螺栓紧固，上端连接件和中间连接件与紧固件满焊固定，上、下立柱间间隙用耐候密封胶嵌填。立柱的安装标高偏差不应大于3mm，轴线前后偏差不应大于2mm，轴线左右偏差不应大于3mm；相邻两根立柱安装标高偏差不应大于3mm，同层立柱的最大标高偏差不应大于5mm，相邻两根立柱的距离偏差不应大于2mm。

4.5.5　立柱全部或分区域安装完后，应对立柱的整体垂直度、外立面水平度进行检查。当不符合要求时，应及时调整处理。

4.6　横梁安装

4.6.1　立柱安装完后，用水准仪和钢尺量测，在立柱上标出横梁的安装位置线。

4.6.2　角钢横梁通过焊接与立柱连接，焊缝应能承受横梁的剪力。焊缝高度不得低于钢材厚度。横梁端部与立柱间应满焊连接，每隔10m左右应设置一处栓接，以消减热胀冷缩产生的应力。

4.6.3　同一层横梁的安装，应由下向上进行。安装时，将横梁两端安装在立柱的预定位置，再顺序安装同一标高的横梁。横梁应安装牢固，接缝应严密。相邻两根横梁的水平标高偏差不应大于2mm；同层标高偏差：当一幅幕墙宽度不大于35m时，不应大于5mm；当一幅幕墙宽度大于35m时，不应大于7mm。

4.6.4　当安装完一层高度的横梁后，应检查、调整、固定，符合要求后再安装另一层。

4.7　防雷装置安装

4.7.1　幕墙防雷接地根据设计要求安装。

4.7.2　石材幕墙高度30m以上的立柱和横梁应作电气连接，构成约10m×10m防侧击雷的防雷网。通常，上下立柱断开连接处，用螺栓固定铝排或铜编织线连接。幕墙防雷网与主体结构的均压环防雷体系，通过建筑主体柱主筋用扁钢或钢筋焊接连接。

4.7.3　石材幕墙顶部女儿墙的接闪器，每隔10m与主体结构防雷网连接一次，接受雷电流。金属接闪器的厚度不宜小于3mm。当建筑高度低于150m时，截面不宜小于50mm^2；当建筑高度在150mm以上时，截面不宜小于70mm^2。

4.7.4　连接应在材料表面有保护膜除掉后的部位进行。测试的接地电阻值应符合设计规定，一般情况下，接地电阻应小于1Ω。

4.8　保温、防火材料安装

4.8.1　有热工要求的幕墙，应安装保温材料。保温材料的安装固定应符合设计规定：板块状保温材料可固定在结构外墙面上，或将保温材料紧贴金属板装在加强肋间，或将保温材料装在衬板上；保温材料可用粘贴法固定或用电焊钉固定。当采用衬板时，衬板应采用镀锌薄钢板或经防腐处理的钢板。衬板四周应套装弹性橡胶密封条，衬板与构件接缝应严密；衬板就位后，用密封胶密封处理。保温材料应铺设平整，拼缝处不留缝隙。当保温材料紧贴石材板设置时，保温材料与主体结构外表面应保持不少于50mm厚的空气层。

4.8.2　幕墙的四周、窗间墙和窗槛墙，均应用防火材料填充，填充厚度不小于100mm，在楼板处及防火分区间形成防火带。防火材料的衬板应用镀锌钢板，或经防腐处理且厚度不小于1.5mm的钢板，不得用铝板。应先安装衬板，衬板应与横梁或立柱紧密接触，用防火密封胶密封，并防止防火材料与玻璃直接接触；防火材料应铺设平整，拼缝处不留缝隙。并注意一块玻璃不能跨越两个防火分区。

4.9　石材板加工制作

4.9.1　石材

1　幕墙石材宜选用火成岩，石材吸水率应小于0.8%。

2　花岗石板材的弯曲强度应经法定检测机构检测确定，其弯曲强度标准值不应小于8.0MPa。

3　石板的表面处理方法应根据环境和用途决定。

4　为满足等强度计算的要求，花岗石厚度不得低于25mm，火烧面、荔枝面的石材厚度应比抛光石板厚3mm。

5　石材加工的技术要求应符合国家标准的规定。

6　石材表面应采用机械进行加工，加工后的表面应用高压水冲洗或用水和刷子清理，严禁用溶剂型的化学清洁剂清洗石材。

4.9.2　花岗石的加工精度必须要达到+0，−1的标准。

4.9.3　外墙用花岗石必须采用六面防护防水处理。

4.10　石材板安装

4.10.1　为了达到外立面的整体效果，要求板材加工精度较高，要现场精心挑选板材，实地预排，减少上墙后的色差。

4.10.2　短槽式挂件的石材板宜在垂直状态下，由机械开槽口；背栓式挂件的石材板宜在水平状态下，由专用开孔机械进行开孔。

4.10.3　石材板应按从上向下、从左向右的顺序安装。石材板与横梁的连接短槽式、背栓式等方式。当采用短槽式挂件连接时，先将不锈钢挂件用不锈钢螺栓固定在角钢横梁上，不锈钢挂件下设防震胶垫，根据挂件位置进行预安装石材并标注开槽位置，在石材上下边进行开槽，开槽位置应居中，槽口宽度不宜超过不锈钢挂件的两倍，用气泵清理槽口，槽口填环氧树脂石材专用结构胶，将石材放置在预定位置，调节石材位置，石材到位后紧固不锈钢螺栓，石材背面与不锈钢挂件形成的直角处用刮刀填装环氧树脂石材专用结构胶并修整胶面使之密实。

当采用背栓式连接时，先将不锈钢或铝挂件用不锈钢螺栓固定在角钢横梁上，并宜在挂件上部和槽内接触处设防震胶垫；石材背栓可在工厂使用大型设备和现场使用手提式小型设备进行加工，埋入背栓后，根据石材背栓尺寸对横梁精确开孔，将石材放置在预定位置，调节石材位置，石材到位后紧固不锈钢螺栓和顶丝，要做到施工完成后横平竖直、符合标准。

4.10.4　板材钻孔位置应根据设计图纸，钻孔深度依据背栓深度予以控制，保证钻孔位置正确。

4.11　注胶及变形缝密封

4.11.1　石材板间的接缝用硅酮耐候硅酮密封胶密封，密封胶的厚度和宽度应符合设计要求，密封胶在接缝内应形成相对两面粘结，不得形成三面粘结。用于石材幕墙的硅酮结构密封胶还应有证明无污染的试验报告。注胶前，接缝的密封胶接触面上附着的油污等，用工业乙醇等清洁剂清理干净，潮湿表面应充分干燥。接缝内用聚氯乙烯泡沫圆棒充填，保持平直，并预留注胶厚度；在石材板上沿接缝两侧贴防护胶带纸，使胶带纸边与缝边齐直；注胶应持续均匀，先平缝，后竖缝，用注胶枪把胶注入缝内，并立即用胶筒或弧形刮板将缝刮平；确认注胶合格后，取掉防护胶带纸，清洁接缝两边。注意避免在雨天、高温和气温低于5℃时进行注胶作业。

4.11.2 变形缝处幕墙与幕墙的间隙，应根据变形缝设计图纸进行施工。

4.11.3 无胶开缝设计要有防水构造和钢龙骨防锈加强措施。

4.12 擦洗石材板

石材幕墙安装完后，用擦窗机清洗或乘吊篮人工清洗干净。擦洗用清洗剂应为中性清洗剂，清洗剂清洗后及时用清水冲洗干净。

4.13 检查验收

检查验收按照《金属与石材幕墙工程技术规范》JGJ 133—2001和《建筑装饰装修工程质量验收标准》GB 50210—2018的规定进行检查验收。

5 质量标准

5.1 主控项目

5.1.1 石材幕墙工程所用材料的品种、规格、性能等级，应符合设计要求及国家现行产品标准和行业标准《金属与石材幕墙工程技术规范》JGJ 133的规定。

5.1.2 石材幕墙的造型、立面分格、颜色、光泽、花纹和图案应符合设计要求。

5.1.3 石材孔、槽的数量、深度、位置、尺寸应符合设计要求。

5.1.4 石材幕墙主体结构的预埋件和后置埋件位置、数量、规格尺寸及后置埋件、槽式预埋件的拉拔力应符合设计要求。

5.1.5 石材幕墙构架与主体结构埋件的连接、构件之间的连接、石材面板的安装应符合设计要求，安装应牢固。

5.1.6 金属框架和连接件的防腐处理应符合设计要求。

5.1.7 石材幕墙的金属构架应与主体结构防雷装置可靠接通，并应符合设计要求。

5.1.8 石材幕墙的防火、保温、防潮材料的设置应符合设计要求，填充应密实、均匀、厚度一致。

5.1.9 变形缝、墙角的连接节点应符合设计要求。

5.1.10 石材表面和板缝的处理应符合设计要求。

5.1.11 石材幕墙应无渗漏。

5.2 一般项目

5.2.1 石材幕墙表面应平整、洁净、无污染，不得有缺损和裂痕。颜色和花纹应协调一致，无明显色差、修痕。

5.2.2　石材幕墙的压条应平直、洁净、接口严密、安装牢固。

5.2.3　石材接缝应横平竖直、宽窄均匀；阴阳角石板压向应正确，板边合缝应顺直；凸凹线出墙厚度应一致，上下口应平直；石材面板上洞口、槽边应套割吻合，边缘应整齐。

5.2.4　石材幕墙板缝注胶应饱满、密实、连续、深浅一致、宽窄均匀、光滑、顺直、无气泡，胶缝的宽度和厚度应符合设计要求。

5.2.5　石材幕墙流水坡向应正确，滴水线应顺直。

5.2.6　每平方米石材的表面质量要求和检验方法应符合表 11-1 的规定。

每平方米石材板的表面质量和检验方法　　**表 11-1**

项次	项目	质量要求	检验方法
1	裂痕、明显划伤和长度＞100mm 的轻微划伤	不允许	观察
2	长度≤100mm 的轻微划伤	≤8 条	用钢尺检查
3	擦伤总面积	≤500mm^2	用钢尺检查

5.2.7　石材幕墙安装的允许偏差应符合表 11-2 的规定。

石材幕墙安装的允许偏差（mm）　　**表 11-2**

<table>
<tr><th>项次</th><th colspan="2">项目</th><th>光面</th><th>麻面</th></tr>
<tr><td rowspan="4">1</td><td rowspan="4">幕墙垂直度</td><td>幕墙高度≤30m</td><td colspan="2">10</td></tr>
<tr><td>30m＜幕墙高度≤60m</td><td colspan="2">15</td></tr>
<tr><td>60m 幕墙高度≤90m</td><td colspan="2">20</td></tr>
<tr><td>幕墙高度＞90m</td><td colspan="2">25</td></tr>
<tr><td rowspan="2">2</td><td rowspan="2">幕墙横向构件水平度</td><td>幕墙幅宽≤35m</td><td colspan="2">5</td></tr>
<tr><td>幕墙幅宽＞35m</td><td colspan="2">7</td></tr>
<tr><td>3</td><td colspan="2">板材立面垂直度</td><td colspan="2">3</td></tr>
<tr><td>4</td><td colspan="2">板材上沿水平度</td><td colspan="2">2</td></tr>
<tr><td>5</td><td colspan="2">相邻板材板角错位</td><td colspan="2">1</td></tr>
<tr><td>6</td><td colspan="2">幕墙表面平整度</td><td>2</td><td>3</td></tr>
<tr><td>7</td><td colspan="2">阳角方正</td><td>2</td><td>4</td></tr>
<tr><td>8</td><td colspan="2">接缝直线度</td><td>3</td><td>4</td></tr>
<tr><td>9</td><td colspan="2">接缝高低差</td><td>1</td><td></td></tr>
<tr><td>10</td><td colspan="2">接缝宽度</td><td>1</td><td>2</td></tr>
</table>

6　成品保护

6.0.1　各种构件及组件等应分类、分规格码放在专用库房内，不得在上面压放重物；搬运时应轻拿轻放，防止碰坏划伤。

6.0.2　施工作业层应设防护，防止构件下落撞碰构件和玻璃。

6.0.3　电焊作业时，应对附近的幕墙构件、玻璃等遮挡防护，避免烧伤。

6.0.4　施工中幕墙及其构件表面的粘附物应及时清除。

7 注意事项

7.1 应注意的质量问题

7.1.1 埋件预埋时，其位置应严格控制并固定牢靠，浇筑混凝土时振捣棒不得接触埋件，有专人看护，避免移位。

7.1.2 安装立柱、横梁前，应认真核对石材尺寸和相应的立柱、横梁位置控制线，使两者协调一致。

7.1.3 石材板间接口处的耐候密封胶下应嵌塞泡沫条，避免密封胶三面粘结。

7.1.4 结构胶、密封胶粘结面应清理干净，注胶环境应适宜，密封胶厚度符合要求，不得有针眼、漏缝现象；幕墙与主体、幕墙变形缝处的连接封口应严密；五金配件装配应严密；幕墙排水系统应装配严密，排水畅通。

7.2 应注意的安全问题

7.2.1 手电钻、焊钉枪等手持电动工具，应作绝缘电压试验；电动工具应按要求进行接零保护，操作人员应佩戴防触电防护用品；真空吸盘机使用前，应进行吸附重量和吸附持续时间检验。

7.2.2 施工人员作业时必须戴安全帽，系安全带，并配备工具袋。

7.2.3 工程的上下部交叉作业时，结构施工层下方应采取可靠的安全防护措施。

7.2.4 现场焊接时，在焊件下方应设接火斗。

7.3 应注意的绿色施工问题

7.3.1 材料加工后的边角下脚料应分类回收。

7.3.2 采取围挡等措施控制施工噪声。

8 质量记录

8.0.1 石材幕墙所用各种材料、五金配件、构件及组件的产品合格证书、性能检测报告、进场验收记录和复验报告，石材的抗弯强度检测报告，严寒、寒冷地区石材的耐冻融性检测报告。

8.0.2 幕墙工程所用硅酮结构胶的抽查合格证明；进口硅酮结构胶的商检证，国家指定检测机构出具的硅酮结构胶相容性和剥离粘结性检验报告；石材用密封胶的污染性。

8.0.3 后置埋件的现场拉拔强度检测报告。

8.0.4 幕墙抗风压性能、气密性能、水密性能及平面内变形性能检测报告。

8.0.5 打胶、养护环境的温度、湿度记录。

8.0.6 防雷装置测试记录。

8.0.7 隐蔽工程检查验收记录。

8.0.8 幕墙构件和组件的加工制作记录。

8.0.9 幕墙安装施工记录。

8.0.10　淋水试验检查记录。

8.0.11　石材幕墙工程检验批质量验收记录。

8.0.12　石材幕墙分项工程质量验收记录。

8.0.13　其他技术文件。

第 12 章　陶板幕墙安装

本工艺标准适用于民用建筑陶板幕墙的安装

1　引用标准

《人造板材幕墙工程技术规范》JGJ 336—2016
《玻璃幕墙工程技术规范》JGJ 102—2003
《钢结构设计标准》GB 50017—2017
《建筑结构荷载规范》GB 50009—2012
《建筑幕墙》GB/T 21086—2007
《铝合金建筑型材》GB/T 5237—2017
《建筑用硅酮结构密封胶》GB 16776—2005
《建筑设计防火规范》GB 50016—2014
《建筑抗震设计规范》GB 50011—2010
《建筑物防雷设计规范》GB 50057—2010
《混凝土结构后锚固技术规程》JGJ 145—2013
《建筑幕墙用陶板》JGJ 133—2011
《石材用建筑密封胶》GB/T 23261—2009
《建筑装饰装修工程质量验收标准》GB 50210—2018

2　术语

2.0.1　陶板幕墙：以陶板为面板的建筑幕墙。

3　施工准备

3.1　作业条件

3.1.1　首先对图纸要充分熟悉，详细核查施工图纸和现场实测尺寸，以确保设计加工的完善，同时认真与结构图纸及其他专业图纸进行核对，发现其不相符部位，尽早采取有效措施修正。

3.1.2 将外墙模板、浮灰及浮浆清理干净，凸凹面较大的位置应进行剔除或抹灰找平。以及将穿墙螺栓，外脚手架穿墙孔洞进行封堵等。

3.1.3 脚手架或吊篮架已按施工方案搭设并经验收合格。

3.2 材料与机械设备、工具

3.2.1 陶板幕墙用陶板、铝合金型材、碳素型钢、专用环氧树脂结构胶、专用硅酮耐候密封胶、五金配件等应符合相关规范规定及技术要求。

3.2.2 机械设备、工具：电焊机、砂轮切割机、电钻、螺丝刀、钳子、扳手、线坠、经纬仪、水平尺、钢卷尺。

4 操作工艺

4.1 工艺流程

测量放线 → 复查预埋件及后置埋件 → 立柱和横梁加工制作 → 立柱安装 → 横梁安装 → 防雷装置安装 → 保温、防火材料安装 → 陶板加工制作 → 陶板安装 → 注胶及变形缝密封 → 擦洗陶板 → 检查验收

4.2 测量放线

4.2.1 根据建筑的主要轴线控制线，对照主体结构上的竖向轴线，用经纬仪和钢尺复核后，在各楼板边或墙面上，弹出立柱中心线和控制线并标识。

4.2.2 用水准仪和钢尺，从水准基点复测各楼层标高，并在楼板边或柱、墙上，弹出控制标高线并标识。

4.2.3 用经纬仪测量出陶板幕墙外立面的控制线，在楼板上或柱面、墙面上弹线并标识。

4.2.4 当建筑较高时，竖向测量应定时进行。竖向测量时，风力不宜大于四级。

4.2.5 当实际位置和标高与设计要求相差较大时，应制订处理方案或修改设计。

4.3 复查预埋件及后置埋件

4.3.1 根据陶板幕墙的三向控制线，对预埋件的位置、标高进行复测，并弹出立柱紧固件的位置控制线、标高控制线，作出标识。同时对预埋件的规格、尺寸进行复查，并做好预埋件的防腐处理。当与设计要求相差较大时，应制订处理方案。

4.3.2 后置埋件应按设计要求做好防腐处理。后置埋件用膨胀螺栓和化学螺栓固定在强度等级不低于C30的混凝土结构上；后加螺栓应采用不锈钢或镀锌碳素钢，直径不得小于10mm；每个埋件的后加螺栓不得少于两个，螺栓间距和螺栓到构件边缘的距离不应小于70mm。对后置埋件进行现场拉拔检验，应符合设计要求。在后置埋件上弹出立柱紧固件的位置控制线、标高控制线，作出标识。

4.3.3 预埋件的标高偏差不应大于10mm，位置偏差不应大于20mm。

4.4　立柱和横梁加工

立柱和横梁下料前先校直调整，车间用切割机下料，现场用砂轮切割机下料；立柱和横梁用钻床钻孔，开榫机开槽、开榫。立柱长度的允许偏差为±1.0mm，横梁长度的允许偏差为±0.5mm，端头斜度的允许偏差为−15′；下料端头不得因加工而变形，并不应有毛刺；孔位的允许偏差为±0.5mm，孔距的允许偏差为±0.5mm，累计偏差不得大于±1.0mm。

4.5　立柱安装

4.5.1　立柱一般选用镀锌碳素钢的不等边角钢、槽钢或钢方管，安装各楼层紧固件，一般采用镀锌碳素不等边钢或槽钢紧固件。紧固件与埋件一般采用焊接或栓接连接，按设计规定的位置、标高和连接方法，均应连接牢固。紧固件安装时，应先点焊固定，检查复核符合要求后，再满焊固定。

4.5.2　立柱一般由下往上安装。当立柱一层为一根时，上端悬挂固定，下端滑动；当立柱两层为一根时，上端悬挂固定，中间简支，下端滑动。根据立柱长度，每安装完一层或两层后，再安装上一层或两层。

4.5.3　立柱安装前，应在地面先进行下料和开孔。立柱上端连接件和中间连接件一般为不等边角钢和槽钢紧固件，紧固件和立柱采用焊接或栓接进行连接，连接螺栓应进行承载力计算，且螺栓直径不应小于 10mm；芯柱和钢夹板在上、下立柱内外搭接的长度不小于 150mm，总长度不应小于 400mm，芯柱与立柱应紧密接触，芯柱下部用螺柱固定在下立柱上端，且上、下立柱间应留置不小于 15mm 的间隙；连接件上的螺栓孔均开长孔，以便调整立柱的位置和标高；当立柱与连接件采用不同金属材料时，立柱与连接件采用绝缘垫片分隔。固定件与连接件的接触面，应采用刻纹等防滑措施，未刻纹时，可用非受力短焊缝定位，但不得采用连接焊缝形成受力连接。

4.5.4　钢立柱安装时，竖起立柱，立柱下端套在下部立柱芯柱上，上端连接件和中间连接件可与紧固件点焊临时固定，用经纬仪和钢尺检查，并调整立柱的位置、标高、垂直度等，符合要求后将下端螺栓紧固，上端连接件和中间连接件与紧固件满焊固定，上、下立柱间间隙用耐候密封胶嵌填。轴线偏差不应大于 2mm，相邻两根立柱安装标高偏差不应大于 3mm，同层立柱的最大标高偏差不应大于 5mm，相邻两根立柱的距离偏差不应大于 2mm。

4.5.5　立柱全部或分区域安装完后，应对立柱的整体垂直度、外立面水平度进行检查。当不符合要求时，应及时调整处理。

4.6　横梁安装

4.6.1　立柱安装完后，用水准仪和钢尺量测，在立柱上标出横梁的安装位置线。

4.6.2　次龙骨一般采用角钢或者不等边角码，通过焊接与立柱连接，焊缝应能承受横梁的剪力。焊缝高度不得低于钢材厚度。通长横梁端部与立柱间应满焊连接，每隔 10m 左右应设置一处栓接，以消减热胀冷缩产生的应力，断开式横梁与主骨满焊连接即可。

4.6.3　同一层横梁的安装，应由下向上进行。安装时，将横梁两端安装在立柱的预定位置，再顺序安装同一标高的横梁。横梁应安装牢固，接缝应严密。同一根横梁两端或相邻两根横梁的水平标高偏差不应大于 1mm；同层标高偏差：当一幅幕墙宽度不大于 35m 时，不应大于 5mm；当一幅幕墙宽度大于 35m 时，不应大于 7mm。

4.6.4 当安装完一层高度的横梁后，应进行检查、调整、固定，符合要求后再安装另一层。

4.7 防雷装置安装

4.7.1 幕墙防雷接地根据设计要求安装。

4.7.2 陶板幕墙高度30m以上的立柱和横梁应作电气连接，构成约10m×10m防侧击雷的防雷网。通常上下立柱断开连接处，用螺栓固定铝排或铜编织线连接。幕墙防雷网与主体结构的均压环防雷体系，通过建筑主体柱主筋用扁钢或钢筋焊接连接。

4.7.3 陶板幕墙顶部女儿墙的接闪器，每隔10m与主体结构防雷网连接一次，接受雷电流。金属接闪器的厚度不宜小于3mm，当建筑高度低于150m时，截面不宜小于50mm^2；当建筑高度在150mm以上时，截面不宜小于70mm^2。

4.7.4 连接应在材料表面有保护膜除掉后的部位进行。测试的接地电阻值应符合设计规定，一般情况下，接地电阻应小于1Ω。

4.8 保温、防火材料安装

4.8.1 有热工要求的幕墙，应安装保温材料。保温材料的安装固定应符合设计规定：板块状保温材料可固定在结构外墙面上，或将保温材料紧贴金属板装在加强肋间，或将保温材料装在衬板上；保温材料可用粘贴法固定或用电焊钉固定。当采用衬板时，衬板应采用镀锌薄钢板或经防腐处理的钢板。衬板四周应套装弹性橡胶密封条，衬板与构件接缝应严密；衬板就位后，用密封胶密封处理。保温材料应铺设平整，拼缝处不留缝隙。当保温材料紧贴陶板设置时，保温材料与主体结构外表面应保持不少于50mm厚的空气层。

4.8.2 幕墙的四周、窗间墙和窗槛墙，均应用防火材料填充，填充厚度不小于100mm，在楼板处及防火分区间形成防火隔离带。防火材料的衬板应用镀锌钢板，或经防腐处理且厚度不小于1.5mm的钢板，不得用铝板。应先安装衬板，衬板应与横梁或立柱紧密接触，用防火密封胶密封；防火材料应铺设平整，拼缝处不留缝隙。

4.8.3 按设计要求安装冷凝水排出管及其附件，与水平构件的预留孔连接严密，与内衬板出水孔连接处应设橡胶密封条。

4.9 陶板加工制作

陶板的加工制作应由指定的厂家来完成，具体要求如下：

1 陶板吸水率应小于10%。

2 陶板的弯曲强度应经法定检测机构检测确定，其弯曲强度标准值不应小于8.0MPa。

3 陶板的表面处理方法应根据环境和用途决定。

4 陶板加工的技术要求应符合国家标准的规定。

5 陶板需根据现场尺寸进行加工，加工精度为长度允许偏差±1.0mm，对角线允许偏差≤2.0mm。

4.10 陶板安装

陶板应按从上向下、从左向右的顺序安装。陶板与横梁、角码的连接为背挂式等方式。采用背挂式连接时，先将铝挂件用不锈钢螺栓或不锈钢钻尾钉固定在角钢横梁或不等边角码上，并宜在挂件上部和槽内接触处设防震胶垫；陶板挂件放入背槽后，根据陶板挂件尺寸，将陶板挂入预定位置，调节陶板和背挂件位置，陶板到位后紧固不锈钢螺栓和顶丝，要做到施工完成后横平竖直、符合标准。

4.11　注胶及变形缝密封

4.11.1　陶板间的接缝设计一般为开缝设计，陶板横向接缝有防水设计，但竖缝没有防水设计，竖缝宜用硅酮耐候密封胶密封，密封胶的厚度和宽度应符合设计要求，密封胶在接缝内应形成相对两面粘结，不得形成三面粘结。用于陶板幕墙的硅酮耐候密封胶还应有证明无污染的试验报告。注胶前，接缝的密封胶接触面上附着的油污等，用工业乙醇等清洁剂清理干净，潮湿表面应充分干燥。接缝内用聚氯乙烯泡沫圆棒充填，保持平直，并预留注胶厚度；在陶板上沿接缝两侧贴防护胶带纸，使胶带纸边与缝边齐直；注胶应持续均匀，先平缝，后竖缝，用注胶枪把胶注入缝内，并立即用胶筒或弧形刮板将缝刮平；确认注胶合格后，取掉防护胶带纸，清洁接缝两边。注意避免在雨天、高温和气温低于 5℃时进行注胶作业。

4.11.2　变形缝处幕墙与幕墙的间隙，应根据变形缝设计图纸进行施工。

4.11.3　无胶开缝设计要有墙面防水构造和钢龙骨防锈加强措施。

4.12　擦洗陶板

陶板幕墙安装完后，用擦窗机清洗或乘吊篮人工清洗干净。擦洗用清洗剂应为中性清洗剂，清洗剂清洗后及时用清水冲洗干净。

4.13　检查验收

4.13.1　陶土板幕墙表面应平整，不应有可察觉的变形，波纹或局部压砸等缺陷。

4.13.2　陶土板幕墙分格装饰条和收边角金属框应横平竖直，造型符合设计要求。

4.13.3　窗洞口收边收口：胶缝应横平竖直，表面光泽无污染。

4.13.4　竖向导水槽外露部分不得有划痕和表面漆层脱落。

5　质量标准

5.1　主控项目

5.1.1　陶板幕墙所用材料、构件和组件应符合设计要求及国家现行标准的有关规定。

5.1.2　陶板幕墙的造型、立面分格、颜色、光泽、花纹和图案应符合设计要求。

5.1.3　陶板幕墙主体结构上的预埋件和后置埋件的规格尺寸、位置、数量及后置埋件、槽式预埋件的拉拔力应符合设计要求。

5.1.4　陶板幕墙构架与主体结构埋件的连接、构件之间的连接、陶板的安装应符合设计要求，安装应牢固。

5.1.5　陶板挂件的规格、尺寸、位置、数量，应符合设计要求。

5.1.6　金属框架和连接件的防腐处理应符合设计要求。

5.1.7　陶板幕墙的金属构架应与主体结构防雷装置可靠接通，并应符合设计要求。

5.1.8　陶板幕墙的防火、保温、防潮材料的设置应符合设计要求，填充应密实、均匀、厚度一致。

5.1.9　有水密性要求的变形缝、墙角的连接节点应符合设计要求。

5.1.10　陶板幕墙应无渗漏。

5.2　一般项目

5.2.1　陶板表面应平整、洁净，无明显色差和污染，不得有缺角、开裂、斑痕等缺陷。

5.2.2　板缝应平直、均匀，宽度应符合设计要求。

5.2.3　陶板幕墙流水坡向应正确，滴水线应顺直。

5.2.4　单块陶板的表面质量要求和检验方法应符合表12-1的规定。

单块陶板的表面质量要求和检验方法　**表12-1**

项次	项目	质量要求	检验方法
1	缺棱：长5～10mm、宽度≤1mm	≤1处	用钢直尺检查
2	缺角：长边2～5mm、短边≤2mm	≤2处	用钢直尺检查
3	明显擦伤、划伤	不允许	观察检查
4	轻微划伤	不明显	观察检查
5	裂纹	不允许	观察检查
6	窝坑（毛面除外）	不明显	观察检查

5.2.5　陶板幕墙安装的允许偏差应符合表12-2的规定。

陶板幕墙安装的允许偏差（mm）　**表12-2**

项次	项目	尺寸范围	允许偏差（mm）
1	相邻立柱间距尺寸（固定端）	—	±2
2	相邻两横梁间距尺寸	≤2000mm	±1.5
		>2000mm	±2
3	单个分格对角线长度差	长边边长≤2000mm	3
		长边边长>2000mm	3.5
4	立柱、竖缝及墙面的垂直度	幕墙总高度≤30m	10
		幕墙总高度≤60m	15
		幕墙总高度≤90m	20
		幕墙总高度≤120m	25
		幕墙总高度>150m	30
5	立柱、竖缝直线度	—	2
6	立柱、墙面的平面度	相邻两墙面	2
		一幅幕墙总宽度≤20m	5
		一幅幕墙总宽度≤20m	7
		一幅幕墙总宽度≤20m	9
		一幅幕墙总宽度≤20m	10
7	横梁水平度	横梁长度≤2000mm	1
		横梁长度>2000mm	2
8	同一标高横梁、横缝的高度差	相邻两横梁、面板	1
		一幅幕墙幅宽≤35m	5
		一幅幕墙幅宽>35m	7
9	缝宽度（与设计值比较）	—	±2

6　成品保护

6.0.1　各种构件组件及陶板等应分类、分规格码放在专用库房内，不得在上面压放重物；搬运时应轻拿轻放，防止碰坏划伤。

6.0.2　施工作业层应设防护，防止构件下落撞碰构件和陶板。

6.0.3　电焊作业时，应对附近的幕墙构件、陶板等遮挡防护，避免烧伤。

6.0.4　施工中幕墙及其构件表面的粘附物应及时清除。

7　注意事项

7.1　应注意的质量问题

7.1.1　埋件预埋时，其位置应严格控制并固定牢靠，浇筑混凝土时振捣棒不得接触埋件，有专人看护，避免移位。

7.1.2　安装立柱、横梁前，应认真核对陶板尺寸和相应的立柱、横梁位置控制线，使两者协调一致。

7.1.3　陶板间接口处的耐候密封胶下应嵌塞泡沫条，避免密封胶三面粘结。

7.1.4　结构胶、密封胶粘结面应清理干净，注胶环境应适宜，密封胶厚度符合要求，不得有针眼、稀缝现象；幕墙与主体、幕墙变形缝处的连接封口应严密；五金配件装配应严密；幕墙排水系统应装配严密，排水畅通。

7.2　应注意的安全问题

7.2.1　手电钻、焊钉枪等手持电动工具，应做绝缘电压试验；电动工具应按要求进行接零保护，操作人员应佩戴防触电防护用品。

7.2.2　施工人员作业时必须戴安全帽，系安全带，并配备工具袋。

7.2.3　工程的上下部交叉作业时，结构施工层下方应采取可靠的安全防护措施。

7.2.4　现场焊接时，在焊件下方应设接火斗。

7.3　应注意的绿色施工问题

7.3.1　材料加工后的边角下脚料应分类回收。

7.3.2　采取围挡等措施控制施工噪声。

8　质量记录

8.0.1　陶板幕墙所用各种材料、五金配件、构件及组件的产品合格证书、性能检测报告、进场验收记录和复验报告。陶板的抗弯强度检测报告，严寒、寒冷地区陶板的耐冻融性检测报告。

8.0.2　幕墙工程所用硅酮结构胶的抽查合格证明；进口硅酮结构胶的商检证，国家指定检测机构出具的硅酮结构胶相容性和剥离粘结性检验报告；陶板用密封胶的污染性。

8.0.3 后置埋件的现场拉拔强度检测报告。

8.0.4 幕墙抗风压性能、气密性能、水密性能及平面内变形性能检测报告。

8.0.5 打胶、养护环境的温度、湿度记录。

8.0.6 防雷装置测试记录。

8.0.7 隐蔽工程检查验收记录。

8.0.8 幕墙构件和组件的加工制作记录。

8.0.9 幕墙安装施工记录。

8.0.10 淋水试验检查记录。

8.0.11 陶板幕墙工程检验批质量验收记录。

8.0.12 陶板幕墙分项工程质量验收记录。

8.0.13 其他技术文件。

第13章 单元式幕墙安装

本工艺标准适用于民用建筑单元式幕墙安装。

1 引用标准

《玻璃幕墙工程技术规范》JGJ 102—2003

《钢结构设计标准》GB 50017—2017

《建筑结构荷载规范》GB 50009—2012

《建筑幕墙》GB/T 21086—2007

《铝合金建筑型材》GB/T 5237—2017

《建筑用硅酮结构密封胶》GB 16776—2005

《建筑设计防火规范》GB 50016—2014

《建筑抗震设计规范》GB 50011—2010

《建筑物防雷设计规范》GB 50057—2010

《混凝土结构后锚固技术规程》JGJ 145—2013

《金属与石材幕墙工程技术规范》JGJ 133—2001

《建筑装饰装修工程质量验收标准》GB 50210—2018

2 术语

2.0.1 单元式幕墙，是指由各种墙面板与支承框架在工厂制成完整的幕墙结构基本单位，直接安装在主体结构上的建筑幕墙。

3 施工准备

3.1 作业条件

3.1.1 安装单元式幕墙的主体结构（钢结构、钢筋混凝土结构和楼面工程等）已完工，并按国家有关规范验收合格。

3.1.2 预埋件在主体结构施工时，已按设计要求埋设牢固，位置准确。

3.1.3 单元式幕墙安装所用的吊装机具，工位转运器具，脚手架，吊篮等设置完好，障碍物已拆除。

3.1.4 对单元式幕墙可能造成污染或损伤的分项工程，应在单元式幕墙安装施工前完成，或采取了安全、可靠的保护措施。

3.1.5 幕墙单元部件和安装附件存放的临时库房应能防风雨日晒，所有器材入场后均能定置、定位摆放，不得直接落地堆放。

3.1.6 幕墙安装施工队伍应建立明确的安全生产、文明生产管理责任制。

3.1.7 单元式幕墙安装施工计划和施工技术方案须得到总包技术部门的审批。对各分项工程单位进行协调，将单元式幕墙安装纳入建筑工程施工总计划之中。

3.1.8 在幕墙安装作业面楼板边沿清理出 5～8m 宽的作业面，作业面内不允许存在任何可移动的障碍物；并在幕墙安装作业面楼层底部楼层架设好安全防护网。

3.2 材料

3.2.1 单元式幕墙已工厂加工制作完成。

3.2.2 连接件和紧固件、密封材料等符合相关规范规定及设计要求。

3.3 机具

炮车、环形轨道、电动葫芦、电焊机、砂轮切割机、电钻、扳手、经纬仪、水平尺、钢卷尺。

4 操作工艺

4.1 工艺流程

主要工序流程如下：

测量放线 → 复查预埋件及安装后置埋件 → 幕墙单元体连接件安装调整 → 单元构件运输 → 吊装幕墙单元体及精度调整后继续安装下一组单元板块组件 → 防雷装置安装 → 防火隔离带、保温安装 → 注胶及变形缝密封 → 清洗 → 检查验收

4.2 测量放线

4.2.1 根据建筑的主要轴线控制线，对照主体结构上的竖向轴线，用经纬仪和钢尺

复核后，在各楼板边或墙面上，弹出单元幕墙板块位置控制线并标识。

4.2.2　用水准仪和钢尺，从水准基点复测各楼层标高，并在楼板边或柱、墙上，弹出控制标高线并标识。

4.2.3　当建筑较高时，竖向测量应定时进行。竖向测量时，风力不宜大于四级。

4.2.4　当实际位置和标高与设计要求相差较大时，应制订处理方案或修改设计。

4.3　复查预埋件及后置埋件

4.3.1　根据幕墙的三向控制线，对预埋件的位置、标高进行复测，并弹出立柱紧固件的位置控制线、标高控制线，作出标识。同时对预埋件的规格、尺寸进行复查，并做好预埋件的防腐处理。当与设计要求相差较大时，应制订处理方案。

4.3.2　后置埋件应按设计要求做好防腐处理。后置埋件用膨胀螺栓或化学螺栓固定在强度等级不低于C30的混凝土结构上；后加螺栓应采用不锈钢螺栓，直径不得小于10mm；每个埋件的后加螺栓不得少于四个，螺栓间距和螺栓到构件边缘的距离不应小于70mm。对后置埋件进行现场拉拔检验，应符合设计要求。在后置埋件上弹出立柱紧固件的位置控制线、标高控制线，做出标识。

4.3.3　预埋件的标高偏差不应大于10mm，位置偏差不应大于20mm。

4.4　幕墙单元体连接件安装调整

单元式幕墙的连接件安装定位后，用经纬仪复测安装精度无误后，螺栓紧固固定牢靠，连接件要一次全部调整到位，达到允许偏差范围。严格禁止在单元幕墙板块吊装完成后进行焊接。单元式幕墙单元板块的三维微调通过单元体上的连接构件来实现，对具体的一块单元板块而言，其一侧的主体上的连接件开有槽口，单元板块上该位置连接构件的螺丝插入槽口中，实现该侧的固定；另一侧的主体连接件不开槽口，单元板块上的连接构件挂装在该连接件，可以滑动，实现单元板块三维微调。连接件安装允许偏差见表13-1。

连接件安装允许偏差　　**表13-1**

<table>
<tr><th>序号</th><th colspan="2">项目</th><th>允许偏差（mm）</th><th>检查方法</th></tr>
<tr><td>1</td><td colspan="2">标高</td><td>±1.0（可上下调节时±2.0）</td><td>水准仪</td></tr>
<tr><td>2</td><td colspan="2">连接件两端点平行度</td><td>≤1.0</td><td>钢尺</td></tr>
<tr><td>3</td><td colspan="2">距安装轴线水平距离</td><td>≤1.0</td><td>钢尺</td></tr>
<tr><td>4</td><td colspan="2">垂直偏差（上、下两端点与垂线偏差）</td><td>≤1.0</td><td>钢尺</td></tr>
<tr><td>5</td><td colspan="2">两连接件连接点中心水平距离</td><td>±1.0</td><td>钢尺</td></tr>
<tr><td>6</td><td colspan="2">两连接件上、下端对角线差</td><td>±1.0</td><td>钢尺</td></tr>
<tr><td>7</td><td colspan="2">相邻三连接件（上下、左右）偏差</td><td>±1.0</td><td>钢尺</td></tr>
<tr><td rowspan="3">8</td><td rowspan="3">连接件</td><td>孔（槽）直径（宽度）</td><td>+0.40
+0.10</td><td rowspan="3">塞规</td></tr>
<tr><td>轴（板）直径（厚度）</td><td>−0.10
−0.40</td></tr>
<tr><td>插孔（槽）[件] 直径（厚、宽度）</td><td>+0.40 [−0.10]
+0.10 [−0.40]</td></tr>
</table>

4.5　单元构件运输

4.5.1　运输前单元板块应按顺序编号，并配有专人对成品进行保护；

4.5.2　装卸及运输过程中，应采用有足够承载力和刚度的周转架，衬垫弹性垫，保证板块相互隔开并相对固定，不得相互挤压和串动；

4.5.3　超过运输允许尺寸的单元板块，应采取特殊措施；

4.5.4　单元板块应按顺序摆放平衡，不应造成板块或型材变形；

4.5.5　运输过程中，应采取措施减小颠簸。

4.6　吊装幕墙单元板块及精度调整后继续安装下一组单元板块组件

4.6.1　单元板块吊装机具准备

1　应根据单元板块选择适当的吊装机具，并与主体结构安装牢固；

2　吊装机具使用前，应进行全面质量、安全检验；

3　吊具设计应使其在吊装中与单元板块之间不产生水平方向分力；

4　吊具运行速度应可控制，并有安全保护措施；

5　吊装机具应采取防止单元板块摆动的措施。

4.6.2　起吊和就位

1　吊点和挂点应符合设计要求，吊点不应少于 2 个。必要时可增设吊点加固措施并试吊；

2　起吊单元板块时，应使各吊点均匀受力，起吊过程应保持单元板块平稳；

3　吊装升降和平移应使单元板块不摆动、不撞击其他物体；

4　吊装过程应采取措施保证装饰面不受磨损和挤压；

5　单元板块就位时，应先将其挂到主体结构的挂点上，板块未固定前，吊具不得拆除。

4.6.3　校正及固定

1　单元板块就位后，应及时校正；

2　单元板块校正后，应及时与连接部位固定，并应进行隐蔽工程验收；

3　单元板块固定后，方可拆除吊具，并应及时清洁单元板块的型材槽口。注意：施工中如果暂停安装，应将对插槽口等部位进行保护；安装完毕的单元板块应及时进行成品保护。

4.6.4　当安装完一层的单元板块后，应进行检查、调整、固定，符合要求后再安装另一层。

4.7　防雷装置安装

4.7.1　幕墙防雷接地根据设计要求安装。

4.7.2　玻璃幕墙高度 30m 以上的竖框和横梁应作电气连接，构成约 10m×10m 防侧击雷的防雷网。通常上下竖框连接处，用螺栓固定铝排或铜编织线连接。幕墙防雷网与主体结构的均压环防雷体系，通过建筑主体柱主筋用扁钢或钢筋焊接连接。

4.7.3　幕墙顶部女儿墙金属盖板可作为接闪器，每隔 10m 与主体结构防雷网连接一次，接受雷电流。金属接闪器的厚度不宜小于 3mm，当建筑高度低于 150m 时，截面不宜小于 $50mm^2$；当建筑高度在 150mm 以上时，截面不宜小于 $70mm^2$。

4.7.4　连接应在材料表面保护膜除掉后的部位进行。测试的接地电阻值应符合设计规定，一般情况下，接地电阻应小于1Ω。

4.8　防火隔离带、保温安装

4.8.1　有热工要求的幕墙，应在单元板块安装前安装保温材料。保温部分宜从内向外安装，保温材料的安装固定应符合设计规定：板块状保温材料可粘贴和钉接在结构外墙面上；保温棉块也可用镀锌细钢丝网和镀锌细钢丝，固定在竖框和横梁形成的框架内；或在保温材料两边用内、外衬板固定；或铺填在焊有钢钉的内衬板上用螺钉固定。衬板应采用镀锌薄钢板或经防腐处理的钢板。内衬板四周应套装弹性橡胶密封条，内衬板与构件接缝应严密；内衬板就位后，用密封胶密封处理。保温材料应铺设平整，拼缝处不留缝隙。

4.8.2　幕墙的四周、窗间墙和窗槛墙，均应用防火材料填充，填充厚度不小于100mm，在楼板处及防火分区间形成防火带。防火材料的衬板应用镀锌钢板，或经防腐处理且厚度不小于1.5mm的钢板，不得用铝板。应先安装衬板，衬板应与横梁或竖框紧密接触，用防火密封胶密封，并防止防火材料与玻璃直接接触；防火材料应铺设平整，拼缝处不留缝隙。并注意一块面板不能跨越两个防火分区。

4.8.3　按设计要求安装冷凝水排出管及其附件，与水平构件的预留孔连接严密，与内衬板出水孔连接处应设橡胶密封条。

4.9　注胶及变形缝密封

4.9.1　单元板块和单元板块、墙体间，接缝用耐候硅酮密封胶密封，密封胶的施工厚度大于3.5mm，施工宽度不小于厚度的两倍，密封胶在接缝内应形成相对两面粘结，不得形成三面粘结。注胶前，接缝的密封胶接触面上附着的油污等，用工业乙醇等清洁剂清理干净，潮湿表面应充分干燥。接缝内用聚氯乙烯泡沫圆棒充填，保持平直，并预留注胶厚度；在玻璃上沿接缝两侧贴防护胶带纸，使胶带纸边与缝边齐直；注胶顺序为从上向下，先平缝，后竖缝，注胶应持续、均匀，用注胶枪把胶注入缝内，并立即用胶筒或刮刀刮平；隔日注胶时，先清理胶缝连接处的胶头，切除圆弧头部分，使两次注胶连接紧密；确认注胶合格后，取掉防护胶带纸，清洁接缝周围。注意避免在雨天、高温和气温低于5℃时，进行注胶作业。

4.9.2　变形缝处相邻两块单元板块幕墙的间隙，应根据变形缝设计图纸进行施工。

4.10　清洗

4.10.1　幕墙工程安装完成后，应制定清洗方案，防止幕墙表面污染和发生异常，其清扫工具、吊篮以及清洗方法、时间、程序等，应得到专职人员批准。

4.10.2　幕墙安装完后，应从上到下用中性清洁剂对幕墙表面及外露构件进行清洗。清洗玻璃和铝合金件的中性清洁剂，清洗前应进行腐蚀性检验，证明对铝合金和玻璃无腐蚀作用后方能使用。清洁剂有玻璃清洗剂和铝合金清洗剂之分，互有影响，不能错用，清洗时应隔离。清洁剂清洗后应及时用清水冲洗干净。

4.11　检查验收

每块板安装后进行调整后，进行自检并认真填写自检表。单元式幕墙验收工作必须逐层进行。

单元（格）框是由左右竖框、上下横框及设计上规定的中横框、中竖框等用紧固件连接成一个整体的（格）框架。所采用的连接方法应为螺钉紧固连接，装配连接必须使用限力扳手紧固。有防渗漏要求的连接面缝应涂密封胶，做防渗漏处理。必须保证单元式幕墙结构性能和外观质量的完好与美观。

5　质量标准

5.1　主控项目

5.1.1　单元式幕墙工程所用材料、构件和组件应符合设计要求及国家现行产品标准和行业标准《玻璃幕墙工程技术规范》JGJ 102 的规定。

5.1.2　幕墙的造型和立面分格应符合设计要求。

5.1.3　幕墙与主体结构的预埋件和后置埋件位置、数量、规格尺寸及后置埋件、槽式预埋件的拉拔力应符合设计要求。

5.1.4　幕墙构架与主体结构埋件的连接、构件之间的连接、玻璃面板的安装应符合设计要求，安装应牢固。

5.1.5　单元式幕墙使用的玻璃应符合下列规定：

1　单元式幕墙应使用安全玻璃，玻璃的品种、规格、颜色、光学性能及安装方向应符合设计要求。

2　单元式幕墙玻璃的厚度应不小于 6.0mm。

3　单元式幕墙的中空玻璃应采用双道密封。明框单元式幕墙的中空玻璃应采用聚硫密封胶及丁基密封胶；隐框和半隐框单元式幕墙的中空玻璃应采用硅酮结构密封胶及丁基密封胶；镀膜面应在中空玻璃的第二或第三面上。

4　钢化玻璃表面不得有损伤；钢化玻璃宜进行均质处理。

5　所有幕墙玻璃均应进行边缘处理。

5.1.6　幕墙节点、各种变形缝、墙角的连接节点应符合设计要求。

5.1.7　幕墙的防火、保温、防潮材料的设置应符合设计要求，填充应密实、均匀、厚度一致。

5.1.8　幕墙应无渗漏。

5.1.9　金属框架和连接件的防腐处理应符合设计要求。

5.1.10　幕墙开启窗的配件应齐全，安装应牢固，安装位置和开启方向、角度应正确；开启应灵活，关闭应严密。

5.1.11　幕墙的金属构架应与主体结构防雷装置可靠接通，并应符合设计要求。

5.2　一般项目

5.2.1　玻璃幕墙表面应平整、洁净；整幅玻璃的色泽应均匀一致；不得有污染和镀膜损坏。

5.2.2　每平方米玻璃的表面质量和检验方法应符合表 13-2 的要求。

每平方米玻璃的表面质量和检验方法　　表 13-2

项次	项目	质量要求	检验方法
1	明显划伤和长度＞100mm 的轻微划伤	不允许	观察
2	长度≤100mm 的轻微划伤	≤8 条	用钢尺检查
3	擦伤总面积	≤500mm^2	用钢尺检查

5.2.3 一个分格金属型材的表面质量和检验方法应符合表 13-3 的要求。

一个分格金属型材的表面质量和检验方法　　表 13-3

项次	项目	质量要求	检验方法
1	明显划伤和长度＞100mm 的轻微划伤	不允许	观察
2	长度≤100mm 的轻微划伤	≤2 条	用钢尺检查
3	擦伤总面积	≤500mm^2	用钢尺检查

5.2.4 单元式幕墙的分格玻璃拼缝应横平竖直、均匀一致。

5.2.5 玻璃幕墙的密封缝胶应横平竖直、深浅一致、宽窄均匀、光滑顺直。

5.2.6 单元式幕墙在组装过程中宜进行连接缝部位的渗漏检验。

5.2.7 防火、保温材料填充应饱满、均匀，表面应密实、平整。

5.2.8 单元式幕墙隐蔽节点的遮封装修应牢固、整齐、美观。

5.2.9 单元式幕墙的安装允许偏差应符合表 13-4 的要求。

单元式幕墙的安装允许偏差（mm）　　表 13-4

项次	项目		允许偏差（mm）
1	幕墙垂直度	幕墙高度≤30m	10
		30m＜幕墙高度≤60m	15
		60m＜幕墙高度≤90m	20
		90m＜幕墙高度≤150m	25
		幕墙高度＞150m	30
2	幕墙表面平整度		2.5
3	接缝直线度		3
4	相邻两单元接缝高低差		1
5	单元之间接缝宽度（与设计值比）		2
6	单元对插配合间隙（与设计值比）		+1，0
7	单元对插搭接宽度		1

6 成品保护

6.0.1 工厂组装好的单元板块组件，铝型材装饰外露面用保护胶布粘贴，以防止其表面污损划伤。

6.0.2 单元板块组件转运车、摆放架应设置保护软垫衬，以防止划伤。

6.0.3 安装单元板块组件时，严禁用铁榔头等物敲击撬压。

6.0.4 单元式幕墙在一个安装单元层面内安装完成后应采用塑料编织条布覆盖，以防止上层溅水或水泥污物在安装好的幕墙上，污染腐蚀单元幕墙各组件。

6.0.5　在已安装单元式幕墙的区域内，有进行其他分项工程施工作业时，应设置警示标志和维护屏障，以防止任何可能损伤单元式幕墙的物体磕碰、撞击和污损。

6.0.6　单元式幕墙的维护清洗，应定期（每年不少于一次），应选择专业清洗公司，采用中性无腐蚀、无污染的清洗剂进行清洗，严禁使用硬物摩擦玻璃表面。

6.0.7　用户应按单元式幕墙使用维护说明书，制定幕墙的保养和维修制度。保修期内幕墙制作厂应定期检查幕墙的使用情况，及时指导用户进行单元式幕墙的维护与保养，修复易损故障件。

6.0.8　幕墙的保养和维护：凡高处作业者，必须遵守现行行业标准《建筑施工高处作业安全技术规范》JGJ 80 的有关规定。

7　注意事项

7.1　应注意的质量问题

7.1.1　单元式幕墙安装施工人员上岗前，应进行单元式幕墙安装专业技能的培训，考核不合格者不准上岗。

7.1.2　单元板块组件应按安装序列号指定位置存放，按安装顺序号吊装。

7.1.3　定位放线、测量检测应在风力不大于 4 级的晴天进行，并注意经常校核定位基准点，以确保测量放线的准确性。

7.1.4　安装现场使用的测量检测器具、限力工具、绳具等应设专人校核、保养维护，保证工装器具合格良好。

7.2　应注意的安全问题

7.2.1　严格按照单元式幕墙设计、施工技术文件的规定进行施工作业，严禁违章指挥和野蛮作业。

7.2.2　单元板块组件在吊装过程中，应采取可靠的安全保护措施，吊装机具应牢固稳定，防止单元板块组件在吊装时晃动摇摆碰撞楼板，确保吊装安全。

7.2.3　自制吊装机械应经设计计算、检验和验收合格；安全装置齐全有效；吊具、索具起重性能满足要求，检查验收合格。

7.2.4　安装过程中划出警戒区，设置警示标志。

7.2.5　楼层安装单元式幕墙的人员配置区域限制安全带，系挂在安全保护绳上。

7.2.6　立体交叉作业时，搭设安全保护棚。

7.3　应注意的绿色施工问题

7.3.1　材料加工后的边角下脚料应分类回收。

7.3.2　采取围挡等措施控制施工噪声。

8　质量记录

8.0.1　玻璃幕墙所用各种材料、五金配件、构件及组件的产品合格证书、性能检测报告、进场验收记录和复验报告。

8.0.2 硅酮结构胶的认定证书和抽检合格证明；玻璃幕墙用结构胶的邵氏硬度、标准条件拉伸黏度、强度、相容性试验；进口硅酮结构胶的商检证；国家指定机构出具的硅酮结构胶相容性和剥离粘结性试验报告。

8.0.3 后置埋件的现场拉拔强度检测报告。

8.0.4 幕墙抗风压性能、空气渗透性能、雨水渗漏性能及平面变形性能检测报告。

8.0.5 打胶、养护环境的温度、湿度记录；双组分硅酮结构胶的混匀性试验记录及拉断试验记录。

8.0.6 防雷装置测试记录。

8.0.7 隐蔽工程检查验收记录。

8.0.8 幕墙构件和组件的加工制作记录。

8.0.9 幕墙安装施工记录。

8.0.10 淋水试验检查记录。

8.0.11 单元式幕墙工程检验批质量验收记录。

8.0.12 单元式幕墙分项工程质量验收记录。

8.0.13 其他技术文件。

抹灰、吊顶、涂饰等装饰装修工程施工工艺

前　言

本书是山西建设投资集团有限公司《建筑安装工程施工工艺标准》系列丛书之一。该标准经广泛调查研究，认真总结工程实践经验，参考有关国家、行业及地方标准规范，在2007版基础上经广泛征求意见修订而成。

该书编制过程中主要参考了《建筑工程施工质量验收统一标准》GB 50300—2013、《建筑装饰装修工程质量验收标准》GB 50210—2018等标准规范。每项标准按引用标准、术语、施工准备、操作工艺、质量标准、成品保护、注意事项、质量记录八个方面进行编写。

本标准修订的主要内容是：

1　抹灰中将墙面抹灰分为内墙面一般抹灰和外墙面一般抹灰；新增室内粉刷石膏、保温层薄抹灰、中空内模金属网内隔墙抹灰；将清水砖墙勾缝改为清水砌体勾缝。

2　吊顶工程原版按龙骨种类分类，新版按面层材质分类。吊顶中原分为木骨架顶棚安装、轻钢骨架罩面石膏板顶棚安装，现分为五部分：石膏板吊顶工程，矿棉板吊顶工程，金属板吊顶工程，木板、塑料板吊顶工程和格栅吊顶工程。

3　轻质隔墙新增活动隔墙、玻璃板隔墙、蒸压加气混凝土隔墙。

4　涂饰：

① 将木料表面混色调和漆涂饰、木料表面清漆涂饰、木料表面混色磁漆涂饰、木料表面丙烯酸清漆涂饰合并为木料表面溶剂型涂料涂饰。

② 将混凝土及抹灰表面乳胶漆涂饰、混凝土及抹灰表面彩色喷涂改为混凝土及抹灰表面涂料涂饰、混凝土及抹灰表面复层涂料涂饰。

③ 将室内涂饰和室外涂饰合并为美术涂饰。

④ 删除了木地板施涂清漆和打蜡。

5　裱糊、软包与细部新增软包、硬包工程、木质花饰安装、橱柜制作安装；将楼梯扶手安装改为护栏与扶手安装；将门窗套、木护墙安装改为木门窗套、木墙板安装。

6　取消了墙柱面水磨石。

本书可作为建筑装饰装修工程施工生产操作的技术依据，也可作为编制施工方案和技术交底的蓝本。在实施工艺标准过程中，若国家标准或行业标准有更新版本时，应按国家或行业现行标准执行。

本书在编制过程中，限于技术水平，有不妥之处，恳请提出宝贵意见，以便今后修订完善。随时可将意见反馈至山西建设投资集团公司技术中心（太原市新建路9号，邮政编码030002）。

目　　录

第1篇　抹灰 …… 1214

第1章　内墙面一般抹灰 …… 1214
第2章　外墙面一般抹灰 …… 1219
第3章　顶棚一般抹灰 …… 1223
第4章　室内粉刷石膏 …… 1227
第5章　墙面水刷石 …… 1231
第6章　墙面干粘石 …… 1236
第7章　保温层薄抹灰 …… 1240
第8章　中空内模金属网内隔墙抹灰 …… 1245
第9章　喷涂、滚涂、弹涂 …… 1249
第10章　清水砌体勾缝 …… 1254

第2篇　吊顶 …… 1258

第11章　石膏板吊顶顶棚 …… 1258
第12章　矿棉板吊顶顶棚 …… 1263
第13章　金属板吊顶顶棚 …… 1268
第14章　玻璃吊顶顶棚 …… 1273
第15章　格栅吊顶顶棚 …… 1279

第3篇　轻质隔墙 …… 1284

第16章　轻钢龙骨石膏板隔墙 …… 1284
第17章　增强石膏空心条板隔墙 …… 1289
第18章　GRC空心条板隔墙 …… 1294
第19章　活动隔墙 …… 1299
第20章　玻璃板隔墙 …… 1302
第21章　蒸压加气混凝土砌块隔墙 …… 1306
第22章　中空内模金属（轻钢肋筋）网水泥内隔墙 …… 1311
第23章　轻质石膏空心条板及砌块隔墙 …… 1316

第4篇　涂饰 …… 1321

第24章　木料表面溶剂型涂料涂饰 …… 1321
第25章　金属表面溶剂型涂料涂饰 …… 1328
第26章　混凝土及抹灰表面涂料涂饰 …… 1332

第 27 章　混凝土及抹灰表面复层涂料涂饰………………………………………… 1337
第 28 章　美术涂饰……………………………………………………………………… 1341

第 5 篇　裱糊、软包与细部 ……………………………………………………… 1347

第 29 章　室内裱糊……………………………………………………………………… 1347
第 30 章　软包、硬包安装……………………………………………………………… 1352
第 31 章　木窗帘盒安装………………………………………………………………… 1356
第 32 章　护栏与扶手安装……………………………………………………………… 1360
第 33 章　挂镜线、贴脸板、压缝条安装……………………………………………… 1365
第 34 章　木门窗套、木墙板安装……………………………………………………… 1368
第 35 章　窗台板、散热器罩安装……………………………………………………… 1373
第 36 章　定制花饰安装………………………………………………………………… 1376
第 37 章　橱柜制作安装………………………………………………………………… 1380

第1篇　抹　灰

第1章　内墙面一般抹灰

本工艺标准适用于工业与民用建筑内墙面一般抹灰工程的施工。

1　引用标准

《住宅装饰装修工程施工规范》GB 50327—2001；
《建筑工程绿色施工规范》GB/T 50905—2014；
《机械喷涂抹灰施工规程》JGJ/T 105—2011；
《建筑工程施工质量验收统一标准》GB 50300—2013；
《建筑装饰装修工程成品保护技术标准》JGJ/T 427—2018；
《建筑装饰装修工程质量验收标准》GB 50210—2018；
《住宅室内装饰装修工程质量验收规范》JGJ/T 304—2013；
《民用建筑工程室内环境污染控制规范》GB 50325—2010（2013年版）；
《预拌砂浆应用技术规程》JGJ/T 223—2010；
《抹灰砂浆技术规程》JGJ/T 220—2010。

2　术语（略）

3　施工准备

3.1　作业条件

3.1.1　结构工程全部完成，并经有关部门验收合格。

3.1.2　门窗框与墙体连接处的缝隙，应根据工程情况合理选用发泡剂和防水水泥砂浆结合填充。

3.1.3　砖、混凝土、加气混凝土墙体，表面的灰尘、污垢和油渍等应清理干净，并洒水湿润。

3.1.4　阳台栏杆、挂衣铁件、预埋铁件、管道等应提前安装好；墙面上的线盒周边应提前堵塞严实；凸出墙面的混凝土已剔平，凹处采用1：3水泥砂浆分层补平。

3.1.5　大面积施工前应先做样板，经检查合格，并确定施工方法。

3.1.6　施工时使用的脚手架应提前搭设好，架体应离开墙面及墙角200～250mm。

3.1.7 施工环境温度不应低于5℃。

3.2 材料及机具

3.2.1 水泥：宜采用同一生产批号且颜色一致的42.5级普通硅酸盐水泥或矿渣硅酸盐水泥。

3.2.2 砂：平均粒径为0.35～0.5mm的中砂，其颗粒应坚硬、洁净，不得含有黏土块、草根、树叶、碱质及有机物等有害物质，含泥量应符合规范规定。砂在使用前应根据使用需要过不同孔径的筛子，筛好备用。

3.2.3 磨细石灰粉：使用前用水浸泡使其充分熟化，熟化时间不应少于3d，并用孔径不大于3mm×3mm的筛网过滤。

3.2.4 石灰膏：应用块状生石灰淋制，并用孔径不大于3mm×3mm的筛网过滤，应贮存在沉淀池中充分熟化。熟化时间不应少于15d，用于罩面抹灰时不应少于30d，使用时石灰膏内不应含有未熟化颗粒和其他杂质。

3.2.5 胶粘剂：应按产品说明书使用。

3.2.6 机具：砂浆搅拌机、灰浆车、喷浆机、计量斗、筛子、手锤、钢丝刷、铁錾子、2.5m大杠、1.5m中杠、2m靠尺板、木折尺、方尺、托灰板、铁抹子、木抹子、小压子、塑料抹子、八字靠尺、5～7mm厚方口靠尺、阴阳角抹子、长毛刷、鸡腿刷、扫帚、喷壶、水桶等。

4 操作工艺

4.1 工艺流程

基层处理 → 吊垂直、套方、找规矩、抹灰饼 → 墙面冲筋 → 做护角 → 抹窗台 → 抹底灰 → 抹罩面灰 → 抹踢脚或墙裙

4.2 基层处理

4.2.1 将凸出的混凝土、舌头灰等剔平。

4.2.2 混凝土基层与加气混凝土砌体基层的所有墙面应拉毛，采用机械喷涂或笤帚均匀甩点，材料为1∶1水泥砂浆（或水泥浆）掺入一定量的胶粘剂（一般为20%的108胶），终凝后浇水养护，直至达到设计强度。

4.3 吊垂直、套方、找规矩、抹灰饼

4.3.1 根据设计要求，用一面墙做基准，对基层表面平整垂直情况，进行吊垂直、套方、找规矩，经检查合格后再确定抹灰厚度，抹灰厚度不宜小于5mm。当墙面凹度较大时，应分层衬平，每层厚度不应大于7～9mm。

4.3.2 抹灰饼时，应根据室内抹灰要求确定灰饼的正确位置，并应先抹上部灰饼，后抹下部灰饼，然后用靠尺板检查垂直与平整。灰饼宜用1∶3水泥砂浆抹成50mm方形。

4.4 墙面冲筋

当灰饼砂浆硬化后，用与抹灰层相同的砂浆冲筋。冲筋根数应根据房间的宽度和高度确

定。当墙面高度小于3.5m时，宜做立筋，两筋间距不宜大于1.5m；墙面高度大于3.5m时，宜做横筋，两筋间距不宜大于2m。

4.5　做护角

4.5.1　室内墙面、柱面和门窗口的阳角，应做成1∶2水泥砂浆护角。当设计无要求时，宜做暗护角，其高度不应低于2m，每侧宽度不应小于50mm。当门口边宽度小于100mm时，宜在做水泥护角时一次完成。

4.5.2　抹完水泥砂浆后压实、压光，浇水养护2～3d。

4.6　抹窗台

先将窗台基层清理干净，用水浇透，然后用C15细石混凝土铺实，厚度不小于25mm。次日再刷掺入胶粘剂的水泥浆一道，然后抹1∶2.5水泥砂浆面层，压实、压光后浇水养护2～3d。

4.7　抹底灰

4.7.1　应在抹灰前一天用水将墙面浇透，一般情况下冲筋完成2h左右可开始抹底灰。

4.7.2　在混凝土基层上抹底灰时，采用1∶3水泥砂浆，厚度宜为5～7mm，底灰应充分与所冲筋抹平，用大杠刮平找直，用木抹子搓平搓毛。

4.7.3　在加气混凝土砌体基层上抹底灰时，采用1∶4水泥砂浆，厚度宜为5～7mm，底灰应充分与所冲筋抹平，用大杠刮平找直，用木抹子搓平搓毛。

4.7.4　在黏土砖砌体基层上抹底灰时，采用1∶3水泥砂浆，厚度宜为5～7mm，底灰应充分与所冲筋抹平，用大杠刮平找直，用木抹子搓平搓毛。

4.8　抹罩面灰

底灰六七成干时开始抹罩面灰，罩面灰采用1∶2.5水泥砂浆，抹灰时先薄薄地刮一道，使其与底灰抓牢，然后抹第二遍，用大杠刮平找直，用铁抹子压实压光；然后自检、清理，24h后喷水养护，时间不少于7d。

4.9　抹踢脚或墙裙

4.9.1　在混凝土及黏土砖墙基层上抹1∶3水泥砂浆底灰，用木抹子搓毛，面层用1∶2.5水泥砂浆压光。抹成后抹踢脚或墙裙应凸出墙面6～7mm。

4.9.2　在加气混凝土砌体基层上抹1∶4水泥砂浆底灰，底灰六七成干时，用1∶2.5水泥砂浆抹罩面灰，上口应比着靠尺切割齐平，用阳角小抹子蘸水抹光、抹顺，然后自检、清理养护。

5　质量标准

5.1　主控项目

5.1.1　抹灰前基层表面的尘土、污垢和油渍等应清除干净，并应洒水润湿或进行界面处理。

5.1.2 所用材料的品种和性能应符合设计要求及国家现行标准的有关规定。水泥的凝结时间和安定性复验应合格。砂浆的配合比应符合设计要求。

5.1.3 抹灰工程应分层进行。当抹灰总厚度大于或等于35mm时，应采取加强措施。不同材料基体交接处表面的抹灰，应采取防止开裂的加强措施，当采用加强网时，加强网与各基体的搭接宽度不应小于150mm。

5.1.4 抹灰层与基体之间及各抹灰层之间必须粘结牢固，抹灰层应无脱层、空鼓，面层无爆灰和裂缝等缺陷。

5.1.5 建筑装饰装修工程所用材料，应符合《民用建筑工程室内环境污染控制规范》GB 50325的规定。

5.2 一般项目

5.2.1 一般抹灰工程的表面质量：普通抹灰表面应光滑、洁净、接槎平整，分格缝清晰。高级抹灰表面应光滑、洁净、颜色均匀、无抹纹，分格缝和灰线清晰美观。

5.2.2 护角、孔洞、槽、盒周围的抹灰表面应整齐、光滑，管道后面的抹灰表面应平整。

5.2.3 抹灰层的总厚度应符合设计要求；水泥砂浆不得抹在石灰砂浆层上；罩面石膏灰不得抹在水泥砂浆层上。

5.2.4 抹灰分格缝的设置应符合设计要求，宽度和深度应均匀，表面光滑，棱角整齐。

5.2.5 墙面一般抹灰工程质量的允许偏差应符合表1-1的规定。普通抹灰，表1-1的阴角方正可不检查。

墙面一般抹灰的允许偏差 **表1-1**

项目	允许偏差（mm）	
	普通抹灰	高级抹灰
立面垂直度	4	3
表面平整度	4	3
阴阳角方正	4	3
分格条（缝）直线度	4	3
墙裙上口直线度	4	3

6 成品保护

6.0.1 推小车时，应避免碰撞门框、墙面和墙角。

6.0.2 拆除脚手架时要轻拆轻放，不得碰撞墙面。

6.0.3 应保护好墙上已安装的配件、电线、开关盒等室内设施，被砂浆污染处应及时清理干净。

6.0.4 抹灰层凝结硬化前，应防止水冲、撞击、振动和挤压。

7 注意事项

7.1 应注意的质量问题

7.1.1 应严格控制抹灰砂浆配合比，宜用过筛中砂（含泥量＜5%），保证砂浆有良好的和易性和保水性。采用预拌砂浆时，应由设计单位明确强度及品种要求。

7.1.2 对混凝土、填充墙砌体基层抹灰时，应先清理基层，然后做甩浆结合层，将界面剂与水泥浆拌合，喷涂后抹底灰。

7.1.3 抹灰前墙面应浇水，浇水量应根据不同的墙体材料和气温分别控制，并检查基体抗裂措施实施情况。

7.1.4 抹灰面层严禁使用素水泥浆抹面。抹灰砂浆宜掺加聚丙烯抗裂纤维、碳纤维或耐碱玻璃纤维等纤维材料。必要时，可在基层抹灰和面层砂浆之间增加玻纤网。如墙面抹灰有施工缝时，各层之间施工缝应相互错开。

7.1.5 先做护角，后做大面，保证护角与大面接触处光滑、平整、无缝隙。

7.1.6 墙面抹灰应分层进行，抹灰总厚度超过35mm时，应采取加设钢丝网等抗裂措施。

7.1.7 不同基体材料交接处应采取钉钢丝网等抗裂措施。钢丝网片的网孔尺寸不应大于20mm×20mm，其钢丝直径不应小于1.2mm，应采用热镀锌焊钢丝网，并宜采用先成网后镀锌的热镀锌电焊网。钢丝网应用钢钉或射钉加铁片固定，间距不大于300mm。

7.1.8 消防箱、配电箱、水表箱、开关箱等预留洞背面的抹灰层应满挂钢丝网片。

7.1.9 抹灰前应做好吊垂直、套方正和贴饼冲筋等工序，保证抹灰表面平整、阴阳角方正、垂直通顺。

7.1.10 墙体抹灰完成后应及时喷水养护。

7.2 应注意的安全问题

7.2.1 室内抹灰使用的高凳应平稳牢固，脚手板跨度不得大于2m。

7.2.2 脚手板不得少于两块，且不得留有探头板，其上最多不超过两人作业。

7.2.3 如在夜间或在阴暗房间作业，应用36V安全灯照明，照明线路应架空。

7.2.4 刮杠应顺着脚手板平放在上面，不得随便乱放。

7.2.5 推小车时，在过道拐弯及门口等处，应注意危险。

7.3 应注意的绿色施工问题

7.3.1 项目开工前，项目经理组织有关人员编制控制措施，纳入项目环境管理方案，确保满足相关法律法规要求。管理方案经项目经理批准后，应逐级传递到相关责任人员。

7.3.2 脚手架支设、拆除、搬运、修理噪声的控制：必须轻拿轻放，上下、左右有人传递；项目部必须在施工场界设立钢管修理房场所。修理时，禁止用大锤敲打；切割钢管时，及时在锯片上刷油，且锯片送速不能过快。

7.3.3 应修建沉淀池将搅拌砂浆产生的污水排入沉淀池内，再进行沉淀处理。

7.3.4 严把进货的外包装关，对散装或包装不严的粉状材料拒绝进场。对水泥等粉状材料进场后的二次搬运，防止人为造成水泥等粉状材料外包装的破损。

7.3.5 应注意施工时间，杜绝砂浆搅拌机的噪声扰民。

7.3.6 水泥库房应及时覆盖，易扬尘施工场所应洒水，保证现场扬尘排放达标。

7.3.7 落地砂浆应及时回收，回收时不得夹杂杂物，并应及时运至拌合地点，提高回收率。

8　质量记录

8.0.1　材料的出厂合格证、质量检验报告及复试报告。
8.0.2　隐蔽工程检查验收记录。
8.0.3　一般抹灰工程检验批质量验收记录。
8.0.4　其他技术文件

第 2 章　外墙面一般抹灰

本工艺标准适用于工业与民用建筑外墙面一般抹灰工程的施工。

1　引用标准

《住宅装饰装修工程施工规范》GB 50327—2001；
《建筑工程绿色施工规范》GB/T 50905—2014；
《机械喷涂抹灰施工规程》JGJ/T 105—2011；
《建筑工程施工质量验收统一标准》GB 50300—2013；
《建筑装饰装修工程成品保护技术标准》JGJ/T 427—2018；
《建筑装饰装修工程质量验收标准》GB 50210—2018；
《预拌砂浆应用技术规程》JGJ/T 223—2010；
《抹灰砂浆技术规程》JGJ/T 220—2010。

2　术语（略）

3　施工准备

3.1　作业条件

3.1.1　结构工程全部完成，并经有关部门验收合格。

3.1.2　门窗框与墙体连接处的缝隙，应根据工程情况合理选用发泡剂和防水水泥砂浆结合填充。

3.1.3　砖、混凝土、加气混凝土墙体，表面的灰尘、污垢和油渍等应清理干净，并洒水湿润。

3.1.4　预埋铁件、管道等应提前安装好；墙面上的线盒周边应提前堵塞严实；凸出墙面的混凝土已剔平，凹处采用 1∶3 水泥砂浆分层补平。

3.1.5　大面积施工前应先做样板，经检查合格，并确定施工方法。

3.1.6　施工时使用的脚手架应提前搭设好，横竖杆应离开墙面及墙角200～250mm；高处作业吊篮已检修调试合格。

3.1.7　施工环境温度不应低于5℃。

3.2　材料及机具

3.2.1　水泥：宜采用同一生产批号且颜色一致的42.5级普通硅酸盐水泥或矿渣硅酸盐水泥。

3.2.2　砂：平均粒径为0.35～0.5mm的中砂，其颗粒应坚硬、洁净，不得含有黏土块、草根、树叶、碱质及有机物等有害物质，含泥量应符合规范规定。砂在使用前应根据使用需要过不同孔径的筛子，筛好备用。

3.2.3　胶粘剂：应按产品说明书使用。

3.2.4　机具：砂浆搅拌机、灰浆车、喷浆机、吊篮、计量斗、筛子、手锤、钢丝刷、铁錾子、2.5m大杠、1.5m中杠、2m靠尺板、线坠、木折尺、方尺、托灰板、铁抹子、木抹子、小压子、塑料抹子、八字靠尺、5～7mm厚方口靠尺、阴阳角抹子、长毛刷、鸡腿刷、扫帚、喷壶、水桶、分格条、滴水槽等。

4　操作工艺

4.1　工艺流程

基层处理→贴饼冲筋→抹底灰→弹线分格→抹罩面灰

4.2　基层处理

4.2.1　将凸出的混凝土、舌头灰等剔平。

4.2.2　混凝土基层与加气混凝土砌体基层的所有墙面应拉毛，采用机械喷涂或笤帚均匀甩点，材料为1∶1水泥砂浆（或水泥浆）掺入一定量的胶粘剂（一般为20%的108胶），终凝后浇水养护，直至达到设计强度。

4.3　贴饼冲筋

4.3.1　依据基层表面平整度、垂直度的实测结果，确定灰饼的厚度。

4.3.2　操作时，先贴上部灰饼，后贴下部灰饼，下部灰饼依据上部灰饼吊垂直来确定，灰饼宜用1∶3水泥砂浆做成50mm×50mm，水平距离宜为1.2～1.5m，灰饼之间用1∶3水泥砂浆冲筋，宽度约为50mm。

4.4　抹底灰

4.4.1　一般应在抹灰前一天用水将墙面浇透，一般情况下冲筋完成2h左右可开始抹底灰。

4.4.2　在混凝土基层上抹底灰时，采用1∶3水泥砂浆，厚度宜为5～7mm，底灰应充分与所冲筋抹平，用大杠刮平找直，用木抹子搓平搓毛。

4.4.3 在加气混凝土砌体基层上抹底灰时，采用1∶4水泥砂浆，厚度宜为5～7mm，底灰应充分与所冲筋抹平，用大杠刮平找直，用木抹子搓平搓毛。

4.4.4 在黏土砖砌体基层上抹底灰时，采用1∶3水泥砂浆，厚度宜为5～7mm，底灰应充分与所冲筋抹平，用大杠刮平找直，用木抹子搓平搓毛。

4.5 弹线分格

当底灰抹好后第二天，应在外墙大角及阳台等阳角处的两个面上，弹出垂直控制线；在突出外墙面的窗台、挑檐等水平腰线处，弹出水平控制线；在分格缝及滴水线等处，弹出控制线，并粘贴分格条及滴水槽。

4.6 抹罩面灰

4.6.1 一般用水泥砂浆抹罩面灰，底灰七八成干时开始抹罩面灰。

4.6.2 罩面灰采用1∶2.5水泥砂浆，抹灰时先薄薄地刮一道，使其与底灰抓牢，然后抹第二遍，用大杠刮平找直，用铁抹子压实压光，然后自检、清理，24h后喷水养护，时间不少于7d。

5 质量标准

5.1 主控项目

5.1.1 抹灰前基层表面的尘土、污垢和油渍等应清除干净，并应洒水润湿或进行界面处理。

5.1.2 所用材料的品种和性能应符合设计要求及国家现行标准的有关规定。水泥的凝结时间和安定性复验应合格。砂浆的配合比应符合设计要求。

5.1.3 抹灰工程应分层进行。当抹灰总厚度大于或等于35mm时，应采取加强措施。不同材料基体交接处表面的抹灰，应采取防止开裂的加强措施，当采用加强网时，加强网与各基体的搭接宽度不应小于150mm。

5.1.4 抹灰层与基体之间及各抹灰层之间必须粘结牢固，抹灰层应无脱层、空鼓，面层无爆灰和裂缝等缺陷。

5.2 一般项目

5.2.1 一般抹灰工程的表面质量：普通抹灰表面应光滑、洁净、接槎平整，分格缝清晰。高级抹灰表面应光滑、洁净、颜色均匀，无抹纹，分格缝和灰线清晰美观。

5.2.2 孔洞周围的抹灰表面应整齐、光滑，管道后面的抹灰表面应平整。

5.2.3 抹灰层的总厚度应符合设计要求。水泥砂浆不得抹在石灰砂浆层上；罩面石膏灰不得抹在水泥砂浆层上。

5.2.4 抹灰分格缝的设置应符合设计要求，宽度和深度应均匀，表面应光滑，棱角应整齐。

5.2.5 有排水要求的部位应做滴水线（槽），滴水线（槽）应整齐顺直，滴水线应内高外低，滴水槽的宽度和深度均不应小于10mm。

5.2.6　墙面一般抹灰工程质量的允许偏差应符合表2-1的规定。普通抹灰的阴角方正可不检查。

墙面一般抹灰的允许偏差　　表2-1

项目	允许偏差（mm）	
	普通抹灰	高级抹灰
立面垂直度	4	3
表面平整度	4	3
阴阳角方正	4	3
分格条（缝）直线度	4	3
勒脚上口直线度	4	3

6　成品保护

6.0.1　推小车时，应避免碰撞门框、墙面和墙角。

6.0.2　拆除脚手架时要轻拆轻放，不得碰撞墙面。

6.0.3　应保护好墙上已安装的配件等设施，被砂浆污染处应及时清理干净。

6.0.4　抹灰层凝结硬化前，应防止水冲、撞击、振动和挤压。

7　注意事项

7.1　应注意的质量问题

7.1.1　应严格控制抹灰砂浆配合比，宜用过筛中砂（含泥量＜5%），保证砂浆有良好的和易性和保水性。采用预拌砂浆时，应由设计单位明确强度及品种要求。

7.1.2　对混凝土、填充墙砌体基层抹灰时，应先清理基层，然后做甩浆结合层，将界面剂与水泥浆拌合，喷涂后抹底灰。

7.1.3　抹灰前墙面应浇水，浇水量应根据不同的墙体材料和气温分别控制，并检查基体抗裂措施实施情况。

7.1.4　抹灰面层严禁使用素水泥浆抹面。抹灰砂浆宜掺加聚丙烯抗裂纤维、碳纤维或耐碱玻璃纤维等纤维材料。必要时，可在基层抹灰和面层砂浆之间增加玻纤网。如墙面抹灰有施工缝时，各层之间施工缝应相互错开。

7.1.5　墙面抹灰应分层进行，抹灰总厚度超过35mm时，应采取加设钢丝网等抗裂措施。

7.1.6　不同基体材料交接处应采取钉钢丝网等抗裂措施。钢丝网片的网孔尺寸不应大于20mm×20mm，其钢丝直径不应小于1.2mm，应采用热镀锌焊钢丝网，并宜采用先成网后镀锌的热镀锌电焊网。钢丝网应用钢钉或射钉加铁片固定，间距不大于300mm。

7.1.7　配电箱、水表箱、开关箱等预留洞背面的抹灰层应满挂钢丝网片。

7.1.8　抹灰前应做好吊垂直、套方正和贴饼冲筋等工序，保证抹灰表面平整、阴阳角方正、垂直通顺。

7.1.9　墙体抹灰完成后应及时喷水进行养护。

7.2　应注意的安全问题

7.2.1　抹灰使用的高凳应平稳牢固，脚手板跨度不得大于 2m。

7.2.2　脚手架搭设及吊篮安装完成经检查合格后方可使用。

7.2.3　脚手板不得少于两块，且不得留有探头板，其上最多不超过两人作业。

7.2.4　如在夜间作业，照明线路应架空。

7.2.5　刮杠应顺着脚手板平放在上面，不得随便乱放。

7.2.6　推小车时，在过道拐弯及门口等处，应注意勿挤手。

7.3　应注意的绿色施工问题

7.3.1　项目开工前，项目经理组织有关人员编制控制措施，纳入项目环境管理方案，确保满足相关法律法规要求。管理方案经项目经理批准后，应逐级传递到相关责任人员。

7.3.2　脚手架支设、拆除、搬运、修理噪声的控制：必须轻拿轻放，上下、左右有人传递；项目部必须在施工场界设立钢管修理房场所。修理时，禁止用大锤敲打；切割钢管时，及时在锯片上刷油，且锯片送速不能过快。

7.3.3　应修建沉淀池将搅拌砂浆产生的污水排入沉淀池内，再进行沉淀处理。

7.3.4　严把进货的外包装关，对散装或包装不严的粉状材料拒绝进场。对水泥等粉状材料进场后的二次搬运，防止人为造成水泥等粉状材料外包装的破损。

7.3.5　应注意施工时间，杜绝砂浆搅拌机的噪声扰民。

7.3.6　水泥库房应及时覆盖，易扬尘施工场所应洒水，保证现场扬尘排放达标。

7.3.7　落地砂浆应及时回收，回收时不得夹杂杂物，并应及时运至拌合地点，提高回收率。

8　质量记录

8.0.1　材料的出厂合格证、质量检验报告及复试报告。

8.0.2　隐蔽工程检查验收记录。

8.0.3　一般抹灰工程检验批质量验收记录。

8.0.4　其他技术文件。

第 3 章　顶棚一般抹灰

本工艺标准适用于工业与民用建筑顶棚一般抹灰工程的施工。

1　引用标准

《住宅装饰装修工程施工规范》GB 50327—2001；

《建筑工程绿色施工规范》GB/T 50905—2014；
《机械喷涂抹灰施工规程》JGJ/T 105—2011；
《建筑工程施工质量验收统一标准》GB 50300—2013；
《建筑装饰装修工程成品保护技术标准》JGJ/T 427—2018；
《建筑装饰装修工程质量验收标准》GB 50210—2018；
《住宅室内装饰装修工程质量验收规范》JGJ/T 304—2013；
《民用建筑工程室内环境污染控制规范》GB 50325—2010（2013年版）；
《预拌砂浆应用技术规程》JGJ/T 223—2010；
《抹灰砂浆技术规程》JGJ/T 220—2010。

2 术语（略）

3 施工准备

3.1 作业条件

3.1.1 结构工程全部完成，并经有关部门验收合格。

3.1.2 在墙面或梁侧面已弹出水平标高控制线，连续梁底也已弹出由头到尾的通长墨线。

3.1.3 将混凝土板底表面凸出部分凿平，对蜂窝、麻面、露筋、漏振处应凿到实处，用1∶2水泥砂浆分层找平。将外露铅丝头等清除，用火碱将表面油渍清洗干净。

3.1.4 已按室内高度搭好操作脚手架，脚手架板顶距顶板底宜为1.8m。

3.1.5 施工环境温度不应低于5℃。

3.2 材料及机具

3.2.1 水泥：宜采用同一生产批号且颜色一致的42.5级普通硅酸盐水泥或矿渣硅酸盐水泥。

3.2.2 砂：平均粒径为0.35～0.5mm的中砂，其颗粒应坚硬、洁净，不得含有黏土块、草根、树叶、碱质及有机物等有害物质，含泥量应符合规范规定。砂在使用前应根据使用需要过不同孔径的筛子，筛好备用。

3.2.3 胶粘剂：应按产品说明书使用。

3.2.4 机具：搅拌机、灰浆车、手提搅拌器、搅拌桶、计量斗、灰斗、刮尺、托灰板、铁抹子、木抹子、塑料抹子、阴阳角抹子、阴角切割器、素灰桶、锤子、铁錾子、钢丝刷、扫帚、墨线盒等。

4 操作工艺

4.1 工艺流程

基层处理 → 弹线找规矩 → 抹底灰 → 抹中层灰 → 抹罩面灰

4.2　基层处理

将凸出的混凝土剔除；光滑的混凝土板底应凿毛，或先用钢丝刷满刷一遍，然后在 1∶1 水泥砂浆中掺入一定量的胶粘剂，再用扫帚均匀甩刷到板底上，终凝后养护，直至达到设计强度。

4.3　弹线找规矩

依据墙面上 0.5m 标高线，在顶板下 100mm 的四周墙面上弹线，作为顶棚抹灰的水平控制线；较大面积的楼盖或质量要求较高的顶棚，宜拉通线设置灰饼控制线。

4.4　抹底灰

4.4.1　抹灰前一天，板底混凝土应浇水湿润。抹灰时，先使用掺入胶粘剂的水泥浆刷一道，随刷随抹底灰。

4.4.2　底灰采用 1∶3 水泥砂浆，厚度为 5mm，刮尺刮抹顺平，再用木抹子搓平搓毛。

4.5　抹中层灰

4.5.1　底灰抹完后，紧跟着抹中层灰。

4.5.2　中层灰用 1∶3 水泥砂浆，厚度为 6mm，抹完后用刮尺刮抹顺平，再用木抹子搓平搓毛。

4.6　抹罩面灰

待底灰或中层灰六七成干时，抹罩面灰。罩面灰采用 1∶2.5 水泥砂浆，厚度为 6mm。待罩面灰稍干，再用塑料抹子顺抹纹压实、压光。

5　质量标准

5.1　主控项目

5.1.1　抹灰前基层表面的尘土、污垢和油渍等应清除干净，并应洒水润湿或进行界面处理。

5.1.2　所用材料的品种和性能应符合设计要求及国家现行标准的有关规定。水泥的凝结时间和安定性复验应合格。砂浆的配合比应符合设计要求。

5.1.3　抹灰工程应分层进行。当抹灰总厚度大于或等于 35mm 时，应采取加强措施。

5.1.4　抹灰层与基体之间及各抹灰层之间必须粘结牢固，抹灰层应无脱层、空鼓，面层无爆灰和裂缝等缺陷。

5.1.5　建筑装饰装修工程所用材料，应符合《民用建筑工程室内环境污染控制规范》GB 50325 的规定。

5.2　一般项目

5.2.1　顶棚抹灰工程的表面质量应符合：普通抹灰表面应光滑、洁净，接槎平整，分格缝清晰。高级抹灰表面应光滑、洁净，颜色均匀，无抹纹，分格缝和灰线清晰美观。

5.2.2 孔洞、槽、盒周围的抹灰表面应整齐、光滑。

5.2.3 抹灰层的总厚度应符合设计要求；水泥砂浆不得抹在石灰砂浆层上；罩面石膏灰不得抹在水泥砂浆层上。

5.2.4 有排水要求的部位应做滴水线（槽）。滴水线（槽）应整齐顺直，滴水线应内高外低，滴水槽的宽度和深度均不应小于10mm。

5.2.5 顶棚抹灰工程质量的允许偏差应符合表3-1的规定。

顶棚抹灰工程质量的允许偏差 **表3-1**

项目	允许偏差（mm）	
	普通抹灰	高级抹灰
表面平整度	4	3
阴阳角方正	4	3

注：1. 普通抹灰的阴角可不检查。
2. 顶棚抹灰的表面平整度可不检查，但应平顺。

6 成品保护

6.0.1 推小车或搬运料具时，应避开已抹好的阴阳角及墙面等处。

6.0.2 拆脚手架时应轻拆轻放，码放整齐，及时撤出。

6.0.3 保护好地面、地漏，禁止在地面上拌和砂浆或堆放砂浆。

6.0.4 应保护好顶棚上的线盒，不得将砂浆填入线盒内。

7 注意事项

7.1 应注意的质量问题

7.1.1 严格控制原材料质量，使用检验合格的粉刷石膏、水泥；砂宜选用中砂，其含泥量应符合规范；胶粘剂应按产品使用说明书使用。

7.1.2 操作时，严格控制砂浆配合比。

7.2 应注意的安全问题

7.2.1 室内抹灰使用的高凳应平稳牢固，脚手板跨度不得大于2m。

7.2.2 脚手板不得少于两块，且不得留有探头板，其上最多不超过两人作业。

7.2.3 如在夜间或在阴暗房间作业，应用36V安全灯照明，照明线路应架空。

7.2.4 推小车时，在过道拐弯及门口等处，应注意勿挤手。

7.3 应注意的绿色施工问题

7.3.1 项目开工前，项目经理组织有关人员编制控制措施，纳入项目环境管理方案，确保满足相关法律法规要求。管理方案经项目经理批准后，应逐级传递到相关责任人员。

7.3.2 脚手架支设、拆除、搬运、修理噪声的控制：必须轻拿轻放，上下、左右有人传递；项目部必须在施工场界设立钢管修理房场所。修理时，禁止用大锤敲打；切割钢管时，及时在锯片上刷油，且锯片送速不能过快。

7.3.3　应修建沉淀池将搅拌砂浆产生的污水排入沉淀池内，再进行沉淀处理。

7.3.4　严把进货的外包装关，对散装或包装不严的粉状材料拒绝进场。对水泥等粉状材料进场后的二次搬运，防止人为造成水泥等粉状材料外包装的破损。

7.3.5　应注意施工时间，杜绝砂浆搅拌机的噪声扰民。

7.3.6　水泥库房应及时覆盖，易扬尘施工场所应洒水，保证现场扬尘排放达标。

7.3.7　落地砂浆应及时回收，回收时不得夹杂杂物，并应及时运至拌合地点，提高回收率。

8　质量记录

8.0.1　材料的出厂合格证、质量检验报告及复试报告。

8.0.2　隐蔽工程检查验收记录。

8.0.3　一般抹灰工程检验批质量验收记录。

8.0.4　其他技术文件。

第 4 章　室内粉刷石膏

本工艺标准适用于工业与民用建筑室内粉刷石膏工程的施工。

1　引用标准

《住宅装饰装修工程施工规范》GB 50327—2001；

《建筑工程绿色施工规范》GB/T 50905—2014；

《建筑工程施工质量验收统一标准》GB 50300—2013；

《建筑装饰装修工程成品保护技术标准》JGJ/T 427—2018；

《建筑装饰装修工程质量验收标准》GB 50210—2018；

《住宅室内装饰装修工程质量验收规范》JGJ/T 304—2013；

《民用建筑工程室内环境污染控制规范》GB 50325—2010（2013 年版）。

2　术语（略）

3　施工准备

3.1　作业条件

3.1.1　结构工程已完成，按设计要求隔板等预制构件已安装完毕，经验收合格。

3.1.2　抹灰前应检查门窗框的位置是否正确，与墙体连接是否牢固，埋设的接线盒、电箱、管线、管道等是否固定牢靠，连接处缝隙应用水泥砂浆或混合水泥砂浆分层嵌塞密实，若缝隙较大时，应使用细石混凝土将缝隙塞填密实。铝合金、塑钢等门窗框贴保护膜，其缝隙处理应按设计要求嵌填。

3.1.3　阳台栏杆、楼梯扶手及其他预埋件安装埋设完毕并验收合格。

3.1.4　室内抹灰前屋面防水宜提前完成。

3.1.5　根据室内高度和抹灰现场情况，提前准备好抹灰高凳或脚手架，脚手架应离墙面墙角200～250mm，以便操作。

3.1.6　室内大面积施工前先做样板间，经有关质量部门鉴定合格后，方可组织大面积施工。

3.2　材料及机具

3.2.1　水泥：宜采用同一生产批号且颜色一致的42.5级普通硅酸盐水泥或矿渣硅酸盐水泥。

3.2.2　砂：中砂，使用前过5mm孔径筛子，含泥量不超过3%且不含杂质。

3.2.3　粉刷石膏：底层粉刷石膏浆料、面层粉刷石膏浆料、粘结石膏、耐水型粉刷石膏。

3.2.4　其他材料：玻璃纤维网格布、胶粘剂、耐水腻子。

3.2.5　机具：搅拌机、手提搅拌器、手推车、5mm孔径的筛子、水桶、剪子、滚刷、靠尺、钢卷尺、方尺、金属水平尺、铁锹、托灰板、刮板、铁抹子、木抹子、阴阳角抹子、铁捋子、大杠、小杠、钢丝刷、扫帚、锤子、錾子等。

4　操作工艺

4.1　工艺流程

墙面清理→弹线、贴踢脚板→细部玻纤网布粘贴→抹粉刷石膏→做门窗护角等→粘贴玻纤网布→刮耐水腻子

4.2　墙面清理

4.2.1　将墙基体表面的灰尘、污垢和油渍等清理干净，凡凸出墙面的混凝土、砂浆块等都必须清除。

4.2.2　墙面清理后喷水润湿。对于加气混凝土墙面使用喷雾器反复均匀喷水，使墙面吸水达到10mm以上，但不得有明水。

4.3　弹线、贴踢脚板

4.3.1　依据楼层控制线和吊垂线，弹出抹灰控制线。

4.3.2　若采用预制踢脚板先使用胶粘剂将预制踢脚板按控制线满粘完毕。

4.4　细部玻纤网布粘贴

4.4.1　在预制隔板接缝处以及不同基层材料的连接处，应先用粘结石膏粘贴玻纤网布，

基体两侧粘贴宽度均不应少于100mm。

4.4.2 在门窗口阳角应粘贴一层玻纤网布，粘贴边宽度不少于100mm。

4.4.3 在门窗口四角按45°斜向加铺一层玻纤网布长400mm，宽度不少于200mm。

4.5 抹粉刷石膏

4.5.1 制备粉刷石膏浆料：底层和面层抹灰粉刷石膏料浆应分别拌制，均应保证在硬化前使用完毕，已凝结的料浆不可再次加水搅拌使用。

1 底层抹灰用粉刷石膏料浆拌制：在拌灰铁板上倒入底层用石膏粉，按标准稠度用水量的1.1倍～1.15倍取所需水倒入石膏粉中，用铁锹在3～5min内拌均匀，静停3～5min后再次搅拌即可使用。

2 面层抹灰用粉刷石膏料浆拌制：按标准稠度用水量的1.1～1.15倍取所需水，将水放入搅拌桶，再倒入石膏粉，用手提搅拌器搅拌均匀，搅拌时间2～5min，静置10min左右，再进行二次搅拌均匀后即可使用。

4.5.2 抹底层粉刷石膏：用托灰板盛底层抹灰料浆，用抹子由左往右、由上往下，按标筋厚度将料浆涂于墙上。然后用刮板由左往右刮去多余的料浆，补足凹进的部位（如工程量大，此项操作应单独安排另一人进行）。此工序在料浆初凝前可反复几遍，直至达到满意的墙面平整度。如底层抹灰总厚度超过8mm时，应分层抹；当此层总厚度超过35mm时，抹灰时应压入一层或数层绷紧的玻纤网布，待底层抹灰初凝时及时用木抹子搓毛。

4.5.3 抹面层粉刷石膏：底层抹灰终凝后可抹面层料浆，面层厚度一般为1～3mm，面层料浆终凝前（抹灰后约30min）可以进行面层压光。

4.6 做门窗护角等

4.6.1 门窗口护角及踢脚的水泥砂浆抹灰做法：先将混凝土基层表面毛化处理，然后用1∶2.5水泥砂浆抹灰，压光时应注意把粉刷石膏抹灰层内甩出的玻纤网布，压入水泥砂浆面层内，阳角用铁捋子撸成小圆。

4.6.2 厨房、厕所等湿度较大的房间，要改用耐水型粉刷石膏抹面层，然后再粘瓷砖或刮两遍耐水腻子做耐水涂料。

4.7 粘贴玻纤网布

待粉刷石膏抹灰层干燥后，用胶粘剂粘贴绷紧的玻纤网布。

4.8 刮耐水腻子

待胶粘剂凝固硬化后，即可在玻纤网布上满刮两遍耐水腻子。

5 质量标准

5.1 主控项目

5.1.1 抹粉刷石膏前将基层表面的尘土、污垢、油渍等清除干净，洒水润湿。

5.1.2 抹粉刷石膏所用材料品种和性能应符合设计要求及国家现行标准的有关规定。

5.1.3　粉刷石膏抹灰应分层进行，当抹灰总厚度大于或等于35mm或不同材料基层抹灰时，应采取增加玻纤网布措施，加强玻纤网布与各基体的搭接宽度不少于150mm。

5.1.4　粉刷石膏各抹灰层之间以及抹灰层与基层之间都必须粘结牢固，无脱层、空鼓，面层应无爆灰和裂缝。

5.2　一般项目

5.2.1　粉刷石膏抹灰表面质量：普通抹灰应表面光滑、洁净、接槎平整，分格缝清晰；高级抹灰应表面光滑、洁净、颜色均匀、无抹纹，分格缝和灰线清晰美观。

5.2.2　护角、孔洞、槽、盒周围的抹灰表面应整齐、光滑；管道后面的抹灰表面应平整。

5.2.3　抹灰层的总厚度应符合设计要求。罩面石膏灰不得抹在水泥砂浆层上。

5.2.4　分格缝的设置应符合设计要求，分格条（缝）宽度和深度均匀，平整光滑，棱角整齐，横平竖直。

5.2.5　粉刷石膏抹灰允许偏差应符合表4-1的规定。

粉刷石膏抹灰允许偏差　　**表4-1**

项目	允许偏差（mm）	
	普通抹灰	高级抹灰
立面垂直度	4	3
表面平整度	4	3
阴阳角方正	4	3
分格条（缝）直线度	4	3

注：1. 普通抹灰的阴角可不检查。
2. 顶棚抹灰的表面平整度可不检查，但应平顺。

6　成品保护

6.0.1　粉刷石膏抹灰前把门窗框与墙连接处的缝隙分层嵌塞密实，铝合金塑钢等门窗框贴好保护膜。

6.0.2　推车、搬运东西或搭拆脚手架时要注意不要碰坏墙面和口角。抹灰用的大杠、铁锹把不要靠放墙上，不要蹬踩窗台，防止损坏楞角。

6.0.3　翻拆架子时要小心，防止损坏已抹好墙面；防止因工序穿插造成的污染和损坏抹灰层。

6.0.4　抹灰层凝固硬化前，要防止快干、水冲、撞击振动和挤压，保证抹灰层强度增长。

6.0.5　严禁在地面上拌浆料及直接在地面上堆放浆料。

7　注意事项

7.1　应注意的质量问题

7.1.1　粉刷石膏在运输和储藏过程中要防止受潮，如使用中发现少量结块现象应过筛。

7.1.2 粉刷石膏料浆应按配合比投料，料浆中不得加入外加剂，如果必须添加，应先进行试验。料浆应在初凝前使用完，已初凝的料浆不得加水再使用。

7.1.3 为防止粉刷石膏一次抹的过厚，抹灰应分层进行，当抹灰总厚度超过 35mm 或与不同材料抹灰交接时，应采取增加玻纤网布等防裂措施，确保粉刷石膏各抹灰层之间以及抹灰层与基层之间粘结牢固，无脱层和空鼓裂缝。

7.1.4 注意水泥墙裙和踢脚等上口处墙厚度不一致，以及上口毛刺和口角不方正的问题。操作时应认真，按工艺要求吊垂直、拉线、找直找方，对上口处理应待大面积完成后，及时返尺将上口找平压光并撸成小圆角。

7.1.5 防止面层接槎不平：槎子甩的不规矩，留槎不平，接槎时就很难找平，故每一工序都应认真按工艺要求操作。

7.2 应注意的安全问题

7.2.1 室内抹灰使用的高凳应平稳牢固，脚手板跨度不得大于 2m。

7.2.2 脚手板不得少于两块，且不得留有探头板，其上最多不超过两人作业。

7.2.3 如在夜间或在阴暗房间作业，应用 36V 安全灯照明，照明线路应架空。

7.2.4 推小车时，在过道拐弯及门口等处，应注意勿挤手。

7.3 应注意的绿色施工问题

7.3.1 项目开工前，项目经理组织有关人员编制控制措施，纳入项目环境管理方案，确保满足相关法律法规要求。管理方案经项目经理批准后，应逐级传递到相关责任人员。

7.3.2 脚手架支设、拆除、搬运、修理噪声的控制：必须轻拿轻放，上下、左右有人传递；项目部必须在施工场界设立钢管修理房场所。修理时，禁止用大锤敲打；切割钢管时，及时在锯片上刷油，且锯片送速不能过快。

7.3.3 严把进货的外包装关，对散装或包装不严的粉状材料拒绝进场。对水泥等粉状材料进场后的二次搬运中，防止人为造成水泥等粉状材料外包装的破损。

8 质量记录

8.0.1 材料的出厂合格证、质量检验报告及复试报告。

8.0.2 隐蔽工程检查验收记录。

8.0.3 一般抹灰工程检验批质量验收记录。

8.0.4 其他技术文件。

第 5 章 墙面水刷石

本工艺标准适用于工业与民用建筑墙面水刷石工程的施工。

1 引用标准

《住宅装饰装修工程施工规范》GB 50327—2001；
《建筑工程绿色施工规范》GB/T 50905—2014；
《机械喷涂抹灰施工规程》JGJ/T 105—2011；
《建筑工程施工质量验收统一标准》GB 50300—2013；
《建筑装饰装修工程成品保护技术标准》JGJ/T 427—2018；
《建筑装饰装修工程质量验收标准》GB 50210—2018；
《预拌砂浆应用技术规程》JGJ/T 223—2010；
《抹灰砂浆技术规程》JGJ/T 220—2010。

2 术语（略）

3 施工准备

3.1 作业条件

3.1.1 结构工程全部完成，并经有关部门验收合格。

3.1.2 预留孔洞、预埋件及排水管等处理完毕；门窗框与墙体间的缝隙用 1∶1 水泥砂浆加适量纤维堵严。

3.1.3 墙面杂物清理干净，去高补低，弥补缺陷，堵严架眼，清扫墙面；落水管安装完毕，变形缝处理妥当。

3.1.4 样板墙已验收合格，确定配合比和施工工艺。

3.1.5 外脚手架搭设牢固或吊篮已准备好，并验收合格，高处作业吊篮已检修调试合格。

3.1.6 施工环境温度不应低于 5℃。

3.2 材料及机具

3.2.1 水泥：采用强度等级不低于 42.5 级的普通硅酸盐水泥或矿渣硅酸盐水泥。在同一墙面上，应使用同一品种、同一级别、同一批号的水泥。

3.2.2 砂：中砂，含泥量不超过 3%，使用前过 5mm 孔径的筛子。

3.2.3 石渣：颗粒坚硬，不含黏土、软片、碱质及其他有机物等有害物质。当设计无要求时，宜选用同一品种、同一颜色的中八厘或小八厘。石渣用前应洗净晾干，分类遮盖堆放。

3.2.4 胶粘剂：应按产品说明书使用。

3.2.5 机具：灰浆车、喷浆泵、吊篮、铁抹子、托灰板、软长毛刷、钢丝刷、扁油刷、水桶、素灰桶、喷壶、喷雾器、铁錾子、手锤、扫帚、粉线包、窗纱筛子、刮杠、八字靠尺板、分格条、滴水槽等。

4 操作工艺

4.1 工艺流程

基层处理→贴饼冲筋→抹底灰→弹线分格→抹石渣浆面层→修整喷刷养护

4.2 基层处理

4.2.1 将凸出的混凝土、舌头灰等剔平；混凝土基层与加气混凝土砌体基层的所有墙面应作毛化处理。

4.2.2 采用机械喷涂或笤帚均匀甩点，材料为1∶1水泥砂浆（或水泥浆）掺入一定量的胶粘剂（一般为20%的108胶），终凝后浇水养护，直至达到设计强度。

4.3 贴饼冲筋

4.3.1 依据基层表面平整度、垂直度的实测结果，确定灰饼的厚度。

4.3.2 灰饼用1∶3水泥砂浆做成50mm×50mm，水平距离宜为1.2～1.5m，灰饼之间用1∶3水泥砂浆冲筋，宽度约为50mm。

4.4 抹底灰

4.4.1 应在抹灰前一天用水将墙面浇透，一般情况下冲筋完成2h左右可开始抹底灰。

4.4.2 在混凝土和黏土砖砌体基层上抹底灰时，采用1∶3水泥砂浆，厚度宜为8～12mm，底灰应充分与所冲筋抹平，用大杠刮平找直，用木抹子搓平搓毛。

4.4.3 在加气混凝土砌体基层上抹底灰时，采用1：4水泥砂浆，厚度宜为8～12mm，底灰应充分与所冲筋抹平，用大杠刮平找直，用木抹子搓平搓毛。

4.5 弹线分格

4.5.1 底灰抹好后第二天，应在外墙大角及阳台等阳角处的两个面上，弹出垂直控制线。

4.5.2 在突出外墙面的窗台、挑檐等水平腰线处，弹出水平控制线。

4.5.3 在分格缝及滴水线等处弹出控制线，并粘贴塑料分格条及滴水槽。

4.6 抹石渣浆面层

待底层灰六七成干时，先刮一道掺入胶粘剂的水泥浆，然后抹1∶1.5水泥石渣浆，墙面石子规格为中八厘，线角用小八厘，从下向上分两遍与分格条抹平，随即检查平整度，并及时修补、压实、压平，将露出的石子尖棱轻轻拍平。水泥石渣浆的厚度应比分格条高1mm，一般为8mm厚。

4.7 修整喷刷养护

4.7.1 待水泥石渣浆面层无水光时，先用铁抹子压一遍，将小孔洞压实、挤严，然后用软毛刷蘸水刷去表面浮浆，并用抹子轻轻拍平石子。

4.7.2 待面层用手指按无痕、刷子刷石不掉时，方可喷刷。喷刷时，一人用刷子蘸水刷去水泥浆，一人用喷雾器从上向下喷水冲洗，喷头一般距墙面100～200mm，喷刷要均匀，以石子露出表面1～2mm为宜，并将被污染的分格条、滴水槽冲刷干净。待面层达到终凝后可喷水养护。

5 质量标准

5.1 主控项目

5.1.1 抹灰前基层表面的尘土、污垢、油渍等应清理干净，并洒水湿润或进行界面处理。

5.1.2 墙面水刷石所用材料的品种和性能应符合设计要求及国家现行标准的有关规定，水刷石的配合比应符合设计要求。

5.1.3 水刷石应分层进行，当水刷石总厚度大于或等于35mm时，应采取加强措施。不同材料基体交接处表面的抹灰，应采取防止开裂的加强措施；当采用加强网时，加强网与基体的搭接宽度不应小于150mm。

5.1.4 各抹灰层之间及抹灰层与基体之间必须粘结牢固，无脱层、空鼓和裂缝等缺陷。

5.2 一般项目

5.2.1 水刷石表面应石粒清晰，分布均匀，紧密平整，色泽一致，无掉粒和接槎痕迹。

5.2.2 水刷石分格条（缝）的设置应符合设计要求，宽度和深度均匀，表面平整光滑，棱角整齐。

5.2.3 有排水要求的部位应做滴水线（槽），滴水线（槽）应整齐顺直，滴水线应内高外低，滴水槽的宽度和深度均不应小于10mm。

5.2.4 水刷石工程质量的允许偏差应符合表5-1的规定。

水刷石工程质量的允许偏差　表5-1

项目	允许偏差（mm）
立面垂直度	5
表面平整度	3
阳角方正	3
分格条（缝）直线度	3
墙裙、勒脚上口直线度	3

6 成品保护

6.0.1 粘在门窗框及墙面上的砂浆，应及时清扫并冲洗干净；门窗应及时粘好保护膜，以防污染。

6.0.2 喷刷时应用塑料薄膜覆盖好已做好的墙面，以防污染。

6.0.3 首层进口在水刷石完成后，应立即加护板，以免撞坏。

6.0.4 搭拆架子时，应轻拿轻放，以免碰损门窗玻璃及水刷石墙面。

7　注意事项

7.1　应注意的质量问题

7.1.1　门窗碹脸、窗台、阳台、雨篷等部位的刷石应先做小面、后做大面，以保证大面清洁美观。

7.1.2　接槎应设在分格缝处，不得设在块中或落水管背后。

7.1.3　如大面积墙面刷石无法当天完成，在继续施工喷刷新活前，应将前天施工的刷石用水淋透，以便清洗掉喷溅的水泥浆。

7.1.4　抹底灰时，层与层之间不得跟得太紧，也不得一次抹得过厚，应用木抹子搓平搓毛，以防空裂。

7.1.5　严把配比质量关，专人统一配比，以免级配不均匀，出现颜色不一致的现象。

7.1.6　不同基体材料交接处应采取钉钢丝网等抗裂措施。钢丝网片的网孔尺寸不应大于20mm×20mm，其钢丝直径不应小于1.2mm，应采用热镀锌焊钢丝网，并宜采用先成网后镀锌的热镀锌电焊网。钢丝网应用钢钉或射钉加铁片固定，间距不大于300mm。

7.1.7　配电箱、水表箱、开关箱等预留洞背面的抹灰层应满挂钢丝网片。

7.2　应注意的安全问题

7.2.1　操作前应对脚手架进行全面检查，发现隐患应及时排除后方可上人操作。

7.2.2　脚手架上的工具、材料应分散放稳，严禁超过限制荷载。

7.2.3　六级风以上时，不得进行高层水刷石作业。

7.2.4　进入施工现场必须戴安全帽；在脚手架上操作人员，严禁打闹或甩抛物体。

7.2.5　靠近交通通道处必须搭设硬防护，确保行人安全。

7.2.6　垂直运输设备必须设有安全装置，吊篮停稳后方可上人装卸料。

7.3　应注意的绿色施工问题

7.3.1　项目开工前，项目经理组织有关人员编制控制措施，纳入项目环境管理方案，确保满足相关法律法规要求。管理方案经项目经理批准后，应逐级传递到相关责任人员。

7.3.2　脚手架支设、拆除、搬运、修理噪声的控制：必须轻拿轻放，上下、左右有人传递；项目部必须在施工场界设立钢管修理房场所。修理时，禁止用大锤敲打；切割钢管时，及时在锯片上刷油，且锯片送速不能过快。

7.3.3　应修建沉淀池，将搅拌砂浆产生的污水排入沉淀池内，再进行沉淀处理。

7.3.4　严把进货的外包装关，对散装或包装不严的粉状材料拒绝进场。对水泥等粉状材料进场后的二次搬运中，防止人为造成水泥等粉状材料外包装的破损。

7.3.5　应注意施工时间，杜绝砂浆搅拌机的噪声扰民。

7.3.6　水泥库房应及时覆盖，易扬尘施工场所应洒水，保证现场扬尘排放达标。

7.3.7　落地砂浆应及时回收，回收时不得夹杂杂物，并应及时运至拌合地点，提高回收率。

8　质量记录

8.0.1　材料的出厂合格证、质量检验报告及复试报告。

8.0.2　隐蔽工程检查验收记录。

8.0.3　装饰抹灰工程检验批质量验收记录。

8.0.4　其他技术文件。

第 6 章　墙面干粘石

本工艺标准适用于工业与民用建筑墙面干粘石工程的施工。

1　引用标准

《住宅装饰装修工程施工规范》GB 50327—2001；
《建筑工程绿色施工规范》GB/T 50905—2014；
《机械喷涂抹灰施工规程》JGJ/T 105—2011；
《建筑工程施工质量验收统一标准》GB 50300—2013；
《建筑装饰装修工程成品保护技术标准》JGJ/T 427—2018；
《建筑装饰装修工程质量验收标准》GB 50210—2018；
《预拌砂浆应用技术规程》JGJ/T 223—2010；
《抹灰砂浆技术规程》JGJ/T 220—2010。

2　术语（略）

3　施工准备

3.1　作业条件

3.1.1　结构工程全部完成，并经有关部门验收合格。

3.1.2　墙面基层清理干净，架眼堵好，缺陷补齐，浇水湿润。

3.1.3　门窗口、预留洞口及排水管等应处理完，门窗口与墙体间的缝隙用 1∶1 水泥砂浆加适量纤维堵严。

3.1.4　高处作业吊篮已检修调试合格。

3.1.5　施工环境温度不应低于 5℃。

3.2 材料及机具

3.2.1 水泥：采用强度等级不低于42.5级的普通硅酸盐水泥或矿渣硅酸盐水泥。在同一墙面上，应使用同一品种、同一级别、同一批号的水泥。

3.2.2 砂：中砂，含泥量不超过3%，使用前过5mm孔径的筛子。

3.2.3 石渣：应选择色泽一致、颗粒均匀、质地坚硬的大理石或花岗岩石渣。手工干粘石宜采用小八厘，粒径约为6mm。堆放时应按颜色、规格分类堆放，使用前应经过筛选、洗净、晾干，上面用帆布盖好。

3.2.4 胶粘剂：应按产品说明书使用。

3.2.5 机具：砂浆搅拌机、喷浆泵、吊篮、铁抹子、木抹子、塑料抹子、大杠、小杠、分格条、滴水槽、钉窗纱托盘、木拍子、油印胶辊、喷壶、软毛刷、钢丝刷、铁錾子、手锤、扫帚等。当采用机喷时，还需备有空压机、喷枪和胶管等。

4 操作工艺

4.1 工艺流程

基层处理→贴饼冲筋→抹底灰→弹线分格→抹粘结砂浆→甩（喷）石渣→拍平修整养护

4.2 基层处理

4.2.1 将凸出的混凝土、舌头灰等剔平；混凝土基层与加气混凝土砌体基层的所有墙面应搓毛。

4.2.2 采用机械喷涂或笤帚均匀甩点，材料为1∶1水泥砂浆（或水泥浆）掺入一定量的胶粘剂（一般为20%的108胶），终凝后浇水养护，直至达到设计强度。

4.3 贴饼冲筋

4.3.1 依据基层表面平整度、垂直度的实测结果，确定灰饼的厚度。

4.3.2 操作时，先贴上部灰饼，后贴下部灰饼，下部灰饼依据上部灰饼吊垂直来确定，灰饼宜用1∶3水泥砂浆做成50mm×50mm，水平距离宜为1.2～1.5m，灰饼之间用1∶3水泥砂浆冲筋，宽度约为50mm。

4.4 抹底灰

4.4.1 应在抹灰前一天用水将墙面浇透，一般情况下冲筋完成2h左右可开始抹底灰。

4.4.2 在混凝土和黏土砖砌体基层上抹底灰时，采用1∶3水泥砂浆，厚度宜为5～7mm，底灰应充分与所冲筋抹平，用大杠刮平找直，用木抹子搓平搓毛。

4.4.3 在加气混凝土砌体基层上抹底灰时，采用1∶4水泥砂浆，厚度宜为5～7mm，底灰应充分与所冲筋抹平，用大杠刮平找直，用木抹子搓平搓毛。终凝后浇水养护。

4.5 弹线分格

4.5.1 底灰抹好后第二天，应在外墙大角及阳台等阳角处的两个面上，弹出垂直控制线。

4.5.2 在突出外墙面的窗台、挑檐等水平腰线处，弹出水平控制线。

4.5.3 在分格缝及滴水线等处，弹出控制线，并粘贴塑料分格条及滴水槽。

4.6 抹粘结砂浆

粘结层砂浆采用掺入一定量胶粘剂的1∶2.5水泥砂浆。厚度根据石渣粒径确定，一般手工干粘石为4～6mm，机喷干粘石为3mm。

4.7 甩（喷）石渣

4.7.1 一手拿内装石渣的托盘，一手拿木拍子铲上石渣往粘结层上甩，要求甩均匀，用量为8～12kg/m²。一般在甩石渣1～2min后，用油印胶辊滚压，并用抹子拍实拍平，将石渣粒径的2/3压入灰中，粘结牢固并不露浆。

4.7.2 待其水分稍蒸发后，用木抹子沿垂直方向从下向上溜一遍，以消除拍石时出现的抹痕。

4.7.3 大面积干粘石墙面可采用机喷法施工，喷石后应及时用橡胶辊子滚压，将石渣压入粘结层2/3，使其粘结牢固。

4.8 拍平修整养护

4.8.1 甩（喷）完石渣后应及时检查有无未粘结或石粒不密实的地方，如有应及时修补，使石渣粘结密实、均匀。如灰层有坠裂现象，应在灰层终凝前甩水将裂缝压实。

4.8.2 常温施工干粘石24h后，即可用喷壶洒水养护，养护期不少于2～3d。

5 质量标准

5.1 主控项目

5.1.1 抹灰前基层表面的尘土、污垢、油渍等应清理干净，并洒水湿润或进行界面处理。

5.1.2 墙面干粘石所用材料的品种和性能应符合设计要求及国家现行标准的有关规定，干粘石的配合比应符合设计要求。

5.1.3 干粘石应分层进行，当干粘石总厚度大于或等于35mm时，应采取加强措施。不同材料基体交接处表面的抹灰，应采取防止开裂的加强措施，当采用加强网时，加强网与基体的搭接宽度不应小于150mm。

5.1.4 各抹灰层之间、抹灰层与基体之间必须粘结牢固，无脱层、空鼓和裂缝等缺陷。

5.2 一般项目

5.2.1 干粘石表面应色泽一致，不露浆，不漏粘；石粒应粘结牢固，分布均匀，阳角处应无明显黑边。

5.2.2 干粘石分格条（缝）的设置应符合设计要求，宽度和深度均匀，表面平整光滑，棱角整齐。

5.2.3 有排水要求的部位应做滴水线（槽），滴水线（槽）应整齐顺直，滴水线应内高外低，滴水槽的宽度和深度均不应小于10mm。

5.2.4 干粘石工程质量的允许偏差应符合表6-1的规定。

干粘石工程质量的允许偏差 表6-1

项目	允许偏差（mm）
立面垂直度	5
表面平整度	5
阳角方正	4
分格条（缝）直线度	3

6 成品保护

6.0.1 粘在门窗框及墙面上的砂浆应及时清扫干净；门窗应保护好，免受污染。

6.0.2 搭拆架子时，应轻拿轻放，不得碰损门窗及已完工的墙面。

6.0.3 刷浆时，严禁踩蹬干粘石面层及棱角。

6.0.4 刷浆油漆时，应对干粘石墙面进行防护，以免污染。

7 注意事项

7.1 应注意的质量问题

7.1.1 注意掌握好底灰和中层灰的厚度、平整度，以免干粘石层开裂、下坠。

7.1.2 阳角处采用八字靠尺，以免阳角处出现黑边。

7.1.3 应掌握好往粘结层上甩石子的时间，以免灰干得太快；甩（喷）粘石后以拍不动或石子浮动、手摸即掉为宜。

7.1.4 在底灰上浇水时不得饱和，粘结层砂浆不得太稀，以免造成坠裂。

7.1.5 基层应认真清理干净；抹灰层不得太厚，各层之间应有大杠刮顺，木抹子搓平搓毛，以免空鼓开裂。

7.1.6 不同基体材料交接处应采取钉钢丝网等抗裂措施。钢丝网片的网孔尺寸不应大于20mm×20mm，其钢丝直径不应小于1.2mm，应采用热镀锌焊钢丝网，并宜采用先成网后镀锌的热镀锌电焊网。钢丝网应用钢钉或射钉加铁片固定，间距不大于300mm。

7.1.7 配电箱、水表箱、开关箱等预留洞背面的抹灰层应满挂钢丝网片。

7.2 应注意的安全问题

7.2.1 操作前应对脚手架进行全面检查，发现隐患应及时排除后方可上人操作。

7.2.2 脚手架上的工具、材料应分散放稳，严禁超过限制荷载。

7.2.3 六级风以上时，不得进行高层干粘石作业。

7.2.4 进入施工现场必须戴安全帽；在脚手架上操作的人员，严禁打闹或甩抛物体。

7.2.5 靠近交通通道处必须搭设硬防护，确保行人安全。

7.2.6 垂直运输设备必须设有安全装置，吊篮停稳后方可上人装卸料。

7.3 应注意的绿色施工问题

7.3.1 项目开工前，项目经理组织有关人员编制控制措施，纳入项目环境管理方案，确保满足相关法律法规要求。管理方案经项目经理批准后，应逐级传递到相关责任人员。

7.3.2 脚手架支设、拆除、搬运、修理噪声的控制：必须轻拿轻放，上下、左右有人传递；项目部必须在施工场界设立钢管修理房场所。修理时，禁止用大锤敲打；切割钢管时，及时在锯片上刷油，且锯片送速不能过快。

7.3.3 应修建沉淀池，将搅拌砂浆产生的污水排入沉淀池内，再进行沉淀处理。

7.3.4 严把进货的外包装关，对散装或包装不严的粉状材料拒绝进场。对水泥等粉状材料进场后的二次搬运中，防止人为造成水泥等粉状材料外包装的破损。

7.3.5 应注意施工时间，杜绝砂浆搅拌机的噪声扰民。

7.3.6 水泥库房应及时覆盖，易扬尘施工场所应洒水，保证现场扬尘排放达标。

7.3.7 落地砂浆应及时回收，回收时不得夹杂杂物，并应及时运至拌合地点，提高回收率。

8 质量记录

8.0.1 材料的出厂合格证、质量检验报告及复试报告。

8.0.2 隐蔽工程检查验收记录。

8.0.3 装饰抹灰工程检验批质量验收记录。

8.0.4 其他技术文件。

第7章 保温层薄抹灰

本工艺标准适用于工业与民用建筑保温层薄抹灰工程的施工。

1 引用标准

《住宅装饰装修工程施工规范》GB 50327—2001；

《建筑工程绿色施工规范》GB/T 50905—2014；

《机械喷涂抹灰施工规程》JGJ/T 105—2011；

《建筑工程施工质量验收统一标准》GB 50300—2013；

《建筑装饰装修工程成品保护技术标准》JGJ/T 427—2018；

《建筑装饰装修工程质量验收标准》GB 50210—2018；

《预拌砂浆应用技术规程》JGJ/T 223—2010；

《抹灰砂浆技术规程》JGJ/T 220—2010；

《岩棉薄抹灰外墙外保温系统材料》JGJ/T 483—2015。

2 术语

2.0.1 聚合物水泥抹灰砂浆：以水泥为胶凝材料，加入细骨料、水和适量聚合物按一定比例配制而成的抹灰砂浆。

3 施工准备

3.1 作业条件

3.1.1 保温层工程全部完成，并经有关部门验收合格。

3.1.2 门窗框与墙体连接处的缝隙，应根据工程情况合理选用发泡剂和防水水泥砂浆结合填充。

3.1.3 保温层表面的灰尘、污垢和油渍等应清理干净。

3.1.4 大面积施工前应先做样板，经检查合格，并确定施工方法。

3.1.5 施工时使用的脚手架应提前搭设好，架体应离开墙面及墙角200～250mm；高处作业吊篮已检修调试合格。

3.1.6 严禁雨中施工，遇雨或雨期施工应有可靠的防雨措施；夏季施工应做好防晒措施，抹面层和饰面层应避免阳光直射。

3.1.7 施工环境温度不应低于5℃。

3.2 材料及机具

3.2.1 聚合物水泥抹灰砂浆：与保温层拉伸粘结强度、原强度、耐水及耐冻融均不小于0.1MPa且破坏界面在保温层内；压折比（水泥基）不大于3.0；可操作时间1.5～4.0h。

3.2.2 耐碱玻纤网布：单位面积质量不小于130g/m^2，拉伸断裂强力（经、纬向）不小于750N/50mm，断裂强力保留率（经、纬向）不小于50%，断裂伸长率（经、纬向）不大于5.0%。

3.2.3 机具：吊篮、垂直运输机械、水平运输手推车、电动搅拌器、搅拌容器、3m靠尺、抹子、专用搓板、托线板、剪刀、钢尺、手锤、抹灰检测工具等。

4 操作工艺

4.1 工艺流程

基层处理→弹线→调制聚合物砂浆→涂抹底层聚合物砂浆→耐碱网布施工→涂抹面层聚合物砂浆

4.2 基层处理

4.2.1 基层应清洁，清除灰尘、油污等影响粘结强度的杂物。

4.2.2 抹面前，用3m靠尺检测其平整度，接缝不平处用粗砂纸或专用搓板打磨后用毛刷等将碎屑清理干净。

4.3 弹线

当底灰抹好后第二天，应在外墙大角及阳台等阳角处的两个面上，弹出垂直控制线；在突出外墙面的窗台、挑檐等水平腰线处，弹出水平控制线；在分格缝及滴水线等处，弹出控制线，并粘贴分格条及滴水槽。

4.4 调制聚合物砂浆

使用干净的塑料桶倒入约5.5kg的净水，加入25kg的聚合物干混砂浆，用低速搅拌器搅拌均匀，静置3～5min；使用前再搅拌一次，总搅拌时间不少于5min。调好的胶浆宜在2h内用完。

4.5 涂抹底层聚合物砂浆

4.5.1 保温层大面积（500m^2左右）安装结束后，依据气候条件在24～48h进行底层聚合物砂浆施工。

4.5.2 用抹子在保温层表面均匀涂抹一块面积略大于一块网格布的抹面聚合物胶浆，厚度为2mm，首层楼以上采用两层抹灰施工法将聚合物砂浆均匀涂抹在保温层上，底层聚合物砂浆抹面层厚度控制在2～3mm。

4.5.3 对细部处理要加强，檐口、窗台、阳台压顶等要控制好坡度，并做好滴水槽或滴水线。

4.6 耐碱网布施工

4.6.1 按现场铺贴部位情况将耐碱网布裁好备用，其包边应剪掉，第一层聚合物砂浆抹面层初凝时压入耐碱网布，然后抹面层聚合物砂浆抹面层。

4.6.2 网格布应自上而下沿外墙水平方向绷紧绷平，不应有皱褶、空鼓、翘边，弯曲面朝里，用铁抹子由中间向四周将网格布抹平并略压入抹面层中，网布平面搭接宽度80～100mm。

4.6.3 在墙体拐角处、阴阳角处，网格布应从每边双向绕角且相互搭接宽度不少于200mm。

4.6.4 在外墙门窗洞口内侧周边与四角沿45°方向应增贴一层300×400mm网布进行加强处理，大面网格布铺设于其上。

4.7 涂抹面层聚合物砂浆

4.7.1 待底层聚合物砂浆抹面层施工并压入网布稍干硬后，施工面层聚合物砂浆抹面层，以找平墙面，将网格布全部覆盖，砂浆抹面层总厚度约3～5mm。有分格缝施工按设计要求进行，砂浆配制要求同底层聚合物砂浆施工。

4.7.2 首层墙面宜为三层做法，第一层抹面层压入网布稍干硬后进行第二层施工并压入加强型网布，最后施工第三层，总抹面层厚度为5～7mm。

4.7.3 抹面层施工完成后12h即进行3～5d的洒水养护，冬期不宜施工，养护采用静置养护。

5　质量标准

5.1　主控项目

5.1.1　保温层薄抹灰所用材料的品种和性能应符合设计要求及国家现行标准的有关规定。

5.1.2　基层质量应符合设计和施工方案的要求。基层表面的尘土、污垢和油渍等应清除干净。基层含水率应满足施工工艺的要求。

5.1.3　保温层薄抹灰及其加强处理应符合设计要求和国家现行标准的规定。

5.1.4　抹灰层与基层之间及各抹灰层之间应粘结牢固，抹灰层应无脱层和空鼓，面层应无爆灰和裂缝。

5.1.5　建筑装饰装修工程所用材料，应符合《民用建筑工程室内环境污染控制规范》GB 50325 的规定。

5.2　一般项目

5.2.1　保温层薄抹灰表面应光滑、洁净、颜色均匀、无抹纹，分格缝和灰线应清晰美观。

5.2.2　护角、孔洞、槽、盒周围的抹灰表面应整齐、光滑；管道后面的抹灰表面应平整。

5.2.3　保温层薄抹灰层的总厚度应符合设计要求。

5.2.4　保温层薄抹灰分格缝的设置应符合设计要求，宽度和深度应均匀，表面应光滑，棱角应整齐。

5.2.5　有排水要求的部位应做滴水线（槽），滴水线（槽）应整齐顺直，滴水线应内高外低，滴水槽的宽度和深度均不应小于 10mm。

5.2.6　网格布的铺贴和搭接应符合设计和施工方案的要求，网布平面搭接宽度 80～100mm；墙体拐角处、阴阳角处，网格布应从每边双向绕角且相互搭接宽度不少于 200mm，砂浆抹压应密实，不得空鼓，加强网不得皱褶、外露。

5.2.7　墙体上易碰撞的阳角、门窗洞口及不同材料基体的交接处等特殊部位的保温层，应采取防止开裂和破损的加强措施并符合设计要求。

5.2.8　保温层薄抹灰工程质量的允许偏差应符合表 7-1 的规定。

保温层薄抹灰的允许偏差　　**表 7-1**

项目	允许偏差（mm）
立面垂直度	3
表面平整度	3
阴阳角方正	3
分格条（缝）直线度	3

6　成品保护

6.0.1　推小车时，应避免碰撞门框、墙面和墙角。

6.0.2　拆除脚手架时要轻拆轻放，不得碰撞墙面。

6.0.3 应保护好墙上已安装的配件、电线、开关盒等室内设施，被砂浆污染处应及时清理干净。

6.0.4 抹灰层凝结硬化前，应防止水冲、撞击、振动和挤压。

7 注意事项

7.1 应注意的质量问题

7.1.1 严格控制原材料质量，使用检验合格的水泥；砂宜选用中砂，其含泥量应符合规范；胶粘剂应按产品使用说明书使用。

7.1.2 操作时，严格按体积比控制各种砂浆的配合比。

7.1.3 抹灰前应做好吊垂直、套方正等工序，保证抹灰表面平整、阴阳角方正、垂直通顺。

7.2 应注意的安全问题

7.2.1 严格遵守安全标准规范进行施工操作，脚手架、吊篮等严禁超载使用。

7.2.2 施工用吊篮或外脚手架计算准确，搭设牢固，安全验收合格后方可使用，作业时人员不得悬空俯身；吊篮操作人员必须适合高处作业，经培训考核合格后持证上岗。

7.2.3 作业人员必须佩戴安全帽、系好安全带，安全带不允许连接在吊篮平台上，必须通过自锁器连接在专用安全绳上。

7.2.4 搭拆现场以及使用阶段必须设专人看管，严禁非施工人员进入作业区域内；应设专人对脚手架时常进行检查，发现隐患及时处理，避免事故发生。

7.2.5 严禁将拆卸的材料和杆件向地面抛掷，已掉至地面的材料应及时运出拆卸区域；禁止将杂物乱抛。

7.2.6 严格遵守施工现场各项安全生产制度和操作规程，做好上岗前的安全技术交底及安全教育工作；做好个人防护用品的购置与发放管理；有恐高症、高血压、心脏病的操作人员禁止进行高处作业；严禁穿拖鞋和酒后上岗作业。

7.3 应注意的绿色施工问题

7.3.1 施工中所用的材料应具有产品合格证，检验试验合格，符合环保要求。

7.3.2 施工中严格执行国家相关环保方面的法律法规制度，保护现场环境卫生，实现文明施工。

7.3.3 施工时拆下的包装袋不得随手乱扔，集中收集打成捆以便废品回收，避免造成现场及周边环境污染。

7.3.4 材料进场应码放整齐，保持现场文明。

7.3.5 根据现场情况做好环境因素的评价，填写《环境因素清单》和《重要环境因素清单》，采取相应的防护措施保护环境。

8 质量记录

8.0.1 材料的出厂合格证、质量检验报告及复试报告。

8.0.2 隐蔽工程检查验收记录。

8.0.3 保温层薄抹灰工程检验批质量验收记录。

8.0.4 其他技术文件。

第 8 章　中空内模金属网内隔墙抹灰

本工艺标准适用于工业与民用建筑中空内模金属网内隔墙抹灰工程的施工。

1　引用标准

《住宅装饰装修工程施工规范》GB 50327—2001；
《建筑工程绿色施工规范》GB/T 50905—2014；
《机械喷涂抹灰施工规程》JGJ/T 105—2011；
《建筑工程施工质量验收统一标准》GB 50300—2013；
《建筑装饰装修工程成品保护技术标准》JGJ/T 427—2018；
《建筑装饰装修工程质量验收标准》GB 50210—2018；
《住宅室内装饰装修工程质量验收规范》JGJ/T 304—2013；
《民用建筑工程室内环境污染控制规范》GB 50325—2010（2013 年版）；
《预拌砂浆应用技术规程》JGJ/T 223—2010；
《抹灰砂浆技术规程》JGJ/T 220—2010。

2　术语（略）

3　施工准备

3.1　作业条件

3.1.1 施工前，应编制专项施工方案，经监理单位或建设单位审查批准后执行；建立健全施工质量检验制度，严格工序管理，执行自检、互检、专检的“三检”制度。

3.1.2 中空内模金属网片工程已安装完成，预埋管线位置正确，门窗框与中空内模金属网片连接可靠，并经有关部门验收合格。

3.1.3 金属网片表面的灰尘、污垢和油渍等应清理干净。

3.1.4 大面积施工前应先做样板，经检查合格，并确定施工方法。

3.1.5 施工时使用的脚手架应提前搭设好，架体应离开墙面及墙角 200～250mm。

3.1.6 对工程施工作业人员进行技术安全交底和必要的实际操作培训，让工人了解操作工艺，人员考核合格后方可上岗。

3.1.7　施工环境温度不应低于5℃。

3.2　材料及机具

3.2.1　水泥：宜采用同一生产批号且颜色一致的42.5级普通硅酸盐水泥或矿渣硅酸盐水泥。

3.2.2　砂：平均粒径为0.35～0.5mm的中砂，其颗粒应坚硬、洁净，不得含有黏土块、草根、树叶、碱质及有机物等有害物质，含泥量应符合规范规定。砂在使用前应根据使用需要过不同孔径的筛子，筛好备用。

3.2.3　胶粘剂：应按产品说明书使用。

3.2.4　机具：砂浆搅拌机、灰浆车、喷浆机、计量斗、筛子、手锤、钢丝刷、铁錾子、2.5m大杠、1.5m中杠、2m靠尺板、木折尺、方尺、托灰板、铁抹子、木抹子、小压子、塑料抹子、八字靠尺、5～7mm厚方口靠尺、阴阳角抹子、长毛刷、鸡腿刷、扫帚、喷壶、水桶等。

4　操作工艺

4.1　工艺流程

基层处理→网板填槽→抹底灰→抹罩面灰→抹踢脚或墙裙

4.2　基层处理

4.2.1　网板组装完毕管线敷设结束后，应检查预埋管线位置是否正确，门窗框是否与中空内模金属网片连接可靠，经验收合格后方可进行抹灰施工，对不符合要求的应进行修整加固。

4.2.2　细小缝隙处用水泥砂浆手工嵌塞密实。中空内模金属网内隔墙用于较潮湿房间时，隔墙下应设高度150mm的C15细石混凝土墙垫。

4.2.3　单点吊挂物超过80kg时，需先在吊挂重物处和金属网片内模中填充细石混凝土，待达到设计强度的70%后再安装膨胀螺栓吊挂物品，如没法填充细石混凝土时，应采用多点吊挂，且吊挂点应尽量选在网片凹槽的位置。

4.2.4　对长度及宽度均大于400mm的预留孔洞在网板上开孔应进行加固处理；对于小于400mm的预留孔洞可进行切割预留或先在网板上用油漆标出，待抹灰结束后裁剪，抹灰时预留孔处不抹灰。

4.2.5　抹灰施工前，可根据情况先在板一侧进行支顶，防止抹灰时晃动。

4.3　网板填槽

4.3.1　抹灰砂浆配合比和稠度等应检查合格后方可使用，抹灰用砂宜选用中粗砂，砂子应过筛，不得含有杂质。

4.3.2　网板填槽用1∶2.5水泥砂浆，主要是将网板凹槽填平，填槽时砂浆不应高出板面，以免抹面时砂浆过厚。填槽结束后，应养护不少于24h方可进行抹灰打底。

4.4　抹底灰

4.4.1　底灰采用1∶3水泥砂浆，施工时在墙面贴灰饼间距不宜大于1.5m，在门口、墙垛处吊垂套方，并用木杠刮平，木抹子搓平。

4.4.2　打底结束后，应养护不少于24h，手按无明显痕迹时方可进行面层施工。

4.5　抹罩面灰

4.5.1　罩面灰为1∶2.5水泥砂浆，按图纸要求做相应表面处理，应抹平、压实，注意将箱、槽、孔洞口周边抹灰修整，做到平齐、方正、光滑。抹灰施工操作须分层压实，每层厚度一般为7～8mm。

4.5.2　隔墙长度大于8m时，应设竖向分格缝，缝宽10mm。

4.5.3　墙面粉刷完毕后应进行不少于5d的洒水养护，每天养护不少于2次。

4.6　抹踢脚或墙裙

1∶3水泥砂浆底灰，用木抹子搓毛，1∶2.5水泥砂浆压光罩面。抹成后，宜凸出墙面6～7mm。

5　质量标准

5.1　主控项目

5.1.1　抹灰前基层表面的尘土、污垢、油渍等应清理干净。

5.1.2　抹灰采用的材料品种、性能应符合要求，按要求做好复验，合格后方可采用；砂浆配比要准确。

5.1.3　抹灰工程应分层进行。当抹灰总厚度大于或等于35mm时，应采取加强措施。不同材料基体交接处表面的抹灰，应采取防止开裂的加强措施，当采用加强网时，加强网与基体的搭接宽度不应小于150mm。

5.1.4　抹灰层与金属网片基体之间及各抹灰层之间必须粘结牢固，抹灰层应无脱层、空鼓，面层无爆灰和裂缝等缺陷。

5.1.5　建筑装饰装修工程所用材料，应符合《民用建筑工程室内环境污染控制规范》GB 50325的规定。

5.2　一般项目

5.2.1　一般抹灰工程的表面质量：普通抹灰表面应光滑、洁净，接槎平整，分格缝清晰。高级抹灰表面应光滑、洁净，颜色均匀，无抹纹，分格缝和灰线清晰美观。

5.2.2　护角、孔洞、槽、盒周围的抹灰表面应整齐、光滑，管道后面的抹灰表面应平整。

5.2.3　抹灰层的总厚度应符合设计要求。

5.2.4　抹灰分格缝的设置应符合设计要求，宽度和深度应均匀，表面光滑，棱角整齐。

5.2.5　墙面一般抹灰工程质量的允许偏差应符合表8-1的规定。

墙面一般抹灰的允许偏差　　表8-1

项目	允许偏差（mm）	
	普通抹灰	高级抹灰
立面垂直度	4	3
表面平整度	4	3
阴阳角方正	4	3
分格条（缝）直线度	4	3
墙裙上口直线度	4	3

注：普通抹灰的阴角可不检查。

6　成品保护

6.0.1　推小车时，应避免碰撞门框、墙面和墙角。

6.0.2　拆除脚手架时要轻拆轻放，不得碰撞墙面。

6.0.3　应保护好墙上已安装的配件、电线、开关盒等室内设施，被砂浆污染处应及时清理干净。

6.0.4　抹灰层凝结硬化前，应防止水冲、撞击、振动和挤压。

7　注意事项

7.1　应注意的质量问题

7.1.1　严格控制原材料质量，使用检验合格的水泥；砂宜选用中砂，其含泥量应符合规范；胶结剂应按产品使用说明书使用。

7.1.2　操作时，严格控制各种砂浆的配合比。

7.1.3　先做护角，后做大面，保证护角与大面接触处光滑、平整、无缝隙。

7.1.4　抹灰时，应分层找平，不得一次成活。抹水泥砂浆面层时，不得刮抹素浆。

7.1.5　抹灰前应做好吊垂直、套方正和贴饼冲筋等工序，保证抹灰表面平整、阴阳角方正、垂直通顺。

7.2　应注意的安全问题

7.2.1　室内抹灰使用的高凳应平稳牢固，脚手板跨度不得大于2m。

7.2.2　脚手板不得少于两块，且不得留有探头板，其上最多不超过两人同时作业。

7.2.3　如在夜间或在阴暗房间作业，应用36V安全灯照明，照明线路应架空。

7.2.4　刮杠应顺着脚手板平放，不得乱放。

7.2.5　推小车时，在过道拐弯及门口等处，应注意勿挤手。

7.3　应注意的绿色施工问题

7.3.1　项目开工前，项目经理组织有关人员编制控制措施，做好环境因素的评价，纳入项目环境管理方案，确保满足相关法律法规要求。管理方案经项目经理批准后，应逐级传递到相关责任人员。

7.3.2 脚手架支设、拆除、搬运、修理噪声的控制：必须轻拿轻放，上下、左右有人传递；项目部必须在施工场界设立钢管修理房场所。修理时，禁止用大锤敲打；切割钢管时，及时在锯片上刷油，且锯片送速不能过快。

7.3.3 应修建沉淀池，将搅拌砂浆产生的污水排入沉淀池内，再进行沉淀处理。

7.3.4 严把进货的外包装关，对散装或包装不严的粉状材料拒绝进场。对水泥等粉状材料进场后的二次搬运中，防止人为造成水泥等粉状材料外包装的破损。

7.3.5 施工中严格执行国家相关环保方面的法律法规制度，保护现场环境卫生，实现文明施工。应注意施工时间，杜绝砂浆搅拌机的噪声扰民。

7.3.6 水泥库房应及时覆盖，易扬尘施工场所应洒水，保证现场扬尘排放达标。

7.3.7 落地砂浆应及时回收，回收时不得夹杂杂物，并应及时运至拌合地点，提高回收率。

7.3.8 施工时拆下的包装袋不得随手乱扔，集中起来打成捆以便废品回收，避免造成现场及周边环境污染。

7.3.9 抹灰作业时，应采取防止交叉污染的遮挡措施。

8　质量记录

8.0.1 材料的出厂合格证、质量检验报告及复试报告。

8.0.2 隐蔽工程检查验收记录。

8.0.3 一般抹灰工程检验批质量验收记录。

8.0.4 其他技术文件。

第 9 章　喷涂、滚涂、弹涂

本工艺标准适用于工业与民用建筑外墙面喷涂、滚涂、弹涂工程的施工。

1　引用标准

《住宅装饰装修工程施工规范》GB 50327—2001；
《建筑工程绿色施工规范》GB/T 50905—2014；
《机械喷涂抹灰施工规程》JGJ/T 105—2011；
《建筑工程施工质量验收统一标准》GB 50300—2013；
《建筑装饰装修工程成品保护技术标准》JGJ/T 427—2018；
《建筑装饰装修工程质量验收标准》GB 50210—2018；
《预拌砂浆应用技术规程》JGJ/T 223—2010；
《抹灰砂浆技术规程》JGJ/T 220—2010。

2　术语（略）

3　施工准备

3.1　作业条件

3.1.1　墙面基层有足够的强度，无松动、脱皮、起砂、空鼓、粉化等现象，并应达到抹灰的质量标准。

3.1.2　墙面基层和防水节点处理完毕，完成雨水管卡、穿墙管道安装工作，并将脚手眼用砂浆抹实堵严。

3.1.3　搭设双排脚手架或活动吊篮，脚手架分布与外墙面分格缝对应，纵横杆距墙宜为200～250mm。

3.1.4　根据设计要求，提前做好喷（滚、弹）涂的样板，并经验收合格。

3.1.5　喷（滚、弹）涂周围的墙面、洞口遮挡好。

3.1.6　施工环境温度不应低于5℃。

3.2　材料及机具

3.2.1　水泥：采用强度等级不低于42.5级的普通硅酸盐水泥或矿渣硅酸盐水泥。彩色涂料应采用白水泥，同颜色的墙面应采用同一批水泥。

3.2.2　细骨料：采用粒径为2mm左右的白云石、松香石等石屑；也可使用中、粗砂，其含泥量应不大于3%。

3.2.3　颜料：应采用耐光、耐碱的矿物颜料，不得使用酸性颜料。

3.2.4　胶粘剂：应按产品说明书使用。

3.2.5　其他：分格条、黄蜡布、黑胶布等。

3.2.6　机具：空压机（排气量为0.6m^3/min，工作压力为0.6～0.8MPa）、耐压胶管、喷斗、压浆罐、3mm振动筛、输浆胶管、喷枪、小型机械搅拌桶、搅拌器、吊篮、料桶、计量斗、靠尺、大杠、刷子、排笔、扫帚、铁窗纱筛等。滚涂所有的各种花纹橡胶滚、疏松刮板，以及弹涂所有的弹涂器。

4　操作工艺

4.1　工艺流程

基层处理→备料及配料→面层施工

4.2　基层处理

4.2.1　清除墙面上的浮尘及其他杂物。

4.2.2　基层为砖、混凝土墙抹灰面或普通墙板面时，若未达到抹灰质量标准均应进行修补。

4.2.3 基层表面刮腻子找平时，腻子应用胶粘剂与水泥浆配制。

4.2.4 喷（滚、弹）涂墙面应做装饰性分格缝。

4.3 备料及配料

4.3.1 石屑（或中、粗砂）、颜料分别过窗纱筛，石屑为大颗粒时，应先过3mm筛，然后分别装袋存放备用。

4.3.2 配料时，应严格按其配合比配料，并设专人负责掌握。

4.4 面层施工

4.4.1 喷涂面层施工应符合：

1 拌和砂浆：先将水泥与石屑（或砂）按1∶2（体积比）干拌均匀，然后再用掺有胶粘剂的水溶液将其拌和均匀，使其稠度值达到110mm，并在砂浆内掺入水泥重量为0.3%的木钙粉，反复拌和均匀，颜色应按样板配制。

2 按原预留分格条的位置，重新埋放好分格条。

3 喷涂：喷涂前应将基层洒水湿润，开动空压机检查高压气管有无漏气，并将其压力稳定在0.6MPa左右。喷涂时，喷枪嘴应垂直于墙面，且离开墙面0.3～0.5m，喷斗内注入砂浆，开动气管开关，用高压空气将砂浆喷吹到墙面上。如喷涂时压力有变化，可适当调整喷嘴与墙面的距离。

（1）粒状喷涂：一般两遍成活，第一遍应喷射均匀，厚度掌握在1.5mm左右，过1～2h再继续喷第二遍，并使之喷涂成活。要求喷涂颜色一致，颗粒均匀，不出浆，厚薄一致，总厚度控制在3～4mm。

（2）波状喷涂：一般三遍成活，第一遍基层变色即可，涂层不要过厚，如墙基不平，可将喷涂的涂层用木抹子搓平后重喷；第二遍喷至盖住底浆不流淌；第三遍喷至面层出浆，表面成波状，灰浆饱满，不流坠，颜色一致，总厚度为3～4mm。

（3）花点喷涂：待波状喷涂的面层干燥后，根据设计要求加喷一道花点，以增加面层质感。

4 起条、修理、勾缝：喷完后及时将分格条起出，将缝内清理干净并根据设计要求勾缝。

5 喷有机硅：用500g有机硅加4500g的水拌和制成，常温下喷涂24h后喷有机硅憎水剂，应喷匀、不流淌。

4.4.2 滚涂面层施工应符合以下规定：

1 材料拌和：滚涂砂浆采用1∶1水泥砂浆，并掺入一定量的胶粘剂。具体做法是：将砂过纱窗筛，与水泥按1∶1体积比配好，干拌均匀，然后用掺有胶粘剂的水溶液再将其拌和均匀，稠度以拉毛不流、不坠为宜，拌和好的砂浆应过振动筛后使用。

2 按原预留分格条的位置，重新粘好分格条。

3 滚涂：滚涂时应掌握基层的干湿度，浇水量以滚涂时不流淌为宜。操作时需两人合作，一人在前将事先拌好的稀砂浆刮一遍，随后立即抹一遍薄层，用铁抹子溜平，使涂层厚薄一致；另一人紧跟着拿辊子滚拉，操作时辊子滚动不能太快，且用力要一致，成活时辊子应从上向下拉，使滚出的花纹有自然向下的流水坡向。

4 起条、勾缝：滚涂完即可起出分格条，如需做阳角，应在大面积完成后进行。

5 喷有机硅：用500g有机硅加4500g的水拌和制成，常温下滚涂24h后喷有机硅憎水剂，应喷匀、不流淌；如喷后24h内淋雨，必须重喷。

4.4.3 弹涂面层施工应符合以下规定：

1 配底色浆：普通水泥：水=100：90（质量比），掺适量胶粘剂，颜料同样板；或白水泥：水=100：80，掺适量胶粘剂，颜料同样板。

2 配色点浆：水泥：水=100：40（质量比），掺适量胶粘剂，颜料同样板。按上述配合比将颜料和胶粘剂混合拌匀，加水倒入水泥中，拌成稀浆。

3 按设计要求粘分格条。

4 刷底色浆：将已配好的底色浆涂刷到已做好的水泥砂浆面层上，大面积施工时，可采用喷浆器喷涂，直至喷匀为止。

5 弹色点浆：将已配好的色点浆注入筒式弹力器中，然后转动弹力器手柄，将色点浆甩到底色浆上；弹色点浆时，应按不同色浆分别装入不同的弹力器中，每人操作一筒，流水作业，即第一人弹第一种色浆，另一人随后弹另外一种色浆。色点应弹均匀、弹成圆粒状。

5 质量标准

5.1 主控项目

5.1.1 喷（滚、弹）涂材料的品种、规格、颜色应符合设计要求。

5.1.2 各抹灰层之间、抹灰层与基体之间应粘结牢固、无脱落、空鼓和裂缝等缺陷。

5.1.3 喷（滚、弹）涂的颜色、图案应符合设计要求。面层与基层应粘结牢固，不得漏喷（滚、弹）、起皮、反碱和反锈。

5.2 一般项目

5.2.1 喷（滚、弹）涂表面应颜色一致，花纹、色点大小均匀，不显接槎，无透底和流坠。

5.2.2 分格条（缝）的设置应符合设计要求，宽度和深度均匀一致，分格条（缝）平整光滑、棱角整齐、横平竖直、通顺。

5.2.3 有排水要求的部位应做滴水线（槽），滴水线（槽）应整齐顺直，滴水线应内高外低，滴水槽深度、宽度均不小于10mm。

5.2.4 喷（滚、弹）涂面层的允许偏差应符合表9-1的规定。

喷（滚、弹）涂面层的允许偏差 **表9-1**

项目	允许偏差（mm）
立面垂直度	5
表面平整度	4
阴、阳角方正	4
分格条（缝）直线度	3

6 成品保护

6.0.1 喷（滚、弹）完成后，及时用木板将口、角保护好，防止碰撞损坏。

6.0.2 拆架子时严防碰损墙面涂层。

6.0.3 涂刷油漆时，严禁蹬踩已施工完的部位，并防止油漆涂料污染墙面。

6.0.4 室内施工时，防止污染喷（滚、弹）涂饰面面层。

6.0.5 阳台、雨罩等出口宜采用硬质塑料管埋设，不宜用铁管，以免锈蚀而影响面层质感。

7 注意事项

7.1 应注意的质量问题

7.1.1 配比计量应准确，加料拌和应均匀；涂层厚度应一致；操作脚手架应搭设双排，以免出现颜色不均匀的现象。

7.1.2 抹底灰时应分格，以免喷（滚、弹）涂面层开裂。

7.1.3 抹底灰应按一般抹灰质量标准控制和验收，以利于提高喷（滚、弹）涂面层质感。

7.1.4 喷（滚、弹）涂面层接槎应甩在分格条处，不得甩在块内。

7.1.5 配料应选用抗紫外线、抗老化、抗日光照的颜料。施工时，应控制加水量，中途不得随意加水，以防变色而影响质感。

7.2 应注意的安全问题

7.2.1 脚手架或吊篮必须经安全验收合格后方可使用。

7.2.2 脚手架上不得集中堆放料桶。

7.2.3 应避免在同一垂直面上进行交叉作业，必须交叉作业时，应采取有效防止物体坠落的措施。

7.2.4 操作人员应戴防护眼镜。

7.3 应注意的绿色施工问题

7.3.1 项目开工前，项目经理组织有关人员编制控制措施，纳入项目环境管理方案，确保满足相关法律法规要求。管理方案经项目经理批准后，应逐级传递到相关责任人员。

7.3.2 脚手架支设、拆除、搬运、修理噪声的控制：必须轻拿轻放，上下、左右有人传递；项目部必须在施工场界设立钢管修理房场所。修理时，禁止用大锤敲打；切割钢管时，及时在锯片上刷油，且锯片送速不能过快。

7.3.3 应修建沉淀池，将搅拌砂浆产生的污水排入沉淀池内，再进行沉淀处理。

7.3.4 严把进货的外包装关，对散装或包装不严的粉状材料拒绝进场。对水泥等粉状材料进场后的二次搬运中，防止人为造成水泥等粉状材料外包装的破损。

7.3.5 应注意施工时间，杜绝砂浆搅拌机的噪声扰民。

7.3.6 水泥库房应及时覆盖，易扬尘施工场所应洒水，保证现场扬尘排放达标。

7.3.7 落地砂浆应及时回收，回收时不得夹杂杂物，并应及时运至拌合地点，提高回收率。

8 质量记录

8.0.1 材料的出厂合格证、质量检验报告及复试报告。
8.0.2 隐蔽工程检查验收记录。
8.0.3 装饰抹灰工程检验批质量验收记录。
8.0.4 其他技术文件。

第10章 清水砌体勾缝

本工艺标准适用于工业与民用建筑清水砌体勾缝工程的施工。

1 引用标准

《住宅装饰装修工程施工规范》GB 50327—2001；
《建筑工程绿色施工规范》GB/T 50905—2014；
《建筑工程施工质量验收统一标准》GB 50300—2013；
《建筑装饰装修工程成品保护技术标准》JGJ/T 427—2018；
《建筑装饰装修工程质量验收标准》GB 50210—2018；
《预拌砂浆应用技术规程》JGJ/T 223—2010。

2 术语（略）

3 施工准备

3.1 作业条件

3.1.1 结构工程已完成，并验收合格。
3.1.2 门窗框安装完毕。
3.1.3 搭好脚手架（双排外脚手架或吊篮），并支设好安全网。
3.1.4 施工环境温度不低于5℃。

3.2 材料及机具

3.2.1 水泥：应使用同品种、同批号的强度等级为42.5级普通硅酸盐水泥或矿渣硅酸盐水泥。

3.2.2 砂：应采用细砂，使用前过2mm孔径的筛。

3.2.3 粉煤灰：应过0.08mm方孔筛，其筛余量不大于5%。

3.2.4 胶粘剂：应按产品使用说明使用。

3.2.5 机具：吊篮、扁凿子、手锤子、粉线袋、托灰板、长溜子、短溜子、喷壶、计量斗、小铁桶、筛子、小平锹、铁板、扫帚等。

4 操作工艺

4.1 工艺流程

堵脚手眼→弹线找规矩→开缝、补缝→门窗嵌缝→墙面浇水→墙面勾缝→清扫养护

4.2 堵脚手眼

应将脚手眼、穿墙眼内清理干净，并洒水湿润，用相同颜色的砖补砌严密。

4.3 弹线找规矩

从上向下顺竖缝吊垂直，并用粉线将垂直线弹在墙上，作为竖缝控制依据，横缝则根据多数砖棱所在水平线弹线控制。

4.4 开缝、补缝

4.4.1 开缝：对所有在控制线外的砖棱、瞎缝和砌墙划缝较浅的灰缝，用扁凿子对其进行开缝。开缝深度应控制在10～12mm，并随即将其清理干净。

4.4.2 补缝：对在控制线内缺棱掉角的砖，应按控制线抹灰补齐，然后用砖磨成的细粉加胶粘剂拌合成浆，涂刷在修补的砂浆表面，使其与原砖颜色一致。

4.5 门窗嵌缝

在勾缝前，木门窗框四周缝隙应用1∶3水泥砂浆堵严、塞实，且深浅应一致；门窗框四周缝隙，应按设计要求的材料填塞密实。

4.6 墙面浇水

勾缝前，应对墙面浇水湿润。

4.7 墙面勾缝

4.7.1 拌和砂浆：勾缝砂浆配合比宜采用1∶1～1∶1.5（水泥∶砂）或1∶0.5∶1.5（水泥∶粉煤灰∶砂）。勾缝砂浆应随用随拌，常温时3h内用完；30℃以上时2h内用完。

4.7.2 勾缝顺序：应从上向下，先勾横缝，后勾竖缝。

4.7.3 勾横缝时用长溜子，左手拿托灰板，右手拿溜子，将灰板顶在要勾的缝口下边，右手用溜子将砂浆塞入缝内。砂浆不能太稀，从右向左喂灰，随勾随移动托灰板，勾完一段

后，用溜子在砖缝内左右拉推移动，使缝内的砂浆压实、压光，深浅一致。

4.7.4　勾竖缝时用短溜子，可用溜子将砂浆从托灰板上刮起，点入竖缝中；也可将托灰板靠在墙边，用短溜子将砂浆送入缝中，溜子在缝中上下移动，将缝内的砂浆压实、压光，深浅一致。如设计无要求，一般勾凹缝深度为4～5mm。

4.7.5　墙面勾缝应做到横平竖直、深浅一致，十字缝搭接平整，压实、压光，不得有漏勾。墙面阳角及水平转角应勾方正，阴角竖缝应左右分明，窗台虎头砖应勾三面缝，转角处应勾方正。

4.7.6　勾完缝应复查一遍，在视线遮挡、不易操作、容易忽略的地方，应重点检查。如有漏勾应及时补勾，补勾后应重新清扫干净局部墙面。

4.8　清扫养护

每步架勾完缝后，用扫帚把墙面清扫干净，应顺缝清扫，先扫水平缝，后扫竖缝，并不断抖掸扫帚上的砂浆，以减少污染。缝内砂浆终凝后浇水养护。

5　质量标准

5.1　主控项目

5.1.1　清水砌体勾缝所用砂浆的品种和性能应符合设计要求及国家现行标准的有关规定。所用水泥的终凝时间和安定性复验应合格，砂浆的配合比应符合设计要求。

5.1.2　清水砌体勾缝应无漏勾。勾缝材料应粘结牢固、无开裂。

5.2　一般项目

5.2.1　清水砌体勾缝应横平竖直，交接处应平顺，宽度和深度应均匀，表面应压实抹平。

5.2.2　灰缝应颜色一致，砌体表面应洁净。

6　成品保护

6.0.1　勾缝时溅落的灰浆应随时清扫干净，不得在架子上往下倒砂浆及其他杂物，以免污染墙面。

6.0.2　填塞门窗框时，不得乱撕保护膜；勾缝时，砂浆不得污染门窗框。

6.0.3　垂直运输的上料架周围，应用塑料薄膜或席子围挡，以免砂浆污染墙面。

6.0.4　拆除架子前，应先将脚手板上的砂浆、污物清理干净。

7　注意事项

7.1　应注意的质量问题

7.1.1　勾缝前应认真将门窗框周边缝隙填塞密实。填塞时，应内外对称向里填塞，以免出现外实内虚的现象。

7.1.2　勾缝前应先勾出一块样板墙，经验收合格后再大面积勾缝。

7.1.3　勾缝时，应反复勾压横竖缝，并及时清理，以免出现横竖缝接槎不平。

7.1.4　勾缝时应注意腰线，过梁、勒脚处的第一皮砖及门窗框两侧墙面易出现漏勾现象。操作时，应反复查找，发现漏勾及时补勾。

7.2　应注意的安全问题

7.2.1　操作前，应检查架子搭设是否牢固，脚手板铺设是否平整，不得有探头板。架子外侧应有挡脚板和防身护栏。

7.2.2　操作时应精神集中，不得从架子上往下抛扔物体，更不得坐在护栏上休息。

7.3　应注意的绿色施工问题

7.3.1　项目开工前，项目经理组织有关人员编制控制措施，纳入项目环境管理方案，确保满足相关法律法规要求。管理方案经项目经理批准后，应逐级传递到相关责任人员。

7.3.2　脚手架支设、拆除、搬运、修理噪声的控制：必须轻拿轻放，上下、左右有人传递；项目部必须在施工场界设立钢管修理房场所。修理时，禁止用大锤敲打；切割钢管时，及时在锯片上刷油，且锯片送速不能过快。

7.3.3　应修建沉淀池，将搅拌砂浆产生的污水排入沉淀池内，再进行沉淀处理。

7.3.4　严把进货的外包装关，对散装或包装不严的粉状材料拒绝进场。对水泥等粉状材料进场后的二次搬运中，防止人为造成水泥等粉状材料外包装的破损。

7.3.5　应注意施工时间，杜绝砂浆搅拌机的噪声扰民。

7.3.6　水泥库房应及时覆盖，易扬尘施工场所应洒水，保证现场扬尘排放达标。

7.3.7　落地砂浆应及时回收，回收时不得夹杂杂物，并应及时运至拌合地点，提高回收率。

8　质量记录

8.0.1　材料的出厂合格证、质量检验报告及复试报告。

8.0.2　清水砌体勾缝工程检验批质量验收记录。

8.0.3　其他技术文件。

第2篇 吊 顶

第11章 石膏板吊顶顶棚

本工艺标准适用于工业与民用建筑的石膏板顶棚的吊顶工程。

1 引用标准

《住宅装饰装修工程施工规范》GB 50327—2001；
《建筑内部装修防火施工及验收规范》GB 50354—2005；
《建筑工程施工质量验收统一标准》GB 50300—2013；
《建筑装饰装修工程施工质量验收规范》GB 50210—2018；
《建筑用轻钢龙骨》GB/T 11981—2008；
《纸面石膏板》GB/T 9775—2008；
《施工现场临时用电安全技术规范》JGJ 46—2005；
《建筑施工高处作业安全技术规范》JGJ 80—2016；
《民用建筑工程室内环境污染控制规范》GB 50325—2010（2013 年局部修订）。

2 术语

2.0.1 吊件
吊杆与龙骨间的连接件。
2.0.2 挂件
主龙骨和其他龙骨挂接的连接件。
2.0.3 挂插件
次龙骨与横撑龙骨水平垂直相接的连接件。
2.0.4 反支撑
吊顶的反向支撑体系。反支撑构件通常用型钢制作。

3 施工准备

3.1 作业条件

3.1.1 结构工程全部完工，经验收合格。屋面防水、楼地面防水、墙面抹灰施工完并验收合格。室内墙上已弹好 0.5m 标高线。施工前应按设计要求对房间的净高、洞口标高和吊顶内的管道、设备及其支架的标高进行交接检验。

3.1.2 顶棚内各种管线及通风管道，都应安装完毕，且管道试水、打压已验收合格，并办理验收手续。确定好灯位、通风口、喷洒口及各种露明孔口位置。

3.1.3 顶棚内其他作业项目已经完成。

3.1.4 顶棚罩面板安装前，应做完墙、地湿作业工程，涂料只剩最后一遍面漆并经验收合格。

3.1.5 供吊顶用的操作平台已搭设完成，经检查符合要求。

3.1.6 供吊顶用的材料和机具（工具）已到现场或按现场要求加工成型。

3.1.7 吊顶工程在施工中应做好各项施工记录，收集好各种有关文件。

3.1.8 室内环境应干燥，湿度不大于 60%，通风良好，吊顶内四周墙面的各种孔洞已封堵完毕，抹灰已干燥。

3.2 材料及机具

3.2.1 龙骨：轻钢龙骨和木龙骨等。木龙骨应为烘干、不易扭曲变形的红白松等树种制作而成。吊顶所使用龙骨的品种、规格和颜色应符合设计要求。材料应具有产品合格证、性能检测报告、进场验收记录和复验报告等。

3.2.2 配件：吊挂件、连接件、插接件、吊杆、内胀管、丝杆和螺母、自攻螺钉。

3.2.3 饰面板材料：根据使用环境需要，分普通纸面石膏板、耐水性纸面石膏板和耐火性纸面石膏板；其他饰面板材：有特殊需要时，可选用其他板材。所有材料应有产品合格证、进场验收记录和性能检测报告。

3.2.4 胶粘剂、防火、防腐材料等：胶粘剂应按主材料的性能选用，使用前做粘结试验，质量符合要求后方可使用。防火剂一般按建筑物的防火等级选用防火涂料。胶粘剂、防火剂、防腐剂应有环保检测报告。

3.2.5 接触砖石、混凝土的木龙骨和预埋木砖应做防腐处理。所有木料都应做防火处理。

3.2.6 施工机具：电锯、无齿锯、手持式电钻、冲击电锤、电焊机、角磨机、拉铆枪、射钉枪、手锯、钳子、扳手、水准仪、靠尺、钢尺、水平尺、方尺、塞尺、线坠、螺丝刀、锤、装饰装修活动脚手架等。

4 操作工艺

4.1 工艺流程

弹顶棚标高水平线→画龙骨分档线→安装吊杆→安装主龙骨→安装次龙骨→防腐防火处理→石膏板安装

4.2 弹顶棚标高水平线

根据楼层标高水平线，用尺竖向量至顶棚设计标高，沿墙、往四周弹顶棚标高水平线。

4.3 划龙骨分档线

按吊顶平面图在混凝土顶板弹出主龙骨的位置。主龙骨应从吊顶中心向两边分，最大间距为1000mm，并标出吊杆的固定点，吊杆的固定点间距900～1000mm。如遇到梁和管道固定点大于设计和规程要求，应增加吊杆的固定点。

4.4　安装吊杆

在弹好顶棚标高水平线及龙骨位置线后，确定吊杆下端头的标高，按大龙骨的位置及吊挂间距，吊点间距900～1200mm。将吊杆一端与楼板连接固定（可采用直爆螺栓或将吊杆焊接于膨胀螺栓固定的后置埋件的方法）。并对钢筋吊杆进行防锈处理，刷防锈漆2遍。上人吊顶采用ϕ10mm吊杆，不上人吊顶采用ϕ6～8mm吊杆，吊杆长度大于1500mm的吊顶龙骨系统应加反支撑。吊顶应通直并有足够的承载能力。吊顶距主龙骨端部不得大于300mm，否则应增加吊杆。灯具、风口、检修口等处应附加吊杆。

4.5　安装主龙骨

4.5.1　轻钢龙骨安装时，在龙骨上预先安装好吊挂件，将组装吊挂的龙骨，按分档线位置使吊挂件穿入相应的吊杆螺母，拧好螺母。木龙骨用镀锌钢丝或用ϕ6、ϕ8螺栓固定在吊杆上。主龙骨间距取900～1200mm。主龙骨宜平行房间长向安装，同时应起拱，起拱高度为房间短向跨度的1/200。

4.5.2　主龙骨的接头应采取对接，相邻龙骨的对接接头要相互错开。主龙骨挂好后应调平。跨度大于15m以上的吊顶，应在主龙骨上，每隔15m加一道大龙骨，并垂直主龙骨连接牢固。如有大的造型顶棚，造型部分应用角钢或扁钢焊接成框架，并应与楼板连接牢固。

4.5.3　边龙骨采用射钉固定，设计无要求时，射钉间距同此龙骨间距。

4.6　安装次龙骨

4.6.1　石膏板吊顶次龙骨采用U形龙骨时，一般用沉头自攻钉固定面板，次龙骨应紧贴主龙骨安装，次龙骨间距一般为400mm，固定次龙骨的间距，一般不应大于600mm。吸声板吊顶次龙骨采用T形烤漆龙骨，镀锌钢片连接件把次龙骨固定在主龙骨上时，次龙骨的两端应搭在L形烤漆边龙骨的水平翼缘上。次龙骨间距300～600mm，固定次龙骨的间距，一般不应大于600mm。

4.6.2　采用木龙骨时，龙骨底面应刨光、刮平，截面厚度应一致。龙骨间距应按设计要求。设计无要求时，应按罩面板规格决定，一般为500mm，不应大于600mm。次龙骨按起拱标高，通过短吊杆将次龙骨用圆钉固定在大龙骨上，通长次龙骨接头应错开，采用双面夹板用圆钉错位钉牢，接头两侧最少各钉两个钉子。

4.7　防腐、防火处理

4.7.1　顶棚内所有露明的铁件焊接处，安装罩面板前必须刷好防锈漆。

4.7.2　木骨架与结构接触面应进行防腐处理，木龙骨刷防火涂料2～3遍。

4.8　石膏板安装

4.8.1　饰面板应在自由状态下固定，防止出现弯棱、凸鼓的现象；还应在棚顶四周封闭的情况下安装固定，防止板面受潮变形。石膏板的长边应沿纵向次龙骨铺设。

4.8.2　固定石膏板沉头自攻螺钉的规格要求：单层板沉头自攻螺钉选用5mm×

2.5mm；双层板的第二层板沉头自攻螺钉选用 5mm×3.5mm。

4.8.3　沉头自攻螺钉与板边（纸面石膏板既包封边）的距离（即长边），以≥10mm 为宜，切割的板边（即短边），以≥15mm 为宜。

4.8.4　沉头自攻螺钉钉距板边以 150～170mm 为宜，板中钉距不超过 300mm 螺钉应于板面垂直，已弯曲、变形的螺钉应剔除，并在离原钉位 50mm 处另安螺钉。

4.8.5　安装双层板时，面层板与基层板的接缝应错开，不得在一根龙骨上。

4.8.6　石膏板与龙骨固定，应从一块板的中间向板的四边进行固定，不得多点同时作业。造型吊顶吊装时要注意与四周石膏板的连接，接缝处理平直、圆滑。

4.8.7　螺丝钉头宜略埋入板面，但不得损坏纸面，钉眼应作防锈处理并用石膏腻子抹平。

5　质量标准

5.1　主控项目

5.1.1　吊顶的标高、尺寸、起拱和造型应符合设计要求。

5.1.2　石膏板的材质、品种、规格、图案应符合设计要求。

5.1.3　吊杆、龙骨和饰面材料的安装必须牢固。

5.1.4　吊杆、龙骨材质、规格、安装间距及连接方式应符合设计及产品使用要求。金属吊杆、龙骨应进行表面防锈处理。木龙骨应进行防腐防火处理。

5.1.5　石膏板的接缝应按其施工工艺标准进行板缝防裂处理。预留 3～5mm 的缝隙，安装双层石膏板时，面层板与基层板的接缝应错开，预留 3～5mm 的缝隙，并不得在同一根龙骨上接缝。

5.2　一般项目

5.2.1　罩面材料表面应洁净、色泽一致，不得有翘曲、裂缝及缺损。

5.2.2　罩面板上的灯具、烟感、温感、喷淋头、风口、广播等设备的位置应合理、美观，与饰面板的交接应吻合、严密。

5.2.3　吊杆、龙骨的接缝应均匀一致，角缝应吻合，表面应平整，无翘曲、锤印。木质吊杆、龙骨应顺直，无劈裂、变形。

5.2.4　吊顶内填充吸声材料的品种和铺设厚度应符合设计要求，并应有防散落措施。

5.2.5　石膏板吊顶工程安装的允许偏差和检验方法应符合表 11-1 和表 11-2 的规定。

石膏板（整体面层）吊顶工程安装的允许偏差和检验方法　　表 11-1

项次	项目	允许偏差（mm）	检验方法
1	表面平整度	3	用 2m 靠尺和塞尺检查
2	缝格、凹槽直线度	3	拉 5m 线，不足 5m 拉通线，用钢直尺检查

石膏板（板块面层）吊顶工程安装的允许偏差和检验方法　　表 11-2

项次	项目	允许偏差（mm）	检验方法
1	表面平整度	3	用 2m 靠尺和塞尺检查
2	接缝直线度	3	拉 5m 线，不足 5m 拉通线，用钢直尺检查
3	接缝高低差	1	用钢直尺和塞尺检查

6 成品保护

6.0.1 安装时应注意保护顶棚内各种管线。轻钢骨架的吊杆、龙骨不得固定在通风管道及其他设备上。

6.0.2 骨架、罩面板及其他吊顶材料在入场存放、使用过程中严格管理，保证不变形、不受潮、不生锈。

6.0.3 施工吊顶时对已安装的门窗，已施工完毕的地面、墙面、窗台等应注意保护，防止污损。

6.0.4 已装吊顶骨架不得上人踩踏。其他工种吊挂件，不得吊于吊顶骨架上。

6.0.5 为了保护成品，罩面板安装必须在棚内管道试水、保温、设备安装调试等一切工序全部验收后进行。

7 注意事项

7.1 应注意的质量问题

7.1.1 吊顶龙骨必须牢固、平整，利用吊杆或吊筋螺栓调整拱度。安装龙骨时应严格按放线的水平标准线和规方线组装周边骨架。受力节点应装钉严密、牢固，保证龙骨的整体刚度。龙骨的尺寸应符合设计要求，纵横拱度均匀，互相适应。吊顶龙骨严禁有硬弯，如有必须调直再进行固定。

7.1.2 吊顶面层必须平整，施工前应弹线，中间按平线起拱。长龙骨的结长应采用对接；相邻龙骨接头要错开，避免主龙骨向边倾斜。

7.1.3 龙骨安装完毕，应检查合格后再安装罩面板吊件必须安装牢固，严禁松动变形。龙骨分格的几何尺寸必须符合设计要求和面层板块的模数。

7.1.4 饰面板的品种、规格符合设计要求，外观质量必须符合材料技术标准的规格。

7.1.5 大于3kg的重型灯具、电扇及其他重型设备严禁安装在吊顶工程的龙骨上。

7.2 应注意的安全问题

7.2.1 使用高凳、人字梯、活动架时，下脚应绑麻布或铺防滑垫。人字梯之间，应加拉绳防滑。

7.2.2 使用脚手架时，脚手架搭设应符合国家有关规范的要求。脚手架上堆料量不得超过规定荷载，跳板应用钢丝绑扎固定，不得有探头板。顶棚高度超过3m应设脚手架，跳板下应安装安全网。

7.2.3 吊顶施工时，所使用的电器设备应遵守有管安全操作规程。

7.2.4 移动机具及电动工具应安装可靠的防漏电保护装置，做到一机一闸一保护。

7.2.5 进入现场必须戴安全帽，高空作业应系安全带。严禁穿拖鞋、高跟鞋、带钉易滑鞋或光脚进入现场。

7.2.6 作业场所应配备齐全、可靠的消防器材。作业场所不得存放易燃物品，并严禁吸烟或动用明火。

7.3 应注意的绿色施工问题

7.3.1 在施工过程中对于电锤等施工机具产生的噪声，施工人员应严格按工程确定的环保措施进行控制。

7.3.2 废弃物按指定位置分类储存，集中处置。

7.3.3 施工后的废料应及时清理，做到工完料清场地清，坚持做好文明施工。

8 质量记录

8.0.1 龙骨、饰面板等材料的产品合格证书、性能检查报告、进场验收记录。

8.0.2 隐蔽工程检查验收记录。

8.0.3 施工记录。

8.0.4 整体面层吊顶工程检验批质量验收记录。

8.0.5 板块面层吊顶分项工程质量验收记录。

8.0.6 其他技术文件。

第 12 章　矿棉板吊顶顶棚

本工艺标准适用于工业与民用建筑的矿棉板顶棚的吊顶工程。

1 引用标准

《住宅装饰装修工程施工规范》GB 50327—2001；
《建筑内部装修防火施工及验收规范》GB 50354—2005；
《建筑工程施工质量验收统一标准》GB 50300—2013；
《建筑装饰装修工程施工质量验收规范》GB 50210—2018；
《建筑用轻钢龙骨》GB/T 11981—2008；
《施工现场临时用电安全技术规范》JGJ 46—2005；
《建筑施工高处作业安全技术规范》JGJ 80—2016；
《民用建筑工程室内环境污染控制规范》GB 50325—2010（2013 局部修订）。

2 术语（略）

3 施工准备

3.1 作业条件

3.1.1 结构工程全部完工，经验收合格。室内墙上已弹好 0.5m 标高线。施工前应按设计要求对房间的净高、洞口标高和吊顶内的管道、设备及其支架的标高进行交接检验。

3.1.2 顶棚内各种管线及通风管道，都应安装完毕，且管道试水、打压已验收合格，并办理验收手续。确定好灯位、通风口、喷洒口及各种露明孔口位置。

3.1.3 顶棚内其他作业项目已经完成。

3.1.4 顶棚罩面板安装前，应做完墙、地湿作业工程，涂料只剩最后一遍面漆并经验收合格。

3.1.5 供吊顶用的操作平台已搭设完成，经检查符合要求。

3.1.6 供吊顶用的材料已到现场或按现场要求加工成型。

3.1.7 顶内四周墙面的各种孔洞已封堵完毕，抹灰已干燥。

3.2 材料及机具

3.2.1 龙骨：吊顶使用的轻钢龙骨分为U形骨架和T形骨架两种。轻钢龙骨分为主龙骨、次龙骨、边龙骨，材料应具有产品合格证、性能检测报告、进场验收记录和复验报告等。

3.2.2 配件：吊挂件、连接件、插接件、内胀管、丝杆和螺母、膨胀螺栓、自攻螺钉、射钉等。

3.2.3 饰面板材料：矿棉板的规格、品种、表面形式、吸声指标必须达到设计要求和使用功能的要求。

3.2.4 胶粘剂、防火、防腐材料等：胶粘剂应按主材料的性能选用，使用前做粘结试验，质量符合要求后方可使用。防火剂一般按建筑物的防火等级选用防火涂料。胶粘剂、防火剂、防腐剂应有环保检测报告。

3.2.5 施工机具：电锯、无齿锯、手持式电钻、冲击电锤、电焊机、角磨机、拉铆枪、射钉枪、手锯、钳子、扳手、水准仪、靠尺、钢尺、水平尺、方尺、塞尺、线坠、螺丝刀、锤、装饰装修活动脚手架等。

4 操作工艺

4.1 工艺流程

弹顶棚标高水平线→画龙骨分档线→安装吊杆→安装主龙骨→安装次龙骨→防腐防火处理→安装矿棉板

4.2 弹顶棚标高水平线

根据楼层标高水平线，用尺竖向量至顶棚设计标高，沿墙、往四周弹顶棚标高水平线。

4.3 画龙骨分档线

按吊顶平面图在混凝土顶板弹出主龙骨的位置。主龙骨应从吊顶中心向两边分，最大间距为1200mm，并标出吊杆的固定点，吊杆的固定点间距900～1200mm。如遇到梁和管道固定点大于设计和规程要求，应增加吊杆的固定点。

4.4　安装吊杆

在弹好顶棚标高水平线及龙骨位置线后，确定吊杆下端头的标高，按主龙骨的位置及吊挂间距，吊点间距 900～1200mm。将吊杆一端与楼板连接固定（可采用直爆螺栓或将吊杆焊接于膨胀螺栓固定的后置埋件的方法）。并对钢筋吊杆进行防锈处理，刷防锈漆两遍。上人吊顶采用 ϕ10mm 吊杆，不上人吊顶采用ϕ6～8吊杆，吊杆长度大于 1500mm 的吊顶龙骨系统应加反支撑。吊顶应通直并有足够的承载能力。吊点距主龙骨端部不得大于 300mm，否则应增加吊杆。灯具、风口、检修口等处应附加吊杆。

4.5　安装主龙骨

4.5.1　安装主龙骨时，应将主龙骨吊挂件连接在主龙骨上，拧紧螺钉，并根据设计要求吊顶起拱，起拱高度约为短跨的 1‰～3‰，主龙骨间距为小于 1200mm，安装的主龙骨接头应错开，在接头处增加吊点，随时检查龙骨的平整度。

4.5.2　跨度大于 15m 以上的吊顶，应在主龙骨上每隔 15m 加一道大龙骨，并垂直主龙骨连接牢固。当遇到通风管道较大超过龙骨最大间距要求时，必须采用∟30×3 以上的角钢做龙骨骨架，并且不能将骨架与通风管道等设备工程接触。

4.6　安装次龙骨

4.6.1　按照面板的不同安装方式和规格，次龙骨分为 T 形和 C 形两种，次龙骨间距 600mm，将次龙骨通过挂件吊挂在主龙骨上，在与主龙骨平行方向安装 600mm 的横撑龙骨，间距为 600mm 或 1200mm。当采用搁置法和企口法安装时次龙骨为 T 形，粘贴法或者其他固定法时选用 C 形。

4.6.2　采用 L 形边龙骨，与墙体用膨胀螺栓或自攻螺钉固定，固定间距 200mm。安装边龙骨前墙面应用腻子找平，可以避免将来墙面刮腻子时污染和不易找平。

4.6.3　安装 T 形龙骨：在龙骨安装时，在灯具和风口位置的周边加设 T 形加强龙骨。

4.6.4　校正调平：边龙骨安装完成后，再复查龙骨系统的水平。先调整边龙骨，在根据边龙骨的标高调整相应的副龙骨。如有必要调整相应的主龙骨。

4.7　防腐、防火处理

钢筋吊杆和顶棚内所有露明的铁件焊接处，安装罩面板前必须刷好防锈漆。

4.8　矿棉板安装

4.8.1　矿棉板规格、厚度根据设计要求确定，一般为 600mm×600mm×15mm。安装时操作工人须戴白手套，以防止污染。

4.8.2　搁置法安装（明龙骨）：搁置法与 T 形龙骨配合使用，将矿棉板斜成 45°放置在次龙骨搭成的框内，板搭在龙骨的肢上即可。

4.8.3　粘贴法：将矿棉板用胶粘剂均匀满涂在矿棉吸声板背面，并牢固地粘贴在基层石膏板或其他材料的基层上。在胶粘剂未固化前不得有强烈振动，并保持房间通风良好。

4.8.4　企口法安装（暗龙骨）：将矿棉板加工成暗缝的形式，龙骨的两条肢插入暗缝内，不用钉，也不用胶，靠两条肢板担住。注意接槎处要平整、光滑。

4.8.5 钉固定法安装：采用自攻螺丝固定矿棉板的四边，并要求钉的间距为200～300mm，钉帽进入面板1～2mm。

4.8.6 罩面板顶棚如果设计有压条，待面板安装后，经调整位置，使拉缝均匀，对缝平正，进行压条位置弹线后，安装固定方法采用自攻螺钉或采用胶粘法粘贴。

5 质量标准

5.1 主控项目

5.1.1 吊顶的标高、尺寸、起拱和造型应符合设计要求。

5.1.2 矿棉板的材质、品种、规格、图案应符合设计要求。

5.1.3 吊杆、龙骨和饰面材料的安装必须牢固。

5.1.4 吊杆、龙骨材质、规格、安装间距及连接方式应符合设计及产品使用要求。金属吊杆、龙骨应进行表面防锈处理。木龙骨应进行防腐、防火处理。

5.2 一般项目

5.2.1 矿棉板表面应洁净、色泽一致，不得有翘曲、裂缝及缺损。

5.2.2 矿棉板上的灯具、烟感、温感、喷淋头、风口、广播等设备的位置应合理、美观，与饰面板的交接应吻合、严密。

5.2.3 吊杆、龙骨的接缝应均匀一致，角缝应吻合，表面应平整，无翘曲、锤印。木质吊杆、龙骨应顺直，无劈裂、变形。

5.2.4 吊顶内填充吸声材料的品种和铺设厚度应符合设计要求，并应有防散落措施。

5.2.5 矿棉板吊顶工程安装的允许偏差和检验方法应符合表12-1的规定。

矿棉板吊顶工程安装的允许偏差和检验方法 **表12-1**

项次	项目	允许偏差（mm）	检验方法
1	表面平整度	2	用2m靠尺和塞尺检查
2	接缝直线度	3	拉5m线，不足5m拉通线，用钢直尺检查
3	接缝高低差	2	用钢直尺和塞尺检查

6 成品保护

6.0.1 安装时应注意保护顶棚内各种管线。轻钢骨架的吊杆、龙骨不得固定在通风管道及其他设备上。

6.0.2 骨架、罩面板及其他吊顶材料在入场存放、使用过程中严格管理，保证不变形、不受潮、不生锈。

6.0.3 施工吊顶时对已安装的门窗，已施工完毕的地面、墙面、窗台等应注意保护，防止污损。

6.0.4 已装吊顶骨架不得上人踩踏。其他工种吊挂件，不得吊于吊顶骨架上。

6.0.5 为了保护成品，罩面板安装必须在棚内管道试水、保温、设备安装调试等一切工序全部验收后进行。

7 注意事项

7.1 应注意的质量问题

7.1.1 吊顶龙骨必须牢固、平整，利用吊杆或吊筋螺栓调整拱度。安装龙骨时应严格按放线的水平标准线和规方线组装周边骨架。受力节点应装钉严密、牢固，保证龙骨的整体刚度。龙骨的尺寸应符合设计要求，纵横拱度均匀，互相适应。吊顶龙骨严禁有硬弯，如有必须调直再进行固定。

7.1.2 吊顶面层必须平整，施工前应弹线，中间按平线起拱。长龙骨的结长应采用对接；相邻龙骨接头要错开，避免主龙骨向边倾斜。

7.1.3 龙骨安装完毕，应检查合格后再安装罩面板吊件必须安装牢固，严禁松动变形。龙骨分格的几何尺寸必须符合设计要求和面层板块的模数。

7.1.4 矿棉板安装时注意板块的规格，拉线找正，安装固定时保证平正、对直，避免矿棉板分块间隙缝不直，压缝条及压边条不严密、平直。

7.1.5 大于 3kg 的重型灯具、电扇及其他重型设备严禁安装在吊顶工程的龙骨上。

7.2 应注意的安全问题

7.2.1 使用高凳、人字梯、活动架时，下脚应绑麻布或铺防滑垫。人字梯之间，应加拉绳防滑。

7.2.2 使用脚手架时，脚手架搭设应符合国家有关规范的要求。脚手架上堆料量不得超过规定荷载，跳板应用钢丝绑扎固定，不得有探头板。顶棚高度超过 3m 应设脚手架，跳板下应安装安全网。

7.2.3 吊顶施工时，所使用的电器设备应遵守有管安全操作规程。

7.2.4 移动机具及电动工具应安装可靠的防漏电保护装置，做到一机一闸一保护。

7.2.5 进入现场必须戴安全帽，高空作业应系安全带。严禁穿拖鞋、高跟鞋、带钉易滑鞋或光脚进入现场。

7.2.6 作业场所应配备齐全可靠的消防器材。作业场所不得存放易燃物品，并严禁吸烟或动用明火。

7.3 应注意的绿色施工问题

7.3.1 在施工过程中对于电锤等施工机具产生的噪声，施工人员应严格按工程确定的绿色施工措施进行控制。

7.3.2 废弃物按指定位置分类储存，集中处置。

7.3.3 施工后的废料应及时清理，做到工完料清场地清，坚持做好文明施工。

8 质量记录

8.0.1 龙骨、饰面板等材料的产品合格证书、性能检查报告、进场验收记录。

8.0.2 隐蔽工程检查验收记录。

8.0.3 施工记录。

8.0.4 整体面层吊顶工程检验批质量验收记录。

8.0.5 板块面层吊顶分项工程质量验收记录。

8.0.6 其他技术文件。

第13章 金属板吊顶顶棚

本工艺标准适用于工业与民用建筑的金属板顶棚的吊顶工程。

1 引用标准

《住宅装饰装修工程施工规范》GB 50327—2001；
《建筑内部装修防火施工及验收规范》GB 50354—2005；
《建筑工程施工质量验收统一标准》GB 50300—2013；
《建筑装饰装修工程施工质量验收规范》GB 50210—2018；
《建筑用轻钢龙骨》GB/T 11981—2008；
《施工现场临时用电安全技术规范》JGJ 46—2005；
《建筑施工高处作业安全技术规范》JGJ 80—2016；
《民用建筑工程室内环境污染控制规范》GB 50325—2010（2013年局部修订）。

2 术语（略）

3 施工准备

3.1 作业条件

3.1.1 结构工程全部完工，经验收合格。室内墙上已弹好0.5m标高线。施工前应按设计要求对房间的净高、洞口标高和吊顶内的管道、设备及其支架的标高进行交接检验。

3.1.2 顶棚内各种管线及通风管道，都应安装完毕，且管道试水、打压已验收合格，并办理验收手续。确定好灯位、通风口、喷洒口及各种露明孔口位置。

3.1.3 顶棚内其他作业项目已经完成。

3.1.4 顶棚罩面板安装前，应做完墙、地湿作业工程，涂料只剩最后一遍面漆并经验收合格。

3.1.5 供吊顶用的操作平台已搭设完成，经检查符合要求。

3.1.6 各种材料进场验收记录、检验报告、出场合格证应齐全。

3.2　材料及机具

3.2.1　龙骨：钢方管龙骨、专用卡型龙骨、T 形龙骨，吊顶按荷载分上人和不上人两种，轻钢骨架主件为大、中、小龙骨；材料应具有产品合格证、性能检测报告、进场验收记录和复验报告等。

3.2.2　配件：吊挂件、连接件、插接件、吊杆、膨胀螺栓、铆钉。

3.2.3　饰面板材料：常用的有条形金属扣板、吸声和不吸声的方形金属扣板；还有单铝板、铝塑板、不锈钢板等；金属饰面板的品种、规格和边角龙骨装饰条应按设计要求选用，其质量应符合国家有关标准的规定。

3.2.4　胶粘剂、防火、防腐材料等：胶粘剂应按主材料的性能选用，使用前做粘结试验，质量符合要求后方可使用。防火剂一般按建筑物的防火等级选用防火涂料。胶粘剂、防火剂、防腐剂应有环保检测报告。

3.2.5　施工机具：电锯、无齿锯、手电钻、冲击电锤、电焊机、自攻螺钉钻、手提圆盘踞、手提线锯机、射钉枪、拉铆枪、手锯、钳子、螺钉旋具、扳子、钢尺、钢水平尺、线坠、装饰装修活动脚手架等。

4　操作工艺

4.1　工艺流程

弹顶棚标高水平线 → 画龙骨分档线 → 安装吊杆 → 安装边龙骨 → 安装主龙骨 → 安装次龙骨 → 罩面板安装

4.2　弹顶棚标高水平线

根据楼层标高水平线，用尺竖向量至顶棚设计标高，沿墙、往四周弹顶棚标高水平线。

4.3　画龙骨分档线

按吊顶平面图在混凝土顶板弹出主龙骨的位置。主龙骨应从吊顶中心向两边分，最大间距为 1200mm，并标出吊杆的固定点，吊杆的固定点间距 900～1200mm。如遇到梁和管道固定点大于设计和规程要求，应增加吊杆的固定点。

4.4　安装吊杆

在弹好顶棚标高水平线及龙骨位置线后，确定吊杆下端头的标高，按主龙骨的位置及吊挂间距，吊点间距 900～1200mm。将吊杆一端与楼板连接固定（可采用直爆螺栓或将吊杆焊接于膨胀螺栓固定的后植埋件的方法）。并对钢筋吊杆进行防锈处理，刷防锈漆 2 遍。上人吊顶采用 ϕ10mm 吊杆，不上人吊顶采用ϕ6～8mm 吊杆，吊杆长度大于 1500mm 的吊顶龙骨系统应加反支撑。吊顶应通直并有足够的承载能力。吊顶距主龙骨端部不得大于 300mm，否则应增加吊杆。灯具、风口及检修口等应设附加吊杆。大于 3kg 的重型灯具、电扇及其他重型设备严禁安装在吊顶工程的龙骨上，应另设吊挂件与结构连接。

4.5　安装边龙骨

边龙骨应按弹线安装，沿墙（柱）上的边龙骨控制线把L形镀锌轻钢条用自攻螺丝固定在预埋木砖上，如为混凝土墙（柱）上可用射钉固定，射钉间距应不大于吊顶次龙骨的间距。如罩面板是固定的单铝板或铝塑板可以用密封胶直接收边，也可以加阴角进行修饰。

4.6　安装主龙骨

4.6.1　安装主龙骨时，应将主龙骨吊挂件连接在主龙骨上，拧紧螺丝，并根据设计要求吊顶起拱，起拱高度约为短跨的1/200，主龙骨间距为小于1200mm，安装的主龙骨接头应错开，在接头处增加吊点，随时检查龙骨的平整度。主龙骨的悬臂段不应大于300mm，否则应增加吊杆。

4.6.2　当遇到通风管道较大超过龙骨最大间距要求时，必须采用∟30×3以上的角钢做龙骨骨架，并且不能将骨架与通风管道等设备工程接触。跨度大于15m以上的吊顶，应在主龙骨上，每隔15m加一道大龙骨，并垂直主龙骨连接牢固。

4.6.3　如罩面板是单铝板或铝塑板，也可以用型钢或方铝管做主龙骨，与吊杆用专用吊卡或螺栓（铆接）连接。

4.6.4　吊顶如设检修走道，应设独立吊挂系统，检修走道应根据设计要求选用材料。

4.7　安装次龙骨

4.7.1　吊挂次龙骨时，按设计规定的次龙骨间距施工。条形或方形金属罩面板的次龙骨，应使用配套专用次龙骨产品，与主龙骨直接连接。

4.7.2　用T形镀锌专用连接件把次龙骨固定在主龙骨上时，次龙骨的两端应搭在L形边龙骨的水平翼缘上。

4.7.3　在通风、水电等洞口周围应设附加龙骨，附加龙骨的连接件用拉铆钉铆固或螺钉固定。

4.8　罩面板安装

4.8.1　铝塑板安装

1　铝塑板采用室内单面铝塑板，根据设计要求，在工厂制作成需要的形状，用胶粘在事先封好的底板上，可以根据设计要求留出适当的胶缝。

2　胶粘剂粘贴时，涂胶应均匀；粘贴时，应采用临时固定措施，并应及时擦去挤出的胶液；在打封闭胶时，应先用美纹纸将饰面板保护好，待打胶后撕去，清理板面。

4.8.2　单铝板和不锈钢铝板安装

将板材加工折边，在拆边上加上角钢，再将板材用拉铆钉固定在龙骨上，可以根据设计要求留出适当的胶缝，在胶缝中填充泡沫塑料棒，然后打胶密封。在打胶密封时，应先用美纹纸将饰面板保护好，待胶打好后，撕去美纹纸带清理板面。

4.8.3　金属（条、方）扣板安装

1　条板式吊顶龙骨一般可直接吊挂，也可增加主龙骨，主龙骨间距一般不大于1200mm，一般为1000mm为宜，条板式吊顶龙骨形式与条板配套。

2　方板吊顶次龙骨分明装 T 形和暗装卡形两种，可依据金属方板式样选定。次龙骨与主龙骨间用固定件连接。

3　金属板吊顶与四周墙面所留空隙，用金属压条与吊顶找齐，金属压缝条材质宜与金属板面相同。

4.8.4　饰面板上的灯具、烟感、喷淋头、风口、广播等设备的位置应合理、美观，与饰面的交接应吻合、严密。并做好检修口的预留，使用材料应与母体相同，安装时应严格控制整体性、刚度和承载力。

4.8.5　吊顶饰面板安装后应统一拉线调整，确保龙骨顺直、缝隙均匀一致，顶面表面平整。

5　质量标准

5.1　主控项目

5.1.1　吊顶标高、尺寸、起拱和造型应符合设计要求及国家标准规定。

5.1.2　金属板的材质、品种、规格、安装间距及连接方式应符合设计要求及国家标准的规定。

5.1.3　吊杆、龙骨的材质、规格、安装间距及连接方式应符合设计要求。金属吊杆应经过表面防锈处理。

5.1.4　金属板与龙骨连接件应该牢固，不得松动变形。

5.1.5　金属板条、块分格方式应符合设计要求。无设计要求时应对称、美观，套制尺寸应准确，边缘整齐，不漏缝。条块排列一致，无错台，阴阳角方正。

5.2　一般项目

5.2.1　金属板应洁净、色泽一致，无翘曲、凹坑、划痕。

5.2.2　金属板表面平整、接口严密，板缝顺直，宽窄一致、无错台阴阳角方正。

5.2.3　金属板上的灯具、烟感器、喷淋头、风口箅子等设备的位置应合理、美观、与饰面板的交接应吻合、严密。

5.2.4　轻钢龙骨金属饰面板的吊顶工程安装的允许偏差和检验方法应符合表 13-1 的规定。

金属板吊顶工程安装的允许偏差和检验方法　　**表 13-1**

项次	项目	允许偏差（mm）	检验方法
1	表面平整度	2	用 2m 靠尺和塞尺检查
2	接缝直线度	2	拉 5m 线，不足 5m 拉通线，用钢直尺检查
3	接缝高低差	1	用钢直尺和塞尺检查

6　成品保护

6.0.1　轻钢骨架及罩面板安装应注意保护顶棚内各种管线。轻钢骨架的吊杆、龙骨不得固定在通风管道及其他设备上。

6.0.2　轻钢骨架、罩面板及其他吊顶材料在入场存放、使用过程中严格管理，保证不变形、不受潮、不生锈。

6.0.3　施工顶棚部位已安装的门窗、已施工完毕的地面、墙面、窗台等应注意保护，防止污损。

6.0.4　已装轻钢骨架不得上人踩踏。其他工种吊挂件，不得吊于轻钢骨架上。

6.0.5　罩面板安装必须在棚内管道、试水、保温、设备安装调试等一切工序全部验收后进行。

6.0.6　安装装饰面板时，施工人员应戴线套，以防污染板面。

7　注意事项

7.1　应注意的质量问题

7.1.1　吊顶的轻钢骨架应吊在主体结构上，并应拧紧吊杆上下螺母，以控制固定标高；安装龙骨时应严格按防线的水平标准线和规方线组装周边骨架。受力点应装订严密、牢固，保证龙骨的整体刚度。龙骨的尺寸应符合设计要求。纵横向起拱度均匀，相互吻合。吊顶龙骨的吊杆也不得吊固在管线，设备的支撑架和吊杆上。

7.1.2　吊顶轻钢骨架在检查口，灯具口，通风口等处，应按图纸上的相应节点构造设置附加龙骨，附加龙骨连接用拉铆钉铆固。吊顶龙骨严禁有硬弯，如有发生必须调直后再进行安装。

7.1.3　施工前应弹线清楚，位置准确，中间按平线起拱。长龙骨的接长应采用对接；相邻龙骨接头要错开主龙骨挂件应在主龙骨两侧安装，避免主龙骨向一边倾斜。吊件必须安装牢固，严防松动变形。龙骨分格的几何尺寸必须符合设计要求和饰面板块的模数。龙骨安装完毕，应验收检查合格后再安装饰面板。

7.1.4　饰面板的品种、规格符合设计要求，质量必须符合现行国家材料技术标准的规定，不缺损、无污染。施工时注意板块规格，拉线找正，安装固定时保证平整、严密。

7.1.5　压缝条、压边条使用时应经选择，操作拉线找正后固定，确保平直、严密。

7.1.6　饰面板应按规格、颜色等进行分类选配，注意板块的色差，防止颜色不均的质量弊病。

7.1.7　大于3kg的重型灯具、电扇及其他重型设备严禁安装在吊顶的龙骨上。

7.2　应注意的安全问题

7.2.1　使用高凳、人字梯、活动架时，下脚应绑麻布或铺防滑垫。人字梯之间应加拉绳防滑。

7.2.2　使用脚手架时，脚手架搭设应符合国家有关规范的要求。脚手架上堆料量不得超过规定荷载，跳板应用钢丝绑扎固定，不得有探头板。顶棚高度超过3m应设脚手架，跳板下应安装安全网。

7.2.3　吊顶施工时，所使用的电器设备应遵守有关安全操作规程。

7.2.4 移动机具及电动工具应安装可靠的防漏电保护装置，做到一机一闸一保护。

7.2.5 进入现场必须戴安全帽，高空作业应系安全带。严禁穿拖鞋、高跟鞋、带钉易滑鞋或光脚进入现场。

7.2.6 作业场所应配备齐全、可靠的消防器材。作业场所不得存放易燃物品，并严禁吸烟或动用明火。

7.3 应注意的绿色施工问题

7.3.1 在施工过程中对于电锤等施工机具产生的噪声，施工人员应严格按工程确定的绿色施工措施进行控制。

7.3.2 废弃物按指定位置分类储存，集中处置。

7.3.3 施工后的废料应及时清理，做到工完料清场地清，坚持做好文明施工。

8 质量记录

8.0.1 龙骨、饰面板等材料的产品合格证书、性能检测报告、进场验收记录。

8.0.2 隐蔽工程检查验收记录。

8.0.3 施工记录。

8.0.4 整体面层吊顶工程检验批质量验收记录。

8.0.5 板块面层吊顶分项工程质量验收记录。

8.0.6 其他技术文件。

第 14 章　玻璃吊顶顶棚

本工艺标准适用于工业与民用建筑的玻璃顶棚的吊顶工程。

1 引用标准

《住宅装饰装修工程施工规范》GB 50327—2001；

《建筑内部装修防火施工及验收规范》GB 50354—2005；

《建筑工程施工质量验收统一标准》GB 50300—2013；

《建筑装饰装修工程施工质量验收规范》GB 50210—2018；

《建筑用轻钢龙骨》GB/T 11981—2008；

《施工现场临时用电安全技术规范》JGJ 46—2005；

《建筑施工高处作业安全技术规范》JGJ 80—2016；

《民用建筑工程室内环境污染控制规范》GB 50325—2010（2013 年局部修订）；

《建筑玻璃应用技术规程》JGJ 113—2015。

2　术语（略）

3　施工准备

3.1　作业条件

3.1.1　结构工程全部完工，经验收合格。屋面、楼地面防水已完并合格。

3.1.2　顶棚内各种管线及通风管道，都应安装完毕，且管道试水、打压已验收合格，并办理验收手续。确定好灯位、通风口及各种露明孔口位置。

3.1.3　顶棚内其他作业项目已经完成。

3.1.4　顶棚罩面板安装前，应做完墙、地湿作业工程。

3.1.5　供吊顶用的操作平台已搭设完成，经检查符合要求。

3.1.6　供吊顶用的材料已到现场或按现场要求加工成型，材料验收合格并经复试检验合格。

3.1.7　熟悉吊顶施工图和设计文件，对操作人员进行书面技术安全交底。

3.1.8　室内环境应干燥，湿度不大于60％，通风良好，吊顶内四周墙面的各种孔洞已封堵完毕，抹灰已干燥。

3.2　材料及机具

3.2.1　龙骨：轻钢龙骨和铝合金龙骨、木龙骨等。木龙骨应为烘干、不易扭曲变形的红白松等树种制作而成。吊顶所使用龙骨的品种、规格和颜色应符合设计要求。材料应具有产品合格证、性能检测报告、进场验收记录和复验报告等。

3.2.2　饰面板材料：轻钢骨架胶合板基层玻璃吊顶通常采用3＋3厚镜面（具体按装饰设计图纸）夹胶玻璃或钢化镀膜玻璃，规格按设计确定。基层胶合板按设计要求选用，通常为12mm厚，材料的品种、规格、质量应符合设计要求。玻璃吊顶必须用安全玻璃。应有产品合格证、进场验收记录和性能检测报告。

3.2.3　胶粘剂、防火剂、防腐剂等：胶粘剂一般按主材的性能选用玻璃胶，并应做相容性试验，质量符合要求后方可使用。防火剂一般按建筑物的防火等级选用防火涂料。胶粘剂、防火剂、防腐剂应有环保检测报告。

3.2.4　接触砖石、混凝土的木龙骨和预埋木砖应做防腐处理。所有木料都应做防火处理。

3.2.5　施工机具：电锯、无齿锯、手持式电钻、冲击电锤、电焊机、角磨机、拉铆枪、射钉枪、手锯、钳子、扳手、水准仪、靠尺、钢尺、水平尺、方尺、塞尺、线坠、螺钉旋具、锤子、装饰装修活动脚手架等。

4　操作工艺

4.1　工艺流程

弹吊顶水平标高线 → 画龙骨分档线 → 安装吊杆 → 安装边龙骨 → 安装主龙骨 →

安装次龙骨和横撑龙骨 → 防腐防火处理 → 安装基层板 → 安装玻璃板 → 压条安装 → 接缝打胶 → 清洁玻璃饰面

4.2　弹吊顶水平标高线

根据楼层标高 0.5m 水平线，顺墙高量至顶棚设计标高，沿墙四周弹顶棚标高水平线。

4.3　画龙骨分档线

按吊顶平面图，在混凝土顶板弹出大龙骨的位置。大龙骨一般从吊顶的中心位置向两边分，间距按设计要求，遇到梁和管道固定点大于设计和规程要求，应增加吊杆的固定点。

4.4　安装吊杆

4.4.1　吊杆应按设计要求设置。如设计无要求，一般用 ϕ8 钢筋制作。当吊杆长度超过 1.5m 时，一般用 ϕ10 钢筋制作，且安装时应设置反支撑。

4.4.2　吊杆的间距应视主龙骨的间距而定，一般为 900～1200mm。吊杆与主龙骨端部的距离不得大于 300mm。

4.4.3　在现浇钢筋混凝土楼板上安装吊杆时，可直接在楼板上打孔，固定直径为 8mm、长为 80mm 的膨胀螺栓，并与吊杆连接。

4.4.4　在装配时楼板上安装吊杆时，应在楼面或屋面未完前进行。安装时，应在确定的位置打孔并穿透楼板，设置 T 形吊杆。

4.4.5　在钢木屋架上安装吊杆时，吊杆应由设计确定，一般挂在檩条上。

4.4.6　在网架上安装吊杆时，吊杆应由设计确定，根据设计编制方案，吊杆应用固定卡具与弦杆连接，不得与弦杆焊接。

4.4.7　吊杆下部要焊接长度不小于 150mm 的螺栓，其套丝长度应大于 30mm，并根据标高拉水平线控制螺栓高度。

4.5　安装边龙骨

边龙骨的安装应按设计要求弹线，沿墙（柱）上的水平龙骨线把 L 形镀锌轻钢条用射钉固定在墙（柱）上，射钉间距应不大于吊顶次龙骨的间距。

4.6　安装主龙骨

主龙骨应吊挂在吊杆上。主龙骨间距 900～1000mm，主龙骨分不上人 UC38 小龙骨和上人 UC60 大龙骨两种。

4.6.1　主龙骨一般宜平行房间长向安装，同时应起拱，应按房间短向跨度的 1‰～3‰。主龙骨的悬臂段不应大于 300mm，否则应增加吊杆。

4.6.2　主龙骨的接长应采取对接，相邻龙骨的对接接头要相互错开。主龙骨挂好后应基本调平。

4.6.3　吊顶如设检修走道，应另设附加吊挂系统，用 10mm 的吊杆与长度为 1200mm 的∟45×5 角钢横担用螺栓连接，横担间距为 1800～2000mm，在横担上铺设走道，可以用 6 号槽钢两根间距 600mm，之间用 10mm 的钢筋焊接，钢筋的间距为 100mm，将槽钢与横担角钢焊接牢固，在走道的一侧设有栏杆；高度为900mm可以用L 50×4的角钢做立柱，焊接在走道槽钢上，之间用30×4的扁钢连接。

4.7 安装次龙骨和横撑龙骨

4.7.1 按已弹好的次龙骨分档线，卡放次龙骨吊挂件。

4.7.2 吊挂次龙骨：次龙骨应紧贴主龙骨安装，按设计规定的次龙骨间距，将次龙骨通过吊挂件吊挂在主龙骨上，设计无要求时，一般间距为450～600mm，但还应由面板规格确定。

4.7.3 用T形镀锌钢片连接件把次龙骨固定在主龙骨上时，次龙骨的两端应搭在L形边龙骨的水平翼缘上。

4.7.4 横撑龙骨应用连接件将其两段连接在通长龙骨上。明龙骨系列的横撑龙骨搭接处的间隙不得大于1mm。

4.7.5 次龙骨之间的连接一般采用连接件连接，有些部位可采用抽芯铆钉连接。校正次龙骨的位置及平整度，连接件应错位安装。

4.7.6 跨度大于12m以上的吊顶，应在主龙骨上，每隔12m加一道大龙骨，并垂直主龙骨焊接牢固。

4.8 防腐、防火处理

4.8.1 顶棚内所有露明的铁件焊接处，安装玻璃板前必须刷好防锈漆。

4.8.2 木骨架与结构接触面应进行防腐处理，龙骨无需粘胶处，需刷防火涂料2～3遍。

4.9 安装基层板

4.9.1 龙骨安装完成并验收合格后，按基层板规格、拼缝间隙弹出分块线，然后从顶棚中间沿次龙骨的安装方向先装一行基层板，作为基准，再向两侧展开安装。

4.9.2 基层板应按设计要求选用。设计无要求时，宜用12mm厚胶合板。基层板按设计要求的品种、规格和固定方式进行安装。采用胶合板时，应在胶合板朝向吊顶内侧面满涂防火涂料，用自攻螺钉与龙骨固定，自攻螺钉中心距不大于250mm。

4.10 安装玻璃板

4.10.1 面层玻璃应按设计要求的规格和型号选用。一般采用3+3厚镜面夹胶玻璃或钢化镀膜玻璃。

4.10.2 先按玻璃板的规格在基层板上弹出分块线，线必须准确无误，不得歪斜、错位。

4.10.3 玻璃板螺钉固定：先用结构胶将玻璃粘贴固定，再用不锈钢装饰螺钉在玻璃四周固定。螺钉的间距、数量由设计定，但每块不得少于4个螺钉。玻璃上的螺钉孔应委托厂家加工，孔距玻璃边沿应大于20mm，已防玻璃破裂。玻璃安装应尽快进行，不锈钢螺钉应对角安装。

4.10.4 玻璃板浮搁安装：浮搁法与龙骨配合使用，将玻璃面板斜成45°放置在龙骨搭成的框内，板搭在龙骨上即可。

4.10.5 安装好的玻璃应平整、牢固，不得有松动现象。

4.11　压条安装

带密封的压条必须与玻璃全部贴紧，压条与型材的接缝应无明显缝隙，接头缝隙应不大于 1mm。橡胶条拐角八字切割整齐、黏结牢固。

4.12　接缝打胶

用密封胶填缝固定玻璃时，先用橡胶条或橡胶块将玻璃挤住，留出注胶空隙。注胶宽度和深度应符合设计要求，在胶固化前应保持玻璃不受振动。

4.13　清洁玻璃饰面

玻璃面板安装完后，应进行玻璃清洁工作，不得留有污痕。

5　质量标准

5.1　主控项目

5.1.1　吊顶标高、尺寸、起拱和造型应符合设计要求。

5.1.2　玻璃的品种、规格、色彩、图案、固定方法等必须符合设计要求和国家规范、标准的规定。

5.1.3　结构胶、密封胶的耐候性、粘结性必须符合国家现行的有关标准规定。

5.1.4　吊顶、龙骨和饰面材料的安装必须稳固、严密、无松动，饰面材料与龙骨、压条的搭接宽度应大于龙骨、压条受力面宽度的 2/3。

5.1.5　吊杆、龙骨的材质、规格、安装间距及连接方式应符合设计要求。金属吊杆、龙骨应经过表面防腐处理。木吊杆、龙骨应进行防腐、防火处理。

5.1.6　玻璃安装应做软连接，槽口处的嵌条和玻璃及框粘结牢固，填充密实。木骨架安装必须牢固，无松动，位置正确。

5.2　一般项目

5.2.1　玻璃表面的色彩、花纹应符合设计要求。镀膜面朝向应正确，表面花纹应整齐，图案排列应美观；镀膜应完整，无划痕、污染，周边无损伤，表面应洁净、光亮。

5.2.2　玻璃嵌缝缝隙应均匀一致，填充应密实、饱满，无外溢污染；槽口的压条、垫层、嵌条与玻璃应结合严密，宽窄均匀；裁口割向应准确，边缘应齐平；接口应吻合、严密、平整；金属压条镀膜应完整，无划痕，木压条漆膜应平滑、洁净、美观。

5.2.3　压花玻璃、图案玻璃的拼装颜色应均匀一致；图案应通顺、吻合、美观、接缝严密。

5.2.4　金属吊杆、龙骨的接缝应均匀一致，角缝应吻合，表面应平整，无翘曲、锤印。木吊杆、龙骨应顺直，无劈裂、变形。

5.2.5　吊顶内填充吸声材料的品种和铺设厚度应符合设计要求，并应有防散落措施。

5.2.6 玻璃面板吊顶工程安装的允许偏差和检验方法应符合表14-1的规定。

玻璃面板吊顶工程安装的允许偏差和检验方法 表14-1

项次	项目	允许偏差（mm）	检验方法
1	表面平整度	2	用2m靠尺和塞尺检查
2	接缝直线度	3	拉5m线，不足5m拉通线，用钢直尺检查
3	接缝高低差	1	用钢直尺和塞尺检查

6 成品保护

6.0.1 骨架、基层板、玻璃板等材料入场后，应存入库房码放整齐，上面不得压重物。露天存放必须进行遮盖，保证各种材料不受潮、霉变、变形。玻璃存放处应有醒目标志，并注意做好保护。

6.0.2 骨架及玻璃板安装时，应注意保护顶棚内各种管线及设备。吊杆、龙骨及饰面板不准固定在其他设备及管道上。

6.0.3 吊顶施工时，对已施工完毕的地、墙面和门、窗、窗台等应进行保护，防止污染、损坏。

6.0.4 不上人吊顶的骨架安装好后，不得上人踩踏。替他吊挂件或重物严禁安装在吊顶骨架上。

6.0.5 安装玻璃板时，作业人员宜戴干净线手套，以防污染板面，并保护手臂不被划伤。

6.0.6 玻璃饰面板安装完成后，应在吊顶玻璃上粘贴提示标签，防止损坏。

7 注意事项

7.1 应注意的质量问题

7.1.1 主龙骨安装完后应认真进行一次调平，调平后各吊杆的受力应一致，不得有松弛、弯曲、歪斜现象。并拉通线检查主龙骨的标高是否符合设计要求，平整度是否符合规范、标准的规定，避免出现大面积的吊顶不平整现象。

7.1.2 各种预留孔、洞处的构造应符合设计要求，节点应合理，以保证骨架的整体刚度、强度和稳定性。

7.1.3 顶棚的骨架应固定在主体结构上，骨架整体调平后吊杆的螺母应拧紧。顶棚内的各种管线、设备件不得安装在骨架上，以避免造成骨架变形、固定不牢现象。

7.1.4 饰面玻璃板应保证加工精度，尺寸偏差应控制在允许范围内。安装时应注意板块规格，并挂通线控制板块位置，固定时应确保四边对直，避免造成饰面玻璃板之间的隙缝不顺直、不均匀的现象。

7.2 应注意的安全问题

7.2.1 吊顶施工时，所使用的电器设备应遵守有管安全操作规程。

7.2.2 吊顶用脚手架应为满堂脚手架，搭设完毕后应经检查合格后方可使用。

7.2.3 施工中使用的各种工具（高梯、条凳等）、机具应符合相关规定要求，利于操作，确保安全。在高处作业时，上面的材料码放必须平稳、可靠，工具不得乱放，应放入工具袋内。

7.2.4 裁割玻璃应在房间内进行。边角余料要集中堆放，并及时处理。

7.2.5 人工搬运玻璃时应戴手套或垫上布、纸，散装玻璃运输必须采用专门夹具（架）。玻璃运抵现场后应直立堆放，不得水平摆放。

7.2.6 进入施工现场应戴安全帽，高空作业时应系安全带，严禁一手拿材料，另一手操作或攀扶上下。电、气焊工应持证上岗并配备防护用具。

7.2.7 施工时高处作业所用工具应放入工具袋内，地面作业工具应随时放入工具箱，严禁将铁钉含在口内。

7.2.8 使用电、气焊等明火作业时，应清楚周围及焊渣溅落区的可燃物，并设专人监护。

7.2.9 作业场所应配备齐全、可靠的消防器材。作业场所不得存放易燃物品，并严禁吸烟或动用明火。

7.3 应注意的绿色施工问题

7.3.1 在施工过程中对于电锤等施工机具产生的噪声，施工人员应严格按工程确定的绿色施工措施进行控制。

7.3.2 废弃物按指定位置分类储存，集中处置。

7.3.3 施工后的废料应及时清理，做到工完料净场地清，坚持做好文明施工。

8 质量记录

8.0.1 玻璃板等材料的产品合格证书、性能检查报告、进场验收记录和复验报告。

8.0.2 隐蔽工程检查验收记录。

8.0.3 整体面层吊顶工程检验批质量验收记录。

8.0.4 板块面层吊顶分项工程质量验收记录。

8.0.5 其他技术文件。

第 15 章　格栅吊顶顶棚

本工艺标准适用于工业与民用建筑的格栅吊顶顶棚的吊顶工程。

1 引用标准

《住宅装饰装修工程施工规范》GB 50327—2001；

《建筑内部装修防火施工及验收规范》GB 50354—2005；

《建筑工程施工质量验收统一标准》GB 50300—2013；
《建筑装饰装修工程施工质量验收规范》GB 50210—2018；
《建筑用轻钢龙骨》GB/T 11981—2008；
《施工现场临时用电安全技术规范》JGJ 46—2005；
《建筑施工高处作业安全技术规范》JGJ 80—2016；
《民用建筑工程室内环境污染控制规范》GB 50325—2010（2013年局部修订）。

2　术语（略）

3　施工准备

3.1　作业条件

3.1.1　结构工程全部完工，屋面防水、楼地面防水、墙面抹灰也已完工，经验收合格。

3.1.2　顶棚内各种管线及通风管道，都应安装完毕，且管道试水、打压已验收合格，并办理隐蔽验收手续。

3.1.3　各种材料全部配套备齐，材料进场已验收并按规定复检且合格。

3.1.4　供吊顶用的材料和机具、工具已到现场或按现场要求加工成型。

3.1.5　搭好顶棚施工操作手台架子并验收。

3.1.6　熟悉吊顶施工图和设计文件，并向施工人员进行技术安全交底。

3.2　材料及机具

3.2.1　轻钢骨架分U形骨架和T形骨架两种，并按荷载分上人和不上人两种。

3.2.2　配件有吊挂件、连接件、挂插件。零配件有吊杆、花篮螺栓、射钉、自攻螺钉。

3.2.3　格栅按设计要求选用，材料的品种、规格、质量应符合设计要求。

3.2.4　主要机具：电锯、射钉枪、手锯、手刨子、钳子、螺钉旋具、扳手、方尺、钢尺、钢水平尺、冲击电钻、切割机、激光水准仪、注水软管、装饰装修活动脚手架等。

4　操作工艺

4.1　工艺流程

弹顶棚标高水平线→画龙骨分档线→安装吊杆→主龙骨安装→弹簧片安装→格栅主副骨组装→防腐防火处理→格栅安装

4.2　弹顶棚标高水平线

在室内墙、柱面引测0.5m标高控制线，根据楼层标高水平线，用尺竖向量至顶棚设计标高，沿墙、往四周弹顶棚标高水平线。

4.3　画龙骨分档线

按吊顶平面图在混凝土顶板弹出主龙骨的位置。主龙骨应从吊顶中心向两边分，最大间距为 1000mm，并标出吊杆的固定点，吊杆的固定点间距 900～1000mm。如遇到梁和管道固定点大于设计和规程要求，应增加吊杆的固定点。

4.4　安装吊杆

采用膨胀螺栓固定吊杆。可以采用 $\phi6$ 的吊杆。吊杆可以采用冷拔钢筋和盘圆钢筋，但采用盘圆钢筋应采用机械将其拉直。吊杆的一端同∟30×30×3 角码焊接，角码的孔径应根据吊杆和膨胀螺栓的直径确定。另一端可以用攻丝套出大于 100mm 的丝杆，也可以买成品丝杆焊接。制作好的吊杆应做防锈处理，吊杆用膨胀螺栓固定在楼板上，用冲击电锤打孔，孔径应稍大于膨胀螺栓的直径。

4.5　主龙骨安装

4.5.1　主龙骨可用轻钢龙骨和木龙骨，轻钢龙骨应吊挂在吊杆上，木龙骨用用 $\phi6$、$\phi8$ 螺栓固定在吊杆上。主龙骨间距 900～1000mm，平行房间长向安装，同时应适当起拱，起拱高度应按房间短向跨度的 1‰～3‰。

4.5.2　主龙骨的悬臂段不应大于 300mm，否则应增加吊杆。

4.5.3　主龙骨的接长应采取对接，相邻龙骨的对接接头要相互错开。

4.5.4　龙骨安装时，要调平，但超过 4m 跨度或较大面积的吊顶安装，要适当起拱。跨度大于 15m 以上的吊顶，应在主龙骨上，每隔 15m 加一道大龙骨，并垂直主龙骨焊接牢固。

4.6　弹簧片安装

用吊杆与轻钢龙骨连接，如吊顶较低可以将弹簧片直接安装在吊杆上省略掉上道工序，间距 900～1000mm，再将弹簧片卡在吊杆上。

4.7　格栅主副骨组装

格栅主副骨组装：将格栅的主副骨在地面按设计图纸的要求预装好。

4.8　防腐、防火处理

4.8.1　顶棚内所有露明的铁件焊接处，必须刷好防锈漆。

4.8.2　木骨架与结构接触面应进行防腐处理，龙骨无需粘胶处，需刷防火涂料 2～3 遍。

4.9　格栅安装

合理确定灯位、风口、检查口等的位置，避免与格栅碰撞；将预装好的格栅用吊钩穿在主骨孔内吊起，将整栅的吊顶连接后，调整至水平。

5 质量标准

5.1 主控项目

5.1.1 吊顶标高、尺寸、起拱和造型应符合设计要求。

5.1.2 格栅的材质、品种、规格、图案和颜色应符合设计要求。

5.1.3 吊顶工程的吊杆、龙骨和格栅安装必须牢固。

5.1.4 吊杆、龙骨的材质、规格、安装间距及连接方式应符合设计要求。金属吊杆、龙骨应经过表面防腐处理。

5.2 一般项目

5.2.1 格栅表面应洁净、色泽一致，不得有翘曲、裂缝及缺损。压条应平直、宽窄一致。

5.2.2 格栅上的灯具、烟感器、喷淋头、风口箅子等设备的位置应合理、美观，与格栅交界处的处理吻合美观。

5.2.3 金属吊杆、龙骨的接缝应均匀一致，角缝应吻合，表面应平整，无翘曲、锤印。

5.2.4 吊杆、木龙骨应顺直，无劈裂、变形。

5.2.5 格栅吊顶内楼板、管道设备等饰面处理应符合设计要求。

5.2.6 格栅吊顶安装的允许偏差和检验方法应符合表15-1和表15-2的规定。

金属格栅吊顶工程安装的允许偏差和检验方法　　表15-1

项次	项目	允许偏差（mm）	检验方法
1	表面平整度	2	用2m靠尺和塞尺检查
2	接缝直线度	2	拉5m线，不足5m拉通线，用钢直尺检查

木格栅、塑料格栅、复合材料格栅吊顶工程安装的允许偏差和检验方法　　表15-2

项次	项目	允许偏差（mm）	检验方法
1	表面平整度	3	用2m靠尺和塞尺检查
2	接缝直线度	3	拉5m线，不足5m拉通线，用钢直尺检查

6 成品保护

6.0.1 格栅安装应注意保护顶棚内各种管线。骨架的吊杆、龙骨不准固定在通风管道及其他设备上。

6.0.2 骨架、木饰面板及其他吊顶材料在入场存放、使用过程中严格管理，板上不宜放置其他材料，保证板材不受潮、不变形。

6.0.3 格栅严禁受撞击、冲击，以免造成损坏。

6.0.4 检修口处应做好加固处理，检修时应小心，不可损坏检修口或其他部位吊顶。

6.0.5 吊顶施工时，对已完的地面、墙面、窗户等采取保护措施，防止污染损坏。

6.0.6 已装骨架不得上人踩踏。

6.0.7 安装重型灯具、电扇及其他设备时应注意成品保护，不得污染或破坏吊顶。

6.0.8 安装格栅时，施工人员应戴线手套，防止污染饰面板。

7 注意事项

7.1 应注意的质量问题

7.1.1 施工时应认真操作，检查各吊点的紧挂程度，并拉通线检查标高与平整度是否符合设计要求和规范标准的规定。

7.1.2 吊顶轻钢骨架在留洞、灯具口、通风口等处，应按图纸上的相应节点构造设置龙骨及连接件，使构造符合图纸上的要求，保证吊挂的刚度。

7.1.3 顶棚的轻钢骨架应吊在主体结构上，并应拧紧吊杆螺母，以控制固定设计标高；顶棚内的管线、设备件不得吊固在轻钢骨架上。

7.1.4 施工时应注意格栅规格，安装固定时拉线找正，控制板缝间隙，保证其平整对直。

7.2 应注意的安全问题

7.2.1 使用高凳、人字梯时，下脚应绑麻布或铺防滑垫。人字梯之间，应加拉绳防滑。

7.2.2 使用脚手架时，脚手架搭设应符合国家有关规范的要求。脚手架上堆料量不得超过规定荷载，跳板应用钢丝绑扎固定，不得有探头板。顶棚高度超过 3m 应设脚手架，跳板下应安装安全网。

7.2.3 吊顶施工时，所使用的电器设备应遵守相关安全操作规程。

7.2.4 移动机具及电动工具应安装可靠的防漏电保护装置，做到一机一闸一保护。

7.2.5 进入现场必须戴安全帽，高空作业应系安全带。严禁穿拖鞋、高跟鞋、带钉易滑或光脚进入现场。

7.2.6 作业场所应配备齐全、可靠的消防器材。作业场所不得存放易燃物品，并严禁吸烟或动用明火。

7.3 应注意的绿色施工问题

7.3.1 在施工过程中对于电锤等施工机具产生的噪声，施工人员应严格按工程确定的绿色施工措施进行控制。

7.3.2 废弃物按指定位置分类储存，集中处置。

7.3.3 施工后的废料应及时清理，做到工完料清场地清，坚持做好文明施工。

8 质量记录

8.0.1 格栅等材料的产品合格证书、性能检查报告、进场验收记录。

8.0.2 隐蔽工程检查验收记录。

8.0.3 施工记录。

8.0.4 格栅吊顶工程检验批质量验收记录。

8.0.5 其他技术文件。

第3篇 轻质隔墙

第16章 轻钢龙骨石膏板隔墙

本工艺标准适用于房屋建筑中轻钢龙骨石膏板隔墙工程。

1 引用标准

《民用建筑隔声设计规范》GB 50118—2010；
《建筑装饰装修工程质量验收标准》GB 50210—2018；
《建筑节能工程施工质量验收规范》GB 50411—2007；
《建筑用轻质隔墙条板》GB/T 23451—2009；
《建筑工程施工质量验收统一标准》GB 50300—2013；
《住宅室内装饰装修工程质量验收规范》JGJ/T 304—2013。

2 术语

2.0.1 轻钢龙骨石膏板隔墙

以冷轧钢板（带），镀锌钢板（带）或彩色涂层钢板（带）为原料，采用冷弯工艺生产的薄壁型钢做的龙骨。面板是以脱硫建筑石膏为主要原料，掺入适量纤维、增强材料和外加剂等，在与水搅拌后，浇筑于护面纸的面纸与背纸之间，并与护面纸牢固地粘在一起的建筑板材。

3 施工准备

3.1 作业条件

3.1.1 图纸深化设计完成。

3.1.2 专项施工方案及技术安全交底通过审批。

3.1.3 主体结构已经验收，屋面防水已做完。

3.1.4 室内已弹出 0.5m 标高线和墙轴线、墙边控制线、门窗洞口线及排版图。

3.1.5 施工环境温度在 5℃以上。

3.1.6 整体面层的地面已经完工并验收，板块面层的地面垫层已做完，管道试水、打压检验合格。

3.1.7 按设计要求配备材料，且进场验收合格。

3.1.8 先做样板墙一道，经验收合格后方可展开施工。

3.2 材料及机具

3.2.1 轻钢龙骨：50 系列、75 系列、100 系列、150 系列及相应的配件应按设计要求选用，应符合现行国家标准的规定。

3.2.2 罩面石膏板：分为普通纸面石膏板、耐水石膏板和耐火石膏板，应符合设计要求和国家现行有关标准的规定。

3.2.3 紧固材料：射钉、膨胀螺栓、沉头镀锌自攻螺钉（单层 12mm 厚石膏板用 25mm 长螺钉，双层 12mm 厚石膏板用 35mm 长螺钉）、木螺钉等，应符合深化设计及施工方案要求。

3.2.4 填充材料：玻璃棉、矿棉板、岩棉板等，应按设计要求选用。

3.2.5 接缝材料：

1 接缝腻子：抗压强度应大于 3.0MPa，抗折强度应大于 1.5MPa，终凝时间应大于 0.5h。

2 接缝带（布）：采用专用纤维接缝带，或采用的确良布裁成接缝带。宽度为 50mm 的用于平缝，宽度为 200mm 的用于阴阳角处。

3 胶粘剂：选用水溶性成品胶粘剂，使用前应做试验确定掺入量。

3.2.6 机具：壁纸刀、切割机、自攻钻、射钉枪、直流电焊机、电锤、刮刀、线坠、靠尺等。

4 操作工艺

4.1 工艺流程

弹线分档 → 做踢脚座 → 固定沿顶、沿地龙骨 → 固定边框龙骨 → 安装龙骨 → 安装单面罩面板 → 管线敷设及预埋预留 → 填充材料、安装另一面罩面板 → 接缝及护角处理

4.2 弹线分档

先在隔墙与基体的上、下及两边相接处，按龙骨的宽度弹线。然后，按设计要求结合罩面板的长、宽分档，以确定竖向龙骨、横撑及附加龙骨的位置。

4.3 做踢脚座

一般用细石混凝土做踢脚座，其高度为 120～150mm。当设计有要求时，按设计做踢脚座。

4.4 固定沿顶、沿地龙骨

可用射钉或膨胀螺栓沿弹线位置固定沿顶、沿地龙骨，固定点间距不应大于 600mm。

4.5 固定边框龙骨

沿弹线位置固定边框龙骨，龙骨的端部应固定，固定点间距不应大于1m。边框龙骨与基体之间，应按设计要求安装密封条。

4.6 安装龙骨

先安装竖向龙骨，同时应将门窗洞口的位置预留出来，然后再安装横向支撑龙骨。

4.6.1 安装竖向龙骨：应按弹出的控制线对竖向龙骨的位置和垂直度进行控制，其间距按深化设计要求或施工方案布置。当设计无要求时，可根据板宽确定间距，如板宽为900mm或1200mm时，其间距可为453mm或603mm。

4.6.2 安装横向支撑龙骨：一般可选用支撑系列龙骨进行安装。先将支撑卡安装在竖向龙骨的开口上，卡距为400～600mm，与龙骨两端的距离为20～25mm。如选用通贯水平系列龙骨，低于3m的隔墙安装一道，3～5m的隔墙安装两道，5m以上的隔墙安装三道。

4.6.3 安装门窗洞口龙骨：可采用专用的门窗洞口龙骨进行组合安装，安装完应在其节点处增设附加龙骨，将周边加固。具体按设计要求进行设置。

4.7 安装单面罩面板

4.7.1 石膏罩面板宜竖向铺设，长边（即包封边）接缝应落在竖龙骨上。曲面墙所用龙骨宜横向铺设，安装时，先将石膏板的面纸和底纸湿润1h，再将曲面板的一端固定，然后轻轻地逐渐向板的另一端用力对着龙骨处固定，直至完成曲面。

4.7.2 石膏罩面板用自攻螺钉固定时，石膏板周边的螺丝钉间距为200～250mm，中间部分的螺钉间距不应大于300mm，螺钉与板边缘的距离为10～16mm。安装时，应从板的中部向板的四边固定，钉头宜沉入板内，但不应损坏纸面，钉眼处应涂防锈漆，用接缝石膏磨平。

4.7.3 隔墙端部的石膏板与周围的墙或柱之间应留有3mm的槽口。施工时，先在槽口处加注嵌缝膏，然后铺板挤压嵌缝膏，使其和相邻墙柱表面紧密结合。

4.8 管线敷设及预埋预留

在安装龙骨的同时，应按设计要求将所需管线敷设到位；所需设备应预埋预留妥当，并采取局部加强措施将其固定牢固。管线敷设及预埋预留应在另一面罩面板安装前完成。

4.9 填充材料、安装另一面罩面板

墙体内的填充材料一般有玻璃棉、矿棉、岩棉等，应按设计要求选用。填充时，应填满铺平，并与另一面罩面板的安装同时进行。另一面罩面板的安装方法，与本标准4.7条的方法相同。

4.10 接缝及护角处理

4.10.1 纸面石膏板墙接缝做法有平缝、凹缝和压条缝三种。一般采用平缝较多，可按以下方法处理。

1 安装纸面石膏板时，其接缝处应适当留缝（一般为3～6mm），并做到坡口与坡口相接。将缝内浮土清除干净后，刷一道用水稀释的胶粘剂溶液。

2　用开刀将接缝腻子嵌入板缝，与坡口刮平。腻子终凝干透后，在接缝处再刮约 1mm 厚的腻子，然后粘贴接缝带，同时用开刀从上向下按一个方向压实刮平，使多余的腻子从接缝带的网孔中挤出。

3　待底层腻子凝固而尚处于潮湿时，用大开刀再刮一道腻子，将接缝带埋入腻子层中，并将板缝填满刮平。

4.10.2　阴角的接缝处理方法同平缝，但接缝带应拐过两边各 100mm。

4.10.3　阳角处理方法：

1　阳角应粘贴两层接缝带，且两边均拐过 100mm，粘贴方法与平缝相同，表面用腻子刮平。

2　当设计要求做金属护角条时，应按设计要求的部位、高度先刮一层腻子，然后固定金属护角条。

5　质量标准

同一品种隔墙工程每 50 间（大面积房间和走廊按轻质隔墙的墙面 30m^2 为一间）分为一检验批，不足 50 间也划为一个检验批。每个检验批至少抽查 10%，并不少于 3 间。不足 3 间应全数检查。

5.1　主控项目

5.1.1　骨架隔墙所用龙骨、配件、墙面板、填充材料及嵌缝材料的品种、规格、性能和木材的含水率应符合设计要求。有隔声、隔热、阻燃、防潮等特殊要求的工程，材料应有相应性能等级的检测报告。

检验方法：观察、检查产品合格证书、进场验收记录、性能检测报告和复验报告。

5.1.2　骨架隔墙地梁所用材料、尺寸及位置等应符合设计要求。骨架隔墙的沿地、沿顶及边框龙骨应与基体结构连接牢固。

检验方法：手扳检查；尺量检查；检查隐蔽工程验收记录。

5.1.3　骨架隔墙中的龙骨间距和构造连接方法应符合设计要求。骨架内设备管线的安装、门窗洞口等部位加强龙骨的安装应牢固、位置正确。填充材料的品种、厚度及设置应符合设计要求。

检验方法：检查隐蔽工程验收记录。

5.1.4　木龙骨及木墙面板的防火和防腐处理应符合设计要求。

检验方法：检查隐蔽工程验收记录。

5.1.5　骨架隔墙的墙面板应安装牢固，无脱层、翘曲、折裂及缺损。

检验方法：观察、手扳检查。

5.1.6　墙面板所用接缝材料的接缝方法应符合设计要求。

检验方法：观察、检查产品合格证书和施工记录。

5.2　一般项目

5.2.1　骨架隔墙表面应平整光滑、色泽一致、洁净、无裂缝，接缝应均匀、顺直。

检验方法：观察；手摸检查。

5.2.2　骨架隔墙上的孔洞、槽、盒应位置正确、套割吻合、边缘整齐。

检验方法：观察。

5.2.3 骨架隔墙内的填充材料应干燥，填充应密实、均匀，无下坠。

检验方法：观察。

5.2.4 罩面石膏板隔墙安装的允许偏差应符合表16-1的规定。

罩面石膏板隔墙安装的允许偏差 **表16-1**

项目	允许偏差（mm）	检验方法
立面垂直度	3	用2m垂直检测尺检查
表面平整度	3	用2m靠尺和塞尺检查
阴阳角方正	3	用200mm直角检查尺检查
接缝高低差	1	用钢直尺和塞尺检查

6 成品保护

6.0.1 骨架隔墙施工中，各工种之间应保证已安装项目不被损坏，墙内电线管及附墙设备不被碰动、错位及损伤。

6.0.2 轻钢龙骨及纸面石膏板进场后，在存放和使用过程中应妥善保管，并有防变形、防受潮、防污染、防损坏的有效措施。

6.0.3 在已安装的门窗和已做完的地面、墙面、窗台等处施工隔墙时，应注意保护，防止损坏。

6.0.4 不得碰撞已安装好的墙体，保持墙面不受损坏和污染。

7 注意事项

7.1 应注意的质量问题

7.1.1 墙面板横向接缝位置如不在沿顶、沿地龙骨上，应增加横撑龙骨固定板缝。

7.1.2 安装墙面板前，严格检查、验收其厚度，以免薄厚不均；安装时，应严格控制接缝高低差，并保持平直，以免安装完的罩面板出现错台现象。

7.1.3 龙骨架两侧面的石膏板以及底板与面板应错缝排列，接缝不应落在一根龙骨上。

7.1.4 石膏板宜使用整块板。如需对接，在接缝处应增设水平或竖向龙骨，板的接头处应紧靠在一起，但不得强压就位。

7.1.5 安装防水墙石膏板时，石膏板不得固定在沿顶、沿地龙骨上，应另设横撑龙骨加以固定。

7.1.6 隔墙板的下端如采用木踢脚覆盖，罩面板应离地面10～15mm；如采用大理石或水磨石踢脚板，罩面板下端应与踢脚座上口齐平。

7.1.7 超过12m长的墙体应按设计要求做变形缝，以免因刚度不足或温差过大而引起变形和裂缝。

7.1.8 安装各种管线、设备时，应避免切断横竖龙骨。

7.2 应注意的安全问题

7.2.1 移动机具及电动工具应安装可靠的防漏电保护装置，并做到一机一闸一保护，且由专人负责使用和保管。

7.2.2 电锯应设防护罩，由两人相互配合操作。

7.2.3 使用人字高凳时，其下脚应钉防滑橡皮垫，两脚之间应设拉绳。在靠近外窗附近操作时，应戴好安全帽、系好安全带。

7.2.4 使用射钉枪时，应安设专用防护罩；操作人员向上射钉时，应戴好防护眼镜。弹药应妥善保管，以免丢失。

7.3 应注意的绿色施工问题

7.3.1 切割龙骨、石膏板时应封闭，并尽量在白天作业，以减少噪声与扬尘污染。

7.3.2 做到工完场清，垃圾及时装袋清运，集中消纳。

7.3.3 施工现场工完场清，设专人洒水，打扫，不能扬尘污染环境。

8 质量记录

8.0.1 石膏板、轻钢龙骨等材料的产品合格证书、性能检测报告、进场验收记录和复验报告。

8.0.2 隔声、隔热、阻燃、防潮等材料性能等级检测报告。

8.0.3 隐蔽工程检查验收记录。

8.0.4 施工记录。

8.0.5 骨架隔墙工程检验批质量验收记录。

8.0.6 骨架隔墙分项工程质量验收记录。

8.0.7 其他技术文件。

第 17 章　增强石膏空心条板隔墙

本工艺标准适用于中、低档非承重石膏空心条板隔墙工程，不适用于厨房、卫生间等湿度较大的房间及净高大于 4m 的隔墙工程。

1 引用标准

《民用建筑隔声设计规范》GB 50118—2010；

《建筑装饰装修工程质量验收标准》GB 50210—2018；

《建筑节能工程施工质量验收规范》GB 50411—2007；

《建筑用轻质隔墙条板》GB/T 23451—2009；

《建筑工程施工质量验收统一标准》GB 50300—2013；

《住宅室内装饰装修工程质量验收规范》JGJ/T 304—2013。

2　术语

2.0.1　石膏空心条板

石膏空心条板是石膏板的一种，以建筑石膏为基材，掺以无机轻集料，无机纤维增强材料而制成的空心条板。主要用于建筑的非承重内墙，其特点是无需龙骨。

3　施工准备

3.1　作业条件

3.1.1　结构及屋面防水层已施工完并验收，室内已弹出0.5m标高线、墙轴线、墙边控制线、门窗洞口线及排版图。

3.1.2　施工环境温度不低于5℃。

3.1.3　正式安装前，先做样板墙一道，经验收合格后才可展开施工。

3.2　材料及机具

3.2.1　增强石膏空心条板：有标准板、门框板、窗框板、门上板、窗上板、窗下板及异形板。标准板适用于一般隔墙，其他板按工程设计确定的规格进行加工。板的规格及技术指标如下：

1　规格：普通住宅用的板，长（L）2400～3000mm，宽（B）590～595mm，厚（H）60mm、90mm；公用建筑用的板，长（L）2400～3900mm，宽（B）590～595mm，厚（H）90mm。

2　技术指标：密度小于等于55kg/m^2；抗弯荷载大于或等于1.8G（G为板材重量，单位为N）；单点吊挂力大于或等于800N；料浆抗压强度大于或等于7MPa。

3.2.2　胶粘剂：可用SG791建筑胶粘剂，也可用专用石膏胶粘剂，但应经试验确认可靠后才能使用。

3.2.3　建筑石膏粉：应符合三级以上标准。

3.2.4　接缝带（布）：选用专用纤维接缝带，或采用的确良布裁成接缝带。宽度为50mm的用于平缝，宽度为200mm的用于阴阳角处。

3.2.5　石膏腻子：抗压强度大于2.5MPa，抗折强度大于1.0MPa，粘结强度大于2MPa，终凝时间为3h。

3.2.6　机具：木工手锯、刷子、开刀、专用撬棍、射钉枪、橡皮锤、木楔、电钻、扁铲、2m靠尺、2m托线板、钢卷尺、线坠、电焊机等。

4　施工工艺

4.1　工艺流程

放线分档及配板 → 安装隔墙板 → 管线敷设及吊杆安装 → 安装门窗框 → 板缝处理 → 板面装修

4.2 放线分档及配板

4.2.1 放线分档前，先将空心条板与顶面、地面、墙面等结合处的浮灰清理干净，并找平。然后在顶面、地面、墙面处按设计要求弹出隔墙线及门窗洞口边线，并按板宽分档。

4.2.2 配板时，板的长度应按楼面结构层净高尺寸减20～30mm，按设计要求并结合量测的门窗上部、窗口下部隔墙尺寸进行配板，预先将板拼接或锯窄，组成合适的宽度。

4.3 安装隔墙板

4.3.1 当有抗震设防时，应按设计要求用U形钢板卡固定条板的顶端，即在两块条板之间用射钉将缝之间用射钉将U形钢板卡固定在梁或板上，随安装随固定钢板卡。

4.3.2 安装前先配制胶粘剂，即将SG791按1∶0.6～1∶0.7（重量比）配制好。胶黏剂的配制量，以一次不超过20min内使用完的量为宜。配制好的超过30min的胶黏剂不得再使用。

4.3.3 隔墙板的安装应从与墙的结合处或从门洞边开始。先将板侧浮灰清刷干净，然后在拼合处刷SG791胶液一道，紧跟着满刮SG791胶泥，按弹线位置安装就位。随后用木楔顶在板底处，再用手平推隔板，使板缝冒浆，同时一人用特制撬棍在板底部向上顶，另一人打木楔，使隔板挤紧顶实，然后用开刀将挤出的胶粘剂刮平，其他隔墙板的安装方法以此类推。

4.3.4 在安装过程中，应随时用2m靠尺和塞尺检测墙面的平整度及垂直度，发现误差超标应及时校正。粘结完毕的墙体，应在24h以后用C20干硬性细石混凝土将板下口堵严，待混凝土强度达到10MPa以上时，方可撤除板下木楔，木楔处也用同强度等级的干硬性砂浆填实。

4.4 管线敷设及吊杆安装

4.4.1 敷设管线时，应按设计要求找准位置、画出定位线，将电线管穿在板孔内，再按设计要求开孔安置线盒。开孔时，应先用电钻成孔，然后用扁铲扩孔，孔的大小应适中且方正，将其四周灰渣清理干净后，刷SG791胶液一道，再用SG791胶泥稳住接线盒。

4.4.2 安装水暖、煤气管道卡子时，先按设计要求找准标高和竖向位置，并画出管卡定位线，然后在隔墙板上钻孔扩孔，将孔内灰渣清理干净，刷SG791胶液一道，再用SG791胶泥将管卡固定牢。

4.4.3 安装吊杆时，先在隔墙板上钻孔扩孔，再将孔内灰渣清理干净，刷SG791胶液一道，用SG791胶泥固定吊杆埋件。待其干透后再吊挂设备，每块板上可设2个吊杆，每个吊杆吊重不得大于80kg。

4.5 安装门窗框

一般采用先留门窗洞口、后安门窗框的方法。门窗框周边应选用专用板，其板边应设固定埋件。木门窗框用L形连接件连接，一端用木螺丝与木框连接，另一端与门窗口板中预埋件焊接。

门窗框与门窗口板之间的缝隙超过3mm时，应采取加木垫片过渡的方法，即将缝隙浮灰清理干净，先刷SG791胶液一道，再用胶泥嵌缝。

4.6　板缝处理

在隔墙板安装完10天后，开始检查所有缝隙是否黏结良好、有无裂缝。如出现裂缝，应查明原因进行妥善修补，先将已粘结良好的板缝上的浮灰清理干净，然后刷SG791胶液再粘贴50mm宽的接缝带；在隔墙的阴阳角处粘贴接缝带一层，宽为200mm，每边各100mm宽。干后刮SG791胶泥，略低于板面。

4.7　板面装修

4.7.1　一般居室墙面可直接用石膏腻子刮平及打磨各两遍后做饰面层。

4.7.2　当设计为水泥砂浆或水磨石踢脚板时，应先刷一道胶液，然后再做踢脚线；当设计为塑料或木踢脚板时，可不刷胶液，直接钻孔打入木楔，再用钉子将其固定在隔墙板上。

4.7.3　墙面粘贴瓷砖时，应提前将隔墙板面打磨平整。为加强黏结，先刷50%的SG791胶水一道，再用SG840胶调水泥粘贴瓷砖。

5　质量标准

同一品种隔墙工程每50间（大面积房间和走廊按轻质隔墙的墙面30m^{2}为一间）分为一检验批，不足50间也划为一个检验批。每个检验批至少抽查10%，并不少于3间。不足3间应全数检查。

5.1　主控项目

5.1.1　隔墙板材的品种、规格、性能、颜色应符合设计要求。有隔声、隔热、阻燃、防潮等特殊要求的工程，板材应有相应性能等级的检测报告。

检查方法：观察、检查产品合格证书、进场验收记录和性能检测报告。

5.1.2　安装隔墙板材所用预埋件和连接件的位置、数量、连接方法应符合设计要求。

检查方法：观察、检查产品合格证书、隐蔽工程验收记录。

5.1.3　隔墙板材安装必须牢固。

检查方法：观察、手扳检查。

5.1.4　隔墙板材所用接缝材料的品种及接缝方法应符合设计要求。

检查方法：观察、检查产品合格证及施工记录。

5.1.5　门窗洞与门窗口板之间用电焊连接时，焊缝高度和长度应符合设计要求。焊缝表面应平整，无烧伤、凹陷、焊瘤、裂纹、咬边、气孔和夹渣等缺陷，其焊点表面应低于板面3mm。

检查方法：观察、性能检测报告。

5.2　一般项目

5.2.1　隔墙板材安装应垂直、平整、位置正确，板材不应有裂缝或缺损。

检查方法：观察、尺量、检查产品合格证书。

5.2.2 板材隔墙表面应平整光滑、色泽一致、洁净，接缝应均匀、顺直。

检查方法：观察、尺量、检查产品合格证书。

5.2.3 隔墙上的孔洞、槽、盒应位置正确、套割方正、边缘整齐。

检查方法：观察、尺量。

5.2.4 石膏空心条板隔墙安装的允许偏差应符合表 17-1 的规定。

石膏空心条板隔墙安装的允许偏差　　**表 17-1**

项目	允许偏差（mm）	检验方法
立面垂直度	3	用 2m 垂直检测尺检查
表面平整度	3	用 2m 靠尺和塞尺检查
阴阳角方正	3	用 200mm 直角检查尺检查
接缝高低差	2	用钢直尺和塞尺检查

6　成品保护

6.0.1 施工中各专业工种之间应相互配合，紧密合作，隔墙板粘结后 12h 内不得碰撞敲打，也不得进行下道工序的施工。

6.0.2 安装埋件时，宜采取先用电钻钻孔，再用扁铲扩孔的方法，严禁剔凿。刮完腻子的隔墙，也不应进行任何剔凿。

6.0.3 在施工楼地面时，应采取遮挡措施，防止砂浆污染隔墙板。

6.0.4 严防运输小车等碰撞隔墙板及门口。

6.0.5 增强石膏空心条板在搬运中应轻拿轻放，并采取侧抬侧立、互相绑牢的方法进行保护，不得平抬、平放。堆放处应平整，下垫 100mm×100mm 木方，垫木距板两端各为 0.5m，露天放时应有防雨设施。

7　注意事项

7.1　应注意的质量问题

7.1.1 增强石膏空心条板应采用烘干的、基本完成收缩变形的产品。

7.1.2 增强石膏空心条板及其配件、辅助材料均应分类存放，并挂牌标记。胶粘粉材料应储存于干燥处。

7.1.3 一般使用的胶粘剂为聚醋酸乙烯胶粘剂，不得使用 108 胶作胶粘剂。

7.1.4 所有管线必须顺石膏板板孔方向铺设，严禁横铺或斜铺。

7.2　应注意的安全问题

7.2.1 施工所用各种电气设备应安装可靠的防漏电保护装置，并做到一机一闸一保护，由专人负责使用保管。

7.2.2 电锯应设防护罩，由两人相互配合操作。

7.2.3 使用高凳时，其下脚应钉防滑橡皮垫，两腿之间应设拉绳。在靠近外窗附近操作时戴好安全帽、系好安全带。

7.3 应注意的绿色施工问题

7.3.1 切割板材时应封闭，并尽量在白天作业，以减少噪声与扬尘污染。

7.3.2 做到工完场清，垃圾及时装袋清运，集中消纳。

7.3.3 施工现场工完场清，设专人洒水，打扫，不能扬尘污染环境。

8 质量记录

8.0.1 隔墙板等材料的产品合格证书、性能检测报告、进场验收记录和复验报告。

8.0.2 隔声、隔热、阻燃、防潮等材料性能等级检测报告。

8.0.3 隐蔽工程检查验收记录。

8.0.4 施工记录。

8.0.5 板材隔墙工程检验批质量验收记录。

8.0.6 板材隔墙分项工程质量验收记录。

8.0.7 其他技术文件。

第18章　GRC空心条板隔墙

本工艺标准适用于新建、扩建、改建的房屋建筑，采用GRC空心条板隔墙的工程。

1 引用标准

《民用建筑隔声设计规范》GB 50118—2010；
《建筑装饰装修工程质量验收标准》GB 50210—2018；
《建筑节能工程施工质量验收规范》GB 50411—2007；
《建筑用轻质隔墙条板》GB/T 23451—2009；
《建筑工程施工质量验收统一标准》GB 50300—2013；
《住宅室内装饰装修工程质量验收规范》JGJ/T 304—2013。

2 术语

2.0.1 GRC空心条板

GRC空心条板全称玻璃纤维增强水泥轻质多孔隔墙条板（GRC是英文Glass fiber Reinforced Concrete的缩写，中文名称是玻璃纤维增强混凝土），又称“GRC轻质多孔隔墙条板”，是以耐碱玻璃纤维与低碱度水泥为主要原料的预制非承重轻质多孔内隔条板。

3　施工准备

3.1　作业条件

3.1.1　结构及屋面防水已施工完毕并验收，室内已弹出 0.5 标高线及墙轴线。

3.1.2　施工环境温度不低于 5℃。

3.1.3　正式安装前，先做样板墙一道，并经验收合格后才可开展施工。

3.2　材料及机具

3.2.1　GRC 空心条板：有标准板、门框板、门上板、窗下板及异形板。除标准板外，其他板按设计确定的规格进行加工。

一般标准板的规格有：普通住宅用，长（L）2400～3000mm，宽（B）590～595mm，厚（H）60mm、90mm；公用建筑用，长（L）2400～3900mm，宽（B）590～595mm，厚（H）90mm。

技术要求：面密度小于或等于 60kg/m^2，抗弯荷载大于或等于 2.0G（G 为板的重量，单位为 N），单点吊挂力大于或等于 800N，料浆抗压强度大于或等于 10MPa，软化系数大于或等于 0.8；收缩率小于或等于 0.08%。

3.2.2　胶粘剂：水泥类胶粘剂，初凝时间大于 0.5h，粘结强度大于 1.0MPa。

3.2.3　接缝带（布）：宜选用专用纤维接缝带，或采用的确良布裁成接缝带。宽度为 50mm 的用于平缝，宽度为 200mm 的用于阴阳角处。

3.2.4　石膏腻子：抗压强度大于 2.5MPa，抗折强度大于 1.0MPa，粘结强度大于 0.2MPa，终凝时间 3h。

3.2.5　机具：切割机、射钉枪、电钻、撬棍、钢丝刷、开刀、橡皮锤、扁铲、2m 靠尺、2m 托线板。

4　操作工艺

4.1　工艺流程

放线分档及配板 → 安装隔墙板 → 管线敷设板 → 安装门窗框 → 板缝处理 → 板面装修板

4.2　放线分档及配板

4.2.1　放线分档前，先将 GRC 空心条板与顶板、地面、墙面等结合处的灰渣清理干净，并找平。然后在顶板、地面、墙面处按设计要求弹出隔墙线及门窗洞口边线，并按板宽分档。

4.2.2　配板时，板的长度应按楼层结构净高尺寸减 20～30mm，按设计要求并结合量测的门窗上部、窗口下部隔墙尺寸进行配板，预先将板拼接或锯窄，组成合适的宽度。

4.3　安装隔墙板

4.3.1　当有抗震设防要求时，应按设计要求用U形钢板卡固定隔墙板的顶端，即在两块条板顶端拼缝之间，用射钉将U形钢板卡固定在梁或楼板上，随安装随固定钢板卡。

4.3.2　配制胶粘剂时，应随配随用，一次配制的胶粘剂应在30min内用完。

4.3.3　隔墙板的安装应从与墙的结合处或从门洞边开始。先将板侧面的浮灰清理干净，在拼合面满铺刮胶粘剂，按弹线位置安装就位。随后用木楔顶在板底处，再用手平推隔板，使板缝冒浆，同时一人用特制撬棍在板底部向上顶，另一人打木楔，使隔板挤紧顶实，然后用开刀将挤出的胶粘剂刮平。

4.3.4　在安装过程中，应随时用2m靠尺和塞尺检测墙面的平整度及垂直度，发现误差超标随时校正。粘结完毕的墙体，应立即用C20干硬性细石混凝土将板下口堵严，待混凝土强度达到10MPa以上时，方可撤除板下木楔。木楔处也用同强度等级的干硬性砂浆填实。

4.4　管线敷设

4.4.1　管线敷设时，应按设计要求找准位置、画出定位线，将电线管穿入板孔内，再按设计要求开孔安装线盒。开孔时应先用电钻成孔，然后用扁铲扩孔，孔的大小应适中、方正，将其四周灰渣清理干净后，再用胶粘剂稳住接线盒。

4.4.2　安装水暖、煤气管道卡子时，先按设计要求找准标高和竖向位置，并画出管卡定位线，然后在隔墙板上钻孔扩孔，孔成型后将其孔内灰渣清理干净，用胶粘剂将管卡固定牢。

4.5　安装门窗框

一般采用先留门窗洞口、后安装门窗框的方法。门窗框周边应选专用板，其板边应设有固定埋件。木门框用L形连接件连接，一端用木螺丝与木框连接，另一端与门窗口板中预埋件焊接。

门窗框与门窗口板之间的缝隙不宜超过3mm，超过3mm时应采取加木垫片过渡的方法，即将缝隙浮灰清理干净，用胶粘剂嵌缝。

4.6　板缝处理

在隔墙板安装完10d后，开始检查所有缝隙是否粘结良好、有无裂缝。如出现裂缝，应查明原因进行妥善修补，先将已粘结良好的板缝上的浮灰清理干净，然后刷胶粘剂粘贴接缝带。

4.7　板面装修

4.7.1　一般室内墙面可直接用石膏腻子刮平及打磨两遍，再做饰面层。

4.7.2　当设计为水泥砂浆或粘贴块料踢脚板时，应先刷一道胶液，然后做踢脚板；当设计为塑料或木踢脚板时，可不刷胶液，直接钻孔打入木楔，再用钉子将其固定在隔墙板上。

4.7.3　墙面粘贴瓷砖时，应提前将隔墙两板面打磨平整，再用胶调水泥粘贴瓷砖。

5　质量标准

同一品种隔墙工程每 50 间（大面积房间和走廊按轻质隔墙的墙面 $30m^2$ 为一间）分为一检验批，不足 50 间也划为一个检验批。每个检验批至少抽查 10%，并不少于 3 间。不足 3 间应全数检查。

5.1　主控项目

5.1.1　隔墙板材的品种、规格、颜色和性能应符合设计要求。有隔声、隔热、阻燃和防潮等特殊要求的工程，板材应有相应性能等级的检测报告。

检验方法：观察；检查产品合格证书、进场验收记录和性能检测报告。

5.1.2　安装隔墙板材所需预埋件和连接件的位置、数量及连接方法应符合设计要求。

检验方法：观察；尺量检查；检查隐蔽工程验收记录。

5.1.3　隔墙板材安装必须牢固。

检验方法：观察；手扳检查。

5.1.4　隔墙板材所用接缝材料的品种及接缝方法应符合设计要求。

检验方法：观察；检查产品合格证和施工记录。

5.1.5　隔墙板材安装应位置正确，板材不应有裂缝或缺损。

检验方法：观察；尺量检查。

5.1.6　门窗洞与门窗口板之间使用电焊连接时，焊缝高度和长度应符合设计要求。焊缝表面应平整，无烧伤、凹陷、焊瘤、裂纹、咬边、气孔和夹渣等缺陷，其焊点表面应低于板面 3mm。

检验方法：观察；检查性能检测报告。

5.2　一般项目

5.2.1　板材隔墙表面应光洁、平顺、色泽一致，接缝应均匀、顺直。

检验方法：观察；手摸检查。

5.2.2　隔墙上的孔洞、槽、盒应位置正确、套割方正、边缘整齐。

检验方法：观察。

5.2.3　GRC 空心条板隔墙安装的允许偏差应符合表 18-1 的规定。

GRC 空心条板隔墙安装的允许偏差　　**表 18-1**

项目	允许偏差（mm）	检验方法
立面垂直度	3	用 2m 垂直检测尺检查
表面平整度	3	用 2m 靠尺和塞尺检查
阴阳角方正	3	用 200mm 直角检查尺检查
接缝高低差	2	用钢直尺和塞尺检查

6　成品保护

6.0.1　施工中各专业工种之间应相互配合，紧密合作。隔墙板粘结后 12h 内不得碰撞敲打，也不得进行下道工序的施工。

6.0.2　安装埋件时，宜采取先用电钻钻孔，再用扁铲扩孔的方法，严禁剔凿成孔。刮完腻子的隔墙，也不应进行任何剔凿。

6.0.3　施工楼地面时，应采取遮挡措施，防止砂浆污染隔墙板。

6.0.4　严防运输小车等工具碰撞隔墙板及门口。

6.0.5　在搬运GRC隔墙板时，应轻拿轻放，并采取侧抬侧立、互相绑牢的方法进行保护，不得平抬、平放。堆放处应平整，下垫100mm×100mm木方，垫木距板两端各0.5m，露天堆放时，应有防雨设施。

7　注意事项

7.1　应注意的质量问题

7.1.1　GRC隔墙板应采用干燥的、已基本完成收缩变形的产品。

7.1.2　GRC隔墙板及其配件、辅助材料均应分类存放，并挂牌标记、胶、粉材料应储存于干燥处。

7.1.3　一般使用的胶粘剂为聚醋酸乙烯胶粘剂，不得使用107胶作胶粘剂。

7.2　应注意的安全问题

7.2.1　施工所用各种电气设备应安装可靠的防漏电保护装置，并做到一机一闸一保护，且由专人负责使用和保管。

7.2.2　电锯应设防护罩，由两人相互配合操作。

7.2.3　使用高凳时，其下脚应钉防滑橡皮垫，两腿之间应设拉绳。在靠近外窗附近操作时，应戴好安全帽、系好安全带。

7.3　应注意的绿色施工问题

7.3.1　切割板材时应封闭，并尽量在白天作业，以减少噪声与扬尘污染。

7.3.2　做到工完场清，垃圾及时装袋清运，集中消纳。

7.3.3　施工现场工完场清，设专人洒水，打扫，不能扬尘污染环境。

8　质量记录

8.0.1　隔墙板等材料的产品合格证书、性能检测报告、进场验收记录和复验报告。

8.0.2　隔声、隔热、阻燃、防潮等材料性能等级检测报告。

8.0.3　隐蔽工程检查验收记录。

8.0.4　施工记录。

8.0.5　板材隔墙工程检验批质量验收记录。

8.0.6　板材隔墙分项工程质量验收记录。

8.0.7　其他技术文件。

第 19 章　活动隔墙

本工艺适用于新建、扩建、改建房屋建筑，采用成品或自制活动隔墙工程。

1　引用标准

《民用建筑隔声设计规范》GB 50118—2010；
《建筑装饰装修工程质量验收标准》GB 50210—2018；
《建筑节能工程施工质量验收规范》GB 50411—2007；
《建筑用轻质隔墙条板》GB/T 23451—2009；
《建筑工程施工质量验收统一标准》GB 50300—2013；
《住宅室内装饰装修工程质量验收规范》JGJ/T 304—2013。

2　术语（略）

3　施工准备

3.1　作业条件

3.1.1　施工大样图：施工前提出施工大样图，经业主、监理签认后方能制造，施工大样图应包括以下内容：

1　基本结构组合及说明（隔墙形式、材料使用、表面处理）。

2　配合水电、空调开口留设、防火、防潮及隔声填塞说明。

3　与柱、墙、玻璃外墙、窗台等界面的做法及详图。

4　工程的施工平面图、施工立面图、隔墙断面详图。

3.1.2　现场测量与放样：施工前应先进行工地现场测量及放样，经监理签认后方能施工。

3.1.3　该项工程应在室内顶、地、墙装饰基本完成后进行。

3.1.4　已对操作班组及有关人员进行施工技术交底，各种材料准备齐全。

3.2　材料及主要机（工）具

3.2.1　材料要求

1　活动隔墙所用墙板、配件等材料的品种、规格、性能和木材的含水率应符合设计要求。

2　产品应有合格证书、进场验收记录、性能检测报告和复验报告。

3　有阻燃、防潮等特性要求的工程，材料应有相应性能等级的检测报告。

4　材料应符合国家有关建筑装饰装修材料有害物质限量标准的规定，并按设计要求进行防火、防腐和防虫处理。

3.2.2　主要机（工）具：电圆锯、电锤、手电钻、电焊机、切割机、水平尺、吊线锤和木工工具等。

4　操作工艺

4.1　工艺流程

弹放墨线→滑槽、滑轨安装→隔墙板制作或安装→检查、清理→验收

4.2　施工要点

4.2.1　弹放墨线：按设计要求弹、放出闭合的隔墙墨线。

4.2.2　滑槽、滑轨安装：按弹放出的隔墙墨线安装天、地滑槽和滑轨，并将滑轮安装就位，试调滑轨的活动性能，使其能够自由滑动。

4.2.3　隔墙板的制作：根据实际放线结果，结合设计的隔墙板材，制作隔墙板，将隔墙板组合拼装打磨进行成品安装。

4.2.4　隔墙板安装：隔墙板制作完成后，将隔墙板进行油漆（油漆按油漆操作标准施工）后上好铰链与滑轮连接，归入滑槽中，调试隔墙的活动性能，直到能够自由滑动，关闭严密。

4.2.5　做好隔墙板的清洁，保护待验收。

4.3　移动隔墙位置的活动隔墙

4.3.1　工艺流程

隔墙板的制作→隔墙板的安装→地滑轮安装→调试检查→验收

4.3.2　施工要点

1　隔墙板制作：按设计和实际现场长度划分隔墙板大小，制作隔墙板或购进成品隔墙板。

2　隔墙板组合安装：按组装要求将隔墙板用铰链连接成墙的样式，再安装能在地面滚动的地滑轮。

3　调试检查：按要求调试滑轮的收折性能，直至达到要求，做好清洁卫生，待验收。

5　质量检查

同一品种隔墙工程每 50 间（大面积房间和走廊按轻质隔墙的墙面 $30m^2$ 为一间）分为一检验批，不足 50 间也划为一个检验批。每个检验批至少抽查 20%，并不少于 6 间。不足 6 间应全数检查。

5.1　主控项目

5.1.1　活动隔墙所用的墙板、轨道、配件等材料的品种、规格、性能和人造木板甲醛释放量、燃烧性能应符合设计要求。

检验方法：观察；检查产品合格证书、进场验收记录、性能检测报告和复验报告。

5.1.2　活动隔墙轨道应与基体结构连接牢固，并应位置正确。

检验方法：尺量检查；手扳检查。

5.1.3　活动隔墙用于组装、推拉和制动的构配件必须安装牢固、位置正确，推拉必须安全、平稳、灵活。

检验方法：尺量检查；手扳检查；推拉检查。

5.1.4　活动隔墙组合方式、安装方法应符合设计要求。

检验方法：观察。

5.2　一般项目

5.2.1　活动隔墙表面应色泽一致、平整光滑、洁净，线条应顺直、清晰。

检验方法：观察；手摸检查。

5.2.2　活动隔墙的孔洞、槽、盒应位置正确，套割吻合，边缘整齐。

检验方法：观察、尺量检查。

5.2.3　活动隔墙推拉应无噪声。

检查方法：推拉检查。

5.2.4　活动隔墙安装允许偏差和检验方法应符合表 19-1 要求。

活动隔墙安装允许偏差和检验方法　　**表 19-1**

项目	允许偏差（mm）	检验方法
立面垂直度	3	用 2m 垂直检测尺检查
表面平整度	2	用 2m 靠尺和塞尺检查
接缝直线度	3	拉 5m 线，不足 5m 拉通线，用钢直尺检查
接缝高低差	2	用钢直尺和塞尺检查
接缝宽度	2	用钢直尺检查

6　成品保护

6.0.1　隔墙墙板安装时，应注意保护室内顶棚已安装好的各种线管。

6.0.2　施工部位已安装的门窗，已施工完的地面、墙面、窗台等应注意保护，防止损坏。

6.0.3　隔墙墙板材料在进场、存放、使用过程中应妥善管理，使其不变形、不碰撞、不损坏、不污染。

6.0.4　注意保护滑轮，应使滑轮有油浸润，保持滑轮能自由转动。

7　注意事项

7.1　应注意的质量问题

7.1.1　因运输、保管、安装过程造成墙板表面漆膜等损坏的，应重新补漆，补漆的质量不应影响墙板面层的美观。

7.1.2　因安装的质量造成墙板在试用中滑脱或不到位，应重新进行安装和调整，使滑轨安装连接牢固，墙板滑动平稳，转动部件灵活。

7.2　应注意的安全问题

7.2.1　隔断工程的脚手架搭设应符合建筑施工安全标准。

7.2.2　施工现场必须工完场清。由专人洒水，清扫，不得扬尘污染环境。

7.2.3　使用电钻等手持电动工具时，应安设漏电自动保护装置。

7.2.4　遵守操作规程，非操作人员严禁动用机具，以防伤人。

7.3　应注意的绿色施工问题

7.3.1　切割板材时应封闭，并尽量在白天作业，以减少噪声与扬尘污染。

7.3.2　做到工完场清，垃圾及时装袋清运，集中消纳。

7.3.3　施工现场工完场清，设专人洒水，打扫，不能扬尘污染环境。

7.3.4　油漆时要带防毒面罩并封闭好施工场所以免污染周边环境。

8　质量记录

8.0.1　活动隔墙工程的施工图、设计说明及其他设计文件。

8.0.2　材料的产品合格证书、性能检测报告、进场验收记录和复验报告。

8.0.3　隐蔽工程验收记录。

8.0.4　施工记录。

8.0.5　活动隔墙工程检验批质量验收记录。

8.0.6　活动隔墙分项工程质量验收记录。

8.0.7　其他技术文件。

第20章　玻璃板隔墙

本工艺标准适用于新建、扩建、改建房屋建筑，采用玻璃砖、玻璃板隔墙工程。

1　引用标准

《民用建筑隔声设计规范》GB 50118—2010；

《建筑装饰装修工程质量验收标准》GB 50210—2018；

《建筑节能工程施工质量验收规范》GB 50411—2007；

《建筑用轻质隔墙条板》GB/T 23451—2009；

《建筑工程施工质量验收统一标准》GB 50300—2013；

《住宅室内装饰装修工程质量验收规范》JGJ/T 304—2013。

2　术语

2.0.1　玻璃隔墙：主要作用就是使用玻璃作为隔墙将空间根据需求划分，更加合理地利用好空间，满足各种家装和公装用途。玻璃隔墙通常采用钢化玻璃，具有抗风压性、寒暑性、冲击性等优点，所以更加安全、牢固和耐用，而且玻璃打碎后对人体的伤害比普通玻璃小很多。

3　施工准备

3.1　作业条件

3.1.1　有关的设计施工图及说明，根据现场实际情况绘制玻璃板（砖）组装图，经严格校核提出玻璃加工计划。

3.1.2　该项工程应在室内顶板、地面、墙面装饰基本完成后进行。

3.1.3　有完善的施工方案，且已对操作层人员进行施工技术交底，强调操作过程、方法、质量要求和安全作业的规定。

3.1.4　玻璃砖和玻璃板安装前期的准备工作已经完成。

3.2　材料及主要机（工）具

3.2.1　材料要求

1　玻璃砖、玻璃板的品种、规格、性能、图案和颜色应符合设计要求。玻璃板隔墙应使用安全玻璃。

2　所有材料必须有产品合格证、性能检测报告且应满足设计要求，经业主、监理认可后作好进场验收记录。

3　使用的结构胶应有合格的相溶性试验报告。

3.2.2　主要机（工）具：电焊机、工作台、切割机、电锤、玻璃刀、吊线锤、广线、吸玻器、木工、泥工工具等。

4　操作工艺

4.1　工艺流程

弹线定位 → 隔墙上下槛制作安装 → 现场测量下料 → 玻璃板加工 → 玻璃安装 → 打胶、清洁 → 验收

4.2　施工要点

4.2.1　弹线定位：按设计图示尺寸弹出隔墙的闭合墨线。

4.2.2　隔墙上下槛制作安装：按设计要求作好玻璃隔墙的上、下槛，上、下槛应做成

成品后再安装玻璃，上、下槛经测量、吊线，保证在同一垂直线上，避免玻璃安装扭曲，产生应力而破裂。对玻璃砖则按弹线进行砌筑。

4.2.3 现场测量：根据现场所作上、下槛进行实际测量玻璃的长度和高度，按实际尺寸划分玻璃的大小规格，并绘制玻璃安装编号图，以便玻璃的加工。对玻璃砖隔墙应做好与墙体的拉结筋，保证连结牢固。

4.2.4 玻璃板加工：按绘制的玻璃安装编号图进行材料加工，要求磨好玻璃的边口，按计划组织进场待用。

4.2.5 玻璃安装：按图对号安装玻璃，安装前应对上、下槛以及玻璃本身进行卫生、洁净，玻璃间留缝应均匀，调整一致后固定玻璃。玻璃肋的安装应按设计要求设置，若设计无规定时，应按规范《玻璃幕墙工程技术规范》JGJ 102—2003的有关规定设置。

4.2.6 打胶，清洁卫生：用玻璃胶打好玻璃接缝，同时做好清洁卫生，等待验收。

5 质量标准

同一品种隔墙工程每50间（大面积房间和走廊按轻质隔墙的墙面30m^{2}为一间）分为一检验批，不足50间也划为一个检验批。每个检验批至少抽查20%，并不少于6间。不足6间应全数检查。

5.1 主控项目

5.1.1 玻璃隔墙工程所用材料品种、规格、图案、颜色和性能应符合设计要求。玻璃板隔墙应使用安全玻璃。

检验方法：观察；检查产品合格证书、进场验收记录和性能检验报告。

5.1.2 玻璃板安装及玻璃砖砌筑方法应符合设计要求。

检验方法：观察。

5.1.3 有框玻璃板隔墙的受力杆件应与基体结构连接牢固，玻璃板安装橡胶垫位置应正确。玻璃板安装应牢固，受力应均匀。

检验方法：观察；手推检查；检查施工记录。

5.1.4 无框玻璃板隔墙的受力爪件应与基体结构连接牢固，爪件的数量、位置应正确，爪件与玻璃板的连接应牢固。

检验方法：观察；手推检查；检查施工记录。

5.1.5 玻璃门与玻璃墙板的连接、地弹簧的安装位置应符合设计要求。

检验方法：观察；开启检查；检查施工记录。

5.1.6 玻璃砖隔墙砌筑中埋设的拉结筋应与基体结构连接牢固，数量、位置应正确。

检验方法：手扳检查；尺量检查；检查隐蔽工程验收记录。

5.2 一般项目

5.2.1 玻璃隔墙表面应色泽一致、平整洁净、清晰美观。

检验方法：观察。

5.2.2 玻璃隔墙接缝应横平竖直，玻璃应无裂痕、缺损和划痕。

检验方法：观察。

5.2.3 玻璃板隔墙嵌缝及玻璃砖隔墙勾缝应密实平整、均匀顺直，深浅一致。

检验方法：观察。

5.2.4 玻璃隔墙安装的允许偏差和检验方法应符合表20-1的规定。

允许偏差和检验方法 **表20-1**

项目	允许偏差（mm）		检验方法
	玻璃砖	玻璃板	
立面垂直度	3	2	用2m垂直检测尺检查
表面平整度	3	—	用2m靠尺和塞尺检查
阴阳角方正	—	2	用直角检查尺检查
接缝高低差	3	2	用钢尺和塞尺检查
接缝直线度	—	2	拉5m通线，不足5m拉通线，用钢直尺检查
接缝宽度	—	1	用钢直尺检查

6 成品保护

6.0.1 施工现场应工完场清，地面清洁时必须洒水，不得扬尘污染环境。

6.0.2 玻璃上应有防撞标识，玻璃隔墙旁应设临时防撞措施。

6.0.3 制定措施，严防利器划伤玻璃表面。

6.0.4 当焊接、切割、喷砂等作业可能损伤玻璃时，应采取措施予以保护，严禁焊接等火花溅到玻璃上。

6.0.5 严禁用酸性洗涤剂或含研磨粉的去污粉清洗热反射玻璃的镀膜面层。

7 注意事项

7.1 应注意的质量问题

7.1.1 隔墙安装后玻璃与玻璃间的缝隙不均匀，影响成品隔墙的美观，应重新调整。

7.1.2 安装过程中未按规定搁置定位块的，必须按规定设置，其橡塑垫块的硬度应达到规定的要求。

7.1.3 严禁玻璃板与玻璃板间不留缝隙，未留缝隙的必须按规定留置，以避免因温度的变化造成玻璃的损坏。

7.1.4 玻璃安装后有缺棱掉角的，应进行更换。

7.1.5 安装玻璃隔断时，隔断上框的顶面应留有适量缝隙，以防止结构变形，损坏玻璃。

7.1.6 在对玻璃板间和玻璃上下口进行密封胶封口处理时，宜在缝隙面边贴美纹纸，以避免打胶时的过界污染。

7.2 应注意的安全问题

7.2.1 安装玻璃隔墙时，应设置安全警戒线。

7.2.2 脚手架搭设应牢固，经检查验收合格后才准予使用。

7.2.3 机电设备应有可靠的接地措施，电钻及其他手持电动工具应安设漏电自动保护装置。

7.2.4 现场管理人员不得违章指挥，操作人员严禁违章作业。

7.2.5 吸玻器在使用前必须做试吸承载力试验，严禁吸玻器在使用过程中出现任何故障。

7.2.6 搬运大面积玻璃时应注意风向，以确保安全。未安装的玻璃应防止玻璃被风吹倒。

7.2.7 玻璃不应搁置和倚靠在可能损伤玻璃边缘和玻璃面的物体上。

7.3 应注意的绿色施工问题

7.3.1 龙骨隔墙面板应进行排版设计，减少板材切割量。

7.3.2 切割板材时应封闭，并尽量在白天作业，以减少噪声与扬尘污染。

7.3.3 做到工完场清，垃圾及时装袋清运，集中消纳，设专人洒水，打扫，不能扬尘污染环境。

8 质量记录

8.0.1 玻璃隔墙工程的施工图、设计说明及其他设计文件。

8.0.2 材料的产品合格证书、性能检测报告和进场验收记录。

8.0.3 隐蔽工程验收记录。

8.0.4 施工记录。

8.0.5 玻璃隔墙工程检验批质量验收记录。

8.0.6 玻璃隔墙分项工程质量验收记录。

8.0.7 其他技术文件。

第21章　蒸压加气混凝土砌块隔墙

本工艺标准适用于新建、扩建、改建房屋建筑，采用蒸压加气混凝土砌块的隔墙工程。

1 引用标准

《砌体结构工程施工质量验收规范》GB 50203—2011；

《蒸压加气混凝土砌块》GB 11968—2006；

《建筑工程施工质量验收统一标准》GB 50300—2013；

《民用建筑隔声设计规范》GB 50118—2010；

《建筑装饰装修工程质量验收标准》GB 50210—2018；

《建筑节能工程施工质量验收规范》GB 50411—2007；

《住宅室内装饰装修工程质量验收规范》JGJ/T 304—2013；

《砌筑砂浆配合比设计规程》JGJ/T 98—2010；

《建筑用砂石中水溶性氟离子含量的测定，离子色谱法》SN/T 3911—2014。

2 术语（略）

3 施工准备

3.1 作业条件

3.1.1 主体部分中承重结构已施工完毕，已经有关部门验收。

3.1.2 根据设计施工图纸、现场定位放线、砌体规范要求，结合砌块的品种规格、几何尺寸、材料特性等优化排列方案，绘制砌体的排列图。

3.1.3 按照设计图纸要求做好卫生间和出屋面砌体混凝土坎台、墙体拉结筋、构造柱植筋等，经审核无误，按照排列砌块图砌筑施工。

3.1.4 在砌筑前将砌块适量浇水湿润。

3.1.5 砌筑部位的灰渣、杂物已清除，基层浇水湿润。

3.2 材料及机具

3.2.1 结合当地市场，选用信誉度好，生产能力强，砌块产品物理性能、外观尺寸、表观质量等满足规范及施工要求的厂家。

3.2.2 所有砌块附有出厂合格证，并应对外观质量、出厂偏差、强度等级进行进场复检。其中长宽高几何尺寸允许偏差均不得大于5mm。

3.2.3 加气混凝土砌块运输、装卸过程中，加气混凝土砌块应轻装、轻放、堆码整齐。不得整车倒卸，防止损坏、缺棱少角和断裂。进场后按规格堆放整齐，堆放高度不得超过2m。

3.2.4 现场堆放加气混凝土砌块的地面必须经过硬化，要有良好的排水措施，现场施工二次转运时，应采取措施防止砌块断裂、破损和泡水，否则，不许上墙使用。

3.2.5 现场堆放的加气混凝土砌块应做标识牌，注明进场日期、龄期以及检验情况、拟使用部位。

3.2.6 砌体施工前，对河沙、水泥进行原材料取样送检，做配合比试验。砌体砂浆搅拌要严格按照配合比进行计量搅拌。

3.2.7 施工机具：砂浆搅拌机械、镂槽、锯子、钻子、灰桶、瓦刀、手推车等。

4 操作工艺

4.1 工艺流程

清理基层→定位放线→后置拉结钢筋→墙根坎台施工→选砌块→浇水湿润→满铺砂浆→摆砌块（控制挂线）→安装或浇筑门窗过梁→浇筑混凝土构造柱、圈梁→砌筑顶砖

4.2 清理基层

楼层清理完毕，完成工作面移交手续。

4.3 定位放线

砌体放线以结构施工内控点为依据，转角应进行直角检查，确保实测实量方正性要求。

4.4 后置拉结钢筋

砌体放线检查合格后，对墙体拉接筋、构造柱、门过梁等进行植筋，其锚固长度必须满足设计要求。

4.4.1 植筋位置根据不同梁高组砌排砖按“倒排法”确定位置，钻孔深度必须满足规范要求；孔洞的清理要求用专用电动吹风机，确保粉尘的清理彻底。

4.4.2 植筋深度不得小于10d（d为钢筋植筋）。

4.4.3 墙体拉接筋抗拔试验合格后才能进行砌筑。

4.5 墙根坎台施工

砌体底部处理：在砌块墙底部应采用C20细石混凝土脚坎（长期有水房间），其高度200mm，出屋面高度500mm。混凝土挡水坎模板应固定牢靠。

4.6 选砌块

4.6.1 不得使用龄期不足、裂缝、不规整、浸水或表面污染的砌块。

4.6.2 对破裂和不规整的砌块可切割成小规格后使用，切锯时应使用专用切割工具，不得用瓦刀凿砍。

4.7 浇水湿润

砌筑时，应向砌筑面适量浇水湿润，砌筑砂浆有良好的保水性，并且砌筑砂浆铺设长度不应大于0.75m，避免因砂浆失水过快引起灰缝开裂。

4.8 满铺砂浆

4.8.1 砌体水平灰缝的砂浆饱满度不得小于80%；竖缝宜采用挤浆或加浆方法，不得出现透明缝，严禁用水冲浆灌缝。

4.8.2 砌体的水平灰缝厚度和竖向灰缝宽度宜为10mm，不应小于8mm，也不应大于12mm。

4.9 摆砌块（控制挂线）

砌块进行集中加工，进入施工现场砌块应根据砌筑排砖图分类堆放；砌筑砂浆应采取料斗盛放，不得直接堆放在楼板上。

4.9.1 砌体灰缝要求：内外墙体灰缝应双面勾缝，缝深4～5mm；灰缝应横平竖直，砂浆饱满。水平灰缝厚度为15mm。竖向灰缝采用内外临时夹板后灌缝，其宽度为15mm。水平缝饱满度大于90%，竖缝饱满度大于90%。

4.9.2 每天砌筑高度要求：加气混凝土砌块墙每天砌筑高度不宜超过1.5m或一步脚手架高度内。但在停砌后最高一皮砖因其自重太轻而容易造成与砂浆的胶结不充分而产生裂缝，应在停砌时最高一皮砖上以一皮浮砖压顶，第二天继续砌筑时再将其取走。

4.10 钢筋混凝土构造柱

4.10.1 钢筋混凝土构造柱的设置、截面尺寸、配筋符合设计要求。

4.10.2 构造柱的截面尺寸为墙厚×200mm，混凝土强度等级不应低于C25。

4.10.3 构造柱下部钢筋应与楼板面插筋绑扎牢靠，构造柱上部钢筋与板顶所植钢筋绑扎牢靠。

4.11 砌筑顶砖

砌体顶部斜顶砖要求：砌到接近上层梁、板底约200mm，浮砖压顶待下部砌体沉缩。在间隔时间不少于15d，用实心砖斜砌砌筑，在60度斜顶砌筑时逐块敲紧，与框架梁底挤实，填满砂浆；顶砖位置应按模数预留。

5 质量标准

同一品种隔墙工程每50间（大面积房间和走廊按轻质隔墙的墙面30m^{2}为一间）分为一检验批，不足50间也划为一个检验批。每个检验批至少抽查20%，并不少于6间。不足6间应全数检查。

5.1 主控项目

5.1.1 小砌块和芯柱混凝土、砌筑砂浆的强度等级必须符合设计要求。

检查方法：观察、检查产品合格证书、进场验收记录和性能检测报告。

5.1.2 砌体水平灰缝和竖向灰缝的砂浆饱满度，按净面积计算不得低于90%。

检查方法：观察、百格网检查。

5.1.3 砌体转角处和纵横交接处应同时砌筑。临时间断处应砌成斜槎，斜槎水平投影长度不应小于斜槎高度。施工洞口可预留直槎，但在洞口砌筑和补砌时，应在直槎上下搭砌的小砌块孔洞内用强度等级不低于C20（或Cb20）的混凝土灌实。

检查方法：观察、尺量、查看试验报告。

5.1.4 小砌块砌体的芯柱在楼盖处应贯通，不得削弱芯柱截面尺寸；芯柱混凝土不得漏灌。

检查方法：观察、检查产品合格证书、进场验收记录和性能检测报告。

5.2 一般项目

5.2.1 蒸压加气混凝土砌块砌体当采用水泥砂浆，水泥混合砂浆或蒸压加气混凝土砌块砌筑砂浆时，水平灰缝厚度和竖向灰缝宽度不应超过15mm；当蒸压加气混凝土砌块砌体采用蒸压加气混凝土砌块粘结砂浆时，水平灰缝厚度和竖向灰缝宽度宜为3mm～4mm。

检查方法：观察、尺量。

6　成品保护

6.0.1　电气管线及预埋件应注意保护，防止碰撞损坏。

6.0.2　预埋的拉结筋应加强保护，不得踩倒、弯折。

6.0.3　墙上不得放脚手架排木，防止发生事故。

6.0.4　当每层砌筑墙体的高度超过 1.2m 时，应及时搭设好操作平台。严禁用不稳定的物体在脚手架板面垫高工作。

7　注意事项

7.1　应注意的质量问题

7.1.1　砌体工程完成验收合格 28d 后，允许进行抹灰等装修工程施工。

7.1.2　预留间隙尺寸、槎口留设质量。

7.1.3　构造柱钢筋安装质量。

7.1.4　斜顶砖的角度、砂浆饱满度、斜缝勾缝。

7.1.5　竖向灰缝错缝、砂浆饱满度、灰缝勾缝。

7.1.6　腰梁的设置高度、与结构构件的连接和墙顶补砌的时间间隔。

7.2　应注意的安全问题

7.2.1　砌体施工脚手架要搭设牢固。外墙施工时，必须有外墙防护及施工脚手架，墙与脚手架间的间隙应封闭防高空坠物伤人。

7.2.2　严禁站在墙上做画线、吊线、清扫墙面、支设模板等施工作业。

7.2.3　现场施工机械等应根据《建筑机械使用安全技术规程》JGJ 33—2012 检查各部件工作是否正常，确认运转合格后方能投入使用。

7.2.4　现场施工临时用电必须按照施工方案布置完成并根据《施工现场临时用电安装技术规范》JGJ 46—2005 检查合格后才可以投入使用。

7.2.5　砂浆搅拌机污水应经过沉淀池沉淀后排入指定地点。

7.3　应注意的绿色施工问题

7.3.1　做到工完场清，垃圾及时装袋清运，集中消纳，设专人洒水，打扫，不能扬尘污染环境。

7.3.2　施工现场应经常洒水，防止扬尘。

7.3.3　砂浆搅拌机污水应经过沉淀池沉淀后排入指定地点。

8　质量记录

8.0.1　砌块、水泥产品合格证、进场复验报告，以及砂、石灰、砂浆、外加剂原材料及钢筋、钢丝网、耐碱玻纤网格布等材料的出厂合格证或检验报告。

8.0.2 砌块、水泥等材料有害物质的检验报告。

8.0.3 砂浆及混凝土配合比通知单及抗压强度检验报告。

8.0.4 砌体工程施工记录。

8.0.5 施工质量控制资料。

8.0.6 各检验批的主控项目、一般项目验收记录。

8.0.7 隐蔽工程验收记录和冬季施工记录。

8.0.8 重大技术问题的处理记录及验收记录。

8.0.9 其他相关文件和记录。

第22章　中空内模金属（轻钢肋筋）网水泥内隔墙

本工艺标准适用于新建、扩建、改建的民用、工业和市政工程建筑的非承重隔墙。

1　引用标准

《民用建筑隔声设计规范》GB 50118—2010；
《建筑装饰装修工程质量验收标准》GB 50210—2018；
《建筑节能工程施工质量验收规范》GB 50411—2007；
《建筑用轻质隔墙条板》GB/T 23451—2009；
《建筑工程施工质量验收统一标准》GB 50300—2013；
《住宅室内装饰装修工程质量验收规范》JGJ/T 304—2013；
《中空内模金属（轻钢肋筋）网水泥内隔墙技术规程》DBJ04/T 304—2014。

2　术语

2.0.1 中空内模金属（轻钢肋筋）网水泥内隔墙：是以轻钢肋筋网片对称组合成一体后形成的一种轻钢永久性内模结构（不拆除），内模网结构竖向由轻钢肋筋网片对称安装形成多道并列管状体，横向由钢网等距离的肋筋槽形成环箍的组合体，网片由龙骨固定，然后在内模网结构两侧压抹水泥砂浆（或其他轻质骨料）成型的一种轻质、高强、限裂、保温、隔声、抗震性能好的一种新型节能、环保墙体。

2.0.2 中空：是墙体成型后，中间为蜂窝状空间，起到隔声和保温作用，并降低墙体容重。

2.0.3 内模：是墙体施工为先安装龙骨和网片，然后两侧压抹水泥砂浆，龙骨和网片滞留于墙体内部为内模。

3　施工准备

3.1　作业条件

3.1.1　楼层封顶和主体结构施工验收完毕，与墙体接触部位的主体墙柱面层应处理完善。

3.1.2　做好施工前期的各项材料准备工作和成品保护工作，对于钢丝网等金属材料，注意防锈、防变形、防污染，各项机械设备调试完善，以便施工顺利安全，保证施工质量。

3.1.3　根据图纸进行放线，将隔墙位置绘制出大样图，明确标注各轴线、门窗位置及预留洞口，弹出楼板顶面相应墨线，施工时严格按照放出的线进行施工。

3.2　材料及机具

3.2.1　轻钢肋筋钢网规格见表22-1。

轻钢肋筋钢网规格表　　表22-1

宽度（mm）	肋筋高度（mm）	肋筋间距（mm）	波峰高度（mm）	波峰间距（mm）	网梗宽度（mm）	网目尺寸（mm）
400	6～10	67	10～30 12～30	100～200 120～200	1.2～1.8	6×10 10(8)×12
600	6～10	50	10～30 12～30	100～200 120～200	1.2～1.8	6×10 10(8)×12
700	6～10	60	10～30 12～30	100～200 120～200	1.2～1.8	6×10 10(8)×12
800	6～10	67	10～30 12～30	100～200 120～200	1.2～1.8	6×10 10(8)×12

3.2.2　轻钢龙骨按照要求厚度、规格、尺寸进场使用，不得使用变形龙骨，规格见表22-2。

龙骨及辅材规格表　　表22-2

龙骨名称	截面尺寸（mm）	厚度（mm）	用途
龙骨（U形）	50×15	0.8	用于门窗洞口和主体结构连接的边龙骨、墙体高度超过3.5m的墙体竖向龙骨
龙骨（U形）	50×15	0.4	高度小于3.5m墙体的竖向龙骨
龙骨（L形）	30×30	0.6	顶龙骨和地龙骨
龙骨（C形）	50×19	0.4	高度小于3.5m墙体的竖向龙骨
辅材	机螺钉、22号镀锌铁丝		用于龙骨、网的连接

3.2.3　水泥砂浆见表22-3。

水泥砂浆表　　表22-3

部位	水泥砂浆比	砂和水泥
填槽	1∶2.0～1∶2.5	中粗砂，32.5MPa水泥
打底	1∶3.0～1∶4.0	中粗砂，32.5MPa水泥
抹面	1∶2.5～1∶3.5	中粗砂，32.5MPa水泥

3.2.4 岩棉板：密度要达到要求，不得使用发霉的岩棉板。

3.2.5 中砂：含泥量不大于3%，不得含有黏土、草根、树叶及其他有机物质，各项指标应符合《建筑用砂》GB/T 14684—2011要求。

3.2.6 细石：最大粒径不宜大于5mm，粒径均匀，含泥量不大于2%，各项指标应符合《建筑用卵石、碎石》GB/T 14685—2011要求。

3.2.7 机具：射钉枪、切割机、小型电焊机、叉梯、经纬仪、水准仪、绑丝钳、平锤、铆固钳、滚筒式搅拌机。

4 操作工艺

4.1 工艺流程

墙体处理→轻钢龙骨定主架→中间封岩棉→轻钢肋筋网封面→

确定立面位置、拉结件固定→抹底层砂浆→罩面层砂浆→检查验收

4.2 墙体处理

抹灰前，应提前清除肋筋网表面的灰尘、污垢和油渍等，在轻钢肋筋网安装单位自检合格基础上，按楼层、施工段划分检验批进行工序交接验收，合格后办理工序交接手续。

4.3 肋筋网的加工及安装

4.3.1 轻钢肋筋网面为加强“V”形槽，轻钢骨架一般用沿地龙骨、沿顶龙骨与边框龙骨（沿柱、沿墙龙骨）构成骨架边框，中间立竖向龙骨，内置岩棉板或浇灌混凝土，有些墙体根据要求还要增加横撑龙骨、加强龙骨和通贯龙骨。

4.3.2 肋筋网就位、安装拉结件、要求上下部位各设一道，中间部位间距500mm设一道。

4.3.3 抹底灰：砂浆采用1∶3水泥砂浆，要用刮板找平，表面用木抹子搓平，抹完后应检查中层灰垂直度、平整度及阴阳角方正、顺直，发现问题及时纠正、处理。

4.3.4 抹面层灰：采用1∶3水泥砂浆，砂宜采用中粗砂；以便于压光、收面。其抹面后，要用刮板找平，木抹子搓毛，压密实。

5 质量标准

同一品种隔墙工程每50间（大面积房间和走廊按轻质隔墙的墙面30m^{2}为一间）分为一检验批，不足50间也划为一个检验批。每个检验批至少抽查20%，并不少于6间。不足6间应全数检查。

5.1 主控项目

5.1.1 中空内隔墙所用材料和半成品其品种、规格、性能必须符合设计和有关标准

要求。

检查方法：观察、检查产品合格证书、进场验收记录和性能检测报告。

5.1.2　中空内隔墙安装所需预埋件、连接件的位置、数量及连接方法应符合设计要求。

检查方法：观察、检查隐蔽验收记录。

5.1.3　中空内隔墙安装应牢固，与主体连接的龙骨，固定点距离不应大于600mm。

检查方法：观察、尺量。

5.1.4　中空内隔墙安装位置应正确保证轻钢肋筋网的垂直度和轴线准确。竖向凹槽应保持在一条垂直线上。

检查方法：观察、尺量。

5.1.5　网片竖向和横向搭接长度应符合《中空内模金属（轻钢肋筋）网水泥内隔墙技术规程》的要求。

检查方法：观察、尺量。

5.1.6　中空内隔墙门窗洞口加强处要用水泥砂浆填实，形成暗柱和暗梁，尺寸应符合《中空内模金属（轻钢肋筋）网水泥内隔墙技术规程》的要求。

检查方法：观察、尺量。

5.2　一般项目

5.2.1　轻钢肋筋网安装的尺寸允许偏差应符合《中空内模金属（轻钢肋筋）网水泥内隔墙技术规程》的要求。

检查方法：观察、尺量。

5.2.2　中空内隔墙安装尺寸允许偏差和检验方法应符合《中空内模金属（轻钢肋筋）网水泥内隔墙技术规程》的要求。

检查方法：观察、尺量。

5.2.3　中空内隔墙抹灰后应表面平整洁净，无裂缝，接槎应顺直，平滑，色泽一致。

检查方法：观察、尺量。

5.2.4　中空内隔墙上的孔洞、槽、盒应位置正确、套隔吻合、边缘整齐。

检查方法：观察、尺量。

5.2.5　中空内隔墙内的填充材料应干燥，填充应密实、均匀、无下坠。

检查方法：观察。

5.2.6　中空内隔墙抹灰后网丝不能外露。

检查方法：观察。

6　成品保护

6.0.1　施工中各专业工种应紧密配合，合理安排工序，避免或减少交叉作业、相互污染。

6.0.2　凡靠近出上料小车的部位，应用木方作临时防护，以免碰撞墙体。门口及阳角处应有防护措施。

6.0.3　施工楼地面时，应有遮挡措施，以免砂浆污染墙面。

7　注意事项

7.1　应注意的质量问题

7.1.1　熟悉图纸：明确各楼座、各立面空调侧板及正面板尺寸及结构形式。

7.1.2　主体结构凸出部分要进行剔凿处理。

7.1.3　加工好的肋筋网就位、安装拉结件、要求上下部位各设一道，中间部位间距500mm 设一道。

7.1.4　拉结件固定点应里外交错布置。

7.1.5　螺丝打入墙体要检查是否牢固，否则要重新固定。

7.1.6　基层墙体要验收合格，外框横平竖直。

7.1.7　自上而下挂通线，控制其垂直度。

7.1.8　安装应尽量安排到白天施工，并采取防噪声措施。

7.2　应注意的安全问题

7.2.1　作业人员进入施工现场前必须经过培训和安全教育，进行安全技术交底。

7.2.2　作业人员进入施工现场必须戴合格的安全帽，系好下颌带，锁好带口，严禁赤背，穿拖鞋上岗。

7.2.3　高处作业人员必须佩戴安全带，并做到高挂低用及系牢固。

7.2.4　经医生检查认为不适宜高处作业的人员，不得进行高处作业。

7.2.5　工作前应先检查使用的工具是否牢固，手头工具必须放置可靠，钉子必须放在工具袋内，以免掉落伤人。工作时要思想集中，防止钉子扎脚和空中滑落。

7.2.6　施工现场必须设有专职安全员，负责管理现场安全。

7.3　应注意的绿色施工问题

7.3.1　尽量在白天作业，以减少噪声与扬尘污染。

7.3.2　做到工完场清，垃圾及时装袋清运，集中消纳，设专人洒水，打扫，不能扬尘污染环境。

7.3.3　罩面砂浆搅拌要采取扬尘措施。

8　质量记录

8.0.1　材料及配件产品质量合格证、出厂检验报告、有效期内的型式检验报告及进场验收记录等。

8.0.2　设计文件、图纸会审记录、设计变更等。

8.0.3　设计与施工执行标准、文件。

8.0.4　各项隐蔽工程验收记录，材料及配件进场抽复检报告。

8.0.5　检验批质量验收。

8.0.6　分项工程质量验收记录。

8.0.7 其他技术文件。

第23章　轻质石膏空心条板及砌块隔墙

本工艺标准适用于新建、扩建、改建房屋建筑，采用轻质石膏空心条板及砌块隔墙的非承重内隔墙工程。

1　引用标准

《民用建筑隔声设计规范》GB 50118—2010；
《建筑装饰装修工程质量验收标准》GB 50210—2001；
《建筑节能工程施工质量验收规范》GB 50411—2007；
《建筑工程施工质量验收统一标准》GB 50300—2013；
《石膏空心条板》JC/T 829—2010；
《住宅室内装饰装修工程质量验收规范》JGJ/T 304—2013。

2　术语

2.0.1 石膏空心条板：是以建筑石膏粉（用于石膏条板生产的建筑石膏粉，是使用电厂排放废弃物—脱硫石膏经过1000多度高温煅烧形成）为胶凝材料，合成纤维为增强材料，添加粉煤灰等轻骨料，加入耐水性外加剂，立模机械生产成型的轻质石膏空心条板。

3　施工准备

3.1　作业条件

3.1.1 屋面防水层及结构分别施工和验收完毕，墙面弹出0.5m标高线。

3.1.2 操作地点环境温度不低于5℃。

3.1.3 正式安装以前，先试安装样板墙一道，经鉴定合格后再正式安装。

3.2　材料及机具

3.2.1 轻质石膏空心条板：具有重量轻、强度高、不变形、隔声好、保温隔热、防潮、耐水、不燃防火等特点，并具有良好的加工性能，可在施工现场切、锯、钉、钻、粘结等，施工简便。

3.2.2 规格：

长（L）2400～3000mm；宽（B）600mm；厚（T）100mm、120mm。

3.2.3 工具：笤帚、木工手锯、钢丝刷、小灰槽、2m靠尺、开刀、2m托线板、专用撬棍、钢尺、橡皮锤、木楔、钻、扁铲、射钉枪等。

4　操作工艺

4.1　工艺流程

结构墙面、顶面、地面清理和找平 → 放线、分档 → 配板、修补 →

安 U 形卡（有抗震要求时） → 配制胶粘剂 → 安装隔墙板 → 安门窗框 →

板缝处理 → 板面装修

4.2　清理隔墙板与顶面、地面、墙面的结合部，凡凸出墙面的砂浆、混凝土块等必须剔除并扫净，结合部应尽量找平。

4.3　放线、分档

在地面、墙面及顶面根据设计位置，弹好隔墙边线及门窗洞边线，并按板定分档。

4.4　配板、修补

板的长度应按楼面结构层净高尺寸减 20～30mm。计算并量测门窗洞口上部及窗口下部的隔板尺寸，并按此尺寸配板。当板的宽度与隔墙的长度不相适应时，应将部分隔墙板预先拼接加宽（或锯窄）成合适的宽度，并放置在阴角处。有缺陷的板应修补。

4.5　有抗震要求时，应按设计要求用 U 形钢板卡固定条板的顶端。在两块条板顶端拼缝之间用射钉将 U 形钢板卡固定在梁或板上，随安板随固定 U 形钢板卡。

4.6　配制胶粘剂

将 SG791 胶与建筑石膏粉配制成胶泥，石膏粉：SG791＝1：0.6～0.7（重量比）。胶粘剂的配制量以一次不超过 20min 使用时间为宜。配制的胶粘剂超过 30min 凝固了的，不得再加水加胶重新调制使用，以避免板缝因粘接不牢而出现裂缝。

4.7　安装隔墙板

4.7.1　隔墙板安装顺序应从与墙的结合处或门洞边开始，依次顺序安装。板侧清刷浮灰，在墙面、顶面、板的顶面及侧面（相拼合面）先刷 SG791 胶液一道，再满刮 SG791 胶泥，按弹线位置安装就位，用木楔顶在板底，再用手平推隔板，使之板缝冒浆，一个人用特制的撬棍在板底部向上顶，另一人打木楔，须使隔墙板挤紧实，然后用开刀（腻子刀）将挤出的胶粘剂刮平。按以上操作办法依次安装隔墙板。

4.7.2　在安装隔墙板时，一定要注意使条板对准预先在顶板和地板上弹好的定位线，并在安装过程中随时用 2m 靠尺及塞尺测量墙面的平整度，用 2m 托线板检查板的垂直度。

4.7.3　粘结完毕的墙体，应在 24h 以后用 C20 干硬性细石混凝土将板下口堵严，当混凝土强度达到 10MPa 以上，撤去板下木楔，并用同等强度的干硬性砂浆灌实。

4.8　铺设电线管、稳接线盒

按电气安装图找准位置画出定位线，铺设电线管、稳接线盒。

4.8.1　所有电线管必须顺石膏板板孔铺设，严禁横铺和斜铺。

4.8.2　稳接线盒，先在板面钻孔扩孔（防止猛击），再用扁铲扩孔，孔要大小适度，要方正。孔内清理干净，先刷SG791胶液一道，再用SG791胶泥稳住接线盒。

4.9　安水暖、煤气管道卡

按水暖、煤气管道安装图找准标高和竖向位置，画出管卡定位线，在隔墙板上钻孔扩孔（禁止剔凿），将孔内清理干净，先刷SG791胶液一道，再用SG791胶泥固定管卡。

4.10　安装吊挂埋件

4.10.1　隔墙板上可安装碗柜、设备和装饰物，每一块板可设两个吊点，每个吊点吊重不大于80kg。

4.10.2　在隔墙板上钻孔扩孔（防止猛击），孔内应清理干净，先刷SG791胶液一道，再用SG791胶泥固定埋件，待凝固后再吊挂设备。

4.11　安门窗框

一般采用先留门窗洞口，后安门窗框的方法。钢门窗框必须与门窗口板中的预埋件焊接。木门窗框用L型连接件连接，一边用木螺丝与木框连接，另一端与门窗口板中预埋件焊接。门窗框与门窗口板之间缝隙不宜超过3mm，超过3mm时应加木垫片过渡。将缝隙浮灰清理干净，先刷SG791胶液一道，再用SG791胶泥嵌缝。嵌缝要严密，以防止门扇开关时碰撞门框造成裂缝。

4.12　板缝处理

隔墙板安装后10d，检查所有缝隙是否粘结良好，有无裂缝，如出现裂缝，应查明原因后进行修补。已粘结良好的所有板缝、阴角缝，先清理浮灰，再刷SG791胶液粘贴50mm宽玻纤网格带，转角隔墙在阳角处粘贴200mm宽（每边各100mm宽）玻纤布一层。干后刮SG791胶泥，略低于板面。

4.13　板面装修

4.13.1　一般居室墙面，直接用石膏腻子刮平，打磨后再刮第二道腻子（要根据饰面要求选择不同强度的腻子），再打磨平整，最后做饰面层。

4.13.2　隔墙踢脚，一般板应先在根部刷一道胶液，再做水泥、水磨石踢脚；如做塑料、木踢脚，可不刷胶液，先钻孔打入木楔，再用钉钉在隔墙板上。

4.13.3　墙面贴瓷砖前须将板面打磨平整，为加强粘结，先刷SG791胶水（SG791胶∶水=1∶1）一道，再用SG8407胶调水泥（或类似的瓷砖胶）粘贴瓷砖。

4.13.4　如通板面局部有裂缝，在做喷浆前应先处理，才能进行下一工序。

5　质量标准

同一品种隔墙工程每50间（大面积房间和走廊按轻质隔墙的墙面30m^2为一间）分为一检验批，不足50间也划为一个检验批。每个检验批至少抽查20%，并不少于6间。不足6

间应全数检查。

5.1　主控项目

5.1.1　增强石膏空心条板的各项技术指标必须满足有关标准所规定的要求。胶粘剂的配制原料的质量必须符合规定。

检查方法：观察、检查产品合格证书、进场验收记录和性能检测报告。

5.1.2　增强石膏空心条板其四边的粘结必须牢固。

检查方法：观察、手扳。

5.1.3　吊挂点埋件必须牢固，每一工程项目需作吊挂力的测试，测试记录应作为技术资料存档。

检查方法：观察、检查隐蔽验收记录。

5.2　一般项目

5.2.1　节点构造、构件位置、连接锚固方法，应全部符合设计要求。

检查方法：观察、手扳，检查施工记录。

5.2.2　隔墙板所有接缝处的粘结应牢固，应填塞密实，不应出现干缩裂缝。

检查方法：观察、尺量。

5.2.3　门窗框与门窗口板之间用电焊连接时，焊缝的长度应大于或等于 10mm，焊缝厚度不应小于 4mm。焊缝表面平整，无烧伤、凹陷、焊瘤、裂纹、咬过、气孔和夹渣等缺陷，其焊点表面应凹过板面 3mm。

检查方法：观察、检查产品合格证书、进场验收记录和性能检测报告、检查检验报告。

5.2.4　玻纤网格布条应沿板缝居中压贴紧密，不应有皱折。翘边、外露现象。

检查方法：观察。

5.2.5　允许偏差项目：

增强石膏空心隔墙板安装的允许偏差应符合表 23-1 的规定。

隔墙板安装允许偏差　　　**表 23-1**

项次	项目	允许偏差（mm）	检查方法
1	表面平整	3	用 2m 靠尺和楔形塞尺检查
2	立面垂直	3	用 2m 托线板检查
3	阴阳角方正	2	用直尺和楔形塞尺检查
4	接缝高低差	3	用 200mm 方尺和楔形尺检查

6　成品保护

6.0.1　施工中各专业工种应紧密配合，合理安排工序，严禁颠倒工序作业。隔墙板粘结后 12h 内不得碰撞敲打，不得进行下道工序施工。

6.0.2　安装埋件时，宜用电钻钻孔扩孔，用扁铲扩方孔，不得对隔墙用力敲击。对刮完腻子的隔墙，不应进行任何剔凿。

6.0.3　在施工楼地面时，应防止砂浆溅污隔墙板。

6.0.4　严防运输小车等碰撞隔墙板及门口。

7　注意事项

7.1　应注意的质量问题

7.1.1　增强石膏空心条板必须是烘干已基本完成收缩变形的产品。未经烘干的湿板不得使用，以防止板裂缝和变形。

7.1.2　注意增强石膏空心条板的运输和保管。运输中应轻拿轻放，侧抬侧立并互相绑牢，不得平抬平放。堆放处应平整，下垫100mm×100mm木方。板应侧立，垫木方距板端50cm。要防止隔墙板受潮变形，露天堆放时要有防雨措施。

板如有明显变形、无法修补的过大孔洞，断裂或严重裂缝及破损，不得使用。

7.1.3　各种材料应分类存放，并挂牌标明材料名称、规格，切勿用错。胶、粉、料应储存于干燥处，严禁受潮。

7.1.4　目前使用的胶粘剂应是聚醋酸乙烯类胶粘剂，不得使用108胶作胶粘剂。

7.2　应注意的安全问题

隔断工程的脚手架搭设应符合建筑施工安全标准。脚手架上搭设跳板应用钢丝绑扎固定，不得有探头板。工人操作应戴安全帽，注意防火。

7.3　应注意的绿色施工问题

7.3.1　施工现场必须工完场清。设专人洒水、打扫，不能扬尘污染环境。

7.3.2　有噪声的电动工具应在规定的作业时间内施工，防止噪声污染、扰民。

7.3.3　机电器具必须安装触电保护装置。发现问题立即修理。

7.3.4　遵守操作规程，非操作人员决不准乱动机具，以防伤人。

7.3.5　现场保护良好通风，但不宜过堂风。

8　质量记录

8.0.1　增强石膏空心条板质量合格证。

8.0.2　玻纤网格带质量合格证。

8.0.3　胶粘剂质量合格证。

8.0.4　板材隔墙工程检验批质量验收记录。

8.0.5　隔墙板吊挂力测试记录。

8.0.6　板材隔墙分项工程质量验收记录。

8.0.7　其他技术文件。

第4篇 涂　　饰

第24章　木料表面溶剂型涂料涂饰

本工艺标准适用于工业与民用建筑木料表面溶剂型涂料涂饰工程的施工。

1　引用标准

《住宅装饰装修工程施工规范》GB 50327—2001；
《建筑涂饰工程施工及验收规程》JGJ/T 29—2015；
《建筑工程施工质量验收统一标准》GB 50300—2013；
《建筑装饰装修工程质量验收标准》GB 50210—2018；
《民用建筑工程室内环境污染控制规范》GB 50325—2010（2013年版）。

2　术语（略）

3　施工准备

3.1　作业条件

3.1.1　施工环境应通风良好，湿作业已完成并具备一定的强度，环境温度宜为5～35℃，相对湿度不得大于85%。未安玻璃前，应有防风措施，遇大风天气不得进行施工。

3.1.2　大面积施工前应先做样板间，经有关部门检查合格后，方可组织班组进行施工。

3.1.3　施工前，应对木门窗等木材进行检查，不合格的如变形应调换。木材制品含水率不大于12%。

3.1.4　高于3.6m作业时，应先搭设好脚手架，以便于操作为准。

3.2　材料及机具

3.2.1　涂料：光油、清油、铅油、调和漆、脂胶清漆、酚醛清漆、醇酸清漆、丙烯酸清漆、黑漆、醇酸磁漆、漆片等，应有产品合格证和产品说明书。

3.2.2　填充料：石膏粉、大白粉、氧化铁黄、氧化铁红、氧化铁黑、栗色料、纤维素等，应有产品合格证。

3.2.3　稀释剂：汽油、煤油、醇酸稀料、松节水、二甲苯、酒精等，应有产品合格证。

3.2.4　催干剂：钴催干剂等，应有产品合格证。

3.2.5　抛光剂：上光蜡、砂蜡等，应有产品合格证。

3.2.6　清洗剂：碳酸钠（火碱）、丙酮。

3.2.7　机具：油刷、开刀、牛角板、腻子板、拌腻子槽、钢皮刮板、橡皮刮板、铜丝滤网、砂纸、砂布、棉纱、麻绳、油桶、小油桶、油提、小笤帚、油勺、半截大桶、水桶、排笔、油画笔、毛笔、掏子、钢丝钳子、小锤子、钢丝刷、棉丝、麻丝、白布、圆木棍、小笤帚、纱滤网、擦布、指套、高凳、脚手板、安全带等。

4　操作工艺

4.1　工艺流程

基层处理→刷底油、润粉→刮腻子、磨光、刷色→刷第一遍涂料→刷第二遍涂料→刷最后一遍涂料→打砂蜡、擦上光蜡

4.2　基层处理

4.2.1　清扫、起钉子、除油污、刮灰土，刮时不得刮出木毛。

4.2.2　铲去脂囊，将脂迹刮净，挖掉流松香的节疤，较大的脂囊应用与木纹相同的材料用胶镶嵌。

4.2.3　磨砂纸：先磨线角后磨四口平面，顺木纹打磨，应磨平、磨光，并清扫干净。有小块活翘皮用小刀撕掉，有重皮的地方用小钉子钉牢固。

4.2.4　点漆片：在木节疤和油迹处，用酒精漆片点刷。

4.2.5　木材缺陷以及边角崩缺、钉孔、缝隙、木眼、节疤等，均应用腻子刮抹平整密实。所有门窗框、梆和榫头、线底、夹角等均应抹到，且抹后不留残渣，较大缺陷在高级涂料工程中应用与木纹相同的木块镶嵌。

4.3　刷底油、润粉

4.3.1　刷调和漆、磁漆底油时，涂刷清油一遍，厚薄应均匀。清油用光油、汽油配制，略加一些氧化铁红（避免漏刷不好区分），应涂刷均匀，不可漏刷。刷清油时，应从外向内、从左向右、从上向下进行，顺着木纹涂刷。刷门窗框时，不得污染墙面。

4.3.2　木窗刷调和漆时，刷好框子后刷亮子，亮子全部刷完后，将风钩钩住，再刷窗扇；如为两扇窗，应先刷左扇后刷右扇，三扇窗应最后刷中间一扇。窗扇外面全部刷完后，用风钩钩住，然后再刷里面。

4.3.3　木门刷调和漆时先刷亮子再刷门框，门扇的背面刷完后，用木楔将门扇固定，最后刷门扇的正面。全部刷完后，检查有无漏刷，并注意里外门窗油漆分色是否正确，将小五金等处沾染的涂料擦净。此道工序也可在框或扇安装前完成。

4.3.4　清漆润粉时，用大白粉 24（质量比）、松香水 16、熟桐油 2、颜料等混合搅拌成色油粉（颜色同样板颜色），不可调得太稀，以调成粥状为宜，盛在小油桶，油粉刷、擦均可，用棉丝蘸油粉反复涂于木材表面，擦进木材棕眼内，直至将棕眼擦平。墙面及五金上不得沾染油粉，待油粉干后，用 1 号砂纸轻轻顺木纹打磨，先磨线角、裁口，后磨平面，直至光滑。注意保护棱角，不得将棕眼内油粉磨掉，磨光后用湿布将磨下的粉末、

灰尘擦净。

4.4　刮腻子、磨光、刷色

4.4.1　刮腻子

1　调和漆、磁漆腻子的质量配合比为石膏粉：熟桐油：水＝20：7：50。待操作的清油干透后，将钉孔、裂缝、节疤以及边棱残缺处，用石膏油腻子刮抹平整，腻子宜横抹竖起，将腻子刮入钉孔或裂纹内。如接缝或裂纹较宽、孔洞较大，可用开刀将腻子挤入缝洞内，使腻子嵌入后刮平、收净，表面上的腻子应刮光，无野腻子、残渣。上下冒头、榫头等处均应抹到。

2　清漆腻子的质量配合比为石膏粉：熟桐油：水＝20：7：50，并加颜料调成石膏色腻子（颜色浅于样板1色～2色），腻子油性不可过大或过小，且颜色一致。用开刀或牛角板将腻子刮入钉孔、裂纹、棕眼内，刮抹时横抹竖起，如接缝或节痕较大，应用开刀、牛角板将腻子挤入缝内，然后抹平。腻子应刮光、刮到，不留野腻子，干后如收缩应补平。

4.4.2　磨光

待腻子干透后，用1号砂纸轻轻顺木纹打磨，先磨线角、裁口、后磨四口平面，注意保护棱角，来回打磨至光滑，磨完后用湿布将磨下的粉末擦净。

4.4.3　清漆刷色

1　先将铅油（或调和漆）、汽油、光油、清油等混合在一起过筛（颜色同样板颜色），然后倒在小油桶内，使用时经常搅拌，以免沉淀造成颜色不一致。

2　刷油色时，应从外向内、从左向右、从上向下进行，顺着木纹涂刷。刷门窗框时，不得污染墙面，刷到接头处应颜色一致。刷油色时动作应敏捷，要求无缕无节，横平竖直，刷油时刷子应轻飘，避免出刷绺。

3　刷木窗时，刷好框子后再刷亮子，亮子全部刷完后，将风钩钩住，再刷窗扇；如为双扇窗，应先刷左扇后刷右扇，三扇窗应最后刷中间扇；纱窗扇先刷外面后刷里面。

4　刷木门时，先刷亮子后刷门框，门扇的背面刷完后用木楔将门扇固定，最后刷门扇正面；全部刷好后，检查是否有漏刷，小五金上沾染的油色应及时擦净。

5　油色涂刷后，要求木材色泽一致，并不盖住木纹。每一个刷面应一次刷好，不留接头。两个刷面交接棱口不应互相沾油，沾油后应及时擦掉，达到颜色一致。

4.5　刷第一遍涂料

4.5.1　刷涂料

1　调和漆刷铅油：将色铅油、光油、清油、汽油、煤油等（冬季可加入适量催干剂）混合在一起搅拌过滤，其质量配合比为色铅油50%、光油10%、清油8%、汽油20%、煤油10%。可使用红、黄、蓝、白、黑铅油，调配成各种颜色的铅油涂料，其稠度以达到盖底、不流淌、不显刷痕为宜，要厚薄均匀。一樘门或窗应一次刷完，并检查有无漏刷、流坠、裹棱及透底，最后将窗扇打开用风钩固定。木门扇下口应用木楔固定。

2　刷清漆：刷法与刷油色相同，但刷第一遍用的清漆应略加一些稀料便于快干。因清漆黏性较大，宜使用已用出刷口的旧刷子，刷时应注意不流、不坠，涂刷均匀。

3　刷磁漆：第一遍磁漆可加入适量醇酸稀料，涂刷应横平竖直，不得漏刷和流坠，待漆干后进行磨砂纸、清扫。

4　每遍涂料间隔时间，一般夏季约6h，春、秋季约12h，冬季约24h。

4.5.2　抹腻子：待涂料干透后，底腻子收缩或残缺处再用石膏腻子刮抹一次，要求同本标准第4.4.1条。

4.5.3　磨砂纸：等腻子干透后，用1号以下的砂纸打磨，要求同本标准第4.4.2条，磨好后用湿布将粉末擦净。

4.5.4　清漆点漆片修色：漆片用酒精溶解后加入适量的石性颜料配制而成。对已刷过第一遍漆的腻子疤、钉眼等处进行修色，漆片加颜料应根据当时颜色深浅灵活掌握，修好的颜色与原来颜色要基本一致。

4.6　刷第二遍涂料

4.6.1　刷涂料

1　调和漆刷铅油：同刷第一遍涂料。

2　刷清漆：清漆不加稀释剂（冬季可略加催干剂），刷油动作敏捷，多刷多理，清漆涂刷应饱满一致、不流不坠、光亮均匀，刷完后仔细检查一遍，有毛病及时纠正。刷此遍清漆时，周围环境应清洁，暂时禁止通行，最后将木门窗用风钩或木楔固定牢固。

3　刷磁漆：第二遍磁漆不加稀料，涂刷不得漏刷和流坠。干后磨水砂纸，如表面疤痕多，可用280号水砂纸磨；如局部有不光不平，应及时复补腻子，待腻子干后，磨砂纸、清扫并用湿布擦净。刷完第二遍磁漆后，便可进行玻璃安装。

4　刷丙烯酸清漆：丙烯酸清漆由甲、乙组分配成，其质量配合比：一号为40%，二号为60%，并根据当时气候加适量稀释剂二甲苯。刷时应动作快，刷纹通顺，厚薄均匀一致，不流不坠，不得漏刷，干后用320号水砂纸打磨、湿布擦净。

4.6.2　磨砂纸：用湿布将玻璃内外擦拭干净，然后用1号砂纸或旧细砂纸轻磨一遍，要求同本标准第4.4.2条。注意不得把底油磨穿，应保护好棱角，磨完再用湿布将磨下的粉末擦净，使用新砂纸时应将两张砂纸对磨，把粗大砂粒磨掉，防止磨砂纸时将油膜划破。

4.7　刷最后一遍涂料

4.7.1　刷调和漆，由于调和漆黏度较大，涂刷时宜多刷多理，刷油应饱满，刷油动作应敏捷，不流不坠，光亮均匀，色泽一致。在玻璃油灰上刷油，应待油灰达到一定强度后方可进行，刷时宜轻，油应均匀，不损伤油灰表面光滑，八字见线。刷完后应立即检查一遍，发现有毛病要及时修整。最后将门窗打开，用风钩或木楔固定。

4.7.2　刷清漆：第二遍清漆干透后，先用水砂布磨光，后刷第三遍清漆，涂料涂刷的方法同刷第二遍清漆。

4.7.3　刷磁漆：涂料涂刷方法与要求同刷第二遍，这一遍可用320号水砂纸打磨，但不得磨破棱角，应达到平、光，磨好以后应清扫并用湿布擦净待干。

4.7.4　刷丙烯酸清漆：待第一遍刷后4～6h，可刷第二遍丙烯酸清漆，刷的方法和要求同第一遍。刷后第二天用280～320号水砂纸打磨，磨砂纸应用力均匀，从有光磨至无光直至“断斑”，不得磨破棱角，磨后应擦抹干净。

4.8　打砂蜡、擦上光蜡

4.8.1　磁漆、丙烯酸清漆打砂蜡：用棉丝蘸上砂蜡涂满一个门面或窗面，用手按棉丝来回揉擦往返多次，揉擦时应用力均匀，擦至出现暗光、大小面上下一致为止，并不得磨破棱角，最后用棉丝蘸汽油将浮蜡擦洗干净。

4.8.2 磁漆、丙烯酸清漆擦上光蜡：用干净白布将上光蜡包在里面，收口扎紧，用手揉擦，擦匀、擦净直到光亮。

5　质量标准

5.1　主控项目

5.1.1 涂饰工程选用的材料品种、型号、性能应符合设计要求及国家现行标准的有关规定。

5.1.2 涂饰工程应涂饰均匀、粘结牢固，不得漏涂、透底、开裂、起皮和掉粉。

5.1.3 涂饰工程颜色、光泽、图案应符合设计要求。

5.1.4 基层处理应符合《建筑装饰装修工程质量验收标准》GB 50210—2018 中12.1.5条的有关规定，木材基层的含水率不得大于12%。

5.2　一般项目

5.2.1 色漆的涂饰质量应符合表24-1的规定。

色漆的涂饰质量　　**表24-1**

项目	普通涂饰	高级涂饰
颜色	均匀一致	均匀一致
光泽、光滑	光泽基本均匀，光滑，无挡手感	光泽均匀一致，光滑
刷纹	刷纹通顺	无刷纹
裹棱、流坠、皱皮	明显处不允许	不允许
装饰线、分色线直线度允许偏差（mm）	2	1

注：无光色漆不检查光泽。

5.2.2 清漆的涂饰质量应符合表24-2的规定。

清漆的涂饰质量　　**表24-2**

项目	普通涂饰	高级涂饰
颜色	基本一致	基本一致
木纹	棕眼刮平、木纹清楚	棕眼刮平、木纹清楚
光泽、光滑	光泽基本均匀，光滑，无挡手感	光泽均匀一致，光滑
刷纹	无刷纹	无刷纹
裹棱、流坠、皱皮	明显处不允许	不允许

5.2.3 涂层与其他装修材料和设备衔接处应吻合，界面应清晰。

5.2.4 涂饰工程允许偏差应符合表24-3的规定。

涂饰工程的允许偏差　　表 24-3

项次	项目	允许偏差（mm）			
		色漆		清漆	
		普通涂饰	高级涂饰	普通涂饰	高级涂饰
1	立面垂直度	4	3	3	2
2	表面平整度	4	3	3	2
3	阴阳角方正	4	3	3	2
4	装饰线、分色线直线度	2	1	2	1
5	墙裙、勒脚上口直线度	2	1	2	1

6　成品保护

6.0.1　涂饰涂料前，应先将地面、窗台等处周围环境清扫干净，防止尘土飞扬，影响涂料质量，涂料干燥前，应防止雨淋、尘土污染和热空气的侵袭。

6.0.2　每遍涂料刷完后，都应将门窗用风钩钩牢或用木楔固定，防止扇与框涂层黏结门窗扇玻璃损坏。

6.0.3　刷完涂料后，应立即将滴在地面或窗台上的涂料擦干净，污染墙面及五金、玻璃的涂料也应及时清擦干净。

6.0.4　涂料施涂完毕、未干前，应派专人负责看管，重要部位应有标志牌，防止触摸。

6.0.5　注意不得磕碰和弄脏门窗扇，掉在地面上的油迹应及时清擦干净。

7　注意事项

7.1　应注意的质量问题

7.1.1　门窗的上下冒头和靠合页小面，以及门窗框、压缝条的上下端，不得漏刷涂料。

7.1.2　合页槽、上下冒头、楔头、钉孔、裂缝、节疤和边棱残缺处等，不得缺腻子、缺打砂纸。

7.1.3　涂料稠度、涂层厚度及施工环境温度应适宜，并应采用适当的操作顺序和方法防止产生流坠、裹棱等。

7.1.4　应采用适宜的油刷，油刷用稀料泡软后使用；涂料稠度应适宜，不得产生明显刷纹。

7.1.5　应控制涂料中桐油含量、溶剂挥发速度、涂层厚度等，兑配应均匀，加催干剂应适量，避免产生皱纹。

7.1.6　严格控制施工环境相对湿度，木材面应平整，底漆应干透，稀释剂应适量，防止产生局部漆面失去光泽的倒光现象。

7.1.7　应注意施工前用湿布擦净基层，涂料应过滤网，严禁刷油时扫地或刮大风时刷油，避免造成油漆表面粗糙。

7.1.8　腻子应刮饱满，表面用砂纸打磨平整，防止棱角腻子不平整。

7.1.9　磨水砂纸和打砂蜡时不宜用力过猛，宜轻擦轻打，保持棱角完整。

7.2　应注意的安全问题

7.2.1　在使用挥发性、易燃性溶剂稀释的涂料时，不得使用明火，严禁吸烟。

7.2.2　沾染溶剂型涂料或稀释油类的棉纱、破布等物，应全部收集存放在有盖的金属箱内，待不能使用时应集中销毁或用碱剂将油污洗净以备再用。

7.2.3　刷涂窗的涂料时，严禁站或骑在窗棂上操作，以防棂断人落。

7.2.4　刷涂外开窗扇时，应将安全带挂在牢靠的地方。高空作业时必须系安全带。

7.2.5　刷涂作业过程中，操作人员如感到头痛、恶心、心闷或心悸时，应立即停止作业到户外呼吸新鲜空气。

7.2.6　工作现场不得有明火，严禁吸烟，周围不准堆积易燃物，施工现场及油料库房应备足灭火器具。

7.2.7　使用高凳、跳板等操作时应事先检查，高凳应设置拉结搭钩，油工不得任意搭拆脚手架。

7.2.8　每班工作完毕后，应将工具及残余材料送回库房保管。

7.2.9　施工场地应有良好的通风条件，如在通风条件不好的场地施工，必须安置通风设备。

7.2.12　涂刷大面积涂料的场地，室内照明和电气设备必须按防爆等级规定进行安装。

7.3　应注意的绿色施工问题

7.3.1　项目部在开工前，项目经理组织有关人员编制控制措施，纳入项目环境管理方案，确保满足相关法律法规要求。该管理方案经项目经理批准后，应逐级传递到相关责任人员。

7.3.2　所用涂料的有害物质应符合《民用建筑工程室内环境污染控制规范》GB 50325—2010（2013 年版）的规定。

7.3.3　脚手架支设、拆除、搬运、修理噪声的控制：必须轻拿轻放，上下、左右有人传递；项目部必须在施工场界设立钢管修理房场所。修理时，禁止用大锤敲打；切割钢管时，及时在锯片上刷油，且锯片送速不能过快。

7.3.4　必须单独存放的涂料及化学危险品，应根据物资特性分别选择适当的地点分库贮存，严禁与其他物资和危险品混储、混运。仓库应符合消防安全有关规定，保持足够的安全距离，设置醒目的标识。

7.3.5　使用涂料及化学危险品必须按照环境保护的有关规定，妥善处理废水、废液、废料、废渣。施工时必须严格遵守操作规程，严格用火管理。

7.3.6　使用涂料及化学危险品前对盛装容器进行检查，按使用说明进行操作，消除隐患，防止火灾、爆炸、中毒等事故的发生。

8　质量记录

8.0.1　材料的出厂合格证、质量检验报告。

8.0.2　溶剂性涂料涂饰工程检验批质量验收记录。

8.0.3　溶剂性涂料涂饰分项工程质量验收记录。

第25章 金属表面溶剂型涂料涂饰

本工艺标准适用于工业与民用建筑金属表面溶剂型涂料涂饰工程的施工。

1 引用标准

《住宅装饰装修工程施工规范》GB 50327—2001；
《建筑涂饰工程施工及验收规程》JGJ/T 29—2015；
《建筑工程施工质量验收统一标准》GB 50300—2013；
《建筑装饰装修工程质量验收标准》GB 50210—2018；
《民用建筑工程室内环境污染控制规范》GB 50325—2010（2013年版）。

2 术语（略）

3 施工准备

3.1 作业条件

3.1.1 施工环境应通风良好，湿作业已完成并具备一定的强度，环境温度宜为5～35℃，相对湿度不得大于85%。

3.1.2 大面积施工前应事先做样板间，经有关质量部门检查合格后，方可组织班组进行施工。

3.1.3 施工前应对钢门窗和金属面外形进行检查，变形不合格的应调换。

3.1.4 在高于3.6m处进行作业时，应事先搭设好脚手架，以便于操作为准。

3.2 材料及机具

3.2.1 涂料：光油、清油、铅油、调和漆、磁漆、防锈漆等，应有产品合格证及产品使用说明书。

3.2.2 填充料：石膏粉、大白粉、氧化铁红、氧化铁黑、纤维素等，应有产品合格证。

3.2.3 稀释剂：汽油、煤油、醇酸稀料、松香水、酒精等，应有产品合格证。

3.2.4 催干剂：钴催干剂等，应有产品合格证。

3.2.5 机具：油刷、开刀、牛角板、油画笔，掏子、棉纱、铜丝滤网、小扫帚、砂纸、砂布、腻子板、拌腻子槽、铁皮刮板、橡皮刮板、小油桶、油勺、半截大桶、水桶、钢丝钳子、小锤子、钢丝刷、高凳、脚手板、安全带等。

4　操作工艺

4.1　工艺流程

基层处理→刷防锈漆→刮腻子、磨光→刷第一遍涂料→刷第二遍涂料→刷第三遍涂料

4.2　基层处理

将钢门窗和金属表面上浮土、油渍、鳞皮、锈斑、焊渣、毛刺等清除干净。

4.3　刷防锈漆

4.3.1　已刷防锈漆但出现锈斑的金属表面，应用铲刀铲除底层防锈漆，然后用钢丝刷和砂布彻底打磨干净，补刷一道防锈漆。待防锈漆干透后，将金属表面的砂眼、凹坑、缺棱、拼缝等处用石膏腻子刮抹平整。

4.3.2　石膏腻子的质量配合比为：石膏粉 20，熟桐油 5，油性腻子或醇酸腻子 10，底漆 7，水适量。腻子应调成不软、不硬、不出蜂窝、挑丝不倒为宜。

4.3.3　待腻子干透后，用 1 号砂纸打磨，磨完砂纸后用湿布将表面上的粉末擦干净。

4.4　刮腻子、磨光

4.4.1　用开刀或橡皮刮板在钢门窗或金属表面上满刮一遍石膏腻子，要求刮得薄、收得干净、均匀平整、均匀平整、无飞刺。

4.4.2　等腻子干透后，用 1 号砂纸打磨，注意保护棱角，应达到表面光滑、线角平直、整齐一致。

4.5　刷第一遍涂料

4.5.1　涂料用色铅油 50%、光油 10%、清油 8%、汽油 20%、煤油 10%（质量比）配制成，经搅拌后过滤，冬季宜加适量催干剂。油的稠度以达到盖底、不流淌、不显刷痕为宜，铅油的颜色应符合样板颜色。刷门框时不得刷到墙上。刷钢窗时，框子刷好后再刷亮子，全部亮子刷完后再刷窗扇。刷窗扇时，两扇窗应先刷左扇后刷右扇，三扇窗应最后刷中间一扇。窗扇外部全部刷完后，用风钩钩住再刷里面。

4.5.2　刷钢门时先刷亮子，再刷门框，门扇背面刷完后，用木楔将门扇下口固定，最后刷门窗正面。全部刷完后，检查一下有无遗漏，分色是否正确，并将小五金等处沾染的涂料擦干净。线角和阴阳角处应无流坠、漏刷、裹棱、透底。

4.5.3　复补腻子：待油漆干透，在底腻子收缩或残缺处用石膏腻子补抹一次。待腻子干透后用 1 号砂纸打磨，要求同满刮腻子。磨好后用湿布将磨下的粉末擦净，刷完第一遍涂料后方可进行玻璃安装。

4.6　刷第二遍涂料

4.6.1　刷铅油：同刷第一遍涂料。

4.6.2　磨砂纸：应用 1 号砂纸或旧砂纸轻磨一遍，要求同满刮腻子，磨好后用湿布将磨下的粉末擦干净。

4.7　刷第三遍涂料

由于调和漆黏度较大，涂刷时应多刷多理，刷油应饱满，刷油动作应敏捷，不流不坠，光亮均匀，色泽一致。在玻璃油灰上刷油，应待油灰达到一定强度后进行，刷时宜轻，油应均匀，不损伤油灰表面光滑，八字见线。刷完后应立即检查一遍，最后将门窗扇打开，用风钩或木楔固定。

5　质量标准

5.1　主控项目

5.1.1　涂饰工程选用的材料品种、型号、性能应符合设计要求及国家现行标准的有关规定。

5.1.2　涂饰工程应涂饰均匀、粘结牢固，不得漏涂、透底、开裂、起皮和掉粉。

5.1.3　涂饰工程颜色、光泽、图案应符合设计要求。

5.1.4　基层处理应符合《建筑装饰装修工程质量验收标准》GB 50210—2018 中 12.1.5 条的有关规定。

5.2　一般项目

5.2.1　色漆的涂饰质量应符合表 25-1 的规定。

色漆的涂饰质量　　表 25-1

项目	普通涂饰	高级涂饰
颜色	基本一致	均匀一致
光泽、光滑	光泽基本均匀，光滑，无挡手感	光泽均匀一致，光滑
刷纹	刷纹通顺	无刷纹
裹棱、流坠、皱皮	明显处不允许	不允许
装饰线、分色线直线度允许偏差（mm）	2	1

注：无光色漆不检查光泽。

5.2.2　涂层与其他装修材料和设备衔接处应吻合，界面应清晰。

5.2.3　涂饰工程允许偏差应符合表 25-2 的规定。

涂饰工程的允许偏差　　表 25-2

项次	项目	允许偏差（mm）	
		普通涂饰	高级涂饰
1	立面垂直度	4	3
2	表面平整度	4	3
3	阴阳角方正	4	3
4	装饰线、分色线直线度	2	1
5	墙裙、勒脚上口直线度	2	1

6　成品保护

6.0.1　每遍涂料涂刷前，都应将地面、窗台清扫干净，防止尘土飞扬而影响油漆质量。

6.0.2　每遍涂料刷完后，都应将门窗用风钩钩住或用木楔固定，防止框与扇涂料黏结或门窗玻璃损坏。

6.0.3　涂料涂刷后，立即将滴在地面、窗台、墙面和五金上的涂料清擦干净。

6.0.4　涂料工程完成后，应派专人负责看管和管理，禁止摸碰。

7　注意事项

7.1　应注意的质量问题

7.1.1　钢门窗等金属构件在安装前应涂刷防锈漆，防止金属表面发生反锈现象。钢门窗的上下冒头、靠合页小面以及门窗框、压缝条的上下端，不得漏刷涂料。

7.1.2　合页槽、上下冒头、框件接头、钉孔、拼缝及边棱残缺处等，不得缺腻子、缺砂纸。

7.1.3　涂料稠度、漆膜厚度及施工环境温度应适宜，并应采用适当的操作顺序和方法，防止产生流坠、裹棱等。

7.1.4　应采用适宜的油刷，油刷用稀料泡软后使用，涂料稠度应适宜，不得产生明显刷纹。

7.1.5　涂料质量应良好，兑配均匀，催干剂适量，避免产生皱皮。

7.1.6　严格控制施工环境的相对湿度，金属表面应平整，底漆应干透，稀释剂应适宜，防止产生局部漆面失去光泽的倒光现象。

7.2　应注意的安全问题

7.2.1　施工现场应有良好的通风条件，如在通风条件不好的场地施工，必须安置通风设备。

7.2.2　在使用挥发性、易燃性溶剂的涂料时不得使用明火，严禁吸烟。

7.2.3　高空作业时必须系安全带。

7.2.4　涂刷大面积涂料的场地，室内照明和电气设备必须按防爆等级规定进行安装。

7.2.5　操作人员在施工时感觉头痛、心悸或恶心时，应立即离开工作地点，到通风处。

7.3　应注意的绿色施工问题

7.3.1　项目部在开工前，项目经理组织有关人员编制控制措施，纳入项目环境管理方案，确保满足相关法律法规要求。该管理方案经项目经理批准后，应逐级传递到相关责任人员。

7.3.2　所用涂料的有害物质应符合《民用建筑工程室内环境污染控制规范》GB 50325—2010（2013年版）的规定。

7.3.3　脚手架支设、拆除、搬运、修理噪声的控制：必须轻拿轻放，上下、左右有人传递；项目部必须在施工场界设立钢管修理房场所。修理时，禁止用大锤敲打；切割钢管时，及时在锯片上刷油，且锯片送速不能过快。

7.3.4　必须单独存放的涂料及化学危险品，应根据物资特性分别选择适当的地点分库贮存，严禁与其他物资和危险品混储、混运。仓库应符合消防安全有关规定，保持足够的安全距离，设置醒目的标识。

7.3.5　使用涂料及化学危险品必须按照环境保护的有关规定，妥善处理废水、废液、废料、废渣。施工时必须严格遵守操作规程，严格用火管理。

7.3.6　使用涂料及化学危险品前对盛装容器进行检查，按使用说明进行操作，消除隐患，防止火灾、爆炸、中毒等事故的发生。

8　质量记录

8.0.1　材料的出厂合格证、质量检验报告。

8.0.2　溶剂性涂料涂饰工程检验批质量验收记录。

8.0.3　溶剂性涂料涂饰分项工程质量验收记录。

第26章　混凝土及抹灰表面涂料涂饰

本工艺标准适用于工业与民用建筑混凝土及抹灰表面涂料涂饰工程的施工。

1　引用标准

《住宅装饰装修工程施工规范》GB 50327—2001；
《建筑涂饰工程施工及验收规程》JGJ/T 29—2015；
《建筑工程施工质量验收统一标准》GB 50300—2013；
《建筑装饰装修工程质量验收标准》GB 50210—2018；
《民用建筑工程室内环境污染控制规范》GB 50325—2010（2013年版）；
《合成树脂乳液外墙涂料》GB/T 9755—2014；
《合成树脂乳液内墙涂料》GB/T 9756—2009；
《溶剂型外墙涂料》GB/T 9757—2001；
《建筑室内用腻子》JG/T 298—2010；
《外墙柔性腻子》GB/T 23455—2009；
《外墙无机建筑涂料》JG/T 26—2002。

2　术语（略）

3　施工准备

3.1　作业条件

3.1.1　墙面基层应基本干燥。涂刷溶剂型涂料时，含水率不得大于 8%；涂刷乳液型涂料时，含水率不得大于 10%。一般新墙干燥 15d 后即可涂刷，且 pH 值应小于 10。

3.1.2　抹灰作业已全部完成，过墙管道、洞口、阴阳角等应提前处理完毕。

3.1.3　门窗玻璃应提前安装完毕，湿作业的地面施工完毕，管道设备安装后，试水试压已完成。

3.1.4　大面积施工前应事先做好样板间，经有关部门检查合格后，方可组织班组进行施工。

3.1.5　外用吊篮已安装完成并验收合格。

3.1.6　施工时环境温度为 5～35℃，相对湿度不得大于 80%。

3.2　材料及机具

3.2.1　涂料：应有产品合格证及产品说明书。

3.2.2　腻子：应用产品合格证及产品说明书。

3.2.3　颜料：各色无机颜料，应有产品合格证。

3.2.4　主要机具：吊篮、高凳、脚手板、小铁锹、擦布、开刀、腻子托板、钢皮刮板、橡皮刮板、半截大桶、小油桶、铜丝滤网、砂纸、扫帚、刷子、排笔等。

4　操作工艺

4.1　工艺流程

[基层处理]→[修补腻子、磨平]→[满刮腻子、磨平]→[刷第一遍涂料]→[刷第二遍涂料]→[刷第三遍涂料]。

4.2　基层处理

将基层上起皮、松动及鼓泡等清除凿平，用 1∶3 的水泥砂浆或聚合物水泥砂浆修补；将残留在基层表面上的灰尘、污垢、溅沫和砂浆流痕等杂物清扫干净。

4.3　修补腻子、磨平

修补前，先涂刷一遍用三倍水稀释的胶粘剂，然后用石膏腻子将基层上磕碰的坑凹、缝隙等处分遍找平，干燥后用 1 号砂纸将凸出处磨平，并将浮尘等扫净。

4.4　满刮腻子、磨平

4.4.1　腻子应采用成品腻子，并与涂料种类相匹配，与使用环境相适应，按产品说明书进行配制。

4.4.2　刮腻子的遍数应由基层的平整度确定，一般不少于两遍。即第一遍用胶皮刮板横向满刮，一刮板紧接着一刮板，接头不得留槎，每刮一刮板的最后收头应干净平顺。干燥后磨砂纸，然后竖向满刮，所用材料和方法同第一遍腻子，干燥后用砂纸磨平并清扫干净。注意不要漏磨或将腻子磨穿。

4.5　刷第一遍涂料

4.5.1　涂刷顺序为先顶板后墙面，刷墙面时应先上后下。先将墙面清扫干净，再用布将粉土擦净。使用新排笔涂刷时，应将排笔上的浮毛和不牢固的毛理掉。

4.5.2　涂料使用前应搅拌均匀，按产品使用说明书适当稀释。干燥后复补腻子，待复补腻子干燥后用砂纸磨光，并清扫干净。

4.6　刷第二遍涂料

操作要求同刷第一遍涂料，使用前应充分搅拌，水性涂料若稠度不大，不宜加水或尽量少加水，以防露底。涂膜干燥后，用细砂纸将墙面小疙瘩和排笔毛打磨掉，磨光后清扫干净。

4.7　刷第三遍涂料

做法同第二遍涂料，应连续快速操作，涂刷时从一头开始，逐渐刷向另一头，应注意上下顺刷互相衔接，避免干燥后出现接头。

5　质量标准

5.1　主控项目

5.1.1　涂饰工程选用涂料的品种，型号和性能应符合设计要求。

5.1.2　涂饰工程应涂饰均匀、黏粘牢固，不得掉粉、脱皮、漏刷和透底。

5.1.3　涂饰工程的颜色、图案应符合设计要求。

5.1.4　基层处理：新建筑物的混凝土或抹灰层在涂饰前，应涂刷抗碱封闭底漆。旧墙面在涂饰涂料前，应清除疏松的旧装修层，并涂刷界面剂。基层含水率应符合规定。基层腻子应平整、坚实、牢固，无粉化、起皮、和裂缝；内墙腻子的黏结强度应符合《建筑室内用腻子》JG/T 3049 的规定。厨房、卫生间墙面必须使用耐水腻子。

5.2　一般项目

5.2.1　溶剂性涂料的涂饰质量应符合表 26-1 的规定。

涂料的涂饰质量　　表 26-1

项目	普通涂饰	高级涂饰
颜色	基本一致	均匀一致
光泽、光滑	光泽基本均匀，光滑，无挡手感	光泽均匀、光滑
刷纹	刷纹通顺	无刷纹
裹棱、流坠、皱皮	明显处不允许	不允许

注：无光色漆不检查光泽。

5.2.2　水性涂料的涂饰质量应符合表 26-2 的规定。

水性涂料的涂饰质量　　表 26-2

项次	项目	薄涂料		厚涂料	
		普通涂饰	高级涂饰	普通涂饰	高级涂饰
1	颜色	均匀一致	均匀一致	均匀一致	均匀一致
2	光泽、光滑	光泽基本均匀，光滑无挡手感	光泽均匀一致，光滑	光泽基本均匀	光泽均匀一致
3	泛碱、咬色	允许少量轻微	不允许	允许少量轻微	不允许
4	流坠、疙瘩	允许少量轻微	不允许	—	—
5	砂眼、刷纹	允许少量轻微砂眼、刷纹通顺	无砂眼，无刷纹	—	—
6	点状分布	—	—	—	疏密均匀

5.2.3　涂层与其他装修材料和设备衔接处应吻合，界面应清晰。

5.2.4　涂饰工程允许偏差应符合表 26-3 的规定。

涂饰工程的允许偏差　　表 26-3

项次	项目	允许偏差（mm）					
		溶剂性涂料		水性涂料			
		普通涂饰	高级涂饰	薄涂料普通涂饰	薄涂料高级涂饰	厚涂料普通涂饰	厚涂料高级涂饰
1	立面垂直度	4	3	3	2	4	3
2	表面平整度	4	3	3	2	4	3
3	阴阳角方正	4	3	3	2	4	3
4	装饰线、分色线直线度	2	1	2	1	2	1
5	墙裙、勒脚上口直线度	2	1	2	1	2	1

6　成品保护

6.0.1　涂料面层未干前，室内不得清扫地面，以免粉尘污染面层；漆面干燥后不得接近墙面泼水，以免泥水污染。

6.0.2　最后一遍涂料施涂完后，室内空气应流通，预防漆膜干燥后表面光泽不足。

6.0.3　涂料面层完工后应妥善保护，不得碰撞损坏。

6.0.4　施涂墙面时，不得污染地面、踢脚线、阳台、窗台、门窗和玻璃等。

7　注意事项

7.1　应注意的质量问题

7.1.1　漆膜厚度应适宜，刷涂料时不得漏刷，保持涂料的稠度，以免产生透底现象。

7.1.2　涂刷时应上下顺刷，后一排笔紧接前一排笔，时间间隔宜短，不得出现明显接槎。

7.1.3　乳胶漆的稠度应适中，排笔蘸涂料量应适当，涂刷时应多理、多顺，防止刷纹过大。

7.1.4　施工前应按标高弹画好分色线，刷分色线时应用力均匀，起落宜轻，排笔蘸量应适当，脚手架应通长搭设，从上向下或从左向右刷，防止分色线不齐。

7.1.5　涂刷带颜色的乳胶漆时，配料应合适，保证独立面每遍用同一批涂料，并宜一次用完，确保颜色一致。

7.1.6　用于外墙外保温系统的涂饰材料必须满足外墙外保温系统的吸水性和透气性要求，且应与系统相匹配。

7.2　应注意的安全问题

7.2.1　人字梯必须设有搭钩，高度超过3.6m以上应由架子工搭设脚手架。

7.2.2　脚手架不得搭在人字梯最上一档，跳板中间不得同时站两人操作。

7.2.3　操作地点应保持良好的通风环境，施工时严禁吸烟。

7.2.4　刷顶棚时，脚手架高度距顶棚以1.8m为宜；刷墙时，脚手架距墙面以300mm为宜。

7.3　应注意的绿色施工问题

7.3.1　项目部在开工前，项目经理组织有关人员编制控制措施，纳入项目环境管理方案，确保满足相关法律法规要求。该管理方案经项目经理批准后，应逐级传递到相关责任人员。

7.3.2　脚手架支设、拆除、搬运、修理噪声的控制：必须轻拿轻放，上下、左右有人传递；项目部必须在施工场界设立钢管修理房场所。修理时，禁止用大锤敲打；切割钢管时，及时在锯片上刷油，且锯片送速不能过快。

7.3.3　必须单独存放的涂料及化学危险品，应根据物资特性分别选择适当的地点分库贮存，严禁与其他物资和危险品混储、混运。仓库应符合消防安全有关规定，保持足够的安全距离，设置醒目的标识。

7.3.4　使用涂料及化学危险品必须按照环境保护的有关规定，妥善处理废水、废液、废气、废渣。用油品化学危险品必须严格遵守操作规程，严格用火管理。

7.3.5　使用涂料及化学危险品前对盛装油品化学危险品的容器进行检查，按使用说明进行操作，消除隐患，防止火灾、爆炸、中毒等事故的发生。

7.3.6　内外墙涂饰材料应符合《室内装饰装修材料内墙涂料中有害物质限量》GB 18582—2008、《民用建筑工程室内环境污染控制规范》GB 50325—2010（2013年版）以及《建筑用外墙涂料中有害物质限量》GB 24408—2009的规定。

8 质量记录

8.0.1 材料的出厂合格证、质量检验报告。
8.0.2 涂料涂饰检验批工程质量验收记录。
8.0.3 涂料涂饰分项工程质量验收记录。

第 27 章 混凝土及抹灰表面复层涂料涂饰

本工艺标准适用于工业与民用建筑室外混凝土及抹灰表面复层涂料涂饰工程的施工。

1 引用标准

《住宅装饰装修工程施工规范》GB 50327—2001；
《建筑涂饰工程施工及验收规程》JGJ/T 29—2015；
《建筑工程施工质量验收统一标准》GB 50300—2013；
《建筑装饰装修工程质量验收标准》GB 50210—2018；
《复层建筑涂料》GB/T 9779—2015；
《外墙柔性腻子》GB/T 23455—2009；
《建筑室内用腻子》JG/T 298—2010；
《合成树脂乳液砂壁状建筑涂料》JG/T 24—2000。

2 术语（略）

3 施工准备

3.1 作业条件

3.1.1 脚手架或吊篮已搭设完毕，并验收合格。
3.1.2 墙面孔洞已修补。
3.1.3 门窗设备管线已安装，洞口已堵严抹平。
3.1.4 不涂饰的部位（采用喷、弹涂时）已遮挡。
3.1.5 施工前应事先做好样板，经有关质量部门检查鉴定合格后，方可组织大面积施工。
3.1.6 施工现场环境温度宜在 5～35℃之间，并注意防尘。

3.2 材料及机具

3.2.1 复层涂料：涂料的品种应按设计要求选用。涂料应有产品合格证、检测报告及使用说明。

3.2.2　腻子：选用成品外墙腻子，应有产品合格证和使用说明。

3.2.3　机具：空气压缩机（最高气压1MPa、排气量0.6m^3）、吊篮、高压无气喷涂机、手持喷头、挡板或塑料布、棕刷、半截大桶、小提桶、料勺、软质乳胶手套、长毛绒棍、泡沫塑料棍、压花辊子、短棍、排笔、棕刷、料桶等。

4　操作工艺

4.1　工艺流程

基层处理→满刮腻子、打磨→施涂底层涂料→施涂主层涂料→滚压→施涂面层涂料

4.2　基层处理

4.2.1　先将墙面等基层上的起皮、松动及鼓包等清除凿平，将残留在基层表面上的灰尘、污垢、溅沫和砂浆流痕等杂物清除扫净。

4.2.2　外墙用1∶3的水泥砂浆或腻子将基层表面凹坑及掉角等缺陷修补好；干燥后用砂纸将凸出处磨平，基层含水率不得大于10%。

4.3　满刮腻子、打磨

4.3.1　刮腻子的遍数由基层或墙面的平整度来决定，一般情况为三遍。

4.3.2　第一遍用胶皮刮板横向满刮，一刮板紧接着一刮板，接头不得留槎，每刮一刮板最后收头时，要注意收的要干净利落。干燥后用1号砂纸磨，将浮腻子及斑迹磨平磨光，再将墙面清扫干净。

4.3.3　第二遍用胶皮刮板竖向满刮，所有材料和方法同第一遍腻子，干燥后用1号砂纸磨平并清扫干净。

4.3.4　第三遍用胶皮刮板找补腻子，用钢片刮板满刮腻子，将墙面等基层刮平刮光，干燥后用0号细砂纸磨平磨光，注意不要漏磨或将腻子磨穿。

4.4　施涂底层涂料

4.4.1　基层刮腻子后，经过干燥和砂纸打磨可涂饰底层涂料。不同的复层涂料，其底层涂料也不尽相同。底层涂料作用是增强腻子与主涂层的附着力，封闭基层水分，避免水对主层涂料及罩面层的影响。

4.4.2　底层涂料的涂饰方法可采用喷、刷、滚三种方式，无论用什么涂饰方法都要涂均匀不得漏涂。

4.5　施涂主层涂料

4.5.1　待底层涂料干燥后，可喷涂主层涂料。先将主层涂料混合均匀，检查其稠度是否合适，根据样板凹凸状斑点的大小和形状，通过加外加剂水溶液来调整其稠度。

4.5.2　涂饰时应由上而下，分段分片进行。分段分片的部位应选择在门、窗、拐角、

水落管等易于遮盖处。

4.5.3　喷涂时空气压缩机的压力为 0.4～0.7MPa 比较适当，压力过低喷点大或者成堆，压力过高喷点小。喷头应与墙面垂直，不能倾斜，距离为 300～400mm，横竖方向各喷一遍。

4.5.4　喷点要有一定的密度和厚度。喷点的大小和形状受喷嘴孔径的影响，一般情况下，喷嘴的孔径大喷点就大，喷嘴孔径小喷点就小，无论什么样的喷点，其大小和疏密程度应均匀一致，且不得连成片状，喷点的覆盖面积以不小于 70%为好。

4.6　滚压

4.6.1　如果样板是平面凹凸状花纹，而不是半球面斑点花纹时，应使用橡胶平压辊蘸水或溶剂轻轻滚压，把半球面斑点压平，滚压后花纹宜凸出面 1～2mm。

4.6.2　滚压的时间和力度要掌握适当：滚压时间太早或用力过大容易把斑点压的过平，滚压时间过晚则不容易压平，而且容易把斑点压裂。若使用水泥为主涂料时，应在滚压干燥 24h 后开始浇水养护。

4.7　施涂面层材料

4.7.1　主层涂料经过养护后（合成树脂乳液喷点 24h，水泥料喷点 7d），施涂面层涂料，一般涂饰两遍。面层材料按组成成分可分为溶剂型和乳液型两种；按光泽可分为无光和有光两种。

4.7.2　施涂面层涂料可以采用喷涂或者涂刷两种方式，无论采用什么方式均不得有漏涂和流坠现象。涂饰时第一遍面漆可适当多加些稀料，施工速度要快；第二遍面漆可适当稠些，一般是 24h 后滚涂。

5　质量标准

5.1　主控项目

5.1.1　涂料的品种、型号和性能应符合设计或选定样品要求。

5.1.2　涂料涂饰工程的颜色和图案应符合设计要求。

5.1.3　涂饰工程应涂饰均匀、粘结牢固，不得漏涂、透底、起皮和掉粉。

5.1.4　基层处理应符合要求（新建筑物基层涂饰前应涂刷抗碱封闭漆；旧墙面涂饰前应清除疏松的旧装修层并用界面剂处理）。

5.2　一般项目

5.2.1　混凝土及抹灰表面涂复层涂料的质量要求应符合表 27-1 的规定。

混凝土及抹灰表面施涂复层涂料的质量要求　　**表 27-1**

项次	项目	质量要求
1	颜色	均匀一致
2	泛碱、咬色	不允许
3	喷点疏密程度	均匀、不允许连片

5.2.2　涂层与其他装修材料或设备衔接处应吻合，界面应清晰。

5.2.3　涂饰工程允许偏差应符合表27-2的规定。

涂饰工程的允许偏差　　表27-2

项次	项目	允许偏差（mm）	
		普通涂饰	高级涂饰
1	立面垂直度	4	3
2	表面平整度	4	3
3	阴阳角方正	4	3
4	装饰线、分色线直线度	2	1
5	墙裙、勒脚上口直线度	2	1

6　成品保护

6.0.1　施涂前应先清理好周围环境，防止尘土飞扬影响涂料质量。

6.0.2　施涂墙面涂料时，不得污染窗台、门窗及玻璃等不需涂装的部位。

6.0.3　涂料墙面完后要妥善保护，不得磕碰污染墙面。

6.0.4　施工所用的一切机具，用具必须事先洗净，不得将灰尘、油垢等杂质带入涂料中，施工完毕或间断时，机具、用具应及时洗净，以便后用。

7　注意事项

7.1　应注意的质量问题

7.1.1　涂料工程基体或基层的含水率不得大于10%。

7.1.2　涂料工程使用的腻子，应坚硬牢固，不得粉化、起皮和裂纹。

7.1.3　刷涂料时除应注意不漏刷外，还应保持涂料的稠度，不可随意加水。

7.1.4　涂刷时对已完成的部位做好遮挡，防止污染，应适当划分分格块，甩槎应甩到分格条部位或不明显处。

7.1.5　应加强施工人员的技术水平培训，使其熟悉操作要点；对机具要经常维护、检查，确保正常使用；施工前要做样板，以确定操作方法和质量标准。

7.1.6　风雪天应停止施工。风力在四级以上时，不得进行喷涂施工。

7.2　应注意的安全问题

7.2.1　人字梯必须设有搭钩，高度超过3.6m以上应由架子工搭设脚手架。

7.2.2　脚手架不得搭在人字梯最上一档，跳板中间不得同时站两人操作。

7.2.3　操作地点应保持良好的通风环境，配料间严禁吸烟。

7.2.4　施工作业人员按规定佩戴手套、眼镜、口罩和安全帽等防护用品。

7.3　应注意的绿色施工问题

7.3.1　项目部在开工前，项目经理组织有关人员编制控制措施，纳入项目环境管理方案，确保满足相关法律法规要求。该管理方案经项目经理批准后，应逐级传递到相关责任人员。

7.3.2　所用涂料的有害物质应符合《民用建筑工程室内环境污染控制规范》GB 50325—2010（2013年版）以及《建筑用外墙涂料中有害物质限量》GB 24408—2009的规定。

7.3.3　脚手架支设、拆除、搬运、修理噪声的控制：必须轻拿轻放，上下、左右有人传递；项目部必须在施工场界设立钢管修理房场所。修理时，禁止用大锤敲打；切割钢管时，及时在锯片上刷油，且锯片送速不能过快。

7.3.4　必须单独存放的涂料和化学危险品，应根据物资特性分别选择适当的地点分库贮存，严禁与其他物资和危险品混储、混运。仓库应符合消防安全有关规定，保持足够的安全距离，设置醒目的标识。

7.3.5　使用涂料和化学危险品必须按照环境保护的有关规定，妥善处理废水、废液、废料、废渣。用油品化学危险品必须严格遵守操作规程，严格用火管理。

7.3.6　使用化学危险品前对盛装化学危险品的容器进行检查，按使用说明进行操作，消除隐患，防止火灾、爆炸、中毒等事故的发生。

8　质量记录

8.0.1　材料的出厂合格证、质量检验报告。

8.0.2　复层涂料涂饰检验批工程质量验收记录

8.0.3　复层涂料涂饰分项工程质量验收记录。

第28章　美术涂饰

本工艺标准适用于工业与民用建筑套色涂饰、滚花涂饰、仿花纹等室内外美术涂饰工程的施工。

1　引用标准

《住宅装饰装修工程施工规范》GB 50327—2001；
《建筑涂饰工程施工及验收规程》JGJ/T 29—2015；
《建筑工程施工质量验收统一标准》GB 50300—2013；
《建筑装饰装修工程质量验收标准》GB 50210—2018；
《合成树脂乳液外墙涂料》GB/T 9755—2014；
《合成树脂乳液内墙涂料》GB/T 9756—2009；
《溶剂型外墙涂料》GB/T 9757—2001；
《建筑室内用腻子》JG/T 3049—1998；
《外墙柔性腻子》GB/T 23455—2009。

2 术语

2.0.1 美术涂饰按照使用的表层涂料种类，分为油漆美术涂饰和水性涂料粉饰；美术涂饰按照图案分为套色、滚花、仿花纹、拉毛涂饰等。

2.0.2 套色涂饰：亦称假壁纸、仿壁纸油漆。它是在墙（顶）面已完成油漆（或水性涂料）的基础上，按特制的漏花套板，有规律地将各色油漆（或水性涂料）喷在墙（顶）上制成。

2.0.3 滚花涂饰：是在一般油漆（或水性涂料）完成的基层上，以面层油漆（或水性涂料）进行滚涂的工艺。

2.0.4 仿木纹涂饰：亦称木丝，一般是仿硬质木材的木纹。

2.0.5 仿石纹涂饰：亦称假大理石，如仿白色大理石。

3 施工准备

3.1 作业条件

3.1.1 门窗安装及油漆已完成，房间地面已经完成，房间细木装修的底板已经完成。电气及设备的预留预埋已完成。

3.1.2 混凝土和墙面抹灰已完成且经过干燥，含水率不高于8%；木材制品含水率不大于12%。

3.1.3 墙面基层应清扫干净，如有凸凹不平、缺棱掉角或局部面层损坏者，应提前修补找平好并且干燥，预制混凝土表面提前刮石膏腻子找平并干燥。

3.1.4 如房间较高应提前准备好脚手架，房间不高应提前准备高凳；脚手架或吊篮已搭设完毕，并验收合格。

3.1.5 美术涂饰的操作顺序原则是先上后下，先顶棚后墙面。

3.1.6 大面积施工前应事先做样板或样板间，经有关人员认可后才能组织大面积施工。

3.1.7 冬期施工应在采暖条件下进行，室温保持均衡，一般施工的环境温度不宜低于10℃，相对湿度为60%，不应突然变化，应设专人负责测温和开关门窗，以利通风排除湿气。

3.2 材料及机具

3.2.1 涂料：光油、青油、桐油，各色溶剂型调合漆（酯胶调合漆、醇酸调合和漆、酚醛调合漆等）；各色无光调合漆；各色水性涂料等，应根据设计要求、基层情况、施工环境和季节情况选用，且必须有出厂质量证明和检测报告。

3.2.2 填充料：大白粉、滑石粉、石膏粉、双飞粉（麻丝面）地板黄、红土子、黑烟子、立德粉、108胶等。

3.2.3 稀释剂：汽油、煤油、松香水、酒精、醇酸稀料等与油漆相应配套的稀料。

3.2.4 颜料：应使用耐碱、耐光的矿物性颜料。

3.2.5 机具：手持式电动搅拌器、空气压缩机、吊篮、高压无气喷涂机、喷斗、喷枪、高压胶管、长毛绒辊、压花辊、印花辊、硬质塑料、橡胶辊、排笔、棕刷、料桶、不锈钢抹子、塑料抹子、托灰板、刮板、牛角板、砂纸、棉丝、高凳等。

4 操作工艺

4.1 工艺流程

基层处理→弹分格缝→施涂封底涂料→施涂美术涂料、修整、施涂面层涂料

4.2 基层处理

4.2.1 将混凝土或抹灰表面上的灰尘、污垢、溅沫、砂浆流痕等清除干净。

4.2.2 新建筑物基层涂饰前应涂刷抗碱封闭漆；旧墙面涂饰前应清除疏松的旧装修层并用界面剂处理。

4.2.3 将基层缺棱掉角，用水泥砂浆或水泥混合砂浆修补好；表面麻坑及缝隙可用腻子填补齐平，并用腻子进行局部或满刮腻子。

4.2.4 待腻子干后用砂纸磨平。

4.3 弹分格缝

4.3.1 根据设计要求进行吊垂直、套方、找规矩、弹分格缝。此项工作必须严格按标高控制好，必须保证四周交圈。

4.3.2 外墙涂料工程分段进行时，应以分格缝、墙的阴角处或水落管等为分界线和施工缝，垂直分格缝则必须进行吊直，不能用尺量，缝格必须平直、光滑、粗细一致。

4.4 施涂封底涂料

在处理完毕的基层上涂刷底漆或水性涂料，待底层涂料干透后方可施工美术涂料，美术涂料施涂完毕，经过修整才能施涂面层涂料。基层刮腻子、施涂封底涂料、面层涂料时，均要使用与面层美术涂饰同类的配套材料。

4.5 施涂美术涂料、修整、施涂面层涂料

4.5.1 套色涂饰

1 制作漏花套板

1）套板可用硬纸板、丝绢、马口铁皮制作。

2）简单花样的套板可用硬纸板制作，先将准备使用的硬纸板的正反两面施涂两遍漆片或一遍清油，然后晾干压平备用。先按照设计要求把花纹图案复印在硬纸板上，经过镂空即制成简单的纸套板。

3）丝绢套板制作方法有多种，最简单的是在丝绢上刷稀胶，用漆片或清漆描出花纹图样，正反面都要描，干后再把胶水去掉即成丝绢套板。

4）马口铁皮套板的制作方法同纸板制作。如果喷、刷彩色图案，则要根据图案色彩制作多色套板，即不同的颜色制成不同的套板，并在套板上留 2～3 个小孔，以使不同的套板

能固定在相同位置，从而保证彩色图案经多次喷刷后，花纹图案依旧相吻合。

2　底层涂料干透后喷花

1）把根据设计制作的套板固定在需喷花的物面上，喷枪的气压一般控制为 0.3～0.4MPa，距离控制 200～250mm，喷涂时最好一枪盖过不重复。如果是多彩花纹图案，则要分几次喷涂，每次喷后待涂膜干燥，才能喷涂另一种色彩。

2）刷花是以刷代喷，效果没有喷花的好。

4.5.2　滚花涂饰

1　可通过彩弹与滚花组合提高装饰效果（彩弹是通过弹力棒将不同色浆弹射到基层饰面上，形成彩色弹点）；即经过彩弹并且压花纹之后，再做滚花工序。

2　滚花操作应从左到右、从上到下，滚停位置要保持在同一花纹点上。握滚平衡一滚到底。可先弹好垂直线作为基准再滚。为保持花纹和色泽一致，在同一视线范围宜由同一人操作。

3　弹滚前要遮盖好分界线。弹点时不宜弹的过厚，以免影响滚花的清晰。

4　操作完毕后，每种色料都要保留一些，以备修补之用。

4.5.3　仿木纹涂饰

1　仿木纹的工序是先在基层面上涂刷浅色油漆（颜色与木材面色相同），待干燥后刷一道深木材色油漆，随即用钢耙子或钢齿刮出木纹，然后滚出棕眼一次成活。

2　干透后用1号砂纸轻轻打磨平整，掸净灰尘，刷罩面清漆两遍。

4.5.4　仿石纹涂饰

1　基层处理完毕后刷涂（或喷涂）白色涂料，涂层要薄且均匀。应注意基层面的平整和光洁。

2　根据设计确定的仿石块尺寸，在白色涂层上画出底线仿拼缝。

3　在底层涂料基层上，刷一道延展性好与大理石样板主色调相似的调合漆。不等其干燥用灰色调合漆进行随意施涂后，即用油刷来回轻轻浮飘，刷成黑白纹理交错的仿石纹，颜色力求自然、和谐和逼真。

4　在仿石纹涂膜干透后划线，在原底线处划出宽窄相宜的石块拼缝。

5　干透后用400号水砂纸打磨，掸净灰尘，刷涂罩面清漆。

5　质量标准

5.1　主控项目

5.1.1　美术涂饰工程所用材料的品种、型号和性能应符合设计要求及国家现行标准的有关规定。

5.1.2　美术涂饰工程应涂饰均匀、粘结牢固，不得漏涂、透底、开裂、起皮、掉粉和反锈。

5.1.3　美术涂饰工程的基层处理应符合《建筑装饰装修工程质量验收标准》GB 50210—2018 中 12.1.5 条的有关规定，厨房、卫生间墙面应使用耐水腻子。

5.1.4　美术涂饰工程的套色、花纹和图案应符合设计要求。

5.2　一般项目

5.2.1　美术涂饰表面应洁净，不得有流坠现象。

5.2.2　仿花纹涂饰的饰面应具有被模仿材料的纹理。

5.2.3　套色涂饰的图案不得移位，纹理和轮廓应清晰。

5.2.4　墙面美术涂饰工程的允许偏差应符合表 28-1 的规定。

墙面美术涂饰工程的允许偏差　　**表 28-1**

项次	项目	允许偏差（mm）
1	立面垂直度	4
2	表面平整度	4
3	阴阳角方正	4
4	装饰线、分色线直线度	2
5	墙裙、勒脚上口直线度	2

6　成品保护

6.0.1　施工前应将不进行喷涂的交界墙面遮挡保护好，以防污染。

6.0.2　喷涂、滚涂完成后，应及时将成品保护好以防损坏。

6.0.3　拆、翻架子时，要严防碰撞墙面和污染涂层。

6.0.4　油工在施工操作时严禁蹬踩已施工完毕的部位，注意切勿将油桶、涂料污染墙面。

6.0.5　室内施工时一律不准从内往外清倒垃圾，严防污染涂饰面层。

6.0.6　涂料干燥前，应防止尘土玷污和热空气的侵袭，如一旦发生，应及时进行处理。

6.0.7　施涂工具和样板等使用完毕后，应及时清洗或浸泡在相应的溶剂中，以确保下次继续使用。

7　注意事项

7.1　应注意的质量问题

7.1.1　喷、滚涂面层的基层要清理干净，按规程要求进行分层打底和分格施工。

7.1.2　设专人掌握配合比和统一配料，计量要准确；涂饰面层施工要指定专人负责，以控制操作手法一致。

7.1.3　防止产生表面不平、不光、质感不理想，就要求底灰抹好。

7.1.4　二次接槎施工时注意涂层的厚度，避免重叠涂层形成局部花感。

7.1.5　选用抗紫外线、抗老化的无机颜料，施工时严格控制加水量，中途不得随意加水，以保持颜色一致。

7.2　应注意的安全问题

7.2.1　必须单独存放的涂料和化学危险品，应根据物资特性分别选择适当的地点分库贮存，严禁与其他物资和危险品混储、混运。仓库应符合消防安全有关规定，保持足够的安全距离，设置醒目的标识。

7.2.2　使用化学危险品前对盛装化学危险品的容器进行检查，按使用说明进行操作，消除隐患，防止火灾、爆炸、中毒等事故的发生。

7.2.3　人字梯必须设有搭钩，高度超过 3.6m 以上应由架子工搭设脚手架。

7.2.4　脚手板不得搭在人字梯最上一档，脚手板中间不得同时站两人操作。

7.2.5　操作地点应保持良好的通风环境，作业时严禁吸烟。

7.2.6　操作前应对脚手架进行全面检查，发现隐患应及时排除，之后方可上人操作，在脚手架上操作人员，严禁打闹或甩抛物体。

7.2.7　脚手架上的工具、材料应分散放稳，严禁超过限制荷载。

7.2.8　进入施工现场必须戴安全帽、口罩和防护手套。

7.2.9　垂直运输设备必须设有安全装置，吊篮停靠在地面后方可上下人。

7.3　应注意的绿色施工问题

7.3.1　项目开工前，项目经理组织有关人员编制控制措施，纳入项目环境管理方案，确保满足相关法律法规要求。管理方案经项目经理批准后，应逐级传递到相关责任人员。

7.3.2　各种施涂材料和做法应符合设计要求，并应符合国家有关环境污染控制规定的要求，施工前认真做好各种施涂材料环保检测，出具有害物质限量等级检测报告。

7.3.3　脚手架支设、拆除、搬运、修理噪声的控制：必须轻拿轻放，上下、左右有人传递；项目部必须在施工场界设立钢管修理房场所。修理时，禁止用大锤敲打；切割钢管时，及时在锯片上刷油，且锯片送速不能过快。

7.3.4　使用涂料和化学危险品必须按照环境保护的有关规定，妥善处理废水、废液、废料、废渣。

8　质量记录

8.0.1　材料的出厂合格证、质量检验报告。

8.0.2　美术涂饰工程检验批质量验收记录。

8.0.3　美术涂饰分项质量验收记录。

第5篇　裱糊、软包与细部

第29章　室内裱糊

本工艺标准适用于工业与民用建筑室内裱糊的施工。

1　引用标准

《建筑装饰装修工程质量验收标准》GB 50210—2018；
《住宅装饰装修工程施工规范》GB 50327—2001；
《住宅室内装饰装修工程质量验收规范》JGJ/T 304—2013；
《民用建筑工程室内环境污染控制规范》GB 50325—2010（2013年局部修订）；
《室内装饰装修材料　壁纸中有害物质限量》GB 18585—2001。

2　术语

2.0.1　室内裱糊：将聚氯乙烯塑料壁纸、纸质壁纸、墙布等采用专业胶粘剂粘贴在室内的天棚面、墙面、柱面的面层装饰工程。

3　施工准备

3.1　作业条件

3.1.1　室内墙面抹灰已完成，且经过干燥，含水率不高于8%；木材制品含水率不得大于12%。

3.1.2　水电及设备、顶墙上预埋件已完。

3.1.3　门窗油漆已完成。

3.1.4　有水磨石地面的房间，出光、打蜡已完，并将面层水磨石保护好。

3.1.5　事先将突出墙面的设备部件等卸下收存好，待壁纸粘贴完后再将其部件重新装好复原。

3.1.6　如房间较高，应提前准备好脚手架或钉设木凳，在架体底部做好对地面的保护。

3.1.7　大面积施工前应先做样板间，经质检部门检查合格后，方可组织班组进行施工。

3.2　材料及机具

3.2.1　壁纸：各种壁纸、墙布等的质量应符合设计要求和国家现行有关标准的规定。

3.2.2　胶粘剂：应按壁纸和墙布的品种选配，具有粘结力强、防潮性、柔性、热伸缩性、防霉性、耐久性、水溶性等性能。

3.2.3 腻子：应根据设计和基层的实际需要配制。

3.2.4 接缝带：玻璃网格布、丝绸条、绢条等；

3.2.5 底层涂料：裱贴前，应在基层面上先刷一遍底层涂料，作为封闭处理。

3.2.6 机具：裁纸工作台、钢板尺（1m长）、壁纸刀、毛巾、塑料水桶、塑料盆、油工刮板（薄钢片、胶皮、塑料刮板）、胶滚、拌腻子槽、小辊、开刀、毛刷、排笔、擦布或棉丝、色粉线包、小白线、铁制水平尺、托线板、线坠、盒尺、手锤、红铅笔、扫帚、工具袋、注射针筒钉头等。

4 操作工艺

4.1 工艺流程

基层处理 → 满刮腻子 → 吊垂直、套方、找规矩、弹线 → 计算用量、裁纸 → 刷胶、糊纸

4.2 基层处理

4.2.1 混凝土表面的浮尘、疙瘩等应清除干净，表面的隔离剂、油污应用碱水（火碱：水=1：10）清刷干净，然后用清水冲洗掉墙面上的碱液等。

4.2.2 新建筑物的混凝土或抹灰等，墙层在刮腻子前应涂刷一遍底层涂料。

4.2.3 旧墙面在裱糊前，应清除酥松的旧装修层，并涂刷界面剂。

4.2.4 基层表面平整度、立面垂直度及阴阳角方正，应达到高级抹灰的要求。

4.3 满刮腻子

4.3.1 腻子的质量配合比：聚醋酸乙烯乳液（即白乳胶）：滑石粉或大白粉：2%羧甲基纤维素溶液=1：5：3.5。

4.3.2 混凝土墙面在清扫干净的墙面上满刮1～2道腻子，干后用砂纸磨平、磨光；抹灰墙面可满刮1～2道腻子找平、磨光，但不可磨破灰皮；石膏板墙先用嵌缝腻子将缝堵实堵严，再粘贴玻璃网格布或丝绸条、绢条等接缝带，然后局部刮腻子补平。

4.3.3 基层腻子应平整、坚实、牢固，无粉化、起皮和裂缝；腻子的粘结强度应符合《建筑室内用腻子》JG/T 298的规定。

4.4 吊垂直、套方、找规矩、弹线

4.4.1 将顶棚的对称中心线通过套方、找规矩的办法弹出中心线，以便从中间向两边对称控制。

4.4.2 将房间四角的阴阳角通过吊垂直、套方、找规矩，并按照壁纸的尺寸进行分块弹线控制。

4.4.3 墙与顶交接处，凡有挂镜线的按挂镜线，没有挂镜线的按设计要求弹线控制。

4.5 计算用料、裁纸

根据设计要求决定壁纸的粘贴方向，然后计算用料、裁纸；应按所量尺寸每边留出20～

30mm余量。一般应在案子上裁割，将裁好的纸用湿温毛巾擦后，折好待用。

4.6 刷胶、糊纸

室内裱糊时，宜按先裱糊顶棚后裱糊墙面的顺序进行。

4.6.1 裱糊顶棚壁纸：在纸的背面和顶棚的粘贴部位刷胶，应注意按壁纸宽度刷胶，不宜过宽，铺贴时应从中间开始向两边铺贴。第一张应按已弹好的线找直粘牢，应注意纸的两边各甩出10～20mm不压死，以满足与第二张铺贴时的拼花压槎对缝的要求。然后依上法铺贴第二张，两张纸搭接10～20mm，用钢板尺比齐，两人将尺按紧，一人用壁纸刀裁切，随即将搭槎处两张纸条撕去，用刮板带胶将缝隙刮实压牢。随后将顶子两端阴角处用钢板尺比齐、拉直，用刮板及棍子压实，最后用湿温毛巾将接缝处辊压出的胶痕擦净，依次进行。

4.6.2 裱糊墙面壁纸：应分别在纸上及墙上刷胶，其刷胶宽度应相吻合，墙上刷胶一次不应过宽。糊纸时从墙的阴角开始铺贴第一张，按已画好的垂直线吊直，并从上往下用手铺平，刮板刮实，并用小棍子将上、下阴角处压实。第一张粘好留10～20mm（应拐过阴角约20mm），然后粘铺第二张，依同法压平、压实，与第一张搭槎10～20mm，应自上而下对缝，拼花应端正，用刮板刮平，用钢板尺在第一、第二张搭槎处切割开，将纸边撕去，边槎处带胶压实，并及时将挤出的胶液用湿温毛巾擦净，然后用同法将接顶、接踢脚的边切割整齐，并带胶压实。墙面上遇有电门、插销盒时，应在其位置上破纸做为标记。在裱糊时，阳角不允许甩槎接缝，阴角处应裁纸搭缝，不允许整纸铺贴，避免产生空鼓与皱折。

4.6.3 花壁纸拼接应符合以下要求：

1 壁纸的拼缝处花形应对接拼搭好。

2 铺贴前应注意花形及壁纸的颜色力求一致。

3 墙与顶壁纸的搭接应根据设计要求而定，一般有挂镜线的房间应以挂镜线为界，没有挂镜线的房间应以弹线为准。

4 花形拼接如出现困难时，错槎应尽量甩到不显眼的阴角处，大面不允许出现错槎和花形混乱的现象。

4.6.4 壁纸粘贴完后应认真检查，对墙纸的翘边翘角、气泡、皱折及胶痕未擦净等，应及时处理和修整。

5 质量标准

5.1 主控项目

5.1.1 壁纸、墙布的种类、规格、图案、颜色和燃烧性能等级应符合设计要求及国家现行有关标准的规定。

检验方法：观察；检查产品合格证书、进场验收记录和性能检验报告。

5.1.2 裱糊工程基层处理质量应符合高级抹灰允许偏差的要求。

检验方法：检查隐蔽工程验收记录和施工记录。

5.1.3 裱糊后各幅拼接应横平竖直，拼接处花纹、图案应吻合，应不离缝，不搭接，不显拼缝。

检验方法：距离墙面1.5m处观察。

5.1.4　壁纸、墙布应粘贴牢固，不得有漏贴、补贴、脱层、空鼓和翘边。

检验方法：观察；手摸检查。

5.2　一般项目

5.2.1　裱糊后的壁纸、墙布表面应平整，不得有波纹起伏、气泡、裂缝、皱折；表面色泽应一致，不得有斑污，斜视时应无胶痕。

检验方法：观察；手摸检查。

5.2.2　复合压花壁纸和发泡壁纸的压痕或发泡层应无损坏。

检验方法：观察。

5.2.3　壁纸、墙布与装饰线、踢脚板、门窗框的交接处应吻合、严密、顺直。与墙面上电气槽、盒的交接处套割应吻合，不得有缝隙。

检验方法：观察。

5.2.4　壁纸、墙布边缘应平直整齐，不得有纸毛、飞刺。

检验方法：观察。

5.2.5　壁纸、墙布阴角处搭接应顺光搭接，阳角处应无接缝。

检验方法：观察。

5.2.6　裱糊工程的允许偏差和检验方法应符合表29-1的规定。

裱糊工程的允许偏差和检验方法　**表29-1**

项次	项目	允许偏差（mm）	检验方法
1	表面平整度	3	用2m靠尺和塞尺检查
2	立面垂直度	3	用2m垂直尺检查
3	阴阳角方正	3	用200mm直角检测尺检查

6　成品保护

6.0.1　墙纸裱糊完的房间应及时清理干净，不准做料房或休息室，避免污染和损坏。

6.0.2　在整个裱糊的施工过程中，严禁非操作人员随意触摸墙纸。

6.0.3　电气和其他设备等在进行安装时，应注意保护墙纸，防止污染和损坏。

6.0.4　铺贴壁纸时，严格按照本工艺标准施工，边缝应切割整齐，胶痕应及时清擦干净。

6.0.5　严禁在已裱糊好壁纸的墙、顶上剔眼打洞。若纯计变更，应采取相应的质量措施，施工后应及时认真修复。

6.0.6　二次修补油、浆活及磨石二次清理打蜡时，应作好壁纸的保护，防止污染、碰撞与损坏。

6.0.7　墙纸全部糊完后，门窗关闭、上锁，严禁任何人进入，并设专人负责开窗通风干燥。

7 注意事项

7.1 应注意的质量问题

7.1.1 同一操作房间使用的壁纸、墙布应一次领料，保证颜色、花纹一致。

7.1.2 裱糊施工过程中，应防止穿堂风吹进和温度的突然变化，以免引起已裱糊贴好的墙饰干燥不一致，造成离缝、开口缝等现象。

7.1.3 对于需要重叠对花的条类壁纸，应先裱糊对花，然后再用钢直尺对齐裁下余边。裁切时，应一次切掉，不得重割，裁切后撕去余纸，再行粘贴压实。

7.1.4 接缝处应及时刷胶、辊压、修补，以防干后出现翘边、翘角等现象。

7.1.5 墙面基层应将积尘、腻子包、水泥斑痕、小砂粒、胶浆疙瘩等清理干净，以防出现壁纸、墙布表面不平，斜视有疙瘩。

7.1.6 基层含水率应控制在规定范围内，否则潮气会将壁纸拱成气泡。遇到此情况时可用注射器将泡刺破并注入胶液，用辊压实。

7.1.7 阴角刷胶应认真细致，不得漏刷，赶压应到位，以防造成空鼓。阴角壁纸接槎时应超过阴角20mm，以防壁纸收缩而造成阴角处壁纸断裂。

7.1.8 施工中因碰撞而损坏的壁纸、墙布，可用对纹、对花、对色的方法挖空填补。

7.2 应注意的安全问题

7.2.1 裱糊操作使用的脚手架、木凳，应搭设牢固、稳定，并经安全检查后，方可用于操作。

7.2.2 裱糊使用的裁口刀、剪刀等工具，应注意安全使用、安全放置，操作过程暂不使用时，应放置在不易触碰的地方或工具袋内。

7.2.3 架梯不可设置太陡、太斜，坡度一般为75度左右，并要有防滑装置；3.6m以上的梯子应在中间加顶撑。

7.2.4 不准两人同时站在一个梯子上，人在梯子上时，不可移动梯子，人字梯须有坚固的铰链和限制开度的拉链，梯脚应有防滑皮套。

7.2.5 不应把工具或材料挂在梯凳上，必要时梯凳须人扶持上下，身体的重量不可越出梯子的重心，不得跨越爬梯或跳梯。

7.3 应注意的绿色施工问题

7.3.1 废弃物按指定位置分类储存，集中处置。

7.3.2 施工后的废料应及时清理，做到工完料净场地清，坚持文明施工。

7.3.3 选择材料时，必须选择符合设计和国家环境规定的材料。

8 质量记录

8.0.1 壁纸、墙布等材料的产品合格证书、性能检测报告和进场验收记录和复验报告。

8.0.2 施工记录。

8.0.3　裱糊工程检验批质量验收记录。

8.0.4　裱糊分项工程质量验收记录。

8.0.5　其他技术文件。

第 30 章　软包、硬包安装

本工艺标准适用于工业与民用建筑软包、硬包安装的施工。

1　引用标准

《建筑装饰装修工程质量验收标准》GB 50210—2018；
《住宅装饰装修工程施工规范》GB 50327—2001；
《住宅室内装饰装修工程质量验收规范》JGJ/T 304—2013；
《民用建筑工程室内环境污染控制规范》GB 50325—2010（2013 年局部修订）；
《室内装饰装修材料　人造板及其制品中甲醛释放限量》GB 18580—2017；
《室内装饰装修材料　胶粘剂中有害物质限量》GB 18583—2008。

2　术语

软包是指：采用织物、皮革、人造革等做面层，内填柔性材料加以包装的墙面装饰方法。软包包括带内衬软包和不带内衬软包，不带内衬软包也称为硬包。

3　施工准备

3.1　作业条件

3.1.1　熟悉施工图纸，对施工人员进行技术和安全交底。

3.1.2　大面积装修前应先做样板，经业主（监理）或设计认可后再全面施工。

3.1.3　墙面的电气管线及设备底座等隐蔽物件已安装好，并通过验收。

3.1.4　混凝土墙面抹灰完成，水泥砂浆已刷冷底子油。

3.1.5　室内消防喷淋、空调冷冻水等系统已安装好，调试成功并验收合格。

3.1.6　房间的抹灰工程、吊顶工程、地面工程、门窗工程及涂饰工程完成，验收合格。

3.1.7　室内已弹好水平线和室内标高已确定。

3.2　材料及机具

3.2.1　软包、硬包墙面木框、龙骨、底板、面板等木材的树种、规格、等级、含水率和防腐处理必须符合设计图纸要求。

3.2.2　软包、硬包面料及内衬材料及边框的材质、颜色、图案、燃烧性能等级应符合设计要求及国家现行标准的有关规定，具有防火检测报告。普通布料需进行两次防火或处理，并检测合格。

3.2.3　龙骨一般用白松烘干料，含水率不大于 12%，厚度应根据设计要求，不得有腐朽、节疤、劈裂、扭曲等疵病，并预先经防腐处理。龙骨、衬板、边框应安装牢固，无翘曲，拼缝应平直。

3.2.4　外饰面用的压条分格框料和木贴脸等面料，采用工厂经烘干加工的半成品料，含水率不大于 12%。选用优质五夹板，如基层情况特殊或有特殊要求者，亦可选用九夹板。

3.2.5　胶粘剂应有出厂合格证，应符合国家关于有害物质限量的标准的要求。

3.2.6　机具：电焊机、手电钻、冲击电钻、木工锯、刨子、钢板尺、毛刷、排笔、裁刀、长卷尺、专用夹具、刮刀、刮板、锤子、码钉枪、气枪、抹灰用工具等。

4　操作工艺

4.1　工艺流程

预制软、硬包块→弹线、分格→转孔、找木屑→墙面防潮→钉木龙骨转孔、找木屑→铺钉胶合板→安装软、硬包预制块→镶贴装饰木线及饰面板

4.2　预制软、硬包块

4.2.1　按软、硬包块分块尺寸裁九厘板，并将四条边，用刨刨出斜面，并刨平。

4.2.2　以规格尺寸大于九厘板 50～80mm 的织物面料和泡沫塑料、硬包为皮革置于九厘板上，将软、硬包材料沿九厘板斜边卷到板背，在展平顺后用钉固定。

4.2.3　钉好一边，再展平铺顺面层材料，将其余三边都卷到板背固定，固定时宜用码钉枪打码钉。

4.3　弹线、分格

用吊垂线法、拉水平线及尺量的办法、借助装饰一米线，确定软、硬包墙的厚度及打眼位置等（可用 25mm×30mm 的方木，按设计要求的尺寸分档）。

4.4　钻孔、找入木楔

孔眼位置在墙上弹线的交叉点，孔距 400～600mm，可视面板划分而定，孔深 60mm，用冲击钻头钻孔。

4.5　墙面防潮

在抹灰墙面涂刷防水涂料不，或要在砌体墙面、混凝土墙面铺一道防水卷材或二布三涂防水层做防潮层。防水涂料要满涂、刷匀，不漏涂；铺防水卷材，要满铺，铺平、不留缝。

4.6　钉木龙骨

4.6.1　采用凹槽榫工艺，制作成木龙骨框架。木龙骨架的大小，可根据实际情况加工

成一片或几片拼装到墙上。

4.6.2　木龙骨架应刷涂防火漆。

4.6.3　将预制好的木龙骨架靠墙直立，用水平尺找平、找垂直，用铁钉钉在木楔上，边钉边找平、找垂直，凹陷较大处应用木楔垫平钉牢。

4.7　铺钉胶合板

4.7.1　将木龙骨架与胶合板接触的一面刨光，使铺钉的胶合板平整。

4.7.2　胶合板在铺钉前，先在其板背涂刷防火涂料，涂满、涂匀。

4.7.3　用气钉枪将胶合板钉在木龙骨上。钉固时，从板中向两边固定，接缝应在木龙骨上且钉头沉入板内，使其牢固、平整。

4.8　安装软、硬包预制块

4.8.1　在木基层上按设计图画线，标明预制板块及装饰木线（板）位置。

4.8.2　将预制板块用塑料模包好，镶钉在墙、柱面做软、硬包的位置。用气枪钉钉牢。每钉一颗钉用手抚预制板块面层材料，使面层无凹陷、起皱现象，无钉头挡手的感觉。连续铺钉的板块，接缝要严密，下凹的缝应宽窄均匀一致，且顺直，塑料薄膜待工程交工时撕掉。

4.9　镶贴装饰木线及饰面板

在墙面软包部分的四周钉木压线条、盖缝条及饰面板等装饰条，这一部分可先于装饰软、硬包预制块做好，也可以地软包预制块上墙后制作，暗钉钉完后，用电化帽头钉钉于板块分格的交叉点上。

5　质量标准

5.1　主控项目

5.1.1　软包工程的安装位置及构造做法应符合设计要求。

检验方法：观察；尺量检查；检查施工记录。

5.1.2　软包边框所选木材的材质、花纹、颜色和燃烧性能等级应符合设计要求及国家现行标准的有关规定。

检验方法：观察；检查产品合格证书、进场验收记录、性能检验报告和复验报告。

5.1.3　软包衬板材质、品种、规格、含水率应符合设计要求。面料及内衬材料的品种、规格、颜色、图案及燃烧性能等级应符合国家现行标准的有关规定。

检验方法：观察；检查产品合格证书、进场验收记录、性能检验报告和复验报告。

5.1.4　软包工程的龙骨、边框应安装牢固。

检验方法：手扳检查。

5.1.5　软包衬板与基层应连接牢固，无翘曲、变形，拼缝应平直，相邻板面接缝应符合设计要求，横向无错位拼接的分格应保持通缝。

检验方法：观察；检查施工记录。

5.2　一般项目

5.2.1　单块软包面料不应有接缝，四周应绷压严密。需要拼花的，拼接处花纹、图案应吻合。软包饰面上电器槽、盒的开口位置、尺寸应正确，套割应吻合，槽、盒四周应镶硬边。

检验方法：观察；手摸检查。

5.2.2　软包工程的表面应平整、洁净、无污染、无凹凸不平及皱折；图案应清晰、无色差，整体应协调美观、符合设计要求。

检验方法：观察。

5.2.3　软包工程的边框表面应平整、光滑、顺直，无色差、无钉眼；对缝、拼角应均匀对称、接缝吻合。清漆制品木纹、色泽应协调一致。其表面涂饰质量应符合涂饰工程的有关规定。

检验方法：观察；手摸检查。

5.2.4　软包内衬应饱满，边缘应平齐。

检验方法：观察；手摸检查。

5.2.5　软包墙面与装饰线、踢脚板、门窗框的交接处应吻合、严密、顺直。交接（留缝）方式应符合设计要求。

检验方法：观察。

5.2.6　软包工程安装的允许偏差和检验方法应符合表30-1的规定。

软包工程安装的允许偏差和检验方法　　表30-1

项次	项目	允许偏差（mm）	检验方法
1	单块软包边框水平度	3	用1m水平尺和塞尺检查
2	单块软包边框垂直度	3	用1m垂直检测尺检查
3	单块软包对角线长度差	3	从框的裁口里角用钢尺检查
4	单块软包宽度、高度	0，−2	从框的裁口里角用钢尺检查
5	分格条（缝）直线度	3	拉5m线，不足5m拉通线用钢直尺检查
6	裁口线条结合处高度差	1	用直尺和塞尺检查

6　成品保护

6.0.1　饰面施工、运输过程应注意保护，不得碰撞、刻划、污染，在墙面施工过程中，严禁非操作人员随意触摸成品，当饰面被污染或碰撞时，应及时擦洗干净。

6.0.2　施工时应对已完成的装饰工程及水电设施等采取有效措施加以保护，防止损坏及污染。

6.0.3　电气和其他设备等在进行安装时，应注意保护墙面，防止污染和损坏。

6.0.4　饰面四周还需施涂料等作业时，应贴纸或覆盖塑料薄膜，防止污染饰面。

6.0.5　交通进出口，易被碰撞的部位，在饰面完成后，应及时加以保护。

6.0.6　已完成的饰面，不得堆放靠放物品，严禁上人蹬踩。

6.0.7　施工结束后将面层清理干净，现场垃圾清理完毕，洒水清扫可用吸尘器清理干净，避免扫起来灰尘，造成二次污染。

7　注意事项

7.1　应注意的质量问题

7.1.1　软包在粘结填塞料“海绵”时，避免用含腐蚀成分的胶粘剂，以免腐蚀“海绵”，造成“海绵”厚度减少，底部发硬，以至于软包不饱满，应采用中性或其他不含腐蚀成分的胶粘剂。

7.1.2　面料裁割及粘结时，应注意花纹走向，避免花纹错乱影响美观。

7.1.3　预制板块水平度、垂直度达到规范要求，阴阳角应进行对角。

7.2　应注意的安全问题

7.2.1　对软包面料及填塞料的阻燃性能严格把关，达不到防火要求的，不予使用。

7.2.2　软包布附近尽量避免使用碘钨灯或其他高温照明设备，不得动用明火，避免损坏。

7.3　应注意的绿色施工问题

7.3.1　废弃物按指定位置分类储存，集中处置。

7.3.2　施工后的废料应及时清理，做到工完料净场地清，坚持文明施工。

7.3.3　选择材料时，必须选择符合设计和国家环境规定的材料。

8　质量记录

8.0.1　织物、皮革、人造革等材料的产品合格证书、性能检测报告和进场验收记录和复验报告。

8.0.2　施工记录。

8.0.3　软包工程检验批质量验收记录。

8.0.4　软、硬包分项工程质量验收记录。

8.0.5　其他技术文件。

第31章　木窗帘盒安装

本工艺标准适用于工业与民用建筑木窗帘盒安装的施工。

1　引用标准

《建筑装饰装修工程质量验收标准》GB 50210—2018；

《住宅装饰装修工程施工规范》GB 50327—2001；
《住宅室内装饰装修工程质量验收规范》JGJ/T 304—2013；
《民用建筑工程室内环境污染控制规范》GB 50325—2010（2013年局部修订）；
《室内装饰装修材料　人造板及其制品中甲醛释放限量》GB 18580—2017；
《室内装饰装修材料　胶粘剂中害物质限量》GB 18583—2008；
《室内装饰装修材料　溶剂型木器涂料中有害物质限量》GB 18581—2009。

2 术语

2.0.1 木窗帘盒：采用木质材料在吊顶或者非吊顶墙面，为隐蔽窗帘轨道和滑轮制作成的隐藏式或下挂式吊板。

3 施工准备

3.1 作业条件

3.1.1 安装窗帘盒的房间，在结构施工时，应按图预埋防腐木砖或镀锌铁件，预制混凝土构件应设置预埋件；如设计无规定预埋件时，可用镀锌膨胀螺栓安装。

3.1.2 无吊顶采用明窗帘盒的房间，应安好门窗框，做好内抹灰冲筋。

3.1.3 有吊顶采用暗窗帘盒的房间，吊顶施工应与窗帘盒安装同时进行。

3.2 材料、构配件及机具

3.2.1 木材制品：采用红、白松及硬杂木干燥料，含水率不大于12%，并不得有裂缝、扭曲等现象。

3.2.2 五金配件：根据设计选用窗帘轨、轨堵、轨卡、大角、小角、滚轮、木螺丝、机螺丝、铁件等五金配件。

3.2.3 金属窗帘杆：由设计指定图号、规格和构造形式等，通常采用$\phi 8 \sim \phi 16$的圆钢或8～14号钢丝加端头元宝螺栓。

3.2.4 机具：手电钻、小电动台锯、大刨子、小刨子、槽刨、手木锯、螺丝刀、凿子、冲子、钢锯等。

4 操作工艺

4.1 工艺流程

找位与画线→预埋件检查与处理→安装窗帘盒

4.2 找位与画线

4.2.1 核对已进场的材料制品的品种、规格、组装构造是否符合设计及安装要求。

4.2.2 安装窗帘盒应按设计图纸要求的位置、标高进行中心定位，弹好找平线，找好窗口、挂镜线等构造关系。

4.3 预埋件检查和处理

画线后，检查预埋件的位置、规格、预埋方式及牢固情况，是否能满足安装的要求；对于标高、水平度、中心位置、出墙距离有误差的，应采取措施进行处理。

4.4 安装窗帘盒

4.4.1 安装窗帘盒：先按水平线确定标高，画好窗帘盒中线，安装时将窗帘盒中线对准窗口中线，盒的靠墙部位应贴严，固定方法按设计要求；如设计无要求时，采用膨胀螺丝固定牢固。

4.4.2 安装窗帘轨：窗帘轨有单轨、双轨或三道轨之分。当窗宽大于1200mm时，窗帘轨应断开，摵弯应成平缓曲线，搭接长度不小于200mm；明窗帘盒一般在盒上先安装轨道，如为重窗帘时，轨道应加机螺丝固定；暗窗帘盒应后安装轨道，重窗帘时，轨道小角应加密间距，木螺丝规格不小于30mm；轨道应保持在一条直线上。

4.4.3 安装窗帘杆：校正连接固定件，将杆装上或将镀锌铁丝绷紧在固定件上，做到平、正同房间标高一致。

5 质量标准

5.1 主控项目

5.1.1 窗帘盒制作与安装所使用材料的材质、规格、性能、有害物质限量及木材的燃烧性能等级和含水率应符合设计要求及国家现行标准的有关规定。

检验方法：观察；检查产品合格证书、进场验收记录、性能检验报告和复验报告。

5.1.2 窗帘盒的造型、规格、尺寸、安装位置和固定方法应符合设计要求。窗帘盒的安装应牢固。

检验方法：观察；尺量检查；手扳检查。

5.1.3 窗帘盒配件的品种、规格应符合设计要求，安装应牢固。

检验方法：手扳检查；检查进场验收记录。

5.2 一般项目

5.2.1 窗帘盒表面应平整、洁净，线条顺直，接缝严密，色泽一致，不得有裂缝、翘曲及损坏。

检验方法：观察。

5.2.2 窗帘盒与墙、窗框的衔接应严密，密封胶缝应顺直、光滑。

检验方法：观察。

5.2.3 窗帘盒安装的允许偏差和检验方法应符合表31-1的规定。

窗帘盒安装的允许偏差　　表 31-1

项次	项目	允许偏差（mm）	检验方法
1	水平度	2	用 1m 垂直检测尺检查
2	上口、下口直线度	3	拉 5m 线，不足 5m 拉通线，用钢直尺检查
3	两端距离洞口长度差	2	用钢直尺检查
4	两端出墙厚度差	3	用钢直尺检查

6　成品保护

6.0.1　安装时不得踩踏暖气片及窗台板，严禁在窗台板上敲击、撞碰，以防损坏。

6.0.2　窗帘盒安装后及时刷一道底油漆，以防抹灰、喷浆等湿作业时受潮变形或污染。

6.0.3　窗帘杆或铅丝防止刻痕，加工品应妥善保管，防止存放不当、受潮等造成变形。

7　注意事项

7.1　应注意的质量问题

7.1.1　窗帘盒安装前，应做到画线准确，安装量尺标高一致，中心线准确，避免出现窗帘盒安装不平、不正现象。

7.1.2　窗帘盒安装时，应认真核对尺寸，使两端伸出长度相同，避免窗帘盒两端伸出的长度不一致。

7.1.3　一般盖板厚度不宜小于 15mm，如薄于 15mm 的盖板，应用机螺丝固定窗帘轨，否则会出现窗帘轨道脱落现象。

7.1.4　木制品加工时，木材应充分干燥，入场后存放严禁受潮，并在安装前打磨后及时刷清漆一道，以防出现窗帘盒迎面板扭曲现象。

7.2　应注意的安全问题

7.2.1　明窗帘盒安装应准备高凳，暗窗帘盒安装应搭设脚手架。

7.2.2　刨花和碎木料应及时清理，并存放在安全地点。

7.2.3　工具和五金配件应放在工具袋内。

7.3　应注意的绿色施工问题

7.3.1　废弃物按指定位置分类储存，集中处置。

7.3.2　施工后的废料应及时清理，做到工完料净场地清，坚持文明施工。

7.3.3　选择材料时，必须选择符合设计和国家环境规定的材料。

8　质量记录

8.0.1　材料的产品合格证书、性能检测报告和进场验收记录和复验报告。

8.0.2　隐蔽工程检查验收记录。

8.0.3　施工记录。

8.0.4　窗帘盒制作与安装工程检验批质量验收记录。

8.0.5　窗帘盒分项工程质量验收记录。

8.0.6　其他技术文件。

第32章　护栏与扶手安装

本工艺标准适用于工业与民用建筑护栏与扶手安装的施工。

1　引用标准

《建筑装饰装修工程质量验收标准》GB 50210—2018；

《住宅装饰装修工程施工规范》GB 50327—2001；

《住宅室内装饰装修工程质量验收规范》JGJ/T 304—2013；

《民用建筑工程室内环境污染控制规范》GB 50325—2010（2013年局部修订）。

2　术语

护栏与扶手是指：在建筑楼梯、楼层边悬空位置或者屋面等周边有可能发生坠落等危险的地方，所设置的隔离防护栏杆。扶手是在护栏最上部安装，为方便周边人行走过程可以支撑身体所设置的把手。

3　施工准备

3.1　作业条件

3.1.1　护栏与扶手安装在楼梯间时，应在楼梯间墙面、楼梯踏步饰面完成后进行；

3.1.2　护栏与扶手安装在楼内时，应在楼层墙面、地面饰面完成后进行；

3.1.3　护栏与扶手安装在屋面时，屋面面层、所有管道设备完成后进行。

3.2　材料及机具

3.2.1　木制扶手：一般用硬杂木加工成品，其树种、规格、尺寸、形状按设计要求。木料材质应纹理顺直，颜色一致，不得有腐朽、节疤、裂缝、扭曲等缺陷，含水率不得大于12%。弯头料一般采用扶手料，以45°角断面相接；断面特殊的木扶手，按设计要求备弯头料。

3.2.2　不锈钢、黄铜扶手：根据设计要求及结构安全需要采用合适的规格。一般立柱和扶手的壁厚不宜小于 1.2mm。

3.2.3 塑料扶手：断面形式、规格尺寸及色彩按设计要求选用。

3.2.4 粘结料：可以用动物胶或聚醋酸乙烯乳胶等化学胶粘剂。

3.2.5 其他材料：木螺丝、木砂纸、加工配件。

3.2.6 机具：手提电钻、小台锯、中、小木锯、窄条锯、挖锯、二刨、小刨子、小铁刨子、斧子、羊角锤、扁铲、钢锉、木锉、螺丝刀、方尺、割角尺、卡子等。

4　操作工艺

4.1　扶手安装工艺流程

配料 → 基体处理 → 弹线 → 安装

4.2　配料

根据设计文件要求，进行护栏与扶手的备料和配料。

4.3　基体处理

4.3.1 预埋件埋设标高、位置、数量应符合设计及安装要求，并经防腐防锈处理。

4.3.2 安装楼梯栏杆立杆的部位，基层混凝土不得有酥松现象，安装标高应符合设计要求，凹凸不平处必须剔除或修补平整；凹处及基层蜂窝麻面处，应用高强度等级混凝土进行修补。

4.4　弹线

根据栏杆与扶手构造，弹出其水平和垂直方向位置线并校正。

4.5　半成品加工、拼接组合

4.5.1 楼梯扶手的各部位尺寸，按设计要求以及现场实际情况，就地放样制作。

4.5.2 当楼梯上下跑栏杆板间距小于 200mm 时，扶手弯头应用塑料制作；当大于 200mm 时，可分两块制作。但高级建筑物楼梯仍应做整体弯头。

4.5.3 弯头制作前应做样板，按样板找好线或用毛料直接在栏板上画线，锯出雏形毛料，毛料一般较实际尺寸大 10mm。一般弯头伸出的长度为半踏步，起步弯头按设计要求制作。

4.5.4 木扶手具体形式和尺寸应符合设计要求。扶手底部开槽深度一般为 3～4mm，宽度所用钢的尺寸，但不超过 40mm，在扁钢上每隔 300mm 钻扶手安装孔。

4.6　安装

4.6.1 木扶手安装

1 安装木扶手应由下向上进行。首先按照栏杆斜度配好起步弯头，再接扶手，其高低应符合设计要求。

扶手与弯头的接头应做暗榫或用铁件锚固，并用胶粘结。木扶手的宽度或厚度超过

70mm时，其接头必须用暗榫，并用木工乳胶粘结。

木扶手与金属栏杆连接一般用32mm长木螺钉固定，间距不得大于300mm。当木扶手高度大于150mm时，应用螺栓或铁件与栏杆固定。铁件及螺帽不得外露。接头使用胶粘时，气温不得低于0°。

2　扶手末端与墙、柱连接方法常见有两种：一种是将扶手底部通长扁钢与墙柱内的预埋件焊接；另一种方法是将通长扁钢的端部做成燕尾形，伸入墙柱的预留孔内，用C20混凝土填实。

3　扶手安装完毕，刷一遍干性油。

4.6.2　安全玻璃护栏安装

1　安全玻璃与其他材料相交部位不应贴紧。

2　相邻玻璃间应留5～8mm间隙，以便于注胶。

3　与金属接触部分密封胶，应选用非醋酸型硅酮密封胶，以免腐蚀金属。

4　密封胶的色彩应与安全玻璃一致。

4.6.3　金属栏杆、扶手

1　栏杆立杆安装应按要求及施工墨线从起步处高上的顺序进行。楼梯起步平台两端立杆应先安装，安装分焊接和螺接固定两种方法。

焊接施工时，其焊条应与母材材质相同，安装时将立杆与埋件点焊临时固定，经标高、垂直校正后，施焊牢固。

采用螺栓连接时，立杆底部金属板上的孔眼应加工成腰圆形孔，以备膨胀螺栓位置不符，安装时可作微小调整。施工时，在安装立杆基层部位，用电钻钻孔打入膨胀螺栓后，连接立杆并稍做固定，安装标高有误差时用金属薄垫片调整，经垂直、标高校正后固紧螺帽。

两端立杆安装完毕后，拉通线用同样方法安装其余立杆。立杆安装必须牢固，不得松动。立杆焊接以及螺栓连接部位，除不锈钢外，在安装完成后，均应进行防腐防锈处理，并且不得外露，应在根部安装装饰罩或盖。

2　镶嵌有机玻璃、玻璃等栏板，其栏板应在立杆完成后安装。安装必须牢固，且垂直、水平及斜度应符合要求。安装时，将栏板镶嵌于两侧立杆的槽内，槽与栏板两侧缝隙应用硬质橡胶条块嵌填牢固，待扶手安装完毕后，用密封胶嵌实。扶手焊接安装时，栏板应用防火石棉布等遮盖防护，以免焊接火花飞溅损坏栏板。

3　楼梯扶手安装，一般采用焊接安装。使用焊条的材质应与母材相同。扶手安装顺序应从起步弯头开始，后接直扶手。扶手接口按要求角度套割正确，并用金属锉刀锉平，以免套割不准确，造成扶手弯曲和安装困难。安装时，先将起点弯头与栏杆立杆点焊固定，待检查无误后施焊牢固。弯头安装完毕后，直扶手两端与两端立杆临时点焊固定，同时将直扶手的一端接头对接并点焊固定，扶手接口处应留2～3mm焊接缝隙，然后拉通线将扶手与每根立杆作点焊固定，待检查符合要求后，将接口和扶手与立杆逐一施焊牢固。

4　较长的金属扶手（特别是室外扶手）安装后，其接头应考虑安装能适应温度变化而伸缩的可动式接口，可动式接头的伸缩量，如设计无要求时，一般考虑20mm。室外扶手还应在可伸缩处考虑设置漏水孔。扶手要根部与混凝土、砖墙面的连接，一般也应采用可伸缩的固定方法，以免因伸缩使扶手的弯曲变形。扶手与墙面连接根部应安装装饰罩盖。

4.6.4　塑料栏板、扶手

1　根据设计文件要求和现场实际情况，采用螺栓连接、焊接、水钻开孔等方法预留安装位置。

2　楼梯扶手接缝应符合设计要求。常见接缝有胶结和焊接两种方法。

3　对缝焊接楼梯扶手采用喷灯加热时，用手持焊条，压力应均匀合理，喷灯火焰要在适当距离顺扶手往复移动，火焰不得集中一点可靠近扶手，以免烧焦或发生起鳞现象。

4　焊接塑料扶手时，焊条施工方向应与母材材料的焊缝成 80°～100°角。

5　安装聚氯乙烯塑料扶手时，先将材料加热到 65℃～80℃，使材料变软，便于贴覆在支撑上，但应注意避免将其拉长。

支撑最小弯曲半径宜为 76mm，较小半径的扶手安装，可趁热用绷带固定，防止冷却时变形扭曲。

安装螺旋扶手时，可使用热吹风加热，由两人共同操作。

当转角处需做接头时，可用热金属板将扶手的段面加热，然后对焊。

扶手末端可以用短料切成所需形状，然后用上述方法焊接，并应留有一定的距离以便伸缩。

6　在有太阳直射的地方，应在塑料扶手下面焊接一些连接块，用它将扶手底部的两个边缘连接在一起，防止扶手变形和将弯曲处撑开。

7　整修抛光。扶手安装完毕后，待焊接冷却后，必须用锉刀和砂纸磨光，但注意不要使材料发热。然后用干净布蘸些干溶剂轻轻擦洗，再用无色蜡将其抛光。

5　质量标准

5.1　主控项目

5.1.1　护栏和扶手制作与安装所使用材料的材质、规格、数量和木材、塑料的燃烧性能等级应符合设计要求。

检验方法：观察；检查产品合格证书、进场验收记录和性能检验报告。

5.1.2　护栏和扶手的造型、尺寸及安装位置应符合设计要求。

检验方法：观察；尺量检查；检查进场验收记录。

5.1.3　护栏和扶手安装预埋件的数量、规格、位置以及护栏与预埋件的连接节点应符合设计要求。

检验方法：检查隐蔽工程验收记录和施工记录。

5.1.4　护栏高度、栏杆间距、安装位置应符合设计要求。护栏安装应牢固。

检验方法：观察；尺量检查；手扳检查。

5.1.5　栏板玻璃使用应符合设计要求和现行行业标准《建筑玻璃应用技术规程》JGJ 113 的规定。

检验方法：观察；尺量检查；检查产品合格证书和进场验收记录。

5.2　一般项目

5.2.1　护栏和扶手转角弧度应符合设计要求，接缝应严密，表面应光滑，色泽应一致，不得有裂缝、翘曲及损坏。

检验方法：观察；手摸检查。

5.2.2 护栏和扶手安装的允许偏差和检验方法应符合表 32-1 的规定。

护栏和扶手安装的允许偏差和检验方法　表 32-1

项次	项目	允许偏差（mm）	检验方法
1	护栏垂直度	3	用 1m 垂直检测尺检查
2	栏杆间距	0，−6	用钢直尺检查
3	扶手直线度	4	拉通线、用钢直尺检查
4	扶手高度	+6，0	用钢尺检查

6　成品保护

6.0.1 安装护栏与扶手时，应保护楼梯栏杆、楼梯踏步和操作范围内已施工完的工程。
6.0.2 木扶手安装完毕后，宜刷一遍底漆，且应加包裹，以免撞击损坏和受潮变色。
6.0.3 塑料扶手安装后，应及时包裹保护，并注意防火。

7　注意事项

7.1　应注意的质量问题

7.1.1 扶手料进场后，应存放在库内保持通风干燥，严禁在受潮情况下安装。

7.1.2 扶手底部开槽深度应一致，栏杆扁铁或固定件应平整，安装前扁铁应刷两道防锈油漆。

7.1.3 选料时应认真挑选，确保颜色一致。

7.1.4 木扶手固定时，钻孔方向应与扁铁或固定件垂直。

7.1.5 楼梯扶手高度必须符合强条要求的高度。

7.2　应注意的安全问题

7.2.1 操作人员使用电钻时应戴绝缘手套，不用时应及时切断电源。

7.2.2 操作地点的碎木、刨花等杂物，工作完毕后应清理干净，指定安全地点堆放。

7.3　应注意的绿色施工问题

7.3.1 废弃物按指定位置分类储存，集中处置。

7.3.2 施工后的废料应及时清理，做到工完料净场地清，坚持文明施工。

7.3.3 选择材料时，必须选择符合设计和国家环境规定的材料。

8　质量记录

8.0.1 材料的产品合格证书、性能检测报告和进场验收记录。

8.0.2 隐蔽工程检查验收记录。

8.0.3 施工记录。

8.0.4　栏杆和扶手制作与安装工程检验批质量验收记录。

8.0.5　栏杆和扶手制作与安装分项工程质量验收记录。

8.0.6　其他技术文件。

第 33 章　挂镜线、贴脸板、压缝条安装

本工艺标准适用于工业与民用建筑挂镜线、贴脸板、压缝条安装的施工。

1　引用标准

《建筑装饰装修工程质量验收标准》GB 50210—2018；
《住宅装饰装修工程施工规范》GB 50327—2001；
《住宅室内装饰装修工程质量验收规范》JGJ/T 304—2013；
《民用建筑工程室内环境污染控制规范》GB 50325—2010（2013 年局部修订）；
《室内装饰装修材料　人造板及其制品中甲醛释放限量》GB 18580—2017；
《室内装饰装修材料　胶粘剂中害物质限量》GB 18583—2008；
《室内装饰装修材料　溶剂型木器涂料中有害物质限量》GB 18581—2009。

2　术语

2.0.1　挂镜线、贴脸板、压缝条：在装饰装修细部最终面层所安装的构件。

3　施工准备

3.1　作业条件

3.1.1　在结构施工时应预埋挂镜线的固定件（木砖或预埋件）。抹灰之前应在木砖面上钉以防腐小木方，厚度为 20mm，并在小木方上钉一小圆钉，露出灰面层，以便安装挂镜线时找固定点位置。

3.1.2　安装挂镜线、贴脸板、压缝条前，应做完顶棚、墙面、地面装饰工程。

3.1.3　安装前，应检查上一道工序的质量，是否满足安装挂镜线、贴脸板、压缝条的要求。

3.2　材料及机具

3.2.1　木材的树种、材质等级应符合设计要求，含水率不大于 12%。门窗贴脸板、压缝条应采用与门窗框相同树种的木材。

3.2.2　木制挂镜线、贴脸板、压缝条：使用的木材不得有裂纹、扭曲、死节等缺陷，加工与安装时遇有死节缺陷，应挖补粘制牢固、修饰美观。

3.2.3　金属挂镜线、贴脸板、压缝条制品：材质种类、规格、形状应符合设计要求。

3.2.4　安装固定材料：按设计构造要求、材质性能选用，一般可选用圆钉、螺丝、胶粘剂、胀杆螺栓等。

3.2.5　机具：电焊机、手电钻、大木刨子、小木刨子、槽刨、小锯、手锤、平铲、割角尺、螺丝刀、墨斗、钢锉、木锉等。

4　操作工艺

4.1　工艺流程

检查安装部位→定位与画线→配料与预装→墙面防潮→安装固定

4.2　检查安装部位

4.2.1　检查应具备的条件：挂镜线固定点是否有标志；贴脸板和压缝条相接部位的抹灰和其他接缝与门窗框的平直度，是否满足安装的要求。

4.2.2　检查制品：检查木制品的树种、材质等级、规格、加工质量和特备零件均应符合设计要求；金属或其他制品的，产品质量和特备零件等应符合设计要求。

4.3　定位与画线

4.3.1　挂镜线定位时，应考虑门窗高度、电器槽盒位置、窗帘盒位置与挂镜线交圈和高低的效果。

4.3.2　贴脸板和压缝条定位时，应根据设计压框宽度，使压余量尺寸一致。

4.3.3　金属和其他材质的制品，均应与最凸出的压面尺寸一致。

4.4　配料与预装

4.4.1　挂镜线、贴脸板、压缝条安装需先配料，在安装部位首先量尺寸，处理接头或转角位置；设计无特殊要求，接头应成45°角，转角位置应按设计转角大小刨成坡角相接。

4.4.2　量尺下料后，组割配件，并在安装部位进行预装。

4.5　安装固定

4.5.1　挂镜线的安装固定方式应按设计要求，但必须牢固、平顺。一般固定方法有钉固、胀杆螺丝固定等。在特殊饰面的墙、柱上安装挂镜线，应待面层施工完后进行。

4.5.2　贴脸板或压缝条应紧密钉固在门窗框上，钉帽应砸扁冲入，钉的间距视贴脸板和压缝条的树种、材质、断面尺寸而定，一般宜为400mm。

5　质量标准

5.1　主控项目

5.1.1　挂镜线、贴脸板、压缝条制品的选材、品种、规格、形状、颜色、线条应符合设计要求。

检验方法：观察；检查产品合格证、进场验收记录。

5.1.2 挂镜线安装标高应一致，线条平直；压缝条安装应顺直。

检查方法：观察；尺量检查。

5.1.3 挂镜线、贴脸板、压缝条安装的割角、接头不得有错槎，观感清晰，固定牢靠。

检查方法：观察；手摸检查；手扳检查。

5.2 一般项目

5.2.1 安装位置正确，接缝严密，割角整齐、交圈，与墙面紧贴，颜色一致。

检查方法：观察。

5.2.2 尺寸正确，表面平直光滑，线条通顺、清秀，不露钉帽。

检查方法：观察；尺量检查。

5.2.3 挂镜线、贴脸板、压缝条安装允许偏差按表33-1规定。

挂镜线、贴脸板、压缝条安装允许偏差　　**表33-1**

项目		允许偏差（mm）	检查方法
挂镜线	上口平直	3	用钢卷尺检查
	交圈标高差	3	用钢卷尺检查
贴脸板、压缝条	距门窗框裁口差	2	用钢直尺检查

6 成品保护

6.0.1 装时不得损坏装修面层，不得用锤击墙面和重击门窗框，保持装修面的洁净。

6.0.2 安装操作中，注意保护已施工完毕的墙面、地面、顶棚、窗台等不受损坏。

7 注意事项

7.1 应注意的质量问题

7.1.1 安装操作时应加强预装，有缺陷应在预装时修正，无误后再正式安装固定。

7.1.2 在配料时，同一部位相接处应选择规格、色调一致的加工品，操作中应将接槎对准后方可固定。

7.1.3 应用砸扁钉帽的钉子钉固，并用尖冲子锤送入板面1mm，避免钉帽露出制品表面。

7.2 应注意的安全问题

7.2.1 电锯、电刨应有防护罩，并设专人负责，使用操作人员应遵守有关机电设备安全规程。

7.2.2 操作地点的刨花、碎木料应及时清理，并不得在操作地点吸烟及用火。

7.3 应注意的绿色施工问题

7.3.1 废弃物按指定位置分类储存，集中处置。

7.3.2 施工后的废料应及时清理，做到工完料净场地清，坚持文明施工。

7.3.3 选择材料时，必须选择符合设计和国家环境规定的材料。

8　质量记录

8.0.1 材料的产品合格证书、性能检测报告和进场验收记录。

8.0.2 隐蔽工程检查验收记录。

8.0.3 施工记录。

8.0.4 挂镜线、贴脸板、压缝条安装分项工程质量验收记录。

8.0.5 其他技术文件。

第34章　木门窗套、木墙板安装

本工艺标准适用于工业与民用建筑木门窗套、木墙板安装的施工。

1　引用标准

《建筑装饰装修工程质量验收标准》GB 50210—2018；

《住宅装饰装修工程施工规范》GB 50327—2001；

《住宅室内装饰装修工程质量验收规范》JGJ/T 304—2013；

《民用建筑工程室内环境污染控制规范》GB 50325—2010（2013年局部修订）；

《室内装饰装修材料　人造板及其制品中甲醛释放限量》GB 18580—2017；

《室内装饰装修材料　胶粘剂中有害物质限量》GB 18583—2008；

《室内装饰装修材料　溶剂型木器涂料中有害物质限量》GB 18581—2009。

2　术语

2.0.1 木门窗套、木墙板：采用成品木制材料或者采用木制材料进行现场加工，喷涂油漆等进行装饰的门窗套及墙面饰面板。

3　施工准备

3.1　作业条件

3.1.1 安装门窗套、木护墙前，结构面或基层面及洞口过梁处，应预埋好木砖或铁件。

3.1.2 门窗套、木护墙的骨架安装，应在安好门窗口、窗台板后进行，钉装面板应在室内抹灰及地面做完后进行。

3.1.3 木材的干燥应满足规定的含水率，护墙龙骨应在需铺贴面刨后三面刷防腐剂。

3.1.4 施工机具设备应在使用前安装好，接好电源，并进行试运转。

3.1.5 工程量大且较复杂时，施工前应绘制大样图，并应做样板，经检验合格后，才能大面积进行作业。

3.2 材料及机具

3.2.1 木材的树种、材质等级、规格应符合设计要求和《木结构工程施工质量验收规范》GB 50206 的规定。

3.2.2 骨架料：一般用红白松烘干料，含水率不大于12%，厚度应根据设计要求，不得有腐朽、超断面1/3的节疤、劈裂、扭曲等疵病，并预先经防腐处理。

3.2.3 面板：一般采用胶合板（切片板或旋片板），厚度不小于3mm，颜色、花纹应尽量相似。用原木板材作面板时，含水率不大于12%，板材厚度不小于15mm；拼缝的板面、板材厚度不少于20mm，且纹理顺直，颜色均匀，花纹近似，不得有节疤、裂缝、扭曲、变色等疵病。

3.2.4 其他材料：防潮纸或油毡，也可用乳胶、氟化钠（纯度应在75%以上，不含游离氟化氢）和石油沥青等防潮涂料；钉子（长度规格应是面板厚度的2～2.5倍）或射钉。

3.2.5 机具：小台锯、小台刨、手电钻、射枪、木刨子（大、中、小）、槽刨、木锯、细齿、刀锯、斧子、手锤、平铲、冲子、螺丝刀、方尺、割角尺、小钢尺、线坠、粉线包等。

4 操作工艺

4.1 工艺流程

找位与弹线→核查预留洞口及预埋件→铺涂防潮层→龙骨制配与安装→钉装衬板→钉装面板

4.2 找位与弹线

门窗套、木护墙安装前，应根据设计图要求，先找好标高、平面位置、竖向尺寸、再弹线。

4.3 核查预留洞口及预埋件

弹线后，检查预埋件、木砖排列间距、尺寸位置是否满足钉装龙骨的要求，量测门窗及其他洞口位置、尺寸是否方正垂直，且与设计要求是否相符。

4.4 铺、涂防潮层

设计有防潮要求的门窗套、木护墙，在钉装龙骨时应压铺防潮卷材或在钉装龙骨前进行涂刷防潮涂料。

4.5 龙骨制配与安装

4.5.1 龙骨木护墙：

1 局部木护墙龙骨：根据房间大小和高度，可预制龙骨架，整体或分块安装。

2 全高木护墙龙骨：首先量好房间尺寸，根据房间四周和上下龙骨的位置，将四框龙骨找位，钉装平、直，然后按龙骨间距要求，钉装横竖龙骨。

木护墙龙骨间距，当设计无要求时，一般横龙骨间距为400mm，竖龙骨间距为500mm。如面板厚度在15mm以上时，横龙骨间距可放大到450mm。

木龙骨安装必须找方、找直，骨架与木砖间的空隙应垫以木垫，每块木垫至少用两个钉子钉牢，在装钉龙骨时应预留出板面厚度。

4.5.2 木门窗套龙骨：根据洞口实际尺寸，按设计规定骨料断面规格，可将一侧门窗套骨架分三片预制，洞顶一片、两侧各一片。每片一般为两根立杆，当门窗套宽度大于500mm，中间应适当增加立杆。横向龙骨间距不大于400mm；面板宽度为500mm时，横向龙骨间距不大于300mm。龙骨应与固定件钉装牢固，表面应刨平，安装后应平、正、直。

4.6 钉装衬板

一般高级装修，衬板应用木芯板或九厘板，钉在木龙骨上，衬板应先内后外，要求表面平整，接缝平直，尺寸规矩，钉装牢固。

4.7 钉装面板

4.7.1 面板选色配纹：全部进场的面板材，使用前按同房间、临近部位的用量进行挑选，使安装后从观感上木纹、颜色近似一致。

4.7.2 裁板配制：按龙骨排尺，在板上画线裁板，原木材板面应刨净；胶合板、贴面板的板面严禁刨光，小面皆须刮直，木纹根部向下。面板长向对接配制时，应考虑接头位于横龙骨处。

原木材的面板背面应做卸力槽，一般卸力槽间距为100mm，槽宽10mm，槽深4～6mm，以防板面扭曲变形。

4.7.3 面板安装时应符合以下要求：

1 面板安装前，应对衬板位置或龙骨架位置、平直度、钉设牢固情况、防潮层等构造要求进行检查，合格后进行安装。

2 面板配好后应进行试装，面板尺寸、接缝、接头处构造完全合适，木纹方向、颜色的观感尚可的情况下，才能正式进行安装。

3 面板接头处安装时，应涂胶与龙骨粘牢；钉固面板的钉子规格应适宜，钉子长度约为面板厚度的2～2.5倍，钉距一般为100mm，钉帽应砸扁，并用较尖的冲子将帽顺木纹方向冲入面板表面下1～2mm，也可用射钉。对于有衬板的面板安装，应选择粘贴为宜，局部接头用钉子加固。

5 质量标准

5.1 主控项目

5.1.1 门窗套制作与安装所使用材料的材质、规格、花纹、颜色、性能、有害物质限量及木材的燃烧性能等级和含水率应符合设计要求及国家现行标准的有关规定。

检验方法：观察；检查产品合格证书、进场验收记录、性能检验报告和复验报告。

5.1.2　门窗套的造型、尺寸和固定方法应符合设计要求，安装应牢固。

检验方法：观察；尺量检查；手扳检查。

5.1.3　木板的品种、规格、颜色和性能应符合设计要求及国家现行标准的有关规定。木龙骨、木饰面板的燃烧性能等级应符合设计要求。

检验方法：观察；检查产品合格证书、进场验收记录、性能检验报告和复验报告。

5.1.4　木板安装工程的龙骨、连接件的材质、数量、规格、位置、连接方法和防腐处理应符合设计要求。木板安装应牢固。

检验方法：手扳检查；检查进场验收记录、隐蔽工程验收记录和施工记录。

5.2　一般项目

5.2.1　门窗套表面应平整、洁净、线条顺直、接缝严密、色泽一致，不得有裂缝、翘曲及损坏。

检验方法：观察。

5.2.2　门窗套安装的允许偏差和检验方法应符合表 34-1 的规定。

门窗套安装的允许偏差和检验方法　　**表 34-1**

项次	项目	允许偏差（mm）	检验方法
1	正、侧面垂直度	3	用 1m 垂直检测尺检查
2	门窗套上口水平度	1	用 1m 水平检测尺和塞尺检查
3	门窗套上口直线度	3	拉 5m 线，不足 5m 拉通线，用钢直尺检查

5.2.3　木板表面应平整、洁净、色泽一致，应无缺损。

检验方法：观察。

5.2.4　木板接缝应平直，宽度应符合设计要求。

检验方法：观察；尺量检查。

5.2.5　木板上的孔洞应套割吻合，边缘应整齐。

检验方法：观察。

5.2.6　木板安装的允许偏差和检验方法应符合表 34-2 的规定。

木板安装的允许偏差和检验方法　　**表 34-2**

项次	项目	允许偏差（mm）	检验方法
1	立面垂直度	2	用 2m 垂直检测尺检查
2	表面平整度	1	用 2m 靠尺和塞尺检查
3	阴阳角方正	2	用 200mm 直角检测尺检查
4	接缝直线度	2	拉 5m 线，不足 5m 拉通线，用钢直尺检查
5	墙裙、勒脚	2	拉 5m 线，不足 5m 拉通线，用钢直尺检查
6	接缝高低差	1	用钢直尺和塞尺检查
7	接缝宽度	1	用钢直尺检查

6 成品保护

6.0.1 细木制品进场后，应储存在室内仓库或料棚中，保持干燥、通风，并按制品的种类、规格水平堆放，底层应搁置垫木，在仓库中垫木离地高度应不小于200mm，在临时料棚中离地面高度不小于400mm，使其能自然通风并加盖防雨、防晒设施。

6.0.2 配料应在操作台上进行，不得直接在没有保护措施的地面上操作。

6.0.3 操作时窗台板上应铺垫保护层，不得直接站在窗台板上操作。

6.0.4 木护墙板、门窗套、贴脸板安装后，应及时刷一道清漆，以防干裂或污染。

6.0.5 为保护细木成品，防止碰坏或污染，尤其出入口处应加保护措施，如装设保护条、护脚板、塑料贴膜，并设专人看管等。

7 注意事项

7.1 应注意的质量问题

7.1.1 材料半成品进场应做好选料、验收等工作，分类挑选，匹配使用。

7.1.2 门窗框安装出现较大的偏差，应在找线时提前纠正。

7.1.3 木龙骨安装必须找方、找直，骨架与木砖间隙应用木垫垫平，并用钉子钉牢。

7.1.4 原木材的面板应做卸力槽，槽宽为10mm，槽深为4～6mm，间距为100mm。

7.1.5 在操作中应用角尺划割角，保证角度、长度准确。

7.2 应注意的安全问题

7.2.1 安装时工具应放在工具袋内。

7.2.2 机电设备应先试运转，正常后方可使用。

7.2.3 电锯、电刨应有防护罩，并设专人负责，操作人员应遵守有关机电设备安全规程。

7.2.4 操作地点的刨花、碎木料应及时清理，并不得在操作地点吸烟及用火。

7.3 应注意的绿色施工问题

7.3.1 废弃物按指定位置分类储存，集中处置。

7.3.2 施工后的废料应及时清理，做到工完料净场地清，坚持文明施工。

7.3.3 选择材料时，必须选择符合设计和国家环境规定的材料。

8 质量记录

8.0.1 材料的产品合格证书、性能检测报告和进场验收记录。

8.0.2 隐蔽工程检查验收记录。

8.0.3 施工记录。

8.0.4 门窗套、木护墙板制作与安装工程检验批质量验收记录。

8.0.5 门窗套、木护墙板制作与安装分项工程质量验收记录。

8.0.6 其他技术文件。

第 35 章 窗台板、散热器罩安装

本工艺标准适用于工业与民用建筑窗台板、散热器罩安装的施工。

1 引用标准

《建筑装饰装修工程质量验收标准》GB 50210—2018；
《住宅装饰装修工程施工规范》GB 50327—2001；
《住宅室内装饰装修工程质量验收规范》JGJ/T 304—2013；
《民用建筑工程室内环境污染控制规范》GB 50325—2010（2013 年局部修订）；
《室内装饰装修材料 人造板及其制品中甲醛释放限量》GB 18580—2017；
《室内装饰装修材料 胶粘剂中害物质限量》GB 18583—2008；
《室内装饰装修材料 溶剂型木器涂料中有害物质限量》GB 18581—2009。

2 术语

2.0.1 窗台板：采用天然石材、人造石材、水磨石及木饰面板等材料，为装饰窗台制作而成的板子。

2.0.2 散热器罩：在暖气片外侧或者地暖分水器外侧采用木龙骨做基层，金属或者木制材料做饰面形成的外壳，用来遮挡散热器或者分水器，美化室内环境。

3 施工准备

3.1 作业条件

3.1.1 窗台板的窗下墙，在结构施工时应根据选用窗台板的品种，预埋木砖或铁件。

3.1.2 窗台板长度超过 1500mm 时，除靠窗口两端下埋入木砖或铁件外，中间应按每 500mm 间距增埋木砖或铁件，跨空窗台板应按设计要求设固定支架。

3.1.3 安装窗台板、散热器罩应在窗框安装后进行。窗台板与散热器罩连体时，应在墙、地面装修层完成后进行。

3.2 材料及机具

3.2.1 窗台板通常有木制窗台板、水泥或水磨石窗台板、天然石料磨光窗台板和金属窗台板。散热器罩多为木制或者金属材料，制作构造按设计要求。

3.2.2 窗台板、散热器罩制作材料的品种、材质、颜色应按设计选用，木制品应经烘干，含水率控制在12%以内，并做好防腐处理，不允许有扭曲变形。

3.2.3　安装固定材料：窗台板一般直接装在窗框下墙台顶面，用砂浆或细石混凝土稳固。散热器罩一般用角钢或扁钢做托架或挂架，也可用固定在木龙骨上。

3.2.4　机具：电焊机、电动锯石机、手电钻、大刨子、小刨子、小锯、手锤、割角尺、橡皮锤、靠尺板、20号铅丝和小线、铁水平尺、盒尺、螺丝刀。

4　操作工艺

4.1　工艺流程

找位与画线→检查预埋件→支架安装→窗台板安装→散热器罩安装

4.2　找位与画线

根据设计要求的窗下框标高、位置，对窗台板的标高位置进行画线，同时核对散热器罩的高度，并弹出散热器罩的位置线。为使同一房间或连通窗台板的标高和纵、横位置一致，安装时应统一抄平。

4.3　检查预埋件

找位与画线后，检查窗台板、散热器罩安装位置的预埋件，是否符合设计与安装的连接构造要求，如有误差应进行修正。

4.4　支架安装

构造上需要设窗台板支架时，安装前应核对固定支架的预埋件，确认标高、位置无误后，根据设计构造进行支架安装。

4.5　窗台板安装

4.5.1　木窗台板安装：在窗下墙顶面木砖处，横向钉梯形断面木条（窗宽大于1m时，中间应以间距500mm左右加钉横向梯形木条），用以找平窗台板底线。窗台板宽度大于150mm的，拼合板面底部横向应穿暗带，安装时应插入窗框下冒头的裁口，两端伸入窗口墙的尺寸应一致且保持水平，找正后用砸扁钉帽的钉子钉牢，钉帽冲入木窗台板面2mm。

4.5.2　预制水泥窗台板、预制水磨石窗台板，石料窗台板安装：按设计要求找好位置，进行预装，标高、位置、出墙尺寸符合要求，接缝平顺严密，固定件无误后，按其构造的固定方式正式固定安装。

4.5.3　金属窗台板安装：按设计构造要求，核对标高、位置固定件后，先进行预装，经检查无误，再正式安装固定。

4.6　散热器罩安装

在窗台板底面或地面上画好位置线，进行定位安装。分块板式散热器罩接缝应平、顺、直、齐，上下边棱高度、平度应一致，上边棱应位于窗台板底外棱内。

5　质量标准

5.1　主控项目

5.1.1　窗台板和散热器罩所使用材料的材质、规格、性能、有害物质限量及木材的燃烧性能等级和含水率应符合设计要求及国家现行标准的有关规定。

检验方法：观察；检查产品合格证书、进场验收记录、性能检验报告和复验报告。

5.1.2　窗台板和散热器罩的造型、规格、尺寸、安装位置和固定方法应符合设计要求。窗台板和散热器罩的安装应牢固。

检验方法：观察；尺量检查；手扳检查。

5.2　一般项目

5.2.1　窗台板、散热器罩表面应平整、洁净，线条顺直，接缝严密，色泽一致，不得有裂缝、翘曲及损坏。

检验方法：观察。

5.2.2　窗台板、散热器罩与墙、窗框的衔接应严密，密封胶缝应顺直、光滑。

检验方法：观察。

5.2.3　窗台板和散热器罩安装的允许偏差和检验方法应符合表35-1的规定。

窗台板、散热器罩安装的允许偏差和检验方法　　**表35-1**

项次	项目	允许偏差（mm）	检验方法
1	水平度	2	用1m水平尺和塞尺检查
2	上口、下口直线度	3	拉5m线，不足5m拉通线，用钢直尺检查
3	两端距窗洞口长度差	2	用钢直尺检查
4	两端出墙厚度差	3	用钢直尺检查

6　成品保护

6.0.1　安装窗台板和散热器罩时，应保护已完成的工程，不得因操作损坏地面、窗洞、墙角等成品。

6.0.2　窗台板、散热器罩进场应妥善保管，做到木制品不受潮，金属品不生锈，石料、块材制品不损坏棱角、不受污染 .

6.0.3　安装好的成品应加保护，做到不损坏、不污染。

7　注意事项

7.1　应注意的质量问题

7.1.1　施工前应检查窗台板安装的条件，施工中应坚持预装，符合要求后进行固定。

7.1.2 窗台板安装前应认真做好，找平、垫实、捻严每道工序、固定牢靠，跨空窗台板支架应安装平整，使支架受力均匀，再安装固定，窗台板与窗框间的缝隙应用同色系硅酮耐候胶打注密实。

7.1.3 窗台板长、宽超偏差及厚度不一致，施工时应注意同规格窗台板在同一部位使用。

7.1.4 施工时应先将挂件位置找正，再进行散热器罩的安装固定，保证压边尺寸一致。

7.2 应注意的安全问题

7.2.1 电动机具应有防护罩，并设专人负责，使用操作人员应遵守有关机电设备安全规程。

7.2.2 操作地点的刨花、碎木料应及时清理，并不得在操作地点吸烟及用火。

7.3 应注意的绿色施工问题

7.3.1 废弃物按指定位置分类储存，集中处置。

7.3.2 施工后的废料应及时清理，做到工完料净场地清，坚持文明施工。

7.3.3 选择材料时，必须选择符合设计和国家环境规定的材料。

8 质量记录

8.0.1 材料的产品合格证书、性能检测报告和进场验收记录。

8.0.2 隐蔽工程检查验收记录。

8.0.3 施工记录。

8.0.4 窗台板、散热气罩安装工程检验批质量验收记录。

8.0.5 窗台板、散热气罩安装分项工程质量验收记录。

8.0.6 其他技术文件。

第 36 章　定制花饰安装

本工艺标准适用于工业与民用定制花饰安装的施工。

1 引用标准

《建筑装饰装修工程质量验收标准》GB 50210—2018；

《住宅装饰装修工程施工规范》GB 50327—2001；

《住宅室内装饰装修工程质量验收规范》JGJ/T 304—2013；

《室内装饰装修材料　人造板及其制品中甲醛释放限量》GB 18580—2017；

《室内装饰装修材料　胶粘剂中有害物质限量》GB 18583—2008。

2　术语

2.0.1　定制花饰：在建筑装饰施工时，在室内外装饰面层或者分隔和联系空间所做的装饰性的花纹，形状各异，效果美观。

3　施工准备

3.1　作业条件

3.1.1　购买、外委托的花饰制品或自行加工的预制花饰，应检查验收，其材质、规格、图式应符合设计要求。水泥、石膏预制花饰制品的强度应达到设计要求，并满足硬度、刚度、耐水、抗酸的要求标准。

3.1.2　安装花饰的工程部位，其上道工序已施工完毕，且基体、基层的强度已达到安装的要求。

3.1.3　安装花饰有粘贴法、木螺丝固定法、螺栓固定法、焊接固定法等，在安装前应确定好固定方式；重型花饰的位置，应在结构施工时预埋锚固件，并做抗拉试验。

3.1.4　正式安装前，应在拼装平台做好安装样板。

3.2　材料及机具

3.2.1　花饰制品：有木制花饰、混凝土花饰、金属花饰、塑料花饰、石膏花饰、土烧制品花饰、石料浮雕花饰等，其品种、规格、式样应按设计选用。

3.2.2　安装附料：胶粘剂、螺栓和螺丝焊接材料等，按设计的花饰品种、安装的固定方式选用。

3.2.3　机具：电焊机、手电钻、预拼平台、专用夹具、吊具、安装脚手架、大小料桶、刮刀、刮板、油漆刷、水刷子、扳子、橡皮锤、擦布等。

4　操作工艺

4.1　工艺流程

基层处理 → 弹线、分格 → 确定花饰安装位置线 → 分块花饰预拼编号 → 花饰安装

4.2　基层处理

花饰安装前应将基体或基层清理、刷洗干净，处理平整，并检查基底是否符合安装花饰的要求。

4.3　确定花饰安装位置线

按设计位置弹好花饰位置中心线及分块的控制线，重型花饰应检查预埋件及木砖的位置

和牢固情况是否符合设计要求。

4.4　分块花饰预拼编号

分块花饰在正式安装前，应对规格、色调进行检验和挑选，按设计图案在平台上组拼，经预验合格进行编号，为正式安装创造条件。

4.5　花饰安装

4.5.1　粘贴法安装：一般轻型花饰采用粘贴法安装。粘贴材料应按下列情况选用：

1　石膏花饰宜用石膏快干粉或水泥浆粘贴。

2　木制花饰和塑料花饰可用胶粘剂粘贴，也可用钉固的方法。

3　金属花饰宜用螺丝固定，根据构造可选用焊接固定。

4　预制混凝土花格或浮面花饰制品，应用1∶2水泥砂浆砌筑，拼块的相互间用钢销子系固，并与结构连接牢固。

4.5.2　螺丝固定法安装：较重的大型花饰采用螺丝固定法安装，安装时将花饰预留孔对准结构预埋固定件，用铜或镀锌螺丝适量拧紧，花饰图案应精确吻合，固定后用1∶1水泥砂浆将安装孔眼堵严，表面用同花饰颜色一样的材料修饰，不留痕迹。

4.5.3　螺栓固定法安装：重量大，体型大花饰采用螺栓固定法安装，安装时将花饰预留孔对准安装位置的预埋螺栓，按设计要求基层与花饰表面规定的缝隙尺寸，用螺母或垫块板固定，并加临时支撑，花饰图案应精确，对缝吻合。花饰与墙面间隙的两侧和底面用石膏临时堵住，待石膏凝固后，用1∶2水泥砂浆分层灌入花饰与墙面的缝隙中，由下而上每次灌100mm左右的高度，下层终凝后再灌上一层。灌缝砂浆达到强度后才能拆除支撑，清除周边临时堵缝石膏，周边用1∶1水泥砂浆修补整齐。

4.5.4　焊接固定法安装：大重型金属花饰采用焊接固定法安装，根据设计构造，采用临时固挂的方法后，按设计要求先找正位置，焊接点应受力均匀，焊接质量应符合设计规定及有关规范的规定。

5　质量标准

5.1　主控项目

5.1.1　花饰制作与安装所使用材料的材质、规格、性能、有害物质限量及木材的燃烧性能等级和含水率应符合设计要求及国家现行标准的有关规定。

检验方法：观察；检查产品合格证书、进场验收记录、性能检测报告和复验报告。

5.1.2　花饰的造型、尺寸应符合设计要求。

检验方法：观察；尺量检查。

5.1.3　花饰的安装位置和固定方法应符合设计要求，安装应牢固。

检验方法：观察；尺量检查；手扳检查。

5.2　一般项目

5.2.1　花饰表面应洁净，接缝应严密吻合，不得有歪斜、裂缝、翘曲及损坏。

检验方法：观察。

5.2.2　花饰安装的允许偏差和检验方法应符合表36-1规定。

花饰安装的允许偏差和检验方法　　表36-1

项次	项目		允许偏差（mm）		检验方法
			室内	室外	
1	条型花饰的水平度或垂直度	每米	1	2	拉线和用1m垂直检测尺检查
		全长	3	6	
2	单独花饰中心位置偏移		10	15	拉线和用钢直尺检查

6　成品保护

6.0.1　花饰安装后，较低处应用板材封固，以防碰损。

6.0.2　花饰安装后，应用覆盖物封闭，以保持洁净和色调。

6.0.3　拆架子或搬运材料、设备及施工机具时，不得碰撞花饰，注意保护完整。

7　注意事项

7.1　应注意的质量问题

7.1.1　花饰安装前，应对所有待安装花饰进行检查，对照设计图案进行预拼、编号；对花饰局部位置有崩烂的应视具体情况进行修补完整，个别损坏较多、变形较大或图案不符要求的不得使用。

7.1.2　花饰安装应选择适当的固定方法及粘贴材料，注意粘贴剂的品种、性能，防止粘不牢，造成开粘脱落。对于用砌筑法安装的花饰，施工时应在拼砌的花格饰件四周及饰件相互之间，用锚固件、销子系固。

7.1.3　花饰安装前，应认真按设计图案弹出安装控制线，各饰件安装的位置应准确吻合，各饰件之间拼缝应细致填抹，填抹拼缝后应及时清理缝外多余灰浆。

7.1.4　螺丝和螺栓固定花饰不得硬拧，应使各固定点平均受力，防止花饰扭曲变形和开裂。

7.1.5　花饰安装后应加强保护措施，保持花饰完好洁净。

7.2　应注意的安全问题

7.2.1　操作前检查脚手架和跳板是否搭设牢固，高度是否满足操作要求，合格后才能上架操作，凡不符合安全要求的应及时修整。

7.2.2　移动式电动机械和手持电动工具的单相电源线必须使用三芯软橡胶电缆，三相电源线必须使用四芯软橡胶电缆；接线时，缆线护套应穿进设备的接线盒内并予以固定。

7.2.3　作业场所不得存放易燃物品，作业场所应配备齐全可靠的消防器材。

7.2.4　从事电、气焊或气割作业前，应清理作业周围的可燃物体或采取可靠的隔离措施。对需要办理动火证的场所，在取得相应手续后方可动工，并设专人进行监护。

7.2.5　安装大、重型花饰时，各操作人员应相互配合、协调一致。

7.3 应注意的绿色施工问题

7.3.1 废弃物按指定位置分类储存，集中处置。
7.3.2 施工后的废料应及时清理，做到工完料净场地清，坚持文明施工。
7.3.3 选择材料时，必须选择符合设计和国家环境规定的材料。

8 质量记录

8.0.1 材料产品合格证书和进场验收记录。
8.0.2 施工记录。
8.0.3 花饰制作与安装工程检验批质量验收记录。
8.0.4 装饰制作与安装分项工程质量验收记录。
8.0.5 其他技术文件。

第37章 橱柜制作安装

本工艺标准适用于工业与民用建筑橱柜制作安装的施工。

1 引用标准

《住宅装饰装修工程施工规范》GB 50327—2001；
《建筑装饰装修工程质量验收标准》GB 50210—2018；
《住宅室内装饰装修工程质量验收规范》JGJ/T 304—2013；
《民用建筑工程室内环境污染控制规范》GB 50325—2010（2013年局部修订）；
《室内装饰装修材料 人造板及其制品中甲醛释放限量》GB 18580—2017；
《室内装饰装修材料 胶粘剂中害物质限量》GB 18583—2008；
《室内装饰装修材料 溶剂型木器涂料中有害物质限量》GB 18581—2009。

2 术语

2.0.1 橱柜：厨房中存放厨具以及做饭操作的平台。

3 施工准备

3.1 作业条件

3.1.1 地面工程施工完毕。

3.1.2　墙面抹灰施工完毕并在干燥平整的条件下进行。

3.1.3　外门窗工程施工完毕。

3.2　材料和机具

3.2.1　橱柜制作所用材料应按设计要求进行防火、防腐和防虫处理。

3.2.2　木方材：选材质较松、材色和纹理不甚显著，不劈裂、不易变形的树种，主要为红松材、白松材等，木材含水率宜不大于 12%。

3.2.3　细木工板：主要规格是 1200mm×2440mm，厚度为 15mm、18mm、20mm、22mm 等。

胶合夹板：分普通板和饰面板，常用的有三夹板、九夹板、十二夹板等。其外观质量、规格尺寸、胶合强度、含水率、游离甲醛含量及释放量应符合规定。

3.2.4　胶粘剂：粘结强度、游离甲醛含量、TVOC、苯含量应符合规定。

3.2.5　五金配件：选择、正规厂家有质量保证的产品，具有产品合格证。

3.2.6　机具：手动工具：刨、锯、斧、锉、锤、凿、冲、螺丝刀、直尺、角尺等。电动工具：电钻、电刨、电锯、空压机、电锤及配套用具等。

4　操作工艺

4.1　工艺流程

选料与配料→刨料→画线→凿眼开榫→安装→收面与饰面

4.2　选料与配料

4.2.1　选料应根据橱柜施工图纸进行。要根据橱柜图纸的规格、结构、式样列出所需木主料和人造板的数量和种类。

4.2.2　配料应根据橱柜结构与木料的使用方法进行安排。配料时，应先配长料、宽料，后配短料；先配大料后配小料；先配主料后配辅料；先配大面积板材，后配小面积板材；防止长材短用，优材劣用等浪费现象。

4.3　刨料

刨削木方料时，应先识别木纹。一般应按木纹方向进行刨削。刨削时先刨大面再刨小面，两个相邻的面刨成 90°。

4.4　画线

画线应认真查看图纸，掌握橱柜结构、规格、数量等技术要求。画线的基本步骤：

4.4.1　首先应检查加工工工件的规格、数量，并根据各工件的颜色、纹理、节疤等因素确定其内外面，做好表面记号。

4.4.2　在需对接的端头留出加工工余量，用直角尺及木工铅笔画一条基准线。

4.4.3　根据基准线，用量度尺画出所需的总长尺寸线或榫肩线，再以总长线或榫肩线为基准线，完成其他所需的榫眼线。

4.4.4　所画线条必须准确、清楚。画线之后，应将位置相同的两根木料或木块颠倒并列进行校对，检查画线和空格是否准确相符，如有差别，即说明其中有错，应及时查对校正。

4.5　凿眼开榫

用手工凿通榫眼，应采取“六凿一通”凿眼法。凿半榫眼时，在凿榫眼线内边3～5mm处下凿，凿至所需长度和深度后，再将榫眼侧臂垂直切齐，榫眼的长度比榫头短1mm左右。

4.6　安装

4.6.1　金属构件固定点间距宜为300～500mm，橱柜与墙体连接方式：

1　混凝土墙体，应采用角钢、金属膨胀螺栓或射钉连接固定。

2　砖墙体应采用角钢、金属膨胀螺栓连接固定。

3　空心砌体墙体，应在相应位置增加混凝土块，通过金属构件连接。

4　轻质隔墙，应在隔墙架体中增设金属构件。

4.6.2　橱柜一般采用板式结构和板结框结构组合两种。组装之前，应将所有的结构件、用细刨刨光，然后按顺序逐件进行装配。装配时，应注意构件的部位和正反面。

4.6.3　组装部位需涂胶时，应均匀涂刷并及时将装配后挤出的胶液擦去。组装锤击时，应将构件的锤击部位垫上木板或木块，锤击不要过猛，若有拼合不严，应找出原因。

4.6.4　五金配件的安装位置要求准确，安装紧密严实、方正牢固，结合处不许崩茬、歪扭、松动，不得少件、漏钉、漏装。

4.7　收边与饰面

4.7.1　面板安装前，对龙骨位置、平直度、钉设牢固情况、防潮构造要求等进行检查，合格后进行安装。

4.7.2　面板配好后进行试装，面板尺寸、接缝、接头处构造完全合适，木纹方向颜色的观感合格后，方可进行正式安装。

4.7.3　面板接头处应涂胶与龙骨钉牢，钉固定面板的钉子规格应适宜，钉长约为面板厚度的2～2.5倍，钉距一般为100mm，钉帽应砸扁，并用尖冲子将钉帽木纹方向冲入面板下1～2mm。

4.7.4　实木压线收边：压线的花纹、颜色应与框料、面板相似，接头应成45°角，与面板结合应紧密、平整。压线的规格尺寸、宽容、厚度应一致，接楼应顺平。

5　质量标准

5.1　主控项目

5.1.1　橱柜制作与安装所用材料的材质、规格、性能、有害物质限量及木材的燃烧性能等级和含水率应符合设计要求及国家现行标准的有关规定。

检验方法：观察；检查产品合格证书、进场验收记录、性能检验报告和复验报告。

5.1.2 橱柜安装预埋件或后置埋件的数量、规格、位置应符合设计要求。

检验方法：检查隐蔽工程验收记录和施工记录。

5.1.3 橱柜的造型、尺寸、安装位置、制作和固定方法应符合设计要求。橱柜安装应牢固。

检验方法：观察；尺量检查；手扳检查。

5.1.4 橱柜配件的品种、规格应符合设计要求。配件应齐全，安装应牢固。

检验方法：观察；手扳检查；检查进场验收记录。

5.1.5 橱柜的抽屉和柜门应开关灵活、回位正确。

检验方法：观察；开启和关闭检查。

5.2 一般项目

5.2.1 橱柜表面应平整、洁净、色泽一致，不得有裂缝、翘曲及损坏。

检验方法：观察。

5.2.2 橱柜裁口应顺直、拼缝应严密。

检验方法：观察。

5.2.3 橱柜安装的允许偏差和检验方法应符合表 37-1 的规定。

橱柜安装的允许偏差和检验方法　　　表 37-1

项次	项目	允许偏差（mm）	检验方法
1	外形尺寸	3	用钢尺检查
2	立面垂直度	2	用 1m 垂直检测尺检查
3	门与框架的平行度	2	用钢尺检查

6 成品保护

6.0.1 有其他工种作业时，要适当加以掩盖，防止对饰面板碰撞。

6.0.2 绝不能有水、油污等溅湿饰面板。

6.0.3 木制品进场及时刷底油一道，靠墙面应刷防腐剂处理，钢制品应刷防锈漆，入库存放。

6.0.4 安装壁柜、吊柜时，严禁碰撞抹灰及其他装饰面的口角，防止损坏成品面层。

6.0.5 安装好的壁柜隔板，不得拆动，保护产品完整。

7 注意事项

7.1 应注意的质量问题

7.1.1 对于木龙骨要双面错开开槽，槽深为一半龙骨深度（为了不破坏木龙骨的纤维组织）。

7.1.2 粘贴夹板时，白乳胶必须滚涂均匀，粘贴密实，粘好后即压，现场的粘贴平台及压置平台必须水平，重物适当，保持自然通风条件，避免日晒雨淋。有条件采用工厂的大型压机。

7.1.3 在油漆时，尽量做到两面同时、同量涂刷。

7.2 应注意的安全问题

7.2.1 材料应堆放整齐、平稳，并应注意防火。

7.2.2 电锯、电刨应有防护罩及“一机一闸一漏”保护装置，所用导线、插座等应符合用电安全要求，并设专人保护及使用。操作时必须遵守机电设备有关安全规程。电动工具应先试运转正常后方能使用。

7.2.3 操作前，应先检查斧、锤、凿子等易断头、断把的工具，经检查、修理后再使用。

7.2.4 机器操作人员必须经考试合格后持证上岗。

7.2.5 操作人员使用电钻、电刨时应戴橡胶手套，不用时应及时切断电源，并由专人保管。

7.2.6 小型工具五金配件及螺钉等应放在工具袋内。

7.2.7 使用电动工具打眼时不得面对面操作，如并排操作时，应错开1.2m以上，以防失手伤人。

7.2.8 操作地点的碎木、刨花等杂物，工作完毕后应及时清理，集中堆放。

7.3 应注意的绿色施工问题

7.3.1 高层或多层建筑清除施工垃圾必须采用容器吊运，不得从电梯井或楼层上向地面倾倒施工垃圾。

7.3.2 禁止烧刨花、木材边角料。

7.3.3 高噪声设备尽量在室内操作，应至少三面封闭。

7.3.4 设备操作人员应遵守操作规程，并了解操作机械对环境造成噪声影响。

7.3.5 各种与噪声有关的过程，作业人员必须按照交底做到轻拿轻放，分时间、分工段施工，减少排放时间和频次。

7.3.6 建筑垃圾分类存放、及时清理。

8 质量记录

8.0.1 材料的产品合格证书、性能检测报告和进场验收记录。

8.0.2 隐蔽工程检查验收记录。

8.0.3 施工记录。

8.0.4 橱柜制作与安装工程检验批质量验收记录。

8.0.5 橱柜制作与安装工程分项工程质量验收记录。

8.0.6 其他技术文件。

屋面工程施工工艺

前　言

本标准是山西建设投资集团有限公司《建筑安装工程施工工艺标准系列丛书》之一。本书经调查研究，认真总结工程实践经验，参考国家、行业及地方有关标准规范，在2007版基础上经广泛征求意见修订而成。

本标准编制过程中主要参考了《建筑工程施工质量验收统一标准》GB 50300—2013、《屋面工程技术规范》GB 50345—2012、《屋面工程质量验收规范》GB 50207—2012等标准规范。每章节按引用标准、术语、施工准备、操作工艺、质量标准、成品保护、注意事项、质量记录八个方面进行编写。

本标准修订的主要技术内容如下：

1　将本标准章节与现行质量验收规范章节相对应，按屋面工程的子分部工程进行分类，分为基层与保护层、保温与隔热层、屋面防水层、瓦面与板面工程，另将细部构造编写到各分项工程的内容中。

2　取消了部分不常用工艺，如油毡瓦屋面、细石混凝土屋面防水层等。

3　新增了屋面找坡层、屋面隔汽层、屋面隔离层、屋面保护层；屋面聚乙烯丙纶复合防水层、屋面复合防水层；金属面绝热夹芯板屋面、玻璃采光顶屋面。

4　对原标准中的内容进行了扩充，将原标准屋面保温层扩充为屋面板状材料保温层、屋面纤维材料保温层、屋面喷涂硬泡聚氨酯保温层、屋面现浇泡沫混凝土保温层，原标准中平瓦屋面扩充为烧结瓦和混凝土瓦屋面、沥青瓦屋面。

本标准可作为屋面工程施工生产操作的技术依据，也可作为编制施工方案和技术交底的依据。在实施工艺标准过程中，若国家标准或行业标准有更新版本时，应按国家或行业现行标准执行。

本标准在编制过程中，限于技术水平有限，如有不妥之处，恳请提出宝贵意见，以便今后修订完善。随时可将意见反馈至山西建设投资集团有限公司技术中心（太原市新建路9号，邮政编码030002）。

目　录

第 1 篇　基层与保护层 ………… 1389

第 1 章　屋面找平层 ………… 1389
第 2 章　屋面找坡层 ………… 1392
第 3 章　屋面隔汽层 ………… 1395
第 4 章　屋面隔离层 ………… 1399
第 5 章　屋面保护层 ………… 1402

第 2 篇　保温与隔热层 ………… 1408

第 6 章　屋面板状材料保温层 ………… 1408
第 7 章　屋面纤维材料保温层 ………… 1412
第 8 章　屋面喷涂硬泡聚氨酯保温层 ………… 1416
第 9 章　屋面现浇泡沫混凝土保温层 ………… 1420
第 10 章　种植隔热层 ………… 1424
第 11 章　蓄水隔热层 ………… 1429
第 12 章　架空隔热层 ………… 1433

第 3 篇　屋面防水层 ………… 1436

第 13 章　改性沥青卷材防水层 ………… 1436
第 14 章　高分子卷材防水层 ………… 1442
第 15 章　涂膜防水层 ………… 1449
第 16 章　聚乙烯丙纶卷材复合防水层 ………… 1455
第 17 章　复合防水层 ………… 1460

第 4 篇　瓦面与板面工程 ………… 1466

第 18 章　烧结瓦、混凝土瓦屋面 ………… 1466
第 19 章　沥青瓦屋面 ………… 1472
第 20 章　压型金属板屋面 ………… 1478
第 21 章　金属面绝热夹芯板屋面 ………… 1484
第 22 章　玻璃采光顶 ………… 1488

第1篇　基层与保护层

第1章　屋面找平层

本工艺标准适用于工业与民用建筑屋面的找平层工程。

1　引用标准

《建筑工程施工质量验收统一标准》GB 50300—2013
《屋面工程技术规范》GB 50345—2012
《屋面工程质量验收规范》GB 50207—2012
《通用硅酸盐水泥》GB 175—2007

2　术语（略）

3　施工准备

3.1　作业条件

3.1.1　找平层所用材料的质量、技术要求及砂浆或细石混凝土的配合比，应符合设计要求和施工规范规定。

3.1.2　伸出屋面的管道、设备、预埋件等应在找平层施工前安装牢固。

3.1.3　找平层的基层坡度，应符合设计要求。屋面找平层施工应在结构层或保温层验收合格的基础上进行。

3.1.4　基层采用装配式钢筋混凝土板时，应用C20细石混凝土填缝，板缝应按设计要求增加抗裂的构造措施。

3.1.5　找平层的施工环境气温宜为5～35℃。

3.1.6　雨天、雪天和五级风及以上时不得施工。

3.2　材料及机具

3.2.1　水泥：宜采用普通硅酸盐水泥或矿渣硅酸盐水泥。

3.2.2　砂宜用中砂，含泥量不应大于3%。

3.2.3　石子粒径不宜大于15mm，含泥量不应大于1%。

3.2.4　机具：砂浆搅拌机或混凝土搅拌机、手推车、铁锹、磅秤、铁抹子、水平尺、水平刮杠、压辊等。

4　操作工艺

4.1　工艺流程

基层清理→分格缝弹线→贴饼冲筋→砂浆或混凝土拌制→找平层施工

4.2　基层清理

4.2.1　清理结构层或保温层上面的松散杂物，凸出基层表面的硬物应剔平扫净，凹坑较大时应用水泥砂浆填补抹平。

4.2.2　抹找平层前，当基层为混凝土时，基层应充分洒水湿润，但不得积水；当基层为保温层时，基层不宜大量浇水。

4.2.3　突出屋面的管道、支架等根部，应用细石混凝土固定严密。

4.2.4　基层清理完毕后，在铺抹找平材料前，宜在基层上均匀涂刷素水泥浆一遍。

4.3　分格缝弹线

4.3.1　保温层上找平层应设置分格缝，其纵横缝间距不宜大于6m。

4.3.2　当分格缝采用预留时，应先在保温层上弹出分格线条，再将木质分格条（宽度为20mm）用稠水泥浆沿弹线固定。

4.3.3　当分格线采用后切割时，应先在已完的找平层上弹出分格线条，待砂浆或混凝土强度达到设计强度70%以上时，再将找平层沿弹线进行切割，缝宽宜为5mm。

4.4　贴饼冲筋

4.4.1　根据结构层女儿墙上的0.5m标高线，量出找平层上平标高。

4.4.2　按找平层上平标高沿十字方向拉线贴饼，并用干硬性砂浆冲筋，间距宜为1～1.5m。

4.5　砂浆或混凝土拌制

4.5.1　水泥砂浆或细石混凝土宜采用预拌砂浆或预拌混凝土。

4.5.2　水泥砂浆或细石混凝土搅拌时，应对原材料用量准确计量。

4.5.3　水泥砂浆或细石混凝土应采用机械搅拌。

4.6　找平层施工

4.6.1　按分格块顺流水方向装入砂浆或细石混凝土，用刮杠沿两边冲筋刮平并控制好找平层上平标高。

4.6.2　找平层应在水泥初凝前压实找平，水泥终凝前完成收水后应进行二次压光，并应及时取出分格条。

4.6.3　找平层应在水泥终凝后及时进行保温养护，养护时间不得少于7d。

4.6.4　卷材防水层的基层与突出屋面结构的交接处，以及基层的转角处，找平层应做成圆弧形，且应整齐平顺。

5　质量标准

5.1　主控项目

5.1.1　找平层所用材料的质量及配合比，应符合设计要求。

5.1.2　找平层的排水坡度，应符合设计要求。

5.2　一般项目

5.2.1　找平层应抹平、压光，不得有酥松、起皮现象。

5.2.2　卷材防水层的基层与突出屋面结构的交接处，以及基层的转角处，找平层应做成圆弧形，且应整齐平顺。

5.2.3　找平层分格缝的宽度和间距，均应符合设计要求。

5.2.4　找平层表面平整度的允许偏差为 5mm，用 2m 的靠尺和楔形塞尺检查。

6　成品保护

6.0.1　找平层施工时，应避免损坏保温层或防水层。

6.0.2　水泥砂浆、细石混凝土找平层水泥终凝之前不得上人踩踏。

6.0.3　在抹好的找平层上，推小车运输时应铺垫脚手板，防止损坏找平层。

6.0.4　在施工过程中，屋面水落口应采取临时措施封口，防止杂物进入造成堵塞。

7　注意事项

7.1　应注意的质量问题

7.1.1　找平层的基层采用屋面板时，应采用强度等级不低于 C20 细石混凝土灌缝或板缝设置构造钢筋，以获得整体性。

7.1.2　整体现浇混凝土板和整体材料（喷涂硬泡聚氨酸或现浇泡沫混凝土）保温层，宜采用水泥砂浆找平层；装配式混凝土板和板状材料保温层，应采用细石混凝土找平层。

7.1.3　找平层应设分格缝，分格缝位置和间距应符合设计要求；找平层与突出屋面结构的交接处和基层转角处应做成圆弧，以免屋面变形而引起找平层开裂。

7.1.4　找平层施工中应注意配合比准确，掌握抹压时间，收水后要二次压光，使表面密实、平整；找平层施工后应及时养护，以免早期脱水而造成酥松、起砂现象。

7.2　应注意的安全问题

7.2.1　高空作业应采取有效防护措施，并提前向工人做安全技术交底。

7.2.2　施工人员应戴安全帽，穿防滑鞋，工作中不得打闹。

7.2.3　屋面上应做好四边和洞口安全防护工作。

7.3　应注意的绿色施工问题

7.3.1　基层表面混凝土硬块及突出物清理产生的噪声、扬尘应有效控制。
7.3.2　基层清理物以及报废的扫帚、钢丝刷等应及时清运至指定的地点。
7.3.3　找平材料的制备，宜采用预拌砂浆或预拌混凝土。

8　质量记录

8.0.1　水泥等原材料出厂合格证、质量检验报告及进场复试报告。
8.0.2　水泥砂浆、细石混凝土施工配合比及计量、拌合记录。
8.0.3　隐蔽工程检查验收记录。
8.0.4　屋面找平层检验批质量验收记录。
8.0.5　屋面找平层分项工程质量验收记录。

第2章　屋面找坡层

本工艺标准适用于工业与民用建筑屋面的找坡层工程。

1　引用标准

《建筑工程施工质量验收统一标准》GB 50300—2013
《屋面工程技术规范》GB 50345—2012
《屋面工程质量验收规范》GB 50207—2012
《通用硅酸盐水泥》GB 175—2007

2　术语（略）

3　施工准备

3.1　作业条件

3.1.1　找坡层所用材料的质量及配合比，应符合设计要求和施工规范规定。
3.1.2　伸出屋面的管道、设备、预埋件等，应在找坡层施工前安装牢固。
3.1.3　屋面找坡层施工，应在结构层或保温层验收合格的基础上进行。
3.1.4　基层采用装配式钢筋混凝土板时，应用C20细石混凝土填缝，板缝应按设计要求增加抗裂的构造措施。

3.1.5 找坡层的施工环境气温宜为5～35℃。

3.1.6 雨天、雪天和五级风及以上时不得施工。

3.2 材料及机具

3.2.1 找坡材宜采用质量轻、吸水率低和有一定强度的材料。通常是将适量水泥净浆与陶粒、焦渣或加气混凝土碎块等拌合而成。

3.2.2 水泥宜采用普通硅酸盐水泥或矿渣硅酸盐水泥。

3.2.3 陶粒的粒径不应小于25mm，堆积密度不宜大于500kg/m^3。

3.2.4 焦砟的粒径宜为5～30mm，不得含有生煤、土块、石块和有机杂质。

3.2.5 机具：混凝土搅拌机、手推车、铁锹、磅秤、铁抹子、铁滚筒、铁锤、錾子、钢丝刷、扫帚、木抹子、木杠、5mm和30mm筛子等。

4 操作工艺

4.1 工艺流程

基层清理→弹线找坡→找坡材料拌制→找坡层施工

4.2 基层清理

4.2.1 清理结构层或保温层上面的松散杂物，凸出基层表面的硬物应剔平扫净，凹坑较大时应用水泥砂浆填补抹平。

4.2.2 抹找平层前，当基层为混凝土时，基层应充分洒水湿润，但不得积水；当基层为保温层时，基层不宜大量浇水。

4.2.3 突出屋面的管道、支架等根部，应用细石混凝土固定严密。

4.3 弹线找坡

4.3.1 根据屋面形式、排水方式、屋面汇水面积等情况，将屋面划分成若干个排水区域，并在结构层或保温层上清晰弹出控制线。

4.3.2 根据结构层女儿墙上的0.5m标高线，量出找坡层上平标高。

4.3.3 按找坡层上平标高并根据屋面排水方向和设计坡度进行找坡。当设计无要求时，材料找坡宜为2%。檐沟、天沟纵向找坡不应小于1%，沟底水落差不得超过200mm。

4.3.4 拉线找坡时，可按找坡层上平标高，沿十字方向拉线，在结构层或保温层上设置若干个标高墩，分区域准确控制屋面坡度。

4.4 找坡材料拌制

4.4.1 找坡材料配合比应符合设计要求。无设计时，找坡材料配合比可采用水泥：轻质骨料=1∶10（体积比）。

4.4.2 找坡材料拌制时，应采用分次投料搅拌方法，即先将水泥和水投入搅拌筒内进行搅拌，制成均匀的水泥净浆，再加入轻质骨料搅拌均匀后使用。

4.5 找坡层施工

4.5.1 找坡材料铺设时，宜按先远后近、先里后外的施工顺序。并应根据各标高墩的高度用铁锹铺灰，摊铺应分段分层进行，每层虚铺厚度不宜大于150mm。

4.5.2 分段分层铺设后，应用铁锹拍平及用铁滚筒滚压，并以铺设表面出现泛浆为度，随即用刮杠找坡、找平。在辊压过程中，应及时调整坡度和平整度。

4.5.3 对墙根和水落口、管根等周围不易滚压处，应用铁抹子拍打平实，并根据需要做出圆弧。

4.5.4 按设计规定找坡层最薄处厚度不宜小于20mm，在找坡起始点1m范围内，可采用1∶2.5水泥砂浆完成。

4.5.5 找坡层完工后，应检查其坡度和平整度，并应适时浇水养护，养护时间不得少于3d。

5 质量标准

5.1 主控项目

5.1.1 找坡层所用材料的质量及配合比，应符合设计要求。

5.1.2 找坡层的排水坡度，应符合设计要求。

5.2 一般项目

找坡层表面平整度的允许偏差为7mm，用2m的靠尺和楔形塞尺检查。

6 成品保护

6.0.1 找坡层施工时，应避免损坏保温层或防水层。

6.0.2 在铺好的找坡层上，推小车运输时应铺垫脚手板，防止损坏找坡层。

6.0.3 施工完的找坡层应注意养护，常温3d后方能进行面层施工。

6.0.4 在施工过程中，屋面水落口应采取临时措施封口，防止杂物进入造成堵塞。

7 注意事项

7.1 应注意的质量问题

7.1.1 焦渣内不得含有机杂质和未燃尽的煤、石灰石或含有遇水能膨胀分解的物质。焦渣闷水必须闷透，时间不得少于5d。

7.1.2 找坡层的排水坡度应符合设计要求。找坡层施工前，应在基层上适当划分排水区域，保证排水路线正确。

7.1.3 搅拌过程计量应准确，保证其配制强度，找坡材料应采用机械搅拌，并应配备计量装置；搅拌时间应充分，保证拌和料出机时搅拌均匀，和易性好。

7.1.4 找坡材料应分层铺设和适当压实，表面宜平整和粗糙。

7.2 应注意的安全问题

7.2.1 高空作业应采取有效防护措施，并提前向工人做安全技术交底。
7.2.2 施工人员应戴安全帽，穿防滑鞋，工作中不得打闹。
7.2.3 屋面上应做好四边和洞口安全防护工作。

7.3 应注意的绿色施工问题

7.3.1 基层表面混凝土硬块及突出物清理产生的噪声、扬尘应有效控制。
7.3.2 基层清理物以及报废的扫帚、钢丝刷等应及时清运至指定的地点。
7.3.3 找坡材料的制备宜采用预拌混凝土或按预拌混凝土的技术要求集中搅拌。

8 质量记录

8.0.1 水泥等原材料出厂合格证、质量检验报告及进场复试报告。
8.0.2 陶粒、焦渣、加气混凝土碎块等轻骨料混凝土的施工配合比。
8.0.3 隐蔽工程检查验收记录。
8.0.4 屋面找坡层检验批质量验收记录。
8.0.5 屋面找坡层分项工程质量验收记录。

第 3 章　屋面隔汽层

本工艺标准适用于工业与民用建筑屋面的隔汽层工程的施工。

1 引用标准

《建筑工程施工质量验收统一标准》GB 50300—2013
《屋面工程技术规范》GB 50345—2012
《屋面工程质量验收规范》GB 50207—2012
《聚氨酯防水涂料》GB/T 19250—2013
《聚合物水泥防水涂料》GB/T 23445—2009
《水乳型沥青防水涂料》JC/T 408—2005
《聚合物乳液建筑防水涂料》JC/T 864—2008
《聚氯乙烯（PVC）防水卷材》GB 12952—2011
《氯化聚乙烯防水卷材》GB 12953—2003
《高分子防水材料　第 1 部分：片材》GB 18173.1—2012
《高分子防水卷材胶粘剂》JC/T 863—2011

2　术语

2.0.1　隔汽层：阻止室内水蒸气渗透到保温层内的构造层。

3　施工准备

3.1　作业条件

3.1.1　施工前应编制施工方案或技术措施。

3.1.2　基层应坚实、平整、干净、干燥，不得有酥松、起砂、起皮等情况，并按设计要求铺设隔汽层。

3.1.3　基层和突出屋面结构连接部位以及基层转角处均应做成圆弧形。

3.1.4　施工前，应将伸出屋面的管道、设备及预埋件安装完毕。

3.1.5　涂膜隔汽层施工前，必须根据设计要求试验确定每道涂膜的涂布厚度和遍数。

3.1.6　对进场的防水材料进行抽样复检。

3.1.7　防水施工人员应经过理论与实际施工操作的培训，并持上岗证。

3.2　材料及机具

3.2.1　隔汽层材料：合成高分子防水卷材、改性沥青防水卷材，聚氨酯防水涂料、聚合物水泥防水涂料、水乳型沥青防水涂料、溶剂型橡胶沥青防水涂料、聚合物乳液建筑防水涂料等，气密性和水密性要符合要求。

3.2.2　辅助材料：胶粘剂、基层处理剂。

3.2.3　机具：电动搅拌器、嵌缝挤压枪、搅拌桶、小铁桶、小平铲、塑料或橡胶刮板、压辊、长把滚刷、毛刷、小抹子、扫帚、磅秤等。

4　操作工艺

4.1　工艺流程

基层清理 → 管道根部固定 → 隔汽层施工

4.2　基层清理

4.2.1　清理基层表面的杂物和灰尘，基层做到平整、坚实、清洁、干燥、无空隙、无凹凸形、尖锐颗粒。

4.2.2　结构基层表面的凹坑、裂缝应用水泥砂浆修补平整。

4.3　管道根部固定

突出屋面的管道、支架等根部，应用细石混凝土固定严密。

4.4 隔汽层施工

4.4.1 卷材隔汽层

1 按设计要求及卷材铺贴方向、搭接宽度放线定位，并在基层弹线进行试铺。

2 将 $1m^2$ 卷材平坦地干铺在找平层上，静置3～4h后掀开检查，找平层覆盖部位与卷材上未见水印，即可铺设卷材隔汽层。

3 隔汽层的卷材宜采用空铺，卷材搭接缝应满粘。

4 将卷材铺在基层上并对准铺贴位置线。铺贴多跨和高低屋面时，应先远后近，先高跨后低跨。由低到高，搭接缝应顺流水方向。

5 屋面坡度大于25%时，卷材应采取满粘和钉压固定措施。卷材宜平行屋脊铺贴，上下层卷材不得相互垂直铺贴。平行屋脊的卷材搭接缝应顺流水方向。

6 立面或大坡面铺贴高聚物改性沥青防水卷材时，应采用满粘法，其搭接宽度不应小于80mm，并宜减少短边搭接。同一层相邻两幅卷材短边搭接缝错开不应小于500mm；上下层卷材长边搭接缝错开，且不得小于幅宽的1/3。

7 在屋面与墙的连接处，隔汽层应沿墙面向上连续铺设高出保温层上表面不得小于150mm。

4.4.2 涂膜隔汽层

1 基层表面尘土、杂物清理干净并应干燥。部分水乳型涂料允许在潮湿基层上施工，基层必须无明水。

2 基层清理洁净后，即可满涂一道基层处理剂，可用刷子用力薄涂，使基层处理剂进入毛细孔和微缝中，也可用机械喷涂。涂刷均匀一致，不漏底。

3 按设计和防水细部构造要求，在天沟、檐沟与屋面交接处、女儿墙、变形缝两侧墙体根部等易开裂的部位，铺设一层或多层带有胎体增强材料的附加层，应达到密封严密。

4 双组分涂料必须规定的配合比准备计量，搅拌均匀，已配成的双组分涂料必须在规定的时间内用完。

4.4.3 涂刷隔汽层

1 确保防水层与基层粘结牢固，确保防水层厚度达到规范及设计要求。涂膜防水层必须由两层以上涂层组成，每一涂层应刷2遍到3遍，涂刷均匀，达到分层施工，多道薄涂，总厚度必须达到设计要求。

2 穿过隔汽层的管线周围应封严，转角处应无折损，隔汽层凡有缺陷或破损的部位，均应进行返修。

3 涂膜防水层应先高后低，先远后近，先涂布里面后涂布平面，先涂布排水比较集中的水落口、天沟、檐口等节点部位，再往上涂屋脊、天窗等。

4 纯涂层涂布一般由屋面标高最低处顺脊方向施工，根据设计厚度，分层分遍涂布，待先涂涂层干燥成膜后，方可涂布后一道涂布层。

5 质量标准

5.1 主控项目

5.1.1 隔汽层所用材料的质量，应符合设计要求。

5.1.2 隔汽层不得有破损现象。

5.2 一般项目

5.2.1 卷材隔汽层应铺设平整，卷材搭接缝应粘结牢固，密封应严密，不得有扭曲、皱折和起泡等缺陷。

5.2.2 涂膜隔汽层应粘结牢固，表面平整，涂布均匀，不得有堆积、起泡和露底等缺陷。

6 成品保护

6.0.1 穿过屋面的管道和设施，应在防水层施工以前进行。防水层施工后，不得在屋面上进行其他工种的施工。如必须上人，应采取有效措施防止涂膜受损。

6.0.2 低跨屋面在易受雨水冲刷的部位，应有接水设施或加铺1～2层卷材。

6.0.3 防水层施工时应采取保护檐口和墙面的措施，防止污染。

6.0.4 屋面工程施工完后，应将杂物清理干净，保证水落口畅通，不得使天沟积水。

6.0.5 防水层应经常检查，发现鼓泡和渗漏应及时治理。

6.0.6 涂膜防水层施工进行中或施工完后，均应对已做好的涂膜防水层加以保护和养护，养护期一般不得少于7d，养护期间不得上人行走，更不得进行任何作业或堆放物料。

7 注意事项

7.1 应注意的质量问题

7.1.1 隔汽层做法同防水层，隔汽层应沿周边墙面向上连续铺设，高出保温层上表面不得小于150mm，隔汽层收边不需要与保温层上的防水层连接。

7.1.2 隔汽层是隔绝室内湿气通过结构层进入保温层的构造层，防水卷材或防水涂料的气密性和水密性一定要好。

7.1.3 施工操作中应按程序弹标准线，使与卷材规格相符，操作中齐线铺贴。防止接头搭接形式以及长边、短边的搭接宽度偏小，接头处的粘结不密实，接槎损坏、空鼓形成的卷材搭接不良。

7.1.4 双组分或多组分防水涂料配比应准确，搅拌应均匀，掌握适当的稠度、黏度和固化时间，以保证涂刷质量。操作时必须精心。对于不同组分的容器、取料勺、搅拌棒等不得混用，以免产生凝胶。

7.1.5 涂膜应多遍完成，涂刷应在前遍涂层干燥成膜后进行。如发现涂膜层有破损或不合格之处，应用小刀将其割掉，重新分层涂刷防水涂料。

7.1.6 涂膜施工前，应根据设计要求的厚度，试验确定每平方米涂料用量以及每个涂层需要涂刷的遍数。

7.2 应注意的安全问题

7.2.1 作业现场应健全防火制度，完善消防设施，消除火灾隐患，杜绝火灾发生，易燃材料应有专人保存管理。

7.2.2　高空作业要采取安全防护措施，防止人、物高空坠落。

7.2.3　垂直上料平台应设防护栏杆，人工提升应设拉牵绳，重物下方 10m 半径范围内严禁站人。

7.3　应注意的绿色施工问题

7.3.1　基层表面砂浆硬块及突出物清理产生的噪声、扬尘应有效控制；报废的扫帚、砂纸、钢丝刷、防水和密封材料包装物等应及时清理。

7.3.2　胶粘剂、基层处理剂应用密封桶包装，防止挥发、遗洒；防水材料应储存在阴凉通风的室内，避免雨淋、日晒和受潮变质，并远离火源、热源。

7.3.3　防水材料的边角料应回收处理。

8　质量记录

8.0.1　隔汽层材料及辅助材料出厂合格证、质量检验报告及进场检验报告。

8.0.2　屋面隔汽层检验批质量验收记录。

8.0.3　屋面隔汽层分项工程质量验收记录。

第 4 章　屋面隔离层

本工艺标准适用于工业与民用建筑屋面的隔离层工程。

1　引用标准

《建筑工程施工质量验收统一标准》GB 50300—2013

《屋面工程技术规范》GB 50345—2012

《屋面工程质量验收规范》GB 50207—2012

《建筑地面工程施工质量验收规范》GB 50209—2010

《通用硅酸盐水泥》GB 175—2007

2　术语

2.0.1　隔离层：消除相邻两种材料之间的粘结力、机械咬合力、化学反应等不利影响的构造层。

3　施工准备

3.1　作业条件

3.1.1　施工前应编制施工方案或技术措施。

3.1.2　施工完的防水层已进行隐蔽工程验收，并完成雨后观察或淋水、蓄水试验，验收合格，办理交接验收手续。

3.1.3　低强度等级砂浆施工宜为5～35℃，干铺塑料膜、土工布、卷材可在负温下施工。

3.1.4　雨天、雪天和五级风及以上时不得施工。

3.2　材料及机具

3.2.1　塑料膜、土工布、卷材贮运时，应防止日晒、雨淋、重压；保管时，应保证室内干燥、通风，保管环境应远离火源、热源。

3.2.2　塑料膜、土工布、卷材的品种、规格和质量，应符合设计要求和相关材料标准，提供合格证和出厂检验报告。

3.2.3　商品砂浆进场时，应提供质量证明文件，包括产品出厂合格证、原材料性能检验报告、配合比、产品性能检验报告、储存期等。

3.2.4　隔离层材料的技术要求：

1　塑料膜宜采用0.2mm厚聚乙烯薄膜或3mm厚发泡聚乙烯膜。

2　土工布宜采用200g/m² 聚酸无纺布。

3　卷材宜采用石油沥青卷材一层。

4　低强度等级砂浆宜采用10mm厚黏土砂浆，石灰砂浆或掺有纤维的石灰砂浆。

5　原则上，隔离层优先选用塑料膜、土工布、卷材。

3.2.5　机具：

1　机械设备：砂浆输送泵等。

2　主要工具：钢卷尺、剪刀、刮尺、分格条、铁抹子、刮板、木抹子、刮杠、水平尺、扫帚等。

4　操作工艺

4.1　工艺流程

基层清理→隔离层施工

4.2　基层清理

4.2.1　隔离层施工前，应清理防水层或保温层上的杂物、灰尘和明水。

4.3　隔离层施工

4.3.1　隔离层铺设不得有破损和漏铺现象。

4.3.2　干铺塑料膜、土工布、卷材时，其搭接宽度不应小于50mm，铺设应平整，不得有皱折。

4.3.3　低强度砂浆铺设时，其表面应平整、压实，不得有起壳和起砂现象。

4.3.4　塑料膜、土工布、卷材隔离层施工应符合下列规定：

1　根据现场情况，确定塑料膜或土工布隔离层尺寸，裁剪后予以试铺，裁剪尺寸应准确。

2　干铺塑料膜、土工布、卷材时，铺设应平整，不得有皱折。

3　土工布必须重叠最少150mm。最小缝针距离织边至少是25mm。缝好的土工布接缝最低包括1行有线锁口链形缝法。用于缝合的线应为最小张力超过60N的树脂材料，任何在缝好的土工布上的“漏针”必须在受到影响的地方重新缝接。避免土壤、颗粒物质、外来物质进入土工布层。

4.3.5　低强度等级商品砂浆隔离层施工应符合下列规定：

1　防水层验收合格，表面尘土、杂物清理干净并干燥。

2　根据弹好的控制线，顺排水方向拉线冲筋，冲筋的间距为1.5mm。

3　在基层上分仓均匀地扫素水泥浆一遍，随扫随铺水泥砂浆，砂浆的稠度应控制在70mm左右，用刮杠沿两边冲筋标高刮平，木抹子搓平，提出水泥浆。

4　砂浆铺抹稍干后，用铁抹子压实二遍成活。头遍拉平、压实，使砂浆均匀密实；待浮水沉失，人踩上去有脚印但不下陷时，再用抹子压第二遍，将表面压实，不得漏压，不得有起壳和起砂等现象，切记在水泥终凝后压光。

5　常温下砂浆找平层或细石混凝土找平层找平压实在终凝后开始浇水（12h后），养护时间一般不少于7d。

5　质量标准

5.1　主控项目

5.1.1　隔离层所用材料的质量及配合比，应符合设计要求。

5.1.2　隔离层不得有破损和漏铺现象。

5.2　一般项目

5.2.1　塑料膜、土工布、卷材应铺设平整，其搭接宽度不应小于50mm，不得有皱折。

5.2.2　低强度等级的砂浆隔离层表面应压实、平整，不得有起壳、起砂现象。

5.2.3　隔离层的允许偏差和检验方法应符合表4-1的规定。

隔离层的允许偏差和检验方法　　**表4-1**

项目	允许偏差（mm）	检验方法
	塑料膜、土工布、卷材	
搭接宽度	不应小于50mm	观察和尺量检查

6　成品保护

6.0.1　施工人员不得穿有钉的或硬底鞋；运输材料时，卸料材料时应轻拿轻放。

6.0.2　施工过程中产生的垃圾应及时清理，避免堵塞孔洞。

6.0.3　施工过程中注意成品保护，防止污染及碰损。

6.0.4　在施工过程中，屋面水落口应采取临时措施封口，防止杂物进入造成堵塞。

7　注意事项

7.1　应注意的质量问题

7.1.1　屋面隔离层材料的品种、规格、性能应符合设计要求。

7.1.2　常温下砂浆找平层或细石混凝土找平层抹平压实在终凝后开始浇水（12h后），养护时间不得少于7d。

7.1.3　屋面隔离层材料的品种、规格、性能应符合设计要求。设计无要求时，原则上，隔离层优选选用塑料膜、土工布、卷材。

7.1.4　隔离层应做到保护层与防水层或保温层完全隔离，对隔离层破损或漏铺部位应及时修复。

7.2　应注意的安全问题

7.2.1　高空作业应采取有效防护措施，并提前向工人做安全技术交底。

7.2.2　施工人员应戴安全帽，穿防滑鞋，工作中不得打闹。

7.2.3　屋面上应做好四边和洞口安全防护工作。

7.3　应注意的绿色施工问题

7.3.1　基层表面混凝土硬块及突出物清理产生的噪声、扬尘应有效控制。

7.3.2　基层清理物以及报废的扫帚、钢丝刷等应及时清运至指定的地点。

8　质量记录

8.0.1　塑料膜等原材料出厂合格证、质量检验报告及进场复试报告。

8.0.2　商品砂浆进场时，应提供质量证明文件，进行外观检验。

8.0.3　隐蔽工程检查验收记录。

8.0.4　屋面隔离层检验批质量验收记录。

8.0.5　屋面隔离层分项工程质量验收记录。

第5章　屋面保护层

本工艺标准适用于工业与民用建筑屋面的保护层工程。

1　引用标准

《建筑工程施工质量验收统一标准》GB 50300—2013
《屋面工程技术规范》GB 50345—2012
《屋面工程质量验收规范》GB 50207—2012
《建筑地面工程施工质量验收规范》GB 50209—2010
《通用硅酸盐水泥》GB 175—2007

2　术语

2.0.1　保护层：对防水层、保温层其防护作用的构造层。

3　施工准备

3.1　作业条件

3.1.1　施工前应编制施工方案或技术措施。

3.1.2　保护层铺设前，卷材或涂膜防水层及细部构造的施工已通过检查验收，质量符合设计和规范规定，并经雨后或淋水、蓄水检验合格。

3.1.3　块体材料水泥砂浆或细石混凝土保护层与防水层之间应设置隔离层。

3.1.4　倒置式屋面的保护层施工，应在保温层验收合格的基础上进行。

3.1.5　根据设计要求，提出水泥砂浆或细石混凝土的施工配合比。

3.1.6　水泥砂浆、细石混凝土保护层及低强度等级砂浆隔离层的施工环境气温宜为5～35℃；浅色涂料保护层的施工环境温度不宜低于5℃；块体材料干铺不宜低于－5℃，湿铺不宜低于5℃。

3.1.7　雨天、雪天和五级风及以上时不得施工。

3.2　材料及机具

3.2.1　水泥砂浆和细石混凝土所用水泥：宜采用普通硅酸盐水泥或矿渣硅酸盐水泥；砂宜用中砂，含泥量不应大于3%；石子的粒径不宜大于15mm，含泥量不应大于1%。

3.2.2　块体材料的品种、规格和质量，应符合设计要求和相关材料标准。

3.2.3　浅色涂料应与底层材性相容、宜采用丙烯酸系反射涂料。

3.2.4　保护层材料的技术要求：

1　块体材料干铺不宜低于－5℃，湿铺不宜低于5℃。

2　水泥砂浆及细石混凝土宜为5～35℃。

3　浅色涂料不宜低于5℃。

4　保护层优先选用细石混凝土、水泥砂浆、块体材料。

3.2.5　机具：

1　块体材料铺砌：卷尺、铁抹子、铁皮抹子、勾缝小压子、胶皮锤、木杠、铁铲、灰桶、灰浆搅拌设备等。

2　水泥砂浆或细石混凝土施工：体积计量容器、砂浆搅拌机或混凝土搅拌机、磅秤、运输小车、压辊、铁铲、3mm 筛、分格缝条、刮杠、木抹子、铁抹子、挂线等。

3　浅色、涂料涂刷：开桶器、电动搅拌器、拌料桶、磅秤、小油漆桶、油漆刷、圆滚刷、笤帚、防毒口罩等。

4　操作工艺

4.1　工艺流程

基层清理→保护层施工

4.2　基层清理

4.2.1　保护层施工前，应清理防水层或保温层上的杂物、灰尘和明水。

4.2.2　水泥砂浆或细石混凝土施工前，表面干燥的隔离层应洒水湿润，洒水后不得留有积水。

4.3　保护层施工

4.3.1　块体材料、水泥砂浆或细石混凝土保护层与女儿墙或山墙之间，应预留宽度为 30mm 的缝隙，缝内宜填塞聚苯乙烯泡沫塑料，并应用密封材料嵌填密实。

4.3.2　块体材料保护层施工应符合下列规定：

1　块体材料铺砌前作好分格布置、找平或找坡标准块，挂线铺砌操作，使块体布置横平竖直、缝口宽窄一致、表面平整、排水坡度正确。

2　块体材料保护层宜设置分格缝，分格缝纵横间距不应大于 10m，分格缝宽度宜为 20mm，并应用密封材料嵌填密实。

3　用砂作结合层铺砌时，应铺砂洒水并压实、刮平结合砂层，按挂线铺摆块体并拍实、块体间应预留 10mm 的缝隙，缝内应用砂填充并压实到板厚的一半高，湿润缝口并用 1∶2 水泥砂浆将接缝勾成凹缝。

4　用水泥砂浆作结合层铺砌时，先用 1∶4 水泥砂浆找平，厚度不宜小于 20mm，当找平的砂浆强度达到 1.2MPa 时，弹铺砌控制线。结合砂浆宜采用1∶2～1∶2.5 干硬性水泥砂浆，按挂线摆铺块体并挤压结合砂浆，块体间应预留 10mm 的缝隙，缝内应用砂浆勾成凹缝。块体表面应洁净、色泽一致，应无裂纹、掉角和缺楞等缺陷。

4.3.3　水泥砂浆保护层施工应符合下列规定：

1　铺设水泥砂浆保护层时应按保护层厚度和屋面坡度做贴饼和冲筋，冲筋间铺抹 1∶2.5 水泥砂浆，用铁辊滚压或人工拍打密度，再用刮杠沿两边冲筋刮平，用木抹子搓平，用铁抹子第一遍压光；待砂浆初凝后，即人踩上去有脚印但不下陷时，用铁抹子第二遍压光；待砂浆终凝前，即人上去稍有脚印而铁抹子抹压无抹痕时，用铁抹子第三遍压光。

2　水泥砂浆保护层应设表面分格缝，分格面积宜为 1m^2。表面分格缝宜设置Ⅴ形缝。在第一遍压光后，在面层上弹分格缝线，即用劈缝溜子压缝，再用溜子将分缝内压至平、直、光；在第二遍压光后，应用劈缝溜子溜压，做到缝边光直，缝内光滑顺直；在第三遍压光后，应再用劈缝溜子溜压一遍。

3 水泥砂浆保护层完成后，应及时进行保温养护，养护时间不得少于7d。

4.3.4 细石混凝土保护层施工应符合下列规定：

1 细石混凝土浇筑前先找标准块，固定木枋作分格，然后摊铺细石混凝土，用铁辊滚压或人工拍打密实，刮尺找坡、刮平，初凝前用木抹子提浆搓平和铁抹子压光，初凝后用铁抹子2次压光。

2 细石混凝土保护层应设分格缝，分格缝纵横间距不应大于6m，分格缝宽度宜为20mm。并应用密封材料嵌填。

3 一个分格内的细石混凝土宜一次连续完成，表面应抹平压光，不得有裂纹、脱皮、麻面和起砂等缺陷。

4 细石混凝土初凝后应及时取出分格缝木条，修整好缝边，终凝前用铁抹子压光。

5 细石混凝土保护层完成后应及时进行保湿养护，养护时间不应少于7d。

4.3.5 浅色涂料保护层施工应符合下列规定：

1 浅色涂料应与防水层或保温层材料相容，材料用量应根据产品说明书的规定使用。

2 浅色涂料应多遍涂刷，涂层表面应平整，不得流淌和堆积。

3 浅色涂料应与防水层或保温层粘结牢固，厚薄应均匀，不得漏涂。

5 质量标准

5.1 主控项目

5.1.1 保护层所用材料的质量及配合比，应符合设计要求。

5.1.2 块体材料、水泥砂浆或细石混凝土保护层的强度等级，应符合设计要求。

5.1.3 保护层的排水坡度，应符合设计要求。

5.2 一般项目

5.2.1 块体材料保护层表面应干净，接缝应平整，周边应顺直，镶嵌应正确，应无空鼓现象。

5.2.2 水泥砂浆、细石混凝土保护层不得有裂纹、脱皮、麻面和起砂等现象。

5.2.3 浅色涂料应与防水层粘结牢固，厚薄均匀，不得漏涂。

5.2.4 保护层的允许偏差和检验方法应符合表5-1的规定。

保护层的允许偏差和检验方法 **表5-1**

项目	允许偏差（mm）			检验方法
	块体材料	水泥砂浆	细石混凝土	
表面平整度	4.0	4.0	5.0	2m靠尺和塞尺检查
缝格平直	3.0	3.0	3.0	拉线和尺量检查
接缝高低差	1.5	—	—	直尺和塞尺检查
板块间隙宽度	2.0	—	—	尺量检查
保护层厚度	设计厚度的10%，且不得大于5mm			钢针插入和尺量检查

6　成品保护

6.0.1　保护层施工时，应避免损坏保温层或防水层。

6.0.2　水泥砂浆、细石混凝土表面抹压过程中，禁止非操作人员进入养护期间，不准堆压重物。

6.0.3　不得在已做好的保护层上拌合混合物，在砂浆或混凝土强度未达到5MPa时，不得在面层上直接堆放物品。

6.0.4　在施工过程中，屋面水落口应采取临时措施封口，防止杂物进入造成堵塞。

7　注意事项

7.1　应注意的质量问题

7.1.1　屋面保护层材料的品种、规格、性能应符合设计要求，设计无要求时，不上人屋面宜采用水泥砂浆保护层或浅色涂料保护层；上人屋面应采用块体材料或细石混凝土保护层。

7.1.2　块体材料、水泥砂浆或细石混凝土等刚性保护层，应在保护层与山墙、女儿墙的交接处预留宽度为30mm的缝隙，缝内应作保温和密封处理，防止高温季节刚性保护层推裂山墙或女儿墙。

7.1.3　做好水泥砂浆或细石混凝土配合比设计；配制时准确计量，严格控制水灰比，机械搅拌均匀；摊铺后做好压实和抹平，在砂浆收水后、初凝后和终凝前三遍压光；认真做好养护工作，养护时间不得少于7d。

7.1.4　当水泥砂浆或细石混凝土保护层表面轻微起壳、起砂时，可将表面凿开，扫去浮灰杂质，然后加抹10mm厚聚合物水泥砂浆。

7.1.5　当水泥砂浆或细石混凝土保护层破碎脱落时，应将四周酥松部分凿去，清理干净和用水充分湿润，浇筑掺有膨胀剂的砂浆或混凝土，并抹平压光和注意养护。

7.1.6　刚性保护层施工时必须拉线找坡，不得改变屋面的排水坡度。

7.1.7　细石混凝土保护层应采用低强度等级砂浆。

7.2　应注意的安全问题

7.2.1　高空作业应采取有效防护措施，并提前向工人做安全技术交底。

7.2.2　施工人员应戴安全帽，穿防滑鞋，工作中不得打闹。

7.2.3　屋面上应做好四边和洞口安全防护工作。

7.2.4　涂刷浅色、反射涂料保护层作业时，施工人员在阳光下应佩戴墨镜，避免强烈的反射光线损伤眼睛。

7.2.5　五级以上大风和雨、雪天，避免在屋面上施工保护层。

7.3　应注意的绿色施工问题

7.3.1　基层表面混凝土硬块及突出物清理产生的噪声、扬尘应有效控制。

7.3.2 基层清理物以及报废的扫帚、钢丝刷等应及时清运至指定的地点。

7.3.3 搅拌和泵送设备及管道等冲洗水应收集处理。

8　质量记录

8.0.1 水泥等原材料出厂合格证、质量检验报告及进场复试报告。

8.0.2 水泥砂浆、细石混凝土施工配合比及其计量、拌合记录。

8.0.3 隐蔽工程检查验收记录。

8.0.4 屋面保护层（隔离层）检验批质量验收记录。

8.0.5 屋面保护层（隔离层）分项工程质量验收记录。

第2篇 保温与隔热层

第6章 屋面板状材料保温层

本工艺标准适用于工业与民用建筑屋面的板状材料保温层工程。

1 引用标准

《建筑工程施工质量验收统一标准》GB 50300—2013
《屋面工程技术规范》GB 50345—2012
《屋面工程质量验收规范》GB 50207—2012
《建筑节能工程施工质量验收规范》GB 50411—2007
《绝热用模塑聚苯乙烯泡沫塑料》GB/T 10801.1—2002
《绝热用挤塑聚苯乙烯泡沫塑料（XPS)》GB/T 10801.2
《建筑绝热用硬质聚氨酯泡沫塑料》GB/T 21558—2008
《膨胀珍珠岩绝热制品》（憎水型）GB/T 10303—2015
《泡沫玻璃绝热制品》JC/T 647—2014
《蒸压加气混凝土砌块》GB 11968—2006
《泡沫混凝土砌块》JC/T 1062—2007

2 术语

2.0.1 板状保温材料：由聚苯乙烯泡沫塑料、硬质聚氨酯泡沫塑料或无机硬质绝热材料加工制成，且具有一定压缩强度或抗压强度的板块状制品。

2.0.2 胶粘剂：指通过粘附作用，能使被粘物结合在一起的物质。

2.0.3 机械固定件：用于机械固定保温材料的螺钉、套管、垫片等配件。

3 施工准备

3.1 作业条件

3.1.1 施工前应编制施工方案或技术措施。

3.1.2 板状保温材料使用前，应检验其导热系数，表观密度或干密度、压缩强度或抗压强度、燃烧性能，并应符合设计要求。

3.1.3 板状材料保温层施工应在结构层验收合格的基础上进行。

3.1.4　设计有隔汽层时，隔汽层高出保温层上表面不得小于150mm。

3.1.5　倒置式屋面保温层施工前，应对防水层进行淋水或蓄水试验，并在合格后再进行保温层铺设。

3.1.6　板状材料保温层的施工环境温度：干铺的保温层材料可在负温下施工；粘结的保温层材料不宜低于5℃。

3.1.7　雨天、雪天和五级风及其以上时不得施工。

3.2　材料及机具

3.2.1　板状保温材料的品种、规格应符合设计要求和相关标准的规定。

3.2.2　板状保温材料的主要性能指标应符合表6-1的规定。

板状保温材料主要性能指标　　**表6-1**

项目	聚苯乙烯泡沫塑料		硬质聚氨酯泡沫塑料	泡沫玻璃	憎水型膨胀珍珠岩	加气混凝土	泡沫混凝土
	挤塑	模塑					
表观密度或干密度（kg/m^3）	—	≥20	≥30	≤200	≤350	≤425	≤530
压缩强度（kPa）	≥150	≥100	≥120	—	—	—	—
抗压强度（MPa）	—	—	—	≥0.4	≥0.3	≥1.0	≥0.5
导热系数［W/(m·K)］	≤0.030	≤0.041	≤0.024	≤0.070	≤0.087	≤0.120	≤0.120
尺寸稳定性（70℃，48h,%）	≤2.0	≤3.0	≤2.0	—	—	—	—
水蒸气渗透系数［ng/(Pa·m·s)］	≤3.5	≤4.5	≤6.5	—	—	—	—
吸水率（v/v,%）	≤1.5	≤4.0	≤4.0	≤0.5	—	—	—
燃烧性能	不低于B2			A级			

3.2.3　固定件及配件的品种、规格应符合设计要求和相关标准的规定。

3.2.4　机具：板锯、铁抹子、铁皮抹子、小压子、胶皮锤、木杠、铁铲、灰桶、扫帚、电动搅拌器、搅拌筒、防护用品、消防器材等。

4　操作工艺

4.1　工艺流程

基层清理→弹分格线→胶粘剂配制→板状保温材料铺设

4.2　基层清理

4.2.1　清理屋面基层表面的杂物和灰尘。

4.2.2　结构基层表面的凹坑、裂缝应用水泥砂浆修补平整。

4.2.3　突出屋面的管道、支架等根部，应用细石混凝土固定严密。

4.2.4　采用无机胶粘剂时，基层应湿润，采用有机胶粘剂时，基层应干燥。

4.3　弹分格线

在基层上弹出十字中心线，按板块尺寸和周边尺寸进行分格和控制，板缝宽度以不大于2mm为宜。

4.4　胶粘剂配制

4.4.1　胶粘剂应根据生产厂使用说明书的配合比配制。

4.4.2　专人负责，严格计量，机械搅拌均匀，一次配置量应在可操作时间内用完。

4.4.3　拌好的胶粘剂，在静停后再使用时还需二次搅拌。

4.5　板状保温材料铺设

4.5.1　粘贴板状保温材料时，应先将胶粘剂涂抹在基层上，再将板块按分线位置逐一粘严、粘牢。板状保温材料的粘接缝应挤紧拼严，不得在板块侧面涂抹胶粘剂，超过20mm的缝隙应采用相同材料的板条或片填塞严实。

4.5.2　采用粘接法施工时，胶粘剂应与保温材料相容；在胶粘剂固化前不得上人踩踏。

4.5.3　破碎不齐的板状保温材料可锯平拼接使用，或用同类材料粘贴补齐或嵌填密实后使用。

4.5.4　设计有要求或坡度超过20%的屋面，板状保温材料的固定防滑措施，应选择专用螺钉和垫片，固定件与结构层之间应连接牢固。

4.5.5　倒置式屋面的板状材料保温层的固定防滑措施，应在结构层内预埋ϕ12锚筋，锚筋间距宜为1.5m，伸出保温层长度不宜小于25mm，并与细石混凝土保护层内钢筋网片绑牢，锚筋穿破防水层处应采用密封材料封严。

4.5.6　屋面热桥部位屋顶与外墙的交接处，应按设计要求采取节能保温等隔断热桥措施。

5　质量标准

5.1　主控项目

5.1.1　板状保温材料的质量，必须符合设计要求。

5.1.2　板状材料保温层的厚度应符合设计要求，其正偏差应不限，负偏差应为5%，且不得大于4mm。

5.1.3　屋面热桥部位处理必须符合设计要求。

5.2　一般项目

5.2.1　板状保温材料铺设应紧贴基层，应铺平垫稳，拼缝应严密，粘贴牢固。

5.2.2　固定件的规格、数量和位置均应符合设计要求；垫片应与保温层表面齐平。

5.2.3　板状材料保温层表面平整度的允许偏差为5mm。

5.2.4　板状材料保温层接缝高低差的允许偏差为2mm。

6 成品保护

6.0.1 各种板状保温材料进入现场应分类堆放，作防潮隔离和防雨遮盖。搬运、存放时应轻拿轻放，堆码不要过高，防止棱角毁坏、断裂损伤。

6.0.2 板状材料保温层铺设完成后，在胶粘剂固化前不得上人走动，以免影响粘结效果。

6.0.3 在已铺好的保温层上不得直接推车和堆放重物，应垫脚手板保护。

6.0.4 保温层铺贴完后，应及时进行找平层和防水层施工，防止保温层被雨淋后受潮。

6.0.5 在施工过程中、水落口应采取临时封堵措施，防止杂物进入造成堵塞。

7 注意事项

7.1 应注意的质量问题

7.1.1 保温材料进入现场后不得露天堆放，应采取隔潮和防雨措施。

7.1.2 保温层在施工和使用过程中，保温层的含水率应相当于该材料在自然风干状态下的平衡含水率。

7.1.3 封闭式保温层或保温层干燥有困难的卷材屋面，宜采用排汽措施。

7.1.4 板状保温材料进入现场后，应对板材的外观质量和尺寸偏差进行检验。缺棱掉角、断块及拼缝不严处，应采用同类材料碎屑或保温灰浆填补密实。

7.1.5 屋面坡度大于20%时，板状保温材料应采取机械固定，固定件的品种、规格和性能应符合设计要求和相关标准的规定。固定件应具有抗腐蚀涂层，固定件宜进行现场拉拔试验。

7.1.6 保温层施工完成后，应及时做找平层和防水层。在找平层施工时，应尽量少洒水，防止保温层内的含水率过大。

7.2 应注意的安全问题

7.2.1 施工作业区应配备消防灭火器材，严禁烟火。

7.2.2 可燃类保温材料进场后，应远离火源；露天堆放时，应采用不燃材料完全覆盖。

7.2.3 在可燃类保温层上不得直接进行防水材料的热熔或热粘法施工。

7.2.4 屋面四周、洞口、脚手架边均应设有防护栏杆和支设安全网，高空作业应防止坠物伤人和人员坠落事故。

7.2.5 施工人员应戴安全帽，穿防滑鞋，工作中不得打闹。

7.3 应注意的绿色施工问题

7.3.1 基层表面混凝土硬块及突出物清理产生的噪声、扬尘应有效控制。

7.3.2 基层清理物、材料包装以及报废的扫帚、钢丝刷等应及时清运至指定的地点。

7.3.3 保温材料的边角料应回收利用，严禁现场焚烧废弃物。

7.3.4 干粉类胶粘剂宜采用复合包装袋包装；胶乳类胶粘剂的液状组分宜采用塑料桶密封包装，固体组分宜采用复合包装袋包装。

8　质量记录

8.0.1　保温材料及辅助材料的出厂合格证、性能检测报告及进场复试报告。
8.0.2　现场配制胶结材料原材料的出厂合格证、质量检验报告，现场抽样试验资料。
8.0.3　胶结材料配合比及其计量、拌合记录。
8.0.4　隐蔽工程检查验收记录。
8.0.5　屋面保温层检验批质量验收记录。
8.0.6　屋面保温层分项工程质量验收记录。

第 7 章　屋面纤维材料保温层

本工艺标准适用于工业与民用建筑屋面的纤维材料保温层工程。

1　引用标准

《建筑工程施工质量验收统一标准》GB 50300—2013
《屋面工程技术规范》GB 50345—2012
《屋面工程质量验收规范》GB 50207—2012
《建筑节能工程施工质量验收规范》GB 50411—2007
《建筑绝热用玻璃棉制品》GB/T 17795—2008
《建筑用岩棉绝热制品》GB/T 19686—2015

2　术语

2.0.1　纤维保温材料：将熔融岩石、矿渣、玻璃等原材料经高温熔化，采取离心法或气体喷射法制成的板状或毡状纤维制品。

2.0.2　反射面外覆层：对外界辐射热量具有反射功能的外覆层材料，其发射率一般不大于 0.03。

2.0.3　抗水蒸气渗透外覆层：具有阻隔水蒸气渗透功能的外覆层材料，其透湿系数一般不大于 5.7×10^{-11}kg/(Pa·s·m^2)。

2.0.4　机械固件：用于机械固定保温材料的螺钉、套管、垫片等配件。

3　施工准备

3.1　作业条件

3.1.1　施工前应编制施工方案或技术措施。

3.1.2　纤维保温材料在使用前，应取样检验其保温材料导热系数、表观密度、燃烧性能，并应符合设计要求。

3.1.3　纤维材料保温层的施工应在结构层验收合格的基础上进行。

3.1.4　设计有隔汽层时，隔汽层高出保温层上表面不得小于150mm。

3.1.5　纤维材料保温层可在负温下施工。

3.1.6　雨天、雪天和五级风及以上时不得施工。

3.2　材料及机具

3.2.1　纤维保温材料：岩棉、矿渣棉绝热制品和玻璃棉绝热制品的密度、导热系数、燃烧性能符合设计要求。

3.2.2　纤维保温材料的主要性能应符合表7-1的规定。

纤维保温材料主要性能指标　　**表7-1**

项目	岩棉、矿渣棉板	岩棉、矿渣棉毡	玻璃棉板	玻璃棉毡
表观密度（kg/m^3）	≥40	≥40	≥24	≥10
导热系数［W/(m·K)］	≤0.040	≤0.040	≤0.043	≤0.050
燃烧性能	A级			

3.2.3　固定件及配件的品种、规格应符合设计要求和相关标准的规定。

3.2.4　机具：手工锯、小平铲、扫帚、手推车、防护用品、消防器材等。

4　操作工艺

4.1　工艺流程

基层清理→弹分格线→固定件安装→纤维保温材料铺设

4.2　基层清理

4.2.1　清理屋面基层表面的杂物和灰尘。

4.2.2　结构基层表面的凹坑、裂缝应用水泥砂浆修补平整。

4.2.3　突出屋面的管道、支架等根部，应用细石混凝土固定严密。

4.2.4　基层应平整、干燥、干净。

4.3　弹分格线

在基层上弹出十字中心线，按板块尺寸和周边尺寸或装配式骨架尺寸进行分格和控制。

4.4　固定件安装

4.4.1　板状纤维保温材料宜采用带套筒的金属固定件，固定件应设在结构层上。

4.4.2　毡状纤维保温材料应采用塑料钉，塑料钉应用胶粘剂将其与结构层粘牢。

4.5　纤维保温材料铺设

4.5.1　纤维材料保温层施工时的含水率，不应大于正常施工环境湿度下的自然含水率。

4.5.2　纤维保温材料施工时，应避免重压，并应采取有效措施防潮。

4.5.3　纤维保温材料应紧靠在基层表面上，平面接缝应拼紧拼严。上下层接缝应相互错开。

4.5.4　板状纤维保温材料用于金属压型板上面时，应采用螺钉和垫片将保温板与压型板固定，固定点应设在压型板的波峰上。

4.5.5　毡状纤维保温材料用于混凝土基层上面时，应采用塑料钉先与基层粘牢，再放入保温毡，最后将塑料垫片与塑料钉热熔焊接，毡状纤维保温材料用于金属压型板的下面时，应采用不锈钢条或铝板制成的承托网，将保温毡兜住并与檩条固定。

4.5.6　上人屋面宜采用装配式骨架铺设纤维保温材料，应先在基层上铺设保温龙骨或金属龙骨，龙骨间应填充纤维保温材料，再在龙骨上铺钉水泥纤维板。金属龙骨和固定件应经防锈处理，金属龙骨与基层间应采取隔热断桥措施。

4.5.7　屋面热桥部位（屋顶与外墙的交接处）应按设计要求采取节能保温等隔断热桥措施。

5　质量标准

5.1　主控项目

5.1.1　纤维保温材料的质量，应符合设计要求。

5.1.2　纤维材料保温层的厚度应符合设计要求，其正偏差应不限，毡不得有负偏差，板负偏差应为4%，且不得大于3mm。

5.1.3　屋面热桥部位处理应符合设计要求。

5.2　一般项目

5.2.1　纤维保温材料铺设应紧贴基层，拼缝应严密，表面应平整。

5.2.2　固定件的规格、数量和位置均应符合设计要求；垫片应与保温层表面齐平。

5.2.3　装配式骨架和水泥纤维板应铺钉牢固，表面应平整；龙骨间距的板材厚度应符合设计要求。

5.2.4　具有抗水蒸气渗透外覆面的玻璃棉制品，其外覆面应朝向室内，拼缝应用防水密封胶带封严。

6　成品保护

6.0.1　纤维保温材料进入现场应按品种、规格分类堆放，搬运和存放时应轻拿轻放，避免受压。作防潮隔离和防雨遮盖。

6.0.2　在纤维材料铺设后，不得上人踩踏。不得直接推车和堆放重物，应垫脚手板保护。

6.0.3　纤维保温层铺贴完后，应及时做找平层和防水层，防止保温层被雨淋后受潮。

6.0.4　在施工过程中，水落口应采取临时封堵措施，防止杂物进入造成堵塞。

7　注意事项

7.1　应注意的质量问题

7.1.1　保温材料进入现场后不得露天堆放，应采取隔潮和防雨措施。

7.1.2　保温材料在施工和使用过程中，保温层的含水率应相当于该材料在自然风干状态下的平衡含水率。

7.1.3　纤维保温材料进场现场后，应对板或毡制品的外观质量、尺寸和密度进行检验。不同密度的板制品使用时，密度大的制品应铺设在密度小的制品的上面。

7.1.4　纤维保温材料采用机械固定件的品种、规格和性能应符合设计要求和相关标准的规定。固定件应具有抗腐蚀涂层，固定钉宜进行现场拉拔试验。

7.1.5　保温层施工完成后，应及时做找平层和防水层。在找平层施工时，应尽量少洒水，防止保温层内的含水率过大。

7.2　应注意的安全问题

7.2.1　在铺设纤维保温材料时，施工人员应配戴口罩、眼镜、手套、鞋帽和工作服，防止矿物纤维刺伤皮肤和眼睛或吸入肺内。

7.2.2　屋面四周、洞口、脚手架边均应设有防护栏杆和支设安全网，高空作业应防止坠物伤人和人员坠落事故。

7.2.3　施工人员应戴安全帽，穿防滑鞋，工作中不得打闹。

7.3　应注意的绿色施工问题

7.3.1　基层表面混凝土硬块及突出物清理产生的噪声、扬尘应有效控制。

7.3.2　基层清理物、材料包装以及报废的扫帚、钢丝刷等应及时清运至指定的地点。

7.3.3　保温材料的边角料应回收利用，严禁现场焚烧废弃物。

7.3.4　纤维保温材料宜采用塑料膜包装；搬运和铺设过程中散落的矿物纤维应及时清理，不得随风飘扬及污染环境。

8　质量记录

8.0.1　保温材料及辅助材料的出厂合格证、性能检测报告及进场复试报告。

8.0.2　隐蔽工程检查验收记录。

8.0.3　固定件的出厂合格证、性能检测报告、复试报告。

8.0.4　固定件的现场拉拔试验报告。

8.0.5　屋面保温层检验批质量验收记录。

8.0.6　屋面保温层分项工程质量验收记录。

第 8 章　屋面喷涂硬泡聚氨酯保温层

本工艺标准适用于工业与民用建筑屋面的喷涂硬泡聚氨酯保温层工程。

1　引用标准

《建筑工程施工质量验收统一标准》GB 50300—2013
《屋面工程技术规范》GB 50345—2012
《屋面工程质量验收规范》GB 50207—2012
《建筑节能工程施工质量验收规范》GB 50411—2007
《喷涂聚氨酯硬泡体保温材料》JC/T 998—2006
《硬泡聚氨酯保温防水工程技术规范》GB 50404—2017

2　术语

2.0.1　喷涂硬泡聚氨酯：以异氰酸酯、多元醇（组合聚醚或聚酯）为主要原料加入发泡剂等添加剂，现场使用专用喷涂设备在基层上连续多遍喷涂发泡聚氨酯后，形成无接缝的硬质泡沫体，按其物理性能可分为Ⅰ型、Ⅱ型和Ⅲ型。

（Ⅰ型）喷涂硬泡聚氨酯：材料具有优异的保温性能，用于屋面保温层。

（Ⅱ型）喷涂硬泡聚氨酯：材料除具有优异的保温性能外，还具有一定的防水性能，与抗裂聚合物水泥砂浆复合使用，用于屋面复合保温防水层。

3　施工准备

3.1　作业条件

3.1.1　施工前应编制施工方案或技术措施。

3.1.2　喷涂硬泡聚氨酯使用前，应取样检验其导热系数、表观密度、压缩强度、燃烧性能，并符合设计要求。

3.1.3　喷涂硬泡聚氨酯保温层应在结构层验收合格的基础上进行。

3.1.4　设计有隔汽层时，隔气层高出保温层上表面不得小于 150mm。

3.1.5　喷涂硬泡聚氨酯必须使用专用设备，施工前应对喷涂设备进行调试。

3.1.6　喷涂硬泡聚氨酯时，应对作业面外易受飞散物料污染的部位采取遮挡措施。

3.1.7　现喷硬泡聚氨酯保温层的施工环境气温宜为 15～35℃，相对湿度宜小于 85%。

3.1.8　雨天、雪天和三级风以上时不得施工。

3.2　材料及机具

3.2.1　喷涂硬泡聚氨酯的主要性能应符合表 8-1 的规定。

喷涂硬泡聚氨酯材料主要物理性能指标　　　　表 8-1

项目	性能要求		
	Ⅰ型	Ⅱ型	Ⅲ型
密度（kg/m^3）	≥35	≥45	≥55
导热系数［W/(m·K)］	≤0.024	≤0.024	≤0.024
压缩性能（形变 10%）kPa	≥150	≥200	≥300
不透水（无结皮）0.2MPa，30min	—	不透水	不透水
尺寸稳定性（70℃，48h）%	≤1.5	≤1.5	≤1.0
闭孔率（%）	≥90	≥92	≥95
吸水率（%）	≤3	≤2	≤1

3.2.2　机具：空气压缩机、聚氨酯喷涂机、小推车、电动砂浆搅拌机、常用抹灰工具及抹灰检测器具若干、手提式搅拌器、水桶、铝合金杠尺（长度 2～2.5m）、剪刀、滚刷、2 寸猪鬃刷、手锤等；防护用品、消防器材等。

4　操作工艺

4.1　工艺流程

基层清理→材料配制→现喷硬泡聚氨酯→防护施工

4.2　基层清理

4.2.1　清理屋面基层表面的油垢、浮灰、尘土及基层凸起物等杂物。
4.2.2　结构基层如果出现高低茬，表面的凹坑、裂缝，应用水泥砂浆修补平整。
4.2.3　突出屋面的管道、支架等根部，应用细石混凝土固定严密。
4.2.4　基层应坚实、平整、干燥、干净；基层的含水率应控制在 9%范围内。

4.3　材料配制

4.3.1　配制硬泡聚氨酯的原材料应按工艺设计配比准确计量，投料顺序不得有误，混合应均匀，热反应充分。

4.3.2　硬泡聚氨酯喷涂前，应对喷涂设备进行调试，并应准备试样进行硬泡聚氨酯的性能检测。

4.4　现喷硬泡聚氨酯保温层

4.4.1　喷涂硬泡聚氨酯时喷嘴与施工基面的间距应由试验确定。根据施工经验喷嘴与施工基面的间距宜为 800～1200mm。

4.4.2　根据硬泡聚氨酯的设计厚度，一个作业面应分遍喷涂完成，每遍厚度不宜大于

15mm，当日的作业面应当日连续喷涂施工完毕。

4.4.3　喷施第一遍硬泡聚氨酯之后，在硬泡层内插上与设计厚度相等的标准厚度标杆，标杆间距宜为300～400mm，并呈梅花状分布，插标杆后继续喷涂施工。控制喷涂厚度至刚好覆盖标杆头为止。

4.4.4　喷涂施工结束后，应检查保温层的厚度和平整度。

4.4.5　对喷涂不平或保温层厚度不符合要求的部位，应及时采用相同保温材料进行修补；对保温层的平整度不符合要求的部位，可用手提刨刀进行修整，修整时散落的碎屑应清理干净。

4.4.6　屋面热桥部位（屋顶与外墙的交接处）应按设计要求采取节能保温等隔断热桥措施。

4.5　防护施工

4.5.1　硬泡聚氨酯表面不得长期裸露，硬泡聚氨酯喷涂完工后，应及时做水泥砂浆找平层，抗裂聚合物水泥砂浆层或防护涂料层。

4.5.2　（Ⅰ型）硬泡聚氨酯保温层上的找平层，应采用20～25mm厚1∶25水泥砂浆，找平层应设分格缝，缝宽宜为5～20mm，纵横间距不宜大于6m。

4.5.3　（Ⅱ型）硬泡聚氨酯复合保温防水层的抗裂聚合物水泥砂浆施工，应待硬泡聚氨酯施工完成并清扫干净后进行。抗裂聚合物水泥砂浆层的厚度宜为3～5mm，应分（2～3）遍刮抹完成；抗裂聚合物水泥砂浆硬化后，宜采用干湿交替的方法养护。

4.5.4　（Ⅲ型）硬泡聚氨酯保温防水层的防护涂料，应待硬泡聚氨酯施工完成并清扫干净后涂刷，涂刷应均匀一致，不得漏涂。

5　质量标准

5.1　主控项目

5.1.1　喷涂硬泡聚氨酯所用原材料的质量及配合比，应符合设计要求。

5.1.2　喷涂硬泡聚氨酯保温层的厚度应符合设计要求，其正偏差应不限，不得有负偏差。

5.1.3　屋面热桥部位处理应符合设计要求。

5.2　一般项目

5.2.1　喷涂硬泡聚氨酯应分遍喷涂，粘结应牢固。表面应平整，找坡正确。

5.2.2　喷涂硬泡聚氨酯保温层表面平整度的允许偏差为5mm。

6　成品保护

6.0.1　硬泡聚氨酯保温层上，不得直接进行防水材料的热熔、热粘法施工。

6.0.2　硬泡聚氨酯喷涂后20min内严禁上人。在已完成的保温层上不得直接推车和堆放重物，应垫脚手板保护。

6.0.3　喷涂硬泡聚氨酯保温层完成后，应及时做找平层、抗裂聚合物水泥砂浆或防护涂料层。

6.0.4　在施工过程中，水落口应采取临时封堵措施，防止杂物进入造成堵塞。

7　注意事项

7.1　应注意的质量问题

7.1.1　喷涂聚氨酯保温层应按配比准确计量，发泡厚度均匀一致。

7.1.2　基层应坚实、平整、干燥、干净；对于潮湿或影响粘结的基层，宜采用喷涂界面处理剂。

7.1.3　用于（Ⅰ型）硬泡聚氨酯保温层的水泥砂浆找平层，宜掺加增强纤维；找平层应设分格缝，缝宽宜为 5～20mm，纵横缝间距不宜大于 6m。

7.1.4　用于（Ⅱ型）硬泡聚氨酯复合保温防水层的抗裂聚合物水泥砂浆，应按配合比准确计量，搅拌均匀，一次配制量应控制在可操作时间内用完。

7.1.5　用于（Ⅲ型）硬泡聚氨酯保温防水层的防护涂料，涂刷应均匀一致，不得漏涂。

7.1.6　喷涂硬泡聚氨酯保温层的厚度必须符合设计要求。对保温层的厚度及平整度不符合要求时，应及时进行修补或修整。

7.2　应注意的安全问题

7.2.1　硬泡聚氨酯的原材料应密封包装，在贮运过程中严禁烟火，注意通风、干燥，防止暴晒、雨淋，不得接近热源和接触强氧化、腐蚀性化学品。

7.2.2　施工作业区应配备消防灭火器材，严禁烟火。

7.2.3　在硬泡聚氨酯保温层上，不得直接进行防水材料的热熔、热粘法施工。

7.2.4　屋面四周、洞口、脚手架边均应设有防护栏杆和支设安全网，高空作业应防止坠物伤人和人员坠落事故。

7.2.5　操作人员应配戴口罩，站在背风方向施工，避免将材料飞沫吸入体内。

7.2.6　施工人员应戴安全帽，穿防滑鞋，工作中不得打闹。

7.3　应注意的绿色施工问题

7.3.1　基层表面混凝土硬块及突出物清理产生的噪声、扬尘应有效控制。

7.3.2　基层清理物、材料包装以及报废的扫帚、钢丝刷等应及时清运至指定的地点。

7.3.3　喷涂硬泡聚氨酯受气候条件影响较大，若操作不慎会引起材料飞散、污染环境。施工时应对作业面外易受飞散物污染的部位采取遮挡措施。风力在三级风以上时不得施工。

8　质量记录

8.0.1　硬泡聚氨酯所用原材料出厂合格证、性能检测报告及进场复试报告。

8.0.2　硬泡聚氨酯的表干密度、压缩强度、导热系数性能检测报告。

8.0.3　硬泡聚氨酯配合比及其计量、发泡记录。

8.0.4　隐蔽工程检查验收记录。

8.0.5　屋面保温层检验批质量验收记录。

8.0.6　屋面保温层分项工程质量验收记录。

第9章　屋面现浇泡沫混凝土保温层

本工艺标准适用于工业与民用建筑屋面的现浇泡沫混凝土保温层工程。

1　引用标准

《建筑工程施工质量验收统一标准》GB 50300—2013
《屋面工程技术规范》GB 50345—2012
《屋面工程质量验收规范》GB 50207—2012
《泡沫混凝土》JG/T 266—2011
《工业过氧化氢》GB/T 1616—2014
《通用硅酸盐水泥》GB 175—2007
《混凝土用水标准》JGJ 63—2006
《建筑节能工程施工质量验收规范》GB 50411—2007

2　术语

2.0.1　现浇泡沫混凝土：用物理方法将发泡剂水溶液制备成泡沫，再将泡沫加入到由水泥、骨料、掺合料、外加剂和水等制成的料浆中，经混合搅拌、现场浇筑、自然养护而成的轻质多孔混凝土。

2.0.2　发泡倍数：泡沫体积大于发泡剂水溶液体积的倍数。

2.0.3　干体积密度：泡沫混凝土保温层养护28d后，测定的每立方米泡沫混凝土的绝干质量。

3　施工准备

3.1　作业条件

3.1.1　施工前应编制施工方案或技术措施。

3.1.2　现浇泡沫混凝土保温层应在结构层验收合格的基础上进行。

3.1.3　设计有隔汽层时，隔汽层高出保温层上表面不得小于150mm。

3.1.4　泡沫混凝土配合比设计应根据设计要求的干密度和抗压强度，并按绝对体积法计算、试配和调整，得出所用组成材料的实际用量。

3.1.5 生产设备应停放于平整坚实的施工现场，并应做好防潮、防淋及排水等措施。

3.1.6 泡沫混凝土制备前，应对空气压缩机、发泡瓶、搅拌机等进行检查，且在试运转正常后方可开机工作。

3.1.7 现浇泡沫混凝土保温层的施工环境温度宜为5～35℃。

3.1.8 在雨天、雪天和5级及以上大风时不得施工。

3.2 材料及机具

3.2.1 水泥宜采用普通硅酸盐水泥或矿渣硅酸盐水泥。

3.2.2 掺合料、外加剂、发泡剂的品种和质量应符合设计要求和相关产品标准的规定。发泡剂应质量可靠、性能良好，严禁过期、变质。

3.2.3 泡沫混凝土原材料进场时，应按规定批次验收其形式检验报告、出厂检验报告或合格证等质量证明文件，对外加剂产品尚应具有使用说明书。现浇泡沫混凝土主要性能指标应符合表9-1的规定。

现浇泡沫混凝土主要性能指标 **表9-1**

项目	指标
干密度（kg/m³）	≤600
导热系数［W/(m·K)］	≤0.14
抗压强度（MPa）	≥0.5
吸水率（%）	≤20%
燃烧性能	A级

3.2.4 机具：发泡机、空气压缩机、泡沫混凝土搅拌机、泡沫混凝土输送泵、发泡瓶、上料机，水准仪、卷尺、铝合金刮杠、专用刮板、木抹子、铁抹子、扫帚、防护用品、消防器材等。

4 操作工艺

4.1 工艺流程

基层清理→弹线→安装嵌缝条→泡沫混凝土制备、卸浆、输送→泡沫混凝土浇筑及养护

4.2 基层清理

4.2.1 清理屋面基层表面的油污、浮尘和积水。

4.2.2 结构基层有裂缝、孔洞等缺陷部位，应进行水泥砂浆修补或注浆封闭处理。

4.2.3 突出屋面的管道、支架等根部，应用细石混凝土固定严密。屋面的管道及水落口应用塑料橡胶袋封堵密实，防止泡沫混凝土将管道堵塞。

4.2.4 如遇天气干燥时，应先对基层进行洒水预湿处理，至少洒水两遍，但基层表面不得有明显积水。

4.3　按设计坡度及流水方向。找出屋面坡度走向，弹线确定保温层厚度范围。

4.4　在分隔条位置安装嵌缝条，间距不宜大于 6m，宽度宜为 20～30mm，深度宜为浇筑厚度的 1/3～2/3。

4.5　泡沫混凝土制备、卸浆、输送

4.5.1　根据设计导热系数、干密度、抗压强度等要求，试配泡沫混凝土，确定其水泥、发泡剂、水及外加剂等的掺量。

4.5.2　配制泡沫浆体。根据混凝土发泡剂的配合比和生产工艺，通过发泡瓶反应罐稀释后加压配制。

4.5.3　拌制水泥料浆。按设计要求的泡沫混凝土配合比，先将定量的水加入搅拌机内，再将称量好的水泥、掺加料外加剂等投入搅拌机内，要求搅拌均匀，不允许有团块及大颗粒存在。

4.5.4　将配制好的发泡浆体和水泥料浆一起混合，然后进行高速搅拌，使混合均匀，上部没有泡沫漂浮，下部没有泥浆块，稠度合适，即可形成泡沫混凝土。

4.5.5　卸浆与输送时，应将配套定制空气压缩机与反应罐进行气阀连接，关闭所有阀门，启动空气压缩机，打开进气阀 4～6min 后，再打开出料阀门，将泡沫混凝土输送到施工面，进行现场浇筑。空气压缩机要处于工作状态一直到反应罐内材料用完，须先关闭进气阀，然后打开减气阀放掉所有的空气，再打开进料口进行下一次进料。

4.5.6　现场拌好的泡沫混凝土应随制随用，留置时间不宜大于 30min。

4.6　泡沫混凝土浇筑

4.6.1　泡沫混凝土的浇筑出料口离基层的高度不宜超过 1m。泵送时应采取低压泵送。

4.6.2　大面积浇筑应采用分区浇筑方法，用模板将施工面分割成若干小块逐块施工。也可采用分段分层、全面分层的浇筑方法。

4.6.3　泡沫混凝土应分层浇筑，一次浇筑厚度不宜超过 200mm，以免下部泡沫混凝土浆体承压过大而破泡，待其初凝后，可进行下一层的浇筑。

4.6.4　浇筑第一层泡沫混凝土之后，在泡沫混凝土层内插上与设计厚度相等的标准厚度标杆，标杆间距宜为 600～800mm，并呈梅花状分布，插标杆后继续浇筑泡沫混凝土，控制浇筑厚度至刚好覆盖标杆头为止。

4.6.5　采用分段流水作业摊铺泡沫混凝土时，需铺厚度宜为实际厚度的 1.2～1.3 倍，然后用铝合金刮杠刮平。刮平时，有蜂窝的地方反复划动几次，以消除蜂窝，有坑或高度不够的地方可以补浇，然后用专用刮板和木抹子刮平。泡沫混凝土初凝前应用铁抹子进行压实抹平，终凝前完成收水后再进行二次压光。

4.6.6　浇筑过程中，应随时检查泡沫混凝土的湿密度。

4.6.7　浇筑完成后，应及时检查泡沫混凝土保温层的厚度和平整度。保温层的厚度和平整度不符合要求时，应及时用相同保温材料进行修整。

4.6.8　泡沫混凝土浇筑后应及时进行保湿养护，保湿养护可采用洒水、覆盖等方式。对采用硅酸盐水泥、普通硅酸盐水泥或矿渣水泥配制的混凝土，养护时间不得少于 7d；对采用有外加剂或矿物掺合料配制的泡沫混凝土，养护时间不得少 14d。泡沫混凝土养护期间，不得在其上踩踏及堆放物品。

5　质量标准

5.1　主控项目

5.1.1　现浇泡沫混凝土所用原材料的质量及配合比，应符合设计要求。

5.1.2　现浇泡沫混凝土保温层的厚度应符合设计要求，其正负偏差应为5%，且不得大于5mm。

5.1.3　屋面热桥部位处理应符合设计要求。

5.2　一般项目

5.2.1　现浇泡沫混凝土应分层施工，粘结应牢固，表面应平整，找坡应正确。

5.2.2　现浇泡沫混凝土不得有贯通性裂缝，以及疏松、起砂、起皮现象。

5.2.3　现浇泡沫混凝土保温层表面平整度的允许偏差为5mm。

6　成品保护

6.0.1　现浇泡沫混凝土初凝前应用铁抹子压实抹平，终凝前完成收水后应进行二次压光。

6.0.2　保温层浇筑完后，应采取预防干裂的措施，保持现浇混凝土处于湿润状态。

6.0.3　现浇泡沫混凝土施工完毕应采取保护措施。在养护期间不得上人走动，养护结束后不得直接推车和堆放重物，在保温层上，应垫脚手板保护。

6.0.4　保温层完成后应及时进行找平层和防水层施工，防止保温层被雨淋后受潮。

6.0.5　在施工过程中，应对水落口采取临时封堵措施，防止杂物进入造成堵塞。

7　注意事项

7.1　应注意的质量问题

7.1.1　泡沫剂应质量可靠，性能良好，严禁使用过期或变质的泡沫剂。

7.1.2　浇筑泡沫混凝土前，应对设备进行调试，并应制备试样进行泡沫混凝土的性能检测。

7.1.3　泡沫混凝土的配合比应准确计量，制备好的泡沫浆体加入水泥料浆中应混合均匀，没有明显的泡沫漂浮和泥浆块出现。

7.1.4　泡沫混凝土制备时，不得任意加水来增加稠度；泡沫混凝土浇筑过程中，应随时检查泡沫混凝土的湿密度，按事先建立有关干密度与湿密度的对应关系，控制泡沫混凝土的干密度。

7.1.5　现浇泡沫混凝土不得有贯通性裂缝，以及疏松、起砂、起皮现象。对已经出现上述的一般缺陷，应由施工单位提出技术处理方案进行处理。

7.2　应注意的安全问题

7.2.1　空气压缩机、泡沫混凝土搅拌机及输送泵使用前，应进行全面检查和试运转；使用时应随时注意压力表的数值，严禁压力超标。

7.2.2　屋面四周、洞口、脚手架边均应设有防护栏杆和支设安全网，高空作业应防止坠物伤人和人员坠落事故。

7.2.3　施工人员应戴安全帽，穿防滑鞋，工作中不准打闹。

7.3　应注意的绿色施工问题

7.3.1　基层表面混凝土硬块及突出物清理产生的噪声、扬尘应有效控制。

7.3.2　基层清理物、材料包装以及报废的扫帚、钢丝刷等应及时清运至指定的地点。

7.3.3　施工中产生的污水不得直接排放，应采取沉淀措施处理。

8　质量记录

8.0.1　泡沫混凝土所用原材料出厂合格证、性能检测报告及进场复试报告。

8.0.2　泡沫混凝土的干密度、抗压强度、导热系数性能检测报告。

8.0.3　泡沫混凝土配合比及其计量、拌合记录。

8.0.4　隐蔽工程检查验收记录。

8.0.5　屋面保温层检验批质量验收记录。

8.0.6　屋面保温层分项工程质量验收记录。

第 10 章　种植隔热层

本工艺标准适用于工业与民用建筑卷材、涂膜屋面的种植隔热层工程。

1　引用标准

《建筑工程施工质量验收统一标准》GB 50300—2013

《屋面工程技术规范》GB 50345—2012

《种植屋面用耐根穿刺防水卷材》JC/T 1075

《屋面工程质量验收规范》GB 50207—2012

《种植屋面工程技术规程》JGJ 155—2013

《喷涂聚脲防水工程技术规程》JGJ/T 200—2010

《建筑结构荷载规范》GB 50009—2012

《园林绿化工程施工及验收规范》CJJ 82—2012

2 术语

2.0.1 种植隔热层：在屋面防水层上铺以种植土或设置容器，种植植物，起到隔热及保护环境作用的构造层。

2.0.2 种植土层：可提供屋面植物生长所需养分的构造层，具有一定渗透性、蓄水能力和空间稳定性。

2.0.3 种植土厚度：植物根系正常生长发育所需种植土的深度。

2.0.4 耐根穿刺防水层：具有防水和阻止植物根系穿刺功能的构造层。

2.0.5 排（蓄）水层：能排出种植土中多余水分，或具有一定蓄水功能的构造层。

2.0.6 过滤层：防止种植土流失，且便于水渗透的构造层。

3 施工准备

3.1 作业条件

3.1.1 种植隔离层必须根据屋面的结构和荷载能力，在建筑物整体荷载允许范围内实施，并不得降低建筑结构的耐久性及抗震性能。

3.1.2 施工前应编制施工方案或技术措施。

3.1.3 屋面防水层应满足防水等级为Ⅰ级的设防要求，且上面必须设置一道耐根穿刺防水层。种植隔离层施工应在屋面防水层和保温层施工验收合格后进行，并应对已完的屋面防水层进行蓄水试验，蓄水48h内不得有渗漏。

3.1.4 根据设计图纸做好人行通道、挡墙、种植区的测量放线工作。

3.1.5 施工所需的排（蓄）水材料、过滤材料、种植土等应按照规定抽样复验，并提供检验报告。

3.1.6 雨天、雪天和五级风及以上时不得施工。

3.2 材料及机具

3.2.1 种植介质及种植物

1 一般采用野外可耕作的土壤作为基土，再掺以松散混合而成。种植介质（含掺合物）的质量和配合比应符合设计要求。

2 普通植生混凝土用骨料粒径一般为20～31.5mm，水泥用量为200～300kg/m^3，为了降低混凝土孔隙的碱度，应掺用粉煤灰、硅灰等低碱矿物掺合料；骨料/胶材比为4.5～5.5，水胶比为0.24～0.32，轻质植生混凝土利用陶粒做骨料。屋面植生混凝土的抗压强度在3.5MPa以上，孔隙率为25%～40%。

3 种植植物包括乔灌木、绿篱、色块植物、藤本植物、草坪块、草坪卷等。

4 种植容器的外观质量、物理机械性能、承载能力、排水能力、耐久性等应符合产品标准要求。

3.2.2 过滤层材料

1 过滤层材料宜采用土工布（又称土工合成材料），宜选用聚酯无纺布，单位面积质量不小于200kg/m²，土工布的性能指标包括：

1）产品形态指标：材质、幅度、每卷长度、包装等；

2）物理性能指标：单位面积（长度）、质量、厚度、有效孔径（或开孔尺寸）等；

3）力学性能指标：拉伸强度、撕裂强度、握持强度、顶破强度、胀破强度、材料与土相互作用的摩擦强度等；

4）水力学：透水率、导水率、梯度比等；

5）耐久性能：抗老化、化学稳定性、生物稳定性等。

2 土工布进场时，应检查产品标签、生产厂家、产品批号、生产日期、有效期限等，并取样送检，其性能指标应满足要求。

3.2.3 排水材料

1 排水层材料常采用成品专用塑料排水板或橡胶排水板、混凝土架空板、陶粒或卵石等；

2 排水层材料的种类按设计要求选用。塑料或橡胶排水板按设计要求和产品说明书要求进行验收和使用；混凝土架空板按设计要求和混凝土预制构件的质量要求进行控制；陶粒或卵石等松散材料，应按设计要求控制其颗粒粒径，避免颗粒大小级配不利排水。级配碎石的粒径宜为10～25mm，卵石的粒径宜为25～40mm。陶粒的粒径不应小于25mm，堆积密度不宜大于500kg/m³。

3.2.4 机具：混凝土搅拌机、砂浆搅拌机、手提圆盘锯、卷扬机、平板振捣器、台秤、手推胶轮车、铁板、铁锹、大铲、灰槽、砖夹子、木刮杠、扫帚、5mm孔径筛子、水平尺、坡度尺等。

4 操作工艺

4.1 工艺流程

基层清理→人行通道及挡墙施工→排（蓄）水层铺设→过滤层铺设→种植土层铺设→植被层施工

4.2 基层清理

4.2.1 种植隔热层与防水层之间宜设保护层。如采用碎（卵）石、陶粒排水层，一般应在防水层上增设水泥砂浆或细石混凝土保护层；如采用塑料排水层，一般不设任何保护层。

4.2.2 防水层或保护层上的垃圾及杂物应清理干净，保护层的铺设不应改变屋面排水坡度。

4.2.3 种植隔热层的屋面坡度大于20%时，其排水层、种植土层应采取挡墙或挡板等防滑措施。

4.3 人行通道及挡墙施工

4.3.1 种植屋面上的种植介质四周应设分区挡墙，挡墙上部加盖走道板，板宽宜为500mm，挡墙下部应设泄水孔。泄水孔周边应堆放过水的卵石，泄水孔处采用钢丝网片拦截。

4.3.2 采用砖砌挡墙的高度应比种植介质面高 100mm。距挡墙底部高 100mm 处按设计留设泄水孔，泄水孔的尺寸（宽×高）宜为 20mm×60mm，泄水孔中距宜为 750～1000mm。

4.3.3 采用预制槽形板作为分区挡墙和走道板，应符合有关设计要求。为防止种植介质流失，走道板板肋根部的泄水孔处应设滤水网。滤水网可用塑料网、塑料多孔板或环氧树脂涂覆的钢丝网制作，用水泥砂浆固定。

4.4 排（蓄）水层铺设

4.4.1 施工前应根据屋面坡向确定整体排水方向；排（蓄）水层应铺设至排水沟边缘或水落口周边。

4.4.2 凹凸塑料排（蓄）水板宜采用搭接法施工，搭接宽度不应小于 100mm。

4.4.3 网状交织、块状塑料排水板宜采用对接法施工，并应接茬齐整。

4.4.4 排水层采用碎（卵）石或陶粒铺设时，粒径应大小均匀，铺设厚度应符合设计要求。

4.5 过滤层铺设

4.5.1 在排（蓄）水层上，空铺一层聚酯无纺布，铺设应平整、无皱折。

4.5.2 聚酯无纺布搭接宜采用粘合或缝合处理，搭接宽度不应小于 150mm。

4.5.3 聚酯无纺布边缘应沿种植挡墙向上铺设至种植土高度，并应与挡墙或挡板粘牢。

4.6 种植土层铺设

4.6.1 在种植土与女儿墙、屋面凸起结构、周边泛水之间及檐口、排水口等部位，应设置 300～500mm 宽的卵石缓冲带。

4.6.2 种植土进场后不得集中堆放，铺设应均匀摊平、分层踏实，厚度 500mm 以下的种植土不得采用机械回填。

4.6.3 种植土的厚度及自重应符合设计要求。种植土表面应低于挡墙高度 100mm。

4.6.4 摊铺后的种植土表面应采取覆盖或洒水措施防止扬尘。

5 质量标准

5.1 主控项目

5.1.1 种植隔热层所用材料的质量，应符合设计要求。

5.1.2 排水层应与排水系统连通。

5.1.3 挡墙或挡板泄水孔的留设应符合设计要求，并不得堵塞。

5.2 一般项目

5.2.1 陶粒应铺设平整、均匀，厚度应符合设计要求。

5.2.2 排水板应铺设平整，接缝方法应符合国家现行有关标准的规定。

5.2.3 过滤层土工布应铺设平整、接缝严密，其搭接宽度的允许偏差为－10mm。

5.2.4 种植土应铺设平整、均匀，其厚度的允许偏差为±5%，且不得大于30mm。

6 成品保护

6.0.1 排水层采用碎（卵）石或陶粒铺设时，防水层上应设水泥砂浆或细石混凝土保护层，防水层与保护层之间应设隔离层。

6.0.2 在已铺好的排水板上，不得直接推车和堆放重物，应垫脚手板保护。

6.0.3 屋面坡度大于20%时，对排（蓄）水层和种植土层应采取防滑措施。

6.0.4 根据植物种类、地域和季节不同，应采取防寒防晒、防风、防火等措施。

6.0.5 在施工过程中，屋面水落口应采取临时措施封口，防止杂物进入造成堵塞。

7 注意事项

7.1 应注意的质量问题

7.1.1 种植隔热层施工前，应对施工完的防水层进行蓄水试验，蓄水48h后应检查屋面有无渗漏，一旦发现渗漏部位应及时治理。

7.1.2 泄水孔留设位置要正确，每个泄水孔处应先放置钢丝网片，泄水孔四周堆放的过水卵石应完全覆盖泄水孔，以免种植介质流失或堵塞泄水孔。

7.1.3 排水层必须与排水管、排水沟、水落口等连接，保证排水系统畅通，避免种植土中过多的水分不能排出，对植物根系不利，也对防水层不利。

7.1.4 屋面泛水部位、水落口及伸出屋面管道四周，应设置卵石排水带，以免种植介质冬季结冰产生冻胀破坏。

7.1.5 种植土的pH酸碱度、湿密度、含盐量必须符合设计要求，应检查土壤质量检测报告。

7.1.6 植物材料的品种、规格和质量必须符合设计要求，并应检查“植物检疫证”和“苗木出圃单”。

7.2 应注意的安全问题

7.2.1 设计的种植荷载主要包括植物荷重和饱和水状态下种植土荷重，种植土层的厚度和自重应符合设计要求，防止过量超载。同时，种植土、植物等不得在屋面上集中堆放。

7.2.2 屋面周边洞口和脚手架边应设置安全护栏和安全网，以及其他防止人员和物体坠落的防护措施。

7.2.3 施工人员应戴安全帽、系安全带和穿防滑鞋。工作中不得打闹。

7.2.4 施工现场应设置消防设施，加强火源管理。

7.3 应注意的绿色施工问题

7.3.1 突出物清理产生的噪声、扬尘应有效控制；报废的扫帚、砂纸、钢丝刷、防水和密封材料包装物等应及时清理。

7.3.2 摊铺的种植土表面应采取覆盖或洒水措施防止扬尘。

7.3.3　废弃材料的边角料应回收处理。

8　质量记录

8.0.1　材料出厂合格证、质量检验报告及进场复试报告。
8.0.2　隐蔽工程检查验收记录。
8.0.3　淋水或蓄水试验报告。
8.0.4　种植隔热层检验批质量验收记录。
8.0.5　种植隔热层分项工程质量验收记录。

第 11 章　蓄水隔热层

本工艺标准适用于工业与民用建筑卷材、涂膜屋面的蓄水隔热层工程。

1　引用标准

《建筑工程施工质量验收统一标准》GB 50300—2013
《屋面工程技术规范》GB 50345—2012
《屋面工程质量验收规范》GB 50207—2012
《地下防水工程质量验收规范》GB 50208—2011
《混凝土结构工程施工质量验收规范》GB 50204—2011
《通用硅酸盐水泥》GB 175—2007
《普通混凝土用砂、石质量及检验方法标准》JGJ 52—2006
《混凝土外加剂》GB 8076—2008
《混凝土用水》JGJ 63—2006

2　术语

2.0.1　蓄水隔热层：在屋面防水层上蓄一定高度的水，起到隔热作用的构造层。

3　施工准备

3.1　作业条件

3.1.1　施工前应编制施工方案或技术措施。
3.1.2　蓄水隔热层施工应在屋面防水层和保温层施工验收合格后进行，并应对已完的屋面防水层进行蓄水试验，蓄水 48h 不得有渗漏。

3.1.3　蓄水池施工时，所设置的给水管、排水管和溢水管等均应与池身同步施工。

3.1.4　蓄水池应采用C20和P6现浇混凝土，池内应采用20mm厚防水砂浆抹面。

3.1.5　防水混凝土和防水砂浆的配合比应经试验确定，并应做到计量准确。

3.1.6　防水混凝土和防水砂浆施工环境气温宜为5～35℃。

3.1.7　雨天、雪天和五级风及以上时不得施工。

3.2　材料及机具

3.2.1　防水材料应具有优良的耐水性，不应泡水而降低物理性能，更不能减弱接缝的封闭程度。

采用卷材防水可选用：高聚物改性沥青卷材、聚氯乙烯卷材、三元乙丙橡胶卷材等，并有出厂合格证，符合产品技术质量要求。

3.2.2　防水混凝土应采用商品混凝土。

3.2.3　养护混凝土用水必须采用清洁的饮用水，不得采用工业污水及沼泽水。

3.2.4　蓄水屋面中含水的多空轻质材料应符合保水性好，水分蒸发慢的要求，防止补水不及时造成屋面损坏。

3.2.5　抹面砂浆宜采用聚合物水泥防水砂浆。

3.2.6　机具：混凝土搅拌机、平板振动器、台秤、手推胶轮车、铁板、铁锹、铁抹子、木抹子、木刮杠、扫帚、水桶、锤子、铲刀、直尺、坡度尺、铁滚筒等。

4　操作工艺

4.1　工艺流程

基层清理→弹线分仓→防水混凝土施工→防水砂浆施工→蓄水试验

4.2　基层清理

4.2.1　将防水层上的杂物和尘土清理干净。

4.2.2　防水层上应铺抹10mm厚低强度等级砂浆做隔离层，隔离层不得有破损和漏铺现象。

4.3　弹线分仓

4.3.1　蓄水隔热层应划分若干蓄水区，每区的边长不宜大于25m，在变形缝的两侧应分成两个互不连通的蓄水区。

4.3.2　蓄水区内应设纵向和横向分仓墙，分仓墙可采用混凝土或砌体，分仓墙间距不宜大于10m。

4.4　防水混凝土施工

4.4.1　蓄水池的所有孔洞应预留，不得后凿；所设置的给水管、排水管和溢水管等，均应在蓄水池混凝土施工前安装完毕。

4.4.2　每个蓄水区的防水混凝土应一次浇筑完毕，不留施工缝。

4.4.3　防水混凝土应采用机械搅拌、机械振捣，表面应抹平和压光；抹压时不得洒水、撒干水泥或水泥浆。混凝土收水后应进行二次压光。

4.4.4　防水混凝土初凝后应覆盖养护，终凝后浇水养护不得少于 14d。

4.5　防水砂浆施工

4.5.1　水泥砂浆防水层的基层应平整、坚实、清洁，并应充分湿润，无明水；基层表面的孔洞、缝隙，应采用与防水层相同的水泥砂浆堵塞并抹平。

4.5.2　水泥砂浆防水层应分层铺抹，各层应紧密结合，每层宜连续施工；铺抹时应压实抹平，最后一层表面应提浆压光。

4.5.3　水泥砂浆终凝后应及时进行养护，养护时间不得少于 14d；聚合物水泥砂浆硬化后应采用干湿交替的养护方法。

4.6　蓄水试验

4.6.1　蓄水池应在混凝土和砂浆养护结束后进行蓄水试验，蓄水至设计规定高度，蓄水 48h 后观察检查，发现有渗漏部位应及时治理。

4.6.2　蓄水池蓄水后不得断水，防止混凝土干涸开裂。

5　质量标准

5.1　主控项目

5.1.1　防水混凝土所用材料的质量及配合比，应符合设计要求。

5.1.2　防水混凝土的抗压强度和抗渗性能，应符合设计要求。

5.1.3　蓄水池不得有渗漏现象。

5.2　一般项目

5.2.1　防水混凝土表面应密实、平整，不得有蜂窝、麻面、露筋等缺陷。

5.2.2　防水混凝土表面的裂缝宽度不应大于 0.2mm，并不得贯通。

5.2.3　蓄水池上所留设的溢水口、过水孔、排水管、溢水管等，其位置、标高和尺寸均应符合设计要求。

5.2.4　蓄水池结构的允许偏差和检验方法应符合表 11-1 的规定。

蓄水池结构允许偏差及检查方法　　**表 11-1**

项目	允许偏差（mm）	检验方法
长度、宽度	+15，−10	尺量检查
厚度	±5	
表面平整度	5	2m 靠尺和塞尺检查
排水坡度	符合设计要求	坡度尺寸检查

6　成品保护

6.0.1　蓄水池除采用防水混凝土结构外，迎水面应加抹防水砂浆保护。

6.0.2　蓄水隔热层的所有孔洞应预留，不得后凿。所设置的给水管、排水管和溢水管等，应在防水层施工前安装完毕。

6.0.3　施工防水混凝土时，除应铺设隔离层外，还应防止施工机具或材料损坏防水层。

6.0.4　蓄水池蓄水后不得断水。

6.0.5　施工过程中，对水落口应采取临时措施封口，防止杂物进入造成堵塞。

7　注意事项

7.1　应注意的质量问题

7.1.1　防水混凝土必须一次浇筑完毕，不得留置施工缝，立面与平面的防水层应同时进行。

7.1.2　防水混凝土应随捣随抹，压实抹平，收水后应进行二次压光，终凝后应及时养护。

7.1.3　聚合物水泥防水砂浆应采用干湿交替的养护方法，早起硬化后7d内采用潮湿养护，后期采用自然养护。

7.1.4　蓄水池所留设的孔洞和管道，其位置、标高和尺寸均应符合设计要求。

7.2　应注意的安全问题

7.2.1　屋面周边、洞口和脚手架边应设置安全护栏和安全网，以及其他防止人员和物体坠落的防护措施。

7.2.2　施工人员应戴安全帽，系安全带，穿防滑鞋，工作中不得打闹。

7.2.3　施工现场应设置消防设施，加强火源管理。

7.3　应注意的绿色施工问题

7.3.1　突出物清理产生的噪声、扬尘应有效控制；报废的扫帚、砂纸、钢丝刷、防水和密封材料包装物等应及时清理。

7.3.2　施工中生成的建筑垃圾，应及时清理并运送到指定地点。

8　质量记录

8.0.1　材料出厂合格证、质量检验报告及进场复试报告。

8.0.2　隐蔽工程检查验收记录。

8.0.3　淋水或蓄水试验报告。

8.0.4　蓄水隔热层检验批质量验收记录。

8.0.5　蓄水隔热层分项工程质量验收记录。

第 12 章　架空隔热层

本工艺标准适用于工业与民用建筑卷材、涂膜屋面的架空隔热层工程。

1　引用标准

《建筑工程施工质量验收统一标准》GB 50300—2013
《屋面工程技术规范》GB 50345—2012
《屋面工程质量验收规范》GB 50207—2012

2　术语

2.0.1　架空隔热层：在屋面上采用薄型制品架设一定高度的空间，起到隔热作用的构造层。

3　施工准备

3.1　作业条件

3.1.1　施工前应编制施工方案或技术措施。

3.1.2　屋面的防水层及保护层已施工完毕；屋面防水层的淋水或蓄水试验已完成，并检验合格。

3.1.3　屋顶设备、管道、水箱等已经安装到位。

3.1.4　屋面余料、杂物清理干净。

3.1.5　砌块及架空隔热制品的规格、质量应符合设计要求和相关标准的规定。

3.1.6　架空隔热层的时光环境温度宜为 5～35℃。

3.1.7　雨天、雪天和五级风及以上时不得施工。

3.2　材料及机具

3.2.1　混凝土砌块：强度等级符合设计要求，备用数量满足工程需要。

3.2.2　预拌砂浆：强度等级、配合比符合设计要求，备用数量满足工程需要。

3.2.3　预拌混凝土：强度等级、配合比符合设计要求，备用数量满足工程需要。

3.2.4　金属支架：备用数量满足工程需要。

3.2.5　机具：砂浆搅拌机、台秤、大铲、刨锛、铁抹子、灰槽、钢卷尺、水平尺、靠尺板、小白线、砌块夹子、扫帚、5mm 孔径筛子、铁锹、运灰车、运砌块车等。

4　操作工艺

4.1　工艺流程

基层清理 → 弹线分格 → 砌块支座施工 → 架空板铺设

4.2　基层清理

4.2.1　对屋面余料、杂物应进行清理，并清扫表面灰尘。

4.2.2　当屋面防水层未设保护层时，应在架空隔热制品支座底部干铺一层卷材，且突出支座周边宜为 100～150mm。

4.3　弹线分格

4.3.1　根据设计要求，按架空隔热制品的平面布置和架空板的尺寸弹出支座中心线。

4.3.2　架空板与山墙或女儿墙的距离不应小于 250mm。

4.3.3　当屋面宽度大于 10m 时，架空隔热层中部应设置通风屋脊。

4.3.4　架空板应按设计要求设置伸缩缝，如设计无要求，伸缩缝间距不宜大于 12m，伸缩缝宽度宜为 15～20mm。

4.4　砌块支座施工

4.4.1　砌块支座、施工应满足砌体工程施工规范要求。

4.4.2　支座高度应根据屋顶的通风条件确定。如设计无要求，支座高度宜为 180～300mm。

4.4.3　砌块支座可采用支墩或条墙，支座的间距偏差不得大于 10mm。

4.4.4　砌块条墙应根据该地区夏季主导风向布置。

4.4.5　支座施工完毕，应及时清理落地灰和砌块碴，架空层中不得堵塞。

4.5　铺设架空板

4.5.1　架空板坐浆必须饱满，铺设应平整、稳固，板缝应嵌填密实。

4.5.2　横向用拉线，纵向用靠尺，控制好板缝的顺直、板面的坡度和平整度，相邻两块架空板的高低差不得大于 3mm。

4.5.3　铺设架空板时，应及时清理所生成的落地灰。

4.5.4　架空板铺设完毕，应进行 1～2d 的养护，待砂浆强度达到设计要求后，方可上人走动。

5　质量标准

5.1　主控项目

5.1.1　架空隔热制品的质量，应符合设计要求。

5.1.2　架空隔热制品的铺设应平整、稳固，缝隙勾填应密实。

5.2　一般项目

5.2.1　架空隔热制品距山墙或女儿墙不得小于 250mm。

5.2.2　架空隔热层的高度及通风屋脊、伸缩缝做法，应符合设计要求。

5.2.3　架空隔热制品接缝高低差的允许偏差为 3mm。

6　成品保护

6.0.1　在支座底面的卷材、涂膜防水层上，应采取加强措施。

6.0.2　架空板在运输、搬运中应注意避免损伤，堆放板时宜竖向堆放。

6.0.3　清理落地灰和砌块碴时，应避免碰撞刚砌好的支座和损坏已完工的防水层。

6.0.4　架空板坐砌完毕，在养护期间严禁上人踩踏或堆放重物。

6.0.5　在施工过程中，对水落口应采取临时措施封口，防止杂物进入造成堵塞。

7　注意事项

7.1　应注意的质量问题

7.1.1　砌块支座及架空板坐浆必须饱满，架空板铺设应平整、稳固，板缝应用水泥砂浆填塞密实。

7.1.2　架空层通风应顺畅，架空层中不得有杂物堵塞。

7.1.3　架空板有开裂、掉角或缺损时，应及时更换或修补，严重不合格者禁止使用。

7.2　应注意的安全问题

7.2.1　砌块及架空隔热制品等不得在屋面上集中堆放，防止过量超载。

7.2.2　屋面周边、洞口和脚手架边应设置安全护栏和安全网，以及其他防止人员和物体坠落的防护措施。

7.2.3　施工人员应戴安全帽，系安全带，穿防滑鞋，工作中不得打闹。

7.2.4　施工现场应设置消防设施，加强火源管理。

7.3　应注意的绿色施工问题

7.3.1　突出物清理产生的噪声、扬尘应有效控制；报废的扫帚、砂纸、钢丝刷、防水和密封材料包装物等应及时清理。

7.3.2　施工中生成的建筑垃圾，应及时清理并运送到指定地点。

8　质量记录

8.0.1　材料出厂合格证、质量检验报告及进场复试报告。

8.0.2　隐蔽工程检查验收记录。

8.0.3　淋水或蓄水试验报告。

8.0.4　架空热层检验批质量验收记录。

8.0.5　架空隔热层分项工程质量验收记录。

第3篇　屋面防水层

第13章　改性沥青卷材防水层

本工艺标准适用于工业与民用建筑屋面的改性沥青卷材防水层工程。

1　引用文件

《屋面工程技术规范》GB 50345—2012
《屋面工程质量验收规范》GB 50207—2012
《弹性体改性沥青防水卷材》GB 18242—2008
《塑性体改性沥青防水卷材》GB 18243—2008
《自粘聚合物改性沥青防水卷材》GB 23441—2009
《改性沥青聚乙烯胎防水卷材》GB 18967—2009
《带自粘层的防水卷材》GB/T 23260—2009
《沥青基防水卷材用基层处理剂》JC/T 1069—2008

2　术语（略）

3　施工准备

3.1　作业条件

3.1.1　施工前应编制施工方案或技术措施。

3.1.2　屋面基层应坚实、平整、干净、干燥，不得有酥松、起砂、起皮现象。

3.1.3　屋面基层的排水坡度应符合设计要求；基层与突出屋面结构的交接处以及基层转角处，找平层均应做成半径为50mm的圆弧，且应整齐平顺。

3.1.4　封闭式保温层或保温层干燥有困难的卷材屋面，可采用排汽构造措施。

3.1.5　防水施工人员应经过理论与实际施工操作的培训，并持上岗证。

3.1.6　防水卷材进行热熔施工前应申请点火证，经批准后才能施工。施工现场不得有焊接或其他明火作业。

3.1.7　改性沥青卷材防水层的施工环境气温：热粘法不宜低于5℃；热熔法不宜低于－10℃；自粘法不宜低于10℃。

3.1.8　雨天、雪天和五级风及以上时不得施工。

3.2　材料及机具

3.2.1　改性沥青防水卷材：塑性体改性沥青防水卷材（APP），弹性体改性沥青防水卷材（SBS），改性沥青聚乙烯胎防水卷材（PEE），自粘聚合物改性沥青防水卷材等。改性沥青卷材的物理性能应符合表13-1的规定。

改性沥青卷材物理性能指标　　**表13-1**

项目	塑性体改性沥青防水卷材	弹性体改性沥青防水卷材	自粘聚合物改性沥青防水卷材		改性沥青聚乙烯胎防水卷材
			N类	PY类	
耐热性	无流淌、 滴落≤2mm Ⅰ型：110℃； Ⅱ型：130℃	无流淌、滴落， Ⅰ型：90℃； Ⅱ型：105℃	70℃滑动 不超过2mm	70℃无滑动、 流淌、滴落	无流淌、起泡 T型：90℃； S型：70℃
低温柔性	无裂缝 Ⅰ型：−7℃； Ⅱ型：−15℃	无裂缝 Ⅰ型：−20℃； Ⅱ型：−25℃	无裂纹 PE型：Ⅰ：−20℃； Ⅱ：−30℃； PET型：Ⅰ：−20℃； Ⅱ：−30℃； D型：−20℃	无裂纹 Ⅰ：−20℃； Ⅱ：−30℃	无裂纹 T型：O：−5℃； M：−10℃； P：−20℃； R：−20℃； S型：M：−20℃
不透水性	≥30min，Ⅰ型：PY≥0.3MPa， G≥0.2MPa；Ⅱ型：≥0.3MPa		0.2MPa， 120min不透水	0.3MPa， 120min不透水	0.4MPa， 30min不透水
拉力 N/50mm	Ⅰ型：PY≥500，G≥350； Ⅱ型：PY≥800，G≥500，PYG≥900		—		—
断裂 延伸率	—	—	PE≥250%， PET≥150%	—	≥120%
最大拉力 时延伸率	—	—	PE≥200%， PET≥30%	Ⅰ≥30%， Ⅱ≥40%	—
剥离强度	—	—	卷材与卷材≥1.0N/mm； 卷材与铝板≥1.5N/mm		—
持粘性	—	—	≥20min	≥15min	—
浸水后 剥离强度	—	—	—		—
热老化后 剥离强度	—	—	—		—

3.2.2　胶粘剂：高聚物改性沥青胶粘剂。

3.2.3　基层处理剂：石油沥青冷底子油，胶粘剂稀释液。

3.2.4　密封材料：改性石油沥青密封胶。

3.2.5　机具：喷涂机、电动搅拌机、小平铲、扫帚、油漆刷、铁桶、胶皮刮板、单双筒火焰加热器、手持压辊、手推车、防护用品、消防器材等。

4　操作工艺

4.1　工艺流程

基层清理→喷涂基层处理剂→卷材附加层→大面积铺贴卷材→细部处理→淋水、蓄水试验

4.2 基层清理

4.2.1 清理基层表面杂物和尘土。

4.2.2 基层必须干燥。

4.3 喷涂基层处理剂

4.3.1 基层处理剂应与防水卷材的材性相容。

4.3.2 基层处理剂应配比准确，并应搅拌均匀。

4.3.3 喷涂时应先用油漆刷对屋面节点、拐角、周边转角等处涂刷，然后大面积部位喷涂。

4.3.4 基层处理剂可采取喷涂法或涂刷法施工，喷涂应均匀一致，无露底，干燥后应及时铺贴卷材。

4.4 卷材附加层

4.4.1 檐沟、天沟与屋面交接处、屋面平面与立面交接处，以及水落口、伸出屋面管道根部等部位，应设置卷材附加层。

4.4.2 卷材附加层应采用满粘法粘贴牢固，并应用压辊压实。

4.5 大面积铺贴卷材

4.5.1 在基层上弹出基准线的位置，卷材宜采用平行或垂直屋脊铺贴，上下层卷材不得相互垂直铺贴。平行于屋脊铺贴时，搭接缝应顺流水方向；垂直于屋脊铺贴时，搭接缝应顺年最大频率风向。

4.5.2 改性沥青卷材宜单层或双层铺贴。铺贴卷材应采用搭接法，上下层及相邻两幅卷材的搭接缝应错开。上下层卷材的长边搭接缝错开不得小于幅宽的1/3，相邻两幅卷材的短边搭接缝错开不得小于500mm。

4.5.3 采用胶粘剂时，卷材长边和短边的搭接宽度均为100mm。采用自粘时，卷材长边和短边的搭接宽度均为80mm。

4.5.4 热熔法铺贴卷材

1 将卷材放在弹好的基准线位置上，并用火焰加热烘烤卷材底面与基层的交接处，加热器的喷嘴距卷材面的距离应适中，幅宽内加热应均匀，以卷材表面熔融至光亮黑色为度，不得过分加热卷材。

2 卷材表面沥青热熔后应立即滚铺卷材，滚动时应排除卷材与基层之间的空气，压实使之平展并粘贴牢固。

3 卷材的搭接部位以均匀地溢出改性沥青胶结料为度，溢出的改性沥青胶结料宽度宜为8mm，并宜均匀顺直。

4 在搭接部位必须把下层的卷材搭接边PE膜、铝膜或矿物粒（片）料清除干净后再进行热熔处理。

5 厚度小于3mm的高聚物改性沥青防水卷材，严禁采用热熔法施工。

4.5.5 自粘法铺贴卷材

1 将卷材背面的隔离纸撕掉，直接粘贴于弹好基准线的基层上，排除卷材下面的空气，辊压平整，粘贴牢固。

2 低温施工时，立面、大坡面及搭接部位宜采用热风机加热，加热后随即粘贴牢固。

3 接缝口用材性相容的密封材料封严，宽度不应小于10mm。

4.5.6 热粘法铺贴卷材

1 熔化热熔型改性沥青胶结料时，宜采用专用导热油炉加热，加热温度不应高于200℃，使用温度不宜低于180℃。

2 将卷材放在弹好的基准线位置上，将热熔好的改性沥青胶结料摊铺在基层上，其厚度宜为1.0～1.5mm。

3 铺贴卷材时，应随刮随滚铺卷材，并应展平压实。

4 卷材边挤出的多余胶结料应及时刮去。

4.6 细部处理

4.6.1 天沟、檐沟部位

1 天沟、檐沟的防水层下应增设附加层，附加层伸入屋面的宽度不应小于250mm。

2 檐沟防水层和附加层应由沟底翻上至沟外檐顶部，卷材收头应用金属压条钉压固定，并用密封材料封严。

4.6.2 女儿墙泛水部位

1 女儿墙泛水部位的防水层下应增设附加层，附加层在平面和立面的宽度均不应小于250mm。

2 低女儿墙泛水处的防水层收头可直接贴至压顶下，卷材收头应用金属压条钉压固定，并用密封材料封严；压顶应作防水处理。

3 高女儿墙泛水处的防水层泛水高度不应小于250mm，防水层收头应用金属压条钉压固定，并用密封材料封严；泛水上部的墙体应作防水处理。

4.6.3 变形缝部位

1 变形缝泛水处的防水层下应增设附加层，附加层在平面和立面上的宽度均不应小于250mm；卷材应铺贴到变形缝两侧泛水墙的顶部。

2 变形缝内应预填不燃保温材料，上部应采用防水卷材封盖，并填放衬垫材料，再在其上干铺一层卷材。

3 等高变形缝顶部宜加扣混凝土盖板或金属盖板，盖板的接缝处要用油膏嵌封严密。

4 高低跨变形缝在立墙泛水处，应用有足够变形能力的材料和构造作密封处理。

4.6.4 水落口部位

1 水落口的金属配件应作防锈处理。

2 水落口杯应牢固地固定在承重结构上，其埋设标高应根据附加层厚度及排水坡度加大的尺寸确定。

3 水落口周围500mm范围坡度不应小于5%，防水层下应增设附加层。

4 防水层和附加层贴入水落口杯内不应小于50mm，并应粘结牢固。

4.6.5 伸出屋面管道

1 管道根部找平层应抹出高度不小于30mm的排水坡。

2 管道泛水处的防水层下应增设附加层，附加层在平面和立面上的宽度均不应小于250mm。

3 管道泛水处的防水层的泛水高度不应小于250mm。

4 卷材收头处用金属箍箍紧，并用密封材料封严。

4.6.6 檐口部位

1 檐口800mm范围内卷材应采取满粘法。

2 卷材收头应采用金属压条钉压固定，并用密封材料嵌填封严。

3 檐口下端应抹出鹰嘴和滴水槽。

4.7 淋水、蓄水试验

检查屋面有无渗漏、积水和排水系统是否畅通，可在雨后或持续淋水2h后进行。具备蓄水条件的檐沟、天沟应进行蓄水试验，其蓄水时间不应少于24h，同时要做好试水记录。

5 质量标准

5.1 主控项目

5.1.1 改性沥青卷材及配套材料，必须符合设计要求。

5.1.2 卷材防水层不得有渗漏或积水现象。

5.1.3 卷材防水层在天沟、檐沟、檐口、水落口、泛水、变形缝和伸出屋面管道的防水构造，应符合设计要求。

5.2 一般项目

5.2.1 卷材防水层的搭接缝应粘结牢固，密封严密，不得有扭曲、皱折和翘边等缺陷。

5.2.2 卷材防水层的收头应与基层粘结，钉压应牢固，密封应严密。

5.2.3 屋面排汽构造的排汽道应纵横贯通，不得堵塞；排汽管应安装牢固，位置应正确，封闭应严密。

5.2.4 防水卷材的铺贴方向应正确，卷材搭接宽度的允许偏差为−10mm。

6 成品保护

6.0.1 伸出屋面管道、设备或预埋件等，应在防水层施工前安设完毕。防水层完工后，不得进行凿孔、打洞或重物冲击等有损防水层的作业。

6.0.2 如需在防水层已完的屋面上安装设备，应在设备基座部位做附加层。

6.0.3 防水层施工时要注意施工保护，每日施工结束前应将卷材末端收头及封边处理做好，以免被风刮起。

6.0.4 操作人员不可穿带钉子的鞋，运料的小车支脚要做橡胶套，铺设水泥砂浆时要防止铁锹、铁抹子刮破防水层。

6.0.5 防水层施工完后，应及时将杂物清理干净。屋面应排水畅通，水落口不得堵塞。

6.0.6 防水层经检查，发现鼓泡和渗漏等缺陷应及时治理。

7　注意事项

7.1　应注意的质量问题

7.1.1　热熔法施工时，应注意火焰加热器的喷嘴与卷材面的距离保持适中，幅宽内加热应均匀，防止过分加热卷材。厚度小于 3mm 的卷材，严禁采用热熔法施工。

7.1.2　卷材防水层易拉裂部位，宜选用空铺、点粘、条粘等施工方法；结构易发生较大变形、易渗漏和损坏的部位，应设置卷材附加层；在坡度较大和垂直面上粘贴卷材时，宜采用机械固定和对固定点进行密封的方法。

7.1.3　施工中卷材下的空气必须辊压排出，使卷材与基层粘贴牢固，防止空鼓、气泡。

7.1.4　卷材屋面采用排汽构造措施时，排气道应纵横贯通，不得堵塞；排汽管应安装牢固，位置应正确，封闭应严密。

7.2　应注意的安全问题

7.2.1　作业现场应健全防火制度，完善消防设施，消除火灾隐患，杜绝火灾发生，易燃材料应有专人保存管理。

7.2.2　操作人员应穿工作服、防滑鞋、戴安全帽、手套等劳保用品。当配制和使用有毒材料时，还必须戴口罩和防护眼镜，严禁毒性材料与皮肤接触及入口。

7.2.3　屋面四周、洞口、脚手架边均应设有防护栏杆和支设安全网，高空作业防止坠物伤人和坠落事故。

7.2.4　采用热熔法施工时，持枪人应注意观察周边人员位置，避免火焰喷嘴直接对人。

7.2.5　采用热熔和热粘施工时，现场应准备粉末灭火器材或砂袋等。防水材料应储存在阴凉通风的室内，避免雨淋、日晒和受潮变质，并远离火源、热源。

7.3　应注意的绿色施工问题

7.3.1　基层表面砂浆硬块及突出物清理产生的噪声、扬尘应有效控制；报废的扫帚、砂纸、钢丝刷、防水和密封材料包装物等应及时清理。

7.3.2　胶粘剂、基层处理剂应用密封桶包装，防止挥发、遗洒。

7.3.3　防水材料的边角料应回收处理。

7.3.4　基层处理剂、胶粘剂和涂料，应符合《建筑防水涂料有害物质限量》JC 1066 的有关规定；当配制和使用有毒材料时，现场必须采取通风措施。

8　质量记录

8.0.1　卷材及辅助材料出厂合格证、质量检验报告及进场复试报告。

8.0.2　淋水或蓄水试验记录。

8.0.3　隐蔽工程检查验收记录。

8.0.4　卷材防水层检验批质量验收记录。

8.0.5　卷材防水层分项工程质量验收记录。

第14章　高分子卷材防水层

本工艺标准适用于工业与民用建筑屋面的高分子卷材防水层工程。

1　引用标准

《建筑工程施工质量验收统一标准》GB 50300—2013
《屋面工程技术规范》GB 50345—2012
《屋面工程质量验收规范》GB 50207—2012
《聚氯乙烯（PVC）防水卷材》GB 12952—2011
《氯化聚乙烯防水卷材》GB 12953—2003
《高分子防水材料　第1部分：片材》GB 18173.1—2012
《高分子防水卷材胶粘剂》JC/T 863—2011

2　术语

2.0.1　合成高分子防水卷材：以合成橡胶、合成树脂或两者共混体为基料，加入适量化学助剂和填充材料，采用橡胶或塑料加工工艺制成的合成高分子卷材。

2.0.2　满粘法：铺贴防水卷材时，卷材与基层采用全部粘结的施工方法。

2.0.3　空铺法：铺贴防水卷材时，卷材与基层在周边一定宽度内粘结，其余部分不粘结的施工方法。

2.0.4　点粘法：铺贴防水卷材时，卷材或打孔卷材与基层采用点状粘结的施工方法。

2.0.5　条粘法：铺贴防水卷材时，卷材与基层采用条状粘结的施工方法。

2.0.6　冷粘法：在常温下采用胶粘剂等材料进行卷材与基层卷材、卷材与卷材粘结的施工方法。

2.0.7　自粘法：采用带有自粘胶的防水卷材进行粘结的施工方法。

2.0.8　热风焊接法：采用热空气焊枪进行防水卷材搭接粘合的施工方法。

3　施工准备

3.1　作业条件

3.1.1　施工前应编制施工方案或技术措施。

3.1.2　屋面基层应坚实、平整、干净、干燥，不得有酥松、起砂、起皮现象。

3.1.3　屋面基层的排水坡度应符合设计要求，基层与突出屋面结构的交接处以及基层转角处，找平层应做成半径为20mm的圆弧。

3.1.4　封闭式保温层或保温层干燥有困难的卷材屋面，可采用排汽构造措施。

3.1.5　防水施工人员应经过理论与实际施工操作的培训，并持上岗证。

3.1.6　施工现场不得有焊接或其他明火作业。

3.1.7　合成高分子卷材防水层的施工环境气温：冷粘法不宜低于 5℃；自粘法不宜低于 10℃；热风焊接法不宜低于－10℃。

3.1.8　雨天、雪天和五级风及其以上时不得施工。

3.2　材料及机具

3.2.1　高分子卷材：

三元乙丙橡胶（EPDM）防水卷材、聚氯乙烯（PVC）防水卷材、氯化聚乙烯（CPE）防水卷材、氯化聚乙烯-橡胶共混防水卷材等。高分子卷材的物理性能应符合表 14-1 的规定。

高分子卷材物理性能指标　　**表 14-1**

项目	聚氯乙烯（PVC）防水卷材	氯化聚乙烯（CPE）防水卷材		氯化聚乙烯-橡胶共混防水卷材	三元乙丙橡胶（EPDM）防水卷材	
		N 类	L 类、W 类		无增强	内增强
拉伸强度	—	Ⅰ≥5.0MPa Ⅱ≥8.0MPa	—	S 型≥7.0MPa N 型≥5.0MPa	23℃：≥7.5MPa 60℃：≥2.3MPa	—
拉力	—	—	Ⅰ≥70N/cm Ⅱ≥120N/cm	—	—	最大：≥200（N/10mm）
断裂伸长率	—	Ⅰ≥200% Ⅱ≥300%	Ⅰ≥125% Ⅱ≥250%	S 型≥400% N 型≥250%	23℃：≥450 －20℃：≥200	—
撕裂强度	—	—		—	≥25kN/m	—
抗穿孔性	—	不渗水		—	—	
低温弯折性	－25℃无裂纹	Ⅰ型：－20℃ Ⅱ型：－25℃无裂纹		—	－40℃无裂纹	
脆性温度	—	—		S 型：－40℃ N 型：－20℃	—	
不透水性	0.3MPa，2h 不透水	不透水		30min 不透水 S 型：0.3MPa N 型：0.2MPa	—	
抗冲击性能	0.5kg・m，不透水	—		—	—	
直角形撕裂强度	—	—		S 型≥24.5kN/m N 型≥20.0kN/m	—	

3.2.2　胶粘剂：高分子防水卷材胶黏剂按施工部位分为基底胶和搭接胶两种。

3.2.3　胶粘带丁基橡胶防水密封胶粘带。按粘结面分为单面胶粘带和双面胶粘带，按用途分为高分子防水卷材和金属板屋面用。

3.2.4　基层处理剂：由生产厂家供应。

3.2.5　密封材料：合成高分子密封胶。

3.2.6　机具：高压吹风机、喷涂机、电动搅拌机、小平铲、扫帚、嵌缝挤压枪、钢管、滚刷、油漆刷、铁桶、橡皮刮板、手持压辊、压辊、喷灯、热风焊枪、手推车、防护用品、消防器材等。

4 操作工艺

4.1 工艺流程

基层清理→喷涂基层处理剂→卷材附加层→大面积铺贴卷材→卷材接缝粘结→细部处理→淋水、蓄水试验

4.2 基层清理

4.2.1 必须将基层表面的突起物、砂浆疙瘩等异物铲除，多次将尘土杂物清扫干净。最后一次最好用高压吹风机进行清理。如发现油污、铁锈等，要用砂纸、钢丝刷或溶剂清除。

4.2.2 铺贴卷材采用满粘法时，基层必须干燥。其含水率不得大于9%。简易检测方法是将1m²卷材或塑料布平铺在基层上，静置3～4h后掀开检查，若基层覆盖部位及卷材或塑料布上未见水印即可铺贴卷材。

4.3 喷涂基层处理剂

4.3.1 基层处理剂应与防水卷材的材性相容。

4.3.2 基层处理剂应配比准确，并应搅拌均匀。

4.3.3 喷涂时应先用油漆刷对屋面节点、拐角、周边转角等处涂刷，然后大面积部位喷涂。

4.3.4 基层处理剂可采取喷涂法或涂刷法施工，喷涂应均匀一致，无露底，干燥后应及时铺贴卷材。

4.4 卷材附加层

4.4.1 檐沟、天沟与屋面交接处，屋面平面与主面交接处，以及水落口、伸出屋面管道根部等部位，应设置卷材附加层。

4.4.2 卷材附加层应采用满粘法粘贴牢固，并应用压辊压实。

4.5 大面积铺贴卷材

4.5.1 在基层上弹出基准线的位置，卷材宜采用单行或垂直屋脊铺贴。平行于屋脊铺贴时，应顺流水方向；垂直于屋脊铺贴时，搭接缝应顺最大频率风向。

4.5.2 高分子卷材应单层铺贴。铺贴卷材应采用搭接法，相邻两幅卷材的短边搭接缝应错开不得小于500mm。

4.5.3 采用胶粘剂时，卷材长边和短边的搭接宽度均为80mm；采用胶粘带时，卷材长边和短边的搭接宽度均为50mm；采用单缝焊时，卷材长边和短边的搭接宽度均为60mm，有效焊接宽度不得小于25mm；采用双缝焊时，卷材长边和短边的搭接宽度均为80mm，有效焊接宽度应为10mm×2＋空腔宽。

4.5.4　冷粘法施工

1　将卷材展开摊放在平坦干净的基层上，先用潮布擦净卷材表面浮尘，再用长把滚刷蘸配套的基底胶均匀地涂刷在卷材表面，要求刷胶薄而均匀，不得漏刷。在搭接缝 80mm 范围内，不得刷基底胶。

2　在已弹好基准线待铺贴卷材的基层表面上用长把滚刷蘸基底胶均匀涂刷，要求刷胶薄而均匀，不堆积、不露底。

3　待卷材及基层表面的胶粘剂手触不粘和基本干燥时，方可进行卷材的铺贴。

4　将卷材的一端粘贴固定在预定的部位，再沿基准线铺展卷材。铺展时，对卷材不要拉得过紧，可每隔 1m 左右对准基准线粘贴一下，以此顺序对线铺贴，并用手持压辊滚压粘贴牢固；铺贴的卷材应平整顺直，搭接尺寸准确，不得皱折、扭曲和空鼓。

5　大面积铺贴卷材时可采用平铺法或滚铺法。平铺法是先翻开半幅卷材按本条 1～4 要求进行刷胶、晾置、粘结，然后再翻开另半幅卷材用同样方法进行卷材铺贴；滚铺法是先按本条 1～3 要求进行刷胶、晾置，再将胶粘剂达到干燥的卷材用塑料管成卷，穿入钢管后由两人同时进行卷材的滚铺，并按本条 4 要求进行铺贴。

4.5.5　自粘法施工

1　将卷材背面的隔离纸撕掉，直接粘贴于弹好基准线的基层上，排除卷材下面的空气，辊压平整，粘贴牢固。

2　低温施工时，立面、大坡面及搭接部位宜采用热风机加热，加热后随即粘贴牢固。

3　接缝口用材性相容的密封材料封严，宽度不应小于 10mm。

4.6　卷材接缝粘结

4.6.1　卷材接缝采用胶粘剂

1　卷材搭接缝部位必须干净、干燥。应用蘸有配套的清洗剂的棉丝擦净，待清洗剂挥发后方可进行粘结。

2　粘结时将配套的接缝胶用油漆刷分别涂刷在卷材搭接缝的两个粘结面上，涂刷要均匀，待手触不粘时即可进行粘结。

3　粘结应从一端开始，顺卷材长边方向粘结，并用手持压辊滚压粘接牢固。

4.6.2　卷材接缝采用胶粘带

1　卷材搭接缝部位必须干净、干燥。应用蘸有配套的清洗剂的棉丝擦净，待清洗剂挥发后方可进行粘结。必要时粘合面可涂刷与卷材及胶粘带材性相容的基层胶粘剂。

2　撕去胶粘带隔离纸后，应及时粘合接缝部位的卷材，并应辊压粘贴牢固。

3　低温施工时，宜采用热风机加热。

4.6.3　卷材接缝采用热焊接

1　卷材搭接缝部位必须干净、干燥。应用蘸有配套的清洗剂的棉丝擦净，待清洗剂挥发后方可进行粘结。

2　热塑性高分子卷材的热焊接方式有热合焊接和热熔焊接。大面积施工时，应采用自行式热合焊接，形成带空腔的热合双焊缝，并用充气做正压检漏试验，检查焊缝质量、细部构造施工时，应采用自控式挤压热熔焊机，用同材质焊条焊接，形成挤压熔焊的单焊缝，用真空负压检漏试验检查焊缝质量。

3　在正式焊接前，必须根据卷材厚度、气温、风速及焊机速度调整设备参数，并应取

300mm×600mm 的卷材做试件进行试焊。焊后切取试样进行剪切和剥离检验，符合规定视为合格。

4　热合焊接工艺（热合焊机双焊缝）：

焊接时宜先焊长边，后焊短边。

焊接程序：调准膜面尺寸→膜面清理、打毛、热合焊接→外观检查→正压检漏→切取试件做焊缝的剪切和剥离试验→质量验收

5　热熔焊接工艺（挤压焊机单焊缝）：

焊接程序：膜面清理→热风粘结定位→焊缝打毛→热熔焊接→外观检查→真空负压检漏→切取试件做焊缝的剪切和剥离试验→质量验收

6　对初检不合格的部位，可在取样部位附近重新取样测试，以确定有问题的范围，并采用补焊或加覆一块等方法修补，直至合格为止。

4.6.4　卷材接缝采用机械固定

1　卷材搭接缝部位必须干净、干燥。应用蘸有配套的清洗剂的棉丝擦净，待清洗剂挥发后方可进行粘结。

2　卷材应采用螺钉和金属垫片或压条等专用固定件进行机械固定。

3　固定件应设置在卷材搭接缝内，外露固定件应用卷材封严。固定件采用螺钉加垫片时，固定件上应加盖 200mm×200mm 卷材封盖；固定件采用螺钉加压条时，固定件上应加盖不小于 150mm 宽卷材封盖。

4　固定件应垂直钉入结构层有效固定，固定件间距应根据抗风揭试验和当地使用环境与条件确定，并不宜大于 600mm。

5　卷材搭接缝应粘结或焊接牢固，密封应严密。

6　卷材防水层周边 800mm 范围内应满粘，卷材收头应用金属压条钉压固定和密封处理。

4.7　细部处理

4.7.1　天沟、檐沟部位

1　天沟、檐沟防水层和附加层铺贴时应从沟底开始，纵向铺贴；如沟底过宽，纵向搭接缝宜留在屋面或沟的两侧，附加层介入屋面的宽度不应小于 250mm。

2　卷材应由沟底翻上至沟外檐顶部，卷材收头应用金属压条钉压，并用密封材料封严。

3　沟内卷材附加层在天沟、檐沟与屋面交接处宜空铺，空铺的宽度不应小于 200mm。

4.7.2　女儿墙泛水部位

1　女儿墙泛水处的防水层下应增设附加层，铺贴泛水的卷材应采取满粘法，附加层在平面和立面的宽度均不应小于 250mm。卷材的泛水高度也不应小于 250mm。

2　低女儿墙泛水处的防水层收头可直接铺压在女儿墙压顶下，卷材收头用金属压条钉压固定，并用密封材料封严，压顶应做防水处理。

3　高女儿墙泛水处的防水层泛水高度不应小于 250mm，防水层收头用金属压条钉压固定，并用密封材料封严，防水上部的墙体应作防水处理。

4.7.3　变形缝部位

1　变形缝泛水处的防水层下应增设附加层，附加层在平面和立面的宽度均不应小于 250mm。

2　卷材应铺贴到变形缝两侧泛水墙的顶部。

3　缝内应填不燃保温材料，在其上覆盖一层卷材并向缝中凹伸，上放圆形衬垫材料，再铺设上层的合成高分子卷材附加层，使其形成 Ω 形覆盖。

4　变形缝顶部应加扣混凝土盖板或金属盖板，盖板的接缝处要用油膏嵌封严密。

5　高低跨变形缝在立墙泛水处，用有足够变形能力的材料和构造作密封处理。

4.7.4　水落口部位

1　水落口杯上口的标高应设置在沟底的最低处。

2　防水层和附加层贴入水落口杯内不应小于 50mm，并涂刷防水涂料 1～2 遍。

3　水落口周围直径 500mm 范围内的坡度不应小于 5%。

4　水落口的金属配件应作防锈处理，水落口杯应牢固地固定在承重结构上。

4.7.5　伸出屋面管道部位

1　伸出屋面的管道周围应用水泥砂浆做成圆锥形的找平台，台高 200mm，并以 30%找坡，在管四周与圆锥台交接部位应留 20mm 的凹槽，并嵌填密封材料。

2　管道泛水处的防水层下应增设附加层，附加层在平面和立面上的宽度均不应小于 250mm。卷材的泛水高度也不应小于 250mm。

3　卷材收头处用金属箍箍紧，并用密封材料封严。

4.7.6　檐口部位

1　檐口 800mm 范围内卷材应采取满粘法。

2　卷材收头应采用金属压条钉压固定，并用密封材料嵌填封严。

3　檐口下端应抹出鹰嘴和滴水槽。

4.8　淋水、蓄水试验

检查屋面有无渗漏、积水，排水系统是否畅通，可在雨后或持续淋水 2h 后进行。在有可能做蓄水检验的屋面，其蓄水时间不应少于 24h，同时要做好试水记录。

5　质量标准

5.1　主控项目

5.1.1　高分子卷材及其配套材料的质量，应符合设计要求。

5.1.2　卷材防水层不得有渗漏或积水现象。

5.1.3　卷材防水层在檐口、檐沟、天沟、水落口、泛水、变形缝和伸出屋面管道的防水构造，应符合设计要求。

5.2　一般项目

5.2.1　卷材防水层搭接缝应粘结或焊接牢固，密封严密，不得扭曲、皱折、翘边。

5.2.2　卷材防水层的收头应与基层粘结，钉压应牢固，密封应严密。

5.2.3　卷材铺贴方向应正确，卷材搭接宽度的允许偏差为－10mm。

5.2.4　屋面排汽构造的排汽道应纵横贯通，不得堵塞；排汽管应安装牢固，位置应正确，封闭应严密。

6　成品保护

6.0.1　伸出屋面管道、设备或预埋件等，应在防水层施工前安设完毕。防水层完工后，不得进行凿孔、打洞或重物冲击等有损防水层的作业。

6.0.2　如需在防水层已完的屋面上安装设备，应在设备基座部位做附加层。

6.0.3　防水层施工时要注意施工保护，每日施工结束前应将卷材末端收头及封边处理做好，以免被风刮起。

6.0.4　操作人员不可穿带钉子的鞋，运料的小车支脚要做橡胶套，铺设水泥砂浆时要防止铁锹、铁抹子刮破防水层。

6.0.5　防水层施工完后，应及时将杂物清理干净。屋面应排水畅通，水落口不得堵塞。

6.0.6　防水层经检查发现鼓泡和渗漏等缺陷应及时治理。

7　注意事项

7.1　应注意的质量问题

7.1.1　铺贴高分子卷材时要展平并与基层服帖，但不可用力拉伸来展平卷材。

7.1.2　冷粘法施工时，应控制胶粘剂与卷材铺贴的间隔时间，以免影响结结力和粘结的牢固性。

7.1.3　施工中卷材下的空气必须辊压排出，使卷材与基层粘贴牢固，防止空鼓、气泡。

7.1.4　卷材防水层易拉裂部位，宜选用空铺、点粘、条粘等施工方法；结构易发生较大变形、易渗漏和损坏的部位，应设置卷材附加层；在坡度较大和垂直面上粘贴卷材时，宜采用机械固定和对固定点进行密封的方法。

7.1.5　卷材屋面采用排汽构造措施时，排汽道应以模具道不得堵塞；排汽管应安装牢固，位置应正确，封闭应严密。

7.1.6　施工时附加层应仔细操作，保护好接槎卷材，搭接应满足宽度要求，保证特殊部位的施工质量。防止转角、管根、变形缝处不易操作而渗漏。

7.2　应注意的安全问题

7.2.1　作业现场应健全防火制度，完善消防设施，消除火灾隐患，杜绝火灾发生，易燃材料应有专人保存管理。

7.2.2　操作人员应穿工作服、防滑鞋、戴安全帽、手套等劳保用品。当配制和使用有毒材料时，还必须戴口罩和防护眼镜，严禁毒性材料与皮肤接触及入口。

7.2.3　屋面四周、洞口、脚手架边均应设有防护栏杆和支设安全网，高空作业防止坠物伤人和坠落事故。

7.2.4　采用热熔法施工时，持枪人应注意观察周边人员位置，避免火焰喷嘴直接对人。

7.2.5　采用热熔和热粘施工时，现场应准备粉末灭火器材或砂袋等。防水材料应储存在阴凉通风的室内，避免雨淋、日晒和受潮变质，并远离火源、热源。

7.3　应注意的绿色施工问题

7.3.1　基层表面砂浆硬块及突出物清理产生的噪声、扬尘应有效控制；报废的扫帚、砂纸、钢丝刷、防水和密封材料包装物等应及时清理。

7.3.2　胶粘剂、基层处理剂应用密封桶包装，防止挥发、遗洒。

7.3.3　防水材料的边角料应回收处理。

7.3.4　基层处理剂、胶粘剂和涂料，应符合《建筑防水涂料中有害物质限量》JC 1066 的有关规定；当配制和使用有毒材料时，现场必须采取通风措施。

8　质量记录

8.0.1　卷材及辅助材料出厂合格证、质量检验报告和进场复试报告。

8.0.2　雨后观察、淋水或蓄水试验记录。

8.0.3　隐蔽工程检查验收记录。

8.0.4　卷材防水层检验批质量验收记录。

8.0.5　卷材防水层分项工程质量验收记录。

第 15 章　涂膜防水层

本工艺标准适用于工业与民用建筑屋面的涂膜防水层工程。

1　引用标准

《屋面工程技术规范》GB 50345—2012
《屋面工程质量验收规范》GB 50207—2012
《建筑工程施工质量验收统一标准》GB 50300—2013
《聚氨酯防水涂料》GB/T 19250—2013
《聚合物水泥防水涂料》GB/T 23445—2009
《水乳型沥青防水涂料》JC/T 408—2005
《聚合物乳液建筑防水涂料》JC/T 864—2008

2　术语（略）

3　施工准备

3.1　作业条件

3.1.1　施工前应编制施工方案或技术措施。

3.1.2 屋面基层应坚实、平整，干净，应无孔隙、起砂和裂缝。当采用溶剂型、热熔型和反应固化型防水涂料时，基层应干燥。

3.1.3 防水施工人员应经过理论与实际施工操作的培训，并持上岗证。

3.1.4 防水涂料进行热熔施工前应申请点火证，经批准后才能施工。施工现场不得有焊接或其他明火作业。

3.1.5 涂膜防水层的施工环境温度：水乳型及反应型涂料宜为5～35℃，溶剂型涂料宜为−5～35℃，热熔型涂料不宜低于−10℃，聚合物水泥涂料宜为5～35℃。

3.1.6 雨天、雪天和五级风及以上时不得施工。

3.2 材料及机具

3.2.1 高聚物改性沥青防水涂料（水乳型、溶剂型、热熔型）、合成高分子防水涂料（反应固化型、挥发固化型）、聚合物水泥防水涂料（Ⅰ型）：配合比符合要求。物理性能指标见表15-1。

防水涂料物理性能指标　　表15-1

项目	聚氨酯防水涂料	聚合物水泥防水涂料（Ⅰ型）	水乳型沥青防水涂料	溶剂型橡胶沥青防水涂料	聚合物乳液建筑防水涂料
固体含量	单组分≥85%，多组分≥92%	≥70%	≥45%	≥48%	≥65%
拉伸强度	Ⅰ型≥2.0MPa，Ⅱ型≥6.0MPa，Ⅲ型≥12.0MPa	—	—	—	Ⅰ型≥1.0MPa，Ⅱ型≥1.5MPa
断裂伸长率	Ⅰ型≥500%，Ⅱ型≥450%，Ⅲ型≥250%	—	—	—	300%
粘结强度	—	—	≥0.3MPa	≥0.2MPa	—
低温柔性	−35℃无裂纹	−10℃无裂纹	—	—	绕圆10mm棒弯180°，无裂纹。Ⅰ型：−10℃，Ⅱ型：−20℃
耐热度	—	—	无流淌，滴落，滑动。L型：80±2℃，H型110±2℃	80℃，5h，无流淌，鼓泡，滑动	—
不透水性	不透水（0.3MPa，120min）	不透水 0.3MPa，30min	不渗水 0.1MPa，30min	不渗水 0.2MPa，30min	不透水 0.3MPa，30min
表干时间	≤12h	—	≤8h	—	—
实干时间	≤24h	—	≤24h	—	—
流平性	20min无明显齿痕	—	—	—	—

3.2.2 胎体增强材料：聚酯无纺布、化纤无纺布。

3.2.3 基层处理剂：由高聚物改性沥青涂料采用石油沥青加底子油；合成高分子涂料

水溶型采用掺乳化剂的水溶液或软水稀释，溶剂型采用相应溶剂稀释；聚合物水泥涂料采用乳液和水泥现场配用。

3.2.4 机具：电动搅拌器、嵌缝挤压枪、搅拌桶、小铁桶、小平铲、塑料或橡胶刮板、压辊、长把滚刷、毛刷、小抹子、扫帚、磅秤等。

4 操作工艺

4.1 工艺流程

基层清理→喷涂基层处理→涂膜附加层→涂膜施工→细部处理→淋水、蓄水试验

4.2 基层清理

4.2.1 清理基层表面的杂物和灰尘，基层应坚实、平整。若存在凹凸不平、起砂、起皮、裂缝、预埋件固定不牢等缺陷，应及时进行修补。

4.2.2 基层干燥程度应与所用防水涂料相适应。

4.3 喷涂基层处理剂

4.3.1 基层处理剂应与防水涂料的材性相容。

4.3.2 基层处理剂应配比准确，并应搅拌均匀。

4.3.3 喷涂时应先用油漆刷对屋面节点、拐角、周边转角等处涂刷，然后大面积部位喷涂。

4.3.4 基层处理剂可采取喷涂法或涂刷法施工，喷涂应均匀一致，干燥后应及时涂布防水涂料。

4.4 涂膜附加层

4.4.1 檐沟、天沟与屋面交接处，屋面平面与立面交接处，以及水落口、伸出屋面管道根部等部位，应设置涂膜防水层。

4.4.2 涂膜附加层应夹铺胎体增强材料。

4.5 涂膜施工

4.5.1 双组分或多组分防水涂料应按配合比准确计量，并应采用电动机具搅拌均匀，已配制的涂料应及时使用；配料时可加入适量的稀释剂、缓凝剂或促凝剂来调节黏度或固化时间，但不得混入已固化的涂料。

4.5.2 水乳型及溶剂型防水涂料宜选用滚涂或喷涂施工；反应固化型防水涂料宜选用刮涂或喷涂施工；热熔型防水涂料和聚合物水泥防水涂料宜选用刮涂施工；所有防水涂料用于细部构造时宜选用刷涂或喷涂施工。

4.5.3 防水涂料应多遍均匀涂布，后一遍涂料应待前一遍涂料干燥成膜后进行，且前后两遍涂料的涂布方向应相互垂直，涂层的甩槎应注意保护，接槎宽度不应小于 100mm，接槎前应将甩槎表面处理干净。

4.5.4　在涂层间夹铺胎体增强材料时，宜边涂布边铺胎体；胎体应铺贴平整，排除气泡并应与涂料粘结牢固。在胎体上涂布涂料时，应使涂料浸透胎体，并应覆盖完全，不得有胎体外露现象。最上面的涂膜厚度不应小于 1mm。

4.5.5　胎体增强材料平行或垂直屋脊铺设应视方便施工而定。平行于屋脊铺设时，应由最低标高处向上铺设，胎体增强材料应顺流水方向搭接；胎体增强材料长边和短边搭接宽度分别不应大于 50mm 和 70mm。当采用两层胎体增强材料时，上下层的长边搭接缝应错开且不得小于 1/3 幅宽，上下层不得垂直铺设。

4.6　细部处理

4.6.1　天沟、檐沟部位

1　天沟、檐沟的防水层下应增设附加层，附加层伸入屋面的宽度不应小于 250mm。

2　檐沟防水层和附加层应由沟底翻上至沟外檐顶部，涂膜收头应用防水涂料多遍涂刷。

4.6.2　女儿墙泛水部位

1　女儿墙泛水处的防水层下应增设附加层，附加层在平面和立面的宽度均不应小于 250mm。

2　低女儿墙泛水处的防水层收头可直接涂刷至墙压顶下，涂膜收头应用防水涂料多遍涂刷，压顶应作防水处理。

3　高女儿墙泛水处的防水层泛水高度不应小于 250mm，涂膜收头应用防水涂料多遍涂刷；泛水上部的墙体应作防水处理。

4.6.3　变形缝部位

1　变形缝泛水处的防水层下应增设附加层，附加层在平面和立面的宽度均不应小于 250mm；防水涂料应涂至变形缝两侧砌体的顶部。

2　变形缝的泛水高度不应小于 250mm。

3　变形缝内应填充不燃保温材料，上部应采用防水卷材封盖，并填放衬垫材料，再在其上干铺一层卷材。

4　等高变形缝的顶部宜加混凝土盖板或金属盖板；盖板的接缝处要用油膏嵌封严密。

5　高低跨变形缝在立墙泛水处，应用有足够变形能力的材料和构造作密封处理。

4.6.4　水落口部位

1　水落口的金属配件应作防锈处理。

2　水落口杯应牢固地固定在承重结构上。其埋设标高应根据附加层厚度及排水坡度加大的尺寸确定。

3　水落口周围直径 500mm 范围内的坡度不应小于 5%。防水层下应增设附加层。

4　防水层和附加层贴入水落口杯内不应小于 50mm，并应粘结牢固。

4.6.5　伸出屋面管道部位

1　管道等根部，找平层应抹出高度不小于 30mm 的排水坡。

2　管道泛水处的防水层下应增设附加层，附加层在平面和立面上的宽度均不应小于 250mm。

3　管道泛水处的防水层泛水高度也不应小于 250mm。

4　涂膜收头处应用防水涂料多道涂刷。

4.6.6　檐口部位

1　涂膜收头处应用防水涂料多遍涂刷。

2　檐口下端应抹出鹰嘴和滴水槽。

4.7　淋水、蓄水试验

检查屋面有无渗漏、积水，排水系统是否畅通，可在雨后或持续淋水 2h 后进行。在有可能做蓄水检验的屋面，其蓄水时间不应少于 24h，同时要做好试水记录。

5　质量标准

5.1　主控项目

5.1.1　防水涂料和胎体增强材料的质量，应符合设计要求。

5.1.2　涂膜防水层不得有渗漏或积水现象。

5.1.3　涂膜防水层在檐口、檐沟、天沟、水落口、泛水、变形缝和伸出屋面管道的防水构造，应符合设计要求。

5.1.4　涂膜防水层的平均厚度应符合设计要求，且最小厚度不得小于设计厚度的 80%。

5.2　一般项目

5.2.1　涂膜防水层与基层应粘结牢固，表面应平整，涂刷应均匀，不得有流淌、皱折、起泡和露胎体等缺陷。

5.2.2　涂膜防水层的收头应用防水涂料多遍涂刷。

5.2.3　铺贴胎体增强材料应平整顺直，搭接尺寸应准确，应排除气泡，并应与涂料粘结牢固；胎体增强材料的搭接宽度允许偏差为－10mm。

6　成品保护

6.0.1　伸出屋面管道、设备或预埋件等，应在防水层施工前安设完毕。防水层完工后，不得进行凿孔、打洞或重物冲击等有损防水层的作业。

6.0.2　如需在防水层已完的屋面上安装设备，应在设备基座部位做附加层。

6.0.3　防水层施工时要注意施工保护，每日施工结束前应将卷材末端收头及封边处理做好，以免被风刮起。

6.0.4　操作人员不可穿带钉子的鞋，运料的小车落脚要做橡胶套，铺设水泥砂浆时要防止铁锹、铁抹子刮破防水层。

6.0.5　防水层施工完后，应及时将杂物清理干净。屋面应排水畅通，水落口不得堵塞。

6.0.6　防水层经检查发现鼓泡和渗漏等缺陷应及时治理。

7　注意事项

7.1　应注意的质量问题

7.1.1　涂膜施工前，应经试验确定每平方米涂料用量以及涂层需要涂刷的遍数且每平方米涂料用量应保证固体含量不同的涂料成膜后的设计厚度。

7.1.2　防水涂料由于各组分的配料计量不准和搅拌不均匀，将会影响混合料的充分化学反应。配料时应按产品使用说明书准确计量，并采用电动搅拌设备使各组分混合均匀。

7.1.3　涂料施工时应采用多遍涂布，不论是厚质涂料还是薄质涂料，均不得一次成膜。每遍涂布应均匀，不得漏底、漏涂和堆积现象。多遍涂刷时，应待前遍涂层表干后，方可涂刷后一遍涂层，两涂层施工间隔时间不宜过长，否则无形成分层现象。

7.1.4　防水涂层夹铺胎体增强材料时，应先涂刷一遍涂料，随即铺贴胎体增强材料，铺贴应平整，不皱折和翘边，搭接符合要求，干燥后再涂刷一遍涂料，并控制涂层的总厚度。

7.1.5　在结构易发生较大变形、易渗漏和损坏的部位，应设置涂膜防水层，并应夹铺胎体增强材料。

7.2　应注意的安全问题

7.2.1　作业现场应健全防火制度，完善消防设施，消除火灾隐患，杜绝火灾发生，易燃材料应有专人保存管理。

7.2.2　操作人员应穿工作服、防滑鞋、戴安全帽、手套等劳保用品。当配制和使用有毒材料时，还必须戴口罩和防护眼镜，严禁毒性材料与皮肤接触及入口。

7.2.3　屋面四周、洞口、脚手架边均应设有防护栏杆和支设安全网，高空作业应防止坠物伤人和坠落事故。

7.2.4　采用热熔型防水涂料时，现场应准备粉末灭火器材或砂袋等。

7.2.5　防水材料应储存在阴凉通风的室内，避免雨淋、日晒和受潮变质，并远离火源、热源。

7.3　应注意的绿色施工问题

7.3.1　基层表面砂浆硬块及突出物清理产生的噪声、扬尘应有效控制；报废的扫帚、砂纸、钢丝刷、防水和密封材料包装物等应及时清理。

7.3.2　胶粘剂、基层处理剂应用密封桶包装，防止挥发、遗洒。

7.3.3　防水材料的边角料应回收处理。

7.3.4　基层处理剂和防水涂料应符合《建筑防水涂料中有害物质限量》JC 1066 的有关规定；当配制和使用有毒材料时，现场必须采取通风措施。

8　质量记录

8.0.1　防水涂料和胎体增强材料出厂合格证、质量检验报告和进场复试报告。

8.0.2　雨后观察、淋水或蓄水试验记录。

8.0.3　隐蔽工程检查验收记录。

8.0.4　涂膜防水层检验批质量验收记录。

8.0.5　涂膜防水层分项工程质量验收记录。

第 16 章　聚乙烯丙纶卷材复合防水层

本工艺标准适用于工业与民用建筑屋面的聚乙烯丙纶卷材复合防水层工程。

1　引用标准

《建筑工程施工质量验收统一标准》GB 50300—2013
《屋面工程技术规范》GB 50345—2012
《屋面工程质量验收规范》GB 50207—2012
《聚乙烯丙纶卷材复合防水工程技术规程》CECS 199：2006
《高分子防水卷材胶粘剂》JC/T 863—2011

2　术语

2.0.1　聚乙烯丙纶卷材：聚乙烯与助剂等组合热熔后挤出，同时在两面热覆丙纶纤维无纺布形成的卷材。

2.0.2　聚合物水泥防水胶粘材料：以聚合物乳液或聚合物再生粉末等聚合物材料和水泥为主要材料组成，用于粘结聚乙烯丙纶卷材，并具有一定防水功能的材料，简称防水胶粘材料。

2.0.3　聚乙烯丙纶卷材复合防水层：用防水胶粘材料将聚乙烯丙纶卷材粘贴在水泥砂浆或混凝土基面上，共同组成的一道防水层。

3　施工准备

3.1　作业条件

3.1.1　施工前应编制施工方案或技术措施。

3.1.2　防水施工人员应经过理论与实际施工操作的培训，并持上岗证。

3.1.3　基层表面应坚实、平整、清洁，不得有酥松、起砂、起皮、空鼓现象。

3.1.4　基层的排水坡度应符合设计要求，基层与突出屋面结构的交接处及转角处，均应做成半径为 20mm 的圆弧。

3.1.5　聚乙烯丙纶复合防水层的施工环境气温宜为 5～35℃。

3.1.6　雨天、雪天和五级风及以上时不得施工。

3.2　材料及机具

3.2.1　聚乙烯丙纶卷材：物理性能应符合表 16-1 的规定。

聚乙烯丙纶卷材物理性能指标 表 16-1

项目		指标
断裂拉伸强度（N/cm）	纵向	≥60
	横向	≥60
胶断伸长率（%）	纵向	≥400
	横向	≥400
不透水性 0.3MPa	30min	无渗漏
低温弯折性（℃）	−20	无裂纹
加热伸缩量（mm）	延伸	≤2
	收缩	≤4
断裂强度（N）		≥20

3.2.2 防水胶粘材料：物理性能应符合表 16-2 的规定。

胶粘剂物理力学性能指标 表 16-2

项目			指标	
			基底胶 J	搭接胶 D
黏度（Pa·s）			产品说明书的指标量值	
不挥发物含量（%）			产品说明书的指标量值	
适用期（min）≥			180	
剪切状态下的粘合性	卷材与卷材	标准试验条件（N/mm）≥	—	3.0 或卷材破坏
		热处理后保持率（%）80℃，168h≥	—	70
		碱处理后保持率（%）[10%$Ca(OH)_2$，168h]≥	—	70
	卷材与基底	标准试验条件（N/mm）≥	2.5	—
		热处理后保持率（%）80℃，168h≥	70	—
		碱处理后保持率（%）[10%$Ca(OH)_2$，168h]≥	70	—
剥离强度（N）		标准试验条件（N/mm）≥	—	1.5
		浸水后保持率（%）168h≥	—	70

3.2.3 机具：电动搅拌器、制胶容器、小铁桶、小平铲、塑料或橡胶刮板、长把滚刷、毛刷、小抹子、扫帚、剪子、刀子、压辊、粉线、磅秤等。

4 操作工艺

4.1 工艺流程

基层清理 → 配制防水胶粘材料 → 附加层施工 → 大面积卷材铺贴 → 细部处理 → 淋水、蓄水试验

4.2 基层清理

4.2.1 清理基层表面的杂物和灰尘，找平层应抹平压光，表面光滑、洁净。不允许有明显的尖凸、凹陷、起皮、起沙、空鼓等现象。

4.2.2 基层表面不得有明水，如果非常干燥，需在基面表层喷水保湿。

4.3 配制防水胶粘材料

4.3.1 与卷材配套的防水粘结材料，应按产品使用说明书要求配制，计量应准确，搅拌应均匀。搅拌时应采用电动搅拌器具，拌制好的防水胶粘材料应在规定的时间内用完。

4.3.2 现场配制防水胶粘材料的物理性能应符合相关标准的规定；按聚合物乳液（或胶粉）和水泥配比，先将聚合物材料放入准备好的容器内，用搅拌器边搅拌边加水泥，搅拌后混合物均匀无凝块、无沉淀即可使用。一般在气温不大于25℃时，拌制好的防水胶粘材料应在2h之内用完。

4.4 附加层施工

4.4.1 檐沟、天沟与屋面交接处，屋面平面与立面交接处，以及水落口、伸出屋面管道根部等部位，应设置聚乙烯丙纶卷材或防水胶结材料附加层。

4.4.2 附加层的宽度应符合设计要求。卷材附加层粘贴应平整牢固，不得扭曲、皱折、空鼓；涂膜附加层应夹铺胎体增强材料，涂刷不应少于两遍，涂膜厚度不应小于1.2mm，涂刷时应均匀一致，不得露底、堆积。

4.5 大面积卷材铺贴

4.5.1 防水卷材铺贴时应顺流水方向搭接，并应从防水层最低处向上铺贴。上下两层卷材不得相互垂直铺贴，上下层卷材长边的搭接缝错开不得小于幅宽的1/3，相邻卷材短边的搭接缝错开不得小于500mm。

4.5.2 铺贴卷材前应在基层上弹出基准线，卷材的长边和短边搭接宽度均不应小于100mm。

4.5.3 将配制好的防水胶粘材料均匀地批刮或抹压在基层上，不得有露底或堆积现象，用量不应小于2.5kg/m^2，施工固化厚度不应小于1.2mm。

4.5.4 在铺设部位将卷材预放约5～10m，找正方向后在中间处固定，将卷材卷回至固定处，批抹防水胶粘材料后即将预放的卷材重新展开至粘贴的位置，做到边批抹边铺贴卷材，卷材铺贴时不得拉紧，应保持自然状态。

4.5.5 铺贴卷材时，应用刮板向两边抹压，赶出卷材下面的空气，接缝部位应挤出胶粘材料并批刮封口。卷材与基层粘结面积不应小于90%，搭接缝应粘结牢固、密封严密，不得有皱折、翘边和起泡等缺陷。搭接缝表面应涂刮1.2mm厚、50mm宽的防水胶粘材料。

4.5.6 卷材收头处应用金属压条钉压，并应用防水胶粘材料抹平封严。

4.5.7 卷材施工温度高于25℃时，应立即向施工后的卷材表面喷水降温和遮盖养护，防止卷材变形起鼓。

4.5.8 卷材铺贴后24h内严禁上人或在其上进行后道工序施工。当卷材有局部损伤时，应及时进行修补。

4.6 细部处理

4.6.1 天沟、檐沟部位

1 天沟、檐沟的防水层下应增设附加层，附加层伸入屋面的宽度不应小于250mm。

2 檐沟防水层和附加层应由沟底翻上至沟外檐顶部，卷材收头应用金属压条钉压固定，并用密封材料封严。

4.6.2 女儿墙泛水部位

1 女儿墙泛水部位的防水层下应增设附加层，附加层在平面和立面的宽度均不应小于250mm。

2 低女儿墙泛水处的防水层收头可直接贴至压顶下，卷材收头应用金属压条钉压固定，并用密封材料封严；压顶应作防水处理。

3 高女儿墙泛水处的防水层泛水高度不应小于250mm，防水层收头应用金属压条钉压固定，并用密封材料封严；泛水上部的墙体应作防水处理。

4.6.3 变形缝部位

1 变形缝泛水处的防水层下应增设附加层，附加层在平面和立面上的宽度均不应小于250mm；卷材应铺贴到变形缝两侧泛水墙的顶部。

2 变形缝内应预填不燃保温材料，上部应采用防水卷材封盖，并填放衬垫材料，再在其上干铺一层卷材。

3 等高变形缝顶部宜加扣混凝土盖板或金属盖板，盖板的接缝处要用油膏嵌封严密。

4 高低跨变形缝在立墙泛水处，应用有足够变形能力的材料和构造作密封处理。

4.6.4 水落口部位

1 水落口的金属配件应作防锈处理。

2 水落口杯应牢固地固定在承重结构上，其埋设标高应根据附加层厚度及排水坡度加大的尺寸确定。

3 水落口周围500mm范围坡度不应小于5%，防水层下应增设附加层。

4 防水层和附加层贴入水落口杯内不应小于50mm，并应粘结牢固。

4.6.5 伸出屋面管道

1 管道根部找平层应抹出高度不小于30mm的排水坡。

2 管道泛水处的防水层下应增设附加层，附加层在平面和立面上的宽度均不应小于250mm。

3 管道泛水处的防水层的泛水高度不应小于250mm。

4 卷材收头处用金属箍箍紧，并用密封材料封严。

4.6.6 檐口部位

1 檐口800mm范围内卷材应采取满粘法。

2 卷材收头应采用金属压条钉压固定，并用密封材料嵌填封严。

3 檐口下端应抹出鹰嘴和滴水槽。

4.7 淋水、蓄水试验

检查屋面有无渗漏、积水，排水系统是否畅通，可在雨后或持续淋水2h后进行。在有可能做蓄水检验的屋面，其蓄水时间不应少于24h，同时要做好试水记录。

5 质量标准

5.1 主控项目

5.1.1 聚乙烯丙纶卷材及其聚合物防水泥防水胶粘材料的质量，应符合设计要求。

5.1.2　聚乙烯丙纶卷材复合防水层不得有渗漏或积水现象。

5.1.3　聚乙烯丙纶卷材复合防水层在檐口、檐沟、天沟、水落口、泛水、变形缝和伸出屋面管道的防水构造，应符合设计要求。

5.2　一般项目

5.2.1　卷材与胶结材料应粘结牢固，不得有空鼓和分层现象。

5.2.2　复合防水层的总厚度应符合设计要求。

6　成品保护

6.0.1　伸出屋面管道、设备或预埋件等，应在防水层施工前安设完毕。防水层完工后，不得进行凿孔、打洞或重物冲击等有损防水层的作业。

6.0.2　如需在防水层已完的屋面上安装设备，应在设备基座部位做附加层。

6.0.3　防水层施工时要注意施工保护，每日施工结束前应将卷材末端收头及封边处理做好，以免被风刮起。

6.0.4　操作人员不可穿带钉子的鞋，运料的小车支脚要做橡胶套，铺设水泥砂浆时要防止铁锹、铁抹子刮破防水层。

6.0.5　防水层施工完后，应及时将杂物清理干净。屋面应排水畅通，水落口不得堵塞。

6.0.6　防水层经检查发现鼓泡和渗漏等缺陷应及时治理。

7　注意事项

7.1　应注意的质量问题

7.1.1　聚乙烯丙纶卷材严禁使用再生的聚乙烯，应采用一次成型工艺生产的卷材。

7.1.2　防水胶粘材料不得使用水泥原浆或水泥与聚乙烯醇缩合物混合的材料，应采用耐水和符合环保要求的专用胶粘材料。

7.2　应注意的安全问题

7.2.1　作业现场应健全防火制度，完善消防设施，消除火灾隐患，杜绝火灾发生，易燃材料应有专人保存管理。

7.2.2　操作人员应穿工作服、防滑鞋、戴安全帽、手套等劳保用品。当配制和使用有毒材料时，还必须戴口罩和防护眼镜，严禁毒性材料与皮肤接触及入口。

7.2.3　屋面四周、洞口、脚手架边均应设有防护栏杆和支设安全网，高空作业防止坠物伤人和坠落事故。

7.2.4　采用热熔法施工时，持枪人应注意观察周边人员位置，避免火焰喷嘴直接对人。

7.2.5　采用热熔和热粘施工时，现场应准备粉末灭火器材或砂袋等。防水材料应储存在阴凉通风的室内，避免雨淋、日晒和受潮变质，并远离火源、热源。

7.3　应注意的绿色施工问题

7.3.1　基层表面砂浆硬块及突出物清理产生的噪声、扬尘应有效控制；报废的扫帚、砂纸、钢丝刷、防水和密封材料包装物等应及时清理。

7.3.2　胶粘剂、基层处理剂应用密封桶包装，防止挥发、遗洒。

7.3.3　防水材料的边角料应回收处理。

7.3.4　基层处理剂、胶粘剂和涂料，应符合《建筑防水涂料中有害物质限量》JC 1066的有关规定；当配制和使用有毒材料时，现场必须采取通风措施。

8　质量记录

8.0.1　卷材和胶结材料出厂合格证、质量检验报告和进场复试报告。

8.0.2　雨后观察、淋水或蓄水试验记录。

8.0.3　隐蔽工程检查验收记录。

8.0.4　复合防水层检验批质量验收记录。

8.0.5　复合防水层分项工程质量验收记录。

第17章　复合防水层

本工艺标准适用于工业与民用建筑屋面的复合防水层工程的施工。

1　引用标准

《建筑工程施工质量验收统一标准》GB 50300—2013

《屋面工程技术规范》GB 50345—2012

《屋面工程质量验收规范》GB 50207—2012

《建筑工程施工质量验收统一标准》GB 50300—2013

2　术语

2.0.1　复合防水层：由彼此相容的卷材和涂料组合而成的防水层。

2.0.2　一次成型方式：以涂料作为卷材的粘结剂，边涂布涂料边铺贴卷材，一次形成复合防水层的成型方式。

2.0.3　二次成型方式：先在基层上涂布涂料使之形成防水涂膜，待涂膜固化后用粘结剂将卷材粘结于涂膜层上，二次形成复合防水层的方式。

3　施工准备

3.1　作业条件

3.1.1　施工前应编制施工方案或技术措施。

3.1.2　屋面基层应坚实、平整，干净，应无孔隙、起砂和裂缝。溶剂型、热熔型和反应固化型防水涂料施工时基层要求干燥。

3.1.3　屋面基层的排水坡度应符合设计要求，基层与突出屋面结构的交接处以及基层转角处，找平层应做成圆弧。

3.1.4　防水施工人员应经过理论与实际施工操作的培训，并持上岗证。

3.1.5　防水涂料进行热熔施工前应申请点火证，经批准后才能施工。施工现场不得有焊接或其他明火作业。

3.1.6　复合防水层所用防水卷材与防水涂料应相容。复合防水层施工前，应做卷材与涂料的粘结质量检验，其剪切状态下的粘和强度不应小于 20N/10mm。

3.1.7　复合防水层的施工环境温度：水乳型及反应型涂料宜为 5～35℃，溶剂型涂料宜为－5～35℃，热熔型涂料不宜低于－10℃，采用聚合物水泥涂料宜为 5～35℃；冷粘及热粘卷材不宜低于 5℃，自粘卷材不宜低于 10℃。

3.1.8　雨天、雪天和五级风及以上时不得施工。

3.2　材料及机具

3.2.1　防水涂料：高聚物改性沥青防水涂料、合成高分子防水涂料、聚合物水泥防水涂料等。

3.2.2　防水卷材：高聚物改性沥青防水卷材、合成高分子防水卷材等。

3.2.3　胶粘剂：高聚物改性沥青胶粘剂、高分子防水卷材胶粘剂。

3.2.4　基层处理剂：沥青防水卷材用基层处理剂。高分子防水卷材用基层处理剂应由厂家供应或按产品使用说明书。

3.2.5　密封材料：改性石油沥青密封胶、合成高分子密封胶。

3.2.6　机具：喷涂机、电动搅拌机、小平铲、扫帚、油漆刷、铁桶、胶皮刮板、单双筒火焰加热器、手持压辊、手推车、防护用品、消防器材等。

4　操作工艺

4.1　工艺流程

基层清理 → 喷涂基层处理剂 → 涂膜附加层 → 涂膜施工 → 卷材铺贴 → 细部处理 → 淋水、蓄水试验

4.2　基层清理

4.2.1　清理基层表面的杂物和灰尘，基层应坚实、平整。若存在凹凸不平、起砂、起

皮、裂缝、预埋件固定不牢等缺陷，应及时进行处理。

4.2.2　基层干燥程度应与所用防水涂料相适应。

4.3　喷涂基层处理剂

4.3.1　基层处理剂应与防水涂料的材性相容。

4.3.2　基层处理剂应配比准确，并应搅拌均匀。

4.3.3　喷涂时应先用油漆刷对屋面节点、拐角、周边转角等处涂刷，然后大面积部位喷涂。

4.3.4　基层处理剂可采取喷涂法或涂刷法施工，喷涂应均匀一致，干燥后应及时涂布防水涂料。

4.4　涂膜附加层

4.4.1　檐沟、天沟与屋面交接处，屋面平面与立面交接处，以及水落口、伸出屋面管道根部等部位，应设置涂膜防水层。

4.4.2　涂膜附加层应夹铺胎体增强材料。

4.5　涂膜施工

4.5.1　双组分或多组分防水涂料应按配合比准确计量，并应采用电动机具搅拌均匀，已配制的涂料应及时使用；配料时可加入适量的稀释剂、缓凝剂或促凝剂来调节黏度或固化时间，但不得混入已固化的涂料。

4.5.2　水乳型及溶剂型防水涂料宜选用滚涂或喷涂施工；反应固化型防水涂料宜选用刮涂或喷涂施工；热熔型防水涂料和聚合物水泥防水涂料宜选用刮涂施工；所有防水涂料用于细部构造时宜选用刷涂或喷涂施工。

4.5.3　防水涂料应多遍均匀涂布，后一遍涂料应待前一遍涂料干燥成膜后进行，且前后两遍涂料的涂布方向应相互垂直，涂层的甩槎应注意保护，接槎宽度不应小于100mm，接槎前应将甩槎表面处理干净。

4.5.4　在涂层间夹铺胎体增强材料时，宜边涂布边铺胎体；胎体应铺贴平整，排除气泡并应与涂料粘结牢固。在胎体上涂布涂料时，应使涂料浸透胎体，并应覆盖完全，不得有胎体外露现象。最上面的涂膜厚度不应小于1mm。

4.5.5　胎体增强材料平行或垂直屋脊铺设应视施工方便而定。平行于屋脊铺设时，应由最低标高处向上铺设，胎体增强材料应顺流水方向搭接；胎体增强材料长边和短边搭接宽度分别不应大于50mm和70mm。当采用两层胎体增强材料时，上下层的长边搭接缝应错开且不得小于1/3幅宽，上下层不得垂直铺设。

4.6　卷材铺贴

4.6.1　在基层上弹出基准线的位置。卷材采用平行或垂直屋脊铺贴。平行于屋脊铺贴时，应顺流水方向搭接；垂直于屋脊铺贴时，应顺年最大频率风向搭接。

4.6.2　相邻两幅卷材的短边搭接缝错开不得小于500mm。

4.6.3　铺贴卷材采用冷粘法，高聚物改性沥青卷材长边和短边的搭接宽度均为100mm。合成高分子卷材长边和短边的搭接宽度均为80mm；铺贴卷材采用自粘法，自粘卷材长边和短边的搭接宽度均为80mm。

4.6.4　冷粘法

将卷材放在弹出的基准线位置上，一般在基层上和卷材背面均涂刷胶粘剂，根据胶粘剂的性能，控制胶粘剂涂刷与卷材铺贴的间隔时间，边涂边将卷材滚动铺贴。胶粘剂应涂刮均匀，不漏底、不堆积，若卷材空铺、点粘或条粘时，应按规定的位置及面积涂刷。用压辊均匀用力滚压，排出空气，使卷材与基层紧密粘贴牢固。卷材搭接处用胶粘剂满涂封口，辊压粘贴牢固。搭接缝口应用材性相容的密封材料封严。宽度不应小于 10mm。

4.6.5　自粘法

将卷材背面的隔离纸剥开撕掉，直接粘贴于弹出基准线的位置上，排除卷材下面的空气，辊压平整，粘贴牢固。低温施工时，立面、大坡面及搭接部位宜采用热风机加热，加热后随即粘贴牢固。接缝口用材性相容的密封材料封严，宽度不应小于 10mm。

4.7　细部处理

4.7.1　天沟、檐沟部位

1　天沟、檐沟的防水层下应增设附加层，附加层伸入屋面的宽度不应小于 250mm。

2　檐沟防水层和附加层应由沟底翻上至沟外檐顶部，涂膜收头应用防水涂料多遍涂刷，卷材收头应用金属压条钉压，并应用密封材料封严。

4.7.2　女儿墙泛水部位

1　女儿墙泛水处的防水层下应增设附加层，附加层在平面和立面的宽度均不应小于 250mm。

2　低女儿墙泛水处的防水层收头可直接涂刷或铺贴至压顶下，涂膜收头应用防水涂料多遍涂刷，卷材收头应用金属压条钉固，并应用密封材料封严。

3　高女儿墙泛水处的防水层泛水高度不应小于 250mm，防水层收头应符合本条 2 的规定；泛水上部的墙体应作防水处理。

4.7.3　变形缝部位

1　变形缝泛水处的防水层下应增设附加层，附加层在平面和立面的宽度均不应小于 250mm。防水层应涂刷或铺贴至变形缝两侧泛水墙的顶部。

2　变形缝内应填不燃保温材料，上部应采用防水卷材封盖，并放置衬垫材料，再在其上干铺一层卷材。

3　等高变形缝顶部应加扣混凝土盖板或金属盖板，盖板的接缝处要用油膏嵌封严密。

4　高低跨变形缝在立墙泛水处应用有足够变形能力的材料和构造作密封处理。

4.7.4　水落口部位

1　水落口杯应牢固地固定在承重结构上，其埋设标高应根据附加层厚度及排水坡度加大的尺寸确定。

2　水落口周围直径 500mm 范围内的坡度不应小于 5%，防水层下应增设附加层。

3　防水层和附加层伸入水落口杯内不应小于 50mm，并应粘结牢固。

4　水落口的金属配件应作防锈处理。

4.7.5　伸出屋面管道部位

1　管道周围的找平层应抹出高度不小于 30mm 的排水坡。

2　管道泛水处的防水层下应增设附加层，附加层在平面和立面上的宽度均不应小于 250mm。

3　管道泛水处的防水层泛水高度不应小于 250mm。

4　涂膜收头应用防水涂料多遍涂刷；卷材收头处用金属箍箍紧，并用密封材料封严。

4.7.6 檐口部位

1 卷材屋面檐口800mm范围内卷材应满粘；卷材收头应用金属压条钉固，并应用密封材料封严。

2 涂膜收头处应用防水涂料多遍涂刷。

3 檐口下端应抹出鹰嘴和滴水槽。

4.8 淋水、蓄水试验

检查屋面有无渗漏、积水，排水系统是否畅通，可在雨后或持续淋水2h后进行。在有可能做蓄水检验的屋面，其蓄水时间不应少于24h，同时要做好试水记录。

5 质量标准

5.1 主控项目

5.1.1 复合防水层所用防水材料及其配套材料的质量，应符合设计要求。

5.1.2 复合防水层不得有渗漏或积水现象。

5.1.3 复合防水层在檐口、檐沟、天沟、水落口、泛水、变形缝和伸出屋面管道的防水构造，应符合设计要求。

5.2 一般项目

5.2.1 卷材与涂膜应粘结牢固，不得有空鼓和分层现象。

5.2.2 复合防水层的总厚度应符合设计要求。

6 成品保护

6.0.1 伸出屋面管道、设备或预埋件等，应在防水层施工前安设完毕。防水层完工后，不得进行凿孔、打洞或重物冲击等有损防水层的作业。

6.0.2 如需在防水层已完工的屋面上安装设备，应在设备基座部位做附加层。

6.0.3 防水层施工时要注意施工保护，每日施工结束前应将卷材末端收头及封边处理做好，以免被风刮起。

6.0.4 操作人员不可穿带钉子的鞋，运料的小车支脚要做橡胶套，铺设水泥砂浆时要防止铁锹、铁抹子刮破防水层。

6.0.5 防水层施工完后，应及时将杂物清理干净。屋面应排水畅通，水落口不得堵塞。

6.0.6 防水层经检查发现鼓泡和渗漏等缺陷应及时治理。

7 注意事项

7.1 应注意的质量问题

7.1.1 双组分或多组分防水涂料配比应准确，搅拌应均匀，掌握适当的稠度、黏度和固化时间，以保证涂刷质量。

7.1.2　涂膜施工前，应根据设计要求的厚度，试验确定每平方米涂料用量以及每个涂层需要涂刷的遍数。

7.1.3　施工中卷材下的空气必须辊压排出，使卷材与基层粘结牢固，防止空鼓、气泡。

7.1.4　用于复合防水层的卷材和涂料应具有相容性。相容性是指两种材料之间互不产生有害的物理和化学作用的性能。也包括施工过程中和形成复合防水层后不会产生不利的影响，如卷材施工过程中破坏已经成膜的涂料，涂料固化过程中造成卷材起鼓等。

7.1.5　采用一次成型的复合防水层为避免防水层产生鼓泡，防水涂料在固化过程中不得有溶剂或水分蒸发而产生气体，应采用热熔型或反应型防水涂料；涂料在固化前应有良好的粘性，固化后有较强的粘结强度。

7.1.6　采用二次成型的复合防水层时，对防水涂料品种的限制较少，但水乳型或合成高分子类防水涂料上，不得采用热熔型防水卷材，以免卷材热熔施工烧坏涂膜防水层。

7.1.7　卷材施工时涂膜防水层应达到实干状态，否则复合防水层完成后极易出现鼓泡现象。

7.1.8　二次成型的复合防水层，其共同作用的效果取决于卷材与涂膜之间的粘结情况，因此必须保证涂抹与卷材的粘结面积和粘结力。杜绝出现涂膜层和卷材层成为两张皮的现象，影响复合防水层的使用效果。

7.1.9　在复合防水层中，如果防水涂料既是涂膜防水层，又是防水卷材的胶粘剂，只能待复合防水层完工后整体验收。如果防水涂料不是防水卷材的胶粘剂，应对涂膜防水层和卷材防水层分别验收。

7.2　应注意的安全问题

7.2.1　作业现场应健全防火制度，完善消防设施，消除火灾隐患，杜绝火灾发生，易燃材料应有专人保存管理。

7.2.2　操作人员应穿工作服、防滑鞋，戴安全帽、手套等劳保用品。

7.2.3　屋面四周、洞口、脚手架边均应设有防护栏杆和支设安全网，高空作业应防止坠物伤人和坠落事故。

7.3　应注意的绿色施工问题

7.3.1　基层表面砂浆硬块及突出物清理产生的噪声、扬尘应有效控制；报废的扫帚、砂纸、钢丝刷、防水和密封材料包装物等应及时清理。

7.3.2　胶粘剂、基层处理剂应用密封桶包装，防止挥发、遗洒；防水材料应储存在阴凉通风的室内，避免雨淋、日晒和受潮变质，并远离火源、热源。

7.3.3　防水材料的边角料应回收处理。

8　质量记录

8.0.1　防水涂料和卷材出厂合格证、质量检验报告和进场复试报告。

8.0.2　雨后观察、淋水或蓄水试验记录。

8.0.3　隐蔽工程检查验收记录。

8.0.4　复合防水层检验批质量验收记录。

8.0.5　复合防水层分项工程质量验收记录。

第4篇 瓦面与板面工程

第18章 烧结瓦、混凝土瓦屋面

本工艺标准适用于工业与民用建筑的烧结瓦、混凝土瓦屋面工程。

1 引用标准

《建筑工程施工质量验收统一标准》GB 50300—2013
《屋面工程技术规范》GB 50345—2012
《屋面工程质量验收规范》GB 50207—2012
《烧结瓦》GB/T 21149—2007
《混凝土瓦》JC/T 746—2007
《坡屋面工程技术规范》GB 50693—2011
《坡屋面用防水材料 聚合物改性沥青防水垫层》JC/T 1067—2008
《坡屋面用防水材料 自粘聚合物沥青防水垫层》JC/T 1068—2008

2 术语

2.0.1 块瓦：由黏土、混凝土和树脂等材料制成的块状硬质屋面瓦材。
2.0.2 防水垫层：坡屋面中通常铺设在瓦材或金属板下面的防水材料。
2.0.3 持钉层：瓦屋面中能够握裹固定钉的构造层次，如木板、纤维板、细石混凝土等。

3 施工准备

3.1 作业条件

3.1.1 施工前应编制施工方案或技术措施。
3.1.2 有保温层的现浇钢筋混凝土屋面，在檐口处的钢筋混凝土应上翻，上翻高度应为保温层与持钉层厚度之和。当保温层放在防水层上面时，檐口最低处应设置泄水孔。
3.1.3 伸出屋面管道、设备、预埋件等，应在块瓦屋面施工前安装完毕并做密封处理。
3.1.4 块瓦屋面采用的木质基层、顺水条、挂瓦条的防腐、防火及防蛀处理，以及金属顺水条、挂瓦条的防锈处理均已完毕。
3.1.5 防水层或防水垫层施工完毕，应经淋水试验合格后，方可进行持钉层施工。
3.1.6 施工人员应经过理论与实际施工操作的培训，并持上岗证。

3.1.7 块瓦屋面的施工环境气温宜为 5～35℃。

3.1.8 雨天、雪天和五级风及以上时不得施工。

3.2 材料及机具

3.2.1 烧结瓦和混凝土瓦：平瓦和脊瓦应边缘整齐、表面光洁，不得有分层、裂纹和露砂等缺陷，平瓦的瓦爪和瓦槽的尺寸配合要适当。不得有缺边、掉角、裂缝、砂眼、翘曲不平、张口等缺陷。烧结瓦、混凝土瓦物理性能应符合表 18-1 的规定。

屋面瓦的主要性能指标 **表 18-1**

材料名称	主要性能
烧结瓦	1. 抗弯曲性能： 平瓦、脊瓦、板瓦、筒瓦、滴水瓦、勾头瓦类的弯曲破坏荷重不小于 1200N；其中青瓦类的弯曲破坏荷重不小于 850N；J 形瓦、S 形瓦、波形瓦类的弯曲破坏荷重不小于 1600N；三曲瓦、双筒瓦、鱼鳞瓦、牛舌瓦类的弯曲强度不小于 8.0MPa。 2. 抗冻性能： 经 15 次冻融循环，不出现剥落、掉角、掉棱及裂纹增加现象。 3. 耐急冷急热性： 经 10 次急冷急热循环，不出现炸裂、剥落及裂纹延长现象。 此项要求只适用于有釉瓦类。 4. 吸水率： Ⅰ类瓦≤6%；6%<Ⅱ类瓦≤10%；10%<Ⅲ类瓦≤18%；青瓦类≤21%。 5. 抗渗性能： 经 3h 瓦背面无水滴产生。 此项要求只适用于无釉瓦类。若其吸水率不大于 10%时，取消抗渗性能要求，否则必须进行抗渗试验并符合本条规定
混凝土瓦	1. 质量标准差： 混凝土瓦质量标准差应不大于 180g。 2. 承载力： 混凝土瓦的承载力不得小于承载力标准值，标准值应符合表 18-2 的规定。 3. 耐热性能： 混凝土彩色瓦经耐热性能检验后，其表面涂层应完好。 4. 吸水率： 混凝土瓦的吸水率应不大于 10%。 5. 抗渗性能： 混凝土瓦经抗渗性能检验后，瓦的背面不得出现水滴现象。 6. 抗冻性能： 混凝土屋面瓦经抗冻性能检验后，其承载力仍不小于承载力标准值。同时，外观质量应符合本标准要求且表面涂层不得出现剥落现象

混凝土屋面瓦的承载力标准值 **表 18-2**

项目	波形屋面瓦						平板屋面瓦		
瓦脊高度 d（mm）	$d>20$			$d\leq 20$			—		
遮盖宽度 b_1（mm）	≥300	≤200	$200<b_1<300$	≥300	≤200	$200<b_1<300$	≥300	≤200	$200<b_1<300$
承载力标准值 F_c	1800	1200	$6b_1$	1200	900	$3b_1+300$	1000	800	$2b_1+400$

3.2.2　防水垫层：聚合物改性沥青防水垫层、自粘聚合物沥青防水垫层。

3.2.3　防水层：防水卷材、防水涂料。

3.2.4　其他：18 号镀锌钢丝、圆钉、挂瓦条、顺水条等。

3.2.5　机具：运输小车、射钉枪、铲刀、喷灯、锤子、小线等。

4　操作工艺

4.1　工艺流程

基层验收→铺防水垫层→铺持钉层→钉顺水条、挂瓦条→铺设平瓦→铺设脊瓦→细部处理→雨后、淋水试验

4.2　基层验收

4.2.1　块瓦屋面工程的板状材料保温层、纤维材料保温层、喷涂硬泡聚氨酯保温层施工工艺见本书第 6 章，本工艺标准不再说明。

4.2.2　块瓦屋面基层为上述保温层时，保温层应铺设完成，并应经检验合格。

4.3　铺防水垫层

4.3.1　块瓦的下面应铺设防水垫层。防水垫层可铺设在持钉层与保温层之间或保温层与结构层之间。

4.3.2　防水垫层可空铺、满粘或机械固定，屋面坡度大于 50%，防水垫层宜采用满粘或机械固定施工。

4.3.3　铺设防水垫层的基层应平整、干净、干燥。

4.3.4　铺设防水垫层时，平行正脊方向的搭接应顺流水方向，垂直正脊方向的搭接宜顺年最大频率风向。

4.3.5　铺设防水垫层的最小搭接宽度：自粘聚合物改性沥青防水垫层应为 80mm；聚合物改性沥青防水垫层应为 100mm。

4.4　铺持钉层

4.4.1　在满足屋面荷载的前提下，木板持钉层厚度不应小于 20mm；人造板持钉层厚度不应小于 16mm；细石混凝土持钉层厚度不应小于 35mm。

4.4.2　细石混凝土持钉层的内配钢筋应骑跨屋脊，并应与屋脊和檐口、檐沟部位的预埋锚筋连牢；预埋锚筋穿过防水垫层时，破损处应进行局部密封处理。

4.4.3　细石混凝土持钉层可不设分格缝；持钉层与突出屋面结构的交接处应预留 30mm 宽的缝隙。

4.4.4　防水垫层铺设在持钉层与保温层之间时，细石混凝土持钉层的下面应干铺一层卷材。

4.5　钉顺水条、挂瓦条

4.5.1　顺水条应垂直正脊方向铺订在持钉层上，顺水条表面应平整，间距不宜大于 500mm。

4.5.2 挂瓦条的间距应按瓦片尺寸和屋面坡长计算确定。檐口第一根挂瓦条应保证瓦头出檐 50～70mm，屋脊处两个坡面上最上的两根挂瓦条，应保证脊瓦与坡瓦的搭接长度不小于 40mm。

4.5.3 铺钉挂瓦条时应在屋面上拉通线，挂瓦条应铺钉平整、牢固，上棱成一直线。

4.6 铺设平瓦

4.6.1 铺瓦前要选瓦，凡缺边、掉角、裂缝、砂眼、翘曲不平、张口缺爪的瓦，不得使用。

4.6.2 瓦片应均匀分散堆放在两坡屋面基层上，严禁集中堆放。挂瓦应由两坡从下向上同时对称铺设。

4.6.3 挂瓦时，沿檐口、屋脊拉线，并从屋脊拉一斜线到檐口，由下到上依次逐块铺挂。瓦后不必织挂在挂瓦条上，并与左边、下面两块瓦落槽密合。

4.6.4 在大风、地震设防地区或屋面坡度大于 100%时，应用 18 号镀锌钢条将全部瓦片与挂瓦条绑扎钉固。一般坡度的瓦屋面檐口两排瓦片均应采取固定加强措施。

4.7 铺设脊瓦

4.7.1 斜脊、斜沟处应先将整瓦挂上，按脊瓦搭盖平瓦和沟瓦搭盖泛水的尺寸要求，弹出墨线并编上号码，其多余瓦面应用钢锯锯掉，然后再按号码次序挂上。

4.7.2 挂正脊、斜脊脊瓦时，应拉通长线铺平挂直，正脊的搭口应顺主导风向，斜脊的搭口应顺流水方向。脊瓦搭口、脊瓦与平瓦间缝隙处以及正脊与斜脊的交接处，要用聚合物水泥填实抹平。

4.7.3 山墙处应先量好尺寸，将瓦锯好后再挂上半瓦，沿山墙一行瓦宜用聚合物水泥砂浆做出披水线。

4.8 细部处理

4.8.1 屋脊部位

1 屋脊部位防水垫层或防水层上应增设附加层，宽度不应小于 500mm；

2 防水垫层或防水层应顺流水方向铺设和搭接；

3 屋脊瓦应采用与主瓦相配套的配件脊瓦；

4 脊瓦下端距坡面瓦的高度不宜大于 80mm，脊瓦在两坡面瓦上的搭盖宽度，每边面应小于 40mm；

5 脊瓦与坡瓦面之间的缝隙，应采用聚合物水泥砂浆填实抹平。

4.8.2 檐口部位

1 檐口部位防水垫层或防水层下应增设附加层，附加层伸入屋面的宽度不应小于 1000mm；

2 防水垫层或防水层应顺流水方向铺设和搭接；

3 在屋檐最下排的挂瓦条上应设置托瓦木条；

4 无天瓦挑入檐沟的长度宜为 50～70mm；

5 块瓦与檐口齐平时，金属泛水应铺设在附加层上，并伸入檐口内，在金属泛水板上应铺设防水垫层或防水层。

4.8.3　檐沟部位

1　檐沟部位防水垫层或防水层下应增设附加层，附加层伸入屋面的宽度不应小于1000mm，并应延伸铺设到檐沟内；

2　檐沟防水层伸入瓦内的宽度不应小于150mm，并应与屋面防水垫层或防水层顺流水方向搭接；

3　檐沟防水层和附加层应由沟底翻上至外侧顶部，卷材收头应用金属压条钉固，并用密封材料封严；涂膜收头应用防水涂料多遍涂刷；

4　块瓦伸入檐沟内的长度宜为50～70mm；

5　金属檐沟伸入瓦内的宽度不应小于150mm。

4.8.4　天沟部位

1　天沟部位防水垫层或防水层下应沿天沟中心线增设附加层，宽度不应小于1000mm；

2　防水垫层或防水层应顺流水方向铺设和搭接；

3　混凝土天沟采用防水卷材时，防水卷材应由沟底上翻，垂直高度不应小于150mm。金属天沟伸入瓦内的宽度不应小于150mm；

4　天沟宽度和深度应根据屋面集水区面积确定；

5　块瓦伸入天沟内的长度宜为50～70mm。

4.8.5　山墙部位

1　山墙压顶可采用混凝土或金属制品，压顶应向内排水，坡度不应小于5%，压顶内侧下端应作滴水处理；

2　山墙泛水部位防水垫层或防水层下应增设附加层，宽度不应小于500mm；

3　防水垫层或防水层的泛水高度不应小于250mm。卷材收头应用金属压条钉固，并用密封材料封严，涂膜收头应用防水涂料多遍涂刷；

4　硬山墙泛水宜采用自粘柔性泛水带覆盖在瓦上，用密封材料封边，泛水带与瓦搭接不应小于150mm。硬山墙泛水可采用聚合物水泥砂浆抹成，侧面瓦伸入泛水的宽度不应小于50mm；

5　悬山墙泛水宜采用檐口封边瓦卧浆做法，并用聚合物水泥砂浆勾缝处理，檐口封边瓦应用固定钉固定在持钉层上。

4.8.6　立墙部位

1　立墙部位防水垫层或防水层下应增设附加层，宽度不应小于500mm；

2　防水垫层或防水层的泛水高度不应小于250mm；

3　立墙泛水可采用自粘柔性泛水带覆盖在防水垫层或防水层或瓦上，泛水带与防水垫层或防水层或瓦搭接应大于300mm，并应压入上一排瓦的底部；

4　金属泛水板应用金属压条钉固，并密封处理。

4.8.7　变形缝部位

1　变形缝部位防水垫层或防水层下应增设附加层，宽度不应小于500mm；

2　防水垫层或防水层应铺设或涂刷至泛水墙的顶部；

3　变形缝内应预填不燃保温材料，上部应采用防水材料封盖，并放置衬垫材料，再在其上干铺一层卷材；

4　等高变形缝顶部宜加扣混凝土或金属盖板；

5　高低跨变形缝在立墙泛水处，应采用有足够变形能力的材料和构造作密封处理。

4.8.8 伸出屋面管道部位

1 管道泛水处防水垫层或防水层下应增设附加层，宽度不应小于500mm；

2 管道泛水处的防水层泛水高度不应小于250mm；

3 卷材收头应用金属箍紧固和密封材料封严，涂膜收头应用防水涂料多遍涂刷；

4 伸出屋面管道应采用自粘柔性泛水带，并应与管道及块瓦粘结牢固；

5 管道与瓦面交接的迎水面，应用自粘柔性泛水带与块瓦搭接，宽度不应小于300mm，并应压入上一排瓦片的底部；

6 管道与瓦面交接的背水面，应用自粘柔性泛水带与块瓦搭接，宽度不应小于150mm。

4.9 雨后、淋水试验

检查屋面有无渗漏，可在雨后或淋水2h后进行。

5 质量标准

5.1 主控项目

5.1.1 瓦材及防水垫层的质量，应符合设计要求。

5.1.2 烧结瓦、混凝土瓦屋面不得有渗漏现象。

5.1.3 瓦片必须铺置牢固。在大风及地震设防地区或屋面坡度大于100%时，应按设计要求采取固定加强措施。

5.2 一般项目

5.2.1 挂瓦条应分档均匀，铺钉应平整、牢固；瓦面应平整，行列应整齐，搭接应紧密，檐口应平直。

5.2.2 脊瓦应搭盖正确，间距应均匀，封固应严密；正脊和斜脊应顺直，应无起伏现象。

5.2.3 泛水做法应符合设计要求，并应顺直、整齐，结合紧密。

5.2.4 烧结瓦和混凝土瓦铺装的尺寸，应符合设计要求。

6 成品保护

6.0.1 烧结瓦、混凝土瓦屋面完工后，应避免屋面受物体冲击，严禁任意上人或堆放物件。

6.0.2 烧结瓦、混凝土瓦屋面上禁止热作业和其他作业。

7 注意事项

7.1 应注意的质量问题

7.1.1 平瓦和脊瓦应边缘整齐、表面光洁，颜色均匀一致，不得有分层、裂纹和露砂等缺陷。平瓦的瓦爪和瓦槽应配合适当。进场的平瓦应检验抗弯强度和不透水性。

7.1.2　块瓦屋面应设置防水垫层，防水垫层在瓦屋面构造层次中的位置应符合设计要求；防水垫层应自下而上平行屋脊铺设，并顺流水方向搭接，搭接宽度应符合施工要求。

7.1.3　挂瓦条的间距应根据瓦片尺寸和屋面坡长经计算确定。瓦头挑出檐口的长度宜为 50～70mm；脊瓦在两坡面瓦上的搭接宽度每边不应小于 40mm。

7.1.4　块瓦屋面应采用干法挂瓦，瓦与屋面基层应铺钉牢固，瓦片应彼此紧密搭接，并应瓦榫落槽、瓦脚挂牢、瓦头排齐，无翘角和张口现象，檐口应成一直线。

7.1.5　大风及抗震设防地区或屋面坡度大于 100%时，应用镀锌钢丝穿过瓦鼻小孔，将全部瓦片与挂瓦条绑扎固定。

7.1.6　块瓦屋面细部处理及其铺装有关尺寸应符合设计要求，施工质量应为全数检验。

7.2　应注意的安全问题

7.2.1　施工现场应备有消防灭火器材，严禁烟火，易燃材料应有专人保管。

7.2.2　操作人员应穿工作服、防滑鞋，并戴安全帽、手套等劳保用品。

7.2.3　屋面四周、洞口、脚手架边均应设有防护栏杆和支设安全网，防止高空作业时发生坠物伤人和坠落事故。

7.2.4　上瓦时块瓦应均匀地堆放在两坡的屋面上，铺瓦时应两坡从下而上对称进行，避免屋盖结构受力不均匀，导致变形或破坏。

7.3　应注意的绿色施工问题

7.3.1　报废的扫帚、砂纸、防水和密封材料包装物等，应及时清理。

7.3.2　胶粘剂、基层处理剂应用密封桶包装，防止挥发、遗洒；防水垫层、卷材、涂料应储存在阴凉通风的室内，避免雨淋、日晒、受潮变质，并远离火源、热源。

7.3.3　材料的边角料应回收处理。

8　质量记录

8.0.1　烧结瓦、混凝土瓦防水垫层出厂合格证、质量检验报告和进场复试报告。

8.0.2　隐蔽工程检查验收记录。

8.0.3　淋水或雨后试验记录。

8.0.4　烧结瓦、混凝土瓦屋面检验批质量验收记录。

8.0.5　烧结瓦、混凝土瓦屋面分项工程质量验收记录。

第 19 章　沥青瓦屋面

本工艺标准适用于工业与民用建筑的沥青瓦屋面工程。

1　引用标准

《屋面工程技术规范》GB 50345—2012
《屋面工程质量验收规范》GB 50207—2012
《坡屋面工程技术规范》GB 50693—2011
《玻纤胎沥青瓦》GB/T 20474—2015
《坡屋面用防水材料　聚合物改性沥青防水垫层》JC/T 1067—2008
《坡屋面用防水材料　自粘聚合物沥青防水垫层》JC/T 1068—2008

2　术语

2.0.1　沥青瓦：由植物纤维浸渍沥青成型的屋面瓦。

2.0.2　防水垫层：通常铺设在瓦材或金属板下的防水材料。

2.0.3　持钉层：瓦屋面中能够握裹固定钉的构造层次，如细石混凝土和屋面板。

2.0.4　搭接式天沟：在斜天沟上铺设沥青瓦，两侧瓦片搭接，形成天沟。

2.0.5　编织式天沟：在斜天沟上铺设沥青瓦，两侧瓦片编制形成天沟。

2.0.6　敞开式天沟：瓦材铺设至天沟边沿，天沟底部采用卷材或金属板构造形成天沟。

2.0.7　抗风揭：阻抗由风力产生的对屋面向上荷载的措施。

3　施工准备

3.1　作业条件

3.1.1　施工前应编制施工方案或技术措施。

3.1.2　有保温层的现浇钢筋混凝土屋面，在檐口处的钢筋混凝土应上翻，上翻高度应为保温层与持钉层厚度之和。当保温层放在防水层上面时，檐口最低处应设置泄水孔。

3.1.3　伸出屋面管道、设备、预埋件等，应在沥青瓦屋面施工前安装完毕并做密封处理。

3.1.4　防水层或防水垫层施工完毕，应经淋水试验合格后，方可进行持钉层施工。

3.1.5　施工人员应经过理论与实际施工操作的培训，并持上岗证。

3.1.6　沥青瓦屋面的施工环境气温宜为 5～35℃，低于 5℃时采取加强粘结措施。雨天、雪天和五级风及以上时，不得施工。

3.2　材料及机具

3.2.1　沥青瓦：外观质量应边缘整齐、切槽清晰、厚薄均匀，表面应无孔洞、裂口、裂纹、凹坑和起鼓等缺陷。沥青瓦的物理性能应符合表 19-1 的规定。

沥青瓦的主要性能指标 表19-1

序号	项目			指标	
				P	L
1	可溶物含量（g/m^2）		≥	800	1500
2	胎基			胎基燃烧后完整	
3	拉力（N/50mm）	横向	≥	600	
		纵向	≥	400	
4	耐热度（90℃）			无流淌、滑动、滴落、气泡	
5	柔度[a]（10℃）			无裂纹	
6	撕裂强度（N）		≥	9	
7	不透水性（2m水柱，24h）			不透水	
8	耐钉子拔出性能（N）		≥	75	
9	矿物料粘附性（g）		≤	1.0	
10	自粘胶耐热度	50℃		发黏	
		75℃		滑动≤2mm	
11	叠层剥离强度（N）		≥	—	20
12	人工气候加速老化	外观		无气泡、渗油、裂纹	
		色差，ΔE	≤	3	
		柔度（12℃）		无裂纹	
13	燃烧性能			B_2-E通过	
14	抗风揭性能（97km/h）			通过	

注：[a] 根据使用环境和用户要求，生产企业可以生产比标准规定柔度温度更低的产品，并应在产品订购合同中注明。

3.2.2 防水垫层：聚合物改性沥青防水垫层、自粘聚合物沥青防水垫层。

3.2.3 防水层：防水卷材、防水涂料。

3.2.4 胶粘剂：采用沥青基胶粘材料。

3.2.5 其他：油毡钉或水泥钉、射钉。

3.2.6 机具：运输小车、射钉枪、铲刀、喷灯、锤子、小线等。

4 操作工艺

4.1 工艺流程

基层验收→铺防水垫层→铺持钉层→铺设沥青瓦→铺设脊瓦→细部处理→雨后、淋水试验

4.2 基层验收（同块瓦屋面）

4.3 铺防水垫层（同块瓦屋面）

4.4 铺持钉层（同块瓦屋面）

4.5 铺设沥青瓦

4.5.1 铺沥青瓦前，应在屋面上弹出水平及垂直基准线，按线铺设。

4.5.2 宽度规格为 333mm 的沥青瓦，每张瓦片的外露部分不应大于 143mm。

4.5.3 铺沥青瓦应自檐口向上铺设，起始层瓦应由瓦片经切除垂片部分后制得，且起始层瓦沿檐口应平行铺设并伸出檐口 10mm，再用沥青胶结材料和基层粘结。第一层瓦应与起始层瓦叠合，但瓦切口向下指向檐口；第二层应压在第一层瓦上且露出瓦切口，但不得超过切口长度。相邻两层沥青瓦的拼缝及切口应均匀错开。

4.5.4 沥青瓦以钉为主、粘结为辅的方法与基层固定。木质持钉层上铺设沥青瓦，每张瓦片上不得少于 4 个固定钉；细石混凝土持钉层铺设沥青瓦，每张瓦片不得不少于 6 个固定钉。

4.5.5 固定钉应将钉垂直钉入持钉层内；固定钉穿入细石混凝土持钉层的深度不应小于 20mm，固定钉可穿透木质持钉层。

4.5.6 固定钉钉入沥青瓦，钉帽应与沥青瓦表面齐平。

4.5.7 大风地区或屋面坡度大于 100%时，铺设沥青瓦应增加每张瓦片固定钉数量，并应在上下沥青瓦之间采用沥青基胶粘材料加强。

4.6 铺设脊瓦

4.6.1 宜将沥青瓦沿切口剪开分成三块作为脊瓦，并用两个固定钉固定，同时应用沥青胶粘材料密封。

4.6.2 脊瓦应顺年最大频率风向搭接，并搭盖两坡面沥青瓦每边不小于 150mm；脊瓦与脊瓦的压盖面不小于脊瓦面积的 1/2。

4.6.3 应在斜屋脊的屋檐处开始铺设并向上直到正脊。斜屋脊铺设完成后再铺设正脊，从常年主导风向的下风侧开始铺设。应在屋脊处弯折沥青瓦，并将沥青瓦的两侧固定，用沥青基胶粘材料涂改暴露的钉帽。

4.7 细部处理

4.7.1 屋脊部位

1 屋脊可采用与主瓦相配套的专用脊瓦或采用沥青瓦裁制而成。

2 正脊脊瓦外露搭接边宜顺常年风向一侧。

3 每张屋脊瓦片的两侧应各用一个固定钉，固定钉距离侧边宜为 25mm。

4 外露的固定钉钉帽采用沥青基胶粘材料涂盖。

4.7.2 天沟部位

1 搭接式天沟

1）沿天沟中心线铺设一层宽度不应小于 1000mm 的防水垫层附加层，将外边缘固定在天沟两侧；且防水垫层铺过中心线不应小于 100mm，相互搭接满粘在附加层上。

2）应从一侧铺设沥青瓦并跨过天沟中心线不小于 300mm，应在天沟两侧距离中心线不小于 150 处，将沥青瓦用固定钉固定。

3）一侧沥青瓦铺设完后，应在屋面弹出一条平行天沟的中心线和一条距离中心线 50mm 的辅助线，将另一侧屋面的沥青瓦铺设至施工辅助线处。

4）修剪完沥青瓦上部边角，并用沥青基胶粘材料固定。

2 编织式天沟构造

1）沿天沟中心线铺设一层宽度不应小于 1000mm 的防水垫层附加层，将外边缘固定在天沟两侧；而且，防水垫层铺过中心线不应小于100mm，相互搭接满粘在附加层上。

2）在两个相互衔接的屋面上同时向天沟方向铺设沥青瓦至距离中心线75mm处，再铺设天沟处的沥青瓦，交叉搭接。搭接的沥青瓦应延伸至相邻屋面300mm，并在距天沟中心线150mm处用固定钉固定。

3　敞开式天沟构造

1）防水垫层铺过中心线不应小于100mm，相互搭接满粘在屋面板上。

2）铺设敞开式天沟部位的泛水材料应采用不小于0.45mm的镀锌金属板或性能相似的防锈金属材料，铺设在防水垫层上。

3）沥青瓦与金属泛水用沥青基胶粘材料粘结，搭接宽度不应小于100mm。沿天沟泛水的固定钉应密封覆盖。

4.7.3　檐口部位

1　檐口部位应增设防水垫层附加层，严寒地区或大风区域，应采用自粘聚合物沥青防水垫层加强，下翻宽度不应小于100mm，屋面铺设宽度不应小于900mm；

2　应将起始瓦覆盖在塑料泛水板或金属泛水板的上方，并在底边满涂沥青基胶黏材料；

3　檐口部位沥青瓦和其实瓦之间应满涂沥青基胶粘材料。

4.7.4　钢筋混凝土檐沟部位

1　檐口部位应增设防水垫层附加层；并应延伸铺设到混凝土檐沟内。

2　铺设沥青瓦初始层，初始层沥青瓦宜裁剪掉外露部分的平面沥青瓦，自粘胶条部位靠近檐口铺设，初始层沥青瓦应伸出檐口不小于10mm。

3　从檐口向上铺设沥青瓦，第一道沥青瓦与初始层沥青瓦边缘对齐。

4.7.5　悬山部位

1　防水垫层应铺设至悬山边缘；

2　悬山部位宜采用泛水板，泛水板应固定在防水垫层上，并向屋面伸进不少于100mm，端部向下弯曲；

3　沥青瓦应覆盖在泛水上方，悬山部位的沥青瓦应用沥青基胶粘材料满粘处理。

4.7.6　立墙部位

1　阴角部位应增设防水垫层附加层；防水垫层应满粘铺设，沿立墙向上延伸不少于250mm；金属泛水板或耐候性泛水带覆盖在防水垫层上，泛水带与瓦之间应采用胶粘剂满粘；泛水带与瓦搭接应大于150mm，并应粘结在下一排瓦的顶部；非外露型泛水的立面防水垫层宜采用钢丝网聚合物水泥砂浆层保护，并用密封材料封边。

2　沥青瓦应用沥青基粘结材料满粘。

4.7.7　穿出屋面管道构造

1　阴角处应满粘铺设防水垫层附加层，附加层沿立墙和屋面铺设，宽度均不应少于250mm；防水垫层应满粘铺设，沿立墙向上延伸不应少于250mm；金属泛水板、耐候性自粘柔性泛水带覆盖在防水垫层上，上部迎水面泛水带与瓦搭接应大于300mm，并应压入上一排瓦的底部；下部背水面泛水带与瓦搭接应大于150mm；金属泛水板、耐候性自粘柔性泛水带表面可覆盖瓦材或其他装饰材料，用密封材料封边。

2　穿出屋面管道泛水可采用防水卷材或成品泛水件。

3　管道穿过沥青瓦时，应在管道周边100mm范围内用沥青基胶粘材料将沥青瓦满粘。

4　泛水卷材铺设完毕，应在其表面用沥青基胶粘材料满粘一层沥青瓦。

4.7.8　变形缝部位构造

1　变形缝两侧墙高出防水垫层不应少于 100mm。

2　防水垫层应包过变形缝，缝内应填不燃保温材料，在其上覆盖一层卷材并向缝中凹伸，上放圆形衬垫材料，再铺设上层的合成高分子卷材附加层，使其形成 Ω 形覆盖。变形缝顶部应加扣混凝土盖板或金属盖板，盖板的接缝处要用油膏嵌封严密。

3　高低跨变形缝在立墙泛水处，用有足够变形能力的材料和构造作密封处理。

4.8　雨后、淋水试验

检查屋面有无渗漏，可在雨后或淋水 2h 后进行。

5　质量标准

5.1　主控项目

5.1.1　沥青瓦及防水垫层的质量，应符合设计要求。

5.1.2　沥青瓦屋面不得有渗漏现象。

5.1.3　沥青瓦铺设应搭接正确，瓦片外露部分不得超过切口长度。

5.2　一般项目

5.2.1　沥青瓦所用固定钉应垂直钉入持钉层，钉帽不得外露。

5.2.2　沥青瓦应与基层粘结牢固，瓦面应平整，檐口应平直。

5.2.3　泛水做法应符合设计要求，并应顺直、整齐，结合紧密。

5.2.4　沥青瓦铺装的尺寸，应符合设计要求。

6　成品保护

6.0.1　沥青瓦屋面上禁止穿钉鞋行走。

6.0.2　沥青瓦屋面上禁止热作业和其他作业。

7　注意事项

7.1　应注意的质量问题

7.1.1　沥青瓦不应有孔洞和边缘切割不齐、裂纹、皱折等缺陷。

7.1.2　沥青瓦屋面应设置防水垫层，防水垫层在屋面构造层次中的位置应符合设计要求；防水垫层应自下而上平行屋脊铺设，并顺流水方向搭接，搭接宽度应符合施工要求。

7.1.3　大风地区和屋面坡度大于 100%，沥青瓦铺设除应符合以铺钉为主、粘结为辅的固定方法外，每张沥青瓦应增加固定钉数量，上下沥青瓦之间应用沥青基胶粘材料加强。

7.1.4　严禁钉帽高于沥青瓦表面。用水泥钉、射钉固定油毡瓦时，必须带垫圈。

7.1.5 沥青瓦屋面的细部处理及其铺装有关尺寸应符合设计要求，施工质量应为全数检验。

7.2 应注意的安全问题

7.2.1 施工现场应备有消防灭火器材，严禁烟火，易燃材料应有专人保管。

7.2.2 操作人员应穿工作服、防滑鞋，并戴安全帽、手套等劳保用品。

7.2.3 屋面四周、洞口、脚手架边均应设有防护栏杆和支设安全网，防止高空作业时发生坠物伤人和坠落事故。

7.2.4 在大风及地震设防地区或屋面坡度大于100%时，瓦屋面应采取加固措施。

7.2.5 严寒和寒冷地区的檐口部位，应采取防雪融冰坠的安全措施。

7.3 应注意的绿色施工问题

7.3.1 报废的扫帚、砂纸、防水和密封材料包装物等应及时清理。

7.3.2 胶粘剂、基层处理剂应用密封桶包装，防止挥发、遗洒；沥青瓦卷材、涂料应储存在阴凉通风的室内，避免雨淋、日晒、受潮变质，并远离火源、热源。

7.3.3 防水材料的边角料应回收处理。

8 质量记录

8.0.1 沥青瓦和防水垫层出厂合格证、质量检验报告及进场复试报告。

8.0.2 隐蔽工程检查验收记录。

8.0.3 淋水或雨后试验记录。

8.0.4 沥青瓦屋面检验批质量验收记录。

8.0.5 沥青瓦屋面分项工程质量验收记录。

第20章 压型金属板屋面

本工艺标准适用于工业与民用建筑的金属压型板屋面工程。

1 引用标准

《建筑工程施工质量验收统一标准》GB 50300—2013

《屋面工程技术规范》GB 50345—2012

《屋面工程质量验收规范》GB 50207—2012

《坡屋面工程技术规范》GB 50693—2011

《钢结构工程施工质量验收规范》GB 50205—2001

《彩色涂层钢板及钢带》GB/T 12754—2006

《建筑用压型钢板》GB/T 12755—2008
《连续热镀锌钢板及钢带》GB/T 2518—2008
《连续热镀铝锌合金镀层钢板及钢带》GB/T 14978—2008
《不锈钢热轧钢板和钢带》GB/T 4237—2015
《紧固件机械性能》GB/T 3098
《建筑用硅酮结构密封胶》GB 16776—2005
《工业用橡胶板》GB/T 5574—2008
《硅酮和改性硅酮建筑密封胶》GB/T 14683—2017
《丁基橡胶防水密封胶粘带》JC/T 942—2004

2　术语

2.0.1　压型金属板（简称压型板）：薄钢板经辊压冷弯，其截面成V形、U形、梯形或类似这几种形状的波形，在建筑上用作屋面板、楼板、墙板和装饰板，也可被选为其他用途的钢板。

2.0.2　金属板屋面：采用压型金属板或金属面绝热夹芯板的建筑屋面。

3　施工准备

3.1　作业条件

3.1.1　施工前应编制施工方案或技术措施。

3.1.2　施工前应根据施工图纸和压型板板型及檩距进行深化排板图设计。

3.1.3　金属板屋面施工，应在主体结构和支承结构验收合格后进行。

3.1.4　金属板屋面的构件及配件已运进现场，经检查质量符合要求，数量满足需要，并按平面布置、安装顺序分类堆放整齐。

3.1.5　金属板屋面施工人员必须经过培训并持证上岗。

3.1.6　操作平台及移动脚手架已搭设完毕。

3.1.7　施工机械设备已进场，安装调试完毕并处于完好状态。

3.1.8　为保证施工安全，大坡度屋面在白天施工，雨天、雪天和五级风及以上大风时禁止施工。

3.2　材料及机具

3.2.1　金属板：镀层钢板、涂层钢板、铝合金板、不锈钢板和钛锌板等金属板材。

3.2.2　异型配件：堵头板、封檐板、屋脊盖板、变形缝盖板、固定支架、水落管固定件、檐沟固定件等。

3.2.3　紧固件：固定螺栓、连接螺栓、自攻螺钉、拉铆钉等。

3.2.4　密封材料：防水密封胶粘带、防水密封胶垫、硅酮耐候密封胶。

3.2.5　防水垫层

3.2.6　机具：金属板压型机、卷扬机、电焊机、手电钻、电动自攻枪、气动拉铆枪、圆盘锯、铁扁担、尼龙绳、橡皮锤、剪刀、手推胶轮车以及剪口、上弯、下弯工具。

4 操作工艺

4.1 工艺流程

测量放线→檩条设置→固定支架或支座安装→檐沟板安装→压型板安装→细部处理→防腐构造→雨后、淋水试验

4.2 测量放线

4.2.1 金属板屋面施工测量，应与主体结构测量相配合，轴线及标高误差应及时调整，不得积累。

4.2.2 施工过程中，应定期对金属板的安装定位基准点进行校核。

4.3 檩条设置

4.3.1 檩条的品种、规格和质量应符合设计要求及相关产品标准的规定。

4.3.2 檩条应按弹出的中心线铺设，檩条间距应符合设计要求。

4.3.3 檩条必须平直，上棱成一直线，檩条接头应设在支承结构上。

4.3.4 檩条与支承结构连接宜采用螺栓或焊接固定。

4.4 固定支架或支座安装

4.4.1 按压型金属板规格尺寸，在檩条上分别弹出安装固定支架或支座的纵向和横向中心线。

4.4.2 檩条上应设置与压型板波型相配套的专用固定支架或支座。

4.4.3 按弹出墨线准确放置固定支架或支座，并用自攻螺钉将其与檩条连接。

4.4.4 在固定支架或支座与檩条之间，应按建筑节能要求采用隔热型材或隔热垫，实现热桥部位的隔断热桥措施。

4.5 檐沟板安装

4.5.1 按施工图的泛水线排列檐沟固定件，并将其焊在檐沟托架上。

4.5.2 檐沟板安放在檐沟支架上，用连接螺栓固定在檐沟托架上。

4.5.3 檐沟板应从低处向高处铺设，纵向搭接长度不小于150mm，接头部位采用拉铆钉连接固定，并用密封带、密封胶处理。

4.5.4 檐沟板应伸入屋面压型板的下面，其长度不应小于100mm。

4.6 金属压型板安装

4.6.1 从檐口开始向上铺设。压型板应伸入檐沟不小于100mm。屋脊处两坡压型板间所留空隙应不小于80mm。

4.6.2 压型板的横向搭接宜顺主导风向；当在多维曲面上雨水可能翻越压型板板肋横

流时，压型板的纵向搭接应顺流水方向。

4.6.3　压型板铺设过程中，当天就位的金属板材应及时连接固定或采用临时加固措施。

4.6.4　紧固件连接

1　铺设高波压型板时，在檩条上应设置固定支架，固定支架应采用自攻螺钉与檩条连接，连接件宜每波设置一个。

2　铺设低波压型金属板时，可不设固定支架，应在波峰处采用带防水密封胶垫的自攻螺钉与檩条连接，连接件可每波或隔波设置一个，但每块板不得少于 3 个。

3　压型板的纵向搭接应位于檩条处，搭接端应与檩条有可靠的连接，搭接部位应设置防水密封胶带。压型板的纵向最小搭接长度：高波压型板为 350mm；低波压型板屋面坡度≤10%时，为 250mm，屋面坡度≥10%时，为 200mm。

4　压型板的横向搭接方向宜与主导风向一致，搭接不应小于一个波，搭接部位应设置防水密封胶带。搭接处用连接件紧固时，连接件应采用带防水密封胶垫的自攻螺钉设置在波峰上。

4.6.5　咬口锁边连接

1　压型板应搁置在固定支座上，两片金属板的侧边应确保在风吸力等因素作用下扣合或咬合连接可靠。

2　暗扣直立锁边是将压型板扣在固定支座的梅花头上，采用电动锁边机将压型板的搭接边咬合在一起。

3　在大风地区或高度大于 30m 的屋面，压型板应采用 360°咬口锁边连接。

4　单坡尺寸过长或环境温差过大的屋面，压型板宜采用滑动式支座的 360°咬口锁边连接。

4.7　细部构造

4.7.1　屋脊部位

1　屋脊处两坡压型板预留空隙，应依据屋面的热胀冷缩设计；

2　屋脊盖板在两坡面的压型板上搭盖宽度每边不应小于 250mm，屋脊处应设置保温层；

3　屋脊处压型板的上端头应设置防水密封堵头和金属封边板。

4.7.2　檐口部位

1　压型板的挑檐长度宜为 200～300mm，或按工程所在地风荷载计算确定；

2　檐口处压型板的下端头应设置防水密封堵头和金属封边板；

3　压型板伸入檐沟内的长度不宜小于 100mm。

4.7.3　山墙部位

1　压型板与墙体交接处，应设置自粘柔性泛水带和金属泛水板；

2　自粘柔性泛水带的宽度不应小于 500mm；

3　金属泛水板与墙体的搭接高度不应小于 250mm，与压型板的搭接宽度不应小于 200mm；

4　金属泛水板的立面收头应采用金属压条钉固，并应用密封材料封严；金属泛水板与压型板宜采用拉铆钉连接；

5　山墙压顶可采用混凝土或金属制品，压顶应向内排水，坡度不应小于 5%，压顶内侧下端应作滴水处理。

4.8　防腐处理

4.8.1　镀锌钢板均需喷涂防腐涂料，选用涂料时应注意面漆和底漆的配合。

4.8.2　彩色涂层钢板表面有划伤或锈斑时，应采用相同涂料喷涂。

4.8.3　铝合金板在中等侵蚀环境使用时，应采用涂料防腐。

4.9　雨后、淋水试验

检查屋面有无渗漏，应进行雨后观测、整体或局部淋水试验，檐沟、天沟应进行蓄水试验。

5　质量标准

5.1　主控项目

5.1.1　金属板材及其辅助材料的质量，应符合设计要求。

5.1.2　金属板屋面不得有渗漏现象。

5.2　一般项目

5.2.1　金属板铺装应平整、顺滑；排水坡度应符合设计要求。

5.2.2　压型金属板的咬口锁边连接应严密、连续、平整，不得扭曲和裂口。

5.2.3　压型金属板的坚固件连接应采用带防水垫圈的自攻螺钉，固定点应设在波峰上；所有自攻螺钉外露的部位均应密封处理。

5.2.4　金属板的屋脊、檐口、泛水，直线段应顺直，曲线段应顺畅。

5.2.5　金属板铺装的允许偏差和检验方法，应符合表 20-1 的规定。

金属板铺装的允许偏差和检验方法　　**表 20-1**

项目	允许偏差（mm）	检验方法
檐口与屋脊的平行度	15	拉线和尺量检查
金属板对屋脊的垂直度	单坡长度的 1/800，且不大于 25	
金属板咬缝的平整度	10	
檐口相邻两板的端部错位	6	
金属板铺装的有关尺寸	符合设计要求	尺量检查

6　成品保护

6.0.1　屋面材料吊运时，应用专用吊具起吊安装，防止金属板材在吊装中变形或金属板的涂膜破坏。

6.0.2　在金属板屋面上行走，应穿不带钉的软鞋，两脚应踩在钢板的波谷部分，以免将板肋踩坏。金属板屋面的封边包角在施工过程中不得踩踏。

6.0.3　如确需在屋面上切割金属板时，应将金属铁屑随时清理干净，不可散落在板面上。

6.0.4　如需在屋面上安装其他设施时，应设隔离层，不得直接在屋面上进行锤打和加工作业。

6.0.5　在已铺屋面上水平运输时，应铺放临时脚手板，用胶轮车运送，严禁在屋面上拖运材料。

6.0.6　屋面施工期间，应对安装完毕的金属板采取保护措施；遇到大风或恶劣气候时，应采取固定和保护措施。

7　注意事项

7.1　应注意的质量问题

7.1.1　金属板材应边缘整齐，表面光滑，色泽均匀，外形规则，不得有翘曲、脱模和锈蚀等缺陷。

7.1.2　金属板铺装前，施工单位应进行深化排板设计，包括檩条及支座位置，压型板基准线控制，异形金属板制作，板的规格及排布，连接件固定方式等。

7.1.3　压型金属板屋面是建筑围护结构，当主体结构轴线和标高出现偏差时，檩条、支架或支座、金属板基准线均应及时调整。金属板施工前，必须对主体结构复测。

7.1.4　外露自攻螺钉、拉铆钉必须带防水垫圈，并应采用硅酮耐候密封胶密封。压型板、泛水板搭缝和其他可能渗水的部位，均应用密封材料封严。

7.1.5　金属板应与保温材料、防水垫层、隔汽层等同步铺设；铺设应顺直、平整、紧密。

7.1.6　以铅、铜、钢为基材的材料，应随施工随清理，不得与镀铝锌压型板接触，避免造成铝锌层的破坏而导致钢板腐蚀。

7.1.7　铺设的压型板应防止碰撞，如受重物砸击变形，变形的压型板不得使用。

7.1.8　金属板屋面的防雷体系应和主体结构的防雷体系有可靠的连接，并应符合建筑物防雷设计和施工规范的有关规定。

7.2　应注意的安全问题

7.2.1　压型板及配件吊运时，应用尼龙绳捆绑和专用吊具吊装，压型板的长度不宜超过 12m。压型板的堆放场地应平整、坚实，且应便于排除地面积水。

7.2.2　所有电动机具应按说明书及有关规程操作，操作人员应穿绝缘软底鞋、戴绝缘手套。

7.2.3　屋面周围应设防护栏，操作部位及屋檐下应挂安全网，操作人员应系安全带，防止高空坠落。

7.2.4　雨期施工期间，施工人员应注意气象信息，避免发生雷击事故。

7.3　应注意的绿色施工问题

7.3.1　报废的密封材料包装物等应及时清理。

7.3.2　胶粘剂等应用密封桶包装，防止挥发、遗洒。

7.3.3　材料的边角料应回收处理。

8　质量记录

8.0.1　金属板材及辅助材料出厂合格证、质量检验报告及进场复试报告。

8.0.2　隐蔽工程检查验收记录。

8.0.3　淋水或雨后试验记录。

8.0.4　金属压型板屋面检验批质量验收记录。

8.0.5　金属压型板屋面分项工程质量验收记录。

第 21 章　金属面绝热夹芯板屋面

本工艺标准适用于工业与民用建筑的金属面绝热夹芯板屋面工程。

1　引用标准

《建筑工程施工质量验收统一标准》GB 50300—2013
《屋面工程技术规范》GB 50345—2012
《屋面工程质量验收规范》GB 50207—2012
《坡屋面工程技术规范》GB 50693—2011
《建筑用金属面绝热夹芯板》GB/T 23932—2009
《建筑用压型钢板》GB/T 12755—2008
《彩色涂层钢板及钢带》GB/T 12754—2006
《连续热镀锌钢板及钢带》GB/T 2518—2008
《连续热镀铝锌合金镀层钢板及钢带》GB/T 14978—2008
《不锈钢热轧钢板和钢带》GB/T 4237—2015
《紧固件机械性能》GB/T 3098
《绝热用模塑聚苯乙烯泡沫塑料》GB/T 10801.1—2002
《绝热用挤塑聚苯乙烯泡沫塑料（XPS)》GB/T 10801.2
《绝热用岩棉、矿渣棉及其制品》GB/T 11835—2016
《绝热用玻璃棉及其制品》GB/T 13350—2017

2　术语

2.0.1　金属面绝热夹芯板（简称夹芯板）：由双金属面和粘结于两金属面之间的绝热芯材组成的自支撑的复合板材。

2.0.2　金属屋面：采用压型金属板或金属面绝热夹芯板的建筑屋面。

3　施工准备

3.1　作业条件

3.1.1　屋面主体结构施工完毕，经检查符合设计要求，并办理完验收手续。

3.1.2　金属板屋面的构件及配件已运进现场，经检查质量符合要求，数量满足需要，并按平面布置、安装顺序分类堆放整齐。

3.1.3　操作平台及移动脚手架已搭设完毕。

3.1.4　施工机械设备已进场，安装调试完毕并处于完好状态。

3.1.5　为保证施工安全，大坡度屋面应在白天施工，雨天、雪天和五级风及其以上大风时禁止施工。

3.2　材料及机具

3.2.1　夹芯板：金属面聚苯乙烯夹芯板、金属面硬质聚氨酯夹芯板、金属面岩棉、矿渣棉夹芯板、金属面玻璃棉夹芯板。

3.2.2　异形配件：金属泛水板、封檐板、屋脊盖板、变形缝盖板、屋脊盖板支架、水落管固定件、檐沟固定件等。

3.2.3　紧固件：固定螺栓、连接螺栓、自攻螺钉、拉铆钉等。

3.2.4　密封材料：防水密封胶带、硅酮耐候密封胶。

3.2.5　机具：卷扬机、手电钻、电动自攻枪、气动拉铆枪、圆盘锯、铁扁担、尼龙绳、橡皮锤、剪刀、手推胶轮车以及剪口、上弯、下弯工具。

4　操作工艺

4.1　工艺流程

檩条设置→檐沟板安装→夹芯板安装→细部构造→雨后、淋水试验

4.2　檩条设置

4.2.1　檩条铺设前应根据要求的金属板型和金属屋面深化设计进行排版图设计，并根据排版图进行檩条规格和间距确定。每块屋面板除板端应设置檩条支撑外，中间也应设置一根或一根以上檩条。

4.2.2　铺板前应先检查檩条端头固定是否牢固，不得有松动现象，檩条间距应符合设计要求。

4.2.3　檩条顶面应与坡面相平，一个坡面上所有檩条上口应在一个平面上。

4.3　檐沟板安装

4.3.1　檐沟板应从低处向高处铺设，纵向搭接长度不小于 150mm，接头部位采用拉铆

钉连接固定，并用密封带、密封胶处理。

4.3.2　檐沟板应伸入屋面板的下面，其长度不小于100mm。

4.4　夹芯板安装

4.4.1　采用屋面板压盖和带防水密封胶垫的自攻螺钉，将夹芯板固定在檩条上。

4.4.2　从檐口开始向上挂线铺设。夹芯板伸入檐沟不应小于100mm。屋脊处两坡夹芯板间预留空隙不应小于80mm。

4.4.3　夹芯板的纵向搭接应位于檩条处，每块板的支座宽度不应小于50mm，支承处宜采用双檩或檩条一侧加焊通长角钢。

4.4.4　夹芯板的纵向搭接应顺流水方向，纵向搭接长度不应小于200mm，搭接部位均应设置防水密封胶带，并应用拉铆钉连接。

4.4.5　夹芯板的横向搭接方向宜与主导风向一致，搭接尺寸应按具体板型确定，连接部位均应设置防水密封胶带，并应用拉铆钉连接。

4.5　细部构造

4.5.1　构造要求：金属夹芯板屋面屋脊构造应包括屋脊盖板、屋脊盖板支架、夹芯屋面板等。屋脊处应设置屋脊盖板支架，屋脊板与屋脊盖板支架连接，连接处和固定部位应采用密封胶封严。拼接式屋面板防水扣槽构造应包括防水扣槽、夹芯板翻边、夹心屋面板和螺钉；檐口宜挑出外墙150～500mm。檐口部位应采用封檐板封堵，固定螺栓的螺帽应采用密封胶封严。山墙应采用槽形泛水板封盖并固定牢固。固定钉处应采用密封胶封严。屋面排气管应采用法兰盘固定于屋面，法兰盘上应设置金属泛水板，连接处用密封材料封严。

4.5.2　屋脊板、包角板及泛水板均应用镀锌薄钢板制作，长度不宜大于2m，与夹芯板的搭接宽度不小于200mm，沿整个横断面上作密封处理，并在封胶线上打一排防水铆钉，间距约80mm。

4.5.3　当山墙高出屋面时，泛水板与山墙的搭接高度不小于250mm；当山墙不高出屋面时，山墙应用异形金属板材的包角板和固定支架封严。

4.5.4　金属泛水板，变形缝盖板与金属板的搭接宽度不应小于200mm。

4.5.5　金属板伸入檐沟、天沟内的长度不应小于100mm。金属板檐口挑出墙面的长度不应小于200mm。

4.6　雨后、淋水试验

检查屋面有无渗漏，应进行雨后观测、整体或局部淋水试验，檐沟、天沟应进行蓄水试验。

5　质量标准

5.1　主控项目

5.1.1　金属板材及其辅助材料的质量，应符合设计要求。

5.1.2　金属板屋面不得有渗漏现象。

5.2　一般项目

5.2.1　金属板铺装应平整、顺滑；排水坡度应符合设计要求。
5.2.2　金属面绝热夹芯板的纵向和横向搭接，应符合设计要求。
5.2.3　金属板的屋脊、檐口、泛水，直线段应顺直。
5.2.4　金属板材铺装的允许偏差和检验方法，应符合表21-1的规定。

金属板铺装的允许偏差和检验方法　　**表21-1**

项目	允许偏差（mm）	检验方法
檐口与屋脊的平行度	15	拉线和尺量检查
金属板对屋脊的垂直度	单坡长度的1/800，且不大于25	
檐口相邻两板的端部错位	6	
金属板铺装的有关尺寸	符合设计要求	尺量检查

6　成品保护

6.0.1　屋面材料吊运时，应用专用吊具起吊安装，防止金属板材在吊装中变形或金属板的涂膜破坏。

6.0.2　在金属板材屋面上行走，应穿不带钉的软鞋，两脚应踩在钢板的波谷部分，以免将板肋踩坏。

6.0.3　如确需在屋面上切割金属板时，应将金属铁屑随时清理干净，不可散落在板面上。

6.0.4　如需在屋面上安装其他设施时，应设隔离层，不得直接在屋面上进行锤打和加工作业。

6.0.5　在已铺屋面上水平运输时，应铺放临时脚手板，用胶轮车运送，严禁在屋面上拖运材料。

7　注意事项

7.1　应注意的质量问题

7.1.1　金属板材应边缘整齐、表面光滑、色泽均匀、外形规则，不得有翘曲、脱模和锈蚀等缺陷。

7.1.2　夹芯板的四周接缝均应采用耐候丁基橡胶防水密封胶带密封。外露自攻螺钉、拉铆钉必须带防水垫圈，均应采用硅酮耐候密封胶密封。夹芯板、泛水板搭缝和其他可能渗水的部位，均应用密封材料封严。

7.1.3　铺设的夹芯板应防止碰撞，如受重物砸击变形，变形的夹芯板不得使用。

7.1.4　夹芯板之间用衬垫隔离并应分类堆放，应避免受压或机械损伤。

7.2　应注意的安全问题

7.2.1　夹芯板及配件的吊运，应用尼龙绳或专用吊具捆牢、吊运，并按规定位置堆放，不得超载。

7.2.2　所有电动机具应按说明书及有关规程操作，操作人员应穿绝缘软底鞋、戴绝缘手套。

7.2.3　屋面周围应设防护栏，操作部位及屋檐下应挂安全网，操作人员应系安全带，防止高空坠落。

7.3　应注意的绿色施工问题

7.3.1　报废的密封材料包装物等应及时清理。

7.3.2　胶粘剂等防止挥发、遗洒；夹芯板应储存在阴凉通风的室内，避免雨淋、日晒、受潮变质，并远离火源、热源。

7.3.3　材料的边角料应回收处理。

8　质量记录

8.0.1　金属板材及辅助材料出厂合格证和质量检验报告。

8.0.2　隐蔽工程检查验收记录。

8.0.3　淋水或雨后试验记录。

8.0.4　金属板材屋面检验批质量验收记录。

8.0.5　金属板材屋面分项工程质量验收记录。

第22章　玻璃采光顶

本工艺标准适用于工业与民用建筑的玻璃采光顶工程。

1　引用标准

《建筑工程施工质量验收统一标准》GB 50300—2013

《屋面工程技术规范》GB 50345—2012

《屋面工程质量验收规范》GB 50207—2012

《建筑玻璃采光顶》JC/T 231—2007

《建筑用安全玻璃　第2部分：钢化玻璃》GB 15763.2—2005

《建筑用安全玻璃　第3部分：夹层玻璃》GB 15763.3—2009

《半钢化玻璃》GB/T 17841—2008

《铝合金建筑型材》GB 5237—2012

《幕墙玻璃接缝用密封胶》JC/T 882—2001

《建筑用硅酮结构密封胶》GB 16776—2005

《中空玻璃用弹性密封胶》GB/T 29755—2013

《中空玻璃用丁基热熔密封胶》JC/T 914—2014
《建筑幕墙用钢索压管接头》JG/T 201—2007

2　术语

2.0.1　玻璃采光顶：由玻璃透光板与支撑体系组成的屋顶。

3　施工准备

3.1　作业条件

3.1.1　应编制施工方案或技术措施。

3.1.2　钢结构，钢筋混凝土结构及砖混结构等主体工程的施工，应符合有关规范的规定。并办理完验收手续。

3.1.3　玻璃采光顶支承结构的预埋件应位置准确，安装牢固，埋件的标高差不应大于10mm，埋件位置与设计位置偏差不应大于20mm。

3.1.4　玻璃采光顶的支承构件、玻璃及其配套的紧固件、连接件、密封材料，其材料的品种、规格和性能应符合设计要求和有关标准的规定。

3.1.5　玻璃采光顶应采用支承结构找坡，排水坡度不宜小于5%。

3.1.6　操作平台及移动脚手架专项方案已经完成报送审批，并已搭设完毕。

3.1.7　垂直运输等所有施工机械设备已进场，施工机具在使用前应进行严格检验。安装调试完毕并处于完好状态。

3.1.8　为保证施工安全，大坡度屋面应在白天施工，雨天、雪天和五级风及其以上大风时禁止施工。

3.2　材料及机具

3.2.1　钢材

1　玻璃采光顶支承结构使用的钢材：包括碳素结构钢、低合金结构钢、耐候钢、不锈钢等型材和板材。

2　主梁和次梁等受力杆件，其截面受力部位的壁厚应经计算确定，且钢型材壁厚不得小于3.5mm。

3　碳素结构钢和低合金结构钢应进行有效的防腐处理。

3.2.2　铝材

1　玻璃采光顶支承结构使用的铝材：包括铝合金建筑型材、铝合金轧制板材。

2　主梁和次梁等受力构件，其截面受力部位的壁厚应经计算确定，且铝合金型材壁厚不得小于3.0mm。

3　铝型材应采用高精度级，型材表面处理质量应符合相关规定。

3.2.3　玻璃

1　采光顶玻璃的玻璃面板应采用安全玻璃，宜采用夹层玻璃或夹层中空玻璃。玻璃原片应据设计要求选用，且单片玻璃厚度不宜小于6mm；夹层玻璃的玻璃原片厚度不宜小于5mm。

2　夹层玻璃应采用聚乙烯缩丁醛（PVB）干法加工合成，其玻璃原片的厚度相差不宜大于2mm，PVB胶片的厚度不应小于0.76mm。

3　中空玻璃的气体层厚度不应小于12mm，中空玻璃应采用双道密封，隐框、半隐框及点支承安装时玻璃的二道密封应采用硅酮结构密封胶。

3.2.4　紧固件、连接件

1　紧固件：螺栓、螺钉、拉铆钉等；连接件：点支式驳接系统的驳接头、爪件、玻璃夹具等。

2　除不锈钢外，其他钢材的五金件应进行表面热浸锌或其他防腐处理。

3　玻璃采光顶中与铝合金型材接触的五金件，应采用不锈钢材或铝制品。

3.2.5　密封材料

1　橡胶制品宜采用三元乙丙橡胶、氯丁橡胶；密封胶条应挤出成型，橡胶块宜压模成形。

2　玻璃接缝密封胶宜选用25级低模量产品，且保证共位移能力大于接缝位移量。

3　硅酮结构密封胶应采用高模数中性胶；使用前，应对硅酮结构密封胶与所接触材料做相容性试验和粘结剥离试验。

3.2.6　其他材料

1　单组分硅酮结构密封胶配合使用低发泡间隔双面胶带，应具有透气性。

2　填充材料宜用聚乙烯泡沫棒，其密度不应大于$37kg/m^3$。

3.2.7　机具

塔吊、吊车、玻璃吸盘安装机、手电钻、改锥、电动改锥、玻璃吸盘、铁扁担、电焊机、手动攻丝机、胶枪、电锤、橡皮锤、导链、上弯、下弯工具、水平仪、经纬仪、激光仪、靠尺、直角尺、钢卷尺。

4　操作工艺

4.1　工艺流程

测量放线→支承构件制作→支承构件安装→玻璃面板组装→收口连接→注胶及清理→雨后、淋水试验

4.2　测量放线

4.2.1　根据玻璃采光顶的结构布置图和三维示意图，应对玻璃采光顶的分格线进行施工测量，并采用双向闭合校核平面位置及标高。

4.2.2　玻璃采光顶的施工测量应与主体结构测量相配合，测量偏差应及时调整，不得积累。施工过程中应定期对采光顶的安装定位基准点进行校核。

4.3　支承构件制作

4.3.1　支承构件所用材料的品种、规格和性能应符合设计要求。

4.3.2　严格按照图纸和工艺文件的要求进行放样下料。

4.3.3　掌握构件的焊接收缩余量及安装现场施工所需要的余量。

4.3.4 根据板材的厚度、切割设备的性能要求及切割用气体等选择合适的工艺参数，切割面的平直度、线形度、光洁度等应符合要求。

4.3.5 构件冷矫正的环境温度：碳素结构钢不宜低于－16℃；低合金钢不宜低于－12℃。

构件热矫正的最低加热温度：碳素结构钢不宜低于700℃，低合金钢不宜低于800℃。

4.4 支承构件安装

4.4.1 支承构件与主体结构之间应采用预埋件连接；预埋件位置不准确或有遗漏时，应采用其他可靠的连接措施，并应通过试验确定其承载力。

4.4.2 各支承构件之间应采用焊接连接，其焊缝长度和焊缝高度应符合设计要求，焊缝不得有咬边、焊瘤、弧坑、未焊透、未熔合、气孔、夹渣等缺陷。

4.4.3 钢结构构件及其连接部位，均应作防腐处理。

4.4.4 不同金属材料的接触面应采取隔离措施，防止电化学腐蚀。

4.4.5 钢桁架及网架结构安装就位、调整后应及时紧固；钢索杆结构的拉索、拉杆预应力施工应符合设计要求。

4.4.6 玻璃采光顶防雷装置，应设置一圈直径大于8mm圆钢作均压环，并采用直径大于8mm圆钢将均压环与主体结构引下线的接头焊接连接。铝合金构件应采用铜线与均压环的圆钢柔性连接，但接线头必须搪锡处理，接线处应采用防松垫板压紧。

4.5 玻璃面板组装

4.5.1 明框玻璃采光顶

1 玻璃与构件槽口的配合尺寸应符合设计要求和技术标准的规定。

2 玻璃四周密封胶条镶嵌应平整、密实，胶条的长度宜大于边框内槽口长度1.5%～2.0%，胶条在转角处应斜面断开，并应用粘结剂粘结牢固。

4.5.2 隐框玻璃采光顶

1 玻璃及框料粘结表面的尘埃、油渍和其他污物，应分别使用带溶剂的擦布和干擦布清除干净，并应在清洁1h内嵌填密封胶。

2 粘结材料采用硅酮结构密封胶，应嵌填饱满，并应在温度15～30℃、相对湿度50%以上、洁净的室内进行。

3 硅酮结构密封胶的粘结宽度和厚度应符合设计要求，胶缝表面应平整光滑，不得出现气泡。

4.5.3 点支承玻璃采光顶

1 应采用不锈钢驳接组件装配，不件安装前应精确定出其安装位置。

2 玻璃宜采用机械吸盘安装，并应采取必要的安全措施。

3 中空玻璃钻孔周边，应采取多道密封措施。

4 玻璃接缝应采用硅酮耐候密封胶。

4.6 收口连接

4.6.1 采光顶周边与混凝土结构衔接部位采用铝单板收口，采光顶排水通过收口铝单板进入排水沟。铝单板安装的完成面要求与采光顶玻璃在同一平面。

4.6.2　玻璃采光顶应根据设计要求采取外部排水和内部冷凝水处理措施，与建筑主体的其他防排水构造有效连接。

4.7　注胶及清理

4.7.1　注胶前玻璃接缝的密封胶接触面上附着的油污等，应用工业乙醇等清洁剂清理干净，潮湿表面应充分干燥。

4.7.2　接缝内用聚乙烯泡沫圆棒充填，并预留注胶厚度；在玻璃上沿接缝两侧粘贴防护胶带纸，使胶带纸边与接缝边齐直。

4.7.3　单组分密封胶可直接使用；多组分密封胶应根据规定的比例准确计量，并应拌合均匀。

4.7.4　用注浆枪把胶均匀注入缝内，一般应由底部逐渐充满整个接缝，并立即用胶筒滚压或刮刀刮平；隔日注胶时，先清理胶缝连接处的胶头，切除圆弧头部分，使两次注胶连接紧密。

4.7.5　确认注胶合格后，取掉防护胶带纸，清洁接触周围。

4.8　雨后、淋水试验

玻璃采光顶安装过程中应进行现场单位淋水测试和安装完毕后进行整体淋水测试。玻璃采光顶中间或与结构之间有排水槽设计时，应进行蓄水防渗漏测试检查屋面有无渗漏。

5　质量标准

5.1　主控项目

5.1.1　采光顶玻璃及其配套材料的质量，应符合设计要求。

5.1.2　玻璃采光顶不得有渗漏现象。

5.1.3　硅酮耐候密封胶的打注应密实、连续、饱满，粘结应牢固，不得有气泡、开裂、脱落等缺陷。

5.2　一般项目

5.2.1　玻璃采光顶铺装应平整、顺直；排水坡度应符合设计要求。

5.2.2　玻璃采光顶的冷凝水收集和排除构造，应符合设计要求。

5.2.3　明框玻璃采光顶的外露金属框或压条应横平竖直，压条安装应牢固；隐框玻璃采光顶的玻璃分格拼缝应横平竖直，均匀一致。

5.2.4　点支承玻璃采光顶的支承装置应安装牢固，配合应严密；支承装置不得与玻璃直接接触。

5.2.5　采光顶玻璃的密封胶缝应横平竖直，深浅应一致，宽窄应均匀，应光滑顺直。

5.2.6　明框玻璃采光顶铺装的允许偏差和检验方法，应符合表22-1的规定。

明框玻璃采光顶铺装的允许偏差和检验方法 表22-1

项目		允许偏差（mm）		检验方法
		铝构件	钢构件	
通长构件水平度（纵向或横向）	构件长度≤30m	10	15	水准仪检查
	构件长度≤60m	15	20	
	构件长度≤90m	20	25	
	构件长度≤150m	25	30	
	构件长度>150m	30	35	
单一构件直线度（纵向或横向）	构件长度≤2m	2	3	拉线和尺量检查
	构件长度>2m	3	4	
相邻构件平面高低差		1	2	直尺和塞尺检查
通长构件直线度（纵向或横向）	构件长度≤35m	5	7	经纬仪检查
	构件长度>35m	7	9	
分格框对角线差	对角线长度≤2m	3	4	尺量检查
	构件长度>2m	3.5	5	

5.2.7 隐框玻璃采光顶铺装的允许偏差和检验方法，应符合表22-2的规定。

隐框玻璃采光顶铺装的允许偏差和检验方法 表22-2

项目		允许偏差（mm）	检验方法
通长接缝水平度（纵向或横向）	接缝长度≤30m	10	水准仪检查
	接缝长度≤60m	15	
	接缝长度≤90m	20	
	接缝长度≤150m	25	
	接缝长度>150m	30	
相邻板块的平面高低差		1	直尺和塞尺检查
相邻板块的接缝直线度		2.5	拉线和尺量检查
通长接缝直线度（纵向或横向）	接缝长度≤35m	5	经纬仪检查
	接缝长度>35m	7	
玻璃间接缝宽度（与设计尺寸比）		2	尺量检查

5.2.8 点支承玻璃采光顶铺装的允许偏差和检验方法，应符合表22-3的规定。

点支承玻璃采光顶铺装的允许偏差和检验方法 表22-3

项目		允许偏差（mm）	检验方法
通长接缝水平度（纵向或横向）	接缝长度≤30m	10	水准仪检查
	接缝长度≤60m	15	
	接缝长度>60m	20	
相邻板块的平面高低差		1	直尺和塞尺检查
相邻板块的接缝直线度		2.5	拉线和尺量检查
通长接缝直线度（纵向或横向）	接缝长度≤35m	5	经纬仪检查
	接缝长度>35m	7	
玻璃间接缝宽度（与设计尺寸比）		2	尺量检查

6 成品保护

6.0.1 采光顶部件、玻璃面板在搬运时应轻拿轻放，严禁发生相互碰撞；采光顶部件应放在专用货架上，不得发生变形、变色、污染等现象。存放场地应平整、坚实、通风、干燥，严禁与酸碱等类物质接触。

6.0.2 玻璃采光顶施工中其表面的粘附物应及时清除。玻璃采光顶清洁时，清洁剂应符合要求，不得产生腐蚀和污染。

6.0.3 注胶完密封胶未完全固化前，不要沾染灰尘和划伤。

7 注意事项

7.1 应注意的质量问题

7.1.1 安装支承构件前，应认真核对玻璃尺寸和相应支承构件位置控制线，使两者协调一致。

7.1.2 玻璃采光顶的型材应设置集水槽，并使所用集水槽相互沟通，使玻璃下的冷凝水汇集后排放到室外或室内水落管内。

7.1.3 玻璃采光顶支承结构必须作防腐处理或型材表面处理，型材已作表面处理的可不再作防腐处理。铝合金型材与其他金属材料接触、紧固时，容易产生电化学腐蚀，应采取隔离措施。

7.1.4 隐框或半隐框采光顶玻璃组装时，玻璃四周的密封胶条应采用弹性、耐老化的密封材料，密封胶条不应用硬化、龟裂现象。

7.1.5 中空玻璃的周边以及隐框或半隐框构件的玻璃与金属框之间，都应采用硅酮结构密封胶粘结。结构胶使用前必须经过胶与相接触材料的相容性试验，确认其粘结可靠才能使用。

7.1.6 点支式采光顶玻璃组装时，在连接件与玻璃之间应设置衬垫材料，衬垫材料应具备一定的韧性、弹性、硬度和耐久性。

7.1.7 玻璃接缝密封宜选用位移能力级别为25级硅酮耐候密封胶；密封胶的嵌填深度宜为接缝宽度的50%～70%，较深的密封槽口底部应采用聚乙烯发泡材料填塞。

7.2 应注意的安全问题

7.2.1 所有电动机具应按说明书及有关规程操作，操作人员应穿防滑鞋。

7.2.2 手持玻璃吸盘和玻璃吸盘安装机使用前，应经吸附重量和吸附持续时间试验并符合施工要求。

7.2.3 高空作业要有防坠措施。

7.3 应注意的绿色施工问题

7.3.1 报废的玻璃和采光顶组件、密封材料包装物等应及时清理。

7.3.2 密封胶应用密封桶包装，储存在阴凉通风的室内，避免雨淋、日晒、受潮变质，并远离火源、热源。

7.3.3 材料的边角料应回收处理。

8　质量记录

8.0.1　采光顶玻璃及其配套材料的出厂合格证和质量检验报告。

8.0.2　隐蔽工程检查验收记录。

8.0.3　淋水或雨后试验记录。

8.0.4　玻璃采光顶检验批质量验收记录。

8.0.5　玻璃采光顶分项工程质量验收记录。